항공
산업기사 필기

시대에듀

편·저·자·약·력

이한상

現) 충청대학교 항공자동차모빌리티과 교수

[학력사항]
한국항공대학교 항공기계공학과 졸업
한국항공대학교 대학원 항공공학 석사

[경력사항]
(주)한국항공 기술연구소장
항공정비사 면허

윤재영

前) 청주공업고등학교 항공산업기술과 교사

[학력사항]
한국항공대학교 항공기계공학과 졸업

[경력사항]
교육부 항공 관련 교과서 집필, 검토, 협의 위원

 끝까지 책임진다! 시대에듀!
QR코드를 통해 도서 출간 이후 발견된 오류나 개정법령, 변경된 시험 정보, 최신기출문제, 도서 업데이트 자료 등이 있는지 확인해 보세요! 시대에듀 합격 스마트 앱을 통해서도 알려 드리고 있으니 구글 플레이나 앱 스토어에서 다운받아 사용하세요. 또한, 파본 도서인 경우에는 구입하신 곳에서 교환해 드립니다.

편집진행 윤진영 · 김경숙 | **표지디자인** 권은경 · 길전홍선 | **본문디자인** 정경일

PREFACE

항공산업 분야의 전문가를 향한 첫 발걸음!

항공산업은 20만 개 이상의 각종 부품을 필요로 하는 항공기를 생산하는 부가가치가 매우 높은 첨단산업으로서, 기계·전기·전자·소재·IT 등 각 산업분야의 첨단기술이 융복합된 종합시스템산업입니다. 또한, 항공산업은 우주개발과 방위산업에 핵심기술과 생산기반을 제공하는 모태산업으로 세계의 각 선진국 정부들도 공들여 육성하는 국가 전략산업이기도 합니다. 따라서 항공산업에 종사하는 우수한 항공기술 인력 양성은 매우 중요합니다.

이에 발맞추어 항공기 정비기술에 관한 실무 숙련기능 및 항공기술 전반에 관한 기초지식과 그 적응능력을 가진 인원을 육성하고자 하는 취지로 한국산업인력공단에서는 1999년부터 항공산업기사 자격제도를 제정·운영하고 있습니다.

최근 들어 항공산업의 저변 확대 및 항공관련 교육기관의 증가와 함께 항공산업기사 응시 인원이 급격히 늘고 있는 추세이지만 필기시험 합격률은 30% 정도에 머무는 상황입니다. 이는 항공산업기사의 출제 영역이 광범위하여 많은 양을 공부하기가 쉽지 않고, 출제 문제에 대한 정보나 흐름파악이 쉽지 않았던 것이 그 이유 중 하나라고 생각합니다. 이에 본 교재의 집필진은 수험생들이 방대한 양의 이론 공부에 시간을 뺏기지 않고 단기간에 핵심 내용을 익혀 필기시험에 합격할 수 있도록 교재를 편찬하였습니다.

그동안 출제되었던 기출문제를 파악하여 가장 핵심적이고 출제 빈도가 높은 핵심 이론을 수록하였고, 기출문제에는 이해가 쉽도록 충분한 해설을 첨부하여 다른 교재나 참고서의 도움 없이 본 교재만으로도 수험 공부가 가능하도록 하였습니다. 항공산업기사는 문제은행방식 출제이기 때문에 기본 핵심이론을 학습한 후, 기출문제를 해설과 함께 풀다 보면 항공산업기사 문제에 대한 전반적인 흐름과 패턴을 파악할 수 있고, 시간 낭비나 지루함 없이 공부할 수 있을 것입니다.

본 교재를 통해 항공산업기사 합격에 한걸음 더 가까이 다가갈 수 있기를 기원합니다.

편저자 씀

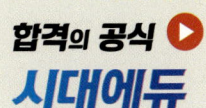
자격증·공무원·금융/보험·면허증·언어/외국어·검정고시/독학사·기업체/취업
이 시대의 모든 합격! 시대에듀에서 합격하세요!
www.youtube.com → 시대에듀 → 구독

[항공산업기사] 필기

시험안내

개요
항공기 운항의 안전성을 확보하기 위하여 항공기 정비기술에 관한 실무 숙련기능 및 항공기술 전반에 관한 기초 지식과 그 적응능력을 가진 사람을 육성하여 항공기정비 및 제작에 관한 현장업무를 수행할 인력을 양성하고자 자격제도를 제정하였다.

수행직무
항공기의 수리 또는 개조작업에 있어서 해당 기술도서 또는 도면개발의 보조업무, 작업 방법 및 자재의 재질이나 규격이 일치하는지를 검사하고 최종적으로 작업이 완료된 수리품이나 생산품의 항공기 성능향상에 대한 검사업무를 수행한다.

진로 및 전망
❶ 항공기 운항업체의 정비부서나 항공기 생산업체에 진출할 수 있다.
❷ 항공산업은 세계경제규모가 증가함에 따라 꾸준히 발전하였고 수요도 증가하고 있다. 국내 항공사의 항공기 보유 대수도 증가하는 추세로 항공기를 운영하는 회사와 단체도 증가하고 있다. 또한 각종 미래의 유망직종으로 손꼽히고 있어 항공정비사의 수요는 증가할 것으로 예상된다.

시험일정

구분	필기원서접수 (인터넷)	필기시험	필기합격 (예정)자발표	실기원서접수	실기시험	최종 합격자 발표일
제1회	1월 중순	2월 중순	3월 중순	3월 하순	4월 하순	6월 중순
제2회	4월 중순	5월 중순	6월 중순	6월 하순	7월 하순	9월 중순
제3회	7월 하순	8월 중순	9월 초순	9월 하순	11월 중순	12월 하순

※ 상기 시험일정은 시행처의 사정에 따라 변경될 수 있으니, www.q-net.or.kr에서 확인하시기 바랍니다.

시험요강
❶ 시행처 : 한국산업인력공단
❷ 시험과목
  ㉠ 필기 : 항공역학, 항공기 기체, 항공기 엔진, 항공기 계통
  ㉡ 실기 : 항공정비 실무
❸ 검정방법
  ㉠ 필기 : 객관식 4지 택일형 과목당 20문항(2시간)
  ㉡ 실기 : 복합형(필답형 1시간 + 작업형 4시간 정도)
❹ 합격기준
  ㉠ 필기 : 100점을 만점으로 하여 과목당 40점 이상, 전 과목 평균 60점 이상
  ㉡ 실기 : 100점을 만점으로 하여 60점 이상

검정현황

필기시험

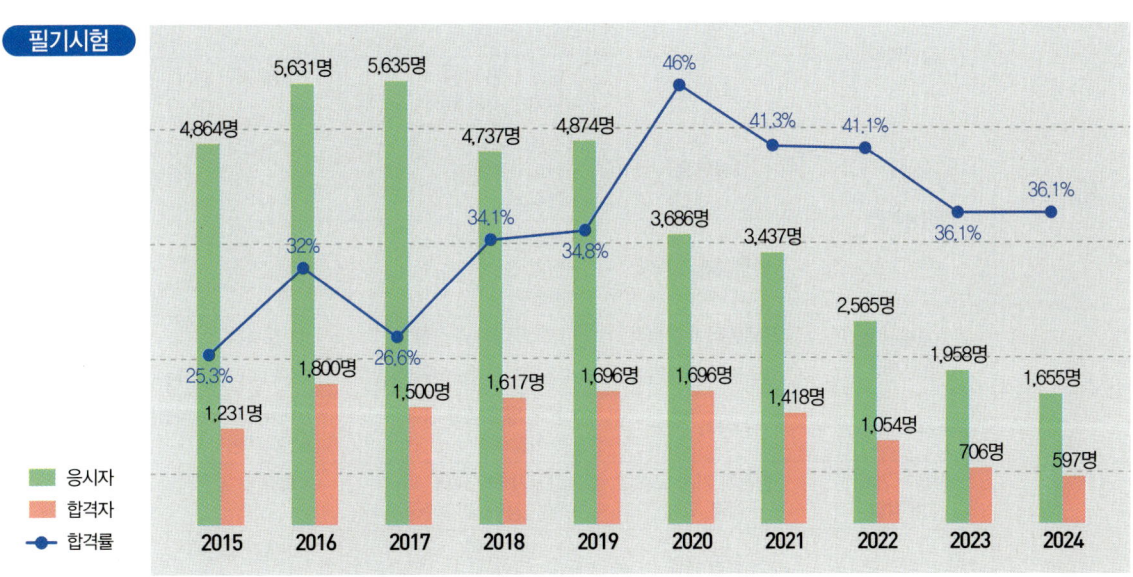

실기시험

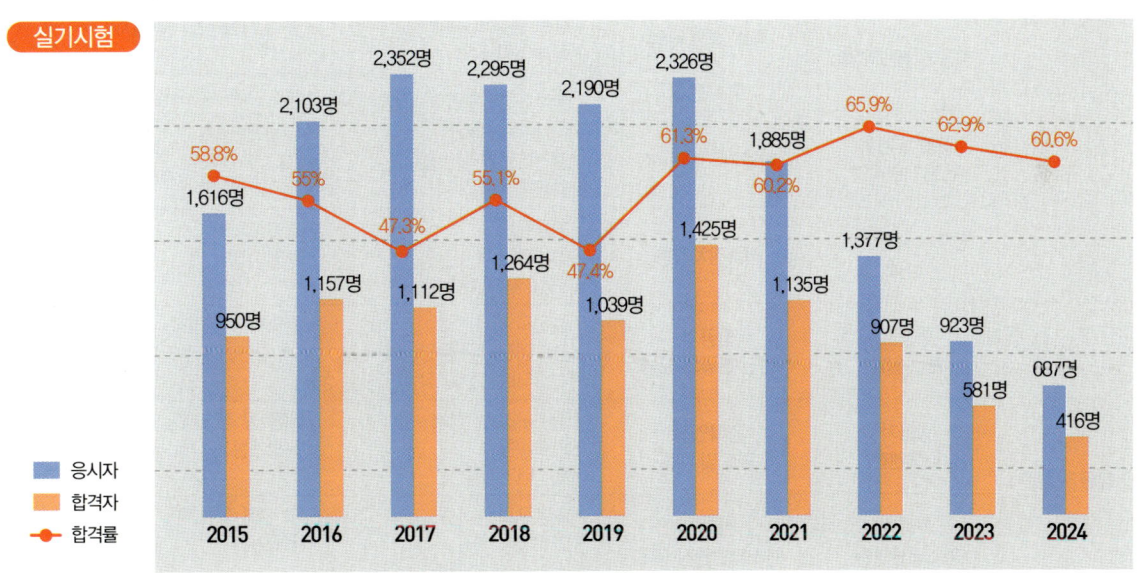

[항공산업기사] 필기

시험안내

출제기준

필기과목명	주요항목	세부항목	세세항목	
항공역학	공기역학	대기	• 대기의 구성 • 공기의 성질	• 표준대기
		날개이론	• 날개 단면 형상 • 날개의 공력 특성	• 날개 평면 형상
	비행역학	비행성능	• 수평비행성능 • 선회 비행성능 • 항속성능	• 상승·하강 비행성능 • 이·착륙 비행성능 • 특수 비행성능
		안정성과 조종성	• 세로 정안정성 • 방향 정안정성 • 조종성	• 가로 정안정성 • 동안정성
	프로펠러 및 헬리콥터	프로펠러 추진원리	• 프로펠러의 추진원리	• 프로펠러의 성능
		헬리콥터 비행원리	• 헬리콥터의 비행원리	• 헬리콥터의 성능
항공기 기체	항공기 기체 일반	항공기 구조	• 응력 및 변형률 • 부식방지	• 재료(철금속, 비철금속, 복합재료) • 연료계통
	항공기 기체 기본작업	항공기 기계 요소 체결, 고정	• 항공기 하드웨어 • 일반 공구 및 특수공구	• 체결 및 고정작업
	항공기 판금작업	판금 작업	• 전개도 작성 • 판재 성형	• 마름질 절단
		리벳 작업	• 리벳 종류와 규격 • 공구	• 리벳 작업 및 검사
	항공기 배관작업	튜브 성형 작업	• 튜브 종류와 규격 • 플레어링 작업	• 튜브 성형 작업 및 검사
		호스 연결	• 호스 종류 및 규격	• 호스 장착 및 검사
	항공기 기체 구조 정비작업	항공기 기체 구조	• 기체 구조 일반 • 엔진마운트 및 나셀 • 항공기 무게측정	• 동체 및 날개 • 도어 및 윈도우 • 항공기 리깅작업
	항공기 착륙장치 점검	착륙장치계통	• 착륙장치 • 휠·타이어 • 위치, 지시장치	• 조향장치 • 브레이크
항공기 엔진	항공기 엔진 일반	항공기 엔진 분류와 성능	• 엔진의 분류 • 왕복엔진의 작동원리 및 성능 • 가스터빈엔진의 작동원리 및 성능	• 열역학 기본법칙
	항공기 왕복엔진	왕복엔진 구조 및 계통	• 기본구조 및 점검 • 연료계통 • 흡·배기계통	• 시동 및 점화계통 • 윤활계통
	항공기 가스터빈엔진	항공기 가스터빈엔진 구조	• 기본구조 • 연료계통 • 방빙 및 냉각계통	• 시동 및 점화계통 • 윤활계통
	항공기 가스터빈 엔진 부품검사	부품손상 및 상태검사	• 육안검사 • 비파괴검사	• 내시경검사

필기과목명	주요항목	세부항목	세세항목	
항공기 엔진	항공기 프로펠러 점검	프로펠러 구조 및 계통	• 프로펠러 구조 및 명칭 • 프로펠러 검사	• 프로펠러 계통 및 작동
항공기 계통	항공전기 계통	전기회로	• 직류와 교류 • 직류 및 교류 측정장비	• 회로보호장치 및 제어장치
		직류 및 교류 전력	• 축전지 • 직류 및 교류 전동기	• 직류 및 교류 발전기
		변압, 변류 및 정류기	• 변압, 변류 및 정류기	
	항공기 공유압, 여압 및 공기조화계통	공유압	• 공압계통	• 유압계통
		여압 및 공기조화	• 여압 및 공기조화계통	• 산소계통
	항공 전기·전자 기본 작업	기본배선 작업	• 전선 연결 • 부품 납땜	
	항공 전기·전자계통 점검	측정장비 사용	• 측정과 오차	• 측정장비
		매뉴얼 활용	• 항공기정비매뉴얼(AMM) 개념 • 배선매뉴얼(WDM) 개념	• 결함분리매뉴얼(FIM) 개념
	항공기 조명계통 점검	조명장치	• 기내조명장치 • 비상조명장치	• 외부조명장치
	항공기 화재방지계통 점검	화재 탐지 및 방지	• 화재의 등급 및 특성 • 연기 감지기 종류 및 특성	• 화재·과열 탐지 계통의 종류 및 특성 • 소화장치
	항공기 통신계통 점검	통신장치	• 단파(HF)통신장치 • 위성통신(SATCOM)장치 • 비상조난신호장치(ELT)	• 초단파(VHF)통신장치 • 인터폰장치
	항공기 항법계통 점검	항법장치	• 무선항법장치 • 위성항법장치 • 계기착륙장치	• 관성항법장치 • 보조항법장치
		자동비행장치	• 자동조종장치	• 자동추력제어장치
	항공기 계기계통 점검	계기 점검	• 항공계기일반 • 압력 및 온도계기 • 회전계기 • 자기 및 자이로 계기	• 피토 정압계통계기 • 동조계기 • 액량 및 유량계기
		비행기록장치 점검	• 조종실음성기록장치(CVR) • 신속조회기록장치(QAR)	• 비행자료기록장치(DFDR)
		음성경고장치 점검	• 음성경고장치 종류 및 기능	• 음성경고장치 구성
		집합계기 점검	• 집합계기 종류 및 기능	• 집합계기 구성
	항공기 제빙·방빙·제우 계통 점검	제빙·방빙·제우 계통	• 제빙계통 • 제우계통	• 방빙계통
	항공기 안전관리	안전관리 일반	• 정비 매뉴얼 안전 절차 • 산업안전보건법(항공기 지상안전 분야) • 항공안전관리시스템(SMS : Safety Management System) 기본 개요	• 화재 및 예방

[항공산업기사] 필기

구성 및 특징

핵심이론

필수적으로 학습해야 하는 중요한 이론들을 각 과목별로 분류하여 수록하였습니다. 시험과 관계없는 두꺼운 기본서의 복잡한 이론은 이제 그만! 시험에 꼭 나오는 이론을 중심으로 효과적으로 공부하십시오.

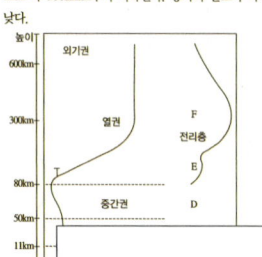

10년간 자주 출제된 문제

출제기준을 중심으로 출제 빈도가 높은 기출문제와 필수적으로 풀어보아야 할 문제를 핵심이론당 1~2문제씩 선정했습니다. 각 문제마다 핵심을 찌르는 명쾌한 해설이 수록되어 있습니다.

FORMULA OF PASS · SDEDU.CO.KR

STRUCTURES

과년도 기출문제

지금까지 출제된 과년도 기출문제를 수록하였습니다. 각 문제에는 자세한 해설이 추가되어 핵심이론만으로는 아쉬운 내용을 보충 학습하고 출제경향의 변화를 확인할 수 있습니다.

최근 기출복원문제

최근에 출제된 기출문제를 복원하여 가장 최신의 출제경향을 파악하고 새롭게 출제된 문제의 유형을 익혀 처음 보는 문제들도 모두 맞힐 수 있도록 하였습니다.

[항공산업기사] 필기

최신 기출문제 출제경향

- 프로펠러 이론
- 항공기의 고속불안정
- 왕복엔진과 가스터빈엔진의 점화장치
- 축류형 터빈 반동도
- 항공기 기체구조 형식
- 단면의 1차 모멘트
- 3상 교류 등가변환
- 여압계통 플로 밸브 역할

- 비행기의 가로세로비
- 프로펠러 항공기의 마력분포 설명
- 항공기의 최대항속거리 조건
- 마그네토에 대한 설명
- Fly-by-wire 조종계통
- 주날개에 작용하는 하중배수
- 너트의 규격과 부품 번호
- 유압계통에 대한 설명

2019년 4회   **2020년 1·2회 통합**   **2020년 3회**   **2021년 2회**

- 항공기 등속도 수평비행 시 하중배수
- 항공기의 정적안정성
- 대기층과 각층의 설명
- 가스터빈엔진의 역추력장치
- 아라미드 섬유의 특징
- 볼트의 규격과 부품 번호
- 사이클별 열효율
- 전파고도계의 특징

- 압력중심과 공력중심
- 항공기의 비행성능
- 유압계통 밸브별 사용목적
- 전기 이론(옴의 법칙, 전력계산 등)
- 왕복엔진 마그네토 종류 및 구조
- 가스터빈엔진 압축기 실속 원인 및 대처 방법
- 항공기 무게변화에 따른 모멘트 계산
- 항공기 하드웨어(볼트, 너트, 리벳 등)에 대한 규격 이해

TENDENCY OF QUESTIONS

2022년 2회
- 항공기의 유도항력
- 동력장치별 최대항속거리 받음각 조건
- 직류 전동기별 특성
- 비행기의 안정성과 조종성의 관계
- 헬리콥터의 비행 원리
- 직류 및 교류 발전기의 원리
- 열역학 기본법칙
- 엔진 연료계통
- 복합재료의 특징
- V-n선도의 이해

2023년 1회
- 유체 흐름의 조건
- 비행기의 조종력을 결정하는 요소
- 터보제트엔진의 진추력
- 가스터빈엔진의 시동 절차
- 세미모노코크 구조에 대한 설명
- 항공기 부식을 예방하기 위한 표면처리 방법
- 항공기 계기의 분류
- 화재탐지기에 요구되는 기능과 성능

2024년 1회
- 트림상태의 의미
- 레이놀즈수의 정의
- 비행기의 3축 운동
- 항공기 리깅(Rigging) 체크 시 일치 상태 점검 사항
- 부식의 종류
- 솔벤트 세제의 종류
- 자분 탐상 검사의 원리
- 열역학 제1법칙과 열역학 제2법칙
- 마그네틱 칩 디텍터의 용도
- 9실린더 성형엔진의 점화 순서
- 키르히호프의 제1법칙과 제2법칙

2025년 1회
- 동적 세로 안정 관련 운동
- 실속 발생이 쉬운 날개골
- 튜브의 플레어링
- 조종 계통 관련 장치
- 프로펠러의 효율
- 가스터빈엔진 연료의 필요조건
- 탄성오차
- 공기압 계통의 특징
- 열전대식 온도계
- 항법장치

이 책의 목차

[항공산업기사] 필기

빨리보는 간단한 키워드

PART 01	핵심이론

CHAPTER 01	항공역학	002
CHAPTER 02	항공기 기체	029
CHAPTER 03	항공기 엔진	060
CHAPTER 04	항공기 계통	089

PART 02	과년도 + 최근 기출복원문제

2014년	과년도 기출문제	112
2015년	과년도 기출문제	163
2016년	과년도 기출문제	214
2017년	과년도 기출문제	265
2018년	과년도 기출문제	314
2019년	과년도 기출문제	367
2020년	과년도 기출문제	418
2021년	과년도 기출복원문제	451
2022년	과년도 기출복원문제	483
2023년	과년도 기출복원문제	518
2024년	과년도 기출복원문제	553
2025년	최근 기출복원문제	588

빨간키

빨리보는 간단한 키워드

CHAPTER 01 항공역학

- **대기권**
  대류권, 성층권, 중간권, 열권, 외기권

- **표준대기**
  표준 압력, 온도, 밀도, 음속, 중력가속도의 정의

- **유체의 흐름**
  이상유체 개념, 유동의 종류, 경계층의 개념, 박리의 조건

- **연속방정식**
  - 질량 유량 $\dot{m} = \rho_1 A_1 V_1 = \rho_2 A_2 V_2$
  - 체적 유량 $Q = A_1 V_1 = A_2 V_2$

- **레이놀즈수**
  $Re = \dfrac{\rho VD}{\mu} = \dfrac{VD}{\nu}$

- **마하수, 음속**
  $M = \dfrac{V}{a}$, $a = \sqrt{\gamma RT}$

- **정압, 동압, 베르누이 법칙**
  베르누이 법칙 : 정압 + 동압 = 전압 = 일정 ($p + \dfrac{1}{2}\rho V^2 = p_t = $ 일정)

- **피토관에 의한 속도측정**

$$V = \sqrt{\frac{2(p_t - p)}{\rho}}$$

- **NACA 계열 날개골**

    날개단면의 명칭, 4자 계열, 5자 계열

- **가로세로비, 평균공력시위**

    - $AR = \dfrac{b}{c} = \dfrac{b^2}{bc} = \dfrac{b^2}{S}$

    - 평균공력시위 $\bar{c} = \dfrac{S}{b}$

- **날개의 기하학적 구성**

    받음각 α, 붙임각 i, 쳐든각, 뒤젖힘각 Λ, 테이퍼비 λ의 정의

- **항 력**

    - 유해항력 = 형상항력 + 조파항력

    - 유도항력 $C_{Di} = \dfrac{C_L^2}{\pi e AR}$

- **양 력**

    양력의 발생원리(베르누이 법칙, 매그너스 효과, 작용반작용)

- **공력중심, 압력중심**

    공력중심(CP), 압력중심(AC)의 정의

- **양항비**

$$\frac{L}{D} = \frac{C_L \frac{1}{2}\rho V^2 S}{C_D \frac{1}{2}\rho V^2 S} = \frac{C_L}{C_D} \text{의 정의}$$

- **수평 등속비행**
  - 양력 = 중력
  - 추력 = 항력

- **선회비행**
  - 양력 $L_{선회비행}$ + 중력 W + 원심력의 벡터합은 0
  - 정상선회 시 구심력 = 원심력, 비정상 선회 시 외활, 내활의 조건

- **하중배수**

$$n = \frac{L}{W}, \quad n_{수평비행} = 1, \quad n_{선회비행} = \frac{1}{\cos\theta}$$

- **동력, 이용동력, 필요동력**
  - 동력 = 힘 × 속도, 이용동력(P_a) = 추력(T) × 비행속도(V)
  - 필요동력(P_r) = 항력(D) × 비행속도(V)

- **상승비행**
  - 이용동력(P_a) = 필요동력(P_r) + 여유동력(ΔP)
  - 상승률 = $\dfrac{\Delta P}{W}$

- **조종면**

  에일러론→롤링, 엘리베이터→피칭, 러더→요잉

- **조종력 경감장치**

  앞전, 혼, 내부, 프리즈 밸런스/트림, 밸런스, 서보, 스프링 탭

- **고양력장치**

  단순, 스플릿, 슬롯, 파울러 플랩/슬롯, 슬랫, 크루거, 드룹트 플랩

- **고항력장치**

  비행 스포일러, 지상 스포일러, 역추력 장치

- **세로안정성**

  음의 피칭모멘트에 의한 정적 세로안정성, 장주기 및 단주기 동적 세로안정성

- **피칭모멘트**

  $M = C_M \cdot q \cdot S \cdot \bar{c}$ 즉, 피칭모멘트 계수, 동압, 날개 면적, 평균 공력 시위에 비례

- **상반각**

  상반각이 가져오는 가로안정성

- **이륙, 착륙**

  이착륙 거리의 정의, 제트기 35ft, 프로펠러기 50ft 기준

- **항속거리, 항속시간**

  브레게의 공식에 의하면
  - 프로펠러기
    - 최대 항속거리 : $\dfrac{C_L}{C_D}$
    - 최대 항속시간 : $\dfrac{C_L^{\frac{3}{2}}}{C_D}$
  - 제트기
    - 최대 항속거리 : $\dfrac{C_L^{\frac{1}{2}}}{C_D}$
    - 최대 항속시간 : $\dfrac{C_L}{C_D}$

■ 프로펠러
- 유효피치, 기하학적 피치의 정의
- 프로펠러 슬립 = (기하학적 피치-유효피치)/기하학적 피치
- 미소 추력 $dT = dL\cos\phi - dD\sin\phi$, 진행률 $J = \dfrac{V}{nD}$
- 효율 $\eta = \dfrac{\text{이용동력}}{\text{공급동력}} = \dfrac{TV}{P_{공급}} = \dfrac{C_T}{C_P}J = \dfrac{V}{V + \dfrac{v}{2}}$

■ 헬리콥터
코닝각, 회전력, 편류, 양력 비대칭, 플래핑, 리드 래그, 페더링 힌지, 자유 회전 장치, 동시피치 제어장치, 주기피치 제어장치

CHAPTER 02 항공기 기체

- **동체 구조**
  - 항공기 위치 표시 방식
  - 트러스 구조, 모노코크 구조, 세미모노코크 구조 이해
  - 세미모노코크 구조의 구성품
  - 페일 세이프 구조 종류

- **날개**
  - 날개 구성품(리브, 스파, 스트링어 등)
  - 플랩과 스포일러 종류 및 기능
  - 관련 장치(나셀, 엔진 마운트, 카울링 용어 이해)

- **조종 장치**
  - 비행기 3축 운동과 관련 1차 조종면
  - 조종계통 관련 장치(풀리, 페어리드, 벨 크랭크)
  - 탭의 종류

- **착륙 장치**
  - 착륙 장치 구성품
  - 올레오식 완충 장치
  - 타이어 및 제동 장치

- **알루미늄 합금**
  - AA 규격 및 식별
  - 알루미늄 합금 종류(내식 및 고강도)
  - 알루미늄 합금 열처리에 따른 부호 식별

- **기타 금속 재료**
  - 타이타늄 합금 특징
  - 마그네슘 합금 특징
  - 강의 종류 및 식별 부호

- **비금속 재료**

  플라스틱 및 고무 특징

- **복합재료**
  - 복합재료 의미 및 장점
  - 강화섬유 종류와 특징
  - 모재 종류와 특성

- **복합재료 가공**
  - 복합재료 가압 방식
  - 복합재료 적층 방식

- **항공기 볼트**
  - NF(American National Fine Pitch) 계열 나사
  - AN 볼트 규격 및 식별
  - 볼트 취급 주의사항
  - 볼트의 종류

- **항공기 너트**
  - 너트의 종류와 특징
  - 자동고정너트 사용
  - 너트의 규격 및 식별

- **항공용 기계 요소**
  - 스크루 종류
  - 와셔 기능 및 규격
  - 코터핀 사용법 및 주의사항
  - 턴 로크 파스너 종류

- **솔리드 섕크 리벳**
  - 솔리드 섕크 리벳과 블라인드 리벳의 차이점 이해
  - 리벳 재질에 따른 머리 표시
  - 아이스박스 리벳
  - 리벳 규격 및 식별

- **블라인드 리벳**

  블라인드 리벳의 종류 및 특징

- **리벳 작업**
  - 리벳 작업 사용 공구
  - 리벳의 치수 및 배치
  - 리벳 제거 작업 순서 및 방법
  - 딤플링 작업 시 주의사항

- **하중과 응력**
  - 하중의 종류
  - 수직응력과 전단응력
  - 변형률 계산
  - 응력-변형률 선도 이해

- **무게와 평형**
  - 무게중심의 $\% \mathrm{MAC} = \dfrac{H - X}{C} \times 100$
  - 항공기 하중 종류
  - 무게중심위치 계산

- **기체 기본 작업**
  - 클리닝 아웃 종류
  - 연장공구 사용 시 토크렌치 토크값 계산

- **케이블 작업**
  - 턴버클과 케이블
  - 케이블 취급 시 주의사항
  - 케이블 단자 연결법

- **기체 판금 작업**
  - 전개도 작성
  - 굽힘 여유 이해
  - 세트백 이해
  - 실제 판재 길이 구하는 법 계산
  - 중립선 의미
  - 각종 판금 작업(범핑, 플랜징)

- **호스 및 튜브 작업**
  - 호스 종류 및 규격
  - 호스 장착 시 유의 사항
  - 튜브 종류와 규격
  - 튜브 성형 작업
  - 플레어링 작업의 종류

- **항공기 부식**
  - 부식의 종류
  - 이질 금속 간 부식의 이해

- **부식 방지 처리 방법**
  - 양극산화 처리
  - 알로다인 처리
  - 인산염 피막 처리

- **항공기 세척**
  - 습식 세척
  - 건식 세척
  - 광택내기

- **솔벤트 세제의 종류**
  - 석유 솔벤트
  - 지방족 타프타
  - 안전 솔벤트(메틸클로로폼)
  - 메틸에틸케톤(MEK)

- **항공기 검사(비파괴 검사의 종류)**
  - 침투 탐상 검사
  - 자분 탐상 검사
  - 방사선 검사
  - 초음파 검사
  - 와전류 검사

- **항공기 리깅 작업**
  - 리깅 작업의 의미
  - 리깅 체크 시 점검사항 파악

CHAPTER 03 항공기 엔진

- **각종 사이클(Cycle)**
  - 오토 사이클
  - 브레이턴 사이클
  - 카르노 사이클

- **왕복엔진 개요 및 분류**
  - 외연엔진과 내연엔진 구분
  - 압축 착화식과 점화플러그 점화방식
  - 로켓엔진의 연소 방식(공기 흡입 없음)

- **기본 단위**
  - 1PS = 75kgf · m/s = 0.735kW
  - $F = \dfrac{9}{5}C + 32(°F)$

  여기서, F : 화씨 온도, C : 섭씨 온도

- **비 열**
  - 비열비 $k = \dfrac{C_p}{C_v} > 1$
  - 열량 $Q = mC(t_2 - t_1)(\text{kcal})$

- **이상기체 상태 방정식**

  $\dfrac{P_1 V_1}{T_1} = \dfrac{P_2 V_2}{T_2}$

- **열효율**
  - 오토 사이클 $\eta_o = 1 - \left(\dfrac{1}{r}\right)^{k-1} = 1 - \left(\dfrac{1}{r^{k-1}}\right)$
  - 브레이턴 사이클 $\eta_b = 1 - \left(\dfrac{1}{r}\right)^{\frac{k-1}{k}}$

- **폴리트로픽 과정**

  $Pv^n = C$에서
  - 정압 과정($n=0$) : $P = C$
  - 등온 과정($n=1$) : $Pv = C$
  - 단열 과정($n=k$) : $Pv^k = C$
  - 정적 과정($n \to \infty$) : $v = C$

- **마력과 기계효율**
  - $iHP = \dfrac{P_{mi}LANK}{75 \times 2 \times 60}$ (PS), $fHP = iHP - bHP$
  - $\eta_m = \dfrac{bHP}{iHP}$

- **압축비**

  $\varepsilon = \dfrac{V_c + V_s}{V_c} = 1 + \dfrac{V_s}{V_c}$

- **왕복엔진 구조**

  실린더, 피스톤, 피스톤 링, 커넥팅 로드, 다이내믹 댐퍼 특징

- **밸브와 밸브 기구**
  - 밸브 리드와 밸브 래그
  - 배기 밸브 냉각(금속 나트륨)
  - 밸브 오버 랩과 체적 효율과의 관계
  - 밸브 약어

- **과급기**
  - 평균 유효 압력 증가에 따른 출력 증가
  - 슈퍼 차저와 터보 차저 차이점

- **왕복엔진 연료와 연소**
  - AV-GAS
  - 옥탄가와 퍼포먼스 수
  - 노킹의 원인
  - 연료의 기화성과 베이퍼 로크

- **왕복엔진 연료계통**
  - 구성품 역할(프라이머, 릴리프 밸브, 바이패스 밸브)
  - 역화와 후화

- **부자식 기화기**
  - 주 공기 블리드
  - 완속 장치
  - 이코노마이저 장치
  - 가속 장치
  - 니들 밸브와 유면 높이

- **왕복엔진 윤활계통**
  - 건식계통과 습식계통의 차이점 이해
  - 윤활유 구비조건
  - SUS(세이볼트 유니버설 초)
  - 하이드로릭 로크의 의미

- **마그네토 점화계통**
  - 고압 점화계통과 저압 점화계통의 차이점 이해
  - 마그네토 구성품 기능(콘덴서)
  - 외부점화시기 조절과 내부점화시기 조절
  - 마그네토 표시
  - 실린더 점화순서

- **왕복엔진 검사**
  - 비파괴 검사 종류
  - 윤활유 분광시험(SOAP)

- **가스터빈엔진 종류**
  - 가스터빈엔진과 램제트, 로켓엔진의 비교
  - 터보팬엔진의 특징 및 바이패스 비
  - 가스발생기

- **압축기**
  - 축류식 압축기 장단점
  - 압축기 실속 원인
  - 압축기 실속 방지책 및 가변 스테이터 깃(VSV) 기능

- **연소실**
  - 연소실 종류 및 구비 조건
  - 1차 연소영역과 2차 연소영역(스월 가이드 베인 기능)

- **터 빈**
  - 반동터빈과 충동터빈 및 실제 깃
  - 터빈 깃 냉각 방법

- **가스터빈엔진 연료**
  - 군용 연료와 민간용 연료 구분
  - 연료 구비 조건

- **가스터빈엔진 연료계통**
  - 연료 조절 장치 기능 및 특징
  - 여압 및 드레인 밸브
  - 애프터 버너

- **가스터빈엔진 윤활계통**
  - Cold Tank Type과 Hot Tank Type 구분
  - 연료-오일 냉각기, 딥스틱, 마그네틱 칩 디텍터, 호퍼 역할

- **가스터빈엔진 시동 및 점화계통**
  - 공기 터빈식 시동기 특징
  - 교류 고전압 용량형 점화장치 개요 파악
  - 왕복엔진 점화 계통과의 차이점 이해

- **흡기 및 배기 계통**
  - 흡입 덕트 형태
  - 아음속기와 초음속기의 배기 덕트 형태 구분

- **그 밖의 장치**
  역추력 장치, 소음방지 장치, 물분사 장치 개념 이해

- **가스터빈엔진의 성능**
  - 터보제트엔진 진추력 $F_n = \dfrac{W_a}{g}(V_j - V_a)$
  - 추력마력 $tHP = \dfrac{F_n V_a}{g \times 75}(\text{PS})$
  - 터보제트엔진의 추진 효율 $\eta_p = \dfrac{2V_a}{V_j + V_a}$

- **프로펠러**
  - 프로펠러 효율과 깃각 관계
  - 프로펠러 피치와 슬립의 정의
  - 프로펠러 깃 각
  - 프로펠러 종류
  - 정속 프로펠러와 조속기의 작동
  - 페더링 프로펠러와 역피치 프로펠러

CHAPTER 04 항공기 계통

- **항공기 전기 일반**
    - 도체의 저항 $R = \rho \dfrac{L}{A}$
    - 교류 회로 커패시터의 경우 용량성 리액터스 $X_C = \dfrac{1}{2\pi f C}$
    - 교류 회로 인덕터의 경우 유도성 리액턴스 $X_L = 2\pi f L$
    - 임피던스 Z는 저항(R)과 리액턴스(X)의 벡터합으로서 교류의 총저항
    - 키르히호프의 전류법칙 : 도선 접합점에서의 전류의 합은 0
    - 키르히호프의 전압법칙 : 폐회로를 따른 전압 강하의 합은 0
    - 교류의 피상전력(Apparent Power) : $P_A = EI (\mathrm{VA})$
    - 교류의 유효전력(True Power) : $P_T = EI \cos\theta = I^2 R (\mathrm{W})$
    - 역률(Power Factor) : $\cos\theta$, 유효전력과 피상전력의 비, 전압과 전류의 위상차
    - 무효전력(Reactive Power) : $P_R = EI \sin\theta (\mathrm{Var})$
    - 3상 교류 Y결선 : 선간전압 = $\sqrt{3}$ ×상전압, 선간전류=상전류

- **항공기용 축전지**
    - 역 할
    - 납산 축전지, 니켈-카드뮴 축전지
    - 축전지 충전법 : 정전압, 정전류

- **항공기용 발전기**

    직류 발전기, 교류 발전기의 원리

- **항공기용 전동기**
    - 직류 전동기, 교류 전동기의 원리
    - 직류 전동기 종류 : 직권식, 분권식, 복권식
    - 교류 전동기 종류 : 만능, 유도, 동기

- **항공기용 부하계통**
  시동, 화재 탐지, 소화, 방빙, 제빙, 조명, 경고

- **항공기용 계기의 구조**
  특징, 배열, 계기판, 색표지(청색·흰색·녹색·노란색 호선, 적색·흰색 방사선)

- **항공기용 계기 종류-피토정압관 계기**
  - 정압 이용 계기 : 고도계, 승강계
  - 정압, 전압 이용 계기 : 속도계

- **고도계의 보정** : QFE, QNH, QNE

- **속도계의 보정** : IAS, CAS, EAS, TAS

- **자기 계기(방위의 종류)**
  - 정적오차(반원차, 4분원차, 붙이차)
  - 동적오차(북선 오차, 가속도 오차, 와동 오차)

- **계기 종류-자이로 계기**
  - 자이로의 특성(강직성, 섭동성)
    - 강직성 이용 계기 : 방향지시계
    - 섭동성 이용 계기 : 선회계
    - 강직성 및 섭동성 이용 계기 : 수평지시계

- **계기 종류-회전 계기**
  RPM 계기, N1, N2계기

- **계기 종류-압력 계기**
  압력의 단위, 압력의 종류(절대압력, 계기압력), 수감부(부르동관, 벨로스, 아네로이드, 다이어프램), 계기 종류

■ 계기 종류-온도 계기

증기압식, 바이메탈, 전기저항식, 열전쌍식(철-콘스탄탄, 알루멜-크로멜)

■ 계기 종류-자동 동기 계기

직류 셀신, 교류 셀신(오토신, 마그네신)

■ 계기 종류-액량 및 유량 계기
- 액량계기 : 직독식, 플로트식, 전기용량식
- 유량계기 : 차압식, 베인식, 질량식

■ 작동유
- 조건 : 점성, 부식성, 인화점, 비등점
- 종류 : 식물성유, 광물성유, 합성유

■ 유압 동력계통 및 장치

탱크, 동력 펌프(기어형, 지로터형, 베인형, 피스톤형), 수동 펌프, 축압기(다이어프램형, 블래더형, 피스톤형)

■ 압력 조절, 제한, 제어 장치

압력조절기(킥인, 킥아웃), 릴리프 밸브, 프라이오리티 밸브, 퍼지 밸브, 감압 밸브, 디부스터 밸브

■ 흐름 방향 및 유량 제어 장치
- 방향 제어 장치 : 선택 밸브, 체크 밸브, 시퀀스 밸브, 바이패스 밸브, 셔틀 밸브
- 유량 제어 장치 : 흐름평형기, 흐름조절기, 유압 퓨즈, 오리피스, 오리피스 체크 밸브, 미터링 체크 밸브, 유압관 분리 밸브

■ 유압 작동기 및 작동 계통

유압 작동기, 공기압 계통의 구성

■ 객실 여압 계통
- 비행 고도, 객실 고도, 아웃 플로 밸브
- 객실안전 압력밸브 : 압력 릴리프 밸브, 부압 릴리프 밸브, 덤프 밸브

- **공기 조화 계통 및 장치**

    냉각 계통(ACM) : 압축기, 열교환기, 터빈, 수분분리기

- **제빙, 방빙 및 제우**
    - 방빙 : 화학적, 열적
    - 제우 : 윈드실드 와이퍼, 에어 커튼, 레인 리펠런트

- **비상 장비**

    안전벨트, 구명보트, 구명조끼, 비상 송신, 긴급 탈출 장치

- **화재탐지장치**
    - 화재탐지기 종류 : 유닛식, 저항 루프, 열 스위치
    - 연기탐지기 종류 : 광전기, 시각, 일산화탄소

- **전 파**
    - 분류 : 장파(LF), 중파(MF), 단파(HF), 초단파(VHF), 극초단파(UHF)
    - 전달방식 : 지상파(지표파, 직접파, 지표반사파), 공간파
    - 전파전달 이상현상 : 페이딩, 자기폭풍, 델린저

- **전리층**

    D, E, F층

- **송신기, 수신기**
    - 변조방식 : AM(진폭 변조), FM(주파수 변조)
    - 송신기 : 입력변환기, 발진기, 변조기, 증폭기, 안테나
    - 수신기 : 안테나, 증폭기, 복조기, 출력변환기
    - 단파(HF)통신장치, 초단파(VHF)통신장치

- **인터폰 시스템**

    플라이트 인터폰, 서비스 인터폰, 객실 인터폰, 승객 안내 시스템, 승객 서비스 시스템, 승객 오락 시스템

- **방향지시 항법계기**
  ADF, VOR

- **관성항법장치**
  원리, 종류(IRS, 스트랩 다운)

- **ILS**
  로컬라이저, 글라이드 슬로프, 마커 비컨

교육은 우리 자신의 무지를 점차 발견해 가는 과정이다.

- 윌 듀란트 -

PART 01

핵심이론

CHAPTER 01　항공역학

CHAPTER 02　항공기 기체

CHAPTER 03　항공기 엔진

CHAPTER 04　항공기 계통

CHAPTER 01 항공역학

제1절 공기역학

핵심이론 01 대기권의 구조

① 대류권(Troposphere)

지표에서 약 11km(36,000ft)까지, 구름이 존재하고 바람이 불고 눈, 비가 오는 등의 기상 변화는 대류권에서만 일어난다. 공기의 대류 현상이 나타난다. 대류권과 성층권 사이를 대류권계면(Tropopause)이라고 하며, 이곳에는 제트기류가 흐르기도 한다. 제트기류는 서쪽에서 동쪽으로 불며 100km/h 이상의 속도로 분다. 지표에서 높이 올라갈수록 지구에서 나오는 열을 덜 받게 되어 온도가 6.5℃/1,000m씩 감소한다.

② 성층권(Stratosphere)

공기가 급격히 희박해지면서 50km에 이르며, 25km의 고도까지는 온도가 일정하고 그 이상의 고도에서는 공기 중의 오존층이 자외선을 흡수하기 때문에 중간권에 이를 때까지 온도가 증가한다.

③ 중간권(Mesosphere)

고도에 높아짐에 따라 온도가 감소하며, 그 고도는 약 80km에 이른다.

④ 열권(Thermosphere)

고도 80~500km 사이에 존재. 열권에는 태양이 방출하는 자외선에 의해 공기가 전리되어 자유전자의 밀도가 커지는 전리층이 있다. 이 전리층은 전파를 흡수하거나 반사하는 작용을 함으로써 무선 통신에 영향을 미친다. 극지방에서 발생하는 오로라나 유성이 밝은 빛의 꼬리를 남기는 일도 이 열권에서 발생한다.

⑤ 외기권(Exosphere)

고도 약 500km로부터 시작된다. 공기의 밀도가 극히 낮다.

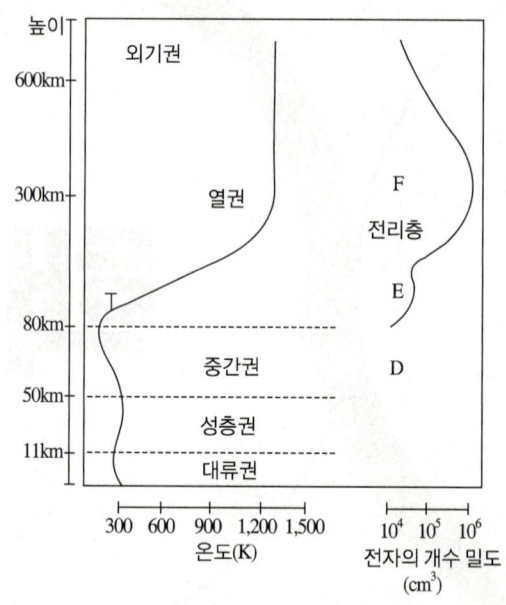

10년간 자주 출제된 문제

해면에서의 온도가 20℃일 때 고도 5km의 온도는 몇 ℃인가?
① -12.5
② -13.5
③ -14.5
④ -15.5

|해설|

1km당 6.5℃씩 온도가 떨어진다.

정답 ①

핵심이론 02 표준대기

표준 대기압으로 해면 고도의 압력, 밀도, 온도, 음속 및 중력 가속도는 다음과 같이 정한다.

① 압력 : $P_0 = 760\text{mmHg} = 1.013 \times 10^5 \text{N/m}^2 = 1.033 \text{kgf/cm}^2$

② 밀도 : $\rho_0 = 1.225 \text{kg/m}^3 = 0.125 \text{kgf} \cdot \text{s}^2/\text{m}^4$

③ 온도 : $t_0 = 15℃$, $T_0 = 288\text{K}$

④ 음속 : $a_0 = 340\text{m/s}$

⑤ 중력가속도 : $g = 9.8 \text{m/s}^2 = 32.2 \text{ft/s}^2$

10년간 자주 출제된 문제

해면고도에서 표준대기의 특성값으로 틀린 것은?

① 표준온도는 15°F이다.
② 밀도는 1.23kg/m³이다.
③ 대기압은 760mmHg이다.
④ 중력가속도는 32.2ft/s²이다.

[해설]

표준온도는 15℃이다.

정답 ①

핵심이론 03 유체의 흐름

① **정상 유동(Steady Flow)** : 어느 한 점에서의 밀도, 압력, 속도 등의 유동특성이 시간이 경과해도 크기, 방향이 모두 변하지 않는 유동을 말한다.

② **비정상 유동(Unsteady Flow)** : 비정상 유동에서는 어느 한 점의 유동특성의 크기와 방향이 시간이 경과함에 따라 계속 변한다.

③ **층류 유동(Laminar Flow)** : 층류에서는 서로 이웃하는 층 사이에 유체 입자들의 섞임 없이, 이웃하는 층과 층이 서로 원활하게 미끄러지면서 흐른다.

④ **난류 유동(Turbulent Flow)** : 이웃하는 층 사이의 유체 입자들이 무질서하게 섞이면서 불규칙하게 흐르는 유동. 난류 유동에서 유체 입자들의 불규칙한 운동으로 속도의 변동이 발생하므로 유체 입자의 혼합이 발생한다.

⑤ **점성 유동(Viscous Flow)** : 점성을 가진 유체의 흐름을 말한다.

⑥ **비점성 유동(Inviscous Flow)** : 점성이 유체흐름에 영향을 미치지 않는 유동. 이상적인 유체가 흐르는 이상 유동(Ideal Flow)은 비점성 유동이다. 일반적으로 유동영역은 점성의 영향이 크게 나타나는 유동의 영역, 즉 경계층(Boundary) 영역과 점성의 영향이 거의 나타나지 않는 비점성 유동 영역으로 구분한다.

㉠ 유체가 평판 위로 흐르는 그림을 보면 층류 경계층보다 난류 경계층의 속도 구배가 더 커서 전단응력, 즉 마찰저항도 더 크다. 임계 레이놀즈수를 넘으면 층류 경계층이 천이구역을 거쳐 난류 경계층으로 변한다. 표면 마찰 항력계수는 레이놀즈수의 제곱근, 즉 $\sqrt{Re_x}$ 에 반비례한다.

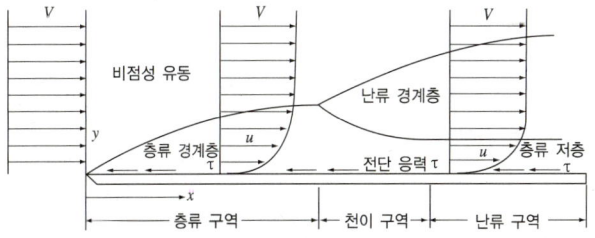

ⓒ 유체가 곡면 위로 흐르는 그림을 보면 역압력 구배 지역에서는 유체가 뒤로 갈수록 유체가 가진 운동에너지가 감소하며 압력이 커지게 되어 유체가 흐르기 어렵게 되는 유체의 분리, 즉 박리(Separation)가 일어난다. 분리점 이후부터는 유체가 앞으로도 흐르게 된다.

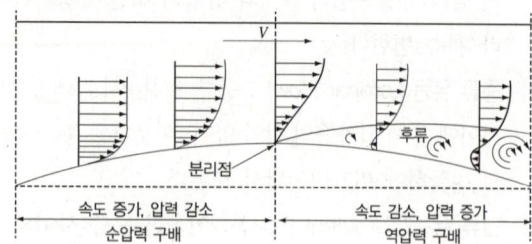

⑦ 압축성 유동

공기 중을 비행하는 물체의 마하수가 0.3 이상일 때는 유체의 압축성을 무시할 수 없는 유동으로 압축성 유동(Compressible Flow)으로 간주한다.

⑧ 비압축성 유동

비압축성 유동(Incompressible Flow)은 유체의 압축성을 무시할 수 있는 유동으로, 공기 중을 비행하는 물체의 마하수가 0.3 이하의 저속일 경우 유동에 적용할 수 있다.

10년간 자주 출제된 문제

3-1. 유체흐름을 쉽게 해석하기 위하여 이상유체(Ideal Fluid)를 설정한다. 이상유체의 전제조건으로 가장 옳은 것은?

① 압력변화가 없다.
② 온도변화가 없다.
③ 흐름속도가 일정하다.
④ 점성의 영향을 무시한다.

3-2. 다음 중 경계층 제어와 가장 관계 깊은 날개요소는?

① Tab
② Spoiler
③ Slot
④ Split Flap

|해설|

3-1
이론 ⑥ 비점성유동 참조

3-2
날개 앞전 부근에 난 틈(Slot)을 통해 날개 밑면의 공기를 윗면으로 공급하여 윗면 경계층에 운동에너지를 공급하고 역압력이 시작되는 지점을 늦춰서 경계층의 박리를 억제시킨다.

정답 3-1 ④ 3-2 ③

핵심이론 04 연속방정식(Continuity Equation)

① 연속법칙은 질량보존법칙으로 에너지보존법칙과는 관계가 없다. 유체가 흘러가는 과정에서 단위 시간에 특정한 단면적을 통과하는 유체의 질량은 항상 일정하다는 법칙이 연속 법칙이다.
② 단위 시간에 특정한 단면적을 통과하는 유체의 질량, 즉 질량유량(Mass Flow Rate) $\dot{m} = \rho A V$는 1단면과 2단면에서 같다.
③ 만약 밀도가 일정하다면 즉 비압축성 유체의 경우, 단위 시간에 특정한 단면적을 통과하는 유체의 체적, 즉 체적유량(Flow Rate) $Q = AV$는 1단면과 2단면에서 같다.

10년간 자주 출제된 문제

면적이 20m²인 도관을 공기가 15m/s의 속도로 흐른다면 도관을 지나는 공기의 질량 유량은 몇 kg/s인가?(단, 공기의 밀도가 2kg/m³이다)

① 30
② 40
③ 300
④ 600

[해설]

$$\dot{m} = \rho A V = 2\frac{\text{kg}}{\text{m}^3} \times 20\text{m}^2 \times 15\frac{\text{m}}{\text{s}} = 600\frac{\text{kg}}{\text{s}}$$

정답 ④

핵심이론 05 레이놀즈수(Reynolds Number)

$Re = \dfrac{\text{관성력}}{\text{점성력}} = \dfrac{\rho V c}{\mu} = \dfrac{Vc}{\nu}$ 이며, 여기서 로(ρ)는 밀도, V는 속도, c는 날개 단면(Airfoil)에서는 시위 길이(Chord Length)가 된다. 뮤(μ)는 점성계수, 누(ν)는 동점성계수이다.

10년간 자주 출제된 문제

스팬의 길이가 15m, 시위의 길이가 2m인 날개에 속도가 360km/h의 바람이 지나가면 이때의 레이놀즈수는 얼마인가?(단, 동점성계수는 0.2×10^{-4}m²/s이다)

① 1×10^7
② 7.5×10^7
③ 1×10^8
④ 7.5×10^8

[해설]

점성계수 μ는 동점성계수 ν와 다음과 같은 관계가 있다.

$$\nu = \frac{\mu}{\rho}$$

$$V = 360\frac{\text{km}}{\text{h}} = \frac{360,000\text{m}}{3,600\text{s}} = 100\frac{\text{m}}{\text{s}}$$

$$Re = \frac{Vc}{\nu} = \frac{\left(\dfrac{100\text{m}}{\text{s}}\right)(2\text{m})}{0.2 \times 10^{-4}\dfrac{\text{m}^2}{\text{s}}} = 1 \times 10^7$$

정답 ①

핵심이론 06 마하수(Mach Number)

마하수$(M) = \dfrac{비행속도(V)}{음속(a)}$이며 무차원이다. 여기서 음속 a는 공기 중에 미소한 교란이 전파되는 속도로, 온도가 증가할수록 빨라진다. 즉 $a = \sqrt{\gamma RT}$ 로서 γ는 공기의 비열비로 1.4이며 R은 공기의 기체상수로서 $R = 287\text{m}^2/(\text{s}^2 \cdot \text{K})$이며 T는 절대 온도이다.

마하수	비행 속도
0.8 이하	아음속(Subsonic)
0.8~1.2	천음속(Transonic)
1.2~5.0	초음속(Supersonic)
5.0 이상	극초음속(Hypersonic)

또는

$$a = \sqrt{\dfrac{\delta P}{\delta \rho}} = \sqrt{\kappa RT} = a_0 \sqrt{\dfrac{273 + t(\text{℃})}{273}}$$

참고로 공기의 온도가 15℃(즉, 절대온도로는 5+273=288K)일 때 음속은 다음과 같다.

$$a = \sqrt{\gamma RT} = \sqrt{(1.4)\left(287\dfrac{\text{m}^2}{\text{s}^2 \cdot \text{K}}\right)(288\text{K})} = 340\text{m/s}$$

10년간 자주 출제된 문제

어떤 비행기가 1,000km/h의 속도로 10,000m 상공을 비행하고 있다. 이때 마하수는 약 얼마인가?(단, 10,000m 상공에서의 음속은 300m/s이다)

① 0.50
② 0.93
③ 1.29
④ 3.33

[해설]

$$V = 1,000\dfrac{\text{km}}{\text{h}} = \dfrac{1,000,000\text{m}}{3,600\text{s}} = 277.8\dfrac{\text{m}}{\text{s}}$$

$$M = \dfrac{V}{a} = \dfrac{277.8\text{m/s}}{300\text{m/s}} = 0.93$$

정답 ②

핵심이론 07 베르누이의 법칙

① 유체의 어느 점에서의 압력 p는 정압(Static Pressure)이라고 하고, $q = \dfrac{1}{2}\rho V^2$은 속도에 의해 나타나는 압력으로서 이를 동압(Dynamic Pressure)이라고 한다. 다음 법칙 $p + \dfrac{1}{2}\rho V^2 =$ 일정, 즉 베르누이의 법칙은 정상유동 유체의 각 위치 점에 있어서 정압과 동압의 합, 즉 전압(Total Pressure, P_t)은 항상 일정함을 나타낸다.

② 피토-정압관(Pitot-Static Tube)

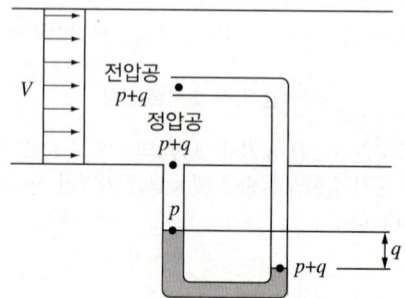

정압공에서 측정한 압력 p는 정압이며 정압공에서 유체의 속도에 의한 압력 q는 동압이다. 베르누이의 법칙에 의하면 정상유동일 때 전압은 항상 일정하므로 정압공에서의 정압 p + 동압 q는 전압공에서의 정압 p + 동압 q이다. 다만 전압공에서는 속도가 0이므로 동압 q가 0이 되므로 정압만 측정된다. 따라서 전압공에서 측정된 정압은 전압이다.

$$p + \dfrac{1}{2}\rho V^2 = p_t$$

전압(Total Pressure)은 피토압(Pitot Pressure)이라고도 한다. 위 식으로부터 피토-정압관에서 측정된 전압과 정압을 이용하여 항공기의 비행 속도를 다음과 같이 구할 수 있다.

$$V = \sqrt{\dfrac{2(p_t - p)}{\rho}}$$

| 10년간 자주 출제된 문제 |

공기가 아음속으로 관 내를 흐를 때 관의 단면적이 점차 증가한다면 이때 전압(Total Pressure)은?

① 일정하다.
② 점차 증가한다.
③ 감소하다가 증가한다.
④ 점차 감소한다.

[해설]

관의 단면적이 증가하면 속도가 감소하므로 동압은 감소하고 정압은 증가하여 정압과 동압의 합, 즉 전압은 일정하다. 정상유동에서는 전압이 항상 일정하다는 것이 베르누이의 법칙이다.

정답 ①

핵심이론 08 날개단면(Airfoil)의 모양

날개단면(날개골)은 날개를 절단한 단면 형상이다.

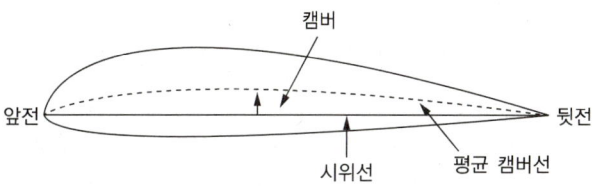

① 앞전 : 날개단면 앞부분의 끝을 말한다.
② 뒷전 : 날개단면 뒷부분의 끝을 말한다.
③ 시위(Chord) : 앞전과 뒷전을 연결한 직선을 말하며, 시위선(Chord Line)이라고도 한다. 이 직선의 길이는 시위길이(Chord Length)라 한다.
④ 두께 : 시위선에서 수직선을 그었을 때 윗면과 아랫면 사이의 수직 거리를 말한다. 가장 두꺼운 두께를 최대 두께라고 하고, 최대 두께와 시위 길이의 비를 두께비라고 한다.
⑤ 평균 캠버선 : 두께의 2등분점을 연결한 선을 말한다.
⑥ 캠버(Camber) : 시위선에서 평균 캠버선까지의 수직 길이를 말하며, 가장 큰 캠버를 최대 캠버라고 한다.

| 10년간 자주 출제된 문제 |

날개골(Airfoil)의 정의로 옳은 것은?

① 날개의 단면
② 날개가 굽은 정도
③ 최대 두께를 연결한 선
④ 앞전과 뒷전을 연결한 선

[해설]

날개골은 날개의 단면을 말한다.

정답 ①

핵심이론 09 날개단면의 분류

① NACA 4자리 계열의 정의
  ㉠ NACA 4415
    - 4 : 최대 캠버의 시위에 대한 100분비(최대 캠버가 시위의 4%)
    - 4 : 최대 캠버 위치의 시위에 대한 10분비(최대 캠버는 앞전에서부터 시위의 40%에 위치)
    - 15 : 최대 두께의 시위에 대한 100분비(최대 두께는 시위의 15%)
  ㉡ NACA 0015 : 최대 두께가 시위의 15%인 대칭 날개 단면

② NACA 5자리 계열의 정의
  ㉮ NACA 23015
    - 2 : 최대 캠버의 시위에 대한 100분비(최대 캠버가 시위의 2%)
    - 3 : 최대 캠버 위치의 시위에 대한 20분비(최대 캠버는 앞전에서부터 시위의 15%에 위치)
    - 0 : 평균 캠버선의 모양
      - 0 : 최대 캠버 위치 이후의 평균 캠버선이 직선
      - 1 : 최대 캠버 위치 이후의 평균 캠버선이 3차 곡선
    - 15 : 최대 두께의 시위에 대한 100분비(최대 두께는 시위의 15%)

10년간 자주 출제된 문제

다음 중 아랫면과 윗면이 대칭인 날개골은?
① NACA4412
② NACA2412
③ NACA0012
④ NACA2424

|해설|
NACA0012는 최대 캠버가 0%, 최대 캠버의 위치 0%, 최대 두께가 12%이므로, 즉 대칭인 날개골이다.

정답 ③

핵심이론 10 날개의 기하학적 특성

① 가로세로비(Aspect Ratio)

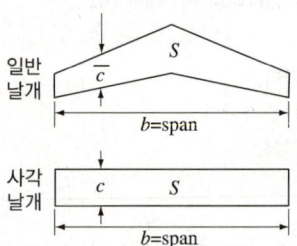

날개에서 시위 길이 c의 직각 방향으로의 날개폭을 날개 길이(Wing Span) b라고 하며, 사각 날개는 가로(b)와 세로(c)의 비가 $AR = \dfrac{b}{c} = \dfrac{b^2}{bc} = \dfrac{b^2}{S}$이다. 일반 날개는 가로세로비를 $AR = \dfrac{b^2}{S}$로 정의한다. 일반 날개의 평균 공력 시위(MAC ; Mean Aerodynamic Chord)는 $\bar{c} = \dfrac{S}{b}$이다.

② 받음각(Angle Of Attack)과 붙임각(Incidence Angle)
  ㉠ 받음각 α는 항공기의 비행 방향(상대 바람이 불어 들어오는 방향)과 날개 단면의 시위선이 이루는 각을 말한다.
  ㉡ 붙임각 i는 기체 세로축과 날개 단면의 시위선이 이루는 각을 말한다.

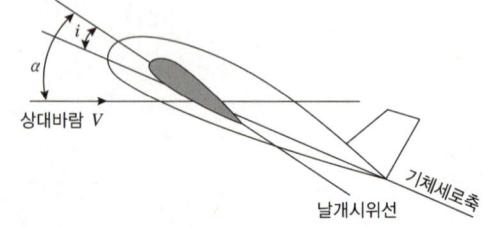

③ 쳐든각과 쳐진각

기체를 수평으로 놓고 앞에서 보았을 때, 날개가 수평을 기준으로 위로 올라간 각을 쳐든각 또는 상반각(Dihedral Angle), 아래로 내려간 각을 쳐진각 또는 하반각(Anhedral Angle)이라고 한다. 쳐든각 항공기는 옆 미끄럼 시 옆놀이에 정적인 안정을 준다.

④ 뒤젖힘각과 테이퍼비

뒤젖힘각(Sweep Back Angle) Λ(람다라고 읽음)는 앞전에서 $1/4c$(즉, 25% c)되는 날개 길이 방향의 직선과 항공기 가로축이 이루는 각이다. 테이퍼비 λ는

$$\text{테이퍼비 } \lambda = \frac{\text{날개끝 시위 } C_t}{\text{날개뿌리 시위 } C_r}$$

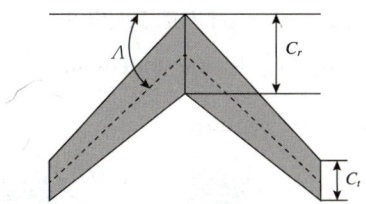

⑤ 압력 중심(Center of Pressure, CP)과 공력 중심(Aerodynamic Center, AC)

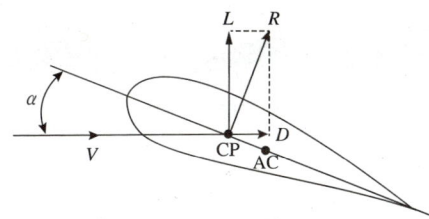

㉠ 압력 중심 : 날개 단면의 윗면과 아랫면에 작용하는 공기력의 합성력, 즉 양력 L과 항력 D가 작용하는 점
㉡ 공력 중심 : 날개 단면의 기준이 되는 점으로, 받음각이 변화하더라도 그 점에 관한 양력과 항력에 의한 피칭모멘트(Pitching Moment) 값이 변하지 않는 점

10년간 자주 출제된 문제

10-1. 쳐든각에 대한 설명으로 가장 올바른 것은?
① 선회 성능을 좋게 한다.
② 옆 미끄럼에 의한 옆놀이에 정적 안정을 준다.
③ 항력을 감소시킨다.
④ 익단 실속을 방지한다.

10-2. 공기력 중심(Aerodynamic Center)을 옳게 설명한 것은?
① 날개에 발생하는 합성력이 작용하는 점
② 받음각이 변해도 피칭모멘트 값이 일정한 점
③ 받음각이 변하면 피칭모멘트 값이 변화하지만 양력계수가 일정한 점
④ 받음각이 변화함에 따라 피칭모멘트 값이 0(Zero)이 되는 점

[해설]

10-1
쳐든각 항공기는 옆놀이 안정성이 좋다.

10-2
받음각이 변해도 피칭모멘트 값이 일정한 점이 공력 중심이다.

정답 10-1 ② 10-2 ②

핵심이론 11 양력

① 항공기 날개에 의해 발생되는 양력(Lift)은 비행 방향의 수직 방향으로 발생되는 힘으로 다음과 같다.

$$L = \frac{1}{2}\rho V^2 S C_L$$

여기서, ρ : 공기 밀도
V : 비행 속도
S : 항공기 날개 면적
C_L : 양력 계수

실속 받음각 전까지 C_L은 받음각 α에 다음과 같이 비례한다.

$$C_L = 2\pi \sin\alpha$$

② 양력이 발생되는 여러 종류의 물리적 현상 설명

㉠ 베르누이 법칙에 따른 설명

$p + \frac{1}{2}\rho V^2 = P_t$에서 단위 체적당 압력 에너지, 즉 p와 단위 체적당 운동에너지, 즉 $\frac{1}{2}\rho V^2$의 합은 일정하다. 날개 윗면을 흐르는 공기 속도는 빠르기 때문에 운동 에너지가 크고, 날개 아랫면을 흐르는 공기 속도는 느리기 때문에 운동 에너지가 작다. 그 결과 날개 윗면의 압력은 날개 아랫면의 압력보다 작아진다. 따라서 날개 윗면과 아랫면의 압력 차가 발생하고, 이에 날개 면적을 곱한 양력이 발생한다.

㉡ 순환 특성과 양력

회전하는 공에 양력이 발생하는 효과를 매그너스 효과(Magnus Effect)라고 한다. 이때, 회전하는 공 주위에 발생하는 회전 유동을 와류 유동(Vortex Flow)이라고 한다. 날개단면을 보면 날개단면이 가만히 있을 때 날개 단면 주위에는 아무 유동도 없으므로 와류의 세기가 0이다. 이 와류는 항상 세기가 0이어야 한다(와류 보존의 법칙). 그런데 날개단면이 출발하는 순간 날개 단면 뒤쪽으로 출발와류(Starting Vortex)가 생기게 된다. 따라서 출발 와류가 생기면 그 반작용으로 날개 단면 앞쪽으로 출발 와류와 세기가 같은 속박 와류(Bound Vortex)가 생기고, 발생한 출발 와류는 점점 뒤쪽으로 밀려나간다. 날개 단면이 계속 진행하면 출발 와류는 멀리 밀려나지만, 날개 앞쪽의 속박 와류는 일정한 크기로 존재하기 때문에 항공기 날개에서도 매그너스 효과에 의한 양력이 발생하는 것이다.

이때 양력은 $L = \rho V \Gamma$로 표시되며 Γ는 속박 와류의 크기이다. 이를 Kutta-Joukowski 공식이라 한다.

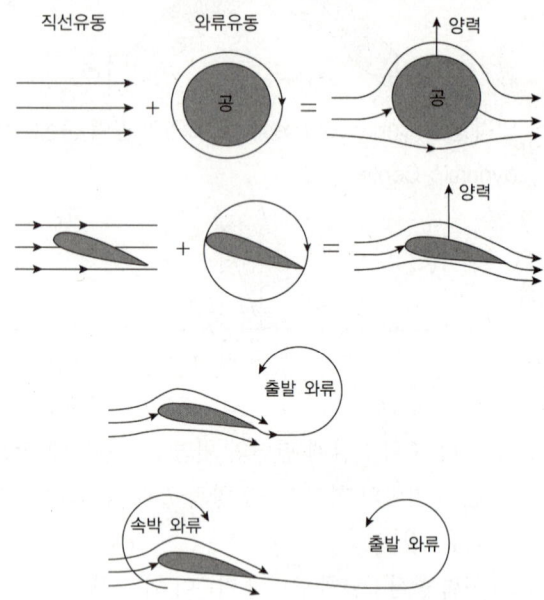

㉢ 항공기 날개의 속박 와류는 3차원 날개에서는 그림과 같이 날개 끝 와류(Tip Vortex)로 연결되어 날개 뒤쪽으로 원뿔형 와류를 형성한다. 날개 끝 와류에 의해 날개 폭(Wing Span) 안쪽에는 하향 흐름(Down Wash)이 형성되고, 날개 폭 바깥쪽에는 상향 흐름(Up Wash)이 형성된다. 이 하향 흐름의 반작용으로 양력이 발생된다고 볼 수 있다(즉, 작용반작용의 법칙).

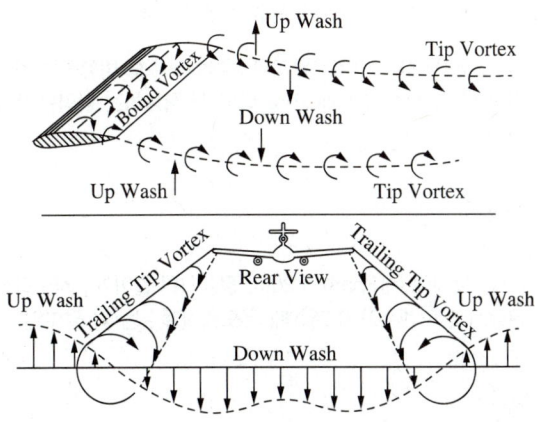

10년간 자주 출제된 문제

양력계수가 0.25이고, 날개면적 20m²의 항공기가 시속 720km의 속도로 비행할 때 발생하는 양력은 몇 N인가?(단, 공기의 밀도는 1.23kg/m³이다)

① 6,150
② 10,000
③ 123,000
④ 246,000

|해설|

$V = 720\dfrac{\text{km}}{\text{h}} = \dfrac{720,000\text{m}}{3,600\text{s}} = 200\dfrac{\text{m}}{\text{s}}$

$L = C_L \dfrac{1}{2}\rho V^2 S$

$= 0.25 \times \dfrac{1}{2} \times 1.23\dfrac{\text{kg}}{\text{m}^3} \times \left(200\dfrac{\text{m}}{\text{s}}\right)^2 \times 20\text{m}^2$

$= 123,000\text{kg} \cdot \dfrac{\text{m}}{\text{s}^2} = 123,000\text{N}$

정답 ③

핵심이론 12 항력

① 항공기에 발생하는 항력은 항공기가 진행하는 반대 방향으로 작용하는 힘으로서 다음과 같다.

$$D = \dfrac{1}{2}\rho V^2 S C_D$$

여기서, ρ : 공기 밀도
V : 비행 속도
S : 항공기 날개 면적
C_D : 항력 계수

② 항력의 분류
- 항력 = 유해항력 + 유도항력
- 유해항력 = 형상항력 + 조파항력
- 형상항력 = 마찰항력 + 압력항력

㉠ 형상항력은 마찰항력과 압력항력으로 이루어진다. 마찰항력은 다음 그림의 수평 평판과 같이 공기의 점성에 의해 발생하는 마찰력 항력이다. 압력항력은 그림의 수직 평판과 같이 공기 유동이 분리되어 후류가 형성될 때 앞뒤 압력 차이에 의한 항력이다.

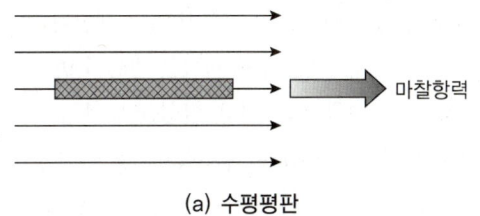

(a) 수평평판

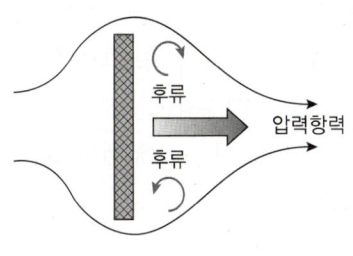

(b) 수직평판

ⓛ 조파항력은 항공기 날개에 충격파가 발생함으로써 나타나는 항력으로 항공기 날개에 항력 발산 현상을 일으킨다.

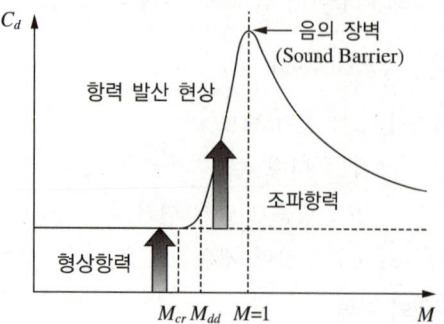

ⓒ 유도항력

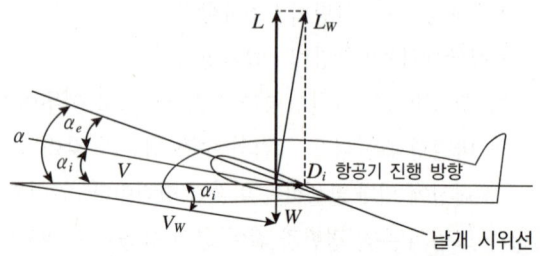

그림에서 항공기는 수평 속도 V로 비행하며 양력 발생 시 하향 흐름(Down Wash) W가 존재한다. 따라서 날개로 불어 들어오는 상대 바람은 방향이 변형되어 수평 속도 V와 수직 속도 W의 합성 속도 V_W의 방향으로 불어 들어온다. 이때 날개에 발생하는 양력 L_W는 상대 바람인 V_W의 수직 방향이다. L_W의 분력 중 항공기 진행 방향의 수직성분은 양력 L이며 수평성분 D_i는 유도항력(Induced Drag)이라 부른다. 유도항력계수는 다음과 같이 양력계수의 제곱에 비례하고 스팬 효율 계수 e와 가로세로비 AR에 반비례한다. 타원날개는 $e=1$이다.

$$C_{Di} = \frac{C_L^2}{\pi e AR}$$

10년간 자주 출제된 문제

12-1. 100lbs의 항력을 받으며 200mile/h로 비행하는 비행기가 같은 자세로 300mile/h로 비행 시 작용하는 항력은 몇 lbs인가?

① 225　　② 230
③ 235　　④ 240

12-2. 날개의 폭(Span)이 20m, 평균시위 길이가 2m인 타원날개에서 양력계수가 0.7일 때 유도항력계수는 약 얼마인가?

① 0.016　　② 0.16
③ 1.6　　　④ 16

해설

12-1

$D = C_D \frac{1}{2} \rho V^2 S$ 이므로 속도가 200에서 300으로 1.5배 증가하면 항력은 1.5^2, 즉 2.25배 증가한다.

12-2

가로세로비 $AR = \frac{b}{c} = \frac{20m}{2m} = 10$

타원날개의 $e = 1$

$C_{Di} = \frac{C_L^2}{\pi e AR} = \frac{(0.7)^2}{\pi \times 1 \times 10} = 0.016$

정답 12-1 ①　12-2 ①

핵심이론 13 양항비

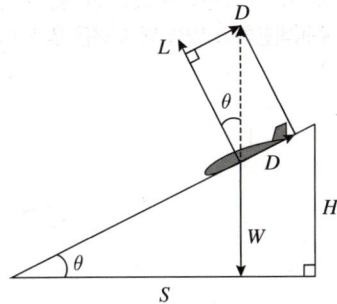

① 양력 대 항력의 비를 양항비 L/D라 한다. 양력, 항력 계수와의 관계는 $\dfrac{L}{D} = \dfrac{C_L \frac{1}{2}\rho V^2 S}{C_D \frac{1}{2}\rho V^2 S} = \dfrac{C_L}{C_D}$ 이다.

② 비행기가 활공(무동력비행) 시 역학 관계를 보면 비행기의 중량 W를 양력 L과 항력 D의 합력이 들어 올린다. 따라서 수평 거리 S와 수직 하강 거리 H의 사이각인 활공각 θ는 L과 D의 사이각과 같다.

따라서 L과 W의 관계는 $\dfrac{L}{\cos\theta} = W$이고,

S와 H의 관계는 $S = \dfrac{H}{\tan\theta} = \dfrac{H}{\frac{D}{L}} = \dfrac{H}{\frac{1}{\text{양항비}}}$ 이다.

10년간 자주 출제된 문제

13-1. 항공기의 활공각을 θ라고 할 때 $\tan\theta$의 특성으로 가장 올바른 것은?

① 양항비와 비례한다.
② 양항비와 반비례한다.
③ 고도와 반비례한다.
④ 항공속도와 반비례한다.

13-2. 활공각 30°로 활공하고 있는 항공기의 양력이 1,500kgf일 때 이 항공기에 작용하는 항력은 약 몇 kgf인가?

① 748
② 866
③ 937
④ 1,328

[해설]

13-1

$\tan\theta = \dfrac{1}{\text{양항비}}$

13-2

$\tan 30° = \dfrac{D}{L}$ 이므로

$D = L\tan 30° = 1,500\text{kgf} \times 0.577 = 866\text{kgf}$

정답 13-1 ② 13-2 ②

제2절　비행역학

핵심이론 01　수평 비행

① 양력 L과, 중력 W는 비행 방향의 수직으로 작용하고 추력 T, 항력 D는 비행 방향으로 작용한다.

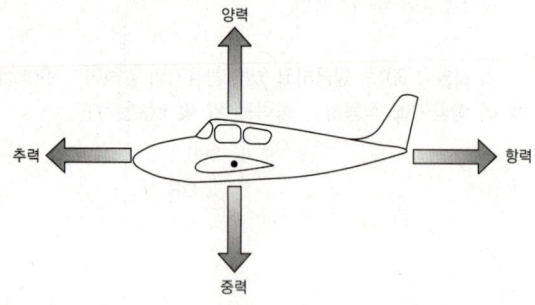

② 양력 > 중력 : 상승 비행
　양력 = 중력 : 수평 비행
　양력 < 중력 : 하강 비행

③ 가속도 비행 : 추력 > 항력
　등속도 비행 : 추력 = 항력
　감속도 비행 : 추력 < 항력

④ 등속도 수평 비행 시 비행기의 속도는 다음과 같다.

$W = L = C_L \dfrac{1}{2} \rho V^2 S$ 이므로

$\dfrac{1}{2} \rho V^2 = \dfrac{W}{C_L S}$

$V = \sqrt{\dfrac{2W}{\rho C_L S}}$

10년간 자주 출제된 문제

항공기의 무게가 6t, 날개면적이 30m²인 제트기가 해발고도를 950km/h로 수평비행하고 있을 때 추력은 몇 kgf인가?(단, 양항비는 6이다)

① 1,000
② 6,000
③ 7,500
④ 7,800

해설

수평비행이므로 $W = L = 6\text{t}$
양항비 $L/D = 6$이므로 $D = 1\text{t}$
등속비행이므로 $D = T = 1\text{t} = 1,000\text{kgf}$

정답 ①

핵심이론 02 선회 비행

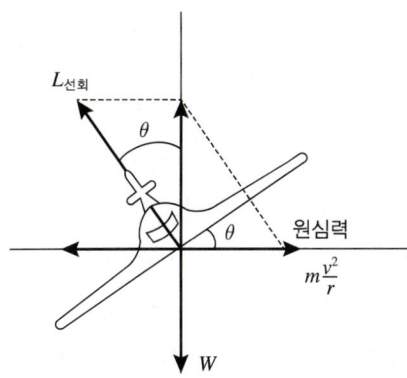

① 비행기가 수평 선회 시에는 그림과 같이 뱅킹각(경사각) θ로 뱅킹을 한 자세로 반지름 r인 원을 속도 V로 등속 원운동을 한다. 비행기에 작용하는 힘의 자유물체도를 살펴보면 중력 W, 선회 시 양력 $L_{선회}$, 원심력이 서로 평형을 이룬다.

② 원심력은 $m\dfrac{V^2}{r} = \dfrac{W}{g} \cdot \dfrac{V^2}{r}$ 로서 m은 비행기 질량이고 g는 중력가속도이다. 비행기의 중량은 $L_{선회}$의 수직 성분과 같다. 즉 $L_{선회}\cos\theta = W$이다. 따라서 $L_{선회} = \dfrac{W}{\cos\theta}$이다. 한편 원심력은 $L_{선회}$의 수평 성분(구심력이라 부름)과 같다.

$$\dfrac{W}{g} \cdot \dfrac{V^2}{r} = L_{선회}\sin\theta = \dfrac{W}{\cos\theta}\sin\theta = W\tan\theta$$

따라서 선회 반지름 $r = \dfrac{V^2}{g\tan\theta}$ 이다.

③ 구심력, 즉 $L_{선회}\sin\theta$은 오직 경사각에 따라 크기가 달라진다. 원심력에 비해 구심력은 경사각에 따라 다음과 같은 비행이 발생한다.

- 원심력 = 구심력 : 균형 선회
- 원심력 > 구심력 : 외활(Skidding), 즉 원 밖으로 미끄러짐
- 원심력 < 구심력 : 내활(Slipping), 즉 원 안으로 미끄러짐

10년간 자주 출제된 문제

2-1. 무게가 5,000kgf인 비행기가 경사각 30°로 200km/h의 속도로 정상선회하는 경우 선회반지름 R은 약 얼마인가?

① 480m　　② 546m
③ 672m　　④ 880m

2-2. 수평 비행 시 실속속도가 80km/h인 비행기가 60°로 경사선회한다면 이때 실속속도는 약 몇 km/h인가?

① 90　　② 109
③ 113　　④ 120

해설

2-1

$$V = 200\dfrac{\text{km}}{\text{h}} = \dfrac{200{,}000\text{m}}{3{,}600\text{s}} = 55.6\dfrac{\text{m}}{\text{s}}$$

$$R = \dfrac{V^2}{g\tan\theta} = \dfrac{\left(55.6\dfrac{\text{m}}{\text{s}}\right)^2}{\left(9.8\dfrac{\text{m}}{\text{s}^2}\right)(\tan30°)} = 546\text{m}$$

2-2

선회 시 힘의 자유물체도에서

$L_{선회}\cos\theta = W$

$C_L\dfrac{1}{2}\rho V_{선회}^2 S\cos60° = C_L\dfrac{1}{2}\rho V_{수평}^2 S$

$V_{선회}^2 \cos60° = V_{수평}^2$

$V_{선회} = \dfrac{V_{수평}}{\sqrt{\cos60°}} = \dfrac{80\dfrac{\text{km}}{\text{h}}}{\sqrt{0.5}} = 113\dfrac{\text{km}}{\text{h}}$

정답 2-1 ②　2-2 ③

핵심이론 03 하중배수(n)

① 하중배수의 정의는 $n = \dfrac{L}{W}$이다.

② 수평 비행 시에는 $n = \dfrac{L}{W} = \dfrac{W}{W} = 1$이다.

③ 선회 비행 시에는 $n = \dfrac{L_{선회}}{W} = \dfrac{W/\cos\theta}{W} = \dfrac{1}{\cos\theta}$ 이다.

10년간 자주 출제된 문제

비행기가 정상비행 시 110km/h로 실속한다면 하중배수가 1.3 인 경우 실속속도는 약 몇 km/h인가?

① 34
② 68
③ 125
④ 250

|해설|

정상(수평등속) 비행 시 하중배수 = $\dfrac{L}{W} = 1$이므로

$W = L = C_L \dfrac{1}{2} \rho V^2_{실속-하중배수1} S$이며

$V_{실속-하중배수1} = 110 \dfrac{km}{h}$

하중배수 1.3 비행 시에는

하중배수 = $\dfrac{L}{W} = \dfrac{C_L \dfrac{1}{2}\rho V^2_{실속-하중배수1.3} S}{C_L \dfrac{1}{2}\rho V^2_{실속-하중배수1} S} = 1.3$

$V_{실속-하중배수1.3} = \sqrt{1.3}\, V_{실속-하중배수1}$
$= \sqrt{1.3} \times 110 \dfrac{km}{h} = 125 \dfrac{km}{h}$

정답 ③

핵심이론 04 동력, 이용(가용)동력, 필요동력, 여유동력

① 엔진으로부터 발생되는 동력을 이용동력(Available Power, P_a)이라고 하며, 이 동력의 크기는 조종사가 스로틀(Throttle)로 조정할 수 있다. 항공기가 항력을 이겨내며 비행을 하는 데 필요한 동력을 필요동력(Required Power, P_r)이라고 한다.

② 힘에 속도를 곱하면 동력(Power)이 된다. 따라서
 • 이용동력(P_a) = 추력(T) × 비행 속도(V)
 • 필요동력(P_r) = 항력(D) × 비행 속도(V)

③ 등속도 비행 시에는 $T = D$이므로 $P_a = P_r$이다.

④ 필요동력은 항력을 이겨내며 움직이는 데 필요한 동력으로서 전항력은 유해 항력과 유도 항력으로 나뉘어져 있으므로 다음 그림과 같이 속도의 영향을 받는다.

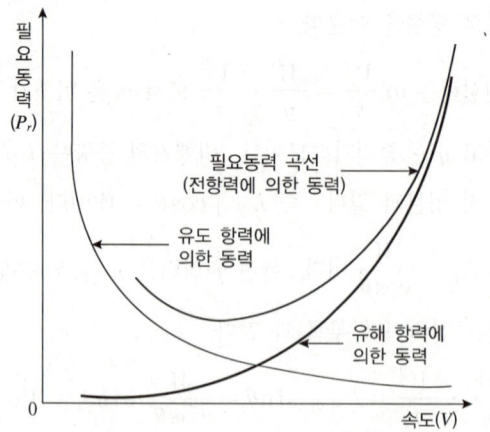

⑤ 이용동력은 비행 속도에 영향을 거의 받지 않는다.

⑥ 상승 비행

비행기가 그림과 같이 상승각 γ로 상승할 때에는 추력, 항력, 중력, 양력이 힘의 평형을 이룬다.

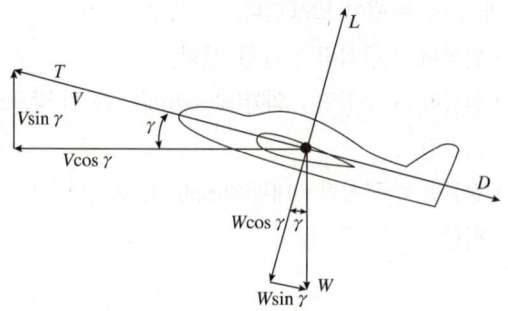

비행기 상승 비행 방향으로 힘의 평형 관계를 보면
$T = D + W\sin\gamma$
동력으로 환산하기 위해 비행 속도 V를 곱하면
$TV = DV + W\sin\gamma \, V$
즉 이용동력(P_a)=필요동력(P_r)+여유동력(ΔP)이다.
여유동력(ΔP 잉여동력)은 비행기를 수직으로 상승시키는 데 사용된다.
비행기의 상승률(Rate of Climb, R/C)은 다음과 같다.
$R/C = V\sin\gamma = \dfrac{TV - DV}{W} = \dfrac{\Delta P}{W}$

비행기가 상승하기 시작하면 공기 밀도의 감소로 추력이 감소하며 어느 고도에서 $T = D$가 되어 여유동력이 0이 된다. 즉, 상승률이 0m/s이 된다. 이 고도를 절대 상승 한도라고 한다. 상승률이 0.5m/s(100ft/min)가 되는 고도를 실용 상승 한도라고 한다.

10년간 자주 출제된 문제

항공기 무게가 5,000kg이고, 해발고도에서 잉여마력이 50HP일 때, 이 비행기의 상승률은 몇 m/min인가?

① 35
② 45
③ 51
④ 62

[해설]

잉여동력(여유동력)은 비행기를 수직으로 상승시키는 데 사용된다.

잉여동력 $50\text{HP} = 50\text{HP} \times \dfrac{75\text{kgf} \times 1\frac{\text{m}}{\text{s}}}{1\text{HP}} = 3,750\text{kgf} \cdot \dfrac{\text{m}}{\text{s}}$

잉여동력 $= WV_V$

$3,750\text{kgf} \cdot \dfrac{\text{m}}{\text{s}} = (5,000\text{kgf})V_V$

$V_V = 0.75\dfrac{\text{m}}{\text{s}} = 0.75\dfrac{\text{m}}{\text{s}} \times \dfrac{60\text{s}}{1\text{min}} = 45\dfrac{\text{m}}{\text{min}}$

정답 ②

핵심이론 05 3축 운동과 조종면

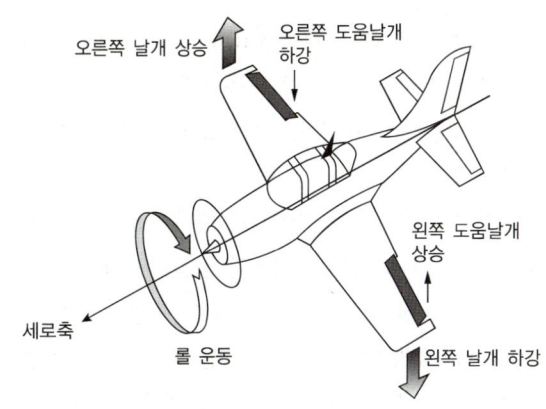

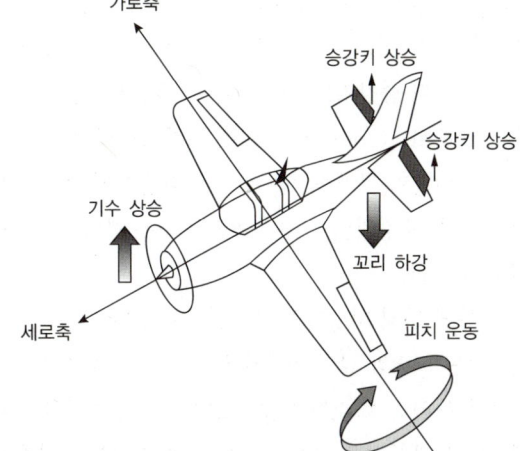

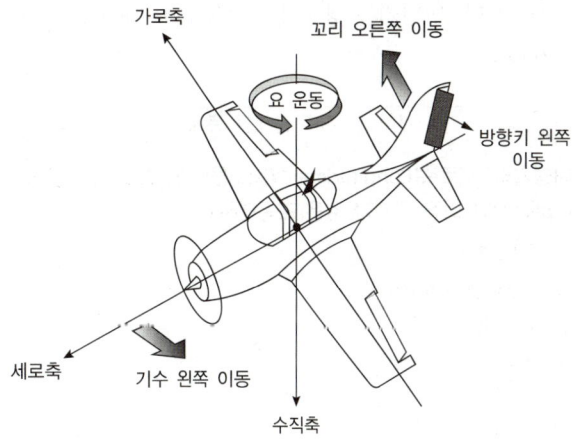

① 비행기는 3축(세로축, 가로축, 수직축)에 대해 각각 롤 운동(Rolling) 또는 옆놀이 운동, 피치 운동(Pitching) 또는 키놀이 운동, 요 운동(Yawing) 또는 빗놀이 운동을 한다. 이 각각의 운동을 도움날개(Aileron), 승강키(Elevator), 그리고 방향키(Rudder)가 조종한다.

② 롤 운동을 하기 위한 조종면은 도움날개를 이용한다. 그림과 같이 오른쪽 도움날개를 내리면 오른쪽 날개의 양력이 증가하고, 왼쪽 도움날개를 올리면 왼쪽 날개의 양력이 감소한다. 그 결과 비행기는 왼쪽으로 경사(Banking)지게 되며, 왼쪽으로 선회(Turning) 비행을 하게 된다. 도움날개를 작동하려면, 조종 스틱(Control Stick)을 왼쪽 또는 오른쪽으로 움직이면 된다.

③ 피치 운동을 하기 위한 조종면은 승강키를 이용한다. 그림과 같이 승강키를 동시에 상승시키면 수평 안정판(Horizontal Stabilizer)의 아래 방향으로의 양력이 증가하여 비행기 무게중심을 축으로 비행기의 기수를 들어 올린다. 승강키의 조작은 조종 스틱을 앞으로 밀거나 뒤로 당긴다.

④ 요 운동에 의해 비행기의 기수(Heading)를 변경시키기 위해서는 그림과 같이 방향키를 이용한다. 방향키를 왼쪽으로 돌리면 오른쪽 방향으로의 양력이 증가하여 비행기의 무게중심을 축으로 비행기의 기수가 왼쪽으로 돌아간다. 방향키는 방향키 페달(Rudder Pedal)로 조작한다.

10년간 자주 출제된 문제

비행기의 세로축(Longitudinal Axis)을 중심으로 한 운동(Rolling)과 가장 관계가 깊은 조종면은?

① 플랩(Flap)
② 승강키(Elevator)
③ 방향키(Rudder)
④ 도움날개(Aileron)

[해설]
도움날개를 사용하여 롤 운동을 한다.

정답 ④

핵심이론 06 조종력 경감장치

조종면의 힌지축 주위의 공기 압력 분포를 변화시켜 힌지모멘트값을 변화시키면 조종력이 경감된다.

① 앞전 밸런스(Leading Edge Balance)
조종면의 힌지축 앞쪽을 길게 하여 이 부분에 작용하는 공기력이 힌지모멘트를 감소시켜 조종력을 감소시킨다.

② 혼 밸런스(Horn Balance) : 조종면의 일부분을 힌지축의 앞부분으로 뿔(Horn) 형태로 뻗쳐 나오게 하여 힌지모멘트를 감소시킨다.

③ 내부 밸런스(Internal Balance) : 조종면 앞쪽 밀폐된 지역에 조종면으로 연장되어 나온 밸런스 패널이 있다. 예를 들어 도움날개(Aileron)가 쳐들려 올려지면 도움날개 아랫면의 공기속도가 증가하여 압력이 감소하게 되고 이 압력이 밸런스 패널을 아래로 잡아당겨 도움날개가 쳐들려 올려지는 것을 돕는다.

④ 프리제 밸런스(Frise Balance) : 도움날개의 힌지가 앞전에서 약간 뒤에 위치하여 도움날개가 쳐들려 올려지면 도움날개의 앞전이 날개의 아랫면 아래로 노출되어 유해항력을 발생시켜 도움날개가 쳐들려 올려지는 것을 돕는다.

10년간 자주 출제된 문제

도움날개에 주로 사용하는 조종력 경감장치로 양쪽 힌지 모멘트가 서로 상쇄되도록 하여 조종력을 감소시키는 장치는?

① 혼 밸런스(Horn Balance)
② 프리제 밸런스(Frise Balance)
③ 내부 밸런스(Internal Balance)
④ 앞전 밸런스(Leading Edge Balance)

정답 ②

핵심이론 07 탭

조종면의 뒷전에 장치한 조그만 에어포일로서 항공기를 트림(조절)하거나 조종사가 조종면을 움직이는 것을 돕는다.

① 트림 탭

　트림 탭은 조종면과 연결되어 있으며 조종사가 조종실에서 비행 중 조절할 수 있다. 항공기가 밸런스에서 벗어나 있을 때 트림 탭을 조절해 놓으면 조종사가 조종간을 비행 내내 붙잡고 있을 필요 없이 똑바로 직진하게 된다.

② 밸런스 탭 : 조종사의 조종력으로 조종면의 뒷전을 들어올리면 밸런스 탭에 연결된 기구가 밸런스 탭을 반대로 움직이게 한다. 탭의 캠버가 증가하여 양력이 증가하며 조종사의 조종력이 조종면의 뒷전을 들어 올리는 것을 돕는다. 연결 기구는 비행 중에 조절이 가능하여 밸런스 탭이 트림 탭 역할도 하도록 해준다.

③ 서보 탭 : 조종사의 조종력이 서보 탭의 캠버를 크게 하는 방향으로 작용하면 양력이 증가하여 조종면을 반대 방향으로 움직이도록 돕는다.

④ 스프링 탭 : 보통 비행 시에는 조종사의 조종력으로 조종면을 움직인다. 고속 비행 시에는 조종력이 과도하게 되면 뒤틀림 막대(Torsion Rod)가 뒤틀려져서 조종사의 조종력이 스프링 탭의 캠버를 크게 하는 방향으로 움직이면 양력이 증가하여 조종면을 반대 방향으로 움직이도록 돕는다.

10년간 자주 출제된 문제

밸런스 탭(Balance Tab)에 대한 설명으로 옳은 것은?

① 조종면과 반대로 움직여 조종력을 경감시켜 준다.
② 조종면과 같은 방향으로 움직여 조종력을 경감시켜 준다.
③ 조종면과 반대로 움직여 조종력을 제로(Zero)로 만들어 준다.
④ 조종면과 같은 방향으로 움직여 조종력을 제로(Zero)로 만들어 준다.

해설

밸런스 탭이 조종면과 반대로 움직이면서 캠버가 증가하여 양력이 크게 발생하고 조종사가 조종면을 움직이는 것을 도와준다.

정답 ①

핵심이론 08 고양력장치

고양력 장치는 날개의 양력을 증가시키는 장치이다.
① 뒷전 플랩 : 날개 뒷전을 아래로 굽혀 캠버를 증가시켜 양력을 크게 얻는다.
  ㉠ 단순 플랩 : 날개 뒷전을 단순히 밑으로 굽힌 것으로 소형 저속기에 많이 사용된다.
  ㉡ 스플릿(Split) 플랩 : 날개 뒷전 밑면의 일부를 내림으로써 날개의 일부가 쪼개진 모양이 된다. 양력 발생의 크기는 단순 플랩과 비슷하나 플랩 뒤에 와류가 발생하여 항력이 크게 발생한다.
  ㉢ 슬롯(Slot) 플랩 : 플랩을 내렸을 때 플랩의 앞에 틈(Slot)이 생겨 이를 통하여 날개 밑면의 흐름을 윗면으로 올려 날개 뒷전 부분에서 흐름이 떨어짐을 방지하여 양력을 증가시킨다.
  ㉣ 파울러(Fowler) 플랩 : 플랩을 내리면 플랩의 앞에 틈(Slot)도 생기고 날개 면적도 증가된다. 양력이 최대로 발생한다.
② 앞전 플랩
  ㉠ 슬롯(Slot)과 슬랫(Slat) : 날개 앞전의 약간 안쪽 밑면에서 윗면으로 틈(Slot)을 만들어 큰 받음각일 때 밑면의 흐름을 윗면으로 유도하여 흐름의 떨어짐을 지연시킨다. 슬롯에는 날개에 고정된 고정 슬롯, 큰 받음각일 때에 앞전 상하의 압력 차이로 앞전의 일부가 앞쪽으로 이동하여 슬롯을 만드는 자동 슬롯이 있다. 자동 슬롯에서 앞쪽으로 나간 부분을 슬랫이라 한다.
  ㉡ 크루거(Krueger) 플랩 : 평상시에는 날개 밑면에 접혀져 날개의 일부를 구성하고 있으나, 조작하면 앞쪽으로 꺾여 구부러지고 앞전 반지름을 크게 하여 효과를 얻는다.
  ㉢ 드룹트(Drooped) 앞전 플랩 : 날개 앞전 부분이 밑으로 꺾여서 굽혀진다.

10년간 자주 출제된 문제

고양력 장치의 하나인 파울러 플랩(Fowler Flap)이 양력을 증가시키는 원리만으로 짝지어진 것은?
① 날개면적과 받음각의 증가
② 캠버의 변화와 경계층의 제어
③ 받음각의 증가와 캠버의 변화
④ 날개면적의 증가와 캠버의 변화

|해설|

파울러 플랩은 전개되면서 날개면적도 증가시키고 캠버도 증가시켜 양력을 증가시킨다.

정답 ④

핵심이론 09 고항력장치

① 스포일러
  ㉠ 날개 중앙 부분에 부착하는 일종의 평판이다. 이것을 펼침으로써 흐름을 강제로 떨어지게 하여 양력을 감소시키고 항력을 증가시킨다.
  ㉡ 고속 비행 중에 좌우 날개에 대칭적으로 스포일러를 펼치면 에어 브레이크의 역할을 한다. 도움날개(Aileron)와 연동하여 좌우 비대칭적인 작동을 시키면 도움날개의 역할을 보조하는데 이를 비행 스포일러(Flight Spoiler)라 한다. 착륙 접지 후 펼쳐서 양력을 감소시켜 바퀴 브레이크의 효과를 높이고 항력도 증가시키는 것을 지상 스포일러(Ground Spoiler)라 한다.

② 역추력장치
  ㉠ 제트기에서는 엔진의 배기가스를 편류시키는 판을 이용해서 배기가스 흐름을 역류시켜 추력의 방향을 반대로 바꾼다. 이것을 역추력 장치라 한다.
  ㉡ 프로펠러기에서는 프로펠러의 피치를 반대로 해서 추력을 반대로 형성한다.

10년간 자주 출제된 문제

다음 중 날개 상면에 공중 스포일러(Flight Spoiler)를 설치하는 이유로 옳은 것은?

① 양력을 증가시키기 위하여
② 활공각을 감소시키기 위하여
③ 최대 항속거리를 얻기 위하여
④ 고속에서 도움날개의 역할을 보조하기 위하여

|해설|

공중(비행) 스포일러는 도움날개의 역할을 보조한다.

정답 ④

핵심이론 10 정적안정, 동적안정

① 정적안정
  양(+)의 정적안정이란 평형상태로부터 벗어난 뒤에 원래의 평형상태로 되돌아가려는 비행기의 초기 경향을 말한다. 처음 평형상태에서 더 멀어지려는 경향을 음(-)의 정적안정이라 한다. 평형상태에서 벗어나서 원래 평형상태로 되돌아오지 않고 더 멀어지지도 않는 경우 정적중립이라 한다.

② 동적안정
  동적안정은 시간의 경과에 따른 운동의 변화를 말한다. 평형상태를 벗어난 후 시간이 경과하면서 운동의 진폭이 작아지면 양(+)의 동적안정이라 하고, 그 반대이면 음(-)의 동적안정이라 한다. 시간에 따른 운동의 진폭 변화가 없으면 동적중립이라 한다.

10년간 자주 출제된 문제

정적안정과 동적안정의 관계에 대한 설명으로 가장 옳은 것은?

① 동적안정이 (+)이면 정적안정은 반드시 (+)이다.
② 동적안정이 (-)이면 정적안정은 반드시 (-)이다.
③ 정적안정이 (+)이면 동적안정은 반드시 (-)이다.
④ 정적안정이 (-)이면 동적안정은 반드시 (+)이다.

|해설|

동적안정이 이루어지기 위해서는 먼저 정적안정이 선행되어야 한다.

정답 ①

핵심이론 11 세로안정성(Longitudinal Stability)

① 정적 세로안정

비행기의 피칭모멘트, 즉 키놀이 모멘트가 변화되었을 때 처음 평형상태로 되돌아가려는 경향을 정적 세로안정이라 한다. 그림에서 비행기 무게중심(CG ; Center of Gravity)에 대한 피칭모멘트(M_{cg})의 값이 0인 상태를 트림점(Trim Point)이라고 한다. 이때의 비행기 받음각은 $\alpha = \alpha_{\text{trim}}$, 즉 트림 받음각(Trim Angle of Attack)으로 유지되며 비행기에는 피칭모멘트가 발생하지 않는다.

비행기 기수가 올라가는 피칭모멘트는 양(+)으로 정의되며, 비행기 기수가 내려가는 피칭모멘트는 음(-)으로 정의된다. 돌풍 등에 의해 받음각이 트림 받음각보다 작아지면($\alpha < \alpha_{\text{trim}}$), 양(+)의 피칭모멘트가 발생해야 하고, 받음각이 트림 받음각보다 증가하면($\alpha > \alpha_{\text{trim}}$), 음(-)의 피칭모멘트가 발생해야 비행기는 세로안정성을 갖는다. 즉 그림과 같이 받음각에 대한 피칭모멘트의 기울기가 음(-)의 값을 가져야만 정적 세로안정성이 있다.

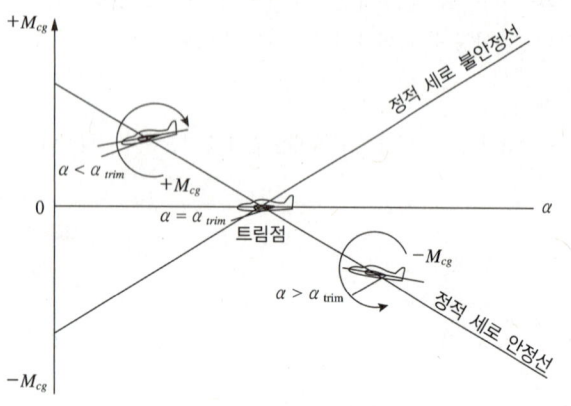

② 동적 세로안정

㉠ 장주기 운동 : 장주기 운동은 주기가 매우 긴 진동으로 나타난다. 장주기 운동에서는 키놀이 자세, 비행 속도, 비행 고도에 상당한 변화가 있지만 받음각은 거의 일정하다. 이 운동은 항공기의 운동 에너지와 위치 에너지가 천천히 교환되는 것으로 생각할 수 있다.

㉡ 단주기 운동 : 단주기 운동은 진동주기가 0.5초에서 5초 사이의 짧은 주기 진동이다. 정상적인 조종사의 반응 지연 시간이 1초나 2초 이하에 해당하므로 강제로 진동을 감쇠시키려는 조종은 진동을 더 크게 하여 불안정을 발생시킬 수 있다. 따라서 조종간을 자유로 하여 필요한 감쇠를 하도록 하는 것이 좋다.

10년간 자주 출제된 문제

항공기가 세로안정성이 있다는 것은 다음 중 어느 경우에 해당하는가?

① 받음각이 증가함에 따라 키놀이 모멘트값이 부(-)의 값을 갖는다.
② 받음각이 증가함에 따라 빗놀이 모멘트값이 정(+)의 값을 갖는다.
③ 받음각이 증가함에 따라 빗놀이 모멘트값이 부(-)의 값을 갖는다.
④ 받음각이 증가함에 따라 옆놀이 모멘트값이 정(+)의 값을 갖는다.

|해설|

기수가 들려지면 키놀이 모멘트(피칭모멘트)가 부(-)의 값을 가져야만 기수가 다시 원상태로 돌아가서 세로안정성이 있게 된다.

정답 ①

핵심이론 12 이륙 및 착륙

① 이 륙

㉠ 이륙 관련 속도 V_1, V_2

이륙 결심 속도(Take Off Decision Speed) V_1은 임계 엔진 고장 속도라고도 하는데 다발 비행기가 이륙하는 과정에서 이륙 결심 속도에 도달하기 전에 1개의 엔진이 고장난 경우, 즉시 이륙을 포기하고 정상적인 제동 장치를 이용하여 비행기를 활주로 상에 정지시킬 수 있는 속도를 임계 엔진 고장 속도라 한다. 이륙 결심 속도를 넘어선 상태에서 엔진이 고장난 경우 정지를 시도하면 비행기가 활주로를 벗어나기 때문에 이런 경우 이륙을 계속한 다음 다시 착륙을 시도해야 한다. 비행기는 안전을 고려하여 실속속도보다 약 1.2배 되는 이륙 안전 속도(Take Off Safety Speed) V_2로 이륙한다.

㉡ 이륙거리

활주로 표면 또는 장애물로부터 일정 고도[프로펠러 비행기는 15m(50ft), 제트 비행기는 11m(35ft)]에 도달할 때까지 비행기가 이동한 수평거리를 비행기의 이륙거리라 한다. 이륙거리는 다음과 같이 구성된다.

이륙거리 = 지상활주거리 + 회전거리 + 전이거리 + 상승거리

여기서, 회전거리 : 앞바퀴를 들고 지상을 활주하는 거리

전이거리 : 일정한 상승각을 가지기 위해 반지름 R의 원호를 그리며 상승 비행자세로 바꿀 때까지 진행한 수평거리

상승거리 : 프로펠러 비행기는 15m(50ft), 제트 비행기는 11m(35ft)의 고도에 도달할 때까지의 수평거리

② 착 륙

비행기의 하강각은 약 3°로 유지한다. 착륙거리는 프로펠러 비행기의 경우 15m(50ft), 제트 비행기의 경우 11m(35ft)의 진입 고도로부터 활주로에 정지할 때까지의 수평 거리를 말한다. 진입 고도에서의 진입 속도는 실속 속도의 약 1.3배로 유지해야 하며, 활주로 표면의 접지 속도는 실속 속도의 약 1.15배로 유지해야 한다.

㉠ 착륙거리 = 공중거리 + 자유활주거리 + 제동거리

여기서, 공중거리 : 진입 고도로부터 활주로에 접지하는 순간까지 진행한 수평거리

자유활주거리 : 활주로에 접지한 순간부터 제동장치를 작동시킬 때까지 진행한 거리

제동거리 : 제동을 시작할 때부터 정지할 때까지의 거리

㉡ 앞바람(Head Wind)은 상대바람 속도, 즉 비행 속도를 증가시키고, 뒷바람(Tail Wind)은 비행 속도를 감소시킨다. 따라서 이륙할 때 앞바람을 받으면 이륙거리가 짧아지고 착륙할 때는 앞바람에 의한 저항으로 착륙거리가 짧아진다. 뒷바람을 받으면 이착륙 거리가 길어진다. 고양력 장치인 플랩을 사용하면 실속 속도가 감소되므로 이착륙 거리가 짧아진다. 이륙할 때에는 항력이 너무 증가되지 않도록 하기 위해 플랩을 약 10~20° 정도 펼치지만, 착륙할 때에는 항력이 증가할수록 유리하므로 플랩을 최대 약 30° 이상 펼친다. 또, 비행기의 무게가 가벼울수록 이착륙 거리를 짧게 할 수 있다.

> **10년간 자주 출제된 문제**
>
> 제트 비행기의 실제적인 이륙거리를 가장 옳게 설명한 것은?
> ① 비행기 엔진이 작동한 후 이륙할 때까지의 모든 이동거리를 말한다.
> ② 비행기 엔진이 작동한 후 고도 50ft까지 도달하는 데 소요된 이륙상승거리의 합을 말한다.
> ③ 지상활주거리와 고도 35ft까지 도달하는 데 소요된 이륙상승거리의 합을 말한다.
> ④ 지상활주거리와 고도 50ft까지 도달하는 데 소요된 이륙상승거리의 합을 말한다.
>
> **|해설|**
> 제트기는 고도 35ft까지 도달해야 이륙이 된 것으로 본다.
>
> **정답** ③

핵심이론 13 항속거리, 항속시간

최대항속거리 또는 최대항속시간을 위해서는 연료소비율이 최소이어야 한다. 브레게(Breguet)의 공식에 따르면 최대항속거리, 최대항속시간은 다음과 같은 조건이 최대이어야 한다.

① 프로펠러 비행기

　㉠ 최대항속거리 $\dfrac{C_L}{C_D}$

　㉡ 최대항속시간 $\dfrac{C_L^{\frac{3}{2}}}{C_D}$

② 제트 비행기

　㉠ 최대항속거리 $\dfrac{C_L^{\frac{1}{2}}}{C_D}$

　㉡ 최대항속시간 $\dfrac{C_L}{C_D}$

> **10년간 자주 출제된 문제**
>
> 프로펠러 항공기의 경우 항속거리를 최대로 하기 위한 방법은?
> ① 연료소비율 최대, 양항비 최대 조건으로 비행한다.
> ② 연료소비율 최소, 양항비 최대 조건으로 비행한다.
> ③ 연료소비율 최대, 양항비 최소 조건으로 비행한다.
> ④ 연료소비율 최소, 양항비 최소 조건으로 비행한다.
>
> **|해설|**
> 연료소비율이 최소이어야 하고 $\dfrac{C_L}{C_D}$가 최대, 즉 $\dfrac{L}{D}$가 최대인 상태로 비행하면 된다.
>
> **정답** ②

제3절 프로펠러 및 헬리콥터

핵심이론 01 프로펠러

① 유효피치 : 프로펠러가 공기 속에서 1회전할 때 실제로 전진하는 거리

② 기하학적 피치 : 프로펠러가 강체 속에서 1회전할 때 전진하는 거리. 프로펠러 지름이 D이면 프로펠러가 1회전 시 움직인 거리(회전 원둘레)는 πD이므로 전진하는 거리, 즉 기하학적 피치는 $\pi D \tan\beta$이다.

$$프로펠러\ 슬립 = \frac{기하학적\ 피치 - 유효피치}{기하학적\ 피치}$$

③ 프로펠러의 미소 추력 dT

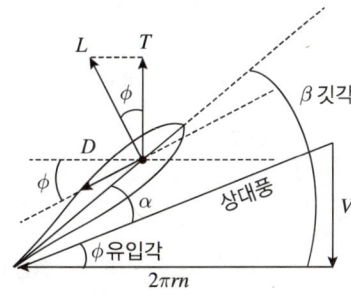

$$dT = dL\cos\phi - dD\sin\phi$$

④ $L = C_L \frac{1}{2}\rho V^2 S$와 유사하게 프로펠러의 추력 T는 $T = C_T \rho n^2 D^4$로 나타낼 수 있다. 여기서 n은 회전수(rev/s)이고 D는 프로펠러의 지름이다. 따라서 nD는 속도가 되므로 $n^2 D^2$는 속도의 제곱, 즉 양력 L의 V^2항과 같은 역할을 한다. 여기에 D^2이 추가되어 양력 L의 면적 S의 역할을 한다.

프로펠러의 동력 $P \propto$ 추력 × 회전 원둘레 속도이므로 $P = C_P \rho n^3 D^5$로 나타낼 수 있다.

⑤ 진행률 $J = \dfrac{V}{nD}$

$$\frac{V}{n} = \frac{\left(\dfrac{m}{s}\right)}{\left(\dfrac{rev}{s}\right)} = \left(\dfrac{m}{rev}\right)$$

즉, 1회전당 전진거리 즉 유효피치이다.

따라서 $J = \dfrac{V}{nD} = \dfrac{V/n}{D} = \dfrac{유효피치}{지름}$

진행률 J는 무차원이다.

⑥ 프로펠러의 효율

$$\eta = \frac{이용동력}{공급동력}$$

$$= \frac{TV}{P_{공급}} = \frac{C_T \rho n^2 D^4 V}{C_P \rho n^3 D^5} = \frac{C_T}{C_P} \cdot \frac{V}{nD} = \frac{C_T}{C_P} J$$

⑦ 프로펠러의 효율공식 유도

V의 속도로 비행하는 비행기에서 프로펠러에 의해 후류의 속도가 $V+v$로 증가한다.

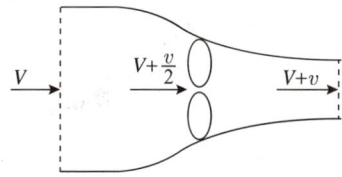

㉠ 단일 물체인 경우 : $F = ma = m\dfrac{dV}{dt}$

㉡ 유체 흐름의 경우 : $F = \dfrac{d(mV)}{dt} = \dot{m}\Delta V$

㉢ 프로펠러를 흐르는 공기흐름에 의해 프로펠러에 발생하는 추력 : $T = \dot{m}\Delta V = \dot{m}v$

㉣ 단일 물체가 가지고 있는 운동에너지 $\dfrac{1}{2}mV^2$

㉤ 프로펠러를 흐르는 공기흐름에 투입된 동력

$$P_{공급} = \frac{1}{2}\dot{m}[(V+v)^2 - V^2]$$

$$= \frac{1}{2}\dot{m}v(2V+v)$$

㉥ 프로펠러에서 발생하는 동력 $P_{이용} = TV = \dot{m}vV$

ⓧ 프로펠러의 효율

$$\eta = \frac{P_{이용}}{P_{공급}} = \frac{\dot{m}vV}{\frac{1}{2}\dot{m}v(2V+v)} = \frac{V}{V+\frac{v}{2}}$$

ⓞ 프로펠러 면에서의 순수 유도속도 : $\frac{v}{2}$

10년간 자주 출제된 문제

1-1. 프로펠러의 추력에 대한 설명으로 가장 올바른 것은?
① 프로펠러의 추력은 공기밀도에 비례하고 회전면의 넓이에 반비례한다.
② 프로펠러의 추력은 회전면의 넓이에 비례하고 깃의 선속도의 제곱에 반비례한다.
③ 프로펠러의 추력은 공기밀도에 반비례하고 회전면의 넓이에 비례한다.
④ 프로펠러의 추력은 회전면의 넓이에 비례하고 깃의 선속도의 제곱에 비례한다.

1-2. 지름이 6.7ft인 프로펠러가 2,800rpm으로 회전하면서 50mph로 비행하고 있다면 이 프로펠러의 진행률은 약 얼마인가?
① 0.23
② 0.37
③ 0.62
④ 0.76

|해설|

1-2

$$V = 50\text{mph} = 50\frac{\text{mile}}{\text{h}} \times \frac{5,280\text{ft}}{1\text{mile}} \times \frac{1\text{h}}{3,600\text{s}} = 73.3\frac{\text{ft}}{\text{s}}$$

$$n = 2,800\text{rpm} = 2,800\frac{\text{rev}}{\text{min}} \times \frac{1\text{min}}{60\text{s}} = 46.7\frac{\text{rev}}{\text{s}}$$

$$J = \frac{V}{nD} = \frac{73.3\frac{\text{ft}}{\text{s}}}{46.7\frac{\text{rev}}{\text{s}} \times 6.7\text{ft}} = 0.23$$

정답 1-1 ④ 1-2 ①

핵심이론 02 헬리콥터

① 코닝각(Coning Angle)

헬리콥터의 회전 날개는 작용하는 원심력과 양력의 합성력이 작용하는 방향으로 코닝각 β만큼 기울어지게 된다. 헬리콥터의 무게가 클수록 양력도 커야 하므로 코닝각은 커지게 된다. 회전 날개의 깃 끝이 그리는 원형 표면을 회전면, 회전 날개 원판 또는 깃 끝 경로면이라고 한다.

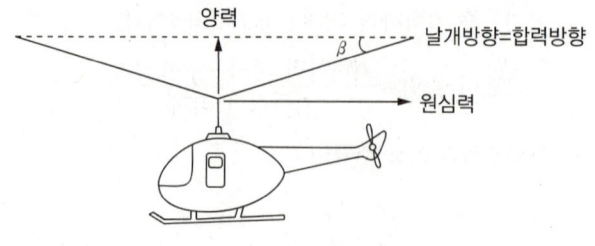

(a) 가벼운 하중

(b) 무거운 하중

② 회전력(Torque)

헬리콥터가 엔진 동력으로 주 회전 날개(Main Rotor)를 회전시키면, 주 회전 날개의 회전 방향의 반대 방향으로 헬리콥터 동체를 회전시키려는 회전력이 발생한다. 주로 그림과 같이 꼬리 회전 날개(Tail Rotor)의 추력으로 헬리콥터 동체의 회전력을 상쇄시킨다.

③ 편류(Drift) 성향

그림과 같이 꼬리 회전 날개의 추력으로 인해 헬리콥터 전체가 꼬리 회전 날개의 추력 방향으로 편류되려 한다. 편류를 막기 위해 주 회전 날개의 구동축을 꼬리 회전 날개 추력의 반대 방향으로 약간 기울여 주 회전 날개에서 발생하는 추력으로 꼬리 회전 날개의 추력을 상쇄시킨다.

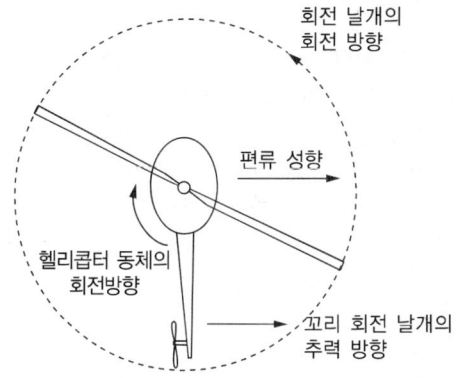

④ 양력 비대칭 현상(Dissymmetry of Lift)
   ㉠ 그림과 같이 V의 속도로 전진하는 헬리콥터에서 주 회전 날개의 깃 끝 속도가 V_t일 때 전진 깃(Advancing Blade)과 후진 깃(Retreating Blade)의 깃 끝 속도는 다음과 같다.
   - 전진 깃의 속도 : $V_A = V_t + V$
   - 후진 깃의 속도 : $V_R = V_t - V$

   따라서 헬리콥터 회전 원판의 오른쪽, 즉 전진 깃 영역에서는 양력이 많이 발생하고, 회전 원판의 왼쪽, 즉 후진 깃 영역에서는 양력이 적게 발생한다. 이러한 현상을 양력의 비대칭 현상이라고 한다.

   ㉡ 양력의 비대칭 문제를 해결하기 위해 각각의 회전 날개 깃에 플래핑 힌지(Flapping Hinge)를 부착하여 각 날개가 자유롭게 플래핑(Flapping) 운동을 하게 한다. 전진 깃의 양력이 증가하면 전진 깃이 상승하여 받음각이 감소되고 양력이 감소한다. 후진 깃의 양력이 감소하면 후진 깃이 하강하여 받음각이 증가되고 양력이 증가한다. 따라서 양력의 비대칭 현상이 해결되어 전진 비행이 가능하게 된다.

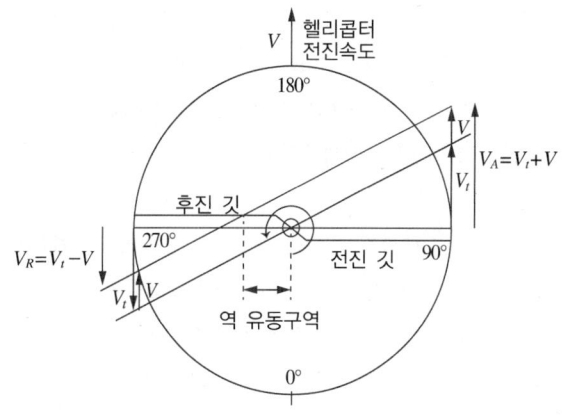

⑤ 리드래그 힌지(Lead Lag Hinge)
   ㉠ 얼음 위에서 피겨 스케이트 선수가 팔을 안으로 모으면 회전이 빨라지고 팔을 밖으로 뻗으면 회전이 느려지듯이 회전하는 물체의 질량 중심이 회전축에 가까워지면 회전하는 물체의 회전 속도가 빨라지고, 회전하는 물체의 질량 중심이 회전축에서 멀어지면 회전하는 물체의 회전 속도가 느려지는 효과를 코리올리스 효과(Coriolis Effect)라고 한다.
   ㉡ 전진 비행을 하는 헬리콥터의 주 회전 날개가 플래핑 운동을 하면, 전진 깃은 상승하고, 전진 깃의 질량 중심이 회전 날개 구동축에 가까워지므로 코리올리스 효과에 의해 회전속도가 빨라진다. 반대로 후진 깃은 하강하므로, 후진 깃의 질량 중심이 회전 날개 구동축에서 멀어져서 회전속도가 느려지게 되어, 헬리콥터 주 회전 날개의 회전속도에 따른 진동이 발생한다. 따라서 이러한 힘을 감소시키기 위해 주 회전 날개 허브(Main Rotor Hub)에 리드-래그 힌지를 부착한다. 리드-래그 힌지는 항력 힌지(Drag Hinge)라고도 부른다.

⑥ 공중 정지 비행(Hovering)

헬리콥터가 전후좌우의 방향으로 이동하지 않고 일정한 고도를 유지하며 공중에 떠 있는 비행을 공중 정지 비행이라 한다. 공중 정지 비행 상태에서 헬리콥터의 기수를 돌리려면 꼬리 회전 날개의 피치를 조정하여 거기서 발생하는 추력을 변경하여 헬리콥터 동체의 기수

방향을 변경한다. 꼬리 회전 날개의 피치 조정에는 방향 조종 페달(Directional Control Pedal)을 사용한다.

⑦ 동시 피치 조종 장치(Collective Pitch Control System)
 공중 정지 비행 상태에서 수직 상승 비행을 하기 위해서는 모든 회전 날개 깃의 피치(Pitch)를 동시에 증가시켜 양력을 증가시키고 수직 하강 비행을 하기 위해서는 모든 회전 날개 깃의 피치를 동시에 감소시켜 양력을 감소시킨다. 이와 같이 회전 날개 깃의 피치를 동시에 증가 또는 감소시키는 조작은 헬리콥터의 동시 피치 조종 장치에 의해 이루어지며 깃의 페더링(Feathering) 힌지를 중심으로 이루어진다.

⑧ 주기 피치 조종 장치(Cyclic Pitch Control System)
 헬리콥터가 전진, 후진 또는 측면 비행을 하기 위해서는 그 방향으로 추력을 발생시키기 위해 회전면을 그 방향으로 경사지게 해야 한다. 이러한 조작은 헬리콥터의 주기 피치 조종 장치에 의해 이루어진다. 다만, 자이로의 섭동성(Precession) 때문에 경사지게 만드는 작용력은 90° 이전에 입력해야 한다.

⑨ 자동 회전 비행(Auto Rotation)
 엔진이 갑자기 멈추면 헬리콥터는 자동 회전 비행에 의해 일정한 하강 속도로 안전하게 지상에 착륙할 수 있다. 자동 회전 비행 시 회전 날개 깃의 피치를 특정한 음(-)의 값으로 변경하여 불어오는 바람으로 풍차(Wind Mill)를 돌리듯이 회전 날개를 회전시킨다. 회전 날개가 회전하면서 회전 날개 깃의 구동력과 저항력이 같아지면 회전 날개는 일정한 회전수를 유지하면서 자동 회전비행이 이루어진다. 이때 회전 날개에서 발생하는 양력에 의해 헬리콥터가 일정한 속도로 하강하게 된다. 자동 회전 비행을 하려면 자유 회전 장치(Free Wheeling Unit)를 사용하여 주 회전 날개와 엔진을 분리해야 한다.

10년간 자주 출제된 문제

2-1. 헬리콥터는 수평 최대속도로 비행기와 같이 고속도로 비행할 수 없다. 그 이유에 대한 설명 중 가장 관계가 먼 내용은?
① 회전 날개(Rotor Blades)의 강도상 문제 때문에
② 후퇴하는 깃의 날개 끝 실속 때문에
③ 후퇴하는 깃 뿌리의 역풍범위가 커지기 때문에
④ 전진하는 깃 끝의 충격실속 때문에

2-2. 헬리콥터의 동시피치제어간을 올리면 나타나는 현상에 대하여 가장 올바르게 설명한 것은?
① 피치가 커져 전진비행을 가능하게 한다.
② 피치가 커져 수직으로 상승할 수 있다.
③ 피치가 작아져 추진비행을 바르게 한다.
④ 피치가 작아져 수직으로 상승할 수 있다.

해설

2-1
전진하는 깃 끝의 상대속도는 회전에 따른 깃 끝의 속도와 헬리콥터 전진 속도가 합해지므로 음속에 도달할 수 있다. 후퇴하는 깃은 헬리콥터 후진 속도가 감해지므로 상대속도가 작아져서 깃 뿌리에서는 역풍이 될 수 있고 깃 끝에서는 받음각이 커져서 실속이 발생할 수 있다.

2-2
동시피치제어간을 올리면 피치가 커져 받음각이 증가하여 양력이 증가하므로 헬리콥터는 상승한다.

정답 2-1 ① **2-2** ②

CHAPTER 02 항공기 기체

제1절 항공기 기체구조 및 기체 계통

핵심이론 01 항공기 기체 일반

① 항공기 위치 표시 방식
  ㉠ 동체 위치선(BSTA ; Body Station) : 항공기 동체에서 기준이 되는 0점 또는 기준선으로부터의 거리
  ㉡ 동체 수위선(BWL ; Body Water Line) : 기준으로 정한 특정 수평면으로부터의 높이를 측정한 수직 거리
  ㉢ 버턱선(Buttock Line) : 동체 버턱선(BBL)과 날개 버턱선(WBL)으로 구분하며 동체 중심선을 기준으로 오른쪽과 왼쪽으로 평행한 너비를 나타내는 선

② 동체의 구조
  ㉠ 트러스형 : 강관으로 구성된 삼각형 형태의 트러스 위에 천 또는 얇은 금속판의 외피를 씌운 구조형식이다. 외피는 공기역학적 외형을 유지하고 있으며, 기체에 걸리는 대부분의 하중은 트러스 구조(Truss Structure)가 담당한다.
  ㉡ 응력 외피형 동체 : 응력 외피 구조는 트러스 구조와 같은 골격이 없기 때문에 기체에 작용하는 모든 하중을 외피가 담당하는 구조 형식이다.
    • 모노코크 구조 : 정형재(Former)와 벌크헤드(Bulkhead) 및 외피(Skin)로 구성되며, 대부분의 하중을 외피가 담당한다. 한 예로, 금속 튜브 형태로 미사일 몸체에 주로 사용하는 구조가 모노코크 구조이다.
    • 세미모노코크 구조 : 모노코크 구조에 프레임(Frame)과 세로대(Longeron), 스트링어(Stringer) 등을 보강하고, 그 위에 외피를 얇게 입힌 구조이다.

③ 세미모노코크 구조 구성품
  ㉠ 외피(Skin) : 동체에 작용하는 전단 하중과 비틀림 하중 담당
  ㉡ 세로대(Longeron) : 휨 모멘트와 동체 축 하중 담당
  ㉢ 스트링어(Stringer) : 세로대보다 무게가 가볍고 훨씬 많은 수 배치
  ㉣ 벌크헤드(Bulkhead) : 동체 앞뒤에 하나씩 배치되며 방화벽이나 압력 벌크헤드로 이용
  ㉤ 정형재(Former) : 링 모양이며 벌크헤드 사이에 배치되며 날개나 착륙장치의 장착 용도로 사용하며 비틀림 하중에 의한 동체 변형을 방지
  ㉥ 프레임(Frame) : 축 하중과 휨 하중 담당

④ 샌드위치 구조 : 2개의 외판 사이에 가벼운 코어(Core)를 넣고 고착시켜 샌드위치 모양으로 만든 구조 형식이며, 굽힘하중과 피로하중에 강하고 항공기의 무게를 감소시킨다.

⑤ 페일 세이프(Fail Safe) 구조 : 하나의 주구조가 피로 파괴되거나 일부분이 파괴되더라도 다른 구조가 하중을 담당할 수 있도록 하여 항공기 안전에 영향을 미칠 정도로 파괴되거나 과다한 구조 변형이 생기지 않도록 설계된 구조를 말한다.
  ㉠ 다경로 하중 구조(Redundant Structure) : 많은 수의 부재로 구성하여 하나의 부재가 파괴되더라도 다른 부재들이 하중을 분담하도록 함으로써 치명적인 사고를 예방할 수 있도록 설계된 구조 형식
  ㉡ 이중 구조(Double Structure) : 1개의 큰 부재를 쓰는 대신 2개 이상의 작은 부재들을 결합하여 1개의 큰 부재 또는 그 이상의 강도를 담당하도록 설계된 구조 형식

ⓒ 대치 구조(Back Up Structure) : 평상시 예비 부재는 하중을 담당하지 않고 있다가 하중을 담당하는 부재가 파괴된 후에 예비 부재가 대신하여 전체 하중을 담당하도록 설계된 구조

ⓔ 하중경감 구조(Load Dropping Structure) : 주 부재에 균열이 발생하면 주 부재가 담당하던 하중이 보강재로 이동하여 균열이 주 부재 전체에 미치는 것을 방지하도록 설계된 구조

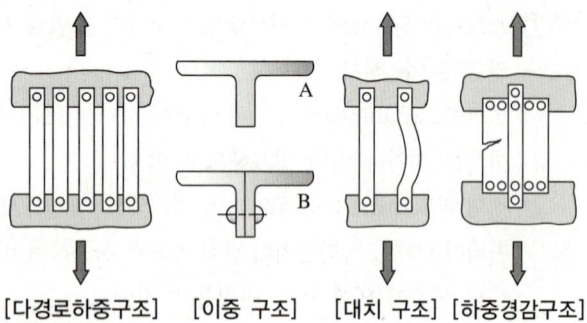

[다경로하중구조] [이중 구조] [대치 구조] [하중경감구조]

10년간 자주 출제된 문제

다음 중 고정익 항공기의 일반적인 기체구조 구성요소로만 나열된 것은?
① 동체, 날개, 나셀, 엔진 마운트, 조종장치, 착륙장치
② 기체, 주 날개, 꼬리날개, 엔진, 착륙장치
③ 동체, 날개, 엔진, 동력연결장치, 전자장비
④ 동체, 날개, 엔진, 조향장치, 강착장치

|해설|
기체 구조 구성요소에 엔진 마운트(Engine Mount)는 해당되지만 엔진(Engine)은 해당되지 않는다.

정답 ①

핵심이론 02 항공기 날개와 부착 장치

① 응력 외피형 날개
  ㉠ 날개보(Spar)와 응력 외피가 하나의 상자 형태(Box Beam)를 구성하며, 날개보는 전단력과 휨 하중을, 외피는 비틀림 하중을 담당한다.
  ㉡ 리브(Rib) : 날개 단면이 날개꼴(Airfoil) 형상을 유지하도록 날개 모양을 형성해주며, 날개 외피에 작용하는 하중을 날개보에 전달하는 역할을 한다.
  ㉢ 스트링어(Stringer) : 날개의 휨 강도나 비틀림 강도를 증가시키는 역할을 하며, 리브 주위에 배치한다.

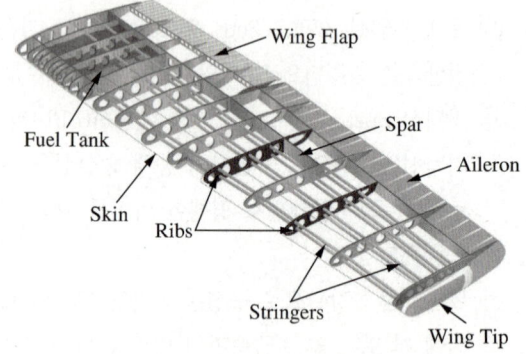

② 고양력 장치 : 날개에 발생하는 양력을 증가시키는 장치로, 항공기의 이·착륙거리를 단축시킨다.
  ㉠ 앞전 플랩 : 슬롯, 슬랫, 크루거 플랩, 드룹트 플랩 등
  ㉡ 뒷전 플랩 : 단순 플랩, 스플릿 플랩, 슬롯 플랩, 파울러 플랩 등
  ㉢ 대형 항공기는 앞전 플랩과 3중 슬롯 파울러 플랩 등을 사용하여 양력 증가 효과를 극대화한다.
③ 스포일러 : 날개 윗면에 장착하는 2차 조종면으로서, 비행 중에는 옆놀이(Rolling) 보조 장치로 사용되고 지상 착륙 중에는 제동 효과를 높이는 역할을 한다.
④ 기체 관련 장치
  ㉠ 나셀(Nacelle) : 기체에 장착된 엔진을 둘러싼 부분으로 가스터빈엔진의 경우 날개 밑의 파일런(Pylon)에 붙어있는 경우가 많다. 보통 나셀의 입구에는 방빙 장치가 되어 있고, 나셀의 뒤쪽에는 역추력 장치가 장착되어 있어서 항공기 착륙거리를 단축시킨다.

ⓒ 카울링(Cowling) : 나셀의 한 부분으로 엔진을 둘러싸고 있으며, 정비나 점검을 쉽게 하기 위해 열고 닫을 수 있다.
ⓒ 엔진 마운트(Engine Mount) : 엔진을 장착한 구조물로서 엔진에서 발생한 추력을 기체에 전달한다.

10년간 자주 출제된 문제

날개(Wing)의 주요 구조 부재가 아닌 것은?
① 스파(Spar)
② 리브(Rib)
③ 스킨(Skin)
④ 프레임(Frame)

|해설|
프레임은 동체를 구성하는 구조 부재이다.

정답 ④

핵심이론 03 항공기 조종 장치

① 비행기의 3축 운동
  ㉠ 세로축 – 옆놀이(Rolling) – 도움날개(Aileron)
  ㉡ 가로축 – 키놀이(Pitching) – 승강키(Elevator)
  ㉢ 수직축 – 빗놀이(Yawing) – 방향키(Rudder)

② 조종면의 종류와 조종면의 작동
  ㉠ 도움날개, 승강키, 방향키 등을 1차 조종면이라고 하고, 플랩, 스포일러, 탭 등을 2차 조종면이라고 한다.
  ㉡ 조종간을 뒤로 당기면, 승강키가 올라가서 꼬리부분이 내려가고 기수는 올라간다.
  ㉢ 조종간을 오른쪽으로 움직이면, 왼쪽 도움날개는 내려가고 오른쪽 도움날개는 반대로 올라가면서 오른쪽으로 기울어진다.
  ㉣ 오른쪽 방향 페달을 밀면 방향키가 오른쪽으로 꺾이고, 따라서 비행기 뒷부분이 왼쪽으로 움직이면서 결국 기수는 오른쪽 방향으로 향하게 된다.

③ 조종 계통 관련 장치
  ㉠ 페어리드(Fairlead) : 케이블이 벌크헤드의 구멍이나 다른 금속이 지나가는 곳에 사용되며 케이블의 느슨함을 막고 다른 구조와의 접촉을 방지한다.
  ㉡ 풀리(Pulley) : 케이블의 방향을 바꾼다.
  ㉢ 턴버클(Turn Buckle) : 케이블의 장력을 조절하는 장치
  ㉣ 벨 크랭크(Bell Crank) : 조종 로드가 장착되며 로드의 움직이는 방향을 변환시켜준다.
  ㉤ 스토퍼(Stopper) : 움직이는 양(변위)의 한계를 정해 주는 장치로서 조종계통에는 도움날개, 승강키 및 방향키의 운동 범위를 제한한다.
  ㉥ 쿼드런트(Quadrant) : 조종 케이블의 직선 운동을 토크 튜브의 회전 운동으로 변환시킨다. 일반적으로 쿼드런트는 토크 튜브에 고정되어 있으며, 쿼드런트의 양쪽 끝단은 조종 케이블에 연결되어 있다.

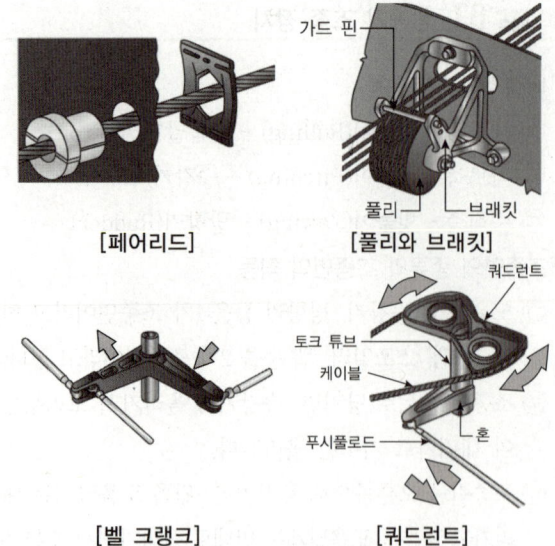

[페어리드]　　[풀리와 브래킷]

[벨 크랭크]　　[쿼드런트]

④ 탭(Tab) : 조종면 뒤쪽 부분에 부착하는 작은 플랩의 일종으로 조종면 뒷전 부분의 압력 분포를 변화시켜 힌지 모멘트에 큰 변화를 생기게 한다.
   ㉠ 트림 탭(Trim Tab) : 조종력을 0으로 맞춰주는 장치
   ㉡ 평형 탭(Balance Tab) : 조종면이 움직이는 방향과 반대 방향으로 움직임
   ㉢ 스프링 탭(Spring Tab) : 혼과 조종면 사이에 스프링을 설치하여 탭 작용을 배가시킴
   ㉣ 조종 탭(Control Tab) : 서보 탭이라고 하며 조종장치와 직접 연결되어 탭만 작동시켜서 조종면을 움직이도록 설계

10년간 자주 출제된 문제

조종 케이블이 작동 중에 최소의 마찰력으로 케이블과 접촉하여 직선운동을 하게 하며, 케이블을 3° 이내의 범위에서 방향을 유도하는 것은?

① 케이블드럼　② 페어리드
③ 풀 리　　　④ 벨 크랭크

[해설]
페어리드는 케이블이 벌크헤드의 구멍이나 다른 금속이 지나가는 곳에 사용되며, 케이블의 느슨함을 막고 다른 구조와의 접촉을 방지한다.

정답 ②

핵심이론 04 항공기 착륙 장치 계통

① 착륙 장치 개요
   ㉠ 앞착륙 장치(NLG ; Nose Landing Gear)와 주 착륙 장치(MLG ; Main Landing Gear)로 구성
   ㉡ 현대 항공기는 접개들이 방식(Retraction and Extension Type) 채택
   ㉢ 바퀴의 수에 따라 단일 형식, 이중 형식 및 트럭 형식(바퀴가 4개 이상)으로 구분한다.
   ㉣ 앞바퀴식 착륙장치의 특징
      • 높은 속도에서 제동력을 강하게 작용할 수 있다.
      • 이착륙 시 상대적으로 넓은 시야각을 가지게 된다.
      • 직진 성능이 좋고 안정적인 지상 활주를 할 수 있다.
      • 뒷바퀴식보다 구조가 복잡하여 유지비가 증가한다.
      • 지면과 프로펠러의 높이가 뒷바퀴식보다 낮다.

② 주 착륙 장치의 주요 구성품
   ㉠ 트러니언(Trunion) : 완충 스트럿의 힌지축 역할을 담당한다.
   ㉡ 완충 스트럿 : 충격을 흡수하는 주된 역할을 하며, 토션 링크에 의해 바깥 실린더와 안쪽 실린더가 서로 연결된다.
   ㉢ 토션 링크(Torsion Link) : 항공기 이륙 시 안쪽 실린더가 빠져나오는 이동 길이를 제한하며, 안쪽 실린더가 바깥쪽 실린더에 대해 회전하지 못하도록 제한한다.
   ㉣ 트럭 빔(Truck Beam) : 바퀴 축을 연결하는 부분이다.
   ㉤ 제동 평형 로드(Brake Equalizer Rod) : 착륙 시 제동으로 인한 하중이 앞 뒷바퀴에 균등하게 작용하도록 한다.
   ㉥ 날개 착륙장치 작동기(Wing Gear Actuator) : 착륙 장치를 접어들이거나 펼칠 때 사용하는 유압 실린더이다.
   ㉦ 다운로크 작동기(Down-lock Actuator) : 착륙 장치가 펼쳐진 상태에서 착륙 장치를 고정시키는 역할을 한다.

◎ 트럭 위치 작동기(Truck Position Actuator) : 완충 스트럿과 트럭 빔을 일정한 각도로 유지하는 유압 작동기로서, 착륙장치가 접혀 들어갈 때 공간을 줄이기 위해서도 사용된다. 또한, 항공기가 지상에서 수평으로 활주할 때에는 완충 스트럿과 트럭 빔이 수직이 되도록 댐퍼의 역할도 한다.

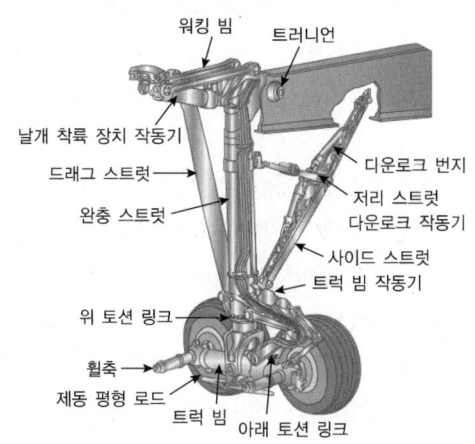

[착륙장치 주요 구성품]

③ 접개들이 랜딩기어를 비상으로 내리는 방법
  ㉠ 핸들로 업 로크(Up Lock)를 풀어서 랜딩기어 자중에 의하여 내려오게 한다.
  ㉡ 핸드 펌프로 유압을 만들어 내린다.
  ㉢ 축압기에 저장된 공기압을 이용하여 내린다.
  ※ 'Up Lock'는 착륙 장치가 자중에 의해 아래로 펼쳐지는 것을 방지하는 걸림 장치이다.

④ 착륙 장치 기타 사항
  ㉠ 앞착륙 장치가 좌우로 진동하는 현상을 시미(Shimmy) 현상이라고 하며, 이것을 방지하거나 감쇠시켜주는 장치가 시미 댐퍼(Shimmy Damper)이다.

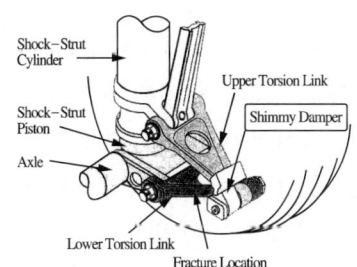

[착륙장치와 시미댐퍼]

  ㉡ 올레오식 완충장치의 실린더 위쪽에는 압축성인 공기(또는 질소)가, 아래쪽에는 비압축성인 오일이 채워져 있어 충격 하중을 흡수 분산한다.
  ㉢ 노즈 스트럿(Nose Strut) 내부에 있는 센터링 캠(Centering Cam)은 항공기 이륙 후에 노즈 휠을 중립으로 하여 준다.
  ㉣ 안티스키드(Anti-Skid) 장치는 착륙 활주 중 과도하게 제동을 함으로써 생기는 타이어의 미끄러짐 현상을 방지한다.
  ㉤ 타이어(Tire)가 과팽창하면 휠 플렌지(Wheel Flange)가 손상된다.
  ㉥ 항공기 타이어 밸런싱(Balancing) 목적은 진동과 과도한 마모를 줄이기 위함이다.

⑤ 조향 장치
  ㉠ 조향 장치 구성품은 방향키 페달, 스티어링 휠, 스티어링 미터링 밸브, 스티어링 실린더, 토션 링크, 비상 바이패스 밸브 등으로 구성된다.
  ㉡ 스티어링 미터링 밸브는 조향 장치의 스티어링 실린더에 작용하는 유압의 방향과 비율을 결정한다.
  ㉢ 앞 착륙 장치가 좌우로 진동하는 현상 : 시미 현상(방지하기 위해 시미 댐퍼를 장착한다)
  ㉣ 스티어링 실린더는 토션 링크와 연결되어 있으며 조향 역할을 담당한다.
  ㉤ 항공기를 견인할 때에는 비상 바이패스 밸브 핀을 꽂아 반작용 유압이 생기지 않도록 해야 한다.
  ㉥ 센터링 캠 : 조향 장치의 중립을 유지한다.

⑥ 항공기 타이어의 표시 형식

> 49×19-20, 32 R2

바깥지름 49in, 폭 19in, 휠 지름 20in, 32PLY, 2회 재생

⑦ 항공기 타이어 압력 점검
  ㉠ 일주일에 한번 이상의 점검이 필요하다.
  ㉡ 공기 압력점검은 타이어가 차가울 때 실시한다.
  ㉢ 비행 후 최소 2시간 이후에 압력 점검을 실시한다.

⑧ 휠의 특징
  ㉠ 일반적으로 스플릿 형을 사용한다.
  ㉡ 재질은 알루미늄이나 마그네슘 합금을 사용하고 표면은 부식 방지 처리한다.
  ㉢ 타이어 압력이나 온도가 상승하면 휠에 장착된 퓨즈 플러그가 녹아 공기 압력을 외부로 방출한다.
  ※ 항공기 타이어 내부에 공기보다 안정적인 질소 가스를 주입한다.

⑨ 위치, 지시 장치
  착륙장치 레버가 내려진 상태에서 실제 착륙장치가 내려와 있지 않은 경우에는 주황색의 경고 메시지(Gear Disagree)가 표시된다.

⑩ 제동 장치 개요
  ㉠ 소형 항공기는 싱글 디스크, 대형 항공기는 세그먼트 로터 타입이나 멀티 디스크 타입이 많이 쓰인다.
  ㉡ 스펀지 현상은 브레이크 유압 라인 내에 공기가 차 있을 때 발생하므로 공기 빼기 작업(Air Bleeding)을 해야 한다.

10년간 자주 출제된 문제

4-1. 착륙장치는 타이어의 수에 따라 일반적으로 3가지로 분류한다. 해당되지 않는 것은?
① 이중식(Dual Type)
② 단일식(Single Type)
③ 다발식(Multi Type)
④ 보기식(Bogie Type)

4-2. 다음 중 조향 장치 중립을 유지하기 위한 장치는?
① 토션 링크
② 시미 댐퍼
③ 센터링 캠
④ 스티어링 실린더

|해설|

4-1
착륙장치는 바퀴의 수에 따라 단일 형식, 이중 형식 및 트럭 형식으로 구분한다.

4-2
센터링 캠(Centering Cam)은 조향 장치 중립을 유지하기 위한 장치이다.

정답 4-1 ③ 4-2 ③

핵심이론 05 항공기 연료 계통

① 항공기용 연료의 특성
  ㉠ 휘발성을 높이되 일정 수준 이상의 끓는점과 일정 수준 이하의 어는점을 유지한다.
  ㉡ 발화점이 낮을수록 쉽게 점화한다.
  ㉢ 베이퍼 로크(Vapor Lock)가 발생되지 않도록 증기압을 유지한다.
  ㉣ 연료의 밀도는 온도에 따라 약 25%의 체적 변화가 있다.
  ㉤ 항공기의 연료에는 일반적으로 부식 방지제, 미생물 생성 억제제 및 기타 연료의 안정성을 개선하기 위한 첨가제가 포함되어 있다.

② 항공 휘발유(AVGAS ; Aviation Gasoline)종류
  ㉠ 100LL : 푸른색을 띠며, 상대적으로 낮은 납 함유량으로 가장 널리 쓰이는 항공용 왕복엔진 연료이다.
  ㉡ 100/130 : 녹색을 띠며, 고압축성 고효율엔진에 사용되었으나 요즘은 100LL로 대체한다.
  ㉢ 80/87 : 붉은색을 띠며, 낮은 옥탄가로 인해 저압축성 엔진에 사용한다.

③ 제트 연료의 특징
  ㉠ 등유(Kerosen) 계열이다.
  ㉡ 발화 온도가 높아 점화하기 어렵지만, 취급이 쉽고 가격이 상대적으로 저렴하다.
  ㉢ 다양한 첨가제(산화 방지제, 부식 방지제, 빙결 방지제, 미생물 살균제 등)를 혼합해서 사용한다.

④ 연료 저장장치 설계 시 고려 사항
  ㉠ 연료 저장장치의 구조적인 강도(충분한 크기의 공기 통로 설치)
  ㉡ 연료 탱크의 위치, 연료 소모에 따르는 항공기 전후 좌우의 균형 유지에 대한 방법
  ㉢ 연료 탱크 내부 밀폐 방법, 연료 출렁임에 대한 방지책, 부품 장착 위치 및 정비를 위한 접근 방법
  ㉣ 연료 내의 수분 제거 방법

⑤ 연료 저장 장치 구성품
  ㉠ 배플 체크 밸브
    • 비행자세의 피치(Pitch) 변화에 따른 연료의 이동을 제한한다.
    • 연료 탱크의 안쪽으로만 연료의 이동이 가능하고 바깥쪽으로는 연료의 이동이 불가능하다.
  ㉡ 벤트(Vent)는 연료 탱크 내부에 공기 통로를 마련하여, 대기 압력과 같게 유지하며 낙뢰로 인한 화재를 방지하기 위한 화염 차단기를 장착한다.
  ㉢ 날개 끝에 서지(Surge) 탱크 역할을 할 수 있는 공간을 두어 연료 탱크에서 넘치는 연료를 일시적으로 저장한다.
  ㉣ 연료 탱크 섬프 공간에 모인 연료는 스캐빈지(Scavenge) 펌프에 의하여 연료 펌프가 사용할 수 있는 위치(콜렉터 셀)로 이동한다.
  ㉤ 연료 탱크의 밸런스 튜브는 급유 압력을 높이지 않으면서 급유를 빠른 시간에 가능하게 한다.
⑥ 급유 안전 사항
  ㉠ 급유 장소에 소화기를 비치한다.
  ㉡ 항공기의 등급에 적합한 연료를 급유한다.
  ㉢ 급유 시작 전에 항공기와 급유 차량을 접지한다.
  ㉣ 급유 시작 전에 급유 차량의 수분 유입 상태를 검사한다.
  ㉤ 급유 중 항공기 통신 장비나 레이더 장비의 사용을 금지한다.
  ㉥ 급유 중 항공기 전기 관련 스위치 조작을 금지한다.
⑦ 연료 계통의 지시화면에서 알 수 있는 정보
  ㉠ 총 탑재 연료량(FOB ; Fuel On Board)
  ㉡ 엔진 시동 후 소모된 연료(F.Used)
  ㉢ 각 연료 탱크의 연료량과 온도 및 연료 펌프, 밸브의 작동 상태
  ㉣ 항공기의 전체 중량과 무게중심(GW, CG)

10년간 자주 출제된 문제

연료탱크에 있는 벤트 계통(Vent System)의 주역할로 옳은 것은?

① 연료탱크 내의 증기를 배출하여 발화를 방지한다.
② 비행자세의 변화에 따른 연료탱크 내의 연료유동을 방지한다.
③ 연료탱크의 최하부에 위치하여 수분이나 잔류 연료를 제거한다.
④ 연료탱크 내·외의 차압에 의한 탱크구조를 보호한다.

해설

벤트(Vent)는 연료 탱크 내부에 공기 통로를 마련하여, 대기 압력과 같게 유지하며 낙뢰로 인한 화재를 방지하기 위한 화염 차단기를 장착한다.

정답 ①

제2절 항공기 재료

핵심이론 01 항공기 금속 재료(알루미늄)

① 알루미늄

순수 알루미늄은 비중이 2.7로서 내식성, 가공성, 전기 및 열의 전도율이 매우 좋은 금속 재료이다.

② AA 규격 식별 기호

AA(Aluminium Association)표시법은 미국 알루미늄 협회에서 가공용 알루미늄 합금에 지정한 합금 번호로, 네 자리의 숫자로 구성되어 있다. 첫째 자릿수는 합금의 종류, 둘째 자릿수는 합금의 개조 여부, 나머지 두 자릿수는 합금번호를 나타낸다.

예 2024의 의미
- 첫째 자리 : 합금의 주성분(1 : 99% 알루미늄, 2 : 구리, 3 : 망가니즈, 4 : 실리콘, 5 : 마그네슘 등)
- 둘째 자리 : 개량번호, "0"은 원형
- 셋째, 넷째 자리 : 합금의 명칭 기호

③ 알루미늄 합금의 특성 기호
㉠ F : 제조상태 그대로인 것
㉡ O : 풀림 처리한 것
㉢ H : 냉간 가공한 것(비열처리 합금)
㉣ W : 용체화 처리 후 자연 시효한 것
㉤ T : 열처리한 것
- T4 : 용체화 처리 후 자연시효한 것
- T5 : 고온 성형공정에서 냉각 후 인공시효한 것
- T6 : 용체화 처리 후 냉간가공
- T7 : 용체화 처리 후 안정화 처리
- T8 : 용체화 처리 후 냉간가공하고 인공시효한 것
- T9 : 용체화 처리 후 인공시효하고 냉간가공한 것

④ 내식 알루미늄 합금
㉠ 3003 : 알루미늄-망간계 합금으로, 내식성이 우수하며 가공성과 용접성이 좋다.
㉡ 5056 : 알루미늄-마그네슘계 합금으로, 용접성이 떨어지고 오랜 시간 동안 사용할 경우에는 내식성도 떨어진다.
㉢ 6061, 6063 : 알루미늄-마그네슘-규소계의 합금으로, 내식성과 용접성, 성형가공성이 우수하여 항공기의 노즈 카울(Nose Cowl), 날개 끝(Wing Tip), 엔진 덮개(Engine Cowl) 등에 사용된다.
㉣ 알클래드(Alclad) 판 : 알루미늄 합금판 양면에 순수 알루미늄을 판 두께의 약 3~5% 정도(약 0.6mm)로 입힌 판으로 부식을 방지하고, 표면이 긁히는 등의 파손을 방지할 수 있다.

⑤ 고강도 알루미늄 합금
㉠ 2017 : 일명 '두랄루민'이라 불리며 초기에는 항공기 응력 외피로 많이 사용했다.
㉡ 2024 : 2017에 마그네슘 양을 증가시킨 알루미늄-구리계 합금으로, 일명 '초두랄루민'이라 불리며 대형 항공기 날개 밑면의 외피나 동체의 외피로 사용한다.
㉢ 7075 : 알루미늄-아연-마그네슘계 합금으로 동체의 프레임 등 큰 응력이 작용하는 곳에 사용한다.

10년간 자주 출제된 문제

알루미늄 합금은 비행기의 재료로서는 구조용 강철보다 훨씬 좋지만 초고속기의 재료로서는 다음의 어떤 결함 때문에 타이타늄 합금보다 못하는가?

① 밀도가 크다.
② 가공이 어렵다.
③ 부식이 심하다.
④ 고온에서 인장강도가 크지 않다.

|해설|

알루미늄 합금은 타이타늄 합금에 비해서 고온에서의 인장강도가 약하다.

정답 ④

핵심이론 02 항공기 금속 재료(기타 금속재료)

① 타이타늄 합금
  ㉠ 비중이 약 4.5로 강보다 가벼우며, 강도는 알루미늄 합금이나 마그네슘 합금보다 높다.
  ㉡ 피로에 대한 저항이 강하고, 내열성과 내식성이 양호하다.
② 마그네슘 : 비중이 알루미늄의 2/3에 불과할 정도로 가볍고, 전연성이 풍부하며 절삭성이 좋지만 내열성, 내마모성이 떨어져 항공기의 구조재로 사용되지 않는다.
③ 강의 규격
  강의 규격은 SAE 규격이나 AISI 규격이 많이 사용되는데, 보통 네 자리의 숫자로 표시하며, 첫째 자릿수는 합금 원소의 종류, 둘째 자릿수는 합금 원소의 함유량, 나머지 두 자릿수는 탄소 함유량의 평균값을 나타낸다.

합금의 종류	합금 번호	합금의 종류	합금 번호
탄소강	1×××	몰리브덴강	4×××
니켈강	2×××	크롬강	5×××
니켈-크롬강	3×××	크롬-바나듐강	6×××

  예 SAE 4130
  • 첫째 숫자 : 강의 종류(크롬-몰리브덴강)
  • 둘째 숫자 : 합금 주성분 함유량(크로뮴 0.1%)
  • 셋째 숫자 : 탄소의 함유량(30/100%)
④ 항공기에 사용되는 대표적인 합금강
  ㉠ 탄소강에 탄소 이외의 원소를 소량 더한 것을 고장력강이라 하는데, 고장력강에는 많은 종류가 있으며, 항공기에는 주로 크롬-몰리브덴(Cr-Mo)강, 니켈-크롬-몰리브덴(Ni-Cr-Mo)강이 사용된다.
  ㉡ 내식강은 기본적으로 크롬을 다량 함유한 강이라고 할 수 있다. 금속의 부식 현상을 개선하기 위한 대표적인 내식강으로는 크롬계 스테인리스강과 크롬-니켈계 스테인리스강을 들 수 있다.
  ㉢ 인코넬은 니켈에 크로뮴, 철, 타이타늄 등을 첨가한 내열 합금으로, 내열성, 내식성이 뛰어나다.

10년간 자주 출제된 문제

다음의 합금강 SAE의 부호에서 탄소를 가장 많이 함유하고 있는 것은?
① 1025
② 2330
③ 4130
④ 6150

해설
네 자리 숫자 중, 뒤의 두 개의 숫자가 탄소 함유량을 나타내는 것이므로 0.5%의 탄소를 함유하고 있는 6150이 탄소를 가장 많이 함유하고 있다.

정답 ④

핵심이론 03 항공기 비금속 재료

① 플라스틱

한 번 열을 가하여 성형하면 다시 가열하더라도 연해지거나 용융되지 않는 성질을 가지는 열경화성 수지와 열을 가하여 성형한 다음 다시 가열하면 연해지고, 냉각하면 다시 굳어지는 열가소성 수지로 구분된다.

㉠ 열경화성 수지 : 페놀 수지, 에폭시 수지, 폴리에스터 수지, 폴리우레탄 수지, 실리콘 수지 등이 속한다.
- 페놀 수지는 베이크라이트(Bakelite)로도 불리며 전기적 성질, 기계적 성질, 내열성, 내약품성이 우수하여 전기 계통의 부품, 기계 부품 등에 사용된다.
- 에폭시 수지는 접착력이 매우 크고, 성형 후 수축률이 작으며, 내약품성이 우수하여 항공기 구조 접착제나 도료 등으로 사용되고, 전파 투과성이 우수하여 항공기 레이돔 및 복합 재료의 모재(Matrix) 등으로 사용된다.

㉡ 열가소성 수지 : 폴리염화비닐(PVC) 수지, 아크릴 수지, 아크릴로나이트릴 뷰타다이엔 스타이렌(ABS) 수지, 폴리에틸렌 수지 등
- 폴리염화비닐 수지는 전기 절연성이나 내약품성이 우수하지만, 유기용제에 녹기 쉽고 열에 약하다.
- 아크릴 수지는 Polymethyl Methacrylate의 약칭으로 불리기도 하는데, 투명도가 우수하고, 가볍고 강인하여 항공기 창문 유리나 객실 내부 장식품 등에 사용된다.

② 합성 고무

고무는 천연 고무와 합성 고무로 구분되며, 천연 고무는 윤활유, 연료 등에 약하기 때문에 항공기에는 거의 사용되지 않는다.

㉠ 나이트릴 고무 : 오일 실(Seal), 개스킷, 연료 탱크, 호스 등의 제작 용도로 사용
㉡ 뷰틸 고무(BR ; Butyl Rubber) : 호스나 패킹 및 진공 실 등에 사용
㉢ 플루오린 고무(Fluorine Rubber) : 오일 실, 패킹, 내약품성 호스, 라이닝 재료 사용되지만 가격이 비싸다.
㉣ 실리콘 고무 : 전선 피복, 패킹, 개스킷, 방진고무, 그 밖에 항공기의 각종 부품을 제조하는 데에 사용

10년간 자주 출제된 문제

비금속 재료인 플라스틱 가운데 투명도가 가장 높아서 항공기용 창문유리, 객실내부의 전등덮개 등에 사용되며, 일명 플렉시 글라스라고도 하는 것은?
① 네오프렌
② 폴리메틸메타크릴레이트
③ 폴리염화비닐
④ 에폭시수지

[해설]

아크릴 수지는 Polymethyl Methacrylate의 약칭으로 불리기도 하는데, 투명도가 우수하고, 가볍고 강인하여 항공기 창문 유리나 객실 내부 장식품 등에 사용된다.

정답 ②

핵심이론 04 복합 재료

① 복합 재료(Composite Material)

2개 이상의 서로 다른 재료를 결합하여 각각의 재료보다 더 우수한 기계적 성질을 가지도록 만든 재료를 의미한다. 복합 재료는 고체 상태의 강화 재료(Reinforce Material)와 액체, 분말 상태의 모재(Matrix)를 결합하여 제작한다.

② 복합 재료의 특징
- ㉠ 무게당 강도비가 매우 높다.
- ㉡ 복잡한 형태나 공기역학적인 곡선 형태의 제작이 쉽다.
- ㉢ 유연성이 크고 진동에 대한 내구성이 커서 피로 강도가 증가된다.
- ㉣ 접착제가 절연체 역할을 하므로 전기화학 작용에 의한 부식을 최소화 한다.
- ㉤ 제작이 단순하고 비용이 절감된다.

③ 강화재
- ㉠ 유리 섬유 : 유리 섬유(Fiber Glass)는 용해된 이산화규소의 가는 가닥으로 만들어진 섬유로서, 전기 절연성이 뛰어나고 화학적 내구성이 좋으며 열팽창률도 작다. 가격이 저렴하기 때문에 널리 사용되지만 기계적 강도가 낮아 2차 구조물에 쓰인다. 흰색의 천으로 구별된다.
- ㉡ 탄소/흑연 섬유 : 높은 강도와 견고성 때문에 항공기의 1차 구조재 제작에 사용되며, 아라미드 섬유보다 인장 강도는 낮지만 압축 강도는 훨씬 크다. 알루미늄과 직접 접촉하면 이질 금속간 부식이 발생되기 쉬우며, 검은색 천으로 구분할 수 있다.
- ㉢ 아라미드 섬유(Aramid Fiber) : 알루미늄 합금보다 인장 강도가 4배 이상 높으며, 밀도는 알루미늄 합금의 1/3 정도밖에 되지 않기 때문에 높은 응력과 진동 등의 피로 파괴에 견딜 수 있는 항공기 부품 제작에 주로 사용된다. 특히 충격과 마모에 강하다. 보통 케블러(Kevlar)라고 부르는데, 노란색 천으로 구분할 수 있다.
- ㉣ 세라믹 섬유(Ceramic Fiber) : 높은 온도가 요구되는 곳에 사용되며, 1,200℃의 고온에서도 거의 원래의 강도와 유연성을 유지한다.
- ㉤ 보론 섬유(Boron Fiber) : 텅스텐의 가는 필라멘트에 보론(붕소)을 증착(Deposition)시켜 만든다. 보론 섬유는 뛰어난 압축 강도와 경도를 가지고 있지만 취급이 어렵고, 가격이 비싸다는 단점이 있다.

④ 모 재
- ㉠ 모재(Matrix)는 일종의 액체나 분말형태로 강화 섬유와 서로 결합시켜주는 접착 재료이며, 강화 섬유에 강도를 부여하고, 외부의 하중을 강화 섬유에 전달한다.
- ㉡ 모재의 종류에는 FRP(섬유 강화 플라스틱), FRM(섬유 강화 금속), FRC(섬유 강화 세라믹) 등이 있다.
- ㉢ C/C 복합재(탄소-탄소 복합재료)는 사용 온도범위가 가장 높고, 내마멸성이 우수하여 항공기의 제동 디스크나 로켓 노즐에 사용된다.

⑤ 복합 소재 가압 방식
- ㉠ 숏 백(Shot Bag) : 클램프로 고정할 수 없는 대형 윤곽의 표면에 가압 용도로 사용한다.
- ㉡ 클레코(Cleco) : 수리 부위의 뒷부분을 지탱해 주는 카울판에 주로 사용한다. 판에 구멍을 뚫어야 하는 것이 단점이다.
- ㉢ 스프링 클램프(Spring Clamp) : 주어진 면적에 균일한 압력을 분포시키기 위해 카울판을 사용하여 가압한다.

⑥ 복합 재료 적층 방식
- ㉠ 유리 섬유 적층 방식 : 가장 먼저 사용된 적층 방법으로 가장 광범위하게 사용한다.
- ㉡ 압축 주형 방식 : 암수의 주형 사이에 복합소재 부품을 넣고 가열하여 경화한다.
- ㉢ 진공 백 방식 : 경화시킬 물체를 플라스틱 백 안에 집어넣고 진공압으로 공기를 빼내는 방식으로 복잡한 윤곽을 가진 부품에 균일한 압력을 가할 수 있으며 대형 부품 제작에 적용한다.

ㄹ 필라멘트 권선 방식 : 강한 구조재를 제작하는 데에 사용하는 방식이다.

ㅁ 습식 적층 방식 : 모재와 강화 섬유를 혼합하여 젖은 상태에서 표면에 둘러싸는 방법으로 정밀도가 떨어진다.

10년간 자주 출제된 문제

항공기에 사용되는 복합재료인 FRP와 FRM의 특성을 비교한 것 중 틀린 것은?

① 피로 강도가 모두 뛰어나다.
② 비강도와 비강성이 모두 높다.
③ 내열강도는 FRP가 높고, FRM은 낮다.
④ 층간의 선단 강도는 FRP가 낮고, FRM은 높다.

|해설|

내열 강도는 FRM이 높고, FRP는 낮다.

정답 ③

제3절 항공기 기계요소

핵심이론 01 볼트

① AN 볼트
  ㄱ 머리와 샹크(Shank)로 구성되며, 샹크의 부위에 나사산이 있다.
  ㄴ 볼트의 길이는 샹크의 길이를 의미하지만, 접시 머리 볼트의 경우에는 머리의 길이도 볼트의 길이에 포함된다.
  ㄷ 볼트의 길이 중에 나사 부분을 제외한 길이를 그립(Grip)이라고 하는데, 이 길이는 체결하고자 하는 부품의 두께와 일치한다.

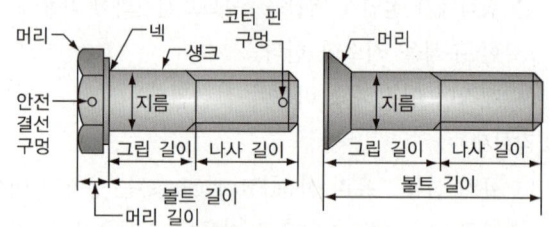

[볼트의 각부 명칭]

② 볼트 취급 시 주의 사항
  ㄱ 볼트의 그립 길이는 부재의 두께와 같거나 약간 길어야 한다. 그립 길이는 와셔로 조정한다.
  ㄴ 볼트는 앞에서 뒤로, 위에서 아래로, 안쪽에서 바깥쪽으로 장착한다.
  ㄷ 타이타늄 합금볼트는 600°F를 넘는 곳에서 은도금된 셀프 로킹 너트를 사용해서는 안 된다.
  ㄹ 타이타늄 합금볼트는 200°F를 넘는 곳에서 카드뮴 도금된 너트를 사용해서는 안 된다.
  ㅁ 알루미늄 합금부에 강 볼트를 사용할 때에는 부식 방지를 위하여 카드뮴 도금된 볼트를 사용한다.
  ㅂ 한쪽에 2개, 양쪽에 3개 이상의 와셔가 필요한 경우에는 볼트를 교환하여야 한다.
  ㅅ 전단력이 걸리는 부재에는 나사산이 하나라도 부재에 걸려서는 안 된다.

③ 볼트의 종류
　㉠ 육각 머리 볼트(AN3~AN20)는 일반적으로 인장하중과 전단하중을 감당하는 구조용 볼트로 많이 사용된다.
　㉡ 드릴 머리 볼트는 육각 머리 볼트와 비슷하지만 안전 결선 작업을 하기 위하여 구멍이 나 있는 점이 다르다.
　㉢ 정밀 공차 볼트는 일반 볼트보다 정밀하게 가공되어 있으며, 심한 반복 운동이나 진동 작용이 발생하는 부분에 사용된다. 정밀 공차 볼트는 머리에 △ 표시가 되어있다.
　㉣ 내부 렌치 볼트는 고강도의 합금강으로 만들어져 있으며, 인장 하중과 전단 하중이 작용하는 부분에 사용된다.
　㉤ 클레비스 볼트(Clevis Bolt)는 전단 하중이 걸리는 곳에 사용하며, 조종계통의 장착용 핀 등에 자주 사용되고 스크루 드라이버를 이용하여 체결하는 점이 특징이다.
　㉥ 아이 볼트(Eye Bolt)는 외부에서 인장 하중이 작용되는 곳에 사용된다. 머리에 나 있는 구멍(Eye)에는 일반적으로 조종 계통의 턴버클이나 조종 케이블 등의 부품이 연결된다.

④ AN 볼트의 규격

| AN 6 DD H 7 A |

　㉠ AN 6 : 볼트 지름(6/16in)
　㉡ DD : 볼트 재질(2024 : 알루미늄 합금, C : 내식강, 무표시 : 카드뮴 도금강)
　㉢ H : 볼트 머리에 구멍 있음(안전결선용)
　㉣ 7 : 볼트 길이(7/8in)
　㉤ A : 섕크 구멍 관련 기호로, 구멍이 없음을 의미

⑤ NAS 볼트의 규격

| NAS 654 V 10 D |

　㉠ NAS 654 : 볼트계열
　㉡ 4 : 지름 4/16in
　㉢ V : 재질(6AL-4V)
　㉣ 10 : 그립 길이(10/16in)
　㉤ D : 나사 끝에 구멍 있음(H : 볼트 머리에 구멍 있음)

10년간 자주 출제된 문제

1-1. 항공기 볼트의 나사산은 일반적으로 Class3 NF(American National Fine Pitch)가 사용된다. NF는 길이 1in당 몇 개의 나사산(Thread)을 가지고 있는가?

① 10　　② 12
③ 14　　④ 16

1-2. 항공용 볼트의 취급 방법으로 옳지 않은 것은?
① 볼트 그립의 길이는 부재의 두께와 같거나 약간 길어야 한다.
② 전단력이 걸리는 부재에는 나사산이 하나라도 부재에 걸려서는 안 된다.
③ 한쪽에 2개, 양쪽에 3개 이상의 와셔가 필요한 경우에는 평와셔 대신 스프링 와셔를 사용한다.
④ 알루미늄 합금부에 강 볼트를 사용할 때에는 부식 방지를 위하여 카드뮴 도금된 볼트를 사용한다.

해설

1-1
항공기에 사용하는 대부분의 볼트는 가는 나사(Fine Thread)로서, 유니파이 가는 나사(UNF)와 아메리카 가는 나사(NF)가 있다. 유니파이 나사는 1in당 12개의 나사산을 갖고 있고, 아메리카 나사는 1in당 14개의 나사산을 갖고 있다.

1-2
한쪽에 2개, 양쪽에 3개 이상의 와셔가 필요한 경우에는 볼트를 교환하여야 한다.

정답 1-1 ③　1-2 ③

핵심이론 02 너트

① 비자동 고정 너트
  ㉠ 평 너트(AN 315)는 큰 인장 하중을 받는 부분에 적합하지만 체크 너트나 고정와셔 등의 보조 고정 장치가 필요하기 때문에 항공기 구조 부재에는 사용되지 않고, 비구조 부재의 체결용으로 사용된다.
  ㉡ 캐슬 너트(AN 310)는 너트에 홈이 나 있어 코터 핀으로 고정 작업을 할 수 있으며, 큰 인장 하중에 잘 견딘다.
  ㉢ 캐슬 전단 너트는 주로 전단 응력만 받는 부분에 사용되며, 인장 하중을 받는 곳에 사용해서는 안 된다. 캐슬 너트만큼 강도가 높지는 않다.
  ㉣ 체크 너트는 잼(Jam) 너트라고도 하며, 평 너트 또는 나사가 있는 로드 등에 고정 장치로 사용된다.
  ㉤ 나비 너트는 손가락 힘으로 죌 수 있는 곳이나, 부품의 장·탈착이 빈번한 곳에 사용된다.
  ㉥ 얇은 육각 너트는 보통 육각 너트보다 가벼우며, 강도를 필요로 하지 않는 비구조용 부재나 전기 계통의 단자 부착용 부재 등에 사용된다.

② 자동 고정 너트
  ㉠ 자동 고정 너트는 너트 자체에 볼트의 풀림을 방지하는 고정 장치가 있기 때문에 심한 진동이 발생하는 부분에 사용된다.
  ㉡ 볼트나 너트가 회전하는 곳에는 사용이 불가하며, 파이버형 너트의 사용 온도 한계는 250°F 이내이며 금속형 너트는 250°F 이상의 온도에서 사용이 가능하다.
  ㉢ 사용해서는 안 되는 곳
   • 자동 고정 너트가 느슨하여 볼트의 결손이 비행의 안전성에 영향을 끼치는 곳
   • 풀리, 벨 크랭크, 레버, 링케이지, 힌지 핀, 캠, 롤러 등과 같이 회전력을 받는 곳
   • 볼트, 너트가 느슨해져 엔진 흡입구 내에 떨어질 우려가 있는 곳
   • 비행 전후 정기적인 정비를 위하여 수시로 열고 닫는 점검창, 도어 등
  ㉣ 자동 고정 너트를 볼트에 장착하였을 때는 볼트 끝부분의 나사산이 너트면보다 2개 이상 나와 있어야 한다.
  ㉤ 자동 고정 너트는 가공하지 말아야 한다.
  ㉥ 카드뮴 도금된 자동 고정 너트는 타이타늄이나 타이타늄 합금의 볼트 및 스크루에 사용해서는 안 된다.

③ 너트의 규격

AN 310 D 5 R

  ㉠ AN 310 : 캐슬 너트
  ㉡ D : 너트의 재질(알루미늄 합금 : 2017)
  ㉢ 5 : 사용볼트 지름(5/16in)
  ㉣ R : 오른나사

10년간 자주 출제된 문제

논 셀프 로킹 너트(Non Self Locking Nut)에 해당되지 않는 것은?
① 평 너트
② 잼 너트
③ 인서트 비금속 너트
④ 나비 너트

해설

인서트 비금속 너트는 자동 고정 너트(Self Locking Nut)에 속한다.

정답 ③

핵심이론 03 일반공구 및 특수공구

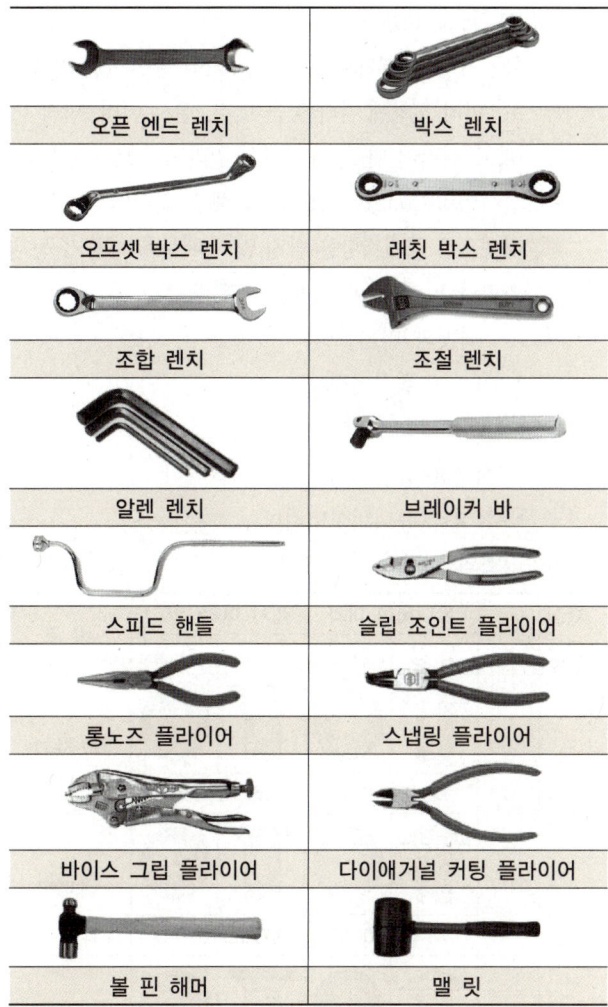

오픈 엔드 렌치	박스 렌치
오프셋 박스 렌치	래칫 박스 렌치
조합 렌치	조절 렌치
알렌 렌치	브레이커 바
스피드 핸들	슬립 조인트 플라이어
롱노즈 플라이어	스냅링 플라이어
바이스 그립 플라이어	다이애거널 커팅 플라이어
볼 핀 해머	맬릿

10년간 자주 출제된 문제

다음 그림의 공구 명칭은?

① 조합 렌치 ② 알렌 렌치
③ 스피드 핸들 ④ 브레이커 바

|해설|

브레이커 바는 힌지 핸들로도 불린다.

정답 ④

핵심이론 04 스크루·와셔·코터 핀 및 턴 로크 파스너

① 스크루
  ㉠ 볼트보다 저강도 재질로 만들어지며, 나사가 좀 헐겁고, 머리 모양이 드라이버를 사용할 수 있도록 되어 있으며, 그립에 해당되는 부분을 명확하게 구분할 수 없다.
  ㉡ 구조용 스크루는 높은 인장강도를 가지며, 머리의 모양만이 볼트와 다르다. 이 스크루는 동일 치수의 볼트와 같은 전단 강도를 가지며, 명확한 그립을 가지고 있다.
  ㉢ 기계용 스크루는 항공기에서 일반적으로 많이 사용되며, 그립이 없고 구조용 스크루에 비하여 강도가 약하다.
  ㉣ 자동 태핑 스크루(Self Tapping Screw)는 스크루를 강제로 진행시켜 체결하도록 만든 고정용 부품으로, 표준 스크루, 볼트, 너트 및 리벳을 대신하여 사용할 수 없다.

② 와 셔
  ㉠ 볼트나 너트를 체결할 때에 작용하는 압력을 분산시키거나, 볼트 및 스크루의 그립 길이를 조정하는 데 사용된다.
  ㉡ 볼트나 너트를 죌 때 구조물과 장착 부품 사이에서 발생하는 충격과 부식으로부터 보호한다.
  ㉢ 고정 와셔의 경우에는 풀림 방지 역할을 한다.
  ㉣ 와셔 규격의 예

  AN 960 J D-716 L

  • AN 960 : 와셔
  • J는 표면 처리(화학 피막 처리)
  • D는 재질(AL 합금)
  • L은 두께(얇은 와셔, 무표시는 두꺼운 와셔)

③ 코터 핀
  ㉠ 코터 핀(Cotter Pin)은 캐슬 너트나 핀 등의 풀림을 방지할 때 사용되는 것으로, 탄소강이나 내식강으로 만든다.

ⓒ 코터 핀 끝을 구부릴 때는 위 아래로 구부리는 것이 우선적인 방법이나, 다른 물체에 닿거나 걸리기 쉬운 경우에는 좌우로 구부리는 대체 방법을 쓴다.

④ 코터 핀 사용 시 주의 사항
  ㉠ 코터 핀은 재사용해서는 안 된다.
  ㉡ 볼트 끝 위의 굽힘은 볼트 지름을 초과해서는 안 된다.
  ㉢ 밑으로 굽혀지는 코터 핀의 끝은 와셔의 표면에 닿아서는 안 된다.
  ㉣ 핀 끝 절단 시에는 직각 절단이 되게 한다.

⑤ 턴 로크 파스너(Turn Lock Fastener)는 항공기 엔진 카울링이나 기체 점검창(Access Panel)을 정비하거나 검사할 목적으로 신속히 열고 닫기 위해 사용하는 고정용 부품이다.

⑥ 턴 로크 파스너의 종류 및 구성품
  ㉠ 주스 파스너 : 스터드, 그로밋, 스프링
  ㉡ 캠 로크 파스너 : 스터드, 그로밋, 리셉터클
  ㉢ 에어 로크 파스너 : 스터드, 크로스 핀, 리셉터클

⑦ 주스 파스너 규격의 예

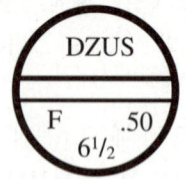

  ㉠ F : Flush Head(접시머리)
  ㉡ $6\frac{1}{2}$: 지름 $\frac{6.5}{16}$ in
  ㉢ .50 : 길이 $\frac{50}{100}$ in

10년간 자주 출제된 문제

NAS 514 P 428-8의 Screw에서 틀린 내용은?
① NAS : 규격명
② P : 머리의 홈
③ 428 : 지름, 나사산수
④ 8 : 계열

|해설|
8은 스크루의 길이를 나타낸다(8/16=1/2in).

정답 ④

핵심이론 05 리벳

① 솔리드 섕크 리벳
  ㉠ 항공기 구조 부재에 사용되는 가장 일반적인 리벳으로, 머리 모양에 따라 둥근 머리, 접시 머리, 납작 머리, 브래지어 머리, 유니버설 머리 등으로 구분된다.
  ㉡ 접시머리(Counter Sunk) 리벳은 접시머리 형태의 리벳으로 공기저항을 받지 않기 때문에 항공기 동체 외피나 날개 외피 등에 사용된다.
  ㉢ AN 리벳과 머리 모양
    • AN 426(접시머리)
    • AN 455(브래지어머리)
    • AN 430(둥근머리)
    • AN 470(유니버설머리)
  ㉣ 리벳의 재질과 머리 표시

재질 기호	합 금	유니버설 머리		접시 머리(100″)		비 고
		형 상	기 호	형 상	기 호	
A	1100		MS 20470 A		MS 20426 A	No Mark
AD	2117		MS 20470 AD		MS 20426 AD	Dimple
D	2017		MS 20470 D		MS 20426 D	Raised Dot
DD	2024		MS 20470 DD		MS 20426 DD	Raised Double Dash
B	5056		MS 20470 B		MS 20426 B	Raised Cross

  ㉤ 아이스박스 리벳 : 2024(DD), 2017(D) : 아이스박스 리벳은 상온 상태에서는 자연적으로 시효 경화가 생기기 때문에 아이스박스에 보관해야 한다.

② 리벳의 규격 표시

AN 470 AD 3 - 5

㉠ AN 470 : 유니버설 리벳
㉡ AD : 재질기호 2117
㉢ 3 : 리벳 지름 3/32in
㉣ 5 : 리벳 길이 5/16in

③ 블라인드 리벳(Blind Rivet) : 한정된 공간이나 접근이 불가능한 공간의 경우 뒷면에 버킹 바를 댈 수 없어 한쪽 면에서만 체결 작업을 할 수밖에 없는 곳에 사용되는 특수 리벳이다.

㉠ 체리 리벳
- 가장 일반적으로 사용되는 블라인드 리벳
- 구멍이 뚫린 섕크와 돌출 부분을 가지고 있는 스템(Stem)으로 구성

㉡ 리브너트
- 리브너트(Rivnut)는 섕크 내부에 암나사가 나 있는 원형 리벳으로, 제빙 부츠의 장착 등에 사용되는 고정 부품
- 암나사가 나 있는 부분에 공구를 끼워 돌리면 섕크가 압축되면서 돌출 부분 생성

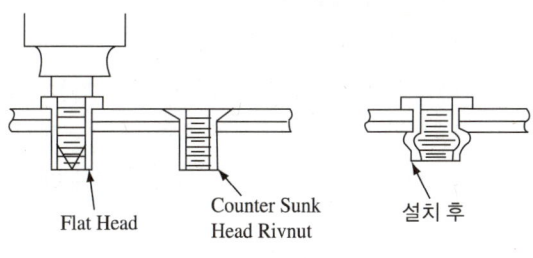

[리브너트]

㉢ 고전단 리벳(Hi-shear Rivet)
- 핀 리벳이라고도 함
- 전단 응력이 작용하는 곳에만 사용
- 강도가 일반 리벳의 3배 정도나 강함
- 그립의 길이가 섕크의 지름보다 적은 곳에 사용해서는 안 됨

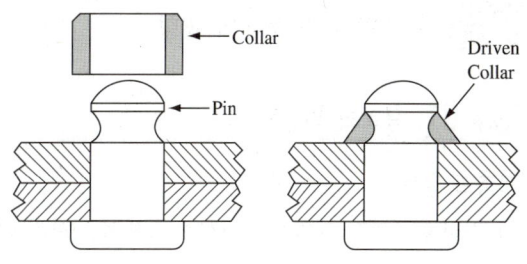

[고전단 리벳]

④ 로크 볼트(Lock Bolt)의 특징
㉠ 고강도 볼트와 리벳의 특징을 결합
㉡ 일반 볼트나 리벳보다 쉽고 신속하게 장착
㉢ 와셔, 코터핀, 특수너트의 사용을 줄임
㉣ 장착 시 공기 해머나 풀 건(Pull Gun) 필요
㉤ 종류에는 Pull Type, Stump Type, Blind Type이 있다.

⑤ 로크 볼트의 체결

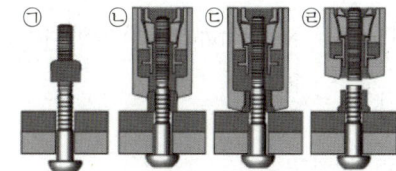

[로크 볼트의 체결]

10년간 자주 출제된 문제

MS20470 D 5 - 2 리벳에 대한 설명 중 가장 올바른 것은?

① 유니버설 머리 리벳으로 2017알루미늄 재질이며, 지름은 5/32″, 길이는 2/16″이다.
② 둥근머리 리벳으로 재질은 2024이며, 지름은 5/16″, 길이는 2/16″이다.
③ 납작머리 리벳으로 재질은 2017이며, 지름은 5/32″, 길이는 2/16″이다.
④ 브래지어 머리 리벳으로 재질은 2024이며, 지름은 5/16″, 길이는 2/16″이다.

|해설|

MS20470은 유니버설 머리 리벳이며, D는 재질, 5는 지름, 2는 길이를 나타낸다.

정답 ①

제4절 재료역학 및 무게와 평형

핵심이론 01 응력과 변형률

① 하중의 종류
  ㉠ 정하중 : 정지 상태에서 서서히 가해져 변하지 않는 하중
  ㉡ 반복하중 : 하중의 크기와 방향이 같은 일정한 하중이 되풀이되는 하중
  ㉢ 교번하중 : 하중의 크기와 방향이 변화하는 인장력과 압축력이 상호 연속적으로 반복되는 하중
  ㉣ 충격하중 : 외력이 순간적으로 작용하는 하중

② 응력과 변형률
  ㉠ 수직 응력

  $\sigma = \dfrac{P}{A}$ 로 정의되며 힘을 면적으로 나눈 것이기 때문에 kg/cm^2, N/m^2, lb/in^2(=psi) 등의 단위로 나타낸다.

  ※ $kPa = \dfrac{kN}{m^2}$

  ㉡ 수직 변형률

  $\varepsilon = \dfrac{\lambda}{l}$

  여기서, λ : 변형량, l : 원래 길이

  ㉢ 전단 응력

  $\tau = \dfrac{P}{A} = \dfrac{P}{\dfrac{\pi d^2}{4}}$

  여기서, P : 작용 하중, A : 단면, d : 지름

  ㉣ 전단 변형률

  $\tan\phi \approx \phi = \dfrac{\lambda}{l} = \gamma$

  여기서, ϕ : 전단각, γ : 전단 변형률

  ㉤ 푸아송의 비 $\mu = \dfrac{가로변형률}{세로변형률}$

③ 응력-변형률 선도

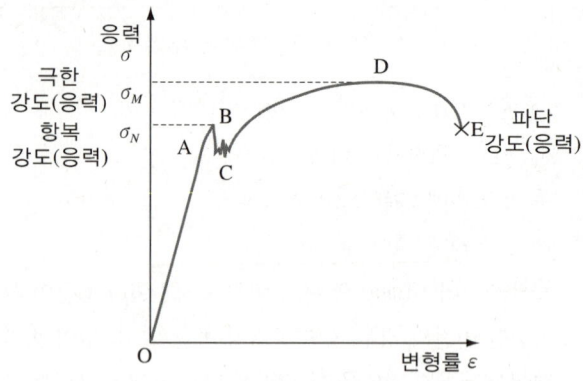

B점 : 상항복 강도, C점 : 하항복 강도

  ㉠ 비례 한도, 탄성 한도 : 응력과 변형률이 비례하는 OA 구간을 말한다. 한편, 응력을 제거했을 때 변형률도 소실되어 원래의 형상으로 되돌아가는 구간을 탄성 한도라고 한다.
  ㉡ 항복 강도 : 재료에 가해지는 하중이 재료의 탄성 한도를 넘어 소성 변형이 일어남으로써 본래의 상태로 돌아갈 수 없는 탄성 변형의 한계 응력을 말한다.
  ㉢ 극한 강도 : 항복 강도 이상의 하중이 작용할 때, 재료가 견딜 수 있는 최대 응력이며, 인장 강도라고도 한다.
  ㉣ 파단 강도 : 재료가 두 개로 분리되어 파괴되는 시점의 응력을 말한다.

④ 보의 지지점 형태에 따른 분류
  ㉠ 회전 지점(핀지지, 힌지지지) : 보의 한쪽 끝을 핀 또는 힌지로 지지하여 보가 수평 및 수직 방향으로는 움직이지 못하지만 회전은 할 수 있도록 만들어진 형태이다.
  ㉡ 이동 지점(롤러지지) : 보의 한쪽 끝을 롤러로 지지하여 수평 방향으로는 움직일 수 있지만 수직 방향으로는 움직이지 못하거나 회전할 수 있도록 만들어진 형태이다.
  ㉢ 고정 지점 : 보의 한쪽 또는 양쪽을 벽과 같은 곳에 고정하여 수평·수직 방향 모두 움직이지 못할 뿐만 아니라 회전할 수도 없게 만들어진 형태이다.

⑤ 지지점과 반력 관계

　㉠ 롤러 지점 반력성분 : V

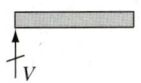

　㉡ 힌지 지점 반력성분 : V, H

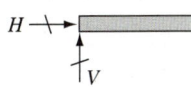

　㉢ 고정 지점 반력성분 : V, H, M

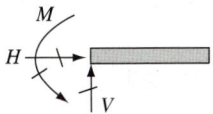

⑥ 보의 지지 위치에 따른 분류

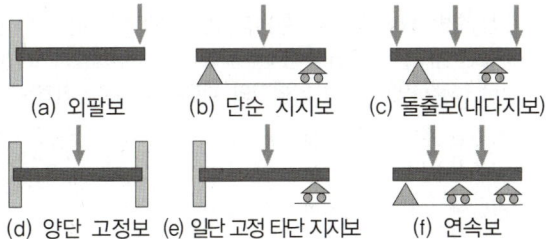

⑦ 보의 평형 조건

　㉠ 보에 작용하는 힘의 합력은 0이다.

　㉡ 보의 임의의 점에 대한 모멘트의 합은 0이다. 즉, 평형 방정식 $\sum F_X = 0$, $\sum F_Y = 0$, $\sum M = 0$를 만족해야 한다.

⑧ 부정정보는 미지 반력수가 평형 방정식의 미지수를 초과하는 경우이며, 대표적인 부정정보는 다음과 같다.

　㉠ 일단고정, 타단지지보

　㉡ 양단고정보

　㉢ 연속보

10년간 자주 출제된 문제

일반적인 금속의 응력-변형률 곡선에서 위치별 내용이 옳게 짝지어진 것은?

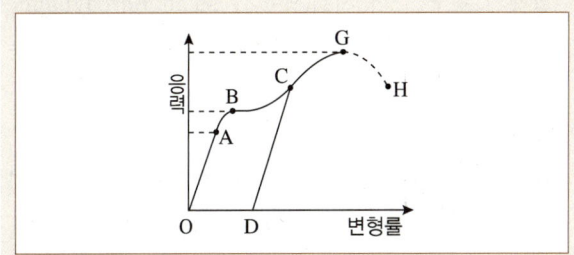

① G : 항복점
② OA : 인장강도
③ B : 비례탄성범위
④ OD : 영구 변형률

|해설|

- G : 극한응력
- OA : 비례한도
- B : 항복점

정답 ④

핵심이론 02 무게와 평형

① 평균 공력 시위

날개의 평균 공력 시위(MAC ; Mean Aerodynamic Chord)는 항공기 날개의 공기 역학적 특성을 대표하는 시위이다.

② % MAC

항공기의 무게와 평형에서는 MAC 위의 위치를 MAC 길이의 백분율로 하여 '몇 % MAC에 있다.'라고 표현한다. 만일, 날개의 MAC가 100cm이고 항공기의 중심이 MAC 위의 30cm 되는 곳에 있다면, 30% MAC 또는 0.3 MAC의 중심이 있다고 표현한다.

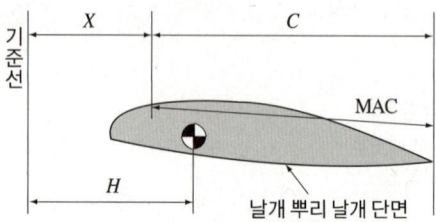

기준선에서 MAC 앞전까지의 길이를 X라 하고, 기준선에서 항공기의 중심까지의 거리를 H, MAC의 길이를 C라고 하면, 항공기의 중심 위치인 H를 % MAC로 나타내는 식은 다음과 같다.

$$\text{무게중심의 \% MAC} = \frac{H-X}{C} \times 100$$

③ 항공기 하중의 종류

  ㉠ 총 무게(Gross Weight) : 항공기에 인가된 최대 하중
  ㉡ 자기 무게(Empty Weight) : 항공기 무게 계산 시 기초가 되는 무게
  ㉢ 유효 하중(Useful Load) : 적재량이라고도 하며 항공기 총무게에서 자기 무게를 뺀 무게
  ㉣ 영 연료 하중(Zero Fuel Weight) : 항공기 총무게에서 연료의 무게를 뺀 무게

④ 무게중심위치

$$\text{무게중심위치} = \frac{\text{모멘트 합}}{\text{총무게}}$$

⑤ 무게중심위치(CG) 계산법

구 분	무 게	거 리	모멘트
원래 무게	A	x	Ax
제거 무게	$-B$	y	$-By$
추가 무게	$+C$	z	$+Cz$
합	$A-B+C$		$Ax-By+Cz$

따라서 무게중심위치(CG)는

$$CG = \frac{Ax - By + Cz}{A - B + C}$$

10년간 자주 출제된 문제

비행기의 무게가 2,500kg이고 중심위치가 기준선 후방 0.5m에 있다. 기준선 후방 4m에 위치한 10kg 좌석을 2개 떼어내고 기준선 후방 4.5m에 17kg 항법장치를 장착하였으며, 이에 따른 구조변경으로 기준선 후방 3m에 12.5kg의 무게증가 요인이 추가로 발생하였다면 이 비행기의 새로운 무게중심위치는?

① 기준선 전방 약 0.21m
② 기준선 전방 약 0.51m
③ 기준선 후방 약 0.21m
④ 기준선 후방 약 0.51m

|해설|

- 새로운 무게
  $W_{new} = 2,500 + 12.5 - 20 + 17 = 2,509.5 \,(\text{kgf})$
- 새로운 모멘트
  $M_{new} = (2,500 \times 0.5) + (12.5 \times 3) - (20 \times 4) + (17 \times 4.5)$
  $= 1,284 \,(\text{kgf} \cdot \text{m})$
- 새로운 무게중심위치
  $CG = \frac{M_{new}}{W_{new}} = \frac{1,284}{2,509.5} = 0.51 \,(\text{m})$

정답 ④

제5절 기체 기본 작업

핵심이론 01 토크 작업 및 케이블 연결

① 기체 손상 처리 작업
  ㉠ 손상 부분의 수리 전 처리에는 클리닝 아웃(Cleaning Out), 클린 업(Clean Up), 스톱 홀(Stop Hole), 스무스 아웃(Smooth Out) 등이 있고 이것은 응력집중을 방지하는 데 목적이 있다.
  ㉡ 클리닝 아웃에는 Cutting(절단 작업), Trimming(다듬기), Filling(줄 작업) 등이 있으며, Clean Up이라는 것은 모서리의 찌꺼기, 날카로운 면 등이 판의 가장자리에 남아있지 않게 없애는 처리 방법이다.

② 연장공구 사용 시 토크값 계산

$$T_W = T_A \times \frac{l}{l+a}$$

여기서, T_W : 토크렌치 지시값
  T_A : 실제 조이는 토크값
  l : 토크렌치 길이
  a : 연장공구 길이

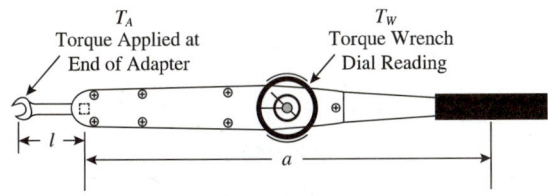

③ 케이블 단자 연결법
  ㉠ 스웨이징 연결 방법(Swaging Terminal)
    스웨이징 케이블 단자 속에 케이블을 끼우고 스웨이징 공구와 유압기계를 사용하여 압착하여 케이블을 결합하는 방법으로, 거의 대부분의 항공기 조종 케이블에 적용되며, 원래 강도의 100%를 보장한다.

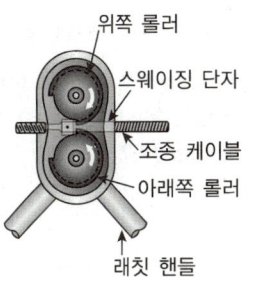

[스웨이징 연결 방법]

  ㉡ 5단 엮기 연결 방법(5-Tuck Woven Splice)
    원래 케이블을 손으로 엮은 후 철사로 감싸 결합하는 방법으로, 케이블의 지름이 3/32in 이상인 경우에 사용하며, 원래 강도의 75%를 보장한다.

[5단 엮기 연결 방법]

  ㉢ 납땜 이음 연결 방법(Wrap Solder Cable Splice)
    납땜액이 케이블 사이에 스며들게 하는 방법으로, 케이블의 지름이 3/32in 이하인 경우에 사용한다. 원래강도의 90%를 보장하지만, 고온 부분에 사용해서는 안 된다.

[납땜 이음 연결 방법]

  ㉣ 니코프레스 연결 방법
    케이블 주위에 구리로 된 니코프레스 슬리브를 특수 공구로 압착하여 케이블을 결합하는 방법으로, 원래 강도의 100%를 보장한다.

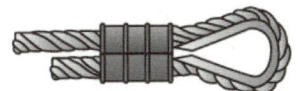

[니코프레스 연결 방법]

10년간 자주 출제된 문제

유효길이 20in의 토크렌치에 10in인 연장공구를 사용하여 1,000in·lbs의 토크로 볼트를 조이려고 한다면 토크렌치의 지시값은 약 몇 in·lbs인가?

① 100
② 333
③ 666
④ 2,000

|해설|

연장공구 사용 시 토크값

$$T_W = T_A \times \frac{l}{l+a} = 1,000 \times \frac{20}{20+10} = 666(\text{in} \cdot \text{lbs})$$

여기서, T_W : 토크렌치 지시값
 T_A : 실제 조이는 토크값
 l : 토크렌치 길이
 a : 연장공구길이

정답 ③

핵심이론 02 판금 작업

① 판금 작업

 ㉠ 최소 굽힘 반지름 : 판재가 본래의 강도를 유지한 상태로 구부러질 수 있는 최소의 굽힘 반지름

 ㉡ 굽힘 여유(BA ; Bend Allowance)

$$BA = \frac{굽힘각도}{360°} \times 2\pi \left(R + \frac{T}{2}\right)$$

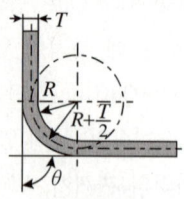

[굽힘 여유]

 ㉢ 세트백(SB ; Set Back)

세트백은 성형점에서 굽힘 접선까지의 거리를 의미한다.

$$SB = \tan\frac{\theta}{2}(R+T)$$

여기서, θ : 굽힘 각도
 R : 굽힘 반지름
 T : 판재의 두께

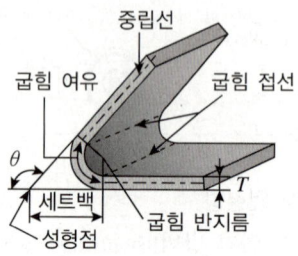

[세트백과 중립선]

 ㉣ 중립선(Neutral Line) : 굽힘 가공 시 구부러지는 안쪽 부분은 압축력이, 바깥 부분은 인장력이 작용하지만, 중립선은 응력에 대한 아무런 영향을 받지 않는다.

ⓓ 플랜지(Flange)의 종류
  - 압축 플랜지 : 플랜지 곡선이 밖으로 볼록
  - 인장 플랜지 : 플랜지 곡선이 안으로 볼록
  - 복합 플랜지 : 압축 플랜지와 인장 플랜지가 조합된 플랜지
ⓔ 릴리프 홀(Relief Hole) : 굽힘 가공에 앞서 응력집중이 일어나는 교점에 뚫는 응력 제거 구멍

② 전개도 작성

㉠ 도면의 선 종류

명칭	선의 종류	모양	용도
외형선	굵은 실선	———	물체의 보이는 부분의 형상을 나타내는 선
은 선	중간 굵기의 파선	-----	물체의 보이지 않는 부분의 형상을 표시하는 선
중심선	가는 일점 쇄선 혹은 가는 실선	-·-·-	도형의 중심을 나타내는 선
치수선 & 치수보조선	가는 실선	———	치수를 기입하기 위하여 쓰는 선
지시선	가는 실선		지시하기 위하여 쓰는 선
파단선	가는 실선	∿	도시된 물체의 앞면을 표시하는 선
가상선	가는 이점 쇄선	-··-··-	인접 부분을 참고로 표시하는 선
해칭선	가는 실선	/////	절단면 등을 명시하기 위하여 쓰는 선

㉡ 설계 도면의 구성
  - 도면의 윤곽 : 제도 용지의 윤곽을 표시하여 정보 전달 내용의 한계 구역을 표시한다.
  - 표제란 : 회사명, 도면 번호, 명칭, 작성 년 월 일, 설계자, 검도자, 승인자, 척도 등을 표시한다.
  - 부품란 : 부품 번호, 사양(Specification), 명칭, 재질, 수량, 공정, 비고 등을 표시한다.
  - 개정란(Revision History) : 도면의 개정 번호, 개정 일자, 개정 사유, 개정 년·월·일, 개정 기안자, 검도자, 승인자 등을 표시한다.
  - 도면부(Drawing Area) : 실제 제품의 형상, 치수, 허용 공차 등을 표시한다.
  - 주기란 : 도면부의 보충 설명 내용을 표시한다.
  - 요목표 : 도면부에서는 형상만 기입하고, 치수, 절삭, 조립 등 필요 사항을 기재한다.

㉢ 항공기 도면의 종류
  - 조립도(Assembly Drawing)
  - 세부도(Detail Drawing)
  - 장착도(Installation Drawing)
  - 단면도(Sectional Drawing)
  - 부품 배열도(Exploded View Drawing)
  - 계통도(System Diagram)

③ 마름질 절단

㉠ 판금용 공구
  - 금긋기 바늘(Scriber)
  - 센터 펀치(Center Punch)
  - 컴퍼스(Compass)
  - 디바이더(Divider)

㉡ 절단용 공구
  - 절단용 공구는 판금용 가위, 펀치, 정, 줄 등이 있다.
  - 항공 가위(Aviation Snip)는 날이 약간 구부러져 있으며, 날 끝이 짧고 뾰족하여 원이나 직각 또는 복잡한 곡선부분도 쉽게 자를 수 있도록 고안되었다.
  - 왼쪽, 오른쪽, 직선용의 3가지가 있다.

㉢ 판금 전단용 기계
  - 스퀘어링 전단기(Squaring Shears) : 정사각형의 판금 판을 절단하는 데 사용되는 장비이다.
  - 갭 스퀘어링 전단기(Gap Squaring Shears) : 스퀘어링 전단기로는 매우 좁고 긴 판을 자르기 곤란한 경우에 사용한다.
  - 슬리팅 전단기(Slitting Shears) : 스퀘어링 전단기로 가공물이 너무 좁아 사용하기 곤란한 재료를 자르는 데 사용한다.

10년간 자주 출제된 문제

2-1. 굴곡 각도가 90°일 때 세트백(Set Back)을 계산하는 식으로 옳은 것은?(단, S는 세트백, T는 두께, R은 굴곡반지름, D는 지름이다)

① $S = \dfrac{D+T}{2}$
② $S = R + \dfrac{T}{2}$
③ $S = R + T$
④ $S = \dfrac{R}{2} + T$

2-2. 다음 중 도형의 중심을 나타낼 때 사용하는 선은?
① 굵은 실선
② 일점 쇄선
③ 이점 쇄선
④ 중간 굵기 파선

2-3. 왼쪽으로 굽어진 곡선 절단용 항공 가위의 손잡이 색깔은?
① 초록색
② 빨간색
③ 노란색
④ 검은색

|해설|

2-1
$$SB = \tan\dfrac{\theta}{2}(R+T) = \tan\dfrac{90°}{2}(R+T) = R+T$$
($\tan 45° = 1$)

2-2
도형의 중심선은 보통 일점 쇄선을 사용한다.

2-3
항공 가위의 손잡이 색깔 구분
- 왼쪽 곡선 절단 : 빨간색
- 직선 절단 : 노란색
- 오른쪽 곡선 절단 : 초록색

정답 2-1 ③ 2-2 ② 2-3 ②

핵심이론 03 안전결선 및 턴버클 작업

① 안전결선 작업
  ㉠ 와이어 지름은 보통 0.032in를 사용하며, 특수한 경우에는 지름이 0.020in인 와이어를 사용한다.
  ㉡ 드릴구멍의 이상적인 위치를 확보하기 위하여 볼트 머리를 너무 죄거나 덜 죄어서는 안 된다.
  ㉢ 단선식 안전결선 방법은 주로 전기 계통에서 3개 또는 그 이상의 부품이 좁은 간격으로 폐쇄된 삼각형, 사각형, 원형 등의 고정 작업에 적용되며, 비상구, 비상용 제동 레버, 산소 조정기, 소화제 발사 장치 등의 비상용 장치 등에 사용된다.
  ㉣ 복선식 결선 시 주의 사항
    - 넓은 간격(4~6in)으로 여러 개가 모인 부품을 복선식으로 결선할 때에 연속으로 결합할 수 있는 최대 부품의 개수는 3개이다.
    - 6in 이상 떨어져 있는 파스너 또는 피팅 사이에 안전결선 작업을 해서는 안 된다.
    - 좁은 간격으로 여러 개가 모인 부품에 연속해서 안전 결선을 할 경우, 와이어의 길이가 24in를 넘어서는 안 된다.

② 턴버클 안전 고정 작업
  ㉠ 턴버클 : 조종 케이블의 장력을 조절한다.
  ㉡ 양쪽 끝에 각각 오른나사와 왼나사로 되어 있는 2개의 터미널 단자와 중앙 배럴로 구성한다.
  ㉢ 와이어를 이용한 안전 결선 방법과 고정 클립을 이용하여 고정하는 방법이 있다.
  ㉣ 케이블 지름이 3.2mm(1/8in) 이하인 경우에는 단선식을, 그 이상인 경우에는 복선식 결선을 적용한다.

10년간 자주 출제된 문제

케이블 조종계통에서 케이블의 장력을 조절할 수 있는 부품은?

① 풀리(Pulley)
② 턴버클(Turn Buckle)
③ 벨 크랭크(Bell Crank)
④ 케이블 텐션 미터(Cable Tension Meter)

|해설|

② 턴버클 : 케이블 장력 조절
① 풀리 : 케이블 방향 전환
③ 벨 크랭크 : 힘의 방향 전환
④ 케이블 텐션 미터 : 케이블 장력 측정

|정답| ②

핵심이론 04 리벳 작업

① 리벳의 치수
  ㉠ 리벳 구멍의 간격(Rivet Clearance)은 0.002~0.004in가 적당하다.
  ㉡ 리벳 길이는 결합 판재의 두께와 리벳지름의 1.5배를 합한 길이를 선택한다.
  ㉢ 리벳 지름은 결합되는 판재 중에서 두꺼운 판재의 3배로 선택한다.
  ㉣ 성형 머리의 폭은 리벳 지름의 1.5배, 높이는 0.5배가 적당하다.

② 리벳의 배치
  ㉠ 끝거리(연거리) : 판재의 가장자리에서 첫 번째 리벳 구멍의 중심까지 거리이다. $2~4D$(접시머리 리벳은 $2.5~4D$)
  ㉡ 피치 : 같은 리벳 열에서 인접한 리벳 중심까지의 거리로 $6~8D$가 적당하다.
  ㉢ 횡단 피치(게이지) : 리벳 열 간의 거리를 말하며 리벳 피치의 75~100%

③ 리벳 제거 작업
  ㉠ 리벳 머리 중심에 펀칭(센터 펀치)
  ㉡ 리벳 머리 부분까지만 드릴 작업(드릴 치수는 리벳 지름보다 한 치수 작게)
  ㉢ 리벳 머리 제거(핀 펀치)
  ㉣ 리벳 생크 부분에 핀 펀치를 대고 해머로 두들겨 리벳 몸체 제거

④ 표준 버킹 바 무게

리벳 지름(in)	버킹 바 무게(lb)
3/32	2~3
1/8	3~4
5/32	3~4.5
3/16	4~5
1/4	5~6.5

⑤ 딤플링(Dimpling) 작업 시 주의사항

　㉠ 카운터 싱킹 한계(0.004in)보다 얇을 때 한다.

　㉡ 7000시리즈의 Al 합금, Mg 합금, Ti 합금은 홀 딤플링을 적용(균열 방지)한다.

　㉢ 판을 2개 이상 겹쳐서 동시에 딤플링하는 방법은 삼간다.

　㉣ 반대 방향으로 다시 딤플링하지 않는다.

⑥ 공구

마이크로 스톱	디버링 공구
리벳 세트	스프링형 클램프
시트 파스너 플라이어	클레코형 시트 파스너
헥스 너트형 시트 파스너	윙너트형 시트 파스너
버킹바	

10년간 자주 출제된 문제

4-1. 0.040in 두께인 2개의 판을 접합하고자 한다. 이때 리벳의 길이는 얼마인 것이 가장 적절한가?

① 0.080in
② 0.120in
③ 0.160in
④ 0.260in

4-2. 다음 그림의 리벳 공구 용도는?

① 판재 결합
② 판재 다듬질
③ 버(Burr) 제거
④ 접시머리 자리 파기

|해설|

4-1
- 리벳의 지름 D = 제일 두꺼운 판의 두께의 3배 = 0.12in
- 리벳의 길이 = 판들의 두께의 합 + $1.5D$
  　　　　　　= 0.080in + 1.5 × 0.12in
  　　　　　　= 0.260in

4-2
그림의 마이크로 스톱은 접시머리 자리를 파기 위한 공구이다.

정답 4-1 ④　4-2 ④

핵심이론 05 튜브 및 호스 작업

① 튜브 성형 작업

㉠ 튜브의 종류

알루미늄 합금	• 계기 라인과 환기용 라인 같은 낮은 압력 라인으로 사용한다. • 2024-T3, 5052-O 그리고 6061-T6 알루미늄 합금 배관은 1,000~1,500psi의 유압, 공압, 연료, 오일 계통 등과 같은 저압과 중압 부분에 사용한다.
강 철	CRES 304, CRES 321 또는 CRES 304 등의 내식강 배관은 착륙 장치, 플랩, 브레이크 작동 부분 등과 같은 3,000psi 이상의 고압 유압계통에 널리 사용한다.
타이타늄	• 항공기의 1,500psi 이상의 고압 계통에 이용되는 등 광범위하게 사용한다. • 산소 계통의 튜브와 피팅에는 함께 사용해서는 안 된다.

㉡ 튜브 규격

바깥지름을 16등분한 분수(in)로 표시한다. 예를 들어 No.6 배관은 6/16in 또는 3/8in 배관으로 구분되고 No.8 튜브는 8/16in 또는 1/2in로 구분된다.

㉢ 튜브 식별
- 항공기 유체라인은 1in 테이프나 데칼을 붙여 식별한다.
- 지름이 4in보다 큰 튜브, 기름에 노출되는 튜브, 뜨겁거나 차가운 튜브는 테이프 대신 철제 태그를 사용한다.
- 엔진 흡입구 쪽으로 빨려 들어갈 수 있는 공간에 있는 튜브는 페인트 칠로 식별한다.
- 특별 기능 표현을 위한 추가 표시를 한다.
  - 연료 공급 튜브 : FLAM
  - 유독 물질 포함 : TOXIC
  - 산소, 질소, 프레온과 같은 물리적으로 위험한 물질 포함 : PHDAN

② 튜브 성형 작업과 검사

㉠ 튜브 절단 : 절단 방법에는 쇠톱을 이용한 절단, 파이프 커터(Pipe Cutter)를 이용한 절단, 튜브 커터(Tube Cutter)를 이용한 절단 방법 등이 있으나 대부분 튜브 커터를 이용한 방법을 사용한다.

㉡ 튜브 굽힘 : 튜브를 원하는 각도로 구부리는 작업으로 지름이 1/4in 이하의 튜브는 수공구 없이 손으로 작업을 하며, 1/4~1/2in일 경우에는 튜브 벤더(Tube Bender)를 사용하여 굽힘 작업을 한다. 그 이외의 치수는 기계식 튜브 벤더를 사용한다.

㉢ 튜브 검사 : 튜브의 평평함, 비틀림, 주름, 찍힘, 긁힘 등을 확인하는 육안검사와 각도와 길이에 대한 치수검사를 실시한다.

③ 플레어링 작업

플레어링 작업이란 플레어 피팅을 연결할 수 있도록 튜브 끝을 일정한 각도로 벌리는 것을 말하며 보통 튜브의 지름이 3/4in 이하인 경우에 사용한다.

④ 호스 연결

㉠ 호스의 종류 및 규격
- 호스의 종류
  - 저압 호스 : 250psi 이하 압력에서 사용한다.
  - 중압 호스 : 작은 크기는 3,000psi, 큰 크기의 호스는 1,500psi까지 사용이 가능하다.
  - 고압 호스 : 모든 크기 호스로 3,000psi까지 사용이 가능하다.

㉡ 호스의 재질 및 특성
- Buna-N은 석유 제품에 훌륭한 저항성을 갖는 합성고무 재질로 인산염 에스테르로 만들어진 유압유(Skydrol)와 함께 사용할 수 없다.
- 네오프렌은 아세틸렌으로 만들어진 합성고무로서 Buna-N만큼 석유 제품에 대한 저항성이 좋지는 않지만 마멸 특성은 Buna-N보다 더 양호하다. 네오프렌도 인산염 에스테르로 만들어진 유압유와 함께 사용할 수 없다.

- 뷰틸(Butyl)은 석유 원유로부터 만들어진 합성고무로서 인산염 에스테르로 만들어진 유압유와 사용하기에 적당하다. 단, Butyl 제품은 석유 제품과 함께 사용하지 말아야 한다.
- 호스 식별 및 규격

MIL-H-8794-SIZE-6-2/92

MIL-H-8794	호스 번호
6	호스 사이즈 (6/16=3/8in)
2/92	제조년도/분기 (92년 2/4분기)

⑤ 호스 장착 시 유의사항
  ㉠ 호스에 표시된 흰 선이 일직선이 되도록 장착(꼬임 방지)한다.
  ㉡ 호스 파손 방지를 위해 필요한 곳에 테이프를 감아준다.
  ㉢ 호스를 구부릴 때 최소 굽힘 이상이 되게 한다.
  ㉣ 압력이 가해지면 호스 길이가 수축하므로 5~8%의 여유를 준다.
  ㉤ 호스 진동 방지를 위해 24in마다 클램프로 고정한다.
  ㉥ 호스 식별표를 부착한다.
  ㉦ 호스끼리 마찰이 없도록 최소 간격을 유지한다.
  ㉧ 규격품을 사용하고 열을 받지 않게 주의한다.

⑥ 더블 플레어의 특징
  ㉠ 1/8~3/8in 5052-O와 6061-T 알루미늄 합금 튜브에 적용한다.
  ㉡ 강 튜브에는 더블 플레어가 필요 없다.
  ㉢ 싱글 플레어보다 더 매끈하고 동심이어서 밀폐 특성이 좋고, 토크의 전단에 대한 저항력이 크다.

10년간 자주 출제된 문제

5-1. 다음 중 산소계통의 튜브와 피팅에 함께 사용해서는 안 되는 튜브는?

① 구리 튜브
② 타이타늄 튜브
③ 내식강 튜브
④ 알루미늄 합금 배관

5-2. 피팅을 연결할 수 있도록 튜브 끝을 일정한 각도로 벌리는 작업의 명칭은?

① 비딩(Beading)
② 딤플링(Dimpling)
③ 플레어링(Flaring)
④ 카운터 싱킹(Counter Sinking)

5-3. 호스 규격이 다음과 같을 때 호스의 지름은?

MIL-H-8794-SIZE-6-3/98

① 6/32in
② 6/16in
③ 2/8in
④ 2/4in

[해설]

5-1
타이타늄 튜브는 항공기의 1,500psi 이상의 고압 계통에 이용되는 등 광범위하게 사용하지만, 산소계통의 튜브와 피팅에는 함께 사용해서는 안 된다.

5-2
플레어링이란 플레어 피팅을 연결할 수 있도록 튜브 끝을 일정한 각도로 벌리는 것을 말하며, 보통 튜브의 지름이 3/4in 이하인 경우에 사용한다.

5-3
호스 사이즈(6/16=3/8in)

정답 5-1 ② 5-2 ③ 5-3 ②

제6절 부식과 항공기 검사

핵심이론 01 부식과 세척

① 부식의 종류
  ㉠ 표면 부식 : 산소와 반응하여 생기는 가장 일반적인 부식
  ㉡ 이질 금속 간 부식 : 두 종류의 다른 금속이 접촉하여 생기는 부식으로 동전지 부식, 갈바닉 부식이라고도 함
  ㉢ 점 부식 : 금속 표면이 국부적으로 깊게 침식되어 작은 점 형태로 만들어지는 부식
  ㉣ 입자 간 부식 : 금속의 입자 경계면을 따라 생기는 선택적인 부식
  ㉤ 응력 부식 : 장시간 표면에 가해진 정적인 응력의 복합적 효과로 인해 발생
  ㉥ 피로 부식 : 금속에 가해지는 반복 응력에 의해 발생
  ㉦ 찰과 부식 : 밀착된 구성품 사이에 작은 진폭의 상대 운동으로 인해 발생

② 부식 방지방법(방식 처리)
  ㉠ 양극산화 처리(Anodizing, 아노다이징) : 전해액에서 금속을 양극으로 하고, 전류를 통하여 양극에서 발생하는 산소에 의하여 알루미늄과 같은 금속 표면에 산화피막을 형성하는 부식 처리 방법이다. 알루미늄의 산화 피막은 매우 가볍고, 내식성, 착색성, 절연성 등이 우수하다. 황산법, 수산법, 크롬산법 등이 있으나 황산법이 가장 널리 쓰인다.
  ㉡ 알로다인 처리(Alodining) : 화학적 피막 처리방법으로 내식성과 도장 작업 시 점착 효과를 증진한다.
  ㉢ 인산염 피막 처리(Parkerizing, 파커라이징) : 화학적 피막 치리 방법

③ 알루미늄 합금의 이질 금속 간 부식
  모든 알루미늄 합금은 집단Ⅱ에 속하며 집단Ⅱ는 소집단 A, 소집단 B로 나뉜다. 두 집단 사이의 금속은 접촉될 때마다 이질 금속 간 부식이 일어나지 않게 특별한 방식 처리가 필요하다.
  ㉠ 소집단 A : 1100, 3003, 5052, 6061 등
  ㉡ 소집단 B : 2014, 2017, 2042, 7075 등

④ 항공기 세척
  ㉠ 습식 세척(Wet Wash)은 오일, 그리스, 탄소 퇴적물 등과 같은 모든 오물을 제거하는 데 사용된다. 습식 세척제로는 알칼리 세제나 유화 세제가 사용된다.
  ㉡ 건식 세척(Dry Wash)은 기체 표피의 먼지나 흙, 오물 등의 작은 축척물 등을 제거하는 데 사용된다. 세척 방법으로는 건식 세척제를 분무기나 걸레 또는 헝겊 등으로 바른 다음, 깨끗한 마른 헝겊으로 문질러 닦는다.
  ㉢ 광택내기(Polishing)는 보통 항공기 기체 표면을 먼저 세척한 다음에 실시하는 작업으로, 산화 피막이나 부식을 제거하는 데에 필요하다.

⑤ 솔벤트 세제의 종류
  ㉠ 석유 솔벤트 : 항공기 세척에 사용되는 가장 일반적인 솔벤트
  ㉡ 지방족 나프타 : 페인트칠하기 직전의 표면 세척에 이용
  ㉢ 안전 솔벤트(메틸클로로폼) : 일반 세척 및 그리스 세척제로 사용
  ㉣ 메틸에틸케톤(MEK) : 금속표면 세척에 사용하며 좁은 면적의 페인트를 벗기는 약품

10년간 자주 출제된 문제

다른 종류의 이질 금속이 접촉하여 전해질로 연결되면 한쪽의 금속에 부식이 촉진되는 것은?

① 입자 간 부식(Intergranular Corrosion)
② 점 부식(Pitting Corrosion)
③ 동전지 부식(Galvanic Cells Corrosion)
④ 찰과 부식(Fretting Corrosion)

|해설|

이질 금속 간 부식은 두 종류의 다른 금속이 접촉하여 생기는 부식으로, 동전지 부식, 갈바닉 부식이라고도 한다.

정답 ③

핵심이론 02 항공기 검사와 리깅

① 비파괴 검사(NDI ; Non-Destructive Inspection)의 종류
  ㉠ 침투 탐상 검사(LT ; Liquid Penetrant Inspection)
    금속, 비금속의 표면 검사에 적용하며, 검사 비용이 적게 든다는 장점이 있지만 주물과 같은 거친 다공성 표면의 검사에는 적합하지 못하다. 침투 탐상 검사의 종류는 적색 침투제와 백색 현상제를 사용하는 색조 침투사와 형광 침투제를 사용하여 암실에서 블랙 라이트를 이용하여 결함을 검사하는 형광 침투 검사가 있다.
  ㉡ 자분 탐상 검사(MT ; Magnetic Inspection)
    자분 탐상 검사는 피로 균열 등과 같이 표면 결함 및 표면 바로 밑의 결함을 발견하는 데에 효과적이며, 검사 비용이 비교적 싸고, 높은 숙련도를 지닌 검사원이 필요 없으며, 강자성체에만 적용될 수 있다.
  ㉢ 방사선 검사(RT ; Radiographic Inspection)
    자성체와 비자성체에 사용하고, 내부 균열 검사에 사용하며, 모든 구조물의 검사에 적합하다. 판독 시간이 많이 소요되고, 가격이 비싸기 때문에 많이 사용하지는 않는다.
  ㉣ 초음파 검사(UT ; Ultrasonic Inspection)
    소모품이 거의 없으므로 검사비가 싸고, 균열과 같은 평면적인 결함 검사에 적합하며, 검사 대상물의 한쪽 면만 노출되면 검사가 가능하다. 판독이 객관적이며, 재료의 표면 상태 및 잔류 응력에 영향을 받고 검사 표준 시험편이 필요하다는 특징이 있다.
  ㉤ 와전류 검사(ET ; Eddy Current Inspection)
    검사 결과가 직접 전기적 출력으로 얻어지므로, 형상이 간단한 시험체에 대해서는 자동화 검사가 가능하며, 검사 속도가 빠르고, 검사 비용이 저렴하다. 또, 표면 및 표면 부근의 결함을 검출하는 데에 적합하다.

② 육안 검사
  ㉠ 육안 검사에는 손전등, 확대경, 거울 등 검사 보조 장비를 사용한다.
  ㉡ 주로 균열이나 표면의 불규칙한 결함, 층의 분리와 표면이 부푼 결함 등을 검사한다.

③ 내시경 검사
  ㉠ 왕복 엔진 : 점화플러그 장착용 구멍을 통하여 손상된 피스톤, 실린더 벽, 또는 밸브 상태를 검사한다.
  ㉡ 터빈 엔진 : 점화 플러그 장착 구멍과 검사용 플러그 구멍을 통해 연소실이나 압축기와 터빈 내부를 검사한다.

④ 항공기 리깅(Rigging) 체크 시 일치 상태 점검 사항
  ㉠ 날개 상반각
  ㉡ 날개 장착각(취부각)
  ㉢ 엔진 얼라인먼트(정렬)
  ㉣ 착륙장치 얼라인먼트
  ㉤ 수평안정판 장착각
  ㉥ 수평안정판 상반각
  ㉦ 수직안정판 수직도
  ㉧ 대칭도

10년간 자주 출제된 문제

2-1. 복합재료로 제작된 항공기 부품의 결함(층분리 또는 내부 손상)을 발견하기 위해 사용되는 검사방법이 아닌 것은?

① 육안검사
② 동전 두드리기 시험(Coin Tap Test)
③ 와전류탐상검사(Eddy Current Inspection)
④ 초음파검사

2-2. 가스터빈엔진 검사용 플러그 구멍을 통해 연소실이나 압축기와 터빈 내부를 검사하는 장비는?

① 타임 라이트
② 보어 스코프
③ 마이크로 스톱
④ 텔레스코핑 게이지

해설

2-1
동전 두드리기 시험(Coin Tab Test)은 복합 소재의 허니콤 샌드위치 구조에서, 외피를 두들겨서 코어와 층의 분리를 검사하는 간단한 검사 방법이다.

정답 2-1 ③ 2-2 ②

CHAPTER 03 항공기 엔진

제1절 항공기 엔진의 개요

핵심이론 01 왕복엔진의 개요 및 분류

① 왕복엔진에 적용되는 사이클 : 오토 사이클(Otto Cycle) 2개의 단열 과정과 2개의 정적 과정으로 이루어져 있다(정적 사이클).

② 항공용 왕복엔진의 표시 방법
  ㉠ O-470 : 대향형(Opposite Type) 엔진을 나타내며 배기량이 $470in^3$
  ㉡ R-985 : 성형(Radial Type) 엔진을 나타내며 배기량이 $985in^3$

③ 왕복엔진의 분류
  ㉠ 실린더의 배열에 따른 분류 : 대향형 엔진, 성형 엔진, 직렬형, V형, X형 등
  ㉡ 냉각 방법에 따른 분류 : 수랭식, 공랭식(항공기는 무게 경감을 위해 대부분 공랭식)
  ㉢ 점화방식에 의한 분류 : 스파크 플러그 점화식, 압축 착화식

④ 왕복엔진 기타 내용
  ㉠ 공랭식 냉각 관련 장치 : 냉각핀, 배플, 카울플랩
  ㉡ 가스 엔진, 가솔린 엔진, 헤셀만 엔진은 스파크 플러그에 의해 착화시키고, 디젤 엔진은 압축 착화식이다.
  ㉢ 증기터빈엔진은 외연엔진(엔진 외부에서 연소가 이루어지는 엔진)에 속한다.
  ㉣ 로켓엔진은 공기 흡입 없이 산화제에서 발생하는 산소와 연료가 혼합되어 추진력을 얻는다.

10년간 자주 출제된 문제

다음 중 연료를 직접 분사하여 특별한 장치가 없이 압축열에 의한 자연착화를 시키는 압축 점화 방법의 엔진은?
① 가스 엔진
② 가솔린 엔진
③ 디젤 엔진
④ Hesselman 엔진

해설

가스 엔진, 가솔린 엔진, 헤셀만 엔진 등은 점화플러그에 의해 점화가 이루어진다.

정답 ③

핵심이론 02 열역학 기초(단위와 용어)

① 단 위
  ㉠ 뉴턴의 제2법칙에서,
    힘=질량×가속도($F=ma$)
    $1kgf = 1kg_m \times 9.8m/s^2 = 9.8N$
    $1N = 1kg_m \times 1m/s^2 = 1kg \cdot m/s^2$
  ㉡ 일=힘×거리
    $1J = 1N \cdot m$
  ㉢ 동력=일/시간
    $1W = 1J/s$
  ㉣ $1PS = 75kgf \cdot m/s = 0.735kW$

  ┌ 참고 ┐
  • 뉴턴의 제1법칙 : 관성의 법칙
  • 뉴턴의 제2법칙 : 가속도의 법칙($F=ma$)
  • 뉴턴의 제3법칙 : 작용과 반작용의 법칙

② 여러 가지 온도와 온도의 환산
  ㉠ 켈빈온도(K)=섭씨온도(℃)+273
  ㉡ 랭킨온도(R)=화씨온도(°F)+459
  ㉢ $F = \dfrac{9}{5}C + 32°F$
    여기서, F : 화씨온도, C : 섭씨온도
  ㉣ 화씨온도는 어는점을 32°, 끓는점을 212°로 해서 180등분한 것이다.

③ 비 열
  ㉠ 비열 : 어떤 물질 1kg의 온도를 1℃ 올리는 데 필요한 열량(cal)을 말하며, 비열 단위는 kcal/kg℃
  ㉡ 1BTU : 1파운드의 물을 1°F 상승시키는 데 필요한 열량
  ㉢ 정적비열(C_v) : 체적을 일정하게 유지시키면서 단위질량을 단위온도로 높이는 데 필요한 열량
  ㉣ 정압비열(C_p) : 압력을 일정하게 유지시키면서 단위질량을 단위온도로 높이는 데 필요한 열량
  ㉤ 비열비 $k = \dfrac{C_p}{C_v} > 1$
  ㉥ 질량을 m, 비열을 C, 가열 전 온도를 t_1, 가열 후 온도를 t_2라고 할 때, 온도를 1℃ 높이는 데 필요한 열량(Q)
    $Q = mC(t_2 - t_1)$ (kcal)

④ 압 력
  ㉠ 압력은 단위면적에 작용하는 힘의 수직 분력이며, 단위는 kgf/cm^2, bar, psi, hPa, mmHg 등이 있다.
  ㉡ $1Pa = 1N/m^2$, $1hPa = 100N/m^2$
  ㉢ $1bar = 10^5 N/m^2$, $1mbar = 100N/m^2$
  ㉣ $1hPa = 1mbar$
  ㉤ $1lb/in^2 = 1psi$

10년간 자주 출제된 문제

공기의 정압비열이 0.24kcal/kg·℃라면 정적비열은 약 몇 kcal/kg·℃인가?(단, 비열비는 1.4이다)

① 0.17 ② 0.34
③ 0.53 ④ 5.83

|해설|

$k = \dfrac{C_p}{C_v}$, $C_v = \dfrac{0.24}{1.4} = 0.17$

정답 ①

핵심이론 03 열역학 기초(열역학 관련 법칙)

① 관련 용어
  ㉠ 계(System) : 열역학적으로 관심의 대상이 되는 물질이나 장치의 일부분
  ㉡ 주위(Surrounding) : 계에 속하지 않는 계 밖의 모든 부분
  ㉢ 경계(Boundary) : 계와 주위를 구분

② 열역학 제1법칙
  ㉠ 에너지 보존법칙이라고도 하며 열과 일은 상호 변환 가능하며 그 양은 보존된다는 이론
  ㉡ 열과 일의 관계 : $W = JQ$
    여기서, $J = 427 \text{kg} \cdot \text{m/kcal}$ (J : 열의 일당량)
  ㉢ 밀폐계의 열역학 제1법칙
    외부에서 열(Q)을 공급하면 에너지 일부는 내부 에너지(U)로 저장되고 일부는 주위에 일(W)을 한다.
    즉, $Q = (U_2 - U_1) + W$
    ※ 실제 계산 문제에서는 일의 단위를 열량 단위로 바꾸기 위해 W에 $\dfrac{1}{427}$ 을 곱해야 한다.
    즉, $Q = (U_2 - U_1) + \dfrac{1}{427} W \text{(kcal)}$
  ㉣ 개방계의 열역학 제1법칙 : 개방계에서는 작동 물질(가스나 물 등)이 계를 출입할 수 있기 때문에 내부에너지 외에도 유동일이라는 개념을 포함시켜야 한다(유동일 $W = PV$, 여기서 P : 압력, V : 속도).
  ㉤ 엔탈피(Enthalpy) : 내부에너지와 유동일의 합으로 정의되는 열역학적 성질로, $H = U + PV$로 나타낸다. 단위는 에너지와 같이 J, kcal 등으로 표시할 수 있다.
  ㉥ 개방계에서 열과 일의 관계
    $Q + U_1 + P_1 V_1 = W + U_2 + P_2 V_2$
  ㉦ 정압상태에서 기체에 열을 공급하면 열의 일부는 기체를 팽창시켜 외부에 일을 하고, 나머지 열은 내부에너지를 증가시켜 기체의 온도를 높인다.
    $Q_p = m C_p (T_2 - T_1) = H_2 - H_1$
  ㉧ 기체의 부피가 변하지 않은 상태에서 이상기체를 가열, 냉각할 때에 계를 출입하는 열량은 내부에너지의 증가와 감소를 일으킨다.
    $Q_v = m C_v (T_2 - T_1) = U_2 - U_1$

③ 유체의 성질
  ㉠ 강성성질 : 물질의 양에 관계없는 성질
    예 온도, 압력, 밀도, 비체적
  ㉡ 종량성질 : 물질의 양에 비례하는 성질
    예 체적, 질량

④ 이상기체 상태 방정식
  $\dfrac{P_1 V_1}{T_1} = \dfrac{P_2 V_2}{T_2}$

⑤ 열역학 제2법칙 : 열과 일의 변환에 있어서 방향성과 비가역성을 제시한 것이다.

10년간 자주 출제된 문제

압력 7atm, 온도 300℃인 0.7m³의 이상기체가 압력 5atm, 체적 0.56m³의 상태로 변화했다면 온도는 약 몇 ℃가 되는가?

① 54　　　　　② 87
③ 115　　　　　④ 187

[해설]
이상기체 상태 방정식에 적용하면
$\dfrac{P_1 V_1}{T_1} = \dfrac{P_2 V_2}{T_2}$
$\dfrac{7 \times 0.7}{300 + 273} = \dfrac{5 \times 0.56}{T_2}$
$T_2 = \dfrac{5 \times 0.56 \times 573}{7 \times 0.7} = 327.4 \text{K}$
따라서 $T_2 = 327.43 - 273 = 54.43 \fallingdotseq 54℃$

정답 ①

핵심이론 04 열역학 기초(사이클)

① 과정과 사이클

  ㉠ 오토 사이클(정적 사이클) : 항공기용 왕복엔진의 기본 사이클로 2개의 단열과정과 2개의 정적과정으로 이루어진다.

  ㉡ 과정 : 단열압축 → 정적가열 → 단열팽창 → 정적방열

  ㉢ 브레이턴 사이클(정압 사이클) : 가스터빈의 이상적인 열역학적 사이클로 2개의 단열과정과 2개의 정압과정으로 이루어진다.

  ㉣ 사바테 사이클 : 2개의 단열, 정적과정, 1개의 정압과정으로 구성

  ㉤ 디젤 사이클 : 1개의 정압과정, 1개의 정적과정, 2개의 단열과정으로 구성

  ㉥ 카르노 사이클 : 2개의 등온과정, 2개의 단열과정으로 구성되며, 열엔진 사이클 중에서 열효율이 가장 좋다. 효율은 고온 열원과 저온 열원의 온도차에 의해 결정된다.

  $$\eta_{th} = 1 - \frac{T_2}{T_1}$$

  ㉦ 랭킨 사이클은 사이클 중 작동유체가 항상 가스 상태인 내연엔진 사이클이나 가스터빈엔진 사이클과는 달리 물(증기)을 작동유체로 사용한다.

② 폴리트로픽 과정($Pv^n = C$)

  ㉠ 정압과정($n=0$) : $P = C$

  ㉡ 등온과정($n=1$) : $Pv = C$

  ㉢ 단열과정($n=k$) : $Pv^k = C$

  ㉣ 정적과정($n \to \infty$) : $v = C$

③ 오토 사이클 열효율

$$\eta_o = 1 - \left(\frac{1}{\varepsilon}\right)^{k-1} = 1 - \left(\frac{1}{\varepsilon^{k-1}}\right)$$

  ㉠ 압축비(ε)가 증가하면 $\left(\frac{1}{\varepsilon}\right)^{k-1}$가 작아지고 따라서 열효율은 증가한다.

  ㉡ 압축비(ε)가 1이면 열효율은 1-1이 되어 0이 된다.

  ㉢ 비열비(k)가 1이면 $\left(\frac{1}{\varepsilon}\right)^0 = 1$가 되어 열효율은 0이 된다.

  ㉣ 비열비(k)가 증가하면 $\left(\frac{1}{\varepsilon}\right)^{k-1}$는 감소하여 열효율은 증가된다.

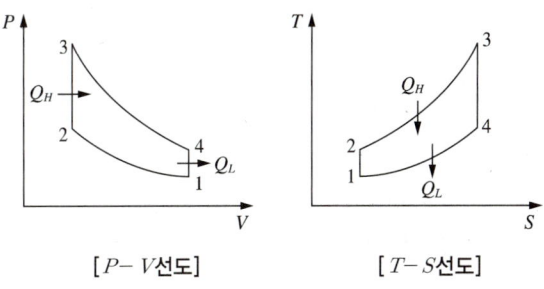

[$P-V$선도]   [$T-S$선도]

④ 브레이턴 사이클 열효율

$$\eta_b = 1 - \left(\frac{1}{\gamma}\right)^{\frac{k-1}{k}}$$

여기서, γ : 압축기의 압력 상승비(압력비)

압력비가 클수록 브레이턴 사이클의 열효율은 증가하나, 이에 따라 터빈 입구 온도도 상승하므로 압력비는 제한을 받는다.

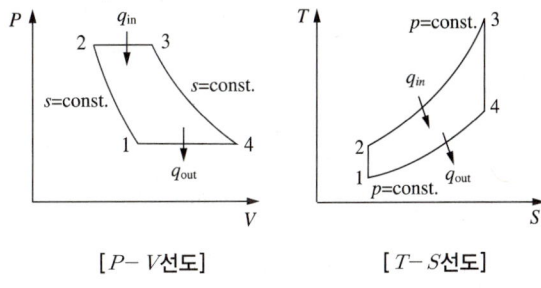

[$P-V$선도]   [$T-S$선도]

  ㉠ 1-2과정 : 단열 압축과정, 온도는 증가, 엔트로피는 일정

  ㉡ 2-3과정 : 정압 연소(가열, 수열)과정, 온도와 엔트로피 둘 다 증가

  ㉢ 3-4과정 : 단열 팽창과정, 온도 감소, 엔트로피 일정

  ㉣ 4-1과정 : 정압 방열과정, 온도와 엔트로피 둘 다 감소

10년간 자주 출제된 문제

가스를 팽창 또는 압축시킬 때 주위와 열의 출입을 완전히 차단시킨 상태에서 변화하는 과정을 나타낸 식은?(단, P는 압력, v는 비체적, T는 온도, k는 비열비이다)

① Pv=일정
② Pv^k=일정
③ $\dfrac{P}{T}$=일정
④ $\dfrac{T}{v}$=일정

|해설|

주위와 열을 차단시킨 상태는 단열과정을 뜻한다.
폴리트로픽 과정 $Pv^n = C$에서 $n = k$를 대입하면, $Pv^k = C$

정답 ②

제2절 항공기 왕복엔진

핵심이론 01 왕복엔진의 작동원리

① 평균유효압력 = $\dfrac{\text{사이클당 유효일}}{\text{행정 체적}}$

평균유효압력이 증가하면 엔진 출력이 증가된다.
예 과급기

② 지시마력(iHP, Indicated Horsepower) : 엔진의 실린더 내에서 실제로 발생하는 마력, 즉 실린더 안에 있는 연소가스가 피스톤에 작용하여 얻어진 동력

$$iHP = \dfrac{P_{mi}LANK}{75 \times 2 \times 60}(\text{PS})$$

여기서, P_{mi} : 평균지시유효압력(kg/cm²)
　　　　L : 행정길이(m)
　　　　A : 피스톤 단면적(cm²)
　　　　N : 회전수(rpm)
　　　　K : 실린더 수

㉠ 위 식에서 L의 단위는 m임에 주의한다.
㉡ 위 식에서 분모의 75는 단위를 마력(PS)으로 환산하기 위해, 2는 크랭크축 2회전당 1번의 출력이 발생하기 때문에, 60은 분당 회전수를 초단위로 바꾸기 위해서다.
㉢ 제동마력(bHP, Brake Horsepower) 공식은 위 식에서 iHP를 bHP로, P_{mi}를 P_{mb}로 바꾸면 된다.

③ 힘(F) = 압력(P) × 단면적(A)
④ 실린더 배기량 = 피스톤 단면적 × 행정길이 × 실린더 수
⑤ 실린더 압축비(ε)

$$\varepsilon = \dfrac{\text{전체 체적}}{\text{연소실 체적}} = \dfrac{\text{연소실 체적} + \text{행정체적}}{\text{연소실 체적}}$$

$$= 1 + \dfrac{\text{행정체적}}{\text{연소실 체적}}$$

⑥ 기계효율(η_m)은 제동마력과 지시마력과의 비

$$\eta_m = \dfrac{bHP}{iHP}$$

⑦ 마찰마력(fHP, Friction Horsepower)은 지시마력에서 제동마력을 뺀 값이다.

$$fHP = iHP - bHP$$

⑧ 마력과 토크의 관계식

※ 일반적으로 회전마력은 $P = T\omega$로 표시되며 구체적으로는 다음과 같다.

$$HP = T \times \frac{2\pi n}{60} \times \frac{1}{75} (\text{PS})$$

$$T = \frac{60 \times 75 \times HP}{2\pi n} = 716 \times \frac{HP}{n} (\text{PS})$$

여기서, T : 토크, n : 회전수

※ $T = 974 \times \frac{HP}{n} (\text{W})$

⑨ 왕복엔진의 마력은 대기 압력에 비례하고 대기의 절대 온도 제곱근에 반비례하는데, 수증기압이 있는 경우 대기 압력에서 수증기 압력만큼 압력이 감소하게 되므로 전체적인 마력은 감소한다.

10년간 자주 출제된 문제

지시마력에서 마찰마력을 뺀 값을 무엇이라 하는가?
① 제동마력
② 일마력
③ 유효마력
④ 손실마력

[해설]
$fHP = iHP - bHP$에서 $iHP - fHP = bHP$(제동마력)

정답 ①

핵심이론 02 실린더와 피스톤

① 실린더
  ㉠ 왕복엔진의 실린더 압축시험에서 시험을 할 실린더의 피스톤 위치 : 압축 상사점
     압축시험은 흡·배기 밸브가 닫힌 상태에서 해야 한다.
  ㉡ Choked or Taper-Grounded Cylinder : 연소 시 실린더 윗부분이 아랫부분보다 더 뜨거우므로 금속의 열팽창 때문에 윗부분의 지름이 더 커지는 것을 고려하여 실린더 윗부분의 안지름을 조금 더 작게 제작한다.
  ㉢ 연소실 모양 : 원통형, 반구형(가장 많이 쓰임), 원뿔형 등
  ㉣ 하이드로릭 로크(Hydraulic Lock) : 성형엔진에서 오일이 엔진 아래쪽에 거꾸로 위치한 실린더 상부쪽으로 스며들어 고이는 현상

② 피스톤
  ㉠ 직선 왕복운동을 하면서 커넥팅로드를 통해 크랭크축에 회전일로 전달
  ㉡ 내열성, 내마모성이 커야 하고 관성의 영향을 적게 받도록 제작해야 한다.
  ㉢ 피스톤 헤드 모양 : 평면형(가장 많이 쓰임), 오목형, 컵형, 돔형, 반원뿔형
  ㉣ 피스톤 간격 : 피스톤 바깥지름 < 실린더 안지름
  ㉤ 피스톤 헤드쪽 지름 < 스커트 쪽 지름(열팽창 고려)

③ 피스톤 링
  ㉠ 압축링 : 가스가 누설되는 것을 방지(연소실 내 압력 유지)
  ㉡ 오일링 : 실린더 벽에 공급되는 윤활유의 양을 조절하고, 윤활유가 연소실로 들어가는 것을 방지
  ㉢ 피스톤 링 끝부분 : 맞대기형(가장 많이 쓰임), 계단형, 경사형
  ㉣ 피스톤 링 끝 간격을 두는 이유 : 열팽창 고려
  ㉤ 재질 : 고급 회주철

④ 피스톤 핀
　㉠ 표면경화 처리되어 있고 내부는 오일이 흐를 수 있도록 중공(Hollow)으로 되어 있는 경우가 많으며, 이곳은 불순물이나 탄소 찌꺼기 등을 모아두는 기능을 겸하는 슬러지 체임버(Sludge Chamber)역할을 한다.
　㉡ 전부동식(Full Floating Type) : 피스톤 핀은 피스톤이나 커넥팅 로드 양쪽에 다 같이 고정되어 있지 않다.

10년간 자주 출제된 문제

피스톤의 구비조건이 아닌 것은?
① 관성의 영향을 크게 받을 것
② 온도차에 의한 변형이 적을 것
③ 열전도가 양호할 것
④ 중량이 가벼울 것

|해설|
피스톤은 내열성, 내마모성이 커야 하고 관성의 영향을 적게 받도록 제작되어야 한다.

정답 ①

핵심이론 03 밸브, 커넥팅 로드 및 크랭크 축

① 밸브
　㉠ 튤립형 밸브는 흡입 밸브에 쓰이고 버섯형 밸브는 배기 밸브에 쓰인다.
　㉡ 밸브 간극 : 로커 암과 밸브 스템 사이에 약간의 여유를 두는 것
　㉢ 밸브 간극이 너무 크면 밸브가 늦게 열리고 빨리 닫히게 되며, 밸브 간극이 너무 작다면 밸브가 빨리 열리고 늦게 닫히게 된다.
　㉣ 밸브 리드(Valve Lead)는 밸브가 행정 전에 미리 열리는 것이고, 밸브 래그(Valve Lag)는 밸브가 행정 후에 닫히는 것을 말한다.
　㉤ 흡입밸브가 열리는 시기를 상사점 전으로 하는 이유는 배기가스의 배출 관성을 이용하여 흡입 효과를 높이기 위해서이다.
　㉥ 속이 빈(중공) 배기 밸브 내부에 채워져 있는 금속 나트륨(Sodium)은 주변 열을 흡수하여 액체 상태로 변하면서 배기 밸브의 냉각을 돕는다.
　㉦ 밸브 오버랩은 흡입행정 초기에 흡입 밸브와 배기 밸브가 동시에 열려있는 구간을 말하며 각도로 표시한다.
　　예 만일, 흡입 밸브가 상사점 전 25°에서 열리고, 배기 밸브가 상사점 후 15°에서 닫히면, 밸브 오버랩은 40°이다.
　㉧ 밸브 오버랩(Valve Over Lap)을 두는 주된 이유는 체적효율 향상과 실린더 및 배기 밸브의 냉각을 위해서이다.
　㉨ 체적 효율은 실린더 체적과 실제 흡입되는 연소 가스의 체적과의 비를 의미하며 엔진 회전수, 기화기 공기 온도, 밸브 타이밍 등은 체적 효율에 영향을 미치는 요소이다.
　㉩ 밸브 약어
　　• 흡기 밸브(Intake Valve) : I
　　• 배기 밸브(Exhaust Valve) : E
　　• 전(Before) : B
　　• 후(After) : A

- 열림(Open) : O
- 닫힘(Close) : C
- 상사점(Top Dead Center) : TC
- 하사점(Bottom Dead Center) : BC

  예 IO 25° BTC : 상사점 전 25°에서 흡기밸브 열림

② 커넥팅 로드(Connecting Rod)
  ㉠ 피스톤의 왕복운동을 크랭크축의 회전운동으로 변환
  ㉡ 성형엔진에서는 주 커넥팅 로드 실린더와 부 커넥팅 로드 실린더 간의 점화시기 차이를 보상하기 위해 실린더 당 각각 하나씩의 보상캠(Compensated Cam)이 있다.

③ 크랭크축
  ㉠ 3대 구성품 : 메인저널, 크랭크 핀, 크랭크 암
  ㉡ 4행정 엔진에서 크랭크축은 1사이클에 2회전한다.
  ㉢ 크랭크 핀 내부가 중공인 이유 : 무게 감소, 윤활유 통로, 불순물 저장
  ㉣ 크랭크축의 재질 : Cr-Ni-Mo강

④ Shaft Balance
  ㉠ 정적 균형 : 정적 균형(회전력 일정)을 맞추기 위해 카운터 웨이트(Counter Weight) 사용
  ㉡ 동적 균형 : 회전에 의한 변형, 비틀림, 진동 등을 막기 위해 다이내믹 댐퍼(Dynamic Damper) 설치

10년간 자주 출제된 문제

왕복엔진에서 밸브 오버랩(Valve Over Lap)을 두는 이유로 틀린 것은?

① 냉각을 돕는다.
② 체적효율을 향상시킨다.
③ 밸브의 온도를 상승시킨다.
④ 배기가스를 완전히 배출시킨다.

[해설]
밸브 오버랩을 두는 주된 이유는 체적효율 향상과 실린더 및 배기밸브의 냉각을 위해서이다.

정답 ③

핵심이론 04 왕복엔진의 흡입 및 배기계통

① 공기흡입계통 : 기화기(Carburetor), 공기덕트(Air Duct), 흡입 매니폴드(Intake Manifold)

② 공기덕트의 구성 : 공기 스쿠프(Air Scoop), 공기 여과기, 히터 머프, 알터네이트 공기조절밸브(Alternate Air Valve) 등으로 구성

③ 알터네이트 공기조절밸브
  ㉠ 정상 위치(Cold Position)에서는 히터 머프로 통하는 덕트를 막고 주공기 덕트를 연다.
  ㉡ 기화기 결빙 우려 시 히터 위치(Hot Position)에 놓아 따뜻한 공기를 기화기로 공급하여 결빙을 방지
  ㉢ 고출력 시 밸브가 히터 위치에 있으면 출력 감소 및 데토네이션 발생
  ㉣ 기화기 빙결이 발생하면 엔진 출력 감소, 엔진 진동, 역화 등이 발생

④ 과급기
  ㉠ 압축기에 의해 흡입 가스 압력을 증가시켜 실린더 내로 공급해줌으로써 출력 증가를 가져온다(매니폴드 압력 증가 → 평균 유효 압력 증가 → 출력 증가).
  ㉡ 기계식(Super Charger) : 크랭크축의 회전력을 이용하여 임펠러를 회전시켜 흡입 압력을 증대시키므로 약간의 기계적 손실이 있다.
  ㉢ 배기가스 터빈식(Turbo Charger) : 배기가스의 힘을 이용하여 터빈을 돌리고 터빈과 연결된 임펠러(Impeller)에 의해 흡입공기의 압력을 증가시켜 엔진 출력을 증가시킨다.
  ㉣ 임계고도(Critical Altitude) : 공중에서 정격출력이 유지되는 최대 고도

10년간 자주 출제된 문제

다음 중 왕복엔진의 출력에 가장 큰 영향을 미치는 압력은?
① 다기관 압력
② 오일 압력
③ 연료 압력
④ 섬프 압력

[해설]

다기관 압력(MAP ; Manifold Pressure)은 실린더로 흡입되는 흡입 공기의 평균 유효 압력과 밀접한 관계가 있으므로 엔진 출력에 가장 큰 영향을 끼친다.

정답 ①

핵심이론 05 왕복엔진의 연소 및 연료

① 연료는 탄화수소 계열($C_m H_n$)로서 연소하면 CO_2와 H_2O를 생성하면서 열에너지가 발생한다.

② 연소 과정 중에 연소 온도가 높아지면 CO_2는 CO와 O_2, H_2O는 H_2와 O_2로 되면서 열을 흡수하다가(열해리), 다시 온도가 낮아지면 CO와 O_2는 CO_2로, H_2와 O_2는 H_2O로 재결합하여(열방출) 다시 온도가 높아지는 과정이 반복적으로 이루어진다.

③ 비정상 연소
  ㉠ 데토네이션(Detonation) : 화염전파 속도가 초음속일 때 발생
  ㉡ 조기점화(Pre-ignition) : 점화(Spark)가 이루어지지 않았음에도 불구하고 미리 폭발하는 현상

④ 노킹(Knocking)의 원인
  ㉠ 부적절한 연료를 사용할 때
  ㉡ 혼합가스의 화염전파속도가 느릴 때
  ㉢ 흡입공기의 온도와 압력이 너무 높을 때
  ㉣ 연소 전 혼합가스 온도가 높을 때

⑤ 앤티 노크제로 가장 많이 쓰이는 것은 4-에틸납이다.

⑥ 항공용 가솔린 구비조건
  ㉠ 발열량이 커야 함
  ㉡ 기화성이 좋아야 함
  ㉢ 베이퍼 로크(Vapor Lock)를 잘 일으키지 말아야 함
  ㉣ 안티노크성(Anti-knocking Value)이 커야 함
  ㉤ 내한성이 커야 함

⑦ 증기폐색(Vapor Lock)은 높은 열로 인해 연료 내에 기포가 발생되면서 기화되는 현상을 말한다.

⑧ 안티노크성 측정 장치 : CFR(Cooperative Fuel Research)엔진

⑨ 옥탄가(ON) : 이소옥탄만으로 이루어진 표준 연료의 안티노크성을 옥탄가 100으로 정하고, 정헵탄만으로 이루어진 표준 연료의 안티노크성을 옥탄가 0으로 하여, 표준 연료 속의 이소옥탄의 체적 비율(%)로 옥탄가를 표시한다.

⑩ 퍼포먼스수(PN) : 옥탄가 100 이상의 연료에 사용되며, 퍼포먼스수에서 앞의 숫자는 희박 혼합비에서의 퍼포먼스수이고, 뒤의 숫자는 농후 혼합비에서의 퍼포먼스수를 나타낸다.

예 PN 115/145

⑪ 항공기 연료의 종류
  ㉠ 왕복엔진용 : AV-GAS
  ㉡ 가스터빈엔진용(군용) : JP-4, JP-5, JP-6, JP-8 등
  ㉢ 가스터빈엔진용(민간용) : Jet A, Jet A-1, Jet B 등

10년간 자주 출제된 문제

가솔린 엔진에서 노킹(Knocking)을 방지하기 위한 방법으로 틀린 것은?

① 제폭성이 좋은 연료를 사용한다.
② 화염전파거리를 짧게 해준다.
③ 착화지연을 길게 한다.
④ 연소속도를 느리게 한다.

|해설|
혼합 가스의 화염전파속도(연소속도)가 느리면 노킹이 잘 발생한다.

정답 ④

핵심이론 06 왕복엔진의 연료 계통

① 왕복엔진의 연료 계통 흐름

연료탱크 → 승압펌프(Booster Pump) → 선택 및 차단밸브 → 연료 여과기 → 주 연료 펌프(엔진 구동 펌프) → 기화기 → 매니폴드 → 실린더

② 연료 계통의 구성품
  ㉠ 연료탱크 : Integral Tank는 앞, 뒤 날개보(Spar)와 날개 상하 외피로 둘러싸인 박스형 기체 구조물(Box Beam) 자체를 연료 탱크로 이용하며, Cell Tank는 주 날개나 동체 내부 공간에 합성고무나 금속 제품의 탱크를 내장한 형태로 되어 있다.
  ㉡ 승압펌프 : 시동 시, 이륙 시, 주 연료펌프 고장 시 사용
  ㉢ 주 연료 펌프 : 엔진 구동에 의해 회전하며 연료 압력을 높여 계통으로 공급
  ㉣ 바이패스 밸브 : 연료펌프 고장 시 연료를 직접 계통으로 공급
  ㉤ 릴리프 밸브 : 연료 압력이 너무 높을 때 연료를 연료 펌프 입구로 되돌린다.
  ㉥ 프라이머 : 엔진 시동 시 실린더에 직접 연료를 분사하여 농후 혼합비로 만든다.

③ 역화와 후화
  ㉠ 역화(Backfire) : 혼합비가 과희박(Over Lean)할 때 발생
  ㉡ 후화(Afterfire) : 혼합비가 과농후(Over Rich)할 때 발생

④ 부자식 기화기(Float Type Carburetor)
  ㉠ 완속 장치 : 완속 운전 시 주 연료노즐에서 연료가 분출될 수 없을 때 연료 공급
  ㉡ 이코노마이저 장치 : 엔진출력이 클 때 농후 혼합비를 만들기 위해 추가 연료를 공급하는 장치인데, 이것에 이상이 생기면 순항속도 이상의 고출력 시 데토네이션이 발생할 수 있다.

ⓒ 가속 장치 : 스로틀(Throttle)이 갑자기 열리면 비중이 작은 공기의 양은 즉시 증가하지만, 상대적으로 비중이 큰 연료는 갑자기 증가할 수가 없어서 순간적으로 희박 혼합비 상태가 된다. 가속펌프는 부가적인 연료를 공급하여 이런 현상을 방지한다.

ⓒ 자동 혼합비 조정장치 : 고도가 증가함에 따라 혼합비가 과농후 상태가 되는 것을 방지한다.

ⓒ 주 공기 블리드 : 연료에 공기가 섞이도록 하여 연료의 무게를 가볍게 만들어 줌으로써 작은 압력으로도 쉽게 분사되게 한다.

ⓗ 니들 밸브 : 시트에 심(Shim)을 추가하거나 제거함으로써 니들 밸브의 높이를 조절하게 되면 유면 높이가 조절된다.

⑤ 압력분사식 기화기에서는 공기 유량에 따라 변하는 벤투리 목 부분의 압력과 대기압(임팩트 압력)의 압력차에 의하여 연료 유량 조절이 이루어진다.

⑥ 직접 연료 분사장치는 연료분사펌프, 주 조정장치, 연료 매니폴드 및 분사노즐로 이루어져 있으며, 흡입밸브의 바로 앞부분, 실린더 흡입구 또는 실린더 내에 직접 연료를 분사시킨다.

⑦ 직접 연료 분사장치의 장점
ⓒ 비행자세의 영향을 받지 않는다.
ⓒ 결빙이 없으므로 흡입 공기 온도를 높이지 않아도 되기 때문에 출력을 증가시킬 수 있다.
ⓒ 연료 분배가 균일하여 과열 현상을 방지한다.
ⓒ 역화의 우려가 없다.
ⓗ 시동 성능이나 가속 성능이 좋다.

10년간 자주 출제된 문제

항공기 왕복엔진에서 직접연료분사장치의 주요 구성품이 아닌 것은?
① 연료분사 펌프
② 분사 노즐
③ 주 조정 장치
④ 주 공기 블리드

[해설]
주 공기 블리드는 부자식 기화기의 구성품에 속한다.

정답 ④

핵심이론 07 왕복엔진의 윤활 계통

① 윤활계통의 종류
  ㉠ 건식 윤활계통(Dry Sump Oil System) : 엔진 외부에 마련된 별도의 윤활유 탱크에 오일을 저장하는 계통
  ㉡ 습식 윤활계통(Wet Sump Oil System) : 크랭크 케이스의 밑바닥에 오일을 저장하는 가장 간단한 계통으로 별도의 윤활유 탱크가 없으며 대향형 엔진에 널리 사용되고 있다.

② 왕복엔진의 윤활유의 특성
  ㉠ 유성(오일의 성질)이 좋을 것
  ㉡ 알맞은 점도이며 점도 변화가 적을 것(점도지수 클 것)
    ※ 점도와 점도지수는 의미가 다름에 주의
  ㉢ 낮은 온도에서 유동성이 좋을 것
  ㉣ 산화 및 탄화 경향이 적을 것
  ㉤ 부식성이 없을 것

③ 윤활계통 내의 밸브
  ㉠ 릴리프 밸브 : 엔진의 내부로 들어가는 윤활유의 압력이 높을 때 윤활유를 펌프 입구로 되돌린다.
  ㉡ 바이패스 밸브 : 오일필터가 막히면 오일 압력이 증가하여 바이패스 밸브가 열리게 되어 계통으로 직접 윤활유가 공급된다.

④ 윤활유 희석 장치 : 시동 시 윤활유의 점도를 낮추는 장치이며 항공기 연료인 가솔린을 사용한다.

⑤ 윤활유 기능 : 윤활작용, 기밀작용, 냉각 작용, 청결 작용, 방청 작용, 소음 방지 작용 등

⑥ SUS(Saybolt Universal Second, 세이볼트 유니버설 초) : 윤활유 점도의 비교값으로 사용

⑦ 하이드로릭 로크(Hydraulic Lock) : 성형엔진에서 엔진을 오랫동안 사용하지 않았을 때, 오일이 엔진 아래쪽에 거꾸로 위치한 실린더(5번, 6번) 상부 쪽으로 스며들어 고이는 현상

⑧ 오일 소모량이 많아지고 점화플러그가 더러워지는 원인
  ㉠ 실린더 벽의 마모 증가
  ㉡ 피스톤 링의 마모 증가
  ㉢ 밸브 가이드의 마모 증가

> **10년간 자주 출제된 문제**
>
> **항공기 엔진의 오일필터가 막혔다면 어떤 현상이 발생하는가?**
> ① 엔진 윤활계통의 윤활 결핍현상이 온다.
> ② 높은 오일 압력 때문에 필터가 파손된다.
> ③ 오일이 바이패스 밸브(Bypass Valve)를 통하여 흐른다.
> ④ 높은 오일 압력으로 체크 밸브(Check Valve)가 작동하여 오일이 되돌아온다.
>
> |해설|
> 오일필터가 막히면 오일 압력이 상승하여 오일이 바이패스 밸브를 열고 직접 엔진으로 흐른다.
>
> 정답 ③

핵심이론 08 왕복엔진의 시동 및 점화계통

① 왕복엔진 시동 계통
  ㉠ 전기식 직접 구동 방식의 시동기가 많이 쓰인다.
  ㉡ 왕복엔진 시동 후 제일 먼저 점검해야 되는 것은 오일 압력이다.

② 마그네토 점화 계통
  ㉠ 고압 점화 계통 : 마그네토 자체에서 고전압이 유기되며, 마그네토 안의 철심에 1차 코일과 2차 코일이 감겨 있다.
  ㉡ 저압 점화 계통 : 마그네토에서는 저전압이 유기되며, 점화 플러그 이전에 설치되어 있는 변압기에서 고전압으로 승압된다. 따라서 마그네토 철심에는 1차 코일만 감겨 있다.
  ㉢ 엔진 시동 시에는 크랭크축의 회전 속도가 느리기 때문에 마그네토에서 고전압이 발생하지 못하므로, 부스터 코일, 임펄스 커플링, 인덕션 바이브레이터 등과 같은 보조 장치들이 사용된다.

③ 마그네토의 구성품
  ㉠ 브레이커 포인트 : 접점이 떨어지는 순간 고전압이 발생된다. 만일 브레이커 포인트가 고착되면 고전압이 발생되지 않아 마그네토 작동이 불가능해진다.

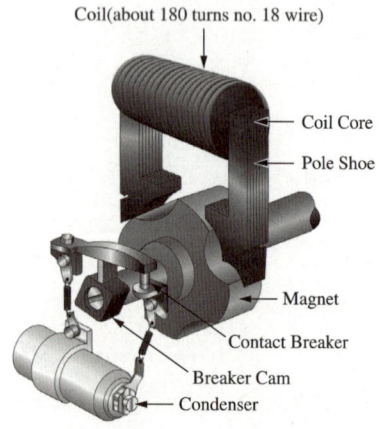

  ㉡ 콘덴서 : 브레이커 포인트에 생기는 아크에 의한 마멸을 방지하고, 철심에 발생한 잔류 자기를 빨리 제거한다.

④ 점화 시기
  ㉠ 내부 점화시기 조정 : 마그네토의 E-갭(Gap) 위치와 브레이커 포인트가 열리는 순간을 맞추는 것
  ㉡ 외부 점화시기 조정 : 마스터 실린더가 점화진각에 있을 때 크랭크축의 위치와 마그네토의 점화시기를 일치시키는 것
  ㉢ E-gap Angle : 마그네토 회전 자석이 중립 위치를 지나 브레이커 포인트가 열리는 사이의 크랭크축의 회전 각도로 점화플러그의 불꽃 세기를 결정한다.
  ㉣ 점화시기 조절 시에 마그네토 선택 스위치는 'BOTH'에 위치한다.

⑤ 마그네토 표시
  예 DF18RN
  - D : 복식 마그네토(S : 단식 마그네토)
  - F : 플랜지 장착 타입(B : 베이스 장착 타입)
  - 18 : 실린더 수
  - R : 오른쪽 회전(L : 왼쪽 회전)
  - N : 제작회사(Bendix)

⑥ 점화 순서
  ㉠ 수평대향형 6 실린더
    1-6-3-2-5-4 또는 1-4-5-2-3-6
  ㉡ 성형 9 실린더
    1-3-5-7-9-2-4-6-8

    ※ 페이즈각(Phase Angle) : $\dfrac{360°}{9} \times 2 = 80°$

  ㉢ 성형 2열 14 실린더
    1-10-5-14-9-4-13-8-3-12-7-2-11-6(+9, -5)
  ㉣ 성형 2열 18 실린더
    1-12-5-16-9-2-13-6-17-10-3-14-7-19-11-4-15-8(+11, -7)

10년간 자주 출제된 문제

항공기 왕복엔진의 마그네토(Magneto)에서 발생하는 전류는?
① 교 류
② 직 류
③ 스텝파류
④ 구형파류

|해설|
마그네토는 일종의 교류 발전기이다.

정답 ①

핵심이론 09 왕복엔진의 검사 및 측정

① 비파괴 검사의 종류
  ㉠ 자분 탐상검사 : 검사하고자 하는 부품에 자분을 살포하면 결함 부분에 자분이 모이게 되어 결함을 발견한다. 따라서 강자성체 부품에만 적용된다.
  ㉡ 색조 침투검사
  ㉢ 형광 침투검사
  ㉣ X-ray 검사
  ㉤ 와전류 탐상검사 : 검사경비가 저렴하고 표면검사 능력이 우수하여 형상이 간단한 제품의 고속 자동화 검사가 가능한 검사방법
  ㉥ 초음파 탐상검사

② 윤활유 분광시험(SOAP)
  ㉠ 일정시간 작동된 엔진에서 엔진 정지 후 30분 이내에 오일을 채취하여 오일에 함유되어 있는 금속성분을 분석하여 내부 부분품의 마모, 손상 여부를 판독하는 방법
  ㉡ 성분별 이상위치
    • 철 금속 : 피스톤 링, 밸브 스프링, 베어링
    • 은분 입자 : 마스터 로드 실(Seal)
    • 구리 입자 : 부싱, 밸브 가이드
    • 알루미늄 합금 : 피스톤, 엔진 내부

③ 왕복엔진의 측정 및 검사
  ㉠ 실린더 안지름 측정 : 실린더 게이지, 텔레스코핑 게이지(Telescoping Gage)
  ㉡ 엔진 내부 검사 : 보어스코프(Bore Scope)
  ㉢ 피스톤 링 간극 측정 : 두께 게이지
  ㉣ 크랭크축의 휨 측정 : 다이얼 게이지

10년간 자주 출제된 문제

SOAP에 대한 설명으로 가장 올바른 것은?

① 오일 중의 카본 발생량을 측정하여 연소실 부분품의 이상 상태를 점검한다.
② 오일의 색깔과 산성도를 측정하여 오일의 품질 저하상태를 점검한다.
③ 오일 중의 포함된 기포의 발생량을 측정하여 오일계통의 이상 상태를 점검한다.
④ 오일 중에 포함되는 미량의 금속원소에 의해 베어링 부분품의 이상 상태를 점검한다.

[해설]

SOAP는 엔진 정지 후 30분 이내에 오일을 채취하여, 오일에 함유되어 있는 금속성분을 분석하여 내부 구성 부품의 마모, 손상 여부를 판독한다.

정답 ④

제3절 항공기 가스터빈엔진

핵심이론 01 가스터빈엔진의 종류

① 제트 엔진
  ㉠ 로켓(Rocket) : 공기를 흡입하지 않고 엔진 자체 내에 고체 또는 액체의 산화제와 연료를 사용하여 추진력을 얻는 비공기 흡입엔진
  ㉡ 램 제트(Ram Jet) : 대기 중의 공기를 추진에 사용하는 가장 간단한 구조를 가진 엔진
  ㉢ 펄스 제트(Pulse Jet) : 램 제트와 거의 유사하지만, 공기 흡입구에 셔터 형식의 공기 흡입 플래퍼 밸브(Flapper Valve)가 있다는 점이 다르다.
  ㉣ 터빈 형식 엔진 : 터보 제트, 터보 팬, 터보 프롭, 터보 샤프트 엔진들처럼 가스 발생기가 있는 엔진
    ※ 가스 발생기(Gas Generator) : 압축기, 연소실, 터빈

② 가스터빈엔진의 종류
  ㉠ 터보 팬 엔진 : 팬으로 흡입된 공기의 일부만 연소시키고 나머지는 바이패스시켜 추력을 얻는 엔진으로 연료 소비율이 적고 아음속에서 효율이 좋다.
    ※ 바이패스 비(BPR)
    $$= \frac{2\text{차 공기유량(바이패스된 공기량)}}{1\text{차 공기유량(가스발생기를 통과한 공기량)}}$$
  ㉡ 터보 프롭 엔진 : 가스터빈의 출력을 축 동력으로 빼낸 다음, 감속 기어를 거쳐 프로펠러를 구동하여 추력을 얻는다.
  ㉢ 터보 제트 엔진 : 소량의 공기를 고속으로 분출시켜 큰 출력을 얻을 수 있으며, 초음속에서 우수한 성능을 나타내지만 소음이 크다.
  ㉣ 터보 샤프트 엔진 : 가스터빈의 출력을 100% 모두 축 동력으로 발생시킬 수 있도록 설계된 엔진으로 주로 헬리콥터용 엔진으로 사용된다.

10년간 자주 출제된 문제

제트 엔진류의 발명 순서를 시대 순으로 옳게 나열한 것은?

① 헤로의 에어리파일 → 중국 금나라의 로켓 → 브랜카의 터빈장치 → 휘틀의 터보제트 엔진
② 헤로의 에어리파일 → 중국 금나라의 로켓 → 휘틀의 터보제트 엔진 → 브랜카의 터빈장치
③ 중국 금나라의 로켓 → 헤로의 에어리파일 → 브랜카의 터빈장치 → 휘틀의 터보제트 엔진
④ 중국 금나라의 로켓 → 헤로의 에어리파일 → 휘틀의 터보제트 엔진 → 브랜카의 터빈장치

정답 ①

핵심이론 02 가스터빈엔진의 압축기

① 원심력식 압축기
　㉠ 구성 : 임펠러, 디퓨저, 매니폴드
　㉡ 장점 : 단당 압력비가 높고, 제작이 쉬우며, 가격이 싸고, 구조가 튼튼하고 가볍다.
　㉢ 단점 : 압력비가 낮고, 효율이 낮으며, 많은 공기 처리가 어렵다.

② 축류식 압축기
　㉠ 구성 : 로터(Rotor Blade ; 동익), 스테이터(Stator Vane ; 정익)
　　※ 1열의 로터와 1열의 스테이터를 합쳐 1단이라고 한다.
　㉡ 장점 : 대량의 공기 처리가 가능하고, 압력비 증가를 위해 다단 제작이 가능하며, 압력비가 높아 고출력, 대형 엔진에 사용한다.
　㉢ 단점 : 제작 비용이 비싸고, 무게가 무거우며, FOD에 의한 손상이 쉽다.
　　※ FOD : 외부 물질 침투에 의한 손상

③ 축류식 압축기의 실속 원인 : 로터 깃의 받음각이 커지면 발생
　㉠ 엔진 가속 → 연료 흐름 증가 → 압축기 출구 압력 상승 → 흡입 공기 속도 감소 → 로터 깃 받음각 증가 → 압축기 실속
　㉡ 압축기 입구 온도 높거나, 와류 현상 발생 → 압축기 입구 압력 감소 → 흡입 공기 속도 감소 → 로터 깃 받음각 증가 → 압축기 실속
　㉢ 엔진 회전 속도 설계점 이하 → 압력비 감소 → 공기가 충분히 압축되지 못함 → 압축기 뒤쪽에 공기 누적 현상(Choking) 발생 → 압축기 흡입 공기 속도 감소 → 로터 깃 받음각 증가 → 압축기 실속
　㉣ 압축기 회전속도가 너무 빠를 때 → 로터 깃 받음각 증가 → 압축기 실속

④ 압축기 실속 방지책
　㉠ 다축식 구조

ⓒ 가변 스테이터 깃(VSV ; Variable Stator Vane) 설치
VSV(가변 고정자 깃)는 깃의 피치를 변경시킬 수 있도록 하여, 공기의 흐름 방향과 속도를 변화시킴으로써 회전 속도(rpm)가 변하는 데 따라 회전자 깃의 받음각을 일정하게 하여 실속을 방지한다.

ⓒ 블리드 밸브(Bleed Valve) 설치
완속 출력일 때는 압축기에서 충분한 공기 압축이 이루어지지 않으므로, 압축기 뒤쪽 부분에 공기 누적현상이 발생되기 때문에 블리드 밸브를 활짝 열어 압축기 실속을 방지한다.

⑤ 압축기에서 압축 과정은 단열과정이므로 다음 식이 성립된다.

$$\frac{T_2}{T_1} = \left(\frac{P_2}{P_1}\right)^{\frac{k-1}{k}}$$

⑥ 압축기 단열 효율(η_c)

$$\eta_c = \frac{T_{2i} - T_1}{T_2 - T_1}, \quad T_{2i} = T_1 \times r^{\frac{k-1}{k}}$$

여기서, r : 엔진압력비, k : 비열비

⑦ 압축기 전체 압력비

$$\gamma = (\gamma s)^n$$

여기서, γs : 단당 압력비, n : 압축기의 단수

⑧ 압축기 관련 기타 사항

ⓐ 보기 기어박스(Accessory Gear Box)는 일반적으로 압축기 전방에 설치되어 있으며, 유압펌프를 비롯한 각종 펌프, 발전기, 시동기 등이 장착되어 있다.

ⓑ 압축기 후방과 연소실 전방을 연결해 주는 디퓨저(Diffuser)는 확산 통로로서, 공기 속도는 감소하고 압력은 증가한다.

ⓒ 터빈 노즐 가이드 베인이나 터빈 블레이드의 냉각에 쓰이는 공기는 고압 압축기에서 블리드된 공기를 이용한다.

ⓓ 엔진 압축기 분해는 복잡한 작업임으로 창정비에서 이루어진다.

10년간 자주 출제된 문제

가스터빈엔진에서 압축기 스테이터 베인(Stator Vanes)의 가장 중요한 목적은?

① 배기가스의 압력을 증가시킨다.
② 배기가스의 속도를 증가시킨다.
③ 공기흐름의 속도를 감소시킨다.
④ 공기흐름의 압력을 감소시킨다.

해설

압축기 스테이터 베인(정익)은 공기 속도를 감소시키고, 압력은 증가시킨다.

정답 ③

핵심이론 03 가스터빈엔진의 연소실

① 연소실의 종류

　㉠ 캔형(Can Type)
　　• 연소실이 독립되어 있어 설계나 정비가 간단하다.
　　• 고공에서 기압이 낮아지면 연소가 불안정해져서 연소 정지현상(Flame Out)이 생기기 쉽다.
　　• 엔진 시동 시 과열 시동을 일으키기 쉽다.
　　• 출구 온도 분포가 불균일하다.

　㉡ 애뉼러형(Annular Type)
　　• 연소실의 구조가 간단하고 길이가 짧다.
　　• 연소실 전면 면적이 좁다.
　　• 연소가 안정되므로 연소 정지 현상이 거의 없다.
　　• 출구온도 분포가 균일하며 연소 효율이 좋다.
　　• 정비가 불편하다.

　㉢ 캔-애뉼러형 연소실
　　• 구조가 견고하고 길이가 짧다.
　　• 출구온도 분포가 균일하다.
　　• 연소 및 냉각 면적이 크다.
　　• 정비가 간단하다.

② 연소실 구비 조건

　㉠ 가능한 한 작은 크기
　㉡ 엔진 작동 범위 내, 최소의 압력 손실
　㉢ 연료 공기비, 비행고도, 비행속도 및 출력의 변화에 대하여 안정되고 효율적인 연소
　㉣ 신뢰성
　㉤ 양호한 고공 재시동 특성
　㉥ 출구 온도 분포 균일

③ 연소실의 연소 영역

　㉠ 1차 영역 : 직접 연소되는 영역으로 1차 공기유량의 비율은 연소실 통과 총 공기량의 20~30% 정도이다.
　㉡ 2차 영역 : 연소되지 않은 많은 양의 2차 공기와 1차 영역에서 연소된 공기를 혼합시켜 연소실 출구온도를 낮추어 주는 영역으로 2차 공기유량은 총 공기량이 70~80%이다.
　㉢ 선회 깃(Swirl Guide Vane)은 연소실로 유입되는 1차 공기에 적당한 소용돌이를 주어 유입 속도를 감소시키면서 공기와 연료를 잘 섞이게 하여 화염 전파속도가 증가되도록 한다.

10년간 자주 출제된 문제

제트엔진의 연소실 형식으로 구조가 간단하고, 길이가 짧으며, 연소실 전면 면적이 좁으며, 연소효율이 좋은 연소실 형식은?

① Can형
② Tubular형
③ Annular형
④ Cylinder형

[해설]

애뉼러형 연소실은 구조가 간단하고, 길이가 짧으며, 연소실 전면 면적이 좁다. 또 연소효율이 좋으며, 연소 정지 현상이 없을 뿐 아니라 연소 정지 현상이 거의 없다.

정답 ③

핵심이론 04 가스터빈엔진의 터빈

① 터빈 개요
  ㉠ 터빈은 압축기 및 그 밖의 필요 장비를 구동시키는 데 필요한 동력을 발생하는 장치이며, 연소실에서 연소된 고온, 고압의 연소 가스를 팽창시켜 회전 동력을 얻는다.
  ㉡ 항공기용 가스터빈엔진에서는 축류형 터빈을 주로 사용한다.
  ㉢ 1열의 고정자(터빈 노즐)와 1열의 회전자를 합하여 1단이라고 한다.
  ㉣ 터빈 반동도

  $$반동도 = \frac{회전자\ 깃에\ 의한\ 팽창량}{단의\ 팽창량} \times 100\%$$
  $$= \frac{P_2 - P_3}{P_1 - P_3} \times 100\%$$

  여기서, P_1 : 고정자 깃 입구 압력
  P_2 : 고정자 깃 출구 압력
  P_3 : 회전자 깃 출구 압력

② 축류형 터빈의 종류
  ㉠ 반동 터빈(Reaction Turbine) : 고정자 및 회전자 깃에서 동시에 연소 가스가 팽창하여 압력의 감소가 이루어지는 터빈으로 반동도는 50%를 넘지 않는다.
  ㉡ 충동 터빈(Impulse Turbine) : 반동도가 0인 터빈으로서, 가스의 팽창은 터빈 고정자에서만 이루어지고, 회전자 깃에서는 전혀 팽창이 이루어지지 않는다. 따라서 회전자 깃의 입구와 출구의 압력 및 상대 속도 크기는 같다.
  ㉢ 실제 터빈 깃 : 깃 뿌리는 충동 터빈으로 만들고 깃 끝으로 갈수록 반동터빈으로 제작한다.

③ 터빈 깃 냉각 방법
  ㉠ 대류 냉각(Convection Cooling) : 터빈 내부에 공기 통로를 만들어 이곳으로 차가운 공기가 지나가게 함으로써 터빈을 냉각
  ㉡ 충돌 냉각(Impingement Cooling) : 터빈 깃 내부에 작은 공기 통로를 설치한 후 냉각 공기를 충돌시켜 깃을 냉각
  ㉢ 공기막 냉각(Air Film Cooling) : 터빈 깃의 표면에 작은 구멍을 통하여 나온 찬 공기의 얇은 막이 터빈 깃을 둘러싸서 터빈 깃을 냉각
  ㉣ 침출 냉각(Transpiration Cooling) : 터빈 깃을 다공성 재료로 만들고 깃 내부에 공기 통로를 만들어 차가운 공기가 터빈 깃을 통하여 스며 나오게 함으로써 터빈 깃을 냉각
  ※ 터빈 깃의 냉각은 압축기 블리드 공기를 이용한다.

④ 터빈 관련 기타 사항
  ㉠ 연소실에서 연소된 연소 가스는 터빈 노즐의 수축 통로에서 압력이 감소되면서 배기가스의 속도가 급격히 증가되고, 터빈 로터에서는 운동 에너지가 터빈의 회전력으로 바뀌므로 속도가 급격히 감소된다.
  ㉡ 터빈 노즐 다이어프램(Nozzle Diaphragm)은 연소실 후방에 있는 링(Ring)에 날개골 모양의 베인(Vane)을 나란히 장착한 형태로, 연소실에서 연소된 고온, 고압의 가스의 속도를 증가시켜 터빈으로 보내는 역할을 한다.
  ㉢ 슈라우드 팁(Shrouded Tip)방식 터빈 깃은 오픈 팁(Open Tip)방식 터빈 깃에 비해 공기 흐름을 좋게 하여 가스 손실을 줄이고 깃의 진동을 방지한다.

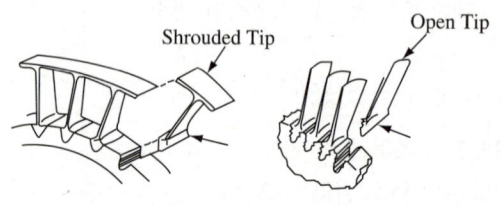

[슈라우드 팁과 오픈 팁]

10년간 자주 출제된 문제

브레이드 내부에 공기 통로를 설치하여 이곳으로 차가운 공기가 지나가게 함으로써 터빈 깃을 냉각하는 방법은?

① Film Cooling
② Convection Cooling
③ Impingement Cooling
④ Transpiration Cooling

|해설|

대류 냉각(Convection Cooling)은 터빈 내부에 공기 통로를 만들어 이곳으로 차가운 공기가 지나가게 함으로써 터빈을 냉각시키는 방법이다.

정답 ②

핵심이론 05 가스터빈엔진의 연료 계통

① 가스터빈엔진의 연료
  ㉠ 가스터빈엔진용(군용) : JP-4, JP-5, JP-6, JP-8 등
  ㉡ 가스터빈엔진용(민간용) : Jet A, Jet A-1, Jet B 등

② 연료의 구비 조건
  ㉠ 증기압이 낮아야 한다.
  ㉡ 어는점이 낮아야 한다.
  ㉢ 인화점이 높아야 한다.
  ㉣ 발열량이 크고 부식성이 작아야 한다.
  ㉤ 점성이 낮고 깨끗하고 균질해야 한다.

③ 연료 흐름 순서
  주연료탱크 → 연료부스터펌프 → 연료 여과기 → 연료펌프 → 연료조절장치 → 여압 및 드레인 밸브 → 연료매니폴드 → 연료노즐

④ 연료 조절 장치(FCU ; Fuel Control Unit)
  ㉠ 연료 조절 장치는 동력 레버의 위치가 정해지면 그 위치에 해당하는 추력과 터빈 입구 온도가 일정하도록 자동으로 연료를 조절한다.
  ㉡ 방식에는 유압-기계식과 전자식이 있다.
  ㉢ 수감 요소로는 엔진 회전수(rpm), 압축기 출구 압력(CDP), 압축기 입구 온도(CIT), 동력 레버의 위치 등이다.
  ㉣ 압축기 출구 압력이 증가하면 실속을 방지하기 위해 연료량을 줄인다.
  ㉤ 압축기 입구 온도가 올라가면 터빈 입구 온도가 상승하므로 연료량을 줄인다.

⑤ 여압 및 드레인 밸브(P&D Valve)의 역할
  ㉠ 연료의 흐름을 1차 연료와 2차 연료로 분리한다.
  ㉡ 연료 압력이 규정 압력 이상이 될 때까지 연료 흐름을 차단한다.
  ㉢ 엔진 정지 시 매니폴드나 연료 노즐에 남아있는 연료를 외부로 방출한다.

⑥ 복식 연료 노즐

시동 시 분사되는 1차 연료는 노즐의 중심에 있는 작은 구멍에서 넓은 각도로 분사되고, 완속속도 이상에서 분사되는 2차 연료는 노즐 가장자리 구멍에서 좁은 각도로 멀리 분사된다.

⑦ 후기 연소기(After Burner)의 특징

㉠ 효과적인 연소를 위해 입구의 공기속도가 작은 것이 좋다.

㉡ 터빈 출구와 후기 연소기 입구 사이는 디퓨저 구조로 설치한다.

㉢ 터빈 뒤에 테일 콘(Tail Cone)을 장착하여 확산 통로(Diffuser)가 되도록 한다.

㉣ 후기 연소기 라이너 : 후기 연소기가 작동하지 않을 때 엔진의 배기관으로 사용된다.

10년간 자주 출제된 문제

제트 엔진 후기 연소기(After Burner)의 역할을 가장 올바르게 설명한 것은?

① 엔진 열효율이 증가된다.
② 추력을 크게 할 수 있다.
③ 착륙 때 사용한다.
④ 여객기 엔진에 주로 장착된다.

|해설|

후기 연소기는 연소실에서 연소되지 않은 가스를 재연소시킴으로써 추력을 증가시키지만, 연료 소모가 많고 열효율이 떨어지므로 일부 전투기에서 사용된다.

정답 ②

핵심이론 06 가스터빈엔진의 윤활 계통

① 윤활유 냉각기(Oil Cooler)의 위치에 따른 분류

㉠ Cold Tank Type : 윤활유 냉각기가 윤활유 탱크로 향하는 배유라인 쪽에 위치하는 경우. 따라서 탱크로 들어오는 윤활유는 냉각이 된 상태로 들어온다.

㉡ Hot Tank Type : 윤활유 냉각기가 압력펌프를 지나 윤활유가 공급되는 위치에 있는 경우. 따라서 윤활유 탱크로 들어오는 윤활유는 뜨거운 상태로 들어온다.

② 가스터빈엔진 윤활유의 구비 조건

㉠ 점성과 유동점이 어느 정도 낮아야 한다.
㉡ 점도 지수가 높아야 한다.
㉢ 윤활유와 공기의 분리성이 좋아야 한다.
㉣ 인화점, 산화 안정성 및 열적 안전성이 높아야 한다.
㉤ 기화성이 낮아야 한다.

③ 가스터빈엔진 윤활 계통 구성품

㉠ 오일 탱크는 주로 알루미늄 합금으로 만들며 불순물 제거의 목적으로 드레인 플러그가 설치되어 있다.

㉡ 연료-오일 냉각기에서 연료는 가열되고 오일은 냉각된다.

㉢ 마그네틱 칩 디텍터(Magnetic Chip Detector)는 오일 내에 포함되어 있는 작은 금속 조각(Chip)을 분석하여 베어링 부의 이상 유무와 발생 장소 등을 탐지할 수 있다.

㉣ 딥스틱(Dipstick)은 오일의 양이나 오염 정도를 측정하는 용도로 쓰인다.

㉤ 오일 필터가 막혀도 계통에는 오일이 흘러야 하기 때문에, 오일 필터를 거치지 않고 계통으로 오일이 공급될 수 있도록 바이패스 밸브(Bypass Valve)를 설치한다.

㉥ 오일 온도가 그다지 높지 않을 때는 냉각이 필요 없으므로, 오일 냉각기의 바이패스 밸브를 통해 계통으로 바이패스시킨다.

㉦ 오일 탱크에 있는 차가운 오일은, 탱크 안에 설치되어 있는 호퍼(Hopper) 내에서 엔진을 순환한 뜨거운 오일과 섞여 온도가 상승하여 엔진으로 공급된다.

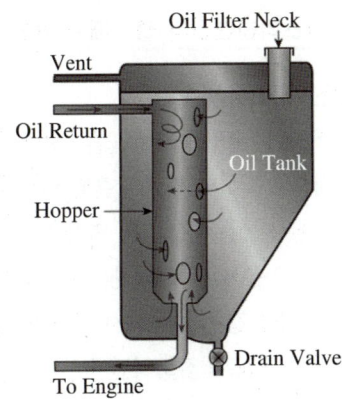

[호퍼(Hopper)]

10년간 자주 출제된 문제

가스터빈엔진의 윤활유 펌프에 대한 설명으로 틀린 것은?

① 압력 펌프는 배유 펌프보다 용량이 2배 이상 크다.
② 윤활유 펌프의 형식에는 기어형, 베인형, 제로터형 등이 있다.
③ 윤활유를 윤활이 필요한 각 부위에 일정하게 공급하는 펌프는 압력펌프이다.
④ 각각의 윤활유 섬프에 모여진 윤활유를 윤활 탱크로 돌려보내는 펌프는 배유 펌프이다.

|해설|

윤활유는 엔진 내부에서 공기와 혼합되어 체적이 증가하기 때문에 배유 펌프가 압력 펌프보다 용량이 더 커야 한다.

정답 ①

핵심이론 07 가스터빈엔진의 시동 및 점화 계통

① 가스터빈엔진 시동 방식
  ㉠ 전동기식
  ㉡ 시동-발전기식
  ㉢ 공기 터빈식
  ㉣ 가스 터빈식

② 공기 터빈식 시동기 특징
  ㉠ 전기식에 비해 가벼우며 대형기에 많이 쓰인다.
  ㉡ 많은 양의 압축 공기를 필요로 한다.
  ㉢ 압축 공기의 공급원은 APU, 지상 시동보조장치, 다발 항공기인 경우에는 작동 중인 다른 엔진의 블리드 공기 등이다.

③ 가스터빈엔진 시동 순서
  Starter "ON" → Ignition "ON" → Fuel "ON" → Ignition "OFF" → Starter "Cut-OFF"

④ 가스터빈엔진의 점화장치
  ㉠ 유도형 점화계통 : 초창기 가스터빈엔진에 사용했던 점화 장치로, 직류 유도형과 교류 유도형으로 나뉜다.
  ㉡ 용량형 점화계통 : 대부분의 가스터빈엔진에 사용하며, 콘덴서와 저항기, 바이브레이터, 블리더 저항 등으로 구성되었다.

⑤ 교류 고전압 용량형 점화장치에서 블리더 저항의 역할
  ㉠ 저장 콘덴서의 방전이 있은 후 다음 방전을 위해 트리거 콘덴서의 잔류 전하 방출
  ㉡ 이그나이터가 장착되지 않은 상태에서 점화 장치 작동 시, 전압이 과도하게 상승하여 절연 파괴되는 현상 방지

⑥ 가스터빈엔진 점화 계통이 왕복엔진 점화 계통과 다른점
  ㉠ 시동할 때만 점화가 필요하다.
  ㉡ 점화시기 조절 장치가 없어 구조와 작동이 간편하다.
  ㉢ 이그나이터의 교환이 빈번하지 않다.
  ㉣ 이그나이터가 엔진 전체에 두 개 정도만 필요하다.
  ㉤ 교류 전력을 이용할 수 있다.

10년간 자주 출제된 문제

가스터빈엔진의 점화계통에 대한 설명 중 틀린 것은?
① 높은 에너지의 전기 스파크를 이용한다.
② 왕복 엔진에 비해 점화가 용이하다.
③ 유도형과 용량형이 있다.
④ 점화시기조절 장치가 없다.

[해설]
가스터빈엔진에 사용되는 연료는 기화성이 낮고 혼합비가 희박하여 점화가 쉽지 않기 때문에 높은 에너지를 가지는 점화 장치가 필요하다.

정답 ②

핵심이론 08 가스터빈엔진의 흡·배기 계통

① 가스터빈엔진의 흡입 계통
  ㉠ 아음속 항공기는 흡입 공기 속도를 줄이고 압력은 상승시킬 목적으로 확산형 형태의 흡입 덕트를 사용한다.
  ㉡ 초음속 비행 시에는 흡입관의 면적을 변화시키는 방법(수축-확산 통로)과 충격파를 이용하는 방법, 이 두 가지 방법을 같이 사용해서 압축기 입구의 공기 속도를 적정 속도로 감소시킨다.
  ※ 초음속 흐름일 때는 면적이 커지면 공기 속도가 증가하고, 면적이 작아지면 공기 속도는 감소한다.

② 배기 노즐
  ㉠ 배기관에서 공기가 분사되는 끝부분을 배기노즐(Exhaust Nozzle)이라고 한다.
  ㉡ 배기노즐의 면적은 배기가스의 속도를 좌우하는 중요한 요소이다.
  ㉢ 터빈 출구와 배기노즐 사이에 역추력 장치와 후기 연소기를 설치하기도 한다.

③ 배기노즐의 형태
  ㉠ 아음속 기 : 수축형 고정 면적 노즐
  ㉡ 초음속 기 : 수축-확산형 가변 면적 노즐

10년간 자주 출제된 문제

터보제트 엔진의 배기노즐(Exhaust Nozzle)의 주목적은?
① 배기가스를 정류만 한다.
② 배기가스의 압력에너지를 속도에너지로 바꾸어 추력을 얻는다.
③ 배기가스의 속도에너지를 압력에너지로 바꾸어 추력을 얻는다.
④ 배기가스의 온도를 조절한다.

[해설]
추력을 증가시키기 위해서는 배기노즐에서 배기가스 속도를 증가(압력 에너지는 감소하고, 속도 에너지는 증가)시켜야 한다.

정답 ②

핵심이론 09 가스터빈엔진의 그 밖의 계통

① 역추력 장치(Thrust Reverser)
   ㉠ 역추력 장치는 배기가스를 비행기의 뒤쪽 방향이 아닌 앞쪽 방향이나 다른 방향으로 분사시킴으로써 제동 효과를 증가시켜주는 장치이다.
   ㉡ 역추력 장치는 항공기 속도가 빠른 상태에서 효과가 있으며, 속도가 느린 경우 배기가스가 엔진 흡입구 쪽으로 다시 흡입되어 실속을 일으킬 수 있다(재흡입 실속).
   ㉢ 터보 팬 엔진의 역추력 장치를 작동시키면, 트랜스레이팅 슬리브(Translating Sleeve)가 뒤로 이동하면서 블록커 도어(Blocker Door)가 팬을 통해 들어온 공기 흐름을 막게 되고, 이 공기는 캐스케이드 베인(Cascade Vane)을 통해 상하 방향으로 빠져나가면서 항공기의 추력 감소가 이루어진다.

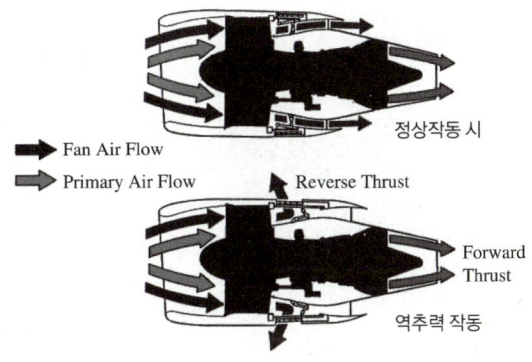

② 가스터빈엔진의 소음 방지 장치
   ㉠ 배기가스 중의 저주파를 고주파로 변환
   ㉡ 배기가스에 대한 대기에 상대속도를 줄이거나 혼합되는 면적을 넓게 한다.
   ㉢ 배기노즐 단면을 꽃 모양이나 여러 개의 관으로 분할하되, 노즐 전체 면적은 변환되지 않으면서 대기와 혼합되는 영역을 크게 만들어 준다.
③ 물 분사 장치(Water Injection) : 압축기의 입구와 출구의 디퓨저 부분에 물이나 물-알코올의 혼합물을 분사함으로써 이륙할 때 추력을 증가시키는 것

④ 가스터빈엔진의 방빙 계통
   ㉠ 방빙이 필요한 곳 : 윈드 실드, 날개 전연과 후연, 엔진 흡입구, 피토관 등
   ㉡ 방빙 방법
      • 압축공기 열에 의한 방법
      • 전기적 가열장치에 의한 방법

10년간 자주 출제된 문제

9-1. 현재 사용 중인 대부분의 대형 터보 팬 엔진의 역추력 장치(Thrust Reverser)의 가장 큰 특징은?
① Fan Reverser와 Thrust Reverser를 모두 갖춘 구조가 많이 이용된다.
② Fan Reverser만 갖춘 구조가 가장 많이 이용된다.
③ Turbine Reverser만 갖춘 구조가 이용된다.
④ 역추력장치를 구동하기 위한 동력으로는 유압식이 주로 사용된다.

9-2. 다음 중 방빙이 필요한 곳이 아닌 곳은?
① 윈드 실드   ② 날개 앞전
③ 피토관   ④ 엔진 배기구

|해설|

9-1
터보 팬 엔진에서 추력에 큰 영향을 미치는 것은 팬을 통과하는 공기이므로, 현대 항공기는 Fan Reverser만 갖춘 구조가 많이 이용된다. 또한 역추력장치를 구동하기 위한 동력으로는 압축기에서 블리드시킨 공기를 이용한다.

9-2
방빙이 필요한 곳 : 윈드 실드, 날개 앞전(전연), 엔진 흡입구, 피토관 등

정답 9-1 ② 9-2 ④

핵심이론 10 가스터빈엔진의 성능

① 터보제트엔진 진추력

$$F_n = \frac{W_a}{g}(V_j - V_a)$$

여기서, W_a : 흡입공기 중량유량
V_j : 배기가스 속도
V_a : 비행 속도

② 터보팬 엔진 진추력

$$F_n = \frac{W_{pa}}{g}(V_p - V_a) + \frac{W_{sa}}{g}(V_s - V_a)$$

여기서, W_{pa} : 1차 공기 중량유량
W_{sa} : 2차 공기 중량유량
V_p : 1차 공기 배기가스 속도
V_s : 2차 공기 배기가스 속도
V_a : 비행 속도

③ 터보제트엔진의 비추력은 진추력을 흡입 공기 중량 유량으로 나눈 값이다.

$$F_s = \frac{V_j - V_a}{g}$$

여기서, F_s : 비추력
V_j : 배기속도
V_a : 흡입공기속도

④ 바이패스비(BPR ; Bypass Ratio)

$$BPR = \frac{2차\ 공기\ 유량}{1차\ 공기\ 유량}$$

⑤ 추력마력(tHP, Thrust Horsepower) : 가스터빈엔진의 추력을 마력으로 환산한 것

㉠ $thp = \frac{F_n V_a}{g \times 75}(\text{PS})$

여기서, F_n : 진추력, V_a : 비행속도

㉡ 만일 추력 단위가 lb, 비행 속도 단위가 ft/s로 주어진다면, 추력마력 식은 $\frac{F_n V_a}{550}(\text{PS})$가 된다.

※ 1m=3.3ft, 1kg=2.2lb

⑥ 추력 비연료 소비율(TSFC)

㉠ 1N(kg·m/s²)의 추력을 발생하기 위해 1시간 동안 엔진이 소비하는 연료의 중량

㉡ $TSFC = \frac{g \times m_f \times 3,600}{F_n}$

⑦ 터보제트엔진의 추진 효율(η_p)

$$\eta_p = \frac{2V_a}{V_j + V_a}$$

여기서 V_a : 비행속도, V_j : 배기가스 속도

⑧ 터보 팬 엔진은 배기가스 속도를 줄이는 대신 흡입 공기 유량을 증가시켜, 추력은 변하지 않으면서 추진 효율을 증가시킨다.

10년간 자주 출제된 문제

터보제트엔진에서 추력 비연료 소비율을 나타내는 식으로 가장 적합한 것은?(단, W_f : 연료의 중량유량, F_n : 엔진의 진추력)

① $TSFC = \frac{W_f}{F_n}$ ② $TSFC = \frac{W_f^2}{F_n}$

③ $TSFC = \frac{F_n}{W_f}$ ④ $TSFC = \frac{F_n^2}{W_f}$

|해설|

1N(kg·m/s²)의 추력을 발생하기 위해 1시간 동안 엔진이 소비하는 연료의 중량

정답 ①

핵심이론 11 가스터빈엔진의 작동 및 검사

① 엔진 트림(Engine Trimming)
  ㉠ 엔진의 정해진 rpm 상태에서 정격 추력을 내도록 연료조절장치를 조정하는 것을 뜻한다.
  ㉡ 엔진 트림 시 연료조정장치(FCU), 가변 고정자 깃(VSV)의 리깅 상태, 블레이드의 긁힘, 파손, 진동 등 엔진의 상태, 연료의 비중 등을 점검하여 일정 추력 범위를 벗어난 경우 이를 조정해야 한다.

② 엔진 정격(Engine Rating)
  ㉠ 물분사 이륙추력(Wet Take-Off Thrust)
  ㉡ 이륙 추력(Dry Take-Off Thrust)
  ㉢ 최대 연속 추력
  ㉣ 최대 상승 추력
  ㉤ 순항 추력
  ㉥ 완속 추력

③ FADEC(Full Authority Digital Electronics Control)엔진 제어 요소
  ㉠ 가변 블리드 밸브
  ㉡ 가변 스테이터 베인 각도
  ㉢ 고압터빈 냉각 조절
  ㉣ 저압터빈 냉각 조절
  ㉤ 엔진 연료 유량

④ 비정상 시동
  ㉠ 과열 시동 : 배기가스 온도(EGT)가 규정 한계값 이상으로 증가하는 현상
  ㉡ 결핍 시동 : 엔진의 회전수(rpm)가 완속회전수에 도달하지 못하는 상태
  ㉢ 시동 불능 : 규정된 시간 안에 시동되지 않는 현상

⑤ 가스디빈엔진의 시동 절차
  점화 스위치 ON → 연료공급 → 불꽃 발생 → 자립회전 속도 도달 → 점화스위치 OFF → 시동기 OFF

⑥ 기타 사항
  ㉠ 리졸버(Resolver)는 추력 레버의 움직임(각도)을 전기적 신호로 바꿔주며 추력 레버의 하부에 위치하고 있다. 한편 리졸버 내부에는 추력 레버가 최대 추력 위치를 벗어나지 않게 스톱 핀(Stop Pin)이 설치되어 있다.
  ㉡ 추력 측정은 시동 후나 비행 중에 엔진 압력비(EPR) 계기를 통해 이루어진다.

10년간 자주 출제된 문제

다음 중 가스터빈엔진에 있어 트림(Trim)의 가장 큰 목적은?
① 압축비를 높이는 것
② 배기압력을 조절하는 것
③ 스로틀 레버를 서로 일치시키는 것
④ 엔진의 정해진 rpm에서 정격추력을 확립하는 것

|해설|
엔진 트림은 엔진의 정해진 rpm 상태에서 정격 추력을 내도록 연료조절장치를 조정하는 것을 뜻한다.

정답 ④

제4절 프로펠러

핵심이론 01 프로펠러의 성능

① 프로펠러의 출력

$$P = Q \cdot \omega = Q \cdot 2\pi n = C_p \rho n^3 D^5$$

여기서, Q : 토크
ω : 각속도
n : 회전속도
C_p : 토크계수
D : 프로펠러 지름

② 프로펠러 효율

$$\eta_p = \frac{C_t}{C_p} \cdot \frac{V}{nD} = \frac{C_t}{C_p} \cdot J$$

여기서, n : 회전수
D : 프로펠러 지름
J : 진행률

③ 프로펠러 효율을 높이기 위한 조건
   ㉠ 진행률이 작을 때(속도가 느리고, rpm이 클 때)는 깃각을 작게 해야 효율이 좋다.
   ㉡ 진행률이 클 때(속도가 빠르고, rpm이 작을 때)는 깃각을 크게 해야 효율이 좋다. 따라서 이륙 시에는 속도가 느리므로 깃각을 작게 하고, 깃각이 작은 상태에서는 진행률이 작아야 하므로 rpm을 크게 해야 한다.

④ 프로펠러 깃 스테이션(Blade Station)
   프로펠러 허브의 중심으로부터 깃을 따라 위치를 표시한 것으로, 일정한 간격으로 나누어서 정한다. 깃의 성능이나 깃의 결함, 깃각을 측정할 때 그 위치를 알기 쉽게 한다.

⑤ 프로펠러 피치
   ㉠ 기하학적 피치(GP) : 프로펠러를 1회전시켰을 때 이론적으로 전진한 거리
   ㉡ 유효피치(EP)
      • 프로펠러를 1회전시켰을 때 실제 전진한 거리
      • 프로펠러가 1회전하는 데 소요되는 시간은 $60/n$초이므로, 프로펠러 1회전당 실제 전진한 거리는 $V \times \frac{60}{n}$이 된다.
   ㉢ 프로펠러 슬립(Slip)
      $= \dfrac{\text{기하학적 피치} - \text{유효피치}}{\text{기하학적 피치}} \times 100(\%)$

⑥ 프로펠러 깃각
   ㉠ 깃각 : 회전면과 깃의 시위선이 이루는 각(회전속도와 관계없이 일정)
   ㉡ 유입각(피치각) : 합성 속도(비행 속도와 깃의 회전 선속도를 합한 속도)와 깃의 회전면 사이의 각
   ㉢ 깃의 받음각 = 깃각 - 유입각
   ㉣ 프로펠러 회전 속도가 증가하면(회전 선속도 증가) 유입각이 작아지고, 따라서 깃의 받음각은 증가한다.
   ㉤ 프로펠러 깃각은 깃의 전 길이에 걸쳐 일정하지 않고, 깃 뿌리(Blade Root)에서 깃 끝(Blade Tip)으로 갈수록 작아진다(유효피치를 같게 하기 위해).
   ㉥ 프로펠러 깃각은 프로펠러 만능 각도기(Universal Propeller Protractor)로 측정한다.

10년간 자주 출제된 문제

프로펠러(Propeller)의 Track이란?
① 프로펠러(Propeller)의 피치(Pitch)각이다.
② 프로펠러 블레이드(Propeller Blade) 선단 회전 궤적이다.
③ 프로펠러 1회전하여 전진한 거리다.
④ 프로펠러 1회전하여 생기는 와류(Vortex)이다.

[해설]

프로펠러 깃이 회전하는 데 따른 프로펠러 깃 끝의 회전 궤적을 트랙이라고 한다.

정답 ②

핵심이론 02 프로펠러의 종류·작동·검사

① 피치 변경에 따른 프로펠러 종류
  ㉠ 고정피치 프로펠러 : 깃각이 하나로 고정되어 피치 변경이 불가능하다.
  ㉡ 조정피치 프로펠러 : 지상에서 정비사가 조정 나사로 피치각을 조정한다.
  ㉢ 2단 가변피치 프로펠러 : 조종사가 저피치와 고피치 둘 중 하나를 선택한다.
    예 저피치(이착륙 시), 고피치(순항, 강하 시)
  ㉣ 정속 프로펠러 : 조속기에 의해 저피치에서 고피치까지 자유롭게 피치를 조정할 수 있다.
  ㉤ 완전 페더링 프로펠러 : 엔진 고장 시 프로펠러 깃을 비행 방향과 평행이 되도록 피치를 변경한다. 페더링 프로펠러는 유입 공기 흐름에 대해 방해를 받지 않으므로 프로펠러가 회전하지 않게 되고, 따라서 엔진 작동이 멈췄을 때 유입되는 바람에 의해 역으로 엔진이 회전하는 현상을 방지한다.
  ㉥ 역피치 프로펠러 : 부(-)의 피치각을 갖도록 한 프로펠러로 역추력이 발생되어 착륙거리를 단축시킬 수 있다.

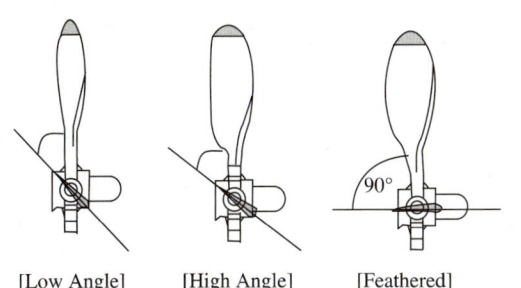

[프로펠러 깃각과 페더링]

② 정속 프로펠러의 특징과 작동
  ㉠ 정속 프로펠러는 비행속도나 엔진출력에 상관없이 프로펠러를 항상 일정한 속도로 유지하여 가장 좋은 프로펠러 효율을 가지게 한다.
  ㉡ 정속 프로펠러에서 조종사가 선택한 rpm을 일정하게 유지하게 하는 장치는 조속기(Governer)이다.
  ㉢ 조속기는 유압의 공급, 배출에 따라 프로펠러 피치가 자동으로 변하여, 비행 속도나 엔진 출력 변화에 관계없이 항상 일정한 rpm이 유지되도록 한다.
  ㉣ 프로펠러 과속 회전(Over Speed) → 플라이 웨이트 회전수 증가 → 원심력 증가 → 파일럿 밸브 위로 이동 → 윤활유 배출 → 프로펠러 고피치 → 프로펠러 회전 저항 증가 → 회전 속도 감소 → 정속 회전으로 복귀 (저속 회전 상태일 때는 위와 반대로 된다)

③ 프로펠러 검사
  ㉠ 깃, 스피너, 외부 표면에 과도한 오일 또는 그리스 흔적(Grease Deposit)을 점검한다.
  ㉡ 깃과 허브 부분의 손상 흔적을 점검한다.
  ㉢ 날개깃, 스피너, 허브의 찍힘, 긁힘, 흠집을 점검한다.
  ㉣ 스피너 또는 돔 외곽 셸이 나사못으로 꽉 조여있는지 검사한다.
  ㉤ 필요에 따라 윤활 및 오일 수준(Oil Level)을 점검한다.

④ 프로펠러의 실속 및 기타 사항
  ㉠ 깃 끝부분의 선속도가 $M=1$을 넘으면 실속이 발생하기 때문에 감속기어를 설치하여 프로펠러 회전속도에 제한을 둔다.
  ㉡ 프로펠러에 이소프로필 알코올을 분사하면 어는점이 낮아져 얼음이 어는 것을 방지할 수 있다.
  ㉢ 프로펠러 깃에는 원심력, 굽힘력, 비틀림력 등이 발생한다.

10년간 자주 출제된 문제

2-1. 프로펠러를 장비한 경항공기에서 감속기어(Reduction Gear)를 사용하는 가장 큰 이유는?

① 블레이드 길이를 짧게 하기 위해
② 블레이드 Tip(끝)부분에서의 실속방지를 위해
③ 연료 소모율을 감소시키기 위해
④ 프로펠러 회전속도를 증가시키기 위해

2-2. 다음 중 프로펠러 검사 항목에 속하지 않는 것은?

① 윤활 및 오일 수준(Oil Level)을 점검한다.
② 깃, 스피너, 허브의 찍힘, 긁힘 등 흠집 여부를 점검한다.
③ 스피너 또는 돔 외곽 셸의 부식 방지 처리 여부를 확인한다.
④ 깃, 스피너, 외부 표면에 과도한 그리스 흔적 여부를 점검한다.

해설

2-1
깃 끝부분의 선속도가 $M=1$을 넘으면 실속이 발생하기 때문에 감속기어를 설치하여 프로펠러 회전속도에 제한을 둔다.

2-2
스피너 또는 돔 외곽 셸이 나사못으로 꽉 조여있는지 검사한다.

정답 2-1 ② 2-2 ③

CHAPTER 04 항공기 계통

제1절 항공전기 계통

핵심이론 01 항공기 전기 일반

① 전기의 종류
  ㉠ 직류(DC) : 전압, 전류의 크기와 방향이 시간에 따라 변하지 않는 전기로서 12V 또는 24V, 단선방식 사용
  ㉡ 교류(AC) : 전압, 전류의 크기와 방향이 시간에 따라 변하며, 3상 115V/200V, 400Hz를 사용. 여기서 상전압은 115V이고 선간전압은 $\sqrt{3} \times 115V = 200V$이다. 60Hz 대신 400Hz를 사용하면 변압기, 전동기를 훨씬 작은 크기로 사용할 수 있으나 단점은 리액턴스 저항의 증가로 장거리 송전 시 전압강하가 매우 크다.

② 전원 발생장치의 종류
  ㉠ 축전지 : 납산 축전지, 니켈-카드뮴 축전지
  ㉡ 발전기 : 직류 발전기, 교류 발전기

③ 전기 회로 일반
  ㉠ 도체의 저항에 영향을 미치는 4대 요소 : 도체 물질의 성질, 길이, 단면적, 온도
  ㉡ 도체의 저항은 길이 L에 비례하고 단면적 A에 반비례하며 도체의 비저항 ρ에 비례한다.
  $$R = \rho \frac{L}{A}$$
  ㉢ 키르히호프의 법칙
    • 전류법칙 : 도선의 접합점에서의 전류의 합은 0이다.
    • 전압법칙 : 폐회로를 따른 전압 강하의 합은 0이다.

④ 교류
  ㉠ 표시
    • 삼각함수 표시법 : $e = E_m \sin(\omega t + \theta)$
    • 극좌표 표시법 : $e = E_m e \angle j\theta$
    • 지수함수 표시법 : $e = E_m e^{j\theta}$
    • 복소수 표시법 : $e = E_m (\cos\theta + j\sin\theta)$
  ㉡ 교류의 저항
    일반적인 저항 R에 더하여 교류 회로에서는 커패시터의 경우 용량성 리액턴스 $X_C = \dfrac{1}{2\pi f C}$, 인덕터의 경우 유도성 리액턴스 $X_L = 2\pi f L$가 작용한다. 총 저항 Z는 임피던스(Impedance)라 부르며 저항 R과 리액턴스의 벡터합이다.
  ㉢ 교류의 전력
    • 피상전력(Apparent Power) : $P_A = EI$(VA)
    • 유효전력(True Power) : $P_T = EI\cos\theta = I^2 R$(W)
    • 유효전력은 실제로 소모되는 전력으로서 $\cos\theta$는 역률(Power Factor)이라 부르며 전압과 전류의 위상차라고 할 수 있다.
    • 무효전력(Reactive Power) : $P_R = EI\sin\theta$(Var)
    • 무효전력은 회로의 전기장과 자기장 사이에서 흡수 및 반환을 반복하는 전력으로서 실제로는 전력 소모가 되지 않는다.
  ㉣ 3상회로
    • 3상 교류 Y결선 : 선간전류의 크기와 위상은 상전류와 같다.
      선간전압 = $\sqrt{3} \times$ 상전압
    • 3상 교류의 △ 결선 : 선간전압의 크기와 위상은 상전압과 같다.
      선간전류 = $\sqrt{3} \times$ 상전류

⑤ 회로 보호 장치
　㉠ 퓨즈(Fuse) : 규정 이상의 전류가 흐르면 녹아 끊어져 회로를 보호한다.
　㉡ 회로 차단기(Circuit Breaker) : 규정 이상의 전류가 흐르면 회로를 차단했다가 다시 접속시킨다.
⑥ 회로 제어 장치
　㉠ 스위치 : 회로의 개폐 역할을 하며 토글, 푸시버튼, 마이크로, 회전선택 스위치 등이 있다.
　㉡ 릴레이 : 계전기라고 하며 코일에 작은 전류를 흘려 전자석 효과로 간접적으로 큰 전류 흐름을 제어하는 장치다.

10년간 자주 출제된 문제

어떤 교류발전기의 정격이 115V, 1kVA, 역률이 0.866이라면 무효전력(Reactive Power)은 얼마인가?(단, 역률(Power Factor) 0.866은 cos30°에 해당한다)

① 500W
② 866W
③ 500Var
④ 866Var

[해설]
피상전력은 1,000VA
유효전력＝피상전력×역률＝866W
무효전력＝피상전력×sin30°＝500Var

정답 ③

핵심이론 02 항공기용 축전지

① 역할 : 비상전원 공급 장치로서의 역할
② 납산 축전지(연 축전지)
　㉠ 구조 : 전극은 양극(PbO_2), 음극(Pb)으로 구성되며 전해액은 황산(H_2SO_4)이다. 셀당 전압은 무부하에서 약 2.1V이다. 완전 충전 시 전해액의 비중은 1.275~1.300이며 방전 시 1.150이다.

$$\underset{}{\text{양극}} \quad \underset{}{\text{음극}} \quad \overset{\text{방전}}{\underset{\text{충전}}{\rightleftarrows}} \quad \underset{}{\text{양극}} \quad \underset{}{\text{음극}}$$
$$PbO_2 + 2H_2SO_4 + Pb \rightleftarrows PbSO_4 + 2H_2O + PbSO_4$$

　㉡ 주의사항
　　• 증류수에 황산을 조금씩 넣으며 섞어야 과열 반응으로 튀는 현상이 발생하지 않는다.
　　• 축전지 장착 시 +선을 먼저 장착 후 −선을 장착하며 장탈 시 −선을 먼저 장탈 후 +선을 장탈하도록 하여 부주의한 금속제 연장 취급으로 발생할 수 있는 전기단락을 사전에 방지하도록 한다.
　　• 표면의 오염 시 중탄산나트륨 희석액으로 중화한 후 세척한다.
③ 니켈 카드뮴 축전지
　㉠ 구 조

$$\underset{}{\text{양극}} \quad \underset{}{\text{음극}} \quad \overset{\text{방전}}{\rightarrow} \quad \underset{}{\text{양극}} \quad \underset{}{\text{음극}}$$
$$Ni(OH)_3 + Cd \rightarrow Ni(OH)_2 + Cd(OH)$$

전해액은 수산화칼륨(KOH)이며 비중은 1.280~1.300이다. 전해액의 비중은 충·방전 시 변하지 않으므로 비중을 측정하여 충·방전을 확인할 수 없고 전압계로만 측정 가능하다. 완전히 충전된 상태에서 셀당 기전력은 무부하에서 1.3~1.4V이지만, 부하가 가해지면 1.2V가 된다. 이와 같은 기전력은 축전지의 용량이 90% 이상 방전될 때까지 유지된다.
　㉡ 특 성
　　• 기억현상 : 계속적인 충전, 방전 시 전에 충전된 것을 기억하여 충분한 충전이 이루어지지 않는다. 따라서 완전 방전을 한 후에 충전을 하여야 한다.

- 열폭주현상 : 과도한 전류로 충전 시 내부저항이 작더라도 열이 발생하며 내부저항은 더 낮아져서 더 많은 전류가 흘러 열이 더 발생하는 악순환이 발생한다.
   ㉢ 주의사항
      표면 오염 시 붕산 희석액으로 중화한 후 세척한다.
④ 축전지 충전법
   ㉠ 정전압 충전법 : 일정한 전압의 발전기로 충전하는 방식으로 항공기에 탑재된 배터리의 충전에 사용한다. 용량에 관계없이 전압별로 병렬 연결한다.
      • 장점 : 과충전에 대한 특별한 주의가 없어도 짧은 시간에 충전을 완료할 수 있다.
      • 단점 : 충전 완료 시간을 미리 예측할 수 없다.
   ㉡ 정전류 충전법 : 전류를 일정하게 유지하면서 충전하는 방법으로, 여러 개의 축전지를 전압에 관계없이 용량별로 직렬 연결한다.
      • 장점 : 충전 완료 시간을 미리 알 수 있다.
      • 단점 : 충전 소요 시간이 길고, 주의하지 않으면 충전 완료 즈음에 과충전이 되기 쉽다. 그리고 수소와 산소의 발생이 많아 폭발의 위험이 있다.
   ㉢ 용량 : 축전지의 용량은 Ah(Ampere Hour) 단위로 표시하며 일반적으로 5시간 방전율로 표시한다.

10년간 자주 출제된 문제

Ni-Cd 축전지에 대한 설명 중 가장 올바른 것은?
① 전해액의 부식성이 적어 안전하다.
② 단위 Cell당 전압은 연 축전지보다 높다.
③ 방전할 때는 음극판이 3수산화니켈이 된다.
④ 연 축전지에 비해 수명이 길다.

[해설]
① 전해액으로 쓰는 KOH는 부식성이 있다.
② 셀당 기전력은 1.2V로서 연축전지의 2.1V보다 낮다.
③ 방전 시 음극판은 수산화카드뮴이 된다.
④ Ni-Cd 축전지는 장기간 사용이 가능하다.

정답 ④

핵심이론 03 항공기용 발전기

① 직류 발전기
   ㉠ 원리 : 자기장 속에서 코일을 회전시켜 자기장을 끊으면 코일에 전압이 발생한다. 여기서 발생한 교류전류는 반 원통형태의 정류자(Commutator)를 통해 직류로 바꿔 브러시를 통해 부하로 내보낸다. 코일 부분을 로터(회전자) 또는 아마추어(전기자)라고 부르고, 자기장을 만드는 부분을 필드(계자)라고 한다.
   ㉡ 종 류
      • 직권형(Series Wound) : 전기자와 계자 코일이 직렬로 연결된 방식으로 부하도 이들과 직렬로 연결된다.
      • 분권형(Shunt Wound) : 전기자와 계자 코일이 병렬로 연결된 방식
      • 복권형(Compound Wound) : 직권형과 분권형을 동시에 가지는 발전방식
   ㉢ 직류 발전기의 핵심 기기
      • 전압 조절기(Voltage Regulator) : 발전기의 회전속도, 부하의 크기 등에 관계없이 발전기의 출력전압을 일정하게 유지한다. 진동형과 카본파일형이 사용된다.
      • 역전류 차단기(Reverse Current Cutout Relay) : 발전기의 출력전압이 낮을 때 축전지로부터 발전기로 전류가 역류하는 것을 방지한다.
      • 과전압 방지 장치(Over Voltage Relay) : 출력전압이 과도하게 높아졌을 때 전기기기와 회로를 보호한다.
② 교류 발전기

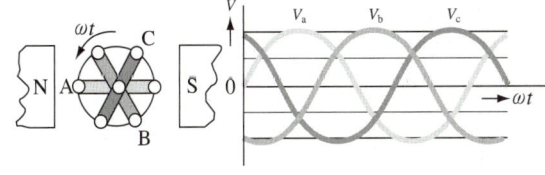

(a) 코일의 배치   (b) 각 코일에 발생되는 전압

[3상 교류의 발생]

㉠ 형태
- 회전 전기자형 : 자기장 속에서 전기자를 회전시켜 슬립링과 브러시를 통해 교류 전력을 출력하는 방식이다.
- 회전 계자형 : 자기장 발생요소를 전기자 속에서 회전시켜 전기자의 코일에서 교류 전력을 출력하는 방식. 전기자에서 발생한 전류는 슬립링과 브러시를 필요로 하지 않으므로 대용량 발전에 적합하다.

㉡ 3상 발전기의 장점 : 브러시, 슬립 링 또는 정류자가 없어 마멸이 없고 정비 유지가 간단하다. 또 브러시가 없어 고공 비행 시 아크가 발생하지 않는다.

㉢ 정속 구동 장치(CSD ; Constant Speed Drive) : 엔진의 회전수가 변하더라도 일정한 회전수를 발전기 축에 전달하여 항상 일정한 주파수를 얻도록 한다.

㉣ 병렬 운전의 기본조건 : 전압, 주파수, 위상이 같아야 한다.

③ 인버터(Inverter) : 항공기 내에 교류 전원이 없을 때 축전지의 직류를 공급받아 교류로 변환시켜 최소한의 교류 장비를 작동시키는 장치이다.

10년간 자주 출제된 문제

3상 교류발전기에서 발전된 전압을 정의 방향으로 순차적으로 모두 합하면 얼마가 되겠는가?

① 0
② 1
③ $\sqrt{3}$
④ 3

해설
'3상 교류의 발생' 그림에서 보면 3상 교류발전기의 3상 전압을 합하면 매 순간마다 0의 값을 갖는다.

정답 ①

핵심이론 04 전동기

① 직류 전동기
  ㉠ 직권 전동기 : 기동 토크가 크므로 경항공기의 시동기, 착륙장치, 카울 플랩 등을 작동하는 데 사용
  ㉡ 복권 전동기 : Starter-generator는 시동기와 발전기가 한 장치로 구성되어 있는데, Starter는 직권 전동기 방식으로 구동되며 Generator는 복권 전동기 방식으로 구동
  ㉢ 분권 전동기 : 부하 변동에 따른 회전속도의 변동이 작으므로 일정한 회전속도가 요구되는 인버터 등에 사용

② 교류 전동기
  ㉠ 만능(Universal) 전동기 : 교류와 직류를 겸용으로 사용할 수 있는 전동기로 항공기에는 사용하지 않고 진공청소기, 전기 드릴에 사용한다.
  ㉡ 유도(Induction) 전동기 : 정류자나 브러시가 필요 없고 직류 전동기에 비해 부하 감당 범위가 넓고 큰 회전력을 발생하므로 대형 항공기에서 주로 사용
  ㉢ 동기(Synchronous) 전동기 : 주파수와 동기되어 회전수가 일정하게 발생되므로 엔진 회전계(Tachometer) 등에 이용

10년간 자주 출제된 문제

교류 전동기 중에서 유도 전동기에 대한 설명으로 틀린 것은?

① 부하 감당 범위가 넓다.
② 교류에 대한 작동 특성이 좋다.
③ 브러시와 정류자편이 필요 없다.
④ 직류 전원만을 사용할 수 있다.

해설
유도 전동기(Induction Motor)는 교류 전원만을 사용한다.

정답 ④

제2절 항공계기 계통

핵심이론 01 항공 계기 색표지

① 흰색 호선 : 속도계에만 사용하는 표지로 최대 착륙하중 실속속도에서 플랩다운 안전속도까지 범위 표시
② 녹색 호선 : 모든 계기에 사용되며 안전운용 범위 표시
③ 노란색 호선 : 모든 계기에 사용되며 경계 및 경고 범위 표시
④ 붉은색 방사선 : 모든 계기에 사용되며 최대 및 최소 운용 한계 표시
⑤ 청색 호선 : 기화기를 장비한 왕복엔진에 관계된 엔진계기에 표시하는 색으로서, 흡기 압력계(Manifold Pressure Indicator), 엔진 회전계기(Tachometer), 실린더 헤드 온도계(Cylinder Head Temperature Indicator) 등에서 연료와 공기 혼합비가 오토린(Auto-lean)일 때의 상용 안전 운용 범위 표시
⑥ 흰색 방사선 : 흰색 방사선은 계기의 유리판과 케이스에 걸쳐 그려져서 둘 사이가 미끄러져 있는지 확인되게 함으로서 계기 앞면 유리판에 그려진, 위에서 설명한 색표지들이 정확하게 적용되도록 함

10년간 자주 출제된 문제

항공계기의 색 표지에 대한 설명 중 틀린 것은?
① 녹색 호선은 안전운용범위를 나타낸다.
② 붉은색 방사선은 최대 및 최소운용한계를 나타낸다.
③ 흰색 호선은 기화기를 장착한 항공기에만 사용된다.
④ 노란색 호선은 안전운용범위에서 초과금지까지의 경계 및 경고범위를 나타낸다.

[해설]
흰색 호선은 속도계에만 사용된다.

정답 ③

핵심이론 02 피토 정압 계통 계기

① 원리
피토 정압 계통 계기에는 기본적으로 고도계, 승강계가 있으며 다음과 같은 베르누이의 공식에 근거하여 작동한다. 즉 $p + \frac{1}{2}\rho v^2 = p_t = $ 일정
(즉, 정압+동압=전압=일정)
$\frac{1}{2}\rho v^2 = p_t - p$ 에서 $v = \sqrt{\frac{2(p_t - p)}{\rho}}$ 가 얻어진다.

② 피토 정압 일반
㉠ 정압공 : 항공기 동체 양쪽에 설치하여 정압을 감지함
㉡ 피토공 : 항공기 전면에서 바람과 정면으로 마주하는 곳에 설치하여 피토압(전압)을 감지

③ 피토 정압 계기 분류
㉠ 정압만 이용하는 계기 : 고도계, 승강계
㉡ 전압과 정압의 차이를 이용하는 계기 : 속도계, 마하계

10년간 자주 출제된 문제

피토-정압계통에서 피토 튜브에 걸리는 공기압은?
① 정 압
② 동 압
③ 대기압
④ 전 압

[해설]
피토공에는 전압(p_t) 즉 동압+정압이 걸리고 정압공에는 정압(p)이 걸린다. 전압과 정압의 차이는 동압($\frac{1}{2}\rho v^2$)으로서 이것으로부터 비행기의 속도(v)를 구한다.

정답 ④

핵심이론 03 고도계

① 고도계 정의

피토 정압관의 정압(Static Pressure)만을 이용해 대기 압력을 측정하고 표준 대기 압력과 고도와의 관계를 이용하여 간접적으로 고도를 측정하며, 압력 눈금 대신에 고도 눈금이 새겨져 있다. 기압 고도계라고 불린다.

② 고도의 분류
  ㉠ 진고도 : 해면으로부터의 고도
  ㉡ 절대고도 : 지면으로부터 항공기까지의 고도
  ㉢ 기압고도 : 표준대기압 해면으로부터의 고도

③ 고도계의 보정
  ㉠ QFE방식 : 활주로에서 고도계가 0ft가 되도록 설정하여 항공기의 고도가 활주로로부터 측정된다(절대고도를 나타내며 단거리 또는 계기 착륙 시 사용).
  ㉡ QNH방식 : 관제타워와 교신하여 그 당시 해면 기압에 고도계의 눈금을 맞추어 설정하여, 활주로에서 고도계가 해면으로부터의 고도(진고도)를 지시하도록 한다. 14,000ft 미만의 저고도에 사용한다.
  ㉢ QNE방식 : 표준대기압(29.92inHg)에 눈금을 맞추어 표준대기압 해면으로부터의 고도(기압고도)를 지시하는 방식이다. 해상비행이나 14,000ft 이상의 고고도에 사용한다.

④ 고도계의 오차
  ㉠ 눈금오차
  ㉡ 탄성오차 : 히스테리시스, 편위, 잔류 효과
  ㉢ 온도오차
  ㉣ 기계적 오차

10년간 자주 출제된 문제

절대고도란 고도계의 어떤 세팅 방법인가?
① QNH Setting
② QNE Setting
③ QNT Setting
④ QFE Setting

해설
항공기의 고도가 활주로 지면으로부터 측정되는, 즉 절대고도는 QFE 설정에서 이루어진다.

정답 ④

핵심이론 04 속도계

① 대기 속도계

속도 수정 분류는 다음과 같다.
  ㉠ 지시 대기속도(IAS ; Indicated Air Speed) : 계기에 표시된 속도
  ㉡ 수정 대기속도(CAS ; Calibrated Air Speed) : IAS에 피토관의 위치 및 계기자체의 오차를 고려해 수정한 속도
  ㉢ 등가 대기속도(EAS ; Equivalent Air Speed) : CAS에 공기의 압축성 고려한 속도
  ㉣ 진 대기속도(TAS ; True Air Speed) : EAS에 고도변화에 따른 밀도를 고려한 속도

② 승강계

항공기의 수직 방향 속도를 ft/min 단위로 지시한다.
  ㉠ 원리 : 캡슐에 작은 구멍을 뚫어 내부와 외부의 압력 차이가 소멸되는 시간을 승강률로 지시한다.
  ㉡ 지시 감도
    • 구멍이 작은 경우 : 감도는 높으나 지시 지연시간이 길다.
    • 구멍이 큰 경우 : 감도는 낮으나 지시 지연시간은 짧다.

③ 마하계

항공기의 대기속도를 그 항공기의 비행고도에서의 음속으로 나눈 마하수로 표시한다.

10년간 자주 출제된 문제

승강계의 모세관 저항이 커짐에 따라 계기의 감도와 지시지연은 어떻게 변화하는가?
① 감도는 증가하고 계기의 지시 지연도 커진다.
② 감도는 증가하고 계기의 지시 지연은 작아진다.
③ 감도는 감소하고 계기의 지시 지연은 커진다.
④ 감도는 감소하고 계기의 지시 지연도 작아진다.

해설
승강계는 계기 케이스 안에 작은 구멍이 뚫린 캡슐이 들어 있다. 승강계는 캡슐 밖의 정압과 캡슐 안의 정압의 차이가 소멸되는 시간을 지시하는데 만약 구멍이 작아서 모세관 저항이 커지면 캡슐 안팎의 정압 차이가 천천히 소멸하므로 승강계의 감도는 증가하고 계기의 지시도 천천히 나타난다.

정답 ①

핵심이론 05 압력계기

① 압력의 종류
  ㉠ 절대압력 : 완전 진공을 기준으로 측정한 압력
      절대압력=대기압+계기압력
  ㉡ 계기압력 : 대기압을 기준으로 측정한 압력
      예 대기압=100kPa, 계기압력=300kPa인 경우
          ∴ 절대압력=400kPa
      예 대기압=100kPa, 계기압력=-30kPa인 경우(즉 압력이 약간의 진공인 경우)
          ∴ 절대압력=70kPa

② 압력을 기계적 변위로 바꾸는 장치
  ㉠ 부르동관 : 속이 비어있는 타원형의 단면을 가진 금속관을 둥글게 구부려 압력이 가해짐에 따라 팽창하는 변위발생 이용
  ㉡ 벨로스 : 여러 개의 공함을 겹친 것으로 압력을 받는 범위가 넓어 감도가 좋음
  ㉢ 아네로이드 : 진공밀폐형 다이아프램으로서 외부 압력에 의한 변위발생 이용
  ㉣ 다이어프램 : 속이 빈, 즉 공함으로써 내부와 외부의 압력차에 의한 변위발생 이용

③ 압력계기의 종류
  ㉠ 윤활유 압력계 : 윤활유의 압력(즉, 절대압력)과 대기압력의 차인 계기압력
  ㉡ 연료 압력계 : 기화기나 연료 조정 장치로 공급되는 연료의 계기압력 또는 흡입 공기압력과의 차압
  ㉢ 흡기 압력계(Manifold Pressure Gauge) : 실린더에 흡입되는 공기의 절대압력을 측정하는 계기로 정속프로펠러 또는 과급기를 갖춘 엔진에서 사용
  ㉣ EPR(Engine Pressure Ratio) 계기 : 가스터빈 엔진의 흡입 공기압과 배기 가스압을 각각 수감하여 그 압력비를 지시

④ 압력 수감부와 압력계의 관계

수감부 종류	압력계
다이아프램	고도계, 속도계, 승강계, 흡인 압력계
벨로스	흡기 압력계, 연료 압력계, EPR 계기 등 저압 지시용
부르동관	윤활유 압력계, 작동유 압력계, 고압 공기 압력계 등 고압 지시용

⑤ 압력의 단위
  ㉠ 1표준 대기압 $= 1\text{atm} = 760\text{mmHg}$
          $= 29.92\text{inHg}$
  ㉡ $1\text{atm} = 1.013 \times 10^5 \frac{\text{N}}{\text{m}^2} = 1.033 \frac{\text{kgf}}{\text{cm}^2}$
          $= 14.7\text{psi}$
  ㉢ $1\text{Pa} = 1\frac{\text{N}}{\text{m}^2}$, $1\text{psi} = 1\frac{\text{lbf}}{\text{in}^2}$
  ㉣ $1\text{bar} = 10^5 \frac{\text{N}}{\text{m}^2} = 10^5 \text{Pa} = 100\text{kPa}$
  ㉤ $1\text{atm} \approx 1\text{bar} \approx 1\frac{\text{kgf}}{\text{cm}^2}$

10년간 자주 출제된 문제

항공기에서 사용되는 압력계에 대한 설명 중 가장 관계가 먼 것은?

① 오일 압력계는 버튼 튜브식 압력계로 게이지압력을 지시
② 흡기 압력계는 다이아프램형 압력계로 절대압력을 지시
③ 흡인 합력계는 공함식 압력계로 2곳의 압력의 차를 지시
④ EPR계는 벨로스관식 압력계로 2개의 압력 비를 지시

[해설]
흡기 압력계는 벨로스형 압력계이다.

정답 ②

핵심이론 06 온도계기

① 증기압식 온도계 : 증발성이 강한 액체(예 염화메틸)를 밀폐된 구(Bulb)에 가득 채우고 부르동관 압력계로 증기압을 측정하여 그 측정값을 온도로 나타낸다.

② 바이메탈 온도계 : 열팽창 계수가 다른 2개의 금속을 서로 맞붙여 온도 변화에 따라 그 휘는 정도를 측정한다.

③ 전기저항식 온도계 : 휘트스톤 브리지에서 측정부의 온도에 따른 전기저항의 변화로 인한 전류량을 측정하여 온도로 지시한다.

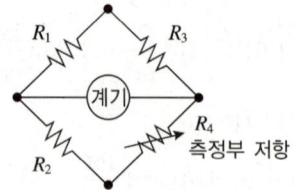

④ 열전쌍식 온도계 : 서로 다른 2종의 금속선으로 만들어진 폐루프에서 서로 떨어진 두 접점 간에 온도 차이가 발생하면 열기전력이 발생하는 것을 계기에 연결하여 온도를 측정하는 것

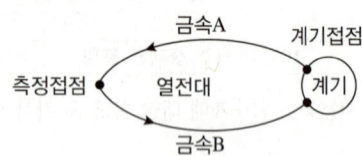

㉠ 철-콘스탄탄 : 왕복엔진의 실린더 온도 측정에 사용 (-200~250℃)
㉡ 알루멜-크로멜 : 가스터빈엔진의 배기가스 온도 측정에 사용(70~1,000℃)

10년간 자주 출제된 문제

전기저항식 온도계의 온도 수감부(Temperature Bulb)가 단선되었을 때 지시값의 변화로 옳은 것은?

① 단선 직전의 값을 지시한다.
② 지시계의 지침은 '0'값을 지시한다.
③ 지시계의 지침은 저온측의 최솟값을 지시한다.
④ 지시계의 지침은 고온측의 최댓값을 지시한다.

|해설|

수감부가 단선됨은 수감부의 저항이 무한대임을 나타내며 이것은 수감부의 온도가 최댓값을 가짐을 나타내므로 지시값은 계기 눈금의 최댓값을 표시하게 된다.

정답 ④

핵심이론 07 액량 및 유량계기

① 액량계기 : 부피는 갤런으로 무게는 파운드로 나타낸다.
   1gal=3.79L, 1lbf=0.453kgf
② 액량계기의 종류 : 직독식 액량계, 플로트식 액량계, 전기용량식 액량계
③ 유량계기 : 시간당 부피는 GPH(gal/h), 시간당 무게는 PPH(lbf/h) 단위로 나타냄
   ㉠ 차압식(Differential Pressure Type)
   ㉡ 베인식(Vane Type)
   ㉢ 질량식(Mass Flow Type)

핵심이론 08 회전계기

왕복엔진에서는 크랭크축의 분당 회전수(rpm)를, 제트엔진에서는 압축기+터빈의 회전수를 최대 출력 회전수의 %로 나타낸다. 압축기, 터빈이 2개로 나뉘어져 있을 때, 즉 2개의 스풀(Spool)로 구성되어 있을 때 N_1은 저압 압축기+터빈의 회전수, N_2는 고압 압축기+터빈의 회전수를 나타낸다.

예 $1,800\text{rpm} = 1,800\dfrac{\text{rev}}{\text{min}}$

$= 1,800\dfrac{\text{rev}}{\text{min}}\dfrac{1\min}{60\text{ s}} = 30\dfrac{\text{rev}}{\text{s}}$

예 N_1의 최대 회전수가 6,000rpm일 때 80% N_1=4,800rpm을 나타낸다. N_2의 최대 회전수가 15,000rpm일 때 80% N_2=12,000rpm을 나타낸다.

핵심이론 09 원격 지시 계기

① 직류 셀신 : 소형기의 연료 액량계 또는 플랩, 탭의 위치 지시계로 사용

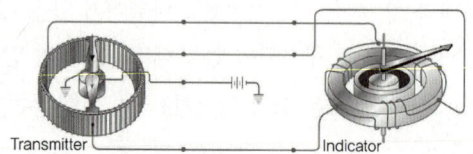

② 교류 셀신 : 대형기의 플랩 위치 지시계, 제트 엔진의 연료 지시계로 사용(오토신, 마그네신)

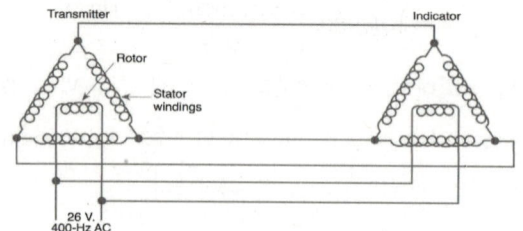

[오토신(Autosyn)]

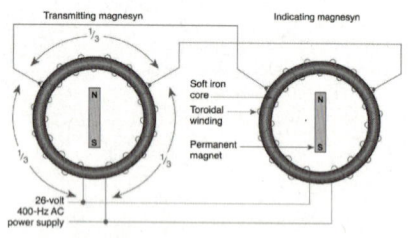

[마그네신(Magnesyn)]

10년간 자주 출제된 문제

원격지시계기의 오토신과 마그네신에 대한 설명으로 틀린 것은?
① 오토신, 마그네신 모두 교류전원을 필요로 한다.
② 마그네신은 오토신보다 대형이며, 토크가 크고, 정밀도가 좋다.
③ 오토신의 전압은 회전자에 가해지고, 마그네신은 고정자에 가해진다.
④ 오토신은 회전자로 전자석을 사용하는 대신 마그네신은 회전자로 강력한 영구자석을 사용한다.

|해설|
마그네신은 회전자로 영구자석을 사용하여 오토신보다 구조가 간단하고 소형이며, 토크가 작고, 정밀도는 낮다.

정답 ②

핵심이론 10 자기계기

① 지자기의 3요소
  ㉠ 편각 : 지구의 지리적 북극과 자기적 북극이 일치하지 않기 때문에 생기는 각도
  ㉡ 복각 : 수평선과 막대자석이 이루는 각도
  ㉢ 수평 분력
② 방 위
  ㉠ 자방위 : 자북을 기준으로 하여 시계방향으로 측정한 각
  ㉡ 진방위 : 진북을 기준으로 하여 시계방향으로 측정한 각
③ 자기컴퍼스 : 자방위를 지시한다.
④ 자기 컴퍼스의 정적오차
  비행기가 움직이지 않을 때 발생하는 오차
  ㉠ 반원차(Semicircular Deviation) : 항공기에 사용하는 철재 및 전류에 의해 생기는 오차
  ㉡ 사분원차(Quadrant Deviation) : 항공기에 사용하는 철재에 의해 생기는 오차
  ㉢ 불이차(Constant Deviation) : 모든 자방위에서 일정하게 발생하는 오차로서 컴퍼스 자체의 제작 오차 또는 장착 잘못에 의한 오차
⑤ 자기 컴퍼스의 동적오차
  비행기가 움직일 때 자기 컴퍼스에서 발생하는 오차
  ㉠ 북선 오차(Northerly Turn Error) : 항공기가 북쪽 방향으로 비행 시 선회하면 자기장의 아래로 당기는 수직 분력 때문에 컴퍼스 카드가 선회 방향과 반대 방향으로 움직이는 것
  ㉡ 가속도 오차(Acceleration Error) : 항공기가 동쪽 방향으로 비행 시 가속하면 더 무거운 북극방향 카드에 작용하는 관성력으로 컴퍼스 카드가 북쪽 방향으로 움직이는 것. 서쪽으로 비행 시 가속하면 카드가 반대 방향으로 움직인다.
  ㉢ 와동 오차(Oscillation Error) : 비행기가 비행 시 컴퍼스 카드가 좌우전후로 흔들리며 발생하는 오차

| 10년간 자주 출제된 문제 |

자기 컴퍼스 오차(Magnetic Compass Error) 중 동적오차는 무엇인가?

① 반원차
② 사분원차
③ 불이차
④ 북선오차

|해설|

동적오차 : 북선오차, 가속도 오차, 와동 오차

정답 ④

핵심이론 11 자이로 계기

회전체의 무게중심을 기준으로 회전하는 물체를 자이로라고 한다.

① 특 성
  ㉠ 강직성 : 자이로의 축이 항상 일정한 방향을 가리키는 성질을 말한다.
  ㉡ 섭동성 : 외부에서 자이로에 힘을 가했을 때 자이로의 회전방향으로 90° 회전하는 위치에서 효과가 나타나는 성질을 말한다.

② 종 류
  ㉠ 자이로의 강직성을 이용한 계기 : 방향 자이로 지시계
  ㉡ 자이로의 섭동성을 이용한 계기 : 선회계
  ㉢ 자이로의 강직성과 섭동성을 이용한 계기 : 수평 자이로 지시계

③ 자이로 회전축의 방향
  ㉠ 지구 수평면과 수직축 : 수평 자이로=인공 수평의(Artificial Horizon Indicator)=자세 자이로(Attitude Gyro)
  ㉡ 항공기 기수축 : 방향 자이로(Directional Gyro)

| 10년간 자주 출제된 문제 |

다음 중 자이로(Gyro)를 이용하는 계기는?

① 데이신
② 선회 경사계
③ 마그네신 컴퍼스
④ 자기 컴퍼스

|해설|

선회계는 자이로의 섭동성을 이용한다.

정답 ②

제3절 항공기 공·유압 및 환경조절 계통

핵심이론 01 공기 및 유압 계통 원리

밀폐된 용기 내 유체의 압력(p)은 용기 내 전체에서 동일하다는 것이 파스칼의 원리이다. 따라서 실린더 1과 2가 관으로 연결되어 있으면 각각의 실린더 면적에 비례하는 힘(F)이 각각의 실린더에 작용한다. 반면에 실린더가 유체를 움직여야 하는 거리(l)는 각각의 면적(A)에 반비례하게 된다.

즉, $p = \dfrac{F_1}{A_1} = \dfrac{F_2}{A_2}$ 및 $A_1 l_1 = A_2 l_2$

예제) 실린더1은 A_1=10cm²이며 힘 F_1=100N이 작용하여 10cm 움직였다. 압력은? 실린더2는 A_2=50cm²이다. 실린더2에서 발생하는 힘 F_2와 움직인 거리 l_2는?

[해설]

$$p = \frac{F_1}{A_1} = \frac{100\text{N}}{10\text{cm}^2} = \frac{100\text{N}}{10 \times (0.01\text{m})^2}$$

$$= \frac{100\text{N}}{10^{-3}\text{m}^2} = 10^5 \frac{\text{N}}{\text{m}^2} = 10^5 \text{Pa} = 1\text{bar} = 100\text{kPa}$$

$$F_2 = F_1 \frac{A_2}{A_1} = (100\text{N}) \frac{50\text{cm}^2}{10\text{cm}^2} = 500\text{N}$$

$$l_2 = l_1 \frac{A_1}{A_2} = (10\text{cm}) \frac{10\text{cm}^2}{50\text{cm}^2} = 2\text{cm}$$

10년간 자주 출제된 문제

항공기 유압계통에 사용되는 유체의 힘 전달 방식에 대한 원리는?

① 뉴턴의 원리
② 파스칼의 원리
③ 작용 및 반작용의 원리
④ 베르누이의 정리

정답 ②

핵심이론 02 공압계통

① **공압의 원천** : 엔진이나 보조 동력 장치(APU) 및 지상 압축 공기 공급 장비를 통해 압축된 공기, 즉 블리드(Bleed) 공기를 공급받는다.

② **사용처** : 압축 공기는 엔진의 시동 및 작동유 등의 가압, 객실 공기의 조화, 객실 내의 여압 계통 등에 주로 사용된다.

③ **특징** : 사용한 공기를 재순환시켜야 할 필요성이 없어 저장 탱크(레저버)가 필요 없으며 일부의 누설이 있어도 압력 전달에는 직접적인 영향을 주지 않아 유압 계통에 비하여 정비 작업이 단순하고 쉽다. 불연성의 장점이 있으나 단점은 압축성이 있어 신뢰성이 떨어진다.

10년간 자주 출제된 문제

2-1. 항공기에서 사용되는 공기압 계통에 대한 설명 중 가장 관계가 먼 내용은?

① 대형 항공기에는 주로 유압계통에 대한 보조수단으로 사용한다.
② 소형 항공기에서는 브레이크장치, 플랩 작동장치 등을 작동시키는 데 사용한다.
③ 적은 양으로 큰 힘을 얻을 수 있고, 깨끗하며 불연성(Non-inflammable)이다.
④ 공기압의 재활용으로 귀환관이 필요하나 유압계통보다는 계통이 단순하다.

2-2. 공압계통이 유압계통과 다른 점을 가장 올바르게 설명한 것은?

① 공기압은 압축성이라 그대로의 힘이 손실 없이 전달된다.
② 공기압은 비압축성이라 그대로의 힘이 전달되지 못하고 손실된다.
③ 공압계통은 압축성이며 Return Line이 요구되지 않는다.
④ 공압계통은 비압축성이며 Return Line이 요구되지 않는다.

[해설]

2-1
공기압계통은 귀환관이 필요 없다.

2-2
유압계통은 비압축성이며 작동유를 저장할 수 있는 레저버와 되돌림 계통(Return Line)이 요구되지만, 공압계통은 되돌림계통이 요구되지 않는 장점이 있다.

정답 2-1 ④ 2-2 ③

핵심이론 03 유압 동력 계통

① 유압 작동유의 조건
  ㉠ 마찰손실, 점성, 부식성이 낮아야 한다.
  ㉡ 인화점, 비등점이 높아야 한다.
② 작동유의 종류
  ㉠ 식물성유 : 아주까리 기름(Castor Oil)과 알코올의 혼합물로서 파란색으로 염색되어 있다.
  ㉡ 광물성유 : 원유로부터 제조되며 붉은색으로 염색되어 있다. 그리고 화재의 위험도 있다.
  ㉢ 합성유 : 인산염과 에스테르의 혼합물로 자주색으로 염색되어 있다. 독성이 있어 눈에 들어가면 실명가능성도 있다.
③ 구성
  ㉠ 레저버(저장 탱크) : 작동유의 저장소이며 작동유에 혼입된 공기 및 기타 불순물을 제거한다.
  ㉡ 레저버의 구조
    • 여압구멍 : 레저버의 여압
    • 배플 : 작동유에서 거품이 발생하는 것 방지
    • 스탠드 파이프 : 비상시 작동유 공급 통로
  ㉢ 동력 펌프 : 작동유를 유압계통에 공급하는 장치로 기어형, 지로터형, 베인형, 피스톤형이 있음
  ㉣ 수동 펌프 : 동력 펌프 고장 시 사용
  ㉤ 축압기 : 동력 펌프가 고장 시 예비 압력원으로 사용하며 압력의 변동을 완화
  ㉥ 종류 : 다이어프램형, 블래더형, 피스톤형

10년간 자주 출제된 문제

유압계통에서 레저버(Reservoir) 내에 있는 Stand Pipe의 역할은?
① 계통 내의 압력 유동을 감소시키는 역할을 한다.
② Vent 역할을 한다.
③ 비상시 작동유의 예비공급 역할을 한다.
④ 탱크 내의 거품이 생기는 것을 방지하는 역할을 한다.

해설
스탠드 파이프는 주 펌프에 연결되어 작동유를 공급하며 스탠드 파이프 밑 공간의 작동유를 남겨 두어 비상시 비상펌프로 작동유를 공급할 수 있도록 한다.

정답 ③

핵심이론 04 유압 압력제어장치

① 압력조절기 : 작동유의 압력을 규정 범위로 조절하고 무부하 시 펌프에 부하가 걸리지 않게 한다.
  ㉠ 킥 아웃 : 계통압력이 규정보다 높으면 바이패스 밸브가 열려서 레저버로 작동유를 귀환시킨다.
  ㉡ 킥 인 : 계통압력이 규정보다 낮으면 바이패스 밸브가 닫히고 체크 밸브를 통해 작동유가 계통에 공급된다.
② 릴리프 밸브 : 과도한 압력으로 계통이 파손되는 것을 방지한다.
  ㉠ 계통 릴리프 밸브 : 압력조절기 고장으로 압력이 규정치 이상 되는 것을 방지한다.
  ㉡ 열 릴리프 밸브 : 온도 증가에 따른 작동유의 팽창으로 계통압력이 규정치 이상 되는 것을 방지한다.
③ 프라이어리티 밸브 : 펌프의 고장 등으로 작동유의 압력이 부족할 때 필요한 장비에만 유압을 공급하도록 한다.
④ 퍼지 밸브 : 작동유에서 공기를 제거한다.
⑤ 감압 밸브 : 낮은 압력으로 작동하는 장비에 맞춰 압력을 낮춰 공급한다.
⑥ 디부스터 밸브 : 브레이크의 작동을 신속하게 하기 위해 압력은 낮추고 유량은 크게 한다.

10년간 자주 출제된 문제

압력조절기에서 킥 인(Kick-in)과 킥 아웃(Kick-out) 상태는 어떤 밸브의 상호작용으로 하는가?
① 체크 밸브와 릴리프 밸브
② 체크 밸브와 바이패스 밸브
③ 흐름조절기와 릴리프 밸브
④ 흐름평형기와 바이패스 밸브

해설

압력조절기의 킥 인(Kick-in)은 계통의 압력이 규정값보다 낮을 때 펌프에서 배출되는 작동유를 계통으로 보내기 위하여 귀환관에 연결된 바이패스 밸브가 닫히고 체크밸브가 열리는 과정이다. 킥 아웃(Kick-out)은 계통의 압력이 규정값보다 높을 때 펌프에서 배출되는 작동유를 저장탱크로 되돌려 보내기 위하여 귀환관에 연결된 바이패스 밸브가 열리고 체크 밸브가 닫히는 과정이다.

정답 ②

핵심이론 05 유압 흐름 방향 및 유량 제어 장치

① 방향 제어 장치 : 선택 밸브, 체크 밸브, 시퀀스 밸브, 바이패스 밸브, 셔틀 밸브
  ㉠ 선택 밸브 : 유로 선정 밸브로서 회전형, 포핏형, 스풀형, 피스톤형, 플런저형이 있다.
  ㉡ 체크 밸브 : 작동유가 한쪽으로만 흐르도록 한다.
  ㉢ 셔틀 밸브 : 정상 유압계통 고장 시 비상계통이 사용될 수 있도록 유로를 형성한다.
  ㉣ 시퀀스 밸브 : 2개 이상의 작동기를 순서에 따라 작동되도록 하는 밸브다.
② 유량 제어 장치
  ㉠ 흐름 평형기 : 2개 이상의 작동기를 같은 속도로 움직이도록 유량을 조절해 준다.
  ㉡ 흐름 조절기 : 작동유의 흐름을 일정하게 유지한다.
  ㉢ 유압 퓨즈 : 유압계통에 빈틈이 생겼을 때 작동유가 누설되는 것을 방지한다.
  ㉣ 오리피스 : 작동유의 흐름 유량을 제한한다.
  ㉤ 오리피스 체크 밸브 : 작동유가 한쪽으로 흐를 때는 정상으로 흐르게 하고 반대로 흐를 때는 흐름 유량을 제한한다.
  ㉥ 미터링 체크 밸브 : 오리피스 체크 밸브와 같은 기능을 하나 흐름 유량을 조절 가능하다.
  ㉦ 유압관 분리 밸브 : 유압기기의 장탈 시 작동유가 누설되는 것을 방지한다.

10년간 자주 출제된 문제

정상유압 동력계통에 고장이 발생했을 때 비상계통을 사용할 수 있도록 해주는 밸브는?
① 셔틀 밸브(Shuttle Valve)
② 선택 밸브(Selector Valve)
③ 시퀀스 밸브(Sequence Valve)
④ 수동체크 밸브(Manual Check Valve)

해설

셔틀 밸브는 정상 유압계통의 고장이 생겼을 때 비상 계통을 사용할 수 있도록 해준다.

정답 ①

핵심이론 06 객실 여압 계통

① 고도의 정의
  ㉠ 비행고도 : 항공기의 실제 비행고도
  ㉡ 객실고도 : 객실 내의 기압에 해당하는 고도
  ㉢ 차압 : 비행고도와 객실고도의 차이로 인한 기체 외부와 내부 간에 생기는 압력 차이

② 객실 여압 장치의 작동
  압축기의 블리드 공기를 객실 여압에 사용하며 아웃 플로 밸브를 통해 기체 밖으로 공기를 배출시켜 압력을 조절한다.

③ 객실 압력 조절 장치
  ㉠ 아웃 플로 밸브 : 동체 표면에 있는 이 밸브를 통해 객실의 공기를 외부로 배출한다. 착륙 시에는 착륙 장치의 마이크로 스위치에 의하여 지상에서는 완전히 열리도록 하여 출입문을 열 때 기압 차에 의한 사고를 방지한다.
  ㉡ 객실 압력 조절기 : 객실고도를 유지하기 위해 아웃 플로 밸브를 조절한다.
  ㉢ 객실 압력 안전밸브
    • 압력 릴리프 밸브 : 아웃 플로 밸브가 고장이든 어떤 이유로 차압이 규정을 넘어서면 객실 압력 릴리프 밸브가 열려 객실 안의 공기를 밖으로 배출
    • 부압 릴리프 밸브 : 대기압이 객실 안의 기압보다 높은 경우에는 대기의 공기가 객실로 자유롭게 들어오도록 열리게 되어 있는 밸브
    • 덤프 밸브 : 항공기가 지상에 착륙 후 승무원의 조작에 의해 객실 공기를 외부로 덤프하여 객실이 여압되는 것을 방지하여 출입문이 열렸을 때 기압 차에 의한 사고 방지

10년간 자주 출제된 문제

객실 여압계통에서 대기압이 객실 안의 기압보다 높은 경우 객실로 자유롭게 들어오도록 사용하는 장치로, 진공 밸브라고도 하는 것은?
① 부압 릴리프 밸브
② 객실 하강률 조절기
③ 압축비 한계 스위치
④ 슈퍼차저 오버스피드 밸브

[해설]
부압 릴리프 밸브는 항공기가 객실 고도보다 낮게 하강하거나, 착륙 후 출입문을 열기 전에 객실 압력과 대기압을 일치시키기 위해 외부 공기가 객실 안으로 들어오도록 한다.

정답 ①

핵심이론 07 공기 순환 장치(ACM ; Air Cycle Machine)

① 기본 작동원리 : 엔진 압축기에서 나온 가압, 가열된 블리드 공기는 객실 온도 조절 밸브에 의하여 일부는 직접 객실로 가고, 나머지는 1차 열교환기를 지나 외부 공기 온도 정도로 냉각된다. 이 냉각된 공기 중에서 일부는 객실로 가고, 나머지는 원심 압축기에서 압축되어 온도가 약간 상승하지만, 2차 열교환기를 지나면서 다시 냉각된다. 이 냉각된 공기는 터빈을 통과하면서 터빈의 임펠러를 돌리며 압력과 온도가 더욱 떨어지게 되어 객실에 공급된다.

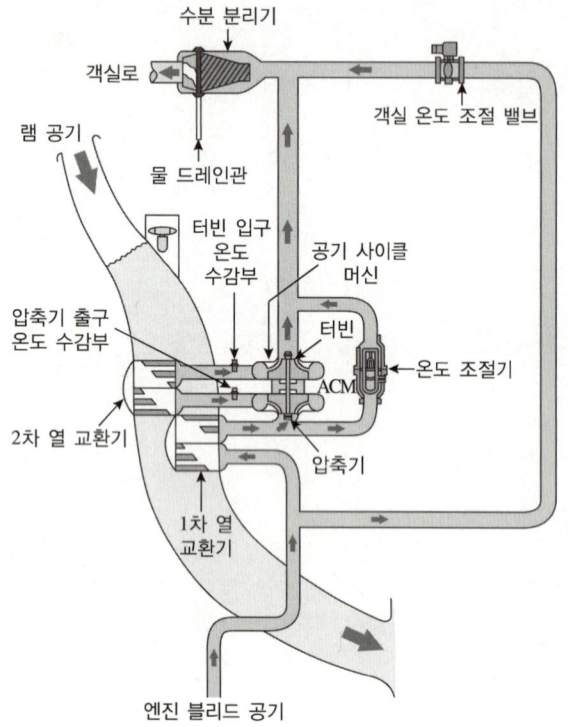

② 객실의 공기 온도 조절
  ㉠ 터빈을 거쳐서 직접 객실로 가는 찬 공기에 온도조절기를 사용하여 1차 열 교환기만 거친 따뜻한 공기를 섞어서 온도를 조절함
  ㉡ 엔진 압축기로부터 공급되는 블리드 공기를 객실 온도 조절 밸브를 사용하여 ㉠을 통해 나오는 공기와 섞는다.
  ㉢ 수분분리기를 사용하여 ㉠+㉡의 공기에서 수분을 제거하여 객실로 보낸다.

10년간 자주 출제된 문제

기본적인 에어 사이클 냉각계통의 구성으로 가장 옳은 것은?
① 압축기, 열교환기, 터빈, 수분분리기
② 히터, 냉각기, 압축기, 수분분리기
③ 바깥공기, 압축기, 엔진 블리드 공기
④ 열교환기, 이베퍼레이터, 수분분리기

|해설|
공기 순환 장치에서의 구성 부품들은 압축기, 터빈, 1차·2차 열교환기, 수분 분리기, 그리고 찬 외부 공기인 램 공기 흡입 및 배기 도어 등으로 구성되어 있다.

정답 ①

제4절 항공기 방빙 및 비상 계통

핵심이론 01 제빙, 방빙 및 제우 계통

① 제빙 계통
　제빙 부츠를 사용하는 제빙계통에서는 날개 앞전에 설치된 고무 부츠를 공기를 사용해 팽창 및 수축시켜 형성된 얼음을 제거한다.

② 방빙 계통
　㉠ 화학적 방빙 계통 : 결빙의 우려가 있는 부분에 이소프로필 알코올이나 에틸렌글리콜과 알코올을 섞은 용액을 분사하여 얼음의 형성을 방지
　㉡ 열적 방빙 계통 : 날개 앞전에 공기 덕트를 사용하여 뜨거운 공기를 보내거나 전열선을 설치하여 얼음의 형성을 방지

③ 제우 계통
　㉠ 윈드실드 와이퍼
　㉡ 에어 커튼 : 윈드실드에 엔진의 블리드 에어를 사용한 공기막을 형성하여 빗방울을 붙지 못하게 한다.
　㉢ 레인 리펠런트 : 윈드실드에 액체를 분사하여 표면막을 형성하여 빗방울이 구형상태로 윈드실드 표면막을 굴러서 대기로 떨어져 나가도록 한다.

10년간 자주 출제된 문제

다음 중 전기적인 방빙을 사용하는 부분이 아닌 것은?
① 정압공
② 피토튜브
③ 코어 카울링
④ 프로펠러

|해설|
전기식 빙빙은 피도관, 정압공, 외기 온도 감지기, 받음각 감지기, 엔진 압력비 감지기, 엔진 온도 감지기, 얼음 감지기, 조종실 윈도, 그리고 물 공급라인과 오물 배출구, 윈드실드와 윈도, 프로펠러, 안테나 등의 지역에 적용된다. 코어 카울링은 엔진 압축기에서 나온 블리드 에어를 이용하여 방빙한다.

정답 ③

핵심이론 02 화재 탐지

① 화재 탐지 장치의 구비조건 : 화재 및 과열 발생 시 전기적인 신호를 지속적으로 발생시켜야 하며 소화가 되면 전기 신호가 중지되어야 한다. 물, 기름, 열, 진동 등을 견딜 수 있어야 한다. 정비 및 취급, 기능 시험이 간단하여야 한다.

② 탐지기 분류와 설치장소
　㉠ 화재 과열 탐지기 : 엔진(Engine), 보조동력장치(APU)
　㉡ 연기 탐지기 : 화물실, 화장실, 전기·전자 장비실
　㉢ 과열 탐지기 : 랜딩기어 휠 웰, 날개 앞전, 전기·전자 장비실

③ 화재 탐지기의 종류
　㉠ 유닛식 탐지기 : 용융 링크 스위치, 열전쌍 탐지기, 차등 팽창 스위치 등 특정 온도 이상에서 접점의 물질이 녹아 회로를 구성하여 경고
　㉡ 저항 루프 화재 탐지기 : 스테인리스강이나 인코넬 튜브 안에 전기저항이 온도에 의해 변화하는 세라믹이나 일정 온도에 달하면 급격하게 전기 저항이 떨어지는 소금(Eutectic Salt)을 채워서 온도 상승을 전기적으로 탐지하여 경고
　㉢ 열 스위치식(Thermal Switch Type) 탐지기 : 특정한 온도에서 전기적 회로를 구성시키는 열 탐지기로, 온도가 설정된 값 이상으로 상승하면 바이메탈(Bimetal)이 작동하여 경고
　㉣ 열전쌍 탐지기 : 열전쌍이 특정한 온도가 되면 발생하는 기전력을 이용하여 경고

④ 연기 탐지기
　광전기 연기 탐지기, 시각 연기 탐지기, 일산화탄소 탐지기

10년간 자주 출제된 문제

항공기의 화재 탐지 장치가 갖추어야 할 사항으로 틀린 것은?

① 과도한 진동과 온도변화에 견디어야 한다.
② 화재가 계속되는 동안에 계속 지시해야 한다.
③ 조종석에서 화재 탐지 장치의 기능 시험을 할 수 있어야 한다.
④ 항상 화재 탐지 장치 자체의 전원으로 작동하여야 한다.

|해설|

화재 탐지 장치의 전원은 항공기의 일반전원을 사용한다.

정답 ④

제5절 항공기 통신 및 항법 계통

핵심이론 01 전 파

① 전파의 정의 : 전기장과 자기장이 전파 진행방향에 대하여 수직으로 교번하는 전기적 횡파
② 전리층의 정의 : 태양 에너지에 의해 공기분자가 이온화되어 자유 전자가 밀집된 층
③ 전파의 주파수

전파의 종류	주파수 범위	파장 범위	용 도
초장파(VLF) (Very Low Frequency)	3~30kHz	10,000~ 100,000m	오메가 항법
장파(LF) (Low Frequency)	30~300kHz	1,000~ 10,000m	로란, ADF
중파(MF) (Medium Frequency)	300~ 3,000kHz	100~ 1,000m	ADF
단파(HF) (High Frequency)	3~30MHz	10~100m	HF 통신
초단파(VHF) (Very High Frequency)	30~300MHz	1~10m	VHF 통신, VOR, ILS
극초단파(UHF) (Ultra High Frequency)	300~ 3,000MHz	0.1~1m	ATC, DME, TACAN
센티미터파(SHF) (Super High Frequency)	3~30GHz	1~10cm	위성통신, 전파 고도계
밀리미터파(EHF) (Extremely High Frequency)	30~300GHz	1~10mm	레이더

④ 파장(λ, m), 주파수(f, Hz), 전파속도(C, m/s)의 관계

$$\lambda = \frac{C}{f}$$

여기서, $C = 3 \times 10^8$ m/s

⑤ 전파의 전달방식
  ㉠ 지상파
    • 지표파 : 지표면을 따라 전달
    • 직접파 : 송신안테나에서 수신안테나로 직진
    • 지표 반사파 : 지표에서 반사되어 수신안테나로 전달
  ㉡ 공간파 : 전리층에서 반사되어 전달

⑥ 전리층과 전파 경로의 관계

층	고도	전자밀도	전파 흡수	전파 반사	전파 투과	근거리 경로	원거리 경로	비고
D	낮음	낮음	중 파	장 파		지표파	공간파	낮에만 존재
E	중간	중간	–	중파 장파	단 파	지표파	공간파	–
F_1 F_2	높음	높음	–	단 파	–	지표파	공간파	초단파 이상은 직접파, 지면 반사파

⑦ 전파전달의 이상현상
  ㉠ 페이딩 : 전파 경로 상태의 변동에 따라 수신강도가 시간적으로 변화하는 현상이다. 장파, 중파, 단파는 전리층의 변동 상태에 따라, 그리고 초단파 이상은 대기의 상태 변동에 따라 페이딩을 발생시킨다.
  ㉡ 자기폭풍 : 지구 자계가 급속히 변동하는 현상을 말하며 자기폭풍이 일어나면 전리층의 전리 상태가 변화하여 단파의 전파가 나빠진다.
  ㉢ 델린저현상 : 태양면 폭발로 낮에 단파의 전파가 몇 십분씩 끊어지는 현상이다.

10년간 자주 출제된 문제

1-1. 다음 중 지상파의 종류가 아닌 것은?
① E층 반사파   ② 건물 반사파
③ 대지 반사파   ④ 지표파

1-2. 전파의 이상현상과 가장 거리가 먼 것은?
① Fading(페이딩)   ② Magnetic Storm(자기폭풍)
③ Dellinger(델린저)   ④ White Noise(백색잡음)

[해설]
1-1
지상파는 전달 경로에 따라 수신 안테나에 직접 도달하는 직접파, 대지에서 반사되어 두달되는 대지 반사파, 지표에 따라 전파되는 지표파, 방해 물체에 의해 회절해서 도달하는 회절파 등으로 구별된다.

1-2
White Noise : 모든 소리의 주파수를 합친 것으로 빗소리, 파도소리와 유사하며 수면 유도에 도움을 준다.

정답 1-1 ① 1-2 ④

핵심이론 02 시멘트 일반

① 변조회로 : 음성 신호(저주파 전류)를 받아 고주파 전류(반송파, Carrier Wave)의 진폭변조(AM ; Amplitude Modulation) 또는 주파수변조(FM ; Frequency Modulation)를 하는 회로

② 송신기의 구성
  ㉠ 입력변환기 : 음성신호를 마이크로폰을 통해 저주파 전류로 변환하는 장치
  ㉡ 발진기 : 반송파를 발생시키는 장치
  ㉢ 변조기 : 반송파에 음성신호(저주파전류)를 싣는 장치
  ㉣ 증폭기 : 송신 출력을 얻기 위한 증폭장치
  ㉤ 안테나 : 전파 송신

③ 수신기의 구성
  ㉠ 안테나 : 전파 수신
  ㉡ 증폭기 : 수신 전파 증폭장치
  ㉢ 복조기 : 변조파에서 본래의 음성 신호(저주파 전류)를 검출해 내는 장치
  ㉣ 출력변환기 : 저주파 전류를 스피커를 통해 음성신호로 변환하는 장치

④ 단파(HF) 통신장치
  ㉠ 용도 : 바다 위를 비행하는 비행기에서 사용
  ㉡ 주파수 : 2,000~29.999MHz
  ㉢ 전파경로 : 전리층에서 반사되는 공간파
  ㉣ 구성 : 단파 통신 안테나, 단파 통신 안테나 커플러, 단파 통신 송수신기, 조정 패널

⑤ 초단파(VHF) 통신장치
  ㉠ 용도 : 근거리 통신
  ㉡ 주파수 : 118.000~136.975MHz 사이에서 25kHz 간격으로 760채널을 가짐
  ㉢ 전파경로 : 직접파
  ㉣ 구성 : 초단파 통신 안테나, 초단파 통신 송수신기, 조정 패널

10년간 자주 출제된 문제

다음 중 VHF 계통의 구성품이 아닌 것은?
① 조종 패널
② 안테나
③ 송수신기
④ 안테나 커플러

|해설|

안테나 커플러는 HF 계통에서 안테나와 송수신기의 임피던스 정합을 위해 사용된다.

정답 ④

핵심이론 03 인터폰 시스템

① 플라이트 인터폰 시스템(Flight Interphone) : 비행 중에는 조종사 간, 그리고 지상에서는 조종사와 지상 근무자(정비사) 간의 통화에 사용한다. 통신 및 항법 시스템의 음성 신호를 조종사가 선택적으로 이용하거나 정비사가 점검하는 데 사용한다.

② 서비스 인터폰 시스템(Service Interphone) : 지상 근무자가 다른 지상 근무자 또는 조종사와의 통화에 사용한다. 항공기 엔진 지역, 화물실 지역, 연료 주유 지역 등 여러 곳에 서비스 인터폰 잭이 있다.

③ 객실 인터폰 시스템(Cabin Interphone) : 조종사와 객실 승무원 또는 객실 승무원 간의 통화에 사용한다.

④ 승객 안내 시스템(Passenger Address) : 조종실 또는 객실 승무원석에서 승객에게 여러 가지 안내를 할 때 사용한다.

⑤ 승객 서비스 시스템(Passenger Service) : 승객이 객실 서비스를 위해 승무원을 호출하거나, 승객의 독서 등을 제어하는 데 사용하고, 객실 사인(No Smoking, Lavatory Occupied, Fasten Seat Belt) 정보를 승객에게 제공한다.

⑥ 승객 오락 시스템(Passenger Entertainment) : 각각의 승객 좌석으로 오락 음성과 승객 안내 음성 신호를 보낸다. 승객은 여러 가지 음성 채널 중 하나를 선택하여 들을 수 있다.

10년간 자주 출제된 문제

비행 중에는 사용하지 않고 정비를 위한 통화 목적으로 사용하는 Interphone System은?
① Galley와 Galley 상호 간 통화
② Cabin Interphone
③ Flight Interphone
④ Service Interphone

|해설|

정비를 위해서는 서비스 인터폰을 사용한다.

정답 ④

핵심이론 04 방향 지시 항법기기

① 자동 방향 탐지기(ADF ; Automatic Direction Finder)
  ㉠ 원리 : 지상 무선국으로부터 190~1,750kHz 사이의 주파수로 전파되는 전파의 전송되는 방향을 알아 지상 무선국의 방위를 시각 장치나 음향 장치를 통해 알아낸다.
  ㉡ 구성 : 무지향성 표지(NDB ; Non Directional Beacon), 항공기의 수신 장치, 안테나, 전파 나침반 또는 무선 나침 지시계(RMI ; Radio Magnetic Indicator)

② 초단파 전방향 무선 표지(VOR ; VHF Omni-Directional Ranging)장치 : VOR 지상 무선국별로 고유의 주파수 전파를 360° 전 방향으로 송신하여 항행하는 항공기에 방위 정보를 알려 주는 지상 무선국
  ㉠ 원리 : VOR 무선국은 자북을 나타내는 기준 위상 신호와 자북으로부터 시계방향으로 회전하는 가변 위상 신호를 송신하고 항공기는 두 신호의 위상차를 산출하여 VOR 무선국의 방향을 파악한다.
  ㉡ 주파수범위 : 108~118MHz
  ㉢ VOR 정보 표시계기 : 무선 나침(전파 자방위) 지시계

10년간 자주 출제된 문제

전파 자방위 지시계(RMI)의 기능을 가장 올바르게 설명한 것은?
① 항공기의 자세를 표시하는 계기
② 자북극 방향에 대해 전 방향 표시(VOR) 신호 방향과 각도 및 항공기의 방위 지시
③ 조종사에게 진로를 지시하는 계기
④ 기수방위를 나타내는 컴퍼스 카드와 코스를 지시

|해설|
RMI는 항공기 자방위, VOR의 방위와 거리를 나타낸다.

정답 ②

핵심이론 05 관성항법장치(INS ; Inertial Navigation System)

① 작동원리 : INS에서 관성 센서는 자이로스코프와 가속도계로 이루어져 있으며, 이 센서가 항공기의 각각 회전 각속도와 선형 가속도를 측정하여 기준 좌표계에 대한 항공기의 비행 위치, 속도 및 자세 정보를 제공한다.

② 관성 기준 장치(IRS ; Inertial Reference System) : 자이로스코프 대신 고정밀도 각변화율의 측정이 가능한 링 레이저 자이로(Ring Laser Gyro)와 3축 방향의 가속도계를 이용하는 최신 INS장비이다.
  ㉠ 원리 : 시시각각의 가속도를 측정하고 이것을 시간의 함수로 적분하면 그 시각에서 물체의 속도를 구할 수 있고, 다시 적분하면 그 시간까지의 이동 거리를 산출할 수 있다.

③ 스트랩다운(Strapdown) 관성항법장치 : 관성 감지기(자이로 및 가속도계)를 기체 축에 직접 고정시킨 방식으로 기체 운동에 따라 시시각각 변하기 때문에 기계적인 안정대를 대신하는 가상적인 기준 축을 내장된 고성능 컴퓨터에 의해서 만들어냄으로 소형화, 경량화, 신뢰성 향상이 이루어진다.

④ 얼라인먼트(Alignment) : 관성 기준 장치의 안정대가 지표면에 대해 수평을 유지하면서 진북을 향하게 설정하는 것이다.

10년간 자주 출제된 문제

항공기가 비행을 하면서 관성항법장치(INS)에서 얻을 수 있는 정보와 가장 관계가 먼 것은?
① 위 치   ② 자 세
③ 자방위   ④ 속 도

|해설|
INS를 통해 현재 위치, 진방위, 항로, 대지 속도, 편차 수정각, 현재 비행 위치의 풍향과 풍속, 목적지 또는 경유지까지의 거리 및 도착 시간, 목적지 및 경유지의 위치, 진로를 벗어난 거리와 각도 등의 정보를 얻을 수 있다.

정답 ③

핵심이론 06 계기착륙장치(ILS ; Instrument Landing System)

① 위치 표지 시설(Localizer) : 지상에서 전파를 발사하여 착륙 진입하는 항공기에 활주로 중심선의 위치에 대한 정보를 제공한다.
② 진입각 표지 시설(Glide Slope) : 지상에서 전파를 발사하여 활주로에 착륙 접근하는 항공기에 안전한 착륙각도인 약 3°의 활공각에 대한 정보를 제공한다. 각각의 글라이드 슬로프 주파수 채널은 특정 로컬라이저 주파수와 짝지어져 있다.
③ 마커 비컨 시설(Marker Beacon System) : 활주로 중심 연장선의 일정한 지점에 설치하며 수직 상공으로 역원뿔형 75MHz 초단파(VHF)를 발사하여 착륙하는 항공기에 항공기 진입로의 일정한 통과 지점에 대한 위치 정보를 제공하는 시설이다. 외측 마커(Outer Marker)는 변조주파수 400Hz, 지시등 색은 청색이다. 중간 마커(Middle Marker)는 변조주파수 1,300Hz, 지시등 색은 황색이며, 내측 마커(Inner Marker)는 변조주파수 3,000Hz, 지시등색은 흰색이다.

10년간 자주 출제된 문제

마커 비컨(Marker Beacon)에서 Inner Marker의 주파수와 등(Light)의 색은?

① 1,300Hz, White
② 3,000Hz, White
③ 1,300Hz, Amber
④ 3,000Hz, Amber

|해설|

마커 비컨은 특정 지점의 상공에 전파를 수직으로 발사하여 이것을 항공기가 수신하면 지시등이 점등되고 신호음이 울려 특정 지점 상공을 통과하고 있음을 알게 한다.

정답 ②

PART 02

과년도+최근 기출복원문제

2014~2020년	과년도 기출문제
2021~2024년	과년도 기출복원문제
2025년	최근 기출복원문제

2014년 제1회 과년도 기출문제

제1과목 항공역학

01 레이놀즈수(Reynolds Number)에 대한 설명으로 틀린 것은?

① 무차원수이다.
② 유체의 관성력과 점성력의 비이다.
③ 레이놀즈수가 클수록 유체의 점성이 크다.
④ 유체의 속도가 빠를수록 레이놀즈수는 크다.

해설
$Re = \dfrac{\rho VD}{\mu} = \dfrac{\text{관성력}}{\text{점성력}}$ 으로 점성계수 μ가 클수록 레이놀즈수는 작아진다.

02 다음과 같은 조건에서 헬리콥터의 원판하중은 약 몇 kgf/m²인가?

┌조건┐
- 헬리콥터의 총중량 : 800kgf
- 기관 출력 : 160HP
- 회전날개의 반지름 : 2.8m
- 회전날개 깃의 수 : 2개

① 25.5
② 28.5
③ 30.5
④ 32.5

해설
원판하중 $= \dfrac{W}{\text{원판면적}} = \dfrac{W}{\pi r^2} = \dfrac{800\text{kgf}}{\pi(2.8\text{m})^2} = 32.5\dfrac{\text{kgf}}{\text{m}^2}$

03 활공기에서 활공거리를 증가시키기 위한 방법으로 옳은 것은?

① 압력항력을 크게 한다.
② 형상항력을 최대로 한다.
③ 날개의 가로세로비를 크게 한다.
④ 표면 박리현상 방지를 위하여 표면을 적절히 거칠게 한다.

해설
날개의 가로세로비 AR(Aspect Ratio)가 커지면 유도항력계수 $C_{Di} = \dfrac{C_L^2}{\pi e\, AR}$ 이 작아지게 되므로 항력이 줄어들어 활공거리가 증가하게 된다.

04 비행기가 음속에 가까운 속도로 비행 시 속도를 증가시킬수록 기수가 내려가려는 현상은?

① 피치 업(Pitch Up)
② 턱 언더(Tuck Under)
③ 디프 실속(Deep Stall)
④ 역 빗놀이(Adverse Yaw)

정답 1 ③ 2 ④ 3 ③ 4 ②

05 무게가 100kg인 조종사가 2,000m의 상공을 일정속도로 낙하산으로 강하하고 있을 때 낙하산 지름이 7m, 항력계수가 1.3이라면 낙하속도는 약 몇 m/s인가?(단, 공기밀도는 0.1kgf·s²/m⁴이며 낙하산의 무게는 무시한다)

① 6.3　　② 4.4
③ 2.2　　④ 1.6

해설
중력 W와 항력 D가 크기가 서로 같아 상쇄되면 낙하산에는 힘이 작용하지 않는다. 물체에 힘이 작용하지 않으면 물체는 정지해 있거나 일정한 속도로 움직인다는 뉴턴 제1법칙에 따라 낙하산은 등속 낙하하게 된다.

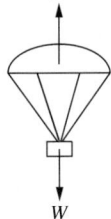

$$D = C_D \frac{1}{2}\rho V^2 S = W$$
$$S = \frac{\pi}{4}D^2 = \frac{\pi}{4}(7m)^2 = 38.5m^2$$
$$V^2 = \frac{2W}{C_D \rho S} = \frac{2 \times 100kgf}{1.3 \times 0.1kgf \cdot s^2/m^4 \times 38.5m^2}$$
$$= 39.96 m^2/s^2$$
$$V = 6.32 m/s$$

06 일반적인 형태의 비행기는 3축에 대한 회전운동을 각각 담당하는 3종류의 주조종면을 가진다. 하지만 수평꼬리 날개가 없는 전익기나 델타익기의 경우 2축에 대한 회전 운동을 1종류의 조종면이 복합적으로 담당하는 데 이때의 조종면 명칭은?

① 카나드(Canard)　　② 엘레본(Elevon)
③ 플래퍼론(Flaperon)　　④ 테일러론(Taileron)

해설

엘레본을 동시에 한 방향으로 움직이면 피칭운동을 하고 서로 다른 방향으로 움직이면 롤링운동을 한다.

07 그림과 같은 프로펠러 항공기 이륙 경로에서 이륙거리는?

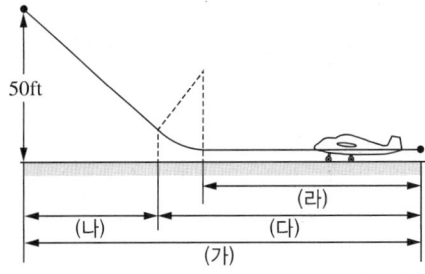

① (가)　　② (나)
③ (다)　　④ (라)

해설
프로펠러 항공기의 이륙거리는 출발해서 50ft 높이로 상승하기까지 이동한 거리이다.

08 비행기가 고속으로 비행할 때 날개 위에서 충격실속이 발생하는 시기는?

① 아음속에서 생긴다.
② 극초음속에서 생긴다.
③ 임계 마하수에 도달한 후에 생긴다.
④ 임계 마하수에 도달하기 전에 생긴다.

해설
비행속도가 음속 미만이지만 날개 위에서는 음속이 발생하는 비행속도를 임계 마하수 속도라 부른다. 이때 날개 위에 충격파가 발생하여 실속이 발생한다.

정답　5 ①　6 ②　7 ①　8 ③

09 프로펠러 항공기가 최대 항속시간으로 비행하기 위한 조건으로 옳은 것은?

① $\left(\dfrac{C_D^{\frac{3}{2}}}{C_L}\right)_{최소}$ ② $\left(\dfrac{C_L^{\frac{3}{2}}}{C_D}\right)_{최소}$

③ $\left(\dfrac{C_D^{\frac{3}{2}}}{D_L}\right)_{최대}$ ④ $\left(\dfrac{C_L^{\frac{3}{2}}}{C_D}\right)_{최대}$

해설
브레게(Breguet)의 공식에 따르면 프로펠러 비행기의 최대항속시간은 $\left(\dfrac{C_L^{\frac{3}{2}}}{C_D}\right)$가 최대일 때 얻어진다.

10 항공기의 필요동력과 속도와의 관계로 옳은 것은?
① 속도에 반비례한다.
② 속도의 제곱에 비례한다.
③ 속도의 세제곱에 비례한다.
④ 속도의 제곱에 반비례한다.

해설
$P_{필요} = D(항력) \times V(속도) = C_D \dfrac{1}{2} \rho V^2 S \times V$ 이므로 필요동력은 속도의 세제곱에 비례한다.

11 100m/s로 비행하는 프로펠러 항공기에서 프로펠러를 통과하는 순간의 공기 속도가 120m/s가 되었다면, 이 항공기의 프로펠러 효율은 약 얼마인가?
① 76% ② 83.3%
③ 91% ④ 97.4%

해설
프로펠러 효율
비행속도는 $V = 100$m/s
프로펠러 통과 시의 증가속도는 $\dfrac{v}{2} = 20$m/s 이므로
$\eta = \dfrac{V}{V + \dfrac{v}{2}} = \dfrac{100\text{m/s}}{100\text{m/s} + 20\text{m/s}} = 0.833$

12 무게가 500kgf인 비행기가 30°의 경사로 정상선회를 하고 있다면 이때 비행기의 원심력은 약 몇 kgf인가?
① 250 ② 289
③ 353 ④ 433

해설
$W = L\cos\theta$ 이므로 $L = \dfrac{W}{\cos\theta}$
정상선회 시 원심력 $F_{원}$과 구심력 $F_{구}$은 같다.
즉, $F_{원} = F_{구} = L\sin\theta = \dfrac{W}{\cos\theta}\sin\theta$
$= W\tan\theta = 500\text{kgf}\dfrac{1}{\sqrt{3}} = 289\text{kgf}$

13 비행기의 세로안정을 좋게 하기 위한 방법이 아닌 것은?
① 수직꼬리날개의 면적을 증가시킨다.
② 수평꼬리날개의 부피계수를 증가시킨다.
③ 무게중심이 날개의 공기역학적 중심 앞에 위치하도록 한다.
④ 무게중심에 관한 피칭모멘트계수가 받음각이 증가함에 따라 음(-)의 값을 갖도록 한다.

해설
수직꼬리날개의 면적이 증가하면 세로안정성이 아니라 방향안정성이 좋아진다.

14 고정익 항공기의 도살 핀(Dorsal Fin)과 벤트랄 핀(Ventral Fin)의 기능에 대한 설명으로 틀린 것은?

① 더치롤 특성을 저해시킬 수 있다.
② 큰 받음각에서 요댐핑(Yaw Damping)을 증가시키는 데 효과적이다.
③ 나선발산(Spiral Divergence) 시의 비행특성에 영향을 준다.
④ 프로펠러에서 발생하는 나선후류의 영향을 줄이는 역할을 한다.

해설
도살 핀과 벤트랄 핀은 방향안정성을 증가시키므로 더치롤(가로안정성이 방향안정성보다 클 때 발생) 특성이 줄어들게 된다. 또한 방향안정성이 커지면 요댐핑도 증가시키고 나선발산도 억제한다.
프로펠러에서 발생하는 나선후류는 주로 수직 안정판에 힘을 가하지만, 도살 핀과 벤트랄 핀에도 일부 힘을 가하게 되어 나선후류의 영향이 수직 안정판만 있을 때보다 증가한다.

15 다음에서 설명하는 대기의 층은?

- 고도에 따라 기온이 감소한다.
- 대기의 순환이 일어난다.
- 기상현상이 일어난다.

① 대류권 ② 성층권
③ 중간권 ④ 열 권

해설
대기의 순환, 기상현상 등은 대류권에서 일어난다.

16 전진하는 회전날개 깃에 작용하는 양력을 헬리콥터 전진속도(V)와 주회전날개의 회전속도(v)로 옳게 설명한 것은?

① $(v+V)^2$에 비례한다.
② $(v-V)^2$에 비례한다.
③ $\left(\dfrac{v+V}{v-V}\right)^2$에 비례한다.
④ $\left(\dfrac{v-V}{v+V}\right)^2$에 비례한다.

해설
전진하는 회전날개는 $V+v$의 속도로 바람을 받으므로 발생하는 양력은 $L=C_L \dfrac{1}{2}\rho V^2 S$에 따라 속도의 제곱, 즉 $(V+v)^2$에 비례하게 된다.

17 날개(Wing)의 공기력 중심에 대한 설명으로 옳은 것은?

① 받음각이 클수록 앞쪽으로 이동한다.
② 캠버가 클수록 같은 양력변화에 따라 이동량이 크다.
③ 압력 중심과 공기력 중심은 일치하는 것이 일반적이다.
④ 키놀이 모멘트의 크기가 받음각에 대하여 변화되지 않는 점을 말한다.

해설
공기력 중심은 받음각이 변화하더라도 그 점에 관한 피칭모멘트(키놀이 모멘트)가 변하지 않는 점이다.

정답 14 ④ 15 ① 16 ① 17 ④

18 물체 표면을 따라 흐르는 유체의 천이(Transition) 현상을 옳게 설명한 것은?

① 충격 실속이 일어나는 현상이다.
② 층류에 박리가 일어나는 현상이다.
③ 층류에서 난류로 바뀌는 현상이다.
④ 흐름이 표면에서 떨어져 나가는 현상이다.

해설
층류가 난류로 바뀌는 현상을 천이라 한다.

19 비행기의 이륙활주거리를 짧게 하기 위한 방법이 아닌 것은?

① 기관의 추력을 크게 한다.
② 비행기의 무게를 감소한다.
③ 슬랫(Slat)과 플랩(Flap)을 사용한다.
④ 항력을 줄이기 위해 작은 날개를 사용한다.

해설
양력은 $L = C_L \frac{1}{2} \rho V^2 S$이므로 작은 날개(작은 S)를 사용하면 큰 속도 V가 되어야만 비행기 무게에 해당하는 양력이 발생한다. 이륙속도인 큰 속도에 이르게 되려면 이륙활주거리가 길어야만 된다.

20 프로펠러가 회전하면서 작용하는 원심력에 의해 발생되는 것으로 짝지어진 것은?

① 휨응력, 굽힘모멘트
② 인장응력, 비틀림모멘트
③ 압축응력, 굽힘모멘트
④ 압축응력, 비틀림모멘트

해설
프로펠러의 회전 시 발생하는 원심력은 프로펠러 블레이드를 바깥으로 잡아당기는 인장응력과 프로펠러의 깃각이 작아지게 하는 비틀림모멘트로 작용한다.

제2과목 항공기관

21 다음에서 나열된 왕복기관의 종류는 어떤 특성으로 분류한 것인가?

> V형, X형, 대향형, 성형

① 기관의 크기
② 실린더의 회전 형태
③ 기관의 장착 위치
④ 실린더의 배열 형태

해설
왕복기관의 분류
- 실린더의 배열에 따른 분류 : 대향형 기관, 성형 기관, 직렬형, V형, X형 등
- 냉각 방법에 따른 분류 : 수랭식, 공랭식
- 점화방식에 의한 분류 : 스파크 플러그 점화식, 압축 착화식

22 보정캠(Compensated Cam)을 가진 마그네토를 장착한 9기통 성형기관의 회전속도가 100rpm일 때 다음의 각 요소가 옳게 나열된 것은?

> ㉠ 보정캠의 회전수(rpm)
> ㉡ 보정캠의 로브수
> ㉢ 분당 브레이크 포인트 열림 및 닫힘 횟수

① ㉠ 50, ㉡ 9, ㉢ 900
② ㉠ 50, ㉡ 9, ㉢ 450
③ ㉠ 100, ㉡ 9, ㉢ 450
④ ㉠ 100, ㉡ 18, ㉢ 900

해설
성형기관 실린더 수가 9개이므로 보정캠의 로브수는 9개, 크랭크축이 2회전할 때 캠축은 1회전하므로 보정캠의 회전수는 100/2=50rpm, 브레이크 포인트의 여닫힘 횟수는 '로브수×캠회전수'이므로 9×50=450이다.

정답 18 ③ 19 ④ 20 ② 21 ④ 22 ②

23 왕복성형기관의 크랭크축에서 정적평형은 어느 것에 의해 이루어지는가?

① Dynamic Damper
② Counter Weight
③ Dynamic Suspension
④ Split Master Rod

해설
Shaft Balance
- 정적 균형 : 카운터 웨이트(Counter Weight) 사용
- 동적 균형 : 다이내믹 댐퍼(Dynamic Damper) 설치

24 다음 중 프로펠러 조속기의 파일럿(Pilot) 밸브의 위치를 결정하는 데 직접적인 영향을 주는 것은?

① 엔진오일 압력
② 조종사의 위치
③ 펌프오일 압력
④ 플라이 웨이트

해설
프로펠러 회전수 과속(감속) → 플라이 웨이트 회전수 증가(감소) → 원심력 증가(감소) → 파일럿 밸브 위(아래)로 이동 → 윤활유 배출(공급)

25 오일의 점성은 다음 중 무엇을 측정하는 것인가?

① 밀도
② 발화점
③ 비중
④ 흐름에 대한 저항

26 다음 중 터보제트기관의 회전수가 일정할 때 밀도만 고려 시 추력이 가장 큰 경우는?

① 고도 10,000ft에서 비행할 때
② 고도 20,000ft에서 비행할 때
③ 대기온도 15℃인 해면에서 작동할 때
④ 대기온도 25℃인 지상에서 작동할 때

해설
밀도가 클수록 추력이 증가하는데, 보기 중에서 밀도가 가장 높은 곳은 해면이다.

27 항공기 왕복기관의 부자식 기화기에서 가속 펌프를 사용하는 주된 목적은?

① 이륙 시 기관 구동펌프를 가속시키기 위해서
② 고출력 고정 시 부가적인 연료를 공급하기 위해서
③ 높은 온도에서 혼합가스를 농후하게 하기 위해서
④ 스로틀(Throttle)이 갑자기 열릴 때 부가적인 연료를 공급시키기 위해서

해설
가속 장치 : 스로틀(Throttle)이 갑자기 열리면 순간적으로 희박 혼합비 상태가 된다. 가속펌프는 부가적인 연료를 공급하여 이런 현상을 방지
② 이코노마이저 장치 : 기관출력이 클 때 농후 혼합비를 만들어주기 위해 추가적인 연료를 공급해 주는 장치

28 판재로 제작된 기관부품에 발생하는 결함으로서 움푹 눌린 자국을 무엇이라고 하는가?

① Nick
② Dent
③ Tear
④ Wear

정답 23 ② 24 ④ 25 ④ 26 ③ 27 ④ 28 ②

29 원심형 압축기의 단점으로 옳은 것은?

① 단당 압력비가 작다.
② 무게가 무겁고 시동출력이 낮다.
③ 동일 추력에 대하여 전면면적이 크다.
④ 축류형 압축기와 비교해 제작이 어렵고 가격이 비싸다.

해설
원심력식 압축기 특징
- 구성 : 임펠러, 디퓨저, 매니폴드
- 장점 : 단당 압력비가 높고, 제작이 쉬우며, 가격이 싸고, 구조가 튼튼하고 가볍다.
- 단점 : 전체 압력비가 낮고, 효율이 낮으며, 많은 공기 처리가 어렵다.

30 그림과 같은 브레이턴 사이클 선도의 각 단계와 가스 터빈기관의 작동 부위를 옳게 짝지은 것은?

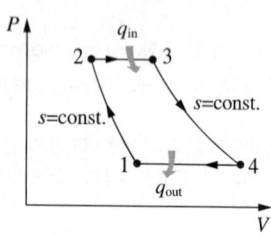

① 1 → 2 : 디퓨저
② 2 → 3 : 연소기
③ 3 → 4 : 배기구
④ 4 → 1 : 압축기

해설
① 1 → 2 : 압축기
② 2 → 3 : 연소기
③ 3 → 4 : 터빈
④ 4 → 1 : 배기구

31 항공기관의 후기 연소기에 대한 설명으로 틀린 것은?

① 전면 면적의 증가 없이 추력을 증가시킨다.
② 연료의 소비량 증가 없이 추력을 증가시킨다.
③ 총 추력의 약 50%까지 추력의 증가가 가능하다.
④ 고속 비행하는 전투기에 사용 시 추력이 증가된다.

해설
후기 연소기는 주로 전투기 엔진에 사용되며 추력이 증가하지만 연료 소모량이 크게 증가하여 엔진 열효율이 감소한다.

32 왕복기관을 시동할 때 기화기 공기 히터(Carburetor Air Heater)의 조작 장치 상태는?

① Hot 위치
② Neutral 위치
③ Cracked 위치
④ Cold(Normal) 위치

해설
기화기 공기 히터 조종장치를 정상 위치(Cold Position)에 놓으면 알터네이트 공기 밸브에 의해 히터 덕트가 막히고 주 공기 덕트를 열어준다. 반대로 공기히터 조종장치를 히터 위치(Hot Position)에 놓으면 공기 여과기를 통과한 공기 덕트 통로는 닫히고 히터 덕트가 열리면서 기관에 의해 뜨거워진 공기를 흡입하게 된다.

33 지시마력을 나타내는 식 $iHP = \dfrac{P_{mi}LANK}{75 \times 2 \times 60}$ 에서 N이 의미하는 것은?(단, P_{mi} : 지시평균 유효 압력, L : 행정길이, A : 실린더 단면적, K : 실린더 수이다)

① 기계효율
② 축마력
③ 기관의 분당 회전수
④ 제동평균 유효압력

해설
지시마력(iHP)
$iHP = \dfrac{P_{mi}LANK}{75 \times 2 \times 60}$ (PS)

여기서, P_{mi} : 평균지시유효압력(kg/cm²)
  L : 행정길이(m)
  A : 피스톤단면적(cm²)
  N : 회전수(rpm)
  K : 실린더 수
※ 위 식에서 L의 단위는 m임에 주의한다.

34 항공기용 가스터빈기관 연료계통에서 연료매니폴드로 가는 1차 연료와 2차 연료를 분배하는 역할을 하는 부품은?

① P&D밸브   ② 체크밸브
③ 스로틀밸브   ④ 파워레버

해설
여압 및 드레인 밸브(P&D Valve)의 역할
• 연료의 흐름을 1차 연료와 2차 연료로 분리
• 연료 압력이 규정 압력 이상이 될 때까지 연료 흐름을 차단
• 기관 정지 시 매니폴드나 연료 노즐에 남아있는 연료를 외부로 방출

35 제트기관 시동 시 EGT가 규정 한계치 이상으로 증가하는 과열 시동의 원인이 아닌 것은?

① 연료의 과다 공급
② 연료조정장치의 고장
③ 시동기 공급 동력의 불충분
④ 압축기 입구부에서 공기 흐름의 제한

해설
시동기 공급 동력이 불충분하면 시동 불능이 생길 수 있다.

36 프로펠러 작동 시 원심(Centrifugal) 비틀림 모멘트는 어떤 작용을 하는가?

① 피치각을 감소시킨다.
② 피치각을 증가시킨다.
③ 회전 방향으로 깃(Blade)을 굽히게(Bend) 한다.
④ 비행 진행방향의 뒤쪽으로 깃(Blade)을 굽히게 한다.

해설
회전하는 프로펠러 깃에는 공기력 비틀림 모멘트와 원심력 비틀림 모멘트가 발생하는데, 공기력 비틀림 모멘트는 깃의 피치를 크게 하려는 방향으로 작용하고, 원심력 비틀림 모멘트는 깃의 피치를 작게 하려는 경향을 말한다.

37 밸브 가이드(Valve Guide)의 마모로 발생할 수 있는 문제점은?

① 높은 오일 소모량
② 낮은 오일 압력
③ 낮은 실린더 압력
④ 높은 오일 압력

해설
밸브 가이드 틈새가 커지면 오일 소모량이 많아지며, 밸브 시트가 불량하면 실린더 압력이 떨어진다.

정답 33 ③ 34 ① 35 ③ 36 ① 37 ①

38 표준상태에서의 이상 기체 20L를 5기압으로 압축하였을 때 부피는 몇 L가 되겠는가?(단, 변화과정 중 온도는 일정하다)

① 0.25
② 2.5
③ 4
④ 10

해설
$P_1 V_1 = P_2 V_2$
$1 \times 20 = 5 \times V_2$

39 데토네이션(Detonation)을 발생시키는 과도한 온도와 압력의 원인이 아닌 것은?

① 늦은 점화시기
② 높은 흡입공기 온도
③ 연료의 낮은 옥탄값
④ 희박한 연료-공기 혼합비

해설
점화시기가 빠르면 데토네이션이 발생한다.

40 일반적인 아음속기의 공기흡입구 형상으로 옳은 것은?

① 확산(Divergent)형 덕트
② 수축(Convergent)형 덕트
③ 수축-확산(Convergent-Divergent)형 덕트
④ 확산-수축(Divergent-Convergent)형 덕트

해설
아음속 항공기는 흡입 공기 속도를 줄이고 압력은 상승시킬 목적으로 확산형 형태의 흡입 덕트를 사용한다.

제3과목 항공기체

41 접개식 강착장치(Retractable Landing Gear)에서 부주의로 인해 착륙장치가 접히는 것을 방지하기 위한 안전장치로 나열한 것은?

① Down Lock, Safety Pin, Up Lock
② Down Lock, Up Lock, Ground Lock
③ Up Lock, Safety Pin, Ground Lock
④ Down Lock, Safety Pin, Ground Lock

해설
Up Lock는 착륙장치가 들어 올려 접혀졌을 때, 착륙장치가 아래로 풀리지 않게 하는 장치이다.

42 그림과 같은 단면에서 y축에 관한 단면의 1차 모멘트는 몇 cm^3인가?(단, 점선은 단면의 중심선을 나타낸 것이다)

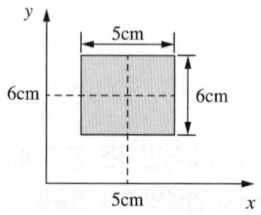

① 150
② 180
③ 200
④ 220

해설
y축에 대한 단면 1차 모멘트(G_y)는 단면적(A)에 도심까지의 거리(x_0)를 곱한 값이다.
$G_y = A \cdot x_0 = 30 \times 5 = 150 (cm^3)$

43 금속재료의 인장시험에 대한 설명으로 옳은 것은?

① 재료시험편을 서서히 인장시켜 항복점, 인장강도, 연신율 등을 측정하는 시험이다.
② 재료시험편을 서서히 인장시켜 브리넬 인장, 로크웰 경도 등을 측정하는 시험이다.
③ 재료시험편을 서서히 인장시켰을 때 탄성에 의한 비커스 경도, 쇼어 경도 등을 측정하는 시험이다.
④ 재료시험편을 서서히 인장시켜 충격에 의한 충격강도, 취성강도를 측정하는 것이다.

44 판금 작업 시 구부리는 판재에서 바깥면의 굽힘 연장선의 교차점과 굽힘 접선과의 거리를 무엇이라 하는가?

① 세트백(Set Back)
② 굽힘 각도(Degree of Bend)
③ 굽힘 여유(Bend Allowance)
④ 최소 반지름(Minimum Radius)

해설
세트백과 중립선

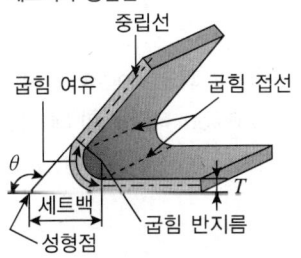

그림과 같이 세트백(SB ; Set Back)은 성형점에서 굽힘 접선까지의 거리를 말한다. 성형점(Mold Point)이란, 판재 외형선의 연장선이 만나는 점을 말하며, 굽힘 접선이란, 굽힘의 시작점과 끝점에서의 접선을 말한다. 세트백을 구하는 식은 다음과 같다.

$$SB = \tan\frac{\theta}{2}(R+T)$$

여기서, θ : 굽힘 각도, R : 굽힘 반지름, T : 판재의 두께

45 항공기용 볼트의 부품번호가 AN 3H-5A인 경우 이 볼트의 재질은?

① 알루미늄 합금
② 내식강
③ 마그네슘 합금
④ 합금강

해설
AN 볼트의 규격

AN3H5A

- AN 3 : 볼트 지름(3/16in)
- 볼트 재질(DD : 2024 알루미늄 합금, C : 내식강, -표시(또는 무표시) : Cd 도금강)
- H : 볼트 머리에 구멍 있음
- 5 : 볼트 길이(5/8in)
- A : 섕크 구멍이 없음(문자가 없으면 섕크 구멍 있음)
※ 저자의견 : 문제의 정답은 카드뮴 도금강이어야 함

46 항공기 재료인 알루미늄 합금은 어디에 해당하는가?

① 철금속
② 비철금속
③ 비금속
④ 복합재료

해설
알루미늄 합금은 금속이지만 철이 포함되지 않았으므로 비철금속에 속한다.

정답 43 ① 44 ① 45 ④ 46 ②

47 그림과 같은 항공기에서 앞바퀴에 170kg, 뒷바퀴 전체에 총 540kg이 작용하고 있다면 중심위치는 기준선으로부터 약 몇 m 떨어진 지점인가?

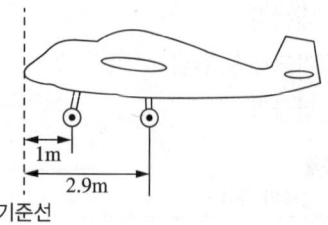
기준선

① 2.91
② 2.45
③ 1.31
④ 1

해설
무게중심위치(CG) 구하는 식

무게중심위치 = 모멘트 합 / 총 무게

$$CG = \frac{(170 \times 1) + (540 \times 2.9)}{170 + 540} = 2.445(m)$$

48 항공기 기체 구조의 리깅(Rigging) 작업 시 구조의 얼라인먼트(Alignment) 점검 사항이 아닌 것은?

① 날개 상반각
② 수직안정판 상반각
③ 수평안정판 장착각
④ 착륙장치의 얼라인먼트

해설
항공기 리깅(Rigging) 체크 시 얼라인먼트 점검 사항
• 날개 상반각
• 날개 장착각(취부각)
• 엔진 얼라인먼트(정렬)
• 착륙장치 얼라인먼트
• 수평안정판 장착각
• 수평안정판 상반각
• 수직안정판 수직도
• 대칭도

49 SAE 6150 합금강에서 숫자 "6"이 의미하는 것은?

① 크롬-바나듐
② 4%의 탄소강
③ 크롬-몰리브덴
④ 0.04%의 탄소강

해설

합금의 종류	합금 번호	합금의 종류	합금 번호
탄소강	1×××	몰리브덴강	4×××
니켈강	2×××	크롬강	5×××
니켈-크롬강	3×××	크롬-바나듐강	6×××

50 두 판을 연결하기 위하여 외줄(Single Row) 둥근머리 리벳(Round Head Rivet) 작업을 할 때 리벳 최소 연거리 및 리벳 간격으로 옳은 것은?(단, D는 리벳의 직경이다)

① 연거리 : $\frac{1}{2}D$, 리벳간격 : $2D$
② 연거리 : $2D$, 리벳간격 : $3D$
③ 연거리 : $2\frac{1}{2}D$, 리벳간격 : $2D$
④ 연거리 : $5D$, 리벳간격 : $3D$

51 그림과 같은 $V-n$ 선도에서 조종사가 아무리 급격한 조작을 하여도 구조상 안전하여 기체가 파괴에 이르지 않는 비행상황에 해당되는 것은?

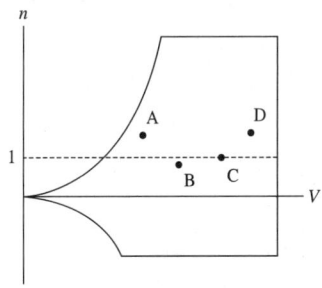

① A   ② B
③ C   ④ D

[해설]
조종사가 아무리 급격한 조작을 하여도 구조상 안전하여 기체가 파괴에 이르지 않는 비행속도를 설계운용속도(V_A)라고 하며, 문제에서 설계운용속도 이하에 있는 것은 A뿐이다.

52 세미모노코크(Semi-monocoque) 구조형식의 항공기에서 동체가 비틀림 하중에 의해 변형되는 것을 방지하는 역할을 하며 프레임과 유사한 모양의 부재는?

① 표피(Skin)
② 스트링어(Stringer)
③ 스파(Spar)
④ 벌크헤드(Bulkhead)

[해설]
세미모노코크 구조의 예

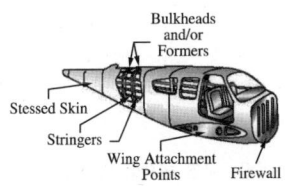 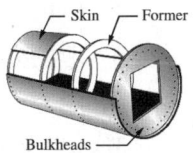

53 조종간이나 방향키 페달의 움직임을 전기적인 신호로 변환하고 컴퓨터에 입력 후 전기, 유압식 작동기를 통해 조종계통을 작동하는 조종방식은?

① Power Control System
② Automatic Pilot System
③ Fly-By-Wire Control System
④ Push Pull Rod Control System

54 두 종류의 금속이 접촉한 곳에 습기가 침투하여 전해질이 형성될 때 전지현상에 의하여 양극이 되는 부분에 발생하는 부식은?

① 표면 부식
② 점부식
③ 입자 간 부식
④ 이질 금속 간 부식

[해설]
부식의 종류
• 표면 부식 : 산소와 반응하여 생기는 가장 일반적인 부식
• 이질 금속 간 부식 : 두 종류의 다른 금속이 접촉하여 생기는 부식으로 동전지 부식, 갈바닉 부식이라고도 함
• 점부식 : 금속 표면이 국부적으로 깊게 침식되어 작은 점 형태로 만들어지는 부식
• 입자 간 부식 : 금속의 입자 경계면을 따라 생기는 선택적인 부식
• 응력 부식 : 장시간 표면에 가해진 정적인 응력의 복합적 효과로 인해 발생
• 피로 부식 : 금속에 가해지는 반복 응력에 의해 발생
• 찰과 부식 : 밀착된 구성품 사이에 작은 진폭의 상대 운동으로 인해 발생

[정답] 51 ① 52 ④ 53 ③ 54 ④

55 가스용접기에서 가스용기와 토치를 연결하는 호스의 구분에 대한 설명으로 옳은 것은?

① 산소호스는 노란색, 아세틸렌가스호스는 검정색으로 표시한다.
② 산소호스는 빨강색, 아세틸렌가스호스는 하얀색으로 표시한다.
③ 산소호스는 녹색(또는 초록색), 아세틸렌가스호스는 빨간색으로 표시한다.
④ 산소호스와 아세틸렌가스호스는 호스에 기호를 표시하여 구별한다.

56 다음 중 항공기의 총무게(Gross Weight)에 대한 설명으로 옳은 것은?

① 항공기의 무게중심을 말한다.
② 기체무게에서 자기 무게를 뺀 무게이다.
③ 항공기 내의 고정위치에 실제로 장착되어 있는 하중이다.
④ 특정 항공기에 인가된 최대하중으로서 형식증명서(Type Certificate)에 기재되어 있다.

해설
항공기 하중의 종류
- 총무게(Gross Weight) : 항공기에 인가된 최대 하중
- 자기 무게(Empty Weight) : 항공기 무게 계산 시 기초가 되는 무게
- 유효 하중(Useful Load) : 적재량이라고도 하며 항공기 총무게에서 자기 무게를 뺀 무게
- 영 연료 하중(Zero Fuel Weight) : 항공기 총무게에서 연료를 뺀 무게

57 유효길이 20in의 토크렌치에 10in인 연장공구를 사용하여 1,000in·lbs의 토크로 볼트를 조이려고 한다면 토크렌치의 지시값은 약 몇 in·lbs인가?

① 100
② 333
③ 666
④ 2,000

해설
연장공구 사용 시 토크값
$$T_W = T_A \times \frac{l}{l+a} = 1,000 \times \frac{20}{20+10} = 666(\text{in} \cdot \text{lbs})$$
여기서, T_W : 토크렌치 지시값
T_A : 실제 조이는 토크값
l : 토크렌치 길이
a : 연장공구길이

58 세미모노코크(Semi-monocoque) 구조형식 날개의 구성 부재가 아닌 것은?

① 표피(Skin)
② 링(Ring)
③ 스파(Spar)
④ 리브(Rib)

해설
링(Ring)은 동체를 구성하는 구조 부재에 속한다.

59 판금성형 작업 시 릴리프 홀(Relief Hole)의 지름치수는 몇 in 이상의 범위에서 굽힘반지름의 치수로 하는가?

① 1/32   ② 1/16
③ 1/8   ④ 1/4

해설
릴리프 홀(Relief Hole) : 굽힘 가공에 앞서 응력집중이 일어나는 교점에 뚫는 응력 제거 구멍

60 페일 세이프(Fail Safe) 구조 개념을 옳게 설명한 것은?
① 절대 파괴가 안 되는 완벽한 구조이다.
② 이상적인 목표이나 실제로는 불가능한 구조이다.
③ 일부 구조물이 파손되더라도 전체 구조물의 안전을 보장하는 구조이다.
④ 파손이 일어나면 안전이 보장될 수 없다는 구조이다.

해설
페일 세이프 구조는 하나의 주구조가 피로 파괴되거나 일부분이 파괴되더라도 다른 구조가 하중을 담당할 수 있도록 하여, 항공기 안전에 영향을 미칠 정도로 파괴되거나 과다한 구조 변형이 생기지 않도록 설계된 구조를 말한다.

제4과목 항공장비

61 정류기(Rectifier)의 기능은 무엇인가?
① 직류를 교류로 변환
② 계기 작동에 이용
③ 교류를 직류로 변환
④ 배터리 충전에 사용

해설
정류기는 교류를 직류로 변환시킨다.

62 교류 발전기의 출력 주파수를 일정하게 유지시키는 데 사용되는 것은?
① Magn-amp
② Brushless
③ Carbon Pile
④ Constant Speed Drive

해설
엔진회전 속도가 변화하더라도 Constant Speed Drive는 교류 발전기의 회전속도를 일정하게 유지시켜서 출력 주파수를 일정하게 만든다.

63 객실압력 경고 혼(Horn)이 울리는 고도와 승객 산소 공급계통의 산소마스크가 자동으로 나타나게 되는 고도는 각각 몇 ft인가?
① 8,000ft, 14,000ft
② 8,000ft, 10,000ft
③ 10,000ft, 15,000ft
④ 10,000ft, 14,000ft

해설
객실압력 경고 혼은 객실 고도가 10,000ft가 되면 간헐적으로 울린다. 승객 산소공급계통의 마스크는 객실고도가 14,000ft가 되면 승객 머리 위로 자동으로 떨어진다.

정답 59 ③ 60 ③ 61 ③ 62 ④ 63 ④

64 전자식 객실 온도 조절기에서 혼합 밸브의 목적은?

① 차가운 공기흐름의 방향 변화를 위해
② 공기를 가스에서 액체로 변화시키기 위해
③ 장치 내의 프레온과 오일을 혼합하기 위해
④ 더운 공기와 찬 공기를 혼합하여 분배하기 위해

해설
혼합 밸브는 압축기에서 분출되는 뜨거운 블리드 에어와 항공기 외부의 차가운 공기를 혼합하여 적당한 온도로 만들어 객실에 공급되도록 한다.

65 다음 중 자장항법장치(Independent Position Determining)가 아닌 장비는?

① VOR
② Weather Radar
③ GPWS
④ Radio Altimeter

해설
VOR은 지상 무선국에서 고유의 주파수를 360° 전방향으로 송신하여 항공기에 방위 정보를 알려주는 장치이다. ②, ③, ④는 항공기에 탑재되어서 자체적으로 정보를 획득하는 자장항법장치이다.

66 항공기 유압회로에서 필터(Filter)에 부착되어 있는 차압지시계(Differential Pressure Indicator)의 주된 목적은?

① 필터 엘리먼트(Element)가 오염되어 있는 상태를 알기 위한 지시계이다.
② 필터 입력회로에 유압의 압력차를 지시하기 위한 지시계이다.
③ 필터 출력회로에서 귀환되어 유압의 입력차를 지시하기 위한 지시계이다.
④ 필터 출력회로에 압력이 높아질 경우 압력차를 알기 위한 지시계이다.

해설
차압지시계는 필터 엘리먼트의 오염 정도에 따라 필터의 입구와 출구사이의 압력 차이를 나타낸다.

67 자이로신 컴퍼스 자방위판(컴퍼스 카드)은 어떤 신호에 의해 구동되는가?

① 플럭스 밸브에서 전기 신호
② 방향자이로 지시계(정침의)의 신호
③ 자이로수평 지시계(수평의)의 신호
④ 초단파 전방위 무선 표시장치(VOR)의 신호

해설
자이로신 컴퍼스는 대형항공기에서 많이 사용되는 원격지시 컴퍼스의 일종으로서 플럭스 밸브가 자장을 감지하여 전기신호를 보내주며 방향지시 자이로의 강직성과 전기적으로 조합시켜 자차가 거의 없는 지시를 하도록 한다.

68 최댓값이 141.4V인 정현파 교류의 실횻값은 약 몇 V인가?

① 90
② 100
③ 200
④ 300

해설
$V_{실효} = \dfrac{V_{최대}}{\sqrt{2}} = 0.707$ $V_{최대} = 0.707 \times 141.4V = 100V$

69 자기컴퍼스의 조명을 위한 배선 시 지시오차를 줄여주기 위한 효율적인 배선방법으로 옳은 것은?

① −선을 가능한 자기컴퍼스 가까이에 접지시킨다.
② +선과 −선은 가능한 충분한 간격을 두고 −선에는 실드선을 사용한다.
③ 모든 전선은 실드선을 사용하여 오차의 원인을 제거한다.
④ +선과 −선을 꼬아서 합치고 접지점을 자기컴퍼스에서 충분히 멀리 떼다.

해설
선에 전류가 흐를 때 서로 간격이 있으면 자장이 형성되므로 두 선을 꼬아서 합친다. 접지점이 자기컴퍼스에 가까우면 선에서 발생하는 자장의 영향을 받게 되므로 접지점을 멀리 떼어 내도록 한다.

70 배기가스를 히터로 사용하는 계통에서 부품의 결함을 검사하는 방법으로 가장 효율적인 것은?

① 자기탐상검사를 주기적으로 실시한다.
② 주기적으로 일산화탄소 감지시험을 한다.
③ 기관오버홀 시 히터를 새것으로 교환한다.
④ 매 100시간마다 배기계통의 부품을 교환한다.

해설
배기가스에는 인체에 치명적인 일산화탄소가 들어 있으므로 히터의 결함으로 실내로 배기가스가 누설됐을 때 이 일산화탄소를 감지할 수 있는 시험을 해야 한다.

71 위성 통신에 관한 설명으로 틀린 것은?

① 지상에 위성 지구국과 우주에 위성이 필요하다.
② 통신의 정확성을 높이기 위하여 전파의 상향과 하향 링크 주파수는 같다.
③ 장거리 광역통신에 적합하고 통신거리 및 지형에 관계없이 전송 품질이 우수하다.
④ 위성 통신은 지상의 지구국과 지구국 또는 이동국 사이의 정보를 중계하는 무선통신방식이다.

해설
위성 통신에서 상향주파수와 하향주파수는 다르다.

72 항공기에서 주 교류 전원이 없을 때 배터리 전원으로 교류전원을 발생시키는 장치는?

① 컨버터
② DC 발전기
③ 인버터
④ 바이브레이터

해설
배터리 전원은 직류이다. 교류발전기가 없는 항공기에서 교류를 필요로 할 때 인버터는 직류를 입력받아 교류로 출력한다.

73 단파(HF)통신에서 안테나 커플러(Antenna Coupler)의 주된 목적은?

① 송수신 장치와 안테나를 접속시키기 위하여
② 송수신 장치와 안테나의 전기적인 매칭(Matching)을 위하여
③ 송수신 장치에서 주파수 선택을 용이하게 하기 위하여
④ 송수신 장치의 안테나를 항공기 기체에 장착하기 위하여

해설
송수신 장치의 임피던스(교류와 직류의 저항)와 안테나의 임피던스를 같게 하는 것을 전기적인 매칭이라하며 이때 송수신 장치와 안테나 사이에 최대 전류가 흐르게 된다.

74 다용도 측정기기 멀티미터(Multimeter)를 이용하여 전압, 전류 및 저항 측정 시 주의사항이 아닌 것은?

① 전류계는 측정하고자 하는 회로에 직렬로, 전압계는 병렬로 연결한다.
② 저항계는 전원이 연결되어 있는 회로에 절대로 사용하여서는 아니 된다.
③ 저항이 큰 회로에 전압계를 사용할 때는 저항이 작은 전압계를 사용하여 계기의 션트 작용을 방지해야 한다.
④ 전류계와 전압계를 사용할 때는 측정 범위를 예상해야 하지만, 그렇지 못할 때는 큰 측정 범위부터 시작하여 적합한 눈금에서 읽게 될 때까지 측정범위를 낮추어 간다.

해설
전압계는 회로에 병렬로 연결이 되는데 만일 전압계의 저항이 작고 회로의 저항이 크면 전류가 회로보다 전압계로 많이 흐르게 되어 계기의 션트작용이 너무 크게 된다.

정답 70 ② 71 ② 72 ③ 73 ② 74 ③

75 다음 중 가변 용량형 펌프에 해당하는 것은?
① 제로터형 펌프
② 기어형 펌프
③ 피스톤형 펌프
④ 베인형 펌프

해설
피스톤형 펌프는 경사판의 각도를 변경하여서 피스톤의 행정거리를 변경시켜 펌프의 토출량을 변화시킨다.

76 다음 중 항공기 결빙을 막거나 조절하는 데 사용되는 방법이 아닌 것은?
① 아세톤 분사
② 고온공기 이용
③ 전기적 열에 의한 가열
④ 공기가 주입되는 부츠(Boots)의 이용

해설
아세톤은 결빙을 막거나 조절하지는 못한다.

77 서로 다른 종류의 금속을 접합하여 온도계기로 사용하는 열전대(Thermocouple)에 대한 설명으로 옳은 것은?
① 사용하는 금속은 동과 철이다.
② 브리지 회로를 만들어 전압을 공급한다.
③ 출력에 나타나는 전압은 온도에 반비례한다.
④ 지시계 접합부의 온도를 바이메탈로 냉점보정한다.

해설
열전대에는 철과 콘스탄탄, 알루멜과 크로멜이 사용된다. 열전대를 계기 입력단자에 연결할 때 이 연결점도 서로 다른 종류의 금속 간 접촉이므로 기전력이 발생하게 되어 계기 지시값에 오류를 나타내게 되므로 바이메탈을 사용하여 냉점보정하여야 한다.

78 속도를 지시하는 방법으로 전압(Total Pressure)과 정압(Static Pressure) 차를 감지하여 해면고도에서의 밀도를 도입하여 계기에 지시하는 속도는?
① 등가대기속도(EAS)
② 진대기속도(TAS)
③ 지시대기속도(IAS)
④ 수정대기속도(CAS)

해설
IAS는 계기에 표시된 속도로 해면고도의 공기 밀도로 전압과 정압의 차이를 감지하여 표시한다. TAS는 해당 비행고도에서의 공기 밀도로서 전압과 정압의 차이를 표시한 속도이다.

79 통신위성시스템에서 지구국의 일반적이 구성이 아닌 것은?
① 송·수신계
② 감쇠계
③ 변·복조계
④ 안테나계

해설
통신위성시스템의 지구국은 안테나를 사용하여 전파를 송수신하는데 송수신계와 안테나 사이에 변복조계가 있어 전파를 변조하여 송신하고 수신된 전파를 복조하여 수신계로 보낸다.

80 전자기파 60MHz 주파수에 파장은 몇 m인가?
① 5
② 10
③ 15
④ 20

해설
$1\text{Hz} = 1\text{cycle/s}$

파장 $\lambda = \dfrac{c}{f} = \dfrac{3 \times 10^8 \text{m/s}}{60 \times 10^6 \text{cycle/s}} = 5\text{m/cycle}$

여기서, c : 전파속도
f : 주파수

2014년 제2회 과년도 기출문제

제1과목 항공역학

01 다음 중 마하 트리머(Mach Trimmer)로 수정할 수 있는 주된 현상은?

① 더치롤(Dutch Roll)
② 턱 언더(Tuck Under)
③ 나선 불안정(Spiral Divergence)
④ 방향 불안정(Directional Divergence)

해설
음속에 가까운 속도로 비행하게 되면 속도를 증가시킬수록 기수가 내려가게 되는 턱 언더현상이 발생하므로 조종간을 당겨서 기수가 수평을 유지하게 하여야 한다. 대형 수송기에서는 마하 트리머를 설치하여 자동적으로 턱 언더현상을 방지하도록 한다.

02 양항비가 10인 항공기가 고도 2,000m에서 활공 시 도달하는 활공거리는 몇 m인가?

① 10,000
② 15,000
③ 20,000
④ 40,000

해설
$$\frac{H}{S} = \frac{D}{L}$$
여기서, H : 고도, S : 활공거리, D : 항력, L : 양력
$S = \frac{L}{D}H = $ 양항비 $\times H = 10 \times 2,000\text{m} = 20,000\text{m}$

03 층류와 난류에 대한 설명으로 틀린 것은?

① 난류는 층류에 비해 마찰력이 크다.
② 난류는 층류보다 박리가 쉽게 일어난다.
③ 층류에서 난류로 변하는 현상을 천이라 한다.
④ 층류에서는 인접하는 유체층 사이에 유체입자의 혼합이 없고 난류에서는 혼합이 있다.

해설
난류는 운동에너지가 많아 층류보다 역압력구배를 더 견딜 수 있으므로 박리가 지연된다.

04 고정 날개 항공기의 자전운동(Auto Rotation)이 발생할 수 있는 조건은?

① 낮은 받음각 상태
② 실속 받음각 이전 상태
③ 최대 받음각 상태
④ 실속 받음각 이후 상태

해설
항공기의 실속 발생 시 실속이 먼저 발생한 방향으로 날개가 내려가며 회전하기 시작하는데 이것을 자전운동이라 한다.

05 다음 중 항공기의 가로안정성을 높이는 데 일반적으로 가장 기여도가 높은 것은?

① 수직꼬리날개
② 주 날개의 상반각
③ 수평꼬리날개
④ 주 날개의 후퇴각

해설
가로안정성이란 외부 교란에 의해 항공기의 세로축을 중심으로 항공기가 롤링운동하게 될 때 다시 원상태로 돌아가는 것을 말하며 주 날개가 상반각을 가지면 가로안정성이 커진다.

정답 1 ② 2 ③ 3 ④ 4 ④ 5 ②

06 다음 중 테이퍼형 날개(Taper Wing)의 실속특성으로 옳은 것은?

① 날개 끝에서부터 실속이 일어난다.
② 날개뿌리에서부터 실속이 일어난다.
③ 초음속에서 와류의 형태로 실속이 감소한다.
④ 스팬(Span)방향으로 균일하게 실속이 발생한다.

해설
테이퍼형 날개는 날개 끝에서부터 실속이 일어난다.

07 무게가 1,500kg인 비행기가 30° 경사각, 100km/h의 속도로 정상선회를 하고 있을 때 선회반경은 약 몇 m인가?

① 13.6
② 136.4
③ 1,364
④ 1,500

해설
정상선회 시 $F_{원심력} = F_{구심력}$의 관계에서 선회반경식 $r = \dfrac{V^2}{g\tan\theta}$ 이 얻어진다. 여기서, 중력가속도는 $g = 9.8\text{m/s}^2$이다.

$V = 100\text{km/h} = \dfrac{100,000\text{m}}{3,600\text{s}} = 27.8\text{m/s}$

$\tan 30° = 0.5774$

$r = \dfrac{V^2}{g\tan\theta} = \dfrac{(27.8\text{m/s})^2}{(9.8\text{m/s}^2)(0.5774)} = 136.6\text{m}$

08 비행기가 수평 비행 시 최소 속도를 나타낸 식으로 옳은 것은?(단, W : 비행기 무게, ρ : 밀도, S : 기준면적, $C_{L\max}$: 최대양력계수이다)

① $\sqrt{\dfrac{2W\rho}{SC_{L\max}}}$
② $\sqrt{\dfrac{SW}{\rho C_{L\max}}}$
③ $\sqrt{\dfrac{2W}{\rho SC_{L\max}}}$
④ $\sqrt{\dfrac{2S\rho}{WC_{L\max}}}$

해설
수평 비행 시 양력(L)과 중력(W)은 같다.

$L = C_{L\max}\dfrac{1}{2}\rho V_{최소}^2 S = W$

$V_{최소}^2 = \dfrac{2W}{C_{L\max}\rho S}$

09 헬리콥터를 전진비행 또는 원하는 방향으로의 비행을 위해 회전면을 기울여 주는 조종장치는?

① 페 달
② 콜렉티브 조종레버
③ 피치 암
④ 사이클릭 조종레버

해설
헬리콥터가 전진, 후진, 측면 비행 시 그 방향으로 회전면을 기울여서 추력이 나타나게 해야 한다. 사이클릭 조종장치에 의해 회전면을 기울일 수 있다.

10 레이놀즈수(Reynolds Number)에 대한 설명으로 틀린 것은?

① 단위는 cm^2/s이다.
② 동점성계수에 반비례한다.
③ 관성력과 점성력의 비를 표시한다.
④ 임계 레이놀즈수에서 천이현상이 일어난다.

해설
$Re = \dfrac{VD}{\nu} = \dfrac{관성력}{점성력}$으로 무차원이다. 즉, 단위가 없다.

11 헬리콥터가 자전강하(Auto-Rotation)를 하는 경우로 가장 적합한 것은?

① 무동력 상승비행
② 동력 상승비행
③ 무동력 하강비행
④ 동력 하강비행

해설
헬리콥터가 무동력으로 하강비행시 주 회전날개가 풍차처럼 회전하면서 양력을 발생시켜서 급격한 낙하를 방지한다. 이러한 운동을 자전강하라 한다.

12 밀도가 0.1kg·s²/m⁴인 대기를 120m/s의 속도로 비행할 때 동압은 몇 kg/m²인가?

① 520
② 720
③ 1,020
④ 1,220

해설
$P_d = \frac{1}{2}\rho V^2 = 0.5 \times 0.1 \text{kgf} \cdot \text{s}^2/\text{m}^4 (120\text{m/s})^2 = 720 \text{kgf}/\text{m}^2$

13 이륙중량이 1,500kg, 기관출력이 250HP인 비행기가 해면고도를 80%의 출력으로 180km/h로 순항할 때 양항비는?

① 5.0
② 5.25
③ 6.0
④ 6.25

해설
$V = 180\text{km/s} = 50\text{m/s}$
$1\text{HP} = 75\text{kgf} \cdot \text{m/s}$
필요동력 $P_r = D \times V$
여기서, D : 항력
V : 비행속도
$D = \frac{P_r}{V} = \frac{250\text{HP} \times 0.8}{50\text{m/s}} \times \left(\frac{75\text{kgf} \cdot \text{m/s}}{1\text{HP}}\right) = 300\text{kgf}$
순항비행이므로 양력과 중력은 같다. $L = W = 1,500\text{kgf}$
양항비 $= \frac{L}{D} = \frac{1,500\text{kgf}}{300\text{kgf}} = 5$

14 비행기의 방향 조종에서 방향키 부유각(Float Angle)에 대한 설명으로 옳은 것은?

① 방향키를 밀었을 때 공기력에 의해 방향키가 변위되는 각
② 방향키를 당겼을 때 공기력에 의해 방향키가 변위되는 각
③ 방향키를 고정했을 때 공기력에 의해 방향키가 변위되는 각
④ 방향키를 자유로 했을 때 공기력에 의해 방향키가 자유로이 변위되는 각

해설
방향키를 놓아버렸을 때 방향키가 변위되는 각이다.

정답 11 ③ 12 ② 13 ① 14 ④

15 프로펠러의 회전수가 3,000rpm, 지름이 6ft, 제동마력이 400HP일 때 해발고도에서의 동력계수는 약 얼마인가?(단, 해발고도에서 공기밀도는 0.002378slug/ft³이다)

① 0.015
② 0.035
③ 0.065
④ 0.095

해설

뉴턴의 제2법칙 $F = ma$에 따르면 영국단위인 1slug의 질량에 1lbf의 힘이 작용하면 1ft/s²의 가속도를 갖는다. 또는 1lbm의 질량에 1lbf의 힘이 작용하면 32.2ft/s²의 가속도를 갖는다.

$1\text{lbf} = 1\text{slug} \times 1\text{ft/s}^2 = 1\text{lbm} \times 32.2\text{ft/s}^2$

1HP를 영국단위로 표현하면 550lbf의 힘으로 1ft/s의 속도로 움직일 때의 동력이므로

$1\text{HP} = 550\text{lbf} \times 1\text{ft/s}$

제동마력은 프로펠러에 공급된 동력으로서 영국단위인 ft·lbf/s 단위로 나타내면

$P_{공급} = 400\text{HP} = 400\text{HP} \times \dfrac{550\text{lbf} \times 1\text{ft/s}}{1\text{HP}}$
$= 220{,}000\text{ft} \cdot \text{lbf/s}$

밀도의 단위환산을 다음과 같이 한다.

$\rho = 0.002378\text{slug/ft}^3 = 0.002378\text{slug/ft}^3 \times \dfrac{1\text{lbf}}{1\text{slug} \cdot \text{ft/s}^2}$
$= 0.002378\text{lbf} \cdot \text{s}^2/\text{ft}^4$

회전수 n의 단위환산은 다음과 같이 한다.

$n = 3{,}000\text{rpm} = 3{,}000\dfrac{\text{rev}}{\text{min}} \times \dfrac{1\text{min}}{60\text{s}} = 50\text{rev/s}$

공급된 동력과 동력계수와의 관계는 $P_{공급} = C_P \rho\, n^3 D^5$이므로

$C_P = \dfrac{P_{공급}}{\rho n^3 D^5}$
$= \dfrac{220{,}000\text{ft} \cdot \text{lbf/s}}{(0.002378\text{lbf} \cdot \text{s}^2/\text{ft}^4)(50\text{rev/s})^3 (6\text{ft})^5} = 0.0952$

16 프로펠러 항공기의 항속거리를 최대로 하기 위한 조건으로 옳은 것은?(단, C_{Dp}는 유해항력계수, C_{Di}는 유도항력계수이다)

① $C_{Dp} = C_{Di}$
② $C_{Dp} = 2C_{Di}$
③ $C_{Dp} = 3C_{Di}$
④ $3C_{Dp} = C_{Di}$

해설

$C_{Dp} = C_{Di}$일 때 필요동력 P_r이 최소가 되므로 항속거리는 최대가 된다.

17 다음 중 프로펠러 효율에 대한 설명으로 옳은 것은?

① 축동력에 비례한다.
② 회전력계수에 비례한다.
③ 진행률에 비례한다.
④ 추력계수에 반비례한다.

해설

프로펠러의 효율

$\eta = \dfrac{이용동력}{공급동력} = \dfrac{TV}{P_{공급}} = \dfrac{C_T \rho n^2 D^4}{C_P \rho n^3 D^5} \cdot \dfrac{V}{} = \dfrac{C_T}{C_P} \dfrac{V}{nD} = \dfrac{C_T}{C_P} J$

프로펠러 효율은 축동력(즉, 공급동력)에 반비례하며 추력계수 C_T에 비례한다. 진행률 J에도 비례한다.

18 항공기에 장착된 도살핀(Dorsal Fin)이 손상되었을 때 발생되는 현상은?

① 방향 안전성 증가
② 동적 세로 안정 감소
③ 방향 안정성 감소
④ 정적 세로 안정 증가

해설

도살핀은 수직안정판과 함께 방향안정성을 주도록 되어 있다. 따라서 도살핀이 손상되면 방향안정성도 감소한다.

19 다음 중 뒤젖힘 날개의 가장 큰 장점은?

① 임계 마하수를 증가시킨다.
② 익단 실속을 막을 수 있다.
③ 유도항력을 무시할 수 있다.
④ 구조적 안전으로 초음속기에 적합하다.

해설
임계 마하수란 날개 윗면에 충격파가 최초로 생길 때의 비행 마하수이다. 뒤젖힘 날개는 날개가 뒤로 젖혀있으므로 비행속도보다 날개가 맞이하는 공기상대속도는 낮게 되어 임계 마하수가 증가된다.

20 유도항력계수에 대한 설명으로 옳은 것은?

① 유도항력계수와 유도항력은 반비례한다.
② 유도항력계수는 비행기무게에 반비례한다.
③ 유도항력계수는 양력의 제곱에 반비례한다.
④ 날개의 가로세로비가 크면 유도항력계수는 작다.

해설
유도항력계수
$C_{D_i} = \dfrac{C_L^2}{\pi eAR}$ 날개의 가로세로비 AR(Aspect Ratio)이 크면 유도항력계수는 작다.

제2과목 항공기관

21 속도 1,080km/h로 비행하는 항공기에 장착된 터보제트 기관이 294kg/s로 공기를 흡입하여 400m/s로 배기시킬 때 비추력은 약 얼마인가?

① 8.2   ② 10.2
③ 12.2 ④ 14.2

해설
터보제트 엔진의 비추력은 진추력을 흡입 공기 중량 유량으로 나눈 값이다.
즉, $F_s = \dfrac{V_j - V_a}{g} = \dfrac{400 - 300}{9.8} = 10.2(kg)$
여기서, F_s는 비추력, V_j는 배기속도, V_a는 흡입공기속도이다.
※ 1,080km/h = 300m/s

22 그림과 같은 브레이턴(Brayton) 사이클의 $P-V$선도에 대한 설명으로 옳은 것은?

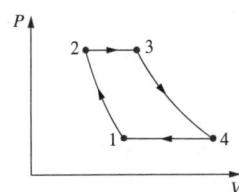

① 1-2과정 중 온도는 일정하다.
② 2-3과정 중 온도는 일정하다.
③ 3-4과정 중 엔트로피는 일정하다.
④ 4-1과정 중 엔트로피는 일정하다.

해설
① 1-2과정 : 단열 압축과정으로 온도는 증가, 엔트로피 일정
② 2-3과정 : 정압연소(가열, 수열)과정으로 온도와 엔트로피 둘 다 증가
③ 3-4과정 : 단열 팽창과정으로 온도는 감소, 엔트로피는 일정
④ 4-1과정 : 정압 방열과정으로 온도와 엔트로피 둘 다 감소
브레이턴 사이클 $T-S$선도

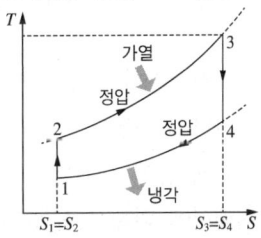

23 가스터빈기관의 연료계통에서 연료필터(또는 연료여과기)는 일반적으로 어느 곳에 위치하는가?

① 항공기의 연료탱크 위에 위치한다.
② 기관연료펌프의 앞뒤에 위치한다.
③ 기관연료계통의 가장 낮은 곳에 위치한다.
④ 항공기 연료계통에서 화염원과 먼 곳에 위치한다.

24 다음 중 비가역 과정에서의 엔트로피 증가 및 에너지 전달의 방향성에 대한 이론을 확립한 법칙은?

① 열역학 제0법칙
② 열역학 제1법칙
③ 열역학 제2법칙
④ 열역학 제3법칙

해설
③ 열역학 제2법칙 : 열과 일의 변환에 어떠한 방향이 있다는 것을 설명한 법칙
① 열역학 제0법칙 : 열적 평형 상태를 설명하는 법칙
② 열역학 제1법칙 : 열과 일에 대한 에너지 보존 법칙
④ 열역학 제3법칙 : 물체의 온도가 절대0도에 가까워짐에 따라 엔트로피 역시 0에 가까워진다는 이론

25 대형 터보팬기관에서 역추력 장치를 작동시키는 방법은?

① 플랩 작동 시 함께 작동한다.
② 항공기의 자중에 따라 고정된다.
③ 제동장치가 작동될 때 함께 작동한다.
④ 스로틀 또는 파워레버에 의해서 작동한다.

26 왕복기관의 고압 마그네토(Magneto)에 대한 설명으로 틀린 것은?

① 전기누설 가능성이 많은 고공용 항공기에 적합하다.
② 콘덴서는 브레이커 포인트와 병렬로 연결되어 있다.
③ 마그네토의 자기회로는 회전영구자석, 폴슈(Pole Shoe) 및 철심으로 구성되었다.
④ 1차 회로는 브레이커 포인트가 붙어있을 때에만 폐회로를 형성한다.

해설
고압 마그네토는 마그네토의 2차 코일로부터 점화플러그까지 고전압이 흐르므로 전기누설이나 통신 방해 현상이 발생된다. 이에 비해 저압 마그네토 점화방식은 전기 누전이나 방전 위험성이 작다.

27 왕복기관에서 실린더의 압축비로 옳은 것은?[단, V_C : 간극체적(Clearance Volume), V_S : 행정체적이다]

① $\dfrac{V_S}{V_C}$
② $\dfrac{V_C + V_S}{V_S}$
③ $\dfrac{V_C}{V_S}$
④ $\dfrac{V_S + V_C}{V_C}$

해설
압축비 = $\dfrac{\text{전체체적}}{\text{연소실체적(간극체적)}} = \dfrac{\text{연소실체적} + \text{행정체적}}{\text{연소실체적}}$

28 초음속 항공기의 기관에 사용하는 배기 노즐로 초음속 제트를 효율적으로 얻기 위한 노즐은?

① 수축노즐
② 확산노즐
③ 수축확산노즐
④ 동축노즐

[해설]
수축노즐을 통해 초음속 흐름을 얻은 다음, 확산 노즐을 지나면서 초음속 공기 흐름은 더욱 빨라지게 된다.

29 터빈 깃의 냉각방법 중 깃 내부를 중공으로 하여 차가운 공기가 터빈 깃을 통하여 스며 나오게 함으로써 터빈 깃을 냉각시키는 것은?

① 대류 냉각   ② 충돌 냉각
③ 공기막 냉각 ④ 증발 냉각

[해설]
※ 저자의견 : 한국산업인력공단의 확정답안은 ①로 발표되었으나 ③이 정답에 가깝다.
[참고] 현용 엔진의 터빈 블레이드 냉각에는 다중경로 대류 냉각 방식과 공기막 냉각 방식이 동시에 사용되고 있으며, 동시에 앞전 부분에는 충돌냉각 방식을 적용하기도 한다.

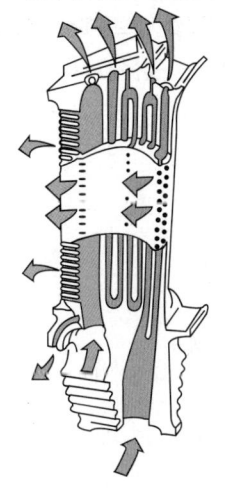

30 항공기 왕복기관 연료의 안티노크(Anti-knock)제로 가장 많이 사용되는 것은?

① 벤젠   ② 4-에틸납
③ 톨루엔   ④ 메틸알코올

31 다음 중 왕복기관에서 순환하는 오일에 열을 가하는 요인 중 가장 작은 영향을 주는 것은?

① 커넥팅 로드 베어링
② 연료 펌프
③ 피스톤과 실린더 벽
④ 로커암 베어링

32 왕복기관의 작동여부에 따른 흡입 매니폴드(Intake Manifold)의 압력계가 나타내는 압력을 옳게 설명한 것은?

① 기관 정지 시 대기압과 같은 값, 작동하면 대기압보다 낮은 값을 나타낸다.
② 기관 정지 시 대기압보다 낮은 값, 작동하면 대기압보다 높은 값을 나타낸다.
③ 기관 정지 시나 작동 시 대기압보다 항상 낮은 값을 나타낸다.
④ 기관 정지 시나 작동 시 대기압보다 항상 높은 값을 나타낸다.

[해설]
흡입 매니폴드 압력계는 기관 정지 시에는 약 30inHg의 압력(대기압)을 지시하고, 작동 시에 엔진은 일종의 진공 펌프와 같으므로 대기압보다 낮은 압력, 즉 (-)압력을 지시한다.

[정답] 28 ③ 29 ① 30 ② 31 ② 32 ①

33 가스터빈기관의 정상 시동 시에 일반적인 시동절차로 옳은 것은?

① Starter "ON" → Ignition "ON" → Fuel "ON" → Ignition "OFF" → Starter "Cut-OFF"
② Starter "ON" → Fuel "ON" → Ignition "ON" → Ignition "OFF" → Starter "Cut-OFF"
③ Starter "ON" → Ignition "ON" → Fuel "ON" → Starter "Cut-OFF" → Ignition "OFF"
④ Starter "ON" → Fuel "ON" → Ignition "ON" → Starter "Cut-OFF" → Ignition "OFF"

34 가스터빈기관에서 연료/오일 냉각기의 목적에 대한 설명으로 옳은 것은?

① 연료와 오일을 함께 냉각한다.
② 연료는 가열하고 오일은 냉각한다.
③ 연료는 냉각하고 오일 속의 이물질을 가려낸다.
④ 연료 속의 이물질을 가려내고 오일은 냉각한다.

35 다음 중 프로펠러를 회전시켜 추진력을 얻는 가스터빈기관은?

① 램제트기관
② 펄스제트기관
③ 터보제트기관
④ 터보프롭기관

36 다음 중 항공기 왕복기관에서 일반적으로 가장 큰 값을 갖는 것은?

① 마찰마력
② 제동마력
③ 지시마력
④ 모두 같다.

해설
지시마력 = 제동마력 + 마찰마력

37 정속 프로펠러에서 파일럿 밸브(Pilot Valve)를 작동시키는 힘을 발생시키는 것은?

① 프로펠러 감속기어
② 조속펌프 유압
③ 엔진오일 유압
④ 플라이 웨이트

해설
프로펠러 고속 회전 시의 작동
프로펠러 과속 회전 → 플라이 웨이트 회전수 증가(원심력 증가) → 파일럿 밸브 위로 이동 → 윤활유 배출 → 프로펠러 고피치 → 프로펠러 회전 저항 증가 → 회전 속도 감소 → 정속 회전으로 복귀
※ 저속 회전 상태일 때는 반대로 된다.

33 ① 34 ② 35 ④ 36 ③ 37 ④

38 왕복기관의 지시마력을 구하는 방법은?

① 동력계로 측정한다.
② 마찰마력으로 구한다.
③ 지시선도(Indicator Diagram)를 이용한다.
④ 프로니 브레이크(Prony Brake)를 이용한다.

39 항공기 왕복기관을 작동 후 검사하여 보니 오일 소모량이 많고 점화플러그가 더러워졌다면 그 원인이 아닌 것은?

① 점화플러그 장착 불량
② 실린더 벽의 마모 증가
③ 피스톤 링의 마모 증가
④ 밸브가이드의 마모 증가

[해설]
점화플러그 장착 불량이면 실린더 압축 압력이 떨어지고, 진동과 소음이 발생한다.

40 프로펠러 깃의 스테이션 넘버(Station Number)에 대한 설명으로 옳은 것은?

① 프로펠러 전연에서 후연으로 갈수록 감소한다.
② 프로펠러 허브에서 팁(Tip)으로 갈수록 감소한다.
③ 프로펠러 전연(Leading Edge)에서 후연(Trailing Edge)으로 갈수록 증가한다.
④ 프로펠러 허브(Hub)의 중앙은 스테이션 넘버 "0"이다.

[해설]
프로펠러 깃 스테이션(Blade Station)
프로펠러 허브 중심(스테이션 넘버 "0")으로부터 깃을 따라 팁(Tip) 쪽으로 가면서 위치를 표시한 것으로, 일정한 간격으로 나누어서 정한다. 깃의 성능이나 깃의 결함, 깃각을 측정할 때 그 위치를 알기 쉽게 한다.

제3과목 항공기체

41 복합재료(Composite Material)를 설명한 것으로 옳은 것은?

① 금속과 비금속을 배합한 합성재료
② 샌드위치구조로 만들어진 합성재료
③ 2가지 이상의 재료를 화학반응을 일으켜 만든 합금재료
④ 2가지 이상의 재료를 일체화하여 우수한 성질을 갖도록 한 합성재료

[해설]
복합재료
2개 이상의 서로 다른 재료를 결합하여 각각의 재료보다 더 우수한 기계적 성질을 가지도록 만든 재료로서, 고체 상태의 강화 재료 (Reinforce Material)와 액체, 분말 상태의 모재(Matrix)를 결합하여 제작한다.

42 응력 외피형 날개의 주요 구조 부재가 아닌 것은?

① 스파(Spar)   ② 리브(Rib)
③ 스킨(Skin)   ④ 프레임(Frame)

[해설]
프레임은 동체의 구조 부재에 속한다.

[정답] 38 ③ 39 ① 40 ④ 41 ④ 42 ④

43 리벳 머리 모양에 따른 분류기호 중 둥근머리 리벳은?

① AN 426 ② AN 455
③ AN 430 ④ AN 470

해설
③ AN 430 : 둥근머리
① AN 426 : 접시머리
② AN 455 : 브래지어머리
④ AN 470 : 유니버설머리

44 그림과 같은 판재 가공을 위한 레이아웃에서 성형점(Mold Point)을 나타낸 것은?

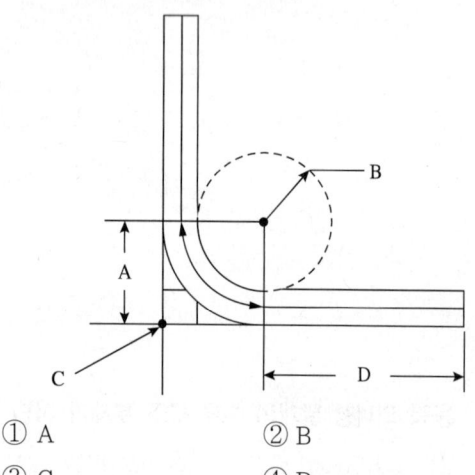

① A ② B
③ C ④ D

해설
성형점이란 판재 외형선의 연장선이 만나는 점(그림에서 C점을) 말한다.

45 거스트 락(Gust Lock) 장치에 대한 설명으로 옳은 것은?

① 비행 중인 항공기의 조종면을 돌풍으로부터 파손되지 않게 고정시키는 장치이다.
② 내부 고정장치, 조종면 스누버, 외부 조종면 고정장치가 있다.
③ 동력 조종장치 항공기는 유압실린더의 댐퍼 작용으로 거스트 락 장치가 반드시 필요하다.
④ 거스트 락 장치는 지상에서 오작하지 않도록 해야 한다.

해설
거스트 락은 지상에서 계류 중인 항공기의 조종면을 돌풍으로부터 파손되지 않게 고정하는 장치로 이륙 전에는 필히 풀어 놓아야 한다.

46 그림과 같이 길이 l인 캔틸레버보와 자유단에 집중력 P가 작용하고 있다면 보의 최대굽힘모멘트는?(단, A는 보의 단면적, E는 탄성계수이다)

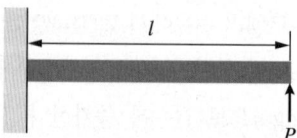

① $\dfrac{Pl^2}{2AE}$ ② $\dfrac{Pl}{AE}$

③ $\dfrac{P^2 l}{2AE}$ ④ Pl

해설
최대굽힘모멘트는 고정단(왼쪽 끝부분)에서 발생되며 그 크기는 $P \times l$이다.

47 안전효율이 우수하며 대형기의 착륙장치에 많이 사용되는 완충(Shock Absorber) 장치 형식은?

① 오레오(Oleo)식
② 공기압력(Air Pressure)식
③ 평판스프링(Plate Spring)식
④ 고무완충(Rubber Absorber)식

해설
오레오식 완충장치는 완충효율이 약 80%로, 효율이 50% 정도인 평판스프링식이나 고무완충식에 비해 효율이 우수하다.

48 가스 중에 아크를 발생시키면 가스는 이온화되어 원자 상태가 되고, 이때 다량의 열이 발생하는데 이 아크와 가스의 혼합물을 용접의 열원으로 이용하는 용접은?

① 플라스마 용접
② 금속불활성가스 용접
③ 산소아세틸렌 용접
④ 텅스텐 불활성가스 용접

49 다음 중 인성(Thoughness)에 대한 설명으로 옳은 것은?

① 재료에 온도를 서서히 증가하였을 때 조직 구조가 변형되는 현상이다.
② 재료의 시험편을 서서히 잡아 당겨서 파괴되었을 때 파단면의 조직이 변화된 현상이다.
③ 취성(Brittleness)의 반대되는 성질로서 충격에 잘 견디는 성질을 말한다.
④ 재료를 일정한 온도와 하중을 가한 상태에서 시간에 따라 변형률이 변화하는 현상이다.

50 머리에 스크루 드라이버를 사용하도록 홈이 파여 있고 전단 하중만 걸리는 부분에 사용되며 조종계통의 장착용 핀 등으로 자주 사용되는 볼트는?

① 내부렌치볼트
② 아이볼트
③ 육각머리볼트
④ 클레비스볼트

해설
클레비스 볼트

51 항공기의 고속화에 따라 기체재료가 알루미늄 합금에서 타이타늄 합금으로 대체되고 있는데 타이타늄 합금과 비교한 알루미늄 합금의 어떠한 단점 때문인가?

① 너무 무겁다.
② 전기저항이 너무 크다.
③ 열에 강하지 못하다.
④ 공기와의 마찰로 마모가 심하다.

정답 47 ① 48 ① 49 ③ 50 ④ 51 ③

52 리벳 작업 시 리벳 성형머리(Bucktail)의 높이를 리벳 지름(D)으로 옳게 나타낸 것은?

① $0.5D$
② $1D$
③ $1.5D$
④ $2D$

해설
- 성형머리 높이 : $0.5D$
- 성형머리 폭 : $1.5D$

53 페일 세이프(Fail-safe) 구조 중 큰 부재 대신에 같은 모양의 작은 부재 2개 이상을 결합시켜 하나의 부재와 같은 강도를 가지게 함으로써 치명적인 파괴로부터 안전을 유지할 수 있는 구조형식은?

① 이중구조(Double Structure)
② 대치구조(Back-up Structure)
③ 예비구조(Redundant Structure)
④ 하중경감구조(Load Dropping Structure)

해설
이중구조
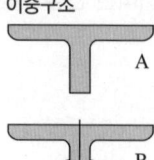

54 세미모노코크(Semi-monocoque) 형식의 동체구조에 대한 설명으로 옳은 것은?

① 구조재가 3각형을 이루는 기체의 뼈대가 하중을 담당하고 표피가 우포로 되어 있는 형식이다.
② 하중의 대부분을 표피가 담당하며, 금속이 각 껍질(Shell)로 되어 있는 형식이다.
③ 스트링어(Stringer), 벌크헤드(Bulkhead), 프레임(Frame) 및 외피(Skin)로 구성되어 골격과 외피가 하중을 담당하는 형식이다.
④ 트러스 재를 활용하여 강도를 보충하고 외피를 씌워 항력을 감소시킨 현대항공기의 대표적인 형식이다.

55 길이 200cm의 강철봉이 인장력을 받아 0.4cm의 신장이 발생하였다면 이 봉의 인장 변형률은?

① 15×10^{-4}
② 20×10^{-4}
③ 25×10^{-4}
④ 30×10^{-4}

해설
$$\varepsilon = \frac{\Delta l}{L} = \frac{0.4}{200} = 2 \times 10^{-3} = 20 \times 10^{-4}$$

56 SAE 규격으로 표시한 합금강의 종류가 옳게 짝지어진 것은?

① 13XX : 망간강
② 23XX : 망간-크롬강
③ 51XX : 니켈-크롬-몰리브덴강
④ 61XX : 니켈-몰리브덴강

해설
① 13XX : 망간강(Mn 1.75%)
② 23XX : 니켈강
③ 51XX : 크롬강
④ 61XX : 크롬-바나듐강

57 다음 중 이질 금속 간 부식이 가장 잘 일어날 수 있는 조합은?

① 납 - 철
② 구리 - 알루미늄
③ 구리 - 니켈
④ 크롬 - 스테인리스강

해설
이질 금속 간 부식은 전위차가 클수록 잘 발생되는데, 위의 보기 중에서 전위차가 가장 큰 조합은 구리와 알루미늄이다.

58 항공기의 무게를 측정한 결과 그림과 같다면 이때 중심위치는 MAC의 몇 %에 있는가?(단, 단위는 cm이다)

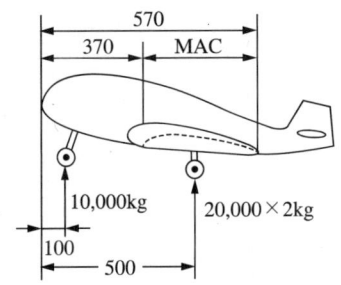

① 20
② 25
③ 30
④ 35

해설

무게중심위치(CG) = $\dfrac{\text{모멘트 합}}{\text{총 무게}}$

$CG = \dfrac{(10,000 \times 100) + (40,000 \times 500)}{10,000 + (20,000 \times 2)} = \dfrac{21,000,000}{50,000}$

$= 420 \text{cm}$

문제에서 MAC의 크기는 570−370=200cm, 무게중심위치(420cm)는 MAC의 50cm 지점에 위치하므로 %MAC = $\dfrac{50}{200}$ = 25(%)

59 항공기 조종계통에 대한 설명으로 옳은 것은?

① 케이블을 왕복으로 설치하는 것은 피해야 한다.
② 케이블 장력이 커지면 풀리에 큰 반력이 생기고 마찰력이 커져 조종성이 떨어진다.
③ 케이블 풀리 간격이 조작하는 거리보다 짧아지는 것이 조종성 안정에 좋다.
④ 케이블은 로드(Rod)보다 작은 공간을 필요로 하므로 현대 항공기에서 많이 사용된다.

60 그림과 같이 반대방향으로 하중이 작용하는 구조물에서 B-C구간의 내력은 몇 N인가?

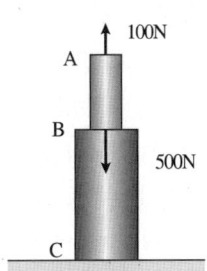

① 100
② −100
③ 400
④ −400

제4과목 항공장비

61 지상의 항행원조시설 없이 항공기의 대지속도, 편류각 및 비행거리를 직접적이고 연속적으로 구하여 장거리를 항행할 수 있게 하는 자립항법장치는?

① 오메가항법
② 도플러레이더
③ 전파고도계
④ 관성항법장치

해설
도플러레이더 항법장치
항공기에서 대지를 향하여 전파를 발사하면 반사되어 온 전파의 주파수 편위로부터 항공기의 속도 및 편류각을 연속적으로 알고, 자이로 컴퍼스를 사용하여 자방위의 정보를 병용하여 항공기의 위치를 얻는다. 이 항법장치는 도플러 레이더, 자이로 컴퍼스, 계산기의 3개의 기기로 구성되어 있다.

62 납산 축전지(Lead Acid Battery)에서 사용되는 전해액은?

① 수산화칼륨 용액
② 불산 용액
③ 수산화나트륨 용액
④ 묽은 황산 용액

해설
묽은 황산 용액을 전해액으로 사용한다.

63 광전 연기 탐지기(Photo Electric Smoke Detector)에 대한 설명으로 틀린 것은?

① 연기 탐지기 내부는 빛의 반사가 없도록 무광 흑색 페인트로 칠해져 있다.
② 연기 탐지기 내의 광전기 셀에서 연기를 감지하여 경고 장치를 작동시킨다.
③ 연기 탐지기 내부로 들어오는 연기는 항공기 내·외의 기압차에 의한다.
④ 광전기 셀은 정해진 온도에서 작동될 수 있도록 가스로 채워져 있다.

해설
광전기 셀은 온도와는 관계없이 연기만을 감지하여 경고장치를 작동시킨다.

64 직류 발전기에서 정류작용을 일으키는 요소는?

① 계자권선
② 전기자 권선
③ 계자철심
④ 브러시와 정류자

해설
직류 발전기에서는 카본 브러시와 원통을 반쪽으로 자른 형태의 정류자(Commutator)를 사용하여 정류자로부터 카본 브러시로 항상 같은 방향의 전류가 전달될 수 있도록 한다.

65 항공기 비상사태 시 승객을 보호하고 탈출 및 구출을 돕기 위한 비상 장비가 아닌 것은?

① 소화기
② 휴대용 버너
③ 구명보트
④ 비상 신호용 장비

해설
휴대용 버너는 비상 장비는 아니다.

66 그림과 같은 회로에서 B와 C단자 사이가 단선되었다면 저항계(Ohm-meter)에 측정된 저항값은 몇 Ω인가?

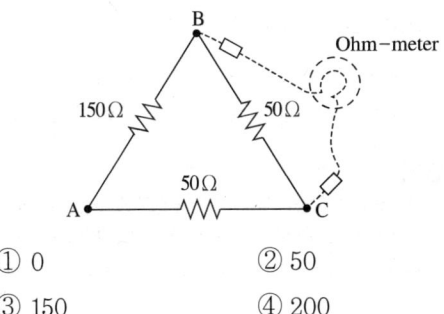

① 0
② 50
③ 150
④ 200

해설
B와 C단자 사이가 끊어졌다면 150Ω과 50Ω 저항이 직렬로 연결된 채로 옴미터에 연결되어 진다. 따라서 200Ω의 저항이 옴미터에 나타나게 된다.

67 지자기의 요소 중 지자기 자력선의 방향과 수평선 간의 각을 의미하는 요소는?

① 복 각
② 수직분력
③ 편 각
④ 수평분력

해설
복각은 수평선과 막대자석(지구 자기의 자력선에 정렬됨)의 방향 사이의 각이다. 극지방으로 갈수록 막대자석이 지면과 각을 이루게 되어 북극, 남극에서는 막대자석이 90°로 지면을 향하게 된다. 따라서 이곳에서는 복각이 90°가 된다.

68 항공기의 연료 탱크에 150lb의 연료가 있고 유량계기의 지시가 75PPH로 일정하다면 연료가 모두 소비되는 시간은?

① 30분
② 1시간 30분
③ 2시간
④ 2시간 30분

해설
연료소비시간 = $\dfrac{연료량}{연료소비율}$ = $\dfrac{150\text{lbf}}{75\text{lbf/h}}$ = 2h

69 정전기방전장치(Static Discharger)에 대한 설명으로 틀린 것은?

① 무선 수신기의 간섭 현상을 줄여주기 위해 동체 끝에 장착한다.
② 비닐이 씌워진 방전장치는 비닐 커버에서 1in 나와 있어야 한다.
③ Null-Field 방전장치의 저항은 0.1Ω을 초과해서는 안 된다.
④ 항공기에 충전된 정전기가 코로나 방전을 일으킴으로써 무선통신기에 잡음방해를 발생시킨다.

해설
정전기방전장치는 동체 끝이 아니라 날개 뒷전(Trailing Edge)에 설치한다.

70 다음 중 계기 착륙 장치(ILS)와 관계가 없는 것은?

① 로컬라이저(Localizer)
② 전방향 표시장치(VOR)
③ 마커 비컨(Marker Beacon)
④ 글라이드 슬로프(Glide Slope)

해설
VOR은 ILS을 구성하는 장치가 아니다.

정답 66 ④ 67 ① 68 ③ 69 ① 70 ②

71 다음 중 유압계통의 장점이 아닌 것은?
① 원격조정이 용이하다.
② 과부하에 대해서도 안전성이 높다.
③ 장치상 구조는 복잡하나 신뢰성이 크다.
④ 운동속도의 조절 범위가 크고 무단변속을 할 수 있다.

해설
유압장치는 구조가 간단하여 신뢰성이 크다.

72 다음 중 피토압에 영향을 받지 않는 계기는?
① 속도계
② 고도계
③ 승강계
④ 선회 경사계

해설
선회 경사계는 자이로스코프를 이용한다.

73 제빙부츠를 취급할 때에 주의해야 할 사항으로 틀린 것은?
① 부츠 위에서 연료 호스(Hose)를 끌지 않는다.
② 부츠 위에 공구나 정비에 필요한 공구를 놓지 않는다.
③ 부츠를 저장하는 경우 그리스나 오일로 깨끗하게 닦은 다음 기름종이로 덮어둔다.
④ 부츠에 흠집이나 열화가 확인되면 가능한 빨리 수리하거나 표면을 다시 코팅한다.

해설
부츠는 고무제품으로서 그리스나 오일에 의해 열화된다. 즉 고무의 성질을 잃는다.

74 단거리 전파 고도계(LRRA)에 대한 설명으로 옳은 것은?
① 기압 고도계이다.
② 고고도 측정에 사용된다.
③ 평균 해수면 고도를 지시한다.
④ 전파 고도계로 항공기가 착륙할 때 사용된다.

해설
전파 고도계는 항공기에서 지표면을 향해 전파를 발사하여 이 전파가 되돌아 올 때의 주파수 차를 측정하여 고도거리를 계산한다. 저고도(2,500ft 이하) 측정을 하며 항공기가 착륙할 때 사용된다.

75 모든 부품을 항공기 구조에 전기적으로 연결하는 방법으로 고전압 정전기의 방전을 도와 스파크 현상을 방지시키는 역할을 하는 것은?
① 접지(Earth)
② 본딩(Bonding)
③ 공전(Static)
④ 절제(Temperance)

해설
부품과 부품 사이를 매우 낮은 저항의 전선으로 연결하여 부품 간에 정전기가 평형을 이루도록 하여 스파크가 발생하는 것을 방지하는 것을 본딩이라 한다.

76 항공기의 기압식 고도계를 QNE 방식에 맞춘다면 어떤 고도를 지시하는가?

① 기압고도　② 진고도
③ 절대고도　④ 밀도고도

해설
QNE방식은 표준대기압(29.92inHg)에 눈금을 맞추어 표준대기압 해면으로부터의 고도(기압고도)를 지시하는 방식이다.

77 객실 여압계통에서 대기압이 객실 안의 기압보다 높은 경우 객실로 자유롭게 들어오도록 사용하는 장치로 진공밸브라고도 하는 것은?

① 부압 릴리프 밸브
② 객실 하강률 조절기
③ 압축기 한계 스위치
④ 슈퍼차저 오버스피드 밸브

해설
부압 릴리프 밸브는 외부 압력이 내부보다 클 경우 외부의 공기가 내부로 들어오도록 허용한다.

78 유압계통에서 장치의 작용과 펌프의 가압에서 발생하는 압력 서지(Surge)를 완화시키는 것은?

① 축압기(Accumulator)
② 체크밸브(Check Valve)
③ 압력조절기(Pressure Regulator)
④ 압력 릴리프 밸브(Pressure Relief Valve)

해설
축압기는 유압계통에서 발생하는 압력 서지를 받아들여서 완화시키는 역할을 한다.

79 자동 방향 탐지기(ADF)의 구성요소가 아닌 것은?

① 전파 자방위 지시계(RMI)
② 무지향성 표시 시설(NDB)
③ 자이로 컴퍼스(Gyro Compass)
④ 루프(Loop), 감도(Sense) 안테나

해설
자이로 컴퍼스는 나침판의 일종이다.

80 압력센서의 전압값을 기준전압 5V의 10bit 분해능의 A/D 컨버터로 변환하려 한다면 센서의 출력 전압이 2.5V일 때 출력되는 이상적인 디지털값은?

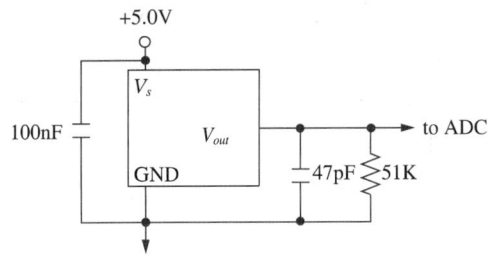

① 128
② 256
③ 512
④ 1,024

해설
상태를 0과 1 즉 2가지로만 나타낼 수 있는 것을 bit라 한다. 1bit는 $2^1=2$, 2bit는 $2^2=4$, …, 9bit는 $2^9=512$, 10bit는 $2^{10}=1,024$의 분해능으로 나타낼 수 있다. 5V를 1,024의 분해능으로 나타낸다면 2.5V의 경우는 512의 분해능으로 나타낼 수 있다.

2014년 제4회 과년도 기출문제

제1과목 항공역학

01 선회비행성능에 대한 설명으로 틀린 것은?

① 정상선회를 하려면 원심력과 양력의 수평성분이 같아야 한다.
② 원심력이 양력의 수평성분인 구심력보다 더 크면 스키드(Skid)가 나타난다.
③ 선회반경을 최소로 하기 위해서는 비행속도를 최소로 하고, 경사각 또한 최소로 하는 것이 좋다.
④ 슬립(Slip)은 경사각이 너무 크거나 방향타의 조작량이 부족할 경우 일어나기 쉽다.

해설
정상선회 시 선회반지름은 $r = \dfrac{V^2}{g\tan\theta}$ 이다. 선회반지름을 최소로 하기 위해서는 비행속도를 최소로 하고, 경사각 θ는 최대가 되어야 한다.

02 날개에서 발생하는 와류(Vortex)에 대한 설명으로 틀린 것은?

① 높은 받음각에서는 점성효과에 의한 유동박리(Flow Separation)로 발생하며 추가적인 양력 감소의 주요 요인이다.
② 와류면(Vortex Surface)을 걸쳐 압력 차이를 유지할 수 있는 날개표면와류(Bound Vortex)는 양력발생과 직접적인 관련이 있다.
③ 날개의 양력분포에 따라 발생하여 공기흐름방향(Down-stream)으로 이동하며 유도항력 발생의 주요 요인이다.
④ 윙렛(Winglet)은 날개 끝에서 발생하는 와류(Wing Tip Vortex)에 의한 유도항력을 감소시키기 위한 효과적인 장치이다.

해설
낮은 받음각에서도 점성효과에 의해 유동박리로 와류가 발생한다.

03 날개면적이 100m²이고 평균공력시위가 5m일 때 가로세로비는 얼마인가?

① 1
② 2
③ 3
④ 4

해설
평균공력시위 $\bar{c} = \dfrac{S}{b}$ 에서 스팬 $b = \dfrac{S}{\bar{c}} = \dfrac{100\text{m}^2}{5\text{m}} = 20\text{m}$,
가로세로비는 $\text{AR} = \dfrac{b}{\bar{c}} = \dfrac{20\text{m}}{5\text{m}} = 4$

1 ③ 2 ① 3 ④ 정답

04 프로펠러의 역피치(Reversing)를 사용하는 주된 목적은?

① 후진비행을 위해서
② 추력의 증가를 위해서
③ 착륙 후의 제동을 위해서
④ 추력을 감소시키기 위해서

해설
프로펠러는 원래 전진 추력을 발생하기 위한 장치이지만, 착륙 시에는 역피치를 시키면 후진 추력을 발생하여 항공기의 제동에 도움을 준다.

05 비행속도가 100m/s이고 프로펠러를 지나는 공기의 속도는 비행속도와 유도속도의 합으로 120m/s가 된다면 공기의 밀도가 $0.125 kgf \cdot s^2/m^4$이고, 프로펠러 디스크의 면적이 $2m^2$일 때 발생하는 추력은 몇 kgf인가?

① 300
② 600
③ 1,200
④ 3,000

해설
추력
$T = \dot{m}v$
질량유량은 $\dot{m} = \rho A \left(V + \dfrac{v}{2} \right)$
$= 0.125 kgf \cdot s^2/m^4 \times 2m^2 \times 120 m/s$
$= 30 kgf \cdot s/m$
프로펠러를 지나는 공기의 속도는 후류속도 v의 반으로 비행속도 V와 합해져서 $V + \dfrac{v}{2} = 100 m/s + \dfrac{v}{2} = 120 m/s$이므로
후류속도는 $v = 40 m/s$
따라서 추력 $T = \dot{m}v = 30 kgf \cdot s/m \times 40 m/s = 1,200 kgf$

06 항공기 이륙거리를 줄이기 위한 방법이 아닌 것은?

① 항공기의 무게를 가볍게 한다.
② 플랩과 같은 고양력 장치를 사용한다.
③ 기관의 추력을 작게 하여 이륙 활주 중 가속도를 증가시킨다.
④ 맞바람을 받으면서 이륙하여 바람의 속도만큼 항공기의 속도를 증가시킨다.

해설
양력이 항공기 중량보다 크면 이륙한다. 양력 $L = C_L \dfrac{1}{2} \rho V^2 S$에서 기관의 추력이 작으면 이륙 활주 중의 가속도가 작아서 속도가 충분히 커지지 못한다.

07 중량이 2,500kgf, 날개면적이 $10m^2$, 최대 양력계수가 1.6인 항공기의 실속속도는 몇 m/s인가?(단, 공기의 밀도는 $0.125 kgf \cdot s^2/m^4$로 가정한다)

① 40
② 50
③ 60
④ 100

해설
실속일 때 $L = W$이다.
$C_L \dfrac{1}{2} \rho V^2 S = W$
$V^2 = \dfrac{2W}{C_L \rho S} = \dfrac{2 \times 2,500 kgf}{1.6 \times 0.125 kgf \cdot s^2/m^4 \times 10m^2} = 2,500 m^2/s^2$
$\therefore V = 50 m/s$

08 날개의 뒤젖힘각 효과(Sweepback Effect)에 대한 설명으로 옳은 것은?

① 방향안정과 가로안정 모두에 영향이 있다.
② 방향안정과 가로안정 모두에 영향이 없다.
③ 가로안정에는 영향이 있고 방향안정에는 영향이 없다.
④ 방향안정에는 영향이 있고 가로안정에는 영향이 없다.

해설
뒤젖힘각 날개는 항공기의 방향안정성과 가로안정성 모두에 좋은 영향을 준다.

09 키돌이(Loop)비행 시 상단점에서의 하중배수를 0이라고 하면 이론적으로 하단점에서의 하중배수는 얼마인가?

① 0
② 1
③ 3
④ 6

해설
하중배수

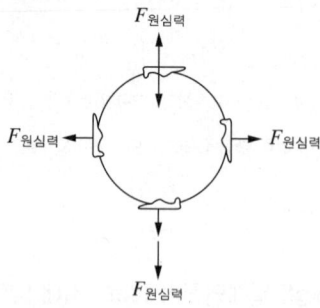

하중배수=$\dfrac{F_{합력}}{W}$로써 비행기에 작용하는 힘의 합력 $F_{합력}$과 중력 W의 비이다. 비행기가 12시 방향에 있을 때 $F_{합력}=F_{원심력}-W=0$이면 하중배수=$\dfrac{F_{합력}}{W}=0$이다. 6시 방향에서는 $F_{합력}=F_{원심력}+W=2W$로써 하중배수=$\dfrac{F_{합력}}{W}=2$가 된다.

※ 저자의견 : 해당 문제 정답 없음

10 다음 중 날개의 캠버와 면적을 동시에 증가시켜 양력을 증가시키는 플랩은?

① 평 플랩(Plain Flap)
② 스플릿 플랩(Split Flap)
③ 파울러 플랩(Fowler Flap)
④ 슬롯티드 평 플랩(Slotted Plain Flap)

해설
파울러 플랩은 전개 시 캠버와 면적을 동시에 증가시킨다.

11 ICAO에서 설정한 해면고도 표준대기에 대한 값이 틀린 것은?

① 압력은 29.92inHg이다.
② 온도는 섭씨 0도이다.
③ 밀도는 1.255kg/m³이다.
④ 음속은 340.29m/s이다.

해설
표준대기의 온도는 15℃이다.

12 항공기의 양항비가 8인 상태로 고도 600m에서 활공을 한다면 수평 활공 거리는 몇 m인가?

① 2,500
② 3,200
③ 4,200
④ 4,800

해설

$\tan\theta = \dfrac{H}{S} = \dfrac{D}{L}$ 이므로

수평 활공 거리는

$S = \dfrac{H}{\dfrac{D}{L}} = \dfrac{L}{D}H = 8 \times 600\text{m}$

$= 4,800\text{m}$

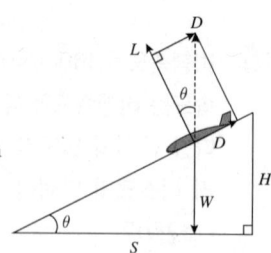

13 다음 중 동점성계수의 단위는?

① m^2/s
② $kg \cdot s/m^2$
③ $kg/m \cdot s$
④ $kg \cdot m/s^2$

해설
레이놀즈수는 $Re = \dfrac{관성력}{점성력} = \dfrac{\rho VD}{\mu} = \dfrac{VD}{\nu}$로 무차원이다.

따라서 동점성계수 ν의 차원은 $[\nu]=[VD]=\dfrac{\text{m}}{\text{s}} \cdot \text{m} = \dfrac{\text{m}^2}{\text{s}}$

14 헬리콥터 날개의 지면효과를 가장 옳게 설명한 것은?

① 헬리콥터 날개의 기류가 지면의 영향을 받아 회전면 아래의 항력이 증가되어 헬리콥터의 무게가 증가되는 현상
② 헬리콥터 날개의 기류가 지면의 영향을 받아 회전면 아래의 양력이 증가되어 헬리콥터의 무게가 증가되는 현상
③ 헬리콥터 날개의 후류가 지면에 영향을 주어 회전면 아래의 항력이 증가되고 양력이 감소되는 현상
④ 헬리콥터 날개의 후류가 지면에 영향을 주어 회전면 아래의 압력이 증가되어 양력의 증가를 일으키는 현상

해설
헬리콥터가 매우 낮게 비행 시 날개 후류가 지면에 영향을 주어 회전면 아래의 압력이 증가되면 양력이 증가된다.

15 동체에 붙는 날개의 위치에 따라 쳐든각 효과의 크기가 달라지는데 그 효과가 큰 것에서 작은 순서로 나열된 것은?

① 높은 날개 - 중간 날개 - 낮은 날개
② 낮은 날개 - 중간 날개 - 높은 날개
③ 중간 날개 - 낮은 날개 - 높은 날개
④ 높은 날개 - 낮은 날개 - 중간 날개

해설
쳐든각 날개는 항공기에 가로안정성을 준다. 쳐든각 날개가 동체에 부착되는 위치가 낮은 데서 높이 올라갈수록 가로안정성이 좋아진다.

16 제트항공기가 최대항속거리를 비행하기 위한 조건은?

① $\left(\dfrac{C_L}{C_D}\right)_{\max}$
② $\left(\dfrac{C_L^{\frac{1}{2}}}{C_D}\right)_{\max}$
③ $\left(\dfrac{C_L^{\frac{3}{2}}}{C_D}\right)_{\max}$
④ $\left(\dfrac{C_L}{C_D^{\frac{1}{2}}}\right)_{\max}$

해설
브레게(Brequet)의 공식에 따르면 제트기의 최대항속거리는 $\left(\dfrac{C_L^{\frac{1}{2}}}{C_D}\right)_{\max}$ 일 때 발생한다.

17 헬리콥터는 제자리비행 시 균형을 맞추기 위해서 주회전 날개 회전면이 회전방향에 따라 동체의 좌측이나 우측으로 기울게 되는데 이는 어떤 성분의 역학적 평형을 맞추기 위해서인가?[단, x, y, z는 기체축(동체축) 정의를 따른다]

① x축 모멘트의 평형
② x축 힘의 평형
③ y축 모멘트의 평형
④ y축 힘의 평형

해설

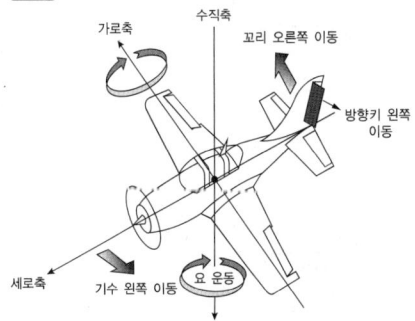

헬리콥터의 기체축 정의도 위와 같은 비행기의 기체축 정의와 같다. 세로축은 x축, 가로축은 y축, 수직축은 z축이다. 헬리콥터가 주회전 날개의 회전면을 동체의 좌측 또는 우측으로 기울이면 발생하는 양력이 y축 방향으로 작용하여 y축 방향의 힘의 평형을 이룬다.

18 조종면에서 앞전 밸런스(Leading Edge Balance)를 설치하는 주된 목적은?

① 양력 증가
② 조종력 경감
③ 항력 감소
④ 항공기 속도 증가

해설
앞전 밸런스는 조종면의 힌지 중심에서 앞쪽을 길게하여 공기력에 의한 모멘트로 조종력을 감소시킨다.

19 경계층에 대한 설명으로 옳은 것은?

① 난류에서만 존재한다.
② 유체의 점성이 작용하는 영역이다.
③ 임계 레이놀즈수 이상에서 생긴다.
④ 흐름의 속도에 영향을 받지 않는다.

해설
유체가 물체 위를 흐를 때 유체의 점성에 의해 경계층이 형성된다. 임계 레이놀즈수를 넘게 되면 층류경계층이 난류경계층으로 바뀐다.

20 양의 세로안정성을 가지는 일반형 비행기의 순항 중 트림 조건으로 알맞은 것은?(단, 화살표는 힘의 방향, ⊕는 무게중심을 나타낸다)

①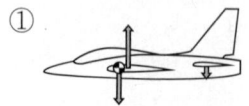

②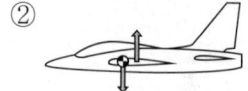

③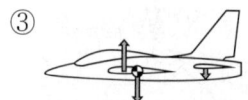

④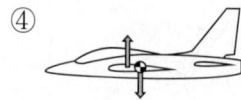

해설
주 날개에서 발생하는 양력은 비행기를 피치다운시키려 하고 꼬리 수평날개에서 발생하는 양력은 아래로 발생하여 비행기를 피치 업시키려 하여 비행기는 수평으로 비행하게 된다.

제2과목 항공기관

21 다음 중 가스터빈기관에서 사용되는 시동기의 종류가 아닌 것은?

① 전기식 시동기(Electric Starter)
② 마그네토 시동기(Magneto Starter)
③ 시동 발전기(Starter Generator)
④ 공기식 시동기(Pneumatic Starter)

해설
마그네토는 왕복기관의 점화플러그에 전기를 공급해 점화시키는 일종의 발전기이다.

22 가스터빈기관의 공기흡입 덕트(Duct)에서 발생하는 램 회복점을 옳게 설명한 것은?

① 램 압력상승이 최대가 되는 항공기의 속도
② 마찰압력 손실이 최소가 되는 항공기의 속도
③ 마찰압력 손실이 최대가 되는 항공기의 속도
④ 흡입구 내부의 압력이 대기 압력으로 돌아오는 점

23 그림과 같은 형식의 가스터빈기관을 무엇이라고 하는가?

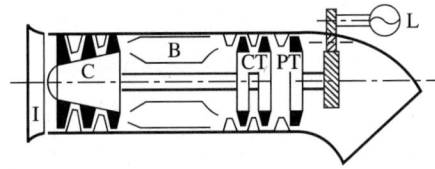

① 터보팬기관
② 터보제트기관
③ 터보축기관
④ 터보프롭기관

해설
자유 터빈에 기어가 연결되어 축을 회전시키는 형식이므로 터보축(터보샤프트)기관이다.

24 열기관에서 열효율을 나타낸 식으로 옳은 것은?

① $\dfrac{일}{공급열량}$
② $\dfrac{공급열량}{방출열량}$
③ $\dfrac{방출열량}{일}$
④ $\dfrac{방출열량}{공급열량}$

해설
열효율 $= \dfrac{일}{공급열량} = \dfrac{공급열량 - 방출열량}{공급열량} = 1 - \dfrac{방출열량}{공급열량}$

25 터빈기관을 사용하는 도중 배기가스온도(EGT)가 높게 나타났다면 다음 중 주된 원인은?

① 연료필터 막힘
② 과도한 연료흐름
③ 오일압력의 상승
④ 과도한 바이패스비

26 열역학 제2법칙에 대한 설명이 아닌 것은?

① 에너지 전환에 대한 조건을 주는 법칙이다.
② 열과 일 사이의 에너지 전환과 보존을 말한다.
③ 열은 그 자체만으로는 저온 물체로부터 고온 물체로 이동할 수 없다.
④ 자연계에 아무 변화를 남기지 않고 어느 열원의 열을 계속하여 일로 바꿀 수는 없다.

해설
열과 일 사이의 에너지 전환과 보존을 말하는 법칙은 열역학 제1법칙이다.

27 연료계통에 사용되는 릴리프 밸브(Relief Valve)에 대한 설명으로 옳은 것은?

① 연료펌프의 출구 압력이 규정치 이상으로 높아지면 펌프 입구로 되돌려 보낸다.
② 연료 여과기(Fuel Filter)가 막히면 계통 내에 여과기를 통과하지 않고 연료를 공급한다.
③ 연료 압력 지시부(Fuel Pressure Transmitter)의 파손을 방지하기 위하여 소량의 연료만 통과시킨다.
④ 연료조절장치(Fuel Control Unit)의 윤활을 위하여 공급되는 연료 압력을 조절한다.

28 왕복기관에서 저압점화계통을 사용할 때 주된 단점과 관계되는 것은?

① 플래시 오버
② 커패시턴스
③ 무게의 증대
④ 고전압 코로나

해설
저압점화계통은 점화플러그로 전기가 공급되기 전에 고전압을 발생시키기 위한 별도의 변압기가 필요하다.

29 왕복기관 오일계통에 사용되는 슬러지 체임버(Sludge Chamber)의 위치는?

① 소기펌프(Scavenge Pump)의 주위에
② 크랭크 축의 크랭크 핀(Crank Pin)에
③ 오일 저장탱크(Oil Storage Tank) 내에
④ 크랭크 축 끝의 트랜스퍼 링(Transfer Ring)에

해설
일부 크랭크 핀은 내부를 중공(Hollow)으로 하여 오일 통로로 이용하면서 불순물이나 탄소 찌꺼기 등을 모아두는 기능을 겸하는데 이를 슬러지 체임버(Sludge Chamber)라고 한다.

30 가스터빈기관의 오일필터를 손상시키는 힘이 아닌 것은?

① 고주파로 인한 피로 힘
② 흐름체적으로 인한 압력 힘
③ 오일이 뜨거운 상태에서 발생하는 압력 힘
④ 열순환(Thermal Cycling)으로 인한 피로 힘

31 다음 중 왕복기관의 출력에 가장 큰 영향을 미치는 압력은?

① 섬프압력
② 오일압력
③ 연료압력
④ 다기관압력(MAP)

해설
다기관압력이 증가할수록 기관 출력도 증가한다.

32 항공기 왕복기관의 연료계통에서 저속과 순항 운전 시 닫히지만 고속 운전 시에 열려서 연소온도를 낮추고 데토네이션을 방지시킬 목적으로 농후 혼합비가 되도록 도와주는 밸브의 명칭은?

① 저속 장치
② 혼합기 조절장치
③ 가속 장치
④ 이코노마이저 장치

해설
이코노마이저 장치는 기관 출력이 클 때 농후 혼합비를 만들어주기 위해 추가적인 연료를 공급해 주는 장치인데, 이것에 이상이 생기면 순항속도 이상의 고출력 시 데토네이션이 발생할 수 있다.

33 프로펠러의 역추력(Reverse Thrust)은 어떻게 발생하는가?

① 프로펠러의 회전속도를 증가시킨다.
② 프로펠러의 회전강도를 증가시킨다.
③ 프로펠러를 부(Negative)의 깃각으로 회전시킨다.
④ 프로펠러를 정(Positive)의 깃각으로 회전시킨다.

해설
역피치 프로펠러는 부(-)의 피치각을 갖도록 한 프로펠러로 역추력이 발생되어 착륙거리를 단축시킬 수 있다.
정상피치 프로펠러와 역피치 프로펠러

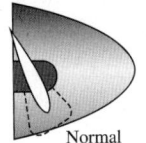

34 왕복기관의 진동을 감소시키기 위한 방법으로 틀린 것은?

① 압축비를 높인다.
② 실린더수를 증가시킨다.
③ 피스톤의 무게를 적게 한다.
④ 평형추(Counter Weight)를 단다.

35 정속 프로펠러를 사용하는 왕복기관에서 순항 시 스로틀 레버만을 움직여 스로틀을 증가시킬 때 나타나는 현상이 아닌 것은?

① 기관의 출력(HP)은 변하지 않는다.
② 기관의 흡기 압력(MAP)이 증가한다.
③ 프로펠러 블레이드 각도가 증가한다.
④ 기관의 회전수(rpm)는 변하지 않는다.

해설
스로틀을 증가시키면 기관의 흡기 압력(MAP)이 증가하면서 기관 출력이 증가하지만 프로펠러 블레이드 각도가 증가하면서 기존에 설정한 프로펠러 회전수는 변하지 않는다.

36 그림과 같은 오토(Otto)사이클의 $P-V$선도에서 압축비를 나타낸 식은?

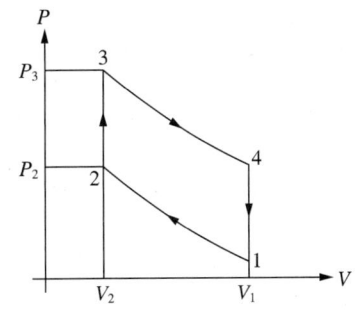

① $\dfrac{V_1}{V_2}$ ② $\dfrac{V_2}{V_1}$

③ $\dfrac{V_2}{V_1+V_2}$ ④ $\dfrac{V_1}{V_1+V_2}$

해설
압축비 = $\dfrac{\text{전체체적}}{\text{연소실체적}} = \dfrac{V_1}{V_2}$

37 가스터빈기관에서 가변정익(Variable Stator Vane)의 목적을 설명한 것으로 옳은 것은?

① 로터의 회전속도를 일정하게 한다.
② 유입공기의 절대속도를 일정하게 한다.
③ 로터에 대한 유입공기의 받음각을 일정하게 한다.
④ 로터에 대한 유입공기의 상대속도를 일정하게 한다.

해설
가변 스테이터 깃(VSV ; Variable Stator Vane)
깃의 피치를 변경시킬 수 있도록 하여, 공기의 흐름 방향과 속도를 변화시킴으로써 회전속도(rpm)가 변하는 데 따라서 회전자 깃의 받음각을 일정하게 하여 압축기 실속을 방지한다.

정답 33 ③ 34 ① 35 ① 36 ① 37 ③

38 왕복기관의 피스톤 지름이 16cm인 피스톤에 65kgf/cm²의 가스압력이 작용하면 피스톤에 미치는 힘은 약 몇 t인가?

① 10   ② 11
③ 12   ④ 13

해설
힘=압력×단면적
$$F = P \times A = P \times \frac{\pi d^2}{4} = 65 \times \frac{\pi \times 16^2}{4}$$
$$= 13,069 \text{kgf} = 13\text{t}$$

39 가스터빈기관에서 축류 압축기의 1단당 압력비가 1.8일 때 압축기가 3단이라면 압력비는 약 얼마인가?

① 5.4   ② 5.8
③ 6.5   ④ 7.8

해설
압축기 전체 압력비를 γ, 단당압력비를 γ_s, 단수를 n이라고 하면
$\gamma = (\gamma_s)^n = 1.8^3 = 5.832$

40 흡입밸브와 배기밸브의 팁 간극이 모두 너무 클 경우 발생하는 현상은?

① 점화시기가 느려진다.
② 오일소모량이 감소한다.
③ 실린더의 온도가 낮아진다.
④ 실린더의 체적효율이 감소한다.

해설
밸브 팁 간극이 크면 밸브는 늦게 열리고 일찍 닫힌다. 따라서 흡기밸브가 일찍 열리고, 배기 밸브는 일찍 닫히게 되는데 이럴 경우 밸브 오버랩의 감소로 인하여 실린더 체적효율이 감소하게 된다.

제3과목 항공기체

41 중심축을 중심으로 대칭인 일정한 직사각형 단면으로 이루어진 보에 하중이 작용하고 있다. 이때 보의 수직응력 중 최대인장 및 압축응력을 나타낸 것으로 옳은 것은?(단, M : 굽힘 모멘트, I : 단면의 관성 모멘트, c : 중립축으로부터 양과 음의 방향으로 맨끝 요소까지의 거리이다)

① $\dfrac{c}{MI}$ ② $\dfrac{I}{Mc}$
③ $\dfrac{Mc}{I}$ ④ $\dfrac{Ic}{M}$

42 다음 중 용접 조인트 형식에 속하지 않는 것은?

① Lap Joint   ② Tee Joint
③ Butt Joint   ④ Double Joint

해설
용접 조인트의 종류

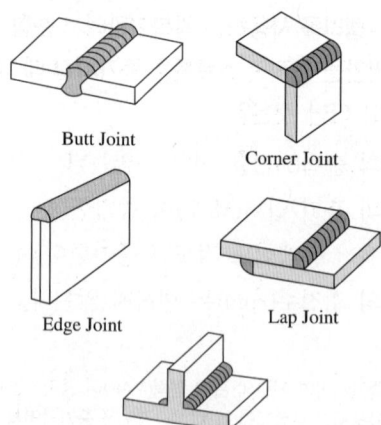

43 클레비스 볼트(Clevis Bolt)에 대한 설명으로 틀린 것은?

① 인장하중이 걸리는 곳에 사용한다.
② 전단하중이 걸리는 곳에 사용한다.
③ 조종계통에 기계적인 핀의 역할로 끼워진다.
④ 보통 스크루 드라이버나 십자 드라이버를 사용한다.

해설
클레비스 볼트는 전단하중이 걸리는 곳에 사용하고, 아이볼트는 인장하중이 걸리는 곳에 대표적으로 사용하는 볼트이다.

44 날개의 가동 장치에서 날개 앞전부분의 일부를 앞으로 밀어내어 날개 본체와 간격을 만들어 높은 압력의 공기를 날개의 윗면으로 유도하여 날개의 윗면을 따라 흐르는 기류의 떨어짐을 막고 실속 받음각을 증가시키는 동시에 최대 양력을 증대시키는 장치는?

① 플 랩   ② 스포일러
③ 슬 랫   ④ 이중간격플랩

해설

SLAT

45 첨단 복합재료로써 가장 오래전부터 실용화를 시도한 섬유이며 가격이 비교적 비싸고 화학 반응성이 커서 취급에 어려운 강화섬유는?

① 알루미나 섬유   ② 탄소섬유
③ 아라미드섬유   ④ 보론섬유

해설
보론섬유(Boron Fiber)
텅스텐의 가는 필라멘트에 보론(붕소)을 증착(Deposition)시켜 만든다. 보론섬유는 뛰어난 압축 강도와 경도를 가지고 있지만 취급이 어렵고, 가격이 비싸다는 단점이 있다.

46 대형 항공기의 날개에 부착되는 2차 조종면으로써 비행 중에 옆놀이 보조 장치로도 사용되는 것은?

① 도움날개   ② 뒷전 플랩
③ 스포일러   ④ 앞전 플랩

해설
스포일러는 날개 윗면에 장착하는 2차 조종면으로, 비행 중에는 옆놀이 보조 장치로 사용되고 지상 착륙 중에는 제동 효과를 높이는 역할을 한다.

47 다음 중 일반적인 항공기의 $V-n$ 선도에서 최대 속도는?

① 설계급강하속도
② 실속속도
③ 설계돌풍운용속도
④ 설계운용속도

해설
V_S(실속속도) < V_A(설계운용속도) < V_B(설계 돌풍 운용속도) < V_C(설계순항속도) < V_D(설계급강하속도)

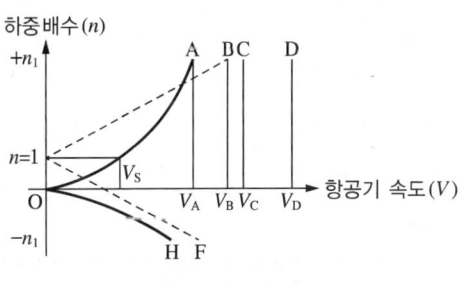
[하중 배수 선도]

48 조종석에서 케이블 또는 케이블로부터 조종면으로 힘을 전달하는 장치가 아닌 것은?

① 페어리드(Fair Lead)
② 쿼드런트(Quardrant)
③ 토크 튜브(Torque Tube)
④ 케이블 드럼(Cable Drum)

해설
페어리드는 힘을 전달하는 장치가 아니고 케이블의 느슨해짐이나 다른 구조와 접촉하는 것을 방지한다.

49 다음 중 장착 전에 열처리가 요구되는 리벳은?

① DD : 2024
② A : 1100
③ KE : 7050
④ M : MONEL

해설
장착 전에 열처리가 요구되는 리벳을 아이스박스 리벳이라고 하며 2017(D)리벳이나 2024(DD)리벳이 여기에 속한다.

50 높이가 H이고 폭이 B인 그림과 같은 직사각형의 무게중심을 원점으로 하는 X축에 대한 관성모멘트는?

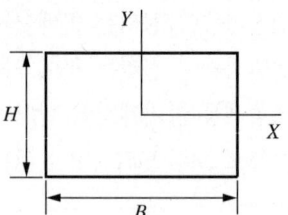

① $\dfrac{BH^3}{36}$ ② $\dfrac{BH^3}{24}$
③ $\dfrac{BH^3}{12}$ ④ $\dfrac{BH^3}{4}$

51 응력외피형 구조의 날개 스파가 주로 담당하는 하중은?

① 날개의 압축
② 날개의 진동
③ 날개의 비틀림
④ 날개의 굽힘

해설
응력외피형 날개에서 스파(Spar)는 날개에 작용하는 하중의 대부분을 담당하는데, 주로 전단력과 굽힘 하중을 담당하고, 외피(Skin)는 비틀림 하중을 담당한다.

52 다음 중 해수에 대해 내식성이 가장 강한 것은?

① 타이타늄   ② 알루미늄
③ 마그네슘   ④ 스테인리스강

해설
문제의 보기에서 내식성이 강한 순서 : 타이타늄 > 스테인리스강 > 알루미늄 > 마그네슘

53 항공기 구조설계의 변화를 시대적인 흐름 순서대로 옳게 나열한 것은?

① 페일세이프설계(Fail Safe Design) → 안전수명설계(Safe Life Design) → 손상허용설계(Damage Tolerance Design)
② 손상허용설계(Damage Tolerance Design) → 안전수명설계(Safe Life Design) → 페일세이프설계(Fail Safe Design)
③ 페일세이프설계(Fail Safe Design) → 손상허용설계(Damage Tolerance Design) → 안전수명설계(Safe Life Design)
④ 안전수명설계(Safe Life Design) → 페일세이프설계(Fail Safe Design) → 손상허용설계(Damage Tolerance Design)

54 다음 중 볼트의 용도 및 식별에 대한 설명으로 가장 거리가 먼 내용은?

① 볼트머리의 X표시는 합금강을 표시한 것이다.
② 볼트머리의 △ 표시는 내식강을 표시한 것이다.
③ 텐션볼트(Tension Bolt)는 인장하중이 걸리는 곳에 사용된다.
④ 시어볼트(Shear Bolt)는 전단하중이 많이 걸리는 곳에 사용된다.

해설
정밀공차볼트

55 양극처리(Anodizing)에 대한 설명으로 옳은 것은?

① 양극피막은 전기에 대한 불량도체이다.
② 금속표면에 산화피막을 형성시키는 것이다.
③ 순수한 알루미늄을 황산에 담가 얇게 코팅하는 것이다.
④ 부식에 대한 저항은 약해지지만 페인트 칠하기에 좋은 표면이 형성된다.

해설
양극산화처리(Anodizing)는 전해액에서 금속을 양극으로 하고, 전류를 통하여 양극에서 발생하는 산소에 의하여 알루미늄과 같은 금속 표면에 산화피막을 형성하는 부식 처리 방법이다. 알루미늄의 산화 피막은 매우 가볍고, 내식성, 착색성, 절연성 등이 우수하다. 황산법, 수산법, 크롬산법 등이 있으나 황산법이 가장 널리 쓰인다.

56 무게가 1,220lb이고, 모멘트가 30,500in · lb인 항공기에 무게가 80lb이고, 900in · lb의 모멘트를 갖는 장치를 장착하였다면 이 항공기의 무게중심위치는 약 몇 in인가?

① 20 ② 24
③ 28 ④ 32

해설
• 새로운 비행기의 무게
$W_{new} = 1,220 + 80 = 1,300 \,(\text{lbs})$
• 새로운 모멘트
$M_{new} = 30,500 + 900 = 31,400 \,(\text{in} \cdot \text{lbs})$
• 새로운 무게중심위치
$CG = \dfrac{M_{new}}{W_{new}} = \dfrac{31,400}{1,300} = 24.15 \,(\text{in})$

정답 53 ④ 54 ② 55 ② 56 ②

57 지상활주 중 지면과 타이어 사이의 마찰에 의한 타이어 밑면의 가로축 방향의 변형과 바퀴의 선회 축 둘레의 진동과의 합성 진동에 의하여 발생하는 착륙장치의 불안정한 공진 현상을 감쇠시키는 것은?

① 올레오(Oleo) 완충장치
② 시미 댐퍼(Shimmy Damper)
③ 번지 스프링(Bungee Spring)
④ 작동 실린더(Actuating Cylinder)

해설
착륙장치와 시미댐퍼

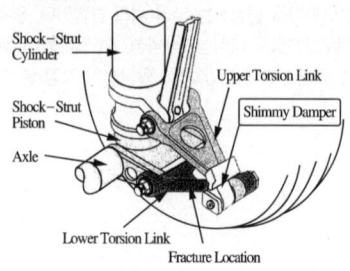

58 0.040in 두께의 판을 서로 접합하고자 할 때 다음 중 가장 적절한 리벳의 직경은?

① 6/32in　② 5/32in
③ 4/32in　④ 3/32in

해설
리벳 지름은 결합되는 판재 중에서 두꺼운 판재의 3배를 선택. 따라서 리벳 지름=0.040×3=0.12in 이상이면 되므로 4/32in가 해당된다.

59 버킹바(Bucking Bar)의 용도로 옳은 것은?

① 드릴을 고정하기 위해 사용한다.
② 리벳을 리벳건에 끼우기 위해 사용한다.
③ 리벳의 머리를 절단하기 위해 사용한다.
④ 리벳 체결 시 반대편에서 벅테일을 성형하기 위해 사용한다.

해설
버킹바의 종류

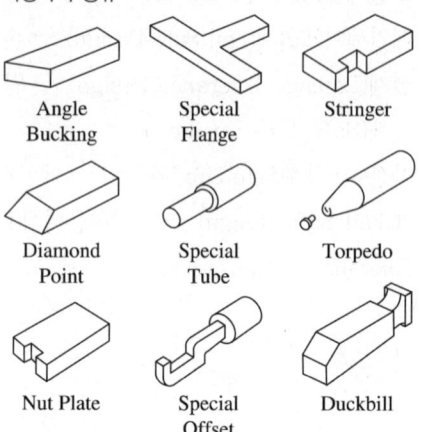

60 실속 속도가 90mph인 항공기를 120mph로 비행 중에 조종간을 급히 당겼을 때 항공기에 걸리는 하중배수는 약 얼마인가?

① 1.5　② 1.78
③ 2.3　④ 2.57

해설
하중배수(n)
$$n = \left(\frac{V}{V_s}\right)^2 = \left(\frac{120}{90}\right)^2 = 1.78$$
여기서, V는 비행속도, V_s는 실속속도

제4과목 항공장비

61 다음 중 연료 유량계의 종류가 아닌 것은?

① 차압식 유량계
② 부자식 유량계
③ 베인식 유량계
④ 동기 전동기식 유량계

해설
- 액량계기 : 직독식 액량계, 플로트식(부자식) 액량계, 전기용량식 액량계
- 유량계기 : 차압식, 베인식, 질량식, 동기 전동기식

62 Proximity Switch에 대한 설명으로 옳은 것은?

① Switch와 피검출물과의 기계적 접촉을 없앤 구조의 Switch이다.
② Micro Switch라고 불리며, 주로 착륙장치 및 플랩 등의 작동 전동기 제어에 사용된다.
③ Switch의 Knob를 돌려 여러 개의 Switch를 하나로 담당한다.
④ 조작 레버가 동작상태를 표시하는 것을 이용하여 조종실의 각종 조작 Switch로 사용된다.

해설
Proximity Switch는 기계적 접촉 없이 검출할 수 있는 스위치이다.

63 저항 30Ω과 리액턴스 40Ω을 병렬로 접속하고 양단에 120V 교류전압을 가했을 때 전전류는 몇 A인가?

① 5
② 6
③ 7
④ 8

해설

인덕터에 흐르는 전류 $I_L = \dfrac{E}{X_L} = \dfrac{120V}{40\Omega} = 3A$

저항에 흐르는 전류 $I_R = \dfrac{E}{R} = \dfrac{120V}{30\Omega} = 4A$

전체 전류 $I_T = \sqrt{I_R^2 + I_L^2} = \sqrt{4^2 + 3^2} = 5A$

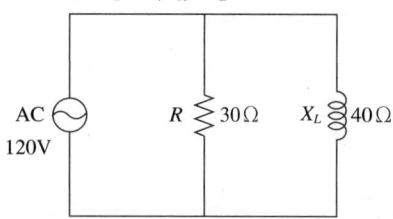

64 다음 중 전기적인 방빙을 사용하는 부분이 아닌 것은?

① 정압공
② 피토튜브
③ 코어 카울링
④ 프로펠러

해설
코어 카울링 즉 가스터빈엔진의 코어의 덮개부위는 엔진의 블리드에어를 사용하여 방빙한다.

65 객실여압조종 계통에서 등압 미터링 밸브가 열림 위치에 있을 때는?

① 객실 압력이 감소할 때
② 객실 고도가 감소할 때
③ 객실 입력이 증가할 때
④ 배출 밸브가 닫힐 때

해설
객실 압력이 높아져서 등압 미터링 밸브(Isobaric Metering Valve)가 열리게 되면 레퍼런스 챔버가 바깥 공기에 노출되어 압력이 낮아지게 된다. 그러면 아웃 플로 밸브가 열려서 객실 공기를 바깥으로 내보내서 객실 압력을 낮추게 된다. 즉 위 문제처럼 등압 미터링 밸브가 열림 위치에 있게 되면 높았던 객실 압력이 감소하게 된다.

66 주파수 체배 증폭회로로 C급이 많이 사용되는 이유는?

① 찌그러짐이 적다.
② 능률이 적다.
③ 자려발진을 방지한다.
④ 고조파분이 많다.

해설
주파수 체배기는 주파수가 낮은 기본주파수 발진기의 주파수를 정수 배로 체배시킨다. 이때 50차수 이하로 체배된 전파를 고조파라 한다. 즉 모든 전파는 기본파와 고조파의 합으로 이루어진다. A급 증폭기는 입력된 전파의 모든 주기(360°)에 대해 증폭시켜 출력하고, B급 증폭기는 입력된 전파의 180° 부분만 증폭시킨다. C급 증폭기는 입력된 전파의 일부 구간 즉 180° 미만 구역만 증폭시킨다. 이때 고조파분이 효율적으로 증폭된다.

67 대형 항공기에서 주로 비상전원으로 사용하는 발전기로 유압펌프를 구동시켜 모든 발전기가 정지된 경우라도 유압을 사용할 수 있도록 하며 프로펠러의 피치를 거버너로 조절해서 정 주파수의 발전을 하는 발전기는?

① 3상 교류발전기
② 공기 구동 교류발전기
③ 단상 교류발전기
④ 브러시리스 교류발전기

해설
항공기에서 모든 정규 발전기 및 배터리의 전원이 공급 불능상태가 될 때 공기 구동 교류발전기(Ram Air Turbine)를 항공기 밖으로 노출시켜 불어오는 공기흐름에 의해 풍차처럼 전기를 발전하여 그 전기로 유압펌프를 구동시키도록 한다.

68 마커비콘(Marker Beacon)의 이너 마커(Inner Marker)의 주파수와 등(Light)색은?

① 400Hz, 황색
② 3,000Hz, 황색
③ 400Hz, 백색
④ 3,000Hz, 백색

해설
이너 마커는 3,000Hz에 백색이다.

69 변압기에 성층 철심을 사용하는 이유는?

① 동손을 감소시킨다.
② 유전체 손실을 적게 한다.
③ 와전류 손실을 감소시킨다.
④ 히스테리스 손실을 감소시킨다.

해설
변압기는 교류전압에 의해 1차 코일에 자기장의 변화가 생기면 2차 코일에 교류전압이 유도되는 장치이다. 이때 유도전류가 와전류의 형태로 발생하게 되는데 변압기 철심을 통짜로 했을 경우 와전류가 3차원적으로 발생하므로 와전류 손실이 크게 된다. 변압기를 절연된 판을 성층시켜 만들면 와전류가 각각의 판 위에 2차원적으로 국한되어 발생하므로 와전류 손실이 작게 된다.

70 자이로(Gyro)에 관한 설명으로 틀린 것은?

① 강직성은 자이로 로터의 질량이 커질수록 강하다.
② 강직성은 자이로 로터의 회전이 빠를수록 강하다.
③ 섭동성은 가해진 힘의 크기에 반비례하고 로터의 회전속도에 비례한다.
④ 자이로를 이용한 계기로는 선회경사계, 방향자이로 지시계, 자이로 수평지시계가 있다.

해설
섭동성이란 자이로에 힘이 가해질 때 그 힘의 방향으로 효과가 나타나지 않고 자이로의 회전방향으로 90° 회전된 방향으로 효과가 나타나는 것을 말한다.

71 유압계통에서 유압작동실린더의 움직임의 방향을 제어하는 밸브는?

① 체크밸브
② 릴리프밸브
③ 선택밸브
④ 프라이오리티밸브

해설
선택밸브를 사용하여 실린더의 움직임 방향을 제어한다.

72 항공기에 장착된 고정용 ELT(Emergency Locator Transmitter)가 송신조건이 되었을 때 송신되는 주파수가 아닌 것은?

① 121.5MHz
② 203.0MHz
③ 243.0MHz
④ 406.0MHz

해설
121.5MHz, 243.0MHz, 406.0MHz로 송신된다.

73 지상에 설치된 송신소나 트랜스폰더를 필요로 하는 항법장치는?

① 거리 측정 장치(DME)
② 자동방향탐지기(ADF)
③ 2차 감시 레이더(SSR)
④ SELCAL(Selective Calling System)

해설
SELCAL은 항공기와 지상간의 통신방법으로서 항공기를 호출하기 위해 트랜스폰더가 항공기에 실려 있어야 하고 지상에서는 송신소가 있어야 한다.

74 공함(Pressure Capsule)을 응용한 계기가 아닌 것은?

① 선회계
② 고도계
③ 속도계
④ 승강계

해설
선회계는 자이로스코프를 이용한 계기이다.

75 다음 중 인천공항에서 출발한 항공기가 태평양을 지나면서 통신할 때 사용하는 적합한 장치는?

① MF통신장치
② LF통신장치
③ VHF통신장치
④ HF통신장치

해설
HF통신, 즉 단파통신장치는 장거리 통신에 적합하다.

정답 71 ③ 72 ② 73 ④ 74 ① 75 ④

76 시동 토크가 크고 입력이 과대하게 되지 않으므로 시동 운전 시 가장 좋은 전동기는?

① 분권 전동기
② 직권 전동기
③ 복권 전동기
④ 화동복권 전동기

해설
직권 전동기는 시동 토크가 크다.

77 자기 컴퍼스 정적오차에 속하지 않는 것은?

① 자차
② 불이차
③ 북선오차
④ 반원차

해설
북선오차는 항공기가 북쪽으로 비행하다가 선회 시 자기 컴퍼스에 발생하는 동적오차이다.

78 자동조종 항법장치에서 위치정보를 받아 자동적으로 항공기를 조종하여 목적지까지 비행시키는 기능은?

① 유도 기능
② 조종 기능
③ 안정화 기능
④ 방향탐지 기능

해설
항공기를 목적지까지 유도하는 기능이다.

79 대형 항공기 공기조화 계통에서 기관으로부터 블리드(Bleed)된 뜨거운 공기를 냉각시키기 위하여 통과시키는 곳은?

① 연료 탱크
② 물 탱크
③ 기관 오일 탱크
④ 열교환기

해설
기관에서 바로 블리드된 뜨거운 공기와 외부의 차가운 공기가 열교환기에서 열을 교환하여 객실에 적절한 온도의 블리드 공기가 공급되게 된다.

80 화재감지계통(Fire Detector System)에 대한 설명으로 옳은 것은?

① 감지기의 꼬임, 눌림 등은 허용범위 이내이더라도 수정하는 것이 바람직하다.
② 감지기의 접속부를 분리했을 때에는 반드시 Copper Crush Gasket을 교환해야 한다.
③ 감지기의 절연저항 점검은 테스터기(Multi-meter)로 충분하다.
④ Ionization Smoke Detector는 수리를 위해서 기내에서 분해할 수 있다.

해설
Copper Crush Gasket은 구리재질로 만들어져 있으며 500°F 온도, 200psi 압력을 견디도록 되어 있으며 가격은 개당 1달러 미만이다. 따라서 일단 분리하면 개스킷을 교환하도록 한다.

2015년 제1회 과년도 기출문제

제1과목 항공역학

01 항공기가 세로 안정하다는 것은 어떤 것에 대해서 안정하다는 의미인가?

① 롤링(Rolling)
② 피칭(Pitching)
③ 요잉(Yawing)과 피칭(Pitching)
④ 롤링(Rolling)과 피칭(Pitching)

[해설]
피칭은 항공기가 무게중심을 중심으로 위아래 방향, 즉 세로 방향으로 움직이는 것이다. 따라서 세로 안정성은 피칭에 대해 안정한 것이다.

02 비행기의 무게가 2,500kg, 큰 날개의 면적이 30m² 이며, 해발고도에서의 실속속도가 100km/h인 비행기의 최대 양력계수는 약 얼마인가?(단, 공기의 밀도는 0.125kg·s²/m⁴이다)

① 1.5
② 1.7
③ 3.0
④ 3.4

[해설]
$V = 100 \text{km/h} = 100 \text{km/h} \times \frac{1,000\text{m}}{1\text{km}} \times \frac{1\text{h}}{3,600\text{s}} = 27.8 \text{m/s}$

$W = L = C_{L_{max}} \frac{1}{2} \rho V^2 S$ 이므로

$C_{L_{max}} = \frac{W}{\frac{1}{2}\rho V^2 S} = \frac{2W}{\rho V^2 S}$

$= \frac{2 \times 2,500 \text{kgf}}{0.125 \frac{\text{kgf} \cdot \text{s}^2}{\text{m}^4} \times (27.8 \text{m/s})^2 \times 30\text{m}^2}$

$= 1.73$

03 항공기 날개에서의 실속현상이란 무엇을 의미하는가?

① 날개상면의 흐름이 층류로 바뀌는 현상이다.
② 날개상면의 항력이 갑자기 0이 되는 현상이다.
③ 날개상면의 흐름속도가 급속히 증가하는 현상이다.
④ 날개상면의 흐름이 날개상면의 앞전 근처로부터 박리되는 현상이다.

[해설]
실속이란 날개에서의 공기 흐름이 표면으로부터 떨어져 나가 흐트러지는 현상이다.

04 날개의 시위길이가 6m, 공기의 흐름 속도가 360km/h, 공기의 동점성계수가 0.3cm²/s일 때 레이놀즈수는 약 얼마인가?

① 1×10^7
② 2×10^7
③ 1×10^8
④ 2×10^8

[해설]
$V = 360 \text{km/h} = \frac{360,000\text{m}}{3,600\text{s}} = 100 \text{m/s}$

$Re = \frac{Vc}{\nu} = \frac{(100\text{m/s})(6\text{m})}{0.3 \times 10^{-4} \text{m}^2/\text{s}} = 2 \times 10^7$

[정답] 1 ② 2 ② 3 ④ 4 ②

05 헬리콥터의 자동회전(Auto Rotation)비행에 대한 설명이 아닌 것은?

① 호버링의 일종으로 양력과 무게의 균형을 유지한다.
② 기관이 고장났을 경우 로터블레이드의 독립적인 자유회전에 의한 강하비행을 말한다.
③ 위치에너지를 운동에너지로 바꾸면서 무동력으로 하강하는 것이다.
④ 공기흐름은 상항공기흐름을 일으켜 착륙에 필요한 양력을 발생시킨다.

해설
헬리콥터의 양력과 무게가 같으면 헬리콥터는 공중에 정지해 있는 호버링을 하게 된다. 기관이 정지되면 중력에 의해 헬리콥터는 자유낙하하므로 아래에서 위로 부는 상항 공기흐름에 의해 로터블레이드가 회전하고 이때 발생하는 양력으로 자유 낙하속도를 감소시켜 천천히 안전 착륙하는 비행을 자동회전이라 한다. 자유 낙하하면서 헬리콥터의 위치에너지가 감소되는 대신에 로터블레이드의 회전 운동에너지로 변환한다.

06 프로펠러의 깃이 미소길이에 발생하는 미소양력이 dL, 항력이 dD이고, 이때의 유효 유입각(Effective Advance Angle)이 α라면 이 미소길이에서 발생하는 미소추력은?

① $dL\cos\alpha - dD\sin\alpha$
② $dL\sin\alpha - dD\cos\alpha$
③ $dL\cos\alpha + dD\sin\alpha$
④ $dL\sin\alpha + dD\cos\alpha$

해설

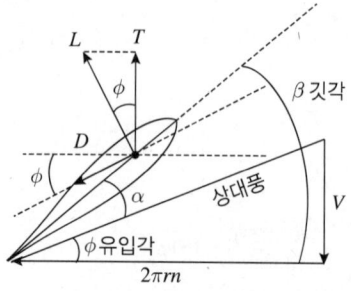

$dT = dL\cos\phi - dD\sin\phi$

07 표준대기의 기온, 압력, 밀도, 음속을 옳게 나열한 것은?

① 15℃, 750mmHg, 1.5kg/m³, 330m/s
② 15℃, 760mmHg, 1.2kg/m³, 340m/s
③ 18℃, 750mmHg, 1.5kg/m³, 340m/s
④ 18℃, 760mmHg, 1.2kg/m³, 330m/s

해설
표준 대기압으로 해면 고도의 압력, 밀도, 온도, 음속 및 중력 가속도는 다음과 같이 정한다.
• 압력 : $P_0 = 760\text{mmHg} = 1.013 \times 10^5 \text{N/m}^2 = 1.033\text{kgf/cm}^2$
• 밀도 : $\rho_0 = 1.225\text{kg/m}^3 = 0.125\text{kgf} \cdot \text{s}^2/\text{m}^4$
• 온도 : $t_0 = 15℃, T_0 = 288\text{K}$
• 음속 : $a_0 = 340\text{m/s}$
• 중력가속도 : $g = 9.8\text{m/s}^2 = 32.2\text{ft/s}^2$

08 무게가 500lbs인 비행기의 마력곡선이 그림과 같다면 수평정상비행할 때 최대상승률은 몇 ft/min인가?(단, HP$_{req}$는 필요마력, HP$_{av}$는 이용마력, 비행경로선과 추력선 사이각, 비행경로각은 작다)

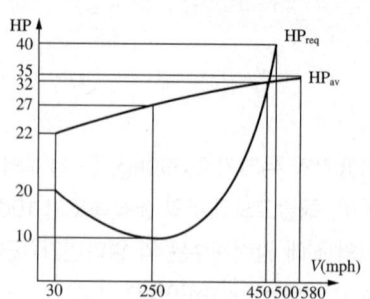

① 1,122
② 1,555
③ 2,360
④ 2,500

해설
잉여동력(여유동력)은 비행기를 수직으로 상승시키는 데 사용된다. 그림에서 최소 필요마력은 10HP이고, 이때의 이용마력은 27HP로서 최대의 잉여동력 17HP가 발생된다.

잉여동력 $17\text{HP} = 17\text{HP} \times \dfrac{33,000\text{lbf} \cdot \text{ft/min}}{1\text{HP}}$
$= 561,000\text{lbf} \cdot \text{ft/min}$

잉여동력 $= WV_V$

$561,000\text{lbf} \cdot \dfrac{\text{ft}}{\text{min}} = (500\text{lbf})V_V$

$\therefore V_V = \dfrac{561,000}{500}\text{ft/min} = 1,122\text{ft/min}$

09 항공기의 동적안정성이 양(+)인 상태에서의 설명으로 옳은 것은?

① 운동의 주기가 시간에 따라 일정하다.
② 운동의 주기가 시간에 따라 점차 감소한다.
③ 운동의 진폭이 시간에 따라 점차 감소한다.
④ 운동의 고유진동수가 시간에 따라 점차 감소한다.

해설
평형의 상태를 벗어난 후 시간이 경과하면서 운동의 진폭이 작아지면 양(+)의 동적안정이라 한다.

10 비행기의 방향안정에 일차적으로 영향을 주는 것은?

① 수평꼬리날개
② 플 랩
③ 수직꼬리날개
④ 날개의 쳐든각

해설
수직꼬리날개는 방향안정성을 준다. 수평꼬리날개는 세로안정성을 준다. 날개의 쳐든각은 가로안정성을 준다.

11 항공기 주위를 흐르는 공기의 레이놀즈수와 마하수에 대한 설명으로 틀린 것은?

① 마하수는 공기의 온도가 상승하면 커진다.
② 레이놀즈수는 공기의 속도가 증가하면 커진다.
③ 마하수는 공기 중의 음속을 기준으로 나타낸다.
④ 레이놀즈수는 공기흐름의 점성을 기준으로 한다.

해설
마하수(M)=$\frac{비행\ 속도(V)}{음속(a)}$이며 무차원이다. 여기서 음속 a는 공기 중에 미소한 교란이 전파되는 속도로, 온도가 증가할수록 빨라진다. 즉, $a = \sqrt{\gamma RT}$로서 γ는 공기의 비열비 1.40이며 R은 공기의 기체상수로서 $R = 287 m^2/(s^2 \cdot K)$이며 T는 절대 온도이다. 공기의 온도가 올라가면 음속 a는 증가한다. 따라서 마하수 M은 감소한다.

12 유체흐름을 이상유체(Ideal Fluid)로 설정하기 위한 조건으로 옳은 것은?

① 압력변화가 없다.
② 온도변화가 없다.
③ 흐름속도가 일정하다.
④ 점성의 영향을 무시한다.

해설
점성이 유체흐름에 영향을 미치지 않는 유동, 즉 이상적인 유체가 흐르는 이상 유동(Ideal Flow)은 비점성유동이다.

13 프로펠러에 흡수되는 동력과 프로펠러의 회전수(n), 프로펠러의 지름(D)에 대한 관계로 옳은 것은?

① n의 제곱에 비례하고, D의 제곱에 비례한다.
② n의 제곱에 비례하고, D의 3제곱에 비례한다.
③ n의 3제곱에 비례하고, D의 4제곱에 비례한다.
④ n의 3제곱에 비례하고, D의 5제곱에 비례한다.

해설
양력의 공식 $L = C_L \frac{1}{2} \rho V^2 S$와 유사하게 프로펠러의 추력 T는 $T = C_T \rho n^2 D^4$로 나타낼 수 있다. 여기서, n은 회전수 rev/s이고 D는 프로펠러의 지름이다. 따라서 nD는 (회전원 둘레)속도가 되므로 $n^2 D^2$는 속도의 제곱, 즉 양력 L의 V^2항과 같은 역할을 한다. 여기에 D^2이 추가되어 양력 L의 면적 S의 역할을 한다. 프로펠러의 동력은 $P = $추력$\times$회전원 둘레속도이므로 $T = C_T \rho n^2 D^4$에 회전원 둘레속도 nD를 곱하면 $P = C_P \rho n^3 D^5$로 나타낼 수 있다.

14 비행기의 조종력을 결정하는 요소가 아닌 것은?

① 조종면의 크기
② 비행기의 속도
③ 비행기의 추진효율
④ 조종면의 힌지모멘트 계수

해설
비행기의 조종력은 조종면에 작용하는 양력, 항력, 모멘트력을 이겨내야 한다. 양력은 $L=\frac{1}{2}\rho V^2 SC_L$이고 항력은 $D=\frac{1}{2}\rho V^2 SC_D$이다. 모멘트는 이와 유사하게 힌지모멘트 계수 C_M과 면적 S, 동압이 포함되게 되므로 조종력은 조종면의 크기, 비행기의 속도, 힌지모멘트 계수에 의해 결정된다.

15 정상선회에 대한 설명으로 옳은 것은?

① 경사각이 크면 선회반경은 커진다.
② 선회반경은 속도가 클수록 작아진다.
③ 경사각이 클수록 하중배수는 커진다.
④ 선회 시 실속속도는 수평비행 실속속도보다 작다.

해설
선회 비행 시에는 하중배수가 $n=\dfrac{L_{선회}}{W}=\dfrac{W/\cos\theta}{W}=\dfrac{1}{\cos\theta}$이다. 즉, 경사각 θ가 증가할수록 $\cos\theta$는 줄어들므로 하중배수 n은 늘어난다. 즉, 경사각이 클수록 양력은 수평방향으로 기울어지므로 비행기 무게를 감당하기 위해서는 양력의 크기가 더 커져야 한다.

16 헬리콥터 회전날개의 추력을 계산하는 데 사용되는 이론은?

① 기관의 연료 소비율에 따른 연소 이론
② 로터 블레이드의 코닝각의 속도변화 이론
③ 로터 블레이드의 회전관성을 이용한 관성 이론
④ 회전면 앞에서의 공기유동량과 회전면 뒤에서의 공기 유동량의 차이를 운동량에 적용한 이론

해설
프로펠러(로터 블레이드)에서 발생하는 추력은 운동량의 공식을 따른다. $T=\dot{m}v$, 여기서 v는 프로펠러의 회전에 의해 증가된 속도이다.

17 비행기가 착륙할 때 활주로 15m 높이에서 실속속도보다 더 빠른 속도로 활주로에 진입하며 강하하는 이유는?

① 비행기의 착륙거리를 줄이기 위해서
② 지면효과에 의한 급격한 항력증가를 줄이기 위해서
③ 항공기 소음을 속도증가를 통해 감소시키기 위해서
④ 지면 부근의 돌풍에 의한 비행기의 자세교란을 방지하기 위해서

해설
비행기가 착륙할 때 진입 고도 15m에서의 진입 속도는 실속 속도보다 약 1.3배로 유지한다. 이는 지면 부근의 돌풍의 영향을 덜 받기 위해서이다.

18 프로펠러 항공기가 최대 항속거리로 비행할 수 있는 조건으로 옳은 것은?(단, C_D는 항력계수, C_L은 양력계수이다)

① $\left(\dfrac{C_D}{C_L}\right)_{최대}$
② $\left(\dfrac{C_L^{\frac{1}{2}}}{C_D}\right)_{최대}$
③ $\left(\dfrac{C_L}{C_D}\right)_{최대}$
④ $\left(\dfrac{C_D^{\frac{1}{2}}}{C_L}\right)_{최대}$

해설
브레게(Breguet)의 공식에 따르면 프로펠러 항공기의 최대 항속거리는 $\left(\dfrac{C_L}{C_D}\right)$최대일 때 발생한다.

14 ③ 15 ③ 16 ④ 17 ④ 18 ③

19 그림과 같은 항공기의 운동은 어떤 운동의 결합으로 볼 수 있는가?

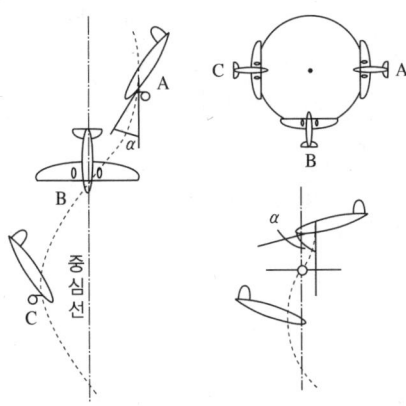

① 자전운동(Autorotation)+수직강하
② 자전운동(Autorotation)+수평선회
③ 균형선회(Turn Coordination)+빗놀이
④ 균형선회(Turn Coordination)+수직강하

해설
항공기가 중심선을 중심으로 회전하며 강하한다.

20 날개 뿌리 시위길이가 60cm이고 날개 끝 시위길이가 40cm인 사다리꼴 날개의 한 쪽 날개 길이가 150cm일 때 평균 시위길이는 몇 cm인가?

① 40   ② 50
③ 60   ④ 75

해설
사다리꼴 날개의 면적은 $S = \frac{1}{2}$(밑변+윗변)높이
$= \frac{1}{2}(60cm+40cm)150cm = 7,500cm^2$

따라서 평균 공력시위는 $\bar{c} = \frac{S}{b} = \frac{7,500cm^2}{150cm} = 50cm$

제2과목 항공기관

21 체적 10cm³ 속의 완전기체가 압력 760mmHg 상태에서 체적이 20cm³로 단열팽창하면 압력은 약 몇 mmHg로 변하는가?(단, 비열비는 1.4이다)

① 217   ② 288
③ 302   ④ 364

해설
단열과정이므로
$P_1 v_1^k = P_2 v_2^k$
$P_2 = P_1 \left(\frac{v_1}{v_2}\right)^k$
$P_2 = 760 \left(\frac{10}{20}\right)^{1.4}$
∴ $P_2 = 760 \times (0.5)^{1.4} \fallingdotseq 287.986 mmHg$

22 왕복기관의 마그네토가 점화에 유효한 고전압을 발생할 수 있는 최소 회전속도를 무엇이라고 하는가?

① E-갭 스피드(E-Gap Speed)
② 아이들 회전수(Idle Speed)
③ 2차 회전수(Secondary Speed)
④ 커밍-인 스피드(Comming-in Speed)

해설
기관 시동 시 크랭크축 회전 속도는 약 80rpm 정도로서 마그네토에서 유도되는 전압은 매우 낮다. 그러므로 점화 플러그에서 불꽃이 일어나기 위해서는 마그네토 회전 영구자석의 회전속도가 지정된 속도 이상이 되어야 한다. 이 속도를 마그네토의 유효 회전속도(Comming-in Speed)라고 하며, 일반적으로 100~200rpm 정도가 된다.

정답 19 ① 20 ② 21 ② 22 ④

23 항공기용 왕복기관의 밸브 개폐 시기가 다음과 같다면 밸브 오버랩(Valve Over Lap)은 몇 도(°)인가?

| I.O : 30° BTC | E.O : 60° BBC |
| I.C : 60° ABC | E.C : 15° ATC |

① 15　　② 45
③ 60　　④ 75

해설
밸브 오버랩은 흡기밸브와 배기밸브가 동시에 열려 있는 구간이므로 30°+15°=45°

24 가스터빈기관의 효율이 높을수록 얻을 수 있는 장점이 아닌 것은?

① 연료 소비율이 작아진다.
② 활공거리를 길게 할 수 있다.
③ 같은 적재연료에서 항속거리를 길게 할 수 있다.
④ 필요한 적재연료의 감소분만큼 유상하중을 증가시킬 수 있다.

해설
활공(Gliding)이란 엔진이 작동되지 않는 상태에서 비행하는 것이므로 활공거리와 엔진 효율은 직접적인 관계가 없다.

25 팬 블레이드의 미드 스팬 슈라우드(Mid Span Shroud)에 대한 설명으로 틀린 것은?

① 유입되는 공기의 흐름을 원활하게 하여 공기역학적인 항력을 감소시킨다.
② 팬 블레이드 중간에 원형링을 형성하게 설치되어 있다.
③ 상호 마찰로 인한 마모현상을 줄이기 위해 주기적으로 코팅을 한다.
④ 공기흐름에 의한 블레이드의 굽힘현상을 방지하는 기능을 한다.

해설
미드 스팬 슈라우드
길이가 긴 압축기 블레이드(Blade)의 경우에는 미드 스팬 슈라우드가 장착되어 강한 기류에 의한 굽힘 작용에 대하여 블레이드를 서로 지지하게 하여 굽힘을 방지한다.

26 항공기 기관용 윤활유의 점도지수(Viscosity Index)가 높다는 것은 무엇을 의미하는가?

① 온도변화에 따른 윤활유의 점도 변화가 작다.
② 온도변화에 따른 윤활유의 점도 변화가 크다.
③ 압력변화에 따른 윤활유의 점도 변화가 작다.
④ 압력변화에 따른 윤활유의 점도 변화가 크다.

해설
점도 지수란 오일의 점도와 온도의 관계를 지수로 나타낸 것으로서 온도가 상승하면 오일의 점도는 낮아지고 반대로 온도가 낮아지면 오일의 점도가 커진다. 점도 지수가 높다는 것은 온도변화에 대한 점도 변화가 적다는 것을 나타내는 것이다.

27 [보기]에서 왕복기관과 비교했을 때 가스터빈기관의 장점만을 나열한 것은?

┌─보기─────────────────┐
(A) 중량당 출력이 크다.
(B) 진동이 작다.
(C) 소음이 작다.
(D) 높은 회전수를 얻을 수 있다.
(E) 윤활유의 소모량이 적다.
(F) 연료 소모량이 적다.
└──────────────────────┘

① (A), (B), (D), (E)
② (A), (C), (D), (F)
③ (B), (C), (E), (F)
④ (A), (D), (E), (F)

28 경항공기에서 프로펠러 감속기어(Reduction Gear)를 사용하는 주된 이유는?

① 구조를 간단히 하기 위하여
② 깃의 숫자를 많게 하기 위하여
③ 깃 끝 속도를 제한하기 위하여
④ 프로펠러 회전속도를 증가시키기 위하여

해설
프로펠러 깃 끝 속도가 음속보다 크면 실속이 발생하므로 감속기어를 설치하여 깃 끝 속도를 음속 이하로 제한한다.

29 정속 프로펠러에서 프로펠러가 과속 상태(Over Speed)가 되면 조속기 플라이 웨이트(Fly Weight)의 상태는?

① 밖으로 벌어진다.   ② 무게가 감소된다.
③ 안으로 오므라든다. ④ 무게가 증가된다.

해설
프로펠러가 과속상대기 되면 플라이 웨이트 회전수가 증가하게 되고 따라서 원심력이 상승하면서 밖으로 벌어지게 된다. 이때 파일럿 밸브는 위로 이동하면서 윤활유가 배출되고 프로펠러는 고피치 위치가 된다.

30 왕복기관의 실린더를 분해 및 조립할 때 주의사항으로 틀린 것은?

① 실린더를 장착할 때 12시 방향의 너트를 먼저 조인 후 다른 너트를 조인다.
② 실린더를 떼어내기 전에 외부에 부착된 부품들을 먼저 떼어낸다.
③ 실린더를 떼어낼 때 피스톤 행정을 배기 상사점 위치에 맞춘다.
④ 실린더를 장착할 때 피스톤 링의 터진 방향을 링의 개수에 따라 균등한 각도로 맞춘다.

해설
실린더 장탈 시 피스톤의 위치는 압축 상사점 위치에 놓아야 한다.

31 가스터빈기관에서 압축기 실속(Compressor Stall)의 원인이 아닌 것은?

① 압축기의 손상
② 터빈의 변형 또는 손상
③ 설계 rpm 이하에서의 기관작동
④ 기관 시농용 블리드 공기의 낮은 입력

해설
압축기 실속 원인
• 엔진 유입 공기흐름이 일정하지 않을 때
• 과도한 연료 흐름으로 인한 급가속 시
• 손상된 압축기 블레이드와 스테이터 베인
• 시동 시 발생하는 공기 압축기 뒤쪽의 누적현상
• 공기흐름에 비해 과도하게 높거나 낮은 rpm

정답 27 ① 28 ③ 29 ① 30 ③ 31 ④

32 왕복기관 동력을 발생시키는 행정은?
① 흡입행정   ② 압축행정
③ 팽창행정   ④ 배기행정

33 가스터빈기관의 시동계통에서 자립회전속도(Self-Accelerating Speed)의 의미로 옳은 것은?
① 시동기를 켤 때의 회전속도
② 점화가 일어나서 배기가스 온도가 증가되기 시작하는 상태에서의 회전속도
③ 아이들(Idle) 상태에 진입하기 시작했을 때의 회전속도
④ 시동기의 도움 없이 스스로 회전하기 시작하는 상태에서의 회전속도

34 윤활유 여과기에 대한 설명으로 옳은 것은?
① 카트리지형은 세척하여 재사용이 가능하다.
② 여과능력은 여과기를 통과할 수 있는 입자의 크기인 미크론(Micron)으로 나타낸다.
③ 바이패스밸브는 기관 정지 시 윤활유의 역류를 방지하는 역할을 한다.
④ 바이패스밸브는 필터의 출구압력이 입구압력보다 높을 때 열린다.

[해설]
카트리지형 여과기는 스크린형과는 달리 주기적으로 교환해 주어야 하며, 체크밸브는 윤활유의 역류를 방지하는 역할을 하며, 바이패스 밸브는 필터의 입구압력이 출구압력보다 높을 때 열린다.

35 항공기 왕복기관의 오일 탱크 안에 부착된 호퍼(Hopper)의 주된 목적은?
① 오일을 냉각시켜 준다.
② 오일 압력을 상승시켜 준다.
③ 오일 내의 연료를 제거시켜 준다.
④ 시동 시 오일의 온도 상승을 돕는다.

[해설]
오일 탱크에 있는 차가운 오일은, 탱크 안에 설치되어 있는 호퍼(Hopper) 내에서 기관을 순환한 뜨거운 오일과 섞여 온도가 상승하여 기관으로 공급된다.

36 단열변화에 대한 설명으로 옳은 것은?
① 팽창일을 할 때는 온도가 올라가고 압축일을 할 때는 온도가 내려간다.
② 팽창일을 할 때는 온도가 내려가고 압축일을 할 때는 온도가 올라간다.
③ 팽창일을 할 때와 압축일을 할 때에 온도가 모두 올라간다.
④ 팽창일을 할 때와 압축일을 할 때에 온도가 모두 내려간다.

37 부자식 기화기에서 기관이 저속 상태일 때 연료를 분사하는 장치는?

① Venturi
② Main Discharge Nozzle
③ Main Orifice
④ Idle Discharge Nozzle

해설
완속 노즐은 완속 운전으로 인해 주연료 노즐에서 연료가 분출될 수 없을 때 연료를 공급해 주는 역할을 한다.

38 가스터빈기관의 연소실에 부착된 부품이 아닌 것은?

① 연료노즐
② 선회깃
③ 가변정익
④ 점화플러그

해설
가변정익은 압축기에 부착된 부품이다.

39 항공기 왕복기관의 제동마력과 단위시간당 기관이 소비한 연료 에너지와의 비는 무엇인가?

① 제동열효율
② 기계열효율
③ 연료소비율
④ 일의 열당량

40 다음 중 민간 항공기용 가스터빈기관에서 주로 사용되는 연료는?

① JP-4
② Jet A-1
③ JP-8
④ Jet B-5

해설
항공기 연료의 종류
• 왕복기관용 : AV-GAS
• 가스터빈기관용(군용) : JP-4, JP-5, JP-6, JP-8 등
• 가스터빈기관용(민간용) : Jet A, Jet A-1, Jet B

정답 37 ④ 38 ③ 39 ① 40 ②

제3과목 항공기체

41 복합재료에서 모재(Matrix)와 결합되는 강화재(Reinforcing Material)로 사용되지 않는 것은?

① 유리
② 탄소
③ 에폭시
④ 보론

해설
에폭시는 모재로 사용되는 열경화성 수지의 일종이다.

42 접개들이 착륙장치를 비상으로 내리는(Down) 3가지 방법이 아닌 것은?

① 핸드펌프로 유압을 만들어 내린다.
② 축압기에 저장된 공기압을 이용하여 내린다.
③ 핸들을 이용하여 기어의 업(Up) 로크를 풀었을 때 자중에 의하여 내린다.
④ 기어핸들 밑에 있는 비상 스위치를 눌러서 기어를 내린다.

43 조종간의 작동에 대한 설명으로 옳은 것은?

① 조종간을 뒤로 당기면 승강타가 내려간다.
② 조종간을 앞으로 밀면 양쪽의 보조날개가 내려간다.
③ 조종간을 왼쪽으로 움직이면 왼쪽의 보조날개가 내려간다.
④ 조종간을 오른쪽으로 움직이면 왼쪽의 보조날개가 내려간다.

해설
- 조종간 뒤로 당김 → 승강타가 올라감 → 동체 꼬리부분 내려감 → 기수 올라감
- 조종간 오른쪽으로 움직임 → 왼쪽 보조날개 내려감(오른쪽 보조날개 올라감) → 왼쪽 주 날개 올라감(오른쪽 주 날개 내려감) → 조종석에서 볼 때 오른쪽으로 기울어지며 선회한다.

44 판재를 절단하는 가공 작업이 아닌 것은?

① 펀칭(Punching)
② 블랭킹(Blanking)
③ 트리밍(Trimming)
④ 크림핑(Crimping)

해설
- 절단작업(Cutting) : 블랭킹, 펀칭, 트리밍, 셰이빙(Shaving)
- 성형작업(Forming) : 수축가공(Shrinking), 클림핑, 범핑(Bumping) 등

45 진주색을 띠고 있는 알루미늄합금 리벳은 어떤 방식 처리를 한 것인가?

① 양극처리를 한 것이다.
② 금속도료로 도장한 것이다.
③ 크롬산 아연 도금한 것이다.
④ 니켈, 마그네슘으로 도금한 것이다.

해설
양극산화처리(Anodizing, 아노다이징)는 전기적인 방법으로 금속 표면에 산화 피막을 형성하는 방식법으로서, 도금과는 달리 아주 얇은 두께의 피막을 형성하며, 황산법, 수산법, 크롬산법 등이 있다.

46 용접 작업에 사용되는 산소·아세틸렌 토치 팁(Tip)의 재질로 가장 적당한 것은?

① 납 및 납 합금
② 구리 및 구리 합금
③ 마그네슘 및 마그네슘 합금
④ 알루미늄 및 알루미늄 합금

해설
가스용접 토치의 팁(Tip)은 구리나 구리 합금으로 만들며, 그 크기는 숫자로 표시한다.

47 한쪽 끝은 고정되어 있고, 다른 한쪽 끝은 자유단으로 되어있는 지름이 4cm, 길이가 200cm인 원기둥의 세장비는 약 얼마인가?

① 100　　② 200
③ 300　　④ 400

해설
세장비 $\lambda = \dfrac{l}{k}$
여기서, l : 기둥유효길이
k : 최소회전반지름(최소 단면 2차 반지름)
원의 최소회전반지름은 $d/4$이므로
$\lambda = \dfrac{200}{\frac{4}{4}} = 200$

48 연료를 제외한 적재된 항공기의 최대 무게를 나타내는 것은?

① 최대 무게(Maximum Weight)
② 영 연료 무게(Zero Fuel Weight)
③ 기본 자기 무게(Basic Empty Weight)
④ 운항 빈 무게(Operating Empty Weight)

해설
항공기 하중의 종류
• 총 무게(Gross Weight) : 항공기에 인가된 최대 하중
• 자기 무게(Empty Weight) : 항공기 무게 계산 시 기초가 되는 무게
• 유효 하중(Useful Load) : 적재량이라고도 하며 항공기 총무게에서 자기 무게를 뺀 무게
• 영 연료 무게(Zero Fuel Weight) : 항공기 총무게에서 연료를 뺀 무게

49 샌드위치(Sandwich)구조에 대한 설명으로 옳은 것은?

① 트러스구조의 대표적인 형식이다.
② 강도와 강성에 비해 다른 구조보다 두꺼워 항공기의 중량이 증가하는 편이다.
③ 동체의 외피 및 주요 구조부분에 사용되는 경우가 많다.
④ 구조골격의 설치가 곤란한 곳에 상하 외피 사이에 벌집구조를 접착재로 고정하여 면적당 무게가 적고 강도가 큰 구조이다.

50 항공기의 안전운항을 담당하는 기관에서 항공기를 사용 목적이나 소요 비행 상태의 정도에 따라 분류하여 정하는 하중배수와 같은 값이 될 때의 속도는?

① 설계운용속도　　② 설계급강하속도
③ 설계순항속도　　④ 설계돌풍운용속도

해설
항공기가 어떤 속도로 수평 비행을 하다가 갑자기 조종간을 당겨서 최대 양력 계수의 상태로 될 때 날개에 작용하는 하중배수가 그 항공기의 설계 제한 하중배수와 같게 되면 이 수평속도를 설계운용속도라고 한다.

정답 46 ② 47 ② 48 ② 49 ④ 50 ①

51 플러시 머리(Flush Head) 리벳작업을 할 때 끝거리 및 리벳간격의 최소기준으로 옳은 것은?
① 끝거리는 리벳직경의 2.5배 이상, 간격은 3배 이상
② 끝거리는 리벳직경의 3배 이상, 간격은 2배 이상
③ 끝거리는 리벳직경의 2배 이상, 간격은 3배 이상
④ 끝거리는 리벳직경의 3배 이상, 간격은 3배 이상

52 다음 중 항공기의 부식을 발생시키는 요소로 볼 수 없는 것은?
① 탱크 내의 유기물
② 해면상의 대기 염분
③ 암회색의 인산철 피막
④ 활주로 동결 방지제의 염산

[해설]
암회색의 인산철 피막은 방식 처리 작업에서 볼 수 있는 형태이다.

53 항공기의 무게중심이 기준선에서 90in에 있고, MAC의 앞전이 기준선에서 82in인 곳에 위치한다면 MAC가 32in인 경우 중심은 몇 %MAC인가?
① 15   ② 20
③ 25   ④ 35

[해설]
평균공력시위(MAC ; Mean Aerodynamic Chord) : 항공기 날개의 공기역학적인 시위
$$\%MAC = \frac{CG - S}{MAC} \times 100$$
여기서, CG : 기준선에서 무게중심까지의 거리
S : 평균 공력 시위의 앞전까지의 거리
MAC : 평균 공력 시위의 길이
$$\%MAC = \frac{90 - 82}{32} \times 100 = 25(\%)$$

54 그림과 같은 항공기 동체 구조에 대한 설명으로 틀린 것은?

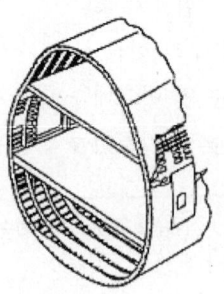

① 외피가 두꺼워져 미사일의 구조에 적합하다.
② 응력스킨구조의 대표적인 형식 중 하나이다.
③ 외피는 하중의 일부만 담당하고 나머지 하중은 골조구조가 담당한다.
④ 벌크헤드, 프레임, 세로대, 스트링어, 외피 등의 부재로 이루어진다.

[해설]
그림은 세미모노코크 동체 구조인데 반해, 외피가 두꺼워서 미사일 구조에 적합한 구조는 모노코크 구조이다.

55 진공백을 이용한 항공기의 복합재료 수리 시 사용되는 것이 아닌 것은?
① 요크   ② 블리더
③ 필 플라이   ④ 블레이더

56 고속 항공기 기체의 재료로서 알루미늄 합금이 적합하지 않을 경우 타이타늄 합금으로 대체한다면 알루미늄 합금의 어떠한 이유 때문인가?

① 마찰저항이 너무 크다.
② 온도에 대한 제1변태점이 비교적 낮다.
③ 충격에너지를 효과적으로 흡수하지 못한다.
④ 비중이 높아 항공기 기체의 중량이 너무 크다.

57 케이블 조종계통에 사용되는 페어리드 역할이 아닌 것은?

① 작은 각도의 범위에서 방향을 유도한다.
② 작동 중 마찰에 의한 구조물의 손상을 방지한다.
③ 케이블의 엉킴이나 다른 구조물과의 접촉을 방지한다.
④ 케이블의 직선운동을 토크튜브의 회전운동으로 바꿔준다.

[해설]
조종계통 관련 장치
- 페어리드 : 케이블이 벌크헤드의 구멍이나 다른 금속이 지나가는 곳에 사용되며 케이블의 느슨함을 막고 다른 구조와의 접촉을 방지한다.
- 풀리 : 케이블의 방향을 바꾼다.
- 턴버클 : 케이블의 장력을 조절하는 장치
- 벨 크랭크 : 조종 로드가 장착되며 로드가 움직이는 방향을 변화시켜 준다.
- 스토퍼 : 움직이는 양(변위)의 한계를 정해 주는 장치로서 조종계통에는 도움날개, 승강키 및 방향키의 운동 범위를 제한한다.

58 그림과 같이 길이 L 전체에 등분포하중 q를 받고 있는 단순보의 최대전단력은?

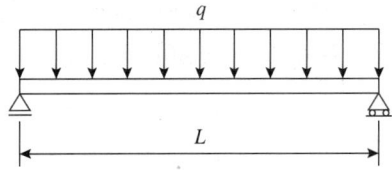

① $\dfrac{q}{L}$ ② $\dfrac{qL}{4}$

③ $\dfrac{qL}{2}$ ④ $\dfrac{qL^2}{8}$

[해설]
위와 같은 등분포하중을 받는 단순보에서의 최대 전단력은 보의 끝단($x=0$)에서 발생하며, 그곳 반력(R_A)의 크기와 같다.
$$V = R_A - qx = \dfrac{qL}{2}$$

59 리벳을 열처리하여 연화시킨 다음 저온 상태의 아이스박스에 보관하면 리벳의 시효 경화를 지연시켜 연화상태가 유지되는 리벳은?

① 1100 ② 2024
③ 2117 ④ 5056

[해설]
알루미늄 리벳 가운데 2017, 2024 리벳 등이 아이스박스 리벳에 속한다.

60 [보기]와 같은 구조물을 포함하고 있는 항공기 부위는?

┌─보기─────────────────┐
수평·수직안정판, 방향키, 승강키
└───────────────────┘

① 착륙장치 ② 나 셀
③ 꼬리날개 ④ 주 날개

제4과목 항공장비

61 황산납 축전지(Lead Acid Battery)의 과충전 상태를 의심할 수 있는 증상이 아닌 것은?
① 전해액이 축전지 밖으로 흘러나오는 경우
② 축전지에 흰색 침전물이 너무 많이 묻어 있는 경우
③ 축전지 셀의 케이스가 구부러졌거나 찌그러진 경우
④ 축전지 윗면 캡 주위의 약간의 탄산칼륨이 있는 경우

해설
탄산칼륨은 니켈-카드뮴 축전지의 과충전 상태 시 캡 주위에 형성된다.

62 외력을 가하지 않는 한 자이로가 우주공간에 대하여 그 자세를 계속적으로 유지하려는 성질은?
① 방향성
② 강직성
③ 지시성
④ 섭동성

해설
자이로의 특성
• 강직성 : 그 자세를 계속 유지하려는 성질
• 섭동성 : 가해진 힘의 위치에서 회전 방향으로 90° 위치에서 힘의 효과가 나타나는 성질

63 항공기 조리실이나 화장실에서 사용한 물은 배출구를 통해 밖으로 빠져나가는데 이때 결빙방지를 위해 사용되는 전원에 대한 설명으로 옳은 것은?
① 지상에서는 저전압, 공중에서는 고전압 전원이 항상 공급된다.
② 공중에서는 저전압, 지상에서는 고전압 전원이 항상 공급된다.
③ 공중에서만 전원이 공급되며 이때 전원은 고전압이다.
④ 지상에서만 전원이 공급되며 이때 전원은 저전압이다.

64 운항 중 목표 고도로 설정한 고도에 진입하거나 벗어났을 때 경보를 냄으로써 조종사의 실수를 방지하기 위한 장치는?
① SELCAL
② Radio Altimeter
③ Altitude Alert System
④ Air Traffic Control

65 고도계에서 발생되는 오차가 아닌 것은?
① 북선오차
② 기계오차
③ 온도오차
④ 탄성오차

해설
북선오차는 나침반에서 발생한다.

61 ④ 62 ② 63 ① 64 ③ 65 ①

66 유압계통에서 압력조절기와 비슷한 역할을 하지만 압력 조절기보다 약간 높게 조절되어 있어 그 이상의 압력이 되면 작동되는 장치는?

① 체크밸브 ② 리저버
③ 릴리프밸브 ④ 축압기

해설
릴리프밸브 : 계통 보호를 위하여 고압 발생 시 바이패스시키는 밸브이다.

67 항공기 계기의 분류에서 비행계기에 속하지 않는 것은?

① 고도계
② 회전계
③ 선회경사계
④ 속도계

해설
회전계는 엔진계기이다.

68 항공계기의 구비 조건이 아닌 것은?

① 정확성
② 대형화
③ 내구성
④ 경량화

69 미국연방항공국(FAA)의 규정에 명시된 항공기의 최대 객실고도는 약 몇 ft인가?

① 6,000
② 7,000
③ 8,000
④ 9,000

70 정비를 위한 목적으로 지상근무자와 조종실 사이의 통화를 위한 장치는?

① Cabin Interphone System
② Flight Interphone System
③ Passenger Address System
④ Service Interphone System

71 화재탐지기로 사용하는 장치가 아닌 것은?

① 유닛식 탐지기
② 연기 탐지기
③ 이산화탄소 탐지기
④ 열전쌍 탐지기

정답 66 ③ 67 ② 68 ② 69 ③ 70 ④ 71 ③

72 계기 착륙 장치(Instrument Landing System)에서 활주로 중심을 알려주는 장치는?

① 로컬라이저(Localizer)
② 마커 비컨(Marker Beacon)
③ 글라이드 슬로프(Glide Slope)
④ 거리 측정 장치(Distance Measuring Equipment)

73 면적이 2in^{2}인 A 피스톤과 10in^{2}인 B 피스톤을 가진 실린더가 유체역학적으로 서로 연결되어 있을 경우 A 피스톤에 20lbs의 힘이 가해질 때 B 피스톤에 발생되는 힘은 몇 lbs인가?

① 100
② 20
③ 10
④ 5

[해설]
"힘=면적×압력"으로서 실린더 사이가 유체역학적으로 서로 연결되어 있을 때 압력은 그대로 전달된다. 따라서 피스톤의 면적에 비례하는 힘이 발생한다. B피스톤의 면적이 A피스톤의 면적보다 5배이므로 힘도 5배가 된다.

74 소형항공기의 12V 직류전원계통에 대한 설명으로 틀린 것은?

① 직류발전기는 전원전압을 14V로 유지한다.
② 배터리와 직류발전기는 접지귀환방식으로 연결된다.
③ 메인 버스와 배터리 버스에 연결된 전류계는 배터리 충전 시 (−)를 지시한다.
④ 배터리는 엔진시동기(Starter)의 전원으로 사용된다.

[해설]
발전기가 배터리를 충전할 때에는 전류계가 (+)를 지시한다.

75 변압기(Transformer)는 어떠한 전기적 에너지를 변환시키는 장치인가?

① 전 류
② 전 압
③ 전 력
④ 위 상

[해설]
변압기 : 전자기유도현상을 이용하여 교류전류의 전압을 변화시키는 장비

76 항법시스템을 자립, 무선, 위성항법시스템으로 분류했을 때 자립항법시스템(Self Contained System)에 해당하는 장치는?

① LORAN(Long Range Navigation)
② VOR(VHF Omnidirectional Range)
③ GPS(Global Positioning System)
④ INS(Inertial Navigation System)

[해설]
항공기에 설치된 INS 장치는 자이로를 사용하며 외부의 도움이 필요 없다.

77 화재탐지기에 요구되는 기능과 성능에 대한 설명으로 틀린 것은?

① 화재의 지속기간 동안 연속적인 지시를 할 것
② 화재가 지시하지 않을 때 최소전류요구이어야 할 것
③ 화재가 진화되었다는 것에 대해 정확한 지시를 할 것
④ 정비작업 또는 장비취급이 복잡하더라도 중량이 가볍고 장착이 용이할 것

78 지상파(Ground Wave)가 가장 잘 전파되는 것은?

① LF
② UHF
③ HF
④ VHF

[해설]
장파 LF는 지표면을 따라 전달된다.

79 그림과 같은 회로도에서 a, b 간에 전류가 흐르지 않도록 하기 위해서는 저항 R은 몇 Ω으로 해야 하는가?

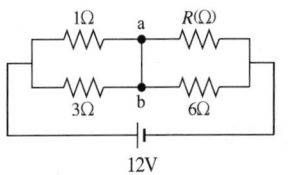

① 1
② 2
③ 3
④ 4

[해설]
휘트스톤브리지의 경우 a, b 간에 전류가 흐르지 않으려면 $\dfrac{3\Omega}{6\Omega} = \dfrac{1\Omega}{R}$ 이어야 한다.

80 항공기 부품의 이용목적과 이에 적합한 전선이나 케이블의 종류를 옳게 연결한 것은?

┌이용목적┐
ㄱ. 화재경보장치의 센서 등 온도가 높은 곳
ㄴ. 배기온도측정을 위한 크로멜 알루멜 서모커플
ㄷ. 음성신호나 미약한 신호 전송
ㄹ. 기내 영상신호나 무선신호 전송

┌전선 또는 케이블의 종류┐
A. 니켈 도금 동선에 유리와 테플론으로 절연한 전선
B. 크로멜 알루멜을 도체로 한 전선
C. 전선 주위를 구리망으로 덮은 쉴드 케이블
D. 고주파 전송용 동축 케이블

① ㄱ - B
② ㄴ - C
③ ㄷ - A
④ ㄹ - D

[해설]
영상신호나 무선신호는 고주파로서 동축 케이블이 사용된다.

2015년 제2회 과년도 기출문제

제1과목 항공역학

01 비행기가 1,000km/h의 속도로 10,000m 상공을 비행하고 있을 때 마하수는 약 얼마인가?(단, 10,000m 상공에서의 음속은 300m/s이다)

① 0.50
② 0.93
③ 1.20
④ 3.33

해설

$V = 1,000\text{km/h} = 1,000\text{km/h} \times \dfrac{1,000\text{m}}{1\text{km}} \times \dfrac{1\text{h}}{3,600\text{s}}$
$\fallingdotseq 277.8\text{m/s}$

$M = \dfrac{V}{a} = \dfrac{277.8\text{m/s}}{300\text{m/s}} \fallingdotseq 0.93$

02 이용동력(P_A), 잉여동력(P_E), 필요동력(P_R)의 관계를 옳게 나타낸 것은?

① $P_A + P_E = P_R$
② $P_R \times P_A = P_E$
③ $P_E + P_R = P_A$
④ $P_A \times P_E = P_R$

해설
이용동력은 기관으로부터 발생한다. 필요동력은 항공기가 항력을 이겨내며 비행하는 데 필요한 동력이다. 잉여동력은 여유동력이라고도 불리며 이용동력-필요동력이다. 잉여동력이 0이면 항공기는 수평비행을 하고 양의 값을 가지면 항공기는 상승한다.

03 항공기 이륙거리를 짧게 하기 위한 방법으로 옳은 것은?

① 정풍(Head Wind)을 받으면서 이륙한다.
② 항공기 무게를 증가시켜 양력을 높인다.
③ 이륙 시 플랩이 항력증가의 요인이 되므로 플랩을 사용하지 않는다.
④ 기관의 가속력을 가능한 최소가 되도록 한다.

해설
항공기가 이륙하려면 양력 L이 항공기 무게 W 이상이어야 한다. $W = L = C_L \dfrac{1}{2} \rho V^2 S$이므로 속도 V가 클수록 양력이 커져 이륙할 수 있다. 정풍을 받으면 속도 V가 커진다.

04 헬리콥터가 전진비행 시 나타나는 효과가 아닌 것은?

① 회전날개 회전면의 앞부분과 뒷부분의 양항비가 달라짐
② 회전면 앞부분의 양력이 뒷부분보다 크게 됨
③ 왼쪽 방향으로 옆놀이 힘(Roll Force)이 발생함
④ 유효전이양력(Effective Translational Lift) 발생

해설
회전면 뒷부분의 양력이 앞부분보다 더 크다. 뒷부분의 양력의 수평성분은 헬리콥터를 전진시키는 추력이 된다.

05 비행기가 2,500m 상공에서 양항비 8인 상태로 활공한다면 최대 수평활공거리는 몇 m인가?

① 1,500　　② 2,000
③ 15,000　　④ 20,000

해설

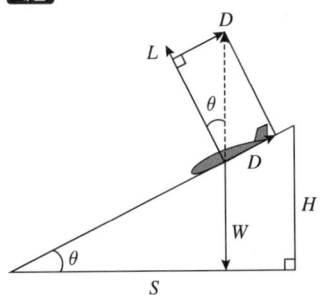

그림에서 보면 S와 H의 관계는

$$S = \frac{H}{\tan\theta} = \frac{H}{\frac{D}{L}} = \frac{H}{\frac{1}{\text{양항비}}} = \frac{2,500\text{m}}{\frac{1}{8}} = 20,000\text{m}$$

06 비행기의 정적세로안정성을 나타낸 그림과 같은 그래프에서 가장 안정한 비행기는?[단, 비행기의 기수를 내리는 방향의 모멘트를 음(-)으로 하며, C_M은 피칭모멘트계수, α는 받음각이다]

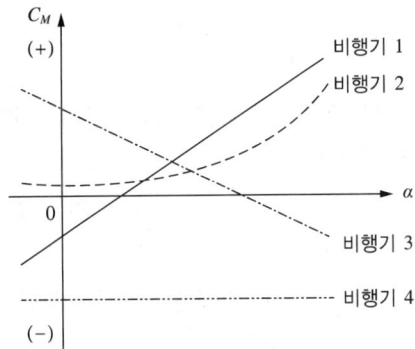

① 비행기 1　　② 비행기 2
③ 비행기 3　　④ 비행기 4

해설

비행기 3의 경우 기수가 내려갔을 때 양의 모멘트가 작용하므로 기수가 다시 들어 올려지고 반대로 기수가 올라갔을 때 음의 모멘트가 작용하므로 기수가 다시 내려지므로 비행기는 정적 세로안정성을 가진다.

07 대기권을 낮은 층에서부터 높은 층의 순서로 나열한 것은?

① 대류권 - 극외권 - 성층권 - 열권 - 중간권
② 대류권 - 성층권 - 중간권 - 열권 - 극외권
③ 대류권 - 열권 - 중간권 - 극외권 - 성층권
④ 대류권 - 성층권 - 중간권 - 극외권 - 열권

08 프로펠러의 효율이 80%인 항공기가 기관의 최대출력이 800PS인 경우 이 비행기가 수평 최대속도에서 낼 수 있는 최대 이용마력은 몇 PS인가?

① 640　　② 760
③ 800　　④ 880

해설

기관이 낼 수 있는 동력, 즉 이용동력은 800PS, 프로펠러 효율 η은 0.8이므로 비행기 프로펠러에서 낼 수 있는 이용동력은

$$P_{a\text{프로펠러}} = \eta P_{a\text{기관}} = 0.8 \times 800\text{PS} = 640\text{PS}$$

09 속도가 360km/h, 동점성계수가 0.15cm²/s인 풍동시험부에 시위(Chord)가 1m인 평판을 넣고 실험을 할 때 이 평판의 앞전(Leading Edge)으로부터 0.3m 떨어진 곳의 레이놀즈수는 얼마인가?(단, 레이놀즈수의 기준속도는 시험부속도이고, 기준길이는 앞전으로부터의 거리이다)

① 1×10^5　　② 1×10^6
③ 2×10^5　　④ 2×10^6

해설

$$V = 360\text{km/h} = \frac{360,000\text{m}}{3,600\text{s}} = 100\text{m/s}$$

$$Re = \frac{Vc}{\nu} = \frac{(100\text{m/s})(0.3\text{m})}{0.15 \times 10^{-4}\text{m}^2/\text{s}} = 2 \times 10^6$$

10 프로펠러의 직경이 2m, 회전속도가 1,800rpm, 비행속도가 360km/h일 때 진행률(Advance Ratio)은 약 얼마인가?

① 1.67　　　② 2.57
③ 3.17　　　④ 3.67

해설

$V = 360\text{km/h} = 360\text{km/h} \times \dfrac{1,000\text{m}}{1\text{km}} \times \dfrac{1\text{h}}{3,600\text{s}} = 100\text{m/s}$

$n = 1,800\text{rpm} = 1,800\text{rev/min} \times \dfrac{1\text{min}}{60\text{s}} = 30\text{rev/s}$

$J = \dfrac{V}{nD} = \dfrac{100\text{m/s}}{30\text{rev/s} \times 2\text{m}} \fallingdotseq 1.67$

11 키돌이(Loop) 비행 시 발생되는 비행이 아닌 것은?

① 수직상승　　② 배면비행
③ 수직강하　　④ 선회비행

해설

선회비행은 수평 원궤도에서 이루어지며 키돌이 비행은 수직 원궤도에서 이루어진다.

12 항공기가 수평비행이나 급강하로 속도를 증가할 때 천음속 영역에 도달하게 되면 한쪽날개가 실속을 일으켜서 양력을 상실하여 급격한 옆놀이를 일으키는 현상을 무엇이라 하는가?

① 디프 실속(Deep Stall)
② 턱 언더(Tuck Under)
③ 날개 드롭(Wing Drop)
④ 옆놀이 커플링(Rolling Coupling)

해설

천음속 영역에서 한쪽 날개에 충격파가 발생하여 공기흐름이 박리되면 실속이 발생하게 되어 해당 날개의 양력이 급격히 줄고 항공기는 해당 방향으로 옆놀이를 하게 된다.

13 항공기의 방향 안정성이 주된 목적인 것은?

① 수평 안정판　　② 주익의 상반각
③ 수직 안정판　　④ 주익의 붙임각

해설

수직 안정판은 방향안정성을 주고 수평 안정판은 세로안정성을 주며 주익의 붙임각은 가로안정성을 준다.

14 날개골의 모양에 따른 특성 중 캠버에 대한 설명으로 틀린 것은?

① 받음각이 0°일 때도 캠버가 있는 날개골은 양력을 발생한다.
② 캠버가 크면 양력은 증가하나 항력은 비례적으로 감소한다.
③ 두께나 앞전 반지름이 같아도 캠버가 다르면 받음각에 대한 양력과 항력의 차이가 생긴다.
④ 저속비행기는 캠버가 큰 날개골을 이용하고 고속비행기는 캠버가 작은 날개골을 사용한다.

해설

캠버가 크면 양력도 크고 항력도 크다.

10 ①　11 ④　12 ③　13 ③　14 ②

15 받음각이 0°일 경우 양력이 발생하지 않는 것은?

① NACA 2412
② NACA 4415
③ NACA 2415
④ NACA 0018

해설
NACA 0018 에어포일은 대칭형 에어포일로서 캠버가 없다. 따라서 받음각이 0°일 경우 양력이 발생하지 않는다. 다른 에어포일은 캠버가 있으므로 받음각 0°에서도 양력이 발생한다.

16 [보기]와 같은 현상의 원인이 아닌 것은?

┌ 보기 ┐
비행기가 하강 비행을 하는 동안 조종간을 당겨 기수를 올리려 할 때, 받음각과 각속도가 특정값을 넘게 되면 예상한 정도 이상으로 기수가 올라가고, 이를 회복할 수 없는 현상

① 쳐든각 효과의 감소
② 뒤젖힘 날개의 비틀림
③ 뒤젖힘 날개의 날개끝 실속
④ 날개의 풍압중심이 앞으로 이동

해설
날개가 뒤젖힘 형태일 때 고속에서 조종간을 당기면 날개의 비틀림이 발생하고 날개끝 실속이 발생하여 날개의 풍압 중심이 앞으로 이동하게 되어 기수는 올라가게 된다.

17 항공기의 중립점(NP)에 대한 정의로 옳은 것은?

① 항공기에서 무게가 가장 무거운 점
② 항공기 세로길이방향에서 가운데 점
③ 받음각에 따른 피칭모멘트가 0인 점
④ 받음각에 따른 피칭모멘트가 일정한 점

해설
항공기의 중립점이란 받음각이 변하더라도 피칭모멘트가 항상 0인 점이다.

18 정상수평선회하는 항공기에 작용하는 원심력과 구심력에 대한 설명으로 옳은 것은?

① 원심력은 추력의 수평성분이며 구심력과 방향이 반대다.
② 원심력은 중력의 수직성분이며 구심력과 방향이 반대다.
③ 구심력은 중력의 수평성분이며 원심력과 방향이 같다.
④ 구심력은 양력의 수평성분이며 원심력과 방향이 반대다.

해설
원심력은 선회중심점에서 바깥방향으로 항공기를 움직이려고 하고 구심력은 방향이 반대로 작용한다. 따라서 항공기는 일정한 원을 그리며 정상적으로 선회하게 된다. 양력의 수직성분은 항공기의 무게와 같고 양력의 수평성분은 구심력이다.

19 그림과 같은 전진속도 없이 자동회전(Auto Rotation) 비행하는 헬리콥터의 회전날개에서 회전력을 증가시키는 힘을 발생하는 영역은?

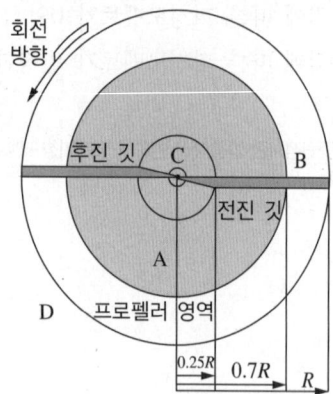

① A 지역
② B 지역
③ C 지역
④ D 지역

해설
A 지역에서는 헬리콥터의 하강속도와 회전날개의 회전에 따른 속도의 합속도에 의해 회전날개에 발생하는 양력의 방향이 B 지역의 경우보다는 수평쪽으로 기울어져서 날개를 회전시키는 힘으로 작용한다. 반면에 B 지역은 합속도에 의해 발생하는 양력의 방향이 수직쪽으로 기울어져서 헬리콥터 무게를 지탱하는 역할을 한다.

20 날개 뒤쪽 공기의 하향흐름에 의해 양력이 뒤로 기울어져 그 힘의 수평성분에 해당하는 항력은?

① 조파항력
② 유도항력
③ 마찰항력
④ 형상항력

해설
날개 뒤쪽 공기의 하향흐름에 의해 양력이 뒤로 기울어졌을 때 그 힘의 수평성분을 유도항력이라 한다.

제2과목 항공기관

21 항공기용 가스터빈기관 오일계통에 사용되는 기어펌프의 작동에 대한 설명으로 옳은 것은?

① 아이들기어(Idle Gear)는 동력을 전달받아 회전하고 구동기어(Drive Gear)는 아이들기어에 맞물려 자연스럽게 회전된다.
② 구동기어(Drive Gear)는 동력을 전달받아 회전하고 아이들기어(Idle Gear)는 구동기어에 맞물려 자연스럽게 회전된다.
③ 구동기어(Drive Gear)와 아이들기어(Idle Gear) 모두 오일 압력에 의해 자연적으로 회전한다.
④ 구동기어(Drive Gear)와 아이들기어(Idle Gear) 모두 동력을 받아 회전한다.

해설
기어펌프의 구조

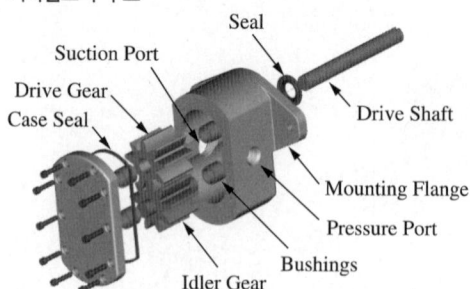

22 공기를 외부의 열로부터 차단하고 열의 출입을 수반하지 않은 상태에서 팽창시키면 온도는 어떻게 되는가?

① 감소한다.
② 상승한다.
③ 일정하다.
④ 감소하다가 증가한다.

해설
단열팽창 시 온도는 감소하고, 반대로 단열압축 시에는 온도가 증가한다.

23 가스터빈기관의 흡입구에 형성된 얼음이 압축기 실속을 일으키는 이유는?

① 공기압력을 증가시키기 때문에
② 공기속도를 증가시키기 때문에
③ 공기 전압력을 일정하게 하기 때문에
④ 공기통로의 면적을 작게 만들기 때문에

24 기관의 손상을 방지하기 위해 왕복기관 시동 후 바로 작동상태를 점검하기 위하여 확인해야 하는 계기는?

① 흡입 압력계기
② 연료 압력계기
③ 오일 압력계기
④ 기관 회전수계기

25 왕복기관 항공기가 고고도에서 비행 시 조종사가 연료/공기 혼합비를 조정하는 주된 이유는?

① 베이퍼 로크 방지를 위해
② 결빙을 방지하기 위하여
③ 혼합비 과농후를 방지하기 위해
④ 혼합비 과희박을 방지하기 위해

26 그림과 같은 오토사이클의 $P-V$ 선도에서 $v_1 = 8m^3/kg$, $v_2 = 2m^3/kg$인 경우 압축비는 얼마인가?

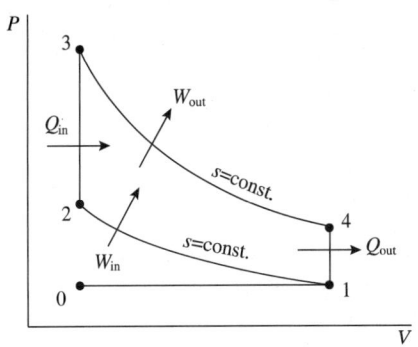

① 2 : 1
② 4 : 1
③ 6 : 1
④ 8 : 1

해설
그림에서 압축비 $\varepsilon = v_1 : v_2 = 4 : 1$

27 프로펠러 거버너(Governor)의 부품이 아닌 것은?

① 파일럿 밸브
② 플라이웨이트
③ 아네로이드
④ 카운터 밸런스

정답 23 ④ 24 ③ 25 ③ 26 ② 27 ③

28 가스터빈기관에서 길이가 짧으며 구조가 간단하고 연소효율이 좋은 연소실은?

① 캔 형
② 터뷸러형
③ 애뉼러형
④ 실린더형

해설
애뉼러형 연소실 특징
- 연소실의 구조가 간단하다.
- 길이가 짧다.
- 연소실 전면 면적이 좁다.
- 연소가 안정되어 연소 정지 현상이 거의 없다.
- 출구온도분포가 균일하다.
- 연소효율이 좋다.
- 정비가 불편하다.

29 옥탄가 90이라는 항공기 연료를 옳게 설명한 것은?

① 노말헵탄 10%에 세탄 90%의 혼합물과 같은 정도를 나타내는 가솔린
② 연소 후에 발생하는 옥탄가스의 비율이 90% 정도를 차지하는 가솔린
③ 연소 후에 발생하는 세탄가스의 비율이 10% 정도를 차지하는 가솔린
④ 이소옥탄 90%에 노말헵탄 10%의 혼합물과 같은 정도를 나타내는 가솔린

해설
표준연료는 녹크가 잘 일어나지 않는 이소옥탄과 안티녹크성이 낮은 노말헵탄을 일정한 비율로 혼합시킨 연료를 말하는데, 여기서 옥탄가란 표준 연료 속의 이소옥탄의 체적 비율(%)을 나타낸 것이다.

30 왕복기관의 오일탱크에 대한 설명으로 옳은 것은?

① 물이나 불순물을 제거하기 위해 탱크 밑바닥에는 딥스틱이 있다.
② 일반적으로 오일탱크는 오일펌프 입구보다 약간 높게 설치한다.
③ 오일탱크의 재질은 일반적으로 강도가 높은 철판으로 제작된다.
④ 윤활유의 열팽창에 대비해서 드레인 플러그가 있다.

해설
윤활유 탱크는 열팽창에 대비하여 충분한 공간이 있어야 하며, 탱크 바닥에는 물이나 불순물을 배출시키기 위하여 드레인 플러그가 설치되어 있고, 윤활유 탱크는 보통 알루미늄 합금으로 만든다. 한편 딥스틱의 용도는 윤활유 양과 오염도를 체크하기 위함이다.

31 크랭크축의 회전속도가 2,400rpm인 14기통 2열 성형기관에서 3-로브 캠 판의 회전속도는 몇 rpm인가?

① 200
② 400
③ 600
④ 800

해설
크랭크축 회전속도가 2,400rpm이므로 1-로브 캠 판인 경우라면 1,200rpm으로 회전하면 되는데, 캠 판에 로브가 3개 있으므로 그 속도의 1/3회전이면 된다.
즉, 캠 판 회전속도 $= \dfrac{2,400}{2 \times 3} = 400(\text{rpm})$

32 가스터빈기관의 교류 고전압 축전기 방전점화계통(A.C Capacitor Discharge Ignition System)에서 고전압 펄스가 유도되는 곳은?

① 접점(Breaker)
② 정류기(Rectifier)
③ 멀티로브 캠(Multilobe Cam)
④ 트리거 변압기(Trigger Transformer)

33 왕복기관을 실린더 배열에 따라 분류할 때 대향형 기관을 나타낸 것은?

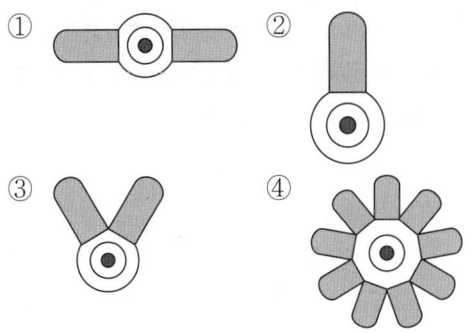

해설
그림 순서대로 대향형, 직렬형, V형, 성형 기관을 나타낸다.

34 프로펠러 깃 선단(Tip)이 회전방향의 반대방향으로 처지게(Lag)하는 힘은?
① 토크에 의한 굽힘
② 하중에 의한 굽힘
③ 공력에 의한 비틀림
④ 원심력에 의한 비틀림

35 항공기 왕복기관 점화장치에서 콘덴서(Condencer)의 기능은?
① 2차 코일을 위하여 안전간격을 준다.
② 1차 코일과 2차 코일에 흐르는 전류를 조절한다.
③ 1차 코일에 잔류되어 있는 전류를 신속히 흡수 제거시킨다.
④ 포인트가 열릴 때 자력선의 흐름을 차단한다.

해설
마그네토의 콘덴서는 브레이커 포인트에 생기는 아크에 의한 마멸을 방지하고, 철심에 발생하였던 잔류 자기를 빨리 없애준다.

36 추진 시 공기를 흡입하지 않고 기관 자체 내의 고체 또는 액체의 산화제와 연료를 사용하는 기관은?
① 로 켓
② 펄스제트
③ 램제트
④ 터보프롭

37 터보팬기관의 추력에 비례하며 트리밍(Trimming) 작업의 기준이 되는 것은?
① 기관압력비(EPR)
② 연료유량
③ 터빈입구온도(TIT)
④ 대기온도

해설
기관의 정해진 RPM상태에서 정격 추력을 내도록 연료조정장치를 조정하는 것을 기관 조절(엔진 트림, Engine Trimming)이라 한다.

정답 33 ① 34 ① 35 ③ 36 ① 37 ①

38 가스터빈기관의 연료가열기(Fuel Heater)에 대한 설명으로 틀린 것은?

① 연료의 결빙을 방지한다.
② 오일의 온도를 상승시킨다.
③ 압축기 블리드공기를 사용한다.
④ 연료의 온도를 빙점(Freezing Point) 이상으로 유지한다.

해설
연료 히터는 연료 속에 포함된 수분에 의해 생기는 얼음조각 형성을 방지하기 위한 목적으로 사용되며, 연료 온도가 물의 빙점 부근이 되면 자동으로 작동되거나, 조종사가 스위치를 작동하면 압축기 블리드 공기가 연료 히터를 통과하면서 연료 온도를 상승시키도록 되어 있다.

39 가스터빈기관의 연소실 효율이란?

① 공급에너지와 기관의 추력비이다.
② 연소실 입구와 출구 사이의 온도비이다.
③ 연소실 입구와 출구 사이의 전압력비이다.
④ 공기의 엔탈피 증가와 공급열량과의 비이다.

40 왕복기관 연료계통에 사용되는 이코노마이저 밸브가 닫힌 위치로 고착되었을 때 발생하는 현상으로 옳은 것은?

① 순항속도 이하에서 노킹이 발생하게 된다.
② 순항속도 이하에서 조기점화가 발생하게 된다.
③ 순항속도 이상에서 조기점화가 발생하게 된다.
④ 순항속도 이상에서 데토네이션이 발생하게 된다.

해설
이코노마이저 장치(고출력 장치)는 기관출력이 클 때 농후 혼합비를 만들어주기 위해 추가적인 연료를 공급해 주는 장치인데, 이것에 이상이 생기면 순항속도 이상의 고출력 시 데토네이션이 발생할 수 있다.

제3과목 항공기체

41 다른 재질의 금속이 접촉하면 접촉전기와 수분에 의해 국부 전류흐름이 발생하여 부식을 초래하게 되는 현상을 무엇이라 하는가?

① Galvanic Corrosion
② Bonding
③ Anti-Corrosion
④ Age Hardening

해설
이질 금속 간 부식은 두 종류의 다른 금속이 접촉하여 생기는 부식으로 동전지 부식, 갈바닉 부식이라고도 한다.

42 무게가 2,950kg이고, 중심위치가 기준선 후방 300cm인 항공기에서 기준선 후방 200cm에 위치한 50kg의 전자 장비를 장탈하고, 기준선 후방 250cm에 위치한 화물실에 100kg의 비상물품을 실었다면 이때 중심위치는 기준선 후방 약 몇 cm에 위치하는가?

① 300   ② 310
③ 313   ④ 410

해설

구 분	무 게	거 리	모멘트
비행기	2,950	300	885,000
전자장비(장탈)	−50	200	−10,000
비상물품(추가)	100	250	25,000
합	3,000	760	900,000

따라서 무게중심위치(CG)는
$CG = \dfrac{900,000}{3,000} = 300(cm)$

43 올레오 쇼크 스트럿(Oleo Shock Strut)에 있는 미터링 핀(Metering Pin)의 주된 역할은?

① 스트럿 내부의 공기량을 조정한다.
② 업(Up)위치에서 스트럿을 제동한다.
③ 다운(Down)위치에서 스트럿을 제동한다.
④ 스트럿이 압착될 때 오일의 흐름을 제한하여 충격을 흡수한다.

44 다음 중 탄소강을 이루는 5대 원소에 속하지 않는 것은?

① Si　　② Mn
③ Ni　　④ S

[해설]
탄소강을 이루는 5대 원소는 탄소(C), 황(S), 인(P), 망가니즈(Mn) 및 규소(Si) 등이다.

45 다음 중 알루미늄 합금의 부식 방지법이 아닌 것은?

① 클래딩(Cladding)
② 양극처리(Anodizing)
③ 알로다이징(Alodizing)
④ 용체화처리(Solutioning)

[해설]
부식방지방법(방식 처리)
- 양극산화처리(Anodizing, 아노다이징) : 전기적인 방법으로 금속 표면에 산화 피막을 형성한다. 도금과는 달리 아주 얇은 두께의 피막을 형성. 황산법, 수산법, 크롬산법 등이 있다.
- 알로다인 처리(Alodining) : 화학적 피막 처리방법으로 내식성과 도장 작업 시 접착 효과를 증진
- 인산염 피막 처리(Parkerizing, 파커라이징) : 화학적 피막 처리 방법
- 클래딩(Cladding) : 알루미늄 합금 표면에 부식에 잘 견디는 순수 알루미늄을 얇은 두께로 입혀서 부식을 방지하는 방법이다.

46 항공기가 수평 비행을 하다가 갑자기 조종간을 당겨서 최대 양력계수의 상태로 될 때 큰 날개에 작용하는 하중배수가 그 항공기의 설계제한하중과 같게 되는 수평속도는?

① 설계급강하속도
② 설계운용속도
③ 설계돌풍운용속도
④ 설계순항속도

47 "1/4-28-UNF-3A" 나사(Thread)에 대한 설명으로 옳은 것은?

① 직경은 1/4in이고 암나사이다.
② 직경은 1/4in이고 거친나사이다.
③ 나사산 수가 in당 7개이고 거친나사이다.
④ 나사산 수가 in당 28개이고 가는나사이다.

[해설]
1/4-28-UNF-3A
㉠　㉡　㉢　㉣㉤
㉠ 지름 1/4in
㉡ 나사산 수 1in당 28개
㉢ 가는 나사
㉣ 맞춤 등급
㉤ 수나사

48 가스용접을 할 때 사용하는 산소와 아세틸렌가스 용기의 색을 옳게 나타낸 것은?

① 산소용기 : 청색, 아세틸렌용기 : 회색
② 산소용기 : 녹색, 아세틸렌용기 : 황색
③ 산소용기 : 청색, 아세틸렌용기 : 황색
④ 산소용기 : 녹색, 아세틸렌용기 : 회색

49 모노코크구조의 항공기에서 동체에 가해지는 대부분의 하중을 담당하는 부재는?

① 론저론(Longeron)
② 외피(Skin)
③ 스트링어(Stringer)
④ 벌크헤드(Bulkhead)

해설
모노코크구조는 응력 외피 구조로서 대부분의 하중을 외피가 담당한다.

50 1차 조종면(Primary Control Surface)의 목적이 아닌 것은?

① 방향을 조종한다.
② 가로운동을 조종한다.
③ 상승과 하강을 조종한다.
④ 이착륙 거리를 단축시킨다.

해설
1차 조종면에 속하는 것은 승강키, 방향키, 도움날개 등이며, 이착륙 거리를 단축시키는 조종면은 플랩(Flap)으로서 2차 조종면에 속한다.

51 상온에서 자연시효경화가 가장 빠른 알루미늄 합금은?

① AA2024
② AA6061
③ AA7075
④ AA7178

52 다음 중 항공기의 유용하중(Useful Load)에 해당하는 것은?

① 고정장치 무게
② 연료 무게
③ 동력장치 무게
④ 기체구조 무게

해설
항공기 하중의 종류는 다음과 같다.
• 총 무게(Gross Weight) : 항공기에 인가된 최대 하중
• 자기 무게(Empty Weight) : 항공기 무게 계산 시 기초가 되는 무게
• 유효 하중(Useful Load) : 적재량이라고도 하며 항공기 총무게에서 자기 무게를 뺀 무게
• 영 연료 하중(Zero Fuel Weight) : 항공기 총무게에서 연료를 뺀 무게

48 ② 49 ② 50 ④ 51 ① 52 ② 정답

53 인터널 렌칭볼트(Internal Wrenching Bolt)의 사용 시 주의사항으로 옳은 것은?

① 볼트를 풀고 죌 때는 L렌치를 사용한다.
② 카운터싱크 와셔를 사용할 때는 와셔의 방향은 무시해도 좋다.
③ MS와 NAS의 인터널 렌칭볼트의 호환은 MS를 NAS로 교환이 가능하다.
④ 너트의 아래는 충격에 강한 연질의 와셔를 사용한다.

54 항공기의 주 날개 양쪽에 기관을 장착한 형식에 대한 설명으로 옳은 것은?

① 동체에 흐르는 난기류의 영향이 크다.
② 1개 기관이 고장날 경우 추력 비대칭이 적다.
③ 치명적 고장 또는 비상 착륙 등으로 과도한 충격 발생 시 항공기에서 이탈된다.
④ 정비 접근성은 안 좋으나 비행 중 날개에 대한 굽힘 하중이 적다.

55 푸시 풀 로드 조종계통과 비교하여 케이블 조종계통의 장점이 아닌 것은?

① 방향전환이 자유롭다.
② 다른 조종 장치에 비해 무게가 가볍다.
③ 구조가 간단하여 가공 및 정비가 쉽다.
④ 케이블의 접촉이 적어 마찰이 적고 마모가 없다.

해설
케이블의 접촉이 적어 마찰이 적고 마모가 없는 것은 푸시 풀 로드 조종계통의 특징에 속한다.

56 반복하중을 받는 항공기의 주구조부가 파괴되더라도 남은 구조에 의해 치명적 파괴 또는 구조변형을 방지하도록 설계된 구조는?

① 응력외피구조
② 트러스(Truss)구조
③ 페일 세이프(Fail Safe)구조
④ 1차 구조(Primary Structure)

해설
페일 세이프 구조 종류
• 다경로 하중 구조(Redundant Structure)
• 이중 구조(Double Structure)
• 대치 구조(Back Up Structure)
• 하중경감 구조(Load Dropping Structure)

정답 53 ① 54 ③ 55 ④ 56 ③

57 알루미늄 판 두께가 0.051in인 재료를 굴곡반경 0.125in가 되도록 90° 굴곡할 때 생기는 세트백은 몇 in인가?

① 0.017
② 0.074
③ 0.125
④ 0.176

해설
세트백(SB ; Set Back)
$SB = \tan\frac{\theta}{2}(R+T) = \tan\frac{90°}{2}(0.125+0.051) = 0.176(in)$

58 턴버클(Turn Buckle)의 검사방법에 대한 설명으로 틀린 것은?

① 이중결선법인 경우 배럴의 검사 구멍에 핀이 들어가면 장착이 잘 되었다고 할 수 있다.
② 이중결선법인 경우에 케이블의 지름이 1/8in 이상인지를 확인한다.
③ 단선결선법에서 턴버클 섕크 주위로 와이어가 4회 이상 감겼는지 확인한다.
④ 단선결선법인 경우 턴버클의 좀이 적당한지는 나사산이 3개 이상 밖에 나와 있는지를 확인한다.

해설
이중결선법인 경우 배럴의 검사 구멍에 핀이 들어가면 장착이 잘못된 것이다.

59 그림과 같이 보에 집중하중이 가해질 때 하중 중심의 위치는?

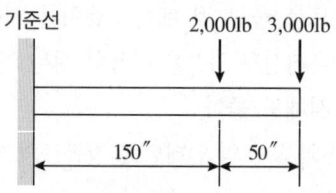

① 기준선에서부터 100″
② 기준선에서부터 150″
③ 보의 우측 끝에서부터 20″
④ 보의 우측 끝에서부터 180″

해설
$2,000 \times 150 + 3,000 \times 200 = 5,000x$
$300,000 + 600,000 = 5,000x$
$900,000 = 5,000x$
$\therefore x = 180$

위의 결과와 같이 하중 중심은 기준선에서 180″ 떨어져 있으므로 결국 보의 우측 끝에서부터는 20″에 위치하고 있다.

60 지름이 10cm인 원형단면과 1m 길이를 갖는 알루미늄합금재질의 봉이 10N의 축하중을 받아 전체 길이가 50μm 늘어났다면 이때 인장변형률을 나타내기 위한 단위는?

① N/m^2
② N/m^3
③ $\mu m/m$
④ MPa

해설
변형률은 재료의 원래 길이와 하중에 의해 늘어난 길이와의 비를 나타내는 개념이다.

제4과목 항공장비

61 신호파에 따라 반송파의 주파수를 변화시키는 변조방식은?

① AM ② FM
③ PM ④ PCM

[해설]
AM(Amplitude Modulation)은 반송파의 진폭을 신호파에 따라 변화시키고 FM(Frequency Modulation)은 반송파의 주파수를 신호파에 따라 변화시킨다.

62 객실압력 조절에 직접적으로 영향을 주는 것은?

① 공압계통의 압력
② 수퍼차저의 압축비
③ 터보컴프레서 속도
④ 아웃플로밸브의 개폐 속도

[해설]
아웃플로밸브(Outflow Valve)는 객실의 공기를 바깥으로 내보는 밸브로서 이 밸브의 개폐 속도에 따라 객실 내의 공기량이 정해지게 되므로 객실 압력이 조절된다.

63 유압계통에서 사용되는 체크밸브의 역할은?

① 역류 방지 ② 기포 방지
③ 압력 조절 ④ 유압 차단

[해설]
체크밸브 : 역류 방지 기능

64 해발 500m인 지형 위를 비행하고 있는 항공기의 절대고도가 1,000m라면 이 항공기의 진 고도는 몇 m인가?

① 500 ② 1,000
③ 1,500 ④ 2,000

[해설]
진고도는 해면으로부터의 고도이고 절대고도는 지면으로부터 항공기까지의 고도이다. 따라서 이 항공기의 해면으로부터의 고도는 해발 500m+절대고도 1,000m이다.

65 항공기 가스터빈기관의 온도를 측정하기 위해 1개의 저항값이 0.79Ω인 열전쌍이 병렬로 6개가 연결되어 있다. 기관의 온도가 500℃일 때 1개의 열전쌍에서 출력되는 기전력이 20.64mV이라면 이 회로에 흐르는 전체 전류는 약 몇 mA인가?(단, 전선의 저항 24.87Ω, 계기 내부 저항 23Ω 이다)

① 0.163 ② 0.392
③ 0.430 ④ 0.526

[해설]

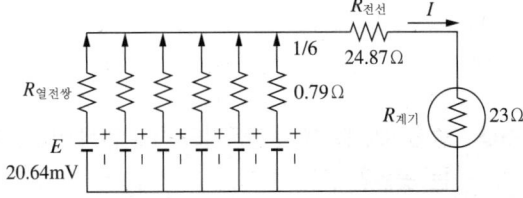

키르히호프의 전압법칙에 따르면 어느 한 회로에 따른 전압의 합은 0이다. 즉, $\sum V = 0$
따라서
$\sum V = $ 전압생성 E - 전압강하$_{열전쌍}$ - 전압강하$_{전선}$ - 전압강하$_{계기}$
$= 0$이다.

$\sum V = 20.64\text{mV} - \frac{I}{6}(0.79\Omega) - I(24.87\Omega + 23\Omega) = 0$

$\therefore I = \dfrac{20.64\text{mV}}{\dfrac{0.79\Omega}{6} + 24.87\Omega + 23\Omega} \fallingdotseq 0.430\text{mA}$

66 항공기 주 전원장치에서 주파수를 400Hz로 사용하는 주된 이유는?

① 감압이 용이하기 때문에
② 승압이 용이하기 때문에
③ 전선의 무게를 줄이기 위해
④ 전압의 효율을 높이기 위해

해설
변압기, 전동기 등의 크기를 훨씬 작게 할 수 있어 거기에 사용되는 전선의 무게를 줄일 수 있다.

67 지상에 설치한 무지향성 무선 표시국으로부터 송신되는 전파의 도래 방향을 계기 상에 지시하는 것은?

① 거리측정장치(DME)
② 자동방향탐지기(ADF)
③ 항공교통관제장치(ATC)
④ 전파고도계(Radio Altimeter)

68 종합전자계기에서 항공기의 착륙 결심고도가 표시되는 곳은?

① Navigation Display
② Control Display Unit
③ Primary Flight Display
④ Flight Control Computer

해설
PFD : 속도, 고도, 방위, 자세, 이착륙 관련 지시 기능 등에 대한 정보를 집중적으로 배치한다.

69 자이로신 컴퍼스의 플럭스 밸브를 장·탈착 시 설명으로 옳은 것은?

① 장착용 나사와 사용공구 모두 자성체인 것을 사용해야 한다.
② 장착용 나사와 사용공구 모두 비자성체인 것을 사용해야 한다.
③ 장착용 나사는 비자성체인 것을 사용해야 하며 사용공구는 보통의 것이 좋다.
④ 장착용 나사와 사용공구에 대한 특별한 사용 제한이 없으므로 일반공구를 사용해도 된다.

해설
플럭스 밸브는 지구의 자기장을 감지하기 위하여 투자성이 큰 자성체에 코일이 감겨 있다. 따라서 플럭스 밸브 장·탈착 시 자성체를 사용하면 플럭스 밸브가 자화되어 지구 자기장을 감지하기 힘들게 한다.

70 동압(Dynamic Pressure)에 의해서 작동되는 계기가 아닌 것은?

① 고도계
② 대기 속도계
③ 마하계
④ 진대기 속도계

해설
고도계는 정압에 의해서 작동된다.

66 ③ 67 ② 68 ③ 69 ② 70 ①

71 항공기의 수직방향 속도를 분당 피트(ft)로 지시하는 계기는?

① VSI
② LRRA
③ DME
④ HSI

해설
VSI(Vertical Speed Indicator)는 수직방향 속도를 지시한다.

72 다른 종류와 비교해서 구조가 간단하여 항공기에 많이 사용되는 축압기(Accumulator)는?

① 스풀(Spool)형
② 포핏(Poppet)형
③ 피스톤(Piston)형
④ 솔레노이드(Solenoid)형

해설
피스톤형은 구조상 간단하다.

73 병렬운전을 하는 직류 발전기에서 1대의 직류 발전기가 역극성 발전을 할 경우 발전을 멈추기 위해 작동하는 것은?

① 밸런스 릴레이
② 출력 릴레이
③ 이퀄라이징 릴레이
④ 필드 릴레이

해설
필드 릴레이에서 역극성 발전하는 직류 발전기의 전기 유입을 차단시킨다.

74 화재탐지장치에 대한 설명으로 틀린 것은?

① 광전기셀(Photo-electric Cell)은 공기 중의 연기가 빛을 굴절시켜 광전기셀에서 전류를 발생한다.
② 열전쌍(Thermocouple)은 주변의 온도가 서서히 상승함에 따라 전압을 발생한다.
③ 서미스터(Thermistor)는 저온에서는 저항이 높아지고 온도가 상승하면 저항이 낮아져 도체로서 회로를 구성한다.
④ 열스위치(Thermal Switch)식에 사용되는 Ni-Fe의 합금 철편은 열팽창률이 낮다.

해설
열전쌍은 Hot Junction(측정 지점)과 Cold Junction의 온도 차이에 따라 전압을 발생시킨다.

75 램효과(Ram Effect)에 의해 방빙이나 제빙이 필요하지 않는 부분은?

① Wind Shield
② Nose Radome
③ Drain Mast
④ Engine Inlet

해설
노즈 래돔은 항공기 동체의 맨 앞부분에 위치한 부분으로서 기상레이더가 들어 있다. 이 부분은 항공기 속도의 바람이 불어와서 램효과에 의해 온도가 상승하므로 방빙이나 제빙이 따로 필요치 않다.

정답 71 ① 72 ③ 73 ④ 74 ② 75 ②

76 소형 항공기의 직류 전원계통에서 메인 버스(Main Bus)와 축전지 버스 사이에 접속되어 있는 전류계의 지침이 "+"를 지시하고 있는 의미는?

① 축전지가 과충전 상태
② 축전지가 부하에 전류 공급
③ 발전기가 부하에 전류 공급
④ 발전기의 출력전압에 의해서 축전지가 충전

해설
전류계의 지침이 (+)이면 발전기의 출력전압이 축전지를 충전시킨다. (-)이면 축전지가 항공기의 부하에 전기를 공급한다. 즉, 방전과정이다.

77 항공기 동체 상하면에 장착되어 있는 충돌 방지등(Anti Collision Light)의 색깔은?

① 녹 색
② 청 색
③ 흰 색
④ 적 색

78 항공기의 니켈-카드뮴(Nickel-Cadmium) 축전지가 완전히 충전된 상태에서 1셀(Cell)의 기전력은 무부하에서 몇 V인가?

① 1.0~1.1
② 1.1~1.2
③ 1.2~1.3
④ 1.3~1.4

79 다음 중 가시거리에 사용되는 전파는?

① VHF
② VLF
③ HF
④ MF

해설
VHF는 직접파로서 송신안테나에서 수신안테나로 직진한다.

80 비행장에 설치된 컴퍼스 로즈(Compass Rose)의 주용도는?

① 지역의 지자기의 세기 표시
② 활주로의 방향을 표시하는 방위도 지시
③ 기내에 설치된 자기 컴퍼스의 자차수정
④ 지역의 편각을 알려주기 위한 기준방향 표시

2015년 제4회 과년도 기출문제

제1과목 항공역학

01 그림은 주 로터(Main Rotor)와 테일로터(Tail Rotor)를 갖는 헬리콥터에서 발생하는 요구마력을 발생 원인별로 속도에 따른 변화를 나타낸 것으로 이에 대한 설명으로 옳은 것은?

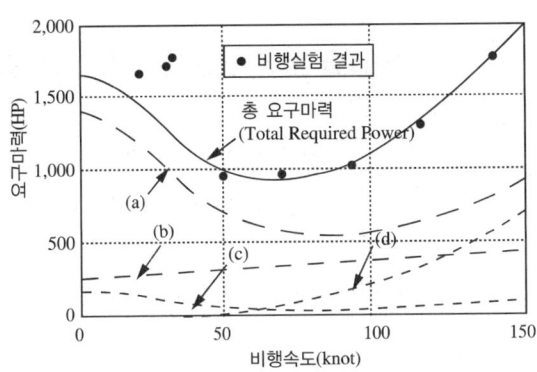

① (a)는 테일로터의 요구마력이다.
② (b)는 주 로터 블레이드의 항력에 의한 형상마력이다.
③ (c)는 동체의 항력에 의한 유해마력이다.
④ (d)는 주 로터 유도속도에 의한 유도마력이다.

해설
헬리콥터 주 로터 블레이드의 회전방향과 반대 방향으로 헬리콥터 동체를 회전시키려는 회전력을 테일로터의 추력으로 상쇄시킨다. 테일로터의 추력은 비행속도에 따라 증가할 것으로 예상된다. 주 로터 블레이드의 항력에 의한 형상마력은 호버링(속도 0)부터 비행속도 150노트까지 약간씩 증가할 것으로 예상된다. 동체의 항력은 속도의 제곱에 비례한다. 주 로터 유도속도는 비행속도와 관계없이 거의 일정할 것으로 예상된다.

02 방향안정성에 관한 설명으로 틀린 것은?

① 도살핀(Dorsal Fin)을 붙여주면 큰 옆미끄럼각에서 방향안정성이 좋아진다.
② 수직꼬리날개의 위치를 비행기의 무게중심으로부터 멀리 할수록 방향안정성이 증가한다.
③ 가로 및 방향진동이 결합된 옆놀이 및 빗놀이의 주기 진동을 더치롤(Dutch Roll)이라 한다.
④ 단면이 유선형인 동체는 일반적으로 무게중심이 동체의 1/4지점 후방에 위치하면 방향안정성이 좋다.

해설
방향안정성은 도살핀, 수직꼬리날개의 설치로 증가된다. 가로 진동 및 방향 진동이 결합된 운동을 더치롤이라 한다. 물체의 방향 안정성이 좋으려면 동체의 1/4 지점이 무게중심이 되어야 할 필요는 없다.

03 제트 비행기가 240m/s의 속도로 비행할 때 마하수는 얼마인가?(단, 기온 : 20℃, 기체상수 : 287m²/s²·K, 비열비 : 1.4이다)

① 0.699 ② 0.785
③ 0.894 ④ 0.926

해설
공기의 온도가 20℃(즉, 절대온도로는 20+273=293K)일 때 음속은 다음과 같다.
$a = \sqrt{\gamma RT} = \sqrt{(1.4)(287 m^2/s^2 \cdot K)(293K)} \fallingdotseq 343 m/s$
$M = \dfrac{V}{a} = \dfrac{240 m/s}{343 m/s} \fallingdotseq 0.699$

정답 1 ② 2 ④ 3 ①

04 오존층이 존재하는 대기의 층은?

① 대류권   ② 열 권
③ 성층권   ④ 중간권

해설
성층권에서 공기 중의 오존층이 자외선을 흡수한다.

05 중량 3,200kgf인 비행기가 경사각 15°로 정상선회를 하고 있을 때 이 비행기의 원심력은 약 몇 kgf인가?

① 857   ② 1,600
③ 1,847   ④ 3,091

해설
선회비행

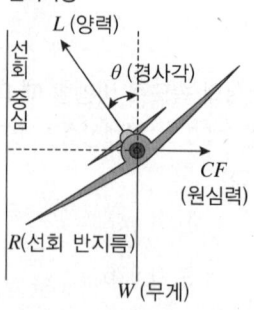

비행기의 중량은 $L_{선회}$의 수직 성분과 같다. 즉, $L_{선회}\cos\theta = W$이다. 따라서 $L_{선회} = \dfrac{W}{\cos\theta}$이다. 한편 원심력은 $L_{선회}$의 수평 성분(구심력이라 부름)과 같다. 원심력 $= L_{선회}\sin\theta = \dfrac{W}{\cos\theta}\sin\theta = W\tan\theta$

원심력 $= W\tan\theta = 3,200\text{kgf} \times \tan 15° = 857\text{kgf}$

06 헬리콥터를 전진, 후진, 옆으로 비행을 시키기 위하여 회전면을 경사시키는 데 사용되는 조종 장치는?

① 동시피치조종장치   ② 추력조절장치
③ 주기피치조종장치   ④ 방향조종 페달

해설
헬리콥터의 주기피치조종장치(Cyclic Pitch Control)를 사용하여 회전면을 경사시켜 전진, 후진, 옆으로의 비행을 시킨다.

07 프로펠러 깃을 통과하는 순수한 유도속도를 옳게 표현한 것은?

① 프로펠러 깃을 통과하는 공기속도 + 비행속도
② 프로펠러 깃을 통과하는 공기속도 − 비행속도
③ 프로펠러 깃을 통과하는 공기속도 × 비행속도
④ 프로펠러 깃을 통과하는 공기속도 ÷ 비행속도

해설
프로펠러의 깃을 통과하는 순수한 유도속도는 깃을 통과하는 공기속도−비행속도이다.

08 비행기 날개에 작용하는 양력을 증가시키기 위한 방법이 아닌 것은?

① 양력계수를 최대로 한다.
② 날개의 면적을 최소로 한다.
③ 항공기의 속도를 증가시킨다.
④ 주변 유체의 밀도를 증가시킨다.

해설
비행기 날개의 양력의 공식은 $L = \dfrac{1}{2}\rho V^2 S C_L$으로서, 여기서 ρ는 공기밀도, V는 비행속도, S는 항공기 날개면적, C_L은 양력계수이다.

09 비행기가 수직 강하 시 도달할 수 있는 최대 속도를 무엇이라 하는가?

① 수직속도(Vertical Speed)
② 강하속도(Descending Speed)
③ 최대침하속도(Rate of Descent)
④ 종극속도(Terminal Velocity)

해설
비행기가 수직 강하 시 중력과 반대 방향의 항력이 작용하는데 항력은 비행기의 강하속도의 제곱에 비례한다. 비행기는 점점 가속을 하며 강하하다가 종극속도에서는 중력과 항력이 같게 되어 뉴턴의 법칙($F=ma$)에 따라 가속을 하지 않고 비행기는 일정한 속도로 강하하게 된다.

10 비행기 날개의 가로세로비가 커졌을 때 옳은 설명은?

① 양력이 감소한다.
② 유도항력이 증가한다.
③ 유도항력이 감소한다.
④ 스팬효율과 양력이 증가한다.

해설
유도항력계수는 다음과 같이 양력계수의 제곱에 비례하고 스팬 효율 계수 e와 가로세로비 AR에 반비례한다. 타원날개는 $e=1$이다.
$$C_{Di} = \frac{C_L^2}{\pi e AR}$$

11 글라이더가 고도 2,000m 상공에서 양항비 20인 상태로 활공한다면 도달할 수 있는 수평활공 거리는 몇 m인가?

① 2,000   ② 20,000
③ 4,000   ④ 40,000

해설
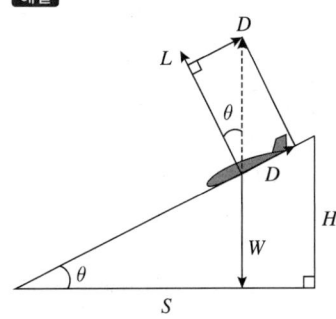

$$S = \frac{H}{\tan\theta} = \frac{H}{\frac{D}{L}} = \frac{H}{\frac{1}{\text{양항비}}} = \frac{2,000\text{m}}{\frac{1}{20}} = 40,000\text{m}$$

12 받음각(Angle Of Attack)에 대한 설명으로 옳은 것은?

① 후퇴각과 취부각의 차
② 동체 중심선과 시위선이 이루는 각
③ 날개 중심선과 시위선이 이루는 각
④ 항공기 진행방향과 시위선이 이루는 각

13 360km/h의 속도로 표준 해면고도 위를 비행하고 있는 항공기 날개상의 한 점에서 압력이 100kPa일 때 이 점에서의 유속은 약 몇 m/s인가?(단, 표준 해면고도에서 공기의 밀도는 1.23kg/m³이며, 압력은 1.01 ×10⁵N/m²이다)

① 105.82　② 107.82
③ 109.82　④ 111.82

해설

$V = 360\text{km/h} = \dfrac{360,000\text{m}}{3,600\text{s}} = 100\text{m/s}$

유체의 어느 점에서의 압력 p는 정압(Static Pressure)이라고 하고, $q = \dfrac{1}{2}\rho V^2$은 속도에 의해 나타나는 압력으로서 이를 동압(Dynamic Pressure)이라고 한다. $p + \dfrac{1}{2}\rho V^2 =$ 일정. 즉, 베르누이 법칙은 정상 유동 유체의 각 위치 점에 있어서 정압과 동압의 합, 즉 전압(Total Pressure, p_t)은 항상 일정함을 나타낸다. 따라서 항공기 앞 멀리 있는 점을 1이라 하고 항공기 날개상의 한 점을 2라 하면 $p_1 + \dfrac{1}{2}\rho V_1^2 = p_2 + \dfrac{1}{2}\rho V_2^2$ 즉, 양쪽 점에서의 전압은 일정하다. 따라서

$V_2^2 - V_1^2 = \dfrac{2(p_1 - p_2)}{\rho} = \dfrac{2(101,000\text{N/m}^2 - 100,000\text{N/m}^2)}{1.23\text{kg/m}^3}$

$= \dfrac{2,000\text{N/m}^2}{1.23\text{kg/m}^3} = \dfrac{2,000\text{N/m}^2 \times \dfrac{1\text{kg} \cdot 1\text{m/s}^2}{1\text{ N}}}{1.23\text{kg/m}^3} \fallingdotseq 1,626\text{m}^2/\text{s}^2$

$V_2^2 = V_1^2 + 1,626\text{m}^2/\text{s}^2 = 10,000\text{m}^2/\text{s}^2 + 1,626\text{m}^2/\text{s}^2$
$= 11,626\text{m}^2/\text{s}^2$
$V_2 \fallingdotseq 107.82\text{m/s}$

14 제트 항공기가 최대 항속거리로 비행하기 위한 조건은?(단, C_L은 양력계수, C_D는 항력계수이며, 연료소비율은 일정하다)

① $\left(\dfrac{C_L^{\frac{1}{2}}}{C_D}\right)_{\text{최대}}$ 및 고고도

② $\left(\dfrac{C_L^{\frac{1}{2}}}{C_D}\right)_{\text{최대}}$ 및 저고도

③ $\left(\dfrac{C_L}{C_D}\right)_{\text{최대}}$ 및 고고도

④ $\left(\dfrac{C_L}{C_D}\right)_{\text{최대}}$ 및 저고도

15 꼬리날개가 주 날개의 뒤에 위치하는 일반적인 항공기에서 수평꼬리날개의 체적계수(Tail Volume Coefficient)에 대한 설명으로 틀린 것은?

① 주 날개의 면적에 반비례한다.
② 주 날개의 시위길이에 반비례한다.
③ 수평꼬리날개의 면적에 비례한다.
④ 수평꼬리날개의 시위길이에 비례한다.

해설

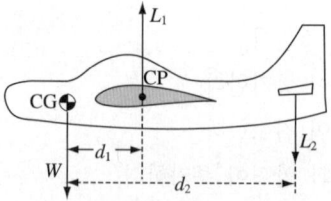

그림을 보면 $M_{cg} = 0 = L_1 d_1 - L_2 d_2$에서 무게중심(CG ; Center of Gravity)이 앞으로 이동하면 $L_1 d_1$이 커지고, 따라서 $L_2 d_2$도 커져야 한다. $L_2 d_2$가 커지면 세로 안정성은 커지며 특히 L_2가 커져야 하므로, 즉 힘이 많이 필요하게 되므로 조종성은 나빠진다. 위 그림에서 꼬리날개부피= $S_2 d_2$이다. 여기서 S_2는 꼬리날개의 면적이다.

16 비행기의 옆놀이(Rolling)안정에 가장 큰 영향을 주는 것은?

① 수평안정판
② 주 날개의 받음각
③ 수직꼬리날개
④ 주 날개의 후퇴각

해설
수평안정판은 세로(Pitching)안정에 영향을 주고 수직꼬리날개는 방향안정 및 옆놀이(Rolling)안정에 영향을 준다. 주 날개의 쳐든각은 옆놀이 안정에 영향을 준다.

17 헬리콥터에서 회전날개의 깃(Blade)은 회전하면 회전면을 밑면으로 하는 원추의 모양을 만들게 되는데 이때 회전면과 원추 모서리가 이루는 각은?

① 피치각(Pitch Angle)
② 코닝각(Coning Angle)
③ 받음각(Angle Of Attack)
④ 플래핑각(Flapping Angle)

18 이륙과 착륙에 대한 비행성능의 설명으로 옳은 것은?

① 착륙 활주 시에 항력은 아주 작으므로 보통 이를 무시한다.
② 이륙할 때 장애물 고도란 위험한 비행상태의 고도를 말한다.
③ 착륙거리란 지상활주거리에 착륙진입거리를 더한 것이다.
④ 이륙할 때 항력은 속도의 제곱에 반비례하므로 속도를 증가시키면 항력은 감소하게 되어 이륙한다.

해설
착륙거리란 진입 고도로부터 활주로에 정지할 때까지의 수평거리를 말한다.

19 수평 등속도비행을 하던 비행기의 속도를 증가시켰을 때 그 상태에서 수평비행하기 위해서는 받음각은 어떻게 하여야 하는가?

① 감소시킨다.
② 증가시킨다.
③ 변화시키지 않는다.
④ 감소하다 증가시킨다.

해설
수평 등속도비행 시에는 비행기의 무게와 양력이 같으며, 또한 추력과 항력이 같다.
$$W = L = \frac{1}{2}\rho V^2 S C_L, \quad T = D = \frac{1}{2}\rho V^2 S C_D$$
비행기의 속도 V가 증가하면 양력 L이 증가한다. 이때 받음각을 줄이면 양력계수 C_L이 감소하여 양력 L이 감소하게 된다.

20 비행기가 하강비행을 하는 동안 조종간을 당겨 기수를 올리려 할 때, 받음각과 각속도가 특정 값을 넘게 되면 예상한 정도 이상으로 기수가 올라가게 되는 현상은?

① 피치 업(Pitch Up)
② 스핀(Spin)
③ 버피팅(Buffeting)
④ 디프실속(Deep Stall)

제2과목 항공기관

21 항공기용 가스터빈기관에서 터빈 깃 끝단의 슈라우드(Shrouded)구조의 특징이 아닌 것은?

① 깃을 가볍게 만들 수 있다.
② 터빈깃의 진동억제 특성이 우수하다.
③ 깃 팁(Tip)에서 가스 누설 손실이 적다.
④ 깃 팁(Tip)에서 공기역학적 성능이 우수하다.

해설
슈라우드 팁 방식 터빈 깃은 오픈 팁 방식 터빈 깃에 비해 공기흐름을 좋게 하여 가스 손실을 줄이고 깃의 진동을 방지하는 특징이 있다.

22 아음속 항공기의 수축형 배기노즐의 역할로 옳은 것은?

① 속도를 감소시키고 압력을 증가시킨다.
② 속도를 감소시키고 압력을 감소시킨다.
③ 속도를 증가시키고 압력을 증가시킨다.
④ 속도를 증가시키고 압력을 감소시킨다.

해설
아음속 흐름 시, 수축 노즐에서 속도는 증가, 압력은 감소하며 반대로 확산 노즐에서는 속도는 감소, 압력은 증가한다.

23 가스터빈기관 내의 가스의 특성변화에 대한 설명으로 옳은 것은?

① 항공기 속도가 느릴 때 공기는 대기압보다 낮은 압력으로 압축기 입구로 들어간다.
② 연소실의 온도보다 이를 통과한 터빈의 가스온도가 더 높다.
③ 항공기 속도가 증가하면 압축기 입구압력은 대기압보다 낮아진다.
④ 터빈노즐의 수축 통로에서 압력이 감소되면서 배기가스의 속도가 급격히 감속된다.

24 정상작동 중인 왕복기관에서 점화가 일어나는 시점은?

① 상사점 전   ② 상사점
③ 하사점 전   ④ 하사점

해설
왕복기관에서 점화는 압축 상사점 전에 이루어진다.

25 마그네토(Magneto)의 배전지 블록(Distributor Block)에 전기누전 점검 시 사용하는 기기는?

① Voltmeter
② Feeler Gauge
③ Harness Tester
④ High Tension Am Meter

26 왕복기관의 열효율이 25%, 정미마력이 50PS일 때, 총 발열량은 약 몇 kcal/h인가?(단, 1PS는 75kgf·m/s, 1kcal는 427kgf·m이다)

① 8.75   ② 35
③ 31,500   ④ 126,000

해설
열효율이 25%인 기관에서 정미마력(제동마력)이 50PS가 발생되었다면, 실제 기관에서 발생한 총열량은 200PS에 해당되는 열량이다. 200PS를 1시간당 열량으로 환산하면
$$200PS = \frac{200 \times 75 \times 3,600}{427} \fallingdotseq 126,464 \text{kcal/h}$$
(위 식에서 75를 곱한 이유는 PS를 kgf·m/s 단위로 바꾸기 위한 것이고, 3,600을 곱한 이유는 초당 한 일을 시간당 한 일로 바꾸기 위함이며, 427로 나눈 이유는 시간당 한 일을 열량으로 바꾸기 위해서이다)

21 ① 22 ④ 23 ① 24 ① 25 ③ 26 ④

27 다음 중 기관에서 축방향과 동시에 반경방향의 하중을 지지할 수 있는 추력 베어링 형식은?

① 평면베어링　② 볼베어링
③ 직선베어링　④ 저널베어링

28 다음 중 프로펠러를 항공기에 장착하는 위치에 따라 형식을 분류한 것은?

① 단열식, 복렬식
② 거버너식, 베타식
③ 트랙터식, 추진식
④ 피스톤식, 터빈식

해설
트랙터식(견인식)은 가장 많이 사용되는 방법으로 프로펠러를 비행기 앞에 장착하여 프로펠러 추력이 비행기를 끌고 가는 방식이고, 추진식은 프로펠러를 비행기 뒷부분에 장착하여 프로펠러 추력이 비행기를 앞으로 밀고 가는 방식이다.

29 배기밸브 제작 시 축에 중공(Hollow)을 만들고 금속 나트륨을 삽입하는 것은 어떤 효과를 위해서인가?

① 밸브서징을 방지한다.
② 밸브에 신축성을 부여하여 충격을 흡수한다.
③ 밸브 헤드의 열을 신속히 밸브 축에 전달한다.
④ 농후한 연료에 분사되어 농도를 낮춰준다.

해설
밸브 속에 채워진 금속나트륨이 액체 나트륨으로 변하면서 주위의 열을 흡수하여 밸브의 냉각을 돕는다.

30 항공기용 왕복기관 윤활계통에서 소기펌프(Scavenge Pump)의 역할로 옳은 것은?

① 프로펠러 거버너로 윤활유를 보내 준다.
② 크랭크축의 중공 부분으로 윤활유를 보내 준다.
③ 오일탱크로부터 윤활유를 각각의 윤활부위로 보내 준다.
④ 윤활부위를 빠져 나온 윤활유를 다시 오일탱크로 보내 준다.

해설
윤활유 압력 펌프는 오일탱크로부터 윤활유를 각각의 윤활부위로 보내주며, 소기펌프는 윤활부위를 빠져 나온 윤활유를 다시 오일탱크로 보내 준다.

31 프로펠러 비행기가 비행 중 기관이 고장나서 정지시킬 필요가 있을 때, 프로펠러의 깃각을 바꾸어 프로펠러의 회전을 멈추게 하는 조작을 무엇이라 하는가?

① 슬립(Slip)
② 비틀림(Twisting)
③ 피칭(Pitching)
④ 페더링(Feathering)

해설
페더링은 유입 공기 흐름에 대해 방해를 받지 않으므로 프로펠러가 회전하지 않게 되고, 따라서 엔진 작동이 멈췄을 때 유입되는 바람에 의해 역으로 기관이 회전하는 현상을 방지한다.

정답 27 ②　28 ③　29 ③　30 ④　31 ④

32 왕복기관에서 혼합비가 희박하고 흡입 밸브(Intake Valve)가 너무 빨리 열리면 어떤 현상이 나타나는가?

① 노킹(Knocking)
② 역화(Back Fire)
③ 후화(After Fire)
④ 데토네이션(Detonation)

해설
역화(Backfire)는 혼합비가 과희박(Over Lean)할 때 발생하며, 후화(Afterfire)는 혼합비가 과농후(Over Rich)할 때 발생한다.

33 가스터빈기관에 사용되고 있는 윤활계통의 구성품이 아닌 것은?

① 압력펌프   ② 조속기
③ 소기펌프   ④ 여과기

34 가스터빈기관의 점화계통에 사용되는 부품이 아닌 것은?

① 익사이터(Exciter)
② 마그네토(Magneto)
③ 리드라인(Lead Line)
④ 점화플러그(Igniter Plug)

해설
마그네토는 왕복기관 점화계통에 사용되는 부품이다.

35 가스터빈기관 연료계통의 고장탐구에 관한 설명으로 틀린 것은?

① 시동 시 연료의 흐름량이 낮을 때 부스터 펌프의 결함을 예상할 수 있다.
② 시동 시 연료가 흐르지 않을 때 연료조정장치의 차단밸브 결함을 예상할 수 있다.
③ 시동 시 결핍시동(Hung Start)이 발생하였다면 연료조정장치의 결함을 예상할 수 있다.
④ 시동 시 배기가스 온도가 높을 때 연료조정장치의 고장으로 부족한 연료흐름이 원인임을 예상할 수 있다.

36 장탈과 장착이 가장 편리한 가스터빈기관 연소실 형식은?

① 가변정익형
② 캔 형
③ 캔-애뉼러형
④ 애뉼러형

해설
캔형 연소실 특징
• 연소실이 독립되어 있어 정비가 간단하다.
• 고공에서 연소정지현상이 생기기 쉽다.
• 시동 시 과열시동의 염려가 있다.
• 출구 온도 분포가 불균일하다.

37 엔탈피(Enthalpy)의 차원과 같은 것은?

① 에너지
② 동 력
③ 운동량
④ 엔트로피

해설
엔탈피는 내부에너지와 유동 일의 합으로 정의되는 열역학적 성질로, $H = U + PV$로 나타낸다. 단위는 에너지와 같이 J, kcal 등으로 표시할 수 있다.

38 [보기]와 같은 특성을 가진 기관의 명칭은?

┌─ 보기 ─────────────────┐
• 비행속도가 빠를수록 추진효율이 좋다.
• 초음속 비행이 가능하다.
• 배기소음이 심하다.
└────────────────────────┘

① 터보프롭기관
② 터보팬기관
③ 터보제트기관
④ 터보축기관

39 왕복기관의 연료계통에서 이코노마이저(Economizer)장치에 대한 설명으로 옳은 것은?

① 연료 절감 장치로 최소 혼합비를 유지한다.
② 연료 절감 장치로 순항속도 및 고속에서 닫혀 희박 혼합비가 된다.
③ 출력 증강 장치로 순항속도에서 닫혀 희박 혼합비가 되고 고속에서 열려 농후 혼합비가 되도록 한다.
④ 출력 증강 장치로 순항속도에서 열려 농후 혼합비가 되고 고속에서 닫혀 희박 혼합비가 되도록 한다.

해설
이코노마이저 장치(고출력 장치)는 기관출력이 클 때 농후 혼합비를 만들어주기 위해 추가적인 연료를 공급해 주는 장치이다.

40 압력 7atm, 온도 300℃인 0.7m³의 이상기체가 압력 5atm, 체적 0.56m³의 상태로 변화했다면 온도는 약 몇 ℃가 되는가?

① 54
② 87
③ 115
④ 187

해설
$$\frac{P_1 V_1}{T_1} = \frac{P_2 V_2}{T_2}$$

$$\frac{7 \times 0.7}{300 + 273} = \frac{5 \times 0.56}{T_2}$$

$T_2 ≒ 327.43K = 54.43℃$

정답 37 ① 38 ③ 39 ③ 40 ①

제3과목 항공기체

41 항공기기관을 날개에 장착하기 위한 구조물로만 나열한 것은?

① 마운트, 나셀, 파일런
② 블래더, 나셀, 파일런
③ 인티그럴, 블래더, 파일런
④ 캔틸레버, 인티그럴, 나셀

42 항공기 구조에서 벌크헤드(Bulkhead)에 대한 설명으로 옳은 것은?

① 기관이나 연소실을 객실로부터 분리시키기 위한 수직 부재이다.
② 동체나 나셀에서 앞·뒤 방향으로 배치되며 다양한 단면 모양의 부재이다.
③ 날개에서 날개보를 결합하기 위한 세로 방향 부재이다.
④ 방화벽, 압력유지, 날개 및 착륙장치 부착, 동체의 비틀림 방지, 동체의 형상유지 등의 역할을 한다.

해설

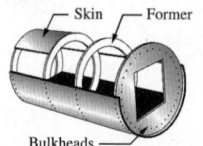

43 알루미늄 합금 주물로 된 비행기 부품이 공기 중에서 부식하는 것을 방지하기 위하여 어떤 처리를 하는가?

① 카드뮴 도금
② 침 탄
③ 양극산화처리
④ 인산염 피막

해설
양극산화처리(Anodizing)는 전기적인 방법으로 금속 표면에 산화피막을 형성시키는데, 도금과는 달리 아주 얇은 두께의 피막을 형성한다. 보통 황산법, 수산법, 크롬산법 등이 있다.

44 2개의 알루미늄 판재를 리베팅하기 위해 구멍을 뚫으려 할 때 판재가 움직이려 한다면 사용해야 하는 것은?

① 클레코
② 리 머
③ 버킹바
④ 뉴매틱 해머

해설
클레코

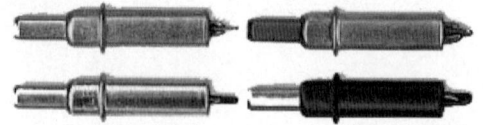

45 다음 중 리베팅 작업과정에서 순서가 가장 늦은 과정은?

① 드릴링
② 리 밍
③ 디버링
④ 카운터싱킹

해설
디버링(Deburring)은 드릴링이나 리밍 후 발생된 버(Burr)를 제거하는 작업이다.

정답 41 ① 42 ④ 43 ③ 44 ① 45 ③

46 그림과 같은 $V-n$선도에서 GH선은 무엇을 나타내는 것인가?

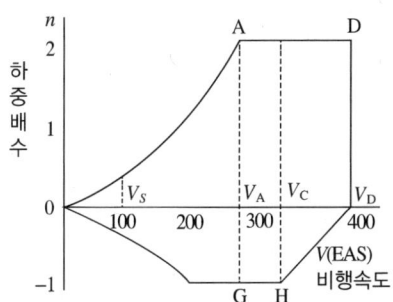

① 돌풍하중배수
② 최소제한하중배수
③ 최대제한하중배수
④ "+"방향에서 얻어지는 하중배수

47 두께 1mm인 알루미늄 합금판을 그림과 같이 전단가공할 때 필요한 최소한의 힘은 몇 kgf인가?(단, 이 판의 최대 전단강도는 3,600kgf/cm²이다)

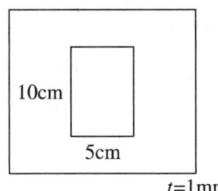

① 10,800
② 36,000
③ 108,000
④ 180,000

해설
전단 가공이 이루어지는 면(A)의 총넓이는 다음과 같다.
$A = (10 \times 0.1 \times 2) + (5 \times 0.1 \times 2) = 3(cm^2)$
따라서 전단가공 시 필요한 힘(F)은
$F = \tau A = 3,600 \times 3 = 10,800(kgf)$

48 착륙장치계통에 대한 설명으로 틀린 것은?
① 시미댐퍼는 앞 착륙장치의 진동을 감쇠시키는 장치이다.
② 안티-스키드시스템은 저속에서 작동하며 브레이크 효율을 감소시킨다.
③ 브레이크 시스템은 지상활주 시 방향을 바꿀 때도 사용할 수 있다.
④ 트럭형식의 착륙장치는 바퀴수가 4개 이상인 경우로서 이를 보기형식이라고도 한다.

해설
안티-스키드시스템은 고속에서 작동하며 브레이크 효율을 향상시킨다.

49 다음 중 항공기 세척 시 사용하는 알칼리 세제는?
① 톨루엔
② 케로신
③ 아세톤
④ 계면활성제

해설
계면활성제는 물에 녹기 쉬운 친수성 부분과 기름에 녹기 쉬운 소수성 부분을 가지고 있는 화합물로서 비누나 세제 등으로 많이 사용된다. 계면이란 기체와 액체, 액체와 액체, 액체와 고체가 서로 맞닿은 경계면이다.

50 경항공기에 사용되는 일반적인 고무완충식 착륙장치(Landing Gear)의 완충효율은 약 몇 %인가?
① 30
② 50
③ 75
④ 100

51 세미모노코크구조의 항공기 동체에서 주 구조물이 아닌 것은?

① 프레임(Frame)
② 외피(Skin)
③ 스트링어(Stringer)
④ 스파(Spar)

해설
스파(날개보)는 날개 구성품에 속한다.

52 항공기 무게를 계산하는 데 기초가 되는 자기무게(Empty Weight)에 포함되는 무게는?

① 고정 밸러스트
② 승객과 화물
③ 사용가능 연료
④ 배출가능 윤활유

53 알루미늄 합금(Aluminum Alloy)2024-T4에서 T4가 의미하는 것은?

① 풀림(Annealing) 처리한 것
② 용액 열처리 후 냉간 가공품
③ 용액 열처리 후 인공시효한 것
④ 용액 열처리 후 자연시효한 것

해설
알루미늄 합금의 특성 기호
• F : 제조상태 그대로인 것
• O : 풀림 처리한 것
• H : 냉간 가공한 것(비열처리 합금)
• W : 용체화 처리 후 자연 시효한 것
• T : 열처리한 것
 - T4 : 용체화 처리 후 자연시효한 것
 - T5 : 고온 성형공정에서 냉각 후 인공시효한 것
 - T6 : 용체화 처리 후 냉간가공
 - T7 : 용체화 처리 후 안정화 처리
 - T8 : 용체화 처리 후 냉간가공하고 인공시효한 것
 - T9 : 용체화 처리 후 인공시효하고 냉간가공한 것

54 굴곡 각도가 90°일 때 세트백(Set Back)을 계산하는 식으로 옳은 것은?(단, T는 두께, R은 굴곡반경, D는 지름이다)

① $R+T$
② $\dfrac{D+T}{2}$
③ $R+\dfrac{T}{2}$
④ $\dfrac{R}{2}+T$

해설
세트백(SB ; Set Back)
$SB = \tan\dfrac{\theta}{2}(R+T)$
각도가 90°일 경우
$SB = \tan\dfrac{90°}{2}(R+T) = R+T$

55 그림과 같은 외팔보에 집중하중(P_1, P_2)이 작용할 때 벽지점에서의 굽힘모멘트를 옳게 나타낸 것은?

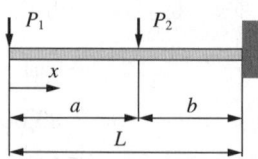

① 0
② $-P_1 a$
③ $-P_1 b + P_2 b$
④ $-P_1 L - P_2 b$

56 [보기]와 같은 특징을 갖는 강은?

┌─보기─────────────────────────┐
• 크롬 몰리브덴강
• 1%의 몰리브덴과 0.30%의 탄소를 함유함
• 용접성을 향상시킨 강
└──────────────────────────────┘

① AA 1100 ② SAE 4130
③ AA 7150 ④ SAE 4340

57 스크루(Screw)를 용도에 따라 분류할 때 이에 해당하지 않는 것은?

① 머신 스크루(Machine Screw)
② 구조용 스크루(Structural Screw)
③ 트라이 윙 스크루(Tri Wing Screw)
④ 셀프 탭핑 스크루(Self Tapping Screw)

해설
트라이 윙 스크루는 용도에 의한 분류가 아니고 형태에 의한 분류에 속한다.
트라이 윙 스크루

58 케이블 조종계통의 턴버클 배럴(Barrel) 양쪽 끝에 구멍의 용도로 옳은 것은?

① 코터핀 작업을 위하여
② 안전 결선(Safety Wire)을 하기 위하여
③ 양쪽 케이블 피팅에 윤활유를 보급하기 위하여
④ 양쪽 케이블 피팅의 나사가 충분히 물려 있는지 확인하기 위하여

59 키놀이 조종계통에서 승강키에 대한 설명으로 옳은 것은?

① 일반적으로 승강키의 조종은 페달에 의존한다.
② 세로축을 중심으로 하는 항공기 운동에 사용한다.
③ 일반적으로 수평 안정판의 뒷전에 장착되어 있다.
④ 수직축을 중심으로 좌우로 회전하는 운동에 사용한다.

해설
비행기의 3축 운동
• 세로축 – 옆놀이(Rolling) – 도움날개(Aileron)
• 가로축 – 키놀이(Pitching) – 승강키(Elevator)
• 수직축 – 빗놀이(Yawing) – 방향키(Rudder)

60 설계제한 하중배수가 2.5인 비행기의 실속속도가 120km/h일 때 이 비행기의 설계운용속도는 약 몇 km/h인가?

① 150
② 240
③ 190
④ 300

해설
설계운용속도(V_A)
$V_A = \sqrt{n_1} \times V_s = \sqrt{2.5} \times 120 ≒ 189.9(\text{km/h})$
여기서, n_1은 설계제한 하중배수, V_s는 실속속도

정답 56 ② 57 ③ 58 ② 59 ③ 60 ③

제4과목 항공장비

61 일반적인 공기식 제빙(De-Icing)계통에서 솔레노이드밸브의 역할은?

① 부츠(Boots)로 물이 공급되도록 한다.
② 장착 위치에 부츠(Boots)를 고정시킨다.
③ 부츠(Boots) 내의 수분이 배출되도록 한다.
④ 타이머에 따라 분배밸브(Distributor Valve)를 작동시킨다.

62 그림과 같은 회로에서 20Ω에 흐르는 전류 I_1은 몇 A인가?

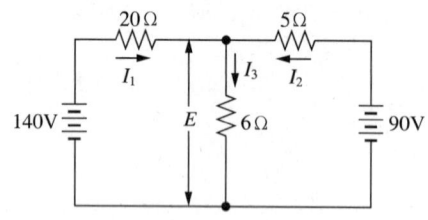

① 4 ② 6
③ 8 ④ 10

해설
그림과 같이 왼쪽 전원만 있을 경우

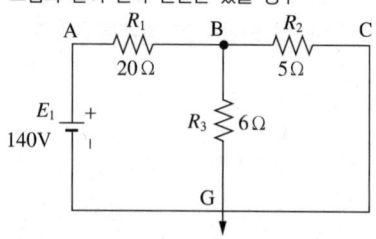

$R_T = R_1 + R_{2-3} = 20\Omega + \dfrac{(5\Omega)(6\Omega)}{5\Omega+6\Omega} ≒ 22.73\Omega$

$I_T = I_1 = \dfrac{E_1}{R_T} = \dfrac{140V}{22.73\Omega} ≒ 6.16A$

$V_A = V_G + E_1 = 0V + 140V = 140V$

$V_1 = I_1 R_1 = (6.16A)(20\Omega) = 123.2V$

그림과 같이 오른쪽 전원만 있을 경우

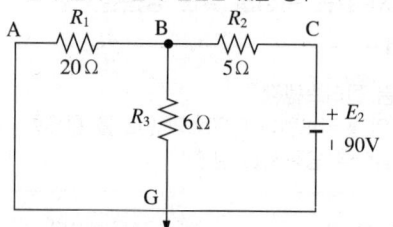

$R_T = R_2 + R_{1-3} = 5\Omega + \dfrac{(20\Omega)(6\Omega)}{20\Omega+6\Omega} ≒ 9.62\Omega$

$I_T = I_2 = \dfrac{E_2}{R_T} = \dfrac{90V}{9.62\Omega} ≒ 9.36A$

$V_C = V_G + E_2 = 0V + 90V = 90V$

$V_2 = I_2 R_2 = (9.36A)(5\Omega) = 46.8V$

$V_B = V_C - V_2 = 43.2V$

$V_A = V_G = 0V$

두 전원의 결과를 합하면
$V_A = 140V + 0V = 140V$
$V_B = 16.8V + 43.2V = 60V$
$V_1 = V_A - V_B = 80V = I_1 R_1 = I_1(20\Omega)$
$I_1 = 4A$

63 고휘도 음극선관과 컴바이너(Combiner)라고 부르는 특수한 거울을 사용하여 1차적인 비행 정보를 조종사의 시선 방향에서 바로 볼 수 있도록 만든 장치는?

① PFD ② ND
③ MFD ④ HUD

64 자동조종장치를 구성하는 장치 중 현재의 자세와 변화율을 측정하는 센서의 역할을 하는 것이 아닌 것은?

① 서보장치 ② 수직자이로
③ 고도센서 ④ VOR/ILS 신호

해설
수직자이로는 변화율, 고도센서와 VOR/ILS 신호는 현재의 자세와 방향을 알려준다.

65 내부저항이 5Ω인 배율기를 이용한 전압계에서 50V의 전압을 5V로 지시하려면 배율기 저항은 몇 Ω이어야 하는가?

① 10　　② 25
③ 45　　④ 50

66 대형항공기에서 객실여압(Pressurization)장치를 설비하는 데 직접적으로 고려하여야 할 점이 아닌 것은?

① 항공기 최대 운용 속도
② 항공기 내부와 외부의 압력차
③ 항공기의 기체 구조 자재의 선택과 제작
④ 최대 운용 고도에서 일정한 객실 고도의 유지

해설
객실여압장치는 항공기의 구조가 견딜 수 있는 압력 한도 내로 압력을 발생시켜야 한다. 즉 항공기 내부와 외부의 압력차, 이런 압력차를 견딜 수 있는 구조자재, 객실고도의 유지 등을 고려하여 객실여압장치를 설계하여야 한다.

67 24V 납산축전지(Lead Acid Battery)를 장착한 항공기가 비행 중 모선(Main Bus)에 걸리는 전압은 몇 V인가?

① 24　　② 26
③ 28　　④ 30

68 자이로의 강직성에 대한 설명으로 옳은 것은?

① 회전자의 질량이 클수록 약하다.
② 회전자의 회전속도가 클수록 강하다.
③ 회전자의 질량관성모멘트가 클수록 약하다.
④ 회전자의 질량이 회전축에 가까이 분포할수록 강하다.

69 유압계통에서 열팽창이 적은 작동유를 필요로 하는 1차적인 이유는?

① 고고도에서 증발감소를 위해서
② 화재를 최소한 방지하기 위해서
③ 고온일 때 과대압력 방지를 위해서
④ 작동유의 순환불능을 해소하기 위해서

70 [보기]와 같은 특징을 갖는 안테나는?

┤보기├
- 가장 기본적이며, 반파장 안테나
- 수평 길이가 파장의 약 반 정도
- 중심에 고주파 전력을 공급

① 다이폴안테나
② 루프안테나
③ 마르코니안테나
④ 야기안테나

정답　65 ③　66 ①　67 ③　68 ②　69 ③　70 ①

71 화재탐지장치 중 온도상승을 바이메탈(Bimetal)로 탐지하는 것은?

① 용량형(Capacitance Type)
② 서모커플형(Thermo Couple Type)
③ 저항루프형(Resistance Loop Type)
④ 서멀스위치형(Thermal Switch Type)

72 유압계통에서 저장소(Reservoir)에 작동유를 보급할 때 이물질 걸러내는 장치는?

① 스탠드 파이프(Stand Pipe)
② 화학건조기(Chemical Drier)
③ 손가락거르개(Finger Strainer)
④ 수분제거기(Moisture Separator)

73 다음 중 항공기에서 이론상 가장 먼저 측정하게 되는 것은?

① CAS ② IAS
③ EAS ④ TAS

해설
지시대기속도(Indicated Air Speed)는 계기상에 표시되는 속도로서 제일 먼저 측정하게 된다. IAS를 피토관의 위치 및 계기오차를 고려해 수정한 것이 수정대기속도(Calibrated Air Speed), CAS를 공기의 압축성을 고려해 수정한 것이 등가대기속도(Equivalent Air Speed), EAS를 고도변화에 따른 밀도를 고려해 수정한 것이 진대기속도(True Air Speed)이다.

74 다음 중 시동특성이 가장 좋은 직류전동기는?

① 션트전동기
② 직권전동기
③ 직·병렬전동기
④ 분권전동기

해설
직류전동기의 종류는 직권전동기, 복권전동기와 분권전동기가 있으며, 직권전동기는 시동토크가 크므로 경항공기의 시동기, 착륙장치, 카울 플랩 등을 작동하는 데 사용한다.

75 회전계 발전기(Tacho-Generator)에서 3개의 선 중 2개선이 바뀌어 연결되면 지시는 어떻게 되겠는가?

① 정상지시
② 반대로 지시
③ 다소 낮게 지시
④ 작동하지 않는다.

76 항공기의 비행 중 피토튜브(Pitot Tube)로부터 얻은 정보에 의해 작동되지 않는 계기는?

① 대기속도계(Air Speed Indicator)
② 승강계(Vertical Speed Indicator)
③ 기압고도계(Baro Altitude Indicator)
④ 지상속도계(Ground Speed Indicator)

해설
대기속도계, 승강계, 기압고도계는 모두 피토튜브로부터의 정압 또는 동압 정보를 받아 작동한다.

77 QNH 방식으로 보정한 고도계에서 비행 중 지침이 나타내는 고도는?

① 압력고도　② 진고도
③ 절대고도　④ 밀도고도

해설
QNH 방식은 그 당시의 해면기압으로 고도계를 설정해 놓는 방식으로서 활주로에서는 활주로의 해면고도, 비행 중에는 해면으로부터의 고도, 즉 진고도를 가리킨다.

78 무선 통신 장치에서 송신기(Transmitter)의 기능에 대한 설명으로 틀린 것은?

① 신호의 증폭을 한다.
② 교류 반송파 주파수를 발생시킨다.
③ 입력정보신호를 반송파에 적재한다.
④ 가청신호를 음성신호로 변환시킨다.

79 엔진화재에 대한 설명으로 틀린 것은?

① 화재탐지회로는 이중으로 되어 있다.
② 엔진의 화재는 연료나 오일 등에 의해서도 발생한다.
③ 엔진의 화재는 주로 압축기 내에서 발생한다.
④ T류 항공기의 경우 화재의 탐지 및 소화 장비의 구비가 의무화되어 있다.

해설
수송급(Transport) 항공기의 경우 화재 탐지 및 소화 장비가 구비되어 있어야 한다.

80 다른 항법장치와 비교한 관성항법장치의 특징이 아닌 것은?

① 지상보조시설이 필요하다.
② 전문 항법사가 필요하지 않다.
③ 항법데이터를 지속적으로 얻는다.
④ 위치, 방위, 자세 등의 정보를 얻는다.

해설
관성항법장치는 자이로스코프를 이용하는 장치로서 지상의 보조시설이 없이 비행기에 탑재된 관성항법장치 자체만으로 비행기의 항법을 설정할 수 있다.

정답　76 ④　77 ②　78 ④　79 ③　80 ①

2016년 제1회 과년도 기출문제

제1과목 항공역학

01 프로펠러의 회전에 의해 깃이 허브 중심에서 밖으로 빠져나가려는 힘은?

① 추 력
② 원심력
③ 비틀림응력
④ 구심력

해설
프로펠러가 회전하면 프로펠러 깃에 원심력이 작용하여 허브 중심에서 깃이 빠져나가려 한다.

02 더치롤(Dutch Roll)에 대한 설명으로 옳은 것은?

① 가로진동과 방향진동이 결합된 것이다.
② 조종성을 개선하므로 매우 바람직한 현상이다.
③ 대개 정적으로 안정하지만 동적으로는 불안정하다.
④ 나선 불안정(Spiral Divergence)상태를 말한다.

해설
가로진동(비행기의 세로축을 중심으로 날개가 오르락내리락하는 진동)과 방향진동(비행기의 수직축을 중심으로 기수가 좌우로 왔다갔다 하는 진동)이 겹친 진동을 더치롤 현상이라 한다.

03 날개면적이 100m²인 비행기가 400km/h의 속도로 수평비행하는 경우 이 항공기의 중량은 약 몇 kgf인가?(단, 양력계수는 0.6, 공기밀도는 0.125kgf·s²/m⁴이다)

① 60,000
② 46,300
③ 23,300
④ 15,600

해설
$$V = 400\frac{\text{km}}{\text{h}} = 400\frac{\text{km}}{\text{h}} \times \frac{1{,}000\text{m}}{1\text{km}} \times \frac{1\text{h}}{3{,}600\text{s}} = 111.1\frac{\text{m}}{\text{s}}$$

$$W = L = C_L \frac{1}{2} \rho V^2 S$$

$$= (0.6) \times (0.5) \times \left(0.125\frac{\text{kgf} \cdot \text{s}^2}{\text{m}^4}\right) \times \left(111.1\frac{\text{m}}{\text{s}}\right)^2 \times 100\text{m}^2$$

$$= 46{,}287\text{kgf}$$

04 항공기가 선회속도 20m/s, 선회각 45°상태에서 선회비행을 하는 경우 선회반경은 약 몇 m인가?

① 20.4
② 40.8
③ 57.7
④ 80.5

해설
$$r = \frac{V^2}{g \times \tan\theta} = \frac{\left(20\frac{\text{m}}{\text{s}}\right)^2}{\left(9.8\frac{\text{m}}{\text{s}^2}\right) \times \tan 45°} = 40.8\text{m}$$

정답 1 ② 2 ① 3 ② 4 ②

05 정상흐름의 베르누이 방정식에 대한 설명으로 옳은 것은?

① 동압은 속도에 반비례한다.
② 정압과 동압의 합은 일정하지 않다.
③ 유체의 속도가 커지면 정압은 감소한다.
④ 정압은 유체가 갖는 속도로 인해 속도의 방향으로 나타나는 압력이다.

해설
공기의 정상흐름 시 적용되는 베르누이의 방정식은
$p + \frac{1}{2}\rho V^2 = C$ 이다.
즉, 정압 + 동압 = 일정이다.
유체의 속도가 커지면, 즉 동압이 커지면 정압은 감소한다.

06 비행기가 장주기운동을 할 때 변화가 거의 없는 요소는?

① 받음각 ② 비행속도
③ 키놀이 자세 ④ 비행고도

해설
장주기운동이란 비행기가 장주기로 피치운동을 하는 것을 말한다. 장주기 피치운동 시에는 받음각의 변화가 거의 없다.

07 프로펠러 비행기의 항속거리를 증가시키기 위한 방법이 아닌 것은?

① 연료소비율을 적게 한다.
② 프로펠러 효율을 크게 한다.
③ 날개의 가로 세로비를 작게 한다.
④ 양항비가 최대인 받음각으로 비행한다.

해설
브레게(Breguet)의 공식에 따르면 프로펠러 비행기의 최대항속거리는 $\frac{C_L}{C_D}$ 가 최대이어야 발생한다. 날개의 가로세로비(Aspect Ratio) 가 작으면 유도항력(유도항력계수 $C_{Di} = \frac{C_L^2}{\pi e AR}$)이 커진다. 따라서 항력이 커져서 항속거리가 작아진다.

08 수평스핀과 수직스핀의 낙하속도와 회전각속도 크기를 옳게 나타낸 것은?

① 수평스핀 낙하속도 > 수직스핀 낙하속도, 수평스핀 회전각속도 > 수직스핀 회전각속도
② 수평스핀 낙하속도 < 수직스핀 낙하속도, 수평스핀 회전각속도 < 수직스핀 회전각속도
③ 수평스핀 낙하속도 > 수직스핀 낙하속도, 수평스핀 회전각속도 < 수직스핀 회전각속도
④ 수평스핀 낙하속도 < 수직스핀 낙하속도, 수평스핀 회전각속도 > 수직스핀 회전각속도

해설
- 수직스핀(NASA에서 Steep Spin으로 명명)은 받음각이 20~30° 정도이고, 낙하속도는 매우 크며, 회전각속도는 보통으로 낙하하게 된다.
- 수평스핀(NASA에서 Flat Spin으로 명명)은 받음각이 65~90° 정도이고 낙하속도는 덜 급하며, 회전각속도가 매우 빠르게 낙하하게 된다.

09 고도 10km 상공에서의 대기온도는 몇 ℃인가?

① −35
② −40
③ −45
④ −50

해설
고도가 오를 때 6.5℃/km씩 온도가 하강한다. 해면고도의 온도가 15℃이면 10km 상공에서는 온도가 −50℃가 될 것이다.
$t_{10km} = 15℃ - \left(\frac{6.5℃}{1km} \times 10km\right) = -50℃$

10 헬리콥터가 전진비행을 할 때 주회전 날개의 전진깃과 후진깃에서 발생하는 양력 차이를 보정해 주는 장치는?

① 플래핑 힌지(Flapping Hinge)
② 리드-래그 힌지(Lead-Lag Hinge)
③ 동시 피치 제어간(Collective Pitch Control Lever)
④ 사이클릭 피치 조종간(Cyclic Pitch Control Lever)

해설
전진깃은 공기의 상대속도가 크므로 양력이 크게 되고 후진깃은 공기의 상대속도가 작으므로 양력이 작게 된다. 이때 깃이 플래핑 힌지에 달려 있으면 전진깃은 양력이 커서 위로 오르고(Flapping Up) 따라서 받음각은 작게 되며, 후진깃은 양력이 작아서 아래로 떨어져서(Flapping Down) 받음각이 크게 된다. 따라서 전진깃은 상대속도는 크지만 받음각이 작고 후진깃은 상대속도는 작지만 받음각이 크므로 두 깃에서 발생하는 양력의 크기는 같게 된다.

11 프로펠러의 이상적인 효율을 비행속도(V)와 프로펠러를 통과할 때의 기체 유동속도(V_1) 및 순수 유도속도(w)로 옳게 표현한 것은?(단, $V_1 = V + w$이다)

① $\dfrac{V_1}{V_1 + w}$
② $\dfrac{V}{V + w}$
③ $\dfrac{2V}{V_1 + w}$
④ $\dfrac{2V_1}{V + w}$

해설
프로펠러의 효율은 이용동력/공급동력이다.

12 헬리콥터 속도가 초과금지속도에 이르면 후진블레이드 실속 징후가 발생하는데 그 징후가 아닌 것은?

① 높은 중량 증가
② 기수 상향 경향
③ 비정상적인 진동
④ 후진블레이드 방향으로 헬리콥터 경사

해설
헬리콥터에서 후진블레이드 실속은 7~9시 방향의 후진블레이드에서 발생한다. 기수 방향(12시) 블레이드는 양력이 살아 있고 좌측 뒷부분 후진블레이드에서는 실속이 발생하므로 기수가 들리게 된다. 또한 깃이 회전을 하면서 이 부분에서 실속이 발생하므로 진동이 발생하게 된다. 또한 이 부분쪽으로 헬리콥터가 롤링을 하게 된다.

13 에어포일(Airfoil) "NACA 23012"에서 첫 번째 자리 숫자 "2"가 의미하는 것은?

① 최대 캠버의 크기가 시위(Chord)의 2%이다.
② 최대 캠버의 크기가 시위(Chord)의 20%이다.
③ 최대 캠버의 위치가 시위(Chord)의 15%이다.
④ 최대 캠버의 위치가 시위(Chord)의 20%이다.

해설
NACA 5자리 계열 에어포일의 경우 첫 번째 자리 숫자의 의미는 최대 캠버의 크기를 시위(Chord)에 대한 100% 비율로 나타낸 것이다.

14 등속상승비행에 대한 상승률을 나타내는 식이 아닌 것은?

┌보기┐
- V : 비행속도
- γ : 상승각
- W : 항공기 무게
- T_A : 이용추력
- T_R : 필요추력

① $V\sin\gamma$
② $\dfrac{(T_A - T_R)V}{W}$
③ $\dfrac{잉여동력}{W}$
④ $\dfrac{T_A - T_R}{W}$

해설

상승률 $= V\sin\gamma = \dfrac{TV - DV}{W} = \dfrac{\Delta P}{W}$

즉, 비행기는 잉여동력 = 이용동력(추력 T×속력 V) − 필요동력(항력 D×속력 V)에 의해 상승하고 상승률 = 잉여동력/무게이다. 위 문제에서 필요추력 T_R은 항력 D이다.

15 라이트형제는 인류 최초의 유인동력비행을 성공하던 날 최고기록으로 59초 동안 이륙지점에서 260m 지점까지 비행하였다. 당시 측정된 43km/h의 정풍을 고려한다면 대기속도는 약 몇 km/h인가?

① 27
② 40
③ 60
④ 80

해설

라이트형제 비행기의 평균 대지속도는

$V_{대지} = \dfrac{260\text{m}}{59\text{s}} \times \dfrac{1\text{km}}{1,000\text{m}} \times \dfrac{3,600\text{s}}{1\text{h}} = \dfrac{15.9\text{km}}{\text{h}}$

$V_{대기} = ?$

$V_{대지} = 16\text{km/h}$ $V_{정풍} = 43\text{km/h}$

$V_{대기} = V_{대지} + V_{정풍}$
$= 16\text{km/h} + 43\text{km/h}$
$= 59\text{km/h}$

16 평형상태를 벗어난 비행기가 이동된 위치에서 새로운 평형상태가 되는 경우를 무엇이라고 하는가?

① 동적안정(Dynamic Stability)
② 정적안정(Positive Static Stability)
③ 정적중립(Neutral Static Stability)
④ 정적불안정(Negative Static Stability)

해설
- 평형상태를 벗어난 비행기가 평형상태를 벗어난 뒤에 원래의 평형상태로 돌아가려는 경향을 정적안정이라 한다.
- 평형상태를 벗어난 비행기가 평형상태를 벗어난 뒤에 이동된 위치에서 가만히 있는(새로운 평형상태) 것을 정적중립이라 한다.

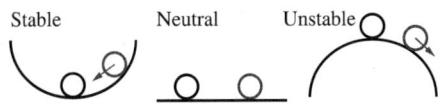

Stable   Neutral   Unstable

17 비행기의 가로축(Lateral Axis)을 중심으로 한 피치운동(Pitching)을 조종하는 데 주로 사용되는 조종면은?

① 플랩(Flap)
② 방향키(Rudder)
③ 도움날개(Aileron)
④ 승강키(Elevator)

해설
Elevator는 Lateral Axis를 중심으로 비행기의 Pitching 운동을 시킨다.

18 스팬(Span)의 길이가 39ft, 시위(Chord)의 길이가 6ft인 직사각형 날개에서 양력계수가 0.8일 때 유도받음각은 약 몇 °인가?(단, 스팬효율계수는 1이다)

① 1.5   ② 2.2
③ 3.0   ④ 3.9

해설
가로세로비 Aspect Ratio는 $AR = \dfrac{b}{c} = \dfrac{39ft}{6ft} = 6.5$
유도받음각은
$\varepsilon = \dfrac{C_L}{\pi AR} = \dfrac{0.8}{\pi 6.5} = 0.039 \text{rad} = 0.039 \text{rad} \times \dfrac{57°}{1 \text{rad}} = 2.2°$

19 항공기의 성능 등을 평가하기 위하여 표준대기를 국제적으로 통일하는데 국제표준대기를 정한 기관은?

① UN   ② FAA
③ ICAO ④ ISO

해설
국제민간항공기구(ICAO ; International Civil Aviation Organization)는 UN 산하의 특별한 기구로서 1944년 설립되었으며, 항공 관련 규정을 통해 전 세계의 민간항공에 관한 업무를 관리하고 있다.

20 형상항력을 구성하는 항력으로만 나타낸 것은?

① 유도항력 + 조파항력
② 간섭항력 + 조파항력
③ 압력항력 + 표면마찰항력
④ 표면마찰항력 + 유도항력

해설
- 형상항력은 압력항력과 표면마찰항력으로 구성되어 있다.
- 유해항력은 형상항력과 조파항력으로 구성되어 있다.
- 항력은 유해항력과 유도항력으로 구성되어 있다.

제2과목 항공기관

21 외부 과급기(External Supercharger)를 장착한 왕복엔진의 흡기계통 내에서 압력이 가장 낮은 곳은?

① 흡입 다기관
② 기화기 입구
③ 스로틀밸브 앞
④ 과급기 입구

해설
과급기가 기화기와 엔진 흡입구 사이에 위치하면 내부 과급기이고, 외부 과급기는 기화기 흡입구에 압축된 공기를 공급하므로 외부 과급기 흡기계통에서 압력이 낮은 곳은 과급기 입구이다(과급기에서 압력 상승이 이루어진 공기는 기화기를 통해 매니폴드까지 전달된다).

22 왕복엔진에 사용되는 기어(Gear)식 오일펌프의 옆간격(Side Clearance)이 크면 나타나는 현상은?

① 엔진 추력이 증가한다.
② 오일압력이 낮아진다.
③ 오일의 과잉공급이 발생한다.
④ 오일펌프에 심한 진동이 발생한다.

해설
옆간격이 크면 오일펌프의 압력이 규정값보다 떨어진다.

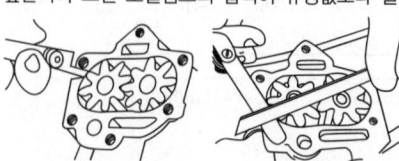

[오일펌프 옆간격]   [오일펌프 끝간격]

23 다음 중 아음속 항공기의 흡입구에 관한 설명으로 옳은 것은?

① 수축형 도관의 형태이다.
② 수축-확산형 도관의 형태이다.
③ 흡입공기 속도를 낮추고 압력을 높여준다.
④ 음속으로 인한 충격파가 일어나지 않도록 속도를 감속시켜 준다.

해설
아음속 항공기는 흡입공기 속도를 줄이고 압력을 상승시킬 목적으로 확산형 형태의 흡입덕트를 사용한다.

24 항공기용 엔진 중 터빈식 회전엔진이 아닌 것은?

① 램제트엔진
② 터보프롭엔진
③ 가스터빈엔진
④ 터보제트엔진

해설
가스터빈엔진은 압축기, 연소실, 터빈 등으로 구성되어 있지만 로켓, 램제트, 펄스제트엔진 등에는 터빈이 장착되어 있지 않다.

25 왕복엔진의 마그네토에서 접점(Breaker Point) 간격이 커지면 점화시기와 강도는?

① 점화가 늦게 되고 강도가 약해진다.
② 점화가 늦게 되고 강도가 높아진다.
③ 점화가 일찍 발생하고 강도가 약해진다.
④ 점화가 일찍 발생하고 강도가 높아진다.

26 흡입덕트의 결빙방지를 위해 공급하는 방빙원(Anti Icing Source)은?

① 압축기의 블리드 공기
② 연소실의 뜨거운 공기
③ 연료펌프의 연료이용
④ 오일탱크의 오일이용

해설
압축기 블리드 공기의 용도
• 객실 여압 및 냉난방
• 방빙 및 제빙
• 연료가열 및 고온부분 냉각
• 엔진시동
• 계기작동을 위한 동력원
• 베어링 실(Bearing Seal) 가압
• 압축기 공기흐름 조절

27 플로트식 기화기에서 이코노마이저장치의 역할로 옳은 것은?

① 연료가 부족할 때 신호를 발생한다.
② 스로틀밸브가 완전히 열렸을 때 연료를 감소시킨다.
③ 순항출력 이상의 높은 출력일 때 농후한 혼합비를 만든다.
④ 고도에 의한 밀도의 변화에 대하여 혼합비를 적절히 유지한다.

해설
부자식 기화기의 여러 장치
• 완속장치 : 완속 운전시 주 연료노즐에서 연료가 분출될 수 없을 때 연료공급
• 이코노마이저장치 : 기관출력이 클 때 농후 혼합비를 만들어주기 위해 추가적인 연료를 공급해 주는 장치
• 가속장치 : 스로틀(Throttle)이 갑자기 열리면 순간적으로 희박 혼합비 상태가 되며, 가속펌프는 부가적인 연료를 공급하여 이런 현상을 방지한다.
• 자동혼합비조정장치 : 고도가 증가에 따라 혼합비가 과농후 상태가 되는 것을 방지한다.

정답 23 ③ 24 ① 25 ③ 26 ① 27 ③

28 다음 중 프로펠러 날개가 회전 시 받는 힘이 아닌 것은?

① 원심력
② 탄성력
③ 비틀림력
④ 굽힘력

해설
프로펠러에 작용하는 힘으로서는 추력에 의한 굽힘응력과 프로펠러 회전에 따른 원심력 및 회전하는 프로펠러 깃에 작용하는 두 가지 모멘트에 의해 발생하는 비틀림력 등이 있다.

29 시운전 중인 가스터빈엔진에서 축류형 압축기의 RPM이 일정하게 유지된다면 가변 스테이터깃(Vane)의 받음각은 무엇에 의하여 변하는가?

① 압력비의 감소
② 압력비의 증가
③ 압축기 직경의 변화
④ 공기흐름 속도의 변화

해설
가변 정익(VSV ; 가변 스테이터 베인)은 깃의 각도를 변경시킬 수 있도록 하여, 공기의 흐름 방향과 속도를 변화시킴으로써 회전속도(rpm)가 변하더라도 회전자 깃(Rotor Blade)의 받음각을 일정하게 하여 실속을 방지한다.

30 프로펠러의 회전면과 시위선이 이루는 각을 무엇이라 하는가?

① 붙임각   ② 깃 각
③ 회전각   ④ 깃 뿌리각

해설
프로펠러에서의 여러 각
- 깃각 : 프로펠러 회전면과 깃의 시위선이 이루는 각
- 피치각(유입각) : 비행속도와 깃의 회전 선속도와의 합성속도가 프로펠러 회전면과 이루는 각
- 받음각 = 깃각 − 피치각

31 그림과 같은 이론공기 사이클을 갖는 엔진은?(단, Q는 열의 출입, W는 일의 출입을 표시한다)

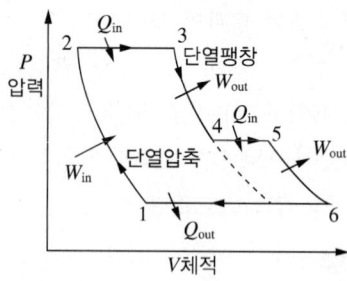

① 2단 압축 브레이턴 사이클
② 과급기를 장착한 디젤 사이클
③ 과급기를 장착한 오토 사이클
④ 후기 연소기를 장착한 가스터빈 사이클

해설
4-5과정에 또 다른 정압 사이클이 형성되어 있으므로 후기 연소기(After Burner)를 장착한 가스터빈 사이클이다.

32 가스터빈엔진의 복식(Duplex) 연료노즐에 대한 설명으로 틀린 것은?

① 1차 연료는 아이들 회전속도 이상이 되면 더 이상 분사되지 않는다.
② 2차 연료는 고속 회전 작동 시 비교적 좁은 각도로 멀리 분사된다.
③ 연료노즐에 압축공기를 공급하여 연료가 더욱 미세하게 분사되는 것을 도와준다.
④ 1차 연료는 시동할 때 이그나이터에 가깝게 넓은 각도로 연료를 분무하여 점화를 쉽게 한다.

해설
1차 연료는 아이들 회전속도 이상에서 2차 연료와 함께 분사된다.

33 압축비가 동일할 때 사이클의 이론 열효율이 가장 높은 것부터 낮은 것 순서로 나열한 것은?

① 정적 – 정압 – 합성
② 정적 – 합성 – 정압
③ 합성 – 정적 – 정압
④ 정압 – 합성 – 정적

34 제트엔진의 추력을 나타내는 이론과 관계있는 것은?

① 파스칼의 원리
② 뉴턴의 제1법칙
③ 베르누이의 원리
④ 뉴턴의 제2법칙

해설
- 뉴턴의 제1법칙 : 관성의 법칙
- 뉴턴의 제2법칙 : 가속도의 법칙($F=ma$)
- 뉴턴의 제3법칙 : 작용과 반작용의 법칙

35 가스터빈기관에 사용되는 오일의 구비조건이 아닌 것은?

① 유동점이 낮을 것
② 인화점이 높을 것
③ 화학 안전성이 좋을 것
④ 공기와 오일의 혼합성이 좋을 것

해설
공기와 오일의 혼합이 이루어지지 않아야 한다.

36 왕복엔진의 피스톤 지름이 16cm, 행정길이가 0.16m, 실린더 수가 6, 제동평균 유효압력이 8kg/cm², 회전수가 2,400rpm일 때의 제동마력은 약 몇 PS인가?

① 411.6
② 511.6
③ 611.6
④ 711.6

해설

$$bHP = \frac{P_{mb}LANK}{75 \times 2 \times 60} \text{(PS)}$$

여기서, P_{mb} : 평균지시유효압력(kg/cm²)
L : 행정길이(m)
A : 피스톤 단면적(cm²)
N : 회전수(rpm)
K : 실린더 수

※ 위 식에서 L의 단위는 m임에 주의한다.

37 왕복엔진에 사용되는 고휘발성 연료가 너무 쉽게 증발하여 연료배관 내에서 기포가 형성되어 초래할 수 있는 현상은?

① 베이퍼 로크(Vapor Lock)
② 임팩트 아이스(Impact Ice)
③ 하이드롤릭 로크(Hydraulic Lock)
④ 이배퍼레이션 아이스(Evaporation Ice)

38 터보팬엔진에 대한 설명으로 틀린 것은?

① 터보제트와 터보프롭의 혼합적인 성능을 갖는다.
② 단거리 이착륙 성능은 터보프롭과 유사하다.
③ 확산형 배기노즐을 통해 빠른 속도로 공기를 가속시킨다.
④ 터빈에 의해 구동되는 여러 개의 깃을 갖는 일종의 프로펠러기관이다.

해설
터보팬엔진의 배기노즐은 수축형이다.

39 총배기량이 1,500cc인 왕복엔진의 압축비가 8.5라면 총연소실 체적은 약 몇 cc인가?

① 150 ② 200
③ 250 ④ 300

해설

압축비 $\varepsilon = \dfrac{\text{전체체적(총배기량)}}{\text{연소실체적}} = \dfrac{\text{연소실체적}+\text{행정체적}}{\text{연소실체적}}$

$= 1 + \dfrac{\text{행정체적}}{\text{연소실체적}}$

따라서 $8.5 = 1 + \dfrac{1,500}{\text{연소실체적}}$

연소실 체적 $= \dfrac{1,500}{7.5} = 200(cc)$

※ 저자의견 : 답이 200이 나오려면 문제의 총배기량을 행정체적으로 바꾸어야 함

40 가스터빈엔진의 추력비연료 소비율(Thrust Specific Fuel Consumption)이란?

① 1시간 동안 소비하는 연료의 중량
② 단위추력의 추력을 발생하는 데 소비되는 연료의 중량
③ 단위추력의 추력을 발생하기 위하여 1시간 동안 소비하는 연료의 중량
④ 1,000km를 순항비행할 때 시간당 소비하는 연료의 중량

해설
추력비연료 소비율은 TSFC(Thrust Specific Fuel Consumption)로 표시하며 다음 식과 같다.

$TSFC = \dfrac{gm_f \times 3,600}{F_n}$

위 식에서 3,600은 초를 시간으로 환산하기 위한 것이며, 추력비연료 소비율이 작을수록 엔진의 효율이 높고, 성능이 우수하며, 경제성이 좋다.

제3과목 항공기체

41 비행기의 조종간을 앞쪽으로 밀고 오른쪽으로 움직였다면 조종면의 움직임은?

① 승강키는 내려가고, 왼쪽 도움날개는 올라간다.
② 승강키는 올라가고, 왼쪽 도움날개는 내려간다.
③ 승강키는 내려가고, 오른쪽 도움날개는 올라간다.
④ 승강키는 올라가고, 오른쪽 도움날개는 올라간다.

해설
조종간을 앞으로 밀면 승강키가 내려가서 기수가 아래쪽으로 향하고, 오른쪽으로 움직이면 오른쪽 도움날개는 올라가고 왼쪽 도움날개는 내려가면서 오른쪽으로 선회하게 된다.

42 복합재료로 제작된 항공기 부품의 결함(층분리 또는 내부손상)을 발견하기 위해 사용되는 검사방법이 아닌 것은?

① 육안검사 ② 와전류탐상검사
③ 초음파검사 ④ 동전두드리기검사

해설
와전류탐상검사는 전류가 흐르는 재료이어야 검사가 가능하다.

43 0.0625in 두께의 금속판 2개를 접합하기 위하여 1/8in 직경의 유니버설 리벳을 사용하려고 한다면 최소한의 리벳길이는 몇 in가 되어야 하는가?

① 1/4 ② 1/8
③ 5/16 ④ 7/16

해설
리벳의 길이 : 결합되는 판재의 두께에다 리벳 지름의 1.5배를 합한 길이
즉, $0.0625 \times 2 + \dfrac{1}{8} \times 1.5 = \dfrac{1}{8} + \dfrac{1.5}{8} = \dfrac{2.5}{8} = 5/16(in)$

44 다음과 같은 트러스(Truss)구조에 있어, 부재 DE의 내력은 약 몇 kN인가?

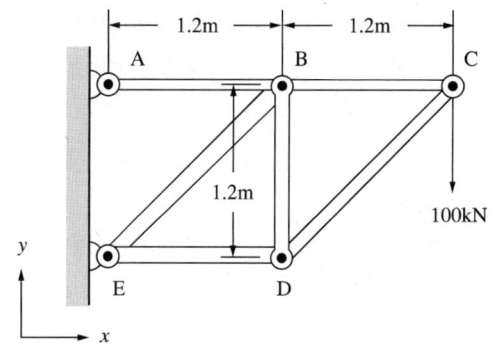

① 141.4
② 100
③ −141.4
④ −100

해설
B점을 모멘트 중심으로 삼으면
$\sum_{}^{B} M = F_{ED} \times 1.2 + 100 \times 1.2 = 0$
따라서 $F_{ED} = -100(\text{kN})$

45 그림과 같은 단면에서 y축에 관한 단면의 2차 모멘트(관성모멘트)는 몇 cm⁴인가?

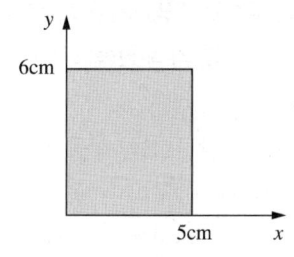

① 175
② 200
③ 225
④ 250

해설
$I_y = \dfrac{6 \times 5^3}{12} + (6 \times 5 \times 2.5^2) = 250(\text{cm}^4)$

46 하중배수 선도에 대한 설명으로 옳은 것은?
① 수평비행을 할 때 하중배수는 0이다.
② 하중배수 선도에서 속도는 진대기속도를 말한다.
③ 구조역학적으로 안전한 조작범위를 제시한 것이다.
④ 하중배수는 정하중을 현재 작용하는 하중으로 나눈 값이다.

해설
하중배수는 비행기에 작용하는 힘을 비행기 무게로 나눈 값으로, 예를 들어 수평비행을 하고 있을 때에는 양력과 비행기 무게가 같으므로 하중배수는 1이 된다.

47 항공기의 무게중심(CG)에 대한 설명으로 가장 옳은 것은?
① 항공기 무게중심은 항상 기준에 있다.
② 항공기가 이륙하면 무게중심은 전방으로 이동한다.
③ 제작회사에서 항공기를 설계할 때 결정되며 변하지 않는다.
④ 무게중심은 연료나 승객, 화물 등을 탑재하면 이동되며, 비행 중 연료소모량에 따라서도 이동된다.

48 항공기 주 날개에 작용하는 굽힘 모멘트(Bending Moment)를 주로 담당하는 것은?
① 리브(Rib)
② 외피(Skin)
③ 날개보(Spar)
④ 날개보 플랜지(Spar Flange)

해설
날개보(Spar)는 날개에 작용하는 하중의 대부분을 담당하며, 휨하중과 전단력에 강한 구조로 되어 있다.

49 두 종류의 이질 금속이 접촉하여 전해질로 연결되면 한쪽의 금속에 부식이 촉진되는 것은?

① 피로 부식
② 점 부식
③ 찰과 부식
④ 동전기 부식

해설
부식의 종류
- 표면 부식 : 산소와 반응하여 생기는 가장 일반적인 부식이다.
- 이질금속 간 부식 : 두 종류의 다른 금속이 접촉하여 생기는 부식으로 동전기 부식, 갈바닉 부식이라고도 한다.
- 점 부식 : 금속표면이 국부적으로 깊게 침식되어 작은 점 형태로 만들어지는 부식이다.
- 입자 간 부식 : 금속의 입자 경계면을 따라 생기는 선택적인 부식
- 응력 부식 : 장시간 표면에 가해진 정적인 응력의 복합적 효과로 인해 발생
- 피로 부식 : 금속에 가해지는 반복응력에 의해 발생
- 찰과 부식 : 마찰로 인한 부식으로 밀착된 구성품 사이에 작은 진폭의 상대운동으로 인해 발생

50 코터핀을 장착 및 제거할 때의 주의사항으로 옳은 것은?

① 한 번 사용한 것은 재사용하지 않는다.
② 장착 주변의 구조를 강화시키기 위해 주철해머를 사용한다.
③ 핀 끝을 접어 구부릴 때 꼬거나 가로방향으로 구부린다.
④ 핀 끝을 절단할 때는 최대한 가늘고 뾰족하게 절단하여 다른 곳과의 연결을 유연하게 한다.

해설
코터핀 사용 시 주의사항
- 코터핀은 재사용해서는 안 된다.
- 볼트 끝 위의 굽힘은 볼트 직경을 초과해서는 안 된다.
- 밑으로 굽혀지는 코터핀의 끝은 와셔의 표면에 닿아서는 안 된다.
- 너무 급격한 굽힘은 끊어지기 쉬우므로 고무망치나 플라스틱 망치로 가볍게 두들겨 구부린다.
- 핀 끝 절단 시에는 직각 절단이 되게 한다.

51 항공기에 사용되는 평 와셔(Plain Washer)에 대한 설명으로 틀린 것은?

① 볼트, 너트를 조일 때 잠금(Lock)역할을 한다.
② 볼트, 너트를 조일 때 구조물 장착 부품을 보호한다.
③ 구조물, 장착 부품의 조임면의 부식을 방지한다.
④ 구조물이나 장착 부품의 힘을 분산시킨다.

해설
볼트, 너트를 조일 때 잠금(Lock, 로크) 역할을 하는 것은 스프링 와셔나 이붙이 와셔이다.

52 엔진마운트와 나셀에 대한 설명으로 틀린 것은?

① 나셀은 외피, 카울링, 구조부재, 방화벽, 엔진마운트로 구성된다.
② 착륙거리를 단축하기 위하여 나셀에 장착된 역추진장치를 사용한다.
③ 엔진마운트를 동체에 장착하면 공기역학적 성능이 양호하나 착륙장치를 짧게 할 수 없다.
④ 엔진마운트는 엔진을 기체에 장착하는 지지부로 엔진의 추력을 기체에 전달하는 역할을 한다.

해설
엔진은 보통 날개 또는 동체에 장착하는데 이와 같이 엔진을 장착하기 위한 구조물을 엔진마운트라고 하며, 나셀은 기체에 장착된 엔진을 둘러싼 부분을 말한다.

53 재질의 두께와 구멍(Hole) 치수가 같을 때 일감의 재질에 따른 드릴의 회전속도가 빠른 순서대로 나열된 것은?

① 구리 - 알루미늄 - 공구강 - 스테인리스강
② 알루미늄 - 구리 - 공구강 - 스테인리스강
③ 구리 - 알루미늄 - 스테인리스강 - 공구강
④ 알루미늄 - 공구강 - 구리 - 스테인리스강

해설
재질에 따른 드릴 회전속도
알루미늄 > 구리 > 주철 > 연강 > 탄소강 > 공구강 > 니켈강 > 스테인리스강

54 항공기의 주 조종면이 아닌 것은?

① 방향키(Rudder)
② 플랩(Flap)
③ 승강키(Elevator)
④ 도움날개(Aileron)

해설
플랩(Flap)은 부 조종면에 속한다.

55 TIG 또는 MIG 아크용접 시 사용되는 가스끼리 짝지어진 것은?

① 아르곤가스, 헬륨가스
② 헬륨가스, 아세틸렌가스
③ 아르곤가스, 아세틸렌가스
④ 질소가스, 이산화탄소 혼합가스

해설
아르곤가스나 헬륨가스는 불활성 가스로서 용접 시 금속산화물의 발생과 불순물의 혼입을 차단하는 효과가 있다.

56 항공기 타이어 트레드(Tire Tread)에 대한 설명으로 옳은 것은?

① 여러 층의 나일론 실로 강화되어 있다.
② 강 와이어로부터 패브릭으로 둘러싸여 있다.
③ 내구성과 강인성을 갖기 위해 합성고무 성분으로 만들어졌다.
④ 패브릭과 고무층은 비드 와이어로부터 카커스를 둘러싸고 있다.

해설
• 트레드(Tread) : 내구성과 강인성을 갖도록 합성고무 성분으로 되어 있다.
• 트레드 보강(Tread Reinforcement) : 고속운용을 위해 여러 층의 보강용 나일론실로 강화
• 비드(Bead) : 고무 사이에 끼어 있는 강 와이어 패브릭으로 둘러싸여 있다.
• 플리퍼(Flipper) : 플리퍼의 패브릭과 고무층은 비드 와이어로부터 카커스를 둘러싸고 있으며 타이어의 내구성을 증대시킨다.

57 [보기]와 같은 특성을 갖춘 재료는?

┌보기─────────────────┐
• 무게당 강도 비율이 높다.
• 공기역학적 형상 제작이 용이하다.
• 부식에 강하고 피로응력이 좋다.
└─────────────────────┘

① 타이타늄 합금   ② 탄소강
③ 마그네슘 합금   ④ 복합소재

해설
복합재료의 특징
• 무게당 강도비가 매우 높다.
• 유연성이 크고 진동에 대한 내구성이 크다.
• 복합구조재의 제작이 단순하고 비용이 절감된다.
• 복잡한 형태나 공기역학적인 곡선 형태의 부품제작이 쉽다.
• 전기화학작용에 의한 부식을 최소화할 수 있다.

58 다음 중 탄소의 함량이 가장 큰 SAE 규격에 따른 강은?

① 4050   ② 4140
③ 4330   ④ 4815

해설
예 SAE 4130
• 첫째 숫자 : 강의 종류(크롬-몰리브덴강)
• 둘째 숫자 : 합금 주성분 함유량(크로뮴 0.1%)
• 셋째 숫자 : 탄소의 함유량(30/100%)

정답 54 ② 55 ① 56 ③ 57 ④ 58 ①

59 일정한 응력(힘)을 받는 재료가 일정한 온도에서 시간이 경과함에 따라 변형률이 증가하는 현상을 무엇이라고 하는가?

① 크리프(Creep)
② 파괴(Fracture)
③ 항복(Yielding)
④ 피로굽힘(Fatigue Bending)

60 페일 세이프(Fail Safe) 구조형식이 아닌 것은?

① 이중(Double) 구조
② 대치(Back Up) 구조
③ 샌드위치(Sandwich) 구조
④ 다경로하중(Redundant Load) 구조

해설
페일 세이프 구조 종류
• 다경로하중 구조(Redundant Structure)
• 이중 구조(Double Structure)
• 대치 구조(Back Up Structure)
• 하중경감 구조(Load Dropping Structure)

제4과목 항공장비

61 항공계기에 대한 설명으로 틀린 것은?

① 내구성이 높아야 한다.
② 접촉부분의 마찰력을 줄인다.
③ 온도의 변화에 따른 오차가 작아야 한다.
④ 고주파수, 작은 진폭의 충격을 흡수하기 위하여 충격마운트를 장착한다.

해설
충격마운트는 저주파수, 큰 진폭의 충격을 흡수한다.

62 항공계기와 그 계기에 사용되는 공함이 옳게 짝지어진 것은?

① 고도계 - 차압공함, 속도계 - 진공공함
② 고도계 - 진공공함, 속도계 - 진공공함
③ 속도계 - 차압공함, 승강계 - 진공공함
④ 속도계 - 차압공함, 승강계 - 차압공함

해설
속도계는 동압과 정압을 차압공함에 적용하여 속도를 측정하고 승강계는 공기 흐름이 자유로운 통로의 정압과 통로를 좁혀 흐름이 자유롭지 않은 정압을 차압공함에 적용하여 수직방향의 속도를 측정한다.

63 착륙 및 유도 보조장치와 가장 거리가 먼 것은?

① 마커비컨
② 관성항법장치
③ 로컬라이저
④ 글라이더슬로프

해설
착륙 및 유도 보조장치에는 마커비컨, 로컬라이저, 글라이더슬로프가 있다.

64 공기압식 제빙계통에서 부츠의 팽창순서를 조절하는 것은?

① 분배밸브 ② 부츠구조
③ 진공펌프 ④ 흡입밸브

해설
Distributor Valve(분배밸브)는 부츠의 팽창순서를 조절한다.

65 대형 항공기 공압계통에서 공통 매니폴드에 공급되는 공기 공급원의 종류가 아닌 것은?

① 터빈기관의 압축기(Compressor)
② 기관으로 구동되는 압축기(Super Charger)
③ 전기모터로 구동되는 압축기(Electric Motor Compressor)
④ 그라운드 뉴매틱 카트(Ground Pneumatic Cart)

해설
대형 항공기에 충분한 공기를 공급하기 위하여 터빈기관의 압축기, 기관 구동 압축기, 그라운드 뉴매틱 카트에서 나오는 공기를 사용한다.

66 길이가 L인 도선에 1V의 전압을 걸었더니 1A의 전류가 흐르고 있었다. 이때 도선의 단면적을 $\frac{1}{2}$로 줄이고, 길이를 2배로 늘리면 도선의 저항변화는?(단, 도선 고유의 저항 및 전압은 변함이 없다)

① $\frac{1}{4}$ 감소 ② $\frac{1}{2}$ 감소
③ 2배 증가 ④ 4배 증가

해설
도선의 저항은 길이 L에 비례하고 단면적 A에 반비례하며 도선의 비저항 ρ에 비례한다.

$R_{초기} = \rho \dfrac{L_{초기}}{A_{초기}}$

따라서 $R_{변화\ 후} = \rho \dfrac{2L_{초기}}{0.5A_{초기}} = 4\rho \dfrac{L_{초기}}{A_{초기}} = 4R_{초기}$

67 전파(Radio Wave)가 공중으로 발사되어 전리층에 의해서 반사되는데 이 전리층을 설명한 내용으로 틀린 것은?

① 전리층이 전파에 미치는 영향은 그 안의 전자밀도와는 관계가 없다.
② 전리층의 높이나 전리의 정도는 시각, 계절에 따라 변한다.
③ 태양에서 발사된 복사선 및 복사 미립자에 의해 대기가 전리된 영역이다.
④ 주간에만 나타나 단파대에 영향이 나타나며 D층에서는 전파가 흡수된다.

해설
전리층은 태양 에너지에 의해 공기분자가 이온화되어 자유 전자가 밀집된 층으로서 자유 전자의 밀도 변화에 따라 전파의 흡수, 반사에 영향을 준다.

68 비행기록장치(DFDR ; Digital Flight Data Recorder) 또는 조종실음성기록장치(CVR ; Cockpit Voice Recorder)에 장착된 수중위치표지(ULD ; Under Water Locating Device) 성능에 대한 설명으로 틀린 것은?

① 비행에 필수적인 변수가 기록된다.
② 물속에 있을 때만 작동이 가능하다.
③ 매초마다 37.5kHz로 Pulse Tone 신호를 송신한다.
④ 최소 3개월 이상 작동되도록 설계가 되어 있다.

해설
Underwater Locater Beacon(수중위치표지)은 비행기가 물속에 잠겼을 때 자동하기 시작하며 매초마다 37.5kHz 주파수의 초음파를 10ms 펄스신호로 송출한다. Air France Flight 447 사고 이후 프랑스의 민간항공 사고조사 당국인 BEA는 펄스신호의 송출기간을 기존의 30일에서 90일로 늘릴 것을 권장하였다.

정답 64 ① 65 ③ 66 ④ 67 ① 68 ①, ④

69 항공기에서 사용되는 축전지의 전압은?

① 발전기 출력전압보다 높아야 한다.
② 발전기 출력전압보다 낮아야 한다.
③ 발전기 출력전압과 같아야 한다.
④ 발전기 출력전압보다 낮거나, 높아도 된다.

해설
발전기의 출력전압은 축전지보다 높아서 정상적인 발전기 작동 시 축전지를 충전시키도록 되어 있다.

70 다음 중 압력측정에 사용하지 않는 것은?

① 벨로스(Bellows)
② 바이메탈(Bimetal)
③ 아네로이드(Aneroid)
④ 버든튜브(Bourden Tube)

해설
바이메탈은 온도 변화에 따라 팽창하고 수축하여 온도를 측정하도록 되어 있다.

71 Air-Cycle Air Conditioning System에서 팽창터빈(Expansion Turbine)에 대한 설명으로 옳은 것은?

① 찬공기와 뜨거운 공기가 섞이도록 한다.
② 1차 열교환기를 거친 공기를 냉각시킨다.
③ 공기공급 라인이 파열되면 계통의 압력손실을 막는다.
④ 공기조화계통에서 가장 마지막으로 냉각이 일어난다.

해설
뜨거운 블리드에어는 1차, 2차 열교환기에서 외부의 차가운 공기에 의해 일부 냉각이 이루어진 후에 팽창터빈을 통과하며 팽창하여 냉각이 크게 일어난다.

72 항공기의 직류전원을 공급(Source)하는 것은?

① TRU
② IDG
③ APU
④ Static Inverter

해설
Transformer Rectifier Unit은 변압기와 정류기가 합쳐진 기기로서 항공기 교류 발전기로부터의 높은 교류전압을 강압시킨 후 직류로 정류한다.

73 그라울러 시험기(Growler Tester)는 무엇을 시험하는데 사용하는 것인가?

① 전기자(Armature)
② 브러시(Brush)
③ 정류자(Commutator)
④ 계자코일(Field Coil)

해설
Growler Tester는 Armature의 권선의 단락상태를 판단하는 데 사용한다.

75 엔진계기에 해당하지 않는 것은?

① 오일압력계(Oil Pressure Gauge)
② 연료압력계(Fuel Pressure Gauge)
③ 오일온도계(Oil Temperature Gauge)
④ 선회경사계(Turn & Bank Indicator)

해설
선회경사계는 비행계기이다.

74 지상 관제사가 항공교통관제(ATC ; Air Traffic Control)를 통해서 얻는 정보로 옳은 것은?

① 편명 및 하강률
② 고도 및 거리
③ 위치 및 하강률
④ 상승률 또는 하강률

해설
지상의 관제사는 비행기에 설치된 ATC에서 송출하는 전파에 실린 비행기의 고도 및 거리의 정보를 얻는다.

76 건조한 윈드실드(Windshield)에 레인 리펠런트(Rain Repellent)를 사용할 수 없는 이유는?

① 유리를 분리시킨다.
② 유리를 애칭시킨다.
③ 유리가 뿌옇게 되어 시계가 제한된다.
④ 열이 축적되어 유리에 균열을 만든다

해설
유리가 뿌옇게 된다.

정답 73 ① 74 ② 75 ④ 76 ③

77 $R_1 = 10\Omega$, $R_2 = 5\Omega$ 의 저항이 연결된 직렬회로에서 R_2의 양단전압 V_2가 10V를 지시하고 있을 때 전체 전압은 몇 V인가?

① 10
② 20
③ 30
④ 40

해설

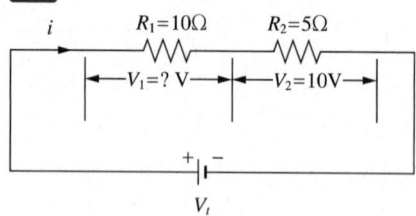

$i = \dfrac{V_2}{R_2} = \dfrac{10V}{5\Omega} = 2A$ 이므로, $V_1 = iR_1 = 2A \times 10\Omega = 20V$

전체 전압강하는 $V_t = V_1 + V_2 = 20V + 10V = 30V$ 이다.

78 Service Interphone System에 관한 설명으로 옳은 것은?

① 정비용으로 사용된다.
② 운항 승무원 상호 간 통신장치이다.
③ 객실 승무원 상호 간 통화장치이다.
④ 고장수리를 위해 서비스센터에 맡겨둔 인터폰이다.

79 화재방지계통(Fire Protection System)에서 소화제 방출 스위치가 작동하기 위한 조건으로 옳은 것은?

① 화재 벨이 울린 후 작동한다.
② 언제라도 누르면 즉시 작동한다.
③ Fire Shutoff Switch를 당긴 후 작동한다.
④ 기체 외벽의 적색 디스크가 떨어져 나간 후 작동한다.

80 작동유에 의한 계통 내의 압력을 규정된 값 이하로 제한하는 것은?

① 레귤레이터(Regulator)
② 릴리프밸브(Relief Valve)
③ 선택밸브(Selector Valve)
④ 감압밸브(Reducing Valve)

해설

릴리프밸브(Relief Valve)
계통 안의 압력을 규정값 이하로 제한하고, 과도한 압력으로 인하여 계통 안의 관이나 부품이 파손되는 것을 방지한다.

2016년 제2회 과년도 기출문제

제1과목 항공역학

01 프로펠러 항공기의 경우 항속거리를 최대로 하기 위한 조건으로 옳은 것은?

① 양항비가 최소인 상태로 비행한다.
② 양항비가 최대인 상태로 비행한다.
③ $\dfrac{C_L}{\sqrt{C_D}}$ 가 최대인 상태로 비행한다.
④ $\dfrac{\sqrt{C_L}}{C_D}$ 가 최대인 상태로 비행한다.

해설
브레게(Breguet)의 공식에 따르면 프로펠러 항공기의 경우 양항비 $\dfrac{C_L}{C_D}$ 를 최대로 하여야 최대항속거리를 얻을 수 있다.

02 비행기의 키돌이(Loop) 비행 시 비행기에 작용하는 하중배수의 범위로 옳은 것은?

① $-6 \sim 0$ ② $-6 \sim 6$
③ $-3 \sim 3$ ④ $0 \sim 6$

해설

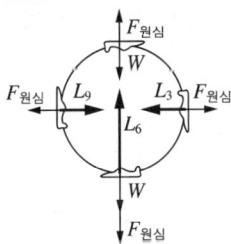

6시 방향에서의 힘의 자유물체도를 보면

$L_6 = W + F_{원심} = W + \dfrac{W}{g} \cdot \dfrac{V_6^2}{R}$

12시 방향에서는 양력이 불필요하므로 양력을 0으로 만든다. 12시 방향에서의 힘의 자유물체도를 보면

$W + F_{원심} = \dfrac{W}{g} \cdot \dfrac{V_{12}^2}{R}$ 따라서 $V_{12}^2 = gR$이다.

6시와 12시 위치의 비행기의 운동에너지와 위치에너지의 관계를 보면

$\dfrac{1}{2} \cdot \dfrac{W}{g} V_6^2 = \dfrac{1}{2} \cdot \dfrac{W}{g} V_{12}^2 + W \cdot 2R$

다시 쓰면 $\dfrac{1}{2} \cdot \dfrac{W}{g} V_6^2 = \dfrac{1}{2} \cdot \dfrac{W}{g} gR + W \cdot 2R$이다.

즉, $V_6^2 = 5gR$

따라서 6시 방향에서의 양력은

$L_6 = W + \dfrac{W}{g} \cdot \dfrac{V_6^2}{R} = W + \dfrac{W}{g} \cdot \dfrac{5gR}{R} = 6W$

따라서 6시 방향에서의 하중배수는 $n_6 = \dfrac{L_6}{W} = \dfrac{6W}{W} = 6$

12시 방향에서의 하중배수는 $n_{12} = \dfrac{L_{12}}{W} = \dfrac{0}{W} = 0$

9시 방향에서의 힘의 자유물체도를 보면

$L_9 = F_{원심} = \dfrac{W}{g} \cdot \dfrac{V_9^2}{R}$

9시와 6시 위치에서 비행기의 운동에너지와 위치에너지의 관계를 보면

$\dfrac{1}{2} \cdot \dfrac{W}{g} V_9^2 + W \cdot 1R = \dfrac{1}{2} \cdot \dfrac{W}{g} V_6^2$

다시 쓰면 $\dfrac{1}{2} \cdot \dfrac{W}{g} V_9^2 + W \cdot 1R = \dfrac{1}{2} \cdot \dfrac{W}{g} 5gR$이다.

즉, $V_9^2 = 3gR$

따라서 9시 방향에서의 양력은 $L_9 = \dfrac{W}{g} \cdot \dfrac{V_9^2}{R} = \dfrac{W}{g} \cdot \dfrac{3gR}{R}$
$\qquad\qquad = 3W$

그러므로 9시 방향에서의 하중배수는 $n_9 = \dfrac{L_9}{W} = \dfrac{3W}{W} = 3$

즉, 비행기가 루프운동을 할 때 하중배수는 0에서 6 사이이다.

03 일반적인 비행기의 안정성에 관한 설명으로 틀린 것은?

① 고속형 날개인 뒤젖힘 날개(Sweep Back Wing)는 직사각형 날개보다 방향안정성이 작다.
② 중립점(Neutral Point)에 대한 비행기 무게중심의 위치관계는 비행기의 안정성에 큰 영향을 미친다.
③ 단일기관을 비행기의 기수에 장착한 프로펠러 비행기의 경우 방향안정성이 프로펠러에 영향을 받는다.
④ 주 날개의 쳐든각(Dihedral Angle)이 있는 비행기는 쳐든각이 없는 비행기에 비하여 가로안정성이 더 크다.

해설
뒤젖힘 날개는 일반 날개보다 방향안정성이 크다.

04 프로펠러의 회전 깃단 마하수(Rotational Tip Mach Number)를 옳게 나타낸 식은?(단, n : 프로펠러 회전수(rpm), D : 프로펠러 지름, a : 음속이다)

① $\dfrac{\pi n}{60 \times a}$

② $\dfrac{\pi n}{30 \times a}$

③ $\dfrac{\pi n D}{30 \times a}$

④ $\dfrac{\pi n D}{60 \times a}$

해설
프로펠러의 회전 깃단 속도 V는 둘레 $\times$ 초당 회전수이다.
즉, $V = \pi D \times \dfrac{n}{60}$
따라서 회전 깃단 마하수는 $M = \dfrac{V}{a} = \dfrac{\pi n D}{60 \times a}$

05 두께가 시위의 12%이고 상하가 대칭인 날개의 단면은?

① NACA 2412
② NACA 0012
③ NACA 1218
④ NACA 23018

06 양력계수가 0.25인 날개면적 20m²의 항공기가 720 km/h의 속도로 비행할 때 발생하는 양력은 몇 N인가?(단, 공기의 밀도는 1.23kg/m³이다)

① 6,150
② 10,000
③ 123,000
④ 246,000

해설
• $V = 720 \dfrac{km}{h}$
$= 720 \dfrac{km}{h} \times \dfrac{1h}{3,600s}$
$= 0.2 \dfrac{km}{s} = 200 \dfrac{m}{s}$

• $L = C_L \dfrac{1}{2} \rho V^2 S$
$= (0.25)(0.5)\left(1.23 \dfrac{kg}{m^3}\right)\left(200 \dfrac{m}{s}\right)^2 (20m^2)$
$= 123,000 \dfrac{kg \cdot m}{s^2}$
$= 123,000 \, N$

07 해면에서의 온도가 20℃일 때 고도 5km의 온도는 약 몇 ℃인가?

① -12.5
② -15.5
③ -19.0
④ -23.5

해설
고도가 오를 때 6.5℃/km씩 온도가 하강한다. 해면고도의 온도가 20℃이면 5km 상공에서는 온도가 -12.5℃가 될 것이다.
$t_{5km} = 20℃ - \dfrac{6.5℃}{1km} \times 5km = -12.5℃$

08 그림과 같은 비행 특성을 갖는 비행기의 안정 특성은?

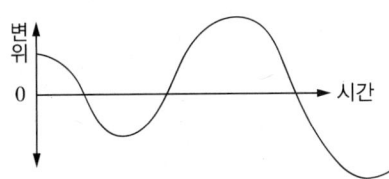

① 정적 안정, 동적 안정
② 정적 안정, 동적 불안정
③ 정적 불안정, 동적 안정
④ 정적 불안정, 동적 불안정

해설
시간에 따라 변위가 +에서 -로, 그리고 다시 -에서 +로 변화하기를 반복하므로 정적 안정성이 있다. 그러나 시간에 따라 변위의 크기가 증가하므로 동적으로는 불안정하다.

09 피치업(Pitch Up) 현상의 원인이 아닌 것은?

① 받음각의 감소
② 뒤젖힘 날개의 비틀림
③ 뒤젖힘 날개의 날개 끝 실속
④ 날개의 풍압 중심이 잎으로 이동

해설
받음각이 감소하면 하강한다.

10 고도 5,000m에서 150m/s로 비행하는 날개면적이 100m²인 항공기의 항력계수가 0.02일 때 필요마력은 몇 PS인가?(단, 공기의 밀도는 0.070kg·s²/m⁴이다)

① 1,890
② 2,500
③ 3,150
④ 3,250

해설
$$D = C_D \frac{1}{2} \rho V^2 S$$
$$= (0.02)(0.5)\left(0.070 \frac{\text{kgf} \cdot \text{s}^2}{\text{m}^4}\right)\left(150 \frac{\text{m}}{\text{s}}\right)^2 (100\text{m}^2)$$
$$= 1,575\,\text{kgf}$$

필요마력 P_r은
$$P_r = DV$$
$$= (1,575\,\text{kgf})\left(150 \frac{\text{m}}{\text{s}}\right)$$
$$= 236,250 \frac{\text{kgf} \cdot \text{m}}{\text{s}}$$

$$\therefore 236,250 \frac{\text{kgf} \cdot \text{m}}{\text{s}} \times \frac{1\text{PS}}{75 \frac{\text{kgf} \cdot \text{m}}{\text{s}}} = 3,150\text{PS}$$

11 프로펠러의 후류(Slip Stream) 중에 프로펠러로부터 멀리 떨어진 후방압력이 자유흐름(Free Stream)의 압력과 동일해질 때의 프로펠러 유도속도(Induced Velocity) V_2와 프로펠러를 통과할 때의 유도속도 V_1의 관계는?

① $V_2 = 0.5 V_1$
② $V_2 = V_1$
③ $V_2 = 1.5 V_1$
④ $V_2 = 2 V_1$

해설
비행기의 비행속도가 V이면 프로펠러로 다가오는 공기흐름은 압력이 자유흐름과 같이 멀리 떨어진 전방에서는 속도가 V이고 프로펠러 회전면에서는 속도가 $V+v/2$, 프로펠러로부터 멀리 떨어진 후방에서는 속도가 $V+v$이다. 즉, 프로펠러 회전면에서의 유도속도는 멀리 떨어진 후방에서의 유도속도의 1/2이다.

12 반토크 로터(Anti Torque Rotor)가 필요한 헬리콥터는?

① 동축로터 헬리콥터(Coaxial HC)
② 직렬로터 헬리콥터(Tandom HC)
③ 단일로터 헬리콥터(Single Rotor HC)
④ 병렬로터 헬리콥터(Side-by-side Rotor HC)

해설
단일로터 헬리콥터의 경우 하늘 위에서 내려다 볼 때 메인로터는 반시계방향으로 회전하며 뉴턴의 작용·반작용 법칙에 의해 헬리콥터 동체는 시계방향으로 회전하게 된다. 동체의 회전을 방지하기 위해 Anti Torque Rotor를 헬리콥터의 맨 뒤에 설치하여 오른쪽방향으로 추력을 발생시켜 반시계방향의 회전력이 헬리콥터 동체에 작용하게 함으로써 헬리콥터의 회전을 막는다.

13 프로펠러나 터보제트기관을 장착한 항공기가 비행할 수 있는 대기권 영역으로 옳은 것은?

① 열권과 중간권
② 대류권과 중간권
③ 대류권과 하부 성층권
④ 중간권과 하부 성층권

해설
프로펠러나 터보제트기관을 장착한 항공기는 충분한 공기를 필요로 하는데 대류권과 하부 성층권은 항공기의 추진에 필요한 공기가 충분하다.

14 이륙거리에 포함되지 않는 거리는?

① 상승거리(Climb Distance)
② 전이거리(Transition Distance)
③ 자유활주거리(Free Roll Distance)
④ 지상활주거리(Ground Run Distance)

해설
이륙거리에는 지상활주거리, 전이거리(일정한 상승각을 가지기 위해 반지름 R의 원호를 그리며 상승 비행자세로 바꿀 때까지 진행한 수평거리), 상승거리(프로펠러 비행기는 50ft, 제트비행기는 35ft 고도에 도달할 때까지의 수평거리)가 포함된다.

15 헬리콥터의 공중 정지비행 시 기수방향을 바꾸기 위한 방법은?

① 주 회전날개의 코닝각을 변화시킨다.
② 주 회전날개의 회전수를 변화시킨다.
③ 주 회전날개의 피치각을 변화시킨다.
④ 꼬리 회전날개의 피치각을 조종한다.

해설
헬리콥터의 공중 정지비행(Hovering) 시 꼬리 회전날개(Tail Rotor)의 피치각을 조종하여 추력을 변화시켜 기수방향을 바꾼다.

16 직사각형 날개의 가로세로비를 나타내는 것으로 틀린 것은?(단, c : 날개의 코드, b : 날개의 스팬, S : 날개면적이다)

① $\dfrac{b}{c}$ ② $\dfrac{b^2}{S}$
③ $\dfrac{S}{c^2}$ ④ $\dfrac{S^2}{bc}$

해설
직사각형 날개의 가로세로비 Aspect Ratio는
$AR = \dfrac{b}{c} = \dfrac{b^2}{bc} = \dfrac{b^2}{S} = \dfrac{b}{c} = \dfrac{bc}{c^2} = \dfrac{S}{c^2}$ 이다.

17 운항 중인 항공기에서 조종면의 조종효과를 발생시키기 위해서 주로 변화시키는 것은?

① 날개골의 캠버
② 날개골의 면적
③ 날개골의 두께
④ 날개골의 길이

해설
플랩, 에일러론, 러더, 엘리베이터 등을 사용하여 날개골의 캠버를 변화시켜 발생하는 양력의 크기를 조절한다.

18 활공기가 1km 상공을 속도 100km/h로 비행하다가 활공각 45°로 활공할 때 침하속도는 약 몇 km/h인가?

① 50
② 70.7
③ 100
④ 141.4

해설
침하속도 $V_v = V\sin\theta$
$= 100\dfrac{\text{km}}{\text{h}} \times \sin 45°$
$= 70.7\dfrac{\text{km}}{\text{h}}$

19 레이놀즈수(Reynolds Number)에 대한 설명으로 틀린 것은?

① 무차원수이다.
② 유체의 관성력과 점성력 간의 비이다.
③ 레이놀즈수가 낮을수록 유체의 점성이 높다.
④ 유체의 속도가 빠를수록 레이놀즈수는 낮다.

해설
레이놀즈수는 $Re = \dfrac{\rho V D}{\mu}$ 이므로, 속도 V가 클수록 레이놀즈수가 커진다.

20 비행기의 선회반지름을 줄이기 위한 방법으로 옳은 것은?

① 선회각을 크게 한다.
② 선회속도를 크게 한다.
③ 날개면적을 작게 한다.
④ 중력가속도를 작게 한다.

해설
선회반지름은 $r = \dfrac{V^2}{g\tan\theta}$ 이므로 선회각 θ를 크게 하면 선회반지름이 작아진다.

제2과목 항공기관

21 고열의 엔진 배기구부분에 표시(Marking)를 할 때 납(Lead)이나 탄소(Carbon) 성분이 있는 필기구를 사용하면 안 되는 가장 큰 이유는?
① 고열에 의해 열응력이 집중되어 균열을 발생시킨다.
② 배기부분의 재질과 화학반응을 일으켜 재질을 부식시킬 수 있다.
③ 납이나 탄소 성분이 있는 필기구는 한번 쓰면 지워지지 않는다.
④ 배기부분의 용접부위에 사용하면 화학반응을 일으켜 접합 성능이 떨어진다.

22 성형엔진에 사용되며, 축 끝의 나사부에 리테이닝 너트가 장착되고 리테이닝 링으로 허브를 크랭크축에 고정하는 프로펠러 장착방식은?
① 플랜지식　　② 스플라인식
③ 테이퍼식　　④ 압축밸브식

[해설]
성형엔진은 주로 스플라인식으로 프로펠러를 장착한다.

23 열역학 제1법칙과 관련하여 밀폐계가 사이클을 이룰 때 열전달량에 대한 설명으로 옳은 것은?
① 열전달량은 이루어진 일과 항상 같다.
② 열전달량은 이루어진 일보다 항상 작다.
③ 열전달량은 이루어진 일과 반비례 관계를 가진다.
④ 열전달량은 이루어진 일과 정비례 관계를 가진다.

[해설]
외부에서 열을 공급하면 그 에너지 일부는 밀폐계의 내부 에너지로 저장되고, 일부는 주위에 대한 일로 소비된다. 즉, 외부에서 열의 공급이 많을수록 하는 일도 증가한다.

24 왕복엔진에서 기화기 빙결(Carburetor Icing)이 일어나면 발생하는 현상은?
① 오일압력이 상승한다.
② 흡입압력이 감소한다.
③ 흡입밀도가 증가한다.
④ 엔진회전수가 증가한다.

[해설]
기화기 빙결이 일어나면 스로틀 변화없이 엔진속도와 흡입압력이 점차 떨어지며, 이는 출력 감소, 엔진 진동, 역화(Back Fire)의 원인이 된다.

25 다발 항공기에서 각 프로펠러의 회전속도를 자동적으로 조절하고 모든 프로펠러를 같은 회전속도로 유지하기 위한 장치를 무엇이라고 하는가?
① 동조기　　② 슬립 링
③ 조속기　　④ 피치변경모터

26 그림과 같은 브레이턴 사이클(Brayton Cycle)에서 2-3 과정에 해당하는 것은?

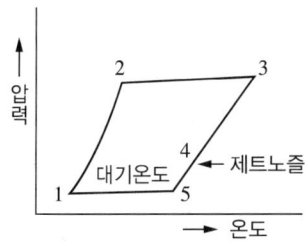

① 압축과정 ② 팽창과정
③ 방출과정 ④ 연소과정

해설
2-3 과정은 압력이 일정한 정압과정이면서 온도가 증가하는 과정이므로 연소과정이다.

27 항공기 왕복엔진 작동 중 주의 깊게 관찰하고 점검해야 할 변수가 아닌 것은?

① N1 및 N2 rpm
② 흡기 매니폴드 압력
③ 엔진오일 압력
④ 실린더 헤드 온도

해설
N1은 가스터빈엔진의 저압 압축기 회전수, N2는 고압 압축기 회전수를 나타낸다.

28 항공기 왕복엔진 연료의 옥탄가에 대한 설명으로 틀린 것은?

① 연료의 안티노크성을 나타낸다.
② 연료의 이소옥탄이 차지하는 체적비율을 말한다.
③ 옥탄가가 낮을수록 엔진의 효율이 좋아진다.
④ 옥탄가가 높을수록 엔진의 압축비를 더 높게 할 수 있다.

해설
옥탄가가 높을수록 엔진의 효율이 높아진다.

29 가스터빈엔진용 연료의 첨가제가 아닌 것은?

① 청정제 ② 빙결방지제
③ 미생물 살균제 ④ 정전기방지제

해설
가스터빈엔진용 연료 첨가제의 종류
- AO(Antioxidant) : 산화방지제
- CI(Corrosion Inhibitor) : 부식방지제
- SDA(Static Dissipator Additive) : 정전기방지제
- FSII(Fuel System Icing Inhibitor) : 빙결방지제
- LI(Lubricity Improver) : 윤활성 향상제

이외에 가스터빈 연료에는 늘 물 성분이 존재하게 되고 따라서 미생물이 번식하기 때문에 이것을 제거하기 위한 미생물 번식 억제제 등을 첨가하기도 한다.

30 항공기가 400mph의 속도로 비행하는 동안 가스터빈엔진이 2,340lbf의 진추력을 낼 때, 발생되는 추력마력은 약 몇 HP인가?

① 1,702
② 1,896
③ 2,356
④ 2,496

해설
2,340lbf는 1,053kgf, 400mph는 640km/h로 변환된다.
640km는 640,000m이고, 1시간은 3,600초이다. 또한 단위를 마력으로 바꾸기 위해서 75로 나누면 다음 식이 된다.
$$tHP = \frac{1,053 \times 640,000}{3,600 \times 75} = 2,496(PS)$$

31 항공기 왕복엔진은 동일한 조건에서 어느 계절에 가장 큰 출력을 발생시키는가?

① 봄
② 여름
③ 겨울
④ 계절에 관계없다.

해설
겨울에는 온도가 낮아서 공기 밀도가 높으므로 동일한 조건에서 엔진 출력이 증가하게 된다.

32 가스터빈엔진의 윤활장치에 대한 설명으로 틀린 것은?

① 재사용하는 순환을 반복한다.
② 윤활유의 누설방지장치가 없다.
③ 고압의 윤활유를 베어링에 분무한다.
④ 연료 또는 공기로 윤활유를 냉각한다.

해설
대부분의 가스터빈엔진에서는 압축기에서 블리드시킨 압축공기로 베어링 섬프 부분을 가압시킴으로써 내부 윤활유 누설을 방지한다.

33 가스터빈엔진 중 저속비행 시 추진 효율이 낮은 것에서 높은 순으로 나열된 것은?

① 터보제트 - 터보팬 - 터보프롭
② 터보프롭 - 터보제트 - 터보팬
③ 터보프롭 - 터보팬 - 터보제트
④ 터보팬 - 터보프롭 - 터보제트

해설
터보제트엔진은 고속에서 효율이 좋고, 터보프롭엔진은 저속에서 효율이 좋다.

34 축류식 압축기의 1단당 압력비가 1.6이고, 회전자 깃에 의한 압력 상승비가 1.3일 때 압축기의 반동도는?

① 0.2
② 0.3
③ 0.5
④ 0.6

해설
$$반동도(\phi_c) = \frac{회전자\ 깃에\ 의한\ 압력\ 상승}{단당\ 압력\ 상승} \times 100\%$$
$$= \frac{P_2 - P_1}{P_3 - P_1} \times 100\%$$
$$= \frac{1.3P_1 - P_1}{1.6P_1 - P_1} \times 100\%$$
$$= \frac{0.3}{0.6} \times 100\%$$
$$= 50\%$$

35 내연기관이 아닌 것은?

① 가스터빈엔진
② 디젤엔진
③ 증기터빈엔진
④ 가솔린엔진

해설
증기터빈엔진은 외연기관에 속한다.

36 볼(Ball)이나 롤러 베어링(Roller Bearing)이 사용되지 않는 곳은?

① 가스터빈엔진의 축 베어링
② 성형엔진의 커넥트 로드(Connect Rod)
③ 성형엔진의 크랭크축 베어링(Crank Shaft Bearing)
④ 발전기의 아마추어 베어링(Amateur Bearing)

> **해설**
> 성형엔진의 커넥팅 로드에는 평형 베어링이 사용된다.

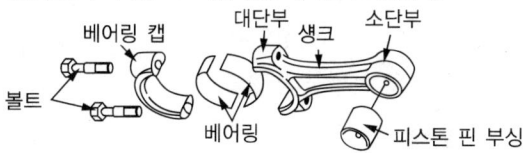

37 가스터빈엔진이 정해진 회전수에서 정격출력을 낼 수 있도록 연료조절장치와 각종 기구를 조정하는 작업을 무엇이라 하는가?

① 리깅(Rigging)
② 모터링(Motoring)
③ 크랭킹(Cranking)
④ 트리밍(Trimming)

> **해설**
> 엔진의 정해진 rpm상태에서 정격출력을 내도록 연료조절장치를 조정하는 것을 기관조절(엔진 트리밍, Engine Trimming)이라 한다.

38 아음속 고정익 비행기에 사용되는 공기 흡입덕트(Inlet Duct)의 형태로 옳은 것은?

① 벨마우스 넉트
② 수축형 덕트
③ 수축 확산형 덕트
④ 확산형 덕트

> **해설**
> 확산형 덕트는 뒤로 갈수록 통로를 점점 넓게 만들어 공기 흡입속도를 감소시킨다.

39 왕복엔진에서 마그네토의 작동을 정지시키는 방법은?

① 축전지에 연결시킨다.
② 점화스위치를 On 위치에 둔다.
③ 점화스위치를 Off 위치에 둔다.
④ 점화스위치를 Both 위치에 둔다.

40 가스터빈엔진의 점화장치를 왕복엔진과 비교하여 고전압, 고에너지 점화장치로 사용하는 주된 이유는?

① 열손실이 크기 때문에
② 사용연료의 기화성이 낮아서
③ 왕복엔진에 비하여 부피가 크므로
④ 점화기 특성 규격에 맞추어야 하므로

> **해설**
> **가스터빈엔진 점화계통 특징**
> • 시동 시 짧은 시간 동안에만 작동한다.
> • 왕복엔진 점화계통보다 신뢰성이 높다.
> • 고강도, 커패시터 방전식(High Intensity, Capacitor Discharge Type)이 일반적이다.
> • 점화장치는 2중으로 장착한다.
> • 직류 28V, 혹은 교류 115V, 400Hz이다.
> • 출력 에너지는 약 20J이다.

정답 36 ② 37 ④ 38 ④ 39 ③ 40 ②

제3과목 항공기체

41 대형항공기에서 리브(Rib)가 사용되는 부분이 아닌 것은?

① 플 랩 ② 엔진마운트
③ 에일러론 ④ 엘리베이터

해설
엔진은 보통 날개나 동체에 장착하는데, 이 엔진을 장착하기 위한 구조물을 엔진마운트라고 한다.

42 그림과 같이 단면적 20cm², 10cm²로 이루어진 구조물의 a-b구간에 작용하는 응력은 몇 kN/cm²인가?

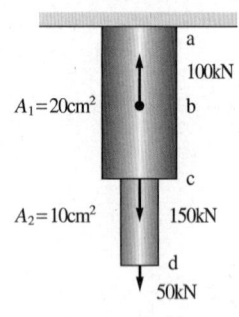

① 5 ② 10
③ 15 ④ 20

해설
$\sigma = \dfrac{100}{20} = 5\,\text{kN/cm}^2$

43 항공기의 구조부재 용접작업 시 최우선으로 고려해야 할 사항은?

① 작업 부위의 청결 ② 용접방향
③ 용접 슬러지 제거 ④ 재질 변화

해설
용접 시 발생하는 고열로 인해 재료에 열응력이 발생하여 재질의 변화가 생길 우려가 있다.

44 일반적인 금속의 응력-변형률 곡선에서 위치별 내용이 옳게 짝지어진 것은?

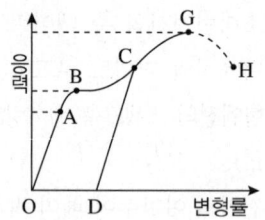

① G : 항복점
② OA : 인장강도
③ B : 비례탄성범위
④ OD : 영구 변형률

해설
- G : 극한응력
- OA : 비례한도
- B : 항복점

45 대형 항공기 조종면을 수리하여 힌지라인 후방의 무게가 증가되었다면 어떠한 문제가 발생하는가?

① 기수가 상승한다.
② 기수가 하강한다.
③ 플러터(Flutter)의 발생 원인이 된다.
④ 속도가 증가하고 진동이 감소된다.

해설
후방 조종면의 무게가 증가함으로써 항공기 무게의 균형(Balance)이 깨지게 되고 이것은 조종면의 진동, 즉 플러터(Flutter)의 발생 원인이 될 수 있다.

41 ② 42 ① 43 ④ 44 ④ 45 ③

46 연료탱크에 있는 벤트계통(Vent System)의 역할로 옳은 것은?

① 연료탱크 내의 증기를 배출하여 발화를 방지한다.
② 비행자세의 변화에 따른 연료탱크 내의 연료유동을 방지한다.
③ 연료탱크 내외의 차압에 의한 탱크구조를 보호한다.
④ 연료탱크의 최하부에 위치하여 수분이나 잔류연료를 제거한다.

해설
연료탱크는 고도에 따라 탱크 내의 압력과 외기 압력을 균등하게 유지할 필요가 있다. 연료탱크의 벤트는 연료탱크 내부에 외기의 공기가 드나들 수 있는 공기 통로 역할을 하며, 대기 압력과 같게 유지하는 역할을 한다.

47 항공기 구조에서 하중을 담당하는 부재가 파괴되었을 때 그 하중을 예비부재가 전체하중을 담당하도록 설계된 방식의 페일 세이프(Fail Safe) 구조는?

① 다중경로구조
② 이중구조
③ 하중경감구조
④ 대치구조

해설
대치구조
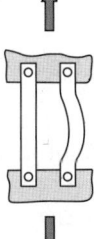

48 항공기의 최대 총무게에서 자기무게를 뺀 무게는?

① 유상하중(Useful Load)
② 테어무게(Tare Weight)
③ 최대허용무게(Max Allowable Weight)
④ 운항자기무게(Operating Empty Weight)

해설
유상하중(유용하중, Useful Weight)은 승무원, 승객, 화물, 무장 계통, 연료, 윤활유의 무게를 포함한 것으로, 최대 총무게에서 자기무게를 뺀 것을 말한다. 한편, 테어무게(Tare Weight)는 항공기의 무게를 측정할 때에 사용하는 잭, 블록, 촉, 지지대와 같은 부수적인 품목의 무게를 말하며, 항공기의 실제 무게와는 관계가 없다.

49 항공기의 기체구조 수리에 대한 내용으로 가장 올바른 것은?

① 수리를 위하여 대치할 재료의 두께는 원래 두께와 같거나 작아야 한다.
② 사용 리벳 수는 같은 재질로 기체의 강도를 고려하여 최소한의 수를 사용한다.
③ 같은 두께의 재료로서 17ST의 판재나 리벳을 A17ST로 대체하여 사용할 수 있다.
④ 수리부분의 원래 재료와의 접촉면에는 재료의 성분에 관계없이 부식방지를 위하여 기름으로 표면처리한다.

50 항공기 도면에서 "Fuselage Station 137"이 의미하는 것은?

① 기준선으로부터 137in 전방
② 기준선으로부터 137in 후방
③ 버턱라인(BL)으로부터 137in 좌측
④ 버턱라인(BL)으로부터 137in 우측

해설
Fuselage Station은 동체 위치선을 나타내며 여기서 137은 기준선으로부터 137in 후방을 말한다.

정답 46 ③ 47 ④ 48 ① 49 ② 50 ②

51 항공기 기체 내부와 외부 구조부에 모두 사용할 수 있는 리벳은?

① 납작머리 리벳(Flat Head Rivet)
② 둥근머리 리벳(Round Head Rivet)
③ 접시머리 리벳(Countersunk Head Rivet)
④ 유니버설머리 리벳(Universal Head Rivet)

52 다음 중 드릴(Drill)로 구멍을 뚫을 때 가장 빠른 드릴 회전을 해야 하는 재료는?

① 주 철
② 알루미늄
③ 타이타늄
④ 스테인리스강

해설
재질에 따른 드릴 회전속도
알루미늄 > 구리 > 주철 > 연강 > 탄소강 > 공구강 > 니켈강 > 스테인리스강

53 Al 표면을 양극산화처리하여 표면에 산화 피막이 만들어지도록 처리하는 방법이 아닌 것은?

① 수산법
② 크롬산법
③ 황산법
④ 석출경화법

해설
수산법, 황산법, 크롬산법 등의 양극산화처리방법은 부식방지를 위한 방법이고 석출경화법은 금속을 단단하게 만드는 열처리방법에 속한다.

54 항공기 실속속도 80mph, 설계제한 하중배수 4인 비행기가 급격한 조작을 할 경우에도 구조역학적으로 안전한 속도 한계는 약 몇 mph인가?

① 140
② 160
③ 200
④ 320

해설
설계운용속도(V_A)
$V_A = \sqrt{n_1} \times V_s = \sqrt{4} \times 80 = 160 (\mathrm{mph})$
여기서, n_1은 설계제한 하중배수, V_s는 실속속도

55 항공기 판재 굽힘작업 시 최소 굽힘반지름을 정하는 주된 목적은?

① 굽힘작업 시 낭비되는 재료를 최소화하기 위해
② 판재의 굽힘작업으로 발생되는 내부 체적을 최대로 하기 위해
③ 굽힘 반지름이 너무 작아 응력 변형이 생겨 판재가 약화되는 현상을 막기 위해
④ 굽힘작업 시 발생하는 열을 최소화하기 위해

해설
최소 굽힘반지름은 구부리는 판재의 안쪽에서 측정한 반지름을 말하며, 판재의 고유 강도를 약화시키지 않고 최소 반지름으로 구부릴 수 있는 한계를 말한다. 굽힘 반지름이 너무 작으면 응력 변형이 생겨 판재가 약화된다.

56 알루미늄 합금과 구조용 강의 기계적 성질에 대한 설명으로 옳은 것은?

① 동일한 하중에 대한 알루미늄 합금의 변형량은 구조용 강철에 비해 약 3배 많다.
② 알루미늄 합금은 구조용 강철에 비해 제1변태점이 약 300℃ 정도가 높다.
③ 구조용 강철의 탄성계수는 알루미늄 합금의 탄성계수의 약 2배 정도이다.
④ 제1변태점 이상에서 알루미늄 합금은 구조용 강철보다 기계적 성질이 좋다.

57 알루미나 섬유에 대한 설명으로 옳은 것은?

① 기계적 특성이 뛰어나므로 주로 전투기 동체나 날개 부품 제작에 사용된다.
② 알루미나 섬유를 일명 케블러라고 한다.
③ 무색투명하며, 약 1,300℃로 가열하여도 불성이 유지되는 우수한 내열성을 가지고 있다.
④ 기계적 성질이 떨어져 주로 객실 내부 구조물 등 2차 구조물에 사용된다.

[해설]
케블러는 아라미드 섬유에 속하며, 기계적 성질이 떨어져 주로 객실 내부 구조물 등 2차 구조물에 쓰이는 섬유는 유리 섬유이다.

58 하중배수(Load Factor)에 대한 설명으로 틀린 것은?

① 등속수평비행 시 하중배수는 1이다.
② 하중배수는 비행속도의 제곱에 비례한다.
③ 선회비행 시 경사각이 클수록 하중배수는 작아진다.
④ 하중배수는 기체에 작용하는 하중을 무게로 나눈 값이다.

[해설]
정상수평선회 시 하중배수는 다음 식과 같다.
$n = \dfrac{1}{\cos\phi}$
따라서 선회비행 시 경사각이 클수록 하중배수는 커진다.
∴ 경사각이 0° 일 때 n=1, 경사각이 45° 일 때 n=1.414, 경사각이 60° 일 때 n=2

59 그림과 같은 그래프를 갖는 완충장치의 효율은 약 몇 %인가?

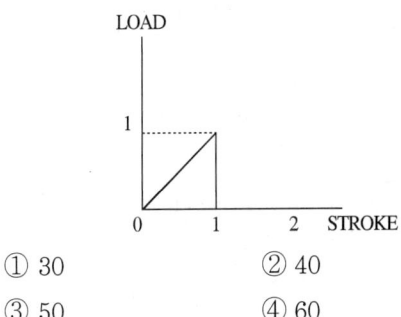

① 30 ② 40
③ 50 ④ 60

[해설]
완충장치의 효율은 그래프에서 삼각형의 면적에 해당되므로 0.5(50%)이다.

60 손가락 힘으로 조일 수 있는 곳으로 조립과 분해가 빈번한 곳에 사용하는 너트는?

① 윙 너트 ② 체크 너트
③ 플레인 너트 ④ 캐슬 너트

[해설]
윙 너트(Wing Nut)

[정답] 56 ① 57 ③ 58 ③ 59 ③ 60 ①

제4과목 항공장비

61 객실의 개별 승객에게 영화, 음악 등 오락프로그램을 제공하는 장치는?

① Cabin Interphone System
② Passenger Address System
③ Service Interphone System
④ Passenger Entertainment System

62 10mH의 인덕턴스에 60Hz, 100V의 전압을 가하면 약 몇 암페어(A)의 전류가 흐르는가?

① 15.35　② 20.42
③ 25.78　④ 26.54

해설
유도성 리액턴스(Inductive Reactance)

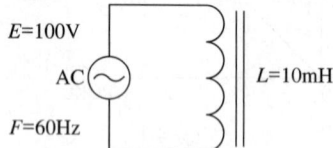

$X_L = 2\pi fL = 6.28 \cdot 60\text{Hz} \cdot 0.01\text{H} = 3.768\Omega$
임피던스는 $Z = \sqrt{X_L^2} = X_L = 3.768\Omega$
$I = \dfrac{E}{Z} = \dfrac{100\text{V}}{3.768\Omega} = 26.54\text{A}$

63 항공계기의 색표지(Color Marking)와 그 의미를 옳게 짝지은 것은?

① 푸른색 호선(Blue Arc) : 최대 및 최소 운용한계
② 노란색 호선(Yellow Arc) : 순항 운용범위
③ 붉은색 방사선(Red Radiation) : 경계 및 경고범위
④ 흰색 호선(White Arc) : 플랩을 조작할 수 있는 속도범위 표시

64 Full Deflection Current 10mA, 내부 저항이 4Ω인 검류계로 28V의 전압측정용 전압계를 만들려면 약 몇 Ω 짜리의 직렬 저항을 이용해야 하는가?

① 2,000　② 2,500
③ 2,800　④ 3,000

해설

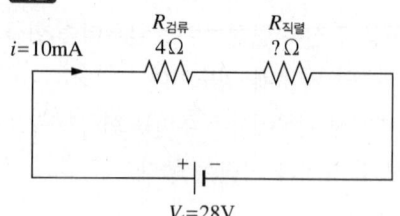

$R_t = \dfrac{V_t}{i} = \dfrac{28\text{V}}{0.01\text{A}} = 2,800\Omega$
$R_{직렬} = R_t - R_{검류} = 2,800\Omega - 4\Omega = 2,796\Omega$

65 광전연기탐지기에 대한 설명으로 옳은 것은?

① 연기의 양을 측정한다.
② 연기의 반사광을 감지한다.
③ 주변 연기의 온도를 측정한다.
④ 연기 내 오염물의 정도를 탐지한다.

66 항공기의 축압기(Accumulator)에 대한 설명으로 틀린 것은?

① 압력 조절기가 너무 빈번하게 작동되는 것을 방지한다.
② 갑작스럽게 계통압력이 상승할 때 이 압력을 흡수한다.
③ 작동유 압력계통의 호스가 파손되거나 손상되어 작동유가 누설되는 것을 방지한다.
④ 비상시 최소한의 작동 실린더를 제한된 횟수만큼 작동시킬 수 있는 작동유를 저장한다.

67 HF통신의 용도로 가장 옳은 것은?

① 항공기 상호 간 단거리 통신
② 항공기와 지상 간의 단거리 통신
③ 항공기 상호 간 및 항공기와 지상 간의 장거리 통신
④ 항공기 상호 간 및 항공기와 지상 간의 단거리 통신

68 직류 발전기에서 잔류자기를 잃어 발전기 출력이 나오지 않을 경우 잔류자기를 회복하는 방법으로 가장 적절한 것은?

① 계자코일을 교환한다.
② 계자권선에 직류전원을 공급한다.
③ 잔류자기가 회복될 때까지 반대방향으로 회전시킨다.
④ 잔류자기가 회복될 때까지 고속 회전시킨다.

69 기본적인 에어 사이클 냉각 계통의 구성으로 옳은 것은?

① 히터, 냉각기, 압축기
② 압축기, 열교환기, 터빈
③ 열교환기, 증발기, 히터
④ 바깥공기, 압축기, 엔진블리드공기

70 자동비행조종장치에서 오토파일럿(Auto Pilot)을 연동(Engage)하기 전에 필요한 조건이 아닌 것은?

① 이륙 후 연동한다.
② 충분한 조정(Trim)을 취한 뒤 연동한다.
③ 항공기의 기수가 진북(True North)을 향한 후에 연동한다.
④ 항공기 자세(Roll, Pitch)가 있는 한계 내에서 연동한다.

해설
오토파일럿을 연동하기 위해 항공기의 기수를 진북으로 향할 필요가 없다.

71 고도계에서 발생되는 오차와 발생요인이 옳게 짝지어진 것은?

① 탄성오차 : 케이스의 누출
② 온도오차 : 온도변화에 의한 팽창과 수축
③ 눈금오차 : 섹터기어와 피니언기어의 불균일
④ 기계적 오차 : 확대장치의 가동부분, 연결, 백래시, 마찰

72 싱크로 계기의 종류 중 마그네신(Magnesyn)에 대한 설명으로 틀린 것은?

① 교류전압이 회전자에 가해진다.
② 오토신(Autosyn)보다 작고 가볍다.
③ 오토신(Autosyn)의 회전자를 영구자석으로 바꾼 것이다.
④ 오토신(Autosyn)보다 토크가 약하고 정밀도가 떨어진다.

[해설]
마그네신은 교류전압이 스테이터에 가해진다.

73 비행 중에 비로부터 시계를 확보하기 위한 제우(Rain Protection, 방수)시스템이 아닌 것은?

① Air Curtain System
② Rain Repellent System
③ Windshield Wiper System
④ Windshield Washer System

74 항공기에서 화재탐지를 위한 장치가 설치되어 있지 않는 곳은?

① 조종실 내
② 화장실
③ 동력장치
④ 화물실

75 직류전원을 교류전원으로 바꿔주는 것은?

① Static Inverter
② Load Controller
③ Battery Charger
④ TRU(Transformer Rectifier Unit)

76 수평상태 지시계(HSI)가 지시하지 않는 것은?
① 비행고도
② DME 거리
③ 기수 방위 지시
④ 비행코스와의 관계 지시

77 유압계통에서 압력이 낮게 작동되면 중요한 기기에만 작동유압을 공급하는 밸브는?
① 선택밸브(Selector Valve)
② 릴리프밸브(Relief Valve)
③ 유압퓨즈(Hydraulic Fuse)
④ 우선순위밸브(Priority Valve)

78 항공기 내 승객 안내시스템(Passenger Address System)에서 방송의 제1순위부터 순서대로 옳게 나열한 것은?
① Cabin 방송, Cockpit 방송, Music 방송
② Cabin 방송, Music 방송, Cockpit 방송
③ Cockpit 방송, Cabin 방송, Music 방송
④ Cockpit 방송, Music 방송, Cabin 방송

79 Transmitter와 Indicator 양쪽 모두 △ 또는 Y 결선의 스테이터(Stator)와 교류 전자석의 로터(Rotor) 사이에 발생되는 전류와 자장 발생에 의해 동조되는 방식의 계기는?
① 데신(Desyn)
② 오토신(Autosyn)
③ 마그네신(Magnesyn)
④ 일렉트로신(Electrosyn)

80 직류 직권 전동기의 속도를 제어하기 위한 가변 저항기(Rheostat)의 장착방법은?
① 전동기와 병렬로 장착
② 전동기와 직렬로 장착
③ 전원과 직·병렬로 장착
④ 전원스위치와 병렬로 장착

정답 76 ① 77 ④ 78 ③ 79 ② 80 ②

2016년 제4회 과년도 기출문제

제1과목 항공역학

01 다음 중 (   ) 안에 알맞은 내용은?

> 비행기에서 무게중심이 날개의 공기역학적 중심보다 앞쪽에 위치할수록 세로안정은 (㉠)하고, 조종성은 (㉡)한다.

① ㉠ 감소 ㉡ 증가
② ㉠ 감소 ㉡ 감소
③ ㉠ 증가 ㉡ 증가
④ ㉠ 증가 ㉡ 감소

해설

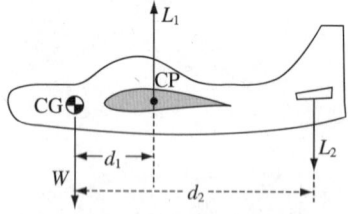

$M_{cg} = 0 = L_1 d_1 - L_2 d_2$에서 무게중심(CG ; Center of Gravity)이 앞으로 이동하면, 즉 거리 d_1이 커지면 비행기 기수를 아래로 내리려고 하는 모멘트 $L_1 d_1$이 커지고 따라서 이를 반대하는 모멘트 $L_2 d_2$도 커져야 한다. $L_2 d_2$가 커지면 세로안정성은 커지며 특히 L_2가 커져야 하므로 조종성은 나빠진다.

02 다음 중 이륙 활주거리를 줄일 수 있는 조건으로 옳은 것은?

① 추력을 최대로 한다.
② 고항력 장치를 사용한다.
③ 비행기의 하중을 크게 한다.
④ 항력이 큰 활주자세로 이륙한다.

해설
정지상태에서부터 출발하여 이륙속도에 빨리 도달하려면 가속도가 커야 한다. 그런데 뉴턴의 제2법칙 $T = ma$에서 가속도 a가 커지려면 추력 T가 커야 한다.

03 프로펠러가 항공기에 가해 준 소요동력을 구하는 식은?

① $\dfrac{추력}{비행속도}$

② 추력 × 비행속도^2

③ $\dfrac{비행속도}{추력}$

④ 추력 × 비행속도

해설
프로펠러가 항공기에 가해 주는 (이용)동력은 $P_a = $ 추력(T) × 비행속도(V)이다.

1 ④ 2 ① 3 ④

04 헬리콥터 구동 계통에서 자유회전장치(Free Wheeling Unit)의 주된 목적은?

① 주 회전날개 제동장치를 풀어서 작동을 가능하게 한다.
② 시동 중에 주 회전날개 깃의 굽힘응력을 제거한다.
③ 착륙을 위해서 기관의 과회전을 허용한다.
④ 기관이 정지되거나 제한된 주 회전날개의 회전수보다 느릴 때 주 회전날개와 기관을 분리한다.

해설
Free Wheeling Unit은 엔진이 정지되거나 엔진의 회전수가 주 회전날개의 회전수보다 작게 될 때 엔진과 주 회전날개를 분리시켜 준다. 주 회전날개는 헬리콥터가 아래로 떨어지면서 위로 불어 올라오는 바람에 의해 자유롭게 회전하게 되어 양력을 발생시켜서 헬리콥터의 낙하속도를 완화시키는 Autorotation이 가능하도록 한다.

05 조종면 효율변수(Flap or Control Effectiveness Parameter)를 설명한 것으로 옳은 것은?

① 양력계수와 항력계수의 비를 말한다.
② 플랩의 변위에 따른 양력계수의 변화량을 나타내는 값이다.
③ 날개 면적을 날개 면적과 플랩 면적을 합한 값으로 나눈 값이다.
④ 플랩 면적을 날개 면적과 플랩 면적을 합한 값으로 나눈 값이다.

06 다음 중 실속 받음각 영역이 다른 것은?

① 스 핀   ② 방향발산
③ 더치롤   ④ 나선발산

해설
스핀은 날개의 받음각이 한도를 벗어나서 발생한다.

07 온도가 0℃, 고도 약 2,300m에서 비행기가 825m/s로 비행할 때의 마하수는 약 얼마인가?(단, 0℃ 공기 중 음속은 331.2m/s이다)

① 2.0
② 2.5
③ 3.0
④ 3.5

해설
$M = \dfrac{V}{a} = \dfrac{825 \text{m/s}}{331 \text{m/s}} = 2.5$

08 비행기가 등속도 수평비행을 하고 있다면 이 비행기에 작용하는 하중배수는?

① 0
② 0.5
③ 1
④ 1.8

해설
비행기가 등속도 수평비행 시에는 $L = W$이다.
$n = \dfrac{L}{W} = \dfrac{W}{W} = 1$

정답 4 ④ 5 ② 6 ① 7 ② 8 ③

09 물체 표면을 따라 흐르는 유체의 천이(Transition)현상을 옳게 설명한 것은?

① 충격 실속이 일어나는 현상이다.
② 층류에 박리가 일어나는 현상이다.
③ 층류에서 난류로 바뀌는 현상이다.
④ 흐름이 표면에서 떨어져 나가는 현상이다.

해설
천이현상이란 층류(Laminar Flow)에서 난류(Turbulent Flow)로 변화하는 과정을 말한다.

10 항공기 중량이 900kgf, 날개면적이 10m²인 제트 항공기가 수평 등속도로 비행할 때 추력은 몇 kgf인가?(단, 양항비는 3이다)

① 300 ② 250
③ 200 ④ 150

해설
수평 등속 비행 시 $T=D$, $L=W$이다. $W=900\text{kgf}$이므로 $L=900\text{kgf}$이다.
$\dfrac{C_L}{C_D}=\dfrac{L}{D}=3$이므로, $D=300\text{kgf}$이다.
따라서 $T=300\text{kgf}$이다.

11 날개의 면적을 유지하면서 가로세로비만 2배로 증가시켰을 때 이 비행기의 유도항력계수는 어떻게 되는가?

① 2배 증가한다.
② 1/2로 감소한다.
③ 1/4로 감소한다.
④ 1/16로 증가한다.

해설
$C_{Di}=\dfrac{C_L^2}{\pi e AR}$ 이므로 가로세로비 Aspect Ratio가 2배가 되면 C_{Di}는 1/2배가 된다.

12 500rpm으로 회전하고 있는 프로펠러의 각속도는 약 몇 rad/s인가?

① 32
② 52
③ 65
④ 104

해설
$\omega = n = 500\text{rpm}$
$= 500\dfrac{\text{rev}}{\text{min}}$

$\therefore 500\dfrac{\text{rev}}{\text{min}} \times \dfrac{1\text{min}}{60\text{s}} \times \dfrac{2\pi\text{rad}}{1\text{rev}} = 52\dfrac{\text{rad}}{\text{s}}$

13 날개드롭(Wing Drop)에 대한 설명으로 틀린 것은?

① 옆놀이와 관련된 현상이다.
② 한쪽 날개가 충격 실속을 일으켜서 갑자기 양력을 상실하며 발생하는 현상이다.
③ 아음속에서 충격파가 과도할 경우 날개가 동체에서 떨어져 나가는 현상을 말한다.
④ 두꺼운 날개를 사용한 비행기가 천음속으로 비행 시 발생한다.

14 항공기 형상이 비행안정성에 미치는 영향을 옳게 설명한 것은?

① 후퇴각(Sweepback)을 갖는 주 날개에서는 측풍이 날개익형에서 상대적인 공기속도를 변화시켜 항력 차이에 의한 복원 모멘트로 횡안정성이 개선된다.
② 고익(High Wing) 항공기에서는 횡안정성을 저해하는 방향으로 동체 주위의 유동이 날개의 받음각을 변화시킨다.
③ 일정한 면적의 꼬리날개는 장착위치가 무게중심에 가까울수록 수직 및 수평안정판이 비행안정성에 기여하는 영향이 크다.
④ 상반각을 갖는 주 날개에서는 측풍이 좌측 및 우측 날개에서 받음각 차이로 양력의 차이를 발생시켜 횡안정성이 개선된다.

15 무게 20,000kgf, 날개면적 80m²인 비행기가 양력계수 0.45 및 경사가 30° 상태로 정상선회(균형선회)비행을 하는 경우 선회반경은 약 몇 m인가?(단, 공기밀도는 1.22kg/m³이다)

① 1,820
② 2,000
③ 2,800
④ 3,000

해설
핵심이론 선회비행의 그림을 참조하면
$L_{선회} \cos\theta = W$
$C_L \frac{1}{2} \rho V^2 S \cdot \cos\theta = W$
$\therefore V^2 = \frac{2W}{C_L \rho S \cdot \cos\theta}$
한편
$r = \frac{V^2}{g \tan\theta} = \frac{2W}{g \tan\theta \cdot C_L \rho S \cdot \cos\theta} = \frac{2W}{g \sin\theta \cdot C_L \rho S}$
$= \frac{2 \times 20,000 kgf}{\sin 30°(0.45)\left(1.22\frac{kgf}{m^3}\right)(80m^2)} = 1,822m$

16 에어포일 코드 'NACA 0009'를 통해 알 수 있는 것은?

① 대칭단면의 날개이다.
② 초음속 날개단면이다.
③ 다이아몬드형 날개단면이다.
④ 단면에 캠버가 있는 날개이다.

17 일반적인 헬리콥터 비행 중 주 회전날개에 의한 필요마력의 요인으로 보기 어려운 것은?

① 유도속도에 의한 유도항력
② 공기의 점성에 의한 마찰력
③ 공기의 박리에 의한 압력항력
④ 경사충격파 발생에 따른 조파저항

해설
헬리콥터의 경우 회전날개에 경사충격파가 발생할 때까지 회전수를 올리지 않도록 하므로 조파항력은 헬리콥터의 항력에서 제외시켜야 한다.
- 형상항력 : 압력항력과 표면마찰항력으로 구성되어 있다.
- 유해항력 : 형상항력과 조파항력으로 구성되어 있다.
- 항력 : 유해항력과 유도항력으로 구성되어 있다.
- 필요마력 : 항력×항공기 비행속력이다.

18 대기를 구성하는 공기에 대한 설명으로 틀린 것은?

① 공기의 점성계수는 물보다 작다.
② 공기는 압축성 유체로 볼 수 있다.
③ 공기의 온도는 고도가 높아짐에 따라서 항상 감소한다.
④ 동일한 압력조건에서 공기의 온도 변화와 밀도 변화는 반비례 관계에 있다.

해설
성층권에서는 고도가 높아짐에 따라 온도가 일정하다가 증가한다.

정답 14 ④ 15 ① 16 ① 17 ④ 18 ③

19 다음 중 항력발산 마하수가 높은 날개를 설계할 때 옳은 것은?

① 쳐든각을 크게 한다.
② 날개에 뒤젖힘각을 준다.
③ 두꺼운 날개를 사용한다.
④ 가로세로비가 큰 날개를 사용한다.

해설
날개에 뒤젖힘각을 주면 마하에 가까운 비행속도에서도 날개 수직방향으로의 공기속도는 마하보다 작게 되어서 항력발산이 일어나지 않는다.

20 상승 가속도 비행을 하고 있는 항공기에 작용하는 힘의 크기를 옳게 비교한 것은?

① 양력 > 중력, 추력 < 항력
② 양력 < 중력, 추력 > 항력
③ 양력 > 중력, 추력 > 항력
④ 양력 < 중력, 추력 < 항력

해설
양력이 중력보다 크면 상승비행을 하고 추력이 항력보다 크면 가속비행을 한다.

제2과목 항공기관

21 마하 0.85로 순항하는 비행기의 가스터빈엔진 흡입구에서 유속이 감속되는 원리에 대한 설명으로 옳은 것은?

① 압축기에 의하여 감속한다.
② 유동 일에 대하여 감속한다.
③ 단면적 확산으로 감속한다.
④ 충격파를 발생시켜 감속한다.

해설
아음속기의 흡입덕트는 확산형으로서 공기의 속도를 감소시키고 압력을 증대시킨다.

22 가스터빈엔진에서 방빙장치가 필요 없는 곳은?

① 터빈 노즐
② 압축기 전방
③ 흡입덕트 입구
④ 압축기의 입구 안내 깃

해설
터빈 노즐은 고온부이므로 방빙장치가 필요 없다.

23 왕복엔진에서 물분사장치에 대한 설명으로 틀린 것은?

① 물을 분사시키면 엔진이 더 큰 추력을 낼 수 있게 하는 안티노크 기능을 가진다.
② 물과 소량의 알코올을 혼합시키는 이유는 배기가스의 압력을 증가시키기 위한 것이다.
③ 물분사는 짧은 활주로에서 이륙할 때와 착륙을 시도한 후 복행할 필요가 있을 때 사용한다.
④ 물분사가 없는 드라이(Dry)엔진은 작동허용범위를 넘었을 때 데토네이션으로 출력에 제한이 있다.

해설
물과 알코올을 혼합시키는 이유는 흡입공기의 온도를 떨어뜨려 공기밀도를 증가시킴으로써 추력을 증가시키기 위한 것이다.

24 항공기 가스터빈엔진의 성능평가에 사용되는 추력이 아닌 것은?

① 진추력
② 총추력
③ 비추력
④ 열추력

해설
가스터빈엔진의 추력
- 진추력 : 엔진이 비행 중 발생시키는 추력
- 총추력 : 공기 및 연료의 유입 운동량을 고려하지 않았을 때의 추력, 즉 항공기가 정지되어 있을 때의 추력
- 비추력 : 엔진으로 흡입되는 단위 공기 중량 유량에 대한 진추력

25 가스터빈엔진의 연료조정장치(FCU) 기능이 아닌 것은?

① 파워레버의 위치에 따른 연료량을 적절히 조절한다.
② 연료흐름에 따른 연료필터의 계속 사용 여부를 조정한다.
③ 압축기 출구압력 변화에 따라 연료량을 적절히 조절한다.
④ 압축기 입구압력 변화에 따라 연료량을 적절히 조절한다.

해설
FCU 수감부
- 엔진 회전수
- 압축기 출구압력(CDP)
- 압축기 입구온도(CIT)
- 스로틀 레버 위치

26 열역학에서 주어진 시간에 계(System)의 이전 상태와 관계없이 일정한 값을 갖는 계의 거시적인 특성을 나타내는 것을 무엇이라 하는가?

① 상태(State)
② 과정(Process)
③ 상태량(Property)
④ 검사체적(Control Volume)

27 흡입공기를 사용하지 않는 제트엔진은?

① 로 켓
② 램제트
③ 펄스제트
④ 터보 팬

해설
로켓엔진은 흡입공기 없이 산화제에서 발생하는 산소와 연료가 혼합되어 추진력을 얻는다.

28 민간 항공기용 연료로서 ASTM에서 규정된 성질을 갖고 있는 가스터빈기관용 연료는?

① JP-2
② JP-3
③ JP-8
④ Jet-A

해설
항공기 연료의 종류
- 왕복기관용 : AV-GAS
- 가스터빈기관용(군용) : JP-4, JP-5, JP-6, JP-8 등
- 가스터빈기관용(민간용) : Jet A, Jet A-1, Jet B

정답 24 ④ 25 ② 26 ③ 27 ① 28 ④

29 왕복엔진의 마그네토 캠축과 엔진 크랭크축의 회전속도비를 옳게 나타낸 식은?(단, 캠의 로브수와 극수는 같고, n : 마그네토의 극수, N : 실린더 수이다)

① $\dfrac{N+1}{2n}$ ② $\dfrac{N}{n+1}$
③ $\dfrac{N}{2n}$ ④ $\dfrac{N}{n}$

해설
4행정 기관에서는 크랭크축이 2회전하는 동안 모든 실린더가 한 번씩 점화를 해야 하므로 크랭크축이 1회전하는 동안 점화 횟수는 기관 실린더 수의 1/2이 된다. 따라서 크랭크축의 회전속도에 대한 마그네토의 회전속도는 기관 실린더 수를 2로 나눈 다음 회전자석의 극 수로 나눈 값이다.

30 왕복엔진의 피스톤 오일 링(Oil Ring)이 장착되는 그루브(Groove)에 위치한 구멍의 주요 기능은?

① 피스톤 무게를 경감해 준다.
② 윤활유의 양을 조절해 준다.
③ 피스톤 벽에 냉각공기를 보내 준다.
④ 피스톤 내부 점검을 하기 위한 통로이다.

해설
그루브(Groove)는 피스톤 링을 끼우는 홈을 말한다.
오일 링과 그루브

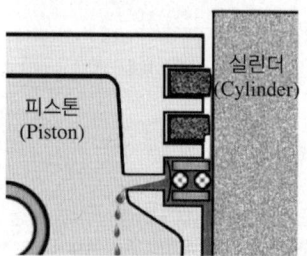

31 왕복엔진의 마그네토 브레이커 포인트(Breaker Point)가 과도하게 소실되었다면 브레이커 포인트와 어떤 것을 교환해 주어야 하는가?

① 1차 코일 ② 2차 코일
③ 회전자석 ④ 콘덴서

해설
마그네토의 콘덴서는 브레이커 포인트 접점 부분의 불꽃에 의한 마멸을 방지하고, 철심에 발생했던 잔류 자기를 빨리 없애 준다.

32 9개의 실린더로 이루어진 왕복엔진에서 실린더 직경 5in, 행정길이 6in일 경우 총배기량은 약 몇 in³인가?

① 118 ② 508
③ 1,060 ④ 4,240

해설
총배기량은 실린더 단면적에 행정길이를 곱한 값에 다시 실린더 수를 곱한 값이다.
즉, 총배기량 $= \dfrac{\pi \times 5^2}{4} \times 6 \times 9 \fallingdotseq 1,060\,(\mathrm{in}^3)$

33 프로펠러 깃(Propeller Blade)에 작용하는 응력이 아닌 것은?

① 인장응력
② 굽힘응력
③ 비틀림응력
④ 구심응력

해설
프로펠러에 작용하는 힘은 추력에 의한 굽힘응력과 프로펠러 회전에 따른 원심력 및 회전하는 프로펠러 깃에 작용하는 두 가지 모멘트에 의해 발생하는 비틀림응력 등이 있다.

34 가스터빈엔진의 추력감소 요인이 아닌 것은?

① 대기밀도 증가
② 연료조절장치 불량
③ 터빈블레이드 파손
④ 이물질에 의한 압축기 로터 블레이드 오염

해설
대기밀도가 증가하면 연소되는 공기 입자 수가 많아져서 추력이 증가한다.

35 가스터빈엔진의 엔진압력비(EPR ; Engine Pressure Ratio)를 나타낸 식으로 옳은 것은?

① $\dfrac{\text{터빈 출구압력}}{\text{압축기 입구압력}}$

② $\dfrac{\text{압축기 입구압력}}{\text{터빈 출구압력}}$

③ $\dfrac{\text{압축기 입구압력}}{\text{압축기 출구압력}}$

④ $\dfrac{\text{압축기 출구압력}}{\text{압축기 입구압력}}$

36 피스톤 핀과 크랭크축을 연결하는 막대이며, 피스톤의 왕복운동을 크랭크축으로 전달하는 일을 하는 엔진의 부품은?

① 실린더 배럴 ② 피스톤 링
③ 커넥팅 로드 ④ 플라이 휠

해설
커넥팅 로드(Connecting Rod)는 단어 의미 그대로 피스톤과 크랭크축을 연결한다.
커넥팅 로드와 각부 명칭

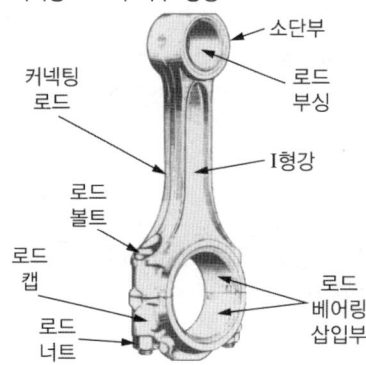

37 그림과 같은 브레이턴 사이클(Brayton Cycle)의 $P-V$선도에 대한 설명으로 틀린 것은?

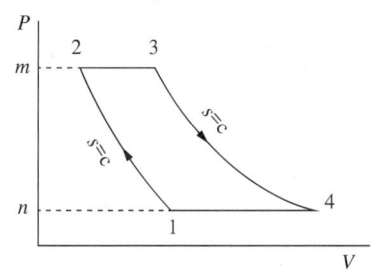

① 넓이 1-2-m-n 1은 압축일이다.
② 1개씩의 정압과정과 단열과정이 있다.
③ 넓이 1-2-3-4-1은 사이클의 참일이다.
④ 넓이 3-4-n-m-3은 터빈의 팽창일이다.

해설
브레이턴 사이클은 2개의 정압과정과 2개의 정적과정으로 이루어진다.

38 정속 프로펠러(Constant-Speed Propeller)는 엔진속도를 정속으로 유지하기 위해 프로펠러 피치를 자동으로 조정해 주도록 되어 있는데 이러한 기능은 어떤 장치에 의해 조정되는가?

① 3-Way 밸브
② 조속기(Governor)
③ 프로펠러 실린더(Propeller Cylinder)
④ 프로펠러 허브 어셈블리(Propeller Hub Assembly)

해설
프로펠러 조속기의 작동원리 및 순서
프로펠러 회전수 과속(감속) → 플라이 웨이트 회전수 증가(감소) → 원심력 증가(감소) → 파일럿 밸브 위(아래)로 이동 → 윤활유 배출(공급)

39 민간용 가스터빈엔진의 공압 시동기에 대한 설명으로 틀린 것은?

① 시동 완료 후 발전기로서 작동한다.
② APU, GTC에서의 고압 공기를 사용한다.
③ 약 20% 전후 엔진rpm 속도에서 분리된다.
④ 엔진에 사용되는 같은 종류의 오일로 윤활된다.

해설
시동 완료 후 발전기로 작동하는 방식은 전동기-발전기식 시동기이다.

40 왕복엔진을 장착한 비행기가 이륙한 후에도 최대정격 이륙 출력으로 계속 비행하는 경우에 대한 설명으로 옳은 것은?

① 엔진이 과열되어 비행이 곤란해진다.
② 공기흡입구가 결빙되어 출력이 저하된다.
③ 엔진의 최대출력을 증가시키기 위한 방법으로 자주 이용한다.
④ 연료소모가 많지만 1시간 이내에서 비행할 수 있다.

해설
왕복엔진에서 이륙 마력이란, 항공기가 이륙을 할 때에 엔진이 낼 수 있는 최대의 마력을 말하며, 대형 엔진에서는 안전 작동과 최대 마력 보증 및 수명 연장을 위해 1~5분간의 사용시간 제한을 두는 것이 보통이다.

제3과목 항공기체

41 앞바퀴형 착륙장치의 장점으로 틀린 것은?

① 조종사의 시야가 좋다.
② 이착륙 저항이 작고 착륙성능이 양호하다.
③ 가스터빈엔진에서 배기가스 분출이 용이하다.
④ 고속에서 주 착륙장치의 제동력을 강하게 작동하면 전복의 위험이 크다.

해설
뒷바퀴식 착륙장치의 단점
• 장애물에 걸리거나 큰 제동력이 작동하면 전복의 우려가 있다.
• 지상에서 방향전환 조작이 어렵다.
• 앞바퀴식 착륙장치에 비해 시야 확보가 어렵다.

42 아이스박스 리벳인 2024(DD)를 아이스박스에 저온 보관하는 이유는?

① 리벳을 냉각시켜 경도를 높이기 위해
② 리벳의 열변화를 방지하여 길이의 오차를 줄이기 위해
③ 시효경화를 지연시켜 연한 상태를 연장시키기 위해
④ 리벳을 냉각시켜 리베팅 시 판재를 함께 냉각시키기 위해

해설
아이스박스 리벳 : 2024(DD), 2017(D)
상온 상태에서는 자연적으로 시효경화가 생기기 때문에 아이스박스에 보관해야 한다.

43 외피(Skin)에 주 하중이 걸리지 않는 구조형식은?

① 모노코크구조
② 트러스구조
③ 세미모노코크구조
④ 샌드위치구조

해설
트러스구조에서 기체에 걸리는 대부분 하중은 트러스가 담당한다.

44 페일 세이프 구조 중 다경로구조(Redundant Structure)에 대한 설명으로 옳은 것은?

① 단단한 보강재를 대어 해당량 이상의 하중을 이 보강재가 분담하는 구조이다.
② 여러 개의 부재로 되어 있고, 각각의 부재는 하중을 고르게 분담하도록 되어 있는 구조이다.
③ 하나의 큰 부재를 사용하는 대신 2개 이상의 작은 부재를 결합하여 1개의 부재와 같은 또는 그 이상의 강도를 지닌 구조이다.
④ 규정된 하중은 모두 좌측 부재에서 담당하고 우측 부재는 예비 부재로 좌측 부재가 파괴된 후 그 부재를 대신하여 전체하중을 담당한다.

해설
다경로 하중구조

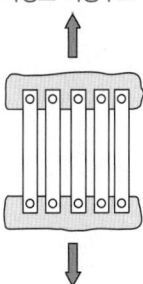

45 알루미늄 합금판에 순수 알루미늄의 압연 코팅(Coating)을 하는 알클래드(Alclad)의 목적은?

① 공기 저항 감소
② 표면 부식 방지
③ 인장강도의 증대
④ 기체 전기저항 감소

해설
알클래드(Alclad)판 : 알클래드판은 알루미늄 합금판 양면에 순수 알루미늄을 판 두께의 약 3~5% 정도로 입힌 판을 말하며, 부식을 방지하고, 표면이 긁히는 등의 파손을 방지할 수 있다.

46 그림과 같이 벽으로부터 0.8m 지점에 250N의 집중하중이 작용하는 1.0m 길이의 보에 대한 굽힘 모멘트 선도는?

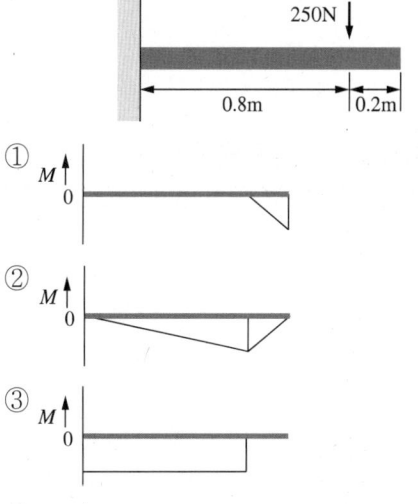

해설
굽힘 모멘트는 하중에 거리를 곱한 값이므로, 집중하중이 작용하는 곳에서부터 멀리 떨어진 곳의 값이 가장 크고, 작용점에서의 값이 가장 작다.

47 양극처리(Anodizing)에 대한 설명으로 옳은 것은?

① 알루미늄 합금에 은도금을 하는 것이다.
② 강철에 순수한 탄소피막을 입히는 것이다.
③ 크롬산이나 황산으로 알루미늄 합금의 표면에 산화피막을 만드는 것이다.
④ 알루미늄 합금의 표면에 순수한 알루미늄피막을 입히는 것이다.

해설
양극산화처리(Anodizing, 아노다이징)는 전기적인 방법으로 금속 표면에 산화피막을 형성하는 방식이다. 도금과는 달리 아주 얇은 두께의 피막을 형성하며, 황산법, 수산법, 크롬산법 등이 있다.

48 인장하중(P)을 받는 평판에 구멍이 있다면 구멍 주위에 생기는 응력분포를 옳게 나타낸 것은?

① 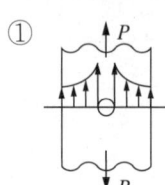　②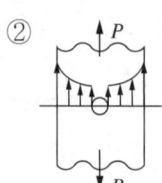

③ 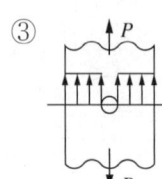　④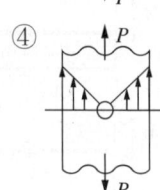

해설
노치(Notch), 구멍, 나사, 단, 돌기 등에 하중이 가해질 때 그 단면에는 응력분포상태가 불규칙하고 부분적으로 큰 응력이 집중하게 되는데 이러한 현상을 응력집중(Stress Concentration)이라 한다.

49 두께가 40/1,000in, 길이가 2.75in인 2024 T3 알루미늄 판재를 AD리벳으로 결합하려면 몇 개의 리벳이 필요한가?(단, 2024 T3 판재의 극한인장응력은 60,000 psi, AD리벳 1개당 전단강도는 388lb, 안전계수는 1.15이다)

① 15　　　② 18
③ 20　　　④ 39

해설
리벳 수 =
$$\frac{\text{손상길이} \times \text{손상재료두께} \times \text{손상재료의 극한인장응력}}{\text{리벳의 전단강도}} \times \text{안전계수}$$
식에 대입하면,
$$\frac{2.75 \times 0.04 \times 60,000}{388} \times 1.15 = 19.56$$
따라서 구하는 리벳 수는 20개이다.

50 항공기 기체 제작과 정비에 사용되는 특수용접에 속하지 않는 것은?

① 전기아크용접
② 플라스마용접
③ 금속불활성 가스용접
④ 텅스텐불활성 가스용접

해설
• 금속불활성 가스용접 : MIG 용접
• 텅스텐불활성 가스용접 : TIG 용접

51 기계재료가 일정 온도에서 일정한 응력이 가해질 때 시간이 경과함에 따라 계속적으로 변형률이 증가하게 되는데 이와 같이 시간경과에 따라 변하는 변형률을 나타내는 그래프는?

① 피로(Fatigue) 곡선
② 크리프(Creep) 곡선
③ 탄성(Elasticity) 곡선
④ 천이(Transition) 곡선

해설
크리프 곡선(Creep Curve)

52 섬유 강화플라스틱(FRP)에 대한 설명으로 틀린 것은?

① 내식성, 진동에 대한 감쇠성이 크다.
② 항공기의 조종면에는 FRP 허니컴 구조가 사용된다.
③ 경도와 강성이 낮은데 비하여 강도비가 크다.
④ 인장강도, 내열성이 높으므로 엔진마운트로 사용된다.

해설
엔진마운트는 보통 철강재료(니켈 합금, 타이타늄 합금, 고장력강 등)를 사용한다.

53 최근 대형 항공기의 동체 구조에 대한 설명으로 틀린 것은?

① 날개, 꼬리날개 및 착륙장치의 장착점이 존재한다.
② 응력분산이 용이한 세미모노코크 구조가 사용된다.
③ 동체의 주요 구조부재는 정형재와 벌크헤드 및 외피로 구성된다.
④ 동체는 화물, 조종실, 장비품, 승객 등을 위한 공간으로 활용된다.

해설
정형재와 벌크헤드 및 외피로 구성된 동체 구조는 모노코크 타입이다.

54 그림과 같은 $V-n$ 선도에서 실속속도(V_S)상태로 수평비행하고 있는 항공기의 하중배수(n_S)는?

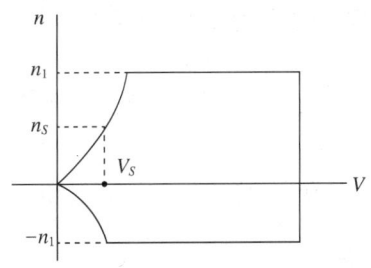

① 1 ② 2
③ 3 ④ 4

해설
하중배수는 비행기에 작용하는 힘을 비행기의 무게로 나눈 값으로, 수평비행을 하고 있을 때에는 양력과 비행기의 무게가 같으므로 하중배수는 1이 된다.

55 항공기 연료 계통에 대한 설명으로 틀린 것은?

① 연료펌프로 가압 공급한다.
② 연료 탑재 위치는 항공기 평형에 영향을 준다.
③ 탑재하는 연료의 양은 비행거리 및 시간에 따라 달라진다.
④ 연료탱크 내부에 수분 증발장치가 마련되어 있다.

해설
연료탱크 내부에는 수분 배출장치가 마련되어 있다.

56 항공기의 케이블 조종계통과 비교하여 푸시풀 로드 조종계통의 장점으로 옳은 것은?

① 마찰이 작다.
② 유격이 없다.
③ 관성력이 작다.
④ 계통의 무게가 가볍다.

해설
푸시풀 로드 조종계통은 케이블계통과 달리 풀리나 쿼드런트, 페어리드 등과 접촉하지 않으므로 마찰이 작다.

57 그림과 같은 볼트의 명칭은?

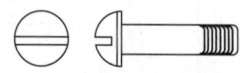

① 아이볼트
② 육각머리볼트
③ 클레비스볼트
④ 드릴머리볼트

해설
클레비스볼트는 전단하중이 걸리는 곳에 사용하며, 조종계통의 장착용 핀 등에 자주 사용되고 스크루 드라이버를 이용하여 체결한다.

58 판재 홀 가공 절차 중 리머작업에 대한 설명으로 옳은 것은?

① 강을 리밍할 때 절삭유를 사용하지 않는다.
② 드릴로 뚫은 작은 구멍의 안쪽을 매끈하게 가공한다.
③ 홀 가공 시 드릴작업보다 빠른 회전속도로 작업한다.
④ 드릴로 뚫은 구멍의 안쪽의 부식을 제거한다.

59 판재를 굴곡작업하기 위한 그림과 같은 도면에서 굴곡 접선의 교차부분에 균열을 방지하기 위한 구멍의 명칭은?

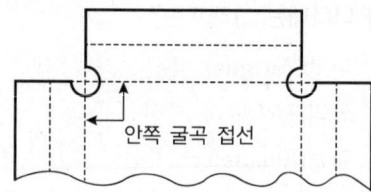

① Lighting Hole
② Pilot Hole
③ Countsunk Hole
④ Relief Hole

60 재료가 탄성한도에서 단위 체적에 축적되는 변형에너지를 나타내는 식은?(단, σ : 응력, E : 탄성계수이다)

① $\dfrac{\sigma^2}{2E}$

② $\dfrac{E}{2\sigma^2}$

③ $\dfrac{\sigma}{2E^2}$

④ $\dfrac{E}{2\sigma^3}$

해설
최대탄성에너지(단위 체적에 축적되는 변형에너지)
$u = \dfrac{\sigma^2}{2E} = \dfrac{E\varepsilon^2}{2}$

제4과목 항공장비

61 유압계통의 압력서지(Pressure Surge)를 완화하는 역할을 하는 장치는?

① 펌프(Pump)
② 리저버(Reservoir)
③ 릴리프밸브(Relief Valve)
④ 어큐뮬레이터(Accumulator)

62 유압계통에서 유압관 파손 시 작동유의 과도한 누설을 방지하는 장치는?

① 유압 퓨즈
② 흐름 평형기
③ 흐름 조절기
④ 압력 조절기

63 다음 중 화학적 방빙(Anti-Icing)방법을 주로 사용하는 곳은?

① 프로펠러
② 화장실
③ 피토튜브
④ 실속경고 탐지기

64 다음 중 합성 작동유 계통에 사용되는 실(Seal)은?

① 천연고무
② 일반고무
③ 뷰틸 합성고무
④ 네오프렌 합성고무

해설
광물성 작동유는 네오프렌실을 사용하고 합성 작동유는 뷰틸고무실을 사용한다.

65 레인 리펠런트(Rain Repellent)에 대한 설명으로 틀린 것은?

① 물방울이 퍼지는 것을 방지한다.
② 우천 시 항공기 이착륙에 와이퍼(Wiper)와 같이 사용된다.
③ 표면장력 변화를 위하여 특수용액을 사용한다.
④ 강우량이 적을 때 사용하면 매우 효과적이다.

해설
물기가 없을 때 사용하면 윈드실드 면이 뿌옇게 변한다.

정답 61 ④ 62 ① 63 ① 64 ③ 65 ④

66 액량계기와 유량계기에 관한 설명으로 옳은 것은?

① 액량계기는 대형기와 소형기에 차이 없이 대부분 동압식 계기이다.
② 액량계기는 연료탱크에서 기관으로 흐르는 연료의 유량을 지시한다.
③ 유량계기는 연료탱크에서 기관으로 흐르는 연료의 유량을 시간당 부피 또는 무게단위로 나타낸다.
④ 유량계기는 직독식, 플로트식, 액압식 등이 있다.

67 발전기의 무부하(No-load)상태에서 전압을 결정하는 3가지 주요한 요소가 아닌 것은?

① 자장의 세기
② 회전자의 회전방향
③ 자장을 끊는 회전자의 수
④ 회전자가 자장을 끊는 속도

[해설]
회전자의 회전방향은 발전기의 전압의 방향을 결정한다.

68 20HP의 펌프를 작동시키기 위해 몇 kW의 전동기가 필요한가?(단, 펌프의 효율은 80%이다)

① 8   ② 10
③ 12 ④ 19

[해설]

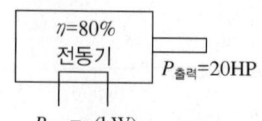

$\eta = \dfrac{출력동력}{입력동력} = \dfrac{20\text{HP}}{x(\text{kW})} = 0.8$

$x(\text{kW}) = \dfrac{20\text{hp}}{0.8} = 25\text{HP}$

$\therefore 25\,\text{HP} \times \dfrac{0.746\,\text{kW}}{1\,\text{HP}} = 18.65\,\text{kW}$

69 다음 중 지향성 전파를 수신할 수 있는 안테나는?

① Loop   ② Sense
③ Dipole ④ Probe

70 정전용량 $20\mu\text{F}$, 인덕턴스 0.01H, 저항 10Ω이 직렬로 연결된 교류회로가 공진이 일어났을 때 전원전압이 30V라면 전류는 몇 A인가?

① 2   ② 3
③ 4   ④ 5

[해설]
직렬회로에서 임피던스는 $Z = \sqrt{R^2 + (X_C - X_L)^2}$인데, 공진이 발생하면 $X_C = X_L$이다.
따라서 $Z = R = 10\Omega$

$\therefore I = \dfrac{E}{Z} = \dfrac{30\text{V}}{10\Omega} = 3\text{A}$

66 ③ 67 ② 68 ④ 69 ① 70 ②

71 그림에서 편차(Variation)를 옳게 나타낸 것은?

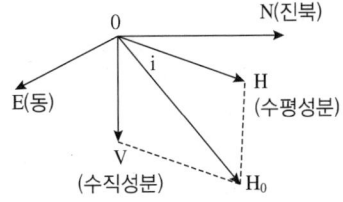

① N-O-H
② N-O-H₀
③ N-O-V
④ E-O-V

해설
편차는 자북과 진북과의 각도이다.

72 객실고도를 옳게 설명한 것은?

① 운항 중인 항공기 객실의 실제 고도를 해발고도로 표현한 것
② 항공기 외부의 압력을 표준대기 상태의 압력에 해당되는 고도로 표현한 것
③ 항공기 내부의 압력을 표준대기 상태의 압력에 해당되는 고도로 표현한 것
④ 항공기 내부의 기온을 현재 비행 상태의 외기온도에 해당되는 고도로 표현한 것

73 다음 중 화재 진압 시 사용되는 소화제가 아닌 것은?

① 이산화탄소
② 물
③ 암모니아가스
④ 할론 1211

해설
암모니아가스는 독성이 있다.

74 속도계에만 표시되는 것으로 최대착륙하중 시의 실속속도에서 플랩(Flap)을 내릴 수 있는 속도까지의 범위를 나타내는 색 표식의 색깔은?

① 녹 색
② 황 색
③ 청 색
④ 백 색

75 활주로 진입로 상공을 통과하고 있다는 것을 조종사에게 알리기 위한 지상장치는?

① 로컬라이저(Localizer)
② 마커비컨(Marker Beacon)
③ 대지접근경보장치(GPWS)
④ 글라이드슬로프(Glide Slope)

76 자이로의 섭동성을 나타낸 그림에서 자이로가 굵은 화살표 방향으로 회전하고 있을 때, 힘(F)을 가하면 실제로 힘을 받는 부분은?

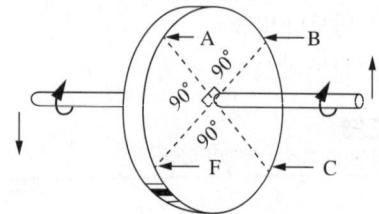

① F
② A
③ B
④ C

해설
자이로스코프의 섭동성(Precession)이란 자이로스코프에 힘이 가해진 위치에서 자이로스코프의 회전방향으로 90° 지난 위치에서 힘의 효과가 나타나는 현상을 말한다.

77 다음 중 니켈-카드뮴 축전지에 대한 설명으로 틀린 것은?

① 전해액은 질산계의 산성액이다.
② 진동이 심한 장소에 사용 가능하고, 부식성 가스를 거의 방출하지 않는다.
③ 고부하 특성이 좋고 큰 전류 방전 시 안정된 전압을 유지한다.
④ 한 개의 셀(Cell)의 기전력은 무부하 상태에서 1.2~1.25V 정도이다.

해설
니켈-카드뮴 축전지의 전해액은 수산화칼륨(KOH)이다.

78 전방향 표지시설(VOR) 주파수의 범위로 가장 적절한 것은?

① 1.8~108kHz
② 18~118kHz
③ 108~118MHz
④ 130~165MHz

79 발전기와 함께 장착되는 역전류차단장치(Reverse Current Cut-out Relay)의 설치목적은?

① 발전기 전압의 파동을 방지한다.
② 발전기 전기자의 회전수를 조절한다.
③ 발전기 출력전류의 전압을 조절한다.
④ 축전지로부터 발전기로 전류가 흐르는 것을 방지한다.

해설
축전지의 전압이 발전기보다 높을 때 역전류차단장치가 없으면 축전지에서 발전기로 전류가 흐르게 된다.

80 SELCAL(Selective Calling)은 무엇을 호출하기 위한 장치인가?

① 항공기
② 정비타워
③ 항공회사
④ 관제기관

2017년 제1회 과년도 기출문제

제1과목 항공역학

01 비행기의 최대 양력계수가 커질수록 이와 관계된 비행성능의 변화에 대한 설명으로 옳은 것은?

① 상승속도가 크고 착륙속도도 커진다.
② 상승속도는 작고 착륙속도는 커진다.
③ 선회반경이 크고 착륙속도는 작아진다.
④ 실속속도가 작아지고 착륙속도도 작아진다.

해설
등속 수평비행 시 $W = L = C_{L\max} \frac{1}{2} \rho V^2_{실속} S$에 따라 최대 양력계수 $C_{L\max}$가 커지면 $V_{실속}$은 작아진다. 그리고 진입고도에서 착륙속도는 $V_{실속} \times 1.3$ 이므로 착륙속도도 작아진다.

02 프로펠러 항공기의 항속거리를 최대로 하기 위한 조건으로 옳은 것은?(단, C_{Dp}는 유해항력계수, C_{Di}는 유도항력계수이다)

① $C_{Dp} = C_{Di}$
② $C_{Dp} = 2C_{Di}$
③ $C_{Dp} = 3C_{Di}$
④ $3C_{Dp} = C_{Di}$

해설
프로펠러 항공기가 최대 항속거리를 얻으려면 연료소비율이 최소 즉, 필요동력이 최소여야 한다. 유해항력과 유도항력이 같을 때 필요동력은 최소가 된다. 따라서 $C_{Dp} = C_{Di}$이면 항속거리가 최대가 된다.

03 무게 2,000kgf의 비행기가 5km 상공에서 급강하할 때 종극속도는 약 몇 m/s인가?(단, 항력계수 0.03, 날개하중 300kgf/m², 공기의 밀도 0.075kgf·s²/m⁴이다)

① 350
② 516.4
③ 620
④ 771.5

해설
종극속도에서는 중력과 항력이 같다. 따라서
$W = D = C_D \frac{1}{2} \rho V^2_{종극} S$에 따라

$V^2_{종극} = \frac{D}{S} \frac{1}{C_D} \frac{2}{\rho} = \frac{W}{S} \frac{1}{C_D} \frac{2}{\rho}$
$= \left(300 \frac{\text{kgf}}{\text{m}^2}\right)\left(\frac{1}{0.03}\right)\left(\frac{2}{0.075 \frac{\text{kgf} \cdot \text{s}^2}{\text{m}^4}}\right)$

$\therefore V_{종극} = 516.4 \frac{\text{m}}{\text{s}}$

04 전진비행 중인 헬리콥터의 진행방향 변경은 어떻게 이루어지는가?

① 꼬리 회전날개를 경사시킨다.
② 꼬리 회전날개의 회전수를 변경시킨다.
③ 주 회선날개깃의 피치각을 변경시킨다.
④ 주 회전날개 회전면을 원하는 방향으로 경사시킨다.

해설
헬리콥터가 전진비행을 위해서는 전진방향으로 주 회선날개 회전면을 경사시켜 회전면에서 발생하는 추력이 전진방향의 성분을 갖도록 해야 한다.

정답 1 ④ 2 ① 3 ② 4 ④

05 다음 중 항공기의 양력(Lift)에 영향을 가장 적게 미치는 요소는?

① 양력계수　　② 공기밀도
③ 항공기 속도　　④ 공기점성

해설
양력의 공식은 $L = C_L \frac{1}{2} \rho V^2 S$ 이므로 공기의 점성은 양력에 영향을 미치지 못한다.

06 날개의 양력분포가 타원모양이고 양력계수가 1.2, 가로세로비가 6일 때 유도항력계수는 약 얼마인가?

① 0.012　　② 0.076
③ 1.012　　④ 1.076

해설
유도항력계수 공식 $C_{Di} = \dfrac{C_L^2}{\pi e AR}$ 에서 양력분포가 타원형이면 스팬효율 $e = 1$ 이다.

$\therefore C_{Di} = \dfrac{(1.2)^2}{\pi \times 6} = 0.076$

07 수직충격파 전후의 유동특성으로 틀린 것은?

① 충격파를 통과하는 흐름은 등엔트로피 흐름이다.
② 수직충격파 뒤의 속도는 항상 아음속이다.
③ 충격파를 통과하게 되면 급격한 압력상승이 일어난다.
④ 충격파는 실제적으로 압력의 불연속면이라 볼 수 있다.

해설
항공기 비행 시 항공기 표면에서 발생하는 공기 진동은 공기의 전파속도(음속)로 움직인다. 항공기가 음속 이상으로 비행하면 공기 진동이 전진하지 못하고 항공기 바로 앞에서 축적이 된다. 이를 수직충격파라 한다. 이 수직충격파 앞쪽의 공기속도는 초음속이고 수직충격파를 지날 때 급격한 압력상승이 따르며 이 과정에서 열이 발생하여 에너지가 손실되므로 엔트로피가 증가하게 된다. 수직충격파를 지난 공기의 속도는 아음속으로 떨어진다.

08 항공기의 착륙거리를 줄이기 위한 방법이 아닌 것은?

① 추력을 크게 한다.
② 익면하중을 작게 한다.
③ 역추력장치를 사용한다.
④ 지면 마찰계수를 크게 한다.

해설
착륙거리는 착륙속도에 비례한다. 착륙속도는 프로펠러 비행기의 경우 실속속도의 1.3배이다.
$W = L = C_L \frac{1}{2} \rho V^2_{실속} S$ 에서 날개면적 S 로 식을 나누면
$\dfrac{W}{S} = \dfrac{L}{S} = C_L \frac{1}{2} \rho V^2_{실속}$ 이 된다. 익면하중 $\dfrac{W}{S}$ 가 작아지면 $V_{실속}$ 도 작아지며 따라서 착륙속도도 작아지고 착륙거리도 줄어든다. 역추력장치를 사용하여 항공기의 전진운동을 약화시키면 착륙거리가 작아진다. 브레이크를 작동시킬 때 지면 마찰계수가 크면 지면 마찰력이 커져서 항공기의 전진운동을 약화시켜 착륙거리가 작아진다.

09 해면상 표준대기에서 정압(Static Pressure)의 값으로 틀린 것은?

① $0 kg/m^2$　　② $2,116.2 lb/ft^2$
③ $29.92 inHg$　　④ $1,013.25 mbar$

해설
해면에서 공기의 정압은 공기의 무게에 의한 압력으로서 14.7psi, 29.92inHg, 760mmHg, 2,116.2lb/ft^2, 1,013.25mbar의 값을 갖는다.

10 비행기의 세로안정을 좋게 하기 위한 방법이 아닌 것은?

① 수직꼬리날개의 면적을 증가시킨다.
② 수평꼬리날개 부피계수를 증가시킨다.
③ 무게중심이 날개의 공기역학적 중심 앞에 위치하도록 한다.
④ 무게중심에 관한 피칭모멘트계수가 받음각이 증가함에 따라 음(-)의 값을 갖도록 한다.

해설
수평꼬리날개의 부피계수에 대한 해설은 2015년도 4회 15번 문제를 참고하기 바란다. 수평꼬리날개의 부피계수가 증가하면, 즉 수평꼬리날개의 면적이 증가하거나 무게중심으로부터의 거리가 증가하면 수평꼬리날개의 세로안정에 대한 기여도가 커진다. 무게중심에 관한 피칭모멘트가 음의 값을 가지면 외란에 의해 비행기의 기수가 올라갈 때 피칭모멘트가 기수를 아래로 움직이도록 하므로 세로안정성이 커진다.

11 직사각형 날개의 가로세로비를 나타낸 식으로 틀린 것은?(단, b : 날개의 길이, c : 날개의 시위, s : 날개의 면적이다)

① $\dfrac{b}{c}$
② $\dfrac{b^2}{s}$
③ $\dfrac{s}{c^2}$
④ $\dfrac{c^2}{s}$

해설
가로세로비의 정의는 가로세로비=$\dfrac{b}{c}$이다.
즉, 가로세로비 = $\dfrac{b}{c}=\dfrac{b^2}{bc}=\dfrac{b^2}{s}$ 또는 가로세로비=$\dfrac{b}{c}=\dfrac{bc}{c^2}=\dfrac{s}{c^2}$

12 무게 4,000kgf인 항공기가 선회경사각 60°로 경사선회하며 하중계수 1.5가 작용한다면 이 항공기의 양력은 몇 kgf인가?

① 2,000
② 4,000
③ 6,000
④ 8,000

해설
하중계수의 정의 공식 $n=\dfrac{L}{W}$에서 $n=\dfrac{L}{W}=\dfrac{L}{4,000\text{kgf}}=1.5$이므로 $L=6,000$kgf이다.

13 항공기의 조종성과 안정성에 대한 설명으로 옳은 것은?

① 전투기는 안정성이 커야 한다.
② 안정성이 커지면 조종성이 나빠진다.
③ 조종성이란 평형상태로 되돌아오는 정도를 의미한다.
④ 여객기의 경우 비행성능을 좋게 하기 위해 조종성에 중점을 두어 설계해야 한다.

해설
• 전투기는 조종성이 좋아야 전투를 잘할 수 있다.
• 항공기가 조종성이 좋으면, 즉 조종이 쉽게 되면 안정성은 나쁘게 된다.
• 여객기는 안정성이 좋아야 한다.

14 조종면에 발생되는 힌지 모멘트가 증가되는 경우로 옳은 것은?

① 조종면의 폭을 키운다.
② 비행기의 속도를 줄인다.
③ 항공기 주 날개의 무게를 늘린다.
④ 조종면의 평균 시위를 최대한 작게 한다.

해설
힌지 모멘트
M = 조종면에서 발생하는 양력 × 힌지 거리
$= C_L \dfrac{1}{2}\rho V^2 S \times d = C_L \dfrac{1}{2}\rho V^2 \times$ 폭 b × 시위 c × 힌지 거리 d

폭 b가 커지면 조종면 면적 S가 커져서 힌지 모멘트가 증가한다.

정답 10 ① 11 ④ 12 ③ 13 ② 14 ①

15 비행기의 수직꼬리날개 앞 동체에 붙어 있는 도살핀(Dorsal Fin)의 가장 중요한 역할은?

① 구조 강도를 좋게 한다.
② 가로 안정성을 좋게 한다.
③ 방향 안정성을 좋게 한다.
④ 세로 안정성을 좋게 한다.

해설
도살핀은 수직꼬리날개와 함께 비행기에 방향 안정성을 준다.

16 100m/s로 비행하는 프로펠러 항공기에서 프로펠러를 통과하는 순간의 공기속도가 120m/s가 되었다면 이 항공기의 프로펠러 효율은 약 얼마인가?

① 0.76
② 0.83
③ 0.91
④ 0.97

해설
프로펠러의 효율
$$\eta = \frac{비행기속도}{비행기속도 + 프로펠러의 순수유도속도} = \frac{100\frac{m}{s}}{100\frac{m}{s} + 20\frac{m}{s}}$$
$= 0.83$

17 항공기 사고의 원인이 되기도 하는 스핀(Spin)이 일어날 수 있는 조건으로 가장 옳은 것은?

① 기관이 멈추었을 때
② 받음각이 실속각보다 클 때
③ 한쪽 날개 플랩이 작동하지 않을 때
④ 항공기 착륙장치가 작동하지 않을 때

해설
받음각이 실속각보다 크게 되면 실속이 발생하게 된다. 이때 날개에서 발생하는 양력 및 항력이 양쪽 날개에서 서로 다르게 되므로 스핀이 발생하게 된다.

18 프로펠러의 깃각을 감소시키려는 경향을 갖는 요소로 옳은 것은?

① 추력에 의한 굽힘모멘트
② 회전력에 의한 굽힘모멘트
③ 원심력에 의한 비틀림모멘트
④ 공기력에 의한 비틀림모멘트

19 특정한 헬리콥터에서 회전날개(Rotor Blades)에 비틀림각을 주는 주된 이유는?

① 회전날개의 무게를 경감하기 위하여
② 회전날개의 회전속도를 증가시키기 위하여
③ 전진비행에서 발생하는 진동을 줄이기 위하여
④ 정지비행 시 균일한 유도속도의 분포를 얻기 위하여

해설
허브(Hub)로부터 멀어질수록 회전날개가 받는 공기속도 V가 커지므로 $L = C_L \frac{1}{2} \rho V^2 S$ 공식에 따라 양력 L이 커지게 된다. 따라서 허브에서 멀어질수록 C_L이 작아지도록 깃각을 작게 하면, 즉 비틀림각을 주면 결과적으로 회전날개는 전체 길이에 걸쳐서 비교적 균일한 양력을 얻게 된다. 그 결과 정지비행 시 비교적 균일한 유도속도 분포가 얻어진다.

20 전리층이 존재하기 때문에 전파를 흡수, 반사하는 작용을 하여 통신에 영향을 주는 대기층은?

① 대류권
② 열 권
③ 중간권
④ 성층권

정답: 15 ③ 16 ② 17 ② 18 ③ 19 ④ 20 ②

제2과목 항공기관

21 왕복엔진을 장착하는 동안 마그네토 점화스위치를 Off 위치에 두는 이유는?

① 점화스위치가 잘못 놓일 수 있는 가능성 때문에
② 엔진장착 도중에 프로펠러를 돌리면 엔진이 시동될 가능성이 있기 때문에
③ 엔진시동 시 역화(Back Fire)를 방지하기 위하여
④ 엔진을 마운트(Mount)에 완전히 장착시킨 후 마그네토 접지선을 점검하지 않기 위하여

해설
프로펠러를 돌리면 크랭크축이 회전하게 되므로 시동이 걸릴 우려가 있다.

22 가스터빈엔진의 터빈에서 공기압력과 속도의 변화에 대한 설명으로 옳은 것은?

① 압력과 속도 모두 감소한다.
② 압력과 속도 모두 증가한다.
③ 압력은 증가하고 속도는 감소한다.
④ 압력은 감소하고 속도는 증가한다.

해설
그림과 같이 터빈 부분에서 압력은 급격히 감소하고 속도는 증가한다.

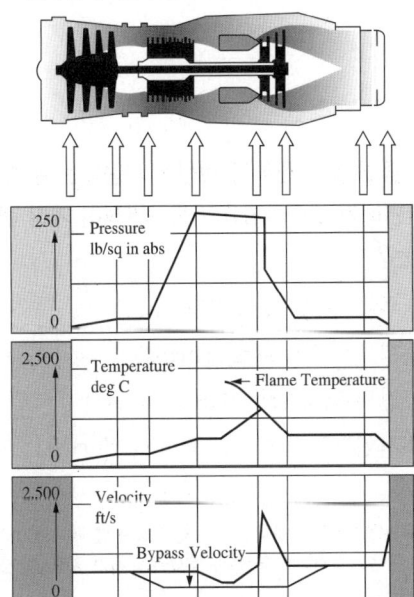

23 왕복엔진에 장착된 피스톤 링(Piston Ring)의 역할이 아닌 것은?

① 피스톤의 진동에 의한 경화현상을 방지하는 기능
② 윤활유가 연소실로 유입되는 것을 방지하는 기능
③ 연소실 내의 압력을 유지하기 위한 밀폐기능
④ 피스톤으로부터 실린더벽으로 열을 전도하는 기능

해설
피스톤 링
- 압축링 : 가스가 누설되는 것을 방지(연소실 내 압력 유지)
- 오일링 : 실린더 벽에 공급되는 윤활유의 양을 조절하고, 윤활유가 연소실로 들어가는 것을 방지

24 비행 중 엔진고장 시 프로펠러를 페더링(Feathering) 시켜야 하는 이유로 옳은 것은?

① 엔진의 진동을 유발해 화재를 방지하기 위하여
② 풍차(Windmill) 효과로 인해 추력을 얻기 위하여
③ 프로펠러 회전을 멈춰 추가적인 손상을 방지하기 위하여
④ 전면과 후면의 차압으로 프로펠러를 회전시키기 위하여

해설
완전 페더링 프로펠러 : 엔진고장 시 프로펠러 깃을 비행 방향과 평행이 되도록 피치를 변경한다. 페더링 프로펠러는 유입 공기 흐름에 대해 방해를 받지 않으므로 프로펠러가 회전하지 않게 되고, 따라서 엔진 작동이 멈췄을 때 유입되는 바람에 의해 역으로 엔진이 회전하는 현상을 방지한다.

25 초기압력과 체적이 각각 1,000 N/cm², 1,000 cm³인 이상기체가 등온상태로 팽창하여 체적이 2,000cm³이 되었다면, 이때 기체의 엔탈피 변화는 몇 J인가?

① 0   ② 5
③ 10 ④ 20

해설
등온상태에서 이상기체의 유동 일(PV)은 변화가 없으므로 엔탈피는 0이다.

26 회전동력을 이용하여 프로펠러를 움직여 추진력을 얻는 엔진으로만 짝지어진 것은?

① 터보프롭-터보팬
② 터보샤프트-터보팬
③ 터보샤프트-터보제트
④ 터보프롭-터보샤프트

해설
- 터보프롭엔진 : 가스터빈의 출력을 축 동력으로 빼낸 다음, 감속 기어를 거쳐 프로펠러를 구동하여 추력을 얻는다.
- 터보샤프트엔진 : 가스터빈의 출력을 100% 모두 축 동력으로 발생시킬 수 있도록 설계된 엔진으로 주로 헬리콥터용 엔진으로 사용된다.

27 비가역 과정에서의 엔트로피 증가 및 에너지 전달의 방향성에 대한 이론을 확립한 법칙은?

① 열역학 제0법칙
② 열역학 제1법칙
③ 열역학 제2법칙
④ 열역학 제3법칙

해설
- 열역학 제1법칙 : 열과 일은 상호 변환 가능하며 그 양은 보존된다는 이론
- 열역학 제2법칙 : 열과 일의 변환에 있어서 방향성과 비가역성을 제시

28 터빈엔진(Turbine Engine)의 윤활유(Lubrication Oil)의 구비조건이 아닌 것은?

① 인화점이 낮을 것
② 점도지수가 클 것
③ 부식성이 없을 것
④ 산화 안정성이 높을 것

해설
가스터빈엔진 윤활유의 구비조건
- 점성과 유동점이 어느 정도 낮아야 한다.
- 점도지수가 높아야 한다.
- 윤활유와 공기의 분리성이 좋아야 한다.
- 인화점, 산화 안정성 및 열적 안정성이 높아야 한다.
- 기화성이 낮아야 한다.

29 엔진의 오일탱크가 별도로 장치되어 있지 않고 스플래시(Splash) 방식에 의해 윤활되는 오일계통을 무엇이라 하는가?

① Hot Tank System
② Wet Sump System
③ Cold Tank System
④ Dry Sump System

해설
윤활계통
- Dry Sump Oil System : 엔진 외부에 마련된 별도의 윤활유 탱크에 오일을 저장하는 계통이다.
- Wet Sump Oil System : 크랭크 케이스의 밑바닥에 오일을 저장하는 가장 간단한 계통으로 별도의 윤활유 탱크가 없으며 대향형 엔진에 널리 사용되고 있다.
- Cold Tank Type : 윤활유 냉각기가 윤활유 탱크로 향하는 배유라인 쪽에 위치하는 경우로 따라서 탱크로 들어오는 윤활유는 냉각이 된 상태로 들어온다.
- Hot Tank Type : 윤활유 냉각기가 압력펌프를 지나 윤활유가 공급되는 위치에 있는 경우로 따라서 윤활유 탱크로 들어오는 윤활유는 뜨거운 상태로 들어온다.

30 다음 중 초음속 전투기 엔진에 사용되는 수축-확산형 가변배기 노즐(VEN)의 출구면적이 가장 큰 작동상태는?

① 전투추력(Military Thrust)
② 순항추력(Cruising Thrust)
③ 중간추력(Intermediate Thrust)
④ 후기연소추력(Afterburning Thrust)

해설
보통 후기연소추력은 초음속 이상의 속도를 낼 때 사용하게 되고, 따라서 초음속 흐름에서 배기속도를 빠르게 하기 위해서는 출구면적이 커야 한다.

26 ④ 27 ③ 28 ① 29 ② 30 ④

31 [보기]에 나열된 왕복엔진의 종류는 어떤 특성으로 분류한 것인가?

> ─┤보기├─
> V형, X형, 대향형, 성형

① 엔진의 크기
② 엔진의 장착 위치
③ 실린더의 회전 형태
④ 실린더의 배열 형태

해설
왕복엔진의 분류
- 실린더의 배열에 따른 분류 : 대향형 엔진, 성형 엔진, 직렬형, V형, X형 등
- 냉각방법에 따른 분류 : 수랭식, 공랭식(항공기는 무게 경감을 위해 대부분 공랭식임)
- 점화방식에 의한 분류 : 스파크 플러그 점화식, 압축 착화식

32 왕복엔진 기화기의 혼합기 조절장치(Mixture Control System)에 대한 설명으로 틀린 것은?

① 고도에 따라 변하는 압력을 감지하여 점화시기를 조절한다.
② 고고도에서 혼합기가 너무 농후해지는 것을 방지한다.
③ 고고도에서 기압, 밀도, 온도가 감소하는 것을 보상하기 위해 사용된다.
④ 실린더가 과열되지 않는 출력 범위 내에서 희박한 혼합기를 사용하게 함으로써 연료를 절약한다.

해설
혼합기 조절장치는 고도가 증가에 따라 혼합비가 과농후 상태가 되는 것을 방지하는 장치로서 점화시기 조절과는 상관이 없다.

33 2차 공기유량이 16,500lb/s이고 1차 공기유량이 3,000lb/s인 터보팬엔진에서 바이패스비는?

① 6.3 : 1
② 5.5 : 1
③ 4.3 : 1
④ 3.7 : 1

해설
바이패스 비(BPR)=2차 공기 유량 : 1차 공기 유량
=16,500 : 3,000 = 5.5 : 1

34 비행 중 프로펠러에 작용하는 힘의 종류가 아닌 것은?

① 원심력   ② 추 력
③ 구심력   ④ 비틀림힘

해설
프로펠러에 작용하는 힘으로는 추력에 의한 굽힘응력과 프로펠러 회전에 따른 원심력 및 회전하는 프로펠러 깃에 작용하는 두 가지 모멘트에 의해 발생하는 비틀림력 등이 있다.

35 왕복엔진 배기밸브(Exhaust Valve)의 냉각을 위해 밸브 속에 넣는 물질은?

① 스텔라이트   ② 취화물
③ 금속나트륨   ④ 아닐린

해설
속이 빈(중공) 배기밸브 내부에 채워져 있는 금속나트륨(Sodium)은 주변 열을 흡수하여 액체 상태로 변하면서 배기밸브의 냉각을 돕는다.

36 압축비가 8인 오토사이클의 열효율은 약 얼마인가? (단, 공기 비열비는 1.5이다)

① 0.52　　② 0.56
③ 0.58　　④ 0.64

해설
오토사이클 열효율
$\eta_o = 1 - \left(\dfrac{1}{\varepsilon}\right)^{k-1} = 1 - \left(\dfrac{1}{8}\right)^{1.5-1} = 0.64$

37 왕복엔진에서 저압점화계통을 사용할 때 단점은?

① 커패시턴스　　② 무게의 증대
③ 플래시 오버　　④ 고전압 코로나

해설
저압점화계통은 마그네토 자체에서는 저전압이 유기되며 점화 플러그 이전에 설치되어 있는 변압기에서 고전압으로 승압되는데, 변압기에는 철심에 코일이 감겨 있으므로 무게가 증가할 수 있다.

38 가스터빈엔진에서 가스 발생기(Gas Generator)를 나열한 것은?

① Compressor, Combustion Chamber, Turbine
② Compressor, Combustion Chamber, Diffuser
③ Inlet Duct, Combustion Chamber, Diffuser
④ Compressor, Combustion Chamber, Exhaust

해설
가스 발생기(Gas Generator) : 압축기, 연소실, 터빈

39 가스터빈엔진에서 연료계통의 여압 및 드레인 밸브(P&D Valve)의 기능이 아닌 것은?

① 일정 압력까지 연료흐름을 차단한다.
② 1차 연료와 2차 연료흐름으로 분리한다.
③ 연료 압력이 규정치 이상 넘지 않도록 조절한다.
④ 엔진정지 시 노즐에 남은 연료를 외부로 방출한다.

해설
연료 압력이 규정치 이상 넘지 않도록 조절하는 것은 연료계통에 설치되어 있는 릴리프 밸브이다.

40 가스터빈엔진의 시동 시 정상작동 여부를 판단하는 데 중요한 계기는?

① 오일압력계기, 연소실 압력계기
② 오일압력계기, 배기가스온도계기
③ 오일압력계기, 압축기입구 공기온도계기
④ 오일압력계기, 압축기입구 공기압력계기

해설
비정상 시동
- 과열 시동 : 배기가스 온도(EGT)가 규정 한계값 이상으로 증가하는 현상
- 결핍 시동 : 엔진의 회전수(RPM)가 완속회전수에 도달하지 못하는 상태
- 시동 불능 : 규정된 시간 안에 시동되지 않는 현상

정답　36 ④　37 ②　38 ①　39 ③　40 ②

제3과목 항공기체

41 항공기에서 복합재료를 사용하는 주된 이유는?

① 무게당 강도가 높다.
② 재료를 구하기가 쉽다.
③ 재질 표면에 착색이 쉽다.
④ 재료의 가공 및 취급이 쉽다.

해설
복합재료의 특징
- 무게당 강도비가 매우 높다.
- 복잡한 형태나 공기역학적인 곡선 형태의 제작이 쉽다.
- 유연성이 크고 진동에 대한 내구성이 커서 피로 강도가 증가된다.
- 접착제가 절연체 역할을 하므로 전기화학 작용에 의한 부식을 최소화 한다.
- 제작이 단순하고 비용이 절감된다.

42 밀착된 구성품 사이에 작은 진폭의 상대운동이 일어날 때 발생하는 제한된 형태의 부식은?

① 점(Pitting) 부식
② 피로(Fatigue) 부식
③ 찰과(Fretting) 부식
④ 이질 금속 간의(Galvanic) 부식

해설
부식의 종류
- 표면 부식 : 산소와 반응하여 생기는 가장 일반적인 부식
- 이질 금속 간 부식 : 두 종류의 다른 금속이 접촉하여 생기는 부식
- 점 부식 : 금속 표면이 국부적으로 깊게 침식되어 작은 점 형태로 만들어지는 부식
- 입자 간 부식 : 금속의 입자 경계면을 따라 생기는 선택적인 부식
- 응력 부식 : 장시간 표면에 가해진 정적인 응력의 복합적 효과로 인해 발생
- 피로 부식 : 금속에 가해지는 반복 응력에 의해 발생
- 찰과 부식 : 밀착된 구성품 사이에 작은 진폭의 상대운동으로 인해 발생

43 NAS 514 P 428 - 8 스크루에서 P가 의미하는 것은?

① 재 질
② 나사계열
③ 길 이
④ 머리의 홈

해설
NAS 514 P 428 - 8
- NAS 514 : 스크루 종류는 Slotted Flat Head Machine Screw(100°)
- P : 머리 홈 형태가 Phillips Recess Head
- 428 : Diameter-Thread(지름이 4/16in = 1/4in, 나사산 28산)
- 8 : Length(길이는 8/16in = 1/2in)

44 탄성을 가진 고분자 물질인 합성고무가 아닌 것은?

① 부 틸
② 부 나
③ 에폭시
④ 실리콘

해설
에폭시는 수지(플라스틱)에 속한다.

45 단면적이 A이고, 길이가 L이며 탄성계수가 E인 부재에 인장하중 P가 작용하였을 때, 이 부재에 저장되는 탄성에너지로 옳은 것은?

① $\dfrac{PL^2}{2AE}$
② $\dfrac{PL^2}{3AE}$
③ $\dfrac{P^2L}{2AE}$
④ $\dfrac{P^2L}{3AE}$

해설
- 수직응력에 의한 탄성에너지
$$U = \frac{1}{2}P\lambda = \frac{P^2L}{2AE} = \frac{\sigma^2 AL}{2E}$$
- 전단응력에 의한 탄성에너지
$$U = \frac{\tau^2 AL}{2G}$$

정답 41 ① 42 ③ 43 ④ 44 ③ 45 ③

46 구조재료에 발생하는 현상에 대한 설명으로 틀린 것은?

① 반복하중에 의하여 재료의 저항력이 증가하는 현상을 피로라 한다.
② 일정한 응력을 받는 재료가 일정한 온도에서 시간이 경과함에 따라 하중이 일정하더라도 변형률이 변하는 현상을 크리프라 한다.
③ 노치, 작은 구멍, 키, 홈 등과 같이 단면적의 급격한 변화가 있는 부분에 대단히 큰 응력이 발생하는 현상을 응력집중이라 한다.
④ 축방향의 압축력을 받는 부재 중 기둥이 압축하중에 의해 파괴되지 않고 휘어지면서 파단되어 더 이상 하중에 견디지 못하게 되는 현상을 좌굴이라 한다.

해설
피로는 반복하중에 의하여 재료의 저항력이 감소하는 현상이다.

47 트러스(Truss) 구조형식의 항공기에 없는 부재는?

① 리브(Rib)   ② 장선(Brace Wire)
③ 스파(Spar)   ④ 스트링어(Stringer)

해설
스트링어는 세미모노코크 구조에서 볼 수 있는 형식이다.

48 조종간의 조종력을 케이블이나 푸시풀로드를 대신하여 전기, 전자적으로 변환된 신호상태로 조종면의 유압작동기를 움직이도록 전달하는 장치는?

① 트림 시스템(Trim System)
② 인공감지장치(Artificial Feel System)
③ 플라이 바이 와이어 장치(Fly by Wire System)
④ 부스터 조종장치(Booster Control System)

해설
플라이 바이 와이어(FBW ; Fly By Wire)
항공기 조종 시스템의 하나로서 기계적 제어가 아닌 전기 신호에 의한 제어를 의미한다. 전통적인 비행 조종 시스템은 기계구조와 유압에 의존하여 조종면을 직접 연결하는 방식인데 플라이 바이 와이어는 조종석에서 조종하는 신호를 컴퓨터가 해석하여 전기적인 신호를 유압 시스템에 제공하면 이것이 조종면을 조종하는 방식이다.

49 그림과 같이 단면의 면적이 10cm²의 원형 강봉에 40kN의 인장하중이 작용하는 경우, 축의 수직인 면에 발생하는 수직응력은 약 몇 MPa인가?

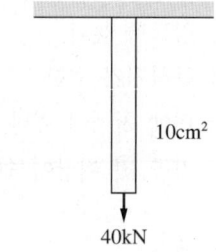

① 40   ② 50
③ 60   ④ 70

해설
수직응력
$\sigma = \dfrac{P}{A} = \dfrac{40,000\text{N}}{10\text{cm}^2} = 4,000\text{N/cm}^2 = 40,000,000\text{N/m}^2$
$= 40\text{MPa}$
여기서, $1\text{MPa} = 1,000,000\text{Pa}, \ 1\text{Pa} = 1\text{N/m}^2$

50 셀프 로킹 너트(Self Locking Nut) 사용에 대한 설명으로 틀린 것은?

① 규정 토크값에 로킹 토크값을 더한 값을 적용한다.
② 볼트에 장착했을 때 너트면 보다 2산 이상의 나사산이 나와 있어야 한다.
③ 볼트 지름이 1/4인치 이하이며 코터핀 구멍이 있는 볼트에는 사용할 수 없다.
④ 회전부분의 너트가 연결부를 이루는 곳에 주로 사용된다.

51 폭이 20cm, 두께가 2mm인 알루미늄판을 그림과 같이 직각으로 굽히려 할 때 필요한 알루미늄판의 세트백(Set Back)은 몇 mm인가?

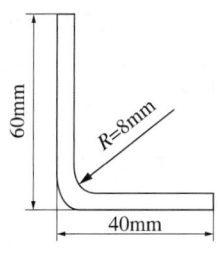

① 8   ② 10
③ 12 ④ 14

해설
세트백(SB ; Set Back)
$SB = \tan\frac{\theta}{2}(R+T)$
각도가 90°일 경우
$SB = \tan\frac{90°}{2}(R+T) = R+T = 8+2 = 10(\text{mm})$

52 2차원의 구조물에 미치는 힘을 해석할 때 정역학의 평형방정식($\sum F=0, \sum M=0$)은 총 몇 개가 되는가?

① 1   ② 2
③ 3   ④ 6

해설
보의 반력을 구하기 위해 평형방정식을 사용하는데 평형방정식에는 $\sum F_X=0, \sum F_Y=0, \sum M=0$ 등이 있다.

53 기체 구조의 고유진동수와 일치하는 진동수를 가지는 외부하중이 부가되면 하중의 크기가 아주 크지 않더라도 파괴가 일어날 수 있는 현상을 무엇이라 하는가?

① 피 로   ② 공 진
③ 크리프 ④ 항 복

해설
모든 물체는 각각의 고유한 진동수를 가지고 진동하는데, 이를 물체의 고유진동수라고 한다. 물체는 여러 개의 고유진동수를 가질 수 있으며 고유진동수와 같은 진동수의 외력이 주기적으로 전달되면 진폭이 크게 증가하는 현상이 발생하는데, 이를 공명현상(공진)이라고 한다.

54 안티스키드(Anti-skid) 기능 중 착륙 시 바퀴가 지면에 닿기 전에 조종사가 브레이크를 밟더라도 제동력이 발생하지 않도록 하여 착륙장치에 무리한 힘이 가해지지 않도록 하는 기능은?

① 페일 세이프 보호(Fail Safe Protection)
② 터치 다운 보호(Touch Down Protection)
③ 정상 스키드 컨트롤(Normal Skid Control)
④ 로크된 휠 스키드 컨트롤(Locked Wheel Skid Control)

55 항공기의 자세 조종에 사용되는 1차 조종면으로 나열된 것은?

① 승강타, 방향타, 플랩
② 도움날개, 승강타, 방향타
③ 도움날개, 스포일러, 플랩
④ 도움날개, 방향타, 스포일러

해설
도움날개, 승강키, 방향키 등을 1차 조종면이라 하고, 플랩, 스포일러, 탭 등을 2차 조종면이라고 한다.

정답 51 ② 52 ③ 53 ② 54 ② 55 ②

56 세미모노코크구조에서 동체가 비틀림에 의해 변형되는 것을 방지해 주며 날개, 착륙장치 등의 장착부위로 사용되기도 하는 부재는?

① 프레임(Frame)
② 세로대(Longeron)
③ 스트링어(Stringer)
④ 벌크헤드(Bulkhead)

해설
세미모노코크 구조 구성품
- 외피(Skin) : 동체에 작용하는 전단 하중과 비틀림 하중 담당
- 세로대(Longeron) : 휨 모멘트와 동체 축 하중 담당
- 스트링어(Stringer) : 세로대보다 무게가 가볍고 훨씬 많은 수가 배치
- 벌크헤드(Bulkhead) : 동체 앞뒤에 하나씩 배치되며 방화벽이나 압력 벌크헤드로 이용
- 정형재(Former) : 링 모양이며 벌크헤드 사이에 배치. 날개나 착륙장치의 장착 용도로 사용하며 비틀림 하중에 의한 동체 변형을 방지
- 프레임(Frame) : 축 하중과 휨 하중 담당

57 올레오 스트럿(Oleo Strut) 착륙장치의 구성품 중 토크링크(Torque Link)에 대한 설명으로 틀린 것은?

① 휠 얼라인먼트를 바르게 한다.
② 피스톤의 과도한 신장을 제한한다.
③ 피스톤과 실린더의 회전을 방지한다.
④ 올레오 스트럿의 전후 행정을 제한한다.

해설
토션링크(Torsion Link) : 항공기 이륙 시 안쪽 실린더가 빠져나오는 이동 길이를 제한하며, 안쪽 실린더가 바깥쪽 실린더에 대해 회전하지 못하도록 제한한다.

58 리벳 작업에 대한 설명으로 옳은 것은?

① 리벳의 최소 연거리는 리벳지름의 2배 정도이다.
② 리벳의 피치는 열과 열 사이의 거리이다.
③ 리벳의 지름은 접합할 판재 중 제일 두꺼운 판재 두께의 2배 정도가 적당하다.
④ 리벳의 열은 판재의 인장력을 받는 방향으로 배열된 리벳의 집합이다.

해설
리벳의 배치
- 끝거리(연거리) : 판재의 가장자리에서 첫 번째 리벳 구멍의 중심까지 거리. $2\sim4D$(접시머리 리벳은 $2.5\sim4D$)
- 피치 : 같은 리벳 열에서 인접한 리벳 중심 간의 거리. $6\sim8D$가 적당
- 횡단 피치(게이지) : 리벳 열 간의 거리를 말하며 리벳 피치의 75~100%

59 AN 표준규격 재료기호 2024(DD) 리벳을 상온에 노출되고 10분 이내에 리벳팅을 해야 하는 이유는?

① 시효경화가 되기 때문에
② 부식이 시작되기 때문에
③ 시효경화가 멈추기 때문에
④ 열팽창으로 지름이 커지기 때문에

해설
아이스박스 리벳인 2024(DD), 2017(D)은 상온 상태에서는 자연적으로 시효경화가 생기기 때문에 아이스박스에 보관해야 한다.

60 경비행기의 방화벽(Fire Wall) 재료로 사용되는 18-8 스테인리스강(Stainless Steel)에 대한 설명으로 옳은 것은?

① Cr-Mo 강으로서 열에 강하다.
② 18% Cr과 8% Ni를 갖는 내식강이다.
③ 1.8%의 탄소와 8%의 Cr를 갖는 특수강이다.
④ 1.8%의 Cr과 0.8%의 Ni를 갖는 내식강이다.

해설
스테인리스강은 내식성이 강한 합금강을 말하며, 크롬계와 니켈-크롬계로 대별된다. 크롬계의 대표적인 것으로는 13크롬강, 18크롬강 등이 있고, 니켈-크롬계의 대표적인 것으로 18-8 스테인리스강(Cr 18%, Ni 8%) 등이 있다.

제4과목 항공장비

61 산소계통에서 산소가 흐르는 방식의 종류가 아닌 것은?

① 희석 유량형 ② 압력형
③ 연속 유량형 ④ 요구 유량형

해설
산소계통은 연속 유량형(Continuous Flow)과 요구 유량형(Demand Flow)으로 크게 나뉘며 요구 유량형은 희석 요구형(Diluter-demand Type)과 압력 요구형(Pressure-demand Type)으로 세분된다.

62 니켈-카드뮴 축전지의 특성에 대한 설명으로 옳은 것은?

① 양극은 카드뮴이고 음극은 수산화니켈이다.
② 방전 시 수분이 증발되므로 물을 보충해야 한다.
③ 충전 시 음극에서 산소가 발생되고, 양극에서 수소가 발생된다.
④ 전해액은 KOH이며 셀당 전압은 약 1.2~1.25V 정도이다.

해설
- 양극은 수산화니켈이고 음극은 카드뮴이다.
- 충전이 완료된 후부터는 과충전이 이루어지며 이때 전해액의 물이 분해되어 음극에서는 수소가 발생하고 양극에서는 산소가 발생한다.

63 항공기에 사용되는 유압계통의 특징이 아닌 것은?

① 리저버와 리턴라인이 필요 없다.
② 단위중량에 비해 큰 힘을 얻는다.
③ 과부하에 대해서도 안전성이 높다.
④ 운동속도의 조절범위가 크고 무단변속을 할 수 있다.

해설
유압계통은 유압작동유를 저장할 리저버가 필요하며 사용된 작동유를 리저버로 되돌아가게 할 리턴라인이 있어야 한다.

64 다용도 측정기기 멀티미터(Multimeter)를 이용하여 전압, 전류 및 저항측정 시 주의사항으로 틀린 것은?

① 전류계는 측정하고자 하는 회로에 직렬로, 전압계는 병렬로 연결한다.
② 저항계는 전원이 연결되어 있는 회로에 사용해서는 절대 안 된다.
③ 저항이 큰 회로에 전압계를 사용할 때는 저항이 작은 전압계를 사용하여 계기의 션트작용을 방지해야 한다.
④ 전류계와 전압계를 사용할 때는 측정 범위를 예상해야 하지만 그렇지 못할 때는 큰 측정범위부터 시작하여 적합한 눈금에서 읽게 될 때까지 측정범위를 낮추어 간다.

해설
전류를 측정하려면 측정하려는 부위로 전류가 흐르는 전선을 떼어내고 그 사이에 전류계를 연결(즉, 직렬연결)하여 측정하려는 부위로 흘러들어가는 전류를 측정한다. 병렬회로에서는 전압이 다 같으므로 전압계를 병렬회로에 병렬로 연결하여 전압을 측정한다.
멀티미터를 사용하여 회로의 저항측정 시 멀티미터 내 전원의 전류가 회로로 흐르며 이 전류를 측정하여 이것을 저항값으로 캘리브레이션하여 보여주게 된다. 따라서 저항측정 시 회로전원은 절대로 연결되어 있어서는 안 된다.
커다란 저항값을 갖는 저항에서의 전압강하를 측정하기 위해 전압계를 사용할 때는 이 저항값보다 저항이 훨씬 큰 전압계를 병렬연결하여야 한다. 이렇게 하면 전압계로는 작은 전류만 흐르게 되고 즉, 션트작용이 방지되고 따라서 적절한 전압강하 측정이 이루어진다.

65 항공기에서 결심고도에 대한 설명으로 옳은 것은?

① 항공기 이륙 시 조종사가 이륙여부를 결정하는 고도
② 항공기 착륙 시 조종사가 착륙여부를 결정하는 고도
③ 항공기가 비행 중 긴급한 사항이 발생하여 착륙여부를 결정하는 고도
④ 항공기의 착륙장치를 'Down'할 것인가를 결정하는 고도

[정답] 61 ① 62 ④ 63 ① 64 ③ 65 ②

66 자이로를 이용한 계기가 아닌 것은?

① 수평지시계　② 방향지시계
③ 선회경사계　④ 제빙압력계

해설
- 자이로의 강직성을 이용한 계기 : 방향 자이로 지시계
- 자이로의 섭동성을 이용한 계기 : 선회계
- 자이로의 강직성과 섭동성을 이용한 계기 : 수평 자이로 지시계

67 고도계에서 압력에 따른 탄성체의 휘어짐 양이 압력증가 때와 압력감소 때가 일치하지 않는 현상의 오차는?

① 눈금오차　② 온도오차
③ 히스테리오차　④ 밀도오차

68 유압작동 피스톤의 작동속도를 증가시키는 것으로 옳은 것은?

① 공급유량 감소
② 펌프 회전수 증가
③ 작동 실린더의 직경 증가
④ 작동 실린더의 스트로크(Stroke) 감소

해설
유압작동 피스톤의 작동속도는 공급되는 유량에 비례한다. 유압펌프의 회전수가 증가하면 공급유량이 증가하므로 피스톤의 속도가 증가한다.

69 객실여압계통에서 주된 목적이 과도한 객실 압력을 제거하기 위한 안전장치가 아닌 것은?

① 압력 릴리프밸브　② 덤프밸브
③ 부압 릴리프밸브　④ 아웃플로밸브

해설
아웃플로밸브를 사용하여 객실여압에 사용된 공기를 기체 밖으로 배출하여 객실 내 압력을 일정하게 조절한다. 압력 릴리프밸브, 덤프밸브, 부압 릴리프밸브는 과도한 객실 내 압력을 제거하기 위한 안전장치이다.

70 활주로에 접근하는 비행기에 활주로 중심선을 제공해주는 지상시설은?

① VOR　② Glide Slop
③ Localizer　④ Marker Beacon

해설
계기착륙장치(ILS)
- Localizer : 활주로의 중앙으로 진입 표시
- Glide Slop : 항공기의 진입각 표시
- Marker Beacon : 활주로까지의 거리 표시

71 계자가 8극인 단상교류 발전기가 115V, 400Hz 주파수를 만들기 위한 회전수는 몇 rpm인가?

① 4,000　② 6,000
③ 8,000　④ 10,000

해설
N, S 2극이 1회전하면 1cycle의 주파수가 만들어진다. 4쌍의 N, S 즉 8극이 1회전하면 4cycle의 주파수가 만들어진다. 즉 4cycle/1회전. 따라서 400Hz는 다음과 같이 발생한다.

$400Hz = 400 \dfrac{cycle}{s} = \dfrac{4cycle}{1회전} \times \dfrac{100회전}{s}$

즉, 8극이 초당 100회전(Revolution)하면 400Hz가 발생한다. 따라서 rpm(revolutions per minute, rev/min)은 다음과 같이 구한다.

$rpm = \dfrac{100rev}{s} \times \dfrac{60s}{1min} = \dfrac{6,000rev}{min} = 6,000rpm$

66 ④　67 ③　68 ②　69 ④　70 ③　71 ②

72 군용 항공기에서 지상국과 항공기까지의 거리와 방위를 제공하는 항법장치는?

① DME
② TCAS
③ VOR
④ TACAN

해설
TACAN은 거리와 방위를 동시에 제공한다.

73 그림과 같은 회로에서 저항 6Ω의 양단전압 E는 몇 V인가?

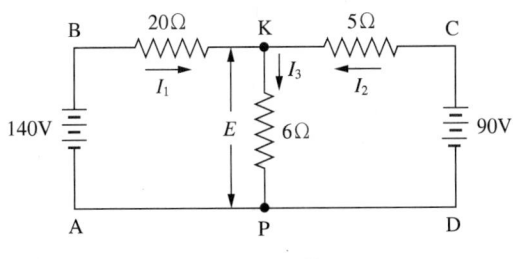

① 20
② 60
③ 80
④ 120

해설
- Kirchhoff의 Voltage Law $\sum_i V_i = 0$를 루프 ABKP 및 DCKP에 각각 적용하면 다음과 같다.
  - $E_1 - V_1 - V_3 = 0$
    즉, $140V - I_1 \times (20\Omega) - I_3 \times (6\Omega) = 0$ … ㉠
  - $E_2 - V_2 - V_3 = 0$
    즉, $90V - I_2 \times (5\Omega) - I_3 \times (6\Omega) = 0$ … ㉡
- Kirchhoff의 Current Law $\sum_i I_i = 0$를 K node에 적용하면 다음과 같다.
  $I_1 + I_2 = I_3$ … ㉢

㉠, ㉡식에 ㉢식을 대입하면 다음과 같은 식이 유도된다.
$140 - 26I_1 - 6I_2 = 0$
$90 - 6I_1 - 11I_2 = 0$
이 식을 풀면 $I_1 = 4A$, $I_2 = 6A$, $I_3 = 10A$이고 저항 6Ω에서의 전압강하는 $E = I_3 R_3 = 60V$

74 자기 컴퍼스의 자침이 수평면과 이루는 각을 무엇이라고 하는가?

① 지자기의 복각
② 지자기의 수평각
③ 지자기의 편각
④ 지자기의 수직각

75 신호의 크기에 따라 반송파의 주파수를 변화시키는 변조방식은?

① FM
② AM
③ PM
④ PCM

76 조종실의 온도변화에 따른 속도계 지시 보상방법으로 옳은 것은?

① 진대기속도를 이용한다.
② 등가대기속도를 이용한다.
③ 장착된 바이메탈(Bimetal)을 이용한다.
④ 서멀스위치에 의해서 전기적으로 실시된다.

해설
바이메탈은 온도에 따라 바이메탈을 구성하는 두 금속의 팽창이 달라져서 바이메탈이 굽어진다. 이 현상을 이용하여 온도에 따른 속도계 지시 보상을 할 수 있다.

77 엔진에 화재가 발생되어 화재차단스위치(Fire Shutoff Switch)를 작동시켰을 때 작동하는 소화준비 과정으로 틀린 것은?

① 발전기의 발전을 정지한다.
② 작동유의 공급밸브를 닫는다.
③ 엔진의 연료 흐름을 차단한다.
④ 화재탐지계통의 활동을 멈춘다.

78 자장 내 단일코일로 회전하는 발전기에서 중립면을 통과하는 코일에 전압이 유도되지 않는 이유로 옳은 것은?

① 자력선이 존재하지 않기 때문
② 자력선이 차단되지 않기 때문
③ 자력선의 밀도가 너무 높기 때문
④ 자력선이 잘못된 방향으로 차단되기 때문

[해설]
중립면을 코일이 통과 시 자력선을 끊지 못하므로, 즉 차단하지 못하므로 전압이 코일에 유도되지 않는다.

79 자이로스코프(Gyroscope)의 섭동성에 대한 설명으로 옳은 것은?

① 피치축에서의 자세변화가 롤(Roll) 및 요(Yaw) 축을 변화시키는 현상
② 극지역에서 자이로가 극방향으로 기우는 현상
③ 외부에서 가해진 힘의 방향과 자이로축의 방향에 직각인 방향으로 회전하려는 현상
④ 외력이 가해지지 않는 한 일정 방향을 유지하려는 현상

80 제빙 부츠의 이물질을 제거할 때 우선 사용하는 세척제는?

① 비눗물
② 부동액
③ 테레빈
④ 중성 솔벤트

2017년 제2회 과년도 기출문제

제1과목 항공역학

01 헬리콥터의 동시피치제어간(Collective Pitch Control Lever)을 올리면 나타나는 현상에 대한 설명으로 옳은 것은?

① 피치가 커져 전진비행을 가능하게 한다.
② 피치가 커져 수직으로 상승할 수 있다.
③ 피치가 작아져 후진비행을 빠르게 한다.
④ 피치가 작아져 수직으로 상승할 수 있다.

02 V 속도로 비행하는 프로펠러 항공기의 프로펠러 유도속도가 $v = -\dfrac{V}{2} + \sqrt{\left(\dfrac{V}{2}\right)^2 + \dfrac{T}{2A\rho}}$ 라면 이 항공기가 정지하였을 때의 유도속도는?(단, T : 발생 추력, A : 프로펠러 회전면적, ρ : 공기밀도이다)

① $v = \left(\dfrac{T}{2A\rho}\right)^{\frac{1}{2}}$

② $v = \left[\left(\dfrac{V}{2}\right)^2 + \dfrac{T}{2A\rho}\right]^{\frac{1}{2}}$

③ $v - \dfrac{T}{2A\rho}$

④ $v = -\dfrac{V}{2} + \left(\dfrac{T}{2A\rho}\right)^{\frac{1}{2}}$

[해설]
항공기가 정지하였을 때 $V=0$이므로 유도속도의 식은 $v = \sqrt{\dfrac{T}{2A\rho}}$ 로 간단히 정리된다.

03 그림과 같은 비행기의 운동에 대한 설명이 아닌 것은?

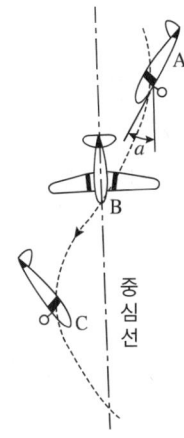

① 수평스핀보다 낙하속도가 크다.
② 옆미끄럼이 생긴다고 할 수 있다.
③ 자동회전과 수직강하가 조합된 비행이다.
④ 비행 중 가장 큰 하중배수는 상단점이다.

[해설]
비행기가 하강 중에 양력 L은 일정하므로 하중배수($n = \dfrac{L}{W}$)는 상단점, 중간점, 하단점 모두에서 일정하다.

04 조종면의 앞전을 길게 하는 앞전 밸런스(Leading Edge Balance)의 주된 이용 목적은?

① 양력 증가
② 조종력 경감
③ 항력 감소
④ 항공기 속도 증가

정답 1 ② 2 ① 3 ④ 4 ②

05 비행속도가 300m/s인 항공기가 상승각 10°로 상승비행을 할 때 상승률은 약 몇 m/s인가?

① 52
② 150
③ 152
④ 295

해설

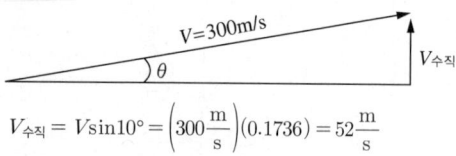

$V_{수직} = V\sin 10° = \left(300\dfrac{\text{m}}{\text{s}}\right)(0.1736) = 52\dfrac{\text{m}}{\text{s}}$

06 피토 정압관(Pitot Static Tube)으로 측정하는 것은?

① 비행속도
② 외기온도
③ 하중계수
④ 선회반경

07 지구 북반구에서 서에서 동으로 37m/s 정도의 속도로 부는 제트기류가 발생하는 대기층은?

① 열권계면
② 성층권계면
③ 중간권계면
④ 대류권계면

08 날개의 폭(Span)이 20m, 평균 기하학적 시위의 길이가 2m인 타원날개에서 양력계수가 0.7일 때 유도항력계수는 약 얼마인가?

① 0.008
② 0.016
③ 1.56
④ 16

해설

가로세로비(Aspect Ratio)는 $AR = \dfrac{b}{c} = \dfrac{20\text{m}}{2\text{m}} = 10$이고, 타원날개의 스팬효율은 $e = 1$이다.

$C_{Di} = \dfrac{C_L^2}{\pi e AR} = \dfrac{(0.7)^2}{\pi \cdot 1 \cdot 10} = 0.016$

09 정상선회하는 항공기의 선회각이 60°일 때 하중배수는?

① 0.5
② 2.0
③ 2.5
④ 3.0

해설

정상선회 시 발생하는 양력을 $L_{선회}$라고 하면 힘의 자유물체도에서 $L_{선회}\cos\theta = W$이고, 따라서 하중배수 식은

$n = \dfrac{L_{선회}}{W} = \dfrac{1}{\cos\theta} = \dfrac{1}{\cos 60°} = \dfrac{1}{0.5} = 2$

10 뒤젖힘각(Sweep Back Angle)에 대한 설명으로 옳은 것은?

① 날개가 수평을 기준으로 위로 올라간 각
② 기체의 세로축과 날개의 시위선이 이루는 각
③ 날개 끝의 붙임각을 날개 뿌리의 붙임각보다 크거나 작게 한 각
④ 25%C(코드길이) 되는 점들을 날개 뿌리에서 날개 끝까지 연결한 직선과 기체의 가로축이 이루는 각

11 수직꼬리날개가 실속하는 큰 옆미끄럼각에서도 방향 안정을 유지하기 위한 목적의 장치는?

① 윙렛(Winglet)
② 도살핀(Dorsal Fin)
③ 드롭 플랩(Droop Flap)
④ 주리 스트럿(Jury Strut)

해설
도살핀은 수직꼬리날개와 함께 비행기에 방향 안정성을 준다.

12 양항비가 10인 항공기가 고도 2,000m에서 활공 시 도달하는 활공거리는 몇 m인가?

① 10,000
② 15,000
③ 20,000
④ 40,000

해설
활공하는 비행기에 관한 힘의 선도를 살펴보면
$\frac{H}{S} = \frac{D}{L}$ 이므로 $S = \frac{H}{\frac{D}{L}} = H\frac{L}{D} = (2,000\text{m})(10) = 20,000\text{m}$

13 150 lbf의 항력을 받으며 200mph로 비행하는 비행기가 같은 자세로 400mph로 비행 시 작용하는 항력은 약 몇 lbf인가?

① 300
② 400
③ 600
④ 800

해설
$D = C_D \frac{1}{2} \rho V^2 S$ 에서
$\frac{D_2}{D_1} = \frac{C_{D2} \frac{1}{2} \rho V_2^2 S}{C_{D1} \frac{1}{2} \rho V_1^2 S} = \frac{V_2^2}{V_1^2} = \left(\frac{V_2}{V_1}\right)^2 = 2^2 = 4$
$D_2 = 4D_1 = 600\,\text{lbf}$

14 프로펠러의 진행률(Advance Ratio)을 옳게 설명한 것은?

① 추력과 토크와의 비이다.
② 프로펠러 기하피치와 프로펠러 지름과의 비이다.
③ 프로펠러 유효피치와 프로펠러 지름과의 비이다.
④ 프로펠러 기하피치와 프로펠러 유효피치와의 비이다.

해설
진행률은 $J = \frac{V}{nD} = \frac{V/n}{D} = \frac{유효피치}{지름}$, 즉 프로펠러의 유효피치와 프로펠러 지름과의 비이다.

15 동체에 붙는 날개의 위치에 따라 쳐든각 효과의 크기가 달라지는데 그 효과가 큰 것에서 작은 순서로 나열된 것은?

① 높은 날개 → 중간 날개 → 낮은 날개
② 낮은 날개 → 중간 날개 → 높은 날개
③ 중간 날개 → 낮은 날개 → 높은 날개
④ 높은 날개 → 낮은 날개 → 중간 날개

해설
높은 날개, 중간 날개, 낮은 날개 순으로 비행기의 가로안정성(쳐든각 효과)이 낮아진다.

정답 11 ② 12 ③ 13 ③ 14 ③ 15 ①

16 원심력에 대해 양력이 회전날개에 수직으로 작용한 결과로서 헬리콥터 회전날개 깃 끝 경로면(Tip Path Plane)과 회전날개 깃이 이루는 각을 의미하는 용어는?

① 경로각　　　② 깃 각
③ 회전각　　　④ 코닝각

17 다음 중 세로 정안정성이 안정인 조건은?(단, 비행기가 Nose Down 시 음의 피칭모멘트가 발생되며, C_m은 피칭모멘트계수, α는 받음각이다)

① $\dfrac{dC_m}{d\alpha} = 0$　　② $\dfrac{dC_m}{d\alpha} \neq 0$

③ $\dfrac{dC_m}{d\alpha} > 0$　　④ $\dfrac{dC_m}{d\alpha} < 0$

해설
비행기의 기수가 올라갈 때 받음각 α가 커지므로 $d\alpha > 0$이다. 비행기의 기수를 다운시키는 음의 피칭모멘트가 발생하면, 즉 $dC_m < 0$이면 $\dfrac{dC_m}{d\alpha} < 0$이 된다. 즉 비행기의 기수가 올라갈 때 다시 기수를 다운시키는 음의 피칭모멘트가 발생하므로 $\left(\dfrac{dC_m}{d\alpha} < 0\right)$ 비행기는 세로 정안정성이 있다.

18 다음 중 층류 날개골에 해당하는 계열은?

① 4자 계열 날개골
② 5자 계열 날개골
③ 6자 계열 날개골
④ 8자 계열 날개골

19 항공기 속도와 음속의 비를 나타낸 무차원 수는?

① 마하수
② 웨버수
③ 하중배수
④ 레이놀즈수

20 항공기 이륙거리를 줄이기 위한 방법이 아닌 것은?

① 항공기의 무게를 가볍게 한다.
② 플랩과 같은 고양력 장치를 사용한다.
③ 엔진의 추력을 증가하여 이륙활주 중 가속도를 증가시킨다.
④ 바람을 등지고 이륙하여 바람의 저항을 줄인다.

해설
양력은 $L = C_L \dfrac{1}{2} \rho V^2 S$이며, 여기서 상대속도 V는 바람을 맞설 때 커지므로 양력이 커져서 이륙거리가 줄어든다.

제2과목　항공기관

21 가스터빈엔진의 윤활계통에서 고온탱크계통(Hot Tank Type)에 대한 설명으로 옳은 것은?

① 윤활유는 노즐을 거치고 냉각기를 거쳐 탱크로 이동한다.
② 탱크의 윤활유는 연료가열기에 의하여 가열된다.
③ 윤활유는 배유펌프에서 탱크로 곧바로 이동한다.
④ 냉각기가 배유펌프와 탱크 사이에 위치하여 냉각된 윤활유가 탱크로 유입된다.

해설
- Cold Tank Type : 윤활유 냉각기가 윤활유 탱크로 향하는 배유라인 쪽에 위치하는 경우이다. 따라서 탱크로 들어오는 윤활유는 냉각이 된 상태로 들어온다.
- Hot Tank Type : 윤활유 냉각기가 압력펌프를 지나 윤활유가 공급되는 위치에 있는 경우이다. 따라서 윤활유 탱크로 들어오는 윤활유는 뜨거운 상태로 들어온다.

22 왕복엔진과 비교하여 가스터빈엔진의 특징으로 틀린 것은?

① 단위추력당 중량비가 낮다.
② 대부분의 구성품이 회전운동으로 이루어져 진동이 많다.
③ 고도에 따라 출력을 유지하기 위한 과급기가 불필요하다.
④ 주요 구성품의 상호마찰부분이 없어서 윤활유 소비량이 적다.

해설
②번은 왕복엔진에 해당된다.

23 수동식 혼합제어장치(Mixture Control)를 사용하는 왕복엔진을 장착한 비행기가 순항 중일 때 일반적으로 혼합제어장치의 조작 위치는?

① RICH　　② MIDDLE
③ LEAN　　④ FULL RICH

해설
RICH : 농후 혼합비, LEAN : 희박 혼합비

24 성형 왕복엔진에서 마그네토(Magneto)를 액세서리부(Accessory Section)에 부착하지 않고 엔진 전방 부분에 부착하는 주된 이유는?

① 무게중심의 이동이 쉽다.
② 공기에 의한 냉각효과를 높일 수 있다.
③ 엔진 회전력을 이용할 수 있기 때문이다.
④ 공기저항을 줄여 엔진회전의 효율을 높일 수 있다.

25 항공기 왕복엔진의 마찰마력을 옳게 표현한 것은?

① 제동마력과 정격마력의 차
② 지시마력과 정격마력의 차
③ 지시마력과 제동마력의 차
④ 엔진의 용적효율과 제동마력의 차

해설
지시마력은 제동마력과 마찰마력의 합이므로, 마찰마력은 지시마력에서 제동마력을 뺀 값이다.

정답　21 ③　22 ②　23 ③　24 ②　25 ③

26 항공기 기관용 윤활유의 점도지수(Viscosity Index)가 높다는 것은 무엇을 의미하는가?

① 온도변화에 따른 윤활유의 점도변화가 작다.
② 온도변화에 따른 윤활유의 점도변화가 크다.
③ 압력변화에 따른 윤활유의 점도변화가 작다.
④ 압력변화에 따른 윤활유의 점도변화가 크다.

해설
점도지수란 오일의 점도와 온도의 관계를 지수로 나타낸 것으로서 온도가 상승하면 오일의 점도는 낮아지고 반대로 온도가 낮아지면 오일의 점도가 커진다. 점도지수가 높다는 것은 온도변화에 대한 점도변화가 적다는 것을 나타내는 것이다.

27 내연기관의 이론 공기 사이클을 해석하는 데 가정한 내용으로 틀린 것은?

① 가열은 외부로부터 피스톤과 실린더를 가열하는 것으로 한다.
② 작동 사이클은 공기 표준 사이클에 대하여 계산한다.
③ 비열은 온도에 따라 변화하지 않는 것으로 한다.
④ 열해리는 일어나지 않는 것으로 하고 열손실은 없다고 가정한다.

해설
가열은 작동 매체인 공기가 외부(고온의 열원)로부터 열을 받아들이는 과정으로 가정한다.

28 항공기 왕복엔진에서 2중 마그네토 점화계통(Dual Magneto Ignition System)을 사용하는 이유가 아닌 것은?

① 출력의 증가   ② 점화 안전성
③ 불꽃의 지연   ④ 데토네이션의 방지

해설
항공기 왕복엔진은 효율적이고 안전한 엔진 작동을 위해 이중 점화 방식을 이용한다. 즉, 하나의 엔진에 2개의 마그네토 장치를 별개의 계통으로 설치하여 하나의 계통이 고장 나더라도 1개의 계통으로도 작동이 가능하도록 하며, 실린더 안에 2개의 점화 플러그를 장착하여 데토네이션을 일으키지 않고 효율적인 연소가 이루어지도록 한다.

29 가스터빈엔진의 윤활계통에 대한 설명으로 옳은 것은?

① 윤활유 양은 비중을 이용하여 측정한다.
② 배유 윤활유에 함유된 공기를 분리시키는 것은 드웰체임버(Dwell Chamber)이다.
③ 냉각기의 바이패스밸브는 입구의 압력이 낮아지면 배유펌프 입구로 보낸다.
④ 윤활유 펌프는 베인(Vane)식이 주로 쓰인다.

해설
윤활유 양은 윤활유 탱크의 트랜스미터에 의해 측정되며 냉각기의 바이패스밸브는 입구 압력이 높아지면 작동한다. 또한 윤활유 펌프는 여러 종류가 있지만 기어형 펌프가 일반적으로 가장 많이 사용된다.

30 항공기 왕복엔진의 기본 성능요소에 관한 설명으로 옳은 것은?

① 고도가 증가하면 제동마력이 증가한다.
② 엔진의 배기량을 증가시키기 위해서는 압축비를 줄인다.
③ 회전수가 증가하면 제동마력이 감소 후 증가한다.
④ 총 배기량은 엔진이 2회전 하는 동안 전체 실린더가 배출한 배기가스 양이다.

해설
고도가 증가하면 공기밀도가 낮아져 제동마력이 감소하며, 회전수가 증가하면 제동마력은 증가한다.

31 왕복엔진을 낮은 기온에서 시동하기 위해 오일희석(Oil Dilution)장치에서 사용하는 것은?

① Alcohol ② Propane
③ Gasoline ④ Kerosene

해설
오일희석은 다른 추가 용제를 사용하지 않고 왕복엔진 연료로 쓰이는 가솔린을 이용한다.

32 가스터빈엔진에서 사용하는 주 연료펌프의 형식으로 옳은 것은?

① 기어 펌프(Gear Pump)
② 베인 펌프(Vain Pump)
③ 루츠 펌프(Roots Pump)
④ 지로터 펌프(Gerotor Pump)

해설
일반적으로 가스터빈엔진의 주 연료펌프는 1개 혹은 2개의 스퍼기어 형식의 기어형 펌프가 사용된다.

33 원심형 압축기에서 속도에너지가 압력에너지로 바뀌는 곳은?

① 임펠러(Impeller)
② 디퓨저(Diffuser)
③ 매니폴드(Manifold)
④ 배기노즐(Exhaust Nozzle)

해설
원심력식 압축기는 임펠러, 디퓨저, 매니폴드 등으로 구성되어 있고 디퓨저는 속도에너지를 압력에너지로 변환시킨다.

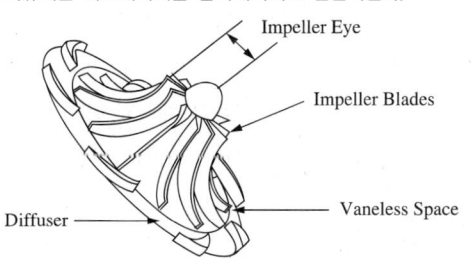

34 가스터빈엔진에서 펌프출구압력이 규정값 이상으로 높아지면 작동하는 밸브는?

① 릴리프밸브
② 체크밸브
③ 바이패스밸브
④ 드레인밸브

해설
연료압력이 규정치 이상 넘지 않도록 조절하는 것은 연료계통에 설치되어 있는 릴리프밸브이다.

35 속도 540km/h로 비행하는 항공기에 장착된 터보제트엔진이 196kg/s인 중량유량의 공기를 흡입하여 250m/s의 속도로 배기시킨다면 총추력은 몇 kg인가?

① 4,000 ② 5,000
③ 6,000 ④ 7,000

해설
총추력은 흡입공기의 질량유량(kg/s)에 배기가스 속도(m/s)를 곱한 값이다.

$Fg = \dfrac{196}{9.8} \times 250 = 5,000 (\text{kg})$

(여기서 196kg/s를 9.8로 나눈 이유는 중량유량을 질량유량으로 바꾸기 위해서이다)

36 비행속도가 V(ft/s), 회전속도가 N(rpm)인 프로펠러의 유효피치(Effective Pitch)를 옳게 표현한 것은?

① $V \times \dfrac{N}{60}$ ② $V + \dfrac{60}{N}$

③ $V + \dfrac{N}{60}$ ④ $V \times \dfrac{60}{N}$

해설
유효피치(EP)는 프로펠러를 1회전 시켰을 때 실제 전진한 거리이며, 프로펠러가 1회전 하는 데 소요되는 시간은 $\dfrac{60}{N}$ 초이므로 프로펠러 1회전당 실제 전진한 거리는 $V \times \dfrac{60}{N}$ 이 된다.

37 가스터빈엔진에서 RPM의 변화가 심할 때 원인이 아닌 것은?

① 배기가스온도가 낮을 때
② 주 연료장치가 고장일 때
③ 연료 부스터 압력이 불안정할 때
④ 가변 스테이터 베인 리깅이 불량일 때

38 프로펠러의 슬립(Slip)에 대한 설명으로 옳은 것은?

① 프로펠러가 1분 회전 시 실제 전진거리
② 허브중심으로부터 끝부분까지의 길이를 인치로 나타낸 거리
③ 블레이드 시위 앞전 25%를 연결한 선의 길이와 시위 길이를 나눈 값
④ 기하학적 피치와 유효피치의 차이를 기하학적 피치로 나눈 %값

해설
프로펠러 슬립(Slip)
$= \dfrac{\text{기하학적 피치} - \text{유효피치}}{\text{기하학적 피치}} = \dfrac{GP - EP}{GP} \times 100(\%)$

39 오일(Oil)의 구비조건으로 틀린 것은?

① 저인화점일 것
② 열전도율이 좋을 것
③ 화학적 안정성이 좋을 것
④ 양호한 유성(Oiliness)을 가질 것

해설
왕복엔진의 윤활유의 특성
• 유성(오일의 성질)이 좋을 것
• 알맞은 점도이며 점도 변화가 적을 것(점도지수 클 것)
• 낮은 온도에서 유동성이 좋을 것
• 산화 및 탄화 경향이 적을 것
• 부식성이 없을 것

40 이상기체에 대한 설명으로 틀린 것은?

① 엔탈피는 온도만의 함수이다.
② 내부에너지는 온도만의 함수이다.
③ 상태방정식에서 압력은 체적과 반비례 관계이다.
④ 비열비(Specific Heat Ratio)값은 항상 1이다.

해설
비열비는 유체마다 각각 다른 값을 가진다(공기의 비열비는 1.40이다).

제3과목 항공기체

41 다음 중 와셔의 사용방법에 대한 설명으로 옳은 것은?

① 볼트와 같은 재질을 사용하지 않는 것이 좋다.
② 기밀을 요구하는 부분에는 반드시 로크와셔를 사용한다.
③ 와셔의 사용 개수는 로크와셔 및 특수와셔를 포함하여 최대 3개까지 허용한다.
④ 로크와셔는 1·2차 구조부, 부식되기 쉬운 곳에는 사용하지 않는다.

[해설]
와셔의 취급
- 와셔의 사용 개수는 최대 3개까지 허용된다(1개는 부재 표면 보호, 다른 2개는 볼트 머리 및 너트쪽에 끼워 넣음). 이때 로크와셔 및 특수와셔는 사용 개수에 포함되지 않는다.
- 와셔는 원칙적으로 볼트와 같은 재질의 것을 사용한다.
- 로크와셔는 1차, 2차 구조부, 또는 때때로 장탈하거나 부식되기 쉬운 곳에 사용해서는 안 된다.
- 알루미늄 합금이나 마그네슘 합금에 로크와셔를 사용할 경우, 카드뮴 도금된 탄소강 평와셔를 그 아래에 끼워 넣는다.
- 기밀을 요하는 장소 및 공기의 흐름에 노출되는 표면에는 로크와셔를 사용하지 않는다.

42 다음 중 아크 용접에 속하는 것은?

① 단접법   ② 테르밋 용접
③ 업셋 용접 ④ 원자 수소 용접

[해설]
전기 아크 용접의 종류
- 금속 아크 용접
- 딘소 아크 용접
- 원자 수소 용접
- 불활성가스 용접
- 멀티 아크 용접

43 항공기엔진 장착 방식에 대한 설명으로 옳은 것은?

① 가스터빈엔진은 구조적인 이유로 동체 내부에 장착이 불가능하다.
② 동체에 엔진을 장착하려면 파일런(Pylon)을 설치하여야 한다.
③ 날개에 엔진을 장착하면 날개의 공기역학적 성능을 저하시킨다.
④ 왕복엔진 장착부분에 설치된 나셀의 카울링은 진동감소와 화재 시 탈출구로 사용된다.

[해설]
항공기 엔진은 동체 내부나 날개 아래쪽에 설치하며, 날개와 엔진의 연결부를 파일런이라 한다.

44 항공기 소재로 사용되고 있는 알루미늄합금의 특성으로 틀린 것은?

① 비강도가 우수하다.
② 시효경화성이 있다.
③ 상온에서 기계적 성질이 우수하다.
④ 순수 알루미늄인 상태에서 큰 강도를 가진다.

[해설]
순수 알루미늄은 강도가 약하기 때문에 합금 형태 및 열처리를 통해 강도를 증가시킨다.

45 외경이 8cm, 내경이 7cm인 중공원형단면의 극관성모멘트는 약 몇 cm⁴인가?

① 166   ② 252
③ 275   ④ 402

[해설]
중공원형단면의 극관성모멘트(I_p)

$$I_p = \frac{\pi}{32}(d_2^4 - d_1^4) = \frac{\pi}{32}(4,096 - 2,401) = 166.41(\text{cm}^4)$$

[정답] 41 ④ 42 ④ 43 ③ 44 ④ 45 ①

46 항공기 동체의 축방향으로 작용하는 인장력 및 압축력과 동체의 각 단면의 굽힘모멘트를 담당하도록 되어 있는 항공기 구조재는?

① 링(Ring)
② 스트링어(Stringer)
③ 외피(Skin)
④ 벌크헤드(Bulkhead)

해설
세미모노코크 구조 구성품
- 외피(Skin) : 동체에 작용하는 전단 하중과 비틀림 하중 담당
- 세로대(Longeron) : 휨 모멘트와 동체 축 하중 담당
- 스트링어(Stringer) : 세로대보다 무게가 가볍고 훨씬 많은 수가 배치
- 벌크헤드(Bulkhead) : 동체 앞뒤에 하나씩 배치되며 방화벽이나 압력 벌크헤드로 이용
- 정형재(Former) : 링 모양이며 벌크헤드 사이에 배치. 날개나 착륙 장치의 장착 용도로 사용하며 비틀림 하중에 의한 동체 변형을 방지
- 프레임(Frame) : 축 하중과 휨 하중 담당

47 항공기 조종계통에서 운동의 방향을 바꿔주는 것이 아닌 것은?

① 풀리(Pulley)
② 스토퍼(Stopper)
③ 벨 크랭크(Bell Crank)
④ 토크 튜브(Torque Tube)

해설
조종계통 관련 장치
- 페어리드 : 케이블이 벌크헤드의 구멍이나 다른 금속이 지나가는 곳에 사용되며 케이블의 느슨함을 막고 다른 구조와의 접촉을 방지한다.
- 풀리 : 케이블의 방향을 바꾼다.
- 턴버클 : 케이블의 장력을 조절하는 장치이다.
- 벨 크랭크 : 조종 로드가 장착되며 로드의 움직이는 방향을 변환시켜 준다.
- 스토퍼 : 움직이는 양(변위)의 한계를 정해주는 장치로서 조종계통에는 도움날개, 승강키 및 방향키의 운동 범위를 제한한다.

48 이질금속 간의 접촉부식에서 알루미늄 합금의 경우 A군과 B군으로 구분하였을 때 군이 다른 것은?

① 2014
② 2017
③ 2024
④ 3003

해설
- 집단 I : 마그네슘과 그 합금
- 집단 II : 알루미늄 합금, 카드뮴, 아연
  - 소집단 A : 1100, 3003, 5052, 6061 등
  - 소집단 B : 2014, 2017, 2024, 7075 등
- 집단 III : 납, 주석 및 그들의 합금(스테인리스강은 제외)
- 집단 IV : 스테인리스강, 타이타늄, 크로뮴, 니켈, 구리 및 그들의 합금, 흑연

49 실속속도 100mph인 비행기의 설계제한 하중배수가 4일 때, 이 비행기의 설계운용속도는 몇 mph인가?

① 100
② 150
③ 200
④ 400

해설
설계운용속도(V_A)
$$V_A = \sqrt{n_1} \times V_s = \sqrt{4} \times 100 = 200(\text{mph})$$
여기서, n_1 : 설계제한 하중배수, V_s : 실속속도

50 항공기의 외피 수리에서 다음의 조건에 의하면 알루미늄 판재의 굽힘 허용값은 약 몇 in인가?

조건
• 곡률 반지름(R) : 0.125 in
• 굽힘각도(°) : 90°
• 두께(T) : 0.050 in

① 0.216
② 0.226
③ 0.236
④ 0.246

해설
굽힘 여유(BA ; Bend Allowance)
$$\text{BA} = \frac{\text{굽힘각도}}{360°} \times 2\pi\left(R + \frac{T}{2}\right) = \frac{90°}{360°} \times 2\pi\left(R + \frac{T}{2}\right)$$
$$= \frac{\pi}{2}(0.125 + 0.025) = 0.236(\text{in})$$

51 0.040 in 두께의 알루미늄판 2장을 체결하기 위해 재질이 2117인 유니버설헤드리벳을 사용한다면 리벳의 규격으로 적당한 것은?

① MS 20426D4-6 ② MS 20426AD4-4
③ MS 20470D4-6 ④ MS 20470AD4-4

해설
리벳 규격에서 유니버설 머리이면 MS20470, 재질이 2117이면 AD로 표시한다. 또한 리벳 지름은 결합되는 판재 중에서 두꺼운 판재의 3배이므로 0.12in(약 1/8in)이다.

52 다음 중 주조종면이 아닌 것은?

① 러더(Rudder) ② 에일러론(Aileron)
③ 스포일러(Spoiler) ④ 엘리베이터(Elevator)

해설
1차 조종면(주조종면)에 속하는 것은 승강키(Elevator), 방향키(Rudder), 도움날개(Aileron) 등이다.

53 무게 2,000kg인 항공기의 중심위치가 기준선 후방 50cm에 위치하고 있으며, 기준선 전방 80cm에 위치한 화물 70kg을 기준선 후방 80cm 위치로 이동시켰을 때 새로운 중심 위치는?

① 기준선 후방 55.6cm
② 기준선 후방 60.6cm
③ 기준선 후방 65.6cm
④ 기준선 후방 70.6cm

해설

구 분	무 게	거 리	모멘트
비행기	2,000	50	100,000
화물(제거)	-70	-80	5,600
화물(추가)	70	80	5,600
합	2,000		111,200

따라서 무게중심위치(CG)는
$CG = \dfrac{111,200}{2,000} = 55.6 \text{(cm)}$

54 항공기 날개의 스팬방향의 주요 구조 부재로서 날개에 가해지는 공기력에 의한 굽힘모멘트를 주로 담당하는 부재는?

① 리브(Rib) ② 스파(Spar)
③ 스킨(Skin) ④ 스트링어(Stringer)

해설
응력외피형 날개에서 스파(Spar)는 날개에 작용하는 하중의 대부분을 담당하는데, 주로 전단력과 굽힘 하중을 담당하고 외피(Skin)는 비틀림 하중을 담당한다.

55 그림과 같은 트러스(Truss) 구조에 하중 P가 작용할 때, 내력이 작용하지 않는 부재는?(단, 각 단위 부재의 길이는 1m이다)

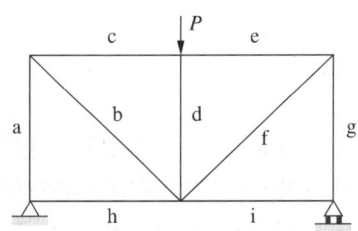

① 부재 a, h ② 부재 h, i
③ 부재 a, g ④ 부재 b, f

해설
트러스 구조에서 내력이 작용하지 않는 부재
• 2개 부재로 구성된 절점에 외력이나 반력이 작용하지 않는 경우, 2개 부재는 무응력 부재
• 3개 부재로 구성된 절점에 2개의 부재가 평행하고 외력이나 반력이 작용하지 않은 경우, 나머지 1개 부재는 무응력 부재

56 특별한 지시가 없을 때 비상용 장치에 사용하는 CY (구리-카드뮴 도금)안전결선의 지름은?

① 0.020 in ② 0.025 in
③ 0.030 in ④ 0.032 in

해설
안전결선에서 사용되는 일반적인 규격은 32번선(0.032in)이며, 비상용 장치에는 20번선(0.020in)이 사용된다.

57 온도가 약 700°F까지 올라가는 부위에 사용할 수 있는 안전결선 재료는?

① Cu 합금 ② Ni-Cu 합금(모넬)
③ 5056 Al 합금 ④ 탄소강(아연도금)

해설
안전결선에 사용되는 와이어의 재질
- 모넬 : 700°F까지의 장소에 사용
- 인코넬 : 1,500°F까지의 장소에 사용
- 5056 알루미늄 합금 : 와이어가 마그네슘과 결합했을 경우 사용
- 구리(지름 0.020in) : 비상 장치용

58 단단한 방부 페인트를 유연하게 하기 위해 솔벤트 유화 세척제와 혼합하여 일반 세척용으로 사용하며, 다른 보호제와 함께 바르거나 씻는 작업이 뒤따라야 하는 세척제는?

① 케로신 ② 메틸에틸케톤
③ 메틸클로로폼 ④ 지방족 나프타

해설
항공기에 사용되는 세제에는 솔벤트 세제와 유화 세제가 있으며, 솔벤트 세제에는 건식세척 솔벤트, 지방족 나프타와 방향족 나프타, 안전 솔벤트(메틸클로로폼), 메틸에틸케톤(MEK), 케로신 등이 있다.

59 그림과 같은 응력-변형률 선도에서 극한응력의 위치는?(단, σ는 응력, ε은 변형률을 나타낸다)

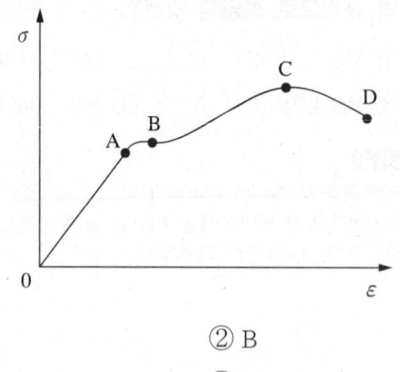

① A ② B
③ C ④ D

해설
- OA : 비례한도 • B : 항복점
- C : 극한강도 • D : 파단강도

60 항공기의 날개착륙장치의 트럭형식에서 트럭 위치 작동기(Truck Position Actuator)에 대한 설명으로 틀린 것은?

① 착륙장치를 접어들이거나 펼칠 때 사용되는 유압 작동기이다.
② 착륙장치가 접혀 들어갈 때 공간을 줄이기 위해서도 사용된다.
③ 항공기가 지상에서 수평으로 활주할 때에는 완충 스트럿과 트럭빔이 수직이 되도록 댐퍼(Damper)의 역할도 한다.
④ 바퀴가 지면으로부터 떨어지는 순간에 완충스트럿과 트럭빔을 특정한 각도로 유지시켜주는 유압 작동기이다.

해설
트럭위치 작동기(Truck Position Actuator)는 완충스트럿과 트럭빔을 일정한 각도로 유지시켜주는 유압 작동기로서, 착륙장치가 접혀 들어갈 때 공간을 줄이기 위해서도 사용된다. 또한, 항공기가 지상에서 수평으로 활주할 때에는 완충스트럿과 트럭빔이 수직이 되도록 댐퍼의 역할도 한다. 착륙장치를 접어들이거나 펼칠 때 사용되는 유압 작동기는 날개착륙장치 작동기(Wing Gear Actuator)이다.

제4과목 항공장비

61 1차 감시 레이더에 대한 설명으로 옳은 것은?

① 전파를 수신만하는 레이더이다.
② 전파를 송신만하는 레이더이다.
③ 송신한 전파가 물체(항공기)에 반사되어 되돌아 오는 전파를 감지하는 방식이다.
④ 송신한 전파가 물체(항공기)에 닿으면 항공기는 이 전파를 수신하여 필요한 정보를 추가한 후 다시 송신하는 방식이다.

[해설]
1차 감시 레이더는 물체에서 반사되어 오는 전파를 스크린에 표시한다. 2차 감시 레이더는 ④에 해당한다.

62 FAA에서 정한 여압장치를 갖춘 항공기의 제작순항 고도에서의 객실고도는 몇 ft인가?

① 0
② 3,000
③ 8,000
④ 20,000

63 항공기 버스(Bus)에 대한 설명으로 틀린 것은?

① 로드버스(Load Bus)는 전기 부하에 직접 전력을 공급한다.
② 대기버스(Standby Bus)는 비상 전원을 확보하기 위한 것이다.
③ 필수버스(Essential Bus)는 항공기 항법등, 점검등을 작동시키기 위한 전력을 공급한다.
④ 동기버스(Synchronizing Bus)는 엔진에 의해 구동되는 발전기들을 병렬 운전하기 위한 것이다.

64 항공기에 사용되는 수평철재 구조재에 의해 지자기의 자장이 흩어져 생기는 오차는?

① 반원차
② 와동오차
③ 불이차
④ 사분원차

65 계기의 색표지 중 흰색 방사선이 의미하는 것은?

① 안전 운용 범위
② 최대 및 최소 운용 한계
③ 플랩 조작에 따른 항공기의 속도 범위
④ 유리판과 계기케이스의 미끄럼방지 표시

[정답] 61 ③ 62 ③ 63 ③ 64 ④ 65 ④

66 선회경사계가 그림과 같이 나타났다면 현재 항공기 비행 상태는?

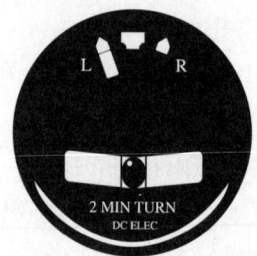

① 좌선회 균형
② 좌선회 내활
③ 좌선회 외활
④ 우선회 외활

해설
바늘이 왼쪽을 가리키므로 좌선회 중이며 볼이 중앙에 위치하므로 균형 선회이다.

67 다음 중 종합계기 PFD에서 지시되지 않는 것은?

① 승강속도
② 날씨정보
③ 비행자세
④ 기압고도

해설
PFD는 주 비행표시장치로서 자세계, 속도계, 기압고도계, 전파고도계, 기수방위 지시계, 자동조종 작동모드표시, 이착륙 관련 기준속도 등을 지시한다.

68 작동유 저장탱크에 관한 설명으로 옳은 것은?

① 배플은 불순물을 제거한다.
② 가압식과 비가압식이 있다.
③ 저장탱크의 압력은 사이트게이지로 알 수 있다.
④ 용량은 축압기를 포함한 모든 계통이 필요로 하는 용량의 75% 이상이어야 한다.

해설
작동유 저장탱크
• 사이트 게이지 : 액량 확인
• 배플 : 거품 발생 및 공기 유입 방지
• 저장탱크 용량 : 축압기 용량 포함 시 작동유의 120%, 축압기 제외 시 작동유의 150%

69 계기착륙장치(Instrument Landing System)의 구성장치가 아닌 것은?

① 로컬라이저(Localizer)
② 마커비컨(Marker Beacon)
③ 기상레이더(Weather Radar)
④ 글라이드슬로프(Glide Slope)

70 그림과 같은 회로에서 합성저항은 몇 Ω인가?

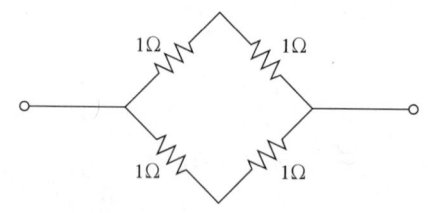

① 1
② 2
③ 3
④ 4

해설
2개의 1Ω 저항이 직렬로 연결되어 있으므로 저항의 합은 2Ω이다.
이 2Ω 저항 2개가 병렬로 연결되어 있으므로
$R_{전체합} = \dfrac{(2\Omega)(2\Omega)}{2\Omega + 2\Omega} = 1\Omega$

71 온도 변화에 의한 전기저항의 변화를 측정하는 화재 경고장치 형식은?

① 바이메탈(Bimetal)식
② 서미스터(Thermistor)식
③ 서모커플(Thermocouple)식
④ 서멀 스위치(Thermal Switch)식

72 교류 발전기의 출력 주파수를 일정하게 유지하는 데 사용되는 것은?

① Brushless
② Magn-amp
③ Carbon Pile
④ Constant Speed Drive

해설
엔진회전 속도가 변화하더라도 Constant Speed Drive는 교류 발전기의 회전속도를 일정하게 유지시켜서 출력 주파수를 일정하게 만든다.

73 도선도표(導線圖表, Wire Chart)상에서 도선의 굵기를 정할 때 고려할 사항이 아닌 것은?

① 전 류
② 주파수
③ 전선의 길이
④ 장착위치의 온도

74 다음 중 작동유가 과도하게 흐르는 것을 방지하기 위한 장치는?

① 필터(Filter)
② 우선밸브(Priority Valve)
③ 유압퓨즈(Hydraulic Fuse)
④ 바이패스밸브(Bypass Valve)

해설
유압 퓨즈 : 유압계통에 빈틈이 생겼을 때 작동유가 누설되는 것을 방지한다.

75 압력센서의 전압값을 기준전압 5V의 10bit 분해능의 A/D컨버터로 변환하려 한다면, 센서의 출력전압이 2.5V일 때 출력되는 이상적인 디지털값은?

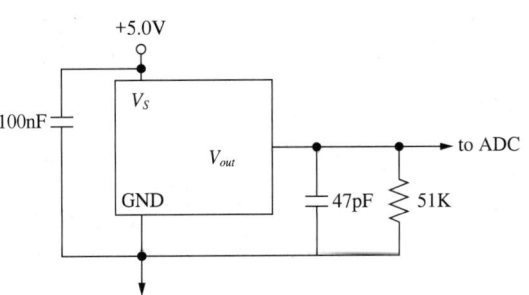

① 128
② 256
③ 512
④ 1,024

해설
5V를 10bit, 즉 2^{10}=1,024로 나타내므로 2.5V는 9bit, 즉 2^9=512로 나타낼 수 있다.

76 저항 루프형 화재탐지계통의 구성품이 아닌 것은?

① 타임스위치
② 경고벨
③ 테스트 스위치
④ 경고등

77 주파수 300MHz의 파장은 몇 m인가?

① 1
② 10
③ 100
④ 1,000

> **해설**
> 파장 $\lambda = \dfrac{\text{전파속도}\ c}{\text{주파수}\ f} = \dfrac{300,000\,\text{km/s}}{300 \times 10^6\,\text{cycle/s}} = 1\,\dfrac{\text{m}}{\text{cycle}}$

78 서로 떨어진 2개의 송신소로부터 동기신호를 수신하고 신호의 시간차를 측정하여 자기위치를 결정하는 장거리 쌍곡선 무선항법은?

① VOR
② ADF
③ TACAN
④ LORAN C

> **해설**
> LORAN 항법은 장거리 항법에 사용하였으나 현재는 사용하지 않는다.

79 항공기에서 사용된 물을 방출하는 드레인 마스트(Drain Mast)의 방빙 방법으로 옳은 것은?

① 마스트 주변에 알코올을 분사하여 방빙한다.
② 마스트 주변에 배기가스를 공급하여 방빙한다.
③ 마스트 주변의 파이프에 제빙부츠를 장착하여 방빙한다.
④ 항공기가 지상에 있을 때는 저전압, 비행 중에는 고전압을 공급하는 전기히터를 이용한다.

> **해설**
> 항공기가 지상에 있을 때는 저전압, 비행 중에는 고전압을 공급하여 과열 방지와 방빙 기능을 유지한다.

80 자이로스코프의 섭동성을 이용한 계기는?

① 경사계
② 선회계
③ 정침의
④ 인공 수평의

> **해설**
> • 자이로의 강직성을 이용한 계기 : 방향 자이로 지시계
> • 자이로의 섭동성을 이용한 계기 : 선회계
> • 자이로의 강직성과 섭동성을 이용한 계기 : 수평 자이로 지시계

2017년 제4회 과년도 기출문제

제1과목 항공역학

01 꼬리회전날개(Tail Rotor)가 필요한 헬리콥터는?

① 단일 회전날개 헬리콥터
② 직렬식 회전날개 헬리콥터
③ 병렬식 회전날개 헬리콥터
④ 동축 역회전식 회전날개 헬리콥터

해설
위에서 내려다 볼 때 단일 회전날개가 반시계방향으로 돌고 있으면 뉴턴의 작용 반작용의 법칙에 의해 헬리콥터 동체는 시계방향으로 회전력을 받는다. Tail Rotor가 돌아가면서 발생하는 양력이 오른쪽으로 향하도록 하면 헬리콥터는 반시계방향으로 회전력을 받아 이 두 회전력이 서로 견제하여 헬리콥터의 기수방향을 일정하게 유지할 수 있다.

02 날개골(Airfoil)의 정의로 옳은 것은?

① 날개의 단면
② 날개가 굽은 정도
③ 최대두께를 연결한 선
④ 앞전과 뒷전을 연결한 선

03 조종면의 폭이 2배가 되면 조종력은 어떻게 되어야 하는가?

① 1/2로 감소
② 변함 없음
③ 2배 증가
④ 4배 증가

해설
조종면에 작용하는 양력의 공식은 $L = C_L \frac{1}{2} \rho V^2 S$ 이다. 조종면의 면적은 $S = $ 폭 $b \times$ 코드길이 c 이므로 폭이 2배가 되면 조종면의 면적도 2배가 되어 양력이 2배가 된다. 따라서 조종력도 2배가 된다.

04 고정익 항공기 추진에 사용되는 프로펠러에 대한 설명으로 옳은 것은?

① 일반적으로 지상활주 시와 같이 전진비가 낮은 경우에 프로펠러 효율은 최대가 된다.
② 전진비의 증가에 따라 피치각을 증가시켜야 한다.
③ 로터면에 대한 비틀림각을 블레이드 팁(Tip)방향으로 증가하도록 분포시킨다.
④ 프로펠러 직경이 큰 경우에는 회전수 변화로 추력을 증감시키는 방법이 일반적으로 사용된다.

해설
전진비, 즉 진행률은 $J = \frac{V}{nD} = \frac{V}{\frac{n}{D}} = \frac{유효피치}{지름}$ 이다. 진행률이 증가한다는 소리는 유효피치가 증가한다는 뜻이다. 즉 피치각이 증가되어야 한다.

05 비행기가 날개를 내리거나 올려 비행기의 전후축(세로축, Longitudinal Axis)을 중심으로 움직이는 것과 관련된 모멘트는?

① 옆놀이 모멘트(Rolling Moment)
② 빗놀이 모멘트(Yawing Moment)
③ 키놀이 모멘트(Pitching Moment)
④ 방향 모멘트(Directional Moment)

정답 1 ① 2 ① 3 ③ 4 ② 5 ①

06 전진하는 회전날개 깃에 작용하는 양력을 헬리콥터 전진속도(V)와 주회전날개의 회전속도(v)로 옳게 설명한 것은?

① $(v-V)^2$에 비례한다.
② $(v+V)^2$에 비례한다.
③ $\left(\dfrac{v+V}{v-V}\right)^2$에 비례한다.
④ $\left(\dfrac{v-V}{v+V}\right)^2$에 비례한다.

해설
주회전날개가 맞이하는 공기속도는 $v+V$이다. 따라서 양력은 $(v+V)^2$에 비례한다.

07 국제 표준대기의 평균 해발고도에서 특성값을 틀리게 짝지은 것은?

① 온도 : 20℃
② 압력 : 1,013hPa
③ 밀도 : 1.225kg/m³
④ 중력가속도 : 9.8066m/s²

해설
표준 대기온도는 15℃이다.

08 700PS짜리 2개의 엔진을 장착한 항공기가 대기속도 50m/s로 상승비행을 하고 있다면 이 항공기의 상승률은 몇 m/s인가?(단, 비행기의 중량은 5,000kgf, 항력은 1,000kgf, 프로펠러 효율은 0.80이다)

① 3.4 ② 5.0
③ 6.0 ④ 6.8

해설
비행기의 상승률(Rate of Climb) 즉 R/C는 $R/C = \dfrac{TV - DV}{W}$이다.
여기서 이용동력(TV)은
$TV = 700\text{ps} \times 2 \times 0.8 = 1,120\text{PS}$
$= (1,120\text{PS})\left(\dfrac{75\,\text{kgf} \cdot \dfrac{\text{m}}{\text{s}}}{1\,\text{ps}}\right) = 84,000\,\text{kgf} \cdot \dfrac{\text{m}}{\text{s}}$ 이며
$1\text{PS} = 75\,\text{kgf} \cdot \dfrac{\text{m}}{\text{s}}$ 관계를 이용하였다.
한편 필요동력(DV)은
$DV = (1,000\,\text{kgf})\left(50\,\dfrac{\text{m}}{\text{s}}\right) = 50,000\,\text{kgf} \cdot \dfrac{\text{m}}{\text{s}}$ 이다.
따라서 상승률은
$R/C = \dfrac{TV - DV}{W} = \dfrac{84,000\,\text{kgf} \cdot \dfrac{\text{m}}{\text{s}} - 50,000\,\text{kgf} \cdot \dfrac{\text{m}}{\text{s}}}{5,000\,\text{kgf}}$
$= 6.8\,\dfrac{\text{m}}{\text{s}}$

09 레이놀즈수(Reynolds Number)에 대한 설명으로 틀린 것은?

① 단위는 cm^2/s이다.
② 동점성계수에 반비례한다.
③ 관성력과 점성력의 비를 표시한다.
④ 임계레이놀즈수에서 천이현상이 일어난다.

해설
레이놀즈수는 단위가 없다.

10 제트 비행기의 최대항속시간에 해당하는 속도는 다음 중 어느 조건에서 이루어지는가?

① 최대 이용추력
② 최소 이용추력
③ 최대 필요추력
④ 최소 필요추력

해설
항력이 최소이어야 한다. 비행 중에 항력 = 추력이다. 따라서 최소의 항력으로 비행하면 필요추력도 최소가 된다.

11 다음 중 방향 안정성이 양(+)인 경우는?(단, β : 옆미끄럼각, C_n : 요잉모멘트계수이다)

① $\dfrac{dC_n}{d\beta} = 0$ ② $\dfrac{dC_n}{d\beta} \neq 0$

③ $\dfrac{dC_n}{d\beta} > 0$ ④ $\dfrac{dC_n}{d\beta} < 0$

해설
양의 옆미끄럼각($d\beta > 0$)은 조종사의 오른쪽에서 바람이 불어올 때 비행기의 X축과 바람이 이루는 각이다. 이때 수직꼬리날개가 양의 받음각을 받아 양력이 왼쪽을 향하므로 비행기에는 옆미끄럼각을 줄이는 방향으로 요잉모멘트가 작용한다. 양의 요잉모멘트($dC_n > 0$)는 비행기의 Z축을 중심으로 시계방향으로 작용하는 것으로 정의된다. 따라서 양의 옆미끄럼각 방향으로 바람이 불어올 때 양의 요잉모멘트가 발생하게 되면 비행기는 바람을 향하는 방향으로 기수가 돌아가게 되어 옆미끄럼각을 줄이게 된다. 즉 $\dfrac{dC_n}{d\beta} > 0$이면 비행기는 방향 안정성이 (+)이다.

12 다음 중 수평스핀(Flat Spin) 상태에서 받음각의 크기로 가장 적합한 것은?

① 약 5°   ② 10~20°
③ 약 60°   ④ 약 95° 이상

해설
받음각이 실속범위를 넘게 되면(보기 중에서는 60°) 한쪽 날개에서 먼저 실속이 발생하게 되어 비행기는 수평스핀을 하게 된다.

13 도움날개(Aileron) 및 승강키(Elevator)의 힌지 모멘트와 이들 조종면을 원하는 위치에 유지하기 위한 조종력과의 관계로 옳은 것은?

① 힌지 모멘트가 크면 조종력도 커야 한다.
② 힌지 모멘트가 커져도 필요한 조종력에는 변화가 없다.
③ 힌지 모멘트가 크면 조종력은 작아도 된다.
④ 아음속 항공기에서는 힌지 모멘트가 커질수록 필요한 조종력은 작아진다.

14 등가대기속도(V_e)와 진대기속도(V)에 대한 설명으로 옳은 것은?(단, 밀도비 $\sigma = \dfrac{\rho}{\rho_0}$, P_t : 전압, P_s : 정압, ρ_0 : 해면고도 밀도, ρ : 현재고도 밀도이다)

① 등가대기속도와 진대기속도의 관계는 $V_e = \sqrt{\dfrac{V}{\sigma}}$ 이다.
② 등가대기속도는 고도에 따른 밀도변화를 고려한 속도이다.
③ 표준대기의 대류권에서 고도가 증가할수록 진대기속도가 등가대기속도보다 느리다.
④ 베르누이의 정리를 이용하여 등가대기속도를 나타내면 $V_e = \sqrt{\dfrac{(P_t - P_s)}{\rho_0}}$ 이다.

해설
등가대기속도 V_e와 진대기속도 V의 관계는
$V_e = \sqrt{\dfrac{\rho}{\rho_o}} V = \sqrt{\sigma}\, V$이다.
지상에서는 현재고도 밀도 ρ가 해면고도 밀도 ρ_0와 같으므로 $V_e = V$이다. 즉 등가대기속도와 진대기속도가 같다. 40,000ft 상공에서는 밀도가 $\dfrac{1}{4}$로 줄어들므로 $V_e = \sqrt{\dfrac{1}{4}} V = \dfrac{1}{2} V$가 된다. 즉 진대기속도 V가 등가대기속도 V_e보다 2배 크다. 다시 말하면 고도가 증가할수록 진대기속도가 등가대기속도보다 크다(빠르다). 베르누이의 관계식에 따르면 $P_s + \dfrac{1}{2}\rho V_e^2 = P_t$이므로 등가대기속도는 $V_e = \sqrt{\dfrac{2(P_t - P_s)}{\rho}}$ 이다.

15 항공기 날개에 관한 설명으로 옳은 것은?
① 날개에서 발생하는 양력은 유도항력을 유발한다.
② 날개의 뒤처짐각은 임계 마하수를 낮춘다.
③ 날개의 가로세로비는 날개폭을 넓이로 나눈 값이다.
④ 양력과 항력은 날개면적의 제곱에 비례한다.

해설
날개에서 다운워시(Down Wash)가 발생하면서 뉴턴의 작용 반작용 법칙에 의해 날개에 양력이 발생한다. 이 다운워시에 의해 비행기에 대한 상대바람의 방향이 수평이지 못하고 약간 아래를 향하게 된다. 상대바람에 수직으로 힘이 발생하며 이 힘 중에서 비행기에 수평한 성분은 유도항력이다. 즉 비행기에 양력이 발생한다는 것은 다운워시가 있다는 것이고 이에 의해 유도항력이 발생하게 되어있다.

16 비행기 무게가 1,000kgf이고 경사각 30°, 100km/h의 속도로 정상선회를 하고 있을 때 양력은 약 몇 kgf인가?
① 500   ② 866
③ 1,155   ④ 2,000

해설
선회하는 항공기에 관한 힘의 자유물체도에서 수직방향 방정식
: $L_{선회}\cos\theta = W$
따라서 $L_{선회} = \dfrac{W}{\cos\theta} = \dfrac{1{,}000\,\text{kgf}}{\cos 30°} = 1{,}155\,\text{kgf}$

17 착륙 접지 시 역추력을 발생시키는 비행기에 작용하는 순 감속력에 대한 식은?(단, 추력 : T, 항력 : D, 무게 : W, 양력 : L, 활주로마찰계수 : μ이다)
① $T - D + \mu(W - L)$
② $T + D + \mu(W + L)$
③ $T - D + \mu(W + L)$
④ $T + D + \mu(W - L)$

해설
감속력에는 역추력 T, 항력 D, 바퀴와 활주로 표면과의 마찰력 $F_{마찰력} = \mu(W - L)$이 있다.

18 일반적으로 고정피치 프로펠러의 깃각은 어떤 속도에서 효율이 가장 좋도록 설정하는가?
① 이 륙   ② 착 륙
③ 순 항   ④ 상 승

해설
비행기는 비행 중 순항하는 시간이 제일 길기 때문에 고정피치 프로펠러 비행기는 이 순항 기간 동안 효율이 제일 좋은 것이 좋다.

19 다음 중 압력계수(C_p)의 정의로 틀린 것은?(단, p_∞ : 자유흐름의 정압, p : 임의점의 정압, V : 임의점의 속도, V_∞ : 자유흐름의 속도, ρ : 밀도, q_∞ : 자유흐름의 동압이다)

① $C_p = \dfrac{p - p_\infty}{q_\infty}$

② $C_p = 2V^2 - p_\infty \rho V_\infty$

③ $C_p = \dfrac{p - p_\infty}{\dfrac{1}{2}\rho V_\infty^2}$

④ $C_p = 1 - \left(\dfrac{V}{V_\infty}\right)^2$

해설
항공기 표면과 먼 지점(∞) 사이에 베르누이의 법칙을 적용하면
$p + \dfrac{1}{2}\rho V^2 = p_\infty + \dfrac{1}{2}\rho V_\infty^2$ 이고 이를 다시 정리하면
$p - p_\infty = \dfrac{1}{2}\rho(V_\infty^2 - V^2)$ … ㉠
압력계수는 다음과 같이 정의된다.
$C_p = \dfrac{p - p_\infty}{\dfrac{1}{2}\rho V_\infty^2} = \dfrac{p - p_\infty}{q_\infty}$ 또는 ㉠식을 대입하면
$= \dfrac{\dfrac{1}{2}\rho(V_\infty^2 - V^2)}{\dfrac{1}{2}\rho V_\infty^2} = 1 - \left(\dfrac{V}{V_\infty}\right)^2$

20 항공기가 등속수평비행을 하기 위한 조건으로 옳은 것은?(단, L은 양력, D는 항력, T는 추력, W는 항공기 무게이다)

① $L = W,\ T > D$
② $L = W,\ T = D$
③ $T = W,\ L > D$
④ $T = W,\ L = D$

제2과목 항공기관

21 항공기 왕복엔진의 출력증가를 위하여 장착하는 과급기 중 가장 많이 사용되는 형식은?

① 기어식(Gear Type)
② 베인식(Vane Type)
③ 루츠식(Roots Type)
④ 원심식(Centrifugal Type)

해설
원심식 과급기

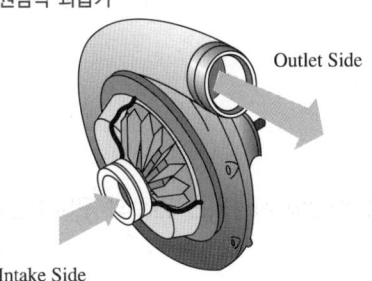

22 가스터빈엔진 점화계통의 구성품이 아닌 것은?

① 익사이터(Exciter)
② 이그나이터(Igniter)
③ 점화 전선(Ignition Lead)
④ 임펄스 커플링(Impulse Coupling)

해설
임펄스 커플링은 왕복 엔진 시동 시 사용하는 점화 보조 장치이다.

23 왕복엔진에서 밸브 오버랩의 주된 효과가 아닌 것은?

① 실린더 냉각효과를 높여준다.
② 실린더 체적 효율을 높여준다.
③ 크랭크 축의 마모를 감소시켜 준다.
④ 배기가스를 완전히 배출시키는 데 유리하다.

해설
밸브 오버랩(Valve Over Lap)은 흡입 행정 초기에 흡입 밸브와 배기 밸브가 동시에 열려있는 구간을 말하며 각도로 표시한다. 이와 같은 밸브 오버랩을 두는 주된 이유는 체적 효율 향상과 실린더 및 배기 밸브의 냉각을 위해서이다.

정답 19 ② 20 ② 21 ④ 22 ④ 23 ③

24 오일양이 매우 작은 상태에서 왕복엔진을 시동하였을 때 조종사는 어떤 현상을 인지할 수 있는가?

① 정상 작동을 한다.
② 오일압력계기가 0을 지시한다.
③ 오일압력계기가 동요(Fluctuation)한다.
④ 오일압력계기가 높은 압력을 지시한다.

해설
오일양이 매우 작으면 오일펌프 내로 공기가 흡입되고, 윤활계통에서 오일과 함께 고압의 공기가 분사되어 오일압력계기에 동요 현상이 발생한다.

25 가스터빈엔진에 사용되는 연료의 구비조건이 아닌 것은?

① 가격이 저렴할 것
② 어는점이 높을 것
③ 인화점이 높을 것
④ 연료의 중량당 발열량이 클 것

해설
연료의 구비조건
• 증기압이 낮아야 한다.
• 어는점이 낮아야 한다.
• 인화점이 높아야 한다.
• 발열량이 크고 부식성이 작아야 한다.
• 점성이 낮고 깨끗하고 균질해야 한다.

26 가스터빈엔진의 기본 구성요소가 아닌 것은?

① 압축기   ② 터빈
③ 연소실   ④ 감속장치

해설
가스터빈엔진의 가스 발생기(Gas Generator) : 압축기, 연소실, 터빈

27 다음 중 프로펠러 조속기의 파일럿(Pilot)밸브 위치를 결정하는 데 직접적인 영향을 주는 것은?

① 플라이 웨이트
② 엔진오일 압력
③ 조종사의 위치
④ 펌프오일 압력

해설
플라이 웨이트 회전수에 따라 원심력이 변화되고 이 원심력의 크기에 따라 파일럿밸브의 위치도 달라진다.

28 오토사이클의 열효율을 옳게 나타낸 것은?(단, ε : 압축비, k : 비열비이다)

① $1 - \dfrac{1}{\varepsilon^{k-1}}$ ② $\dfrac{k-1}{\varepsilon^{k-1}}$

③ $1 - \varepsilon^{\frac{1}{k-1}}$ ④ $\dfrac{1}{1-\varepsilon^{k-1}}$

해설
오토 사이클 열효율
$$\eta_o = 1 - \left(\dfrac{1}{\varepsilon}\right)^{k-1} = 1 - \left(\dfrac{1}{\varepsilon^{k-1}}\right)$$

29 가스터빈엔진의 오일 필터를 손상시키는 힘이 아닌 것은?

① 압력변화로 인한 피로 힘
② 흐름체적으로 인한 압력 힘
③ 가열된 오일에 의한 압력 힘
④ 열순환(Thermal Cycling)으로 인한 피로 힘

30 항공기 왕복엔진의 벤투리 부분에서 실린더 흡입 공기량으로부터 생긴 부압에 의해 가솔린을 빨아내고 혼합기를 만드는 방식의 기화기는?

① 부자식 기화기
② 충동식 기화기
③ 경계 압력식 기화기
④ 압력 분사식 기화기

해설
부자식 기화기에서는 벤투리 부분에 생긴 부압에 의해 가솔린을 빨아내고, 압력분사식 기화기에서는 벤투리 목 부분의 압력과 대기압(임팩트 압력)의 압력차에 의하여 연료 유량 조절이 이루어진다.

31 단(Stage)당 압력비가 1.34인 9단 축류형 압축기의 출구압력은 약 몇 psi인가?(단, 압축기 입구압력은 14.7psi이다)

① 177 ② 205
③ 255 ④ 276

해설
먼저 압축기 전체 압력비를 구하면
$Y = (Ys)^n = (1.34)^9 = 13.93$
여기서, Ys : 단당 압력비, n : 압축기의 단수
따라서 출구압력은 $14.7 \times 13.93 = 205(\text{psi})$

32 왕복엔진에서 마그네토(Magneto)의 브레이커 어셈블리에서 접촉부분은 일반적으로 어떤 재료로 되어 있는가?

① 은(Silver)
② 구리(Copper)
③ 코발트(Cobalt)
④ 백금(Platinum)-이리듐(Iridium) 합금

33 가스터빈엔진에서 사용되는 추력증가 장치로만 짝지어진 것은?

① Reverse Thrust, Afterburner
② Afterburner, Water-injection
③ Afterburner, Noise Suppressor
④ Reverse Thrust, Water-injection

해설
Afterburner는 1차로 연소된 가스를 한 번 더 연소시켜 추력이 증가되는 장치이며, Water-injection은 흡입 공기의 온도를 낮춰서 공기 밀도를 증가시켜 추력을 증가시키는 장치이다.

34 가스터빈엔진에서 압축기 실속(Compressor Stall)이 일어나는 경우는?

① 흡입공기압력이 높을 때
② 유입공기속도가 상대적으로 느릴 때
③ 항공기속도가 터빈 회전속도에 비하여 너무 빠를 때
④ 흡입구로 들어오는 램공기(Ram-air)의 밀도가 높을 때

해설
축류식 압축기에서
흡입공기속도 감소 → 로터 깃 받음각 증가 → 압축기 실속

35 이륙 시 정속 프로펠러에서 rpm과 피치각은 어떤 상태가 되어야 가장 효율적인가?

① 높은 rpm과 작은 피치각
② 높은 rpm과 큰 피치각
③ 낮은 rpm과 작은 피치각
④ 낮은 rpm과 큰 피치각

해설
프로펠러 효율을 높이기 위한 조건
- 진행률이 작을 때(속도가 느리고, rpm이 클 때)는 깃각을 작게 해야 효율이 좋다.
- 진행률이 클 때(속도가 빠르고, rpm이 작을 때)는 깃각을 크게 해야 효율이 좋다.

따라서 이륙 시에는 속도가 느리므로 깃각을 작게 하고, 깃각이 작은 상태에서는 진행률이 작아야 하므로 rpm을 크게 해야 한다.

36 엔진의 공기 흡입구에 얼음이 생기는 것을 방지하기 위한 방빙(Anti-icing)방법으로 옳은 것은?

① 배기가스를 인렛 스트럿(Inlet Strut)에 보낸다.
② 압축기 통과 전의 청정한 공기를 인렛(Inlet)쪽으로 순환시킨다.
③ 압축기의 고온 브리드 공기를 흡입구(Intake), 인렛 가이드 베인(Inlet Guide Vane)으로 보낸다.
④ 더운 물을 엔진 인렛(Inlet) 속으로 분사한다.

37 비열비(k)에 대한 식으로 옳은 것은?(단, C_P : 정압비열, C_V : 정적비열이다)

① $k = \dfrac{C_V}{C_P}$ ② $k = \dfrac{C_P}{C_V}$

③ $k = 1 - \dfrac{C_P}{C_V}$ ④ $k = \dfrac{C_P - 1}{C_V}$

해설
- 정적비열(C_V) : 체적을 일정하게 유지시키면서 단위질량을 단위온도로 높이는 데 필요한 열량
- 정압비열(C_P) : 압력을 일정하게 유지시키면서 단위질량을 단위온도로 높이는 데 필요한 열량
- 비열비 $k = \dfrac{C_P}{C_V} > 1$

38 왕복엔진 부품 중 윤활유에서 열을 가장 많이 흡수하는 부품은?

① 피스톤   ② 배기밸브
③ 푸시로드   ④ 프로펠러 감속기어

해설
피스톤은 짧은 시간에 수많은 왕복 운동이 이루어지면서 실린더 벽과 마찰을 일으키는 부품이므로 윤활유와의 열교환이 가장 많이 이루어진다.

39 항공기용 왕복엔진으로 사용하는 성형엔진에 대한 설명으로 옳은 것은?

① 단열 성형엔진은 실린더 수가 짝수로 구성되어 있다.
② 성형엔진의 2열은 짝수의 실린더 번호가 부여된다.
③ 성형엔진의 1열은 홀수의 실린더 번호가 부여된다.
④ 14기통 성형엔진의 크랭크 핀은 2개이다.

해설
단열 성형엔진은 실린더 수가 홀수로 구성되어 있으며, 실린더 번호는 열과 상관없이 회전방향으로 순서대로 매겨진다.

40 다음 중 데토네이션(Detonation)을 일으키는 요인은?

① 너무 늦은 점화시기
② 낮은 흡입공기 온도
③ 너무 낮은 옥탄가의 연료사용
④ 너무 높은 옥탄가의 연료사용

해설
데토네이션 발생 요인
• 미연소 혼합기의 온도 및 압력 상승
• 빠른 점화
• 연료의 내폭성(안티노크성)이 낮은 연료

제3과목 항공기체

41 타이타늄 합금의 성질에 대한 설명으로 옳은 것은?

① 열전도계수가 크다.
② 불순물이 들어가면 가공 후 자연경화를 일으켜 강도를 좋게 한다.
③ 타이타늄은 고온에서 산소, 질소, 수소 등과 친화력이 매우 크고, 또한 이러한 가스를 흡수하면 강도가 매우 약해진다.
④ 합금원소로서 Cu가 포함되어 있어 취성을 감소시키는 역할을 한다.

해설
타이타늄 합금
• 비중이 약 4.5로 강보다 가벼우며, 강도는 알루미늄 합금이나 마그네슘 합금보다 높다.
• 피로에 대한 저항이 강하고, 내열성과 내식성이 양호하다.

42 항공기 기체 판재에 적용한 릴리프 홀(Relief Hole)의 주된 목적은?

① 무게 감소   ② 강도 증가
③ 좌굴 방지   ④ 응력 집중 방지

해설
릴리프 홀

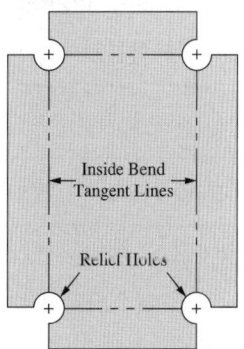

정답 39 ④ 40 ③ 41 ③ 42 ④

43 리브너트(Rivnut)를 사용하는 방법으로 옳은 것은?

① 금속면에 우포를 씌울 때 사용한다.
② 두꺼운 날개 표피에 리브를 붙일 때 사용한다.
③ 한쪽면에서만 작업이 가능한 제빙장치 등을 설치할 때 사용한다.
④ 기관마운트와 같은 중량물을 구조물에 부착할 때 사용한다.

해설
리브너트
- 리브너트(Rivnut)는 섕크 내부에 암나사가 나 있는 원형 리벳으로, 제빙부츠의 장착 등에 사용되는 고정 부품이다.
- 암나사가 나 있는 부분에 공구를 끼워 돌리면 섕크가 압축되면서 돌출 부분이 생성된다.

44 부품 번호가 AN 470 AD 3-5인 리벳에서 'AD'는 무엇을 나타내는가?

① 리벳의 직경이 $\frac{3}{16}$ 인치이다.
② 리벳의 길이는 머리를 제외한 길이이다.
③ 리벳의 머리 모양이 유니버설 머리이다.
④ 리벳의 재질이 알루미늄 합금인 2117이다.

해설
리벳의 규격 표시

AN 470 AD 3 - 5

- AN 470 : 유니버설리벳
- AD : 재질기호 2117
- 3 : 리벳 지름 3/32in
- 5 : 리벳 길이 5/16in

45 실속속도가 90mph인 항공기를 120mph로 수평비행 중 조종간을 급히 당겨 최대 양력계수가 작용하는 상태라면 주 날개에 작용하는 하중배수는 약 얼마인가?

① 1.5
② 1.78
③ 2.3
④ 2.57

해설
하중배수(n)
$$n = \left(\frac{V}{V_s}\right)^2 = \left(\frac{120}{90}\right)^2 = 1.78$$
여기서, V는 비행속도, V_s는 실속속도

46 [보기]에서 설명하는 작업의 명칭은?

> **보기**
> - 플러시 헤드 리벳의 헤드를 감추기 위해 사용
> - 리벳 헤드의 높이보다 판재의 두께가 얇은 경우 사용

① 디버링(Deburing)
② 딤플링(Dimpling)
③ 클램핑(Clamping)
④ 카운터 싱킹(Counter Sinking)

해설
딤플링(Dimpling)

47 숏 피닝(Shot Peening) 작업으로 나타나는 주된 효과는?

① 내부균열 및 변형 방지
② 크롬 도금으로 인한 표면부식 방지
③ 표면강도 증가와 스트레스부식 방지
④ 광택감소로 인한 표면마찰증가와 내열성 증가

해설
숏 피닝
- 강으로 만든 작은 구슬을 금속 표면에 고속으로 강하게 두드려 표면층의 경도와 강도 증가로 피로 한계를 높여주는 가공법이다.
- 스프링, 기어, 축 등 반복하중을 받는 기계부품에 효과적이다.

43 ③ 44 ④ 45 ② 46 ② 47 ③

48 FRCM(Fiber Reinforced Composite Material)의 모재(Matrix) 중 사용온도 범위가 가장 큰 것은?

① FRC(Fiber Reinforced Ceramic)
② FRP(Fiber Reinforced Plastic)
③ FRM(Fiber Reinforced Metallics)
④ C/C복합제(Carbon-Carbon Composite Material)

[해설]
모재(Matrix) 중에서 C/C 복합재(탄소-탄소 복합재료)는 사용온도 범위가 가장 높고, 내마멸성이 우수하여 항공기의 제동 디스크나 로켓 노즐에 사용된다.

49 접개식 강착장치(Retractable Landing Gear)에서 부주의로 인해 착륙장치가 접히는 것을 방지하기 위한 안전장치를 나열한 것은?

① Down Lock, Safety Pin, Up Lock
② Down Lock, Up Lock, Ground Lock
③ Up Lock, Safety Pin, Ground Lock
④ Down Lock, Safety Pin, Ground Lock

50 다음 중 SAE 규격에 따른 합금강으로 탄소를 가장 많이 함유하고 있는 것은?

① 6150　　② 4130
③ 2330　　④ 1025

[해설]
SAE 합금강의 표시에서 끝의 두 자리는 탄소 함유량을 백분율로 나타낸다.
예 SAE 6150의 탄소 함유량은 50%

51 표와 같은 항공기의 기본 자기무게에 대한 무게중심(CG)의 위치는 몇 cm인가?

측정항목	측정무게(N)	거리(cm)
왼쪽 바퀴	3,200	135
오른쪽 바퀴	3,100	135
앞 바퀴	700	-45
연료	2,500	-10

① 176.4　　② 187.6
③ 194.4　　④ 201.6

[해설]
자기무게는 사용 가능한 연료의 무게는 포함되지 않으므로 연료 무게와 연료 무게에 의한 모멘트는 빼줘야 한다.

측정항목	측정무게(N)	거리(cm)	모멘트
왼쪽 바퀴	3,200	135	432,000
오른쪽 바퀴	3,100	135	418,500
앞 바퀴	700	-45	-31,500
연료	2,500	-10	-25,000
합	4,500		844,000

즉, 측정무게 = 3,200+3,100+700-2,500=4,500
모멘트 합 = 432,000+418,500-31,500-(-25,000)=844,000
$$\therefore CG = \frac{844,000}{4,500} = 187.56(cm)$$

52 리벳작업을 위한 구멍뚫기 작업에 대한 설명으로 옳은 것은?

① 드릴작업 전 리밍작업을 한다.
② 드릴작업 후 구멍의 버(Burr)는 되도록 보존하도록 한다.
③ 구멍은 리벳 직경보다 약간 작게 한다.
④ 리밍작업 시 회전방향을 일정하게 하여 가공한다.

[해설]
드릴작업의 구멍은 리벳 지름보다 약간 커야 하며(1/32in), 드릴 작업 후 리밍작업과 함께 버(Burr)를 제거해야 한다.

53 항공기 엔진을 장착하거나 보호하기 위한 구조물이 아닌 것은?

① 킬 빔
② 나 셀
③ 포 드
④ 카울링

해설
킬 빔(Keel Beam)은 동체와 주 날개가 조립되는 구조 부분이다.

54 항공기 구조의 특정 위치를 쉽게 알 수 있도록 위치를 표시하는 것 중 기준 수평면과 일정거리를 두며 평행한 선은?

① 기준선(Datum Line)
② 버턱선(Buttock Line)
③ 동체 수위선(Body Water Line)
④ 동체 위치선(Body Station Line)

해설
항공기 위치 표시 방식
- 동체 위치선(BSTA ; Body Station) : 기준이 되는 0점, 또는 기준선으로부터의 거리
- 동체 수위선(BWL ; Body Water Line) : 기준으로 정한 특정 수평면으로부터의 높이를 측정한 수직거리
- 버턱선(Buttock Line) : 동체 버턱선(BBL)과 날개 버턱선(WBL)으로 구분하며 동체 중심선을 기준으로 오른쪽과 왼쪽에 평행한 너비를 나타내는 선

55 항공기 조종장치의 종류가 아닌 것은?

① 동력 조종장치(Power Control System)
② 매뉴얼 조종장치(Manual Control System)
③ 부스터 조종장치(Booster Control System)
④ 수압식 조종장치(Water Pressure Control System)

56 토크렌치의 길이는 10in이고, 5in의 연장공구를 사용하여 작업을 하여 토크렌치의 지시값이 300lb이라면 실제 너트에 가해진 토크는 몇 in-lbs인가?

① 400
② 450
③ 500
④ 550

해설
연장공구 사용 시 토크값
$T_W = T_A \times \dfrac{l}{l+a}$ 에서
$T_A = T_W \times \dfrac{l+a}{l} = 300 \times \dfrac{15}{10} = 450$
여기서, T_W : 토크렌치 지시값
T_A : 실제 조이는 토크값
l : 토크렌치 길이
a : 연장공구 길이

57 착륙장치(Landing Gear)에 사용되는 올레오 완충장치(Oleo Shock Absorber)의 충격흡수원리에 대한 설명으로 옳은 것은?

① 스트럿 실린더(Strut Cylinder)에 공급되는 공기의 마찰에너지를 이용하여 충격을 흡수한다.
② 헬리컬 스프링(Helical Spring)이 탄성체의 탄성변형에너지형식으로 충격을 흡수한다.
③ 공기의 압축성효과에 의한 탄성에너지와 작동유 흐름 제한에 따른 에너지 손실에 의해 충격을 흡수한다.
④ 리프스프링(Leaf Spring) 자체가 랜딩 스트럿(Landing Strut)역할을 하여 충격을 굽힘에너지로 흡수한다.

해설
올레오식 완충장치의 실린더 위쪽에는 공기(또는 질소)가, 아래쪽에는 오일이 채워져 있어 충격하중을 흡수, 분산시킨다.

58 그림과 같이 100N의 힘(P)이 작용하는 구조물에서 지점 A의 반력(R_1)은 몇 N인가?(단, 구조물 ABC는 4분원이다)

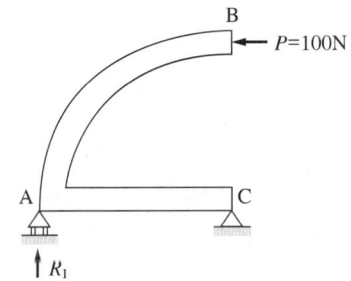

① 100　　② 50
③ 25　　④ 0

해설
$R_1 \times AC = 100 \times BC$
여기서 AC = BC
그러므로 $R_1 = 100N$

59 항공기에 작용하는 하중에 대한 설명으로 옳은 것은?
① 구조물에 가해지는 힘을 응력이라 한다.
② 하중에는 탑재물의 중량, 공기력, 관성력, 지면반력, 충격력 등이 있다.
③ 구조물인 항공기는 하중을 지지하기 위한 외력으로 응력을 가진다.
④ 면적당 작용하는 내력의 크기를 하중이라 한다.

해설
구조물에 가해지는 힘은 하중, 하중을 지지하기 위한 내력이 응력, 면적당 작용하는 내력의 크기를 응력이라고 한다.

60 구조부재의 일부분에 균열과 같은 결함이 잠재할 수 있다고 가정하고 기체의 안전한 사용기간을 규정하여 안전성을 확보하는 설계 개념은?
① 정적강도설계　　② 안전수명설계
③ 손상허용설계　　④ 페일 세이프설계

해설
항공기 구조설계
• 안전수명설계(Safe Life Design) : 계획된 설계수명동안 부재가 파손되지 않는 범위 내의 응력 허용
• 페일 세이프설계(Fail-safe Design) : 구조의 일부가 파손이 되어도 최소한 착륙 시까지 안전 비행 보장
• 손상허용설계(Damage Tolerance Design) : 기체 구조 부재 내에 초기 결함의 내재 가능성 가정

제4과목 항공장비

61 공압계통에 대한 설명으로 옳은 것은?
① 유압과 비교하여 큰 힘을 얻을 수 없다.
② 공압계통은 리저버(Reservoir)가 필요하다.
③ 공기압은 비압축성이라 그대로의 힘이 잘 전달된다.
④ 공압계통은 리턴라인(Return Line)이 필요하다.

해설
공압계통은 사용한 공기를 재순환시켜야 할 필요성이 없어 저장 탱크(리저버) 및 리턴라인이 필요 없다.

62 솔레노이드 코일의 자계세기를 조정하기 위한 요소가 아닌 것은?
① 철심의 투자율
② 전자석의 코일 수
③ 도체에 흐르는 전류
④ 솔레노이드 코일의 작동 시간

63 전원회로에서 전압계(Voltmeter)와 전류계(Ammeter)를 부하와 연결하는 방법으로 옳은 것은?
① 전압계와 전류계 모두 직렬연결한다.
② 전압계와 전류계 모두 병렬연결한다.
③ 전압계는 병렬, 전류계는 직렬연결한다.
④ 전압계는 직렬, 전류계는 병렬연결한다.

64 압축공기 제빙부츠 계통의 팽창순서를 제어하는 것은?
① 제빙장치 구조
② 분배밸브
③ 흡입 안전밸브
④ 진공펌프

해설
Distributor Valve(분배밸브)는 부츠의 팽창순서를 조절한다.

65 항공기가 야간에 불시착했을 때 기내・외를 밝혀주는 비상용 조명(Emergency Light)은 최소 몇 분간 조명하여야 하는가?
① 10
② 30
③ 60
④ 90

66 공기순환 공기 조화계통(Air Cycle Air Conditioning)에 대한 설명으로 틀린 것은?
① 냉매를 사용하여 공기를 냉각시킨다.
② 수분분리기는 압축공기로부터 수분을 제거하기 위해 사용된다.
③ 항공기 공기압계통에 공기를 공급한다.
④ 항공기 객실에 압력을 가하기 위하여 엔진 추출공기를 사용한다.

정답 61 ① 62 ④ 63 ③ 64 ② 65 ① 66 ①

67 항공기가 산악 또는 지면과 충돌하는 것을 방지하는 장치는?

① Air Traffic Control System
② Inertial Navigation System
③ Distance Measuring Equipment
④ Ground Proximity Warning System

해설
GPWS는 지상과 근접 시 경고를 한다.

68 VHF 무전기의 교신가능 거리에 대한 설명으로 옳은 것은?

① 장애물이 있을 때에는 100km 이내로 제한된다.
② 송신 출력을 높여도 가시거리 이내로 제한된다.
③ 항공기 운항속도를 늦추면 더 먼 거리까지 교신이 가능하다.
④ 안테나 성능향상으로 장애물과 상관없이 100km 이상 교신이 가능하다.

해설
VHF는 근거리 통신용이다.

69 압력조절기에서 킥인(Kick-in)과 킥아웃(Kick-out) 상태는 어떤 밸브의 상호작용으로 하는가?

① 체크밸브와 릴리프밸브
② 체크밸브와 바이패스밸브
③ 흐름조절기와 릴리프밸브
④ 흐름평형기와 바이패스밸브

해설
압력조절기는 계통압력을 킥아웃과 킥인을 통해 규정범위로 조절한다.
• 킥 아웃 : 계통압력이 규정보다 높으면 바이패스밸브를 열어 레저버로 작동유를 귀환시킨다.
• 킥 인 : 계통압력이 규정보다 낮으면 바이패스밸브를 닫고 체크밸브를 통해 작동유가 계통에 공급된다.

70 자기나침반(Magnetic Compass)의 자차수정 시기가 아닌 것은?

① 엔진교환 작업 후 수행한다.
② 지시에 이상이 있다고 의심이 갈 때 수행한다.
③ 철재 기체 구조재의 대수리 작업 후 수행한다.
④ 기체의 구조부분을 검사할 때 항상 수행한다.

71 교류발전기의 정격이 115 V, 1 kVA, 역률이 0.866이라면 무효전력(Reactive Power)은 얼마인가?[단, 역률(Power Factor) 0.866은 cos30°에 해당된다]

① 500W
② 866W
③ 500Var
④ 866Var

해설
피상전력은 1,000VA
유효전력 = 피상전력 × 역률 = 866W
무효전력 = 피상전력 × sin30° = 500Var

정답 67 ④ 68 ② 69 ② 70 ④ 71 ③

72 왕복엔진의 실린더에 흡입되는 공기압을 아네로이드와 다이어프램을 사용하여 절대압력으로 측정하는 계기는?

① 윤활유 압력계
② 제빙 압력계
③ 증기압식 압력계
④ 흡입 압력계

73 열을 받게 되면 스테인리스강으로 된 케이스가 늘어나게 되므로, 금속 스트럿이 펴지면서 접촉점이 연결되어 회로를 형성시키는 화재경고장치는?

① 열전쌍식 화재경고장치
② 광전지식 화재경고장치
③ 열 스위치식 화재경고장치
④ 저항 루프형 화재경고장치

74 VOR국은 전파를 이용하여 방위 정보를 항공기에 송신하는데 이때 VOR국에서 관찰하는 항공기의 방위는?

① 진방위   ② 상대방위
③ 자방위   ④ 기수방위

해설
항공기 나침반의 자북과 VOR 기지국에서 방출되는 전파로 파악된 VOR 기지국의 방향 사이의 각, 즉 자방위를 알 수 있다.

75 자이로의 섭동각속도를 나타낸 것으로 옳은 것은? (단, M : 외부력에 의한 모멘트, L : 각운동량이다)

① $\dfrac{M}{L}$ ② $\dfrac{L}{M}$
③ $L-M$ ④ $M\times L$

해설
선형 모멘텀은 $G=mv$로 표시된다. 선형 모멘텀의 시간 변화율은 힘이 되어 다음과 같은 식으로 표시된다. $F=ma$, 즉 F는 힘, m은 질량, a는 선형 가속도이다. 회전 모멘텀은 $M=L\omega$로 표시된다. 회전 모멘텀의 시간 변화율은 회전 모멘트가 되어 다음과 같은 식으로 표시된다. $T=I\alpha$, 즉 T는 회전 모멘트, I는 회전관성모멘트, α는 회전 가속도이다.

76 그림에서 압력계에 나타나는 압력은 몇 kgf/cm²인가?(단, 단면적은 A측 2cm², B측 10cm²이며, 작용하는 힘은 A측 50kgf, B측 250kgf이다)

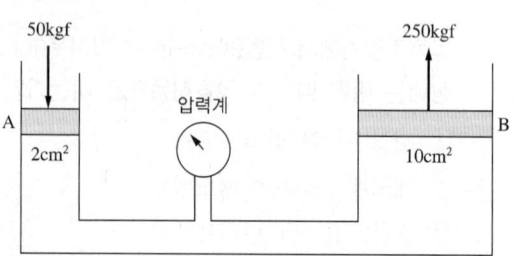

① 25   ② 50
③ 100   ④ 250

해설
압력 = $\dfrac{\text{힘}}{\text{면적}} = \dfrac{50\,\text{kgf}}{2\,\text{cm}^2} = 25\,\dfrac{\text{kgf}}{\text{cm}^2}$ 으로 파스칼의 원리에 의해 작동유가 들어 있는 모든 구역의 작동유 압력은 동일하다.

77 교류발전기의 병렬운전 시 고려해야 할 사항이 아닌 것은?

① 위 상
② 전 류
③ 전 압
④ 주파수

[해설]
교류발전기 병렬운전 시 전압, 주파수, 위상이 서로 같아야 한다.

79 항공기 속도에서 등가대기속도에서 대기밀도를 보정한 속도는?

① IAS
② CAS
③ TAS
④ EAS

[해설]
③ 진대기속도(True Air Speed) : EAS에 고도변화에 따른 밀도를 고려한 속도
① 지시대기속도(Indicated Air Speed) : 계기에 표시된 속도
② 수정대기속도(Calibrated Air Speed) : IAS에 피토관의 위치 및 계기자체오차를 고려해 수정한 속도
④ 등가대기속도(Equivalent Air Speed) : CAS에 공기의 압축성을 고려한 속도

78 축전지 터미널(Battery Terminal)에 부식을 방지하기 위한 방법으로 가장 적합한 것은?

① 납땜을 한다.
② 증류수로 씻어낸다.
③ 페인트로 얇은 막을 만들어 준다.
④ 그리스(Grease)로 얇은 막을 만들어 준다.

80 수평의(Vertical Gyro)는 항공기에서 어떤 축의 사세를 감지하는가?

① 기수 방위
② 롤 및 피치
③ 롤 및 기수 방위
④ 피치 및 기수 방위

[정답] 77 ② 78 ④ 79 ③ 80 ②

2018년 제1회 과년도 기출문제

제1과목 항공역학

01 헬리콥터의 제자리 비행 시 발생하는 전이성향편류를 옳게 설명한 것은?

① 주로터가 회전할 때 토크를 상쇄하기 위해 미부로터가 수평추력을 발생시키는 것
② 단일로터 헬리콥터에서 주로터와 미부로터의 추력이 효과적인 균형을 이룰 때 헬리콥터가 옆으로 흐르는 현상
③ 종렬로터와 동축로터 시스템의 헬리콥터에서 토크를 방지하기 위한 로터가 상호 반대로 회전하는 것
④ 헬리콥터의 주로터 회전방향의 반대방향으로 동체가 돌아가려는 성질

해설
헬리콥터가 주로터(Main Rotor)를 위에서 봐서 반시계방향으로 회전시키면 이에 대한 반작용으로 헬리콥터는 시계방향으로 회전한다. 이를 방지하기 위해 꼬리 회전날개(Tail Rotor)의 추력으로 헬리콥터의 시계방향 회전을 막는다. 그런데 이 꼬리 회전날개의 추력으로 인해 헬리콥터가 오른쪽으로 전이성향의 편류(Drift)를 하게 된다. 이를 막기 위해서는 주로터의 회전축을 왼쪽으로 약간 기울여 헬리콥터에 작용하는 좌우 방향의 힘의 균형을 이루도록 한다.

02 무게가 4,000kgf, 날개면적 30m²인 항공기가 최대양력계수 1.4로 착륙할 때 실속속도는 약 몇 m/s인가?(단, 공기의 밀도는 1/8kgf·s²/m⁴이다)

① 10 ② 19
③ 30 ④ 39

해설
최대양력계수 $C_{L\max}$로 착륙할 때 발생하는 양력은 항공기 무게와 같아야 한다.
$W = L = C_L \frac{1}{2}\rho V^2 S$이므로
$\frac{1}{2}\rho V^2 = \frac{W}{C_L S}$
$V = \sqrt{\frac{2W}{\rho C_L S}} = \sqrt{\frac{2(4,000\text{kgf})}{(0.125\text{kgf}\cdot\text{s}^2/\text{m}^4)(1.4)(30\text{m}^2)}} = 39\text{m/s}$

03 비행기의 방향 조종에서 방향키 부유각(Float Angle)에 대한 설명으로 옳은 것은?

① 방향키를 고정했을 때 공기력에 의해 방향키가 변위되는 각
② 방향키를 자유로 했을 때 공기력에 의해 방향키가 자유로이 변위되는 각
③ 방향키를 밀었을 때 공기력에 의해 방향키가 변위되는 각
④ 방향키를 당겼을 때 공기력에 의해 방향키가 변위되는 각

04 비행기가 평형상태에서 이탈된 후, 평형상태와 이탈상태를 반복하면서 그 변화의 진폭이 시간의 경과에 따라 발산하는 경우를 가장 옳게 설명한 것은?

① 정적으로 안정하고, 동적으로는 불안정하다.
② 정적으로 안정하고, 동적으로도 안정하다.
③ 정적으로 불안정하고, 동적으로는 안정하다.
④ 정적으로 불안정하고, 동적으로도 불안정하다.

해설
비행기가 평형상태에서 이탈된 후 원래의 평형상태로 되돌아가려는 경향을 양(+)의 정적안정(Static Stability)라 한다. 이 비행기는 정적으로 안정하다. 그러나 이탈 진폭이 시간의 경과에 따라 커지므로 동적으로는 불안정하다.

05 해면고도에서 표준대기의 특성 값으로 틀린 것은?

① 표준온도는 15°F이다.
② 밀도는 1.23kg/m³이다.
③ 대기압은 760mmHg이다.
④ 중력가속도는 32.2ft/s²이다.

해설
표준온도는 15°C이다.

06 비행기의 이륙활주거리를 짧게 하기 위한 방법이 아닌 것은?

① 엔진의 추력을 크게 한다.
② 비행기의 무게를 감소한다.
③ 슬랫(Slat)과 플랩(Flap)을 사용한다.
④ 항력을 줄이기 위해 작은 날개를 사용한다.

해설
항력을 줄이기 위해 작은 날개를 사용하면 양력이 줄어든다. 그러면 이륙활주거리가 늘어난다.

07 비행기가 트림(Trim)상태로 비행한다는 것은 비행기 무게중심 주위의 모멘트가 어떤 상태인 경우인가?

① "부(-)"인 경우
② "정(+)"인 경우
③ "영(0)"인 경우
④ "정"과 "영"인 경우

해설
비행기 받음각 $\alpha = \alpha_{Trim}$ 을 유지하며 비행하면 피칭모멘트가 발생하지 않는다.

08 날개의 길이(Span)가 10m이고 넓이가 25m²인 날개의 가로세로비(Aspect Ratio)는?

① 2　　　　② 4
③ 6　　　　④ 8

해설
$$AR = \frac{\text{날개길이} \, b}{\text{코드길이} \, c} = \frac{b^2}{bc} = \frac{b^2}{S} = \frac{(10m)^2}{25m^2} = 4$$

정답　4 ①　5 ①　6 ④　7 ③　8 ②

09 무동력(Power-off)비행 시 실속속도와 동력(Power-on)비행 시 실속속도의 관계로 옳은 것은?

① 서로 동일하다.
② 비교할 수가 없다.
③ 동력비행 시의 실속속도가 더 크다.
④ 무동력비행 시의 실속속도가 더 크다.

해설

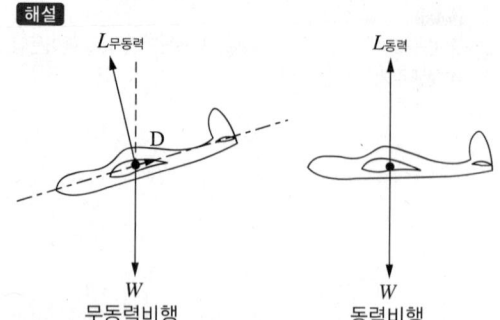

무동력비행 시에는 하강비행하므로 양력이 수직으로 작용하지 않으므로 발생해야 할 양력이 더 크다. 즉, $L_{무동력} > L_{동력}$이다. 따라서 무동력 실속속도도 동력 실속속도보다 커야 한다.

10 날개 끝 실속을 방지하는 보조장치 및 방법으로 틀린 것은?

① 경계층 펜스를 설치한다.
② 톱날 앞전 형태를 도입한다.
③ 날개의 후퇴각을 크게 한다.
④ 날개가 워시아웃(Wash Out) 형상을 갖도록 한다.

해설

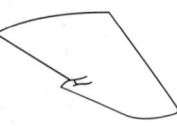

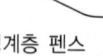 톱날 앞전 형태

③ 날개의 후퇴각이 커지면 날개 뿌리에서 날개 끝단으로 기다란 공기흐름이 형성되어 날개 끝단에서는 에너지가 떨어지게 되어 실속이 발생한다.
경계층 펜스 날개는 펜스를 통해서, 톱날 앞전 형태 날개는 톱날 앞전에서 발생하는 와류(Vortex)에 의해서 날개 뿌리에서 날개 끝단으로 공기가 흐르는 대신 날개 앞전에서 뒷전으로 흐르도록 한다.
• 공기흐름은 짧은 흐름 경로를 가지므로 에너지가 충분하여 날개표면에서 떨어져 나가지 않는다. 따라서 실속이 방지된다.
• 날개가 워시아웃 형상을 가지면 날개 끝 붙임각이 날개 뿌리의 붙임각보다 작으므로 받음각이 작아진다. 따라서 실속이 방지된다.

11 프로펠러의 역피치(Reverse Pitch)를 사용하는 주된 목적은?

① 후진비행을 위해서
② 추력의 증가를 위해서
③ 착륙 후의 제동을 위해서
④ 추력을 감소시키기 위해서

해설
착륙 후 프로펠러의 역피치를 사용하면 역추력이 발생한다. 따라서 착륙 후 제동거리가 짧아진다.

12 항력계수가 0.02이며, 날개면적이 20m²인 항공기가 150m/s로 등속도 비행을 하기 위해 필요한 추력은 약 몇 kgf인가?(단, 공기의 밀도는 0.125kgf · s²/m⁴이다)

① 433
② 563
③ 643
④ 723

해설
등속도 비행 시 추력과 항력은 같다.
$T = D = C_D \frac{1}{2} \rho V^2 S = 0.02 \times \frac{1}{2} \times 0.125 \text{kgf} \cdot \text{s}^2/\text{m}^4$
$= 0.02 \times \frac{1}{2} \times 0.125 \text{kgf} \cdot \text{s}^2/\text{m}^4 \times (150\text{m/s})^2 \times 20\text{m}^2$
$= 563 \text{kgf}$

13 등속수평비행에서 경사각을 주어 선회하는 경우 동일 고도를 유지하기 위한 선회속도와 수평비행속도와의 관계로 옳은 것은?(단, V_L : 수평비행속도, V : 선회속도, ϕ : 경사각이다)

① $V = \dfrac{V_L}{\sqrt{\cos\phi}}$ ② $V = \dfrac{V_L}{\cos\phi}$

③ $V = \sqrt{\dfrac{V_L}{\cos\phi}}$ ④ $V = \dfrac{\sqrt{V_L}}{\cos\phi}$

해설

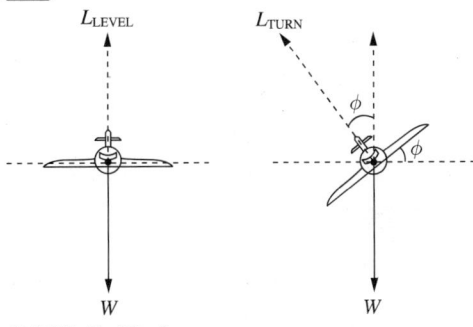

수평비행 시 $W = L_{\text{LEVEL}}$
선회비행 시 $W = L_{\text{TURN}} \cos\phi$
따라서 $L_{\text{LEVEL}} = L_{\text{TURN}} \cos\phi$
다시 쓰면, $C_L \dfrac{1}{2}\rho V_L^2 S = C_L \dfrac{1}{2}\rho V^2 S \cos\phi$
즉, $V = \dfrac{\sqrt{V_L}}{\cos\phi}$

14 임계 마하수가 0.70인 직사각형 날개에서 임계 마하수를 0.91로 높이기 위해서는 후퇴각을 약 몇 도(°)로 해야 하는가?

① 10° ② 20°
③ 30° ④ 40°

해설

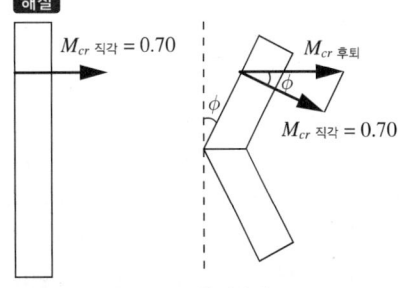

직각날개   후퇴날개

직각사각형 날개의 경우 임계 마하수 $M_{cr} = 0.70$일 때 날개 표면 어디에선가 음속 $M = 1$이 발생한다. 직각날개인 경우에는 임계마하수 $M_{cr\,직각}$ 속도가 비행방향과 평행이다. 후퇴날개의 경우에는 임계마하수 $M_{cr\,후퇴}$ 속도와 $M_{cr\,직각}$ 속도 사이의 각이 ϕ이다.
따라서 $M_{cr\,직각} = M_{cr\,후퇴} \cos\phi$
즉, $0.70 = 0.91\cos\phi$
$\phi = \cos^{-1}\dfrac{0.70}{0.91} = 40°$

15 헬리콥터에서 회전날개의 회전 위치에 따른 양력 비대칭 현상을 없애기 위한 방법은?

① 회전깃에 비틀림을 준다.
② 플래핑 힌지를 사용한다.
③ 꼬리 회전날개를 사용한다.
④ 리드-래그 힌지를 사용한다.

해설
전진하는 로터 블레이드가 받는 공기의 상대속도는 비행속도의 벡터합 만큼 커지고 후진하는 로터 블레이드가 받는 공기의 상대속도는 비행속도의 벡터합 만큼 작아진다. 따라서 메인 로터의 회전 위치에 따라 블레이드가 받는 상대속도가 크게 차이가 나서 양력의 비대칭현상이 발생한다. 이를 방지하기 위하여 플래핑 힌지를 사용하여 전진 로터 블레이드는 양력이 커지는 만큼 위로 상승하여 이 동안 받음각이 작아지게 하고 후진 로터 블레이드는 양력이 감소하는 만큼 아래로 하강하여 이 동안 받음각이 커지게 한다. 이를 통해 전진 후진 로터 블레이드의 양력이 균일하게 유지되도록 한다.

16 태양이 방출하는 자외선에 의하여 대기가 전리되어 자유전자의 밀도가 커지는 대기권 층은?

① 중간권
② 열 권
③ 성층권
④ 극외권

17 프로펠러에 작용하는 토크(Torque)의 크기를 옳게 나타낸 것은?(단, ρ : 유체밀도, n : 프로펠러 회전수, C_q : 토크계수, D : 프로펠러의 지름이다)

① $C_q \rho n D$
② $\dfrac{C_q D^2}{\rho n}$
③ $C_q \rho n^2 D^5$
④ $\dfrac{\rho n}{C_q D^2}$

해설

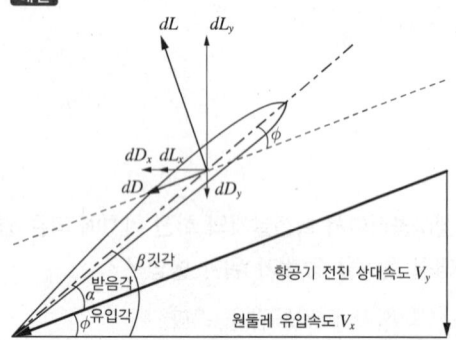

프로펠러 미소단면에서 발생하는 양력을 dL, 항력을 dD라 하면 전진 방향 힘, 즉 추력은 $dT = dL_y - dD_y = dL\cos\phi - dD\sin\phi$
원둘레 회전면 방향힘은 $dL_x + dD_x = dL\sin\phi + dD\cos\phi$
프로펠러 중심으로부터 이 원둘레힘이 작용하는 지점까지의 거리를 원둘레힘에 곱하면 미소 토크 dQ를 구할 수 있다.
일반 에어포일에 적용하는 양력 공식 $L = C_L \dfrac{1}{2} \rho V^2 S$과 비슷하게
프로펠러의 추력 T와 토크 Q를 다음과 같이 표현할 수 있다.
$T = C_T \rho n^2 D^4$ 그리고 $Q = C_Q \rho n^2 D^5$이다.
여기서, n은 회전수(rev/s)이고, D는 프로펠러의 지름이다. 따라서 nD는 속도에 해당되며 $n^2 D^4$는 속도의 제곱에 해당한다. D^2은 프로펠러의 원의 면적을 표현한다고 볼 수 있다.
프로펠러에 필요한 동력은 $P = Q\omega = C_P \rho n^3 D^5$으로 표현될 수 있다.

18 유체흐름과 관련된 각 용어의 설명이 옳게 짝지어진 것은?

① 박리 : 층류에서 난류로 변하는 현상
② 층류 : 유체가 진동을 하면서 흐르는 흐름
③ 난류 : 유체 유동특성이 시간에 대해 일정한 정상류
④ 경계층 : 벽면에 가깝고 점성이 작용하는 유체의 층

19 항공기가 스핀상태에서 회복하기 위해 주로 사용하는 조종면은?

① 러 더
② 에일러론
③ 스포일러
④ 엘리베이터

20 날개하중이 30kgf/m²이고, 무게가 1,000kgf인 비행기가 7,000m 상공에서 급강하하고 있을 때 항력계수가 0.1이라면 급강하 속도는 몇 m/s인가?(단, 공기의 밀도는 0.06kgf · s²/m⁴이다)

① 100
② $100\sqrt{3}$
③ 200
④ $100\sqrt{5}$

해설
비행기가 급강하 할 때 힘의 자유물체도를 보면 $D = W$이다.
즉, $D = C_D \dfrac{1}{2} \rho V_{급강하}^2 S = W$

$V_{급강하} = \sqrt{\dfrac{2W}{C_D \rho S}} = \sqrt{\dfrac{2(30\text{kgf/cm}^2)}{(0.1)(0.06\text{kgf}\cdot\text{s}^2/\text{m}^4)}} = 100\text{m/s}$

제2과목 항공기관

21 속도 1,080km/h로 비행하는 항공기에 장착된 터보제트엔진이 294kg/s로 공기를 흡입하여 400m/s로 배기시킬 때 비추력은 약 얼마인가?

① 8.2　　② 10.2
③ 12.2　　④ 14.2

해설
터보제트 엔진의 비추력은 진추력을 흡입 공기 중량 유량으로 나눈 값이다.
$$F_s = \frac{V_j - V_a}{g} = \frac{400 - 300}{9.8} = 10.2 (\text{kg})$$
여기서, F_s : 비추력, V_j : 배기속도, V_a : 흡입공기속도
속도 1,080km/h는 300m/s로 환산해야 한다.

22 항공기용 왕복엔진의 이상적인 사이클은?

① 오토 사이클　　② 디젤 사이클
③ 카르노 사이클　　④ 브레이턴 사이클

해설
가스터빈엔진의 기본 사이클은 브레이턴 사이클(Brayton Cycle), 왕복엔진의 기본 사이클은 오토 사이클(Otto Cycle)이다.

23 제트엔진의 압축기에서 압축된 고온의 공기를 일부 우회시켜 압축기 흡입부의 방빙, 연료가열 및 항공기 여압과 제빙에 사용하는데 이 공기를 제어하는 장치는?

① 차단밸브　　② 섬프밸브
③ 블리드밸브　　④ 점화가스밸브

해설
압축기 블리드 공기의 용도
• 객실 여압 및 냉난방
• 방빙 및 제빙
• 연료 가열 및 고온부분 냉각
• 엔진 시동
• 계기작동을 위한 동력원
• 베어링 실(Bearing Seal) 가압
• 압축기 공기 흐름 조절

24 그림과 같은 $P - V$선도는 어떤 사이클을 나타낸 것인가?

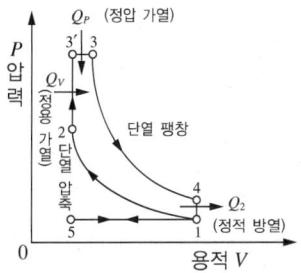

① 정압 사이클　　② 정적 사이클
③ 합성 사이클　　④ 카르노 사이클

해설
그림과 같이 복합 사이클(Combined Cycle, Sabathe Cycle)은 오토 사이클과 디젤 사이클을 결합한 형태의 사이클이다.

25 가스터빈엔진의 후기연소기가 작동중일 때 배기노즐 단면적의 변화로 옳은 것은?

① 감소된다.
② 증가된다.
③ 변화 없다.
④ 증가 후 감소된다.

해설
후기연소기(Afterburner) 작동 시, 후기연소기에서 연소된 가스의 체적이 크게 증가하기 때문에 배기노즐의 면적을 크게 해 주어 빠른 속도의 배기가스가 충분히 배기되도록 해야 한다. 그렇지 않으면 터빈 출구 압력의 상승으로 말미암아 압축기 실속 및 터빈온도 상승 등의 문제가 발생한다.

정답　21 ②　22 ①　23 ③　24 ③　25 ②

26 엔진 윤활유 탱크 내 설치된 호퍼(Hopper)의 기능은?
① 엔진의 급가속 시 윤활유의 공급량을 증대시킨다.
② 엔진으로부터 배유된 윤활유의 온도를 측정한다.
③ 윤활유에 연료를 혼합하여 윤활유의 점도를 조정한다.
④ 시동 시 신속히 오일온도를 상승시키게 한다.

해설
오일 탱크에 있는 차가운 오일은, 탱크 안에 설치되어 있는 호퍼(Hopper) 내에서 엔진을 순환한 뜨거운 오일과 섞여 온도가 상승하여 엔진으로 공급된다.

27 프로펠러의 평형작업에 관한 설명으로 틀린 것은?
① 2깃 프로펠러는 수직 또는 수평평형검사 중 한 가지만 수행한 후 수정 작업한다.
② 동적 불평형은 프로펠러 깃 요소들의 중심이 동일한 회전면에서 벗어났을 때 발생한다.
③ 정적 불평형은 프로펠러의 무게중심이 회전축과 일치하지 않을 때 발생한다.
④ 깃의 회전궤도가 일정하지 못할 때에는 진동이 발생하므로 깃 끝 궤도검사를 실시한다.

해설
2깃 프로펠러는 수직, 수평평형검사 둘 다 이루어져야 한다.

28 축류형 압축기에서 1단(Stage)의 의미를 옳게 설명한 것은?
① 저압압축기(Low Compressor)를 말한다.
② 고압압축기(High Compressor)를 말한다.
③ 1열의 로터(Rotor)와 1열의 스테이터(Stator)를 말한다.
④ 저압압축기(Low Compressor)와 고압압축기(High Compressor)의 1쌍을 말한다.

해설
- 축류형 압축기 1단 : 1열의 로터와 1열의 스테이터
- 축류형 터빈 1단 : 1열의 스테이터와 1열의 로터

29 왕복엔진의 크랭크 케이스 내부에 과도한 가스 압력이 형성되었을 경우 크랭크 케이스를 보호하기 위하여 설치된 장치는?
① 블리드(Bleed) 장치
② 브리더(Breather) 장치
③ 바이패스(Bypass) 장치
④ 스캐빈지(Scavenge) 장치

해설
크랭크케이스의 브리더(Breather)장치는 일종의 환기 장치로서 블로 바이 가스(Blow-by Gas)를 배출하는 역할을 한다.

30 헬리콥터용 터보샤프트엔진을 시운전실에서 시험하였더니 24,000rpm에서 토크가 51kg·m이었다면 이때 엔진은 약 몇 마력(PS)인가?(단, 1ps=75kg·m/s이다)
① 1,709
② 2,105
③ 2,400
④ 2,571

해설
터보샤프트 엔진의 마력은 축마력으로 나타내며, 축마력(sHP)은 다음과 같다.
$$sHP = \frac{T \times N}{716.2}(PS)$$
여기서, T : 토크(kg·m), N : 회전수(rpm)
따라서 $sHP = \frac{51 \times 24,000}{716.2} = 1,709(PS)$

31 추진 시 공기를 흡입하지 않고 자체 내의 고체 또는 액체의 산화제와 연료를 사용하는 엔진은?

① 로켓 ② 램제트
③ 펄스제트 ④ 터보프롭

해설
제트엔진의 종류
- 로켓(Rocket) : 공기를 흡입하지 않고 엔진 자체 내에 고체 또는 액체의 산화제와 연료를 사용하여 추진력을 얻는 비공기 흡입엔진
- 램 제트(Ram Jet) : 대기 중의 공기를 추진에 사용하는 가장 간단한 구조를 가진 엔진
- 펄스 제트(Pulse Jet) : 램 제트와 거의 유사하지만, 공기 흡입구에 셔터 형식의 공기 흡입 플래퍼 밸브(Flapper Valve)가 있다는 점이 다르다.
- 터빈 형식 엔진 : 터보 제트, 터보 팬, 터보 프롭, 터보 샤프트 엔진들처럼 가스 발생기가 있는 엔진

32 항공기용 왕복엔진의 연료계통에서 베이퍼 로크(Vapor Lock)의 원인이 아닌 것은?

① 연료 온도 상승
② 연료의 낮은 휘발성
③ 연료탱크 내부의 거품발생
④ 연료에 작용되는 압력의 저하

해설
연료의 휘발성이 높을 때 오히려 베이퍼 로크 현상이 더 잘 발생한다.

33 가스를 팽창 또는 압축시킬 때 주위와 열의 출입을 완전히 차단시킨 상태에서 변화하는 과정을 나타낸 식은?(단, P는 압력, v는 비체적, T는 온도, k는 비열비이다)

① Pv = 일정 ② Pv^k = 일정
③ $\dfrac{P}{T}$ = 일정 ④ $\dfrac{T}{v}$ = 일정

해설
폴리트로픽 과정($Pv^n = C$)에서
- 정압과정($n=0$) : $P=C$
- 등온과정($n=1$) : $Pv=C$
- 단열과정($n=k$) : $Pv^k=C$
- 정적과정($n\to\infty$) : $v=C$

34 왕복엔진에서 순환하는 오일에 열을 가하는 요인 중 가장 영향이 적은 것은?

① 연료펌프
② 로커암 베어링
③ 커넥팅로드 베어링
④ 피스톤과 실린더 벽

해설
연료펌프는 오일 순환과 관계가 없으며 연료가 액체 상태로 흐르고 있어 열의 발생이 없다.

35 항공기 엔진의 오일필터가 막혔다면 어떤 현상이 발생하는가?

① 엔진 윤활계통의 윤활 결핍현상이 온다.
② 높은 오일압력 때문에 필터가 파손된다.
③ 오일이 바이패스 밸브(Bypass Valve)를 통하여 흐른다.
④ 높은 오일압력으로 체크밸브(Check Valve)가 작동하여 오일이 되돌아 온다.

해설
윤활계통 내의 밸브
- 릴리프 밸브 : 엔진의 내부로 들어가는 윤활유의 압력이 높을 때 윤활유를 펌프 입구로 되돌려 준다.
- 바이패스 밸브 : 오일 필터가 막히면 오일 압력이 증가하여 바이패스 밸브가 열리게 되어 계통으로 직접 윤활유가 공급된다.

36 왕복엔진의 작동 중에 안전을 위해 확인해야 하는 변수가 아닌 것은?

① 오일압력　　② 흡기압력
③ 연료온도　　④ 실린더헤드온도

37 체적을 일정하게 유지시키면서 단위질량을 단위온도로 높이는 데 필요한 열량은?

① 단 열　　② 비열비
③ 정압비열　　④ 정적비열

해설
④ 정적비열(C_v) : 체적을 일정하게 유지시키면서 단위질량을 단위온도로 높이는 데 필요한 열량
② 비열비 $k = \dfrac{C_p}{C_v} > 1$
③ 정압비열(C_p) : 압력을 일정하게 유지시키면서 단위질량을 단위온도로 높이는 데 필요한 열량

38 가스터빈엔진의 연료계통에 사용되는 P&D밸브(Pressurizing & Dump Valve)의 역할이 아닌 것은?

① 연료의 흐름을 1차 연료와 2차 연료로 분리시킨다.
② 엔진이 정지되었을 때 연료노즐에 남아 있는 연료를 외부로 방출한다.
③ 연료의 압력이 일정압력 이상이 될 때까지 연료의 흐름을 차단한다.
④ 펌프 출구압력이 규정값 이상으로 높아지면 열려서 연료를 기어펌프 입구로 되돌려 보낸다.

해설
여압 및 드레인 밸브(P&D Valve)의 역할
• 연료의 흐름을 1차 연료와 2차 연료로 분리
• 연료 압력이 규정 압력 이상이 될 때까지 연료 흐름을 차단
• 엔진 정지 시 매니폴드나 연료 노즐에 남아 있는 연료를 외부로 방출

39 왕복엔진의 밸브작동장치 중 유압 태핏(Hydraulic Tappet)의 장점이 아닌 것은?

① 밸브 개폐시기를 정확하게 한다.
② 밸브 작동기구의 충격과 소음을 방지한다.
③ 열팽창 변화에 의한 밸브 간극을 항상 "0"으로 자동 조정한다.
④ 엔진 작동 시 열팽창을 작게 하여 실린더 헤드의 온도를 낮춘다.

해설
유압 태핏과 실린더 헤드 온도와는 직접적인 관계가 없다.

40 정속 프로펠러(Constant Speed Propeller)에 대한 설명으로 옳은 것은?

① 조속기에 의해서 자동적으로 피치를 조정할 수 있다.
② 3방향 선택밸브(3Way Valve)에 의해 피치가 변경된다.
③ 저피치(Low Pitch)와 고피치(High Pitch)인 2개의 위치만을 선택할 수 있다.
④ 깃각(Blade Angle)이 하나로 고정되어 피치변경이 불가능하다.

해설
정속프로펠러는 조종사의 조작없이 일정한 rpm을 유지하기 위해 피치각이 자동으로 바뀌며, 고정피치 프로펠러는 피치가 늘 고정되어 있고, 조정피치 프로펠러는 지상에서 피치를 조정한다.

제3과목 항공기체

41 다음 중 평소에는 하중을 받지 않는 예비부재를 가지고 있는 구조형식은?

① 이중구조 ② 하중경감구조
③ 대치구조 ④ 다중하중경로구조

해설
대치구조

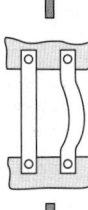

42 항공기 중량을 측정한 결과를 이용하여 날개 앞전으로부터 무게중심까지의 거리를 MAC(공력평균시위) 백분율로 표시하면 약 얼마인가?

| 결과 |
- 앞바퀴(Nose Landing Gear) : 1,500kg
- 우측 주바퀴(Main Landing Gear) : 3,500kg
- 좌측 주바퀴(Main Landing Gear) : 3,400kg

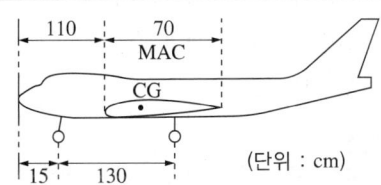

① 14.5% MAC ② 16.9% MAC
③ 21.7% MAC ④ 25.4% MAC

해설
MAC는 항공기 날개의 공기역학적인 시위로서 다음 식과 같다.

$\%MAC = \dfrac{CG-S}{MAC} \times 100$

여기서, CG : 기준선에서 무게중심까지의 거리
S : 평균공력 시위의 앞전까지의 거리
MAC : 평균공력 시위의 길이

먼저 무게중심을 구하면

$CG = \dfrac{\text{총모멘트}}{\text{총무게}}$

$= \dfrac{(1,500 \times 15) + (3,500 + 3,400) \times (15 + 130)}{1,500 + 3,500 + 3,400}$

$= \dfrac{22,500 + 1,000,500}{8,400} = 121.8(\text{cm})$

따라서 $\%MAC = \dfrac{121.8 - 110}{70} \times 100 = 16.86(\%)$

43 비상구, 소화제 발사장치, 비상용 제동장치핸들, 스위치, 커버 등을 잘못 조작하는 것을 방지하고, 비상시 쉽게 제거할 수 있도록 하는 안전결선은?

① 고정 결선(Lock Wire)
② 전단 결선(Shear Wire)
③ 다선식 안전결선법(Multi Wire Method)
④ 복선식 안전결선법(Double Twist Method)

해설
안전 결선의 방법으로는 나사 부품을 조이는 방향으로 당겨, 확실히 고정시키는 고정 와이어(Lock Wire) 방법과 비상구, 소화제 발사장치, 비상용 브레이크 등의 핸들, 스위치 등을 잘못 조작하는 것을 막고, 조작을 할 때에 쉽게 작동할 수 있도록 할 목적으로 사용되는 전단 와이어(Shear Wire) 방법이 있다.

44 판금작업 시 구부리는 판재에서 바깥면의 굽힘 연장선의 교차점과 굽힘 접선과의 거리를 무엇이라고 하는가?

① 세트백(Set Back)
② 굽힘 각도(Degree of Bend)
③ 굽힘 여유(Bend Allowance)
④ 최소 반지름(Minimum Radius)

해설
세트백과 중립선

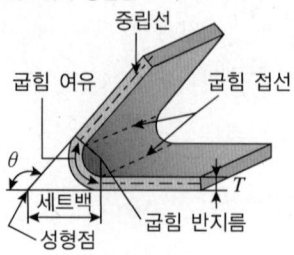

45 세미모노코크(Semi Monocoque) 구조형식의 비행기 동체에서 표피가 주로 담당하는 하중은?

① 굽힘과 비틀림
② 인장력과 압축력
③ 비틀림과 전단력
④ 굽힘, 인장력 및 압축력

해설
세미모노코크 구조 구성품
- 외피(Skin) : 동체에 작용하는 전단 하중과 비틀림 하중 담당
- 세로대(Longeron) : 휨 모멘트와 동체 축 하중 담당
- 스트링어(Stringer) : 세로대보다 무게가 가볍고 훨씬 많은 수가 배치
- 벌크헤드(Bulkhead) : 동체 앞뒤에 하나씩 배치되며 방화벽이나 압력 벌크헤드로 이용
- 정형재(Former) : 링 모양이며 벌크헤드 사이에 배치, 날개나 착륙장치의 장착 용도로 사용하며 비틀림 하중에 의한 동체 변형을 방지
- 프레임(Frame) : 축 하중과 휨 하중 담당

46 비행 중 발생하는 불균형 상태를 탭을 변위시킴으로써 정적균형을 유지하여 정상 비행을 하도록 하는 장치는?

① 트림 탭(Trim Tab)
② 서보 탭(Servo Tab)
③ 스프링 탭(Spring Tab)
④ 밸런스 탭(Balance Tab)

해설
탭(Tab) : 조종면 뒤쪽 부분에 부착하는 작은 플랩의 일종. 조종면 뒷전 부분의 압력분포를 변화시켜 힌지 모멘트에 큰 변화를 생기게 함
① 트림 탭(Trim Tab) : 조종력을 0으로 맞춰주는 장치
② 평형 탭(Balance Tab) : 조종면이 움직이는 방향과 반대 방향으로 움직임
③ 스프링 탭(Spring Tab) : 혼과 조종면 사이에 스프링을 설치하여 탭 작용을 배가시킴
④ 조종 탭(Control Tab) : 서보 탭이라고 하며 조종장치와 직접 연결되어 탭만 작동시켜서 조종면을 움직이도록 설계

47 나셀(Nacelle)에 대한 설명으로 옳은 것은?

① 기체의 인장하중을 담당한다.
② 엔진을 장착하여 하중을 담당하기 위한 구조물이다.
③ 기체에 장착된 엔진을 둘러싼 부분을 말한다.
④ 일반적으로 기체의 중심에 위치하여 날개구조를 보완한다.

해설
- 나셀 : 기체에 장착된 엔진을 둘러싼 부분
- 카울링(Cowling) : 엔진 주위를 둘러싼 덮개로 정비나 점검을 쉽게 하도록 열고 닫을 수 있음
- 엔진 마운트(Engine Mount) : 엔진을 장착하기 위한 구조물

48 원형단면의 봉이 비틀림 하중을 받을 때 비틀림 모멘트에 대한 식으로 옳은 것은?

① 굽힘응력×(단면계수÷단면의 반지름)
② 전단응력×(횡탄성계수÷단면의 반지름)
③ 전단변형도×(단면오차모멘트÷단면의 반지름)
④ 전단응력×(극관성모멘트÷단면의 반지름)

해설
비틀림 모멘트(T)
$$T = \tau_0 \frac{I_p}{R}$$
여기서, τ_0 : 최대 전단응력
I_p : 극단면 2차 모멘트
R : 반지름

49 항공기의 연료계통에 대한 고려사항으로 틀린 것은?

① 고도에 따른 공기와 연료의 특성변화를 고려해야 한다.
② 항공기의 운동자세와 무관하게 연료를 엔진으로 공급할 수 있어야 한다.
③ 연료의 소모량에 따라 변하는 항공기의 무게중심에 대한 균형을 유지하여야 한다.
④ 연료탱크가 주 날개에 장착된 항공기는 날개 끝부분의 연료부터 사용해야 한다.

해설
일반적으로 날개를 연료 저장 장치로 이용하는 항공기는 날개 끝에 서지(Surge) 탱크 역할을 할 수 있는 공간을 두어 연료 탱크에서 넘치는 연료를 일시적으로 저장할 수 있도록 한다.

50 SAE 4130 합금강에서 숫자 4는 무엇을 의미하는가?

① 크 롬   ② 몰리브덴강
③ 4%의 카본   ④ 0.04%의 카본

해설

합금의 종류	합금 번호	합금의 종류	합금 번호
탄소강	1×××	몰리브덴강	4×××
니켈강	2×××	크롬강	5×××
니켈-크롬강	3×××	크롬-바나듐강	6×××

51 항공기용 볼트의 부품번호가 AN 3 DD 5 A인 경우 "DD"를 가장 옳게 설명한 것은?

① 부식 저항용 강을 나타낸다.
② 카드뮴 도금한 강을 나타낸다.
③ 싱크에 드릴작업이 되지 않은 상태를 나타낸다.
④ 재질을 표시하는 것으로 2024 알루미늄 합금을 나타낸다.

해설
AN3 DD 5A에서 DD는 재질을 나타낸다(AD : 2117, D : 2012, DD : 2024).

52 다음 중 용접 조인트(Joint) 형식에 속하지 않는 것은?

① 랩조인트(Lap Joint)
② 티조인트(Tee Joint)
③ 버트조인트(Butt Joint)
④ 더블조인트(Double Joint)

해설
용접 조인트의 종류

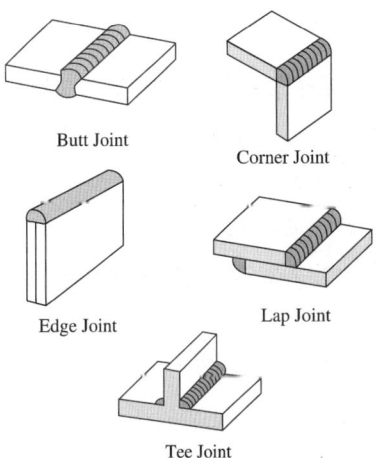

53 그림과 같은 $V-n$ 선도에서 n_1은 설계제한 하중배수, 점선 1B는 돌풍하중 배수선도라면 옳게 짝지은 것은?

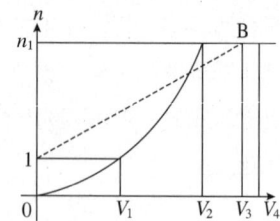

① V_1 – 실속속도
② V_2 – 설계순항속도
③ V_3 – 설계급강하속도
④ V_4 – 설계운용속도

해설
V_S(실속속도) < V_A(설계운용속도) < V_B(설계 돌풍 운용속도) < V_C(설계순항속도) < V_D(설계급강하속도)

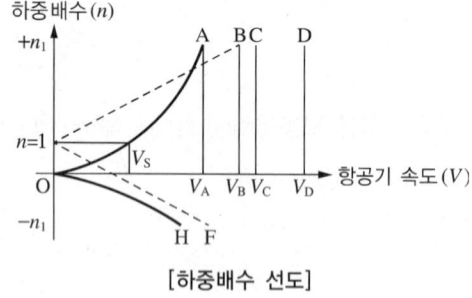

[하중배수 선도]

54 다음 중 응력을 설명한 것으로 옳은 것은?

① 단위 체적당 무게이다.
② 단위 체적당 질량이다.
③ 단위 길이당 늘어난 길이이다.
④ 단위 면적당 힘 또는 힘의 세기이다.

해설
수직 응력은 다음과 같이 정의된다.
$\sigma = \dfrac{P}{A}$
여기서, P : 힘, A : 단면적

55 다른 재질의 금속이 접촉하면 접촉전기와 수분에 의해 국부전류흐름이 발생하여 부식을 초래하게 되는 현상을 무엇이라고 하는가?

① Galvanic Corrosion
② Bonding
③ Anti-corrosion
④ Age Hardening

해설
이질 금속 간 부식은 두 종류의 다른 금속이 접촉하여 생기는 부식으로 동전지 부식, 갈바닉 부식(Galvanic Corrosion)이라고도 함

56 다음과 같은 특징을 갖는 착륙장치의 형식은?

- 지상에서 항공기 동체의 수평 유지로 기내에서 승객들의 이동이 용이하다.
- 고속상태에서 항공기의 급제동이 가능하고 지상전복을 방지하여 안정성이 좋다.
- 조종사는 이착륙 시 넓은 시야각을 갖는다.

① 고정식 착륙장치
② 앞바퀴식 착륙장치
③ 직렬식 착륙장치
④ 뒷바퀴식 착륙장치

해설
대부분의 항공기는 앞바퀴 형식의 삼각형 배열을 하고 있으며, 다음과 같은 장점이 있다.
- 고속에서 주착륙 장치의 제동력이 강하게 작용해도 항공기가 앞으로 거꾸러지는 현상을 방지할 수 있으며, 높은 속도에서 제동력을 강하게 작용할 수 있다.
- 조종사는 이착륙을 할 때에 상대적으로 넓은 시야각을 가지게 된다.
- 삼각형 배열의 착륙 장치는 항공기가 진행을 할 때에 무게중심의 위치를 앞쪽으로 옮기려는 경향이 있으며, 직진 성능이 좋고 안정적인 지상 활주를 할 수 있다.

57 항공기의 고속화에 따라 기체재료가 알루미늄 합금에서 타이타늄 합금으로 대체되고 있는데 타이타늄 합금과 비교한 알루미늄 합금의 어떠한 단점 때문인가?

① 너무 무겁다.
② 열에 강하지 못하다.
③ 전기저항이 너무 크다.
④ 공기와의 마찰로 마모가 심하다.

해설
타이타늄 합금(Titanium Alloy)은 피로에 대한 저항이 강하고, 내열성과 내식성이 양호한 재료로, 이용도가 점차 높아지고 있다. 타이타늄 합금의 비중은 약 4.5로 강보다 가벼우며, 강도는 알루미늄 합금이나 마그네슘 합금보다 높고, 녹는점이 약 1,730℃로서 다른 금속에 비하여 높다. 특히, 피로에 대한 저항이 강하고, 내열성과 내식성이 양호한 장점이 있다.

58 항공기 기체수리 작업 시 리베팅 전에 임시 고정하는데 사용하는 공구는?

① 시트 파스너
② 딤플링
③ 캠 로크 파스너
④ 스퀴즈

해설
시트 파스너 종류

클레코형	스프링 클램프형
6각 너트형	나비너트형

59 그림과 같은 외팔보에 집중하중(P_1, P_2)이 작용할 때 벽 지점에서의 굽힘모멘트를 옳게 나타낸 것은?

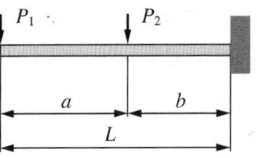

① 0
② $-P_1 a$
③ $-P_1 L - P_2 b$
④ $-P_1 b + P_2 b$

해설
굽힘모멘트는 보에 작용하는 힘과 거리의 곱한 값이다.

60 양극산화처리 방법 중 사용 전압이 낮고, 소모 전력량이 적으며, 약품 가격이 저렴하고 폐수처리도 비교적 쉬워 가장 경제적인 방법은?

① 수산법
② 인산법
③ 황산법
④ 크롬산법

해설
양극산화처리방법
- 황산법 : 사용전압이 낮고, 소모 전력량이 적으며, 약품가격이 저렴하다. 폐수 처리도 비교적 쉬워서 경제적인 방법으로 알려져 있으며, 가장 널리 쓰이고 있다. 합금성분에 의한 영향이 적으며 피막의 색상과 투명도가 좋아 장식용에 특히 적합하며 내식성과 내마멸성도 좋다.
- 수산법 : 일반적으로 수산 알루마이트법이라고 하며 교류 및 직류를 중첩 사용하여 좋은 결과를 얻을 수 있는 장점이 있고 광택이나 피막의 경도 및 내식성도 우수하다. 하지만 약품값이 비싸고 전력비가 많이 드는 단점이 있다.
- 크롬산법 : 항공기용 부품 재료의 방식 처리에 적합하지만 피막의 두께가 얇고 불투명한 회색이기 때문에 염색 처리용으로는 좋지 않다.

정답 57 ② 58 ① 59 ③ 60 ③

제4과목 항공장비

61 교류와 직류 겸용이 가능하며, 인가되는 전류의 형식에 관계없이 항상 일정한 방향으로 구동될 수 있는 전동기는?

① Induction Motor
② Universal Motor
③ Reversible Motor
④ Synchronous Motor

62 유압계통에서 레저버(Reservoir) 내에 있는 스탠드 파이프(Stand Pipe)의 주된 역할은?

① 벤트(Vent) 역할을 한다.
② 비상시 작동유의 예비공급 역할을 한다.
③ 탱크 내의 거품이 생기는 것을 방지하는 역할을 한다.
④ 계통 내의 압력 유동을 감소시키는 역할을 한다.

63 다음 중 항법계기에 속하지 않는 계기는?

① INS
② CVR
③ DME
④ TACAN

64 계기착륙장치인 로컬라이저(Localizer)에 대한 설명으로 틀린 것은?

① 수신기에서 90Hz, 150Hz 변조파 감도를 비교하여 진행방향을 알아낸다.
② 로컬라이저의 위치는 활주로의 진입단 반대쪽에 있다.
③ 활주로에 대하여 적절한 수직 방향의 각도 유지를 수행하는 장치이다.
④ 활주로에 접근하는 항공기에 활주로 중심선을 제공하는 지상시설이다.

65 다음 중 황산납축전지 캡(Cap)의 용도가 아닌 것은?

① 외부와 내부의 전선연결
② 전해액의 보충, 비중측정
③ 충전 시 발생되는 가스배출
④ 배면비행 시 전해액의 누설방지

66 ND(Navigation Display)에 나타나지 않는 정보는?

① DME Data
② Ground Speed
③ Radio Altitude
④ Wind Speed/Direction

해설
주비행 표시장치(PFD ; Primary Flight Display)는 자세계, 기압고도계, 전파고도계(Radio Altimeter), 기수 방위 지시계, 자동 조종 작동 모드 표시, 이착륙 관련 기준 속도 지시 기능 등 비행조종에 관련된 정보를 제공하는 장치이다.

61 ② 62 ② 63 ② 64 ③ 65 ① 66 ③ 정답

67 부르동 튜브식 오일압력계가 지시하는 압력은?

① 동 압   ② 대기압
③ 게이지압   ④ 절대압

해설

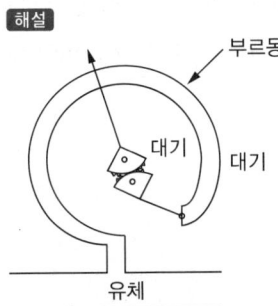

부르동 튜브식 오일압력계는 부르동 튜브(Burdon Tube)의 안쪽은 오일이 채우고, 바깥쪽은 대기에 둘러쌓인 구조를 갖고 있어서 "계기압력=절대압력-대기압력"을 가리킨다.

68 그림과 같은 불평형 브리지회로에서 단자 A, B 간의 전위차를 구하고, A와 B 중 전위가 높은 쪽을 옳게 표시한 것은?

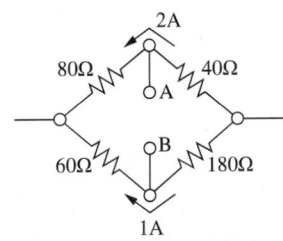

① 100V, A < B   ② 220V, A < B
③ 100V, A > B   ④ 220V, A > B

해설

40Ω과 180Ω의 교차점, 즉 노드(Node)를 D라 하고 이 노드에서의 전압(=전위)을 V_D라 하자. 그러면 A단자에서의 전압은 V_D-저항 40Ω에서의 전압강하이다. 즉,

$V_A = V_D - V_{40\Omega} = V_D - IR = V_D - (2A)(40\Omega) = V_D - 80V$

유사하게

$V_B = V_D - V_{180\Omega} = V_D - IR = V_D - (1A)(180\Omega)$
$= V_D - 180V$이다.

따라서 $V_A > V_B$이며, 100V 더 높다.

※ 옴의 법칙 $V = IR$(전압강하=전류×저항)

69 항공기 날개 부위 중 리딩에지(Leading Edge)에 발생하는 빙결을 방지 또는 제거하는 방법이 아닌 것은?

① 전기적인 열을 가해 제거
② 압축공기에 의해 팽창되는 장치로 제거
③ 엔진 압축기부에서 추출된 블리드(Bleed) 공기로 제거
④ 드레인 마스트(Drain Mast)에 사용되는 물로 제거

70 항공기에서 직류를 교류로 변환시켜 주는 장치는?

① 정류기(Rectifier)
② 인버터(Inverter)
③ 컨버터(Converter)
④ 변압기(Transformer)

71 공함(Pressure Capsule)을 응용한 계기가 아닌 것은?

① 선회계
② 고도계
③ 속도계
④ 승강계

해설

고도계, 속도계, 승강계는 공함을 이용하여 압력을 측정한다. 선회계는 자이로스코프를 이용한다.

72 다음 중 오리피스 체크밸브에 대한 설명으로 옳은 것은?

① 유압 도관 내의 거품을 제거하는 밸브
② 유압 계통 내의 압력 상승을 막는 밸브
③ 일시적으로 작동유의 공급량을 증가시키는 밸브
④ 한 방향의 유량은 정상적으로 흐르게 하고 다른 방향의 유량은 작게 흐르도록 하는 밸브

73 화재감지계통에서 화재의 지시에 대한 설명으로 옳은 것은?

① 가청 알람 시스템과 경고등으로 화재를 확인할 수 있다.
② 화재가 진행되는 동안 발생 초기에만 지시해 준다.
③ 화재가 다시 발생할 때에는 다시 지시하지 않아야 한다.
④ 화재를 지시하지 않을 때 최대의 전력 소모가 되어야 한다.

74 무선 통신 장치에서 송신기(Transmitter)의 기능에 대한 설명으로 틀린 것은?

① 신호를 증폭한다.
② 교류 반송파 주파수를 발생시킨다.
③ 입력정보신호를 반송파에 적재한다.
④ 가청신호를 음성신호로 변환시킨다.

해설
수신기(Receiver)는 가청신호를 음성신호로 변환시켜 사람이 듣게 한다.

75 D급 화재의 종류에 해당하는 것은?

① 기름에서 일어나는 화재
② 금속물질에서 일어나는 화재
③ 나무 및 종이에서 일어나는 화재
④ 전기가 원인이 되어 전기 계통에 일어나는 화재

76 도체의 단면에 1시간 동안 10,800C의 전하가 흘렀다면 전류는 몇 A인가?

① 3
② 18
③ 30
④ 180

해설
전류 1A의 정의는 $1A = \dfrac{1C}{1s}$ 이다. 즉 1초 동안에 1C의 전하가 흐르는 것을 1A라 한다.

따라서 $I = \dfrac{10,800C}{3,600s} = \dfrac{3C}{1s} = 3A$ 이다.

77 지상 무선국을 중심으로 하여 360° 전방향에 대해 비행 방향을 항공기에 지시할 수 있는 기능을 갖추고 있는 항법장치는?

① VOR
② M/B
③ LRRA
④ G/S

해설
VOR은 초단파 무지향성 무선 표지국(VHF Omnidirectional Range)으로서 360° 모든 방향으로 전파를 보내어 유효거리 내의 항공기에 VOR에 대한 자방위를 연속적으로 지시해 준다.

78 대형항공기의 객실을 여압하기 위해 가장 고려하여야 할 문제는?

① 항공기의 최대운영속도
② 항공기의 최저운영실속속도
③ 항공기의 내부와 외부의 압력 차
④ 항공기의 최저운영고도 이하에서 객실고도

해설
높은 비행고도에서는 외부 압력이 낮기 때문에 사람이 살기 위해 항공기 객실은 높은 압력으로 여압을 하여야 한다. 즉, 항공기 내부는 압력이 높고 외부는 압력이 낮아서 이 압력 차이로 항공기 기체 구조에 엄청난 응력을 주게 된다. 이로 인해 항공기는 폭파될 수 있으므로 이 압력차를 기체 구조가 견딜 수 있는 한도 내로 유지하여야 한다.

79 신호에 따라 반송파의 진폭을 변화시키는 변조방식은?

① FM 방식
② AM 방식
③ PCM 방식
④ PM 방식

80 위성으로부터 전파를 수신하여 자신의 위치를 알아내는 계통으로서 처음에는 군사 목적으로 이용하였으나 민간 여객기, 자동차용으로도 실용화되어 사용 중인 것은?

① 로란(LORAN)
② 관성항법(INS)
③ 오메가(OMEGA)
④ 위성항법(GPS)

2018년 제2회 과년도 기출문제

제1과목 항공역학

01 에어포일(Airfoil)의 공력중심에 대한 설명으로 틀린 것은?

① 일반적으로 압력중심보다 뒤에 위치한다.
② 일반적으로 공력중심에 대한 피칭모멘트 계수는 음의 값이다.
③ 받음각이 변해도 피칭모멘트가 일정한 기준점을 말한다.
④ 대부분의 아음속 에어포일은 앞전에서 시위선 길이의 1/4에 위치한다.

해설
대칭형 에어포일은 받음각에 관련 없이 압력중심과 공력중심이 일치한다. 캠버 에어포일은 받음각이 증가하면 압력중심이 앞전 방향으로 이동하고 받음각이 감소하면 압력중심이 뒷전 방향으로 이동한다. 즉, 캠버 에어포일은 공력중심을 중심으로 압력중심이 앞 또는 뒤로 이동한다.

02 헬리콥터 회전날개의 추력을 계산하는 데 사용되는 이론은?

① 엔진의 연료소비율에 따른 연소이론
② 로터 블레이드의 코닝 각의 속도변화 이론
③ 로터 블레이드의 회전관성을 이용한 관성이론
④ 회전면 앞에서의 공기유동량과 회전면 뒤에서의 공기유동량의 차이를 운동량에 적용한 이론

해설
헬리콥터가 호버링 시 회전날개에서 발생하는 추력은 중력과 같다. 회전날개가 회전하면서 회전면을 통과하는 공기질량유량을 회전면 앞에서의 속도보다 2배의 속도로 회전면 뒤로 밀어내며 그 반력으로 추력을 발생한다. 즉, $T = \dot{m}w = \dot{m}2v_i$. 여기서, $\dot{m}$은 회전면을 통과하는 공기질량유량이고 w는 회전면 뒤로 밀려나는 공기속도이며 이 속도는 회전면 앞으로 들어가는 공기속도, 즉 유도속도 v_i의 2배이다.

03 2,000m의 고도에서 활공기가 최대 양항비 8.5인 상태로 활공한다면 이 비행기가 도달할 수 있는 최대수평거리는 몇 m인가?

① 25,500 ② 21,300
③ 17,000 ④ 12,300

해설
$$S = \dfrac{H}{\dfrac{1}{\text{양항비}}} = \dfrac{2,000\text{m}}{\dfrac{1}{8.5}} = 17,000\text{m}$$

04 공기를 강체로 가정하여 프로펠러를 1회전시킬 때 전진하는 거리를 무엇이라고 하는가?

① 유효피치　② 기하학적 피치
③ 프로펠러 슬립　④ 프로펠러 피치

05 대기권을 높은 층에서부터 낮은 층의 순서로 나열한 것은?

① 대류권 → 열권 → 중간권 → 성층권 → 극외권
② 대류권 → 성층권 → 중간권 → 열권 → 극외권
③ 극외권 → 열권 → 중간권 → 성층권 → 대류권
④ 극외권 → 성층권 → 중간권 → 열권 → 대류권

06 다음 중 정적 중립을 나타낸 것은?

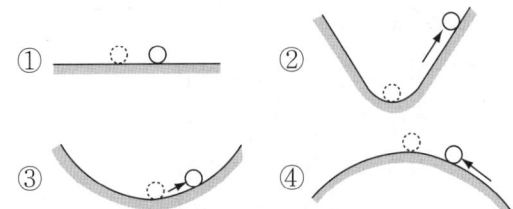

07 이상기체의 온도(T), 밀도(ρ) 그리고 압력(P)과의 관계를 옳게 나타낸 식은?(단, V : 체적, v : 비체적, R : 기체상수이다)

① $P = TV$　　② $Pv = RT$
③ $P = \dfrac{RT}{\rho}$　　④ $P = RV$

08 층류와 난류에 대한 설명으로 옳은 것은?

① 층류는 난류보다 유속의 구배가 크다.
② 층류는 난류보다 경계층(Boundary Layer)이 두껍다.
③ 층류는 난류보다 박리(Separation)가 되기 쉽다.
④ 난류에서 층류로 변하는 지역을 천이지역(Transition Region)이라고 한다.

> **해설**
> 난류는 위층의 유체가 아래층으로 섞여 들어오면서 에너지를 가져오므로 층이 섞이지 않은 채 흐르는 층류보다 에너지가 충분하여 박리가 쉽게 일어나지 않는다.

09 다음 중 프로펠러에 의한 동력을 구하는 식으로 옳은 것은?(단, n : 프로펠러 회전수, D : 프로펠러의 직경, ρ : 유체밀도, C_P : 동력계수이다)

① $C_P \rho n^3 D^5$　　② $C_P \rho n^2 D^4$
③ $C_P \rho n^3 D^4$　　④ $C_P \rho n^2 D^5$

정답 4 ② 5 ③ 6 ① 7 ② 8 ③ 9 ①

10 날개골의 모양에 따른 특성 중 캠버에 대한 설명으로 틀린 것은?

① 받음각이 0°일 때도 캠버가 있는 날개골은 양력을 발생한다.
② 캠버가 크면 양력은 증가하나 항력은 비례적으로 감소한다.
③ 두께나 앞전 반지름이 같아도 캠버가 다르면 받음각에 대한 양력과 항력의 차이가 생긴다.
④ 저속비행기는 캠버가 큰 날개골을 이용하고 고속비행기는 캠버가 작은 날개골을 사용한다.

해설
캠버가 크면 양력과 항력이 다 같이 증가한다.

11 헬리콥터 회전날개의 조종장치 중 주기피치조종과 피치조종을 위해서 사용되는 장치는?

① 평형 탭(Balance Tab)
② 안정바(Stabilizer Bar)
③ 회전경사판(Swash Plate)
④ 트랜스미션(Transmission)

12 키돌이(Loop)비행 시 상단점에서의 하중배수를 0이라고 하면 이론적으로 하단점에서의 하중배수는 얼마인가?

① 0
② 1
③ 3
④ 6

해설
2016년 제2회 기출문제 2번 해설 참조

13 등속수평비행을 하기 위한 힘의 관계를 옳게 나열한 것은?

① 양력 = 무게, 추력 > 양력
② 양력 > 무게, 추력 = 항력
③ 양력 > 무게, 추력 > 항력
④ 양력 = 무게, 추력 = 항력

해설
등속비행을 위해서는 추력 = 항력, 수평비행을 위해서는 양력 = 무게이어야 한다.

14 비행기의 무게가 3,000kg, 경사각이 60°, 150km/h의 속도로 정상선회하고 있을 때 선회반지름은 약 몇 m인가?

① 102.3
② 200
③ 302.3
④ 500

해설
선회반지름은 $r = \dfrac{V^2}{g\tan\phi}$

$V = \dfrac{150\text{km}}{\text{h}} = \dfrac{150\text{km}}{1\text{h}} \times \dfrac{1,000\text{m}}{1\text{km}} \times \dfrac{1\text{h}}{3,600\text{s}} = 41.7\text{m/s}$

$r = \dfrac{(41.7\text{m/s})^2}{(9.8\text{m/s}^2)\times\tan 60°} = 102.4\text{m/s}$

15 비행기의 동적안정성이 (+)인 비행 상태에 대한 설명으로 옳은 것은?

① 진동수가 점차 감소한다.
② 진동수가 점차 증가한다.
③ 진폭이 점차로 증가한다.
④ 진폭이 점차로 감소한다.

16 받음각이 클 때 기체 전체가 실속되고 그 결과 옆놀이와 빗놀이를 수반하여 나선을 그리면서 고도가 감소되는 비행 상태는?

① 스핀(Spin) 상태
② 더치 롤(Dutch Roll) 상태
③ 크랩 방식(Crab Method)에 의한 비행 상태
④ 윙다운 방식(Wing Down Method)에 의한 비행 상태

17 제트항공기가 최대 항속시간을 비행하기 위해 최대가 되어야 하는 것은?(단, C_L은 양력계수, C_D는 항력계수이다)

① $\left(\dfrac{C_L^{\frac{3}{2}}}{C_D}\right)$
② $\left(\dfrac{C_L}{C_D}\right)$
③ $\left(\dfrac{C_L^{\frac{1}{2}}}{C_D}\right)$
④ $\left(\dfrac{C_L}{C_D^{\frac{1}{2}}}\right)$

해설
브레게(Breguet)의 공식에 따르면 제트항공기의 경우 양항비 $\dfrac{C_L}{C_D}$를 최대로 하여야 최대 항속시간을 비행할 수 있다.

18 정지상태인 항공기가 가속도 2m/s²로 가속되었다면, 30초가 되었을 때의 거리는 몇 m인가?

① 100
② 400
③ 900
④ 1,200

해설
- 가속도는 $a = \dfrac{\Delta V}{\Delta t} = \dfrac{V_{30} - V_0}{30s} = \dfrac{V_{30} - 0\text{m/s}}{30s}$
- 30초 후의 속도는 $V_{30} = a\Delta t = 2\text{m/s}^2 \times 30\text{s} = 60\text{m/s}$
- 30초간의 평균속도는 $V_{평균} = 30\text{m/s}$
- 30초간 이동거리는 $s = V_{평균}\Delta t = 30\text{m/s} \times 30\text{s} = 900\text{m}$

19 항공기를 오른쪽으로 선회시킬 경우 가해 주어야 할 힘은?(단, 오른쪽 방향으로 양(+)으로 한다)

① 양(+) 피칭모멘트
② 음(-) 롤링모멘트
③ 제로(0) 롤링모멘트
④ 양(+) 롤링모멘트

해설
항공기가 기체축을 중심으로 오른쪽 방향으로 롤링해야 오른쪽으로 선회비행이 가능하다. 오른쪽 방향으로 롤링, 즉 양(+)의 롤링모멘트가 작용하여야 한다.

20 레이놀즈수(Reynold's Number)를 나타내는 식으로 옳은 것은?(단, c : 날개의 시위길이, μ : 절대점성계수, ν : 동점성계수, ρ : 공기밀도, V : 공기속도이다)

① $\dfrac{Vc}{\rho}$
② $\dfrac{Vc}{\nu}$
③ $\dfrac{Vc}{\mu}$
④ $\dfrac{Vc\nu}{\rho}$

정답 16 ① 17 ② 18 ③ 19 ④ 20 ②

제2과목 항공기관

21 가스터빈엔진에서 길이가 짧으며 구조가 간단하고, 연소효율이 좋은 연소실은?

① 캔 형
② 터뷸러형
③ 애뉼러형
④ 실린더형

해설
애뉼러형 연소실 특징
- 연소실 구조가 간단하다.
- 길이가 짧다.
- 연소실 전면 면적이 좁다.
- 연소가 안정되어 연소 정지 현상이 거의 없다.
- 출구온도분포가 균일하다.
- 연소효율이 좋다.
- 정비가 불편하다.

22 가스터빈엔진 연료의 성질에 대한 설명으로 옳은 것은?

① 발열량은 연료를 구성하는 탄화수소와 그 외 화합물의 함유물에 의해서 결정된다.
② 가스터빈엔진 연료는 왕복엔진보다 인화점이 낮다.
③ 유황분이 많으면 공해문제를 일으키지만 엔진 고온부품의 수명은 연장된다.
④ 연료 노즐에서의 분출량은 연료의 점도에는 영향을 받으나, 노즐의 형상에는 영향을 받지 않는다.

해설
가스터빈엔진 연료는 높은 점도의 탄화수소 화합물로서 가솔린에 비해 훨씬 낮은 휘발성과 높은 끓는점을 가지고 있다. 오늘날 사용하는 제트 연료는 등유(Kerosene : 석유) 계열로서, 저온에서의 어는점을 개선하고 저압에서의 휘발성을 제어하기 위하여 다양한 첨가제(휘발유 혼합물과 산화 방지제, 부식 방지제, 빙결 방지제, 미생물 살균제 등)를 혼합한다.

23 항공기 엔진의 오일 교환을 정해진 기간마다 해야 하는 주된 이유로 옳은 것은?

① 오일이 연료와 희석되어 피스톤을 부식시키기 때문
② 오일의 색이 점차 짙게 변하기 때문
③ 오일이 열과 산화에 노출되어 점성이 커지기 때문
④ 오일이 습기, 산, 미세한 찌꺼기로 인해 오염되기 때문

24 왕복엔진용 윤활유의 점도에 관한 설명으로 틀린 것은?

① 점도는 윤활유의 흐름을 저항하는 유체마찰을 뜻한다.
② 일반적으로 겨울철에는 고점도 윤활유를 사용한다.
③ 윤활유의 점도를 알 수 있는 것으로 SUS가 사용된다.
④ 점도 변화율은 점도지수(Viscosity Index)로 나타낸다.

해설
겨울철에는 저온에서 흐름성이 좋아야 하므로 점도가 낮은 윤활유를 사용한다.

25 왕복엔진 점화과정에서의 이상 연소가 아닌 것은?

① 역 화
② 조기점화
③ 데토네이션
④ 블로바이

해설
왕복엔진에서 압축행정 시 실린더 벽과 피스톤 사이의 틈새로 미량의 혼합가스가 새어나오게 되는데 이 혼합 가스를 블로바이 가스(Blow-by Gas)라고 한다.

정답 21 ③ 22 ① 23 ④ 24 ② 25 ④

26 터빈엔진을 사용하는 도중 배기가스온도(EGT)가 높게 나타났다면 다음 중 주된 원인은?

① 과도한 연료흐름
② 연료필터 막힘
③ 과도한 바이패스비
④ 오일압력의 상승

27 가스터빈엔진에서 사용되는 시동기의 종류가 아닌 것은?

① 전기식 시동기(Electric Starter)
② 시동 발전기(Starter Generator)
③ 공기식 시동기(Pneumatic Starter)
④ 마그네토 시동기(Magneto Starter)

[해설]
마그네토는 왕복엔진에서 스파크플러그에 전기를 공급하는 장치이다.

28 4,500lbs의 엔진이 3분 동안 5ft의 높이로 끌어 올리는 데 필요한 동력은 몇 ft·lbs/min인가?

① 6,500
② 7,500
③ 8,500
④ 9,000

[해설]
필요동력 $= \dfrac{4,500 \times 5}{3} = 7,500 (\text{ft} \cdot \text{lbs/min})$

29 가스터빈엔진에서 윤활유의 구비 조건이 아닌 것은?

① 유동점이 낮아야 한다.
② 부식성이 낮아야 한다.
③ 점도지수가 낮아야 한다.
④ 화학안정성이 높아야 한다.

[해설]
가스터빈엔진 윤활유의 구비 조건
- 점성과 유동점이 어느 정도 낮아야 한다.
- 점도 지수가 높아야 한다.
- 윤활유와 공기의 분리성이 좋아야 한다.
- 인화점, 산화 안정성 및 열적 안정성이 높아야 한다.
- 기화성이 낮아야 한다.

30 항공기 왕복엔진에서 마력의 크기에 대한 설명으로 옳은 것은?

① 가장 큰 값은 마찰마력이다.
② 가장 큰 값은 제동마력이다.
③ 가장 큰 값은 지시마력이다.
④ 마력들의 크기는 모두 같다.

[해설]
지시마력 = 제동마력 + 마찰마력

[정답] 26 ① 27 ④ 28 ② 29 ③ 30 ③

31 벨마우스(Bellmouth) 흡입구에 대한 설명으로 틀린 것은?

① 헬리콥터 또는 터보프롭 항공기에 사용 가능하다.
② 흡입구는 공력 효율을 고려하여 확산형으로 제작한다.
③ 흡입구에 아주 얇은 경계층과 낮은 압력손실로 덕트 손실이 거의 없다.
④ 대부분 이물질 흡입방지를 위한 인렛스크린을 설치한다.

해설
벨마우스 흡입구는 수축형이며 헬리콥터와 램 회복속도 이하로 비행하는 저속 항공기에 사용한다. 벨마우스에서는 덕트 손실이 아주 작아서 0으로 간주하며, 엔진트리밍과 같은 엔진 성능 데이터는 벨마우스 압축기 흡입구를 사용해서 얻는다.
인렛스크린을 장착한 벨마우스 흡입구(헬리콥터)

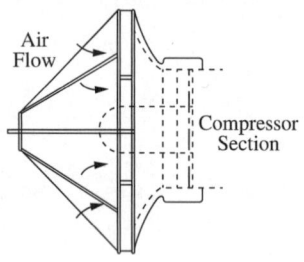

32 왕복엔진의 피스톤 지름이 16cm인 피스톤에 6,370 kPa의 가스압력이 작용하면 피스톤에 미치는 힘은 약 몇 kN인가?

① 63   ② 98
③ 110   ④ 128

해설
피스톤에 작용하는 힘은 작용 가스 압력에다 피스톤의 단면적을 곱한 값이다.
$P = 6,370 \times \dfrac{\pi \times 0.16^2}{4} = 128.01 (kN)$

33 왕복엔진의 점화계통에서 E-gap각이란 마그네토의 폴(Pole)의 중립위치로부터 어떤 지점까지의 각도를 말하는가?

① 접점이 열리는 지점
② 접점이 닫히는 지점
③ 1차 전류가 가장 낮은 점
④ 2차 전류가 가장 낮은 점

해설
E-gap Angle은 아래 그림과 같이 중립 위치로부터 브레이커 포인트가 열리는 지점까지의 각도를 일컫는다.

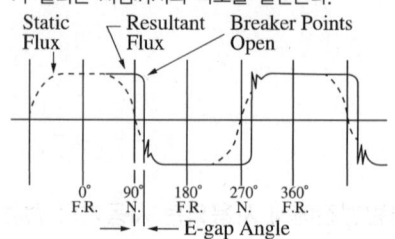

34 왕복엔진의 평균유효압력에 대한 설명으로 옳은 것은?

① 사이클당 유효일을 행정길이로 나눈 값
② 사이클당 유효일을 행정체적으로 나눈 값
③ 행정길이를 사이클당 엔진의 유효일로 나눈 값
④ 행정체적을 사이클당 엔진의 유효일로 나눈 값

해설
평균유효압력은 내연기관 피스톤에 작용하는 평균압력으로서, 인디케이터 선도($P-V$ 선도)의 면적으로 표시된 일의 양을 실린더 체적으로 나눈 값이다.

35 일반적으로 왕복엔진의 배기가스 누설 여부를 점검하는 방법으로 옳은 것은?

① 배기가스온도(EGT)가 비정상적으로 올라가는지 살펴본다.
② 공기흡입관의 압력계기가 안정되지 않고 흔들리며 지시(Fluctuating Indication)하는지 살펴본다.
③ 엔진카울 및 주변 부품 등에 심한 그을음(Exhaust Soot)이 묻어 있는지 검사한다.
④ 엔진 배기부분을 알칼리 용액 또는 샌드 블라스팅(Sand Blasting)으로 세척을 하고 정밀검사를 한다.

36 그림과 같은 브레이턴 사이클의 $P-V$ 선도에서 각 과정과 명칭이 틀린 것은?

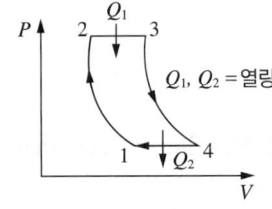

① 1-2 : 단열압축
② 2-3 : 정적수열
③ 3-4 : 단열팽창
④ 4-1 : 정압방열

[해설]
2-3과정은 정압수열 과정이다.

37 왕복엔진의 압력식 기화기에서 저속혼합조정(Idle Mixture Control)을 하는 동안 정확한 혼합비를 알 수 있는 계기는?

① 공기압력계기
② 연료유량계기
③ 연료압력계기
④ RPM 계기와 MAP 계기

38 프로펠러 깃의 허브중심으로부터 깃 끝까지의 길이가 R, 깃각이 β일 때 이 프로펠러의 기하학적 피치는?

① $2\pi R \tan\beta$
② $2\pi R \sin\beta$
③ $2\pi R \cos\beta$
④ $2\pi R \sec\beta$

[해설]
프로펠러 피치
- 기하학적 피치(GP) : 프로펠러를 1회전시켰을 때 이론적으로 전진한 거리로서, 프로펠러 반지름을 R, 프로펠러 깃각을 β라고 하면 $2\pi R \tan\beta$이다.
- 유효피치(EP) : 프로펠러를 1회전시켰을 때 실제 전진한 거리로서, 프로펠러 1회전당 실제 전진한 거리는 $V \times \dfrac{60}{n}$이 된다.

[정답] 35 ③ 36 ② 37 ④ 38 ①

39 프로펠러를 [보기]와 같이 분류한 기준으로 가장 적합한 것은?

> ┤보기├
> - 유형 A : 고정피치 프로펠러
> - 유형 B : 지상조정피치 프로펠러
> - 유형 C : 정속 프로펠러

① 프로펠러의 최대 회전 속도
② 프로펠러 지름의 최대 크기
③ 프로펠러 피치의 조정 방식
④ 프로펠러 유효피치의 크기

해설
피치 변경에 따른 프로펠러 종류
- 고정피치 프로펠러 : 깃각이 하나로 고정되어 피치 변경이 불가능하다.
- 조정피치 프로펠러 : 지상에서 정비사가 조정 나사로 피치각을 조정한다.
- 2단 가변피치 프로펠러 : 조종사가 저피치와 고피치 둘 중 하나를 선택한다.
- 정속 프로펠러 : 조속기에 의해 저피치에서 고피치까지 자유롭게 피치를 조정할 수 있다.
- 완전 페더링 프로펠러 : 엔진 고장 시 프로펠러 깃을 비행 방향과 평행이 되도록 피치를 변경한다.
- 역피치 프로펠러 : 부(-)의 피치각을 갖도록 한 프로펠러로 역추력이 발생되어 착륙거리를 단축시킬 수 있다.

40 제트엔진의 추력을 결정하는 압력비(EPR ; Engine Pressure Ratio)의 정의는?

① $\dfrac{터빈입구압력}{엔진입구압력}$ ② $\dfrac{엔진입구압력}{터빈입구압력}$

③ $\dfrac{터빈출구압력}{엔진입구압력}$ ④ $\dfrac{엔진입구압력}{터빈출구압력}$

제3과목 항공기체

41 실속속도가 120km/h인 수송기의 설계제한 하중배수가 4.4인 경우 이 수송기의 설계운용속도는 약 몇 km/h인가?

① 228 ② 252
③ 264 ④ 270

해설
설계운용속도(V_A)
$V_A = \sqrt{n_1} \times V_s = \sqrt{4.4} \times 120 = 2.1 \times 120 = 252(\text{km/h})$
여기서, n_1 : 설계제한 하중배수, V_s : 실속속도

42 키놀이 조종계통에서 승강키에 대한 설명으로 옳은 것은?

① 일반적으로 승강키의 조종은 페달에 의존한다.
② 세로축을 중심으로 하는 항공기 운동에 사용한다.
③ 일반적으로 수평 안정판의 뒷전에 장착되어 있다.
④ 수직축을 중심으로 좌우로 회전하는 운동에 사용한다.

해설
비행기의 3축 운동
- 세로축 – 옆놀이(Rolling) – 도움날개(Aileron) – 주 날개
- 가로축 – 키놀이(Pitching) – 승강키(Elevator) – 수평꼬리날개
- 수직축 – 빗놀이(Yawing) – 방향키(Rudder) – 수직꼬리날개

43 세미모노코크(Semi Monocoque) 구조에 대한 설명으로 틀린 것은?

① 트러스 구조보다 복잡하다.
② 뼈대가 모든 하중을 담당한다.
③ 하중의 일부를 표피가 담당한다.
④ 프레임, 정형재, 링, 스트링어로 이루어져 있다.

해설
뼈대가 모든 하중을 담당하는 구조는 트러스 구조이다.

44 다음 중 착륙거리를 단축시키는 데 사용하는 보조 조종면은?

① 스태빌레이터(Stabilator)
② 브레이크 블리딩(Brake Bleeding)
③ 플라이트 스포일러(Flight Spoiler)
④ 그라운드 스포일러(Ground Spoiler)

해설
스포일러는 날개 윗면에 장착하는 2차 조종면으로서, 비행 중에는 옆놀이 보조 장치로 사용되고(Flight Spoiler), 지상 착륙 중에는 제동 효과를 높이는 역할을 한다(Ground Spoiler).

45 항공기용 알루미늄 합금 판재에 드릴 작업을 할 때 가장 적합한 드릴각도, 작업속도, 작업압력을 옳게 나열한 것은?

① 118°, 고속회전, 손힘을 균일하게
② 140°, 저속회전, 매우 힘있게
③ 90°, 저속회전, 변화있게
④ 75°, 저속회전, 매우 세게

46 항공기 날개구조에서 리브(Rib)의 기능으로 옳은 것은?

① 날개 내부구조의 집중응력을 담당하는 골격이다.
② 날개에 걸리는 하중을 스킨에 분산시킨다.
③ 날개의 스팬(Span)을 늘리기 위하여 사용되는 연장 부분이다.
④ 날개의 곡면상태를 만들어 주며, 날개의 표면에 걸리는 하중을 스파에 전달시킨다.

해설
날개 각부 명칭

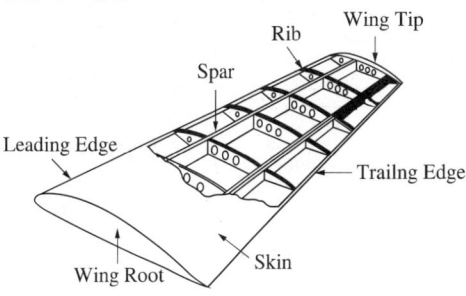

47 AN426AD3-5 리벳의 부품번호에 대한 각 의미로 옳게 짝지어진 것은?

① 426 : 플러시머리 리벳
② AD : 알루미늄 합금 2017T
③ 3 : 3/16in의 직경
④ 5 : 5/32in의 길이

해설
리벳의 규격 표시

AN 426 AD 3 - 5

① AN 426 : 플러시머리(접시머리) 리벳
② AD : 재질기호로서 알루미늄 2117
③ 3 : 리벳 지름 3/32in
④ 5 : 리벳 길이 5/16in

48 다음 중 토크렌치의 형식이 아닌 것은?

① 빔식(Beam Type)
② 제한식(Limit Type)
③ 다이얼식(Dial Type)
④ 버니어식(Vernier Type)

해설
토크렌치 종류

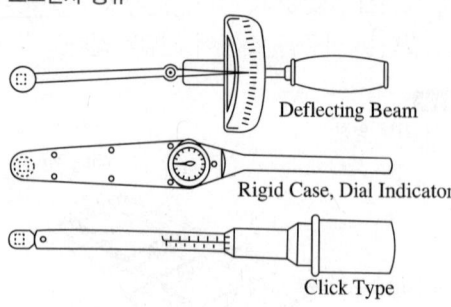

49 다음 중 대형 항공기 연료탱크 내 연료 분배계통의 구성품에 해당하지 않는 것은?

① 연료 차단 밸브
② 섬프 드레인 밸브
③ 부스트(승압) 펌프
④ 오버라이드 트랜스퍼 펌프

해설
대형 항공기의 연료분배계통
- 승압펌프(Booster Pump)
- 오버라이드 트랜스퍼 펌프(Override Transfer Pump)
- 분사펌프
- 크로스피드 밸브(Crossfeed Valve)
- 연료차단밸브(Fuel Shut-off Valve)

50 다음과 같은 항공기 트러스 구조에서 부재 BD의 내력은 몇 kN인가?

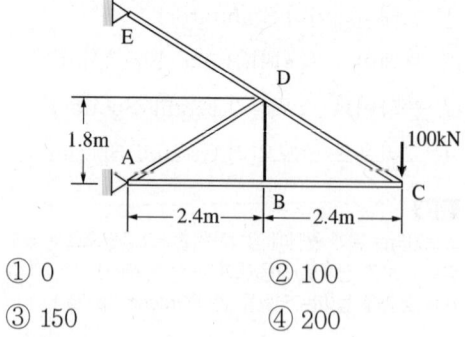

① 0
② 100
③ 150
④ 200

해설
트러스 구조에서 내력이 작용하지 않는 부재의 조건은 다음과 같다.
- 2개 부재로 구성된 절점에 외력이나 반력이 작용하지 않는 경우, 2개 부재는 무력 부재
- 3개 부재로 구성된 절점에 2개의 부재가 평행하고 외력이나 반력이 작용하지 않는 경우, 나머지 1개 부재는 무력 부재

즉, 문제의 절점 B에서 부재 AB, BC가 평행하고 외력이나 반력이 작용하지 않으므로, 나머지 부재인 BD는 힘이 걸리지 않는 무력 부재가 된다.

51 그림과 같이 인장력 P를 받는 봉에 축적되는 탄성에너지에 관한 설명으로 틀린 것은?

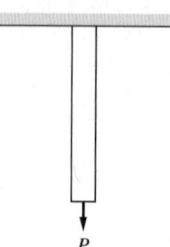

① 봉의 길이에 비례한다.
② 하중의 제곱에 비례한다.
③ 봉의 단면적에 비례한다.
④ 재료의 탄성계수에 반비례한다.

해설
수직 응력에 의한 탄성 에너지
$$U = \frac{1}{2}P\lambda = \frac{P^2 L}{2AE} = \frac{\sigma^2 AL}{2E}$$

52 항공기의 구조물에서 프레팅(Fretting) 부식이 생기는 원인으로 가장 적합한 것은?

① 잘못된 열처리에 의해 발생
② 표면에 생성된 산화물에 의해 발생
③ 서로 다른 금속 간의 접촉에 의해 발생
④ 서로 밀착된 부품 간에 아주 작은 진동에 의해 발생

해설
부식의 종류
- 표면 부식(Surface Corrosion) : 산소와 반응하여 생기는 가장 일반적인 부식
- 이질 금속 간 부식(Galvanic Corrosion) : 두 종류의 다른 금속이 접촉하여 생기는 부식
- 점 부식(Pitting Corrosion) : 금속 표면이 국부적으로 깊게 침식되어 작은 점 형태로 만들어지는 부식
- 입자 간 부식(Inter-granular Corrosion) : 금속의 입자 경계면을 따라 생기는 선택적인 부식
- 응력 부식(Stress Corrosion) : 장시간 표면에 가해진 정적인 응력의 복합적 효과로 인해 발생
- 피로 부식(Fatigue Corrosion) : 금속에 가해지는 반복 응력에 의해 발생
- 찰과 부식(Fretting Corrosion) : 밀착된 구성품 사이에 작은 진폭의 상대 운동으로 인해 발생

53 항공기엔진의 카울링에 대한 설명으로 옳은 것은?

① 엔진을 둘러싸고 있는 전체부분이다.
② 엔진과 기체를 차단하는 벽의 구조물이다.
③ 엔진의 추력을 기체에 전달하는 구조물이다.
④ 엔진이나 엔진에 부수되는 보기 주위를 쉽게 접근할 수 있도록 장·탈착하는 덮개이다.

해설
엔진 나셀 구성품

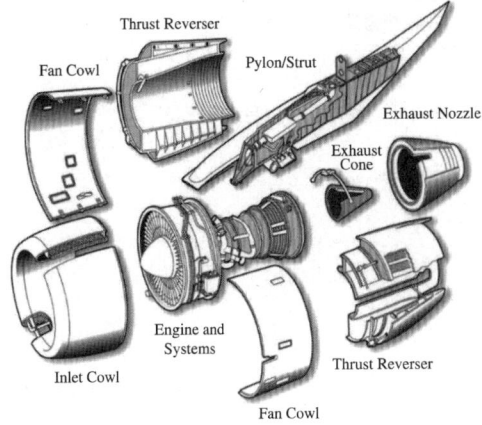

54 복합재료인 수지용기의 라벨에 "pot life 30min, shelf life 12 Mo."라고 적혀 있다면 옳은 설명은?

① 수지가 선반에 보관된 기간이 12개월이다.
② 얇은 판재 두께의 12배의 넓이로 작업한다.
③ 수지를 촉매와 섞어 혼합시키면 30분 안에 사용하여 작업을 끝내야 한다.
④ 용기의 크기는 최소 12in 크기로 최소 30분 동안 혼합한다.

해설
- Pot Life : 혼합 후 사용 가능시간을 제시하는 것으로 제시 시간 내에 작업해야 함
- Shelf Life : 저장 가능한 유효기간

55 다음 중 변형률에 대한 설명으로 틀린 것은?

① 변형률은 길이와 길이의 비이므로 차원은 없다.
② 변형률은 변화량과 본래의 치수와의 비를 말한다.
③ 변형률은 비례한계 내에서 응력과 정비례 관계에 있다.
④ 일반적으로 인장봉에서 가로변형률은 신장률을 나타내며, 축변형률은 폭의 증가를 나타낸다.

해설
수직 변형률
$\varepsilon = \dfrac{\lambda}{l}$
여기서, λ는 변형량, l은 원래 길이

56 두께 0.051in의 판을 $\dfrac{1}{4}$ in 굴곡반경으로 90° 굽힌다면 굴곡허용량(Bend Allowance)은 약 몇 in인가?

① 0.342   ② 0.433
③ 0.652   ④ 0.833

해설
굽힘 여유(BA ; Bend Allowance)
$BA = \dfrac{굽힘각도}{360°} \times 2\pi \left(R + \dfrac{T}{2} \right)$
$= \dfrac{90°}{360°} \times 2\pi \left(\dfrac{1}{4} + \dfrac{0.051}{2} \right)$
$= \dfrac{\pi}{2}(0.25 + 0.0255)$
$= 0.4325(in)$

57 항공기의 중량과 균형(Weight and Balance) 조정을 수행하는 주된 목적은?

① 순항 시 수평비행을 위하여
② 항공기의 조종성 보장을 위하여
③ 효율적인 비행과 안전을 위하여
④ 갑작스러운 돌풍 등 예기치 않은 비행조건에 대처하기 위하여

58 SAE 규격으로 표시한 합금강의 종류가 옳게 짝지어진 것은?

① 13XX : 망간강
② 23XX : 망간-크롬강
③ 51XX : 니켈-크롬-몰리브덴강
④ 61XX : 니켈-몰리브덴강

해설

합금번호	합금종류
13xx	망간강
23xx	니켈강
51xx	크롬강
61xx	크롬-바나듐 강

55 ④ 56 ② 57 ③ 58 ①

59 강관의 용접작업 시 조인트 부위를 보강하는 방법이 아닌 것은?

① 평 가세트(Flat Gassets)
② 스카프 패치(Scarf Patch)
③ 손가락 판(Finger Strapes)
④ 삽입 가세트(Insert Gassets)

해설
스카프 패치는 복합재료나 목재의 수리 방법에 속한다.

60 복합재료의 강화재 중 무색 투명하며 전기부도체인 섬유로서 우수한 내열성 때문에 고온 부위의 재료로 사용되는 것은?

① 아라미드섬유
② 유리섬유
③ 알루미나섬유
④ 보론섬유

제4과목 항공장비

61 항공기에서 고도 경고 장치(Altitude Alert System)의 주된 목적은?

① 지정된 비행 고도를 충실히 유지하기 위하여
② 착륙 장치를 내릴 수 있는 고도를 지시하기 위하여
③ 고양력 장치를 펼치기 위한 고도를 지시하기 위하여
④ 항공기가 상승 시 설정된 고도에 진입된 것을 지시하기 위하여

62 교류회로에서 피상전력이 100kVA이고 유효전력은 80kW, 무효전력은 60kVar일 때 역률은 얼마인가?

① 0.60
② 0.75
③ 0.80
④ 1.25

해설
$$역률 = \frac{유효전력}{피상전력} = \frac{80kW}{100kVA} = 0.8$$

정답 59 ② 60 ③ 61 ① 62 ③

63 항공기의 자기컴퍼스가 270°(W)를 가리키고 있고, 편각은 6° 40′, 복각은 48° 50′인 경우 항공기가 비행하는 실제 방향은?

① 221° 10′ ② 263° 20′
③ 276° 40′ ④ 318° 50′

해설

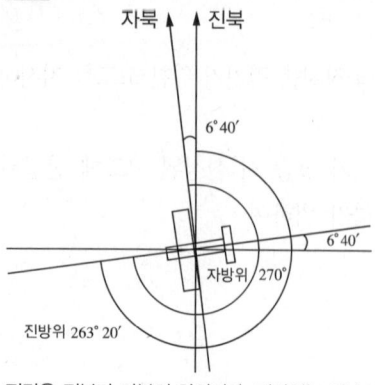

편각은 진북과 자북의 차이이다. 진방위는 진북으로부터 시계방향의 각이다. 따라서 진방위는 263° 20′이다. 복각은 수평선과 막대자석이 이루는 각도로서 이번 문제에서는 아무 역할이 없다.

64 피토관 및 정압공에서 받은 공기압의 차압으로 속도계가 지시하는 속도를 무엇이라고 하는가?

① 지시대기속도(IAS)
② 진대기속도(TAS)
③ 등가대기속도(EAS)
④ 수정대기속도(CAS)

해설

공기흐름에 적용한 베르누이의 법칙은 $p_t = p + \frac{1}{2}\rho V^2$이다. 여기서, p_t는 피토관에서 받는 전체압이다. p는 정압공에서 받은 정압이다. 따라서 피토관과 정압공에서 받은 공기압의 차압은 속도계가 지시하는 속도로서 이를 지시대기속도(IAS)라 부른다.

65 지상 근무자가 다른 지상 근무자 또는 조종사와 통화할 수 있는 장치는?

① 객실(Cabin) 인터폰
② 화물(Freight) 인터폰
③ 서비스(Service) 인터폰
④ 플라이트(Flight) 인터폰

66 엔진을 시동하여 아이들(Idle)로 운전할 경우 발전기 전압이 축전지 전압보다 낮게 출력될 때 발생되는 현상은?

① 발전기와 축전지가 부하로부터 분리된다.
② 축전지는 부하로부터 분리되고, 발전기가 전체의 부하를 담당한다.
③ 발전기와 축전지가 병렬로 접속되어 전체 부하를 담당한다.
④ 역전류 차단기에 의해 발전기가 부하로부터 분리된다.

해설

발전기의 전압이 축전지 전압보다 높으면 발전기로부터 부하로 전류가 흘러 들어간다.
발전기의 전압이 축전지 전압보다 낮으면 역전류차단기가 발전기를 부하로부터 분리한다.

67 유압계통에서 작동기의 작동방향을 결정하기 위해 사용되는 것은?

① 축압기(Accumulator)
② 체크 밸브(Check Valve)
③ 선택 밸브(Selector Valve)
④ 압력 릴리프 밸브(Pressure Relief Valve)

해설

유압계통에서 작동기의 작동방향을 결정하는 것은 (방향)선택 밸브이다.

68 서모커플형(Thermo-couple Type) 화재탐지장치에 관한 설명으로 옳은 것은?

① 연기 감지에 의해 작동한다.
② 빛의 세기에 의해 작동한다.
③ 급격한 움직임에 의해 작동한다.
④ 온도상승에 의한 기전력 발생으로 작동한다.

해설
서모커플은 두 점 사이의 온도 차이에 비례하는 전압을 발생한다.

69 고도계의 오차 중 탄성오차에 대한 설명으로 틀린 것은?

① 재료의 피로 현상에 의한 오차이다.
② 온도 변화에 의해서 탄성계수가 바뀔 때의 오차이다.
③ 확대장치의 가동부분, 연결 등에 의해 생기는 오차이다.
④ 압력 변화에 대응한 휘어짐이 회복되기까지의 시간적인 지연에 따른 지연 효과에 의한 오차이다.

70 다음 중 엔진의 상태를 지시하는 엔진계기의 종류가 아닌 것은?

① RPM 계기   ② ADI
③ EGT 계기   ④ Fuel Flowmeter

해설
ADI(Attitude Director Indicator)는 'Gyro Horizon' 또는 'Artificial Horizon'으로도 불리며 지상의 수평에 대한 비행기의 자세를 알려준다.

71 엔진의 회전수와 관계없이 항상 일정한 회전수를 발전기축에 전달하는 장치는?

① 정속구동장치(CSD)
② 전압 조절기(Voltage Regulator)
③ 감쇠 변압기(Damping Transformer)
④ 계자 제어장치(Field Control Relay)

72 항공기 방화시스템에 대한 설명으로 옳은 것은?

① 방화시스템은 감지(Detection), 소화(Extinguishing), 탈출(Evacuation) 시스템으로 구성되어 있다.
② 엔진의 화재감지에 사용되는 감지기(Detector)는 주로 스모크감지장치(Smoke Detector)이다.
③ 연속 저항 루프 화재 탐지기에는 키드시스템(Kidde System)과 팬월시스템(Fenwal System)이 있다.
④ 항공기에서 화재가 감지되면 자동적으로 해당 소화시스템(Extinguishing System)이 작동되어 화재를 진입한다.

해설
키드시스템은 서미스터 재료가 채워져 있는 인코넬 튜브 안에 두 개의 전선이 있는 시스템으로서 과열이 되기 시작하면 서미스터 재료의 저항이 작아지면서 화재가 탐지된다. 팬월시스템은 저융점 소금이 채워져 있는 인코넬 튜브 안에 1개의 전선이 있는 시스템으로서 과열이 되기 시작하면 저융점 소금이 녹으면서 저항이 작아지면서 화재가 탐지된다.

정답 68 ④ 69 ③ 70 ② 71 ① 72 ③

73 자기 컴퍼스(Magnetic Compass)의 북선오차에 대한 설명으로 틀린 것은?

① 항공기가 선회할 때 발생하는 오차이다.
② 항공기가 북극 지방을 비행할 때 컴퍼스 회전부가 기울어져 발생하는 오차이다.
③ 항공기가 북진하다 선회할 때 실제 선회각보다 작은 각이 지시된다.
④ 컴퍼스 회전부의 중심과 지지점이 일치하지 않기 때문에 발생한다.

해설
북선오차란 항공기가 북쪽방향으로 비행하다가 선회하면 자기장의 수직분력 때문에 컴퍼스카드가 비행기 선회 방향과 반대 방향으로 움직여서 발생하는 오차이다.

74 다음 중 붉은색을 띠며 인화점이 낮은 작동유는?

① 식물성유
② 합성유
③ 광물성유
④ 동물성유

75 현대 항공기에서 사용되는 결빙 방지 방법이 아닌 것은?

① 화학물질 처리
② 발열소자를 사용한 가열
③ 팽창식 부츠를 활용한 제빙
④ 기계적 운동으로 인한 마찰열 발생

76 객실여압(Cabin Pressurization) 장치가 있는 항공기의 순항고도에서 적절한 객실고도는?

① 6,000ft
② 8,000ft
③ 10,000ft
④ 12,000ft

77 황산 납 축전지(Lead Acid Battery)의 충전 작용의 결과로 나타나는 현상은?

① 전해액 속의 황산의 양은 줄어든다.
② 물의 양은 증가하고 전해액은 묽어진다.
③ 내부 저항은 증가하고 단자 전압은 감소한다.
④ 양극판은 과산화납으로, 음극판은 해면상납이 된다.

78 다음 중 자동착륙시스템(Autoland System)의 종류가 아닌 것은?

① Dual System
② Triplex System
③ Dual-Dual System
④ Triple-Triple System

79 항공기의 전기회로에 사용되는 스위치에 대한 설명으로 틀린 것은?

① 푸시버튼스위치는 접속방식에 따라 SPUT, SPWT, DPUT, DPWT가 있다.
② 항공기의 토글스위치는 운동부분이 공기 중에 노출되지 않도록 케이스로 보호되어 있다.
③ 회선선택스위치는 한 회로만 개방하고 다른 회로는 동시에 닫히게 하는 역할을 한다.
④ 마이크로스위치는 짧은 움직임으로 회로를 개폐시키는 것으로, 착륙장치와 플랩 등을 작동시키는 전동기의 작동을 제한하는 스위치로 사용된다.

80 항공기 안테나에 대한 설명으로 옳은 것은?

① 첨단 항공기는 안테나가 필요 없다.
② 일반적으로 주파수가 높을수록 안테나의 길이가 짧아진다.
③ ADF는 주로 다이폴 안테나가 사용된다.
④ HF 통신용은 전리층 반사파를 이용하기 때문에 안테나가 필요 없다.

해설
안테나의 길이는 전파의 파장에 비례한다. 주파수가 높아지면 파장이 짧아지므로 안테나의 길이도 짧아진다.

정답 77 ④ 78 ④ 79 ① 80 ②

2018년 제4회 과년도 기출문제

제1과목 항공역학

01 항공기엔진이 정지한 상태에서 수직강하하고 있을 때 도달할 수 있는 최대속도인 종극속도 상태의 경우는?

① 항공기 양력과 항력이 같은 경우
② 항공기 양력의 수평분력과 항력의 수직분력이 같은 경우
③ 항공기 총중량과 항공기에 발생되는 항력이 같아지는 경우
④ 항공기 총중량과 항공기에 발생되는 양력이 같은 경우

02 비행기의 세로안정을 향상시키는 방법이 아닌 것은?

① 꼬리날개효율을 높인다.
② 꼬리날개부피를 최대한 줄인다.
③ 무게중심의 위치를 공기역학적 중심 앞으로 위치시킨다.
④ 무게중심과 공기역학적 중심과의 수직거리를 양(+)의 값으로 한다.

[해설]
꼬리날개부피란 꼬리날개의 면적×꼬리날개에 작용하는 양력 작용점과 무게중심과의 거리이다. 따라서 꼬리날개부피가 커지면, 즉 꼬리날개면적이 커지거나 모멘트 암 거리가 커지면 비행기의 세로안정성이 증가한다.

03 제트 비행기의 속도에 따른 추력변화 그래프 분석을 통해 알 수 있는 최대항속거리에 대한 조건으로 옳은 것은?

① 속도에 대한 필요추력의 비가 최대인 값
② 속도에 대한 필요추력의 비가 최소인 값
③ 속도에 대한 이용추력의 비가 최대인 값
④ 속도에 대한 이용추력의 비가 최소인 값

[해설]
제트비행기의 최대항속거리는 브레게(Breguet) 공식에 따르면 $\dfrac{C_L^{\frac{1}{2}}}{C_D}$ 가 최대인 조건을 충족해야 한다. 즉, C_D 가 최소이여야 한다. 이는 항력이 최소, 즉 필요추력이 최소일 때 발생한다.

04 헬리콥터에서 양력 불균형이 일어나지 않도록 하는 주 회전날개 깃의 플래핑 작용의 결과로 나타나는 현상으로 옳은 것은?

① 후퇴하는 깃에는 최대상향 변위가 기수 전방에서 나타난다.
② 후퇴하는 깃에는 최대상향 변위가 기수 후방에서 나타난다.
③ 전진하는 깃에는 최대상향 변위가 기수 후방에서 나타난다.
④ 전진하는 깃에는 최대상향 변위가 기수 전방에서 나타난다.

[해설]
전진 깃의 위치가 90°일 때 최대의 상대속도를 갖는다. 이때 최대의 양력이 발생하여 자이로스코프의 섭동현상에 의하여 90° 뒤, 즉 기수 전방에서 최대의 상향 변위를 일으킨다.

1 ③ 2 ② 3 ② 4 ④ [정답]

05 항공기가 선회경사각 30°로 정상선회할 때 작용하는 원심력이 3,000kgf이라면 비행기의 무게는 약 몇 kgf 인가?

① 6,150　　② 6,000
③ 5,800　　④ 5,196

해설

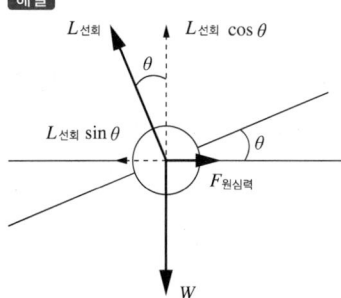

선회하는 항공기에 작용하는 힘의 자유물체도를 살펴보면 $L_{선회}$, $F_{원심력}$, W가 평형을 이루고 있다. 여기서, $L_{선회}$를 x방향 분력과 y방향 분력으로 나누어 보면 x방향 분력은 $F_{원심력}$과 평형을 이루고 y방향 분력은 W와 평형을 이룬다. 즉,

$L_{선회} \sin\theta = F_{원심력}$
$L_{선회} \cos\theta = W$

$L_{선회} = \dfrac{F_{원심력}}{\sin\theta} = \dfrac{3{,}000\text{kgf}}{\sin 30°} = 6{,}000\text{kgf}$

따라서 $W = L_{선회} \cos\theta = 6{,}000\text{kgf} \cdot \cos 30° = 5{,}196\text{kgf}$

06 그림과 같이 초음속 흐름에 쐐기형 에어포일 주위에 충격파와 팽창파가 생성될 때 각각의 흐름의 마하수(M)와 압력(P)에 대한 설명으로 옳은 것은?

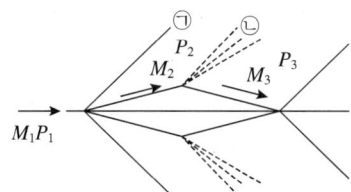

① ㉠은 충격파이며 $M_1 > M_2$, $P_1 < P_2$이다.
② ㉡은 충격파이며 $M_2 < M_3$, $P_2 > P_3$이다.
③ ㉠은 팽창파이며 $M_1 < M_2$, $P_1 > P_2$이다.
④ ㉡은 팽창파이며 $M_2 > M_3$, $P_2 < P_3$이다.

해설
공기흐름이 충격파를 지날 때 속도는 감소하고 압력은 증가한다.

07 유도항력계수에 대한 설명으로 옳은 것은?
① 유도항력계수와 유도항력은 반비례한다.
② 유도항력계수는 비행기 무게와 반비례한다.
③ 유도항력계수는 양력의 제곱에 반비례한다.
④ 날개의 가로세로비가 커지면 유도항력계수는 작아진다.

해설

$C_{Di} = \dfrac{C_L^2}{\pi e AR}$

여기서, e : 스팬효율계수, AR : 가로세로비
따라서 가로세로비가 커지면 유도항력계수는 작아진다.

08 항공기 총중량 24,000kgf의 75%가 주(제동)바퀴에 작용한다면 마찰계수가 0.7일 때 주바퀴의 최소 제동력은 몇 kgf이어야 하는가?

① 5,250　　② 6,300
③ 12,600　　④ 25,200

해설
$N = 24{,}000\text{kgf} \times 0.75$

$F_{제동력} = \mu N = 0.7 \cdot 18{,}000\text{kgf} = 12{,}600\text{kgf}$

정답　5 ④　6 ①　7 ④　8 ③

09 일반적인 프로펠러의 깃 뿌리에서 깃 끝으로 위치변화에 따른 깃각의 변화를 옳게 설명한 것은?

① 커진다.
② 작아진다.
③ 일정하다.
④ 종류에 따라 다르다.

10 공기가 아음속의 흐름으로 풍동 내의 지점 1을 밀도 ρ, 속도 250m/s로 통과하고 지점 2를 밀도 $\frac{4}{5}\rho$인 상태로 지난다면, 이때 속도는 약 몇 m/s인가?(단, 지점 2의 단면적은 지점 1의 $\frac{1}{2}$이다)

① 155
② 215
③ 465
④ 625

해설
연속방정식은
$\dot{m} = \rho_1 A_1 V_1 = \rho_2 A_2 V_2$
$\rho A \cdot 250\text{m/s} = \frac{4}{5}\rho \cdot \frac{A}{2} V_2$
$V_2 = \frac{5}{2} \cdot 250\text{m/s} = 625\text{m/s}$

11 회전익장치가 하나뿐인 헬리콥터는 질량이 큰 동체가 하나의 점에 매달려 있는 것과 같아 한 번 흔들리면 전후좌우로 자연스럽게 진동운동을 하게 되는데 이런 현상을 무엇이라 하는가?

① 지면효과(Ground Effect)
② 시계추작동(Pendular Action)
③ 코리올리 효과(Coriolis Effect)
④ 편류(Drift or Translating Tendency)

12 그림과 같은 날개(Wing)의 테이퍼비(Taper Ratio)는 얼마인가?

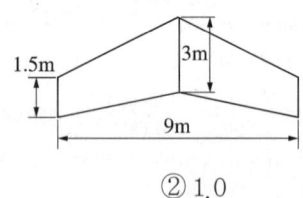

① 0.5
② 1.0
③ 3.5
④ 6.0

해설
$\lambda = \dfrac{C_{\text{Tip}}}{C_{\text{Root}}} = \dfrac{1.5\text{m}}{3\text{m}} = 0.5$

13 지구를 둘러싸고 있는 대기를 지표에서 고도가 높아지는 방향으로 순서대로 나열한 것은?

① 성층권, 대류권, 중간권, 열권, 외기권
② 대류권, 중간권, 열권, 성층권, 외기권
③ 성층권, 열권, 중간권, 대류권, 외기권
④ 대류권, 성층권, 중간권, 열권, 외기권

14 다음 중 양(+)의 가로안정성(Lateral Stability)에 기여하는 요소로 거리가 먼 것은?

① 저익(Low Wing)
② 상반각(Dihedral Angle)
③ 후퇴각(Sweep Back Angle)
④ 수직꼬리날개(Vertical Tail)

15 프로펠러 깃의 받음각에 가장 큰 영향을 주는 2가지 요소는?

① 깃각과 인장력
② 굽힘모멘트와 추력
③ 비행속도와 회전수
④ 원심력과 공기탄성력

16 중량이 2,000kgf인 항공기가 받음각 4°로 등속수평비행을 하고 있을 때 이 항공기에 작용하는 항력은 몇 kgf인가?(단, 받음각이 4°일 때 양항비는 20이다)

① 100 ② 200
③ 300 ④ 400

해설

수평비행이므로 $W = L$

양항비 $\frac{L}{D} = 20$ 이므로 $D = \frac{L}{20} = \frac{W}{20} = \frac{2,000\,\text{kgf}}{20} = 100\,\text{kgf}$

17 날개의 뒤젖힘각 효과(Sweep Back Effect)에 대한 설명으로 옳은 것은?

① 방향안정과 가로안정 모두에 영향이 있다.
② 방향안정과 가로안정 모두에 영향이 없다.
③ 가로안정에는 영향이 있고 방향안정에는 영향이 없다.
④ 방향안정에는 영향이 있고 가로안정에는 영향이 없다.

18 직경 20cm인 원형배관이 직경 10cm인 원형배관과 연결되어 있다. 직경 20cm인 원형배관을 지난 공기가 직경 10cm인 원형배관을 지나게 되면 유속의 변화는 어떻게 되는가?

① 2배로 증가한다.
② $\frac{1}{2}$로 감소한다.
③ 4배로 증가한다.
④ $\frac{1}{4}$로 감소한다.

해설

$Q = A_1 V_1 = A_2 V_2$

$A_1 V_1 = \frac{A_1}{4} \cdot V_2$

$V_2 = 4 V_1$

정답 14 ① 15 ③ 16 ① 17 ① 18 ③

19 수평꼬리날개에 의한 모멘트의 크기를 가장 옳게 설명한 것은?[단, 양(+), 음(−)의 부호는 고려하지 않는다]
① 수평 꼬리날개의 면적이 클수록, 수평 꼬리날개 주위의 동압이 작을수록 커진다.
② 수평 꼬리날개의 면적이 클수록, 수평 꼬리날개 주위의 동압이 클수록 커진다.
③ 수평 꼬리날개의 면적이 작을수록, 수평 꼬리날개 주위의 동압이 클수록 커진다.
④ 수평 꼬리날개의 면적이 작을수록, 수평 꼬리날개 주위의 동압이 작을수록 커진다.

20 수직강하와 함께 비행기의 스핀(Spin)운동을 이루는 현상은?
① 자전(Auto Rotation) 현상
② 디프실속(Deep Stall) 현상
③ 날개드롭(Wing Drop) 현상
④ 가로방향 불안정(Dutch Roll) 현상

제2과목 항공기관

21 왕복엔진의 고압 마그네토(Magneto)에 대한 설명으로 틀린 것은?
① 콘덴서는 브레이커 포인트와 병렬로 연결되어 있다.
② 전기누설 가능성이 많은 고공용 항공기에 적합하다.
③ 1차회로는 브레이커 포인트가 붙어있을 때에만 폐회로를 형성한다.
④ 마그네토의 자기회로는 회전영구자석, 폴 슈(Pole Shoe) 및 철심으로 구성되어 있다.

해설
고공용 항공기에 적합한 마그네토는 저압 마그네토 타입이다.

22 왕복엔진의 부자식 기화기에서 부자실(Float Chamber)의 연료 유면이 높아졌을 때 기화기에서 공급하는 혼합비는 어떻게 변하는가?
① 농후해진다.
② 희박해진다.
③ 변하지 않는다.
④ 출력이 증가하면 희박해진다.

23 속도 1,080km/h로 비행하는 항공기에 장착된 터보제트엔진이 중량유량 294kgf/s로 공기를 흡입하여 400m/s로 배기분사시킬 때 진추력은 몇 N인가?

① 1,000
② 3,000
③ 29,400
④ 108,000

해설
터보제트엔진 진추력
$F_n = W_a(V_j - V_a) = 294\left(400 - \dfrac{1,080,000}{3,600}\right) = 29,400\text{N}$
(힘의 단위가 N일 때는 중량유량을 중력가속도 g로 나눌 필요가 없다)
여기서, W_a : 흡입공기 중량유량
V_j : 배기 가스 속도
V_a : 비행 속도

24 정속프로펠러의 블레이드 각이 증가하면 나타나는 현상은?

① 회전수가 감소한다.
② 엔진출력이 감소한다.
③ 진동과 소음이 심해진다.
④ 실속 속도가 감소하고 소음이 증가한다.

해설
프로펠러 깃각이 증가하면 프로펠러 회전저항이 증가하여 회전수가 감소한다.

25 왕복엔진의 크랭크 핀(Crank Pin)의 속이 비어 있는 이유가 아닌 것은?

① 윤활유의 통로 역할을 한다.
② 열팽창에 의한 파손을 방지한다.
③ 크랭크축의 전체 무게를 줄여 준다.
④ 탄소 침전물 등 이물질을 모으는 슬러지 실(Sludge Chamber) 역할을 한다.

해설
피스톤 링은 끝 간격을 두어 열팽창에 의한 파손을 방지한다.

26 가스터빈엔진의 공압시동기(Pneumatic Starter)에 공급되는 고압공기 동력원이 아닌 것은?

① 지상동력장치(Ground Power Unit)
② 보조동력장치(Auxiliary Power Unit)
③ 다른 엔진의 배기가스(Exhaust Gas)
④ 다른 엔진의 블리드 공기(Bleed Air)

27 지시마력을 나타내는 식 $iHP = \dfrac{P_{mi}LANK}{75 \times 2 \times 60}$ 에서 N이 의미하는 것은?(단, P_{mi} : 지시평균 유효압력, L : 행정길이, A : 실린더 단면적, K : 실린더 수이다)

① 축마력
② 기계효율
③ 제동평균 유효압력
④ 엔진의 분당 회전수

28 항공기 연료 "옥탄가 90"에 대한 설명으로 옳은 것은?

① 노말헵탄 10%에 세탄 90%의 혼합물과 같은 정도를 나타내는 가솔린이다.
② 연소 후에 발생하는 옥탄가스의 비율이 90% 정도를 차지하는 가솔린이다.
③ 연소 후에 발생하는 세탄가스의 비율이 10% 정도를 차지하는 가솔린이다.
④ 이소옥탄 90%에 노말헵탄 10%의 혼합물과 같은 정도를 나타내는 가솔린이다.

해설
표준연료는 노크가 잘 일어나지 않는 이소옥탄과 안티노크성이 낮은 노말헵탄을 일정한 비율로 혼합시킨 연료를 말하는데, 여기서, 옥탄가란 표준 연료 속의 이소옥탄의 체적 비율(%)을 나타낸 것이다.

정답 23 ③ 24 ① 25 ② 26 ③ 27 ④ 28 ④

29 FADEC(Full Authority Digital Electronic Control)에서 조절하는 것이 아닌 것은?

① 오일 압력
② 엔진 연료 유량
③ 압축기 가변 스테이터 각도
④ 실속 방지용 압축기 블리드 밸브

[해설]
FADEC 엔진제어 기능
• 가변 블리드 밸브
• 가변 스테이터 베인 각도
• 고압터빈 냉각 조절
• 저압터빈 냉각 조절
• 엔진 연료 유량

30 다음 중 고공에서 극초음속으로 비행할 경우 성능이 가장 좋은 엔진은?

① 터보팬엔진
② 램제트엔진
③ 펄스제트엔진
④ 터보제트엔진

[해설]
램제트엔진은 압축기와 터빈이 없기 때문에 구조가 간단하며 초음속 이상의 속도에서 효율이 높다.

31 제트엔진에서 착륙거리를 줄이기 위하여 사용하는 장치는?

① 베 인
② 방향타
③ 노 즐
④ 역추력 장치

[해설]
터보 팬 엔진의 역추력 장치를 작동시키면, 트랜슬레이팅 슬리브(Translating Sleeve)가 뒤로 이동하면서 블로커 도어(Blocker Door)가 팬을 통해 들어온 공기 흐름을 막게 되고, 이 공기는 캐스케이드 베인(Cascade Vane)을 통해 상하 방향으로 빠져나가면서 항공기의 추력 감소가 이루어진다.

32 항공용 왕복엔진의 효율과 마력에 대한 설명으로 틀린 것은?

① 지시마력은 지압선도로부터 구할 수 있다.
② 연료소비율(SFC)은 1마력당 1시간 동안의 연료 소비량이다.
③ 기계효율은 지시마력과 이론마력의 비이다.
④ 축마력은 실제 크랭크축으로부터 측정한다.

[해설]
기계효율은 제동마력과 지시마력과의 비이다.
즉, $\eta_m = \dfrac{bHP}{iHP}$

33 열역학에서 가역과정에 대한 설명으로 옳은 것은?

① 마찰과 같은 요인이 있어도 상관없다.
② 주위의 작은 변화에 의해서는 반대과정을 만들 수 있다.
③ 계와 주위가 항상 불균형 상태여야 한다.
④ 과정이 일어난 후에도 처음과 같은 에너지 양을 갖는다.

[해설]
가역과정이란 이상적인 과정으로서, 계가 한 과정을 진행한 다음, 반대로 그 과정을 따라 처음 상태로 되돌아올 수 있는 과정을 말한다.

34 터보제트엔진의 추진효율이 1일 때는?

① 비행속도가 음속을 돌파할 때
② 비행속도와 배기가스 속도가 같을 때
③ 비행속도가 배기가스 속도보다 빠를 때
④ 비행속도가 배기가스 속도보다 늦을 때

[해설]
터보제트엔진의 추진 효율(η_p)
$\eta_p = \dfrac{2V_a}{V_j + V_a}$
여기서, V_a : 비행속도, V_j : 배기가스 속도
따라서 비행속도와 배기가스 속도가 같으면 추진효율은 1이 된다.

35 비행속도가 V, 회전속도가 n(rpm)인 프로펠러의 1회전 소요시간이 $\dfrac{60}{n}$ 초일 때 유효피치를 나타내는 식은?

① $\dfrac{60V}{n}$ ② $\dfrac{60n}{V}$

③ $\dfrac{nV}{60}$ ④ $\dfrac{V}{60}$

해설
유효피치는 프로펠러를 1회전시켰을 때 실제 전진한 거리이며, 프로펠러가 1회전하는 데 소요되는 시간은 $60/n$초이므로, 프로펠러 1회전당 실제 전진한 거리는 $V \times \dfrac{60}{n}$이 된다.

36 겨울철 왕복엔진 작동(Reciprocating Engine Operation In Winter) 전 점검사항이 아닌 것은?

① 연료 가열(Fuel Heating)
② 섬프 드레인(Sump Drain)
③ 엔진 예열(Engine Preheat)
④ 결빙 방지제 첨가(Anti-icing Fluid Additive)

37 가스터빈엔진의 압축기 블레이드 오염(Dirty or Contamination)으로 발생되는 현상이 아닌 것은?

① 연료소모율 증가
② 엔진 서지(Surge)
③ 엔진 회전속도 증가
④ 배기가스 온도 증가

38 왕복엔진에서 엔진오일의 기능이 아닌 것은?

① 재생작용 ② 기밀작용
③ 윤활작용 ④ 냉각작용

해설
윤활유는 윤활작용, 기밀작용, 냉각 작용, 청결 작용, 방청 작용, 소음 방지 작용 등이 기능을 담당한다.

39 윤활계통 중 오일탱크의 오일을 베어링까지 공급해 주는 것은?

① 드레인계통(Drain System)
② 가압계통(Pressure System)
③ 브리더계통(Breather System)
④ 스캐빈지계통(Scavenge System)

해설
오일 압력계통은 일정 압력과 온도의 오일을 윤활이 필요한 정해진 위치에 적절한 흐름량으로 공급하는 계통이다.

40 압축비가 8인 경우 오토사이클(Otto Cycle)의 열효율은 약 몇 %인가?(단, 작동유체는 공기이고, 비열비는 1.4이다)

① 48.9
② 56.5
③ 78.2
④ 94.5

해설
오토사이클 열효율
$$\eta_o = 1 - \left(\dfrac{1}{\epsilon}\right)^{k-1} = 1 - \left(\dfrac{1}{8}\right)^{1.4-1} = 0.5647$$
$= 56.5(\%)$

제3과목 항공기체

41 조종 케이블이 작동 중에 최소의 마찰력으로 케이블과 접촉하여 직선운동을 하게 하며, 케이블을 작은 각도 이내의 범위에서 방향을 유도하는 것은?

① 풀리(Pulley)
② 페어리드(Fair Lead)
③ 벨 크랭크(Bell Crank)
④ 케이블드럼(Cable Drum)

해설
페어리드는 케이블이 벌크헤드의 구멍이나 다른 금속이 지나가는 곳에 사용되며 케이블의 느슨함을 막고 다른 구조와의 접촉을 방지한다.

42 2개의 알루미늄 판재를 리베팅하기 위해 구멍을 뚫으려할 때 판재가 움직이려 한다면 사용해야 하는 것은?

① 클레코
② 리 머
③ 버킹바
④ 뉴매틱 해머

해설
클레코

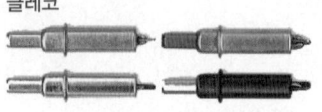

43 항공기 기체의 비틀림 강도를 높이기 위한 방법으로 틀린 것은?

① 기체의 길이를 증가시킨다.
② 기체 표피의 두께를 증가시킨다.
③ 표피소재의 전단계수를 증가시킨다.
④ 기체의 극단면 2차 모멘트를 증가시킨다.

해설
비틀림 각은 $\theta = \dfrac{TL}{GI_p}$
여기서, T : 비틀림 모멘트, L : 봉의 길이, G : 전단탄성계수, I_p : 극 단면 2차 모멘트
• 축의 길이가 길수록, 토크가 클수록 비틀림 각은 커진다.
• 전단탄성계수와 극단면 2차 모멘트가 클수록 비틀림이 덜하다.

44 경항공기에 사용되는 일반적인 고무완충식 착륙 장치(Landing Gear)의 완충효율은 약 몇 %인가?

① 30   ② 50
③ 75   ④ 100

해설
완충장치의 완충효율
• 올레오식 완충장치 : 약 80%
• 평판 스프링식, 고무 완충식 : 50%

45 항공기 나셀에 대한 설명으로 틀린 것은?

① 나셀의 구조는 세미모노코크 구조형식으로 세로부재와 수직부재로 구성되어 있다.
② 항공기 엔진을 동체에 장착하는 경우에도 나셀의 설치는 필요하다.
③ 나셀은 외피, 카울링, 구조부재, 방화벽, 엔진마운트로 구성되며 유선형이다.
④ 나셀은 안으로 통과하여 나가는 공기의 양을 조절하여 엔진의 냉각을 조절한다.

해설
엔진이 동체 내부에 있는 경우는 동체 자체가 나셀 역할을 한다.

46 항공기가 비행 중 오른쪽으로 옆놀이 현상이 발생하였다면 지상 정비작업으로 옳은 것은?

① 왼쪽 보조날개 고정탭을 올린다.
② 방향타의 탭을 왼쪽으로 굽힌다.
③ 오른쪽 보조날개 고정탭을 올린다.
④ 방향타의 탭을 오른쪽으로 굽힌다.

47 다음 중 한쪽에서만 작업이 가능하도록 고안된 리벳이 아닌 것은?

① 리브너트(Rivnut)
② 체리 리벳(Cherry Rivet)
③ 폭발 리벳(Explosive Rivet)
④ 솔리드 섕크 리벳(Solid Shank Rivet)

해설
솔리드 섕크 리벳은 속이 꽉 차 있는 리벳으로서 판재 반대편에 버킹바를 대고 작업한다.

48 다음 중 날개에 발생한 비틀림 하중을 감당하기에 가장 효과적인 것은?

① 스파   ② 스킨
③ 리브   ④ 토션박스

해설
토션박스는 전방 스파와 후방 스파, 양쪽 리브 및 외피로 이루어진 박스 형태의 날개 구조물로 비틀림 하중에 잘 견디는 특징을 가진다.

49 볼트그립 길이와 볼트가 장착되는 재료의 두께에 관한 설명으로 옳은 것은?

① 볼트가 장착될 재료의 두께는 볼트그립 길이의 2배여야 한다.
② 볼트그립 길이는 가장 얇은 판 두께의 3배가 되어야 한다.
③ 볼트가 장착될 재료의 두께는 볼트그립 길이에 볼트 직경의 길이를 합한 것과 같아야 한다.
④ 볼트그립 길이는 볼트가 장착되는 재료의 두께와 같거나 약간 길어야 한다.

해설
볼트 그립(Grip)은 볼트에서 나사가 나 있지 않은 부분으로서, 그립 길이는 재료의 두께와 같거나 약간 길어야 한다(와셔를 장착할 수도 있으므로).

50 샌드위치구조의 특징에 대한 설명이 아닌 것은?

① 습기와 열에 강하다.
② 기존의 보강재보다 중량당 강도가 크다.
③ 같은 강성을 갖는 다른 구조보다 무게가 가볍다.
④ 조종면(Control Surface)이나 뒷전(Trailing Edge) 등에 사용된다.

해설
샌드위치 구조의 단점 중 하나는 습기와 열에 약하다는 것이다.

정답 46 ③ 47 ④ 48 ④ 49 ④ 50 ①

51 엔진이 2대인 항공기의 엔진을 1,750kg의 모델에서 1,850kg의 모델로 교환하였으며, 엔진은 기준선에서 후방 40cm에 위치하였다. 엔진을 교환하기 전의 항공기 무게평형(Weight and Balance) 기록에는 항공기 무게 15,000kg, 무게중심은 기준선 후방 35cm에 위치하였다면, 새로운 엔진으로 교환 후 무게중심위치는?

① 기준선 전방 약 32cm
② 기준선 전방 약 20cm
③ 기준선 후방 약 35cm
④ 기준선 후방 약 45cm

해설
엔진을 새로 장착한 무게중심은 원래 총모멘트에다 엔진을 교체하면서 변한 모멘트를 더한 값에, 새로운 비행기 총무게를 나눈 값이다.
㉠ 새로운 비행기의 무게
W_{new} = 원래 항공기 무게 + 새로운 엔진의 무게 증가량
   $= 15,000 + (100 \times 2)$
   $= 15,200$
㉡ 장착 전 원래 모멘트
M_{old} = 항공기 무게 × 기존 무게중심
   $= 15,000 \times 35$
   $= 525,000$
㉢ 장착 후 새롭게 추가된 모멘트
M_{add} = 추가 무게 × 기준선으로부터 거리
   $= (100 \times 2) \times 40$
   $= 8,000$
㉣ 새로운 무게중심위치
$CG_{new} = \dfrac{M_{new}}{W_{new}} = \dfrac{525,000 + 8,000}{15,200} = 35.01(cm)$

52 다음 AA(Aluminum Association)규격의 알루미늄 합금 중 마그네슘 성분이 없거나 가장 적게 함유된 것은?

① 2024
② 3003
③ 5052
④ 7075

해설
① 2024 : 2017에 마그네슘 양을 증가
② 3003 : 알루미늄-망간계 합금
③ 5052 : 알루미늄-마그네슘계 합금
④ 7075 : 알루미늄-아연-마그네슘계 합금

53 높이가 H이고 폭이 B인 그림과 같은 직사각형의 무게중심을 원점으로 하는 X축에 대한 관성모멘트는?

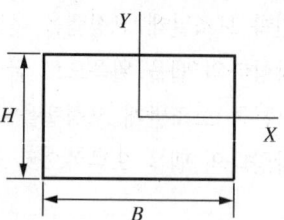

① $\dfrac{BH^3}{36}$
② $\dfrac{BH^3}{24}$
③ $\dfrac{BH^3}{12}$
④ $\dfrac{BH^3}{4}$

해설
여러 가지 단면의 단면 2차 모멘트(관성 모멘트)

번호	단면	$A(mm^2)$	$I(mm^4)$
1	직사각형 (b, h)	bh	$\dfrac{1}{12}bh^3$
2	삼각형 (b, h, e_1, e_2)	$\dfrac{1}{2}bh$	$\dfrac{1}{36}bh^3$
3	원 (d)	$\dfrac{\pi}{4}d^2$	$\dfrac{\pi}{64}d^4$
4	중공원 (d_1, d_2)	$\dfrac{\pi}{4}(d_2^2 - d_1^2)$	$\dfrac{\pi}{64}(d_2^4 - d_3^4)$

51 ③ 52 ② 53 ③

54 알루미나(Alumina) 섬유의 특징으로 틀린 것은?

① 은백색으로 도체이다.
② 금속과 수지와의 친화력이 좋다.
③ 표면처리를 하지 않아도 FRP나 FRM으로 할 수 있다.
④ 내열성이 뛰어나 공기 중에서 1,300℃로 가열해도 취성을 갖지 않는다.

해설
알루미나 섬유는 전기가 통하지 않는 부도체이다.

55 그림과 같은 수송기의 $V-n$ 선도에서 A와 D의 연결선은 무엇을 나타내는가?

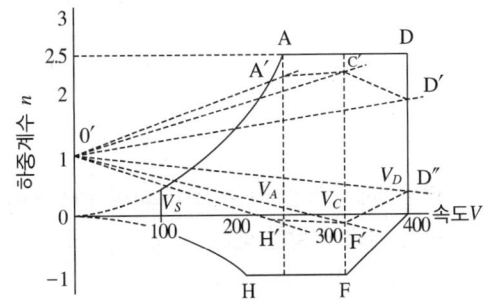

① 돌풍 하중배수
② 양력계수
③ 설계 순항속도
④ 설계제한 하중배수

해설
직선 AD와 HF는 설계상 주어지는 양(+)과 음(-)의 한계 하중배수를 나타내며, 이 하중배수를 벗어나서는 어떠한 비행도 할 수 없도록 제한한다. 이 한계 하중배수를 설계제한 하중배수(n_1)라고 하며 항공기 유형에 따라 지정되어 있다.

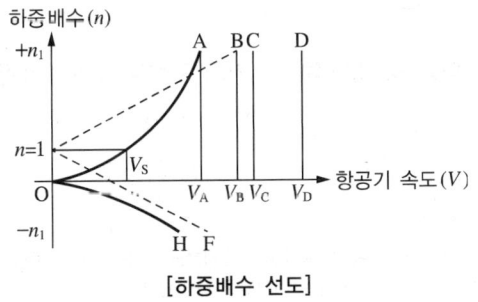

[하중배수 선도]

56 금속판재를 굽힘가공할 때 응력에 의해 영향을 받지 않는 부위를 무엇이라 하는가?

① 굽힘선(Bend Line)
② 몰드선(Mold Line)
③ 중립선(Neutral Line)
④ 세트백 선(Set Back Line)

해설
굽힘 가공 시 구부러지는 안쪽 부분은 압축력을, 바깥 부분은 인장력이 작용하지만, 중립선은 응력에 대한 아무런 영향을 받지 않는다.

57 다음 중 부식의 종류에 해당되지 않는 것은?

① 응력 부식
② 표면 부식
③ 입자 간 부식
④ 자장 부식

해설
부식의 종류
• 표면 부식
• 이질 금속 간 부식
• 점 부식
• 입자 간 부식
• 응력 부식
• 피로 부식
• 찰과 부식

58 그림과 같이 길이 2m인 외팔보에 2개의 집중하중 400kg, 200kg이 작용할 때 고정단에 생기는 최대 굽힘모멘트의 크기는 약 몇 kg·m인가?

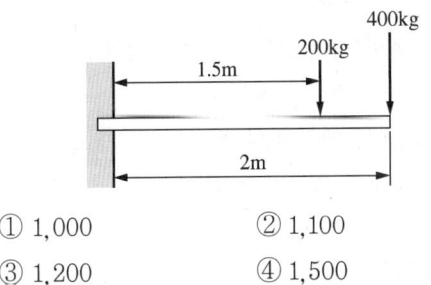

① 1,000
② 1,100
③ 1,200
④ 1,500

해설
$M_{고정단} = 200 \times 1.5 + 400 \times 2 = 1,100(\text{kg} \cdot \text{m})$

59 항공기에 일반적으로 사용하는 리벳 중 순수 알루미늄(99.45%)으로 구성된 리벳은?

① 1100
② 2017-T
③ 5056
④ 2117-T

해설
- 1100 : 순수 알루미늄
- 2017-T : 구리계 알루미늄(두랄루민)
- 5056 : 마그네슘계 알루미늄
- 2117-T : 구리계 알루미늄

60 케이블 턴버클 안전결선방법에 대한 설명으로 옳은 것은?

① 배럴의 검사구멍에 핀을 꽂아 핀이 들어가지 않으면 양호한 것이다.
② 단선식결선법은 턴버클 엔드에 최소 10회 감아 마무리한다.
③ 복선식결선법은 케이블 직경이 1/8in 이상인 경우에 주로 사용한다.
④ 턴버클엔드의 나사산이 배럴 밖으로 10개 이상 나오지 않도록 한다.

해설
턴버클 안전 결선 방법에는 케이블의 지름이 1/8in 이하인 경우에 사용하는 단선식 결선법과 케이블의 지름이 1/8in 이상인 경우에 사용하는 복선식 결선법이 있다. 안전결선 마무리 단계에서 단자의 생크 주위를 최소 4회 이상 와이어로 단단히 감아야 한다.

제4과목 항공장비

61 항공기 VHF 통신장치에 관한 설명으로 틀린 것은?

① 근거리 통신에 이용된다.
② VHF 통신 채널 간격은 30kHz이다.
③ 수신기에는 잡음을 없애는 스켈치회로를 사용하기도 한다.
④ 국제적으로 규정된 항공 초단파 통신주파수 대역은 108~136MHz이다.

해설
VHF 통신 채널 간격은 25kHz이다.

62 항공기에서 레인 리펠런트(Rain Repellent)를 사용하기 가장 적합한 때는?

① 많은 눈이 내릴 때
② 블리드 공기를 사용할 수 없을 때
③ 폭우가 내려 시야를 확보할 수 없을 때
④ 윈드실드(Windshield)가 결빙되어 있을 때

63 다음 중 일반적인 계기의 구성부가 아닌 것은?

① 수감부   ② 지시부
③ 확대부   ④ 압력부

해설
일반적으로 계기는 물리량을 감지하는 수감부, 이를 확대하는 확대부, 그리고 지시하는 지시부로 구성된다.

정답 59 ① 60 ③ 61 ② 62 ③ 63 ④

64 자동조종항법장치에서 위치정보를 받아 자동적으로 항공기를 조종하여 목적지까지 비행시키는 기능은?

① 유도 기능 ② 조종 기능
③ 안정화 기능 ④ 방향탐지 기능

해설
자동조종항법장치(오토파일럿)에는 더치롤(옆으로 흔들리며 좌우 지그재그로 비행하는 것과 같은 현상을 일으키지 않는 안정화 기능, 자동으로 고도와 자세를 유지하는 자동조종기능, 자동으로 정해진 경로를 비행하는 자동유도기능, 이렇게 세 가지가 있다.

65 5A/50mV인 분류기저항 양단에 걸리는 전압이 0.04V일 경우 이 회로의 전원버스에 흐르는 전류는 몇 A인가?

① 1 ② 2
③ 3 ④ 4

해설

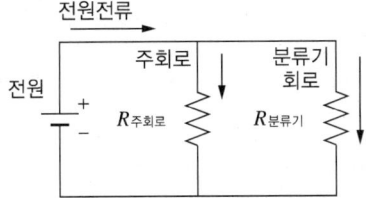

옴의 법칙 $V=IR$을 $R_{분류기}$의 전압강하 계산에 적용하자.
$V_{분류기} = I_{분류기} R_{분류기}$, 즉 $50mV = 0.05V = 5A \cdot R_{분류기}$
이다.

따라서 $R_{분류기} = \dfrac{0.05V}{5A} = 0.01\Omega$로서 매우 작은 값이다.

분류기 저항 양단에 걸리는 전압이 0.04 V이면
$0.04V = I_{분류기} R_{분류기} = I_{분류기} \cdot 0.01\Omega$이다.

즉, $I_{분류기} = \dfrac{0.04V}{0.01\Omega} = 4A$ 한편 $R_{주회로} \gg R_{분류기}$ 이므로,
전원에서 나오는 거의 모든 전류가 분류기로 흐른다.
즉, $I_{전원회로} \approx I_{분류기} = 4A$ 이다.

66 다음 중 전위차 및 기전력의 단위는?

① 볼트(V) ② 옴(Ω)
③ 패럿(F) ④ 암페어(A)

해설
전위차(전압강하) 및 기전력(전원전압)의 단위는 V이다. 전류의 단위는 A이다. 저항의 단위는 Ω이다. 커패시턴스의 용량은 F이다.

67 지자기의 3요소가 아닌 것은?

① 복각(Dip)
② 편차(Variation)
③ 자차(Deviation)
④ 수평분력(Horizontal Component)

68 다음 중 항공기에 사용되는 화재 탐지기가 아닌 것은?

① 저항 루프(Loop)형 탐지기
② 바이메탈(Bimetal)형 탐지기
③ 열전대(Thermocouple)형 탐지기
④ 코일을 이용한 자기(Magnetic)형 탐지기

69 미국연방항공국(FAA)의 규정에 명시된 항공기의 최대 객실고도는 약 몇 ft인가?

① 6,000
② 7,000
③ 8,000
④ 9,000

70 다음 중 직류전동기가 아닌 것은?

① 유도전동기
② 복권전동기
③ 분권전동기
④ 직권전동기

[해설]
유도전동기는 직류와 교류를 다 사용할 수 있는 전동기(모터)이다.

71 다음 중 3상 교류를 사용하는 항공용 계기는?

① 데신(Desyn)
② 오토신(Autosyn)
③ 전기용량식 연료량계
④ 전자식 태코미터(Tachometer)

72 계기의 지시속도가 일정할 때 기압이 낮아지면 진대기속도의 변화는?

① 감소한다.
② 증가한다.
③ 변화가 없다.
④ 변화는 일정하지 않다.

[해설]
※ 저자의견 ②

지시 대기속도(IAS ; Indicated Air Speed)는 계기에 표시된 속도이고, 지시 대기속도를 피토관의 위치 및 계기자체의 오차를 고려해 수정한 것이 수정 대기속도(CAS ; Calibrated Air Speed)이다. 이것을 공기의 압축성을 고려해 다시 수정한 것이 등가 대기속도(EAS ; Equivalent Air Speed)이다. 만약 위의 오차를 다 무시한다면 IAS=CAS=EAS가 된다. 또한 등가 대기속도는 표고 0m를 기준으로 한 동압의 속도이다. 이 동압은 임의 고도를 날고 있는 항공기에 작용하는 동압과 같다.

즉, $\frac{1}{2}$(표고 0m에서의 공기밀도)$EAS^2 = \frac{1}{2}$(임의 고도에서의 공기밀도)TAS^2

위의 오차를 무시한 가정을 적용하면

$\frac{1}{2}$(표고 0m에서의 공기밀도)$IAS^2 = \frac{1}{2}$(임의 고도에서의 공기밀도)TAS^2

따라서 고도가 올라가는데도 IAS가 일정하다면 공기밀도가 떨어지게 될 때 TAS는 증가하여야 한다. 그러므로 답은 "② TAS는 증가한다."이다.

73 저주파 증폭기에서 수신기 전체의 성능을 판단할 때 활용되는 특성이 아닌 것은?

① 감도(Sensitivity)
② 검출도(Detection)
③ 충실도(Fidelity)
④ 선택도(Selectivity)

74 다음 중 회로보호 장치로 볼 수 없는 것은?

① 퓨 즈
② 계전기
③ 회로차단기
④ 열보호장치

해설
계전기는 릴레이라고 부른다. 릴레이는 코일에 작은 전류를 보내어 전자석효과로 간접적으로 큰 전류 흐름을 제어하는 장치이다.

75 고도계 오차의 종류가 아닌 것은?

① 눈금오차
② 밀도오차
③ 온도오차
④ 기계적오차

해설
고도계는 다이어프램으로 압력을 감지하여 기계적 전달장치(톱니 등)를 사용하여 표시하는 장치이다. 따라서 온도, 눈금, 기계적인 오차가 발생할 수 있다.

76 유압계통에서 열팽창이 적은 작동유를 필요로 하는 1차적인 이유는?

① 고고도에서 증발감소를 위해서
② 화재를 최대한 방지하기 위해서
③ 고온일 때 과대압력 방지를 위해서
④ 작동유의 순환불능을 해소하기 위해서

해설
작동유가 고온에서 많이 팽창하게 되면 배관에 가해지는 압력이 과대하게 증가하게 된다.

정답 73 ② 74 ② 75 ② 76 ③

77 기상레이더(Weather Radar)에 대한 설명으로 틀린 것은?

① 반사파의 강함은 강우 또는 구름 속의 물방울 밀도에 반비례한다.
② 청천 난기류역은 기상레이더에서 감지하지 못한다.
③ 영상은 반사파의 강약을 밝음 또는 색으로 구별한다.
④ 전파의 직진성, 등속성으로부터 물체의 방향과 거리를 알 수 있다.

해설
반사파의 강함은 물방울 밀도에 비례한다.

78 축전지에서 용량의 표시기호는?

① Ah   ② Bh
③ Vh   ④ Fh

해설
축전지의 용량은 Ah로 표시한다.

79 유압계통에 있는 축압기(Accumulator)의 설치위치로 가장 적합한 곳은?

① 공급라인(Supply Line)
② 귀환라인(Return Line)
③ 작업라인(Working Line)
④ 압력라인(Pressure Line)

해설
축압기는 펌프에서 나오는 작동유의 압력 변화에 의한 배관에 대한 충격을 완화하기 위해 설치한다. 따라서 압력라인에 설치한다.

80 항공기의 조명계통(Light System)에 대한 설명으로 옳은 것은?

① 객실(Cabin)의 조명은 일반적으로 형광등(Flood Light)에 의해 직접 조명된다.
② 충돌방지등(Anti-collision Light)은 비행 중에만 점멸(Flashing)된다.
③ 패슨 시트 벨트(Fasten Seat Belt) 사인 라이트(Sign Light)는 항공기의 비행자세에 따라 자동으로 조종(On/Off Control)된다.
④ 조종실의 인티그럴 인스트루먼트 라이트(Integral Instrument Light)는 퍼텐셔미터(Potentiometer)에 의해 디밍 컨트롤(Dimming Control)할 수 있다.

2019년 제1회 과년도 기출문제

제1과목 항공역학

01 항공기의 세로안정성(Static Longitudinal Stability)을 좋게 하기 위한 방법으로 틀린 것은?

① 꼬리날개 면적을 크게 한다.
② 꼬리날개의 효율을 작게 한다.
③ 날개를 무게중심보다 높은 위치에 둔다.
④ 무게중심을 공기역학적 중심보다 전방에 위치시킨다.

해설
세로안정성 증가 방법
- 무게중심을 공기역학적 중심보다 높이 위치하게 한다.
- 무게중심을 공력 중심보다 전방으로 위치하게 한다.
- 꼬리날개 면적을 크게 한다.
- 꼬리날개 효율(부피)을 크게 한다.

02 수평스핀과 수직스핀의 낙하속도와 회전각속도 크기를 옳게 나타낸 것은?

① 낙하속도 : 수평스핀 > 수직스핀,
   회전각속도 : 수평스핀 > 수직스핀
② 낙하속도 : 수평스핀 < 수직스핀,
   회전각속도 : 수평스핀 < 수직스핀
③ 낙하속도 : 수평스핀 > 수직스핀,
   회전각속도 : 수평스핀 < 수직스핀
④ 낙하속도 : 수평스핀 < 수직스핀,
   회전각속도 : 수평스핀 > 수직스핀

해설
수평스핀은 수직스핀보다 회전각속도가 빠르나 낙하속도는 느리다.

03 항공기 이륙거리를 짧게 하기 위한 방법으로 옳은 것은?

① 정풍(Head Wind)을 받으면서 이륙한다.
② 항공기 무게를 증가시켜 양력을 높인다.
③ 이륙 시 플랩이 항력증가의 요인이 되므로 플랩을 사용하지 않는다.
④ 엔진의 가속력을 가능한 최소가 되도록 하여 효율을 높인다.

해설
이륙거리를 짧게 하는 방법
- 무게를 감소시킨다.
- 정풍을 받으면서 이륙한다.
- 고양력장치를 사용한다.
- 가속력을 증가시킨다(추력 증가, 마찰계수 감소, 항력 감소).

04 비행자세 각속도가 조종간 범위를 일정하게 유지할 수 있는 정상상태 트림비행(Steady Trimmed Flights)에 해당하지 않는 비행상태는?

① 루프 기동비행(Loop Maneuver)
② 하강각을 갖는 비정렬 선회비행(Uncoordinated Helical Descent Turn)
③ 상승각을 갖는 정렬 선회비행(Coordinated Helical Climb Turn)
④ 상승각 및 사이드 슬립각을 갖는 직선비행

정답 1 ② 2 ④ 3 ① 4 ①

05 비행기 날개 위에 생기는 난류의 발생 조건으로 가장 적합한 것은?

① 성층권을 비행할 때
② 레이놀즈수가 0일 때
③ 레이놀즈수가 아주 클 때
④ 비행기 속도가 아주 느릴 때

해설
- 레이놀즈수가 작을 때 : 층류
- 레이놀즈수가 클 때 : 난류

06 헬리콥터 속도 – 고도선도(Velocity – Height Diagram)와 관련된 설명으로 틀린 것은?

① 양력 불균형이 심화되는 높은 고도에서의 전진 비행 시 비행가능영역이 제한된다.
② 엔진 고장 시 안전한 착륙을 보장하기 위한 비행 가능영역을 표시한 것이다.
③ 속도 – 고도선도는 항공기 중량, 비행고도 및 대기온도 등에 따라 달라진다.
④ 속도 – 고도선도는 인증을 받은 후 비행교범의 성능차트로 명시되어야 한다.

해설
속도-고도선도는 엔진 고장 시 자동회전 가능영역을 고도와 속도의 함수로 나타낸 것이다.

07 국제표준대기의 특성값으로 옳게 짝지어진 것은?

① 압력 = 29.92mmHg
② 밀도 = 1.013kg/m³
③ 온도 = 288.15K
④ 음속 = 340.429ft/s

해설
국제표준대기
- 압력 : 760mmHg = 29.92inHg = 101.325kPa = 14.7psi
- 밀도 : 1.225kg/m³
- 온도 : 15℃ = 288.15K
- 음속 : 340m/s

08 프로펠러 항공기의 경우 항속거리를 최대로 하기 위한 조건으로 옳은 것은?

① 양항비가 최소인 상태로 비행한다.
② 양항비가 최대인 상태로 비행한다.
③ $\dfrac{C_L}{\sqrt{C_D}}$ 가 최대인 상태로 비행한다.
④ $\dfrac{\sqrt{C_L}}{C_D}$ 가 최대인 상태로 비행한다.

해설
프로펠러 항공기
- 최대 항속거리 : $\left(\dfrac{C_L}{C_D}\right)_{\max}$
- 최대 항속시간 : $\left(\dfrac{C_L^{\frac{3}{2}}}{C_D}\right)_{\max}$

09 에어포일 코드 'NACA 0009'를 통해 알 수 있는 것은?

① 대칭단면의 날개이다.
② 초음속 날개 단면이다.
③ 다이아몬드형 날개 단면이다.
④ 단면에 캠버가 있는 날개이다.

해설
최대 캠버 크기가 0%, 대칭형 날개

10 항공기의 승강(Elevator)키 조작은 어떤 축에 대한 운동을 하는가?

① 가로축(Lateral Axis)
② 수직축(Vertical Axis)
③ 방향축(Directional Axis)
④ 세로축(Longitudinal Axis)

11 무게가 1,000lb이고, 날개면적이 100ft²인 프로펠러 비행기가 고도 10,000ft에서 100mph의 속도, 받음각 3°로 수평정상비행할 때 필요마력은 약 몇 HP인가?(단, 밀도 0.001756slug/ft³, 양력 0.6, 항력 0.2이다)

① 50.5
② 100
③ 68.2
④ 83.5

해설

$$P_r = \frac{DV}{550} = \frac{C_D \rho V^3 S}{550 \times 2}$$

12 대류권에서 고도가 상승함에 따라 공기의 밀도, 온도, 압력의 변화로 옳은 것은?

① 밀도, 압력, 온도 모두 증가한다.
② 밀도, 압력, 온도 모두 감소한다.
③ 밀도, 온도는 감소하고 압력은 증가한다.
④ 밀도는 증가하고 압력, 온도는 감소한다.

13 회전원통 주위의 공기를 비회전운동을 시켜서 순환을 생기게 했다. 원통중심에서 1m 되는 점에서의 속도가 10m/s였을 때 볼텍스(Vortex)의 세기는 약 몇 m²/s인가?

① 62.83
② 94.25
③ 125.66
④ 157.08

해설

$\Gamma = 2\pi v r = 62.83 \text{m}^2/\text{s}$

14 다음 중 프로펠러 효율을 높이는 방법으로 가장 옳은 것은?

① 저속과 고속에서 모두 큰 깃각을 사용한다.
② 저속과 고속에서 모두 작은 깃각을 사용한다.
③ 저속에서는 작은 깃각을 사용하고, 고속에서는 큰 깃각을 사용한다.
④ 저속에서는 큰 깃각을 사용하고, 고속에서는 작은 깃각을 사용한다.

해설
- 고속비행 : 고피치
- 저속비행 : 저피치

정답 10 ① 11 전항정답 12 ② 13 ① 14 ③

15 다음 중 비행기의 안정성과 조종성에 관한 설명으로 가장 옳은 것은?

① 안정성과 조종성은 정비례한다.
② 정적 안정성이 증가하면 조종성도 증가된다.
③ 비행기의 안정성을 최대로 키워야 조종성이 최대가 된다.
④ 조종성과 안정성을 동시에 만족시킬 수 없다.

해설
조종성이 증가하면 안정성은 감소한다.

16 유체의 점성을 고려한 마찰력에 대한 설명으로 옳은 것은?

① 마찰력은 유체의 속도에 반비례한다.
② 마찰력은 온도변화에 따라 그 값이 변한다.
③ 유체의 마찰력은 이상유체에서만 고려된다.
④ 마찰력은 유체의 종류에 관계없이 일정하다.

해설
$F = \mu S \dfrac{V}{h}$, 점성계수는 유체의 종류, 온도에 따라서 변화한다.

17 프로펠러에 유입되는 합성속도의 방향과 프로펠러의 회전면이 이루는 각은?

① 받음각
② 유도각
③ 유입각
④ 깃 각

18 항공기에 쳐든각(Dihedral Angle)을 주는 주된 목적은?

① 익단 실속을 방지할 수 있다.
② 임계 마하수를 높일 수 있다.
③ 가로안정성을 높일 수 있다.
④ 피칭모멘트를 증가시킬 수 있다.

해설
가로안정성 증가
• 쳐든각
• 뒤젖힘각

15 ④ 16 ② 17 ③ 18 ③

19 항공기가 선회속도 20m/s, 선회각 45° 상태에서 선회비행을 하는 경우 선회반경은 몇 m인가?

① 20.4   ② 40.8
③ 57.7   ④ 80.5

해설
$R = \dfrac{V^2}{g \tan\theta} = 40.8(m)$

20 다음과 같은 [조건]에서 헬리콥터의 원판하중은 약 몇 kgf/m²인가?

┌ 조건 ┐
- 헬리콥터의 총중량 : 800kgf
- 엔진 출력 : 160HP
- 회전날개의 반지름 : 2.8m
- 회전날개 깃의 수 : 2개

① 25.5   ② 28.5
③ 30.5   ④ 32.5

해설
$DL = \dfrac{W}{\pi r^2} = 32.5(kgf/m^2)$

제2과목 항공기관

21 가스터빈엔진에서 사용되는 윤활유 펌프에 대한 설명으로 틀린 것은?

① 배유펌프가 압력펌프보다 용량이 더 작다.
② 윤활유 펌프엔 베인형, 지로터형, 기어형이 사용된다.
③ 베인형 펌프는 다른 형식에 비해 무게가 가볍고 두께가 얇아 기계적 강도가 약하다.
④ 기어형 펌프는 기어 이와 펌프 내부 케이스 사이의 공간에 오일을 담아 회전시키는 원리로 작동한다.

해설
귀환 오일은 온도가 높고 공기가 섞여 있어 체적이 증가하므로 배유펌프의 용량은 압력펌프 용량보다 1.5배 이상으로 크게 설계되어 있다.

22 터보제트엔진과 비교한 터보팬엔진의 특징이 아닌 것은?

① 연료소비가 작다.
② 소음이 작다.
③ 엔진정비가 쉽다.
④ 배기속도가 작다.

23 왕복엔진의 압축비가 너무 클 때 일어나는 현상이 아닌 것은?

① 후 화
② 조기점화
③ 데토네이션
④ 과열현상과 출력의 감수

해설
후화(After Fire)는 혼합비가 과농후 상태일 때 발생한다.

[정답] 19 ② 20 ④ 21 ① 22 ③ 23 ①

24 왕복엔진의 피스톤 형식이 아닌 것은?

① 오목형(Recessed Type)
② 요철형(Irregularly Type)
③ 볼록형(Dome or Convex Type)
④ 모서리 잘린 원뿔형(Truncated Cone Type)

해설
왕복엔진 피스톤 헤드 모양
- 평면형(Flat Type)
- 오목형(Recessed Type)
- 컵형(Cup Type)
- 돔형(Dome Type)
- 반원뿔형(Truncated Type)

25 열역학적 성질(Property)을 세기성질(Intensive Property)과 크기성질(Extensive Property)로 분류할 경우 크기성질에 해당되는 것은?

① 체 적
② 온 도
③ 밀 도
④ 압 력

해설
크기성질은 물질의 양에 비례하는 성질로서 체적, 질량 등이 속하고, 세기성질은 물질의 양과 관계없는 온도, 압력, 밀도 등과 같은 성질을 말한다.

26 왕복엔진의 마그네토 브레이커 포인트(Breaker Point)가 고착되었다면 발생하는 현상은?

① 마그네토의 작동이 불가능하다.
② 엔진 시동 시 역화가 발생한다.
③ 고속 회전 점화 시 과열현상이 발생한다.
④ 스위치를 Off해도 엔진이 정지하지 않는다.

해설
브레이커 포인트가 떨어지는 순간 고전압이 발생되는데, 이것이 고착되면 고전압 발생이 불가능하다.

27 왕복엔진에서 과도한 오일소모(Excessive Oil Consumption)와 점화플러그의 파울링(Fouling) 원인은?

① 더러워진 오일필터(Oil Filter) 때문
② 피스톤링(Piston Ring)의 마모 때문
③ 오일이 소기펌프(Scavenger Pump)로 되돌아가기 때문
④ 캠 허브 베어링(Cam Hub Bearing)의 과도한 간격 때문

해설
피스톤링이 마모되면 오일이 연소실로 흘러 연료와 함께 연소가 될 뿐만 아니라 점화플러그에 찌꺼기(Fouling)를 발생시킨다.

28 점화플러그를 구성하는 주요부분이 아닌 것은?

① 전 극
② 금속 셸(Shell)
③ 보상 캠
④ 세라믹 절연체

해설
스파크 플러그 구조
- 단자(Terminal)
- 리브(Ribs)
- 세라믹 절연체(Ceramic Insulator)
- 육각부(Shell)
- 개스킷(Gasket)
- 중심 전극
- 접지 전극
- 불꽃 갭(Gap)
- 중심 전극

29 오토사이클의 열효율에 대한 설명으로 틀린 것은?

① 압축비가 증가하면 열효율도 증가한다.
② 동작유체의 비열비가 증가하면 열효율도 증가한다.
③ 압축비가 1이라면 열효율은 무한대가 된다.
④ 동작유체의 비열비가 1이라면 열효율은 0이 된다.

해설
오토사이클 열효율 식
$$\eta_o = 1 - \left(\frac{1}{\varepsilon}\right)^{k-1}$$

- 압축비(ε)가 증가하면 $\left(\frac{1}{\varepsilon}\right)^{k-1}$가 작아지고, 이에 따라 열효율은 증가한다.
- 비열비(k)가 증가하면 $\left(\frac{1}{\varepsilon}\right)^{k-1}$는 감소하여 열효율은 증가된다.
- 압축비(ε)가 1이면 열효율은 1-1이 되어 0이 된다.
- 비열비(k)가 1이면 $\left(\frac{1}{\varepsilon}\right)^{0}=1$이 되어 열효율은 0이 된다.

30 가스터빈엔진에서 연소실 압구압력은 절대압력 80 inHg, 연소실 출구압력은 절대압력 77inHg이라면 연소실 압력손실계수는 얼마인가?

① 0.0375 ② 0.1375
③ 0.2375 ④ 0.3375

해설
$$\text{손실계수} = \frac{\text{연소실 압력차}}{\text{연소실 입구압력}} = \frac{80-77}{80} = 0.0375$$

31 정속 프로펠러를 장착한 항공기가 순항 시 프로펠러 회전수를 2,300rpm에 맞추고 출력을 1.2배 높이면 프로펠러 회전계가 지시하는 값은?

① 1,800rpm ② 2,300rpm
③ 2,700rpm ④ 4,600rpm

해설
정속 프로펠러는 늘 일정한 회전수(rpm)를 유지한다.

32 가스터빈엔진 연료의 구비 조건이 아닌 것은?

① 인화점이 높아야 한다.
② 연료의 빙점이 높아야 한다.
③ 연료의 증기압이 낮아야 한다.
④ 대량생산이 가능하고 가격이 저렴해야 한다.

해설
연료의 구비 조건
- 증기압이 낮아야 한다.
- 어는점이 낮아야 한다.
- 인화점이 높아야 한다.
- 발열량이 크고, 부식성이 작아야 한다.
- 점성이 낮고, 깨끗하며, 균질해야 한다.

33 항공기엔진에 사용하는 연료의 저발열량(LHV)에 대한 설명으로 옳은 것은?

① 연료 중 탄소만의 발열량을 말한다.
② 연소 효율이 가장 나쁠 때의 발열량이다.
③ 연소가스 중 물(H_2O)이 액상일 때 측정한 발열량이다.
④ 연소가스 중 물(H_2O)이 증기인 상태일 때 측정한 발열량이다.

해설
연소 생성물 중 물이 액체 상태로 존재하는 경우의 발열량은 고발열량, 기체 상태로 존재하는 경우는 저발열량이라 한다.

34 회전하는 프로펠러 깃(Blade)의 선단(Tip)이 앞으로 휘게(Bend) 될 때의 원인과 힘은?

① 토크에 의한 굽힘(Torque-bending)
② 추력에 의한 굽힘(Thrust-bending)
③ 공력에 의한 비틀림(Aerodynamic-twisting)
④ 원심력에 의한 비틀림(Centrifugal-twisting)

해설
추력은 깃을 앞으로 전진하게 하는 힘을 말하며, 이 추력에 의하여 프로펠러 깃은 앞쪽으로 휘어지는 휨 응력을 받는다.

35 가스터빈엔진에서 후기연소기(After Burner)에 대한 설명으로 틀린 것은?

① 후기연소기는 연료소모가 증가된다.
② 후기연소기의 화염 유지기는 튜브형 그리드와 스포크형이 있다.
③ 후기연소기를 장착하면 후기연소 모드에서 약 100% 정도 추력 증가를 얻을 수 있다.
④ 후기연소기는 약 5%의 비교적 적은 비연소 배기가스와 연료가 섞여 점화된다.

해설
후기연소기는 연소실이나 터빈 냉각에 쓰인 75% 정도의 비연소 가스를 재점화해서 사용하며, 총추력의 50%까지 추력을 증가시킬 수 있으나 연료 소모량은 거의 3배가 된다.

36 왕복엔진의 작동여부에 따른 흡입 매니폴드(Intake Manifold)의 압력계가 나타내는 압력으로 옳은 것은?

① 엔진정지 또는 작동 시 항상 대기압보다 높은 값을 나타낸다.
② 엔진정지 또는 작동 시 항상 대기압보다 낮은 값을 나타낸다.
③ 엔진정지 시 대기압보다 낮은 값을, 엔진작동 시 대기압보다 높은 값을 나타낸다.
④ 엔진정지 시 대기압과 같은 값을, 엔진작동 시 대기압보다 낮은 값을 나타낸다.

해설
과급기가 없는 엔진의 매니폴드 압력은 대기압보다 항상 낮다.

37 제트엔진 부분에서 압력이 가장 높은 부위는?

① 터빈 출구   ② 터빈 입구
③ 압축기 입구   ④ 압축기 출구

해설
제트엔진에서의 최고압력 상승은 압축기 출구 바로 뒤쪽의 디퓨저에서 이루어진다.

38 가스터빈엔진의 공기식 시동기를 작동시키는 공기공급 장치가 아닌 것은?

① APU
② GPU
③ DC Power Supply
④ 시동이 완료된 다른 엔진의 압축공기

해설
DC Power Supply는 전기를 공급한다.

39 가스터빈엔진에서 저압압축기의 압축비는 2 : 1, 고압압축기의 압축비는 10 : 1일 때의 엔진 전체의 압력비는 얼마인가?

① 5 : 1
② 8 : 1
③ 12 : 1
④ 20 : 1

해설
저압압축기에서 2배의 압력상승이 이루어진 압축공기가 고압압축기에서 또 10배의 압력상승이 이루어졌으므로 총 20배의 압력상승이 이루어졌다.

40 압축비가 일정할 때 열효율이 가장 좋은 순서대로 나열된 것은?

① 정적사이클 > 정압사이클 > 합성사이클
② 정압사이클 > 합성사이클 > 정적사이클
③ 정적사이클 > 합성사이클 > 정압사이클
④ 정압사이클 > 정적사이클 > 합성사이클

해설
열효율 순서
카르노사이클 > 오토사이클 > 사바테사이클 > 디젤사이클

제3과목 항공기체

41 항공기 조종장치의 구성품에 대한 설명으로 틀린 것은?

① 풀리는 케이블의 방향을 바꿀 때 사용되며, 풀리의 베어링은 윤활이 필요 없다.
② 턴버클은 케이블의 장력조절에 사용되며, 턴버클 배럴은 한쪽은 왼나사, 다른 쪽은 오른나사로 되어 있다.
③ 압력 실(Seal)은 케이블이 압력 벌크헤드를 통과하지 않는 것에 사용되며, 케이블의 움직임을 방해한다면 기밀은 하지 않는다.
④ 페어리드는 케이블이 벌크헤드의 구멍이나 다른 금속이 지나는 곳에 사용되며, 페놀수지 또는 부드러운 금속 재료를 사용한다.

해설
압력 실(Seal)은 케이블이 압력 벌크헤드를 통과할 때 사용되며, 케이블의 움직임을 방해해서는 안 된다.

42 항공기 기체의 구조를 1차 구조와 2차 구조로 분류할 때 그 기준에 대한 설명으로 옳은 것은?

① 강도비의 크기에 따라 분류한다.
② 허용하중의 크기에 따라 구분한다.
③ 항공기 길이와의 상대적인 비교에 따라 구분한다.
④ 구조역학적 역할의 정도에 따라 구분한다.

해설
1차 구조는 기체의 중요한 하중을 담당하는 구조로서 비행 중 파손되면 심각한 결과를 초래하는 구조부이고, 2차 구조는 비교적 작은 하중을 담당하는 구조로서, 이 부분이 파손되면 항공역학적인 성능 저하는 있지만 곧바로 사고와 직결되지는 않는다.

43 그림과 같은 일반적인 항공기의 $V-n$ 선도에서 최대 속도는?

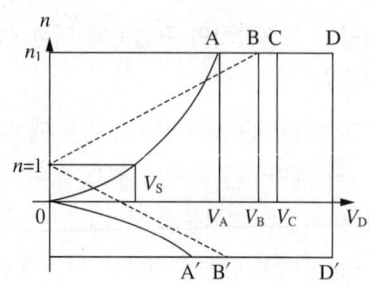

① 실속속도
② 설계급강하속도
③ 설계운용속도
④ 설계돌풍운용속도

해설

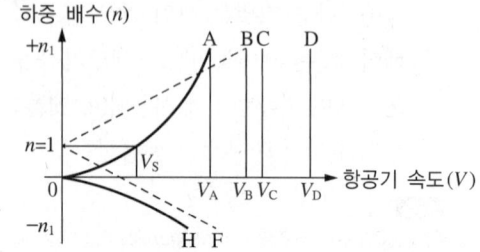

V_S(실속속도) < V_A(설계운용속도) < V_B(설계 돌풍 운용속도) < V_C(설계순항속도) < V_D(설계급강하속도)

44 조종케이블이나 푸시풀 로드(Push-pull Rod)를 대체하여 전기·전자적인 신호 및 데이터로 항공기 조종을 가능하게 하는 플라이 바이 와이어(Fly-by-wire) 기능과 관련된 장치가 아닌 것은?

① 전기 모터
② 유압 작동기
③ 쿼드런트(Quadrant)
④ 플라이트 컴퓨터(Flight Computer)

해설
쿼드런트는 기계식 조종장치에 속하는 부품으로서 조종케이블의 직선운동을 토크튜브의 회전운동으로 변환시킨다.

45 양극산화처리 방법이 아닌 것은?

① 질산법
② 황산법
③ 수산법
④ 크롬산법

해설
양극산화처리(Anodizing, 아노다이징)는 전기적인 방법으로 금속 표면에 산화피막을 형성시키며 황산법, 수산법, 크롬산법 등이 있다.

46 비행기의 무게가 2,500kg이고 중심위치는 기준선 후방 0.5m에 있다. 기준선 후방 4m에 위치한 15kg짜리 좌석을 2개 떼어 내고 기준선 후방 4.5m에 17kg짜리 항법장비를 장착하였으며, 이에 따른 구조변경으로 기준선 후방 3m에 12.5kg의 무게증가 요인이 추가 발생하였다면 이 비행기의 새로운 무게중심위치는?

① 기준선 전방 약 0.30m
② 기준선 전방 약 0.40m
③ 기준선 후방 약 0.50m
④ 기준선 후방 약 0.60m

해설

구 분	무 게	거 리	모멘트
비행기	2,500	0.5	1,250
좌석(제거)	−30	4	−120
항법장치(추가)	17	4.5	76.5
무게증가 요인	12.5	3	37.5
합	2,499.5		1,244

따라서 무게중심위치(CG)는
$CG = \dfrac{1,244}{2,499.5} = +0.498(m)$
($+$는 후방, $-$는 전방임)

47 체결 전에 열처리가 요구는 리벳은?

① A : 1100
② DD : 2024
③ KE : 7050
④ M : MONEL

해설
리벳을 열처리하여 연화시킨 다음 저온 상태의 냉동고에 보관함으로써 리벳의 시효경화를 지연시켜 연화 상태가 유지되도록 하는 리벳을 프리저 리벳(Freezer Rivet)이라고 하는데 2024, 2017 재질의 리벳이 여기에 속한다.

48 두랄루민을 시작으로 개량된 고강도 알루미늄 합금으로 내식성보다도 강도를 중시하여 만들어진 것은?

① 1100　　② 2014
③ 3003　　④ 5056

해설
- 내식 알루미늄 : 1100, 3003, 5056, 6061, 6063 등
- 고강도 알루미늄 : 2014, 2017, 2024, 7075 등

49 두께가 0.055in인 재료를 90° 굴곡에 굴곡반경 0.135in가 되도록 굴곡할 때 생기는 세트백(Set Back)은 몇 in인가?

① 0.167　　② 0.176
③ 0.190　　④ 0.195

해설
세트백(SB ; Set Back)
$$SB = \tan\frac{\theta}{2}(R+T) = \tan\frac{90°}{2}(0.055+0.135) = 0.190(\text{in})$$

50 접개들이 착륙장치를 비상으로 내리는(Down) 3가지 방법이 아닌 것은?

① 핸드펌프로 유압을 만들어 내린다.
② 축압기에 저장된 공기압을 이용하여 내린다.
③ 핸들을 이용하여 기어의 업로크(Up-lock)를 풀었을 때 자중에 의하여 내린다.
④ 기어핸들 밑에 있는 비상 스위치를 눌러서 기어를 내린다.

51 항공기의 부품 연결이나 장착 시 볼트, 너트 등의 토크 값을 맞추어 조여 주는 이유가 아닌 것은?

① 항공기에는 심한 진동이 있기 때문이다.
② 상승, 하강에 따른 심한 온도 차이를 견뎌야 하기 때문이다.
③ 조임 토크값이 부족하면 볼트, 너트에 이질 금속 간 부식을 초래하기 때문이다.
④ 조임 토크값이 너무 크면 나사를 손상시키거나 볼트가 절단되기 때문이다.

해설
이질 금속 간 부식은 토크값 부족 시 발생하는 것이 아니고, 서로 다른 금속이 접촉했을 때 발생하는 부식이다.

52 프로펠러 항공기처럼 토크(Torque)가 크지 않은 제트엔진 항공기에서 2개 또는 3개의 콘볼트(Cone Bolt)나 트러니언 마운트(Trunnion Mount)에 의해 엔진을 고정하는 장착 방법은?

① 링마운트 방법(Ring Mount Method)
② 포드마운트 방법(Pod Mount Method)
③ 베드마운트 방법(Bed Mount Method)
④ 피팅마운트 방법(Fitting Mount Method)

정답　48 ②　49 ③　50 ④　51 ③　52 ②

53 원형 단면 봉이 비틀림에 의하여 단면에 발생하는 비틀림각을 옳게 나타낸 것은?(단, L : 봉의 길이, G : 전단탄성계수, R : 반지름, J : 극관성 모멘트, T : 비틀림 모멘트이다)

① TL/GJ ② GJ/TL
③ TR/J ④ GR/TJ

해설
비틀림 각 $\theta = \dfrac{TL}{GJ}$
여기서, T : 비틀림 모멘트, L : 봉의 길이,
G : 전단탄성계수, J : 극관성 모멘트
- 축의 길이가 길수록, 토크가 클수록 비틀림 각은 커진다.
- 전단탄성계수와 극관성모멘트가 클수록 비틀림이 덜하다.

54 리벳의 배치와 관련된 용어의 설명으로 옳은 것은?

① 연거리는 열과 열 사이의 거리를 의미한다.
② 리벳의 피치는 같은 열에 있는 리벳의 중심 간 거리를 말한다.
③ 리벳의 횡단피치는 판재의 모서리와 이웃하는 리벳의 중심까지의 거리를 말한다.
④ 리벳의 열은 판재의 인장력을 받는 방향에 대하여 같은 방향으로 배열된 리벳들을 말한다.

해설
연단 거리(Edge Distance)는 판재의 가장자리에서 첫 번째 리벳 구멍 중심까지의 거리를 말하며, 리벳 지름의 2~4배(접시머리는 2.5~4배)가 적당하다.

55 알루미늄 합금이 열처리 후에 시간이 지남에 따라 경도가 증가하는 특성을 무엇이라고 하는가?

① 시효경화
② 가공경화
③ 변형경화
④ 열처리경화

56 블라인드 리벳(Blind Rivet)의 종류가 아닌 것은?

① 체리 리벳   ② 리브너트
③ 폭발 리벳   ④ 유니버설 리벳

해설
유니버설 리벳은 솔리드 리벳(Solid Rivet)에 속한다.

57 그림과 같이 집중하중을 받는 보의 전단력 선도는?

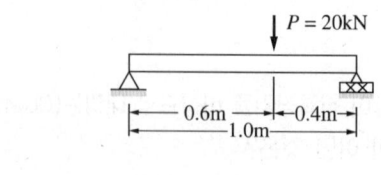

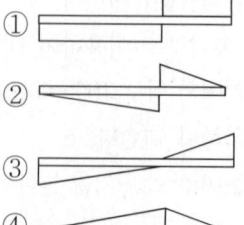

58 항공기의 손상된 구조를 수리할 때 반드시 지켜야 할 기본 원칙으로 틀린 것은?

① 중량을 최소로 유지해야 한다.
② 원래의 강도를 유지하도록 한다.
③ 부식에 대한 보호 작업을 하도록 한다.
④ 수리부위 알림을 위한 윤곽변경을 한다.

[해설]
수리 시에는 원래의 형태와 강도를 유지하는 것이 기본 원칙이다.

59 샌드위치구조에 대한 설명으로 옳은 것은?

① 보온효과가 있어 습기에 강하다.
② 초기 단계 결함의 발견이 용이하다.
③ 강도비는 우수하나 피로하중에는 약하다.
④ 코어의 종류에는 허니컴형, 파형, 거품형 등이 있다.

[해설]
샌드위치구조는 2개의 외판 사이에 Foam형, Honeycomb형, Wave형 등의 심(Core)을 넣고 고착시켜 샌드위치 모양으로 만든 구조형식으로서, 응력 외피 구조보다 강도와 강성이 크고, 무게가 가볍기 때문에 항공기의 무게를 감소시킬 수 있으며, 국부적인 굽힘 응력이나 피로에 강하다는 장점을 가지고 있다.

60 길이 1m, 지름 10cm인 원형단면의 알루미늄합금 재질의 봉이 10N의 축하중을 받아 전체 길이가 50μm 늘어났다면 이때 인장변형률을 나타내기 위한 단위는?

① $\mu m/m$
② N/m^2
③ N/m^3
④ MPa

[해설]
변형률은 하중이 가해졌을 때 원래 길이에 대해 얼마만큼 길이가 변하는가에 대한 개념이다.

제4과목 항공장비

61 24V, 1/3HP인 전동기가 효율 75%로 작동하고 있다면, 이때 전류는 약 몇 A인가?

① 7.8
② 13.8
③ 22.8
④ 30.0

[해설]
$$P = VI = 24x = \frac{1}{3} \times 746W/0.75$$
$$x = \frac{746}{3 \times 0.75 \times 24} = 13.8(A)$$

62 방빙계통(Anti-icing System)에 대한 설명으로 옳은 것은?

① 날개 앞전의 방빙은 공기역학적 특성을 유지하기 위해 사용된다.
② 날개의 방빙장치는 공기역학적 특성보다는 엔진이나 기체구조의 손상방지를 위해 필요하다.
③ 날개 앞전의 곡률 반경이 큰 곳은 램효과(Ram Effect)에 의해 결빙되기 쉽다.
④ 지상에서 날개의 방빙을 위해 가열공기(Hot Air)를 이용하는 날개의 방빙장치를 사용한다.

[해설]
날개 앞전 방빙 작업은 일반적으로 지상에서는 방빙제를 이용하며 비행 중에는 가열공기를 이용한다.

63 종합전자계기에서 항공의 착륙 결심고도가 표시되는 곳은?

① Navigation Display
② Control Display Unit
③ Primary Flight Display
④ Flight Control Computer

[해설]
PFD : 속도, 고도, 방위, 자세, 이착륙 관련 지시 기능 등에 대한 정보를 집중적으로 배치한다.

64 감도 20mA이고, 내부저항은 10Ω이며, 200A까지 측정할 수 있는 전류계를 만들 때 분류기(Shunt)는 약 몇 Ω으로 해야 하는가?

① 1
② 0.1
③ 0.01
④ 0.001

[해설]
$n(배율) = \dfrac{200A}{20mA} = 10,000$

$R = \dfrac{R_m}{(n-1)} = \dfrac{10}{(10,000-1)} = 0.001(\Omega)$

여기서, R : 분류기 저항, R_m : 내부저항, n : 배율

65 조종사가 산소마스크를 착용하고 통신하려고 할 때 작동시켜야 하는 장치는?

① Public Address
② Flight Interphone
③ Tape Reproducer
④ Service Interphone

[해설]
- Flight Interphone : 승무원 간의 통신
- Service Interphone : 정비 시 조종실 및 객실 간의 통신
- Passenger Address : 조종실과 객실승무원에서 승객에게 전달 내용을 안내하는 장비

66 서모커플(Thermo Couple)에 사용되는 금속 중 구리와 짝을 이루는 금속은?

① 백금(Platinum)
② 타이타늄(Titanium)
③ 콘스탄탄(Constantan)
④ 스테인리스강(Stainless Steel)

[해설]
항공기에 사용되는 서모커플 종류 : 구리-콘스탄탄, 철-콘스탄탄, 알루멜-크로멜

67 유압계통에서 압력이 낮게 작용되면 중요한 기기에만 작동 유압을 공급하는 밸브는?

① 선택밸브(Selector Valve)
② 릴리프밸브(Relief Valve)
③ 유압퓨즈(Hydraulic Fuse)
④ 우선순위밸브(Priority Valve)

[해설]
우선순위밸브는 유압계통에 이상 시 반드시 필요한 중요 기기에만 유압을 공급하도록 하는 밸브이다.

68 항공기에 사용되는 전기계기가 습도 등에 영향을 받지 않도록 내부 충전에 사용되는 가스는?

① 산소가스
② 메테인가스
③ 수소가스
④ 질소가스

69 프레온 냉각장치의 작동 중 점검창에 거품이 보인다면 취해야 할 조치로 옳은 것은?

① 프레온을 보충한다.
② 장치에 물을 공급한다.
③ 장치의 흡입구를 청소한다.
④ 계통의 배관에 이물질을 제거한다.

70 알칼리 축전지(Ni-Cd)의 전해액 점검사항으로 옳은 것은?

① 온도와 점도를 정기적으로 점검하여 일정수준 이상 유지해야 한다.
② 비중은 측정할 필요가 없지만 액량은 측정하고 정확히 보존하여야 한다.
③ 일정한 온도와 염도를 유지해야 한다.
④ 비중과 색을 정기적으로 점검해야 한다.

해설
니켈-카드뮴 축전지의 비중은 변하지 않으므로 측정할 필요가 없고, 전해액의 액량이 높으면 충전된 상태, 낮으면 방전된 상태를 의미한다.

71 항공기엔진과 발전기 사이에 설치하여 엔진의 회전수와 관계없이 발전기를 일정하게 회전하게 하는 장치는?

① 교류발전기
② 인버터
③ 정속구동장치
④ 직류발전기

해설
정속구동장치(CSD) : 엔진의 회전수에 관계없이 항상 일정한 회전수를 발전기에 전달하여 출력 주파수 및 전압이 일정하게 하는 장치

72 자동비행조종장치에서 오토파일럿(Auto Pilot)을 연동(Engage)하기 전에 필요한 조건이 아닌 것은?

① 이륙 후 연동한다.
② 충분한 조정(Trim)을 취한 뒤 연동한다.
③ 항공기의 기수가 진북(True North)을 향한 후에 연동한다.
④ 항공기 자세(Roll, Pitch)가 있는 한계 내에서 연동한다.

해설
오토파일럿은 이륙 후 조종사에게 장시간 비행에서 누적될 수동조작 업무를 경감시키기 위해 연동 이후부터 항공기의 Pitch, Roll, Yaw 축을 자동으로 조종하는 장치이다.

정답 68 ④ 69 ① 70 ② 71 ③ 72 ③

73 항공계기 중 각 변위의 빠르기(각속도)를 측정 또는 검출하는 계기는?

① 선회계
② 인공 수평의
③ 승강계
④ 자이로 컴퍼스

해설
선회계는 자이로의 섭동성을 이용하여 기수부의 선회각속도를 1분당 몇 °를 선회했는가를 나타내는 계기이다.

74 작동유의 압력에너지를 기계적인 힘으로 변환시켜 직선운동시키는 것은?

① 유압 밸브(Hydraulic Valve)
② 지로터 펌프(Gerotor Pump)
③ 작동 실린더(Actuating Cylinder)
④ 압력 조절기(Pressure Regulator)

해설
- Pump : 기계적인 일을 압력에너지로 변환
- Actuator : 압력에너지를 기계적 일로 변환

75 키르히호프의 제1법칙을 설명한 것으로 옳은 것은?

① 전기회로 내의 모든 전압강하의 합은 공급된 전압의 합과 같다.
② 전기회로에 들어가는 전류의 합과 그 회로로부터 나오는 전류의 합은 같다.
③ 직렬회로에서 전류의 값은 부하에 의해 결정된다.
④ 전기회로 내에서 전압강하는 가해진 전압과 같다.

해설
- 키르히호프의 1법칙 : 전류법칙이라 하며 회로 내 어느 점에서도 들어가고 나가는 전류의 총계는 0이 된다.
- 키르히호프의 2법칙 : 전압법칙이라 하며 폐회로망에서 회로 내의 모든 전위차의 합은 0이다.

76 다음 중 VHF 계통의 구성품이 아닌 것은?

① 조정 패널
② 안테나
③ 송수신기
④ 안테나 커플러

해설
안테나 커플러는 안테나의 길이를 보상하는 기구로 주로 HF대에서 사용된다.

정답 73 ① 74 ③ 75 ② 76 ④

77 안테나의 특성에 대한 설명으로 틀린 것은?

① 안테나 이득은 방향성으로 인해 파생되는 상대적 이득을 의미한다.
② 무지향성 안테나를 기준으로 하는 경우 안테나 이득을 dBi로 표현한다.
③ 지향성 안테나를 기준으로 안테나 이득을 계산할 때 dBd를 사용한다.
④ 안테나의 전압 정재파비는 정재파의 최소전압을 정재파의 최대 전압으로 나눈 값이다.

해설
전압 정재파비는 최대 전압점에서의 전압 진폭과 최소 전압점에서의 전압 진폭의 비율이다.

78 정상 운전되고 있는 발전기(Generator)의 계자코일(Field Coil)이 단선될 경우 전압의 상태는?

① 변함없다.
② 약간 저하한다.
③ 약하게 발생한다.
④ 전혀 발생치 않는다.

해설
계자권선이 전체가 단락되면 전압은 발생하지 않고, 일부만 단락되었을 경우 자기장이 약화되어 전압은 낮게 발생한다.

79 전기저항식 온도계에 사용되는 온도 수감용 저항 재료의 특성이 아닌 것은?

① 저항값이 오랫동안 안정해야 한다.
② 온도 외의 조건에 대하여 영향을 받지 않아야 한다.
③ 온도에 따른 전기저항의 변화가 비례관계에 있어야 한다.
④ 온도에 대한 저항값의 변화가 작아야 한다.

해설
전기저항식 온도계에서 수감용 저항 재료는 온도에 따른 저항값의 변화가 비례관계이며 변화는 커야 한다.

80 다음 중 무선원조 항법장치가 아닌 것은?

① Inertial Navigation System
② Automatic Direction Finder
③ Air Traffic Control System
④ Distance Measuring Equipment System

해설
관성항법장치(Inertial Navigation System)는 자이로스코프의 가속도계를 이용하여 기준 좌표계에서 항공기의 비행위치, 속도 및 자세정보를 제공한다.

정답 77 ④ 78 ③ 79 ④ 80 ①

2019년 제2회 과년도 기출문제

제1과목 항공역학

01 프로펠러 비행기의 이용마력과 필요마력을 비교할 때 필요마력이 최소가 되는 비행속도는?
① 비행기의 최고 속도
② 최저 상승률일 때의 속도
③ 최대 항속거리를 위한 속도
④ 최대 항속시간을 위한 속도

해설
필요마력이 최소인 경우 연료소비율이 최소인 속도로 최대 항속시간을 위한 속도가 된다.

02 날개 뿌리 시위길이가 60cm이고 날개 끝 시위길이가 40cm인 사다리꼴 날개의 한쪽 날개길이가 150cm일 때 양쪽 날개 전체의 가로세로비는?
① 4   ② 5
③ 6   ④ 10

해설
$$AR = \frac{b(날개길이)}{c(공력평균시위)} = \frac{150+150}{\frac{60+40}{2}} = 6$$

03 선회각 ϕ로 정상선회비행하는 비행기의 하중배수를 나타낸 식은?(단, W는 항공기의 무게이다)
① $W\cos\phi$ ② $\dfrac{W}{\cos\phi}$
③ $\dfrac{1}{\cos\phi}$ ④ $\cos\phi$

해설
$$n = \frac{L}{W} = 1 + \frac{a}{g} = \frac{1}{\cos\theta}$$

04 헬리콥터가 비행기처럼 고속으로 비행할 수 없는 이유로 틀린 것은?
① 후퇴하는 깃의 날개 끝 실속 때문에
② 후퇴하는 깃 뿌리의 역풍범위 때문에
③ 전진하는 깃 끝의 마하수의 영향 때문에
④ 전진하는 깃 끝의 항력이 감소하기 때문에

해설
회전날개 항공기의 수평 최대 속도 제한 이유
• 후퇴하는 깃의 날개 끝 실속 발생
• 후퇴하는 깃 뿌리의 역풍범위 확대
• 전진하는 깃 끝의 마하수 영향

정답 1 ④ 2 ③ 3 ③ 4 ④

05 프로펠러 항공기의 최대 항속거리 비행 조건으로 옳은 것은?(단, C_{D_p} : 유해항력계수, C_{D_i} : 유도항력계수이다)

① $C_{D_p} = C_{D_i}$
② $3C_{D_p} = C_{D_i}$
③ $C_{D_p} = 3C_{D_i}$
④ $C_{D_p} = 2C_{D_i}$

해설
• 프로펠러 항공기의 최대 항속거리 : $C_{D_p} = C_{D_i}$
• 프로펠러 항공기의 최대 항속시간 : $3C_{D_p} = C_{D_i}$

06 관의 단면이 10cm²인 곳에서 10m/s로 흐르는 비압축성유체는 관의 단면이 25cm²인 곳에서는 몇 m/s의 흐름 속도를 가지는가?

① 3
② 4
③ 5
④ 8

해설
$AV = \text{const}$
$10 \times 10 = 25 \times x$
$V = \frac{100}{25} = 4(\text{m/s})$

07 항공기의 이륙거리를 옳게 나타낸 것은?(단, S_G : 지상활주거리(Ground Run Distance), S_R : 회전거리(Rotation Distance), S_T : 전이거리(Transition Distance), S_C : 상승거리(Climb Distance)이다)

① S_G
② $S_G + S_T + S_C$
③ $S_G + S_R - S_T$
④ $S_G + S_R + S_T + S_C$

해설
항공기의 이륙거리는 정지 상태에서 장애물고도로 상승할 때까지의 총거리를 의미한다.

08 항공기의 스핀에 대한 설명으로 틀린 것은?

① 수직스핀은 수평스핀보다 회전각속도가 크다.
② 스핀 중에는 일반적으로 옆미끄럼(Side Slip)이 발생한다.
③ 강하속도 및 옆놀이 각속도가 일정하게 유지되면서 강하하는 상태를 정상스핀이라 한다.
④ 스핀상태를 탈출하기 위하여 방향키를 스핀과 반대 방향으로 밀고, 동시에 승강키를 앞으로 밀어내야 한다.

해설
수평스핀이 수직스핀보다 회전각속도는 크며, 강하속도는 느리다.

09 고도가 높아질수록 온도가 높아지며, 오존층이 존재하는 대기의 층은?

① 열 권
② 성층권
③ 대류권
④ 중간권

해설
• 대류권 : 고도 상승 시 온도 하강, 기상현상 발생
• 성층권 : 고도 상승 시 온도가 상승하다 기층이 안정화됨, 오존층이 존재함
• 중간권 : 고도 상승 시 온도 하강, 가장 온도 낮음
• 열권 : 고도 상승 시 온도 상승, 전리층

10 양력(Lift)의 발생 원리를 직접적으로 설명할 수 있는 원리는?

① 관성의 법칙
② 베르누이의 법칙
③ 파스칼의 정리
④ 에너지보존법칙

해설
베르누이의 법칙 : 유체의 동압과 정압의 합은 항상 일정하다.

11 양의 세로안정성을 갖는 일반형 비행기의 순항 중 트림 조건으로 옳은 것은?(단, 화살표는 힘의 방향, ⊕는 무게중심을 나타낸다)

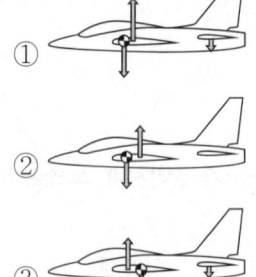

해설
• 세로안정성 : 무게중심은 공력중심보다 앞에 위치할수록 좋다.
• 트림 조건 : 항공기에 작용하는 힘의 합력이 0인 상태

12 다음 중 가로세로비가 큰 날개라 할 때 갑자기 실속할 가능성이 가장 적은 날개골은?

① 캠버가 큰 날개골
② 두께가 얇은 날개골
③ 레이놀즈수가 작은 날개골
④ 앞전 반지름이 작은 날개골

해설
실속 발생이 쉬운 날개골 : 캠버가 작은 경우, 두께가 얇은 경우, 앞전 반지름이 작은 경우, 레이놀즈수가 작은 경우

13 헬리콥터가 지상 가까이에 있을 때, 회전날개를 지난 흐름이 지면에 부딪혀 헬리콥터와 지면 사이에 존재하는 공기를 압축시켜 추력이 증가되는 현상을 무엇이라 하는가?

① 지면효과
② 페더링효과
③ 실속효과
④ 플래핑효과

해설
헬리콥터의 지면효과 : 회전날개면의 높이가 회전날개의 지름보다 적은 경우 양력이 증가하는 현상

14 밀도가 $0.1 kg \cdot s^2/m^4$인 대기를 120m/s의 속도로 비행할 때 동압은 몇 kg/m^2인가?

① 520
② 720
③ 1,020
④ 1,220

해설
동압$(q) = \frac{1}{2}\rho V^2 = \frac{1}{2} 0.1 \times (120)^2 = 720(kg/m^2)$

15 공력평형장치 중 프리제 밸런스(Frise Balance)가 주로 사용되는 조종면은?

① 방향키(Rudder)
② 승강키(Elevator)
③ 도움날개(Aileron)
④ 도살핀(Dorsal Fin)

해설
프리제 밸런스 : 도움날개에 사용되며 연동되는 좌우 도움날개에서 발생하는 힌지 모멘트가 서로 상쇄되도록 하여 조종력을 감소시키는 장치

16 프로펠러의 기하학적 피치비(Geometric Pitch Ratio)를 옳게 정의한 것은?

① $\dfrac{\text{프로펠러 지름}}{\text{기하학적 피치}}$
② $\dfrac{\text{기하학적 피치}}{\text{유효피치}}$
③ $\dfrac{\text{기하학적 피치}}{\text{프로펠러 지름}}$
④ $\dfrac{\text{유효피치}}{\text{기하학적 피치}}$

해설
- 기하학적 피치 : 프로펠러가 1회전 시 항공기가 이론상으로 전진하는 거리
- 기하학적 피치비 : 기하학적 피치와 프로펠러의 지름과의 비인 무차원수

17 평형상태에 있는 비행기가 교란을 받았을 때 처음의 상태로 돌아가려는 힘이 자체적으로 발생하게 되는데 이와 같은 정적 안정상태에서 작용하는 힘을 무엇이라 하는가?

① 가속력
② 기전력
③ 감쇠력
④ 복원력

18 비행기의 동적 세로안정으로서 속도 변화에 무관한 진동이며, 진동주기는 0.5~5s가 되는 진동은 무엇인가?

① 장주기 운동
② 승강키 자유운동
③ 단주기 운동
④ 도움날개 자유운동

해설
- 장주기 운동 : 진동주기 20~100s, 고도와 속도 변화 발생
- 단주기 운동 : 진동주기 0.5~5s, 속도 변화에 거의 무관한 진동

19 무게가 7,000kgf인 제트항공기가 양항비 3.5로 등속수평비행할 때 추력은 몇 kgf인가?

① 1,450
② 2,000
③ 2,450
④ 3,000

해설
등속 수평비행 : $T=D$, $W=L$
양항비 $=3.5=\dfrac{L}{D}=\dfrac{W}{T}=\dfrac{7,000}{T}$
∴ $T=2,000$(kgf)

20 활공비행에서 활공각(θ)을 나타내는 식으로 옳은 것은?(단, C_L : 양력계수, C_D : 항력계수이다)

① $\sin\theta=\dfrac{C_L}{C_D}$
② $\sin\theta=\dfrac{C_D}{C_L}$
③ $\cos\theta=\dfrac{C_D}{C_L}$
④ $\tan\theta=\dfrac{C_D}{C_L}$

해설
활공비행 시
$\tan\theta=\dfrac{\text{고 도}}{\text{수평활공거리}}=\dfrac{1}{\text{양항비}}=\dfrac{C_D}{C_L}$

제2과목 항공기관

21 왕복엔진에서 로텐션(Low Tension) 점화장치를 사용하는 경우의 장점은?

① 구조가 간단하여 엔진의 중량을 줄일 수 있다.
② 부스터 코일(Booster Coil)이 하나이므로 정비가 용이하다.
③ 점화플러그에 유기되는 전압이 낮아 정비 시 위험성이 작다.
④ 높은 고도 비행 시 하이텐션(High Tension) 점화장치에서 발생되는 플래시오버(Flash Over)를 방지할 수 있다.

해설
하이텐션(High Tension) 점화장치에서는 마그네토 2차 코일부터 점화플러그까지 고전압이 흐르므로 전기누설이나 통신방해 현상이 나타난다. 플래시오버(Flash Over)는 항공기가 높은 고도에서 운용될 때 배전기 내부에서 불꽃이 일어나는 현상으로, 고고도에서의 낮은 공기밀도 때문에 공기 절연율이 좋지 않아 발생한다.

22 프로펠러 날개의 루트 및 허브를 덮는 유선형의 커버로, 공기흐름을 매끄럽게 하여 엔진효율 및 냉각효과를 돕는 것은?

① 램(Ram)
② 커프스(Cuffs)
③ 가버너(Governor)
④ 스피너(Spinner)

해설
스피너(Spinner)

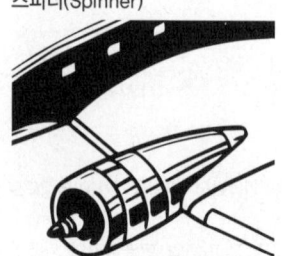

23 가스터빈엔진에서 배기노즐(Exhaust Nozzle)의 가장 중요한 기능은?

① 배기가스의 속도와 압력을 증가시킨다.
② 배기가스의 속도와 압력을 감소시킨다.
③ 배기가스의 속도를 증가시키고 압력을 감소시킨다.
④ 배기가스의 속도를 감소시키고 압력을 증가시킨다.

해설
항공기 추력은 배기속도와 흡기속도의 차에 비례하므로 배기가스 속도를 증가시키는 구조를 갖는다. 한편 배기가스 속도가 증가하면 압력은 감소한다.

24 흡입밸브와 배기밸브의 팁 간극이 모두 너무 클 경우 발생하는 현상은?

① 점화시기가 느려진다.
② 오일소모량이 감소한다.
③ 실린더의 온도가 낮아진다.
④ 실린더의 체적효율이 감소한다.

해설
밸브 간극이 규정값보다 크면 밸브가 늦게 열리고 일찍 닫히기 때문에 올바른 밸브 오버랩 각도를 유지할 수 없으므로 체적효율이 감소한다.

25 가스터빈엔진의 압축기에서 축류식과 비교한 원심식의 특징이 아닌 것은?

① 경량이다.
② 구조가 간단하다.
③ 제작비가 저렴하다.
④ 단(스테이지)당 압축비가 작다.

해설
원심식 압축기 특징
• 장점 : 단당 압력비가 높고, 제작이 쉬우며, 가격이 싸고, 구조가 튼튼하고 가볍다.
• 단점 : 압력비와 효율이 낮으며, 많은 공기를 처리하기가 어렵다.

26 가스터빈엔진의 축류압축기에서 발생하는 실속(Stall) 현상 방지를 위해 사용하는 장치가 아닌 것은?

① 블리드 밸브(Bleed Valve)
② 다축식 구조(Multi Spool Design)
③ 연료-오일 냉각기(Fuel-oil Cooler)
④ 가변 스테이터 베인(Variable Stator Vane)

해설
압축기 실속 방지책
• 다축식 구조
• 가변 스테이터 깃(VSV ; Variable Stator Vane) 설치 : VSV는 깃의 피치를 변경시킬 수 있도록 하여, 공기의 흐름 방향과 속도를 변화시킴으로써 회전속도(rpm)가 변하는 데 따라 회전자 깃의 받음각을 일정하게 하여 실속을 방지한다.
• 블리드 밸브(Bleed Valve) 설치 : 완속 출력일 때는 압축기에서 충분한 공기 압축이 이루어지지 않으므로, 압축기 뒤쪽 부분에 공기 누적현상이 발생되기 때문에 블리드 밸브를 활짝 열어 압축기 실속을 방지한다.

27 그림과 같은 브레이턴 사이클선도의 각 단계와 가스터빈엔진의 작동 부위를 옳게 짝지은 것은?

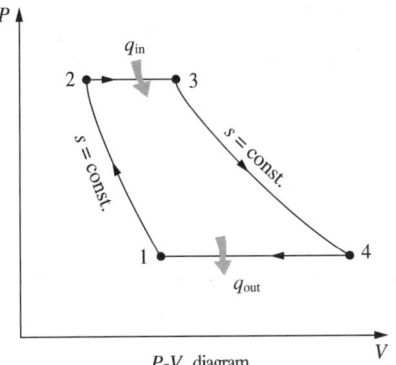

① 1 → 2 : 디퓨저
② 2 → 3 : 연소기
③ 3 → 4 : 배기구
④ 4 → 1 : 압축기

해설
브레이턴 사이클 $P-V$선도(문제 그림 참조)
• 1 → 2 : 압축기
• 2 → 3 : 연소기
• 3 → 4 : 터빈
• 4 → 1 : 배기구

28 가스터빈엔진에서 주로 사용하는 윤활계통의 형식은?

① Dry Sump, Jet and Spray
② Dry Sump, Dip and Splash
③ Wet Sump, Spray and Splash
④ Wet Sump, Dip and Pressure

해설
Dry Sump는 윤활유를 공급하는 윤활유 탱크와 윤활이 끝나고 모이는 윤활유 섬프가 따로 구분되어 설치되어 있는 개념이다.

29 가스터빈엔진 점화기의 중심전극과 원주전극 사이의 간극에서 공기가 이온화되면 점화에 어떠한 영향을 주는가?

① 아무 변화가 없다.
② 불꽃방전이 잘 이루어진다.
③ 불꽃방전이 이루어지지 않는다.
④ 플러그가 손상된 것이므로 교환해 주어야 한다.

해설
점화플러그의 양전극 사이에 전압이 가해지면 전극 사이의 공기가 이온화되고, 이온화된 공기는 전기저항이 낮기 때문에 저전압에도 불꽃방전(Spark)이 이루어진다.

30 터보제트엔진에서 비행속도 100ft/s, 진추력 10,000 lbf일 때 추력마력은 약 몇 ft·lbf/s인가?

① 1,818
② 2,828
③ 8,181
④ 8,282

해설
만일 추력 단위가 lb, 비행속도 단위가 ft/s로 주어진다면, 추력마력은
$tHP(PS) = \dfrac{F_n V_a}{550}$
여기서, F_n : 진추력, V_a : 비행속도
따라서 $tHP = \dfrac{10,000 \times 100}{550} = 1,818.2(PS)$

31 피스톤이 하사점에 있을 때 차압 시험기를 이용한 압축점검(Compression Check)을 하면 안 되는 이유는?

① 폭발의 위험성이 있기 때문에
② 최소한 1개의 밸브가 열려 있기 때문에
③ 과한 압력으로 게이지가 손상되기 때문에
④ 실린더 체적이 최대가 되어 부정확하기 때문에

해설
피스톤이 하사점에 있는 경우에는 흡입밸브가 열려 있거나(흡기행정), 배기밸브가 열려 있기 때문에(배기행정) 압축시험이 불가능하다.

32 왕복엔진의 윤활계통에서 엔진오일의 기능이 아닌 것은?

① 밀폐작용
② 윤활작용
③ 보온작용
④ 청결작용

해설
왕복엔진 윤활유의 작용에는 윤활작용, 기밀작용, 냉각작용, 청결작용, 방청작용, 소음방지 작용 등이 있다.

33 가스터빈엔진의 연료 중 항공 가솔린의 증기압과 비슷한 값을 가지고 있으며, 등유와 증기압이 낮은 가솔린의 합성연료이고, 군용으로 주로 많이 쓰이는 연료는?

① JP-4
② JP-6
③ 제트 A형
④ AV-GAS

해설
가스터빈엔진의 연료
- 가스터빈엔진용(군용) : JP-4, JP-5, JP-6, JP-8 등
- 가스터빈엔진용(민간용) : Jet A, Jet A-1, Jet B 등

34 9기통 성형엔진에서 회전영구자석이 6극형이라면, 회전영구자석의 회전속도는 크랭크축 회전속도의 몇 배가 되는가?

① 3
② 1.5
③ 3/4
④ 2/3

해설
$$\frac{마그네토\ 회전속도}{크랭크축\ 회전속도} = \frac{실린더\ 수}{2 \times 극수} = \frac{9}{2 \times 6} = \frac{3}{4}$$

35 프로펠러의 회전면과 시위선이 이루는 각을 무엇이라 하는가?

① 깃 각
② 붙임각
③ 회전각
④ 깃 뿌리각

해설
프로펠러에서의 여러 각의 정의
- 깃각 : 프로펠러 회전면과 깃이 시위선이 이루는 각
- 피치각(유입각) : 비행속도와 깃의 회전 선속도와의 합성속도가 프로펠러 회전면과 이루는 각
- 받음각 = 깃각 - 피치각

36 왕복엔진의 연료계통에서 증기폐색(Vapor Lock)에 대한 설명으로 옳은 것은?

① 연료펌프의 고착을 말한다.
② 기화기(Carburetter)에서의 연료 증발을 말한다.
③ 연료흐름도관에서 증기 기포가 형성되어 흐름을 방해하는 것을 말한다.
④ 연료계통에 수증기가 형성되는 것을 말한다.

해설
증기폐색(Vapor Lock)은 주변의 높은 열로 인해 연료관 내에 기포가 발생되는 현상을 말한다.

37 흡입공기를 사용하지 않는 제트엔진은?

① 로 켓
② 램제트
③ 펄스제트
④ 터보팬엔진

해설
로켓엔진은 공기 흡입 없이 산화제에서 발생하는 산소와 연료가 혼합되어 추진력을 얻는다.

정답 33 ① 34 ③ 35 ① 36 ③ 37 ①

38 왕복엔진의 실린더 배열에 따른 종류가 아닌 것은?
① 성형 엔진 ② 대향형 엔진
③ V형 엔진 ④ 액랭식 엔진

해설
액랭식 엔진은 냉각 방법에 따른 분류 방법이다.

39 완전기체의 상태변화와 관계식을 짝지은 것으로 틀린 것은?(단, P : 압력, V : 체적, T : 온도, r : 비열비)

① 등온변화 : $P_1V_1 = P_2V_2$

② 등압변화 : $\dfrac{T_1}{V_2} = \dfrac{T_2}{V_1}$

③ 등적변화 : $\dfrac{P_1}{T_1} = \dfrac{P_2}{T_2}$

④ 단열변화 : $\dfrac{T_2}{T_1} = \left(\dfrac{P_2}{P_1}\right)^{\frac{r-1}{r}}$

해설
등압변화의 올바른 식은 다음과 같다.
$\dfrac{V_1}{T_1} = \dfrac{V_2}{T_2}$

40 왕복엔진의 크랭크축에 다이내믹 댐퍼(Dynamic Damper)를 사용하는 주된 목적은?
① 커넥팅로드의 왕복운동을 방지하기 위하여
② 크랭크축의 비틀림 진동을 감쇠하기 위하여
③ 크랭크축의 자이로 작용(Gyroscopic Action)을 방지하기 위하여
④ 항공기가 교란되었을 때 원위치로 복원시키기 위하여

해설
다이내믹 댐퍼는 동적평형을 주기 위한 진자형 추로서 크랭크축의 회전으로 발생되는 비틀림 진동을 줄여 준다.

제3과목 항공기체

41 항공기 기체 구조의 리깅(Rigging)작업을 할 때 구조의 얼라인먼트(Alignment) 점검 사항이 아닌 것은?
① 날개 상반각
② 수직 안정판 상반각
③ 수평 안정판 장착각
④ 착륙 장치의 얼라인먼트

해설
수직 안정판은 수직도를 점검해야 한다.

42 그림과 같이 판재를 굽히기 위해서 Flat A의 길이는 약 몇 in가 되어야 하는가?

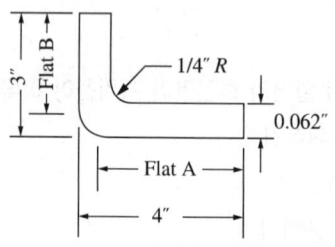

① 2.8 ② 3.7
③ 3.8 ④ 4.0

해설
Flat A의 길이는 4in에서 세트백(SB) 길이만큼 뺀 길이이다.
세트백(SB)은
$SB = \tan\dfrac{\theta}{2}(R+T) = \tan\dfrac{90}{2}\left(\dfrac{1}{4}+0.062\right) = 0.312(in)$
따라서 Flat A의 길이 = 4 - 0.312 = 3.688(in)

43 두 판재를 결합하는 리벳작업 시 리벳직경의 크기는?

① 두 판재를 합한 두께의 3배 이상이어야 한다.
② 얇은 판재 두께의 3배 이상이어야 한다.
③ 두꺼운 판재 두께의 3배 이상이어야 한다.
④ 두 판재를 합한 두께의 1/2 이상이어야 한다.

해설
리벳 지름은 결합되는 판재 중에서 두꺼운 판재의 3배이어야 한다.
리벳 길이 = 결합되는 판재 두께 + (1.5×리벳 지름)

44 너트의 부품번호 AN 310 D-5 R에서 문자 D가 의미하는 것은?

① 너트의 안전결선용 구멍
② 너트의 종류인 캐슬 너트
③ 사용 볼트의 직경을 표시
④ 너트의 재료인 알루미늄 합금 2017T

해설
AN 310 D-5 R
• AN 310 : 캐슬 너트
• D : 너트의 재질(알루미늄 합금 : 2017)
• 5 : 사용 볼트 지름(5/16in)
• R : 오른나사

45 항공기 무게를 계산하는 데 기초가 되는 자기무게(Empty Weight)에 포함되는 무게는?

① 고정 밸러스트
② 승객과 화물
③ 사용 가능 연료
④ 배출 가능 윤활유

해설
자기 무게는 항공기 무게 계산 시 기초가 되는 무게로서 다음을 포함한다.
• 고정 밸러스트
• 사용 불능 연료
• 배출 불능 윤활유
• 발동기 냉각액 전량
• 작동유 전량

46 탄소강에 첨가되는 원소 중 연신율을 감소시키지 않고 인장강도와 경도를 증가시키는 것은?

① 탄 소
② 규 소
③ 인
④ 망 간

47 연료탱크에 있는 벤트계통(Vent System)의 주역할로 옳은 것은?

① 연료탱크 내의 증기를 배출하여 발화를 방지한다.
② 비행자세의 변화에 따른 연료탱크 내의 연료유동을 방지한다.
③ 연료탱크의 최하부에 위치하여 수분이나 잔류 연료를 제거한다.
④ 연료탱크 내외의 차압에 의한 탱크 구조를 보호한다.

정답 43 ③ 44 ④ 45 ① 46 ④ 47 ④

48 육각 볼트머리의 삼각형 속에 X가 새겨져 있다면 이것은 어떤 볼트인가?

① 표준 볼트　　② 정밀공차 볼트
③ 내식성 볼트　④ 내부렌칭 볼트

해설
정밀공차 볼트 머리 표시

49 복합소재의 결함탐지방법으로 적합하지 않은 것은?

① 와전류검사
② X-ray 검사
③ 초음파검사
④ 탭 테스트(Tap Test)

해설
와전류 탐상검사는 전류가 흐르는 재료일 때 검사가 가능하다.

50 다음과 같은 단면에서 x, y축에 관한 단면 상승 모멘트 $\left(I_{xy} = \int_A xy dA\right)$는 약 몇 cm⁴인가?

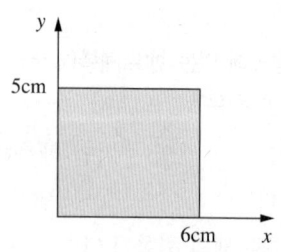

① 56　　② 152
③ 225　④ 900

해설
사각형의 단면상승 모멘트
$I_{xy} = \dfrac{b^2 h^2}{4} = \dfrac{900}{4} = 225(cm^4)$

51 SAE 1035가 의미하는 금속재료는?

① 탄소강　　② 마그네슘강
③ 니켈강　　④ 몰리브덴강

해설
SAE 강의 규격

합금의 종류	합금 번호	합금의 종류	합금 번호
탄소강	1×××	몰리브덴강	4×××
니켈강	2×××	크롬강	5×××
니켈-크롬강	3×××	크롬-바나듐강	6×××

52 항공기엔진을 날개에 장착하기 위한 구조물로만 나열한 것은?

① 마운트, 나셀, 파일론
② 블래더, 나셀, 파일론
③ 인티그럴, 블래더, 파일론
④ 캔틸레버, 인티그럴, 나셀

해설
- 엔진 마운트 : 엔진을 장착하기 위한 구조물
- 나셀 : 기체에 장착된 엔진을 둘러싼 부분
- 파일론 : 엔진 장착을 위해 엔진과 날개 앞전 사이를 연결하는 부분으로 파일론에는 엔진 마운트와 방화벽이 설치되어 있다.
- 카울링 : 엔진 주위를 둘러싼 덮개로 정비나 점검을 쉽게 하도록 열고 닫을 수 있다.

48 ② 49 ① 50 ③ 51 ① 52 ①

53 페일 세이프구조 중 다경로구조(Redundant Structure)에 대한 설명으로 옳은 것은?

① 단단한 보강재를 대어 해당량 이상의 하중을 이 보강재가 분담하는 구조이다.
② 여러 개의 부재로 되어 있고 각각의 부재는 하중을 고르게 분담하도록 되어 있는 구조이다.
③ 하나의 큰 부재를 사용하는 대신 2개 이상의 작은 부재를 결합하여 1개의 부재와 같은 또는 그 이상의 강도를 지닌 구조이다.
④ 규정된 하중은 모두 좌측 부재에서 담당하고 우측 부재는 예비 부재로 좌측 부재가 파괴된 후 그 부재를 대신하여 전체 하중을 담당하는 구조이다.

해설
다경로 하중구조

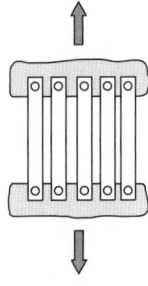

54 용접 작업에 사용되는 산소·아세틸렌 토치 팁(Tip)의 재질로 가장 적절한 것은?

① 납 및 납 합금
② 구리 및 구리 합금
③ 마그네슘 및 마그네슘 합금
④ 알루미늄 및 알루미늄 합금

55 주 날개(Main Wing)의 주요 구조요소로 옳은 것은?

① 스파(Spar), 리브(Rib), 론저론(Longeron), 표피(Skin)
② 스파(Spar), 리브(Rib), 스트링어(Stringer), 표피(Skin)
③ 스파(Spar), 리브(Rib), 벌크헤드(Bulkhead), 표피(Skin)
④ 스파(Spar), 리브(Rib), 스트링어(Stringer), 론저론(Longeron)

해설
벌크헤드와 론저론은 동체를 구성하는 구조부재에 속한다.

56 다음 중 크기와 방향이 변화하는 인장력과 압축력이 상호 연속적으로 반복되는 하중은?

① 교번하중
② 정하중
③ 반복하중
④ 충격하중

해설
하중의 종류
• 정하중 : 정지 상태에서 서서히 가해져 변하지 않는 하중
• 반복하중 : 하중의 크기와 방향이 같은 일정한 하중이 되풀이되는 하중
• 교번하중 : 하중의 크기와 방향이 변화하는 인장력과 압축력이 상호 연속적으로 반복되는 하중
• 충격하중 : 외력이 순간적으로 작용하는 하중

정답 53 ② 54 ② 55 ② 56 ①

57 일정한 응력(힘)을 받는 재료가 일정한 온도에서 시간이 경과함에 따라 변형률이 증가하는 현상을 무엇이라고 하는가?

① 크리프(Creep)
② 항복(Yield)
③ 파괴(Fracture)
④ 피로굽힘(Fatigue Bending)

해설
물체가 힘을 받을 때 이것에 의해 변형이 시간과 함께 진행하는 현상을 총칭해서 크리프라고 한다. 그러나 좁은 뜻의 크리프는 물체에 일정 온도하에서 일정 응력 혹은 일정 하중이 작용할 때 변형이 시간과 함께 증가하는 현상을 말한다.

크리프 곡선(Creep Curve)

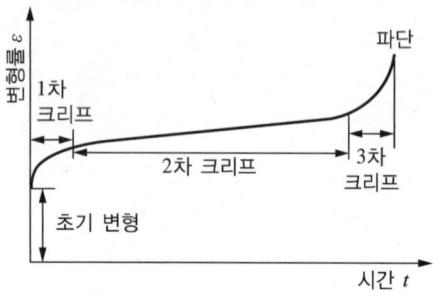

58 설계제한 하중배수가 2.5인 비행기의 실속속도가 120 km/h일 때 이 비행기의 설계운용속도는 약 몇 km/h인가?

① 150
② 240
③ 190
④ 300

해설
설계운용속도(V_A)
$V_A = \sqrt{n_1} \times V_s = \sqrt{2.5} \times 120 = 189.73 \text{(km/h)}$
여기서, n_1 : 설계제한 하중배수, V_s : 실속속도

59 착륙장치(Landing Gear)가 내려올 때 속도를 감소시키는 밸브는?

① 셔틀밸브
② 시퀀스밸브
③ 릴리프밸브
④ 오리피스 체크밸브

해설
오리피스 체크밸브는 한 방향으로는 정상적인 흐름이 되게 하고 반대 방향은 흐름을 제어한다.

60 항공기 부식을 예방하기 위한 표면처리 방법이 아닌 것은?

① 마스킹처리(Masking)
② 알로다인처리(Alodining)
③ 양극산화처리(Anodizing)
④ 화학적 피막처리(Chemical Conversion Coating)

해설
마스킹처리는 페인팅 작업 시 페인트가 묻지 않도록 필요한 부분을 덮어씌우는 작업을 말한다.

제4과목 항공장비

61 다음 중 계기착륙장치의 구성품이 아닌 것은?

① 마커비컨
② 관성항법장치
③ 로컬라이저
④ 글라이드 슬로프

[해설]
계기착륙장치 : 마커비컨, 로컬라이저, 글라이드 슬로프

62 제빙부츠장치(De-icer Boots System)에 대한 설명으로 옳은 것은?

① 날개 뒷전이나 안정판(Stabilizer)에 장착된다.
② 조종사의 시계 확보를 위해 사용된다.
③ 코일에 전원을 공급할 때 발생하는 진동을 이용하여 제빙하는 장치이다.
④ 고압의 공기를 주기적으로 수축, 팽창시켜 제빙하는 장치이다.

[해설]
제빙부츠장치 : 결빙이 쉬운 날개 앞전이나 안정판에 강화합성고무 부츠를 설치하고 고압의 공기로 주기적으로 수축, 팽창시켜 얼음을 제거하는 장치

63 다음 중 외기온도계가 활용되지 않는 것은?

① 외기온도 측정
② 엔진의 출력 설정
③ 배기가스 온도 측정
④ 진대기 속도의 파악

64 12,000rpm으로 회전하고 있는 교류발전기로 400Hz의 교류를 발전하려면 몇 극(Pole)으로 하여야 하는가?

① 4
② 8
③ 12
④ 24

[해설]
$f = \dfrac{P}{2} \times \dfrac{n}{60}$

$P = \dfrac{120f}{n} = \dfrac{120 \times 400}{12,000} = 4(극)$

여기서, P : 극수, n : 분당회전수, f : 주파수

65 황산납 축전지(Lead Acid Battery)의 과충전 상태를 의심할 수 있는 증상이 아닌 것은?

① 전해액이 축전지 밖으로 흘러나오는 경우
② 축전지에 흰색 침전물이 너무 많이 묻어 있는 경우
③ 축전지 셀 케이스가 부풀어 오른 경우
④ 축전지 윗면 캡 주위에 약간의 탄산칼륨이 있는 경우

[해설]
니켈-카드뮴 축전지에 탄산칼륨 결정체가 형성되어 있으면 과충전 상태이다.

66 통신장치에서 신호 입력이 없을 때 잡음을 제거하기 위한 회로는?

① AGC회로
② 스퀠치회로
③ 프리엠퍼시스 회로
④ 디엠퍼시스회로

해설
- 스퀠치 회로 : 잡음 소거회로
- 프리엠퍼시스 : 송신 시 신호의 어떤 주파수 성분을 상대적으로 강하게 해 주는 회로
- 디엠퍼시스 : 수신 시 신호의 어떤 주파수 성분을 상대적으로 강하게 해 주는 회로

67 인공위성을 이용하여 3차원의 위치(위도, 경도, 고도), 항법에 필요한 항공기 속도 정보를 제공하는 것은?

① Inertial Navigation System
② Global Positioning System
③ Omega Navigation System
④ Tactical Air Navigation System

68 객실압력 조절에 직접적으로 영향을 주는 것은?

① 공압계통의 압력
② 슈퍼차저의 압축비
③ 터보컴프레서 속도
④ 아웃플로밸브의 개폐 속도

해설
아웃플로밸브 : 여압계통에서 객실고도(압력)를 조절하는 밸브

69 10mH의 인덕턴스에 60Hz, 100V의 전압을 가하면 약 몇 암페어(A)의 전류가 흐르는가?

① 15
② 20
③ 25
④ 26

해설
$X_L = 2\pi f L = 2\pi \times 60 \times 0.01 = 3.77(\Omega)$
$V = IX_L$
$I = \dfrac{V}{X_L} = \dfrac{100}{3.77} = 26.5(A)$

70 항공기에서 거리측정장치(DME)의 기능에 대한 설명으로 옳은 것은?

① 질문펄스에서 응답펄스에 대한 펄스 간 지체시간을 구하여 방위를 측정할 수 있다.
② 질문펄스에서 응답펄스에 대한 펄스 간 지체시간을 구하여 거리를 측정할 수 있다.
③ 응답펄스에서 질문펄스에 대한 시간 차를 구하여 방위를 측정할 수 있다.
④ 응답펄스에서 선택된 주파수만을 계산하여 거리를 측정할 수 있다.

해설
DME(Distance Measuring Equipment) : 항공기로부터 질문 신호를 받은 지상 무선국은 자동으로 응답 신호를 송신한다. 이때 신호를 항공기에 도달할 때까지의 지체시간과 계산한 왕복소요시간을 거리로 환산해서 항공기의 PFD와 ND에 디지털로 표시한다.

71 실린더에 흡입되는 공기와 연료 혼합기의 압력을 측정하는 왕복엔진계기는?

① 흡기 압력계   ② EPR 계기
③ 흡인 압력계   ④ 오일 압력계

72 다음 중 자기 컴퍼스에서 발생하는 정적오차의 종류가 아닌 것은?

① 북선오차   ② 반원차
③ 사분원차   ④ 불이차

해설
- 정적오차 : 불이차, 사분원차, 반원차
- 동적오차 : 와동오차, 북선오차, 가속도오차

73 교류에서 전압, 전류의 크기는 일반적으로 어느 값을 의미하는가?

① 최댓값   ② 순싯값
③ 실횻값   ④ 평균값

해설
실효전압 = $\dfrac{\text{최대 전압}}{\sqrt{2}}$

74 화재탐지장치에 대한 설명으로 틀린 것은?

① 열전쌍(Thermocouple)은 주변의 온도가 서서히 상승할 때 열전대의 열팽창으로 인해 전압을 발생시킨다.
② 광전기셀(Photo-electric Cell)은 공기 중의 연기로 빛을 굴절시켜 광전기셀에서 전류를 발생시킨다.
③ 서미스터(Thermistor)는 저온에서는 저항이 높아지고, 온도가 상승하면 저항이 낮아지는 도체로 회로를 구성한다.
④ 열스위치(Thermal Switch)식은 2개 합금의 열팽창에 의해 전압을 발생시킨다.

해설
열전쌍식 : 다른 2종의 금속을 이루어진 폐루프에서 두 접점 간의 온도 차이 발생 시 열기전력이 발생하는 것을 이용하여 화재감지를 한다.

75 증기순환 냉각계통의 구성품 중 계통의 모든 습기를 제거해 주는 장치는?

① 증발기
② 응축기
③ 리시버 건조기
④ 압축기

76 4대의 교류발전기가 병렬운전을 하고 있을 경우 1대의 발전기가 고장이 나면 해당 발전기 계통의 전원은 어디에서 공급받는가?

① 전력이 공급되지 않는다.
② 배터리에서 전원을 공급받는다.
③ 비상시에 사용되는 버스에서 전원을 공급받는다.
④ 병렬운전하는 버스에서 전원을 공급받는다.

77 조종실이나 객실에 설치되며, 전기나 기름화재에 사용하는 소화기는?

① 물 소화기
② 포말 소화기
③ 분말 소화기
④ 이산화탄소 소화기

78 유압계통에서 압력조절기와 비슷한 역할을 하며 계통의 고장으로 인해 이상 압력이 발생되면 작동하는 장치는?

① 체크밸브
② 리저버
③ 릴리프밸브
④ 축압기

[해설]
- 압력조절기 : 원하는 압력을 보내는 장치로 펌프를 보호하는 역할도 한다.
- 릴리프밸브 : 이상 압력 시 작동하는 장치로 계통을 보호하는 역할을 한다.

79 셀콜시스템(SELCAL System)에 대한 설명으로 틀린 것은?

① HF, VHF 시스템으로 송수신된다.
② 양자 간 호출을 위한 화상시스템이다.
③ 일반적으로 코드는 4개의 코드로 만들어져 있다.
④ 지상에서 항공기를 호출하기 위한 장치이다.

[해설]
SELCAL System
- 지상에서 항공기를 호출하기 위한 장치로, 지상에서 4개의 Code를 만들어 HF 또는 VHF 전파를 이용하여 송신하면 항공기의 SELCAL Decoder에서 해석하여 자기고유부호 Code 여부를 분석한다.
- 고유 Code가 자기고유부호 Code와 일치하면 'Chime' 연속작동, 'Light'를 점등하여 승무원에게 알림

80 항공계기에 표시되어 있는 적색 방사선(Red Radiation)은 무엇을 의미하는가?

① 플랩 조작 속도 범위
② 계속운전 범위(순항 범위)
③ 최소, 최대 운전 또는 운용 한계
④ 연료와 공기 혼합기의 Auto-lean 시의 계속운전범위

[해설]
- 붉은색 방사선 : 최대, 최소 운용 한계
- 노란색 호선 : 경고 경계 범위
- 녹색 호선 : 안전운용 범위
- 흰색 호선 : 플랩을 내릴 수 있는 속도 범위
- 푸른색 호선 : 혼합비가 Auto-lean일 때 안전운용 범위
- 흰색 방사선 : 유리판과 계기 케이스가 미끄러짐을 확인

정답 76 ④ 77 전항정답 78 ③ 79 ② 80 ③

2019년 제4회 과년도 기출문제

제1과목 항공역학

01 프로펠러를 장착한 비행기에서 프로펠러 깃의 날개 단면에 대해 유입되는 합성속도의 크기를 옳게 표현한 식은?[단, V : 비행속도, r : 프로펠러 반지름, n : 프로펠러 회전수(rps)이다]

① $\sqrt{V^2 - (\pi nr)^2}$
② $\sqrt{V^2 + (2\pi nr)^2}$
③ $\sqrt{V^2 + (\pi nr)^2}$
④ $\sqrt{V^2 - (2\pi nr)^2}$

해설
삼각함수 공식을 이용한 식

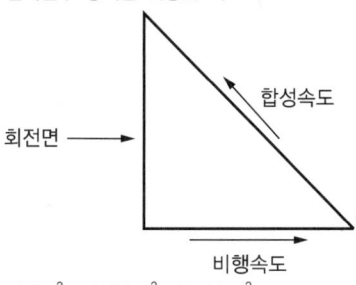

회전면² + 비행속도² = 합성속도²
$2\pi nr^2 + V^2$ = 합성속도²
합성속도 = $\sqrt{(V)^2 + (2\pi nr)^2}$

02 고정 날개 항공기의 자전운동(Auto Rotation)과 연관된 특수 비행성능은?

① 선회 운동
② 스핀(Spin) 운동
③ 키돌이(Loop) 운동
④ 온 파일런(On Pylon) 운동

해설
Auto Rotation : 받음각이 실속각보다 클 경우, 날개 한쪽 끝에 가볍게 교란을 주면 날개가 회전하는데, 이때 회전이 점점 빨라져 일정하게 계속 회전하는 현상이다.

03 일반적인 헬리콥터 비행 중 주 회전날개에 의한 필요마력의 요인으로 보기 어려운 것은?

① 유도속도에 의한 유도항력
② 공기의 점성에 의한 마찰력
③ 공기의 박리에 의한 압력항력
④ 경사충격파 발생에 의한 조파저항

해설
필요마력은 비행기가 항력을 이기고 전진하는 데 필요한 마력이다. 경사충격파에 의한 조파항력은 충격파로 인하여 발생하는 항력인데 일반적인 헬리콥터는 초음속 비행이 불가능하기 때문이다.

04 가로안정(Lateral Stability)에 대해서 영향을 미치는 것으로 가장 거리가 먼 것은?

① 수평꼬리날개
② 주 날개의 상반각
③ 수직꼬리날개
④ 주 날개의 뒤젖힘각

해설
수평꼬리날개는 세로안정성에 영향을 끼친다.

정답 1 ② 2 ② 3 ④ 4 ①

05 헬리콥터는 제자리비행 시 균형을 맞추기 위해서 주 회전날개 회전면이 회전방향에 따라 동체의 좌측이나 우측으로 기울게 되는데 이는 어떤 성분의 역학적 평형을 맞추기 위해서인가?[단, x, y, z 는 기체축(동체축) 정의를 따른다]

① x 축 모멘트의 평형
② x 축 힘의 평형
③ y 축 모멘트의 평형
④ y 축 힘의 평형

해설
헬리콥터 제자리비행 시 주기적 피치 제어간을 이용해 기울기를 맞춰서 y 축(가로축) 힘의 평형을 맞춰 준다.

06 항공기의 방향안정성이 주된 목적인 것은?

① 수직안정판
② 주익의 상반각
③ 수평안정판
④ 주익의 붙임각

해설
• 수직안정판 : 방향안정성
• 날개의 상반각(쳐든각) : 가로안정성
• 수평안정판 : 세로안정성

07 비행기의 조종면을 작동하는 데 필요한 조종력을 옳게 설명한 것은?

① 중력가속도에 반비례한다.
② 힌지 모멘트에 반비례한다.
③ 비행속도의 제곱에 비례한다.
④ 조종면 폭의 제곱에 비례한다.

해설
조종력 = $K \times q \times b \times c^2 \times C_h$
여기서, K : 조종계통의 기계적 장치에 의한 이득
b : 조종면의 폭
c : 조종면의 평균 시위
C_h : 힌지 모멘트 계수

08 프로펠러의 회전 깃단 마하수(Rotational Tip Mach Number)를 옳게 나타낸 식은?[단, n : 프로펠러 회전수(rpm), D : 프로펠러 지름(m), a : 음속(m/s)이다]

① $\dfrac{\pi n}{60 \times a}$
② $\dfrac{\pi n}{30 \times a}$
③ $\dfrac{\pi n D}{30 \times a}$
④ $\dfrac{\pi n D}{60 \times a}$

해설
프로펠러의 회전 깃단 마하수 = $\dfrac{\pi n D}{60 \times a}$

09 베르누이의 정리에 대한 식과 설명으로 틀린 것은? (단, P_t : 전압, P : 정압, q : 동압, V : 속도, ρ : 밀도이다)

① $q = \dfrac{1}{2} \rho V^2$
② $P = P_t + q$
③ 정압은 항상 존재한다.
④ 이상유체 정상흐름에서 전압은 일정하다.

해설
베르누이의 정리
$P_t = P + \dfrac{1}{2} \rho V^2$ (전압 = 정압 + 동압)

10 양력계수가 0.25인 날개면적 20m²의 항공기가 720 km/h의 속도로 비행할 때 발생하는 양력은 몇 N인가?(단, 공기의 밀도는 1.23kg/m³이다)

① 6,150
② 10,000
③ 123,000
④ 246,000

해설

$L = \frac{1}{2} \rho V^2 C_L S$

$V = 720 \text{km/h} = \frac{720 \times 1,000}{3,600} \text{m/s}$

$L = \frac{1}{2} \times 1.23 \text{kg/m}^3 \times (200 \text{m/s})^2 \times 0.25 \times 20 \text{m}^2 = 123,000 \text{N}$

11 NACA 2412 에어포일의 양력에 관한 설명으로 옳은 것은?

① 받음각이 영도(0°)일 때 양의 양력계수를 갖는다.
② 받음각이 영도(0°)보다 작으면 양의 양력계수를 가질 수 없다.
③ 최대 양력계수의 크기는 레이놀즈수에 무관하다.
④ 실속이 일어난 직후에 양력이 최대가 된다.

해설
NACA 2412는 캠버가 있는 에어포일로, 캠버가 있으면 베르누이 정리에 따라 받음각이 0°에서도 양력이 발생한다.

12 비행기의 무게가 2,000kgf이고, 선회경사각이 30°, 150km/h의 속도로 정상 선회하고 있을 때, 선회 반지름은 약 몇 m인가?

① 214
② 256
③ 307
④ 359

해설

선회 반지름 $r = \dfrac{V^2}{g \cdot \tan\theta}$

$V = 150 \text{km/h} = 41.7 \text{m/s}$
$g = 9.8 \text{m/s}$

$r = \dfrac{(41.7)^2}{9.8 \times \tan 30°} = 307.33(\text{m})$

13 폭이 3m, 길이가 6m인 평판이 20m/s 흐름 속에 있고, 층류 경계층이 평판의 전 길이에 따라 존재한다고 가정할 때, 앞에서부터 3m인 곳의 경계층 두께는 약 몇 m인가?(단, 층류에서의 두께 = $\dfrac{5.2x}{\sqrt{R_e}}$, 동점성계수 $0.1 \times 10^{-4}\text{m}^2$/s이다)

① 0.52
② 0.63
③ 0.0052
④ 0.0063

해설

층류에서의 두께 = $\dfrac{5.2x}{\sqrt{Re}}$

$Re = \dfrac{V \cdot c}{\nu} = \dfrac{(20\text{m/s})(3\text{m})}{0.1 \times 10^{-4} \text{m}^2/\text{s}} = 0.6 \times 10^7$

($V = 20$m/s, $c = 3$m, $\nu = 0.1 \times 10^{-4}$m²/s)

$t = \dfrac{5.2 \cdot 3}{\sqrt{0.6 \times 10^7}} = 0.0063(\text{m})$

14 그림과 같은 프로펠러 항공기의 이륙 과정에서 이륙거리는?

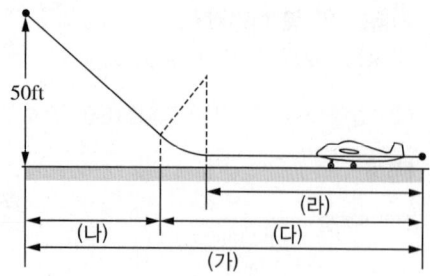

① (가)
② (나)
③ (다)
④ (라)

해설
이륙거리 = 지상활주거리 + 회전거리 + 전이거리 + 상승거리

15 활공기에서 활공거리를 증가시키기 위한 방법으로 옳은 것은?

① 압력항력을 크게 한다.
② 형상항력을 최대로 한다.
③ 날개의 가로세로비를 크게 한다.
④ 표면 박리현상 방지를 위하여 표면을 적절히 거칠게 한다.

해설
양항비 = $\dfrac{활공거리}{고도}$ = $\dfrac{C_L}{C_D}$, 가로세로비가 커지면 유도항력계수가 작아지므로 전체 항력은 작아진다.

16 대기권의 구조를 낮은 고도에서부터 순서대로 나열한 것은?

① 대류권 → 성층권 → 열권 → 중간권
② 대류권 → 중간권 → 성층권 → 열권
③ 대류권 → 성층권 → 중간권 → 열권
④ 대류권 → 중간권 → 열권 → 성층권

해설
대류권 → 성층권 → 중간권 → 열권 → 외기권

17 프로펠러 비행기가 최대 항속거리를 비행하기 위한 조건은?

① 양항비 최소, 연료소비율 최소
② 양항비 최소, 연료소비율 최대
③ 양항비 최대, 연료소비율 최대
④ 양항비 최대, 연료소비율 최소

해설
연료소비율이 최소이어야 하고 $\left(\dfrac{C_L}{C_D}\right)$가 최대, 즉 $\dfrac{L}{D}$가 최대인 상태로 비행하면 된다.

18 스팬(Span)의 길이가 39ft, 시위(Chord)의 길이가 6ft인 직사각형 날개에서 양력계수가 0.8일 때 유도받음각은 약 몇 도(°)인가?(단, 스팬 효율계수는 1이라 가정한다)

① 1.5
② 2.2
③ 3.0
④ 3.9

해설
가로세로비 Aspect Ratio는 $AR = \dfrac{b}{c} = \dfrac{39\,\text{ft}}{6\,\text{ft}} = 6.5$

유도받음각은 $\varepsilon = \dfrac{C_L}{\pi AR} = \dfrac{0.8}{\pi 6.5}$

$= 0.039\,\text{rad} = 0.039\,\text{rad} \times \dfrac{57°}{1\,\text{rad}} = 2.2°$

19 표준대기의 기온, 압력, 밀도, 음속을 옳게 나열한 것은?

① 15℃, 750mmHg, 1.5kg/m³, 330m/s
② 15℃, 760mmHg, 1.2kg/m³, 340m/s
③ 18℃, 750mmHg, 1.5kg/m³, 340m/s
④ 18℃, 760mmHg, 1.2kg/m³, 330m/s

해설
표준대기압으로 해면 고도
- 압력 : $P_0 = 760\text{mmHg} = 1.013 \times 10^5 \text{N/m}^2 = 1.033 \text{kgf/cm}^2$
- 밀도 : $\rho_0 = 1.225 \text{kg/m}^3 = 0.125 \text{kgf} \cdot \text{s}^2/\text{m}^4$
- 온도 : $t_0 = 15℃, T_0 = 288.15\text{K}$
- 음속 : $a_0 = 340\text{m/s}$
- 중력가속도 : $g = 9.8 \text{m/s}^2 = 32.174 \text{ft/s}^2$

20 비행기가 음속에 가까운 속도로 비행 시 속도를 증가시킬수록 기수가 내려가는 현상은?

① 피치 업(Pitch Up)
② 턱 언더(Tuck Under)
③ 디프 실속(Deep Stall)
④ 역 빗놀이(Adverse Yaw)

해설
턱 언더(Tuck Under) : 음속에 가까운 속도로 비행을 하게 되면 속도를 증가시킬 때 날개에 발생하는 충격실속에 의해 기수가 오히려 급격히 내려가는 경향이 생김

제2과목 항공기관

21 정적비열 0.2kcal/(kg·K)인 이상기체 5kg이 일정 압력하에서 50kcal의 열을 받아 온도가 0℃에서 20℃까지 증가하였을 때 외부에 한 일은 몇 kcal인가?

① 4 ② 20
③ 30 ④ 70

해설
열량을 Q, 내부에너지를 U, 온도를 t라고 할 때,
$Q = (U_2 - U_1) + W$
$W = Q - (U_2 - U_1) = Q - mC_v(t_2 - t_1)$
$= 50 - 5 \times 0.2(20 - 0) = 30(\text{kcal})$

22 프로펠러의 특정 부분을 나타내는 명칭이 아닌 것은?

① 허브(Hub) ② 넥(Neck)
③ 로터(Rotor) ④ 블레이드(Blade)

해설
프로펠러는 허브 어셈블리(Hub Assembly), 허브 보어(Hub Bore), 섕크(Shank), 깃(Blade), 팁(Tip) 등으로 구성되어 있다.

23 비행 중이나 지상에서 엔진이 작동하는 동안 조종사가 유압 또는 전기적으로 피치를 변경시킬 수 있는 프로펠러 형식은?

① 정속 프로펠러(Constant-speed Propeller)
② 고정피치 프로펠러(Fixed Pitch Propeller)
③ 조정피치 프로펠러(Adjustable Pitch Propeller)
④ 가변피치 프로펠러(Controllable Pitch Propeller)

해설
피치변경에 따른 프로펠러의 분류
- 고정피치 프로펠러 : 깃각이 하나로 고정되어 피치 변경이 불가
- 조정피치 프로펠러 : 지상에서 엔진이 작동하지 않을 때, 정비사가 조정 나사로 어느 1개 이상의 비행속도에서 최대 효율을 얻을 수 있도록 피치를 조절
- 가변피치 프로펠러 : 비행 목적에 따라 조종사에 의해 자동으로 피치 변경이 가능하며, 2단 가변피치 프로펠러는 저피치와 고피치 2개의 위치로 선택할 수 있다.
- 정속 프로펠러 : 조속기에 의해 저피치에서 고피치까지 자유롭게 피치를 조절할 수 있어, 비행속도나 엔진출력에 상관없이 프로펠러를 항상 일정한 속도로 유지하여 가장 좋은 프로펠러 효율을 가지도록 한다.

정답 19 ② 20 ② 21 ③ 22 ③ 23 ④

24 가스터빈엔진에서 실속의 원인으로 볼 수 없는 것은?

① 압축기의 심한 손상 또는 오염
② 번개나 뇌우로 인한 엔진 흡입구 공기 온도의 급격한 증가
③ 가변스테이터 베인(Variable Stator Vane)의 각도 불일치
④ 연료조정장치와 연결되는 압축기 출구 압력(CDP) 튜브의 절단

해설

압축기 실속 원인
- 엔진 유입공기 흐름이 일정하지 않을 때
- 과도한 연료 흐름으로 인한 급가속 시
- 손상된 압축기 블레이드와 스테이터 베인
- 시동 시 발생하는 공기압축기 뒤쪽의 누적현상
- 공기 흐름에 비해 과도하게 높거나 낮은 rpm

25 왕복엔진에서 시동을 위해 마그네토(Magneto)에 고전압을 증가시키는 데 사용되는 장치는?

① 스로틀(Throttle)
② 기화기(Carburetor)
③ 과급기(Supercharger)
④ 임펄스 커플링(Impulse coupling)

해설

시동 시에는 크랭크축의 회전속도가 낮으므로 마그네토의 회전수도 낮아서 점화플러그의 정상 점화가 어렵다. 임펄스 커플링은 시동 시에 마그네토가 고속 회전이 되도록 도와준다.

26 가스터빈엔진에서 배기노즐의 주목적은?

① 난류를 얻기 위하여
② 배기가스의 속도를 증가시키기 위하여
③ 배기가스의 압력을 증가시키기 위하여
④ 최대 추력을 얻을 때 소음을 증가시키기 위하여

해설

엔진 배기 속도와 흡입 속도와의 차이가 엔진 추력을 결정하는 중요한 요소이므로, 배기노즐은 배기가스 속도를 증가시키는 데 주된 목적이 있다.

27 윤활유 시스템에서 고온 탱크형(Hot Tank System)에 대한 설명으로 옳은 것은?

① 고온의 소기오일(Scavenge Oil)이 냉각되어서 직접 탱크로 들어가는 방식
② 고온의 소기오일(Scavenge Oil)이 냉각되지 않고 직접 탱크로 들어가는 방식
③ 오일 냉각기가 소기계통에 있어 오일이 연료 가열기에 의해 가열되는 방식
④ 오일 냉각기가 소기계통에 있어 오일탱크의 오일이 가열기에 의해 가열되는 방식

해설

윤활계통 타입
- Cold Tank Type : 윤활유 냉각기가 윤활유 탱크로 향하는 배유라인 쪽에 위치하는 경우이다. 따라서 탱크로 들어오는 윤활유는 냉각이 된 상태로 들어온다.
- Hot Tank Type : 윤활유 냉각기가 압력펌프를 지나 윤활유가 공급되는 위치에 있는 경우이다. 따라서 윤활유 탱크로 들어오는 윤활유는 뜨거운 상태로 들어온다.

28 왕복엔진의 기계효율을 옳게 나타낸 식은?

① $\dfrac{제동마력}{지시마력} \times 100$

② $\dfrac{이용마력}{제동마력} \times 100$

③ $\dfrac{지시마력}{제동마력} \times 100$

④ $\dfrac{지시마력}{이용마력} \times 100$

해설

기계효율은 제동마력과 지시마력과의 비를 말한다.
$\eta_m = \dfrac{bHP}{iHP}$

29 축류형 터빈에서 터빈의 반동도를 구하는 식은?

① $\dfrac{\text{단당 팽창}}{\text{터빈 깃의 팽창}} \times 100$

② $\dfrac{\text{스테이터 깃의 팽창}}{\text{단당 팽창}} \times 100$

③ $\dfrac{\text{회전자 깃에 의한 팽창}}{\text{단당 팽창}} \times 100$

④ $\dfrac{\text{회전자 깃에 의한 압력상승}}{\text{터빈 깃의 팽창}} \times 100$

해설
터빈의 팽창은 고정자와 회전자 깃에서 동시에 이루어지고, 터빈 1단의 팽창 중 회전자 깃이 담당하는 몫을 터빈의 반동도라고 한다.

반동도 $= \dfrac{\text{회전자 깃에 의한 팽창량}}{\text{단의 팽창량}} \times 100$

$= \dfrac{P_2 - P_3}{P_1 - P_3} \times 100\%$

여기서, P_1 : 고정자 깃 입구 압력,
P_2 : 고정자 깃 출구 압력,
P_3 : 회전자 깃 출구 압력

30 소형 저속 항공기에 주로 사용되는 엔진은?

① 로켓
② 터보팬엔진
③ 왕복엔진
④ 터보제트엔진

31 [보기]와 같은 특성을 가진 엔진은?

┌ 보기 ┐
- 비행속도가 빠를수록 추진효율이 좋다.
- 초음속 비행이 가능하다.
- 배기 소음이 심하다.

① 터보팬엔진
② 터보프롭엔진
③ 터보제트엔진
④ 터보샤프트엔진

해설
가스터빈엔진 종류
- 터보팬엔진 : 팬으로 흡입된 공기의 일부만 연소시키고 나머지는 바이패스시켜 추력을 얻는 엔진으로 연료소비율이 작고 아음속에서 효율이 좋다.
- 터보프롭엔진 : 가스터빈의 출력을 축 동력으로 빼낸 다음, 감속기어를 거쳐 프로펠러를 구동하여 추력을 얻는다.
- 터보제트엔진 : 소량의 공기를 고속으로 분출시켜 큰 출력을 얻을 수 있으며, 초음속에서 우수한 성능을 나타내지만 소음이 크다.
- 터보샤프트엔진 : 가스터빈의 출력을 100% 모두 축 동력으로 발생시킬 수 있도록 설계된 엔진으로 주로 헬리콥터용 엔진으로 사용된다.

32 압축기 입구에서 공기의 압력과 온도가 각각 1기압, 15°C이고, 출구에서 압력과 온도가 각각 7기압, 300°C일 때, 압축기의 단열효율은 몇 %인가?(단, 공기의 비열비는 1.4이다)

① 70
② 75
③ 80
④ 85

해설
압축기 단열 효율(η_c)

$\eta_c = \dfrac{T_{2i} - T_1}{T_2 - T_1}$

$T_{2i} = T_1 \times r^{\frac{k-1}{k}}$ (r : 엔진 압력비, k : 비열비)

$T_{2i} = (273 + 15) \times \left(\dfrac{7}{1}\right)^{\frac{1.4-1}{1.4}}$

$= 288 \times 7^{0.2857} = 288 \times 1.7436$

$= 502.168$

$\eta_c = \dfrac{T_{2i} - T_1}{T_2 - T_1} = \dfrac{502 - 288}{573 - 288} = \dfrac{214}{285}$

$= 0.75$

33 가스터빈엔진 연료조절장치(FCU)의 수감요소(Sensing Factor)가 아닌 것은?

① 엔진회전수(rpm)
② 압축기 입구 온도(CIT)
③ 추력레버위치(Power Lever Angle)
④ 혼합기조정위치(Mixture Control Position)

해설
FCU 수감부
- 엔진의 회전수
- 압축기 출구 압력(CDP)
- 압축기 입구 온도(CIT)
- 스로틀 레버 위치

34 왕복엔진 실린더에 있는 밸브 가이드(Valve Guide)의 마모로 발생할 수 있는 문제점은?

① 높은 오일 소모량
② 낮은 오일 압력
③ 낮은 오일 소모량
④ 높은 오일 압력

해설
밸브 가이드가 마모되면 밸브 스템과 밸브 가이드 사이의 틈새로 오일이 흘러들어, 점화플러그의 오손, 피스톤 링 부분의 슬러지 생성, 흰 연기 발생 및 오일 소모량 증가 현상 등이 발생된다.

35 외부 과급기(External Supercharger)를 장착한 왕복엔진의 흡기계통 내에서 압력이 가장 낮은 곳은?

① 과급기 입구
② 흡입 다기관
③ 기화기 입구
④ 스로틀밸브 앞

36 항공기 엔진에서 소기펌프(Scavenge Pump)의 용량을 압력펌프(Pressure Pump)보다 크게 하는 이유는?

① 소기펌프의 진동이 더욱 심하기 때문
② 소기되는 윤활유는 체적이 증가하기 때문
③ 압력펌프보다 소기펌프의 압력이 높기 때문
④ 윤활유가 저온이 되어 밀도가 증가하기 때문

해설
윤활유는 엔진 내부에서 공기와 혼합되어 체적이 증가하기 때문에 배유펌프(소기펌프, 스캐빈지펌프)가 압력펌프보다 용량이 더 커야 한다.

37 실린더 내경이 6in이고 행정(Stroke)이 6in인 단기통엔진의 배기량은 약 몇 in^3인가?

① 28
② 169
③ 339
④ 678

해설
배기량 = 단면적 × 행정길이
$$= \frac{\pi d^2}{4} \times L = \frac{\pi \times 6^2}{4} \times 6 = 169.56(in^3)$$

38 브레이턴 사이클(Brayton Cycle)의 열역학적인 변화에 대한 설명으로 옳은 것은?

① 2개의 정압과정과 2개의 단열과정으로 구성된다.
② 2개의 정적과정과 2개의 단열과정으로 구성된다.
③ 2개의 단열과정과 2개의 등온과정으로 구성된다.
④ 2개의 등온과정과 2개의 정적과정으로 구성된다.

해설
사이클 종류
- 오토 사이클(정적 사이클) : 2개의 단열과정과 2개의 정적과정으로 구성
- 브레이턴 사이클(정압 사이클) : 2개의 단열과정과 2개의 정압과정으로 구성
- 사바테 사이클 : 2개의 단열, 정적과정, 1개의 정압과정으로 구성
- 디젤 사이클 : 1개의 정압과정, 1개의 정적과정, 2개의 단열과정으로 구성

39 왕복엔진과 비교하여 가스터빈엔진의 점화장치로 고전압, 고에너지 점화장치를 사용하는 주된 이유는?

① 열손실을 줄이기 위해
② 사용연료의 기화성이 낮아 높은 에너지 공급을 위해
③ 엔진의 부피가 커 높은 열공급을 위해
④ 점화기 특정 규정에 맞추어 장착하기 위해

40 부자식 기화기를 사용하는 왕복엔진에서 연료는 어느 곳을 통과할 때 분무화되는가?

① 기화기 입구
② 연료펌프 출구
③ 부자실(Float Chamber)
④ 기화기 벤투리(Carburetor Venturi)

해설
기화기 벤투리 부분의 연료 노즐에서 연료가 분사될 때 공기 블리드 관으로부터 공급된 공기가 같이 섞이면서 분무화된다.

제3과목 항공기체

41 다음 중 인공시효 경화처리로 강도를 높일 수 있는 알루미늄 합금은?

① 1100
② 2024
③ 3003
④ 5052

해설
AA2017, AA2024 알루미늄 합금은 열처리로 연화시킨 다음, 시효경화에 의해 강도를 높일 수 있다.

42 세미모노코크 구조형식의 날개에서 날개의 단면 모양을 형성하는 부재로 옳은 것은?

① 스파(Spar), 표피(Skin)
② 스트링어(Stringer), 리브(Rib)
③ 스트링어(Stringer), 스파(Spar)
④ 스트링어(Stringer), 표피(Skin)

해설
리브는 날개 단면이 에어포일 형태를 유지하도록 날개의 모양을 형성해 주며, 스트링어를 리브 주위로 적당한 간격으로 배치해서 날개의 휨 등을 방지한다.

정답 38 ① 39 ② 40 ④ 41 ② 42 ②

43 항공기 판재 굽힘 작업 시 최소 굽힘 반지름을 정하는 주된 목적은?

① 굽힘 작업 시 발생하는 열을 최소화하기 위해
② 굽힘 작업 시 낭비되는 재료를 최소화하기 위해
③ 판재의 굽힘 작업으로 발생되는 내부 체적을 최대로 하기 위해
④ 굽힘 반지름이 너무 작아 응력변형이 생겨 판재가 약화되는 현상을 막기 위해

해설
최소 굽힘 반지름은 구부리는 판재의 안쪽에서 측정한 반지름을 말하며, 판재의 고유 강도를 약화시키지 않고 최소 반지름으로 구부릴 수 있는 한계를 말한다. 굽힘 반지름이 너무 작으면 응력변형이 생겨 판재가 약화된다.

44 다음 중 조종케이블의 장력을 측정하는 기구는?

① 턴버클(Turn Buckle)
② 프로트랙터(Protractor)
③ 케이블 리깅(Cable Rigging)
④ 케이블 텐션미터(Cable Tension Meter)

해설
케이블 텐션미터(케이블 장력 측정기)

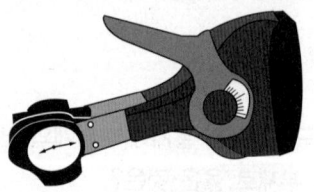

45 항공기 외부 세척방법에 해당하지 않는 것은?

① 습식세척
② 연 마
③ 건식세척
④ 블라스팅

46 기체구조의 형식 중 응력 외피 구조(Stress Skin Structure)에 대한 설명으로 옳은 것은?

① 2개의 외판 사이에 벌집형, 거품형, 파(Wave)형 등의 심을 넣고 고착시켜 샌드위치 모양으로 만든 구조이다.
② 하나의 구조 요소가 파괴되더라도 나머지 구조가 그 기능을 담당해 주는 구조이다.
③ 목재 또는 강판으로 트러스(삼각형 구조)를 구성하고 그 위에 천 또는 얇은 금속판의 외피를 씌운 구조이다.
④ 외피가 항공기의 형태를 이루면서 항공기에 작용하는 하중의 일부를 외피가 담당하는 구조이다.

해설
① 샌드위치 구조
② 페일 세이프 구조
③ 트러스 구조

47 [보기]와 같은 특징을 갖는 강은?

┌조건┐
• 크롬-몰리브덴강
• 0.30%의 탄소를 함유
• 용접성을 향상시킨 강

① AA 1100
② SAE 4130
③ AA 5052
④ SAE 4340

해설

4XXX	몰리브덴강
41XX	크롬-몰리브덴강
43XX	니켈-크롬-몰리브덴강

SAE 4130의 조성 비율은 다음과 같다.
탄소=0.3%, 망가니즈=0.5%, 크로뮴=1%, 몰리브데넘=0.2%

48 안티스키드장치(Anti-skid System)의 역할이 아닌 것은?

① 유압식 브레이크에서 작동유 누출을 방지하기 위한 것이다.
② 브레이크의 제동을 원활하게 하기 위한 것이다.
③ 항공기가 착륙 활주 중 활주속도에 비해 과도한 제동을 방지한다.
④ 항공기가 미끄러지지 않게 균형을 유지시켜 준다.

49 케이블 조종계통(Cable Control System)에서 7×19의 케이블을 옳게 설명한 것은?

① 19개의 와이어로 7번을 감아 케이블을 만든 것이다.
② 7개의 와이어로 19번을 감아 케이블을 만든 것이다.
③ 19개의 와이어로 1개의 다발을 만들고, 이 다발 7개로 1의 케이블을 만든 것이다.
④ 7개의 와이어로 1개의 다발을 만들고, 이 다발 19개로 1의 케이블을 만든 것이다.

[해설]
7×19 케이블의 형태

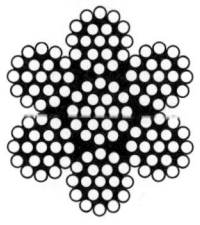

50 지상 계류 중인 항공기가 돌풍을 만나 조종면이 덜컹거리거나 그것에 의해 파손되지 않게 설비된 장치는?

① 스토퍼(Stopper)
② 토크튜브(Torque Tube)
③ 거스트 로크(Gust Lock)
④ 장력 조절기(Tension Regulator)

[해설]
Gust Lock는 말 그대로 돌풍 잠금장치로서 지상 주기 중에 돌풍으로 인해 조종면이나 조종 제어장치가 움직이는 것을 막아 주는 장치이며, 비행 전에는 반드시 제거해야 한다.

51 항공기의 무게중심이 기준선에서 90in에 있고, MAC의 앞전이 기준선에서 82in인 곳에 위치한다면 MAC가 32in인 경우 중심은 몇 %MAC인가?

① 15 ② 20
③ 25 ④ 35

[해설]
$$\%MAC = \frac{CG - S}{MAC} \times 100$$
여기서, CG : 기준선에서 무게중심까지의 거리
S : 평균 공력 시위의 앞전까지의 거리
MAC : 평균 공력 시위의 길이
$$\%MAC = \frac{90 - 82}{32} \times 100 = 25\%$$

52 스크루의 식별기호 AN507 C 428 R 8에서 C가 의미하는 것은?

① 직 경 ② 재 질
③ 길 이 ④ 홈을 가진 머리

[해설]
C는 스크루의 재질이 내식강임을 나타낸다.

53 벤트 플로트 밸브, 화염차단장치, 서지탱크, 스캐빈지펌프 등의 구성품이 포함된 계통은?

① 조종계통
② 착륙장치계통
③ 연료계통
④ 브레이크계통

해설
연료계통 구성품
- 배플 체크 밸브 : 항공기 자세변화에 따른 연료의 이동을 제한한다.
- 벤트 플로트 밸브 : 연료가 가득 차면 플로트 밸브가 벤트를 닫아 외부 공기 유입을 차단하고, 연료가 소모되면 벤트가 형성되어 탱크 내의 압력을 조절한다.
- 화염차단장치 : 낙뢰로 인한 화재 방지 역할을 한다.
- 서지탱크 : 연료탱크에서 넘치는 연료를 임시로 저장한다.
- 스캐빈지 펌프 : 바닥에 고인 연료를 연료펌프가 사용할 수 있는 위치(Collector Cell)로 이동시킨다.

54 두께가 0.01in인 판의 전단흐름이 30lb/in일 때 전단응력은 몇 lb/in^2인가?

① 3,000   ② 300
③ 30   ④ 0.3

해설
전단응력을 τ, 판의 두께를 t, 전단 흐름을 f라고 할 때 다음 식이 성립된다.
$f = \tau \times t$
따라서 $\tau = \dfrac{f}{t} = \dfrac{30}{0.01} = 3,000(lb \cdot in^2)$

55 알루미늄의 표면에 인공적으로 얇은 산화피막을 형성하는 방법은?

① 주석 도금처리
② 파커라이징
③ 카드뮴 도금처리
④ 아노다이징

해설
양극산화처리(Anodizing, 아노다이징)는 전기적인 방법으로 금속 표면에 산화피막을 형성하는 방식법으로서, 도금과는 달리 아주 얇은 두께의 피막을 형성하며, 황산법, 수산법, 크롬산법 등이 있다.

56 항공기의 무게중심위치를 맞추기 위하여 항공기에 설치하는 모래주머니, 납봉, 납판 등을 무엇이라 하는가?

① 밸러스트(Ballast)
② 유상 하중(Pay Load)
③ 테어 무게(Tare Weight)
④ 자기 무게(Empty Weight)

57 한쪽의 길이를 짧게 하기 위해 주름지게 하는 판금가공 방법은?

① 범핑(Bumping)
② 크림핑(Crimping)
③ 수축 가공(Shrinking)
④ 신장 가공(Stretching)

해설
① 범핑 : 금속의 늘어나는 성질을 이용해 판재의 가운데 면이 움푹 들어간 구면 형태로 만드는 가공
③ 수축 가공 : 재료의 한쪽 길이를 압축시켜 짧게 함으로써 판재를 커브지게 가공하는 방법
④ 신장 가공 : 수축 가공과 반대 개념

58 리벳작업에 대한 설명으로 틀린 것은?

① 리벳의 피치는 같은 열에 이웃하는 리벳 중심 간의 거리로 최소한 리벳 직경의 5배 이상은 되어야 한다.
② 열간 간격(횡단피치)은 최소한 리벳 직경의 2.5배 이상은 되어야 한다.
③ 리벳과 리벳 구멍의 간격은 0.002~0.004in가 적당하다.
④ 판재의 모서리와 최외각열의 중심까지의 거리는 리벳 직경의 2~4배가 적당하다.

해설
리벳 피치는 $3D$ 이상 $12D$ 이하이어야 하지만, $6~8D$가 적당하다.

59 그림과 같은 단면에서 y축에 관한 단면의 1차 모멘트는 몇 cm³인가?(단, 점선은 단면의 중심선을 나타낸 것이다)

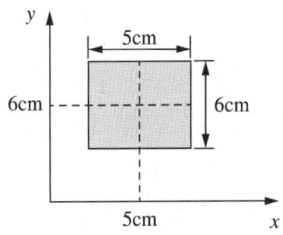

① 150
② 180
③ 200
④ 220

해설
y축에 대한 단면 1차 모멘트(G_y)는 단면적(A)에 도심까지의 거리(x_0)를 곱한 값이다.
$G_y = A \cdot x_0 = 30 \times 5 = 150(\text{cm}^3)$

60 그림과 같은 $V-n$ 선도에서 항공기의 순항성능이 가장 효율적으로 얻어지도록 설계된 속도를 나타내는 지점은?

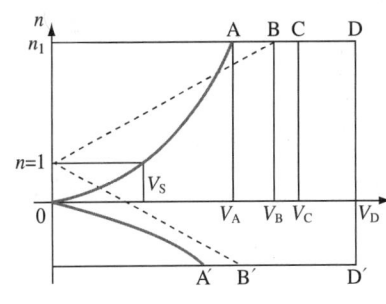

① V_A
② V_B
③ V_C
④ V_D

해설
$V-n$ 선도에서
· V_A : 설계 운용속도
· V_B : 설계 돌풍운용속도
· V_C : 설계 순항속도
· V_D : 설계 급강하속도

정답 57 ② 58 ① 59 ① 60 ③

제4과목 항공장비

61 HF(High Frequency) System에 대한 설명으로 옳은 것은?

① 항공기 대 항공기, 항공기 대 지상 간에 가시거리 음성통화를 위해 사용한다.
② 작동 주파수 범위는 118~137MHz이며, 채널별 간격은 8.33kHz이다.
③ 송신기는 발진부, 고주파 증폭부, 변조기 및 안테나로 이루어진다.
④ HF는 파장이 짧기 때문에 안테나의 길이가 짧아야 한다.

[해설]
HF 통신장치
- 용도 : 비행하는 비행기와 장거리 비행 시 주로 사용
- 주파수 : 2,000~29,999MHz
- 전파경로 : 전리층에서 반사되는 공간파
- 구성 : 단파통신 안테나, 단파통신 안테나 커플러, 단파통신 송수신기, 조정 패널

62 항공기용 회전식 인버터(Rotary Inverter)가 부하변동이 있어도 발전기의 출력전압을 일정하게 하기 위한 방법은?

① 직류전원의 전압을 변화시킨다.
② 교류발전기의 전압을 변화시킨다.
③ 직류전동기의 분권 계자전류를 제어한다.
④ 교류발전기의 회전 계자전류를 제어한다.

63 화재탐지기에 요구되는 기능과 성능에 대한 설명으로 틀린 것은?

① 무게가 가볍고 설치가 용이할 것
② 화재가 시작, 진행 및 종료 시 계속 작동할 것
③ 화재 발생장소를 정확하고 신속하게 표시할 것
④ 화재가 지시하지 않을 때 최소 전류가 소비될 것

[해설]
화재탐지 장치의 구비조건 : 화재 및 과열 발생 시 전기적인 신호를 지속적으로 발생시켜야 하며 소화가 되면 전기적인 신호가 중지되어야 한다.

64 항공기 동체 상하면에 장착되어 있는 충돌방지등(Anti-collision Light)의 색깔은?

① 녹 색
② 청 색
③ 적 색
④ 흰 색

[해설]
- 좌측 날개 : 적색
- 우측 날개 : 녹색
- 꼬리 날개 : 백색
- 충돌방지등 : 적색

65 지자기의 3요소 중 편각에 대한 설명으로 옳은 것은?

① 플럭스 밸브(Flux Valve)가 편각을 감지한다.
② 지자력의 지구 수평에 대한 분력을 의미한다.
③ 지자기 자력선의 방향과 수평선 간의 각을 말하며 양극으로 갈수록 90°에 가까워진다.
④ 지축과 지자기축이 서로 일치하지 않음으로서 발생되는 진방위와 자방위의 차이이다.

[해설]
지자기의 3요소 중 편각(편차)은 지구의 자전축인 지축과 지자기축 간에 이루는 각이며, 지축에 대한 자오선인 진자오선과 지자기축을 기준으로 한 지자기자오선이 이루는 사이각이다.

66 그림과 같은 델타(Δ)결선에서 $R_{ab}=5\Omega$, $R_{bc}=4\Omega$, $R_{ca}=3\Omega$일 때 등가인 Y결선 각 변의 저항은 약 몇 Ω인가?

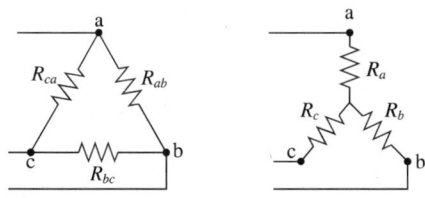

① $R_a=1.00$, $R_b=1.25$, $R_c=1.67$
② $R_a=1.00$, $R_b=1.67$, $R_c=1.25$
③ $R_a=1.25$, $R_b=1.00$, $R_c=1.67$
④ $R_a=1.25$, $R_b=1.67$, $R_c=1.00$

해설

델타결선에서 Y결선으로 등가변환 시

- $R_a = \dfrac{R_{ab}R_{ca}}{R_{ab}+R_{bc}+R_{ca}} = \dfrac{5\cdot 3}{5+4+3} = 1.25\Omega$
- $R_b = \dfrac{R_{ab}R_{bc}}{R_{ab}+R_{bc}+R_{ca}} = \dfrac{5\cdot 4}{5+4+3} = 1.67\Omega$
- $R_c = \dfrac{R_{bc}R_{ca}}{R_{ab}+R_{bc}+R_{ca}} = \dfrac{4\cdot 3}{5+4+3} = 1\Omega$

67 고주파 안테나에서 30MHz의 주파수에 파장(λ)은 몇 m인가?

① 25
② 20
③ 15
④ 10

해설

$\lambda = \dfrac{C}{f} = \dfrac{3\times 10^8}{30\times 10^6} = 10(\text{m})$

여기서, λ : 파장, C : 전파속도 = 3×10^8 m/s, f : 주파수

68 싱크로 전기기기에 대한 설명으로 틀린 것은?

① 회전축의 위치를 측정 또는 제어하기 위해 사용되는 특수한 회전기이다.
② 각도 검출 및 지시용으로 2개의 싱크로 전기기기를 1조로 사용한다.
③ 구조는 고정자 측에 1차 권선, 회전자 측에 2차 권선을 갖는 회전변압기이고, 2차 측에는 정현파 교류가 발생하도록 되어 있다.
④ 항공기에서는 컴퍼스 계기에 VOR국이나 ADF국 방위를 지시하는 지시계기로서 사용되고 있다.

69 지상접근경보장치(GPWS)의 입력소스가 아닌 것은?

① 전파고도계
② BELOW G/S LIGHT
③ 플랩 오버라이드 스위치
④ 랜딩기어 및 플랩위치 스위치

해설

지상접근경보장치는 대지 이상 접근을 감시하는 중요한 정보를 공급하는 전파고도계, 대기 자료 컴퓨터, 글라이드 슬로프 수신기, 플랩 오버라이트 스위치, 랜딩기어 위치 및 플랩 위치 등으로 관련 시스템을 구성한다.

70 유압계통에서 축압기(Accumulator)의 사용목적은?

① 계통의 유압 누설 시 차단
② 계통의 과도한 압력 상승 방지
③ 계통의 결함 발생 시 유압 차단
④ 계통의 서지(Surge) 완화 및 유압 저장

해설

축압기의 목적 : 가압된 작동유를 저장하는 저장통 역할, 여러 기기가 동시 작동 시 동력펌프를 도와 작동유를 일시적으로 공급, 펌프에서 배출된 작동유나 계통 작동에 의한 서지(Surge) 현상을 방지한다.

정답 66 ④ 67 ④ 68 ③ 69 ② 70 ④

71 14,000ft 미만에서 비행할 경우 사용하고, 활주로에서 고도계가 활주로 표고를 지시하도록 하는 방식의 고도계 보정 방법은?

① QNH 보정　　② QNE 보정
③ QFE 보정　　④ QFG 보정

해설
QNH 방식 : 14,000ft 미만의 저고도에서 사용을 하고, 그 당시 해면 기압에 고도계의 눈금을 맞추어 설정한다. 활주로에서 고도계가 기압 고도를 지시한다.

72 다음 중 시동특성이 가장 좋은 직류전동기는?

① 션트전동기
② 직권전동기
③ 직·병렬전동기
④ 분권전동기

해설
직류전동기의 종류는 직권전동기, 복권전동기와 분권전동기가 있으며, 직권전동기는 시동토크가 크므로 경항공기의 시동기, 착륙장치, 카울 플랩 등을 작동하는 데 사용한다.

73 관성항법장치(INS) 계통에서 얼라인먼트(Alignment)는 무엇을 하는 것인가?

① 플랫폼(Platform) 방향을 진북을 향하게 하고, 지구에 대해 수평이 되게 하는 것
② 조종사가 항공기 위치 정보를 입력하는 것
③ 플랫폼(Platform)에 놓여진 3축의 가속도계가 검출한 가속도를 적분하여 위치나 속도를 계산하는 것
④ INS가 계산한 위치(위도)와 제어표시장치를 통해 입력한 항공기의 실제 위치를 일치시켜 주는 것

해설
관성항법장치 계통에서 얼라인먼트는 관성 기준 장치의 안정대가 지표면에 대해 수평을 유지하면서 진북을 향하게 설정하는 것이다.

74 유압계통에서 유량제어 또는 방향제어밸브에 속하지 않는 것은?

① 오리피스(Orifice)
② 체크밸브(Check Valve)
③ 릴리프밸브(Relief Valve)
④ 선택밸브(Selector Valve)

해설
릴리프밸브 : 과도한 압력으로 계통이 파손되는 것을 방지하는 압력제어밸브이다.

75 다음 중 전압을 높이거나 낮추는 데 사용하는 것은?

① 변압기
② 트랜스미터
③ 인버터
④ 전압상승기

해설
변압기 : 전자기유도현상을 이용하여 교류전류의 전압을 변화시키는 장비

76 객실 내의 공기를 일정한 기압이 되도록 동체의 옆이나 끝부분 또는 날개의 필릿(Fillet)을 통하여 공기를 외부로 배출시켜 주는 밸브는?

① 덤프 밸브(Dump Valve)
② 아웃플로 밸브(Out-flow Valve)
③ 압력 릴리프 밸브(Cabin Pressure Relief Valve)
④ 부압 릴리프 밸브(Negative Pressure Relief Valve)

77 다음 중 방빙 장치가 되어 있지 않은 곳은?

① 착륙장치 휠 웰
② 주 날개 리딩에지
③ 꼬리날개 리딩에지
④ 엔진의 전방 카울링

해설
방빙 장치를 사용하는 곳은 피토관, 정압공, 외기 온도 감지기, 프로펠러, 오물 배출구, 코어 카울링, 앞전날개 등에 주로 사용한다. 랜딩기어 휠 웰에는 과열 탐지기를 사용한다.

78 조종실 내의 온도와 열전대식(Thermo-couple) 온도계에 대한 설명으로 옳은 것은?

① 조종실 내의 온도계는 열전대식(Thermo-couple) 온도계가 사용되지 않는다.
② 조종실 내의 온도계로 사용되는 열전대식(Thermo-couple) 온도계는 최고 100℃까지 측정이 가능하다.
③ 조종실 내의 온도가 높아지면 열전대식(Thermo-couple) 온도계의 지싯값은 낮게 지시된다.
④ 조종실 내의 온도가 높아지면 열전대식(Thermo-couple) 온도계의 지싯값은 높게 지시된다.

해설
열전대식 온도계는 서로 다른 2종의 금속선으로 만들어진 폐루프에서 서로 떨어진 두 점 간에 온도 차이가 발생하면 열기전력이 발생하는 것을 계기에 연결하여 온도를 측정하는 것으로, 주로 왕복엔진의 실린더 온도 측정과 가스터빈엔진의 배기가스 온도를 측정한다.

79 축전지의 충전 방법과 방법에 해당하는 [보기]의 설명이 옳게 짝지어진 것은?

┤보기├
A. 충전 시간이 길면 과충전의 염려가 있다.
B. 충전이 진행됨에 따라 가스 발생이 거의 없어지며 충전 능률도 우수해진다.
C. 충전완료 시간을 미리 예측할 수 있다.
D. 초기 과도한 전류로 극판 손상의 위험이 있다.

① 정전류 충전 - A, B 정전압 충전 - C, D
② 정전류 충전 - A, C 정전압 충전 - B, D
③ 정전류 충전 - B, C 정전압 충전 - A, D
④ 정전류 충전 - C, D 정전압 충전 - A, B

해설
- 정전류 충전 방법의 장단점
  - 장점 : 충전 완료 시간을 미리 알 수 있다.
  - 단점 : 충전 소요 시간이 길고, 주의하지 않으면 과충전의 우려가 있다. 수소와 산소의 발생이 많아 폭발의 위험이 있다.
- 정전압 충전 방법의 장단점
  - 장점 : 과충전에 대한 특별한 주의가 없어도 짧은 시간에 충전을 완료할 수 있다.
  - 단점 : 충전 완료 시간을 미리 예측할 수 없다.

80 다음 중 피토압에 영향을 받지 않는 계기는?

① 속도계
② 고도계
③ 상승계
④ 선회 경사계

해설
피토압을 이용한 계기는 속도계, 고도계, 승강계이다. 선회 경사계는 자이로의 섭동성을 이용한 계기이다.

2020년 제1·2회 통합 과년도 기출문제

제1과목 | 항공역학

01 다음 중 프로펠러의 효율(η)을 표현한 식으로 틀린 것은?(단, T : 추력, D : 지름, V : 비행속도, J : 진행률, n : 회전수, P : 동력, C_P : 동력계수, C_T : 추력계수이다)

① $\eta < 1$ ② $\eta = \dfrac{C_T}{C_P} J$

③ $\eta = \dfrac{P}{TV}$ ④ $\eta = \dfrac{C_T}{C_P} \dfrac{V}{nD}$

해설
프로펠러 효율
$\eta = \dfrac{\text{추력마력}}{\text{축마력}} = \dfrac{TV}{P} = \dfrac{C_T}{C_P} \dfrac{V}{nD} = \dfrac{C_T}{C_P} J$

02 평형상태로부터 벗어난 뒤에 다시 평형상태로 되돌아가려는 초기의 경향으로 표현한 것은?

① 정적 중립
② 양(+)의 정적 안정
③ 정적 불안정
④ 음(−)의 정적 안정

해설
양(+)의 정적 안정 : 평형상태로 되돌아가려는 초기경향

03 비행기가 등속도 수평비행을 하고 있다면 이 비행기에 작용하는 하중배수는?

① 0   ② 0.5
③ 1   ④ 1.8

해설
등속도 수평비행 : $T = D$, $L = W$
이 비행기의 하중배수는 $n = \dfrac{L}{W} = 1$이다.

04 다음 중 비행기의 정적 여유에 대한 정의로 옳은 것은?(단, 거리는 비행기의 동체중심선을 따라 Nose에서부터 측정한 거리이다)

① 정적 여유 = 중립점까지의 거리 − 무게중심까지의 거리
② 정적 여유 = 공력중심까지의 거리 − 중립점까지의 거리
③ 정적 여유 = 무게중심까지의 거리 − 공력중심까지의 거리
④ 정적 여유 = 무게중심까지의 거리 − 중립점까지의 거리

해설
정적 여유 : 무게중심에서 중립점까지 거리이다.

05 헬리콥터에서 회전날개의 깃(Blade)이 회전하면 회전면을 밑면으로 하는 원추의 모양을 만들게 되는데 이때 회전면과 원추 모서리가 이루는 각은?

① 피치각(Pitch Angle)
② 코닝각(Coning Angle)
③ 받음각(Angle of Attack)
④ 플래핑각(Flapping Angle)

해설
코닝각 : 회전면과 원심력과 양력에 의해 발생하는 원추 모서리가 이루는 각

06 라이트형제는 인류 최초의 유인동력비행을 성공하던 날 최고기록으로 59초 동안 이륙지점에서 260m 지점까지 비행하였다. 당시 측정된 43km/h의 정풍을 고려한다면 대기속도는 약 몇 km/h인가?

① 27
② 43
③ 59
④ 80

해설

항공기 속도 $V = \dfrac{260m}{59s} \times 3.6 = 15.8 km/h$

대기속도 = 항공기속도 + 정풍속도 = 43 + 15.8
= 58.9(km/h)

07 다음과 같은 현상의 원인이 아닌 것은?

> 비행기가 하강비행을 하는 동안 조종간을 당겨 기수를 올리려 할 때, 받음각과 각속도가 특정값을 넘게 되면 예상한 정도 이상으로 기수가 올라가고, 이를 회복할 수 없는 현상

① 쳐든각 효과의 감소
② 뒤젖힘 날개의 비틀림
③ 뒤젖힘 날개의 날개끝 실속
④ 날개의 풍압중심이 앞으로 이동

해설

피치업 현상의 이유 : 뒤젖힘 날개의 비틀림, 날개끝 실속, 풍압중심 전방 이동, 승강키 효율 감소

08 헬리콥터의 전진비행 또는 원하는 방향으로의 비행을 위해 회전면을 기울여 주는 조종장치는?

① 사이클릭 조종레버
② 페 달
③ 콜렉티브 조종레버
④ 피치 암

해설

- 사이클릭 조종레버 : 회전면 조종
- 콜렉티브 조종레버 : 로터 피치각 조종

09 비행기 무게 1,500kgf, 날개면적이 30m²인 비행기가 등속도 수평비행하고 있을 때 실속속도는 약 몇 km/h인가?(단, 최대 양력계수 1.2, 밀도 0.125kgf·s²/m⁴이다)

① 87
② 90
③ 93
④ 101

해설

$$V_s = \sqrt{\dfrac{2W}{\rho C_L S}} = \sqrt{\dfrac{2 \times 1,500}{0.125 \times 1.2 \times 30}} = 25.8 m/s$$
$= 92.95 km/h$

10 비행기 속도가 2배로 증가했을 때 조종력은 어떻게 변화하는가?

① $\dfrac{1}{2}$로 감소한다.
② $\dfrac{1}{4}$로 감소한다.
③ 2배로 증가한다.
④ 4배로 증가한다.

해설

$F = KH_e = K\dfrac{1}{2}C_h \rho V^2 Sc$

11 항공기의 정적 안정성이 작아지면 조종성 및 평형을 유지하는 것은 어떻게 변화하는가?

① 조종성은 감소되며, 평형유지도 어렵다.
② 조종성은 감소되며, 평형유지는 쉬워진다.
③ 조종성은 증가하며, 평형유지도 쉬워진다.
④ 조종성은 증가하나, 평형유지는 어려워진다.

해설
조종성과 안정성은 반대 개념이다.

12 날개의 시위(Chord)가 2m이고, 공기의 유속이 360 km/h일 때 레이놀즈수는 얼마인가?(단, 공기의 동점성계수는 0.1cm²/s이고, 기준속도는 유속, 기준길이는 날개시위길이이다)

① $2.0 \times (10)^7$
② $3.0 \times (10)^7$
③ $4.0 \times (10)^7$
④ $7.2 \times (10)^7$

해설
$Re = \dfrac{V^2 L}{\nu} = 20,000,000$

13 헬리콥터 날개의 지면효과에 대한 설명으로 옳은 것은?

① 헬리콥터 날개의 기류가 지면의 영향을 받아 회전면 아래의 항력이 증가되어 헬리콥터의 무게가 증가되는 현상
② 헬리콥터 날개의 기류가 지면의 영향을 받아 회전면 아래의 양력이 증가되어 헬리콥터의 무게가 증가되는 현상
③ 헬리콥터 날개의 후류가 지면에 영향을 주어 회전면 아래의 항력이 증가되고 양력이 감소되는 현상
④ 헬리콥터 날개의 후류가 지면에 영향을 주어 회전면 아래의 압력이 증가되어 양력의 증가를 일으키는 현상

14 활공비행의 한 종류인 급강하비행 시(활공각 90°) 비행기에 작용하는 힘을 나타낸 식으로 옳은 것은?(단, L : 양력, D : 항력, W : 항공기 무게이다)

① $L = D$
② $D = 0$
③ $D = W$
④ $D + W = 0$

해설
급강하비행 : $L = T = 0$, $D = W$

15 대기의 층과 각각의 층에 대한 설명이 틀린 것은?

① 대류권 : 고도가 증가하면 온도가 감소한다.
② 성층권 : 오존층이 존재한다.
③ 중간권 : 고도가 증가하면 온도가 감소한다.
④ 열권 : 고도는 약 50km이며, 온도는 일정하다.

해설
열권 : 80~600km, 고도 상승 시 온도 상승

16 전중량이 4,500kgf인 비행기가 400km/h의 속도, 선회반지름 300m로 원운동을 하고 있다면 이 비행기에 발생하는 원심력은 약 몇 kgf인가?

① 170
② 18,900
③ 185,000
④ 245,000

해설
원심력 = $\dfrac{WV^2}{gR} = \dfrac{4,500 \times (400/3.6)^2}{9.8 \times 300} = 18,896\text{(kgf)}$

17 해면고도로부터의 실제 길이 차원에서 측정된 고도를 의미하는 것은?

① 압력고도
② 기하학적 고도
③ 밀도고도
④ 지구퍼텐셜 고도

해설
기하학적 고도 : 표준해면에서 실제 길이 측정 고도

18 NACA 23012에서 날개골의 최대 두께는 얼마인가?

① 시위의 12%
② 시위의 15%
③ 시위의 20%
④ 시위의 30%

해설
최대 두께의 크기가 시위의 12%이다.

19 일반적인 베르누이 방정식 $P_t = P + \dfrac{1}{2}\rho V^2$을 적용할 수 있는 가정으로 틀린 것은?

① 정상류
② 압축성
③ 비점성
④ 동일 유선상

해설
베르누이 정리 : 정상 유동, 비점성 유동, 비압축성 유동, 동일 유선흐름이 만족된 조건에서 적용

20 유도항력계수에 대한 설명으로 옳은 것은?

① 양항비에 비례한다
② 가로세로비에 비례한다.
③ 속도의 제곱에 비례한다.
④ 양력계수의 제곱에 비례한다.

해설
유도항력계수 $C_{Di} = \dfrac{C_L^2}{\pi e AR}$

정답 16 ② 17 ② 18 ① 19 ② 20 ④

제2과목 항공기관

21 일반적인 가스터빈엔진에서 연료조정장치(Fuel Control Unit)가 받는 주요 입력 자료가 아닌 것은?

① 파워레버 위치
② 엔진오일 압력
③ 압축기 출구압력
④ 압축기 입구온도

해설
FCU 수감부에서는 엔진 회전수(rpm), 압축기 출구압력(CDP), 압축기 입구온도(CIT), 스로틀레버 위치 등을 감지한다.

22 왕복엔진의 점화시기를 점검하기 위하여 타이밍 라이트(Timing Light)를 사용할 때, 마그네토 스위치는 어디에 위치시켜야 하는가?

① OFF
② LEFT
③ RIGHT
④ BOTH

해설
마그네토 스위치의 선택 위치는 LEFT, BOTH, RIGHT가 있는데, 점화시기 조절 시에 BOTH에 위치시킨다.

23 체적 10cm³의 완전기체가 압력 760mmHg 상태에서 체적 20cm³로 단열팽창하면 압력은 약 몇 mmHg로 변하는가?(단, 비열비는 1.4이다)

① 217
② 288
③ 302
④ 364

해설
단열과정이므로
$P_1 v_1^k = P_2 v_2^k$
$P_2 = P_1 \left(\dfrac{v_1}{v_2}\right)^k = 760 \left(\dfrac{10}{20}\right)^{1.4}$
$\therefore P_2 = 760 \times (0.5)^{1.4} = 287.986 \text{(mmHg)}$

24 터보제트엔진의 추진효율에 대한 설명으로 옳은 것은?

① 추진효율은 배기가스 속도가 클수록 커진다.
② 엔진의 내부를 통과한 1차 공기에 의하여 발생되는 추력과 2차 공기에 의하여 발생되는 추력의 합이다.
③ 엔진에 공급된 열에너지와 기계적 에너지로 바꿔진 양의 비이다.
④ 공기가 엔진을 통과하면 얻는 운동에너지에 의한 동력과 추진 동력의 비이다.

해설
터보제트엔진의 추진효율
$$\eta_p = \dfrac{\text{추력동력}(P_t)}{\text{운동에너지양}(P_k)} = \dfrac{m_a(V_j - V_a)V_a}{\dfrac{1}{2}m_a(V_j^2 - V_a^2)}$$
$$= \dfrac{2V_a}{V_j + V_a}$$
여기서, V_a : 비행속도, V_j : 배기가스 속도

25 왕복엔진의 분류 방법으로 옳은 것은?

① 연소실의 위치, 냉각방식에 의하여
② 냉각방식 및 실린더 배열에 의하여
③ 실린더 배열과 압축기의 위치에 의하여
④ 크랭크축의 위치와 프로펠러 깃의 수량에 의하여

해설
왕복엔진은 냉각방식에 의해 수랭식과 공랭식, 실린더 배열에 의해 V형, X형, 성형, 대향형 등으로 분류할 수 있다.

26 프로펠러 깃각(Blade Angle)은 에어포일의 시위선 (Chord Line)과 무엇의 사잇각으로 정의되는가?

① 회전면
② 상대풍
③ 프로펠러 추력 라인
④ 피치변화 시 깃 회전축

해설
프로펠러 깃의 여러 각도
- 깃각 : 회전면과 깃의 시위선이 이루는 각(회전속도와 관계없이 일정)
- 유입각(피치각) : 합성속도(비행 속도와 깃의 회전 선속도를 합한 속도)와 깃의 회전면 사이의 각
- 깃의 받음각 = 깃각 - 유입각

27 왕복엔진 마그네토에 사용되는 콘덴서의 용량이 너무 작으면 발생하는 현상은?

① 점화플러그가 탄다.
② 브레이커 접점이 탄다.
③ 엔진 시동이 빨리 걸린다.
④ 2차 권선에 고전류가 생긴다.

해설
마그네토 안의 콘덴서는 브레이커 포인트 접점 부분의 불꽃에 의한 마멸을 방지하고 철심에 발생했던 잔류 자기를 빨리 없애 주는 역할을 한다.

28 항공기 제트엔진에서 축류식 압축기의 실속을 줄이기 위해 사용되는 부품이 아닌 것은?

① 블로 밸브
② 가변 안내 베인
③ 가변 정익 베인
④ 다축식 압축기

해설
압축기 실속 방지책
- 다축식 구조
- 가변 스테이터 깃 설치
- 블리드 밸브 설치

29 다음 중 가스터빈엔진 점화계통의 구성품이 아닌 것은?

① 익사이터(Exciter)
② 이그나이터(Igniter)
③ 점화전선(Ignition Lead)
④ 임펄스 커플링(Impulse Coupling)

해설
임펄스 커플링은 왕복엔진에 장착되어 있는 점화계통 구성품이다.

30 왕복엔진 기화기의 혼합기 조절장치(Mixture Control System)에 대한 설명으로 틀린 것은?

① 고도에 따라 변하는 압력을 감지하여 점화시기를 조절한다.
② 고고도에서 기압, 밀도, 온도가 감소하는 것을 보상하기 위해 사용된다.
③ 고고도에서 혼합기가 너무 농후해지는 것을 방지한다.
④ 실린더가 과열되지 않는 출력 범위 내에서 희박한 혼합기를 사용하게 함으로써 연료를 절약한다.

해설
고도 변화에 따라 자동으로 혼합비를 조절하는 장치를 자동 혼합비 조종장치(Automatic Mixture Control System)라 한다.

정답 26 ① 27 ② 28 ① 29 ④ 30 ①

31 가스터빈엔진의 윤활계통에 대한 설명으로 틀린 것은?

① 가스터빈 윤활계통은 주로 건식 섬프형이다.
② 건식 섬프형은 탱크가 엔진 외부에 장착된다.
③ 가스터빈엔진은 왕복엔진에 비해 윤활유 소모량이 많아서 윤활유 탱크의 용량이 크다.
④ 주 윤활부분은 압축기와 터빈축의 베어링부, 액세서리 구동기어의 베어링부이다.

[해설]
가스터빈엔진은 회전수가 매우 빠르고, 고온이기 때문에 윤활작용과 냉각작용이 윤활의 주목적이다. 따라서 윤활유 소모량 및 사용량은 왕복엔진에 비해 매우 적으나 윤활이 잘못되었을 경우에는 왕복엔진에 비해 회전수 속도가 매우 크기 때문에 그 영향이 치명적이다.

32 수평 대향형 왕복엔진의 특징이 아닌 것은?

① 항공용에는 대부분 공랭식이 사용된다.
② 실린더가 크랭크 케이스 양쪽에 배열되어 있다.
③ 도립식 엔진이라 하며, 직렬형 엔진보다 전면면적이 작다.
④ 실린더가 대칭으로 배열되어 진동이 적게 발생한다.

[해설]
대향형 엔진은 직렬형 엔진보다 전면 면적이 크다.

33 열역학의 법칙 중 에너지보존법칙은?

① 열역학 제0법칙
② 열역학 제1법칙
③ 열역학 제2법칙
④ 열역학 제3법칙

[해설]
② 열역학 제1법칙 : 열과 일에 대한 에너지보존법칙
① 열역학 제0법칙 : 열적 평형 상태를 설명하는 법칙
③ 열역학 제2법칙 : 열과 일의 변환에 어떠한 방향이 있다는 것을 설명한 법칙
④ 열역학 제3법칙 : 물체의 온도가 절대 0도에 가까워짐에 따라 엔트로피 역시 0에 가까워진다는 이론

34 정속 프로펠러(Constant-speed Propeller)는 프로펠러 회전속도를 정속으로 유지하기 위해 프로펠러 피치를 자동으로 조정해 주도록 되어 있는데 이러한 기능은 어떤 장치에 의해 조정되는가?

① 3-way 밸브
② 조속기(Governor)
③ 프로펠러 실린더(Propeller Cylinder)
④ 프로펠러 허브 어셈블리(Propeller Hub Assembly)

[해설]
프로펠러 조속기의 작동 원리 및 순서
프로펠러 회전수 과속(감속) → 플라이웨이트 회전수 증가(감소) → 원심력 증가(감소) → 파일럿 밸브 위(아래)로 이동 → 윤활유 배출(공급)

35 항공기 가스터빈엔진의 역추력장치에 대한 설명으로 틀린 것은?

① 비상착륙 또는 이륙포기 시에 제동능력을 향상시킨다.
② 항공기 착지 후 지상 아이들 속도에서 역추력 모드를 선택한다.
③ 역추력장치의 구동방법은 안전상 주로 전기가 사용되고 있다.
④ 캐스케이드 리버서(Cascade Reverser)와 클램셸 리버서(Clamshell Reverser) 등이 있다.

36 실린더 내의 유입 혼합기 양을 증가시키며, 실린더의 냉각을 촉진시키기 위한 밸브작동은?

① 흡입밸브 래그
② 배기밸브 래그
③ 흡입밸브 리드
④ 배기밸브 리드

해설
리드(Lead)는 일찍 열리는 현상, 래그(Lag)는 늦게 열리는 현상을 말하며, 흡입밸브 리드를 통해 유입 혼합기 양을 증가시키면서 동시에 실린더 냉각을 촉진시킬 수 있다.

37 건식 윤활유 계통 내의 배유펌프 용량이 압력펌프 용량보다 큰 이유는?

① 윤활유를 엔진을 통하여 순환시켜 예열이 신속히 이루어지도록 하기 위해서
② 엔진이 마모되고, 갭(Gap)이 발생하면 윤활유 요구량이 커지기 때문에
③ 윤활유에 거품이 생기고 열로 인해 팽창되어 배유되는 윤활유의 부피가 증가하기 때문에
④ 엔진부품에 윤활이 적절하게 될 수 있도록 윤활유의 최대 압력을 제한하고, 조절하기 위해서

38 오토사이클 왕복엔진의 압축비가 8일 때, 이론적인 열효율은 얼마인가?(단, 가스의 비열비는 1.4이다)

① 0.54
② 0.56
③ 0.58
④ 0.62

해설
오토사이클 열효율
$$\eta_o = 1 - \left(\frac{1}{\varepsilon}\right)^{k-1} = 1 - \left(\frac{1}{8}\right)^{1.4-1} = 0.5647$$

39 다음 중 항공기 왕복엔진의 흡입계통에서 유입되는 공기량의 누설이 연료-공기비(Fuel-air Ratio)에 가장 큰 영향을 미치는 경우는?

① 저속 상태일 때
② 고출력 상태일 때
③ 이륙출력 상태일 때
④ 연속사용 최대 출력 상태일 때

40 항공기 터보제트엔진을 시동하기 전에 점검해야 할 사항이 아닌 것은?

① 추력 측정
② 엔진의 흡입구
③ 엔진의 배기구
④ 연결부분 결합상태

해설
시동 전에 추력 측정은 불가능하다.

정답 36 ③ 37 ③ 38 ② 39 ① 40 ①

제3과목 항공기체

41 그림과 같이 집중하중 P가 작용하는 단순 지지보에서 지점 B에서의 반력 R_2는?(단, $a > b$이다)

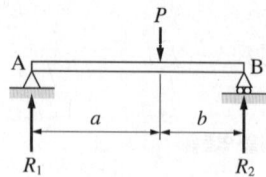

① P
② $\frac{1}{2}P$
③ $\frac{a}{a+b}P$
④ $\frac{b}{a+b}P$

해설
A점을 회전중심으로 하여 모멘트 계산을 하면
$P \times a = R_2(a+b)$
$\therefore R_2 = \frac{a}{a+b}P$

42 판금성형작업 시 릴리프 홀(Relief Hole)의 지름치수는 몇 in 이상의 범위에서 굽힘 반지름의 치수로 하는가?

① 1/32
② 1/16
③ 1/8
④ 1/4

해설
릴리프 홀(Relief Hole) : 굽힘 가공에 앞서 응력집중이 일어나는 교점에 뚫는 응력 제거 구멍

43 그림과 같은 구조물에서 A단에서 작용하는 힘 200N이 300N으로 증가하면 케이블 AB에 발생하는 장력은 약 몇 N이 증가하는가?

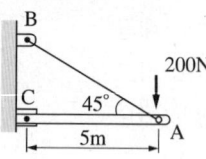

① 141
② 212
③ 242
④ 282

해설
$\Delta F_{AB} \times \sin 45° = (300 - 200)$
$\Delta F_{AB} = \sqrt{2}(300 - 200) = 141.4(\text{N})$

44 리벳작업 시 리벳 성형머리(Bucktail)의 일반적인 높이를 리벳 지름(D)으로 옳게 나타낸 것은?

① $0.5D$
② $1D$
③ $1.5D$
④ $2D$

해설
리벳작업 후 올바른 벅테일 지름은 1.5D, 높이는 0.5D가 적당하다.

45 가로 5cm, 세로 6cm인 직사각형 단면의 중심이 그림과 같은 위치에 있을 때 x, y축에 관한 단면의 상승모멘트 $I_{xy} = \int_A xy dA$는 몇 cm⁴인가?

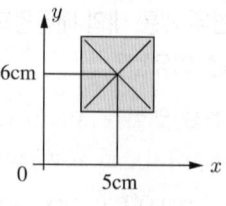

① 750
② 800
③ 850
④ 900

해설
그래프에서 도심의 위치 $x = 5$, $y = 6$, 직사각형의 면적 $A = 30\text{cm}^2$이므로
$I_{xy} = \int xy dA = 5 \times 6 \times 30 = 900(\text{cm}^4)$

정답 41 ③ 42 ③ 43 ① 44 ① 45 ④

46 항공기 조종계통은 대기온도 변화에 따라 케이블의 장력이 변하는데, 이것을 방지하기 위하여 온도 변화에 관계없이 자동적으로 항상 일정한 케이블의 장력을 유지하는 역할을 하는 장치는?

① 턴버클(Turn Buckle)
② 푸시 풀 로드(Push Pull Rod)
③ 케이블 장력 측정기(Cable Tension Meter)
④ 케이블 장력 조절기(Cable Tension Regulator)

47 그림과 같은 응력변형률 선도에서 접선계수(Tangent Modulus)는?(단, $\overline{S_1 T}$는 점 S_1에서의 접선이다)

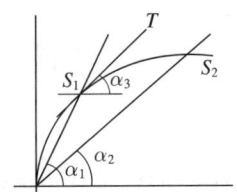

① $\tan\alpha_1$
② $\tan\alpha_2$
③ $\tan\alpha_3$
④ $\tan\left(\dfrac{\alpha_1}{\alpha_2}\right)$

해설
- $\tan\alpha_1$: 탄성계수
- $\tan\alpha_2$: 시컨트계수
- $\tan\alpha_3$: 접선계수

48 민간 항공기에서 주로 사용하는 인티그럴 연료탱크 (Integral Fuel Tank)의 가장 큰 장점은?

① 연료의 누설이 없다.
② 화재의 위험이 없다.
③ 연료의 공급이 쉽다.
④ 무게를 감소시킬 수 있다.

해설
인티그럴 연료탱크는 기체의 기존 빈 공간을 이용하므로 셀 타입 연료탱크에 비해 무게 증가가 없다.

49 비소모성 텅스텐 전극과 모재 사이에서 발생하는 아크열을 이용하여 비피복 용접봉을 융해시켜 용접하며, 용접부위를 보호하기 위해 불활성가스를 사용하는 용접 방법은?

① TIG 용접
② 가스 용접
③ MIG 용접
④ 플라스마 용접

해설
- 텅스텐 불활성가스용접 : TIG용접(주로 Ar가스 사용)
- 금속 불활성가스용접 : MIG용접(주로 CO_2가스 사용)

50 케이블 단자 연결방법 중 케이블 원래의 강도를 90% 보장하는 것은?

① 스웨이징 단자방법(Swaging Terminal Method)
② 니코프레스 처리방법(Nicopress Process)
③ 5단 엮기 이음방법(5 Tuck Woven Splice Method)
④ 랩솔더 이음방법(Wrap Solder Cable Splice Method)

해설
스웨이징, 니코프레스 이음방법은 케이블 원래의 강도를 보장하고, 5단 엮기는 75%, 랩솔더 이음방법은 90%의 강도를 보장한다.

정답 46 ④ 47 ③ 48 ④ 49 ① 50 ④

51 딤플링(Dimpling) 작업 시 주의사항이 아닌 것은?

① 반대방향으로 다시 딤플링을 하지 않는다.
② 판을 2개 이상 겹쳐서 딤플링을 하지 않는다.
③ 스커드 판 위에서 미끄러지지 않게 스커드를 확실히 잡고 수평으로 유지한다.
④ 7000시리즈의 알루미늄 합금은 홀 딤플링을 적용하지 않으면 균열을 일으킨다.

해설
딤플링(Dimpling)
- 카운터 싱킹 한계(0.004인치 이하)를 넘는 얇은 판에 적용
- 7000시리즈의 Al 합금, Mg 합금, Ti 합금은 홀 딤플링을 적용(균열 방지)
- 판을 2개 이상 겹쳐서 동시에 딤플링 하는 방법은 가능한 삼가
- 반대 방향으로 다시 딤플링 해서는 안 됨

52 항공기 동체에서 모노코크 구조와 비교하여 세미모노코크 구조의 차이점에 대한 설명으로 옳은 것은?

① 리브를 추가하였다.
② 벌크헤드를 제거하였다.
③ 외피를 금속으로 보강하였다.
④ 프레임과 세로대, 스트링어를 보강하였다.

해설
세미모노코크 구조 구성품
- 외피(Skin)
- 세로대(Longeron)
- 스트링어(Stringer)
- 벌크헤드(Bulkhead)
- 정형재(Former)
- 프레임(Frame)

53 항공기용 볼트의 부품 번호가 "AN 6 DD H 7A"에서 숫자 '6'이 의미하는 것은?

① 볼트의 길이가 6/16in이다.
② 볼트의 직경이 6/16in이다.
③ 볼트의 길이가 6/8in이다.
④ 볼트의 직경이 6/32in이다.

해설

AN	6	DD	H	7	A
㉠	㉡	㉢	㉣	㉤	㉥

㉠ AN : Air Force Navy Standard
㉡ 6 : 볼트 지름 6/16in
㉢ DD : 볼트 재질 Al2024
㉣ H : 볼트머리(Head)에 안전결선용 구멍이 있음
㉤ 7 : 볼트 길이가 7/8in
㉥ A : 볼트 생크에 코터핀 체결용 구멍이 없음

54 그림과 같은 항공기에서 무게중심의 위치는 기준선으로부터 약 몇 m인가?(단, 뒷바퀴는 총 2개이며, 개당 1,000kgf이다)

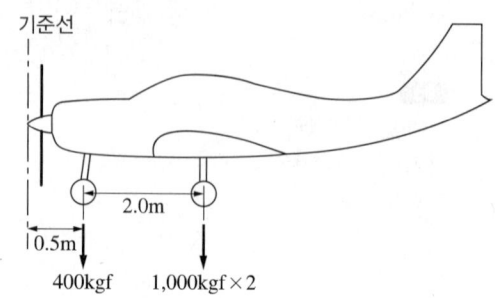

① 0.72
② 1.50
③ 2.17
④ 3.52

해설

구 분	무 게	기준선부터의 거리	모멘트
앞바퀴	400	0.5	200
뒷바퀴	2,000	2.5	5,000
합	2,400		5,200

따라서 무게중심위치(CG)는

$CG = \dfrac{모멘트\ 합}{전체\ 무게} = \dfrac{5,200}{2,400} = 2.1666(m)$

55 금속표면에 접하는 물, 산, 알칼리 등의 매개체에 의해 금속이 화학적으로 침해되는 현상은?

① 침 식
② 부 식
③ 찰 식
④ 마 모

56 페일 세이프 구조(Fail Safe Structure) 방식으로만 나열한 것은?

① 리던던트구조, 더블구조, 백업구조, 로드드롭핑구조
② 모노코크구조, 더블구조, 백업구조, 로드드롭핑구조
③ 리던던트구조, 모노코크구조, 백업구조, 로드드롭핑구조
④ 리던던드구조, 더블구조, 백업구조, 모노코크구조

해설
페일 세이프 구조 종류
- 다견로 하중구조(Redundant Structure)
- 이중구조(Double Structure)
- 대치구조(Back Up Structure)
- 하중경감구조(Load Dropping Structure)

57 알클래드(Alclad)에 대한 설명으로 옳은 것은?

① 알루미늄 판의 표면을 변형경화 처리한 것이다.
② 알루미늄 판의 표면에 순수 알루미늄을 입힌 것이다.
③ 알루미늄 판의 표면을 아연 크로메이트 처리한 것이다.
④ 알루미늄 판의 표면을 풀림 처리한 것이다.

해설
알클래드(Alclad) 판 : 알클래드 판은 알루미늄 합금 판 양면에 순수 알루미늄을 판 두께의 약 3~5% 정도로 입힌 판을 말하며, 부식을 방지하고, 표면이 긁히는 등의 파손을 방지할 수 있다.

58 브레이크 페달(Brake Pedal)에 스펀지(Sponge) 현상이 나타났을 때 조치 방법은?

① 공기를 보충한다.
② 계통을 블리딩(Bleeding) 한다.
③ 페달(Pedal)을 반복해서 밟는다.
④ 작동유(MIL-H-5606)를 보충한다.

해설
에어 블리딩(Air Bleeding) : 공기 빼기 작업

정답 55 ② 56 ① 57 ② 58 ②

59 고정익 항공기가 비행 중 날개 뿌리에서 가장 크게 발생하는 응력은?

① 굽힘응력 ② 전단응력
③ 인장응력 ④ 비틀림응력

해설
날개 뿌리는 동체에 부착되어, 비행 중에는 양력, 지상 주기 중에는 중력이 번갈아 작용하므로 주로 전단응력이 발생하는 부분이다.

60 상품명이 케블라(Kevlar)라고 하며, 가볍고, 인장강도가 크며, 유연성이 큰 섬유는?

① 아라미드섬유
② 보론섬유
③ 알루미나섬유
④ 유리섬유

해설
케블라는 미국 듀퐁사에서 상표 등록한 아라미드섬유의 일종으로 보통 노란색을 띠고 있다.

제4과목 항공장비

61 최댓값이 141.4V인 정현파 교류의 실횻값은 약 몇 V인가?

① 90
② 100
③ 200
④ 300

해설
실효전압 $V_e = \dfrac{V_{\max}}{\sqrt{2}} = 99.985(V)$

62 다음 중 항공기의 엔진계기만으로 짝지어진 것은?

① 회전속도계, 절대고도계, 승강계
② 기상레이더, 승강계, 대기온도계
③ 회전속도계, 연료유량계, 자기나침반
④ 연료유량계, 연료압력계, 윤활유압력계

63 착륙장치의 경보회로에서 그림과 같이 바퀴가 완전히 올라가지도 내려가지도 않은 상태에서 스크롤 레버를 감소로 작동시키면 일어나는 현상은?

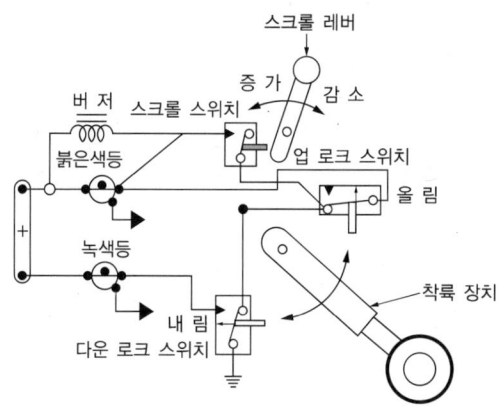

① 버저만 작동된다.
② 녹색등만 작동된다.
③ 버저와 붉은색등이 작동된다.
④ 녹색등과 붉은색등 모두 작동된다.

해설
착륙장치 작동 중 붉은색등 작동, 스크롤 레버 감소 시 스위치 On위치 버저 작동

64 항공기의 위치와 방빙(Anti-icing) 또는 제빙(Deicing) 방식의 연결이 틀린 것은?

① 조종날개 – 열공압식, 열전기식
② 프로펠러 – 열전기식, 화학식
③ 기화기(Carburetor) – 열전기식, 화학식
④ 윈드실드(Windshield), 윈도(Window) – 열전기식, 얼공압식

해설
기화기 : 화학식(아이소프로필알코올)

65 다음 중 화재탐지장치에서 감지센서로 사용되지 않는 것은?

① 바이메탈(Bimetal)
② 아네로이드(Aneroid)
③ 공융 염(Eutectic Salt)
④ 열전대(Thermocouple)

해설
아네로이드 : 공함으로 절대압력 측정

66 SELCAL시스템의 구성 장치가 아닌 것은?

① 해독장치　　② 음성제어패널
③ 안테나커플러　④ 통신 송수신기

해설
안테나커플러 : HF 안테나의 길이 보상

67 3상 교류발전기와 관련된 장치에 대한 설명으로 틀린 것은?

① 교류발전기에서 역전류 차단기를 통해 전류가 역류하는 것을 방지한다.
② 엔진의 회전수에 관계없이 일정한 출력 주파수를 얻기 위해 정속구동장치가 이용된다.
③ 교류발전기에서 별도의 직류발전기를 설치하지 않고 변압기 정류기 장치(TR Unit)에 의해 직류를 공급한다.
④ 3상 교류발전기는 자계권선에 공급되는 직류전류를 조절함으로써 전압조절이 이루어진다.

해설
교류발전기는 변압정류기(TRU)에서 역전류를 차단함으로 역전류 차단기는 사용하지 않는다.

정답 63 ③　64 ③　65 ②　66 ③　67 ①

68 자동착륙시스템과 관련하여 활주로까지 가시거리(RVR)가 최소 30m(150ft) 이상만 되면 착륙할 수 있는 국제민간항공기구의 활주로 시정등급은?

① CAT Ⅰ
② CAT Ⅱ
③ CAT ⅢA
④ CAT ⅢB

69 시동 토크가 커서 항공기엔진의 시동장치에 가장 많이 사용되는 전동기는?

① 분권전동기
② 직권전동기
③ 복권전동기
④ 분할전동기

해설
- 직권전동기 : 시동장치
- 분권전동기 : 속도제어
- 복권전동기 : 직권과 분권 중간특성

70 항공기를 운항하기 위해 필요한 음성통신은 주로 어떤 장치를 이용하는가?

① GPS 통신장치
② ADF 수신기
③ VOR 통신장치
④ VHF 통신장치

해설
GPS, ADF, VOR : 항법장치

71 다음 중 자이로(Gyro)의 강직성 또는 보전성에 대한 설명으로 옳은 것은?

① 외력을 가하지 않는 한 일정한 자세를 유지하려는 성질이다.
② 외력을 가하면 그 힘의 방향으로 자세가 변하려는 성질이다.
③ 외력을 가하면 그 힘과 직각방향으로 자세가 변하려는 성질이다.
④ 외력을 가하면 그 힘과 반대방향으로 자세가 변하려는 성질이다.

해설
강직성 : 외력을 가하지 않으면 일정 자세를 유지하는 성질

68 전항정답 69 ② 70 ④ 71 ①

72 전파고도계(Radio Altimeter)에 대한 설명으로 틀린 것은?
① 전파고도계는 지형과 항공기의 수직거리를 나타낸다.
② 항공기 착륙에 이용하는 전파고도계의 측정범위는 0~2,500ft 정도이다.
③ 절대고도계라고도 하며, 높은 고도용의 FM형과 낮은 고도용의 펄스형이 있다.
④ 항공기에서 지표를 향해 전파를 발사하여 그 반사파가 되돌아올 때까지의 시간을 측정하여 고도를 표시한다.

해설
- 저고도용 : 주파수 변조형
- 고고도형 : 펄스형

73 매니폴드(Manifold) 압력계에 대한 설명으로 옳은 것은?
① EPR 계기라 한다.
② 절대압력으로 측정한다.
③ 상대압력으로 측정한다.
④ 제트엔진에 주로 사용한다.

해설
매니폴드 압력계는 매니폴드관 내의 절대압력을 측정

74 화재탐지기가 갖추어야 할 사항으로 틀린 것은?
① 화재가 계속되는 동안에 계속 지시해야 한다.
② 조종실에서 화재탐지장치의 기능시험이 가능해야 한다.
③ 과도한 진동과 온도변화에 견디어야 한다.
④ 화재탐지는 모든 구역이 하나의 계통으로 되어야 한다.

해설
화재탐지기는 구역특성에 맞추어 구역별로 구성

75 압력제어밸브 중 릴리프밸브의 역할로 옳은 것은?
① 불규칙한 배출 압력을 규정 범위로 조절한다.
② 계통의 압력보다 낮은 압력이 필요할 때 사용된다.
③ 항공기 비행자세에 의한 흔들림과 온도상승으로 인하여 발생된 공기를 제거한다.
④ 계통 안의 압력을 규정값 이하로 제한하고, 과도한 압력으로 인하여 계통 안의 관이나 부품이 파손되는 것을 방지한다.

해설
- 릴리프밸브 : 계통 안의 압력 제한으로 계통 보호
- 압력조절기 : 배출압력을 규정값으로 조절
- 감압밸브 : 계통압력보다 낮은 압력

76 유압계통에서 사용되는 체크밸브의 역할은?

① 역류 방지
② 기포 방지
③ 압력 조절
④ 유압 차단

해설
체크밸브 : 역류 방지 기능

77 지자기 자력선의 방향과 지구 수평선이 이루는 각을 말하며, 적도 부근에서는 거의 0°이고, 양극으로 갈수록 90°에 가까워지는 것을 무엇이라 하는가?

① 복 각
② 수평분력
③ 편 각
④ 수직분력

해설
지자기 3요소 : 복각(수평면과 자장의 방향이 이루는 각도), 수평분력, 편각(수평면 내에서 진북방향과 이루는 각도)

78 다음 중 항공기에서 이론상 가장 먼저 측정하게 되는 것은?

① CAS
② IAS
③ EAS
④ TAS

해설
지시대기속도(IAS ; Indicated Air Speed) : 계기상에 표시되는 속도로 제일 먼저 측정하게 된다.
항공기 대기속도 측정 순서
IAS → CAS → EAS → TAS

79 FAA에서 정한 여압장치를 갖춘 항공기의 제작 순항고도에서의 객실고도는 약 몇 ft인가?

① 0
② 3,000
③ 8,000
④ 20,000

해설
FAA 규정에 의한 여압장치의 객실고도는 8,000ft, 기압은 10.92psi이다.

80 다음 중 니켈-카드뮴 축전지에 대한 설명으로 틀린 것은?

① 전해액은 질산계 산성액이다.
② 한 개 셀(Cell)의 기전력은 무부하 상태에서 약 1.2~1.25V 정도이다.
③ 진동이 심한 장소에 사용 가능하고, 부식성가스를 거의 방출하지 않는다.
④ 고부하 특성이 좋고, 큰 전류 방전 시 안정된 전압을 유지한다.

해설
니켈-카드뮴 축전지의 전해액은 수산화칼륨과 수산화리튬을 첨가한 염기성액이다.

2020년 제3회 과년도 기출문제

제1과목 항공역학

01 날개면적이 150m², 스팬(Span)이 25m인 비행기의 가로세로비(Aspect Ratio)는 약 얼마인가?

① 3.0
② 4.17
③ 5.1
④ 7.1

해설
가로세로비 $AR = \dfrac{b}{c} = \dfrac{b^2}{bc} = \dfrac{b^2}{S} = 4.166$

02 비행기가 고속으로 비행할 때 날개 위에서 충격실속이 발생하는 시기는?

① 아음속에서 생긴다.
② 극초음속에서 생긴다.
③ 임계 마하수에 도달한 후에 생긴다.
④ 임계 마하수에 도달하기 전에 생긴다.

해설
임계 마하수 : 날개골에 최초로 마하수가 1이 발생할 때 흐름의 마하수

03 다음 중 항공기의 가로안정에 영향을 미치지 않는 것은?

① 동 체
② 쳐든각 효과
③ 도어(Door)
④ 수직꼬리날개

해설
가로안정성 : 쳐든각 효과, 동체, 진자 효과, 수직꼬리날개, 뒤젖힘각 효과

04 음속을 구하는 식으로 옳은 것은?(단, K : 비열비, R : 공기의 기체상수, g : 중력가속도, T : 공기의 온도이다)

① $\sqrt{KgRT}$
② $\sqrt{\dfrac{gRT}{K}}$
③ $\sqrt{\dfrac{RT}{gK}}$
④ $\sqrt{\dfrac{gKT}{R}}$

해설
음속 $a = \sqrt{\dfrac{dP}{d\rho}} = \sqrt{KgRT} = a_0\sqrt{\dfrac{273+t}{273}}$

05 날개 드롭(Wing Drop) 현상에 대한 설명으로 옳은 것은?

① 비행기의 어떤 한 축에 대한 변화가 생겼을 때 다른 축에도 변화를 일으키는 현상
② 음속비행 시 날개에 발생하는 충격실속에 의해 기수가 오히려 급격히 내려가는 현상
③ 하강비행 시 기수를 올리려 할 때, 받음각과 각속도가 특정값을 넘게 되면 예상한 정도 이상으로 기수가 올라가는 현상
④ 비행기의 속도가 증가하여 천음속 영역에 도달하게 되면 한쪽 날개가 충격실속을 일으켜서 갑자기 양력을 상실하고 급격한 옆놀이(Rolling)를 일으키는 현상

해설
날개 드롭 : 한쪽 날개의 충격실속으로 옆놀이 발생

정답 1 ② 2 ③ 3 ③ 4 ① 5 ④

06 정상 수평비행을 하는 항공기의 필요마력에 대한 설명으로 옳은 것은?

① 속도가 작을수록 필요마력은 크다.
② 항력이 작을수록 필요마력은 작다.
③ 날개하중이 작을수록 필요마력은 커진다.
④ 고도가 높을수록 밀도가 증가하여 필요마력은 커진다.

해설
필요마력 $P_r = \dfrac{DV}{75}$

07 항공기 날개의 압력중심(Center of Pressure)에 대한 설명으로 옳은 것은?

① 날개 주변 유체의 박리점과 일치한다.
② 받음각이 변하더라도 피칭모멘트값이 변하지 않는 점이다.
③ 받음각이 커짐에 따라 압력중심은 앞으로 이동한다.
④ 양력이 급격히 떨어지는 지점의 받음각을 말한다.

해설
압력중심은 받음각이 증가하면 전방으로, 감소하면 후방으로 이동한다.

08 헬리콥터의 주 회전날개에 플래핑 힌지를 장착함으로써 얻을 수 있는 장점이 아닌 것은?

① 돌풍에 의한 영향을 제거할 수 있다.
② 지면효과를 발생시켜 양력을 증가시킬 수 있다.
③ 회전축을 기울이지 않고 회전면을 기울일 수 있다.
④ 주 회전날개 깃 뿌리(Root)에 걸린 굽힘 모멘트를 줄일 수 있다.

해설
플래핑 힌지 : 주 회전날개에 상하운동을 하는 힌지로 양력 불균형을 해소하지만, 지면효과와는 관계없다.

09 양항비가 10인 항공기가 고도 2,000m에서 활공비행 시 도달하는 활공거리는 몇 m인가?

① 10,000
② 15,000
③ 20,000
④ 40,000

해설
$\dfrac{\text{고 도}}{\text{수평활공거리}} = \dfrac{1}{\text{양항비}}$

∴ 수평활공거리 = 고도 × 양항비 = 20,000(m)

10 등속 상승비행에 대한 상승률을 나타내는 식이 아닌 것은?(단, V : 비행속도, γ : 상승각, W : 항공기 무게, T : 추력, D : 항력, P_a : 이용동력, P_r : 필요동력이다)

① $\dfrac{P_a - P_r}{W}$

② $\dfrac{\text{잉여동력}}{W}$

③ $\dfrac{(T-D)V}{W}$

④ $\dfrac{V}{W}\sin\gamma$

해설
상승률 $RC = \dfrac{P_a - P_r}{W} = \dfrac{(T-D)V}{W} = \dfrac{P_e}{W}$

11 엔진고장 등으로 프로펠러의 페더링을 하기 위한 프로펠러의 깃각 상태는?

① 0°가 되게 한다.
② 45°가 되게 한다.
③ 90°가 되게 한다.
④ 프로펠러에 따라 지정된 고웃값을 유지한다.

해설
페더링 프로펠러는 엔진고장 시 저rpm에서 완전 페더링 위치(90°)로 변환한다.

12 항공기의 성능 등을 평가하기 위하여 표준대기를 국제적으로 통일하여 정한 기관의 명칭은?

① ICAO   ② ISO
③ EASA   ④ FAA

해설
ICAO(International Civil Aviation Organization, 국제민간항공기구) : 표준기술기준(국제표준대기 등)과 운용절차 수립 등 항공관련규정을 통해 전 세계의 민간항공에 관한 업무를 관리하고 있다.

13 헬리콥터 회전날개의 코닝각에 대한 설명으로 틀린 것은?

① 양력이 증가하면 코닝각은 증가한다.
② 무게가 증가하면 코닝각은 증가한다.
③ 회전날개의 회전속도가 증가하면 코닝각은 증가한다.
④ 헬리콥터의 전진속도가 증가하면 코닝각은 증가한다.

14 그림과 같은 프로펠러 항공기의 비행속도에 따른 필요마력과 이용마력의 분포에 대한 설명으로 옳은 것은?

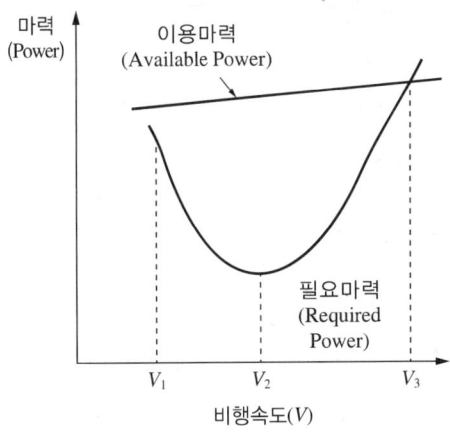

① 비행속도 V_1에서 주어진 연료로 최대의 비행거리를 비행할 수 있다.
② 비행속도 V_1 근처에서 필요마력이 감소하는 것은 유해항력의 증가에 기인한다.
③ 일반적으로 비행속도 V_2에서 최대 양항비를 갖도록 항공기 형상을 설계한다.
④ 비행속도가 V_2에서 V_3 방향으로 증가함에 따라 프로펠러 토크에 의한 롤 모멘트(Roll Moment)가 증가한다.

해설
축마력 증가하면 프로펠러 토크에 의한 롤 모멘트가 증가한다.

15 항공기 날개의 유도항력계수를 나타낸 식으로 옳은 것은?[단, AR : 날개의 가로세로비, C_L : 양력계수, e : 스팬(Span) 효율계수이다]

① $\dfrac{C_L^2}{\pi e AR}$ ② $\dfrac{C_L^3}{\pi e AR}$

③ $\dfrac{C_L}{\pi e AR}$ ④ $\sqrt{\dfrac{C_L}{2\pi e AR}}$

해설
유도항력계수 $C_{Di} = \dfrac{C_L^2}{\pi e AR}$

정답 11 ③ 12 ① 13 ④ 14 ④ 15 ①

16 수평비행의 실속속도가 71km/h인 항공기가 선회경사각 60°로 정상 선회비행할 경우 실속속도는 약 몇 km/h인가?

① 80   ② 90
③ 100 ④ 110

해설
$$V_{st} = \frac{V_s}{\sqrt{\cos\theta}} = 100.409(km/h)$$

17 이륙 시 활주거리를 감소시킬 수 있는 방법으로 옳은 것은?

① 플랩을 활용하여 최대 양력계수를 증가시킨다.
② 양항비를 높여 항력을 증가시킨다.
③ 최소 추력을 내어 가속력을 줄인다.
④ 양항비를 높여 실속속도를 증가시킨다.

해설
이륙활주거리 감소 조건
- 비행기의 무게를 가볍게 한다. $W\downarrow$
- 추력을 크게 한다(가속도 증가). $T\uparrow$
- 항력이 적은 자세로 이륙한다. $D\downarrow$
- 맞바람(Head Wind)을 맞으며 이륙한다.
- 고양력 장치를 사용한다. $L\uparrow$
- 마찰력이 작은 지면을 이용한다. $F\downarrow$

18 지름이 20cm와 30cm로 연결된 관에서 지름 20cm 관에서의 속도가 2.4m/s일 때 30cm 관에서의 속도는 약 몇 m/s인가?

① 0.19 ② 1.07
③ 1.74 ④ 1.98

해설
$AV = \text{const}$
$$\frac{\pi(20)^2}{4} \times 2.4 = \frac{\pi(30)^2}{4}V$$
$V = 1.0666(m/s)$

19 키놀이 모멘트(Pitching Moment)에 대한 설명으로 옳은 것은?

① 프로펠러 깃의 각도 변경에 관련된 모멘트이다.
② 비행기의 수직축(상하 축, Vertical Axis)에 관한 모멘트이다.
③ 비행기의 세로축(전후 축, Longitudinal Axis)에 관한 모멘트이다.
④ 비행기의 가로축(좌우 축, Lateral Axis)에 관한 모멘트이다.

해설
키놀이 모멘트 : 세로 운동, 가로축에 관한 모멘트

20 프로펠러 비행기가 최대 항속거리를 비행하기 위한 조건으로 옳은 것은?(단, C_L은 양력계수, C_D는 항력계수이다)

① $\dfrac{C_L}{C_D}$가 최소일 때   ② $\dfrac{C_L}{C_D}$가 최대일 때
③ $\dfrac{C_L^{3/2}}{C_D}$가 최대일 때   ④ $\dfrac{C_L^{3/2}}{C_D}$가 최소일 때

해설
프로펠러 항공기 : 최대 항속거리 $\dfrac{C_L}{C_D}$, 최대 항속시간 $\dfrac{C_L^{3/2}}{C_D}$

제2과목 항공기관

21 전기식 시동기(Electrical Starter)에서 클러치(Clutch)의 작동 토크 값을 설정하는 장치는?

① Clutch Plate
② Clutch Housing Slip
③ Ratchet Adjust Regulator
④ Slip Torque Adjustment Unit

22 프로펠러에서 기하학적 피치(Geometrical Pitch)에 대한 설명으로 옳은 것은?

① 프로펠러를 1바퀴 회전시켜 실제로 전진한 거리이다.
② 프로펠러를 2바퀴 회전시켜 실제로 전진한 거리이다.
③ 프로펠러를 1바퀴 회전시켜 전진할 수 있는 이론적인 거리이다.
④ 프로펠러를 2바퀴 회전시켜 전진할 수 있는 이론적인 거리이다.

해설
기하학적 피치(GP) : 프로펠러를 1회전 시 이론적으로 전진한 거리로 프로펠러 중심에서 깃 끝까지의 길이를 R, 프로펠러 깃각을 β로 하여 $2\pi R \tan\beta$이다.

23 속도 720km/h로 비행하는 항공기에 장착된 터보제트엔진이 300kgf/s로 공기를 흡입하여 400m/s의 속도로 배기시킨다면 이때 진추력은 몇 kgf인가? (단, 중력가속도는 10m/s²로 한다)

① 3,000
② 6,000
③ 9,000
④ 18,000

해설
터보제트엔진 진추력
$$F_n = \frac{W_a}{g}(V_j - V_a) = \frac{300}{10}(400-200) = 6{,}000(\text{kgf})$$
여기서, W_a : 흡입공기 중량유량
V_j : 배기가스 속도
V_a : 비행속도(720km/h = 200m/s)

24 밀폐계(Closed System)에서 열역학 제1법칙을 옳게 설명한 것은?

① 엔트로피는 절대로 줄어들지 않는다.
② 열과 에너지, 일은 상호 변환 가능하며, 보존된다.
③ 열효율이 100%인 동력장치는 불가능하다.
④ 2개의 열원 사이에서 동력 사이클을 구성할 수 있다.

해설
열과 일은 서로 변환될 수 있고, 서로의 에너지는 보존된다는 것이 열역학 제1법칙이라면, 열역학 제2법칙은 열과 일의 변환에 있어서 방향성과 비가역성을 제시한 것이다.

정답 21 ④ 22 ③ 23 ② 24 ②

25 가스터빈엔진에서 압축기 입구온도가 200K, 압력이 1.0kgf/cm², 압축기 출구압력이 10kgf/cm²일 때 압축기 출구온도는 약 몇 K인가?(단, 공기 비열비는 1.4이다)

① 184.14
② 285.14
③ 386.14
④ 487.14

해설
$$T_{2i} = T_1 \times (\gamma)^{\frac{\kappa-1}{\kappa}} = 200 \times \left(\frac{10}{1}\right)^{\frac{1.4-1}{1.4}} = 386.1395(K)$$

26 왕복엔진의 액세서리(Accessory) 부품이 아닌 것은?

① 시동기(Starter)
② 하네스(Harness)
③ 기화기(Carburetor)
④ 블리드 밸브(Bleed Valve)

해설
블리드 밸브는 가스터빈엔진에서 볼 수 있는 장치이다.

27 항공기용 엔진 중 터빈식 회전엔진이 아닌 것은?

① 램제트엔진
② 터보프롭엔진
③ 터보제트엔진
④ 터보샤프트엔진

해설
로켓, 램제트, 펄스제트엔진에는 터빈이 장착되어 있지 않다.

28 고열의 엔진 배기구 부분에 표시(Marking)를 할 때 납이나 탄소 성분이 있는 필기구를 사용하면 안 되는 주된 이유는?

① 고열에 의해 열응력이 집중되어 균열을 발생시킨다.
② 고압에 의해 비틀림 응력이 집중되어 균열을 발생시킨다.
③ 고압에 의해 전단응력이 집중되어 균열을 발생시킨다.
④ 고열에 의해 전단응력이 집중되어 균열을 발생시킨다.

29 프로펠러 페더링(Feathering)에 대한 설명으로 옳은 것은?

① 프로펠러 페더링은 엔진 축과 연결된 기어를 분리하는 방식이다.
② 비행 중 엔진 정지 시 프로펠러 회전도 같이 멈추게 하여 엔진의 2차 손상을 방지한다.
③ 프로펠러 페더링을 하게 되면 항력이 증가하여 항공기 속도를 줄일 수 있다.
④ 프로펠러 페더링을 하게 되면 바람에 의해 프로펠러가 공회전하는 윈드밀링(Wind Milling)이 발생하게 된다.

해설
완전 페더링 프로펠러 : 엔진 고장 시 프로펠러 깃을 비행 방향과 평행이 되도록 피치를 변경한다. 페더링 프로펠러는 유입 공기 흐름에 대해 방해를 받지 않으므로 프로펠러가 회전하지 않게 되고, 따라서 엔진 작동이 멈췄을 때 유입되는 바람에 의해 역으로 엔진이 회전하는 현상을 방지한다.

30 복식 연료노즐에 대한 설명으로 틀린 것은?
① 1차 연료는 넓은 각도로 분사된다.
② 공기를 공급하여 미세하게 분사되도록 한다.
③ 2차 연료는 고속회전 시 1차 연료보다 멀리 분사된다.
④ 1차 연료는 노즐의 가장자리 구멍으로 분사되고, 2차 연료는 중심에 있는 작은 구멍을 통하여 분사된다.

해설
1차 연료는 중심의 구멍에서, 2차 연료는 가장자리 구멍에서 분사된다.

31 왕복엔진의 마그네토에서 브레이커 포인트 간격이 커지면 발생되는 현상은?
① 점화가 늦어진다.
② 전압이 증가한다.
③ 점화가 빨라진다.
④ 점화불꽃이 강해진다.

32 왕복엔진에 사용되는 고휘발성 연료가 너무 쉽게 증발하여 연료배관 내에서 기포가 형성되어 초래할 수 있는 현상은?
① 베이퍼 로크(Vapor Lock)
② 임팩트 아이스(Impact Ico)
③ 하이드롤릭 로크(Hydraulic Lock)
④ 이배퍼레이션 아이스(Evaporation Ice)

33 이상기체의 등온과정에 대한 설명으로 옳은 것은?
① 단열과정과 같다.
② 일의 출입이 없다.
③ 엔트로피가 일정하다.
④ 내부에너지가 일정하다.

해설
밀폐계의 열역학 제1법칙 관계식은 다음과 같다.
$Q = (U_2 - U_1) + W$
등온상태에서 내부에너지(U)는 온도만의 함수이므로 온도가 일정할 때 내부에너지는 일정하다.

34 가스터빈엔진의 흡입구에 형성된 얼음이 압축기 실속을 일으키는 이유는?
① 공기압력을 증가시키기 때문에
② 공기 전압력을 일정하게 하기 때문에
③ 형성된 얼음이 압축기로 흡입되어 로터를 파손시키기 때문에
④ 흡입 안내 깃으로 공기의 흐름이 원활하지 못하기 때문에

해설
엔진 유입공기 흐름이 일정하지 않을 때에도 압축기 실속의 원인이 된다.

35 다음 중 주된 추진력을 발생하는 기체가 다른 것은?
① 램제트엔진
② 터보팬엔진
③ 터보프롭엔진
④ 터보제트엔진

해설
터보프롭엔진은 프로펠러 회전에 의한 추진력으로 대부분의 추력을 얻는다.

정답 30 ④ 31 ③ 32 ① 33 ④ 34 ④ 35 ③

36 왕복엔진을 낮은 기온에서 시동하기 위해 오일희석 (Oil Dilution)장치에서 사용하는 것은?

① Alcohol
② Propane
③ Gasoline
④ Kerosene

해설
오일희석은 다른 추가 용제를 사용하지 않고, 왕복엔진 연료로 쓰이는 가솔린을 이용한다.

37 터빈엔진에서 과열 시동(Hot Start)을 방지하기 위하여 확인해야 하는 계기는?

① 토크 미터
② EGT 지시계
③ 출력 지시계
④ rpm 지시계

해설
과열 시동은 배기가스 온도(EGT)가 규정 한계값 이상으로 증가하는 현상이다.

38 왕복엔진의 흡기밸브와 배기밸브를 작동시키는 관련 부품으로 볼 수 없는 것은?

① 캠(Cam)
② 푸시로드(Pushrod)
③ 로커 암(Rocker Arm)
④ 실린더헤드(Cylinder Head)

해설
캠축 회전 → 캠 로브 → 푸시로드 → 로커 암 → 밸브 작동

39 가스터빈엔진의 공기흡입 덕트(Duct)에서 발생하는 램 회복점에 대한 설명으로 옳은 것은?

① 흡입구 내부의 압력이 대기압과 같아질 때의 항공기 속도
② 마찰압력 손실이 최소가 되는 항공기의 속도
③ 마찰압력 손실이 최대가 되는 항공기의 속도
④ 램 압력 상승이 최대가 되는 항공기의 속도

40 왕복엔진의 연료-공기 혼합비(Fuel-air Ratio)에 영향을 주는 공기밀도변화에 대한 설명으로 틀린 것은?

① 고도가 증가하면 공기밀도가 감소한다.
② 연료가 증가하면 공기밀도는 증가한다.
③ 온도가 증가하면 공기밀도는 감소한다.
④ 대기압력이 증가하면 공기밀도는 증가한다.

해설
연료량과 공기밀도는 상관관계가 없다. 다만 공기량이 일정한 상태에서 연료가 증가하면 연료 공기 혼합비가 증가하며, 연료량이 일정한 상태에서 고도가 증가(공기 희박)해도 연료 공기 혼합비가 증가한다.

제3과목 항공기체

41 항공기엔진 장착 방식에 대한 설명으로 옳은 것은?

① 가스터빈엔진은 구조적인 이유로 동체 내부에 장착이 불가능하다.
② 동체에 엔진을 장착하려면 파일런(Pylon)을 설치하여야 한다.
③ 날개에 엔진을 장착하면 날개의 공기역학적 성능을 저하시킨다.
④ 왕복엔진 장착부분에 설치된 나셀의 카울링은 진동 감소와 화재 시 탈출구로 사용된다.

해설
날개에 엔진을 장착한 경우 날개와 엔진을 연결하는 부분을 파일런이라고 하며, 파일런 안에는 엔진마운트와 방화벽을 설치하고, 방화벽은 엔진 불꽃이 기체로 전파되지 않게 한다.

42 다음 특징을 갖는 배열 방식의 착륙장치는?

┤특징├
- 주 착륙장치와 앞 착륙장치로 이루어져 있다.
- 빠른 착륙속도에서 제동 시 전복의 위험이 적다.
- 착륙 및 지상 이동 시 조종사의 시계가 좋다.
- 착륙 활주 중 그라운드 루핑의 위험이 없다.

① 텐덤식 착륙장치
② 후륜식 착륙장치
③ 전륜식 착륙장치
④ 충격흡수식 착륙장치

해설
착륙장치의 분류

분류	종류	특징
장착 위치	앞바퀴식	지상취급 용이, 안정적
	뒷바퀴식	지상 전복 발생 가능성
장착 방법	고정식	소형기에 사용, 구조가 간단
	접개들이식	대형기에 사용, 유압 사용
사용 목적	타이어식	육상용
	스키식	육상용, 함상용
	플로트식	수상용

43 대형 항공기에 주로 사용하는 3중 슬롯플랩을 구성하는 플랩이 아닌 것은?

① 상방플랩
② 전방플랩
③ 중앙플랩
④ 후방플랩

해설
3중 슬롯플랩 구조

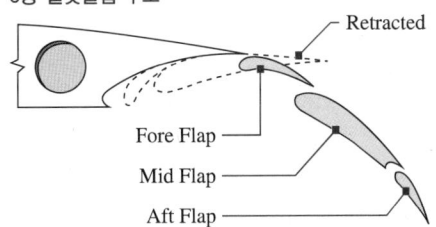

44 손상된 판재를 리벳에 의한 수리작업 시 리벳 수를 결정하는 식으로 옳은 것은?(단, L : 판재의 손상된 길이, D : 리벳지름, t : 손상된 판의 두께, s : 안전계수, $\sigma_{\max}$: 판재의 최대 인장응력, $\tau_{\max}$: 판재의 최대 전단응력이다)

① $s \times \dfrac{8tL\sigma_{\max}}{\pi D^2 \tau_{\max}}$
② $s \times \dfrac{4tL\sigma_{\max}}{\pi D^2 \tau_{\max}}$
③ $s \times \dfrac{\pi D^2 \tau_{\max}}{4tL\sigma_{\max}}$
④ $s \times \dfrac{\pi D^2 \tau_{\max}}{8tL\sigma_{\max}}$

45 항공기 외피용으로 적합하며, 플러시 헤드 리벳(Flush Head Rivet)이라 부르는 것은?

① 납작머리 리벳(Flat Head Rivet)
② 유니버설 리벳(Universal Rivet)
③ 둥근머리 리벳(Round Head Rivet)
④ 접시머리 리벳(Countersunk Head Rivet)

해설
접시머리 리벳과 유니버설머리 리벳

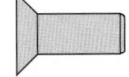 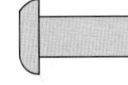

[접시머리 리벳]　　　[유니버설머리 리벳]

정답 41 ③　42 ③　43 ①　44 ②　45 ④

46 실속속도가 90mph인 항공기를 120mph로 수평비행 중 조종간을 급히 당겨 최대 양력계수가 작용하는 상태라면 주 날개에 작용하는 하중배수는 약 얼마인가?

① 1.5　　② 1.78
③ 2.3　　④ 2.57

해설
하중배수(n)
$$n = \left(\frac{V}{V_s}\right)^2 = \left(\frac{120}{90}\right)^2 = 1.777$$
여기서, V : 비행속도
V_s : 실속속도

47 그림과 같은 평면응력상태에 있는 한 요소가 $\sigma_x = 100\text{MPa}$, $\sigma_y = 20\text{MPa}$, $\tau_{xy} = 60\text{MPa}$의 응력을 받고 있을 때, 최대 전단응력은 약 몇 MPa인가?

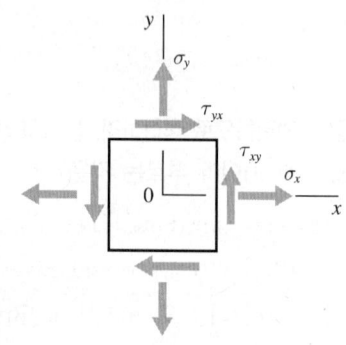

① 67.11　　② 72.11
③ 77.11　　④ 87.11

해설
$$\tau_{max} = \sqrt{\left(\frac{\sigma_x - \sigma_y}{2}\right)^2 + \tau_{xy}^2} = \sqrt{\left(\frac{100-20}{2}\right)^2 + 60^2}$$
$= 72.111(\text{MPa})$

48 페일 세이프(Fail Safe) 구조형식이 아닌 것은?

① 이중(Double) 구조
② 대치(Back-up) 구조
③ 다경로(Redundant) 구조
④ 샌드위치(Sandwich) 구조

해설
페일 세이프 구조 종류
- 다경로 하중 구조(Redundant Structure)
- 이중 구조(Double Structure)
- 대치 구조(Back-up Structure)
- 하중경감 구조(Load Dropping Structure)

49 복합재료(Composite Material)를 수리할 때 접착용 수지를 효과적으로 접착시키기(Curing) 위하여 열을 가하는 장비가 아닌 것은?

① 오븐(Oven)
② 가열건(Heat Gun)
③ 가열램프(Heat Lamp)
④ 진공백(Vacuum Bag)

해설
진공백 방식은 적층이나 수리 시, 진공압으로 공기를 빼내면서 주위의 대기압에 의해 압력을 가하는 방식이다.

50 연료계통이 갖추어야 하는 조건으로 틀린 것은?

① 번개에 의한 연료발화가 발생하지 않도록 해야 한다.
② 각각의 엔진과 보조동력장치에 공급되는 연료에서 오염물질을 제거할 수 있어야 한다.
③ 계통에 저장된 연료를 안전하게 제거하거나 격리할 수 있어야 한다.
④ 고장발생 감지가 유용하도록 한 계통 구성품의 고장이 다른 연료계통의 고장으로 연결되어야 한다.

51 복합재료에서 모재(Matrix)와 결합되는 강화재(Reinforcing Material)로 사용되지 않는 것은?

① 유 리
② 탄 소
③ 에폭시
④ 보 론

[해설]
에폭시는 모재로 사용되는 열경화성 수지의 일종이다.

52 조종간이나 방향키 페달의 움직임을 전기적인 신호로 변환하고, 컴퓨터에 입력 후 전기, 유압식 작동기를 통해 조종계통을 작동하는 조종방식은?

① Cable Control System
② Automatic Pilot System
③ Fly-By-Wire Control System
④ Push Pull Rod Control System

[해설]
플라이 바이 와이어 방식은 조종석에서 조종하는 신호를 컴퓨터가 분석하여 전기적인 신호를 유압 시스템에 제공하면 이것이 조종면을 조종하는 방식이다.

53 연료를 제외하고 화물, 승객 등이 적재된 항공기의 무게를 의미하는 것은?

① 최대 무게(Maximum Weight)
② 영연료 무게(Zero Fuel Weight)
③ 기본자기 무게(Basic Empty Weight)
④ 운항 빈 무게(Operating Empty Weight)

[해설]
항공기 하중의 종류
• 총무게(Gross Weight) : 항공기에 인가된 최대 하중
• 자기 무게(Empty Weight) : 항공기 무게 계산 시 기초가 되는 무게
• 유효하중(Useful Load) : 적재량이라고도 하며, 항공기 총무게에서 자기 무게를 뺀 무게
• 영연료 무게(Zero Fuel Weight) : 항공기 총무게에서 연료를 뺀 무게

54 타이타늄 합금에 대한 설명으로 옳은 것은?

① 열전도 계수가 크다.
② 불순물이 들어가면 가공 후 자연경화를 일으켜 강도를 좋게 한다.
③ 타이타늄은 고온에서 산소, 질소, 수소 등과 친화력이 매우 크고, 또한 이러한 가스를 흡수하면 강도가 매우 약해진다.
④ 합금원소로 Cu가 포함되어 있어 취성을 감소시키는 역할을 한다.

[해설]
타이타늄은 비중이 4.51로 강에 비해 0.6배 정도이며, 용융온도는 강보다 높다. 타이타늄 합금은 알루미늄 합금보다 비강도와 내열성이 크고, 내식성 또한 양호하므로 항공기엔진 재료로 이용된다.

55 이질 금속 간의 접촉부식에서 알루미늄 합금의 경우 A그룹과 B그룹으로 구분하였을 때 그룹이 다른 것은?

① 2014
② 2017
③ 2024
④ 5052

[해설]
알루미늄 합금은 소집단 A, 소집단 B로 나뉜다. 두 집단 사이의 금속은 이질 금속 간 부식이 일어나지 않게 특별한 방식처리가 필요하다.
• 소집단 A : 1100, 3003, 5052, 6061 등
• 소집단 B : 2014, 2017, 2042, 7075 등

[정답] 51 ③ 52 ③ 53 ② 54 ③ 55 ④

56 다음 중 가스용접에 해당하는 것은?

① 산소-수소용접
② MIG용접
③ CO_2아크용접
④ TIG용접

해설
MIG, TIG용접은 불활성가스 아크용접에 속하며, MIG용접 시 CO_2가스를 주로 쓰므로 CO_2용접이라고 하기도 한다.

57 너트의 부품 번호가 AN310D-5일 때 310은 무엇을 나타내는가?

① 너트 계열
② 너트 지름
③ 너트 길이
④ 재질 번호

해설
너트의 규격 예시

AN 310	D	5	R
㉠	㉡	㉢	㉣

㉠ AN 310 : 캐슬 너트
㉡ D : 너트의 재질(알루미늄 합금 : 2017)
㉢ 5 : 사용볼트 지름(5/16)
㉣ R : 오른나사

58 그림과 같이 하중(W)이 작용하는 보를 무엇이라 하는가?

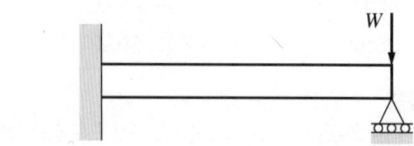

① 외팔보
② 돌출보
③ 고정보
④ 고정 지지보

59 비행기가 양력을 발생함이 없이 급강하할 때 날개는 비틀림 등의 하중을 받게 되며, 이러한 하중에 항공기가 구조적으로 견딜 수 있는 설계상의 최대 속도는?

① 설계순항속도
② 설계급강하속도
③ 설계운용속도
④ 설계돌풍운용속도

해설
비틀림 모멘트가 최솟값을 가지는 자세라도 날개가 비틀림에 견디지 못하는 최소 속도를 설계 급강하속도(V_D)라고 한다. 급강하를 하는 경우에도 항공기는 그 속도가 V_D를 넘지 않도록 해야 한다.

60 단줄 유니버설 헤드 리벳(Universal Head Rivet) 작업을 할 때 최소 끝 거리 및 리벳의 최소 간격(Pitch)의 기준으로 옳은 것은?

① 최소 끝 거리는 리벳 직경의 2배 이상, 최소 간격은 리벳 직경의 3배
② 최소 끝 거리는 리벳 직경의 2배 이상, 최소 간격은 리벳 길이의 3배
③ 최소 끝 거리는 리벳 직경의 3배 이상, 최소 간격은 리벳 길이의 4배
④ 최소 끝 거리는 리벳 직경의 3배 이상, 최소 간격은 리벳 직경의 4배

해설
리벳 배치
- 연단 거리(끝 거리) : 판재의 끝에서 첫 번째 리벳 구멍 중심까지의 거리를 말한다. 2~4D 사이에 위치하나 보통은 2.5D 거리가 적당하다. 반면에 접시머리 리벳의 경우에는 2.5~4D 사이에 위치한다.
- 피치 : 같은 열에서 인접하는 리벳 중심 간의 거리를 말한다. 3~12D 사이에 위치하나 보통은 6~8D가 적당하다.
- 횡단 피치 : 리벳 열 간의 거리를 말한다. 보통은 리벳 간격의 75% 정도인 4.5~6D가 적당하다.

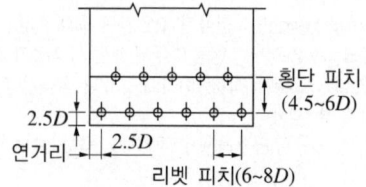

제4과목 항공장비

61 니켈-카드뮴 축전지의 충·방전 시 설명으로 옳은 것은?

① 충·방전 시 전해액(KOH)의 비중은 변화하지 않는다.
② 방전 시 물이 발생되어 전해액의 비중이 줄어든다.
③ 충전 시 전해액의 수면높이가 낮아진다.
④ 방전 시 전해액의 수면높이가 높아진다.

[해설]
니켈-카드뮴 축전지의 전해액 비중은 일정하며, 방전 시 수면높이는 감소, 충전 시 수면높이는 증가한다.

62 그림과 같은 회로에서 5Ω 저항에 흐르는 전류값은 몇 A인가?

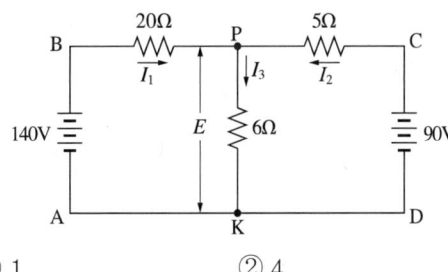

① 1
② 4
③ 6
④ 10

[해설]
키르히호프의 제1법칙 : $I_1 + I_2 = I_3$
키르히호프의 제2법칙
왼쪽 폐회로의 경우 $140V - 20\Omega \times I_1 - 6\Omega \times I_3 = 0$
오른쪽 폐회로의 경우 $90V - 5\Omega \times I_2 - 6\Omega \times I_3 = 0$
키르히호프의 제1법칙과 제2법칙으로부터 연립방정식을 풀면
$I_1 = 4A$, $I_2 = 6A$, $I_3 = 10A$

63 CVR(Cockpit Voice Recorder)에 대한 설명으로 옳은 것은?

① HF 또는 VHF를 이용하여 통화를 한다.
② 항공기 사고원인 규명을 위해 사용되는 녹음장치이다.
③ 지상에 있는 정비사에게 경고하기 위한 장비이다.
④ 지상에서 항공기를 호출하기 위한 장치이다.

[해설]
CVR : 사고조사와 사고예방을 위한 조종실 음성기록장치, 녹음시간은 30분이다.

64 항공기 계기 중 압력 수감부를 이용한 것이 아닌 것은?

① 고도계
② 방향지시계
③ 승강계
④ 대기속도계

[해설]
• 압력 수감부 계기 : 고도계, 승강계, 대기속도계
• 자이로 계기 : 선회계, 방향지시계, 수평지시계

65 항공기에 사용되는 전선의 굵기를 결정할 때 고려해야 할 사항이 아닌 것은?

① 도선 내 흐르는 전류의 크기
② 도선의 저항에 따른 전압강하
③ 도선에 발생하는 줄(Joule) 열
④ 도선과 연결된 축전지의 전해액 종류

[해설]
도선 크기 선정 : 허용전압 강하, 전류량, 도선의 길이, 전류

66 터보팬 항공기의 방빙(Anti-icing)장치에 관한 설명으로 틀린 것은?

① 윈드실드는 내부 금속피막에 전기를 통하여 방빙한다.
② 피토관의 방빙은 내부의 전기 가열기를 사용한다.
③ 날개 앞전의 방빙은 엔진 압축기의 고온공기를 사용한다.
④ 엔진의 공기흡입장치의 방빙은 화학적 방빙계통을 사용한다.

해설
공기흡입장치 : 전열식 방빙

67 항공기 계기에서 플랩의 작동 범위를 표시하는 것은?

① 녹색호선(Green Arc)
② 백색호선(White Arc)
③ 황색호선(Yellow Arc)
④ 적색방사선(Red Radiation)

해설
• 적색방사선 : 최대 및 최소 운용한계
• 황색호선 : 경계 및 경고범위
• 녹색호선 : 사용안전 운용범위
• 백색호선 : 플랩작동범위

68 직류발전기에서 발생하는 전기자 반작용을 없애기 위한 것은?

① 보극(Interpole)
② 직렬권선(Series-winding)
③ 병렬권선(Shunt-winding)
④ 회전자권선(Armature Coil)

해설
보극 : 전기자권선과 직렬연결, 전기자 반작용을 없애기 위해 설치한 소자극이다.

69 자동조종장치(Autopilot)의 구성요소에 해당하지 않는 것은?

① 출력부(Output Elements)
② 전이부(Transit Elements)
③ 수감부(Sensing Elements)
④ 명령부(Command Elements)

70 발전기 출력제어회로에서 제너 다이오드(Zener Diode)의 사용 목적은?

① 정전류제어
② 역류 방지
③ 정전압제어
④ 자기장제어

해설
제너 다이오드 : 정전압 다이오드라고도 하며, 역방향 시 일정전압 이상에서 전류가 급격히 증가한다.

71 장거리 통신에 유리하나 잡음(Noise)이나 페이딩(Fading)이 많으며, 태양 흑점의 활동으로 인한 전리층 산란으로 통신 불능이 가끔 발생되는 항공기 통신장치는?

① HF 통신장치
② MF 통신장치
③ LF 통신장치
④ VHF 통신장치

해설
- HF 통신 : 전리층 반사, 원거리 전달 특성, 잡음이나 페이딩이 많음
- VHF 통신 : 전리층 통과, 직접파, 지표반사파 이용, 정확성이 좋음

72 다음 중 화재 진압 시 사용되는 소화제가 아닌 것은?

① 물
② 이산화탄소
③ 할 론
④ 암모니아

해설
소화제 : 물, 이산화탄소, 프레온가스, 분말(중탄산나트륨), 사염화탄소, 질소 등

73 비행 중에 비로부터 시계를 확보하기 위한 제우(Rain Protection)시스템이 아닌 것은?

① Air Curtain System
② Rain Ropollont System
③ Windshield Wiper System
④ Windshield Washer System

74 자기컴퍼스의 조명을 위한 배선 시 지시오차를 줄이기 위한 방법으로 옳은 것은?

① 음(−)극선을 가능한 자기컴퍼스 가까이에 접지시킨다.
② 양(+)극선과 음(−)극선은 가능한 충분한 간격을 두고, 음(−)극선에는 실드선을 사용한다.
③ 모든 전선은 실드선을 사용하여 오차의 원인을 제거한다.
④ 양(+)극선과 음(−)극선을 꼬아서 합치고, 접지점을 자기컴퍼스에서 충분히 멀리 뗀다.

해설
마그네틱 컴퍼스 부근의 배선은 절연되어 (+), (−)선을 꼬아서 영향을 받지 않게 하여야 한다.

75 항공기 유압계통에서 축압기(Accumulator)의 사용 목적으로 옳은 것은?

① 유압유 내 공기 저장
② 작동유의 누출을 차단
③ 계통 내 작동유의 방향 조정
④ 비상시 계통 내 작동유 공급

해설
축압기 사용 목적 : 빈번한 펌프 작동 방지, 비상시 계통 내 작동유 공급, 유관 내 서지현상 방지

76 유압계통에서 기기의 실(Seal)이 손상 또는 유압관의 파열로 작동유가 완전히 새어나가는 것을 방지하기 위해 설치한 안전장치는?

① 유압퓨즈(Hydraulic Fuse)
② 오리피스밸브(Orifice Valve)
③ 분리밸브(Disconnect Valve)
④ 흐름조절기(Flow Regulator)

해설
- 오리피스밸브 : 흐름 제한
- 분리밸브 : 장·탈착 시 유출 최소화
- 흐름조절기 : 일정 흐름 제어 유지

77 항공계기에 요구되는 조건으로 옳은 것은?

① 기체의 유효 탑재량을 크게 하기 위해 경량이어야 한다.
② 계기의 소형화를 위하여 화면은 작게 하고, 본체는 장착이 쉽도록 크게 해야 한다.
③ 주위의 기압과 연동이 되도록 승강계, 고도계, 속도계의 수감부와 케이스는 노출이 되도록 해야 한다.
④ 항공기에서 발생하는 진동을 알 수 있도록 계기판에는 방진장치를 설치해서는 안 된다.

해설
항공계기 요구 조건 : 소형·경량화, 내구성, 정확성, 외부환경 영향 적음, 누설 및 마찰 오차, 온도 오차

78 계기착륙장치(Instrument Landing System)의 구성장치가 아닌 것은?

① 로컬라이저(Localizer)
② 마커비컨(Marker Beacon)
③ 기상레이더(Weather Radar)
④ 글라이드 슬로프(Glide Slope)

해설
계기착륙장치(ILS) : 로컬라이저, 마커비컨, 글라이드 슬로프

79 객실여압장치를 가진 항공기 여압계통 설계 시 고려해야 하는 최소 객실고도는?

① 2,400ft
② 8,000ft
③ 10,000ft
④ 해면고도

해설
FAA 규정에 의한 여압장치의 객실고도는 8,000ft, 기압은 10.92psi이다.

80 항공기가 산악 또는 지면과 충돌하는 것을 방지하는 장치는?

① Air Traffic Control System
② Inertial Navigation System
③ Distance Measuring Equipment
④ Ground Proximity Warning System

해설
대지접근경보장치(GPWS) : 고도 저하나 착륙 준비 없이 강하를 계속할 때 음성이나 경보로 조종사에게 주의를 주는 장치

2021년 제1회 과년도 기출복원문제

※ 2021년부터는 CBT(컴퓨터 기반 시험)로 진행되어 수험자의 기억에 의해 문제를 복원하였습니다. 실제 시행문제와 일부 상이할 수 있음을 알려드립니다.

제1과목 항공역학

01 초음속 비행기에서 비행기 날개(Wing)에 수직충격파가 생기면 충격파 뒤의 현상은?
① 양력 증가
② 속도 감소
③ 압력이 일정
④ 저항 감소

해설
- 수직충격파 또는 경사충격파 통과 후 압력, 밀도, 온도 증가. 단, 속도는 감소한다.
- 팽창파가 발생하였다면 압력, 밀도, 온도 감소. 단, 속도는 증가한다.

02 경계층에서 박리가 일어나는 경우는?
① 역압력 구배가 형성될 때
② 경계층이 정지할 경우
③ 음속에 도달했을 경우
④ 수로의 단면이 감소하였을 때

해설
박리(Separation)는 흐름의 역압력 구배에 의해 발생한다. 즉 날개표면 위의 압력 형성이 흐름방향을 반대하는 쪽으로 형성된 것을 의미한다. 흐름의 떨어짐이 생기면 흐름의 운동에너지가 감소하며, 항력은 증가하고, 양력은 감소한다.

03 다음 중 임계 레이놀즈수를 옳게 설명한 것은?
① 난류에서 층류로 변할 때의 레이놀즈수
② 층류에서 난류로 변할 때의 속도
③ 층류에서 난류로 변할 때의 레이놀즈수
④ 난류에서 층류로 변할 때의 속도

04 360km/h의 속도로 비행하는 항공기의 시위 길이가 2.5m이고 동점성계수가 0.14cm²/s일 때 레이놀즈수는 얼마인가?
① 1.79×10^9
② 1.55×10^9
③ 1.79×10^7
④ 1.55×10^7

해설
$$Re = \frac{VC}{\nu} = \frac{(360/3.6) \times 100 \times 2.5 \times 100}{0.14} = 1.79 \times 10^7$$

05 다음 중 압력중심(CP)에 관한 것 중 틀린 것은?
① 압력중심은 압력이 작용하는 합력점이다.
② 압력중심은 변하지 않는다.
③ 받음각을 증가시키면 압력중심은 전방으로 이동한다.
④ 받음각을 감소시키면 압력중심은 후방으로 이동한다.

해설
풍압중심(압력중심, CP)
날개 상·하면에 분포하는 압력의 대표지점이다. 받음각의 변화에 따라 이 위치는 변한다. 받음각 증가 시 압력중심은 전방으로 이동하며, 감소 시 압력중심은 후방으로 이동한다.

정답 1 ② 2 ① 3 ③ 4 ③ 5 ②

06 받음각이 일정할 때, 양력은 고도가 변하면(증가하면) 어떻게 되는가?

① 감소한다.
② 증가한다.
③ 변화가 없다.
④ 증가하다 감소한다.

해설
자세의 변화가 없다면 고도가 증가할수록 밀도가 감소하므로 양력은 감소된다.

07 항공기의 무게가 2,500kg, 밀도가 0.125kg·s²/m⁴이고, 날개의 면적이 20m², 최대 양력계수가 1.8일 때 실속속도 V_s는 얼마인가?

① 44m/s
② 33.3km/h
③ 120km/h
④ 150km/h

해설
$$V_s = \sqrt{\frac{2W}{\rho C_L S}} = \sqrt{\frac{2 \times 2,500}{0.125 \times 1.8 \times 20}} = 33.3 \text{(m/s)}$$
$$= 120 \text{(km/h)}$$

08 다음 설명 중 옳은 것은?

① 속박와류는 양력을 발생시킨다.
② 날개 윗면이 정압(+), 아랫면이 부압(-)이다.
③ 내리흐름은 날개 윗면에 발생하는 현상이다.
④ 출발와류는 날개 앞전에 생긴다.

해설
날개에 출발와류(Starting Vortex)가 형성되면 날개 주위에도 이것과 크기는 같고 방향은 반대인 속박와류(Bound Vortex)가 만들어진다. 이 순환흐름에 의해 Kutta-Joukowski의 양력이 발생된다.

09 총중량 5,000kg, 선회속도가 360km/h인 비행기가 60°로 정상선회할 때 하중배수는?

① 1
② 1.5
③ 2
④ 2.5

해설
선회 시 양력과 무게의 관계는 다음과 같다.
$L = W/\cos\phi$
여기서, 하중배수 $n = L/W$이므로 $n = 1/\cos\phi = 1/\cos 60° = 2$

10 비행 시 프로펠러기에 대한 최대 항속거리의 받음각은?

① C_L/C_D가 최대인 받음각
② C_D/C_L가 최대인 받음각
③ $C_L/C_D^{\frac{1}{2}}$가 최대인 받음각
④ $C_L^{\frac{1}{2}}/C_D$가 최대인 받음각

해설
프로펠러기 : $\left(\dfrac{C_L}{C_D}\right)_{\max}$, 제트기 : $\left(\dfrac{C_L^{\frac{1}{2}}}{C_D}\right)_{\max}$

11 항공기가 엔진이 정지한 상태에서 수직강하하고 있을 때 도달할 수 있는 최대 속도를 종극속도라 한다. 종극속도는 어떠한 상태의 속도를 말하는가?

① 항공기 총중량과 항공기에 발생되는 양력과 같은 경우
② 항공기 총중량과 항공기에 발생되는 양력이 없는 경우 항력이 같아지는 속도
③ 항공기 양력의 수평 분력과 항력의 수직 분력이 같은 경우
④ 항공기 양력과 항력이 같은 경우

[해설]
종극속도(V_D) : 비행기가 수평상태로부터 급강하로 들어갈 때, 속도가 증가하여 그 속도 이상으로 증가하지 않는 종극의 최대 속도

12 비행속도를 V_a(ft/s), 진추력을 F_n(lb)이라고 할 때, 추력마력 THP를 구하는 식으로 옳은 것은?

① $tHP = (F_n \times V_a) / 75$
② $tHP = (F_n \times V_a) / 550$
③ $tHP = (F_n \times 75) / V_a$
④ $tHP = (F_n \times 550) / V_a$

[해설]
추력마력(tHP)
IPS(75kg·m/s)를 환산하면 550lb·ft/s가 되므로 추력마력은 $\dfrac{F_n \times V_a}{550}$ PS가 된다.
※ 1m = 3.3ft, 1kg = 2.2lb

13 중량이 6,000kg인 항공기가 180km/h의 속도로 30°의 경사각으로 정상선회할 때 이 항공기의 원심력은 얼마인가?

① 2,931kg
② 3,464kg
③ 5,196kg
④ 6,231kg

[해설]
정상선회는 원심력 = 구심력이므로 $\dfrac{WV^2}{gR} = L\sin\phi$
수직성분 $W = L\cos\phi$, $L = \dfrac{W}{\cos\phi}$
원심력 = $W\tan\phi$ = 6,000 × tan30° = 3,464(kg)

14 양력-항력곡선에 대한 가장 올바른 설명은?

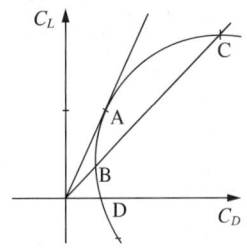

① 장거리 활공비행은 A점에서 활공하는 것이 좋다.
② 장거리 활공비행은 C점에서 활공하는 것이 좋다.
③ 수평활공비행은 D점에서 하는 것이다.
④ 수직활공비행은 B점에서 하는 것이다.

15 다음 중 트림(Trim) 상태란 무엇을 의미하는가?

① 피치조종 하강한다.
② 피치조종 상승한다.
③ 피치조종 모멘트를 "1"로 한다.
④ 피치조종 모멘트를 "0"으로 한다.

[해설]
트림상태
항공기 무게중심 주위의 키놀이 모멘트 총합이 0인 상태. 또는 모멘트 계수값이 0인 상태를 의미하며 균형상태를 의미한다.

16 다음 중 항공기에서 상반각(쳐든각)을 주는 이유는?

① 저항을 작게 한다.
② 선회성을 좋게 한다.
③ 익단 실속을 방지한다.
④ 옆 미끄럼(Side Slip)을 방지한다.

해설
상반각(쳐든각)을 주면 가로방향 안정성이 좋아진다. 더불어 측풍에 의함 옆 미끄럼 시 옆 미끄럼을 줄여줄 수 있다.

17 밸런스 역할을 하는 조종면을 그림과 같이 플랩의 일부분에 집중시키는 조종력 경감장치의 명칭은?

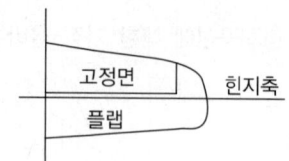

① 앞전 밸런스
② 혼 밸런스
③ 내부 밸런스
④ 프리제 밸런스

해설
혼 밸런스(Horn Balance)는 조종면의 일부분을 힌지축의 앞부분으로 뿔(Horn) 형태로 뻗쳐 나오게 하여 힌지 모멘트를 감소시킨다.

18 프로펠러의 진행비(Advance Ratio)를 올바르게 나타낸 것은?(단, V : 속도, n : 프로펠러 회전속도, D : 프로펠러 지름)

① $J = V/nD$
② $J = nD/V$
③ $J = n/VD$
④ $J = D/Vn$

해설
프로펠러의 진행비 $J = \dfrac{V}{nD}$ 이다.

19 프로펠러의 추력에 대한 설명 내용으로 가장 올바른 것은?

① 프로펠러의 추력은 공기밀도에 비례하고 회전면의 넓이에 반비례한다.
② 프로펠러의 추력은 회전면의 넓이에 비례하고 깃의 선속도의 제곱에 반비례한다.
③ 프로펠러의 추력은 공기밀도에 비례하고 회전면의 넓이에 비례한다.
④ 프로펠러의 추력은 회전면의 넓이에 비례하고 깃의 선속도의 제곱에 비례한다.

해설
$L = C_L \dfrac{1}{2} \rho V^2 S$ 와 유사하게 프로펠러의 추력 T는 $T = C_T \rho n^2 D^4$로 나타낼 수 있다. 여기서, n은 회전수 (rev/s)이고 D(m)는 프로펠러의 지름이다. 따라서 nD는 속도가 되므로 $n^2 D^2$는 속도의 제곱, 즉 양력 L의 V^2항과 같은 역할을 한다. $n^2 D^2$에 D^2이 추가로 곱해졌는데, 여기서 D^2은 양력 L의 면적 S항 역할을 한다. 프로펠러의 동력 P는 추력 곱하기 속도이므로 추력 T에 속도항 nD가 추가로 곱해져 $P = C_P \rho n^3 D^5$로 나타낼 수 있다.

20 다음 중에서 실용상승한계란?

① 상승률이 0m/s가 되는 고도
② 상승률이 5m/s가 되는 고도
③ 상승률이 2.5m/s가 되는 고도
④ 상승률이 0.5m/s가 되는 고도

해설
• 절대상승한계 : 상승률이 0m/s가 되는 고도
• 실용상승한계 : 상승률이 0.5m/s가 되는 고도
• 운동상승한계 : 상승률이 2.5m/s가 되는 고도

제2과목 항공기관

21 다음 중 가스터빈엔진에 있어 트림(Trim)의 가장 큰 목적은?

① 압축비를 높이는 것
② 배기압력을 조절하는 것
③ 스로틀 레버를 서로 일치시키는 것
④ 엔진의 정해진 rpm에서 정격 추력을 확립하는 것

해설
엔진 조절(엔진 트림, Engine Trimming)
엔진의 정해진 RPM상태에서 정격 추력을 내도록 연료조정장치를 조정하는 것

22 압력 7atm, 온도 300℃인 0.7m³의 이상기체가 압력 5atm, 체적 0.56m³의 상태로 변화했다면 온도는 약 몇 ℃가 되는가?

① 54
② 87
③ 115
④ 187

해설
보일-샤를의 법칙에 적용하면
$$\frac{P_1 V_1}{T_1} = \frac{P_2 V_2}{T_2}$$
$$\frac{7 \times 0.7}{300 + 273} = \frac{5 \times 0.56}{T_2}$$
$$T_2 = \frac{5 \times 0.56 \times 573}{7 \times 0.7} = 327.43K$$
따라서 $T_2 = 327.43 - 273 = 54.43 ≒ 54℃$

23 피스톤 핀과 크랭크축을 연결하는 막대이며, 피스톤의 왕복 운동을 크랭크축으로 전달하는 일을 하는 엔진의 부품은?

① 실린더 배럴
② 피스톤 링
③ 커넥팅 로드
④ 플라이 휠

해설
커넥팅 로드(Connecting Rod)는 단어 의미 그대로 피스톤과 크랭크축을 연결한다.
커넥팅 로드와 각부 명칭

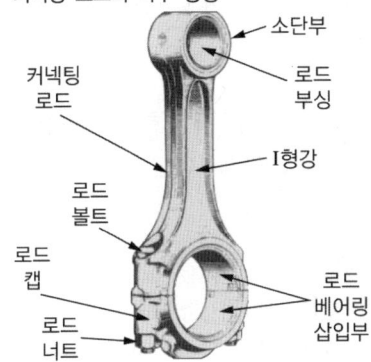

24 왕복엔진의 크랭크 핀(Crank Pin)이 일반적으로 속이 비어 있는 목적이 아닌 것은?

① 윤활유의 통로를 형성한다.
② 크랭크 축의 중량을 감소시킨다.
③ 크랭크 축의 냉각효과를 갖는다.
④ 탄소 퇴적물이 모이는 공간으로 활용된다.

25 정적비열 0.2kcal/kg·K인 이상기체 5kg이 일정압력 하에서 50kcal의 열을 받아 온도가 0℃에서 20℃까지 증가하였다. 이때 외부에 한 일은 몇 kcal인가?

① 4
② 20
③ 30
④ 70

해설
$Q = U + W = mC_v \Delta t + W$
$50kcal = 5 \times 0.2 \times (20 - 0) + W$
$50 = 20 + W$
따라서 $W = 30(kcal)$

정답 21 ④ 22 ① 23 ③ 24 ④ 25 ③

26 가스터빈엔진의 핫 섹션(Hot Section)에 대한 설명으로 틀린 것은?

① 큰 열응력을 받는다.
② 가변 스테이터 베인이 붙어 있다.
③ 직접 연소가스에 노출되는 부분이다.
④ 재료는 니켈, 코발트 등의 내열합금이 사용된다.

해설
연소실 기준으로 앞쪽(공기 흡입구, 팬, 압축기 등)은 콜드 섹션, 뒤쪽(연소실, 터빈, 배기부)은 핫 섹션으로 구분한다.

27 제트엔진 시동 시 EGT가 규정 한계치 이상으로 증가하는 과열 시동의 원인이 아닌 것은?

① 연료의 과다 공급
② 연료조정장치의 고장
③ 시동기 공급 동력의 불충분
④ 압축기 입구부에서 공기 흐름의 제한

해설
③ 시동기 공급 동력이 불충분하면 시동불능이 생길 수 있다.
비정상 시동 종류
• 과열시동(Hot Start) : 엔진 시동 시 배기가스온도가 허용 한계치를 초과하는 현상
• 결핍시동(Hung Starting) : 엔진이 규정된 시간 안에 아이들 회전수까지 도달되지 못하고 낮은 회전수에 머물러 있는 현상을 말한다.
• 시동불능(Not Start) : 엔진이 규정된 시간 안에 시동되지 못하는 것을 말한다.

28 가스터빈엔진의 정상 시동 시에 일반적인 시동 절차로 옳은 것은?

① Starter "ON" → Ignition "ON" → Fuel "ON" → Ignition "OFF" → Starter "Cut-OFF"
② Starter "ON" → Fuel "ON" → Ignition "ON" → Ignition "OFF" → Starter "Cut-OFF"
③ Starter "ON" → Ignition "ON" → Fuel "ON" → Starter "Cut-OFF" → Ignition "OFF"
④ Starter "ON" → Fuel "ON" → Ignition "ON" → Starter "Cut-OFF" → Ignition "OFF"

29 다음 중 가장 큰 값을 갖는 추력은?

① 최대 연속추력
② 이륙추력
③ 최대 순항추력
④ 완속추력

해설
이륙추력 > 최대 연속추력 > 최대 순항추력 > 완속추력

30 그림과 같은 브레이턴(Brayton) 사이클의 $P-V$ 선도에 대한 설명으로 옳은 것은?

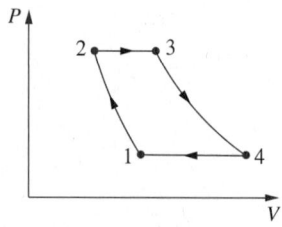

① 1-2과정 중 온도는 일정하다.
② 2-3과정 중 온도는 일정하다.
③ 3-4과정 중 엔트로피는 일정하다.
④ 4-1과정 중 엔트로피는 일정하다.

해설
① 1-2과정 : 단열 압축과정으로 온도는 증가, 엔트로피는 일정
② 2-3과정 : 정압연소(가열, 수열)과정으로 온도와 엔트로피 둘 다 증가
③ 3-4과정 : 단열 팽창과정으로 온도는 감소, 엔트로피는 일정
④ 4-1과정 : 정압 방열과정으로 온도와 엔트로피 둘 다 감소
브레이턴 사이클 $T-S$ 선도

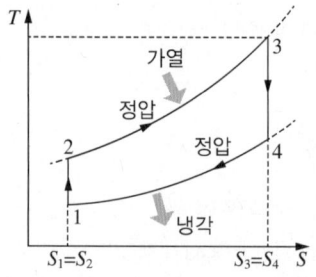

31 초음속 항공기의 엔진에 사용하는 배기 노즐로 초음속 제트를 효율적으로 얻기 위한 노즐은?

① 수축 노즐
② 확산 노즐
③ 수축확산 노즐
④ 동축 노즐

해설
수축 노즐을 통해 초음속 흐름을 얻은 다음, 확산 통로를 지나면서 초음속 공기 흐름은 더욱 빨라지게 된다.

32 왕복엔진에 사용되는 고휘발성 연료가 너무 쉽게 증발하여 연료배관 내에서 기포가 형성되어 초래할 수 있는 현상은?

① 베이퍼 로크(Vapor Lock)
② 임팩트 아이스(Impact Ice)
③ 하이드로릭 로크(Hydraulic Lock)
④ 이베포레이션 아이스(Evaporation Ice)

33 가스터빈엔진에서 방빙장치가 필요 없는 곳은?

① 터빈 노즐
② 압축기 전방
③ 흡입덕트 입구
④ 압축기의 입구 안내 깃

해설
핫 섹션(Hot Section)부분은 냉각이 필요 없다.

34 엔진의 오일탱크가 별도로 장치되어 있지 않고 스플래시(Splash) 방식에 의해 윤활되는 오일계통을 무엇이라 하는가?

① Hot Tank System
② Wet Sump System
③ Cold Tank System
④ Dry Sump System

해설
Dry Sump Oil System은 엔진 외부에 마련된 별도의 윤활유 탱크에 오일을 저장하는 계통이고, Wet Sump Oil System은 크랭크 케이스의 밑바닥에 오일을 저장하는 간단한 계통이다.

35 FADEC(Full Authority Digital Electronic Control)에서 조절하는 것이 아닌 것은?

① 오일 압력
② 엔진 연료 유량
③ 압축기 가변 스테이터 각도
④ 실속 방지용 압축기 블리드 밸브

해설
FADEC 엔진제어 기능
• 가변 블리드 밸브
• 가변 스테이터 베인 각도
• 고압터빈 냉각 조절
• 저압터빈 냉각 조절
• 엔진 연료 유량

정답 31 ③ 32 ① 33 ① 34 ② 35 ①

36 가스터빈엔진 연료의 구비 조건이 아닌 것은?
① 인화점이 높아야 한다.
② 연료의 빙점이 높아야 한다.
③ 연료의 증기압이 낮아야 한다.
④ 대량생산이 가능하고 가격이 저렴해야 한다.

해설
② 빙점이 낮아야 한다.

37 배기밸브 제작 시 축에 중공(Hollow)을 만들고 금속나트륨을 삽입하는 것은 어떤 효과를 위해서인가?
① 밸브서징을 방지한다.
② 밸브에 신축성을 부여하여 충격을 흡수한다.
③ 밸브 헤드의 열을 신속히 밸브 축에 전달한다.
④ 농후한 연료에 분사되어 농도를 낮춰준다.

해설
밸브 속에 채워진 금속나트륨이 액체 나트륨으로 변하면서 주위의 열을 흡수하여 밸브의 냉각을 돕는다.

38 터빈엔진에서 과열시동(Hot Start)을 방지하기 위하여 확인해야 하는 계기는?
① 토크 미터
② EGT 지시계
③ 출력 지시계
④ rpm 지시계

해설
과열 시동은 배기가스 온도(EGT)가 규정 한계값 이상으로 증가하는 현상이다.

39 데토네이션(Detonation)의 원인이 아닌 것은?
① 압축비가 너무 클 때
② 옥탄가가 높은 연료 사용
③ 연소속도가 느릴 때
④ 실린더 헤드 온도가 너무 높을 때

해설
옥탄가가 낮은 연료 사용 시 데토네이션이 발생한다.

40 크랭크 축의 회전속도가 2,400rpm인 14기통 2열 성형엔진에서 3-로브 캠 판의 회전속도는 몇 rpm인가?
① 200
② 400
③ 600
④ 800

해설
크랭크 축 회전속도가 2,400rpm이므로 1-로브 캠 판인 경우라면 1,200rpm으로 회전하면 되는데, 캠 판에 로브가 3개 있으므로 그 속도의 1/3회전이면 된다. 즉, 캠판회전속도 = $\dfrac{2,400}{2 \times 3}$ = 400(rpm)

제3과목 항공기체

41 카운터 성크 리벳(Counter Sunk Rivet)이 주로 사용되는 곳은?

① 주로 항공기 내부의 주요 구조물의 연결에 사용된다.
② 구조물의 양쪽 면 접근이 불가능하거나 작업공간이 좁아서 버킹 바를 사용할 수 없는 곳에 사용된다.
③ 리벳의 머리가 금속판의 속에 심어지기 때문에 주로 항공기 외피에 사용된다.
④ 날개의 앞전에 제빙 부츠를 장착하거나 엔진 방화벽에 부품을 장착할 때 사용된다.

해설
카운터 성크 리벳은 접시머리 형태의 리벳으로 공기저항을 받지 않기 때문에 항공기 동체 외피나 날개 외피 등에 사용된다.

42 날개(Wing)의 주요 구조 부재가 아닌 것은?

① 스파(Spar) ② 리브(Rib)
③ 스킨(Skin) ④ 프레임(Frame)

해설
프레임은 동체를 구성하는 구조이다.

43 알루미늄 판 두께가 0.051in인 재료를 굴곡반지름 0.125in가 되도록 90° 굴곡할 때 생기는 세트백(Set Back)은 얼마인가?

① 0.017in ② 0.074in
③ 0.125in ④ 0.176in

해설
세트 백(SB ; Set Back)
$SB = \tan\frac{\theta}{2}(R+T) = \tan\frac{90}{2}(0.125 + 0.051) = 0.176(\text{in})$

44 조종케이블이 작동 중에 최소의 마찰력으로 케이블과 접촉하여 직선운동을 하게하며 케이블을 3° 이내의 범위에서 방향을 유도하는 것은?

① 케이블드럼 ② 페어리드
③ 풀리 ④ 벨 크랭크

해설
조종계통 관련 장치
- 페어리드 : 케이블이 벌크헤드의 구멍이나 다른 금속이 지나가는 곳에 사용되며 케이블의 느슨함을 막고 다른 구조와의 접촉을 방지한다.
- 풀리 : 케이블의 방향을 바꾼다.
- 턴버클 : 케이블의 장력을 조절하는 장치이다.
- 벨 크랭크 : 조종 로드가 장착되며 로드의 움직이는 방향을 변환시켜 준다.
- 스토퍼 : 움직이는 양(변위)의 한계를 정해주는 장치로서 조종계통에는 도움날개, 승강키 및 방향키의 운동 범위를 제한한다.

45 길이 5m인 받침보에 있어서 A단에서 2m인 곳에 800kg의 집중하중이 작용할 때 A단에서의 반력(kgf)은 얼마인가?

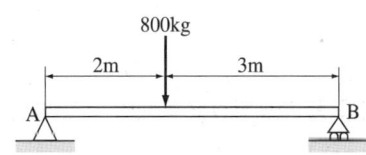

① 300 ② 320
③ 400 ④ 480

해설
$R_A \times 5m - 800\text{kgf} \times 3m = 0$
$R_A = \dfrac{800\text{kgf} \times 3m}{5m} = 480\text{kgf}$

46 $V-n$ 선도에 대한 설명으로 가장 올바른 것은?

① 속도와 저항에 대한 하중과의 관계
② 양력계수와 하중계수와의 관계
③ 비행기의 구조역학적 안전비행범위
④ 비행속도와 항력계수와의 관계

해설
$V-n$ 선도
항공기 속도와 하중 배수를 두 직교 좌표축으로 하여 그려진 선도로, 구조역학적으로 항공기의 안전한 비행 범위를 정해주는 선도

47 항공기의 무게중심(CG)에 대한 설명으로 가장 옳은 것은?

① 무게중심은 항공기의 중앙을 말한다.
② 항공기가 이륙하면 무게중심은 없어진다.
③ 제작회사에서 항공기를 설계할 때 결정되며 변하지 않는다.
④ 무게중심은 연료나 승객, 화물 등을 탑재하면 변할 수 있다.

해설
무게중심은 탑재물의 무게 및 위치와 관계가 있으므로 탑재물의 변화가 있으면 무게중심도 변한다.

48 다음 중 모노코크형 동체의 구조 부재가 아닌 것은?

① 외 피
② 세로대
③ 벌크헤드
④ 정형재

해설
세로대는 세미모노코크 구조 부재에 속한다.

49 알클래드(Alclad) 판은 어떤 목적으로 알루미늄 합금판 위에 순수 알루미늄을 피복한 것인가?

① 공기 저항 감소
② 기체 전기저항 감소
③ 인장강도의 증대
④ 공기 중에서의 부식 방지

해설
알루미늄 합금판 위에 부식을 방지하기 위하여 순수 알루미늄을 코팅한 것을 알클래드 판이라고 한다.

50 그림과 같은 항공기에서 무게중심의 위치는 기준선으로부터 약 몇 m인가?(단, 뒷바퀴는 총 2개이며, 개당 1,000kgf이다)

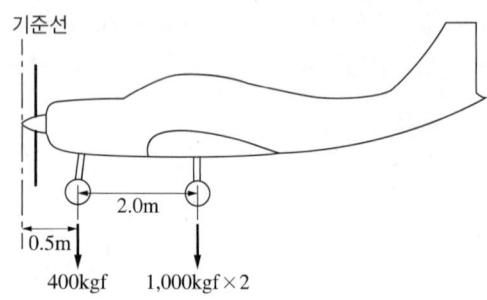

① 0.72 ② 1.50
③ 2.17 ④ 3.52

해설

무게중심위치 = $\dfrac{\text{모멘트 합}}{\text{총 무게}}$

총 무게 = 400 + (1,000 × 2) = 2,400kgf
모멘트 합 = (400 × 0.5) + (2,000 × 2.5) = 5,200kgf·m
따라서 무게중심위치(CG)는

$CG = \dfrac{5,200}{2,400} = 2.17(m)$

정답 46 ③ 47 ④ 48 ② 49 ④ 50 ③

51 다음 중 뒷전 플랩의 종류가 아닌 것은?

① 슬롯 플랩　　② 스플릿 플랩
③ 크루거 플랩　④ 파울러 플랩

해설
크루거 플랩은 앞전 플랩에 속한다.

52 비행기의 원형 부재에 발생하는 전비틀림 각과 이에 미치는 요소와의 관계를 잘못 설명한 것은?

① 비틀림력이 크면 비틀림 각이 작아진다.
② 부재의 길이가 길수록 비틀림 각도 커진다.
③ 부재의 전단계수가 크면 비틀림 각이 작아진다.
④ 부재의 극단면 2차 모멘트가 작아지면 비틀림 각이 커진다.

해설
비틀림 각 $\theta = \dfrac{Tl}{GI_p}$ rad

위 식에서 비틀림 각(θ)은 비틀림력이 클수록, 축의 길이가 길수록, 전단 계수(G)와 극단면 2차 모멘트(I_p)가 작을수록 커진다.

53 샌드위치 구조의 특징에 대한 설명으로 틀린 것은?

① 습기와 열에 강하다.
② 기존의 보강재보다 중량당 강도가 크다.
③ 같은 강성을 갖는 다른 구조보다 무게가 적다.
④ Control Surface나 Trailing Edge 등에 사용된다.

해설
샌드위치 구조의 단점 중 하나는 습기와 열에 약하다는 것이다.

54 실속속도 100mph인 비행기의 설계제한 하중배수가 4일 때, 이 비행기의 설계운용속도는 몇 mph인가?

① 100
② 150
③ 200
④ 400

해설
설계운용속도(V_A)
$V_A = \sqrt{n_1} \times V_s = \sqrt{4} \times 100 = 200$(mph)
여기서, n_1 : 설계제한 하중배수, V_s : 실속속도

55 리벳작업을 위한 구멍 뚫기 작업 시 주의하여야 할 사항이 아닌 것은?

① 드릴작업 후 리밍작업을 한다.
② 구멍은 리벳 지름보다 약간 크게 한다.
③ 리밍작업 시 리머를 뺄 때 회전방향을 반대로 한다.
④ 드릴작업 후 구멍의 버(Burr)는 되도록 보존하도록 한다.

해설
드릴 작업 시 생기는 버는 디버링 툴(Deburring Tool)을 사용하여 제거해야 한다.

56 그림과 같은 응력-변형률곡선에서 극한응력을 나타내는 곳은?(단, σ는 응력, ε은 변형률을 나타낸다)

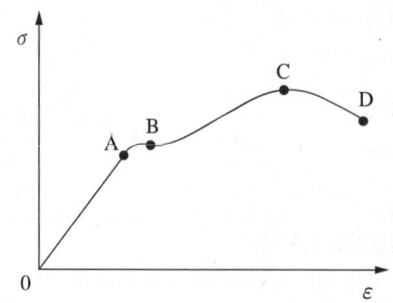

① A
② B
③ C
④ D

해설
A : 비례한도, B : 항복점, C : 극한강도, D : 파단점

57 조종 케이블의 점검에 대한 설명 중 가장 거리가 먼 내용은?

① 케이블의 손상점검은 헝겊을 이용한다.
② 케이블 내부에 부식이 있으면 케이블을 교환한다.
③ 케이블 외부 부식은 솔벤트에 담가 녹여서 제거한다.
④ 케이블을 역방향으로 비틀어서 내부부식을 점검한다.

해설
솔벤트는 케이블의 윤활제를 제거해서 오히려 더 심한 부식을 촉진시킨다.

58 브레이크 페달에 스펀지(Sponge) 형상이 나타났을 때 조치방법은?

① 공기(Air)를 보충한다.
② 계통을 블리딩(Bleeding)한다.
③ 페달(Pedal)을 반복해서 밟는다.
④ 작동유(MIL-H-5606)를 보충한다.

해설
스펀지 현상은 브레이크 유압 라인 내에 공기가 차 있을 때 발생하므로 공기 빼기 작업(Air Bleeding)을 해야 한다.

59 바깥지름이 8cm, 안지름이 6cm인 중공원형단면의 극관성 모멘트는 약 몇 cm^4인가?

① 29
② 127
③ 275
④ 402

해설
중공 원형 단면의 극관성 모멘트(I_p)
$I_p = \frac{\pi}{32}(d_2^4 - d_1^4) = \frac{\pi}{32}(4,096 - 1,296) = 274.89 \simeq 275(cm^4)$

60 알루미늄을 드릴링하기 위해 사용하는 표준 트위스트 드릴 비트의 날끝각과 재질로 맞는 것은?

① 135°, 고속도강
② 135°, 저탄소강
③ 90°, 고속도강
④ 90°, 저탄소강

제4과목 항공장비

61 항공기의 세로축 또는 기축에 대하여 설정하여 부품의 위치나 측정부의 위치를 나타내는데 사용하는 것은?

① 레퍼런스 데이텀(Reference Datum)
② 평균공력시위(MAC)
③ 센터 라인(Center Line)
④ 시위선(Chord)

해설
항공기의 부품 위치, 무게중심 등을 표현할 때 기준이 되는 선을 레퍼런스 데이텀이라고 한다.

62 공압 계통이 필요로 하는 압축공기의 일반적인 공급원이 아닌 것은?

① 터빈 엔진의 블리드 에어
② 항공기 바깥공기
③ 보조동력 장치의 블리드 에어
④ 지상 공기 압축기에 의한 공기

63 속도계의 색 표식(Color Marking) 중 Power-Off, Flap-UP, Stall-speed는 어디에 표시되어 있는가?

① 적색 방사선
② 녹색호선
③ 황색 호선
④ 백색 호선

해설
- 붉은색 방사선 : 최대 최소 운용 한계
- 노란색 호색 : 경고 경계 범위
- 녹색 호선 : 안전 운용 범위
- 흰색 호선 : 플랩을 내릴 수 있는 속도 범위
- 푸른색 호선 : 혼합비가 Auto-lean일 때 안전운용범위
- 흰색 방사선 : 유리판과 계기 케이스가 미끄러짐을 확인

64 다음 중 압력단위가 아닌 것은?

① kg/m^2
② bar
③ mmHg
④ g

해설
그램(g)은 질량의 단위이다.

65 항공계기의 종류와 거리가 먼 것은?

① 비행계기
② 원동기계기
③ 항법계기
④ 통신계기

해설
- 비행계기 : 비행자세, 속도, 고도
- 엔진계기 : 엔진 관련, 각종 온도, 압력, rpm
- 항법계기 : 위치, 항로
- 기타계기 : 전기측정, 유압

정답 61 ① 62 ② 63 ② 64 ④ 65 ④

66 다음 계기 중 피토관의 동압과 연결된 계기는?

① 고도계
② 선회계
③ 자이로계기
④ 속도계

해설
동압은 전압과 정압 차이로 구한다.
• 정압 이용 계기 : 고도계, 승강계
• 정압, 전압(피토관 동압) 이용 계기 : 속도계, 마하계

67 클레비스 볼트에 대한 설명 중 맞는 것은?

① 전단하중이 걸리는 곳에 사용
② 인장하중이 걸리는 곳에 사용
③ 볼트의 머리는 6각 또는 12각으로 되어 있어 렌치를 이용하여 장착
④ 압축하중과 인장하중이 걸리는 곳에 사용

해설
클레비스 볼트는 전단하중이 걸리는 곳에 사용하고, 아이볼트는 인장하중이 걸리는 곳에 대표적으로 사용하는 볼트이다.

68 절대고도(Absolute Altitude)란?

① 해면상으로부터의 고도
② 표준대기 해면(29.92inHg)으로부터의 고도
③ 표준대기의 밀도에 상당하는 고도
④ 지상으로부터 항공기까지의 거리

해설
• 진고도 : 해면으로부터의 고도
• 기압고도 : 표준대기압 해면으로부터의 고도
• 절대고도 : 지형물로부터의 고도

69 다음 중 오일의 압력을 일정하게 유지시키는 부품은?

① 저오일 압력 경고등
② 오일 필터
③ 오일 압력조절밸브
④ 오일 압력계

70 어떤 Battery의 용량이 60Ah이다. 12A를 사용한다면 몇 시간 동안 사용가능한가?

① 2   ② 3
③ 5   ④ 6

해설
60Ah = 12A × 시간(h)
∴ 5시간

71 유압회로의 열화작용이란?

① 회로 내에 공기의 혼입으로 기름의 온도가 상승하는 것
② 회로 내에 기름을 장시간 사용함으로써 온도가 상승하는 것
③ 회로 내에 기름이 과대하여 온도가 상승하는 것
④ 회로 내에 기름이 산화하여 온도가 상승하는 것

[해설]
열화작용 : 유압유 속에 공기가 기포로서 존재할 때 공기가 갑자기 압축되면 발열하여 온도가 상승한다.

72 동력조종장치에서 조종사에게 조종력의 감각을 느끼게 하는 장치는?

① 수동비행조종장치(Manual Flight Control System)
② 자동비행장치(Auto Pilot System)
③ 아티피셜 필링 디바이스(Artificial Feeling Devices)
④ 플라이 바이 와이어(Fly by Wire)

73 유압 계통의 축압기의 설치 위치는?

① 작업라인
② 귀환라인
③ 공급라인
④ 압력라인

[해설]
- 압력라인(압력관) : 펌프 ~ 작동기
- 귀환라인(귀환관) : 작동기 ~ 레저버

74 프로펠러에 사용되는 방빙제는?

① 아이소프로필알코올
② 합성유
③ 스카이드롤
④ 솔벤트

75 Cabin Pressurization Control Valve의 역할은?

① 압축기를 On-off 시킨다.
② 동체 안의 압력이 높을 때 밖으로 배출한다.
③ 동체 밖의 공기를 객실 안으로 흡입한다.
④ 압축공기를 조절해준다.

[정답] 71 ① 72 ③ 73 ④ 74 ① 75 ②

76 Air Cycle Conditioning System에서 마지막으로 Cooling이 일어나는 곳은?

① 압축기
② 열교환기
③ 팽창터빈
④ 온도조절기

해설
- 1차 냉각 : 1차 열교환기
- 2차 냉각 : 2차 열교환기
- 3차 냉각 : 팽창터빈

77 APU 시동 시 연소실에 연료가 유입되는 때는?

① 10%rpm
② 50%rpm
③ 95%rpm
④ 100%rpm

해설
- 0%rpm
  - 축전지 SW On, APU 마스트 SW Start, 스타터 모터 작동(APU 마스트 SW Start : 연료공급, 공기흡입구 개방, 공기배출구 닫음)
- 10%rpm : 오일압력 확인, 이그니션 작동, 연료 유입
- 50%rpm : 스타터 모터 분리
- 95%rpm : 전력공급가능, 공기압 공급 가능, 이그니션 Off
- 100%rpm : 정상 운전

78 항공기의 시동모터(Starter)에 가장 적합한 전동기의 종류는?

① 분권식
② 직권식
③ 복권식
④ 스플릿(Split)식

해설
- 직권식 : 계자-전기자 직렬, 시동토크 크고 속도변화 발생
- 분권식 : 계자-전기자 병렬, 시동토크 약하고 속도 일정
- 복권식 : 직권+분권, 시동 시 직권으로 시작, 속도 증가하면 분권으로 변경
- 가역 전동기 : 회전 방향 조절 가능

79 납산 축전지의 셀당 전압(V)은?

① 1.1
② 2.2
③ 3.3
④ 4.4

80 어떤 교류 발전기의 정격이 115V, 1kVA, 역률이 0.866일 때 무효전력은?(단, 위상차가 30°이다)

① 500W
② 866W
③ 500Var
④ 866Var

해설
교류의 전력
- 피상전력$(VA) = EI = I^2 Z$
- 유효전력$(W) = I^2 R = $ 피상전력 $\times \cos\theta$(역률)
- 무효전력$(Var) = I^2(X_L - X_C) = $ 피상전력 $\times \sin\theta$
- (피상전력)^2 = (유효전력)^2 + (무효전력)^2
  무효전력 $= \sqrt{피상전력^2 - 유효전력^2}$
  $= \sqrt{1,000^2 - (1,000 \times 0.866)^2} = 500.043(Var)$

2021년 제2회 과년도 기출복원문제

제1과목 항공역학

01 헬리콥터 회전날개의 회전면과 회전날개(원뿔 모서리)사이의 각을 코닝각(Coning Angle)이라 부르는데 이러한 코닝각을 결정하는 요소는?
① 항력과 원심력의 합력
② 양력과 추력의 합력
③ 양력과 원심력의 합력
④ 양력과 항력의 합력

02 비행기의 효율을 증가시키기 위해 앞전 무게를 증가시키는데 이것을 무엇이라고 하는가?
① 과소평형　　② 과대평형
③ 평행상태　　④ 정적평형

[해설]
- 과소평형 : 뒷전이 밑으로 내려가는 경우, '+'
- 과대평형 : 뒷전이 위로 올라가는 경우, '−', 효율적인 비행

03 이상기체에서 압력이 2배, 체적이 3배로 증가했을 경우 온도는 어떻게 되는가?
① 변함이 없다.
② 1.5배 증가
③ 6배 증가
④ 8배 증가

[해설]
$PV = RT$
$\therefore T' = \dfrac{P'V'}{R} = \dfrac{2P3V}{R} = 6T$

04 헬리콥터의 양력분포 불균형을 해결하는 방법으로 가장 올바른 것은?
① 전진하는 깃과 후퇴하는 깃의 받음각을 같게 한다.
② 전진하는 깃과 뒤로 후퇴하는 깃의 피치각을 동시에 증가시킨다.
③ 전진하는 깃의 피치각은 감소시키고 뒤로 후퇴하는 깃의 피치각은 증가시킨다.
④ 전진하는 깃의 피치각은 증가시키고 뒤로 후퇴하는 깃의 피치각은 감소시킨다.

05 에일러론이 작동하는 경우 내리는 조종면보다 올리는 조종면을 크게 하는 이유에 대한 설명 중 맞는 것은?
① 빗놀이 운동을 방지하기 위하여
② 착륙성능을 좋게 하기 위하여
③ 상승각을 크게 하기 위하여
④ 에일러론의 열림을 방지하기 위하여

[해설]
비행기에서 올림과 내림의 작동 범위가 서로 다른 차동 도움날개를 사용하는 것은 도움날개 사용 시 유도항력 크기가 다르기 때문에 발생하는 역빗놀이(Adverse Yaw)를 작게 하기 위한 것이다.

정답 1 ③ 2 ② 3 ③ 4 ③ 5 ①

06 다음 중에서 대기권의 구조는?

① 대류권 – 성층권 – 전리층 – 외기권
② 성층권 – 대류권 – 전리층 – 외기권
③ 전리층 – 성층권 – 대류권 – 외기권
④ 대류권 – 전리층 – 외기권 – 성층권

해설
대기권의 구조는 고도의 증가에 따라 대류권 – 성층권(오존층) – 중간권 – 열권(전리층) – 극외권으로 구성된다.

07 비행기의 날개 윗면에서 천이 현상이 일어난다. 그 현상은 다음 중 어느 것인가?

① 표면에서 공기가 떨어져 나가는 현상
② 층류에서 난류로 변하는 현상
③ 정상류에서 비정상류로 바뀌는 현상
④ 풍압중심이 이동하는 현상

08 점성의 영향을 무시하고 흐름을 해석한 경우는?

① 압축성 유체
② 정상 흐름
③ 실제 유체
④ 이상 유체

해설
- 압축성 유체 : 공기와 같은 기체
- 비압축성 유체 : 액체와 같은 밀도의 변화가 없는 유체
- 정상 흐름 : 유체에 가하는 압력을 시간의 경과에도 일정하게 유지되는 흐름
- 비정상 흐름 : 시간의 경과에 따라 주어진 한 점에서의 밀도, 속도, 압력 등이 시간에 따라 변하는 흐름
- 점성 흐름 : 점성의 영향을 고려해야 하는 실제 흐름
- 비점성 흐름 : 점성을 고려하지 않은 이상유체 흐름

09 다음 특성은 동안정성을 나타낸 것이다. 바른 것은?

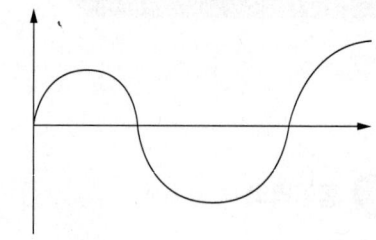

① 동적 불안정
② 동적 안정
③ 정적 불안정
④ 정적 안정

10 NACA 23015의 날개골에서 최대 캠버의 위치는?

① 15%
② 20%
③ 23%
④ 30%

해설
- 2 : 최대 캠버의 크기가 시위의 2%
- 3 : 최대 캠버의 위치가 시위의 15%
- 0 : 평균 캠버선이 뒤쪽 반이 직선(1 : 곡선)
- 15 : 최대 두께가 시위의 15%

11 항공기의 세로 안정성에 대한 설명으로 틀린 것은?

① 무게중심위치가 공기역학적 중심보다 전방에 위치할수록 안정성이 좋다.
② 날개가 무게중심위치보다 높은 위치에 있을 때 안정성이 좋다.
③ 꼬리날개의 면적이 크면 안정성이 좋다.
④ 꼬리날개 효율이 작으면 안정성이 좋다.

13 다음 중 받음각이 0°일 때 양력계수가 "0"이 되는 날개는 무엇인가?

① 대칭 날개
② 캠버가 큰 날개
③ 두꺼운 날개
④ 얇은 날개

> **해설**
> 대칭날개는 받음각이 0°일 때 캠버가 '0'이므로 양력계수도 "0"이 된다.

14 다음 유도 항력에 대한 설명 중 맞는 것은 무엇인가?

① 양력계수의 제곱에 비례한다.
② 종횡비에 비례한다.
③ 가로세로비에 비례한다.
④ 비행기 속도의 제곱에 반비례한다.

> **해설**
> 유도항력계수 $C_{Di} = \dfrac{C_L^2}{\pi e AR}$ 이므로 양력계수의 제곱에 비례한다.

12 최대 상승률이 되는 지점은?

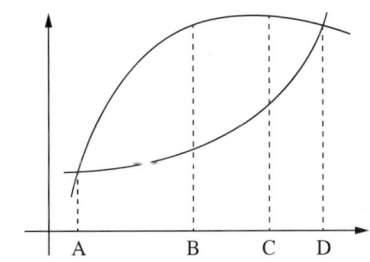

① A
② B
③ C
④ D

15 결빙이 초래하는 현상이 아닌 것은?

① 항력감소, 양력증가
② 출력감소, 항력증가
③ 항력증가, 양력감소
④ 양력감소, 출력감소

> **해설**
> 결빙의 초래 : 형상적으로 항력증가, 양력의 감소

16 항공기의 상승률(Rate of Climb)이란?

① $\dfrac{\text{이용마력} - \text{필요마력}}{\text{항공기의 중량}}$

② $\dfrac{\text{이용마력} - \text{필요마력}}{(\text{항공기의 중량})^2}$

③ $\dfrac{\text{이용마력} - \text{필요마력}}{\text{날개의 면적}}$

④ $\dfrac{\text{이용마력} - \text{필요마력}}{(\text{날개의 면적})^2}$

17 중량이 2,000kg인 항공기가 20m/s의 속도로 비행할 때 양항비는 8이다. 이때의 출력(kg·m/s)은 얼마인가?

① 4,000 ② 4,500
③ 5,000 ④ 6,000

해설
수평비행
$T = D \cdots$ ㉠
$W = L \cdots$ ㉡
$\dfrac{㉠}{㉡} = \dfrac{T}{W} = \dfrac{D}{L}$

$T = \dfrac{W}{\text{양항비}}$, $T = \dfrac{2,000}{8} = 250$

∴ 출력 $= TV = 250 \times 20 = 5,000(\text{kg} \cdot \text{m/s})$

18 착륙거리를 짧게 하기 위한 설명으로 가장 올바른 것은?

① 항력을 작게 한다.
② 착륙속도를 크게 한다.
③ 마찰이 큰 활주로에 착륙한다.
④ 활주 시 비행기 양력을 크게 한다.

해설
$S = \dfrac{W}{2g} \cdot \dfrac{V^2}{(D + \mu W)}$

착륙거리를 짧게 하기 위한 조건
- 이륙할 때와 같이 비행기의 착륙 무게가 가벼워야 지상 활주거리가 짧게 된다.
- 착륙 속도가 작아야 한다.
- 착륙 활주 중에 항력을 크게 해야 한다.

19 무게가 8,000kg인 항공기의 제동력이 3,800kg이고 착륙 속도가 160km/h일 때 착륙활주거리는 얼마인가?

① 187m ② 208m
③ 213m ④ 306m

해설
착륙활주거리$(S) = \dfrac{W}{2g} \cdot \dfrac{V^2}{D + \mu W} = \dfrac{8,000}{2 \times 9.8} \times \dfrac{(44.44)^2}{3,800}$
≒ 212(m)

※ $D + \mu W = 3,800$
  km/h = 1,000/3,600 m/s

20 착륙 시 Propeller 항공기의 장애물 고도는?

① 11m ② 15m
③ 25m ④ 30m

해설
- Propeller 장애물 고도 : 15m
- Jet 장애물 고도 : 10.7m

제2과목 항공기관

21 왕복엔진의 점화시기를 점검하기 위하여 타이밍 라이트(Timing Light)를 사용할 때, 마그네토 스위치는 어디에 위치시켜야 하는가?

① BOTH
② OFF
③ LEFT
④ RIGHT

해설
마그네토 스위치의 선택 위치는 LEFT, BOTH, RIGHT가 있는데, 점화시기 조절 시에 BOTH에 위치시킨다.

22 제트엔진 항공기가 300m/s의 속도로 비행할 때 배기가스 속도가 900m/s라면 이 엔진의 추진효율은 몇 %인가?

① 30
② 50
③ 60
④ 70

해설
터보제트엔진 추진효율
$$\eta_p = \frac{2V_a}{V_j + V_a} = \frac{600}{1,200} = 50(\%)$$

23 가스터빈엔진의 연료조절장치의 수감부분에서 수감하는 주요 작동변수가 아닌 것은?

① 엔진의 회전수
② 압축기 입구 온도
③ 연료펌프의 출구 압력
④ 동력 레버의 위치

해설
연료조절장치 수감부의 작동 변수
• 엔진 회전수(rpm)
• 압축기 출구 압력(CDP)
• 압축기 입구 온도(CIT)
• 동력 레버 위치

24 그림과 같이 오토사이클의 $P-V$ 선도에서 $v_1 = 5m^3/kg$, $v_2 = 1m^3/kg$인 경우 압축비는 얼마인가?

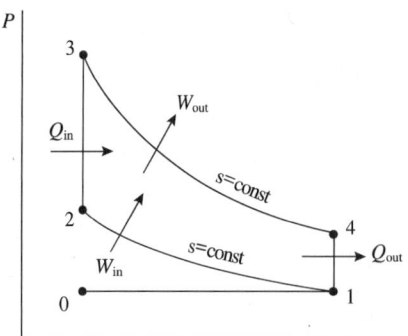

① 0.2
② 2.5
③ 5
④ 10

해설
압축비 $\varepsilon = \dfrac{v_2}{v_1} = 5$

25 표준상태에서의 이상기체 20L를 5기압으로 압축하였을 때 부피는 몇 L가 되겠는가?(단, 변화과정 중 온도는 일정하다)

① 0.25
② 2.5
③ 4
④ 10

해설
표준상태 기압은 1기압, 온도가 일정하므로 보일-샤를의 법칙에서
$P_1 V_1 = P_2 V_2$
$$V_2 = \frac{P_1 V_1}{P_2} = \frac{20}{5} = 4(L)$$

정답 21 ① 22 ② 23 ③ 24 ③ 25 ③

26 가스터빈엔진에서 증기 폐쇄를 줄이기 위한 방법으로 맞지 않는 것은?

① 연료라인의 급격한 경사나 방향변화를 피한다.
② 연료가 빠르게 기화하지 않도록 휘발성을 조절한다.
③ 연료라인을 열원과 가까이 한다.
④ 연료계통 내에 부스터 펌프를 적용시킨다.

해설
증기폐쇄를 줄이기 위해서는 연료라인을 열원과 멀리하도록 한다.

27 정속 프로펠러에서 파일럿 밸브(Pilot Valve)를 작동시키는 힘을 발생시키는 것은?

① 프로펠러 감속기어
② 조속펌프 유압
③ 엔진오일 유압
④ 플라이 웨이트

해설
프로펠러 회전수 과속(감속) → 플라이 웨이트 회전수 증가(감소) → 원심력 증가(감소) → 파일럿 밸브 위(아래)로 이동 → 윤활유 배출(공급)

28 항공기 왕복 엔진 연료의 안티노크(Anti-knock)제로 가장 많이 사용되는 것은?

① 벤 젠
② 4-에틸납
③ 톨루엔
④ 메틸알코올

해설
연료에 4-에틸납을 섞으면 안티노크성이 증대되면서 엔진의 노크 현상을 방지할 수 있다.

29 터빈 깃의 냉각방법 중 터빈 깃의 표면에 작은 구멍을 통하여 나온 찬 공기의 얇은 막이 터빈 깃을 둘러싸서 터빈 깃을 냉각시키는 것은?

① 침출 냉각
② 충돌 냉각
③ 공기막 냉각
④ 증발 냉각

해설
- 대류 냉각(Convection Cooling) : 터빈 내부에 공기 통로를 만들어 이곳으로 차가운 공기가 지나가게 함으로써 터빈을 냉각
- 충돌 냉각(Impingement Cooling) : 터빈 깃 내부에 작은 공기 통로를 설치한 후 냉각 공기를 충돌시켜 깃을 냉각
- 공기막 냉각(Air Film Cooling) : 터빈 깃의 표면에 작은 구멍을 통하여 나온 찬 공기의 얇은 막이 터빈 깃을 둘러싸서 터빈 깃을 냉각
- 침출 냉각(Transpiration Cooling) : 터빈 깃을 다공성 재료로 만들고 깃 내부에 공기 통로를 만들어 차가운 공기가 터빈 깃을 통하여 스며 나오게 함으로써 터빈 깃을 냉각
※ 현용 엔진의 터빈 블레이드 냉각에는 다중경로 대류 냉각 방식과 공기막 냉각 방식이 동시에 사용되고 있으며, 동시에 앞전 부분에는 충돌 냉각 방식을 적용하기도 한다.

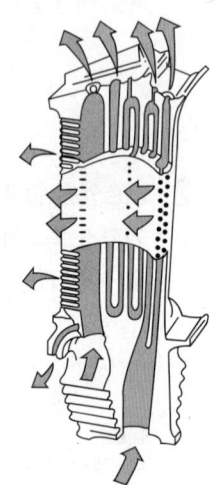

30 항공기용 왕복엔진의 밸브 개폐 시기가 다음과 같다면 밸브 오버랩(Valve Over Lap)은 몇 도(°)인가?

| I.O : 30° BTC | E.O : 60° BBC |
| I.C : 60° ABC | E.C : 15° ATC |

① 15
② 45
③ 60
④ 75

해설
밸브 오버랩은 흡기밸브와 배기밸브가 동시에 열려있는 구간이므로 30° + 15° = 45°

31 정상 작동 중인 왕복엔진에서 점화가 일어나는 시점은?

① 상사점 전
② 상사점
③ 하사점 전
④ 하사점

해설
왕복엔진에서 점화는 압축 상사점 전에 이루어진다.

32 아음속 항공기의 수축형 배기노즐의 역할로 옳은 것은?

① 속도를 감소시키고 압력을 증가시킨다.
② 속도를 감소시키고 압력을 감소시킨다.
③ 속도를 증가시키고 압력을 증가시킨다.
④ 속도를 증가시키고 압력을 감소시킨다.

해설
아음속 흐름 시, 수축 노즐에서 속도는 증가, 압력은 감소하며, 반대로 확산 노즐에서는 속도는 감소, 압력은 증가한다.

33 왕복엔진을 낮은 기온에서 시동하기 위해 오일희석(Oil Dilution)장치에서 사용하는 것은?

① Alcohol
② Propane
③ Gasoline
④ Kerosene

해설
오일희석은 다른 추가 용제를 사용하지 않고 왕복엔진 연료로 쓰이는 가솔린을 이용한다.

34 엔진의 공기 흡입구에 얼음이 생기는 것을 방지하기 위한 방빙(Anti-icing) 방법으로 옳은 것은?

① 배기가스를 인렛 스트럿(Inlet Strut)에 보낸다.
② 압축기 통과 전의 청정한 공기를 인렛(Inlet)쪽으로 순환시킨다.
③ 압축기의 고온 브리드 공기를 흡입구(Intake), 인렛 가이드 베인(Inlet Guide Vane)으로 보낸다.
④ 더운 물을 엔진 인렛(Inlet) 속으로 분사한다.

35 가스터빈엔진에서 배기노즐(Exhaust Nozzle)의 가장 중요한 기능은?

① 배기가스의 속도와 압력을 증가시킨다.
② 배기가스의 속도와 압력을 감소시킨다.
③ 배기가스의 속도를 증가시키고 압력을 감소시킨다.
④ 배기가스의 속도를 감소시키고 압력을 증가시킨다.

해설
항공기 추력은 배기속도와 흡기속도의 차에 비례하므로 배기가스 속도를 증가시키는 구조를 갖는다. 한편 배기가스 속도가 증가하면 압력은 감소한다.

정답 31 ① 32 ④ 33 ③ 34 ③ 35 ③

36 정속 프로펠러를 장착한 항공기가 순항 시 프로펠러 회전수를 2,300rpm에 맞추고 출력을 1.2배 높이면 프로펠러 회전계가 지시하는 값은?

① 1,800rpm
② 2,300rpm
③ 2,700rpm
④ 4,600rpm

해설
정속프로펠러는 조속기에 의해 저피치에서 고피치까지 자유롭게 피치를 조절할 수 있어, 비행속도나 엔진출력에 상관없이 프로펠러를 항상 일정한 회전속도로 유지하여 가장 좋은 프로펠러 효율을 가지도록 한다.

37 고열의 엔진 배기구 부분에 표시(Marking)를 할 때 납이나 탄소 성분이 있는 필기구를 사용하면 안 되는 주된 이유는?

① 고열에 의해 열응력이 집중되어 균열을 발생시킨다.
② 고압에 의해 비틀림 응력이 집중되어 균열을 발생시킨다.
③ 고압에 의해 전단응력이 집중되어 균열을 발생시킨다.
④ 고열에 의해 전단응력이 집중되어 균열을 발생시킨다.

38 속도 720km/h로 비행하는 항공기에 정착된 터보제트엔진이 300kgf/s로 공기를 흡입하여 400m/s의 속도로 배기시킨다면 이때 진추력은 몇 kgf인가? (단, 중력가속도는 10m/s²로 한다)

① 3,000
② 6,000
③ 9,000
④ 18,000

해설
터보제트엔진 진추력
$$F_n = \frac{W_a}{g}(V_j - V_a) = \frac{300}{10}(400-200) = 6,000(\text{kgf})$$
여기서, W_a : 흡입공기 중량유량
V_j : 배기가스 속도(720km/h = 200m/s)
V_a : 비행속도

39 항공기 왕복엔진의 오일 탱크 안에 부착된 호퍼(Hopper)의 주된 목적은?

① 오일을 냉각시켜 준다.
② 오일 압력을 상승시켜 준다.
③ 오일 내의 연료를 제거시켜 준다.
④ 시동 시 오일의 온도 상승을 돕는다.

해설
오일 탱크에 있는 차가운 오일은, 탱크 안에 설치되어 있는 호퍼(Hopper) 내에서 엔진을 순환한 뜨거운 오일과 섞여 온도가 상승하여 엔진으로 공급된다.

40 항공기용 가스터빈엔진 연료계통에서 연료매니폴드로 가는 1차 연료와 2차 연료를 분배하는 역할을 하는 부품은?

① P&D밸브
② 체크밸브
③ 스로틀밸브
④ 파워레버

해설
여압 및 드레인 밸브(P&D Valve)의 역할
• 연료의 흐름을 1차 연료와 2차 연료로 분리
• 연료 압력이 규정 압력 이상이 될 때까지 연료 흐름을 차단
• 엔진 정지 시 매니폴드나 연료 노즐에 남아있는 연료를 외부로 방출

제3과목 | 항공기체

41 연료탱크에 있는 벤트계통(Vent System)의 주역할로 옳은 것은?

① 연료탱크 내의 증기를 배출하여 발화를 방지한다.
② 비행자세의 변화에 따른 연료탱크 내의 연료유동을 방지한다.
③ 연료탱크 최하부에 위치하여 수분이나 잔류 연료를 제거한다.
④ 연료탱크 내외부의 차압에 의한 탱크구조를 보호한다.

해설
연료탱크는 고도에 따라 탱크 내의 압력과 외기 압력을 균등하게 유지할 필요가 있다. 연료탱크의 벤트는 연료탱크 내부에 외기의 공기가 드나들 수 있는 공기 통로 역할을 하며, 대기 압력과 같게 유지하는 역할을 한다.

42 두께가 0.01in인 판의 전단흐름이 30lb/in일 때 전단응력은 몇 lb/in²인가?

① 3,000
② 300
③ 30
④ 0.3

해설
$\tau = \dfrac{F_s}{A} = \dfrac{F_s}{b \times t} = \dfrac{F_s}{b} \times \dfrac{1}{t} = 30 \times \dfrac{1}{0.01} = 3,000(\text{lb/in}^2)$

43 그림과 같은 일반적인 항공기의 $V-n$ 선도에서 최대 속도는?

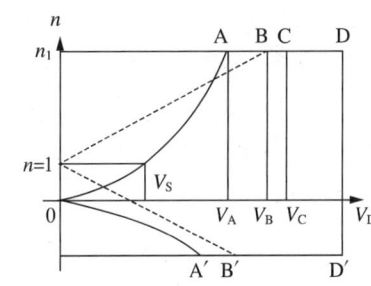

① 실속속도
② 설계급강하속도
③ 설계운용속도
④ 설계돌풍운용속도

해설

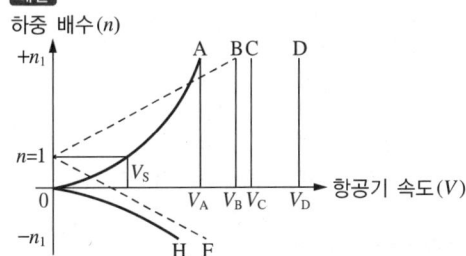

V_S(실속속도) < V_A(설계운용속도) < V_B(설계 돌풍 운용속도) < V_C(설계순항속도) < V_D(설계급강하속도)

44 2개의 알루미늄 판재를 리벳팅하기 위해 구멍을 뚫으려 할 때 판재가 움직이려 한다면 사용해야 하는 것은?

① 클레코
② 리머
③ 버킹바
④ 뉴매틱 해머

해설
클레코

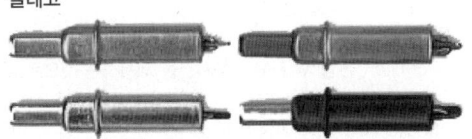

45 엔진이 2대인 항공기의 엔진을 1,750kg의 모델에서 1,850kg의 모델로 교환하였으며, 엔진은 기준선에서 후방 40cm에 위치하였다. 엔진을 교환하기 전의 항공기 무게평형(Weight and Balance)기록에는 항공기 무게 15,000kg, 무게중심은 기준선 후방 35cm에 위치하였다면, 새로운 엔진으로 교환 후 무게중심 위치는?

① 기준선 전방 약 32cm
② 기준선 전방 약 20cm
③ 기준선 후방 약 35cm
④ 기준선 후방 약 45cm

해설
- 새로운 비행기의 무게
  W_{new} = 원래 항공기 무게 + 새로운 엔진의 무게 증가량
  = 15,000 + (100 × 2) = 15,200
- 장착 전 원래 모멘트
  M_{old} = 항공기 무게 × 기존무게중심
  = 15,000 × 35 = 525,000
- 장착 후 새롭게 추가된 모멘트
  M_{add} = 추가 무게 × 기준선으로부터 거리
  = (100 × 2) × 40 = 8,000
- 새로운 무게중심위치
  $CG_{new} = \dfrac{M_{new}}{W_{new}} = \dfrac{525,000 + 8,000}{15,200} = 35.01(cm)$

46 다음 중 수지용기의 라벨에 "Pot Life 30min, Shelf Life 12 Mo."라고 적혀 있다면 옳은 설명은?

① 수지가 선반에 보관된 기간이 12개월이다.
② 얇은 판재 두께의 12배의 넓이로 작업한다.
③ 수지를 촉매와 섞어 혼합시키면 30분 안에 사용하여 작업을 끝내야 한다.
④ 용기의 크기는 최소 12in 크기로 최소 30분 동안 혼합한다.

해설
- Pot Life : 혼합 후 사용 가능시간을 제시하는 것으로 제시 시간 내에 작업해야 함
- Shelf Life : 저장 가능한 유효기간

47 항공기의 구조물에서 프레팅(Fretting) 부식이 생기는 원인으로 가장 적합한 것은?

① 잘못된 열처리에 의해 발생
② 표면에 생성된 산화물에 의해 발생
③ 서로 다른 금속 간의 접촉에 의해 발생
④ 서로 밀착된 부품 간에 아주 작은 진동에 의해 발생

해설
찰과 부식(Fretting Corrosion)
밀착된 구성품 사이에 작은 진폭의 상대운동으로 인해 발생하는 부식이다.

48 계기 장착을 위한 판금 부품이나 날개의 리브, 날개보 등에 홀(Hole)을 뚫기 위해 사용하는 펀치는?

① Pin Punch
② Center Punch
③ Transfer Punch
④ Chassis Punch

해설
① Pin Punch : 핀이나 리벳, 볼트 등 제거
② Center Punch : 드릴작업 전에 오목한 홈을 만듦
③ Transfer Punch : 형판이나 기존 홀을 이용하여 새로운 홀의 위치 표시

49 실속속도가 90mph인 항공기를 120mph로 수평 비행 중 조종간을 급히 당겨 최대 양력 계수가 작용하는 상태라면 주 날개에 작용하는 하중배수는 약 얼마인가?

① 1.5
② 1.78
③ 2.3
④ 2.57

해설
하중배수(n)
$n = \left(\dfrac{V}{V_s}\right)^2 = \left(\dfrac{120}{90}\right)^2 = 1.78$
여기서, V : 비행속도, V_s : 실속속도

50 경비행기의 방화벽(Fire Wall) 재료로 사용되는 18-8 스테인리스강(Stainless Steel)에 대한 설명으로 옳은 것은?

① Cr-Mo강으로서 열에 강하다.
② 18% Cr과 8% Ni를 갖는 내식강이다.
③ 1.8%의 탄소와 8%의 Cr를 갖는 특수강이다.
④ 1.8%의 Cr과 0.8%의 Ni를 갖는 내식강이다.

해설
스테인리스강은 내식성이 강한 합금강을 말하며, 크롬계와 니켈-크롬계로 대별된다. 크롬계의 대표적인 것으로는 13크롬강, 18크롬강 등이 있고, 니켈-크롬계의 대표적인 것으로 18-8 스테인리스강(Cr 18%, Ni 8%) 등이 있다.

51 AN 표준규격 재료기호 2024(DD) 리벳을 상온에 노출되고 10분 이내에 리벳팅을 해야 하는 이유는?

① 시효경화가 되기 때문에
② 부식이 시작되기 때문에
③ 시효경화가 멈추기 때문에
④ 열팽창으로 지름이 커지기 때문에

해설
아이스박스 리벳인 2024(DD), 2017(D)은 상온 상태에서는 자연적으로 시효경화가 생기기 때문에 아이스박스에 보관해야 한다.

52 판재를 굴곡작업하기 위한 그림과 같은 도면에서 굴곡 접선의 교차부분에 균열을 방지하기 위한 구멍의 명칭은?

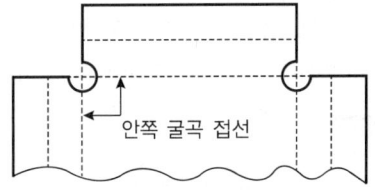

안쪽 굴곡 접선

① Lighting Hole
② Pilot Hole
③ Counter Sunk Hole
④ Relief Hole

53 다음 중 드릴(Drill)로 구멍을 뚫을 때 가장 빠른 드릴 회전을 해야 하는 재료는?

① 주 철 ② 알루미늄
③ 타이타늄 ④ 스테인리스강

해설
재질에 따른 드릴 회전 속도
알루미늄 > 구리 > 주철 > 연강 > 탄소강 > 공구강 > 니켈강 > 스테인리스강

54 다음 중 탄소강을 이루는 5개 원소에 속하지 않는 것은?

① Si ② Mn
③ Ni ④ S

해설
탄소강을 이루는 5대 원소는 탄소(C), 황(S), 인(P), 망가니즈(Mn) 및 규소(Si) 등이다.

55 항공기 최대 총 무게에서 자기무게를 뺀 무게는?

① 유상하중(Useful Load)
② 테어무게(Tare Weight)
③ 최대 허용무게(Max Allowance Weight)
④ 운항자기무게(Operating Empty Weight)

해설
유상하중(유용하중, Useful Weight)
승무원, 승객, 화물, 무장 계통, 연료, 윤활유의 무게를 포함한 것으로, 최대 총무게에서 자기무게를 뺀 것을 말한다.
테어무게(Tare Weight)
항공기의 무게를 측정할 때에 사용하는 잭, 블록, 촉, 지지대와 같은 부수적인 품목의 무게를 말한다. 항공기의 실제 무게와는 관계가 없다.

56 페일 세이프(Fail Safe) 구조형식이 아닌 것은?

① 이중(Double) 구조
② 대치(Back-Up) 구조
③ 샌드위치(Sandwich) 구조
④ 다경로 하중(Redundant Load) 구조

해설
페일 세이프 구조 종류
• 다경로 하중 구조(Redundant Structure)
• 이중 구조(Double Structure)
• 대치 구조(Back Up Structure)
• 하중경감 구조(Load Dropping Structure)

57 비행기의 조종간을 앞쪽으로 밀고 오른쪽으로 움직였다면 조종면의 움직임은?

① 승강키는 내려가고, 왼쪽 도움날개는 올라간다.
② 승강키는 올라가고, 왼쪽 도움날개는 내려간다.
③ 승강키는 내려가고, 오른쪽 도움날개는 올라간다.
④ 승강키는 올라가고, 오른쪽 도움날개는 올라간다.

해설
조종간을 앞으로 밀면 승강키가 내려가서 기수가 아래쪽으로 향하고, 오른쪽으로 움직이면 오른쪽 도움날개는 올라가고 왼쪽 도움날개는 내려가면서 오른쪽으로 선회하게 된다.

58 폭이 20cm, 두께가 2mm인 알루미늄 판을 그림과 같이 직각으로 굽히려 할 때 필요한 알루미늄 판의 세트백(Set Back)은 몇 mm인가?

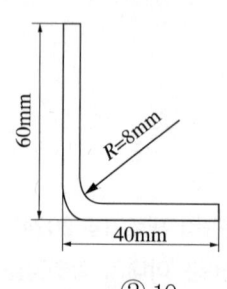

① 8 ② 10
③ 12 ④ 14

해설
세트백(SB ; Set Back)
$$SB = \tan\frac{\theta}{2}(R+T)$$
각도가 90°일 경우
$$SB = \tan\frac{90°}{2}(R+T) = R+T = 8+2 = 10(mm)$$

59 항공기의 무게중심이 기준선에서 90in에 있고, MAC의 앞전이 기준선에서 82in인 곳에 위치한다면 MAC가 32in인 경우 중심은 몇 %MAC인가?

① 15
② 20
③ 25
④ 35

해설
평균 공력시위(MAC ; Mean Aerodynamic Chord)
항공기 날개의 공기역학적인 시위

%MAC = $\dfrac{CG-S}{MAC} \times 100$

여기서, CG : 기준선에서 무게중심까지의 거리
S : 평균 공력시위의 앞전까지의 거리
MAC : 평균 공력시위의 길이

%MAC = $\dfrac{90-82}{32} \times 100 = 25\%$

60 머리에 스크루 드라이버를 사용하도록 홈이 파여 있고 전단 하중만 걸리는 부분에 사용되며 조종계통의 장착핀 등으로 자주 사용되는 볼트는?

① 내부렌치 볼트
② 아이 볼트
③ 육각머리 볼트
④ 클레비스 볼트

해설
클레비스 볼트

제4과목 항공장비

61 20HP의 펌프를 쓰자면 몇 kW의 전동기가 필요한가?(단, 펌프의 효율은 80%이다)

① 8
② 10
③ 12
④ 19

해설
$P \times 0.8 = 20HP$
$P = 20 \times 746/0.8 = 18,650W ≒ 19kW$

62 방빙(Anti-icing), 제빙(De-icing) 장치 중 제거 방법을 잘못 설명한 것은?

① 실속 경고 탐지기(Angle Of Attack Sensor) – 공기
② 조종날개 – 공기, 열
③ 화장실 – 전열
④ 윈드실드(Windshield), 윈도(Window) – 전열, 고온공기

해설
실속경고탐지기는 공기흐름에 대한 받음각을 이용하므로(실속각 초과 감지) 공기로 방·제빙을 하면 오차가 발생한다.

63 다음 중에서 온도에 영향을 받지 않는 것은?

① 고도계
② 속도계
③ CHT
④ 전류계

64 대형 항공기용 완충장치인 올레오식 완충장치의 작동원리는?

① 공기의 압축성
② 작동유의 압축성
③ 공기와 작동유를 이용
④ 공기의 압축성과 작동유가 오리피스를 통과할 때 생기는 마찰력을 이용

해설
공기의 압축성효과에 의한 탄성에너지와 작동유 흐름 제한에 따른 에너지 손실에 의해 충격을 흡수한다.

65 제동장치 계통의 작동점검에서 페이딩(Fading) 현상이란?

① 제동장치 계통에 공기가 차 있어서 제동력을 제거하여도 제동장치가 원상태로 회복이 잘 안 되는 현상
② 제동라이닝에 기름이 묻어 제동상태가 원활하게 이루어지지 않는 현상
③ 제동장치의 작동기구가 파열되어 제동이 안 되는 현상
④ 제동장치가 가열되어 제동라이닝이 소실됨으로써 미끄러지는 상태가 발생하여 제동효과가 감소되는 현상

해설
- Grabbing : 제동라이닝에 기름이 묻어 제동이 원활하게 이루어지지 않는 현상
- Fading : 제동장치가 가열되어 제동라이닝이 소실됨으로써 미끄러지는 상태가 발생하여 제동효과가 감소되는 현상
- Dragging : 제동장치 계통에 공기가 차 있어서 제동력을 제거하여도 제동장치가 원상태로 회복이 잘 안 되는 현상

66 유압력이 부족할 때 계통의 순위를 정해주는 밸브는?

① 순서 밸브
② 시간 밸브
③ 우선 밸브
④ 평형 밸브

67 객실에서 사용할 수 있는 가장 좋은 소화기는 무엇인가?

① Water, CO_2, 프레온, 분말, 사염화탄소, 질소
② CO_2, 프레온, 브로모클로로메테인
③ 질소, 분말, 사염화탄소
④ 브로모클로로메테인, 질소, 분말

해설
- 사염화탄소 소화기 : 독성의 영향으로 현재는 사용 금지
- 질소 소화기 : 액화 저장 시 −160℃를 유지해야 하므로 군용기만 사용

68 항공기 착륙장치가 완전히 접혀 격납이 완료되었을 때 착륙장치 인디케이터(Indicator)는 어떻게 지시하는가?

① 적색 지시램프가 들어온다.
② 녹색 지시램프가 들어온다.
③ 백색 지시램프가 들어온다.
④ 어떤 램프도 들어오지 않는다.

해설
- L/G 완전 Down 상태 : 녹색
- L/G 내려오거나 올라가는 중 : 적색
- L/G 완전 Up : 아무등도 켜지지 않는다.

정답 64 ④ 65 ④ 66 ③ 67 ② 68 ④

69 다음 중 화재탐지 방법에 사용하지 않는 것은?
① 온도 상승률 탐지기
② 스모크 탐지기
③ 이산화탄소 탐지기
④ 과열 탐지기

70 다음 중 전원이 필요 없는 계기는?
① 배기가스 온도계
② 전기저항식 온도계
③ 전기식 회전계
④ 와전류식 회전계

> **해설**
> 배기가스 온도계는 열전쌍식 온도계로 외부전원이 필요 없다.

71 매니폴드 압력에 대한 설명으로 옳은 것은?
① 상대압력으로 측정한다.
② 압력차를 이용해서 측정한다.
③ 절대압력으로 측정한다.
④ EPR 계기이다.

> **해설**
> 매니폴드 압력은 흡입압력계로 절대압력으로 측정한다.

72 동력 펌프 중 가변 용량이 가능한 펌프는?
① Gear Pump
② Vane Pump
③ Gerotor Pump
④ Piston Pump

73 자기 동조 계기에서 회전자 부분이 영구자석으로 이루어진 계기는?
① Desyn
② Autosyn
③ Gyrosyn
④ Magnesyn

74 전압이 110V인 회로에 저항이 55Ω인 부하를 5시간 동안 사용하면 소비된 총전기에너지(Wh)는?
① 1,000
② 1,100
③ 1,200
④ 1,300

> **해설**
> $P = E^2/R = 110^2/55 = 220W$
> $Wh = P \cdot t = 220 \times 5 = 1,100Wh$

75 압력 에너지를 직선운동으로 바꿔주는 장치는?
① 작동기
② 축압기
③ 마스터 실린더
④ 레저버

76 연료라인과 전기배선이 같은 방향으로 갈 경우 연료라인과 전기선을 배열하는 방법은?
① 연료라인은 전기선 하부에
② 같이 배열
③ 작업이 용이하도록 배열
④ 연료라인은 전기선 상부에

77 다음 중 보조 동력 장치(APU)의 역할은?
① 전기와 공압을 공급한다.
② 전기와 유압을 공급한다.
③ 공압과 유압을 공급한다.
④ 연료와 공압을 공급한다.

78 발전기에서 외부의 부하를 연결하면 전기자 코일에 전류가 흐르므로 이에 의해 자장이 기울어지는 편류가 발생한다. 이 편류를 교정하기 위해 설치하는 것은?
① 정속구동장치
② 정류자
③ CPU
④ 보 극

해설
원래 계자에 의한 자기장은 나란한 방향이나, 발전이 되면 전기자에 전류가 흘러 자기장이 발생되고 자기장이 휘어지는 편류가 발생한다. 이를 교정하기 위해서는 전기자에 흐르는 전류에 의한 자기장의 크기와 같고 방향이 반대인 자기장을 만들어 주어야 하는데, 이 역할을 보극이라 한다.

79 프레온 에어컨 계통에서 콘덴서의 냉각공기를 발생시키는 곳은?
① 엔진의 압축기
② 객실공기
③ 바깥공기
④ 배기가스

80 항공기가 야간에 불시착했을 때 기내 외를 밝혀주는 비상용 조명의 밝기는 책을 읽을 수 있을 정도이어야 한다. 이 조명의 최소 유지시간은?
① 10분
② 30분
③ 60분
④ 90분

75 ① 76 ① 77 ① 78 ④ 79 ③ 80 ①

2022년 제1회 과년도 기출복원문제

제1과목 | 항공역학

01 다음 중 고도에 따른 대기권의 구조 순서로 옳은 것은?

① 대류권 - 성층권 - 전리층 - 외기권
② 성층권 - 대류권 - 전리층 - 외기권
③ 전리층 - 성층권 - 대류권 - 외기권
④ 대류권 - 전리층 - 외기권 - 성층권

해설
대기권의 구조는 고도의 증가에 따라 대류권 - 성층권(오존층) - 중간권 - 열권(전리층) - 외기권으로 구성된다.

02 무게가 3,000kg이고 날개 면적이 40m²이며, 양력계수가 0.5인 비행기가 100km/h의 속도로 비행할 때 양력은 얼마인가?(단, 공기의 밀도는 0.2kgf·s²/m⁴이다)

① 771kg
② 1,543kg
③ 3,000kg
④ 3,086kg

해설
$L = C_L \frac{1}{2} \rho V^2 S = 0.5 \times \frac{1}{2} \times 0.2 \times \left(\frac{100}{3.6}\right)^2 \times 40 \approx 1,543 \text{(kg)}$

03 다음 중 비행기에 상반각을 주는 이유로 옳은 것은?

① 유도저항을 작게 한다.
② 익단 실속을 방지한다.
③ 선회성능을 향상시킨다.
④ 횡슬립(Slip)을 방지한다.

해설
날개의 상반각(쳐든각)은 가로안정에 있어 가장 중요한 요소로 안정한 옆놀이 모멘트를 발생시켜 날개의 옆미끄럼(횡슬립)을 방지한다.

04 다음 중 주익의 양력에 대한 설명으로 옳은 것은?

① 주익에 작용하는 공기역학적 힘 중 기축에 대한 수직상하의 분력성분을 의미한다.
② 주익에 작용하는 공기역학적 힘 중 공기흐름에 대한 상하방향의 분력성분을 의미한다.
③ 양력은 영각이 작을 때보다 큰 경우에 더 크다.
④ 양력은 수평선과 수직을 이룬다.

해설
주익의 양력은 주익에서 발생하는 공기역학적 힘 중 공기흐름에 대한 상하방향의 분력성분을 의미한다.

05 다음 중 비행기의 옆놀이(Rolling)를 조종하는 것은?

① 승강타
② 방향키
③ 도움날개
④ 수직안정판

해설
비행기의 3축 운동인 키놀이(Pitching), 옆놀이(Rolling), 그리고 빗놀이(Yawing)를 만드는 주조종면은 각각 승강타(Elevator), 도움날개(Aileron), 그리고 방향키(Rudder)이다.

정답 1 ① 2 ② 3 ④ 4 ② 5 ③

06 유도항력에 대한 설명 중 옳은 것은?

① 양력계수의 제곱에 비례한다.
② 종횡비에 비례한다.
③ 가로세로비에 비례한다.
④ 비행기 속도의 제곱에 반비례한다.

해설
유도항력계수(C_{Di})
$C_{Di} = \dfrac{C_L^2}{\pi e AR}$ 이므로, 양력계수(C_L)의 제곱에 비례한다.

07 비행 시 프로펠러기에 대한 최대 항속거리의 받음각은?

① C_L/C_D가 최대인 받음각
② C_D/C_L가 최대인 받음각
③ $C_L/C_D^{\frac{1}{2}}$가 최대인 받음각
④ $C_L^{\frac{1}{2}}/C_D$가 최대인 받음각

해설
최대 항속거리의 조건
- 프로펠러기 : $\left(\dfrac{C_L}{C_D}\right)_{max}$
- 제트기 : $\left(\dfrac{C_L^{\frac{1}{2}}}{C_D}\right)_{max}$

08 다음 중 잉여동력과 가장 관련 있는 것은?

① 최대 수평속도
② 최소 수평속도
③ 침하율
④ 상승률

해설
잉여동력(ΔP, 여유동력)은 비행기를 수직으로 상승시키는 데 사용된다. 비행기의 상승률(R/C, Rate of Climb)은 다음과 같다.
$R/C = V\sin\gamma = \dfrac{TV - DV}{W} = \dfrac{\Delta P}{W}$
여기서, V : 비행기의 속도, γ : 상승각, W : 비행기의 중량

09 이상기체에서 압력이 2배, 체적이 3배로 증가했을 경우, 온도의 변화는?

① 변함이 없다.
② 1.5배 증가
③ 6배 증가
④ 8배 증가

해설
$PV = RT$
$\therefore T' = \dfrac{P'V'}{R} = \dfrac{2P3V}{R} = 6T$

10 다음 중 양력에 대한 설명으로 옳은 것은?

① 속박와류는 양력을 발생시킨다.
② 날개 윗면이 정압(+), 아랫면이 부압(-)이다.
③ 내리흐름은 날개 윗면에 발생하는 현상이다.
④ 출발와류는 날개 앞전에 생긴다.

해설
날개에 출발와류(Starting Vortex)가 형성되면 날개 주위에도 이것과 크기가 같고 방향이 반대인 속박와류(Bound Vortex)가 생성된다. 이 순환흐름에 의해 쿠타-주코브스키(Kutta-Joukowski)의 양력이 발생된다.

11 공기 중에서 음파의 전파속도를 나타낸 식으로 옳지 않은 것은?(단, p : 압력, ρ : 밀도, R : 기체상수, T : 온도, k : 공기의 비열비이다)

① $\sqrt{pT}$

② $\sqrt{\dfrac{dp}{d\rho}}$

③ $\sqrt{\dfrac{kp}{\rho}}$

④ $\sqrt{kRT}$

해설
음파속도 관계식
$V_a = \sqrt{\dfrac{dp}{d\rho}} = \sqrt{\dfrac{kp}{\rho}} = \sqrt{kRT}$

12 대기압에 대한 설명 중 틀린 것은?

① 대기압은 공기의 무게이다.
② 위도 45°에서 온도가 15℃일 때를 1기압이라고 한다.
③ 지상에서 수은주의 높이가 760mmHg일 때를 1기압이라고 한다.
④ 각각 14.7psi와 29.92inHg가 1기압과 같다.

해설
위도 45°에서 온도가 0℃일 때를 1기압이라고 한다.

13 다음 중 받음각이 0°일 때 양력계수가 0이 되는 날개는?

① 대칭날개
② 캠버가 큰 날개
③ 두꺼운 날개
④ 얇은 날개

해설
대칭날개는 받음각이 0°일 때 캠버가 0이므로, 양력계수도 0이 된다.

14 고도의 증가에 따른 대기의 변화로 옳은 것은?

① 온도 증가, 압력과 밀도 감소
② 압력 증가, 온도와 밀도 감소
③ 압력, 밀도, 온도 증가
④ 압력, 밀도, 온도 감소

해설
고도가 증가하면 압력, 밀도, 온도, 음속이 모두 감소한다.

15 날개의 충격파 특성에 대한 설명으로 틀린 것은?

① 음속 이상일 때 발생한다.
② 충격파 후방의 공기흐름 속도는 급격히 감소한다.
③ 충격파를 지나온 공기입자의 밀도는 증가한다.
④ 충격파를 지나온 공기입자의 압력은 감소한다.

해설
충격파의 강도는 충격파의 앞쪽과 뒤쪽의 압력차를 의미하며, 충격파를 지나온 공기입자의 압력은 증가한다.

16 항공기 무게가 6,000kgf, 날개 면적이 40m², 밀도가 $\frac{1}{2}$ kgf-s²/m⁴이고, C_{Lmax}이 1.5일 때, V_{min}은 얼마인가?

① 30m/s
② 20m/s
③ 18m/s
④ 15m/s

해설

$$V_{min} = \sqrt{\frac{2W}{\rho S C_{Lmax}}} = \sqrt{\frac{2 \times 6,000}{\frac{1}{2} \times 40 \times 1.5}} = 20(m/s)$$

여기서, W: 항공기 무게, ρ: 밀도, S: 날개 면적

17 등속도 수평비행에 대한 설명으로 옳은 것은?

① 일정한 가속도로 수평비행하는 것이다.
② 시간에 따라 속도가 일정하게 증가하면서 수평비행하는 것이다.
③ 일정한 속도로 수평비행하는 것이다.
④ 필요마력이 일정한 수평비행이다.

18 비행 중인 항공기의 항력이 추력보다 클 때의 비행상태로 옳은 것은?

① 상승한다.
② 등속도 비행한다.
③ 감속 전진운동한다.
④ 가속 전진운동한다.

19 연동되는 도움날개에서 발생하는 힌지모멘트가 서로 상쇄되도록 조종력을 경감하는 장치는?

① Horn Balance
② Leading Edge Balance
③ Frise Balance
④ Internal Balance

해설

프리제 밸런스(Frise Balance)
조종력 경감장치의 일종으로, 도움날개의 힌지가 앞전에서 약간 뒤에 위치하여 도움날개가 쳐들어 올려지면 도움날개의 앞전이 날개의 아랫면 아래로 노출되어 유해항력을 발생시켜 도움날개가 쳐들어 올려지는 것을 돕는다.

20 무게가 1,000kg인 항공기의 선회각이 30°, 속도가 100km/h일 때, 양력은 약 몇 kg인가?(단, cos30° = 0.866이다)

① 1,155
② 1,509
③ 1,532
④ 1,259

해설

양력

$$L = \frac{W}{\cos\theta} = \frac{1,000}{\cos 30°} = \frac{1,000}{0.866} \approx 1,155(kg)$$

제2과목 항공기관

21 크랭크핀의 내부가 비어 있는 이유가 아닌 것은?

① 윤활유의 통로 역할
② 크랭크핀의 강도 증가
③ 크랭크축 전체 무게의 감소
④ 탄소 침전물이나 슬러지(Sludge)와 같은 이물질 처리

해설
크랭크핀의 내부가 비어 있는 이유
- 윤활유의 통로 역할을 한다.
- 크랭크축 전체의 무게를 줄여 준다.
- 탄소 침전물이나 슬러지 같은 이물질을 모이게 하는 방 역할을 한다.

22 가스터빈엔진에서 압축기 입구온도가 200K, 압력이 1.0kgf/cm^{2}이고, 압축기 출구압력이 10kgf/cm^{2}일 때 압축기 출구온도는 약 몇 K인가?(단, 공기 비열비는 1.4이다)

① 184.14
② 285.14
③ 386.14
④ 487.14

해설
$$T_{2i} = T_1 \times (\gamma)^{\frac{\kappa-1}{\kappa}} = 200 \times \left(\frac{10}{1}\right)^{\frac{1.4-1}{1.4}} \approx 386.1395(K)$$

23 다음 항공용 왕복엔진의 부품 중 크롬-니켈-몰리브덴강으로 제작된 것은?

① 크랭크축
② 흡기 밸브
③ 윤활유 탱크
④ 밸브 스프링

해설
크랭크축은 과도한 하중에 항상 노출되므로 SAE 4340(크롬-니켈-몰리브덴 합금강)같은 고강도 합금강으로 제작한다.

24 고온 탱크형(Hot Tank System) 윤활유 시스템에 대한 설명으로 옳은 것은?

① 고온의 소기오일(Scavenge Oil)이 냉각되어서 직접 탱크로 들어가는 방식
② 고온의 소기오일(Scavenge Oil)이 냉각되지 않고 직접 탱크로 들어가는 방식
③ 오일 냉각기가 소기계통에 있어 오일이 연료 가열기에 의해 가열되는 방식
④ 오일 냉각기가 소기계통에 있어 오일탱크의 오일이 가열기에 의해 가열되는 방식

해설
윤활계통 타입
- Cold Tank Type : 윤활유 냉각기가 윤활유 탱크로 향하는 배유라인 쪽에 위치하는 경우로, 탱크로 들어오는 윤활유는 냉각된 상태로 들어온다.
- Hot Tank Type : 윤활유 냉각기가 압력펌프를 지나 윤활유가 공급되는 위치에 있는 경우로, 윤활유 탱크로 들어오는 윤활유는 뜨거운 상태로 들어온다.

25 다음 중 항공용 가스터빈엔진의 연료가 아닌 것은?

① Jet A
② Jet B
③ JP-8
④ AVGAS

해설
AVGAS는 항공용 왕복엔진의 연료에 속한다.

정답 21 ② 22 ③ 23 ① 24 ② 25 ④

26 왕복엔진의 크랭크축에 다이내믹 댐퍼(Dynamic Damper)를 사용하는 주된 목적은?

① 커넥팅로드의 왕복운동을 방지하기 위하여
② 크랭크축의 비틀림 진동을 감쇠하기 위하여
③ 크랭크축의 자이로 작용(Gyroscopic Action)을 방지하기 위하여
④ 항공기가 교란되었을 때 원위치로 복원시키기 위하여

해설
다이내믹 댐퍼는 동적 평형을 주기 위한 진자형 추로서 크랭크축의 회전으로 인해 발생되는 비틀림 진동을 줄여 준다.

27 가스터빈엔진의 상태감시(Condition Monitoring) 방법이 아닌 것은?

① 보어스코프 검사
② 고열부분검사(HSI)
③ 윤활계통 미립자 검사
④ 분광오일분석 프로그램(SOAP)

해설
HSI는 엔진의 이상 유무와 상관없이 일정 시간이 경과하면 고온의 연소가스에 노출되는 연소실, 터빈, 배기 부분을 장탈·분해하여 검사하는 방법이다.

28 열역학적 성질을 세기성질(Intensive Property)과 크기성질(Extensive Property)로 분류할 경우 크기성질에 해당되는 것은?

① 체 적
② 온 도
③ 밀 도
④ 압 력

해설
크기성질은 물질의 양에 비례하는 성질로서 체적, 질량 등이 속하고, 세기성질은 물질의 양과 관계없는 온도, 압력, 밀도 등과 같은 성질이다.

29 항공기엔진의 오일을 정해진 기간마다 교환해야 하는 주된 이유로 옳은 것은?

① 오일이 연료와 희석되어 피스톤을 부식시키기 때문
② 오일의 색이 점차 짙게 변하기 때문
③ 오일이 열과 산화에 노출되어 점성이 커지기 때문
④ 오일이 습기, 산, 미세한 찌꺼기로 인해 오염되기 때문

30 일반적으로 왕복엔진의 배기가스 누설 여부를 점검하는 방법으로 옳은 것은?

① 배기가스온도(EGT)가 비정상적으로 올라가는지 살펴본다.
② 공기흡입관의 압력계기가 안정되지 않고 흔들리며 지시(Fluctuating Indication)하는지 살펴본다.
③ 엔진카울 및 주변 부품 등에 심한 그을음(Exhaust Soot)이 묻어 있는지 검사한다.
④ 엔진 배기 부분을 알칼리 용액 또는 샌드블라스팅(Sand Blasting)으로 세척하고 정밀검사를 한다.

31 속도 1,080km/h로 비행하는 항공기에 장착된 터보제트엔진이 294kg/s로 공기를 흡입하여 400m/s로 배기시킬 때 비추력(kg)은 약 얼마인가?

① 8.2 ② 10.2
③ 12.2 ④ 14.2

해설
터보제트엔진의 비추력은 진추력을 흡입공기 중량 유량으로 나눈 값이다.
즉, $F_s = \dfrac{V_j - V_a}{g} = \dfrac{400 - 300}{9.8} \approx 10.2(\text{kg})$
여기서, F_s : 비추력, V_j : 배기속도, V_a : 흡입공기속도
※ 1,080km/h = 300m/s

32 오일의 양이 매우 적은 상태에서 왕복엔진을 시동하였을 때, 조종사가 인지할 수 있는 현상은?

① 정상작동을 한다.
② 오일압력계기가 0을 지시한다.
③ 오일압력계기가 동요(Fluctuation)한다.
④ 오일압력계기가 높은 압력을 지시한다.

해설
오일의 양이 매우 적으면 오일펌프 내로 공기가 흡입되고, 윤활계통에서 오일과 함께 고압의 공기가 분사되어 오일압력계기에 동요현상이 발생한다.

33 원심형 압축기에서 속도에너지가 압력에너지로 바뀌는 곳은?

① 임펠러(Impeller)
② 디퓨저(Diffuser)
③ 매니폴드(Manifold)
④ 배기노즐(Exhaust Nozzle)

해설
원심력식 압축기는 임펠러, 디퓨저, 매니폴드 등으로 구성되어 있고, 디퓨저는 속도에너지를 압력에너지로 변환시킨다.

34 초기압력과 체적이 각각 P_1=1,000N/cm², V_1=1,000cm³인 이상기체가 등온상태로 팽창하여 체적이 2,000cm³이 되었다면, 이때 기체의 엔탈피 변화는 몇 J인가?

① 0 ② 5
③ 10 ④ 20

해설
등온과정에서 엔탈피 변화
$dh = C_p dT$에서 $dT = 0$
$\Delta h = h_2 - h_1 = 0$
즉, 엔탈피의 변화는 없다.

35 가스터빈엔진의 엔진압력비(EPR ; Engine Pressure Ratio)를 나타낸 식으로 옳은 것은?

① $\dfrac{\text{터빈 출구압력}}{\text{압축기 입구압력}}$

② $\dfrac{\text{압축기 입구압력}}{\text{터빈 출구압력}}$

③ $\dfrac{\text{압축기 입구압력}}{\text{압축기 출구압력}}$

④ $\dfrac{\text{압축기 출구압력}}{\text{압축기 입구압력}}$

정답 31 ② 32 ③ 33 ② 34 ① 35 ①

36 고열의 엔진 배기구 부분에 표시(Marking)를 할 때 납이나 탄소성분이 있는 필기구를 사용하면 안 되는 주된 이유는?

① 고열에 의해 열응력이 집중되어 균열을 발생시킨다.
② 배기구 부분의 재질과 화학반응을 일으켜 재질을 부식시킬 수 있다.
③ 납이나 탄소성분이 있는 필기구는 한 번 쓰면 지워지지 않는다.
④ 배기구 부분의 용접 부위에 사용 시 화학반응을 일으켜 접합성능이 떨어진다.

37 가스터빈엔진이 정해진 회전수에서 정격출력을 낼 수 있도록 연료조절장치와 각종 기구를 조정하는 작업은?

① 리깅(Rigging)
② 모터링(Motoring)
③ 크랭킹(Cranking)
④ 트리밍(Trimming)

해설
엔진의 정해진 rpm 상태에서 정격출력을 내도록 연료조절장치를 조정하는 것을 엔진조절(엔진 트리밍, Engine Trimming)이라 한다.

38 흡입덕트의 결빙방지를 위해 공급하는 방빙원(Anti Icing Source)은?

① 압축기의 블리드 공기
② 연소실의 뜨거운 공기
③ 연료펌프의 연료 이용
④ 오일탱크의 오일 이용

해설
압축기 블리드 공기의 용도
• 객실 여압 및 냉난방
• 방빙 및 제빙
• 연료 가열 및 고온 부분 냉각
• 엔진 시동
• 계기 작동을 위한 동력원
• 베어링 실(Bearing Seal) 가압
• 압축기 공기흐름 조절

39 왕복엔진에서 밸브 오버랩(Valve Over Lap)을 두는 이유로 틀린 것은?

① 냉각을 돕는다.
② 체적효율을 향상시킨다.
③ 밸브의 온도를 상승시킨다.
④ 배기가스를 완전히 배출시킨다.

해설
밸브 오버랩을 두는 주된 이유는 체적효율 향상과 실린더 및 배기밸브의 냉각을 위해서이다.

40 항공기용 왕복엔진의 지시마력이 80HP, 제동마력이 64HP일 때, 이 엔진의 기계효율은?

① 0.20
② 0.25
③ 0.80
④ 1.25

해설
기계효율은 제동마력과 지시마력의 비이다.
즉, $\eta_m = \dfrac{bHP}{iHP} = \dfrac{64}{80} = 0.8$

제3과목 항공기체

41 다음 NAS 볼트 규격에서 숫자 25가 의미하는 것은?

NAS 144 - 25

① 볼트 재질
② 그립 길이
③ 볼트 지름
④ 제작년도

[해설]
25는 볼트 그립 길이를 나타내며 그 크기는 25/16in이다.

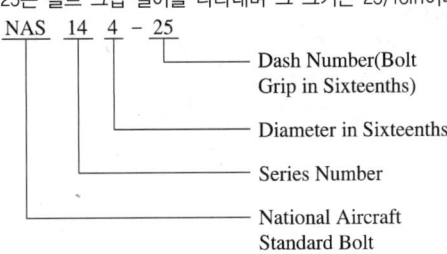

42 유효길이 16in인 토크렌치에 유효길이 4in인 연장공구를 사용하여 1,500in-lbs로 조이려고 한다면 토크렌치에 지시되는 지시 토크값은 몇 in-lbs인가?

① 1,000
② 1,200
③ 1,300
④ 1,500

[해설]
연장공구 사용 시 토크값
$$T_W = T_A \times \frac{l}{l+a} = 1,500 \times \frac{16}{16+4} = 1,200 \text{ (in-lbs)}$$
여기서, T_W : 토크렌치 지시값
T_A : 실제 조이는 토크값
l : 토크렌치 길이
a : 연장공구 길이

43 항공기 유관에 다음과 같은 표지띠가 감겨 있을 때 이 유관에 흐르는 것은?

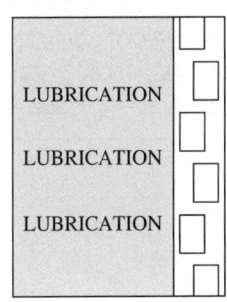

① 연 료
② 유압유
③ 방빙액
④ 윤활유

[해설]
유관 구분

연 료	유압유	윤활유
FUEL	HYDRAULIC	LUBRICATION
FUEL	HYDRAULIC	LUBRICATION
FUEL	HYDRAULIC	LUBRICATION

44 두랄루민을 시작으로 개량되기 시작한 고강도 알루미늄 합금으로, 내식성보다 강도를 중시하여 만들어신 것은?

① A1100
② A2014
③ A3003
④ A5056

[해설]
A1100은 순수 알루미늄이고, A3003이나 A5056은 내식알루미늄 합금에 속한다. A2014, A2017, A2024, A7075 등은 고강도 알루미늄 합금에 속한다.

정답 41 ② 42 ② 43 ④ 44 ②

45 다음 설명에 해당되는 강화재는?

> • 가볍고, 인장 강도가 크며, 유연성이 좋다.
> • 알루미늄 합금(7075-T6)보다 인장 강도가 4배 이상 높으며, 밀도는 50% 정도이다.
> • 외형상으로 노란색 천으로 구분할 수 있다.

① 유리섬유
② 탄소섬유
③ 세라믹 섬유
④ 아라미드 섬유

46 알루미늄 합금을 용접할 때 가장 적합한 불꽃은?

① 탄화불꽃
② 중성불꽃
③ 산화불꽃
④ 활성불꽃

해설
• 탄화불꽃 : 아세틸렌 과잉불꽃으로 스테인리스강, 알루미늄 및 모넬 등의 용접에 적합하다.
• 중성불꽃 : 표준불꽃으로 연강, 주철, 니크롬강, 구리, 아연 및 고탄소강 등의 용접에 적합하다.
• 산화불꽃 : 산소 과잉불꽃으로 황동 및 청동의 용접에 사용한다.

47 지상 활주 중인 비행기의 앞바퀴가 좌우로 심하게 떨리는 현상을 방지하는 장치는?

① 트러니언　　② 토션 링크
③ 시미 댐퍼　　④ 드래그 스트럿

해설
지상 활주 중에 앞바퀴가 좌우로 심하게 떨리는 현상을 시미(Shimmy) 현상이라고 하며, 시미 댐퍼를 장착함으로써 이 현상을 방지할 수 있다.

48 다음 그림과 같은 단면에서 y축에 관한 단면의 1차 모멘트는 몇 cm^3인가?(단, 점선은 단면의 중심선을 나타낸 것이다)

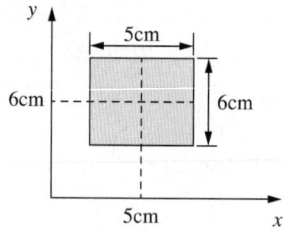

① 150　　② 180
③ 200　　④ 220

해설
y축에 대한 단면 1차 모멘트(G_y)는 단면적(A)에 도심까지의 거리(x_0)를 곱한 값이다.
$G_y = A \cdot x_0 = 30 \times 5 = 150(cm^3)$

49 다음 중 항공기의 총무게(Gross Weight)에 대한 설명으로 옳은 것은?

① 항공기의 무게중심을 말한다.
② 기체 무게에서 자기 무게를 뺀 무게이다.
③ 항공기 내의 고정위치에 실제로 장착되어 있는 하중이다.
④ 특정 항공기에 인가된 최대 하중으로서 형식증명서(Type Certificate)에 기재되어 있다.

해설
항공기 하중의 종류
• 총무게(Gross Weight) : 항공기에 인가된 최대 하중
• 자기 무게(Empty Weight) : 항공기 무게 계산 시 기초가 되는 무게
• 유효 하중(Useful Load) : 적재량이라고도 하며, 항공기 총무게에서 자기 무게를 뺀 무게
• 영 연료 하중(Zero Fuel Weight) : 항공기 총무게에서 연료를 뺀 무게

50 다음 그림과 같은 $V-n$선도에서 급격한 조작을 하여도 구조상 안전하여 기체가 파괴에 이르지 않는 비행상황에 해당되는 것은?

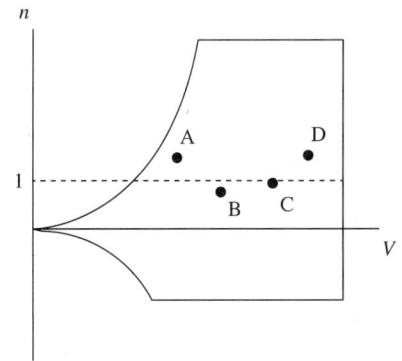

① A　　　　② B
③ C　　　　④ D

해설
조종사가 급격한 조작을 하여도 구조상 안전하여 기체가 파괴에 이르지 않는 비행속도를 설계운용속도(V_A)라고 하며, 문제의 그림에서 설계운용속도 이하에 있는 것은 A이다.

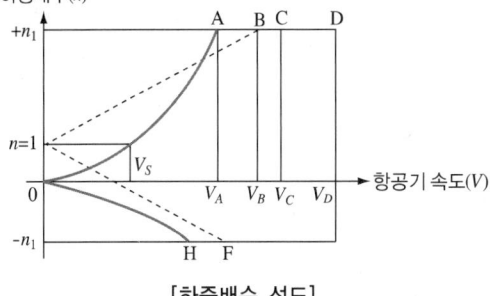

[하중배수 선도]

51 응력 외피형 날개의 주요 구조 부재가 아닌 것은?

① 스파(Spar)
② 리브(Rib)
③ 스킨(Skin)
④ 프레임(Frame)

해설
프레임은 동체의 구조 부재에 속한다.

52 머리에 스크루 드라이버를 사용하도록 홈이 파여 있고 전단 하중만 걸리는 부분에 사용되며 조종계통의 장착용 핀 등으로 자주 사용되는 볼트는?

① 내부 렌치 볼트　　② 아이 볼트
③ 클레비스 볼트　　④ 육각머리 볼트

해설
클레비스 볼트

53 페일 세이프(Fail Safe) 구조 중 큰 부재 대신 같은 모양의 작은 부재 2개 이상을 결합시켜 하나의 부재와 같은 강도를 가지게 함으로써 치명적인 파괴로부터 안전을 유지할 수 있는 구조형식은?

① 이중구조(Double Structure)
② 대치구조(Back Up Structure)
③ 예비구조(Redundant Structure)
④ 하중경감구조(Load Dropping Structure)

해설
이중구조(Double Structure)

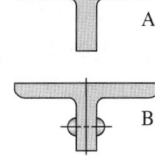

54 복합재료에서 모재(Matrix)와 결합되는 강화재(Reinforcing Material)로 사용되지 않는 것은?

① 유 리　　② 탄 소
③ 에폭시　　④ 보 론

해설
에폭시는 모재로 사용되는 열경화성 수지의 일종이다.

55 판재를 절단하는 가공작업이 아닌 것은?

① 펀칭(Punching)
② 블랭킹(Blanking)
③ 트리밍(Trimming)
④ 크림핑(Crimping)

해설
- 절단작업(Cutting) : 블랭킹(Blanking), 펀칭(Punching), 트리밍(Trimming), 셰이빙(Shaving)
- 성형작업(Forming) : 수축가공(Shrinking), 크림핑(Crimping), 범핑(Bumping) 등

56 항공기의 무게중심 기준선에서 90in에 있고, MAC 앞전이 기준선에서 82in인 곳에 위치한다면 MAC가 32in인 경우 중심은 몇 %MAC인가?

① 15
② 20
③ 25
④ 30

해설
평균공력시위(MAC ; Mean Aerodynamic Chord) : 항공기 날개의 공기역학적인 시위

$$\%MAC = \frac{CG-S}{MAC} \times 100$$

여기서, CG : 기준선에서 무게중심까지의 거리
S : 평균 공력 시위의 앞전까지의 거리
MAC : 평균 공력 시위의 길이

$$\therefore \%MAC = \frac{90-82}{32} \times 100 = 25(\%)$$

57 열처리하여 연화시킨 리벳을 저온 상태의 아이스박스에 보관하여 리벳의 시효경화를 지연시킴으로써 연화상태가 유지되는 리벳은?

① A1100
② A2024
③ A2117
④ A5056

해설
알루미늄 리벳 가운데 A2017, A2024 리벳 등이 아이스박스 리벳에 속한다.

58 '1/4-28-UNF-3A' 나사(Thread)에 대한 설명으로 옳은 것은?

① 지름은 1/4in이고, 암나사이다.
② 지름은 1/4in이고, 거친 나사이다.
③ 나사산 수가 in당 7개이고, 거친 나사이다.
④ 나사산 수가 in당 28개이고, 가는 나사이다.

해설
1/4-28-UNF-3A
㉠ ㉡ ㉢ ㉣㉤
㉠ 지름 1/4in
㉡ 나사산 수 1in당 28개
㉢ 가는 나사
㉣ 맞춤 등급
㉤ 수나사

59 턴버클(Turn Buckle)의 검사방법에 대한 설명으로 틀린 것은?

① 이중결선법인 경우 배럴의 검사 구멍에 핀이 들어가면 장착이 잘되었다고 할 수 있다.
② 이중결선법인 경우에 케이블의 지름이 1/8in 이상인지를 확인한다.
③ 단선결선법에서 턴버클 생크 주위로 와이어가 4회 이상 감겼는지 확인한다.
④ 단선결선법인 경우 턴버클의 죔이 적당한지는 나사산이 3개 이상 밖에 나와 있는지를 확인한다.

해설
이중결선법인 경우 배럴의 검사 구멍에 핀이 들어가면 잘못된 것이다.

60 다음 그림과 같이 보에 집중하중이 가해질 때 하중 중심의 위치는?

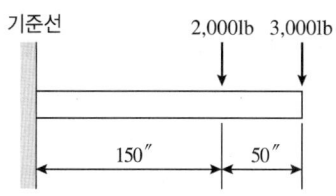

① 기준선에서부터 100″
② 기준선에서부터 150″
③ 보의 우측 끝에서부터 20″
④ 보의 우측 끝에서부터 180″

해설
$2,000 \times 150 + 3,000 \times 200 = 5,000x$
$\therefore x = 180$
위의 결과와 같이 하중 중심은 기준선에서 180″ 떨어져 있으므로, 보의 우측 끝에서부터는 20″에 위치한다.

제4과목 항공장비

61 다음 중 직류를 교류로 바꿔 주는 장치는?

① 정류기
② 인버터
③ 서보모터
④ 다이나모터

해설
① 정류기 : 교류를 직류로 바꿔 주는 장치
③ 서보모터 : 조종신호에 따라 설정된 변위만큼 작동하는 자동조종계통 장치
④ 다이나모터 : 전압을 조절하기 위해 직류 전동기에 직류 발전기를 조합한 장치

62 다음 중 히스테리시스를 포함하는 오차는?

① 눈금오차
② 기계적오차
③ 탄성오차
④ 온도오차

해설
탄성오차는 히스테리시스, 편위, 잔류효과에 의해 나타난다.

63 객실에서 사용할 수 있는 가장 좋은 소화기는?

① Water, CO_2, 프레온, 분말, 사염화탄소, 질소
② CO_2, 프레온, 브로모클로로메테인
③ 질소, 분말, 사염화탄소
④ 브로모클로로메테인, 질소, 분말

해설
사염화탄소는 현재 사용을 금지하고 있으며, 질소는 일부 군용기에만 사용한다.

정답 59 ① 60 ③ 61 ② 62 ③ 63 ②

64 다음 중 직류 전동기를 이용하지 않는 것은?

① 서보모터
② 다이나모터
③ 스타트모터
④ 동기모터

해설
동기모터는 교류(AC)를 이용한다.

65 4극을 가진 교류 발전기에서 400Hz를 얻기 위한 회전자계의 분당 회전수는?

① 4,000
② 6,000
③ 8,000
④ 12,000

해설
주파수는 전압 또는 전류가 1초 동안에 반복되는 횟수로 정의되므로, 발전기의 주파수(f)는

$f = \dfrac{PN}{120}$

여기서, P : 교류 발전기의 극수, N : 분당 회전수

$\therefore N = \dfrac{120f}{P} = \dfrac{120 \times 400}{4} = 12,000(\text{rpm})$

66 다음 중 시동 시 사용되는 전동기는?

① 만능 전동기
② 분권 전동기
③ 직권 전동기
④ 복권 전동기

해설
- 직권 전동기 : 굵은 도선을 적게 감은 계자권선이 전기자권선과 직렬로 연결되어 시동 시에 큰 토크값을 발생시키므로 시동기 등에 많이 사용된다.
- 분권 전동기 : 가는 도선을 많이 감은 계자권선과 전기자권선이 병렬로 연결되어 회전속도를 일정하게 유지하므로 일정속도로 구동되는 인버터 구동에 이용된다.
- 복권 전동기 : 직권형과 분권형 전동기를 동시에 갖추어 놓은 전동기로, 시동성과 동시에 일정한 회전 속도를 요구하는 장치의 구동에 이용된다.

67 압력에너지를 직선운동으로 바꿔 주는 장치는?

① 작동기
② 축압기
③ 마스터 실린더
④ 레저버

해설
- 축압기 : 압력조절기가 너무 빈번하게 작동되는 것을 방지하고, 갑작스런 계통압력의 상승 시 이 압력을 흡수한다.
- 레저버 : 작동유를 공급하고, 귀환하는 작동유의 저장소 및 공기와 각종 불순물을 제거하는 장소이다.
- 마스터 실린더 : 브레이크 계통의 압력을 발생시키는 장치이다.

68 다음 중에서 화재 경보장치가 아닌 것은?

① 열전쌍식 탐지기
② 열스위치식 탐지기
③ 광전지식 탐지기
④ 퓨즈식 탐지기

해설
- 퓨즈식 탐지기 : 규정용량 이상의 전류가 흐르면 녹아버리는 회로 보호장치
- 열전쌍식 탐지기 : 특정한 온도가 되면 발생하는 기전력을 이용하여 경고하는 장치
- 광전지식 탐지기 : 빛을 받아 작동되는 전자 관(Tube)을 이용하는 장치
- 열스위치식 탐지기 : 접촉점이 떨어져 있는 금속 스트럿이 열을 받게 되면 접촉점이 연결되어 작동하는 장치

69 객실의 압력 조절에 대한 설명으로 옳은 것은?

① 엔진 rpm이 변하므로 유출밸브 위치를 변경함으로써 조절된다.
② 고도에 관계없이 고정 속도로 객실 과급기를 유지함으로써 조절된다.
③ 과급기와 객실 사이에 위치한 나비형 밸브(Butterfly Valve)의 맞춤을 수동으로 조절함으로써 조절된다.
④ 일정 체적 객실 과급기와 자동적으로 위치하는 객실 유출밸브에 의해서 조절된다.

70 다음 중 항공기에 주로 사용되는 교류전원은?

① 115V, 300Hz, 3상
② 120V, 400Hz, 단상
③ 115V, 400Hz, 3상
④ 115V, 500Hz, 단상

71 브레이크 페달을 밟을 때 계통 내 압력 상승을 위해 작동하는 장치는?

① 레저버
② 액추에이팅 실린더
③ 피스톤 스프링 실린더
④ 마스터 실린더

해설
- 마스터 실린더 : 브레이크 계통의 압력을 발생시키는 장치
- 액추에이팅 실린더 : 작동유의 압력을 형성하는 수동 펌프와 작동유압을 기계적인 힘으로 변환시키는 장치

72 날개 앞전의 제빙 부츠를 팽창시키는 데 사용하는 펌프는?

① 지로터식
② Vane식
③ Piston식
④ 원심식

해설
베인(Vane)식 펌프 : 큰 체적의 유체를 공급시키지만 상대적으로 저압을 발생시키는 펌프로, 항공기의 제빙 부츠를 팽창시키는 데 사용한다.

73 정압공에 결빙이 생겼을 경우 정상작동하지 못하는 계기는?

① 고도계
② 속도계
③ 승강계
④ 전부 해당된다.

해설
- 정압공 : 항공기 동체 양쪽에 설치하여 정압을 감지한다.
- 고도계 : 정압을 수감하여 표준대기로부터 간접적으로 고도를 환산한다.
- 속도계 : 피토-정압관으로부터 전압과 정압을 수감하고, 그 차압인 동압을 이용하여 항공기의 대기 속도를 지시한다.
- 승강계 : 정압을 수감하여 고도 변화에 따른 순간적인 대기압의 변화를 이용하여 항공기의 수직 방향의 속도를 지시한다.

74 3상 Y결선에서 전압, 전류, 선간전압의 관계에 대한 설명으로 틀린 것은?

① 상전압 = $\frac{1}{3}$ × 선간전압
② 선간전류 = 상전류
③ 선간전압 = $\sqrt{3}$ × 상전압
④ 위상은 해당 상전압보다 30° 앞선다.

해설
Y결선
- 선간전압 = $\sqrt{3}$ × 상전압
- 위상은 해당 상전압보다 30° 앞선다.
- 선간전류의 크기와 위상은 상전류와 같다.

75 다음 중 자이로의 섭동성만 이용한 계기는?

① 수평의
② 정침의
③ 선회계
④ 레이트 자이로

해설
- 자이로의 섭동성을 이용한 계기 : 선회계
- 자이로의 강직성을 이용한 계기 : 정침의(방위계)
- 자이로의 강직성과 섭동성을 이용한 계기 : 수평의(자세계)

76 다음 중 온도에 영향을 받지 않는 것은?

① 고도계
② 속도계
③ CHT
④ 전류계

77 항공기 공압계통에서 스위치의 위치와 밸브의 위치가 일치했을 때 점등하는 등(Light)은?

① Agreement Light
② Disagreement Light
③ Intransit Light
④ Condition Light

78 작동유압계통이 압력단위는?

① gpm　　② rpm
③ psi　　　④ ppm

> **해설**
> ③ psi ; pound per square inch
> ① gpm ; gallon per minute
> ② rpm ; revolution per minute
> ④ prm ; part per million

79 엔진 구동 발전기의 속도제어를 위해 정속구동장치(CSD)가 사용되는 이유는?

① 일정한 전류를 만든다.
② 일정한 전압을 만든다.
③ 일정한 주파수를 만든다.
④ 일정한 전기력을 만든다.

> **해설**
> 정속구동장치(Constant Speed Drive) : 교류 발전기에서 엔진의 회전수에 관계없이 일정한 출력주파수를 발생하도록 하는 장치

80 계기의 호선에 대한 설명으로 맞는 것은?

① 붉은색 방사선(Red Radiation) : 경계 및 경고 표시
② 푸른색 호선(Blue Arc) : 안전 운용범위 표시
③ 흰색 호선(White Arc) : 대기속도계에만 사용
④ 노란색 호선(Yellow Arc) : 최대 및 최소 운용한계 표시

> **해설**
> ③ 흰색 호선 : 속도계에만 사용하는 표지로 최대 착륙 하중 실속속도에서 플랩다운 안전속도까지의 범위를 표시한다.
> ① 붉은색 방사선 : 모든 계기에 사용되며 최대 및 최소 운용한계를 표시한다.
> ② 청색 호선 : 기화기를 장비한 왕복엔진에 관계된 엔진계기에 표시하는 색으로서, 연료와 공기 혼합비가 오토린(Auto-lean)일 때의 상용 안전운용범위를 표시한다.
> ④ 노란색 호선 : 모든 계기에 사용되며 경계 및 경고 범위를 표시한다.

정답　77 ①　78 ③　79 ③　80 ③

2022년 제2회 과년도 기출복원문제

제1과목 항공역학

01 다음 중 국제표준대기의 특성값으로 옳지 않은 것은?

① 760mmHg
② 14.7psi
③ 15℃
④ 32.92inHg

해설
국제표준대기(ISA)의 조건
- 건조공기로서 이상기체 상태 방정식을 고도·장소·시간에 관계없이 만족할 것($P = \rho RT$)
- 표준해면고도의 기압, 밀도, 중력가속도, 온도의 특정값
  - 기압(P_0) = 760mmHg = 101.325kPa = 29.92inHg = 14.7psi
  - 밀도(ρ_0) = 1.225kg/m³ = 0.125kg$f \cdot s^2$/m⁴
  - 온도(t_0) = 15℃ = 288.15K
  - 중력가속도(g_0) = 9.8066m/s²
- 고도 11km까지는 기온이 일정한 비율(6.5℃/km)로 감소하고, 그 이상의 고도에서는 -56.5℃로 일정하다.

02 다음 중 마하수를 구하는 공식은?

① $\dfrac{\text{음속}}{\text{물체의 속도}}$

② $\dfrac{\text{물체의 속도}}{\text{음속}}$

③ $\left(\dfrac{\text{음속}}{\text{물체의 속도}}\right)^2$

④ $\left(\dfrac{\text{물체의 속도}}{\text{음속}}\right)^2$

해설
마하수 $M = \dfrac{V}{a}$
여기서, V : 물체의 속도, a : 음속
※ $a = \sqrt{\gamma RT}$ (여기서, $\gamma = 1.4$, $R = 287 \text{m}^2/\text{s}^2 \cdot \text{K}$)

03 베르누이 방정식에 대한 설명으로 옳은 것은?

① 정압과 동압의 합은 일정하다.
② 동압은 속도에 비례한다.
③ 정압은 유체가 갖는 속도로 인해 속도의 방향으로 나타나는 압력이다.
④ 유체의 속도가 증가하면 정압도 증가한다.

해설
공기의 정상흐름 시 적용되는 베르누이의 방정식은
$p + \dfrac{1}{2}\rho V^2 = C$ 이다.
정압과 동압의 합은 일정하므로 유체의 속도(동압)가 커지면 정압은 감소한다.

04 다음 중 익면 하중에 대한 설명으로 옳은 것은?

① 항공기 날개의 단위면적당 항력
② 항공기 날개의 단위면적당 추력
③ 항공기 날개의 단위면적당 총중량
④ 항공기 날개에 걸리는 양력

해설
익면 하중 = $\dfrac{W}{S}$
여기서, W : 항공기 무게, S : 항공기 날개의 면적

05 다음 중 층류 경계층과 난류 경계층을 비교한 것으로 옳지 않은 것은?

① 난류 경계층의 두께는 층류 경계층의 두께보다 크다.
② 층류 경계층에서의 표면 저항력은 난류 경계층보다 크고 압력항력은 작다.
③ 임계 레이놀즈수란 층류에서 난류로 변하는 천이 현상이 일어나는 레이놀즈수이다.
④ 난류 경계층의 속도 구배는 층류 경계층보다 크다.

해설
층류 경계층에서의 표면 저항력은 난류 경계층보다 작고, 흐름의 떨어짐 현상(박리현상)은 쉽게 일어난다.

06 받음각(Angle of Attack) 증가 시 압력 중심의 변화로 옳은 것은?

① 뒤쪽으로 이동한다.
② 변하지 않는다.
③ 앞쪽으로 이동한다.
④ 예측할 수 없다.

해설
압력 중심은 받음각이 증가하면 전방으로, 감소하면 후방으로 이동한다.

07 다음 중 가로 안정성에 영향을 미치지 않는 것은?

① 수평꼬리날개
② 수직꼬리날개
③ 주익의 상반각
④ 주익의 후퇴각

해설
수평꼬리날개는 세로 안정성에 영향을 준다.

08 다음 중 절대상승한계에 관한 설명으로 옳은 것은?

① 상승률이 0m/s가 되는 고도
② 상승률이 0.5cm/s가 되는 고도
③ 상승률이 5m/s가 되는 고도
④ 상승률이 0.5m/s가 되는 고도

해설
• 절대상승한계 : 상승률이 0m/s가 되는 고도
• 실용상승한계 : 상승률이 0.5m/s가 되는 고도
• 운용상승한계 : 상승률이 2.5m/s가 되는 고도

09 다음은 양항 극곡선의 그래프에서 ㉢이 의미하는 것은?

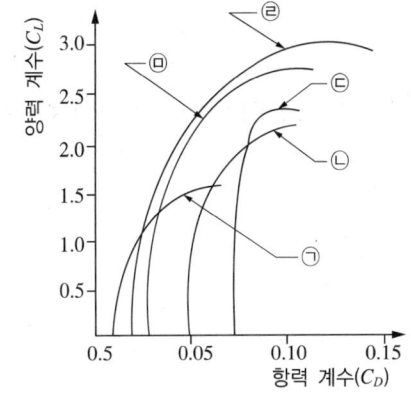

① 슬롯
② 스플릿
③ 파울러
④ 단순

해설
㉠ : 기본단면, ㉡ : 플레인, ㉢ : 파울러, ㉣ : 슬롯

10 전중량이 4,500kgf인 비행기가 400km/h의 속도, 선회 반지름 300m로 원운동을 하고 있다면, 이 비행기에 발생하는 원심력은 약 몇 kgf인가?

① 18,900
② 19,500
③ 23,500
④ 26,000

해설

원심력 $= \dfrac{WV^2}{gR} = \dfrac{4,500 \times (400/3.6)^2}{9.8 \times 300} \simeq 18,896 \simeq 18,900\text{(kgf)}$

11 다음 중 항공기엔진이 정지한 상태에서 수직 강하하고 있을 때 도달할 수 있는 최대 속도인 종극속도 상태인 경우는?

① 항공기 총중량과 항공기에 발생하는 양력이 같은 경우
② 항공기 총중량과 항공기에 발생하는 항력이 같아지는 경우
③ 항공기 양력의 수평분력과 항력의 수직 분력이 같은 경우
④ 항공기 양력과 항력이 같은 경우

해설

종극속도(V_D) : 비행기가 수평 상태로부터 급강하로 들어갈 때, 속도가 증가하여 그 속도 이상으로 증가하지 않는 종극의 최대 속도

12 항공기의 무게중심(CG)에 대한 설명으로 옳지 않은 것은?

① 항공기의 무게중심 이동한계는 항공기가 설계될 때에 정해진다.
② 항공기는 정해진 무게중심의 위치 이동이 가능한 범위 내에서 비행해야 한다.
③ 대수리 후에는 반드시 무게중심의 위치를 측정해야 한다.
④ 무게중심은 가능한 한 허용한계보다 후방에 있어야 이륙 시 조종성능이 좋다.

해설

무게중심(CG)의 위치는 공력 중심의 위치보다 전방에, 그리고 하방에 위치해야 세로 안정성이 좋아진다.

13 날개의 길이(Span)가 10m이고, 넓이가 20m²인 날개의 가로세로비(Aspect Ratio)는?

① 0.5
② 2
③ 4
④ 5

해설

$AR = \dfrac{\text{날개길이}(b)}{\text{시위길이}(c)} = \dfrac{b^2}{bc} = \dfrac{b^2}{S} = 5$

14 NACA 23015의 날개골에서 최대 캠버의 위치는?

① 15%
② 20%
③ 23%
④ 30%

해설

- 2 : 최대 캠버의 크기가 시위의 2%
- 3 : 최대 캠버의 위치가 시위의 15%
- 0 : 평균 캠버선의 뒤쪽 반이 직선(1 : 곡선)
- 15 : 최대 두께가 시위의 15%

15 다음 중 이륙활주거리에 대한 설명으로 옳은 것은?

① 프로펠러기의 경우 고도 15m에 도달하기까지의 지상 수평거리
② 주륜이 땅에서 떠올라 가는 지점까지의 지상 수평거리
③ 양력이 최대가 되는 거리
④ 항력이 최대가 되는 거리

해설
이륙(활주)거리 : 활주로 표면 또는 장애물로부터 일정 고도(프로펠러 비행기는 15m(50ft), 제트 비행기는 11m(35ft))에 도달할 때까지 비행기가 이동한 수평거리를 비행기의 이륙거리라 한다.

16 항공기 날개의 받음각(Angle of Attack)에 대한 설명으로 옳은 것은?

① 항공기 기축선과 날개 단면의 시위선이 이루는 각
② 항공기의 비행 방향과 날개 단면의 시위선이 이루는 각
③ 바람의 중심선과 날개 단면의 시위선이 이루는 각
④ 날개 장착각(취부각)과 붙임각의 차이

17 선회 비행 시 외측으로 슬립(Slip)하는 이유는?

① 경사각이 작고, 구심력이 원심력보다 클 때
② 경사각이 크고, 구심력이 원심력보다 클 때
③ 경사각이 작고, 원심력이 구심력보다 클 때
④ 경사각은 크고, 원심력이 구심력보다 클 때

해설
비행기가 적정 경사각으로 선회할 때 구심력과 원심력은 같다. 비행기의 경사각이 적정값보다 작으면 구심력이 원심력보다 작아져서 비행기는 외측으로 미끄러진다(Skidding).

18 양항비가 15인 항공기가 고도 500m에서 활공할 때 수평 활공거리는 몇 m인가?

① 500
② 7,500
③ 10,000
④ 15,000

해설
$\tan\theta = \dfrac{1}{\text{양항비}} = \dfrac{H}{S} = \dfrac{D}{L}$ 이므로, 수평 활공거리는
$S = \dfrac{H}{\frac{D}{L}} = \dfrac{L}{D}H = 15 \times 500 = 7,500\text{(m)}$

19 항공기의 비행성능을 향상하기 위하여 날개 끝부분에 장착하는 윙렛(Winglet)의 직접적인 역학적 효과는?

① 양력 증가
② 유도항력 감소
③ 마찰항력 감소
④ 실속 방지

해설
윙렛(Winglet)
비행 중 날개 끝의 와류로 인해 작은 날개에 공기력이 발생하는데, 이 공기력의 작용 방향은 날개의 항력을 감소하는 방향으로 발생한다.

20 다음 중 뒤젖힘 날개의 가장 큰 장점은?

① 임계 마하수를 증가시킨다.
② 익단의 실속을 방지한다.
③ 구조적으로 안전하여 초음속기에 적합하다.
④ 유도항력을 무시할 수 있다.

해설
임계 마하수란 날개 윗면에 충격파가 최초로 생길 때의 비행 마하수이다. 뒤젖힘 날개는 날개 끝에서 실속현상이 먼저 일어나므로 실속특성이 좋지 않지만, 정적 가로 안정에 큰 기여를 하며 임계 마하수를 증가시킨다.

제2과목 항공기관

21 일반적인 아음속기의 공기 흡입구 형상으로 옳은 것은?

① 확산(Divergent)형 덕트
② 수축(Convergent)형 덕트
③ 수축-확산(Convergent-Divergent)형 덕트
④ 확산-수축(Divergent-Convergent)형 덕트

해설
아음속 항공기는 흡입공기의 속도를 줄이고 압력은 상승시킬 목적으로 확산형 형태의 흡입 덕트를 사용한다.

22 다음 중 데토네이션(Detonation)이 발생하는 원인이 아닌 것은?

① 압축비가 너무 높을 때
② 점화시기가 너무 빠를 때
③ 연료의 옥탄가가 너무 높을 때
④ 흡입공기의 온도가 너무 높을 때

해설
데토네이션(Detonation)은 연료의 옥탄가가 너무 낮을 때 발생한다.

23
보정캠(Compensated Cam)을 가진 마그네토를 장착한 9기통 성형엔진의 회전속도가 100rpm일 때 다음의 각 요소가 옳게 나열된 것은?

> ㉠ 보정캠의 회전수(rpm)
> ㉡ 보정캠의 로브수
> ㉢ 분당 브레이크 포인트 열림 및 닫힘 횟수

① ㉠ 50, ㉡ 9, ㉢ 900
② ㉠ 50, ㉡ 9, ㉢ 450
③ ㉠ 100, ㉡ 9, ㉢ 450
④ ㉠ 100, ㉡ 18, ㉢ 900

해설
성형엔진 실린더 수가 9개이므로 보정캠의 로브수는 9개, 크랭크축이 2회전할 때 캠축은 1회전하므로 보정캠의 회전수는 100/2 = 50rpm, 브레이크 포인트의 여닫힘 횟수는 '로브수×캠의 회전수'이므로 9×50 = 450이다.

24
항공용 가솔린에 4-에틸납을 섞는 가장 주된 이유는?

① 배기가스의 매연을 줄이기 위해
② 연료의 어는점을 낮추기 위해
③ 연료의 미생물 발생을 줄이기 위해
④ 연료의 안티노크성을 높이기 위해

해설
연료에 4-에틸납을 섞으면 안티노크성이 증대되면서 엔진의 노크 현상을 방지할 수 있다.

25
항공기용 왕복엔진의 밸브 개폐 시기가 다음과 같다면 밸브 오버랩(Valve Overlap)은?

> • IO : 30° BTC
> • EO : 60° BBC
> • IC : 60° ABC
> • EC : 15° ATC

① 15
② 45
③ 60
④ 75

해설
밸브 오버랩
흡기밸브(I)와 배기밸브(E)가 동시에 열려있는(O) 구간을 의미하며, 보기에서 흡입밸브가 상사점 전 30°에서 열리고, 배기밸브가 하사점 후 15°에서 닫히므로 밸브 오버랩은 45°이다.

26
가스터빈엔진의 공압식 시동기에 공급되는 고압공기의 동력원이 아닌 것은?

① 배터리의 직류 전원
② 지상동력장치(GPU)
③ 보조동력장치(APU)
④ 다른 엔진의 블리드 공기

27
표준상태에서의 이상기체 20L를 5기압으로 압축하였을 때 부피는 몇 L가 되는가?(단, 변화과정 중 온도는 일정하다)

① 0.25
② 2.5
③ 4
④ 10

해설
표준상태 기압은 1기압이고 온도가 일정하므로 보일-샤를의 법칙에 따라
$P_1 V_1 = P_2 V_2$이므로 $1 \times 20 = 5 \times V_2$이다.
따라서 $V_2 = 4$이다.

28 압축기 후방과 연소실 전방을 연결하는 부분으로서 연소실로 유입되는 공기의 속도를 감소시키고 압력을 상승시키는 역할을 하는 것은?

① Blisk
② Flame Tube
③ Diffuser
④ Swirl Vane

해설
① Blisk : 현대 항공기의 최신식 엔진에 사용되며 압축기 Blade와 Disk를 하나로 합친 부품
② Flame Tube : 캔형 연소실에 사용되는 화염전파 연결관
④ Swirl Vane : 연소실 내의 연소를 돕기 위해 연소실 1차 공기에 와류를 발생시키는 장치

29 항공기 왕복엔진 점화장치에서 콘덴서(Condenser)의 기능은?

① 2차 코일을 위하여 안전간격을 준다.
② 1차 코일과 2차 코일에 흐르는 전류를 조절한다.
③ 1차 코일에 잔류되어 있는 전류를 신속히 흡수·제거시킨다.
④ 포인트가 열릴 때 자력선의 흐름을 차단한다.

해설
마그네토의 콘덴서는 브레이커 포인트에 생기는 아크에 의한 마멸을 방지하고, 철심에 발생하였던 잔류 자기를 신속히 제거한다.

30 가스터빈엔진의 점화계통에 사용되는 부품이 아닌 것은?

① 익사이터(Exciter)
② 마그네토(Magneto)
③ 리드라인(Lead Line)
④ 점화플러그(Igniter Plug)

해설
마그네토는 왕복엔진의 점화계통에 사용되는 부품이다.

31 압력 7atm, 온도 300℃인 0.7m³의 이상기체가 압력 5atm, 체적 0.56m³의 상태로 변화했다면 온도는 약 몇 ℃가 되는가?

① 54   ② 87
③ 115 ④ 187

해설
보일-샤를의 법칙에 적용하면
$$\frac{P_1 V_1}{T_1} = \frac{P_2 V_2}{T_2}$$
$$\frac{7 \times 0.7}{300 + 273} = \frac{5 \times 0.56}{T_2}$$
$$\therefore T_2 \approx 327.43K \approx 54.43℃$$

32 프로펠러의 회전면과 시위선이 이루는 각은?

① 깃 각   ② 붙임각
③ 회전각 ④ 깃뿌리각

해설
프로펠러의 여러 각
• 깃각 : 프로펠러 회전면과 깃의 시위선이 이루는 각
• 피치각(유입각) : 비행속도와 깃의 회전 선속도와의 합성속도가 프로펠러 회전면과 이루는 각
• 받음각 = 깃각 - 피치각

33 가스터빈엔진의 축류압축기에서 발생하는 실속(Stall) 현상 방지를 위해 사용하는 장치가 아닌 것은?

① 블리드 밸브(Bleed Valve)
② 다축식 구조(Multi Spool Design)
③ 연료-오일 냉각기(Fuel-Oil Cooler)
④ 가변 스테이터 베인(Variable Stator Vane)

해설
압축기 실속 방지책
- 다축식 구조
- 가변 스테이터 깃(VSV ; Variable Stator Vane) 설치 : VSV는 깃의 피치를 변경시킬 수 있도록 하여, 공기의 흐름 방향과 속도를 변화시킴으로써 회전속도(rpm)가 변하는 데 따라 회전자 깃의 받음각을 일정하게 하여 실속을 방지한다.
- 블리드 밸브(Bleed Valve) 설치 : 완속 출력일 때는 압축기에서 충분한 공기 압축이 이루어지지 않으므로, 압축기 뒤쪽 부분에 공기 누적현상이 발생되기 때문에 블리드 밸브를 활짝 열어 압축기 실속을 방지한다.

34 프로펠러 날개의 루트 및 허브를 덮는 유선형의 커버로, 공기흐름을 매끄럽게 하여 엔진효율 및 냉각효과를 돕는 것은?

① 램(Ram)
② 키프스(Cuffs)
③ 가버너(Governor)
④ 스피너(Spinner)

35 가스터빈엔진에서 저압압축기의 압축비는 2 : 1, 고압압축기의 압축비는 10 : 1일 때의 엔진 전체의 압력비는 얼마인가?

① 5 : 1
② 8 : 1
③ 12 : 1
④ 20 : 1

해설
저압압축기에서 2배의 압력 상승이 이루어진 압축공기가 고압압축기에서 또 10배의 압력 상승이 이루어지므로 총 20배의 압력 상승이 이루어진다.

36 정속 프로펠러를 장착한 항공기가 순항 시 프로펠러 회전수를 2,300rpm에 맞추고 출력을 1.2배 높였을 때 프로펠러 회전계가 지시하는 값은 몇 rpm인가?

① 1,800
② 2,300
③ 2,700
④ 4,600

해설
정속 프로펠러는 조속기에 의해 저피치에서 고피치까지 자유롭게 피치를 조절할 수 있어, 비행속도나 엔진출력에 상관없이 프로펠러를 항상 일정한 회전속도로 유지하여 가장 좋은 프로펠러 효율을 가질 수 있다.

37 왕복엔진에서 혼합비가 희박하고 흡입밸브(Intake Valve)가 너무 빨리 열릴 때 나타나는 현상은?

① 노킹(Knocking)
② 역화(Back Fire)
③ 후화(After Fire)
④ 데토네이션(Detonation)

해설
역화(Back Fire)는 혼합비가 과희박(Over Lean)할 때 발생하며, 후화(After Fire)는 혼합비가 과농후(Over Rich)할 때 발생한다.

38 왕복엔진의 열효율이 25%, 정미마력이 50PS일 때, 총발열량은 약 몇 kcal/h인가?(단, 1PS는 75kgf·m/s, 1kcal는 427kgf·m이다)

① 8.75
② 35
③ 31,500
④ 126,000

해설
열효율이 25%인 엔진에서 정미마력(제동마력)이 50PS가 발생되었다면, 실제 엔진에서 발생한 총열량은 200ps이다. 200PS을 1시간당 열량으로 환산하면

$200PS = \dfrac{200 \times 75 \times 3,600}{427} ≒ 126,464 kcal/h$

※ 위 식에서 75를 곱한 이유는 PS을 kgf·m/s 단위로 바꾸기 위한 것이고, 3,600을 곱한 이유는 초당 한 일을 시간당 일로 바꾸기 위함이며, 427로 나눈 이유는 시간당 한 일을 열량으로 바꾸기 위해서이다.

39 다음 그림과 같은 오토사이클의 $P-V$선도에서 $v_1 = 8m^3/kg$, $v_2 = 2m^3/kg$인 경우 압축비는 얼마인가?

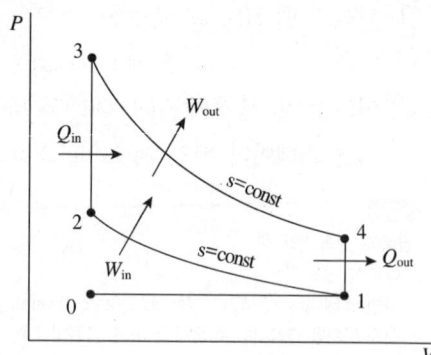

① 2:1
② 4:1
③ 6:1
④ 8:1

해설
문제의 그림에서 압축비 $\varepsilon = v_1 : v_2 = 8 : 2 = 4 : 1$

40 가스터빈엔진의 연소실에 부착된 부품이 아닌 것은?

① 연료노즐
② 선회깃
③ 가변정익
④ 점화 플러그

해설
가변정익은 압축기에 부착된 부품이다.

제3과목 항공기체

41 반복하중을 받는 항공기의 주구조부가 파괴되더라도 남은 구조에 의해 치명적 파괴 또는 구조변형을 방지하도록 설계된 구조는?

① 응력외피구조
② 트러스(Truss)구조
③ 페일 세이프(Fail Safe)구조
④ 1차 구조(Primary Structure)

42 항공기 타이어에 주입하는 가스는?

① 질 소
② 아르곤
③ 산 소
④ 이산화탄소

해설
항공기 타이어의 내부나 올레오식 쇼크 스트럿(Shock Strut)의 상부에는 질소(Nitrogen)를 채운다.

43 다음 중 항공기 세척 시 사용하는 알칼리 세제는?

① 톨루엔
② 케로신
③ 아세톤
④ 계면활성제

해설
계면활성제는 물에 녹기 쉬운 친수성과 기름에 녹기 쉬운 소수성을 가지고 있는 화합물로서, 비누나 세제 등으로 많이 사용된다. 계면이란 기체와 액체, 액체와 액체, 액체와 고체가 서로 맞닿은 경계면이다.

44 지름이 3.2mm(1/8in)인 드릴에 맞는 시트 파스너의 색깔은?

① 은 색
② 구리색
③ 검은색
④ 금 색

해설

시트 파스너 색깔	사용 드릴 지름
은 색	3/32in(2.4mm)
구리색	1/8in(3.2mm)
검은색	5/32in(4.0mm)
금 색	3/16in(4.8mm)

정답 41 ③ 42 ① 43 ④ 44 ②

45 실속속도가 120km/h인 수송기의 설계제한 하중배수가 2.5인 경우, 이 수송기의 설계운용속도는 약 몇 km/h인가?

① 150 ② 190
③ 240 ④ 300

해설
설계운용속도(V_A)
$V_A = \sqrt{n_1} \times V_s = \sqrt{2.5} \times 120 \simeq 189.9(\text{km/h})$
여기서, n_1 : 설계제한 하중배수, V_s : 실속속도

46 다음 중 복합 재료의 특징이 아닌 것은?

① 무게당 강도비가 높다.
② 복잡한 형태나 곡면 형태 제작이 쉽다.
③ 금속재료에 비해 전기화학적 부식에 약하다.
④ 진동에 대한 내구성이 커서 피로강도가 증대된다.

해설
복합 재료는 전기화학적 부식에 강하다.

47 두께가 0.051in인 재료를 90° 굴곡에 굴곡 반지름 0.125in가 되도록 굴곡할 때 생기는 세트백은 얼마인가?

① 0.017 ② 0.074
③ 0.125 ④ 0.176

해설
세트백(SB ; Set Back)
$\text{SB} = \tan\frac{\theta}{2}(R+T) = \tan\frac{90°}{2}(0.125+0.051) = 0.176$

48 다음 항공기 타이어 규격에서 숫자 4.25가 의미하는 것은?

$$18 \times 4.25 - 10$$

① 휠 지름
② 타이어 폭
③ 타이어 지름
④ 타이어 제작년도

해설
- 18 : 타이어 지름
- 4.25 : 타이어 폭
- 10 : 타이어 휠 지름

49 두께 1mm인 알루미늄 합금판을 다음 그림과 같이 전단가공할 때 필요한 최소한의 힘은 몇 kgf인가? (단, 이 판의 최대 전단강도는 3,600kgf/cm²이다)

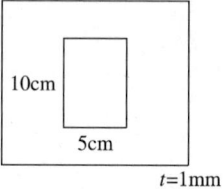

① 10,800
② 36,000
③ 108,000
④ 180,000

해설
전단가공이 이루어지는 면(A)의 총넓이는 다음과 같다.
$A = (10 \times 0.1 \times 2) + (5 \times 0.1 \times 2) = 3(\text{cm}^2)$
따라서 전단가공 시 필요한 힘(F)은
$F = \tau A = 3,600 \times 3 = 10,800(\text{kgf})$

50 가스용접 시 사용하는 산소와 아세틸렌가스 용기의 색을 옳게 나타낸 것은?

① 산소 용기 : 청색, 아세틸렌 용기 : 회색
② 산소 용기 : 녹색, 아세틸렌 용기 : 황색
③ 산소 용기 : 청색, 아세틸렌 용기 : 황색
④ 산소 용기 : 녹색, 아세틸렌 용기 : 회색

51 용접 작업에 사용되는 산소·아세틸렌 토치 팁(Tip)의 재질로 가장 적절한 것은?

① 납 및 납 합금
② 구리 및 구리 합금
③ 마그네슘 및 마그네슘 합금
④ 알루미늄 및 알루미늄 합금

해설
가스용접 토치의 팁(Tip)은 구리나 구리 합금으로 만들며, 그 크기는 숫자로 표시한다.

52 무게가 2,950kg이고, 중심 위치가 기준선 후방 300cm인 항공기에서 기준선 후방 200cm에 위치한 50kg의 전자장비를 장탈하고, 기준선 후방 250cm에 위치한 화물실에 100kg의 비상물품을 실었다면, 이때 중심 위치는 기준선 후방 약 몇 cm에 위치하는가?

① 300
② 310
③ 313
④ 410

해설

구 분	무 게	거 리	모멘트
비행기	2,950	300	885,000
전자장비(장탈)	−50	200	−10,000
비상물품(추가)	100	250	25,000
합	3,000	−	900,000

∴ 무게중심 위치 CG = 모멘트 합/총무게 = $\frac{900,000}{3,000}$ = 300(cm)

53 다음 그림과 같이 길이(L) 전체에 등분포하중(q)을 받고 있는 단순보의 최대 전단력은?

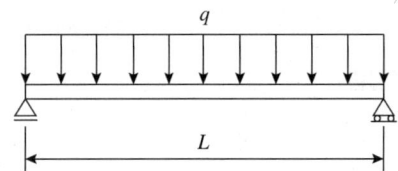

① $\dfrac{q}{L}$
② $\dfrac{qL}{4}$
③ $\dfrac{qL}{2}$
④ $\dfrac{qL^2}{8}$

해설
문제의 그림과 같은 등분포하중을 받는 단순보에서의 최대 전단력은 보의 끝단(x=0)에서 발생하며, 그곳 반력(R_A)의 크기와 같다.

$V = R_A - qx = \dfrac{qL}{2}$

54 다음 중 이질 금속간 부식이 가장 잘 일어날 수 있는 조합은?

① 납−철
② 구리−알루미늄
③ 구리−니켈
④ 크롬−스테인리스강

해설
이질 금속간 부식은 전위차가 클수록 잘 발생하는데, 문제의 보기 중에서 전위차가 가장 큰 조합은 구리와 알루미늄이다.

정답 50 ② 51 ② 52 ① 53 ③ 54 ②

55 리벳 머리 모양에 따른 분류기호 중 둥근머리 리벳은?

① AN426
② AN455
③ AN430
④ AN470

해설
③ AN430 : 둥근머리
① AN426 : 접시머리
② AN455 : 브래지어머리
④ AN470 : 유니버설머리

56 세미모노코크(Semi-monocoque) 구조형식 날개의 구성 부재가 아닌 것은?

① 링(Ring)
② 표피(Skin)
③ 스파(Spar)
④ 리브(Rib)

해설
링(Ring)은 동체를 구성하는 구조 부재에 속한다.

57 다음 그림과 같은 항공기에서 앞바퀴에 170kg, 뒷바퀴 전체에 총 540kg이 작용하고 있다면 중심 위치는 기준선으로부터 약 몇 m 떨어진 지점인가?

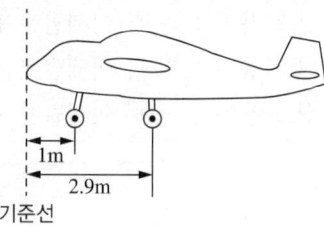

① 2.91
② 2.45
③ 1.31
④ 1

해설
무게중심 위치(CG)

$$CG = \frac{모멘트 합}{총무게} = \frac{(170 \times 1) + (540 \times 2.9)}{170 + 540} = 2.445(m)$$

58 판금 작업 시 구부리는 판재에서 바깥면의 굽힘 연장선의 교차점과 굽힘 접선과의 거리는?

① 세트백(Set Back)
② 굽힘 각도(Degree of Bend)
③ 굽힘 여유(Bend Allowance)
④ 최소 반지름(Minimum Radius)

해설

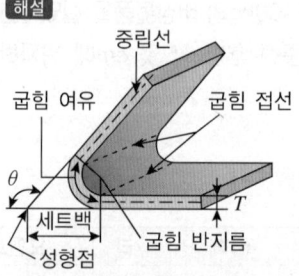

위 그림과 같이 세트백(SB ; Set Back)은 성형점에서 굽힘 접선까지의 거리이다. 성형점(Mold Point)이란 판재 외형선의 연장선이 만나는 점이며, 굽힘 접선이란 굽힘의 시작점과 끝점에서의 접선이다. 세트백을 구하는 식은 다음과 같다.

$$SB = \tan\frac{\theta}{2}(R+T)$$

여기서, θ : 굽힘 각도, R : 굽힘 반지름, T : 판재의 두께

59 일정한 응력(힘)을 받는 재료가 일정한 온도에서 시간이 경과함에 따라 변형률이 증가하는 현상은?

① 크랙(Crack)
② 피로(Fatigue)
③ 크리프(Creep)
④ 응력집중(Stress Concentration)

60 기체 표면과 공기와의 마찰열이 높은 초음속 항공기의 재료로 사용되는 것은?

① 주 철
② 니켈-크롬강
③ 마그네슘 합금
④ 타이타늄 합금

해설
타이타늄 합금은 비강도가 크고, 내식성과 내열성이 크므로 초음속 항공기의 재료로 적당하다.

제4과목 항공장비

61 니켈-카드뮴 축전지의 셀당 전압(V)은?

① 1~2
② 1.2~1.25
③ 2~4
④ 3~4

해설

구 분	납-산	니켈-카드뮴
전해액 비중	1.275~1.3	1.19~1.21
셀당 전압	2V	1.2~1.25V
전해액	묽은 황산	수산화칼륨
충·방전 측정	비중계 (Hydrometer)	전압계 (Voltmeter)

※ 전해액의 합성은 반드시 증류수에 용액을 섞는다.

62 기압 눈금을 표준대기압인 29.92inHg에 맞추어 표준기압면으로부터의 기압고도를 얻을 수 있는 고도지시법은?

① QFE
② QNH
③ QNE
④ QHE

해설
• QNE(기압고도) 보정 : 표준대기압(29.92inHg)에 눈금을 맞추어 표준대기압 해면으로부터의 고도(기압고도)를 지시하는 방식이다. 주로 14,000ft 이상의 고도 비행 시 사용한다.
• QNH(진고도) 보정 : 고도 14,000ft 미만의 고도에서 사용하며, 활주로에서 고도계가 활주로 표고를 가리키도록 하는 보정으로 해면으로부터의 기압고도이다
• QFE(절대고도) 보정 : 활주로 위에서 고도계가 0ft를 지시하도록 고도계의 기압창구에 비행장의 기압을 보정하는 방식으로, 이착륙 훈련 시 사용한다.

63 직류 전동기 중 속도 변동률이 가장 심한 것은?

① 직권 전동기
② 분권 전동기
③ 화동복권 전동기
④ 차동복권 전동기

해설
직권 전동기는 전기자 코일과 계자코일이 직렬로 연결되어 있어 계자전류가 부하전류의 영향을 받기 때문에 속도 변동률이 심하다.

64 다음 중 항공기의 배터리에 적용되는 방전율은?

① 2시간 방전율
② 3시간 방전율
③ 5시간 방전율
④ 8시간 방전율

65 두 피스톤의 지름이 각각 25cm, 5cm일 때, 큰 피스톤이 1cm 움직이면 작은 피스톤은 몇 cm 움직이는가?

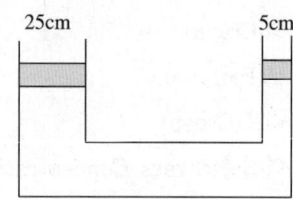

① 5
② 15
③ 20
④ 25

해설
비압축성 유체의 체적 일정의 법칙에 따라
$$\frac{\pi D_1^2}{4} \times h_1 = \frac{\pi D_2^2}{4} \times h_2$$
$$h_2 = h_1 \times \frac{D_1^2}{D_2^2} = 1 \times \frac{25^2}{5^2}$$
∴ $h_2 = 25(cm)$

66 다음 중 교류 전동기가 아닌 것은?

① 가역 전동기
② 유니버설 전동기
③ 유도 전동기
④ 동기 전동기

해설
교류 전동기에는 유니버설, 유도, 동기 전동기가 있다.

67 유압 계통에서 컨트롤 밸브는 작동하지만 압력계 지침이 내려갔을 때, 그 이유는?

① 유압계통의 누설(Leaking)
② 불결한 작동유 사용
③ 작동유 부족
④ 작동유 과보충

68 유압계통에서 압력이 낮게 작동되면 중요한 기기에만 작동유압을 공급하는 밸브는?

① 선택밸브(Selector Valve)
② 릴리프밸브(Relief Valve)
③ 유압퓨즈(Hydraulic Fuse)
④ 우선순위밸브(Priority Valve)

69 항공기의 외부 조명장치에 대한 설명 중 틀린 것은?

① 항법등은 오른쪽은 녹색, 왼쪽은 붉은색, 꼬리는 흰색이다.
② 충돌방지등은 비행 시 충돌을 방지하기 위해 2개의 오목거울이 회전한다.
③ 식별등은 동체 아랫부분에 붉은색, 녹색, 호박색 3개의 등이 있다.
④ 착륙등은 날개 아랫면, 앞쪽 착륙장치에 장착한다.

> **해설**
> 충돌방지등은 하나 이상의 등으로 이루어지며, 일반적으로 동체 또는 꼬리의 꼭대기에 장착된 빔등(Beam Light)을 회전시킨다.

70 다음 그림에서 ∠HOH₀가 나타내는 것은?

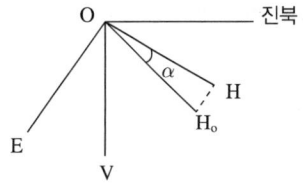

① 수직분력
② 수평분력
③ 복 각
④ 편 차

> **해설**
> 복각은 수평선과 막대자석(지구 자기의 자력선에 정렬됨)의 방향 사이의 각이다. 극지방으로 갈수록 막대자석이 지면과 각을 이루어 북극, 남극에서는 막대자석이 90°로 지면을 향하게 된다.

71 다음 중에서 방빙, 제빙계통에 사용되지 않는 것은?

① 가열 공기
② 전열선
③ 제빙 부츠
④ 윈드실드 와이퍼

72 열전대식 온도계를 사용하는 항공기에서 엔진의 온도가 300℃, 객실 온도가 20℃일 때의 온도계기의 지시값은 몇 ℃인가?

① 20　　② 280
③ 300　　④ 320

> **해설**
> 열전대식(Thermo-couple) 온도계
> 서로 다른 두 종의 금속선으로 만들어진 폐루프에서 서로 떨어진 두 점 간에 온도 차이가 발생하면 열기전력이 발생하는데, 이것을 계기에 연결하여 온도를 측정한다. 주로 왕복엔진의 실린더 온도 측정과 가스터빈엔진의 배기가스 온도를 측정하며, 항공기 객실과 조종실 등의 내부 온도 측정에는 사용하지 않는다.

73 압력계기에 사용하는 진공밀폐형 공함은?

① 다이어프램
② 아네로이드
③ 벨로스
④ 버든 튜브

해설
압력을 기계적 변위로 바꾸는 장치
- 아네로이드 : 진공밀폐형 다이어프램으로서 외부 압력에 의한 변위 발생을 이용한다.
- 다이어프램 : 속이 비어 있는 공함(空函)으로서 내부와 외부의 압력 차에 의한 변위 발생을 이용한다.
- 부르동관 : 속이 비어 있는 타원형의 단면을 가진 금속관을 둥글게 구부려 압력이 가해짐에 따라 팽창하는 변위 발생을 이용한다.
- 벨로스 : 여러 개의 공함을 겹친 것으로 압력을 받는 범위가 넓어 감도가 좋다.

74 다음 중 전기식 회전계를 사용하는 전동기는?

① 유도 전동기
② 동기 전동기
③ 분할 전동기
④ 가역 전동기

해설
동기(Synchronous) 전동기
교류 발전기와 동조되는 회전수로 회전하는 전동기로, 보통 엔진의 회전계에 이용된다. 회전계용 3상 교류 발전기와 동기 전동기의 전기적인 연결로 엔진의 회전속도에 따른 주파수에 해당하는 회전속도를 동기 전동기가 재현한다.

75 다음과 같은 브리지회로가 평형이 되었을 때 R의 값은 몇 Ω 인가?(단, 전류는 0이다)

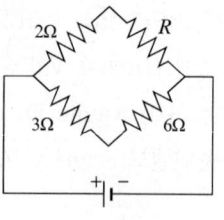

① 2
② 4
③ 6
④ 8

해설
$R_1 : R_4 = R_2 : R_3$
$2\Omega : R = 3\Omega : 6\Omega$
$\therefore R = 4\Omega$

76 다음 중 보조동력장치(APU)의 자동정지 조건이 아닌 것은?

① 배기가스 온도 초과 시
② 배터리 전압 저하 시
③ APU의 화재 발생 시
④ 오일 온도 저하 시

해설
보조동력장치(APU)의 자동정지 조건
- 기준 배기가스 온도(EGT) 초과
- rpm 과속(Overspeed), 시동 시 정상 이하로 완만한 가속
- 오일(Oil)의 압력 저하, 온도 초과, 양 부족
- 배터리 전압 저하
- 공기 흡입구 작게 열림, 결빙
- APU의 화재
- 공기동력원 배관 파손
- EGT, rpm, 압축기 입출구 온도에 인한 조절신호 상실

77 다음 중 D급 화재에 대한 설명으로 옳은 것은?

① 나무, 종이에 의한 화재
② 기름에 의한 화재
③ 금속 자체에 의해 일어난 화재
④ 전기화재

해설
화재 분류

등급	A	B	C	D	E
분류	일반화재	유류화재	전기화재	금속화재	가스화재

78 크랭크축의 런아웃 측정을 위해 다이얼 게이지를 사용한 결과 +0.001 ~ -0.002in까지 지시했다면 이때 런아웃값은?

① -0.001
② 0.002
③ 0.003
④ -0.002

해설
런아웃값 측정
0.001 - (-0.002) = 0.003(in)

79 자동 방향 탐지기 계통과 관련 없는 것은?

① 루프(Loop), 감도(Sense) 안테나
② 무선방위 지시계
③ 무지향성 표지 시설(NDB)
④ 자이로 컴퍼스(Gyro Compass)

해설
자이로 컴퍼스는 나침반의 일종이다.

80 계기착륙장치(Instrument Landing System)에 사용되는 장치는?

① Localizer, Glide Slope
② LRRA, M/B
③ VOR, Localizer
④ ADF, M/B

정답 77 ③ 78 ③ 79 ④ 80 ①

2023년 제1회 과년도 기출복원문제

제1과목 항공역학

01 항공기의 세로안정은 어떤 것에 대해서 안정하다는 의미인가?

① 롤링(Rolling)
② 피칭(Pitching)
③ 요잉(Yawing)과 피칭(Pitching)
④ 롤링(Rolling)과 피칭(Pitching)

해설
• 세로안정-피칭(Pitching)
• 가로안정-롤링(Rolling)
• 방향안정-요잉(Yawing)
피칭은 항공기가 무게중심을 중심으로 위아래 방향, 즉 세로 방향으로 움직이는 것이다. 따라서 세로 안정성은 피칭에 대해 안정한 것이다.

02 유체흐름을 이상유체(Ideal Fluid)로 설정하기 위한 조건으로 옳은 것은?

① 압력변화가 없다.
② 온도변화가 없다.
③ 흐름속도가 일정하다.
④ 점성의 영향을 무시한다.

해설
점성 유무에 따라 비점성흐름은 이상유체이고, 점성흐름은 실제유체이다.

03 날개의 시위길이가 6m, 공기의 흐름속도가 360km/h, 공기의 동점성계수가 0.3cm²/s일 때 레이놀즈수는?

① 1×10^7
② 2×10^7
③ 1×10^8
④ 2×10^8

해설
$$V = 360\text{km/h} = \frac{360,000\text{m}}{3,600\text{s}} = 100\text{m/s}$$
$$Re = \frac{Vc}{\nu} = \frac{(100\text{m/s})(6\text{m})}{0.3 \times 10^{-4}\text{m}^2/\text{s}} = 2 \times 10^7$$

04 표준대기의 기온, 압력, 밀도, 음속을 옳게 나열한 것은?

① 15℃, 750mmHg, 1.5kg/m³, 330m/s
② 15℃, 760mmHg, 1.2kg/m³, 340m/s
③ 18℃, 750mmHg, 1.5kg/m³, 340m/s
④ 18℃, 760mmHg, 1.2kg/m³, 330m/s

해설
표준 대기압으로 해면 고도의 압력, 밀도, 온도, 음속 및 중력 가속도는 다음과 같이 정의한다.
• 압력 : $P_0 = 760\text{mmHg} = 1.013 \times 10^5 \text{N/m}^2 = 1.033\text{kgf/cm}^2$
• 밀도 : $\rho_0 = 1.225\text{kg/m}^3 = 0.125\text{kgf} \cdot \text{s}^2/\text{m}^4$
• 온도 : $t_0 = 15℃$, $T_0 = 288\text{K}$
• 음속 : $a_0 = 340\text{m/s}$
• 중력가속도 : $g = 9.8\text{m/s}^2 = 32.2\text{ft/s}^2$

05 헬리콥터 회전날개의 추력을 계산하는 데 사용되는 이론은?

① 엔진의 연료 소비율에 따른 연소 이론
② 로터 블레이드 코닝각의 속도변화 이론
③ 로터 블레이드의 회전관성을 이용한 관성 이론
④ 회전면 앞에서의 공기유동량과 회전면 뒤에서의 공기 유동량의 차이를 운동량에 적용한 이론

해설
운동량 이론 : 주회전익의 회전으로 인해 발생하는 양력으로, 주회전익이 회전하면 주회전익 주위의 공기흐름은 주회전익 윗부분에서 아랫부분으로 향하는 공기의 흐름을 형성하게 된다. 이와 같은 공기의 흐름은 강해지게 되는데 헬리콥터는 그 반작용의 힘으로 떠오르는 것이다.

06 비행기의 방향안정에 일차적으로 영향을 주는 것은?

① 수평꼬리날개
② 플 랩
③ 수직꼬리날개
④ 날개의 쳐든각

해설
• 방향안정-수직꼬리날개
• 가로안정-쳐든각
• 세로안정-수평꼬리날개
수직꼬리날개는 방향안정성을 준다. 수평꼬리날개는 세로안정성을 준다. 날개의 쳐든각은 가로안정성을 준다.

07 다음과 같은 항공기의 운동은 어떤 운동의 결합인가?

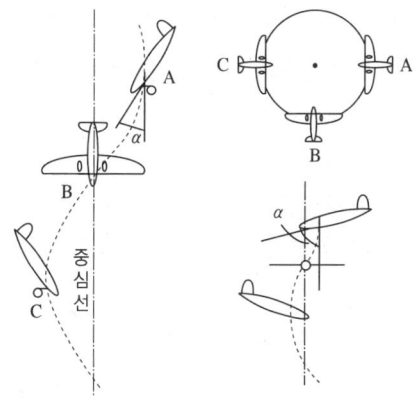

① 자전운동(Autorotation) + 수직강하
② 자전운동(Autorotation) + 수평선회
③ 균형선회(Turn Coordination) + 빗놀이
④ 균형선회(Turn Coordination) + 수직강하

08 무게가 500lb인 비행기의 마력속선이 다음과 같다면 수평정상비행을 할 때 최대상승률은 몇 ft/min인가?(단, HP_{req}는 필요마력, HP_{av}는 이용마력, 비행경로선과 추력선 사이각, 비행경로각은 작다)

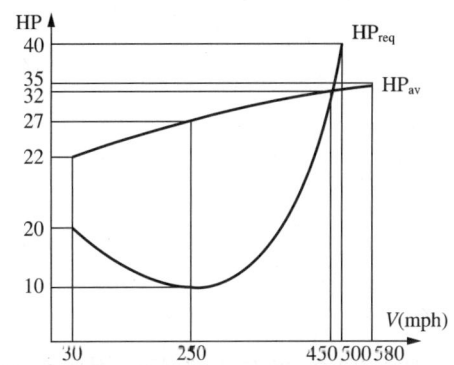

① 1,122
② 1,555
③ 2,360
④ 2,500

해설
$$RC = \frac{550(P_a - P_e)}{W} \text{ ft/s} = \frac{550 \times 17 \times 60}{500} \text{ ft/min}$$
$$= 1,122 \text{ ft/min}$$

09 항공기 날개에서 실속현상이란?

① 날개상면의 흐름이 층류로 바뀌는 현상이다.
② 날개상면의 항력이 갑자기 0이 되는 현상이다.
③ 날개상면의 흐름속도가 급속히 증가하는 현상이다.
④ 날개상면의 흐름이 날개상면의 앞전 근처로부터 박리되는 현상이다.

10 항공기 주위를 흐르는 공기의 레이놀즈수와 마하수에 대한 설명으로 옳지 않은 것은?

① 마하수는 공기의 온도가 상승하면 커진다.
② 레이놀즈수는 공기의 속도가 증가하면 커진다.
③ 마하수는 공기 중의 음속을 기준으로 나타낸다.
④ 레이놀즈수는 공기흐름의 점성을 기준으로 한다.

해설
온도 상승 시 음속은 커지고, 마하수는 작아진다.
$a = a_0 \sqrt{\dfrac{273+t(℃)}{273}}$, $M = \dfrac{V}{a}$

11 항공기의 동적안정이 양(+)인 상태의 설명으로 옳은 것은?

① 운동의 주기가 시간에 따라 일정하다.
② 운동의 주기가 시간에 따라 점차 감소한다.
③ 운동의 진폭이 시간에 따라 점차 감소한다.
④ 운동의 고유진동수가 시간에 따라 점차 감소한다.

12 비행기의 무게가 2,500kg, 큰 날개의 면적이 30m²이며, 해발고도에서의 실속속도가 100km/h인 비행기의 최대양력계수는?(단, 공기의 밀도는 0.125kg·s²/m⁴이다)

① 1.5   ② 1.7
③ 3.0   ④ 3.4

해설
$C_{Lmax} = \dfrac{2W}{\rho V^2 S} = \dfrac{2 \times 2,500 \text{kg}}{0.125 \dfrac{\text{kg} \cdot \text{s}^2}{\text{m}^4} \times \left(\dfrac{100}{3.6} \text{m/s}\right)^2 \times 30 \text{m}^2}$
$= 1.73$

13 정상선회에 대한 설명으로 옳은 것은?

① 경사각이 크면 선회반경은 커진다.
② 선회반지름은 속도가 클수록 작아진다.
③ 경사각이 클수록 하중배수는 커진다.
④ 선회 시 실속속도는 수평비행 실속속도보다 작다.

해설
- 선회반지름 $R = \dfrac{V^2}{g \tan \theta}$
- 하중배수 $n = \dfrac{1}{\cos \theta}$

14 비행기의 조종력을 결정하는 요소가 아닌 것은?

① 조종면의 크기
② 비행기의 속도
③ 비행기의 추진효율
④ 조종면의 힌지모멘트 계수

해설
비행기의 조종력은 조종면에 작용하는 양력, 항력, 모멘트력을 이겨내야 한다. 양력은 $L = \dfrac{1}{2}\rho V^2 S C_L$이고 항력은 $D = \dfrac{1}{2}\rho V^2 S C_D$이다. 모멘트는 이와 유사하게 힌지모멘트 계수 C_M과 면적 S, 동압이 포함되게 되므로 조종력은 조종면의 크기, 비행기의 속도, 힌지모멘트 계수에 의해 결정된다.

15 프로펠러에 흡수되는 동력과 프로펠러의 회전수(n), 프로펠러의 지름(D)에 대한 관계로 옳은 것은?

① n의 제곱에 비례하고 D의 제곱에 비례한다.
② n의 제곱에 비례하고 D의 3제곱에 비례한다.
③ n의 3제곱에 비례하고 D의 4제곱에 비례한다.
④ n의 3제곱에 비례하고 D의 5제곱에 비례한다.

해설
- 추력 $T = C_p \rho n^2 D^4$
- 회전력 $Q = C_p \rho n^2 D^5$
- 동력 $P = C_p \rho n^3 D^5$

16 헬리콥터의 자동회전(Autorotation)비행에 대한 설명으로 옳지 않은 것은?

① 호버링의 일종으로 양력과 무게의 균형을 유지한다.
② 엔진이 고장 났을 경우 로터블레이드의 독립적인 자유회전에 의한 강하비행이다.
③ 위치에너지를 운동에너지로 바꾸면서 무동력으로 하강한다.
④ 공기흐름은 상향 공기흐름을 일으켜 착륙에 필요한 양력을 발생시킨다.

17 비행기가 착륙할 때 활주로 15m 높이에서 실속속도보다 더 빠른 속도로 활주로에 진입하며 강하하는 이유는?

① 비행기의 착륙거리를 줄이기 위해서
② 지면효과에 의한 급격한 항력 증가를 줄이기 위해서
③ 항공기 소음을 속도 증가를 통해 감소시키기 위해서
④ 지면 부근의 돌풍에 의한 비행기의 자세교란을 방지하기 위해서

18 프로펠러 항공기가 최대 항속거리로 비행할 수 있는 조건으로 옳은 것은?(단, C_D는 항력계수, C_L은 양력계수이다)

① $\left(\dfrac{C_D}{C_L}\right)_{\text{최대}}$
② $\left(\dfrac{C_L^{\frac{1}{2}}}{C_D}\right)_{\text{최대}}$
③ $\left(\dfrac{C_L}{C_D}\right)_{\text{최대}}$
④ $\left(\dfrac{C_D^{\frac{1}{2}}}{C_L}\right)_{\text{최대}}$

19 프로펠러 깃의 미소길이에 발생하는 미소양력이 dL, 항력이 dD이고, 이때의 유효유입각(Effective Advance Angle)이 α라면 이 미소길이에서 발생하는 미소추력은?

① $dL\cos\alpha - dD\sin\alpha$
② $dL\sin\alpha - dD\cos\alpha$
③ $dL\cos\alpha + dD\sin\alpha$
④ $dL\sin\alpha + dD\cos\alpha$

20 날개 뿌리 시위길이가 60cm이고, 날개 끝 시위길이가 40cm인 사다리꼴 날개의 한쪽 날개길이가 150cm일 때 평균 시위길이는 몇 cm인가?

① 40
② 50
③ 60
④ 75

해설
사다리꼴 날개의 면적
$S = \dfrac{1}{2}$(밑변+윗변)높이
$= \dfrac{1}{2}(60\text{cm} + 40\text{cm})150\text{cm} = 7{,}500\text{cm}^2$

따라서 평균 공력시위는 $\bar{c} = \dfrac{S}{b} = \dfrac{7{,}500\text{cm}^2}{150\text{cm}} = 50\text{cm}$

정답 15 ④ 16 ① 17 ④ 18 ③ 19 ① 20 ②

제2과목 항공기관

21 다음 중 고공에서 극초음속으로 비행할 경우 성능이 가장 좋은 엔진은?

① 터보팬엔진
② 램제트엔진
③ 펄스제트엔진
④ 터보제트엔진

해설
램제트엔진은 압축기와 터빈이 없기 때문에 구조가 간단하여 극초음속에서 성능이 좋다.

22 정적비열 0.2kcal/(kg·K)인 이상기체 5kg이 일정 압력하에서 50kcal의 열을 받아 온도가 0℃에서 20℃까지 증가하였을 때 외부에 한 일은 몇 kcal인가?

① 4
② 20
③ 30
④ 70

해설
열량을 Q, 내부에너지를 U, 온도를 t라고 할 때
$Q = (U_2 - U_1) + W$
$W = Q - (U_2 - U_1) = Q - mC_v(t_2 - t_1)$
$= 50 - 5 \times 0.2(20 - 0)$
$= 30 \text{(kcal)}$

23 압축비가 일정할 때 열효율이 가장 좋은 순서대로 나열한 것은?

① 정적사이클 > 정압사이클 > 합성사이클
② 정압사이클 > 합성사이클 > 정적사이클
③ 정적사이클 > 합성사이클 > 정압사이클
④ 정압사이클 > 정적사이클 > 합성사이클

24 왕복엔진의 기계효율을 나타낸 식으로 옳은 것은?

① $\dfrac{제동마력}{지시마력} \times 100$

② $\dfrac{이용마력}{제동마력} \times 100$

③ $\dfrac{지시마력}{제동마력} \times 100$

④ $\dfrac{지시마력}{이용마력} \times 100$

해설
기계효율은 제동마력과 지시마력의 비다.
$\eta_m = \dfrac{bHP}{iHP}$

25 왕복엔진의 크랭크축에 다이내믹 댐퍼(Dynamic Damper)를 사용하는 주된 목적은?

① 커넥팅로드의 왕복운동을 방지하기 위하여
② 크랭크축의 비틀림 진동을 감쇠하기 위하여
③ 크랭크축의 자이로 작용(Gyroscopic Action)을 방지하기 위하여
④ 항공기가 교란되었을 때 원위치로 복원시키기 위하여

해설
다이내믹 댐퍼는 동적평형을 주기 위한 진자형 추로서, 크랭크축 회전으로 발생되는 비틀림 진동을 줄여 준다.

26 항공기 연료 '옥탄가 90'에 대한 설명으로 옳은 것은?

① 노말헵탄 10%에 세탄 90%의 혼합물과 같은 정도를 나타내는 가솔린이다.
② 연소 후에 발생하는 옥탄가스의 비율이 90% 정도를 차지하는 가솔린이다.
③ 연소 후에 발생하는 세탄가스의 비율이 10% 정도를 차지하는 가솔린이다.
④ 이소옥탄 90%에 노말헵탄 10%의 혼합물과 같은 정도를 나타내는 가솔린이다.

해설
표준연료는 노크가 잘 일어나지 않는 이소옥탄과 안티노크성이 낮은 노말헵탄을 일정한 비율로 혼합시킨 연료이다. 옥탄가란 표준연료 중 이소옥탄의 체적비율(%)을 나타낸 것이다.

27 다음 중 저압 마그네토의 구성품이 아닌 것은?

① 콘덴서
② 1차 코일
③ 2차 코일
④ 브레이커 포인트

해설
2차 코일은 고압 마그네토의 구성품으로 전압을 상승시키는 역할을 한다.

28 왕복엔진에서 로텐션(Low Tension) 점화장치의 장점으로 옳은 것은?

① 구조가 간단하여 엔진의 중량을 줄일 수 있다.
② 부스터 코일(Booster Coil)이 하나이므로 정비가 용이하다.
③ 점화플러그에 유기되는 전압이 낮아 정비 시 위험성이 작다.
④ 높은 고도 비행 시 하이텐션(High Tension) 점화장치에서 발생되는 플래시오버(Flash Over)를 방지할 수 있다.

해설
하이텐션(High Tension) 점화장치에서는 마그네토 2차 코일부터 점화플러그까지 고전압이 흘러 전기 누설이나 통신방해현상이 발생한다. 플래시오버(Flash Over)는 항공기가 높은 고도에서 운용될 때 배전기 내부에서 불꽃이 일어나는 현상으로, 공기밀도가 낮은 높은 고도에서 좋지 않은 공기 절연율로 인해 발생한다.

29 가스를 팽창 또는 압축시킬 때 주위와 열의 출입을 완전히 차단시킨 상태에서 변화하는 과정을 나타낸 식은?(단, P는 압력, v는 비체적, T는 온도, k는 비열비이다)

① $Pv=$ 일정
② $Pv^k=$ 일정
③ $\dfrac{P}{T}=$ 일정
④ $\dfrac{T}{v}=$ 일정

해설
폴리트로픽 과정($Pv^n = C$)에서
• 정압과정($n=0$) : $P=C$
• 등온과정($n=1$) : $Pv=C$
• 단열과정($n=k$) : $Pv^k=C$
• 정적과정($n \to \infty$) : $v=C$

30 속도 720km/h로 비행하는 항공기에 장착된 터보제트엔진이 300kgf/s로 공기를 흡입하여 400m/s의 속도로 배기시킨다면 이때 진추력은 몇 kgf인가? (단, 중력가속도는 10m/s² 로 한다)

① 3,000
② 6,000
③ 9,000
④ 18,000

해설
터보제트엔진 진추력
$$F_n = \frac{W_a}{g}(V_j - V_a)$$
$$= \frac{300\text{kgf/s}}{10\text{m/s}^2}(400\text{m/s} - 200\text{m/s}) = 6,000(\text{kgf})$$
여기서, W_a : 흡입공기 중량유량
V_j : 배기가스의 속도
V_a : 비행속도(720km/h=200m/s)

31 엔진의 공기 흡입구에 얼음이 생기는 것을 방지하기 위한 방빙(Anti-icing) 방법으로 옳은 것은?

① 더운 물을 엔진 인렛(Inlet) 속으로 분사한다.
② 배기가스를 인렛 스트럿(Inlet Strut)에 보낸다.
③ 압축기 통과 전의 청정한 공기를 인렛(Inlet) 쪽으로 순환시킨다.
④ 압축기의 고온 블리드 공기를 흡입구(Intake), 인렛 가이드 베인(Inlet Guide Vane)으로 보낸다.

해설
가스터빈엔진의 방빙(Anti-icing)이나 터빈 깃 냉각에는 압축기 블리드 공기를 사용한다.

32 가스터빈엔진 오일탱크에서 연료가 발견되었을 때 결함이 예상되는 부품은?

① 오일 펌프
② 연료 펌프
③ 압축기 베어링
④ 연료-오일 냉각기

해설
연료-오일 냉각기는 연료와 오일을 열교환함으로써 연료는 가열하고, 오일은 냉각시키는 역할을 한다. 연료-오일 냉각기에 누설이 있으면 오일 내에 연료가 스며든다.

33 가스터빈엔진에서 주로 사용하는 윤활계통의 형식은?

① Dry Sump, Jet and Spray
② Dry Sump, Dip and Splash
③ Wet Sump, Spray and Splash
④ Wet Sump, Dip and Pressure

해설
Dry Sump는 윤활유를 공급하는 윤활유 탱크와 윤활이 끝나고 모이는 윤활유 섬프가 따로 구분되어 설치되어 있다.

34 가스터빈엔진 드라이 모터링(Dry Motoring)에 대한 설명으로 옳지 않은 것은?

① 연료를 연료조정장치(FCU) 이후로는 흐르지 못하게 차단한 상태에서 실시한다.
② 시동기를 작동하여 점검에 필요한 만큼 구동한다.
③ 점화스위치 ON, 연료차단레버 OFF, 연료부스터펌프 ON, 스로틀 고속인 상태에서 실시한다.
④ 연료 및 윤활계통의 각종 호스와 튜브, 그리고 부품 등에서 누설이 있는지 점검한다.

해설
가스터빈엔진 드라이 모터링(Dry Motoring)은 점화스위치 OFF, 연료차단레버 OFF, 연료부스터펌프 ON, 스로틀 저속인 상태에서 실시한다.

35 일반적인 가스터빈엔진의 시동 시 시간에 따른 엔진 회전수 및 배기가스 온도를 나타낸 그래프에서 시동기가 꺼진 위치는?

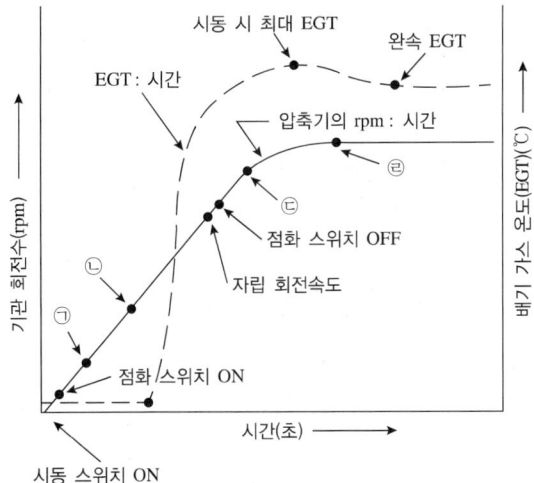

① ㉠
② ㉡
③ ㉢
④ ㉣

해설
① 연료 공급
② 불꽃 발생
③ 시동기 OFF
④ 완속 rpm

36 가스터빈엔진의 정상 시동 시에 일반적인 시동절차로 옳은 것은?

① Starter 'ON' → Ignition 'ON' → Fuel 'ON'→ Ignition 'OFF' → Starter 'Cut-OFF'
② Starter 'ON' → Fuel 'ON' → Ignition 'ON'→ Ignition 'OFF' → Starter 'Cut-OFF'
③ Starter 'ON' → Ignition 'ON' → Fuel 'ON'→ Starter 'Cut-OFF' → Ignition 'OFF'
④ Starter 'ON' → Fuel 'ON' → Ignition 'ON'→ Starter 'Cut-OFF' → Ignition 'OFF'

37 가스터빈엔진의 공기흡입 덕트(Duct)에서 발생하는 램 회복점에 대한 설명으로 옳은 것은?

① 램 압력 상승이 최대가 되는 항공기의 속도
② 마찰압력 손실이 최소가 되는 항공기의 속도
③ 마찰압력 손실이 최대가 되는 항공기의 속도
④ 흡입구 내부의 압력이 대기압력으로 돌아오는 점

38 배기노즐에서 온도 310℃인 가스가 등엔트로피 과정으로 분사 팽창하여 온도가 298℃가 됐을 때 배기가스의 분출속도는 약 몇 m/s인가?(단, 공기의 정압비열은 0.249kcal/kg·℃이다)

① 50.5
② 111.8
③ 151
④ 158.1

해설
- 등엔트로피 과정은 외부와의 열출입이 없는 단열과정이다.
- 배기노즐은 개방계이므로 단열과정에서의 에너지 변화는 다음과 같다.

$$W = mC_p(T_1 - T_2) = \frac{1}{2}m(V_2^2 - V_1^2)$$

여기서, 배기노즐 입구속도 $V_1 = 0$으로 간주하여 식을 정리하면,

$$V = \sqrt{2 \times C_P \times 4,186 \times (T_1 - T_2)}$$
$$= \sqrt{2 \times 0.249 \times 4,186 \times (583 - 571)}$$
$$= 158.16 \text{m/s} \, (\because 1\text{kcal} = 4,186\text{J})$$

39 프로펠러 페더링(Feathering)에 대한 설명으로 옳은 것은?

① 프로펠러 페더링은 엔진 축과 연결된 기어를 분리하는 방식이다.
② 비행 중 엔진 정지 시 프로펠러 회전도 같이 멈추게 하여 엔진의 2차 손상을 방지한다.
③ 프로펠러 페더링을 하면 항력이 증가하여 항공기의 속도를 줄일 수 있다.
④ 프로펠러 페더링을 하면 바람에 의해 프로펠러가 공회전하는 윈드밀링(Wind Milling)이 발생한다.

해설
완전 페더링 프로펠러 : 엔진 고장 시 프로펠러 깃을 비행 방향과 평행이 되도록 피치를 변경한다. 페더링 프로펠러는 유입 공기 흐름에 대해 방해를 받지 않으므로 프로펠러가 회전하지 않게 되고, 엔진 작동이 멈췄을 때 유입되는 바람에 의해 엔진이 역으로 회전하는 현상을 방지한다.

40 프로펠러의 슬립(Slip)에 대한 설명으로 옳은 것은?

① 프로펠러가 1분 회전 시 실제 전진거리
② 허브중심으로부터 끝부분까지의 길이를 인치로 나타낸 거리
③ 블레이드 시위 앞전 25%를 연결한 선의 길이와 시위길이를 나눈 값
④ 기하학적 피치와 유효피치의 차이를 기하학적 피치로 나눈 %값

해설
$$\text{프로펠러 슬립(Slip)} = \frac{\text{기하학적 피치} - \text{유효피치}}{\text{기하학적 피치}}$$
$$= \frac{GP - EP}{GP} \times 100(\%)$$

제3과목 항공기체

41 세미모노코크(Semi Monocoque) 구조에 대한 설명으로 옳지 않은 것은?

① 트러스 구조보다 복잡하다.
② 뼈대가 모든 하중을 담당한다.
③ 하중의 일부를 표피가 담당한다.
④ 프레임, 정형재, 링, 스트링어로 이루어져 있다.

해설
뼈대가 모든 하중을 담당하는 구조는 트러스 구조이다.

42 비행기가 지상 활주 중에 앞바퀴가 좌우로 심하게 떨리는 현상을 방지하는 장치는?

① 트러니언   ② 유압 퓨즈
③ 시미 댐퍼   ④ 토션 링크

해설
비행기가 지상 활주 중에 앞바퀴가 좌우로 심하게 떨리는 것을 시미(Shimmy)현상이라 한다. 시미 댐퍼는 이 현상을 방지한다.

43 나셀(Nacelle)에 대한 설명으로 옳은 것은?

① 기체의 인장하중을 담당한다.
② 엔진을 장착하여 하중을 담당하기 위한 구조물이다.
③ 기체에 장착된 엔진을 둘러싼 부분이다.
④ 일반적으로 기체의 중심에 위치하여 날개구조를 보완한다.

해설
• 나셀 : 기체에 장착된 엔진을 둘러싼 부분이다.
• 카울링(Cowling) : 엔진 주위를 둘러싼 덮개로 정비나 점검을 쉽게 하도록 열고 닫을 수 있다.
• 엔진 마운트(Engine Mount) : 엔진을 장착하기 위한 구조물이다.

44 조종 케이블의 점검에 대한 설명으로 옳지 않은 것은?

① 케이블의 손상점검은 헝겊을 이용한다.
② 케이블 내부에 부식이 있으면 케이블을 교환한다.
③ 케이블 외부 부식은 솔벤트에 담가 녹여서 제거한다.
④ 케이블을 역방향으로 비틀어서 내부부식을 점검한다.

> 해설
> 솔벤트는 케이블의 윤활제를 제거해서 더 심한 부식을 촉진시킨다.

45 착륙장치(Landing Gear)가 내려올 때 속도를 감소시키는 밸브는?

① 셔틀밸브
② 시퀀스밸브
③ 릴리프밸브
④ 오리피스 체크밸브

> 해설
> 오리피스 체크밸브는 한 방향으로는 정상적인 흐름이 되게 하고, 반대 방향은 흐름을 제어한다.

46 다음 설명에 해당되는 금속재료는?

- 비강도가 우수하고 내열성과 내식성이 좋다.
- 피로강도와 소성 가공성이 우수하다.
- 가스터빈엔진 압축기 깃과 디스크 등에 사용된다.

① 구리 합금
② 타이타늄 합금
③ 마그네슘 합금
④ 알루미늄 합금

47 알클래드(Alclad)에 대한 설명으로 옳은 것은?

① 알루미늄 판의 표면을 변형경화 처리한 것이다.
② 알루미늄 판의 표면에 순수 알루미늄을 입힌 것이다.
③ 알루미늄 판의 표면을 아연 크로메이트 처리한 것이다.
④ 알루미늄 판의 표면을 풀림 처리한 것이다.

> 해설
> 알클래드(Alclad) 판 : 알클래드 판은 알루미늄 합금 판 양면에 순수 알루미늄을 판 두께의 약 3~5% 정도로 입힌 판으로, 부식을 방지하고, 표면이 긁히는 등의 파손을 방지한다.

48 샌드위치 구조의 특징에 대한 설명으로 옳지 않은 것은?

① 습기와 열에 강하다.
② 기존의 보강재보다 중량당 강도가 크다.
③ 같은 강성을 갖는 다른 구조보다 무게가 가볍다.
④ 조종면(Control Surface)이나 뒷전(Trailing Edge) 등에 사용된다.

> 해설
> 샌드위치 구조는 습기와 열에 약하다.

49 너트의 부품번호 AN 310 D-5 R에서 문자 D가 의미하는 것은?

① 너트의 안전결선용 구멍
② 너트의 종류인 캐슬 너트
③ 사용 볼트의 지름 표시
④ 너트의 재질인 알루미늄 합금 2017T

해설
AN 310 D-5 R
- AN 310 : 캐슬 너트
- D : 너트의 재질(알루미늄 합금 : 2017)
- 5 : 사용 볼트의 지름(5/16in)
- R : 오른나사

50 다음 항공용 체결 요소의 명칭은?

① 하이 록(Hi-lok)
② 로크 볼트(Lock Bolt)
③ 리브너트(Rivnut)
④ 체리 리벳(Cherry Rivet)

해설
체리 리벳(Cherry Rivet)은 섕크와 스템으로 구성되어 있고 리벳건으로 잡아당기면 스템이 올라오면서 섕크가 확장되어 판재가 결합된다.

51 두께 0.051in의 판을 $\frac{1}{4}$ in 굴곡반지름으로 90° 굽힌다면 굽힘 여유(Bend Allowance)는 약 몇 in인가?

① 0.342
② 0.433
③ 0.652
④ 0.833

해설
굽힘 여유(BA ; Bend Allowance)
$$BA = \frac{굽힘\ 각도}{360°} \times 2\pi\left(R + \frac{T}{2}\right)$$
$$= \frac{90°}{360°} \times 2\pi\left(\frac{1}{4} + \frac{0.051}{2}\right)$$
$$= 0.4325(\text{in})$$

52 항공기 외피용으로 적합하며, 플러시 헤드 리벳(Flush Head Rivet)이라고도 하는 것은?

① 납작머리 리벳(Flat Head Rivet)
② 유니버설 리벳(Universal Rivet)
③ 둥근머리 리벳(Round Head Rivet)
④ 접시머리 리벳(Countersunk Head Rivet)

해설
접시머리 리벳과 유니버설머리 리벳

[접시머리 리벳]   [유니버설머리 리벳]

53 비소모성 텅스텐 전극과 모재 사이에서 발생하는 아크열을 이용하여 비피복 용접봉을 융해시켜 용접하며, 용접 부위를 보호하기 위해 불활성가스를 사용하는 용접 방법은?

① TIG용접
② 가스용접
③ MIG용접
④ 플라스마용접

해설
- 텅스텐 불활성가스용접 : TIG용접(주로 Ar가스 사용)
- 금속 불활성가스용접 : MIG용접(주로 CO_2가스 사용)

54 복합소재의 결함탐지방법으로 옳지 않은 것은?

① 와전류 검사
② X-ray 검사
③ 초음파 검사
④ 탭 테스트(Tap Test)

해설
와전류 검사는 전류가 흐르는 재료일 때 검사가 가능하다.

55 항공기 부식을 예방하기 위한 표면처리 방법이 아닌 것은?

① 마스킹처리(Masking)
② 알로다인처리(Alodining)
③ 양극산화처리(Anodizing)
④ 화학적 피막처리(Chemical Conversion Coating)

해설
마스킹처리는 페인팅 작업 시 페인트가 묻지 않도록 필요한 부분을 덮어씌우는 작업이다.

56 다음 중 변형률에 대한 설명으로 옳지 않은 것은?

① 변형률은 길이와 길이의 비이므로 차원은 없다.
② 변형률은 변화량과 본래의 치수와의 비이다.
③ 변형률은 비례한계 내에서 응력과 정비례 관계이다.
④ 일반적으로 인장봉에서 가로변형률은 신장률을 나타내며, 축변형률은 폭의 증가를 나타낸다.

해설
수직변형률
$$\varepsilon = \frac{\lambda}{l}$$
여기서, λ : 변형량, l : 원래 길이

57 다음과 같이 하중(W)이 작용하는 보의 명칭은?

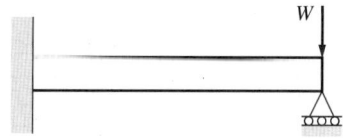

① 외팔보
② 돌출보
③ 고정보
④ 고정 지지보

58 원형 단면 봉이 비틀림에 의하여 단면에 발생하는 비틀림각을 옳게 나타낸 것은?(단, L : 봉의 길이, G : 전단탄성계수, R : 반지름, J : 극관성 모멘트, T : 비틀림 모멘트이다)

① TL/GJ
② GJ/TL
③ TR/J
④ GR/TJ

해설

비틀림 각 $\theta = \dfrac{TL}{GJ}$

여기서, T : 비틀림 모멘트, L : 봉의 길이,
G : 전단탄성계수, J : 극관성 모멘트

- 축의 길이가 길수록, 토크가 클수록 비틀림 각은 커진다.
- 전단탄성계수와 극관성 모멘트가 클수록 비틀림이 덜하다.

59 다음과 같은 속도하중배수($V-n$)선도에서 실속속도를 가장 옳게 나타낸 것은?(단, V_s는 실속속도, n_1는 제한하중배수이다)

①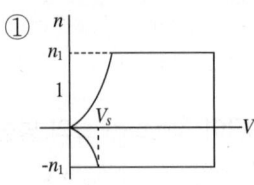
②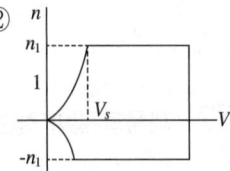
③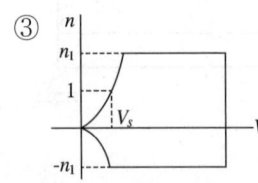
④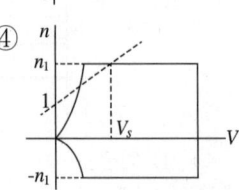

해설

실속속도(V_s)는 $V-n$선도에서 하중배수 $n=1$인 수평의 직선과 위쪽 방향의 포물선과의 교점으로 정해지는 속도이다.

60 항공기 중량을 측정한 결과를 이용하여 날개 앞전으로부터 무게중심까지의 거리를 MAC(공력평균시위) 백분율로 나타낸 값은?

결과
• 앞바퀴(Nose Landing Gear) : 1,500kg
• 우측 주바퀴(Main Landing Gear) : 3,500kg
• 좌측 주바퀴(Main Landing Gear) : 3,400kg

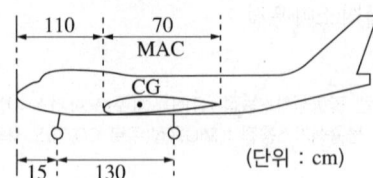

① 14.5% MAC
② 16.9% MAC
③ 21.7% MAC
④ 25.4% MAC

해설

MAC는 항공기 날개의 공기역학적인 시위로서 다음 식과 같다.

$\%\text{MAC} = \dfrac{CG - S}{MAC} \times 100$

여기서, CG : 기준선에서 무게중심까지의 거리
S : 평균공력 시위의 앞전까지의 거리
MAC : 평균공력 시위의 길이

$CG = \dfrac{\text{총모멘트}}{\text{총무게}}$

$= \dfrac{(1,500 \times 15) + (3,500 + 3,400) \times (15 + 130)}{1,500 + 3,500 +, 3,400}$

$= 121.8$

$\therefore \%\text{MAC} = \dfrac{121.8 - 110}{70} \times 100 = 16.86(\%)$

제4과목 항공장비

61 외력을 가하지 않는 한 자이로가 우주공간에 대하여 그 자세를 계속 유지하려는 성질은?

① 방향성　　② 강직성
③ 지시성　　④ 섭동성

해설
자이로의 특성
- 강직성 : 그 자세를 계속 유지하려는 성질
- 섭동성 : 가해진 힘의 위치에서 회전 방향으로 90° 위치에서 힘의 효과가 나타나는 성질

62 다음 중 화재탐지기로 사용하는 장치가 아닌 것은?

① 유닛식 탐지기
② 연기 탐지기
③ 이산화탄소 탐지기
④ 열전쌍 탐지기

63 황산납 축전지(Lead Acid Battery)의 과충전 상태를 의심할 수 있는 증상이 아닌 것은?

① 전해액이 축전지 밖으로 흘러나오는 경우
② 축전지에 흰색 침전물이 너무 많이 묻어 있는 경우
③ 축전지 셀의 케이스가 구부러졌거나 찌그러진 경우
④ 축전지 윗면 캡 주위에 약간의 탄산칼륨이 있는 경우

64 항공기 계기의 분류 중 비행계기에 속하지 않는 것은?

① 고도계　　② 회전계
③ 선회경사계　　④ 속도계

해설
비행계기 : 고도계, 속도계, 선회경사계, 방향자세계, 승강계 등

65 변압기(Transformer)는 어떠한 전기적 에너지를 변화시키는 장치인가?

① 전 류　　② 전 압
③ 전 력　　④ 위 상

해설
변압기 : 전자기유도현상을 이용하여 교류전류의 전압을 변화시키는 장비

정답　61 ②　62 ③　63 ④　64 ②　65 ②

66 화재탐지기에 요구되는 기능과 성능에 대한 설명으로 옳지 않은 것은?

① 화재의 지속시간 동안 연속적인 지시를 해야 한다.
② 화재가 지시하지 않을 때 최소전류요구이어야 한다.
③ 화재가 진화되었다는 것에 대해 정확한 지시를 해야 한다.
④ 정비작업 또는 장비취급이 복잡하더라도 중량이 가볍고 장착이 용이해야 한다.

67 다음 회로도에서 a, b 간에 전류가 흐르지 않도록 하기 위해서는 저항 R은 몇 Ω으로 해야 하는가?

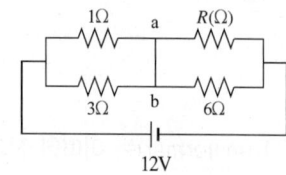

① 1
② 2
③ 3
④ 4

해설
휘트스톤브리지의 경우 a, b 간에 전류가 흐르지 않으려면 $\frac{3\Omega}{6\Omega} = \frac{1\Omega}{R}$ 이어야 한다.

68 운항 중 목표 고도로 설정한 고도에 진입하거나 벗어났을 때 경보를 울려 조종사의 실수를 방지하기 위한 장치는?

① SELCAL
② Radio Altimeter
③ Altitude Alert System
④ Air Traffic Control

69 정비를 목적으로 지상 근무자와 조종실 사이에 사용하는 통화장치는?

① Cabin Interphone System
② Flight Interphone System
③ Passenger Address System
④ Service Interphone System

해설
인터폰 시스템
• 객실 인터폰 시스템(Cabin Interphone System) : 조종사와 객실 승무원 또는 객실 승무원 간의 통화에 사용한다.
• 플라이트 인터폰 시스템(Flight Interphone System) : 비행 중에는 조종사 간, 그리고 지상에서는 조종사와 지상 근무자(정비사) 간의 통화에 사용한다. 통신 및 항법 시스템의 음성 신호를 조종사가 선택적으로 이용하거나 정비사가 점검하는 데 사용한다.
• 승객 서비스 시스템(Passenger Service System) : 승객이 객실 서비스를 위해 승무원을 호출하거나, 승객의 독서 등을 제어하는 데 사용하고, 객실 사인(No Smoking, Lavatory Occupied, Fasten Seat Belt) 정보를 승객에게 제공한다.

70 미국연방항공국(FAA)의 규정에 명시된 항공기의 최대객실고도는 약 몇 ft인가?

① 6,000
② 7,000
③ 8,000
④ 9,000

71 항공계기의 구비 조건이 아닌 것은?
① 정확성 ② 대형화
③ 내구성 ④ 경량화

72 항공기 조리실이나 화장실에서 사용한 물은 배출구를 통해 밖으로 빠져나가는데 이때 결빙방지를 위해 사용되는 전원에 대한 설명으로 옳은 것은?
① 지상에서는 저전압, 공중에서는 고전압 전원이 항상 공급된다.
② 공중에서는 저전압, 지상에서는 고전압 전원이 항상 공급된다.
③ 공중에서만 전원이 공급되며 이때 전원은 고전압이다.
④ 지상에서만 전원이 공급되며 이때 전원은 저전압이다.

73 소형 항공기의 12V 직류전원계통에 대한 설명으로 옳지 않은 것은?
① 직류발전기는 전원전압을 14V로 유지한다.
② 배터리와 직류발전기는 접지귀환방식으로 연결된다.
③ 메인 버스와 배터리 버스에 연결된 전류계는 배터리 충전 시 (−)를 지시한다.
④ 배터리는 엔진시동기(Starter)의 전원으로 사용된다.

해설
발전기가 배터리를 충전할 때에는 전류계가 (+)를 지시한다.

74 면적이 2in^{2}인 A피스톤과 10in^{2}인 B피스톤을 가진 실린더가 유체역학적으로 서로 연결되어 있을 경우, A피스톤에 20lbs의 힘이 가해질 때 B피스톤에 발생되는 힘은 몇 lbs인가?
① 100 ② 20
③ 10 ④ 5

해설
"힘=면적×압력"으로서 실린더 사이가 유체역학적으로 서로 연결되어 있을 때 압력은 그대로 전달된다. 따라서 피스톤의 면적에 비례하는 힘이 발생한다. B피스톤의 면적이 A피스톤의 면적보다 5배이므로 힘도 5배가 된다.

75 계기착륙장치(Instrument Landing System)에서 활주로 중심을 알려 주는 장치는?
① 로컬라이저(Localizer)
② 마커 비컨(Marker Beacon)
③ 글라이드 슬로프(Glide Slope)
④ 거리측정장치(Distance Measuring Equipment)

해설
계기착륙장치
• 마커 비컨(Marker Beacon) : 항공기에서 활주로까지의 거리를 측정한다.
• 로컬라이저(Localizer) : 활주로의 중앙으로 진입하는지 측정한다.
• 글라이드 슬로프(Glide Slope) : 항공기의 진입각을 지시한다.

정답 71 ② 72 ① 73 ③ 74 ① 75 ①

76 고도계에서 발생되는 오차가 아닌 것은?

① 북선오차
② 기계오차
③ 온도오차
④ 탄성오차

해설
북선오차 : 자기컴퍼스 발생 오차

77 항법시스템을 자립, 무선, 위성항법시스템으로 분류했을 때 자립항법시스템(Self Contained System)에 해당하는 장치는?

① LORAN(Long Range Navigation)
② VOR(VHF Omnidirectional Range)
③ GPS(Global Positioning System)
④ INS(Inertial Navigation System)

78 지상파(Ground Wave)가 가장 잘 전파되는 것은?

① LF
② UHF
③ HF
④ VHF

해설
저주파(장파) : 주로 지표파에 사용한다.
고주파(단파) : 직진성이 좋으며 주로 상공파에 사용한다.

79 유압계통에서 압력조절기와 비슷한 역할을 하지만 압력조절기보다 약간 높게 조절되어 있어 그 이상의 압력이 되면 작동되는 장치는?

① 체크밸브
② 리저버
③ 릴리프밸브
④ 축압기

해설
릴리프밸브 : 계통 보호를 위하여 고압 발생 시 바이패스시키는 밸브이다.

80 항공기 부품의 이용목적과 이에 적합한 전선이나 케이블의 종류를 옳게 연결한 것은?

┤이용목적├
가. 화재경보장치의 센서 등 온도가 높은 곳
나. 배기온도측정을 위한 크로멜 알루멜 서모커플
다. 음성신호나 미약한 신호 전송
라. 기내 영상신호나 무선신호 전송

┤케이블의 종류├
A. 니켈 도금 동선에 유리와 테플론으로 절연한 전선
B. 크로멜 알루멜을 도체로 한 전선
C. 전선 주위를 구리망으로 덮은 실드 케이블
D. 고주파 전송용 동축 케이블

① 가-B
② 나-C
③ 다-A
④ 라-D

해설
① 가-A
② 나-B
③ 다-C

제1과목 항공역학

01 비행기의 정적세로안정성을 나타낸 다음과 같은 그래프에서 가장 안정한 비행기는?(단, 비행기의 기수를 내리는 방향의 모멘트를 음(−)으로 하며, C_M은 피칭모멘트계수, α는 받음각이다)

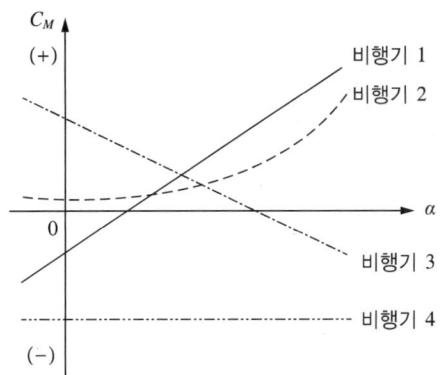

① 비행기 1
② 비행기 2
③ 비행기 3
④ 비행기 4

해설
비행기 3의 경우 기수가 내려갔을 때 양의 모멘트가 작용하므로 기수가 다시 들어 올려지고 반대로 기수가 올라갔을 때 음의 모멘트가 작용하여 기수가 다시 내려지므로 비행기는 정적 세로안정성을 가진다.

02 이용동력(P_A), 잉여동력(P_E), 필요동력(P_R)의 관계를 옳게 나타낸 것은?

① $P_A + P_E = P_R$
② $P_R \times P_A = P_E$
③ $P_E + P_R = P_A$
④ $P_A \times P_E = P_R$

03 항공기의 방향안정성이 주된 목적인 것은?

① 수평 안정판
② 주익의 상반각
③ 수직 안정판
④ 주익의 붙임각

해설
- 수직안정판 : 방향안정성
- 상반각 : 가로안정성
- 수평안정판 : 세로안정성

수직 안정판은 방향안정성을 주고 수평 안정판은 세로안정성을 주며 주익의 붙임각은 가로안정성을 준다.

04 헬리콥터의 전진비행 시 나타나는 효과가 아닌 것은?

① 회전날개 회전면의 앞부분과 뒷부분의 양항비가 달라진다.
② 회전면 앞부분의 양력이 뒷부분보다 크게 된다.
③ 왼쪽 방향으로 옆놀이 힘(Roll Force)이 발생한다.
④ 유효전이양력(Effective Translational Lift)이 발생한다.

05 프로펠러 효율이 80%인 항공기의 엔진 최대출력이 800PS일 때 수평 최대속도에서 낼 수 있는 최대 이용마력은 몇 PS인가?

① 640
② 760
③ 800
④ 880

해설
$P_a = \eta bHP = 0.8 \times 800\text{PS} = 640\text{PS}$

06 대기권을 낮은 층부터 높은 층의 순서로 나열한 것은?

① 대류권 – 극외권 – 성층권 – 열권 – 중간권
② 대류권 – 성층권 – 중간권 – 열권 – 극외권
③ 대류권 – 열권 – 중간권 – 극외권 – 성층권
④ 대류권 – 성층권 – 중간권 – 극외권 – 열권

07 날개 뒤쪽 공기의 하향흐름에 의해 양력이 뒤로 기울어졌을 때 그 힘의 수평성분에 해당하는 항력은?

① 조파항력
② 유도항력
③ 마찰항력
④ 형상항력

해설
- 조파항력 : 충격파에 의한 항력
- 형상항력 : 압력항력+마찰항력, 날개 형상에 의한 항력

08 항공기의 중립점(NP)에 대한 정의로 옳은 것은?

① 항공기에서 무게가 가장 무거운 점
② 항공기 세로길이 방향에서 가운데 점
③ 받음각에 따른 피칭모멘트가 0인 점
④ 받음각에 따른 피칭모멘트가 일정한 점

09 비행기가 2,500m 상공에서 양항비 8인 상태로 활공할 때 최대 수평활공거리는 몇 m인가?

① 1,500m
② 2,000m
③ 15,000m
④ 20,000m

해설

$$\frac{고도}{수평활공거리} = \frac{1}{양항비}$$

10 정상수평선회하는 항공기에 작용하는 원심력과 구심력에 대한 설명으로 옳은 것은?

① 원심력은 추력의 수평성분이며 구심력과 방향이 반대다.
② 원심력은 중력의 수직성분이며 구심력과 방향이 반대다.
③ 구심력은 중력의 수평성분이며 원심력과 방향이 같다.
④ 구심력은 양력의 수평성분이며 원심력과 방향이 반대다.

해설
원심력은 선회중심점에서 바깥방향으로 항공기를 움직이려고 하고 구심력은 방향이 반대로 작용한다. 따라서 항공기는 일정한 원을 그리며 정상적으로 선회하게 된다. 양력의 수직성분은 항공기의 무게와 같고 양력의 수평성분은 구심력이다.

11 프로펠러의 지름이 2m, 회전속도가 1,800rpm, 비행속도가 360km/h일 때 진행률(Advance Ratio)은?

① 1.67 ② 2.57
③ 3.17 ④ 3.67

해설

$V = 360\text{km/h} = 360\text{km/h} \times \dfrac{1,000\text{m}}{1\text{km}} \times \dfrac{1\text{h}}{3,600\text{s}} = 100\text{m/s}$

$n = 1,800\text{rpm} = 1,800\text{rev/min} \times \dfrac{1\text{min}}{60\text{s}} = 30\text{rev/s}$

$J = \dfrac{V}{nD} = \dfrac{100\text{m/s}}{30\text{rev/s} \times 2\text{m}} \fallingdotseq 1.67$

12 속도가 360km/h, 동점성계수가 0.15cm²/s인 풍동 시험부에 시위(Chord)가 1m인 평판을 넣고 실험할 때 이 평판의 앞전(Leading Edge)으로부터 0.3m 떨어진 곳의 레이놀즈수는?(단, 레이놀즈수의 기준속도는 시험부속도이고, 기준길이는 앞전으로부터의 거리이다)

① 1×10^5
② 1×10^6
③ 2×10^5
④ 2×10^6

해설

$V = 360\text{km/h} = \dfrac{360,000\text{m}}{3,600\text{s}} = 100\text{m/s}$

$Re = \dfrac{Vc}{\nu} = \dfrac{(100\text{m/s})(0.3\text{m})}{0.15 \times 10^{-4}\text{m}^2/\text{s}} = 2 \times 10^6$

13 회전날개 항공기는 최대속도에서 필요마력이 급상승하여 비행기와 같은 고속도를 낼 수 없다. 그 이유가 아닌 것은?

① 후퇴하는 깃의 날개끝 실속이 발생하기 때문에
② 전진, 후진하는 깃의 피치각이 상이하기 때문에
③ 후퇴하는 깃뿌리의 역풍범위가 확대되기 때문에
④ 전진하는 깃끝의 마하수 영향 때문에

해설

회전날개 항공기의 수평 최대속도를 제한하는 이유
• 후퇴하는 깃의 날개끝 실속이 발생하기 때문에
• 후퇴하는 깃뿌리의 역풍범위가 확대되기 때문에
• 전진하는 깃끝의 마하수 영향 때문에

14 날개골의 모양에 따른 특성 중 캠버에 관한 설명으로 옳지 않은 것은?

① 받음각이 0°일 때도 캠버가 있는 날개골은 양력이 발생한다.
② 캠버가 크면 양력은 증가하나 항력은 비례적으로 감소한다.
③ 두께나 앞전 반지름이 같아도 캠버가 다르면 받음각에 대한 양력과 항력의 차이가 생긴다.
④ 저속비행기는 캠버가 큰 날개골을 이용하고, 고속비행기는 캠버가 작은 날개골을 사용한다.

해설

캠버가 크면 양력과 항력이 모두 증가한다.

15 키돌이(Loop)비행 시 발생되는 비행이 아닌 것은?

① 수직상승
② 배면비행
③ 수직강하
④ 선회비행

16 항공기가 수평비행이나 급강하로 속도가 증가하여 천음속 영역에 도달할 때, 한쪽 날개가 실속을 일으켜서 양력을 상실하여 급격한 옆놀이를 일으키는 현상은?

① 디프 실속(Deep Stall)
② 턱 언더(Tuck Under)
③ 날개 드롭(Wing Drop)
④ 옆놀이 커플링(Rolling Coupling)

17 비행기가 1,000km/h의 속도로 10,000m 상공을 비행할 때 마하수는?(단, 10,000m 상공에서의 음속은 300m/s이다)

① 0.50
② 0.93
③ 1.20
④ 3.33

[해설]

$V = 1,000 \text{km/h} = 1,000 \text{km/h} \times \dfrac{1,000\text{m}}{1\text{km}} \times \dfrac{1\text{h}}{3,600\text{s}}$

$\fallingdotseq 277.8 \text{m/s}$

$M = \dfrac{V}{a} = \dfrac{277.8\text{m/s}}{300\text{m/s}} \fallingdotseq 0.93$

18 [보기]와 같은 현상의 원인이 아닌 것은?

┌ 보기 ┐
비행기가 하강 비행을 하는 동안 조종간을 당겨 기수를 올리려 할 때, 받음각과 각속도가 특정값을 넘으면 예상한 정도 이상으로 기수가 올라가고, 이를 회복할 수 없는 현상

① 쳐든각 효과의 감소
② 뒤젖힘 날개의 비틀림
③ 뒤젖힘 날개의 날개끝 실속
④ 날개의 풍압중심이 앞으로 이동

[해설]
날개가 뒤젖힘 형태일 때 고속에서 조종간을 당기면 날개의 비틀림이 발생하고 날개끝 실속이 발생하여 날개의 풍압 중심이 앞으로 이동하게 되어 기수는 올라가게 된다.

19 항공기 이륙거리를 짧게 하기 위한 방법으로 옳은 것은?

① 정풍(Head Wind)을 받으면서 이륙한다.
② 항공기 무게를 증가시켜 양력을 높인다.
③ 이륙 시 플랩이 항력 증가의 요인이 되므로 플랩을 사용하지 않는다.
④ 엔진의 가속력을 가능한 한 최소가 되도록 한다.

[해설]
이륙거리를 짧게 하는 방법
• 무게를 감소시킨다.
• 정풍을 받으면서 이륙한다.
• 고양력장치를 사용한다.
• 가속력을 증가시킨다(추력 증가, 마찰계수 감소, 항력 감소).

20 받음각이 0°일 때 양력이 발생하지 않는 것은?

① NACA 2412
② NACA 4415
③ NACA 2415
④ NACA 0018

[해설]
NACA 0018 에어포일은 대칭형 에어포일로서 캠버가 없다. 따라서 받음각이 0°일 경우 양력이 발생하지 않는다. 다른 에어포일은 캠버가 있으므로 받음각 0°에서도 양력이 발생한다.

16 ③ 17 ② 18 ① 19 ① 20 ④

제2과목 항공기관

21 항공기용 엔진 중 터빈식 회전엔진이 아닌 것은?

① 램제트엔진
② 터보프롭엔진
③ 터보제트엔진
④ 터보샤프트엔진

해설
로켓, 램제트, 펄스제트엔진에는 터빈이 장착되어 있지 않다.

22 [보기]와 같은 특성을 가진 엔진은?

┌보기─────────────────┐
• 비행속도가 빠를수록 추진효율이 좋다.
• 초음속 비행이 가능하다.
• 배기 소음이 심하다.
└──────────────────┘

① 터보팬엔진
② 터보프롭엔진
③ 터보제트엔진
④ 터보샤프트엔진

해설
가스터빈엔진의 종류
• 터보팬엔진 : 팬으로 흡입된 공기의 일부만 연소시키고 나머지는 바이패스시켜 추력을 얻는 엔진으로, 연료소비율이 작고 아음속에서 효율이 좋다.
• 터보프롭엔진 : 가스터빈의 출력을 축 동력으로 빼내고 감속기어를 거쳐 프로펠러를 구동하여 추력을 얻는다.
• 터보제트엔진 : 소량의 공기를 고속으로 분출시켜 큰 출력을 얻을 수 있으며, 초음속에서 우수한 성능을 나타내지만 소음이 크다.
• 터보샤프트엔진 : 가스터빈의 출력을 모두 축 동력으로 발생시킬 수 있도록 설계된 엔진으로, 주로 헬리콥터용 엔진으로 사용된다.

23 완전기체의 상태변화와 관계식으로 옳지 않은 것은?(단, P : 압력, V : 체적, T : 온도, r : 비열비)

① 등온변화 : $P_1 V_1 = P_2 V_2$

② 등압변화 : $\dfrac{T_1}{V_2} = \dfrac{T_2}{V_1}$

③ 등적변화 : $\dfrac{P_1}{T_1} = \dfrac{P_2}{T_2}$

④ 단열변화 : $\dfrac{T_2}{T_1} = \left(\dfrac{P_2}{P_1}\right)^{\frac{r-1}{r}}$

해설
등압변화 : $\dfrac{V_1}{T_1} = \dfrac{V_2}{T_2}$

24 오토사이클의 열효율에 대한 설명으로 옳지 않은 것은?

① 압축비가 증가하면 열효율도 증가한다.
② 동작유체의 비열비가 증가하면 열효율도 증가한다.
③ 압축비가 1이면 열효율은 ∞이다.
④ 동작유체의 비열비가 1이면 열효율은 0이다.

해설
오토사이클 열효율 식
$\eta_o = 1 - \left(\dfrac{1}{\varepsilon}\right)^{k-1}$

• 압축비(ε)가 증가하면, $\left(\dfrac{1}{\varepsilon}\right)^{k-1}$ 가 감소하여 열효율이 증가한다.
• 비열비(k)가 증가하면, $\left(\dfrac{1}{\varepsilon}\right)^{k-1}$ 는 감소하여 열효율이 증가한다.
• 압축비(ε)가 1이면, 열효율은 1−1이 되어 0이다.
• 비열비(k)가 1이면, $\left(\dfrac{1}{\varepsilon}\right)^0 = 1$이 되어 열효율은 0이다.

정답 21 ① 22 ③ 23 ② 24 ③

25 왕복엔진 실린더에 있는 밸브 가이드(Valve Guide)의 마모로 발생할 수 있는 문제점은?

① 높은 오일 소모량
② 낮은 오일 압력
③ 낮은 오일 소모량
④ 높은 오일 압력

해설
밸브 가이드가 마모되면 밸브 스템과 밸브 가이드 틈새로 오일이 흘러들어, 점화플러그의 오손, 피스톤 링 부분의 슬러지 생성, 흰 연기 발생 및 오일 소모량 증가 등의 현상이 발생한다.

26 항공기 왕복엔진의 출력 증가를 위하여 장착하는 과급기 중 가장 많이 사용되는 형식은?

① 기어식(Gear Type)
② 베인식(Vane Type)
③ 루츠식(Roots Type)
④ 원심식(Centrifugal Type)

해설
원심식 과급기

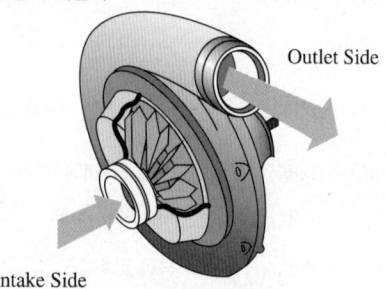

27 가스터빈엔진의 윤활계통에 대한 설명으로 옳지 않은 것은?

① 가스터빈 윤활계통은 주로 건식 섬프형이다.
② 건식 섬프형은 탱크가 엔진 외부에 장착된다.
③ 가스터빈엔진은 왕복엔진에 비해 윤활유 소모량이 많아서 윤활유 탱크의 용량이 크다.
④ 주윤활 부분은 압축기와 터빈축의 베어링부, 액세서리 구동기어의 베어링부이다.

해설
가스터빈엔진은 왕복엔진에 비해 윤활유 소모량이 적다.

28 왕복엔진에서 시동을 위해 마그네토(Magneto)에 고전압을 증가시키는 데 사용되는 장치는?

① 스로틀(Throttle)
② 기화기(Carburetor)
③ 과급기(Supercharger)
④ 임펄스 커플링(Impulse Coupling)

해설
엔진 시동 시에는 크랭크축의 회전 속도가 느리기 때문에 마그네토에서 고전압이 발생하지 못하므로, 부스터 코일, 임펄스 커플링, 인덕션 바이브레이터 등과 같은 보조 장치들이 사용된다.

29 가스터빈엔진에서 배기노즐(Exhaust Nozzle)의 가장 중요한 기능은?

① 배기가스의 속도와 압력을 증가시킨다.
② 배기가스의 속도와 압력을 감소시킨다.
③ 배기가스의 속도를 증가시키고, 압력을 감소시킨다.
④ 배기가스의 속도를 감소시키고, 압력을 증가시킨다.

30 축류형 터빈에서 터빈의 반동도를 구하는 식은?

① $\dfrac{\text{단당 팽창}}{\text{터빈 깃의 팽창}} \times 100$

② $\dfrac{\text{스테이터 깃의 팽창}}{\text{단당 팽창}} \times 100$

③ $\dfrac{\text{회전자 깃에 의한 팽창}}{\text{단당 팽창}} \times 100$

④ $\dfrac{\text{회전자 깃에 의한 압력상승}}{\text{터빈 깃의 팽창}} \times 100$

[해설]
반동도 $= \dfrac{\text{회전자 깃에 의한 팽창량}}{\text{단의 팽창량}} \times 100$

$= \dfrac{P_2 - P_3}{P_1 - P_3} \times 100\%$

여기서, P_1 : 고정자 깃 입구 압력
P_2 : 고정자 깃 출구 압력
P_3 : 회전자 깃 출구 압력

31 벨마우스(Bellmouth) 흡입구에 대한 설명으로 옳지 않은 것은?

① 헬리콥터 또는 터보프롭 항공기에 사용이 가능하다.
② 흡입구는 공력 효율을 고려하여 확산형으로 제작한다.
③ 흡입구에 아주 얇은 경계층과 낮은 압력손실로 덕트 손실이 거의 없다.
④ 대부분 이물질 흡입방지를 위한 인렛스크린을 설치한다.

[해설]
벨마우스 흡입구는 수축형이며, 헬리콥터와 램 회복속도 이하로 비행하는 저속 항공기에 사용한다. 벨마우스는 덕트 손실이 매우 작아서 0으로 간주한다.
인렛스크린을 장착한 벨마우스 흡입구(헬리콥터)
Bellmouth Inlet(Helicopter)

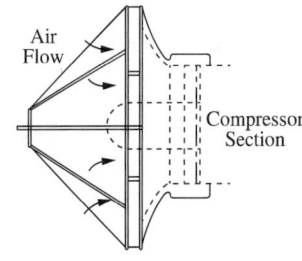

32 가스터빈엔진의 연료 중 항공 가솔린의 증기압과 비슷한 값을 가지며, 등유와 증기압이 낮은 가솔린의 합성연료이고, 주로 군용으로 많이 쓰이는 연료는?

① JP-4   ② JP-6
③ Jet A   ④ AV-GAS

[해설]
가스터빈엔진의 연료
• 가스터빈엔진용(군용) : JP-4, JP-5, JP-6, JP-8 등
• 가스터빈엔진용(민간용) : Jet A, Jet A-1, Jet B 등

[정답] 29 ③ 30 ③ 31 ② 32 ①

33 건식 윤활유 계통 내의 배유펌프 용량이 압력펌프 용량보다 큰 이유는?

① 엔진을 통하여 윤활유를 순환시켜 예열이 신속히 이루어지도록 하기 위해서
② 엔진이 마모되고, 갭(Gap)이 발생하면 윤활유 요구량이 커지기 때문에
③ 윤활유에 거품이 생기고 열로 인해 팽창되어 배유되는 윤활유의 부피가 증가하기 때문에
④ 엔진부품에 윤활이 적절하게 될 수 있도록 윤활유의 최대 압력을 제한하고, 조절하기 위해서

34 가스터빈엔진의 시동계통에서 자립회전속도(Self-accelerating)의 의미는?

① 시동기를 켤 때의 가스터빈 회전속도
② 엔진에 점화가 일어나서 배기가스 온도가 증가되기 시작하는 상태에서의 가스터빈 회전속도
③ 엔진이 아이들(Idle) 상태에 진입하기 시작했을 때의 가스터빈 회전속도
④ 터빈에서 발생되는 동력이 압축기를 스스로 회전시킬 수 있는 상태에서의 가스터빈 회전속도

35 가스터빈엔진의 점화장치를 왕복엔진과 비교하여 고전압, 고에너지 점화장치로 사용하는 주된 이유는?

① 열손실이 크기 때문에
② 사용연료의 기화성이 낮기 때문에
③ 왕복엔진에 비하여 부피가 크기 때문에
④ 점화기 특성 규격에 맞추어야 하므로

36 원심력식 압축기에서 속도에너지가 압력에너지로 바뀌는 곳은?

① 임펠러(Impeller)
② 디퓨저(Diffuser)
③ 매니폴드(Manifold)
④ 배기노즐(Exhaust Nozzle)

해설
원심력식 압축기는 임펠러, 디퓨저, 매니폴드 등으로 구성되어 있다. 디퓨저는 속도에너지를 압력에너지로 변환시킨다.

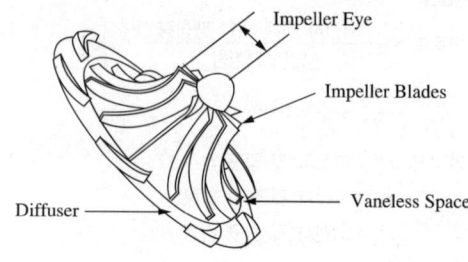

37 터빈엔진에서 과열 시동(Hot Start)을 방지하기 위하여 확인해야 하는 계기는?

① 토크 미터
② EGT 지시계
③ 출력 지시계
④ rpm 지시계

해설
과열 시동은 배기가스 온도(EGT)가 규정 한계값 이상으로 증가하는 현상이다.

38 왕복엔진의 배기가스 누설 여부를 점검하는 방법으로 옳은 것은?

① 배기가스온도(EGT)가 비정상적으로 올라가는지 살펴본다.
② 공기흡입관의 압력계기가 안정되지 않고 흔들리며 지시(Fluctuating Indication)하는지 살펴본다.
③ 엔진카울 및 주변 부품 등에 심한 그을음(Exhaust Soot)이 묻어 있는지 검사한다.
④ 엔진 배기 부분을 알칼리 용액 또는 샌드 블라스팅(Sand Blasting)으로 세척을 하고 정밀검사를 한다.

39 프로펠러를 [보기]와 같이 분류한 기준으로 옳은 것은?

┤보기├
- 유형 A : 고정피치 프로펠러
- 유형 B : 지상조정피치 프로펠러
- 유형 C : 정속 프로펠러

① 프로펠러의 최대 회전속도
② 프로펠러 지름의 최대 크기
③ 프로펠러 피치의 조정 방식
④ 프로펠러 유효피치의 크기

해설
피치 변경에 따른 프로펠러의 종류
- 고정피치 프로펠러 : 깃각이 하나로 고정되어 피치 변경이 불가능하다.
- 조정피치 프로펠러 : 지상에서 정비사가 조정 나사로 피치각을 조정한다.
- 2단 가변피치 프로펠러 : 조종사가 저피치와 고피치 중 하나를 선택한다.
- 정속 프로펠러 : 조속기에 의해 저피치에서 고피치까지 자유롭게 피치를 조정할 수 있다.
- 완전 페더링 프로펠러 : 엔진 고장 시 프로펠러 깃을 비행 방향과 평행이 되도록 피치를 변경한다.
- 역피치 프로펠러 : 부(-)의 피치각을 갖는 프로펠러로, 역추력이 발생되어 착륙거리를 단축시킬 수 있다.

40 비행속도가 V, 회전속도가 n(rpm)인 프로펠러의 1회전 소요시간이 $\dfrac{60}{n}$ 초일 때 유효피치를 나타내는 식은?

① $\dfrac{60V}{n}$
② $\dfrac{60n}{V}$
③ $\dfrac{nV}{60}$
④ $\dfrac{V}{60}$

해설
유효피치는 프로펠러를 1회전시켰을 때 실제 전진한 거리이다. 프로펠러가 1회전하는 데 소요되는 시간은 $60/n$ 초이므로, 프로펠러 1회전당 실제 전진한 거리는 $V \times \dfrac{60}{n}$ 이다.

정답 37 ② 38 ③ 39 ③ 40 ①

제3과목 항공기체

41 기체구조의 형식 중 응력 외피구조(Stress Skin Structure)에 대한 설명으로 옳은 것은?

① 2개의 외판 사이에 벌집형, 거품형, 파(Wave)형 등의 심을 넣고 고착시켜 샌드위치 모양으로 만든 구조이다.
② 하나의 구조 요소가 파괴되더라도 나머지 구조가 그 기능을 담당해 주는 구조이다.
③ 목재 또는 강판으로 트러스(삼각형 구조)를 구성하고 그 위에 천 또는 얇은 금속판의 외피를 씌운 구조이다.
④ 외피가 항공기의 형태를 이루면서 항공기에 작용하는 하중의 일부를 외피가 담당하는 구조이다.

해설
① 샌드위치 구조
② 페일 세이프 구조
③ 트러스 구조

42 항공기 날개구조에서 리브(Rib)의 기능으로 옳은 것은?

① 날개 내부구조의 집중응력을 담당하는 골격이다.
② 날개에 걸리는 하중을 스킨에 분산시킨다.
③ 날개의 스팬(Span)을 늘리기 위하여 사용되는 연장 부분이다.
④ 날개의 곡면 상태를 만들어 주며, 날개의 표면에 걸리는 하중을 스파에 전달시킨다.

해설
날개 각부의 명칭

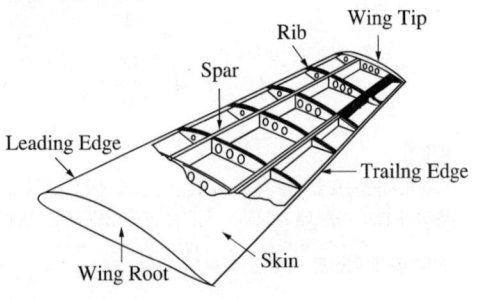

43 엔진 마운트에 대한 설명으로 옳은 것은?

① 엔진을 둘러싸고 있는 부분이다.
② 엔진과 기체를 차단하는 벽의 구조물이다.
③ 엔진의 추력을 기체에 전달하는 구조물이다.
④ 엔진이나 엔진에 부수되는 보기 주위를 쉽게 접근할 수 있도록 장·탈착하는 덮개이다.

44 케이블 조종계통(Cable Control System)에서 7×19 케이블에 대한 설명으로 옳은 것은?

① 19개의 와이어로 7번 감아 케이블을 만든다.
② 7개의 와이어로 19번 감아 케이블을 만든다.
③ 19개의 와이어로 1개의 다발을 만들고, 이 다발 7개로 1의 케이블을 만든다.
④ 7개의 와이어로 1개의 다발을 만들고, 이 다발 19개로 1의 케이블을 만든다.

해설
7×19 케이블의 형태

45 브레이크 페달(Brake Pedal)에 스펀지(Sponge) 현상이 나타났을 때 조치 방법은?

① 공기를 보충한다.
② 계통을 블리딩(Bleeding)한다.
③ 페달(Pedal)을 반복해서 밟는다.
④ 작동유(MIL-H-5606)를 보충한다.

해설
스펀지 현상은 브레이크 유압 라인 내에 공기가 차 있을 때 발생하므로 공기 빼기 작업(Air Bleeding)을 해야 한다.

46 다음 중 대형 항공기 연료탱크 내 연료 분배계통의 구성품으로 옳지 않은 것은?

① 연료 차단 밸브
② 섬프 드레인 밸브
③ 부스트(승압) 펌프
④ 오버라이드 트랜스퍼 펌프

해설
대형 항공기의 연료 분배계통
- 승압 펌프(Booster Pump)
- 오버라이드 트랜스퍼 펌프(Override Transfer Pump)
- 분사 펌프
- 크로스피드 밸브(Crossfeed Valve)
- 연료 차단 밸브(Fuel Shut-off Valve)

47 타이타늄 합금과 비교한 알루미늄 합금의 단점은?

① 너무 무겁다.
② 열에 강하지 못하다.
③ 전기저항이 너무 크다.
④ 공기와의 마찰로 마모가 심하다.

해설
타이타늄 합금(Titanium Alloy)은 피로에 대한 저항이 강하고, 내열성과 내식성이 좋은 재료로, 이용도가 짐차 높아지고 있다. 디이디늄 합금의 비중은 약 4.5로 강보다 가벼우며, 강도는 알루미늄 합금이나 마그네슘 합금보다 높고, 녹는점이 약 1,730℃로서 다른 금속에 비하여 높다.

48 다음 중 인공시효경화처리로 강도를 높일 수 있는 알루미늄 합금은?

① 1100   ② 2024
③ 3003   ④ 5052

해설
AA2017, AA2024 알루미늄 합금은 열처리로 연화시킨 후 시효경화에 의해 강도를 높일 수 있다.

49 복합재료의 강화재 중 무색투명하며 전기부도체인 섬유로서, 우수한 내열성 때문에 고온 부위의 재료로 사용되는 것은?

① 아라미드섬유
② 유리섬유
③ 알루미나섬유
④ 보론섬유

50 항공기용 볼트의 부품 번호가 'AN 6 DD H 7A'일 때 숫자 '6'의 의미는?

① 볼트의 길이가 6/16in이다.
② 볼트의 지름이 6/16in이다.
③ 볼트의 길이가 6/8in이다.
④ 볼트의 지름이 6/32in이다.

해설

AN	6	DD	H	7	A
㉠	㉡	㉢	㉣	㉤	㉥

㉠ AN : Air Force Navy Standard
㉡ 6 : 볼트 지름 6/16in
㉢ DD : 볼트 재질 Al2024
㉣ H : 볼트머리(Head)에 안전결선용 구멍이 있음
㉤ 7 : 볼트 길이가 7/8in
㉥ A : 볼트 섕크에 코터핀 체결용 구멍이 없음

정답 46 ② 47 ② 48 ② 49 ③ 50 ②

51 볼트그립 길이와 볼트가 장착되는 재료의 두께에 관한 설명으로 옳은 것은?

① 볼트가 장착될 재료의 두께는 볼트그립 길이의 2배여야 한다.
② 볼트그립 길이는 가장 얇은 판 두께의 3배가 되어야 한다.
③ 볼트가 장착될 재료의 두께는 볼트그립 길이에 볼트 지름의 길이를 합한 것과 같아야 한다.
④ 볼트그립 길이는 볼트가 장착되는 재료의 두께와 같거나 약간 길어야 한다.

해설
볼트그립은 볼트에서 나사가 나 있지 않은 부분으로서, 그립길이는 재료의 두께와 같거나 약간 길어야 한다(와셔를 장착할 수도 있으므로).

52 다음 그림과 같이 판재를 굽히기 위한 Flat A의 길이는 약 몇 in가 되어야 하는가?

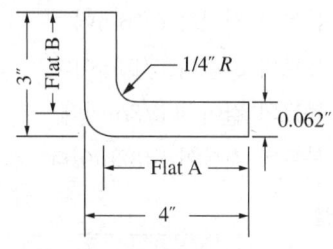

① 2.8   ② 3.7
③ 3.8   ④ 4.0

해설
Flat A의 길이는 4in에서 세트백(SB) 길이만큼 뺀 길이이다.
세트백(SB)은
$$SB = \tan\frac{\theta}{2}(R+T) = \tan\frac{90°}{2}\left(\frac{1}{4}+0.062\right) = 0.312(\text{in})$$
따라서 Flat A의 길이 = 4 - 0.312 = 3.688 ≒ 3.7(in)

53 2개의 알루미늄 판재를 리베팅하기 위해 구멍을 뚫을 때 판재의 움직임을 방지해 주는 것은?

① 클레코
② 리머
③ 버킹바
④ 뉴매틱 해머

54 복합재료(Composite Material)를 수리할 때 접착용 수지를 효과적으로 접착시키기(Curing) 위하여 열을 가하는 장비가 아닌 것은?

① 오븐(Oven)
② 가열건(Heat Gun)
③ 가열램프(Heat Lamp)
④ 진공백(Vacuum Bag)

해설
진공백 방식은 적층이나 수리 시 진공압으로 공기를 빼내면서 주위의 대기압에 의해 압력을 가하는 방식이다.

55 이질 금속 간의 접촉부식에서 알루미늄 합금의 경우 A그룹과 B그룹으로 구분하였을 때 그룹이 다른 것은?

① 2014　　② 2017
③ 2024　　④ 5052

해설
알루미늄 합금은 소집단 A, 소집단 B로 나뉜다. 두 집단 사이의 금속은 이질 금속 간 부식이 일어나지 않게 특별한 방식처리가 필요하다.
- 소집단 A : 1100, 3003, 5052, 6061 등
- 소집단 B : 2014, 2017, 2042, 7075 등

56 일정한 응력(힘)을 받는 재료가 일정한 온도에서 시간이 경과함에 따라 변형률이 증가하는 현상은?

① 크리프(Creep)
② 항복(Yield)
③ 파괴(Fracture)
④ 피로굽힘(Fatigue Bending)

해설
물체가 힘을 받을 때 이것에 의해 변형이 시간과 함께 진행하는 현상을 총칭해서 크리프라고 한다. 그러나 좁은 뜻의 크리프는 물체에 일정 온도하에서 일정 응력 혹은 일정 하중이 작용할 때 변형이 시간과 함께 증가하는 현상을 의미한다.

크리프 곡선(Creep Curve)

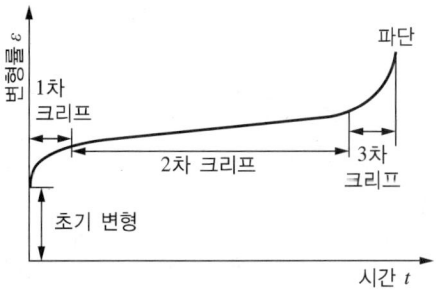

57 가로 5cm, 세로 6cm인 직사각형 단면의 중심이 다음과 같은 위치에 있을 때 x, y축에 관한 단면의 상승모멘트 $I_{xy} = \int_A xy dA$ 는 몇 cm^{4}인가?

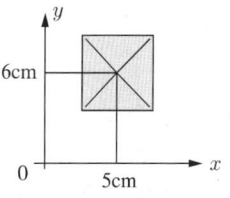

① 750　　② 800
③ 850　　④ 900

해설
그래프에서 도심의 위치 $x=5$, $y=6$
직사각형의 면적 $A=30(\text{cm}^2)$
$I_{xy} = \int xy dA = 5 \times 6 \times 30 = 900(\text{cm}^4)$

58 항공기 기체의 비틀림 강도를 높이기 위한 방법으로 옳지 않은 것은?

① 기체의 길이를 증가시킨다.
② 기체 표피의 두께를 증가시킨다.
③ 표피소재의 전단계수를 증가시킨다.
④ 기체의 극단면 2차 모멘트를 증가시킨다.

해설
비틀림 각 $\theta = \dfrac{TL}{GI_p}$

여기서, T : 비틀림 모멘트, L : 봉의 길이,
　　　　G : 전단탄성계수, I_p : 극단면 2차 모멘트
- 비틀림각 θ는 비틀림 강도에 반비례한다.
- 봉의 길이가 길수록, 비틀림 모멘트가 클수록 비틀림 각은 커진다.
- 전단탄성계수와 극단면 2차 모멘트가 클수록 비틀림이 덜하다.

59 실속속도가 120km/h인 수송기의 설계제한 하중배수가 4.4인 경우 이 수송기의 설계운용속도는 약 몇 km/h인가?

① 228　　② 252
③ 264　　④ 270

해설
설계운용속도(V_A)
$V_A = \sqrt{n_1} \times V_s = \sqrt{4.4} \times 120 = 2.1 \times 120 = 252(\text{km/h})$
여기서, n_1 : 설계제한 하중배수, V_s : 실속속도

60 비행기의 무게가 2,500kg이고, 중심위치는 기준선 후방 0.5m에 있다. 기준선 후방 4m에 위치한 15kg짜리 좌석을 2개 떼어 내고 기준선 후방 4.5m에 17kg짜리 항법장비를 장착하였으며, 이에 따른 구조변경으로 기준선 후방 3m에 12.5kg의 무게 증가 요인이 추가 발생하였다면, 이 비행기의 새로운 무게중심 위치는?

① 기준선 전방 약 0.30m
② 기준선 전방 약 0.40m
③ 기준선 후방 약 0.50m
④ 기준선 후방 약 0.60m

해설

구 분	무 게	거 리	모멘트
비행기	2,500	0.5	1,250
좌석(제거)	−30	4	−120
항법장치(추가)	17	4.5	76.5
무게증가 요인	12.5	3	37.5
합	2,499.5		1,244

따라서 무게중심위치(CG)는
$CG = \dfrac{1,244}{2,499.5} \fallingdotseq +0.498(\text{m})$
(+는 후방, −는 전방)

제4과목 항공장비

61 항공기 가스터빈엔진의 온도를 측정하기 위해 1개의 저항값이 0.79Ω인 열전쌍이 병렬로 6개가 연결되어 있다. 엔진의 온도가 500℃일 때 1개의 열전쌍에서 출력되는 기전력이 20.64mV이라면 이 회로에 흐르는 전체 전류는 약 몇 mA인가?(단, 전선의 저항은 24.87Ω, 계기 내부저항은 23Ω 이다)

① 0.163　　② 0.392
③ 0.430　　④ 0.526

해설

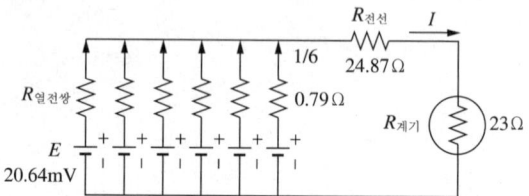

키르히호프의 전압법칙에 따르면 어느 한 회로에 따른 전압의 합은 0이다. 즉, $\Sigma V = 0$
따라서
$\Sigma V = $ 전압생성 E − 전압강하$_{열전쌍}$ − 전압강하$_{전선}$ − 전압강하$_{계기}$
　　 $= 0$이다.
$\Sigma V = 20.64\text{mV} - \dfrac{I}{6}(0.79\Omega) - I(24.87\Omega + 23\Omega) = 0$
$\therefore I = \dfrac{20.64\text{mV}}{\dfrac{0.79}{6} + 24.87\Omega + 23\Omega} \fallingdotseq 0.430\text{mA}$

62 화재탐지장치에 대한 설명으로 옳지 않은 것은?

① 광전기셀(Photo-electric Cell)은 공기 중의 연기가 빛을 굴절시켜 광전기셀에서 전류를 발생한다.
② 열전쌍(Thermocouple)은 주변의 온도가 서서히 상승함에 따라 전압을 발생한다.
③ 서미스터(Thermistor)는 저온에는 저항이 높아지고, 고온에서는 저항이 낮아지는 도체로 회로를 구성한다.
④ 열스위치(Thermal s/w)식에 사용되는 Ni-Fe의 합금철편은 열팽창률이 낮다.

해설
열전쌍은 Hot Junction(측정 지점)과 Cold Junction의 온도 차이에 따라 전압을 발생시킨다.

63 신호파에 따라 반송파의 주파수를 변화시키는 변조 방식은?

① AM   ② FM
③ PM   ④ PCM

해설
- AM : 진폭변조
- PM : 위상변조
- PCM : 펄스부호변조(디지털변조)

64 다음 중 가시거리에 사용되는 전파는?

① VHF   ② VLF
③ HF   ④ MF

해설
VHF는 직접파로서 송신안테나에서 수신안테나로 직진한다.

65 유압계통에서 사용되는 체크밸브의 역할은?

① 역류 방지
② 기포 방지
③ 압력 조절
④ 유압 차단

해설
체크밸브 : 역류 방지 기능

66 소형 항공기의 직류 전원계통에서 메인 버스와 축전지 버스 사이에 접속되어 있는 전류계의 지침이 '+'를 지시하고 있는 의미는?

① 축전지가 과충전 상태이다.
② 축전지가 부하에 전류를 공급한다.
③ 발전기가 부하에 전류를 공급한다.
④ 발전기의 출력전압에 의해서 축전지가 충전된다.

해설
전류계의 지침이 (+)이면 발전기의 출력전압이 축전지를 충전시킨다. (-)이면 축전지가 항공기의 부하에 전기를 공급한다. 즉, 방전과정이다.

67 해발 500m인 지형 위를 비행하고 있는 항공기의 절대고도가 1,000m일 때 이 항공기의 진고도는 몇 m인가?

① 500
② 1,000
③ 1,500
④ 2,000

해설
항공기의 진고도 = 지면의 해발고도 + 항공기의 절대고도
- 진고도 : 해수면 고도, 평균 해수면으로부터 항공기까지의 고도
- 절대고도 : 지표면으로부터 항공기까지 수직 거리고도

68 동압(Dynamic Pressure)에 의해서 작동되는 계기가 아닌 것은?

① 고도계
② 대기 속도계
③ 마하계
④ 진대기 속도계

해설
- 정압 계기 : 고도계, 승강계 등
- 정압, 동압 계기 : 속도계, 마하계 등

69 다른 종류와 비교해서 구조가 간단하여 항공기에 많이 사용되는 축압기(Accumulator)는?

① 스풀(Spool)형
② 포핏(Poppet)형
③ 피스톤(Piston)형
④ 솔레노이드(Solenoid)형

해설
피스톤형은 구조상 간단하다.

70 항공기 주 전원장치에서 주파수를 400Hz로 사용하는 이유는?

① 감압이 용이하기 때문에
② 승압이 용이하기 때문에
③ 전선의 무게를 줄이기 위해
④ 전압의 효율을 높이기 위해

해설
변압기, 전동기 등의 크기를 훨씬 작게 할 수 있어 거기에 사용되는 전선의 무게를 줄일 수 있다.

71 전파의 이상현상이 아닌 것은?

① 페이딩 현상
② 자기폭풍
③ 델린저 현상
④ 노이즈

해설
- 페이딩 : 전파 경로 상태의 변동에 따라 수신강도가 시간적으로 변화하는 현상이다. 장파, 중파, 단파는 전리층의 변동 상태에 따라, 그리고 초단파 이상은 대기의 상태 변동에 따라 페이딩을 발생시킨다.
- 자기폭풍 : 지구 자계가 급속히 변동하는 현상을 말하며 자기폭풍이 일어나면 전리층의 전리 상태가 변화하여 단파의 전파가 나빠진다.
- 델린저현상 : 태양면 폭발로 낮에 단파의 전파가 몇십분씩 끊어지는 현상이다.

72 항공기의 수직 방향 속도를 분당 피트(ft)로 지시하는 계기는?

① VSI
② LRRA
③ DME
④ HSI

해설
VSI(Vertical Speed Indicator)는 수직방향 속도를 지시한다.

73 항공기 동체 상하면에 장착되어 있는 충돌방지등(Anti-collision Light)의 색깔은?

① 녹 색
② 청 색
③ 흰 색
④ 적 색

해설
- 항해등 : 적색(왼쪽), 녹색(오른쪽), 백색(동체 꼬리)
- 충돌방지등 : 적색(동체 상하면)

74 다음 중 성격이 다른 계기는?

① 선회경사계
② 속도계
③ 승강계
④ 고도계

해설
피토계기 : 속도계, 고도계, 승강계

75 자이로신 컴퍼스의 플럭스 밸브를 장·탈착 시 설명으로 옳은 것은?

① 장착용 나사와 사용공구가 모두 자성체인 것을 사용해야 한다.
② 장착용 나사와 사용공구가 모두 비자성체인 것을 사용해야 한다.
③ 장착용 나사는 비자성체인 것을 사용해야 하며, 사용공구는 보통의 것이 좋다.
④ 장착용 나사와 사용공구에 대한 특별한 사용 제한이 없으므로 일반공구를 사용해도 된다.

해설
플럭스 밸브는 지구의 자기장을 감지하기 위하여 투자성이 큰 자성체에 코일이 감겨 있다. 따라서 플럭스 밸브 장·탈착 시 자성체를 사용하면 플럭스 밸브가 자화되어 지구 자기장을 감지하기 힘들게 한다.

76 지상에 설치한 무지향성 무선 표시국으로부터 송신되는 전파의 도래 방향을 계기상에 지시하는 것은?

① 거리측정장치(DME)
② 자동방향탐지기(ADF)
③ 항공교통관제장치(ATC)
④ 전파고도계(Radio Altimeter)

정답 73 ④ 74 ① 75 ② 76 ②

77 항공기의 니켈-카드뮴 축전지가 완전히 충전된 상태에서 1셀의 기전력은 무부하에서 몇 V인가?

① 1.0~1.1
② 1.1~1.2
③ 1.2~1.3
④ 1.3~1.4

해설
니켈-카드뮴 축전지 : 완전히 충전된 상태에서 1셀(cell)당 기전력은 무부하에서 1.3~1.4V이고, 부하 상태에서 1.2V이다. 축전지의 용량이 90% 이상 방전될 때까지 이와 같은 기전력이 유지된다.

78 객실압력 조절에 직접적으로 영향을 주는 것은?

① 공압계통의 압력
② 슈퍼차저의 압축비
③ 터보컴프레서 속도
④ 아웃플로 밸브의 개폐 속도

해설
아웃플로 밸브(Outflow Valve)는 객실의 공기를 바깥으로 내보는 밸브로서 이 밸브의 개폐 속도에 따라 객실 내의 공기량이 정해지게 되므로 객실 압력이 조절된다.

79 비행장에 설치된 컴퍼스 로즈(Compass Rose)의 주 용도는?

① 지역의 지자기의 세기 표시
② 활주로의 방향을 표시하는 방위도 지시
③ 기내에 설치된 자기 컴파스의 자차 수정
④ 지역의 편각을 알려주기 위한 기준 방향 표시

80 종합전자계기에서 항공기의 착륙 결심고도가 표시되는 곳은?

① Navigation Display
② Control Display Unit
③ Primary Flight Display
④ Flight Control Computer

해설
PFD : 속도, 고도, 방위, 자세, 이착륙 관련 지시 기능 등에 대한 정보를 집중적으로 배치한다.

2024년 제1회 과년도 기출복원문제

제1과목 항공역학

01 다음 베르누이의 정리에 관련된 사항 중 옳지 못한 것은?(단, P_t : 전압, P : 정압, q : 동압, V : 속도, ρ : 밀도)

① $q = \frac{1}{2}\rho V^2$

② $P = P_t + q$

③ 이상유체, 정상흐름에서 P_t는 일정하다.

④ 정압은 항상 존재한다.

해설
전압 = 정압 + 동압

02 다음 중에서 1기압이란?

① 29.92inHg, 14.7psi, 1,014mbar
② 29.92inHg, 14.8psi, 1,013mbar
③ 29.92inHg, 14.7psi, 1,013mbar
④ 29.92inHg, 14.9psi, 1,014mbar

해설
1atm = 29.92inHg = 760mmHg = 14.7psi = 1,013mbar
= 1.0332kgf/cm²

03 프로펠러의 장착방식 중에서 가장 많이 사용되는 방식으로 프로펠러가 엔진의 앞쪽에 부착되는 방식은?

① 견인식
② 추진식
③ 이중 반전식
④ 탠덤식

04 항공기에서 트림상태란 어떤 상태를 의미하는가?

① 피칭모멘트가 0인 상태
② 피칭모멘트가 1인 상태
③ 피칭모멘트가 감소하는 상태
④ 피칭모멘트가 증가하는 상태

해설
트림상태 : 조종간을 놓아도 정속 수평비행이 가능한 상태, 즉 피칭모멘트가 0인 상태이다.

정답 1 ② 2 ③ 3 ① 4 ①

05 비행기가 평형상태에서 이탈된 후, 그 변화의 진폭이 시간의 경과에 따라 증가하는 경우에 이를 가장 올바르게 설명한 것은?

① 정적으로 불안정하다.
② 동적으로 불안정하다.
③ 정적으로는 불안정하지만, 동적으로는 안정하다.
④ 정적으로도 안정하고, 동적으로도 안정하다.

해설
- 정적 안정 : 평형상태로부터 벗어난 뒤 원래의 평형상태로 돌아가려는 초기 경향
- 정적 불안정 : 초기 평형상태에서 더 멀어지려는 경향
- 정적 중립 : 평형상태에서 벗어나 돌아오지도 멀어지지도 않음
- 동적 안정 : 시간의 경과에 따라 운동의 진폭이 작아짐
- 동적 불안정 : 시간의 경과에 따라 운동의 진폭이 커짐
- 동적 중립 : 시간에 따른 진폭의 변화가 없음

06 레이놀즈수(Reynolds Number ; Re)에 대한 설명 중에서 가장 관계가 먼 내용은?

① $Re = \dfrac{\rho VD}{\mu} = \dfrac{VD}{\nu}$ 로 나타낼 수 있다.
② 관성력과 점성력의 비를 표시한다.
③ Re의 단위는 cm^2/s이다.
④ 천이현상이 일어나는 Re를 임계 레이놀즈수라 한다.

해설
레이놀즈수는 무차원수로서 단위가 없다.

07 수직꼬리날개가 실속하는 큰 옆미끄럼각에서도 방향 안정성을 유지하기 위하여 사용되는 장치는?

① 플랩(Flap)
② 도살핀(Dosal Fin)
③ 스포일러(Spoiler)
④ 러더(Rudder)

해설
도살핀은 수직꼬리날개와 함께 비행기에 방향 안정성을 준다.

08 착륙 시 활주거리를 짧게 하기 위한 조건 중 옳지 않은 것은?

① W/S가 작을수록 짧다.
② 착륙속도 V_L의 제곱에 비례하므로 V_L이 작은 쪽이 짧다.
③ 공기밀도가 작은 쪽이 길다.
④ 착륙속도 V_L에 반비례하므로 V_L이 작은 쪽이 짧다.

해설
착륙거리
$S = \dfrac{W}{2g} \cdot \dfrac{V^2}{D+\mu W}$

09 고도가 증가할수록 상승률은 감소하게 된다. 절대상승한계에서의 이용마력과 필요마력 사이의 관계는?

① 이용마력이 필요마력보다 크다.
② 이용마력이 필요마력보다 크다.
③ 이용마력과 필요마력이 같다.
④ 이용마력과 필요마력은 상승률과 무관하다.

해설
- 절대상승한계 : 이용마력과 필요마력이 같아지는 고도
- 실용상승한계 : 상승률이 100ft/min가 되는 고도
- 운용상승한계 : 상승률이 500ft/min가 되는 고도

10 감항류별 'T' 여객기의 설계제한 하중배수는?

① 6　　② 1
③ 2.5　　④ 7

해설
감항류별 하중배수 분류 : A(6), U(4.4), N(2.25~3.8), T(2.5)

11 헬리콥터 회전날개의 조종장치 중 주기피치조종과 동시피치조종을 해야 할 필요성이 있다. 이를 위해서 사용되는 장치는?

① 안정 바(Stabilizer Bar)
② 트랜스미션(Transmission)
③ 평형 탭(Balance Tab)
④ 회전경사판(Swash Plate)

12 비행기의 실속에 대한 설명 중 틀린 것은?

① 비행기의 고도를 유지할 수 없는 상태이다.
② 받음각이 실속각보다 클 때 일어난다.
③ 초음속 비행기일수록 실속특성이 좋다.
④ 테이퍼 날개는 날개 익단부터 실속이 일어난다.

13 연속방정식 $\rho_1 A_1 V_1 = \rho_2 A_2 V_2$의 설명으로 틀린 것은?

① $\rho_1 = \rho_2$일 때 비압축성이다.
② A와 V는 반비례 관계이다.
③ AV는 Constant이다.
④ 에너지보존법칙으로 설명할 수 있다.

해설
연속방정식($\rho_1 A_1 V_1 = \rho_2 A_2 V_2$) : 유입되는 질량유량은 나가는 질량유량과 동일하다.

14 4,000kg인 항공기가 선회경사각 60°로 선회비행 시 하중배수는 2이다. 이 비행기의 양력은 약 몇 kg인가?

① 2,000　　② 4,000
③ 6,000　　④ 8,000

해설
양력
$$L = \frac{W}{\cos\theta} = \frac{4,000}{\cos 60°} = 8,000(\text{kg})$$

15 날개의 후퇴각을 크게 하면 임계 마하수를 높일 수 있다. 그 이유는?

① 항력계수를 감소시키기 때문
② 조종성이 좋아지기 때문
③ 압력중심이 이동이 적기 때문
④ 날개시위 방향으로 공기흐름 속도가 작아지기 때문

해설
후퇴각 시 날개시위 방향의 공기흐름 속도는 날개골 공기 속도로 양력과 충격파 등에 관여한다.

16 항공기의 무게가 2,000kg이고, 날개의 면적이 30m² 이며, 해발고도($\rho = \frac{1}{8} \text{kg} \cdot \text{s}^2/\text{m}^4$)에서 실속속도가 120km/h인 항공기의 최대양력계수는 얼마인가?

① 0.96　　　② 1.24
③ 1.45　　　④ 1.69

해설
$L = W$이므로
$$C_L = \frac{L}{\frac{1}{2}\rho V^2 S} = \frac{2,000}{\frac{1}{2} \times \frac{1}{8} \times (120 \div 3.6)^2 \times 30} = 0.96$$

17 방향키 부유각(Float Angle)이란?

① 방향키를 밀었을 때 공기력에 의해 방향키가 변위되는 각
② 방향키를 당겼을 때 공기력에 의해 방향키가 변위되는 각
③ 방향키를 고정했을 때 공기력에 의해 방향키가 변위되는 각
④ 방향키를 자유로 했을 때 공기력에 의해 방향키가 자유로이 변위되는 각

18 총중량 5,000kg, 선회속도가 360km/h인 비행기가 60°로 정상선회할 때 하중배수는?

① 1　　　② 1.5
③ 2　　　④ 2.5

해설
• 하중배수(n) $= \frac{1}{\cos\theta} = \frac{L}{W} = 1 + \frac{a}{g} = \frac{V^2}{V_s^2}$
$= \frac{\text{양력} + \text{관성력}}{\text{정상수평비행 시 양력}}$
• 선회 시 하중배수(n) $= \frac{1}{\cos\theta} = \frac{1}{\cos 60°} = 2$

19 비행기 무게가 1,000kg이고 경사각이 30°로 100km/h의 속도로 정상선회를 하고 있을 때 양력은 약 몇 kg인가?(단, cos30° = 0.866이다)

① 11.55　　　② 115.5
③ 1,155　　　④ 2,155

해설
양력
$$L = \frac{W}{\cos\theta} = \frac{1,000}{\cos 30°} = \frac{1,000}{0.866} \simeq 1,155(\text{kg})$$

20 프로펠러 구동계통에서 자유회전장치(Free Wheeling Unit)의 주목적은?

① 로터 브레이크를 풀어서 시동을 가능하게 한다.
② 엔진을 정지하거나 특정 로터의 rpm보다 느릴 때 엔진축을 로터로부터 분리한다.
③ 시동 중에 로터 브레이크의 굽힘응력을 제거한다.
④ 착륙을 위해 엔진의 과회전을 허용한다.

해설
자유회전장치(Free Wheeling Unit)는 엔진이 정지되거나 엔진의 회전수가 주 회전날개의 회전수보다 작게 될 때 엔진과 주 회전날개를 분리시켜 준다. 주 회전날개는 헬리콥터가 아래로 떨어지면서 위로 불어 올라오는 바람에 의해 자유롭게 회전하게 되어 양력을 발생시켜서 헬리콥터의 낙하속도를 완화시키는 Autorotation이 가능하도록 한다.

제2과목 항공기 기체

21 동체구조 형식에서 세미모노코크 구조에 대한 설명으로 가장 옳은 것은?

① 가장 넓은 동체 내부 공간을 확보할 수 있으며 세로대 및 세로지, 대각선 부재를 이용한 구조이다.
② 하중의 대부분을 표피가 담당하며, 내부에 보강재 없이 금속의 껍질로 구성된 구조이다.
③ 골격과 외피가 하중을 담당하는 구조로서 외피는 주로 전단응력을 담당하고 골격은 인장, 압축, 굽힘 등 모든 하중을 담당하는 구조이다.
④ 구조부재로 삼각형을 이루는 기체의 뼈대가 하중을 감당하고 표피는 항공역학적인 요구를 만족하는 기하학적 형태만을 유지하는 구조이다.

22 부품번호가 NAS 654 V 10 D인 볼트에 너트를 고정시키는 데 필요한 것은?

① 코터핀 ② 스크루
③ 로크와셔 ④ 특수와셔

[해설]
NAS 654 V 10 D
- NAS 654 : 볼트계열
- 4 : 지름 4/16in
- V : 재질(6Al 4V)
- 10 : 그립 길이(10/16in)
- D : 나사 끝에 구멍 있음(H : 볼트 머리에 구멍 있음)

따라서 볼트 나사 끝에 구멍이 있으므로 코터핀 작업을 한다.

23 비행기의 기체축과 운동 및 조종면이 옳게 연결된 것은?

① 가로축 – 빗놀이운동(Yawing) – 승강키(Elevator)
② 수직축 – 선회운동(Spinning) – 스포일러(Spoiler)
③ 대칭축 – 키놀이운동(Yawing) – 방향키(Rudder)
④ 세로축 – 옆놀이운동(Rolling) – 도움날개(Aileron)

[해설]
비행기의 3축 운동
- 세로축 – 옆놀이(Rolling) – 도움날개(Aileron)
- 가로축 – 키놀이(Pitching) – 승강키(Elevator)
- 수직축 – 빗놀이(Yawing) – 방향키(Rudder)

24 항공기의 리깅 체크(Rigging Check) 시 일반적으로 구조적 일치 상태 점검에 포함되지 않는 것은?

① 날개 상반각
② 수직안정판 상반각
③ 날개 취부각
④ 수평안정판 상반각

[해설]
항공기 리깅(Rigging) 체크 시 일치 상태 점검 사항
- 날개 상반각
- 날개 장착각(취부각)
- 엔진 얼라인먼트(정렬)
- 착륙장치 얼라인먼트
- 수평안정판 장착각
- 수평안정판 상반각
- 수직안정판 수직도
- 대칭도

[정답] 21 ③ 22 ① 23 ④ 24 ②

25 다음 중 부식의 종류에 해당되지 않는 것은?

① 응력 부식
② 표면 부식
③ 입자 간 부식
④ 자장 부식

해설
부식의 종류
- 표면 부식 : 산소와 반응하여 생기는 가장 일반적인 부식
- 이질 금속 간 부식 : 두 종류의 다른 금속이 접촉하여 생기는 부식(동 전지 부식, 갈바닉 부식)
- 점 부식 : 금속 표면이 국부적으로 깊게 침식되어 작은 점 형태로 만들어지는 부식
- 입자 간 부식 : 금속의 입자 경계면을 따라 생기는 선택적인 부식
- 응력 부식 : 장시간 표면에 가해진 정적인 응력의 복합적 효과로 인해 발생
- 피로 부식 : 금속에 가해지는 반복 응력에 의해 발생
- 찰과 부식 : 밀착된 구성품 사이에 작은 진폭의 상대 운동으로 인해 발생

26 실속속도가 80km/h인 비행기가 150km/h로 비행 중 급히 조종간을 당겼을 때 비행기에 걸리는 하중배수는 약 얼마인가?

① 0.75
② 1.50
③ 2.25
④ 3.52

해설
하중배수(n)
$$n = \left(\frac{V}{V_s}\right)^2 = \left(\frac{150}{80}\right)^2 ≒ 3.52$$
여기서, V : 비행속도, V_s : 실속속도

27 그림과 같이 기준선으로부터 2.5m 떨어진 앞바퀴에 5,000kg의 반력이 작용하고, 앞바퀴에서 10m 떨어진 양쪽 뒷바퀴 각각에 10,000kg의 반력이 작용할 때, 이 항공기의 무게중심은 기준선으로부터 몇 m 떨어진 곳에 위치하겠는가?

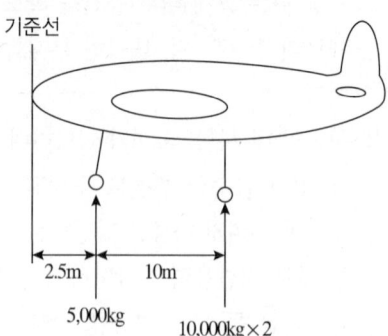

① 10.0
② 10.5
③ 11.0
④ 11.5

해설
- 무게중심위치 = $\frac{모멘트합}{총무게}$
- 총무게 = $5,000 + (10,000 \times 2) = 25,000(\text{kgf})$
- 모멘트 합 = $(5,000 \times 2.5) + (20,000 \times 12.5)$
  = $262,500(\text{kgf} \cdot \text{m})$

따라서 무게중심위치(CG) = $\frac{262,500}{25,000} = 10.5(\text{m})$

28 주로 18-8스테인리스강에서 발생하며 부적절한 열처리로 결정립계가 큰 반응성을 갖게 되어 입계에 선택적으로 발생하는 국부적 부식을 무엇이라 하는가?

① 입계 부식
② 응력 부식
③ 찰과 부식
④ 이질 금속 간의 부식

해설
입계에 선택적으로 발생하는 부식이므로 입계 부식에 속한다.

29 기계 스크루(Machine Screw)의 설명으로 틀린 것은?

① 일반 목적용으로 사용되는 스크루이다.
② 편평머리와 둥근머리 와셔헤드 형태가 있다.
③ 저탄소, 황동, 내식강, 알루미늄 합금 등으로 만들어진다.
④ 명확한 그립이 있고 같은 크기의 볼트처럼 같은 전단강도를 갖고 있다.

해설
기계용 스크루는 명확한 그립이 없고 강도도 볼트에 비해 약하다.

30 항공기 착륙장치의 완충 스트럿(Shock Strut)을 날개 구조재에 장착할 수 있도록 지지하며 완충 스트럿의 힌지축 역할을 담당하는 것은?

① 트러니언(Trunnion)
② 저리 스트럿(Jury Strut)
③ 토션 링크(Torsion Link)
④ 드래그 스트럿(Drag Strut)

31 볼트의 부품번호가 AN 3 DD 5 A인 경우 DD에 대한 설명으로 옳은 것은?

① 볼트의 재질을 의미한다.
② 나사 끝에 두 개의 구멍이 있다.
③ 볼트 머리에 두 개의 구멍이 있다.
④ 미해군과 공군에 의해 규격 승인된 부품이다.

해설
DD는 볼트의 재질을 나타내며 2024 알루미늄을 의미한다.

32 부식현상 방지를 위한 세척작업 시 사용하는 세제로 페인트칠을 하기 직전에 표면을 세척하는 데 사용되는 세척제는?

① 케로신
② 메틸에틸케론
③ 메틸클로로폼
④ 지방족 나프타

해설
솔벤트 세제의 종류
- 석유 솔벤트 : 항공기 세척에 사용되는 가장 일반적인 솔벤트이다.
- 지방족 나프타 : 페인트칠하기 직전의 표면 세척에 이용한다.
- 안전 솔벤트(메틸클로로폼) : 일반 세척 및 그리스 세척제로 사용한다.
- 메틸에틸케톤(MEK) : 금속표면 세척에 사용하며 좁은 면적의 페인트를 벗기는 약품이다.

33 항공기 주 날개에 걸리는 굽힘 모멘트를 주로 담당하는 날개의 부재는?

① 스파(Spar)
② 리브(Rib)
③ 스킨(Skin)
④ 스트링어(Stringer)

해설
응력외피형 날개에서 스파(Spar)는 날개에 작용하는 하중의 대부분을 담당하는데, 주로 전단력과 굽힘 하중을 담당하고, 외피(Skin)는 비틀림 하중을 담당한다.

정답 29 ④ 30 ① 31 ① 32 ④ 33 ①

34 압축된 공기와 유압유가 결합되어 충격 하중을 분산시키는 작용을 하며 대형 항공기에 사용되는 완충장치의 형식은?

① 올레오식 ② 고무 완충식
③ 오일 스프링식 ④ 공기 압력식

해설
올레오식 완충장치의 실린더 위쪽에는 공기(또는 질소)가, 아래쪽에는 오일이 채워져 있어 충격 하중을 흡수 분산한다.

35 복잡한 윤곽을 가진 복합소재 부품에 균일한 압력을 가할 수 있으며, 비교적 대형 부품을 제작하는 데 적용하는 복합재료의 적층 방식은?

① 진공 백 방식
② 필라멘트 권선 방식
③ 압력 주형 방식
④ 유리 섬유 적층 방식

해설
복합재료 적층 방식
- 유리 섬유 적층 방식 : 가장 먼저 사용된 적층방법으로 가장 광범위하게 사용된다.
- 압축 주형 방식 : 암수의 주형 사이에 복합소재 부품을 넣고 가열하여 경화한다.
- 진공 백 방식 : 경화시킬 물체를 플라스틱 백 안에 집어넣고 진공압으로 공기를 빼내는 방식으로 복잡한 윤곽을 가진 부품에 균일한 압력을 가할 수 있으며 대형 부품 제작에 적용한다.
- 필라멘트 권선 방식 : 강한 구조재를 제작하는 데 사용하는 방식이다.
- 습식 적층 방식 : 모재와 강화 섬유를 혼합하여 젖은 상태에서 표면에 둘러싸는 방법으로 정밀도가 떨어진다.

36 철강재료의 표면만을 경화시키는 방법으로 부적절한 것은?

① 질화(Nitriding)
② 침탄(Carbonizing)
③ 숏피닝(Shot Peening)
④ 아노다이징(Anodizing)

해설
아노다이징은 양극산화처리 방법과 같은 말로 부식 방지 처리 방법에 속한다.

37 항공기 날개를 구성하는 주요 부재로만 나열된 것은?

① 외피, 세로대, 스트링어, 리브
② 외피, 벌크헤드, 스트링어, 리브
③ 날개보, 리브, 벌크헤드, 외피
④ 날개보, 리브, 스트링어, 외피

해설
세로대와 벌크헤드는 동체를 구성하는 부재에 속한다.

38 비소모성 텅스텐 전극과 모재 사이에서 발생하는 아크열을 이용하여 비피복 용접봉을 용해시켜 용접하며 용접부위를 보호하기 위해 불활성가스를 사용하는 용접 방법은?

① TIG 용접 ② 가스 용접
③ MIG 용접 ④ 플라스마 용접

해설
TIG, MIG 용접에는 불활성가스(아르곤, 헬륨)가 사용된다. 또한 MIG 용접에는 비교적 가격이 저렴한 CO_2 가스를 쓰기도 한다. 아세틸렌 가스는 산소와 함께 가스 용접에 사용된다.

39 접개식 강착장치(Retractable Landing Gear)에서 부주의로 인해 착륙장치가 접히는 것을 방지하기 위한 안전장치로 나열한 것은?

① Down Lock, Safety Pin, Up Lock
② Down Lock, Up Lock, Ground Lock
③ Up Lock, Safety Pin, Ground Lock
④ Down Lock, Safety Pin, Ground Lock

해설
Up Lock는 착륙장치가 들어 올려 접혀졌을 때, 착륙장치가 아래로 풀리지 않게 하는 장치이다.

40 리벳 머리 모양에 따른 분류기호 중 둥근머리 리벳은?

① AN 426   ② AN 455
③ AN 430   ④ AN 470

해설
③ AN 430 : 둥근머리
① AN 426 : 접시머리
② AN 455 : 브래지어머리
④ AN 470 : 유니버설머리

제3과목 항공기 엔진

41 엔진부품에 대한 비파괴 검사 중 강자성체 금속으로만 제작된 부품의 표면결함을 검사할 수 있는 방법은?

① 형광 침투 검사
② 방사선 시험
③ 자분 탐상 검사
④ 와전류 탐상 검사

해설
자분 탐상 검사의 원리 : 강자성체인 부품을 자화시켰을 때 결함이 있는 부분에는 자장의 연속선이 깨지게 되고 부품 전체에 자분을 살포하면 결함 부분에 자분이 모이게 되어 결함을 발견한다.

42 프로펠러 비행기가 비행 중 엔진이 고장 나서 정지시킬 필요가 있을 때, 프로펠러의 깃각을 바꾸어 프로펠러의 회전을 멈추게 하는 조작을 무엇이라고 하는가?

① 슬립(Slip)
② 비틀림(Twisting)
③ 피칭(Pitching)
④ 페더링(Feathering)

해설
페더링은 그림과 같이 유입 공기 흐름에 대해 방해를 받지 않으므로 프로펠러가 회전하지 않게 되고, 따라서 엔진 작동이 멈췄을 때 유입되는 바람에 의해 역으로 엔진이 회전하는 현상을 방지한다.

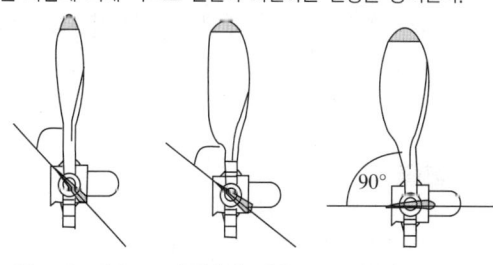

[Low Angle]   [High Angle]   [Feathered]

43 항공기 엔진의 오일필터가 막혔다면 어떤 현상이 발생하는가?

① 엔진 윤활계통의 윤활 결핍현상이 온다.
② 높은 오일압력 때문에 필터가 파손된다.
③ 오일이 바이패스 밸브(Bypass Valve)를 통하여 흐른다.
④ 높은 오일압력으로 체크 밸브(Check Valve)가 작동하여 오일이 되돌아온다.

해설
오일필터가 막혀도 계통에는 오일이 흘러야 하기 때문에 필터를 거치지 않고 계통으로 오일이 공급될 수 있도록 바이패스 밸브를 설치한다.

44 정적비열 0.2kcal/kg·K인 이상기체 5kg이 일정 압력하에서 50kcal의 열을 받아 온도가 0℃에서 20℃까지 증가하였다. 이때 외부에 한 일은 몇 kcal인가?

① 4
② 20
③ 30
④ 70

해설
$Q = U + W = mC_v \Delta t + W$
$50\text{kcal} = 5 \times 0.2 \times (20 - 0) + W$
$\therefore W = 50 - 20 = 30(\text{kcal})$

45 엔탈피(Enthalpy)의 차원과 같은 것은?

① 에너지
② 동력
③ 운동량
④ 엔트로피

해설
엔탈피는 내부에너지와 유동 일의 합으로 정의되는 열역학적 성질로, $H = U + PV$로 나타낸다. 단위는 에너지와 같이 J, kcal 등으로 표시할 수 있다.

46 가스터빈엔진 내부에서 가스의 속도가 가장 빠른 곳은?

① 연소실
② 터빈 노즐
③ 압축기 부분
④ 터빈 로터

해설
연소실에서 연소된 연소 가스는 터빈 노즐의 수축 통로에서 압력이 감소되면서 배기가스의 속도가 급격히 증가되고, 터빈 로터에서는 운동에너지가 터빈의 회전력으로 바뀌므로 속도가 급격히 감소된다.

47 다음 그림과 같은 여과기의 형식은?

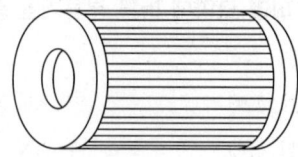

① 디스크형(Disk Type)
② 스크린형(Screen Type)
③ 카트리지형(Cartridge Type)
④ 스크린-디스크형(Screen-Disk Type)

48 열역학 제2법칙을 가장 잘 설명한 것은?

① 일은 열로 전환될 수 있다.
② 열은 일로 전환될 수 있다.
③ 에너지보존법칙을 나타낸다.
④ 에너지 변화의 방향성과 비가역성을 나타낸다.

해설
열과 일은 서로 변환될 수 있고 서로의 에너지는 보존된다는 것이 열역학 제1법칙이라면, 열역학 제2법칙은 열과 일의 변환에 있어서 방향성과 비가역성을 제시한 것이다

49 엔진오일계통의 부품 중 베어링부의 이상 유무와 이상 발생 장소를 탐지하는 데 이용되는 부품은?

① 오일 필터
② 마그네틱 칩 디텍터
③ 오일압력 조절밸브
④ 오일필터 막힘 경고등

해설
마그네틱 칩 디텍터는 플러그 형태의 칩 디텍터에 붙어 있는 금속입자(Chip)를 관찰하여 베어링부의 이상 유무와 발생 장소 등을 탐지할 수 있다.

50 9개 실린더를 갖고 있는 성형엔진(Radial Engine)의 마그네토 배전기(Distributor) 6번 전극에 꽂혀 있는 점화 케이블은 몇 번 실린더에 연결시켜야 하는가?

① 2　② 4
③ 6　④ 8

해설
9실린더 성형엔진의 점화 순서는 1-3-5-7-9-2-4-6-8이므로 6번째 점화는 2번 실린더에서 이루어진다.

51 다음 중 윤활유의 점도를 나타내는 것은?

① MIL　② SAE
③ SUS　④ NAS

해설
SUS(Saybolt Universal Second, 세이볼트 유니버설 초) : 윤활유 점도의 비교값으로 사용한다.

52 항공용 왕복엔진의 기본 성능요소에 관한 설명으로 틀린 것은?

① 총배기량은 엔진이 2회전하는 동안 1개의 실린더에서 배출한 배기가스의 양이다.
② 엔진의 총배기량이 증가하면 엔진의 최대 출력이 증가한다.
③ 열에너지로부터 기계적 에너지로 변환되는 전체 마력을 지시마력(Indicated Horse Power)이라 한다.
④ 구동장치나 프로펠러에 전달되는 실질적인 마력을 축마력(Shaft Horse Power)이라 한다.

해설
총배기량은 모든 실린더 배기량을 모두 합친 양이다.

정답 48 ④　49 ②　50 ①　51 ③　52 ①

53 왕복엔진에서 흡기압력이 증가할 때 나타나는 효과는?

① 충진 체적이 증가한다.
② 충진 체적이 감소한다.
③ 충진 밀도가 증가한다.
④ 연료, 공기 혼합기의 무게가 감소한다.

해설
흡기압력이 증가하면 실린더 체적은 일정하기 때문에 충진 밀도가 증가한다.

54 프로펠러 깃의 허브 중심으로부터 깃 끝까지의 길이가 R, 깃각이 β일 때 이 프로펠러의 기하학적 피치는?

① $2\pi R\tan\beta$
② $2\pi R\sin\beta$
③ $2\pi R\cos\beta$
④ $2\pi R\sec\beta$

해설
기하학적 피치 : 프로펠러가 1회전을 때 이론적으로 진행한 거리로, $2\pi R\tan\beta$이다.

55 가스터빈엔진에서 배기가스의 온도 측정 시 저압터빈 입구에서 사용하는 온도 감지센서는?

① 열전대(Thermocouple)
② 서모스탯(Thermostat)
③ 서미스터(Thermistor)
④ 라디오미터(Radiometer)

해설
EGT 측정에 주로 사용되는 것은 열전쌍(Thermocouple)이다.

56 가스터빈엔진의 추력에 영향을 미치는 요소가 아닌 것은?

① 옥탄가
② 고 도
③ 엔진 rpm
④ 비행속도

해설
옥탄가는 왕복엔진 연료의 안티노크성을 나타내는 개념이다.

57 다음 중 공기 흡입엔진이 아닌 제트엔진은?

① 로 켓
② 램제트
③ 펄스제트
④ 터보팬

해설
로켓엔진은 공기 흡입 없이 산화제에서 발생하는 산소와 연료가 혼합되어 추진력을 얻는다.

58 항공기용 왕복엔진의 이상적인 사이클은?

① 오토 사이클
② 카르노 사이클
③ 디젤 사이클
④ 브레이턴 사이클

해설
• 항공기용 왕복엔진 : 오토 사이클
• 가스터빈엔진 : 브레이턴 사이클

53 ③ 54 ① 55 ① 56 ① 57 ① 58 ①

59 다음에 나열된 왕복엔진의 종류는 어떤 특성으로 분류한 것인가?

> V형, X형, 대향형, 성형

① 엔진의 크기
② 실린더의 회전 형태
③ 엔진의 장착 위치
④ 실린더의 배열 형태

해설
왕복엔진의 분류
- 실린더의 배열에 따른 분류 : 대향형 엔진, 성형 엔진, 직렬형, V형, X형 등
- 냉각 방법에 따른 분류 : 수랭식, 공랭식
- 점화방식에 의한 분류 : 스파크 플러그 점화식, 압축 착화식

60 왕복엔진에서 실린더의 압축비로 옳은 것은?[단, V_C : 간극체적(Clearance Volume), V_S : 행정체적이다]

① $\dfrac{V_S}{V_C}$ 　② $\dfrac{V_C + V_S}{V_S}$

③ $\dfrac{V_C}{V_S}$ 　④ $\dfrac{V_S + V_C}{V_C}$

해설
압축비 = $\dfrac{\text{전체체적}}{\text{연소실체적(간극체적)}}$ = $\dfrac{\text{연소실체적 + 행정체적}}{\text{연소실체적}}$

제4과목 항공기 계통

61 다음 계기 중 피토관의 동압관과 연결된 계기는?
① 고도계　　② 선회계
③ 자이로계기　④ 속도계

해설
동압은 전압과 정압 차이로 구한다.
- 정압 이용 계기 : 고도계, 승강계
- 정압, 전압(피토관 동압) 이용 계기 : 속도계, 마하계

62 그림과 같은 회로에서 5Ω에 흐르는 전류값은 몇 A인가?

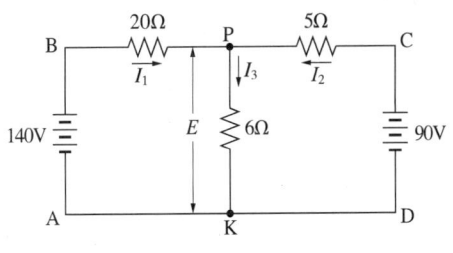

① 4　　　　　② 6
③ 8　　　　　④ 10

해설
키르히호프의 제1법칙 : $I_1 + I_2 = I_3$
키르히호프의 제2법칙
왼쪽 폐회로의 경우 $140V - 20Ω \times I_1 - 6Ω \times I_3 = 0$
오른쪽 폐회로의 경우 $90V - 5Ω \times I_2 - 6Ω \times I_3 = 0$
키르히호프의 제1법칙과 제2법칙으로부터 연립방정식을 풀면
$I_1 = 4A$, $I_2 = 6A$, $I_3 = 10A$

정답 59 ④　60 ④　61 ④　62 ②

63 날개 및 날개 루트 부분 또는 랜딩기어에 장착되며 항공기 축 방향을 조명하는 데 사용하는 등은?

① 착빙감시등 ② 선회등
③ 항공등 ④ 착륙등

64 항공기용 발전기를 연결하기 전에 확인하여야 할 사항이 아닌 것은?

① 전 압 ② 주파수
③ rpm ④ 위 상

65 항공기 제우계통에 속하지 않는 것은?

① 전기식 제우계통
② 유압식 제우계통
③ 제트 블라스트 제우계통
④ 열적 제우계통

해설
제우장치는 조종실 유리 위의 빗물을 제거하기 위한 장치이다(열적 제빙계통).

66 시동 토크가 크고 입력이 과대하게 되지 않으므로 시동 운전 시 가장 좋은 전동기는?

① 분권 전동기 ② 직권 전동기
③ 복권 전동기 ④ 화동복권 전동기

해설
직권 전동기 : 시동 시에 가장 큰 토크를 내는데, 회전수의 상승에 따라 역기전력이 발생해 전류가 감소하기 때문에 토크가 감소하면서 회전력이 늘어간다. 동일 정격 직류 전동기 중에서 분권 전동기나 복권 전동기에 비해 시동 토크가 크다.

67 전원전압 115/200V에 10μF의 콘덴서, 250mH의 코일이 직렬로 접속되어 있을 때 이 회로의 공진 주파수(Hz)를 구하면?

① 0.04 ② 25.0
③ 100.7 ④ 2,500.0

해설
$$f = \frac{1}{2\pi\sqrt{LC}} = \frac{1}{2\pi\sqrt{250\times10^{-3}\times10\times10^{-6}}} = 100.65(\text{Hz})$$

68 유압회로의 열화작용이란?

① 회로 내에 공기의 혼입으로 기름의 온도가 상승하는 것
② 회로 내에 기름을 장시간 사용함으로써 온도가 상승하는 것
③ 회로 내에 기름이 부족하여 온도가 상승하는 것
④ 회로 내에 기름이 과대하여 온도가 상승하는 것

해설
열화작용 : 유압유 속에 공기가 기포로서 존재할 때 공기가 갑자기 압축되어 발열하여 온도가 상승한다.

69 동력펌프 중 가변 용량식 펌프로 사용되는 것은?

① Gear   ② Vane
③ Gerotor   ④ Piston

70 다음 중에서 보조동력장비(APU)를 시동할 때 사용하는 것이 아닌 것은?

① 전동기
② 유압 모터
③ 수동식 시동기
④ 공기 터빈식 시동기

71 선회계 등 자이로를 이용하는 계기에서 엔진의 진동으로 발생하는 계기 케이스와 계기판 사이의 미세한 진동을 흡수하는 부분은?

① 쿠 션   ② 실(Seal)
③ 셀로판지   ④ 알루미늄 패널

72 조종실에서 산소마스크를 쓰고 의사소통을 할 때 사용하는 시스템은?

① Tape Producer
② Public Address
③ Service Interphone
④ Flight Interphone

정답 68 ① 69 ④ 70 ④ 71 ② 72 ④

73 승객이 비상 탈출구를 통하여 항공기로부터 탈출 시 비상구 1개당 몇 명이 이용할 수 있나?

① 25　　② 30
③ 35　　④ 40

74 유압장치와 공압장치를 비교할 때 공압장치에 필요 없는 부품은?

① 체크밸브　　② 릴리프밸브
③ 선택밸브　　④ 축압기

해설
유압장치는 압력의 급격한 변화를 완화시키기 위해 축압기가 필요하지만 공압장치는 작동공기 자체가 압축성이 있어 압력의 급격한 변화를 완화시킬 수 있으므로 축압기가 필요 없다.

75 그림의 교류회로에서 임피던스를 구한 값은?

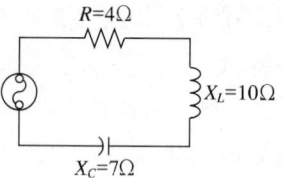

① 5Ω　　② 7Ω
③ 10Ω　　④ 17Ω

해설
$Z = \sqrt{(R^2 + (X_L - X_C)^2} = \sqrt{4^2 - (10-7)^2} = 5(\Omega)$

76 고도계의 오차와 관계없는 것은?

① 북선오차　　② 기계오차
③ 온도오차　　④ 탄성오차

해설
북선오차는 자기계기(컴파스)에 발생하는 동적오차로 지구 자기장이 지표면에 대해 수직으로 잡아당기는 요소 때문에 발생한다. 컴파스 계기 동적오차는 북선오차, 가속도오차, 진동이 있다. 북선오차는 지구 자기장이 지표면에 대해 수직으로 잡아당기는 요소 때문에 발생하는 것이다.

77 Auto Flight Control System의 유도기능에 속하지 않는 것은?

① DME에 의한 유도
② VOR에 의한 유도
③ ILS에 의한 유도
④ INS에 의한 유도

78 감도가 20mA인 계기로 200A를 측정할 수 있는 내부 저항이 10Ω인 전류계를 만들 때 분류기(Shunt)는 몇 Ω으로 해야 하는가?

① 0.001
② 0.01
③ 0.1
④ 1

해설

$n(배율) = \dfrac{200\text{A}}{20\text{mA}} = 10,000$

$R = \dfrac{R_m}{(n-1)} = \dfrac{10}{(10,000-1)} = 0.001(\Omega)$

여기서, R : 분류기 저항, R_m : 내부저항, n : 배율

79 속도계의 색 표식(Color Marking) 중에서 Power-off, Flap-up Stall Speed는 어디에 표시되어 있는가?

① 적색 방사선
② 녹색 호선
③ 황색 호선
④ 백색 호선

해설
- 적색 방사선 : 최대 및 최소 운용한계, 범위 밖에서는 절대 운용 금지
- 황색 호선 : 경계 및 경고 범위, 초과금지 범위에서 안전운용 범위 사이에 걸쳐 표시
- 녹색 호선 : 사용 안전운용 범위(FLAP-up Stall Speed에서 Max Cruising Speed)
- 백색 호선 : 플랩 사용 속도(FLAP-down Stall Speed에서 FLAP-down Max Speed)
- 푸른색 호선 : 혼합비가 Auto-lean일 때 안전운용 범위
- 흰색 방사선 : 유리판과 계기 케이스가 미끄러짐을 확인

80 항공계기의 색 표지(Color Marking)에서 붉은색 방사선은?

① 사용 범위의 최대를 표시
② 경계 및 경고 범위를 표시
③ 안전운용 범위를 표시
④ 최대 및 최소 운용한계를 표시

2024년 제2회 과년도 기출복원문제

제1과목 항공역학

01 일반적으로 레이놀즈수는 어떻게 표시되는가?

① 면적×시간 / 동점성계수
② 속도×시간 / 동점성계수
③ 속도×면적 / 동점성계수
④ 속도×길이 / 동점성계수

해설
레이놀즈수
$$Re = \frac{\rho VL}{\mu} = \frac{VL}{\nu}$$

02 항공기가 세로안정성이 있다는 것은 다음의 어느 경우에 해당하는가?

① 받음각이 증가함에 따라 키놀이 모멘트값이 부(−)의 값을 갖는다.
② 받음각이 증가함에 따라 키놀이 모멘트값이 정(+)의 값을 갖는다.
③ 받음각이 증가함에 따라 옆놀이 모멘트값이 부(−)의 값을 갖는다.
④ 받음각이 증가함에 따라 옆놀이 모멘트값이 정(+)의 값을 갖는다.

해설
정적 세로안정 조건
$$\frac{\delta C_M}{\delta C_L} < 0, \quad \frac{\delta C_M}{\delta \alpha} < 0$$

03 항공기의 무게가 2,500kg, 밀도가 0.125kg·s²/m⁴이고, 날개의 면적이 20m², 최대 양력계수가 1.8일 때 실속속도 V_s는 얼마인가?

① 44m/s
② 33.3km/h
③ 120km/h
④ 150km/h

해설
$$V_s = \sqrt{\frac{2W}{\rho C_L S}} = \sqrt{\frac{2 \times 2,500}{0.125 \times 1.8 \times 20}} = 33.3(m/s)$$
$$= 120(km/h)$$

04 항력 발산 마하수를 높게 하기 위하여 날개를 설계할 때 다음 중 맞는 것은?

① 가로세로비가 큰 날개를 사용한다.
② 날개에 뒤젖힘각을 준다.
③ 두꺼운 날개를 사용한다.
④ 쳐든각을 크게 한다.

해설
날개시위 방향 공기흐름 속도가 적어지면 임계 마하수가 증가한다.

정답 1 ④ 2 ① 3 ③ 4 ②

05 비행기 무게가 1,000kg이고 날개면적이 10m²인 비행기가 최대양력계수 1.56일 때 최소속도(km/h)를 구하면?(단, 밀도는 0.125kg · s²/m⁴이다)

① 89.3 ② 115.3
③ 128.9 ④ 156.5

해설
$L = W$
$V_s = \sqrt{\dfrac{2L}{\rho C_L S}} = \sqrt{\dfrac{2 \times 1,000}{0.125 \times 1.56 \times 10}} = 32(\text{m/s})$
$= 32 \times 3.6 (\text{km/h}) = 115.29 (\text{km/h})$

06 날개면적이 100m², 고도 5,000m에서 150m/s로 비행하고 있는 항공기가 있다. 이때의 항력계수는 0.02이다. 필요마력(PS)은?[단, 공기의 밀도(ρ)는 0.070 kg · s²/m⁴이다]

① 1,890 ② 2,500
③ 3,150 ④ 3,250

해설
$D = C_D \dfrac{1}{2} \rho V^2 S$
$= (0.02)(0.5)\left(0.070 \dfrac{\text{kgf} \cdot \text{s}^2}{\text{m}^4}\right)\left(150 \dfrac{\text{m}}{\text{s}}\right)^2 (100\text{m}^2)$
$= 1,575 \, \text{kgf}$

필요마력 P_r은
$P_r = DV$
$= (1,575 \, \text{kgf})\left(150 \dfrac{\text{m}}{\text{s}}\right)$
$= 236,250 \dfrac{\text{kgf} \cdot \text{m}}{\text{s}}$

$\therefore 236,250 \dfrac{\text{kgf} \cdot \text{m}}{\text{s}} \times \dfrac{1\text{PS}}{75 \dfrac{\text{kgf} \cdot \text{m}}{\text{s}}} = 3,150 \text{PS}$

07 NACA 4512의 4는 무엇을 표시하는가?

① 두께비 4%
② 최대 캠버가 시위의 4%
③ 최대 캠버의 위치가 4%
④ 항력이 적은 날개골

해설
NACA 4자 계열 분류
• 첫째 자리 : 최대 캠퍼의 크기(4%)
• 둘째 자리 : 최대 캠버의 위치(50%)
• 셋째, 넷째 자리 : 최대 두께의 위치(12%)

08 활공기에서 활공거리를 크게 하기 위한 설명 중 가장 올바른 것은?

① 형상항력을 최대로 한다.
② 가로세로비를 작게 한다.
③ 날개의 가로세로비를 크게 한다.
④ 표면 박리현상 방지를 위하여 표면을 적절히 거칠게 한다.

해설
활공거리 = 고도 × 양항비
※ 활공거리를 크게 하기 위해서는 양항비를 크게 한다.

09 다음 중 활공기에 좋은 날개골은?

① 날개는 두꺼울수록 좋다.
② 앞전 반지름이 큰 날개가 좋다.
③ C_L, 특히 $C_{L_{max}}$이 큰 날개골
④ C_D, 특히 $C_{D_{max}}$이 큰 날개골

정답 5 ② 6 ③ 7 ② 8 ③ 9 ③

10 항공기 동체선 또는 세로축과 관계있는 것은?

① 가로안정
② 세로안정
③ 수평안정
④ 방향안정

해설
가로안정성이란 외부 교란에 의해 항공기의 세로축을 중심으로 항공기가 롤링운동하게 될 때 다시 원상태로 돌아가는 것을 말하며 주날개가 상반각을 가지면 가로안정성이 커진다.

11 와류발생장치(Vortex Generator)의 목적은 무엇인가?

① 층류의 유지
② 박리 방지
③ 불규칙 흐름의 제거
④ 항력 감소

12 헬리콥터의 꼬리회전날개(Tail Rotor)가 외부 물체 등에 부딪치거나 다른 원인에 의하여 갑자기 정지하게 되면 발생할 수 있는 현상으로 가장 거리가 먼 것은?

① 테일 붐 마운트의 손상
② 테일 붐의 비틀림(Twist)
③ 행거 베어링 마운트의 손상
④ 테일 드라이브 샤프트의 비틀림

13 수평비행할 때 실속속도가 80km/h인 비행기가 60° 경사선회할 때 실속속도(km/h)는 약 얼마인가?

① 90
② 109
③ 113
④ 120

해설
선회속도
$$V_t = \frac{V}{\sqrt{\cos\theta}} = \frac{80}{\sqrt{\cos 60°}} = 113.1(\text{km/h})$$

14 다음 중 설계하중을 구하는 식으로 맞는 것은?

① 제한하중 × 안전계수
② 제한하중 ÷ 안전계수
③ 제한하중 + 안전계수
④ 제한하중 − 안전계수

15 다음 중 피치업의 원인이 아닌 것은 무엇인가?

① 후퇴날개끝 실속
② 날개의 압력중심의 후방이동
③ 후퇴날개의 비틀림
④ 승강타 효율의 감소

해설
피치업 현상의 이유 : 뒤젖힘 날개의 비틀림, 날개끝 실속, 풍압중심 전방 이동, 승강키 효율 감소

16 도움날개(Aileron) 및 승강키(Elevator)의 힌지 모멘트와 이들 조종면을 원하는 위치에 유지하기 위한 조종력과의 관계로 가장 올바른 것은?

① 힌지 모멘트가 커져도 필요한 조종력에는 변화가 없다.
② 힌지 모멘트가 크면 조종력은 작아도 된다.
③ 힌지 모멘트가 크면 조종력도 커야 한다.
④ 아음속 항공기에서는 힌지 모멘트가 커질수록 필요한 조종력은 작아진다.

해설
조종력
$$F_e = K \cdot H_e = K \cdot \frac{1}{2}\rho V^2 SC_h C$$
여기서, K : 기계적 이득상수, H_e : 힌지 모멘트

17 고도 약 2,300m에서 비행기가 825m/s로 비행할 때 마하수는 대략 얼마인가?

(단, 음속 $C = C_0\sqrt{\dfrac{273+t(℃)}{273}}$, $C_0 = 330$ m/s)

① 2.0　　② 2.5
③ 3.0　　④ 3.5

해설
고도 2,300m에서
온도 $t = 15 - 6.5 \times 2.3 = 0.05$
$C = 330\sqrt{\dfrac{273+0.05}{273}} = 330.03$
$M = \dfrac{V}{C} = \dfrac{825}{330.03} = 2.499$

18 경계층의 박리현상을 잘 설명한 것은?

① 층류가 난류로 변하는 현상이다.
② 레이놀즈수가 작을 때 일어난다.
③ 흐름 속에 진동이 있는 현상이다.
④ 물체표면의 경계층이 표면에서 떨어져 나가는 현상이다.

19 헬리콥터 수직비행 시 사용하는 것은?

① 회전 경사판을 경사지게 한다.
② 콜렉티브 피치 조종레버를 이용한다.
③ 사이클릭 피치 조정레버를 이용한다.
④ 주회전날개의 회전수를 증가시킨다.

해설
- 콜렉티브 피치(동시피치) : 동시피치 조종스틱은 위로 당기거나 아래로 밀어서 피치각을 조종하여 상승 하강을 시킨다.
- 사이클릭 피치(주기피치) : 주기피치 조종스틱은 헬리콥터 앞, 뒤, 왼쪽, 오른쪽으로 설정하기 위해 전후좌우로 하는 조종이다.

20 프로펠러 깃각이 β일 때 기하학적 피치는?

① $\dfrac{\pi D}{2}\tan\beta$　　② $\pi D\tan\beta$
③ $\dfrac{\pi D}{2}\sin\beta$　　④ $\pi D\sin\beta$

해설
- 기하학적 피치 $= \pi D\tan\beta$
- 유효피치 $= \pi D\tan(\beta - $받음각$)$

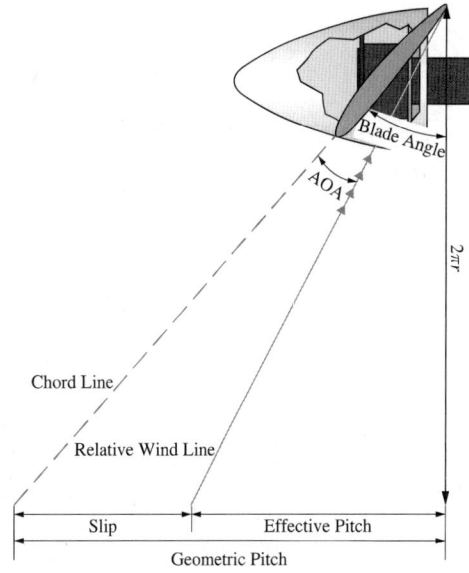

제2과목 항공기 기체

21 나셀(Nacelle)에 대한 설명으로 옳은 것은?

① 기체의 인장하중(Tension)을 담당한다.
② 기체에 장착된 엔진을 둘러싼 부분을 말한다.
③ 일반적으로 기체의 중심에 위치하여 날개구조를 보완한다.
④ 엔진을 장착하여 하중을 담당하기 위한 구조물이다.

22 크리프(Creep) 현상에 대한 설명으로 가장 옳은 것은?

① 재료가 반복되는 응력을 받았을 때 파괴되는 현상이다.
② 재료에 온도를 서서히 증가하였을 때 조직구조가 변형되는 현상이다.
③ 재료에 시험편을 서서히 잡아당겨서 파괴되었을 때 파단면의 조직이 변화된 현상이다.
④ 재료를 일정한 온도와 하중을 가한 상태에서 시간에 따라 변형률이 변화하는 현상이다.

23 두께가 0.062″인 판재를 그림과 같이 직각으로 굽힌다면, 이 판재의 전체 길이는 약 몇 in인가?

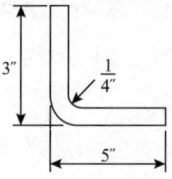

① 7.8 ② 6.8
③ 4.1 ④ 3.1

해설

• 세트백
$$SB = \tan\frac{\theta}{2}(R+T)$$
$$= \tan\frac{90°}{2}\left(\frac{1}{4}+0.062\right) = 0.312(\text{in})$$

• 굽힘 여유(BA ; Bend Allowance)
$$BA = \frac{\text{굽힘각도}}{360°} \times 2\pi\left(R+\frac{T}{2}\right)$$
$$= \frac{90°}{360°} \times 2\pi\left(R+\frac{T}{2}\right)$$
$$= \frac{\pi}{2}(0.25+0.031) = 0.44(\text{in})$$

∴ 판재길이 = (3−SB) + BA + (5−SB)
= 3 − 0.312 + 0.44 + 5 − 0.312 = 7.816(in)

24 대형 항공기에서 주로 사용하는 브레이크 장치는?

① 슈(Shoe)식 브레이크
② 싱글 디스크(Single Disk)식 브레이크
③ 멀티 디스크(Multi Disk)식 브레이크
④ 팽창 튜브(Expander Tube)식 브레이크

해설
소형 항공기는 싱글 디스크, 대형 항공기는 세그먼트 로터 타입이나 멀티 디스크 타입이 많이 쓰인다.

정답 21 ② 22 ④ 23 ① 24 ③

25 날개의 주요 하중을 담당하는 부재는?

① 리브(Rib)
② 날개보(Spar)
③ 스트링어(Stringer)
④ 압축 스트링어(Compression Stringer)

해설
날개의 구성품
- 날개보(Spar) : 날개에 작용하는 하중의 대부분을 담당하며 휨하중과 전단력에 강한 구조로 되어 있다.
- 리브(Rib) : 날개의 모양을 형성해주며 날개 외피에 작용하는 하중을 날개보에 전달한다.
- 스트링어(Stringer) : 날개의 휨 강도나 비틀림 강도를 증가시킨다.
- 외피(Skin) : 날개에서 발생하는 응력을 담당하며 높은 강도가 요구된다.

26 조종 케이블이 작동 중에 최소의 마찰력으로 케이블과 접촉하여 직선운동을 하게 하며, 케이블의 작은 각도 이내의 범위에서 방향을 유도하는 것은?

① 풀리(Pulley)
② 페어리드(Fair Lead)
③ 벨 크랭크(Bell Crank)
④ 케이블 드럼(Cable Drum)

해설
조종계통 관련 장치
- 페어리드 : 케이블이 벌크헤드의 구멍이나 다른 금속이 지나가는 곳에 사용되며 케이블의 느슨함을 막고 다른 구조와의 접촉을 방지한다.
- 풀리 : 케이블의 방향을 바꾼다.
- 턴버클 : 케이블의 장력을 조절하는 장치이다.
- 벨 크랭크 : 조종 로드가 장착되며 로드의 움직이는 방향을 변환시켜준다.
- 스토퍼 : 움직이는 양(변위)의 한계를 정해주는 장치로서 조종계통에는 도움날개, 승강키 및 방향키의 운동 범위를 제한한다.

27 그림과 같은 응력-변형률 곡선에서 파단점을 나타내는 곳은?(단, σ는 응력, ε은 변형률을 나타낸다)

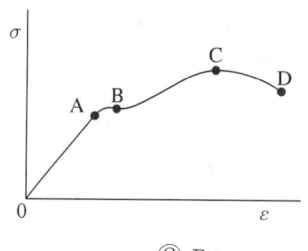

① A
② B
③ C
④ D

해설
- A : 비례한도
- B : 항복점
- C : 극한강도
- D : 파단점

28 항공기 기체 구조의 리깅(Rigging) 작업 시 구조의 얼라인먼트(Alignment) 점검 사항이 아닌 것은?

① 날개 상반각
② 날개 취부각
③ 수평 안정판 상반각
④ 항공기 파일론 장착면적

29 민간 항공기에서 주로 사용하는 인티그럴 연료탱크(Integral Fuel Tank)의 가장 큰 장점은?

① 연료의 누설이 없다.
② 화재의 위험이 없다.
③ 연료의 공급이 쉽다.
④ 무게를 감소시킬 수 있다.

해설
인티그럴 연료탱크는 기체 구조의 기존 공간을 이용하기 때문에 무게를 감소시킬 수 있는 장점이 있다.

30 그림과 같이 날개에서 CG(Center of Gravity)는 MAC(Mean Aerodynamic Chord)의 백분율로 몇 %인가?

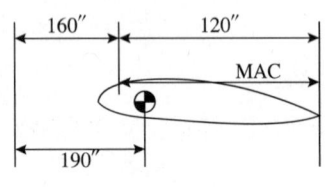

① 15
② 20
③ 25
④ 30

해설
평균공력시위(MAC ; Mean Aerodynamic Chord) : 항공기 날개의 공기역학적인 시위

$\%MAC = \dfrac{CG - S}{MAC} \times 100$

여기서, CG : 기준선에서 무게중심까지의 거리
S : 평균 공력 시위의 앞전까지의 거리
MAC : 평균 공력 시위의 길이

$\therefore \%MAC = \dfrac{CG - S}{MAC} \times 100 = 25(\%)$

31 리벳 작업 시 리벳 성형 머리 폭을 지름(D)으로 옳게 나타낸 것은?

① $1D$
② $1.5D$
③ $3D$
④ $5D$

해설
• 리벳 성형 머리의 폭 : $1.5D$
• 리벳 성형 머리의 높이 : $0.5D$

32 로크 볼트(Lock Bolt)에 대한 설명으로 틀린 것은?

① 장착하는 데 공기 해머나 풀 건이 필요하다.
② 고강도 볼트와 리벳의 특징을 결합한 것이다.
③ 로크 와셔, 코터핀으로 안전장치를 해야 한다.
④ 일반 볼트나 리벳보다 쉽고 신속하게 장착할 수 있다.

해설
로크 볼트의 특징
• 고강도 볼트와 리벳의 특징을 결합한 것이다.
• 일반 볼트나 리벳보다 쉽고 신속하게 장착이 가능하다.
• 와셔, 코터핀, 특수너트의 사용을 줄일 수 있다.
• 장착 시 공기 해머나 풀 건(Pull Gun)이 필요하다.
• Pull Type, Stump Type, Blind Type이 있다.
로크 볼트의 체결

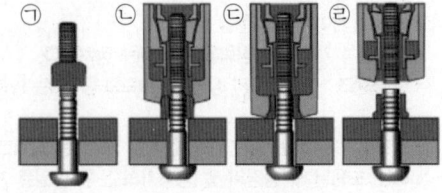

33 알클래드(Alclad)에 대한 설명으로 옳은 것은?

① 알루미늄 판의 표면을 풀림 처리한 것이다.
② 알루미늄 판의 표면을 변형화 처리한 것이다.
③ 알루미늄 판의 양면에 순수 알루미늄을 입힌 것이다.
④ 알루미늄 판의 양면에 아연 크로메이트 처리를 한 것이다.

해설
알클래드 판은 알루미늄 판의 양면에 순수 알루미늄을 입혀 내식성을 증가시킨 판이다.

34 항공기 조종장치의 구성품에 대한 설명으로 틀린 것은?

① 풀리는 케이블의 방향을 바꿀 때 사용되며, 풀리의 베어링은 원활한 회전을 위해 주기적으로 윤활해 주어야 한다.
② 압력실은 케이블이 압력 벌크헤드를 통과하는 곳에 사용되며, 케이블의 움직임을 방해하지 않을 정도의 기밀이 요구된다.
③ 페어리드는 케이블이 벌크헤드의 구멍이나 다른 금속이 지나는 곳에 사용되며, 페놀수지 또는 부드러운 금속 재료를 사용한다.
④ 턴버클은 케이블의 장력 조절에 사용되며, 턴버클 배럴은 케이블의 꼬임을 방지하기 위해 한쪽에는 왼나사, 다른 쪽에는 오른나사로 되어 있다.

해설
풀리 베어링은 실(Seal)되어 있어서 추가 윤활이 필요 없다.

35 다음 중 항공기의 유효하중을 옳게 설명한 것은?

① 항공기의 무게중심이다.
② 항공기에 인가된 최대무게이다.
③ 총무게에서 자기무게를 뺀 무게이다.
④ 항공기 내의 고정위치에 실제로 장착되어 있는 무게이다.

해설
항공기 하중의 종류
- 총무게(Gross Weight) : 항공기에 인가된 최대 하중
- 자기무게(Empty Weight) : 항공기 무게 계산 시 기초가 되는 무게
- 유효하중(Useful Load) : 적재량이라고도 하며 항공기 총무게에서 자기무게를 뺀 무게
- 영 연료 하중(Zero Fuel Weight) : 항공기 총무게에서 연료를 뺀 무게

36 그림과 같은 $V-n$ 선도에서 실속속도(V_s) 상태로 수평비행하고 있는 항공기의 하중배수(n_s)는 얼마인가?

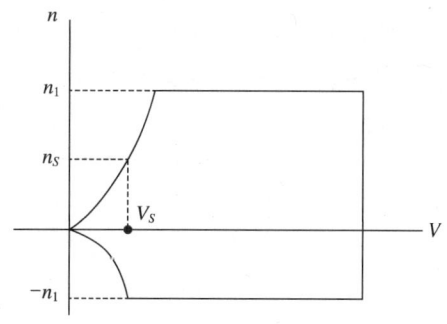

① 1
② 2
③ 3
④ 4

해설
실속속도(V_s)는 선도에서 하중배수 $n=1$인 수평의 직선과 위쪽 방향 포물선과의 교점으로 정해지는 속도이다.

37 두께가 0.01in인 판의 전단흐름이 30lb/in일 때 전단응력은 몇 lb/in²인가?

① 3,000　　② 300
③ 30　　　　④ 0.3

해설
전단응력
$$\tau = \frac{F_s}{A} = \frac{F_s}{b \times t} = \frac{F_s}{b} \times \frac{1}{t}$$
$$= 30 \times \frac{1}{0.01} = 3,000\,(\text{lb/in}^2)$$

38 판재를 굴곡작업하기 위한 그림과 같은 도면에서 굴곡접선의 교차부분에 균열을 방지하기 위한 구멍의 명칭은?

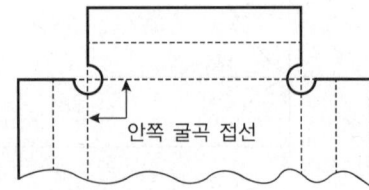

① Pilot Hole
② Lighting Hole
③ Relief Hole
④ Countsunk Hole

39 항공기 재료인 알루미늄 합금은 어디에 해당하는가?
① 철금속
② 비철금속
③ 비금속
④ 복합재료

해설
알루미늄 합금은 금속이지만 철이 포함되지 않았으므로 비철금속에 속한다.

40 길이 200cm의 강철봉이 인장력을 받아 0.4cm의 신장이 발생하였다면 이 봉의 인장 변형률은?
① 15×10^{-4}
② 20×10^{-4}
③ 25×10^{-4}
④ 30×10^{-4}

해설
인장 변형률
$$\varepsilon = \frac{\Delta l}{L} = \frac{0.4}{200} = 2 \times 10^{-3} = 20 \times 10^{-4}$$

제3과목 항공기 엔진

41 축류형 압축기의 반동도를 옳게 나타낸 것은?

① $\dfrac{\text{로터에 의한 압력상승}}{\text{단당 압력상승}} \times 100$

② $\dfrac{\text{압축기에 의한 압력상승}}{\text{터빈에 의한 압력상승}} \times 100$

③ $\dfrac{\text{저압 압축기에 의한 압력상승}}{\text{고압 압축기에 의한 압력상승}} \times 100$

④ $\dfrac{\text{스테이터에 의한 압력상승}}{\text{단당 압력상승}} \times 100$

42 다음과 같은 밸브 타이밍을 가진 왕복엔진의 밸브 오버랩은 얼마인가?(단, IO : 25°BTC, EO : 55°BBC, EC : 15°ATC, IC : 60°ABC이다)

① 25° ② 40°
③ 60° ④ 75°

[해설]
흡입밸브가 상사점 전 25°에서 열리고, 배기밸브가 상사점 후 15°에서 닫히므로, 흡·배기밸브가 동시에 열려 있는 각도는 40°이다.

밸브 약어
- 흡기 밸브(Intake Valve) : I
- 배기 밸브(Exhaust Valve) : E
- 전(Before) : B
- 후(After) : A
- 열림(Open) : O
- 닫힘(Close) : C
- 상사점(Top Dead Center) : TC
- 하사점(Bottom Dead Center) : BC

예 IO 25° BTC : 상사점 전 25°에서 흡기밸브 열림

43 고정 피치 프로펠러를 장착한 항공기의 프로펠러 회전속도를 증가시키면 블레이드는 어떻게 되는가?

① 블레이드 각(Blade Angle)이 증가한다.
② 블레이드 각(Blade Angle)이 감소한다.
③ 블레이드 영각(Angle of Attack)이 증가한다.
④ 블레이드 영각(Angle of Attack)이 감소한다.

[해설]
프로펠러 회전속도가 증가하면(회전 선속도 증가) 유입각이 작아지고, 깃의 받음각은 증가한다.

프로펠러 깃의 여러 각도
- 깃각 : 회전면과 깃의 시위선이 이루는 각(회전속도와 관계없이 일정)
- 유입각(피치각) : 합성 속도(비행 속도와 깃의 회전 선속도를 합한 속도)와 깃의 회전면 사이의 각
- 깃의 받음각 = 깃각 − 유입각

44 항공기용 왕복엔진의 이론마력은 250PS, 지시마력은 200PS, 제동마력은 140PS라면 이 엔진의 기계효율은 몇 %인가?

① 70 ② 75
③ 80 ④ 85

[해설]
기계효율은 제동마력과 지시마력과의 비이다.
즉, 기계효율(η_m) = $\dfrac{bHP}{iHP} = \dfrac{140}{200} = 70(\%)$

45 다음 중 가스터빈엔진의 트림(Trim) 작업 시 조절하는 것이 아닌 것은?

① 연료제어장치(FCU)
② 가변정익베인(VSV)
③ 터빈블레이드 각도
④ 사용 연료의 비중

해설
엔진 트림 작업 시 연료조정장치, 가변 고정자 깃(VSV)의 리깅 상태, 블레이드의 굽힘, 파손, 진동 등 엔진의 상태, 연료의 비중 등을 점검하여 일정 추력 범위를 벗어난 경우 이를 조정해야 한다.

46 터보팬엔진의 역추력장치 부품 중 팬을 지난 공기를 막아주는 역할을 하는 것은?

① 블로커 도어(Blocker Door)
② 공기 모터(Pneumatic Motor)
③ 캐스케이드 베인(Cascade Vane)
④ 트랜슬레이팅 슬리브(Translating Sleeve)

해설
터보팬엔진의 역추력장치를 작동시키면, 트랜슬레이팅 슬리브(Translating Sleeve)가 뒤로 이동하면서 블로커 도어(Blocker Door)가 팬을 통해 들어온 공기 흐름을 막게 되고, 이 공기는 캐스케이드 베인(Cascade Vane)을 통해 상하 방향으로 빠져나가면서 항공기의 추력이 감소한다.

47 가스터빈엔진에서 가변정익(Variable Stator Vane)을 장착하는 가장 큰 이유는 언제 발생하는 실속을 방지하기 위해서인가?

① 저속에서 가속과 감속 시
② 순항에서 가속과 감속 시
③ 고속에서 가속과 감속 시
④ 급강하에서 가속과 감속 시

해설
가변정익(VSV ; 가변 스테이터 베인) : 깃의 피치를 변경시킬 수 있도록 하여, 공기의 흐름 방향과 속도를 변화시킴으로써 회전속도(rpm)가 변하는 데 따라 회전자 깃(Rotor Blade)의 받음각을 일정하게 하여 실속을 방지한다.

48 항공기 가스터빈엔진의 연료로서 필요한 조건이 아닌 것은?

① 발열량이 클 것
② 휘발성이 낮을 것
③ 부식성이 없을 것
④ 저온에서 동결되지 않을 것

해설
가스터빈엔진의 연료는 연소가 잘되도록 휘발성(기화성)이 좋아야 한다.

49 완전가스의 열역학적인 상태변화에 속하지 않는 것은?

① 등온변화   ② 가온변화
③ 정압변화   ④ 폴리트로픽변화

해설
열역학적 상태변화에는 정적, 정압, 등온, 단열 및 폴리트로픽 과정이 있다.

50 왕복엔진의 흡입 및 배기밸브가 실제로 열리고 닫히는 시기로 가장 옳은 것은?

① 흡입밸브 : 열림/상사점, 닫힘/하사점
   배기밸브 : 열림/하사점, 닫힘/상사점
② 흡입밸브 : 열림/상사점 전, 닫힘/하사점 전
   배기밸브 : 열림/하사점 후, 닫힘/상사점 후
③ 흡입밸브 : 열림/상사점 전, 닫힘/하사점 전
   배기밸브 : 열림/하사점 전, 닫힘/상사점 후
④ 흡입밸브 : 열림/상사점 전, 닫힘/하사점 후
   배기밸브 : 열림/하사점 전, 닫힘/상사점 후

51 가스터빈엔진의 공기흐름 중에서 압력이 가장 높은 곳은?

① 압축기   ② 터빈노즐
③ 디퓨저   ④ 터빈로터

[해설]
가스터빈엔진에서 공기의 압력이 가장 높은 곳은 압축기 출구에서 연소실로 연결되는 확산 통로 형태인 디퓨저 부분이다.

52 가스터빈엔진의 시동기(Starter)는 일반적으로 어느 곳에 장착되는가?

① 보기기어박스   ② 태코미터
③ 연료조절장치   ④ 블리드 패드

[해설]
보기기어박스 : 일반적으로 압축기 전방에 설치되어 있으며 유압펌프를 비롯한 각종 펌프, 발전기, 시동기 등이 장착되어 있다.

53 그림과 같이 압력(P)-부피(V)선도상의 오토 사이클(Otto Cycle)에서 과정 1→2, 3→4는 어떤 변화인가?

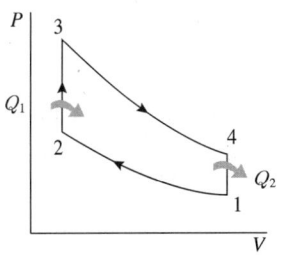

① 등온 압축, 등온 팽창
② 단열 압축, 등온 팽창
③ 등온 압축, 단열 팽창
④ 단열 압축, 단열 팽창

[해설]
오토 사이클 $P-V$선도에서
- 1-2 : 단열 압축
- 2-3 : 정적 흡열
- 3-4 : 단열 팽창
- 4-1 : 정적 방열

54 터보제트엔진에서 비추력을 증가시키기 위하여 가장 중요한 것은?

① 고회전 압축기의 개발
② 고열에 견딜 수 있는 압축기의 개발
③ 고열에 견딜 수 있는 터빈 재료의 개발
④ 고열에 견딜 수 있는 배기 노즐의 개발

[해설]
가스터빈의 열효율과 비추력이 높아지면 터빈 입구 온도도 증가된다. 따라서 더 높은 비추력을 얻기 위해서는 고열에 견딜 수 있는 터빈 재료의 개발이 필요하다.

55 지시마력이 80HP인 항공기 왕복엔진의 제동마력이 64HP라면 기계효율은?

① 0.20　② 0.25
③ 0.80　④ 1.25

해설
기계효율은 제동마력과 지시마력과의 비이다.
즉, 기계효율(η_m) $= \dfrac{bHP}{iHP} = \dfrac{64}{80} = 0.8$

56 왕복엔진에 노크현상을 일으키는 요소가 아닌 것은?

① 압축비
② 연료의 옥탄가
③ 실린더 온도
④ 연료의 아이소옥탄

해설
아이소옥탄은 노킹이 발생하지 않는다.

57 왕복엔진에서 마그네토의 작동을 정지시키려면 1차 회로를 어떻게 하여야 하는가?

① 접지에서 분리시킨다.
② 축전지에 연결시킨다.
③ 점화스위치를 Off 위치에 둔다.
④ 점화스위치를 Both 위치에 둔다.

해설
점화스위치를 Off 위치에 두면 1차 회로는 접지선에 연결되어 브레이커 포인트가 개폐동작을 하더라도 2차 코일에 고전압을 발생시키지 못한다.

58 일반적으로 가스터빈엔진에서 프리터빈(Free Turbine)이 부착된 엔진은?

① 터보제트　② 램제트
③ 터보프롭　④ 터보팬

해설
프리터빈(터빈과 압축기가 분리된 터빈)이 부착되는 가스터빈엔진에는 터보프롭과 터보샤프트엔진 등이 있다.

59 다음 중 터보제트엔진의 회전수가 일정할 때 밀도만 고려 시 추력이 가장 큰 경우는?

① 고도 10,000ft에서 비행할 때
② 고도 20,000ft에서 비행할 때
③ 대기온도 15℃인 해면에서 작동할 때
④ 대기온도 25℃인 지상에서 작동할 때

해설
밀도가 클수록 추력이 증가하는데, 보기 중에서 밀도가 가장 높은 곳은 해면이다.

60 다음 중 프로펠러를 회전시켜 추진력을 얻는 가스터빈엔진은?

① 램제트엔진
② 펄스제트엔진
③ 터보제트엔진
④ 터보프롭엔진

해설
터보프롭엔진은 프로펠러 회전에 의한 추진력으로 대부분의 추력을 얻는다.

제4과목 항공기 계통

61 항공계기의 색 표식 중 적색 방사선(Red Radiation)은 무엇을 나타내는가?

① 최소, 최대운전 또는 운용한계
② 계속운전 범위(순항 범위)
③ 경계 및 경고 범위
④ 연료와 공기혼합기비가 오토린(Auto-lean)일 때 계속운전 범위

해설
① 적색 방사선 : 모든 계기에 사용되며 최대 및 최소 운용한계를 표시한다.
③ 노란색 호선 : 모든 계기에 사용되며 경계 및 경고 범위를 표시한다.
④ 청색 호선 : 기화기를 장비한 왕복엔진에 관계된 엔진계기에 표시하는 색으로서, 연료와 공기 혼합비가 오토린(Auto-lean)일 때의 상용 안전운용 범위를 표시한다.

62 다음 온도계의 종류 중 Bourdon Tube가 사용되는 것은?

① 전기저항식
② 증기압력식
③ Bi-metal식
④ Thermo-couple식

해설
압력이 가해지면 관의 단면은 본래의 형태인 원형으로 되돌아가려고 하며, 곡현은 직선으로 되돌아가려는 현상을 이용하여 압력의 측정에 사용되고 있다.

63 직류 발전기의 보상권선(Compensating Winding)과 그 역할이 같은 것은?

① 보극(Interpole)
② 직렬권선(Series-winding)
③ 병렬권선(Shunt-winding)
④ 회전자권선(Armature coil)

해설
직류기의 전기적 중성축 부근에 설치하여 전기자 반작용을 상쇄하고 또한 전압정류로서 양호한 정류를 위해 설치하는 보조극이다.

64 Landing Gear Down 중 경고등의 색깔은?

① 적 색
② 초록색
③ 호박색
④ 아무 등도 켜지지 않는다.

해설
• 초록등 : 착륙장치가 안전하게 내림(잠금됨)
• 적색등 : 작동 중이거나 잠금되지 않은 상태
• 모든 등 꺼짐 : 기어가 올라가고 잠금됨

[정답] 61 ① 62 ② 63 ① 64 ①

65 피스톤형 밸브로서 브레이크의 작동을 신속하게 하기 위한 밸브는?

① 디부스터 밸브(Debooster Valve)
② 퍼지 밸브(Purge Valve)
③ 프라이오리티 밸브(Priority Valve)
④ 릴리프 밸브(Relief Valve)

[해설]
디부스터 밸브 : 브레이크 작동 시 저압의 많은 작동유를 일시에 신속하게 공급

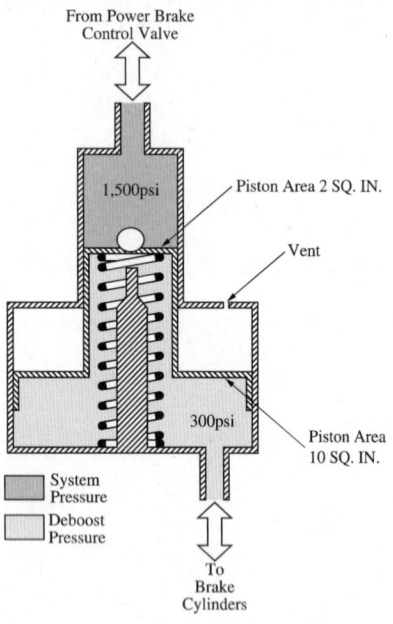

66 다음 중 산소 공급 장치의 종류가 아닌 것은?

① 보충용
② 방호용
③ 구급용
④ 액체용

67 객실에서 사용할 수 있는 가장 좋은 소화기는 무엇인가?

① 물, CO_2, 프레온, 분말, 사염화탄소, 질소
② CO_2, 프레온, 브로모클로로메테인
③ 질소, 분말, 사염화탄소
④ 브로모클로로메테인, 질소, 분말

[해설]
• 사염화탄소 소화기 : 독성의 영향으로 현재는 사용 금지
• 질소 소화기 : 액화 저장 시 −160℃를 유지해야 하므로 군용기만 사용

68 항공기 UHF 주파수 사용 범위는?

① 300~3,000kHz
② 225~399.95kHz
③ 300~3,000MHz
④ 225~399.95MHz

[해설]
• HF : 2,000~29,999MHz
• VHF : 118,000~136.975MHz
• UHF : 300~3,000MHz

69 브레이크에서 정상 브레이크에서 비상 브레이크로 돌려놓는 밸브는 무엇인가?

① 셔틀 밸브
② 바이패스 밸브
③ 체크 밸브
④ 릴리프 밸브

해설
셔틀 밸브는 정상 유압계통의 고장이 생겼을 때 비상 계통을 사용할 수 있도록 해준다.

70 다음은 레인 리펠런트(Rain Repellent)에 대한 설명이다. 틀린 것은?

① 표면장력이 작은 화학액체를 분사하여 피막을 만든다.
② 와이퍼와 병용하면 효과가 좋다.
③ 비가 적게 내릴 때 효과적이다.
④ 레인 리펠런트 고착 시 중성세제로 클리닝해야 한다.

해설
레인 리펠런트는 폭우 시에만 사용하며 고착 시 제거가 어렵다.

71 지상에 설치한 무지향성 무선 표시국으로부터 송신되는 전파의 도래 방향을 계기상에 지시하는 것은?

① 거리측정장치(DME)
② 항공교통관제장치(ATC)
③ 자동방향탐지기(ADF)
④ 무선고도계(RADIO ALTIMETER)

해설
자동방향탐지기(ADF) : 190~1,750kHz대의 전파를 사용하여 무선국에서 오는 전파의 방향을 탐지하여 항공기의 방위를 시각 또는 청각으로 알아내는 장치

72 항공기 시동모터에 가장 적합한 전동기 종류는?

① 분권식
② 직권식
③ 복권식
④ 스플릿식

해설
② 직권전동기 : 초기에 시동 회전력이 크고(시동모터) 부하에 따른 회전속도의 변화가 크다.
① 분권전동기 : 부하변동에 따른 회전속도가 일정하고(정속 모터) 시동토크가 적다.
③ 복권전동기 : 직·분권전동기의 장점을 모두 가지고 있으나 구조가 복잡하다.

73 Air Cycle Air Conditioning System에서 팽창터빈(Expansion Turbine)에 대한 설명으로 맞는 것은?

① 1차 열교환기를 거친 공기를 냉각시킨다.
② 공기공급 라인이 파열되면 계통의 압력손실을 막는다.
③ Air Condition 계통에서 가장 마지막으로 냉각이 일어난다.
④ 찬 공기와 뜨거운 공기가 섞이도록 한다.

해설
뜨거운 블리드 에어는 1차, 2차 열교환기에서 외부의 차가운 공기에 의해 일부 냉각이 이루어진 후에 팽창터빈을 통과하며 팽창하여 냉각이 크게 일어난다.

74 축전지의 캡에 대한 설명 중 틀린 것은?

① 전해액의 보충 비중을 측정한다.
② 충전 시 발생하는 가스를 배출한다.
③ 전압을 측정할 수 있다.
④ 배면 비행 시 전해액의 누설을 방지한다.

75 객실여압조절기를 조절하는 신호로 바르게 짝지어진 것은?

① 블리드 에어 압력, 객실고도, 객실고도 변화율
② 기압계 압력, 객실고도, 객실고도 변화율
③ 블리드 에어의 양, 객실압력, 객실고도 변화율
④ 바깥공기 온도, 객실고도, 객실압력

76 컴퍼스 계기의 정적오차와 관계없는 것은?

① 북선오차
② 반원오차
③ 사분원오차
④ 자 차

해설
북선오차는 컴퍼스 계기의 동적오차 중 하나이다.

77 왕복엔진에서 여압공기의 공급에 사용되는 것은?

① 엔진 압축기 배송식
② 엔진 블리드식
③ 기계적 구동 압축기식
④ 공기 구동 압축기식

78 계기 착륙장치(Instrument Landing System)의 구성장치가 아닌 것은?

① 로컬라이저 수신장치(Localizer Receiver)
② 글라이드 슬로프 수신장치(Glide Slope Receiver)
③ 마커 수신장치(Marker Receiver)
④ 기상 레이더

해설
① 로컬라이저 : 항공기에 활주로 중심선으로 위치에 대한 정보를 제공
② 글라이더 슬로프 : 착륙각도인 약 3°의 활공각에 대한 정보 제공
③ 미기 비컨 : 활주로까지 거리 정보를 제공한다 외측 마커는 변조주파수 400Hz, 지시등 색 청색, 중간 마커는 변조주파수 1,300Hz, 지시등 색 황색, 내측 마커는 변조주파수 3,000Hz, 지시등 색 흰색이다.

79 다음 중에서 자이로의 섭동성을 이용한 계기는?

① 수평의   ② 정침의
③ 선회계   ④ 레이트 자이로

해설
섭동성은 외부에서 자이로에 힘을 가했을 때 자이로의 회전방향으로 90° 회전하는 위치에서 효과가 나타나는 성질이다.
선회계 : 섭동성을 이용한 계기
• 정침의(방향지시계) : 강직성을 이용한 계기
• 수평의(수평지시계) : 섭동성과 강직성을 이용한 계기

80 어떤 교류 발전기의 정격이 115V, 1kVA, 역률이 0.866일 때 무효전력은?(단, 위상차가 30°이다)

① 500W   ② 866W
③ 500Var   ④ 866Var

해설
교류의 전력
• 피상전력(VA) $= EI = I^2 Z$
• 유효전력(W) $= I^2 R =$ 피상전력 $\times \cos\theta$(역률)
• 무효전력(Var) $= I^2(X_L - X_C) =$ 피상전력 $\times \sin\theta$
• (피상전력)$^2 =$ (유효전력)$^2 +$ (무효전력)^2
  무효전력 $= \sqrt{\text{피상전력}^2 - \text{유효전력}^2}$
  $= \sqrt{1,000^2 - (1,000 \times 0.866)^2} = 500.043(\text{Var})$

정답 77 ③ 78 ④ 79 ③ 80 ③

제1과목 항공역학

01 날개 표면에서 발생하는 천이(Transition)현상을 가장 올바르게 설명한 것은?

① 흐름이 날개 표면으로부터 박리되는 현상
② 유체가 진동하면서 흐르는 현상
③ 유체의 속도가 시간에 대해서 변화하는 비정상류로 변화하는 현상
④ 층류경계층에서 난류경계층으로 변화하는 현상

해설
천이현상이란 층류(Laminar Flow)에서 난류(Turbulent Flow)로 변화하는 과정을 말한다.

02 비행기에 단주기 운동이 발생될 때 가장 좋은 방법은?

① 조종간을 자유롭게 놓는다.
② 조종간을 고정시킨다.
③ 조종간을 잡아당긴다(상승비행).
④ 조종간을 놓는다(하강비행).

해설
동적 세로 안정 관련 운동
• 장주기 운동 : 20~100s, 조종면 변위에 의해서 진동의 경향을 쉽게 없앨 수 있다.
• 단주기 운동 : 0.5~5s, 조종간을 자유로 하여 필요한 감쇠를 갖도록 한다.
• 승강키 자유 운동 : 0.3~1.5s

03 제트기류는 일정한 방향과 속도로 부는데, 지구 북반구의 경우 제트기류가 발생하는 대기층, 방향, 평균 속도로 옳은 것은?

① 성층권, 동에서 서로, 약 37m/s
② 성층권, 서에서 동으로, 약 37m/s
③ 대류권, 서에서 동으로, 약 60m/s
④ 성층권, 서에서 동으로, 약 60m/s

해설
대류권과 성층권 사이를 대류권계면이라고 하며, 이 곳에는 제트기류가 흐르기도 한다. 북반구에서는 서에서 동으로 흐르며 속도는 약 37m/s이다.

04 임계 레이놀즈수에 대한 설명으로 가장 관계가 먼 것은?

① 층류에서 난류로 바뀔 때의 레이놀즈수
② 층류에서 또 다른 형태의 층류로 바뀔 때의 레이놀즈수
③ 난류에서 층류로 바뀔 때의 레이놀즈수
④ 유동 중 천이현상이 일어날 때의 레이놀즈수

05 비행기의 평형상태를 뜻하는 것이 아닌 것은?

① 작용하는 모든 힘의 합이 무게중심에서 '0'인 상태
② 속도변화가 없는 상태
③ 비행기의 엔진이 추력을 일정하게 내는 상태
④ 비행기의 회전모멘트 성분들이 없는 상태

해설
비행기에 작용하는 모든 힘의 합이 0으로 일반적으로 등속 수평 비행상태를 의미한다.

1 ④ 2 ① 3 ② 4 ② 5 ③

06 프로펠러 후류(Ship Stream)의 공기속도와 비행속도의 차이를 무엇이라 하는가?

① 가속속도(Accelerated Velocity)
② 후류속도(Slip Stream Velocity)
③ 유도속도(Induced Velocity)
④ 하류속도(Down Stream Velocity)

07 헬리콥터에서 직교하는 세 개의 x, y, z축에 대한 모든 힘과 모멘트 합이 각각 0이 되는 상태를 무엇이라 하는가?

① 전진상태
② 균형상태
③ 자전상태
④ 정지상태

08 옆놀이 커플링(Roll Coupling)을 줄이는 방법으로 가장 거리가 먼 것은?

① 쳐든각 효과를 감소시킨다.
② 방향 안정성을 증가시킨다.
③ 정상 비행상태에서 불필요한 공력 커플링을 감소시킨다.
④ 정상 비행상태에서 하중배수를 제한한다.

해설
옆놀이 커플링은 옆놀이 운동에 의한 키놀이 모멘트와 빗놀이 모멘트, 그리고 옆미끄럼이 발생하는 현상을 말한다. 최근이 초음속기에서는 수직 꼬리날개 면적을 증가시키거나 Ventral Fin을 붙여서 고속 비행 시 도움날개나 방향키의 변위각을 자동으로 제한하여 옆놀이 커플링을 방지한다.

09 헬리콥터 회전날개의 조종장치 중 주기피치조종과 동시피치조종을 해야 할 필요성이 있다. 이를 위해서 사용되는 장치는?

① 안정 바(Stabilizer Bar)
② 트랜스미션(Transmission)
③ 평형 탭(Balance Tab)
④ 회전경사판(Swash Plate)

해설
동시피치조종(Collective Pitch)과 주기피치조종(Cyclic Pitch Control Lever)은 회전경사판의 움직임에 따라 기울어지거나 받음각이 조절된다.

10 비행기 날개에 작용하는 양력과 공기의 유속과의 관계를 옳게 설명한 것은?

① 공기의 유속과는 관계없다.
② 공기의 유속에 반비례한다.
③ 공기의 유속의 제곱에 비례한다.
④ 공기의 유속의 세 제곱에 비례한다.

해설
$L = C_L \frac{1}{2} \rho V^2 S$로 상대풍의 속도의 제곱에 비례한다.

11 항공기의 압력중심(Center of Pressure)에 대한 설명으로 틀린 것은?

① 받음각에 따라 위치가 변동되지 않는다.
② 항공기 날개에 발생하는 합성력의 작용점이다.
③ 받음각이 커짐에 따라 위치가 앞으로 변화한다.
④ 받음각이 작아짐에 따라 위치가 뒤로 이동한다.

해설
압력중심(풍압중심) : 날개 단면의 윗면과 아랫면에 작용하는 압력의 합성력이 작용하는 점으로 받음각이 증가하면 점점 앞전방향으로 전진한다.

12 고양력 장치의 원리를 가장 올바르게 설명한 것은?

① 최대양력계수 $C_{L\max}$의 값을 증가시켜 실속속도를 감소시키는 것이다.
② 레이놀즈수를 증가시켜서 항력을 감소시키는 것이다.
③ 날개 면적을 줄여서 날개의 항력을 감소시키는 것이다.
④ 최대양력계수 $C_{L\max}$의 값을 증가시켜 이륙속도를 증가시키는 것이다.

해설
고양력 장치는 양력을 증가시켜 이륙속도 및 착륙속도를 감소시키는 것이 목적이다. 주로 캠버의 변화를 통한 최대양력계수 증가, 날개면적 증가, 경계층 제어 등을 활용할 장치이다.

13 NACA 2415 에어포일에서 '2'는 무엇을 의미하는가?

① 최대 캠버의 크기가 시위의 2%
② 최대 두께가 시위의 2%
③ 최대 캠버 위치가 시위의 20%
④ 최대 두께가 시위의 20%

해설
4자리 계열의 의미
2 : 최대 캠버의 크기가 시위의 2%
4 : 최대 캠버의 위치가 시위의 40% 지점
15 : 최대 두께가 시위의 15%

14 정적안정과 동적안정에 대한 설명으로 가장 올바른 것은?

① 동적안정 시 (+)이면 정적안정은 반드시 (+)이다.
② 동적안정 시 (-)이면 정적안정은 반드시 (-)이다.
③ 정적안정 시 (+)이면 동적안정은 반드시 (-)이다.
④ 정적안정 시 (-)이면 동적안정은 반드시 (+)이다.

해설
- 정적안정 : 외부 교란에 의해 자세 변화 시 원래 자세로 되돌아가려는 초기 경향
- 동적안정 : 시간이 지남에 따라 원래 자세로 돌아가는 성질
정적안정이 있어야 동적안정이 진행된다.

15 항공기에서 피토관(Pitot Tube)을 이용하여 속도를 측정할 때 이용되는 공기압은?

① 정압, 전압
② 대기압, 정압
③ 정압, 동압
④ 동압, 대기압

해설
베르누이 정리는 정상 유동유체의 각 위치점에 있어서 정압과 동압의 합, 즉 전압은 항상 일정함을 나타낸다($p + \frac{1}{2}\rho V^2 =$ 일정). 따라서 항공기의 비행속도는 다음과 같이 구할 수 있다.
$$V = \sqrt{\frac{2(P_t - P)}{\rho}}$$
즉, 항공기 속도를 측정할 때는 전압과 정압이 필요하다.

16 연속의 방정식을 설명한 내용으로 가장 올바른 것은?(단, 아음속이다)

① 유체의 점성을 고려한 방정식이다.
② 유체의 밀도와는 관계가 없다.
③ 비압축성 유체에만 적용된다.
④ 유체의 속도는 단면적과 관계된다.

해설
연속의 방정식은 들어가는 질량유량과 나가는 질량유량은 항상 동일하다는 식으로 다음과 같다.
$\rho_i A_i V_i = \rho_o A_o V_o$

17 그림과 같이 받음각의 변화에 따라 상대적으로 갑작스런 실속이 일어나는 특성을 갖는 날개골은?

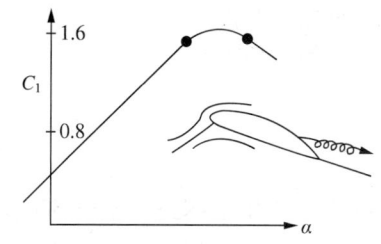

① 두께가 두꺼운 날개골
② 앞전 반지름이 큰 날개골
③ 캠버가 큰 날개골
④ 레이놀즈수가 작은 날개골

해설
실속 발생이 쉬운 날개골 : 두께가 얇은 날개골, 앞전 반지름이 작은 날개골, 캠버가 작은 날개골, 레이놀즈수가 작은(층류) 날개골

18 헬리콥터의 코닝각(Coning Angle)을 설명한 내용으로 틀린 것은?

① 원심력과 블레이드(Blade)의 시위선과 이루는 각이다.
② 헬리콥터에 무거운 하중을 매다는 경우 코닝각이 커진다.
③ 원심력과 양력 때문에 생기는 각이다.
④ 원심력이 일정하면 코닝각도 일정하다.

해설
헬리콥터의 회전 날개는 작용하는 원심력과 회전 날개에서 발생하는 양력의 합성력이 작용하는 방향으로 기울어지게 된다. 이때 수평면과 이루는 각도를 코닝각이라고 한다.

19 어떤 비행기가 200mile/h로 비행할 때 100lbs의 항력이 작용하였다. 이 비행기가 같은 자세로 300mile/h로 비행한다고 할 때 작용하는 항력은 몇 lbs인가?

① 225 ② 230
③ 235 ④ 240

해설
$D = C_D \frac{1}{2} \rho V^2 S$ 에서
$100 = C_D \frac{1}{2} \rho 200^2 S$, $C_D \frac{1}{2} \rho S = \frac{100}{200^2}$ 이므로
300mile/h로 비행 시 항력은
$D = C_D \frac{1}{2} \rho 300^2 S = \frac{100}{200^2} \times 300^2 = 225$(lbs)

20 날개면적이 100m²이고 평균시위가 5m일 때의 가로세로비는 얼마인가?

① 1 ② 2
③ 3 ④ 4

해설
$AR = \frac{b}{c} = \frac{b^2}{S} = \frac{S}{c^2} = \frac{100}{5^2} = 4$

정답 16 ④ 17 ④ 18 ① 19 ① 20 ④

제2과목 항공기 기체

21 리브너트(Rivnut) 사용에 대한 설명으로 옳은 것은?

① 금속면에 우포를 씌울 때 사용한다.
② 두꺼운 날개 표피에 리브를 붙일 때 사용한다.
③ 엔진 마운트와 같은 중량물을 구조물에 부착할 때 사용한다.
④ 한쪽 면에서만 작업이 가능한 제빙장치 등을 설치할 때 사용한다.

해설
리브너트는 다음 그림과 같이 한쪽 면에서 작업이 이루어진다.

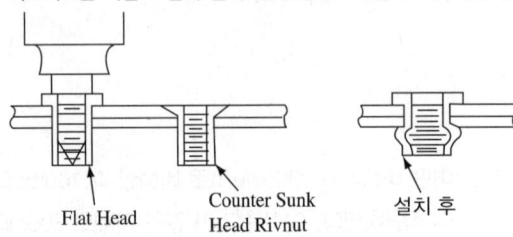

Flat Head / Counter Sunk Head Rivnut / 설치 후

22 동체구조형식에서 세미모노코크 구조에 대한 설명으로 가장 옳은 것은?

① 가장 넓은 동체 내부 공간을 확보할 수 있으며 세로대 및 세로지, 대각선 부재를 이용한 구조이다.
② 하중의 대부분을 표피가 담당하며, 내부에 보강재 없이 금속의 껍질로 구성된 구조이다.
③ 골격과 외피가 하중을 담당하는 구조로서 외피는 주로 전단응력을 담당하고 골격은 인장, 압축, 굽힘 등 모든 하중을 담당하는 구조이다.
④ 구조부재로 삼각형을 이루는 기체의 뼈대가 하중을 감당하고 표피는 항공역학적인 요구를 만족하는 기하학적 형태만을 유지하는 구조이다.

23 부품번호가 NAS 654 V 10 D인 볼트에 너트를 고정시키는 데 필요한 것은?

① 코터핀   ② 스크루
③ 로크 와셔   ④ 특수 와셔

해설
NAS 654 V 10 D
• NAS 654 : 볼트계열
• 4 : 지름 4/16in
• V : 재질(6Al-4V)
• 10 : 그립 길이(10/16in)
• D : 나사 끝에 구멍 있음(H : 볼트 머리에 구멍 있음)
따라서 볼트 나사 끝에 구멍이 있으므로 코터핀 작업을 한다.

24 항공기의 리깅 체크(Rigging Check) 시 일반적으로 구조적 일치 상태 점검에 포함되지 않는 것은?

① 날개 상반각
② 수직안정판 상반각
③ 날개 취부각
④ 수평안정판 상반각

해설
항공기 리깅(Rigging) 체크 시 일치 상태 점검 사항
• 날개 상반각
• 날개 장착각(취부각)
• 엔진 얼라인먼트(정렬)
• 착륙장치 얼라인먼트
• 수평안정판 장착각
• 수평안정판 상반각
• 수직안정판 수직도
• 대칭도

25 열처리 강화형 알루미늄 합금을 500℃ 전후의 온도로 가열한 후 물에 담금질을 하면 합금 성분이 기본적으로 녹아 들어가 유연한 상태가 얻어지는데, 이런 열처리를 무엇이라 하는가?

① 풀림(Annealing)
② 뜨임(Tempering)
③ 알로다이징(Alodizing)
④ 용체화 처리(Solution Heat Treatment)

정답 21 ④ 22 ③ 23 ① 24 ② 25 ④

26 항공기 기체 구조 중 트러스형식에 대한 설명으로 옳은 것은?

① 항공기의 전체적인 구조형식은 아니며 날개 또는 꼬리날개와 같은 구조 부분에만 사용하는 구조형식이다.
② 금속판 외피에 굽힘을 받게 하여 굽힘 전단 응력에 대한 강도를 갖도록 하는 구조방식으로 무게에 비해 강도가 큰 장점이 있어 현재 금속 항공기에서 많이 사용하고 있다.
③ 주 구조가 피로로 인하여 파괴되거나 혹은 그 일부분이 파괴되더라도 나머지 구조가 하중을 지지할 수 있게 하여 파괴 또는 과도한 구조 변형을 방지하는 구조형식이다.
④ 강관 등으로 트러스를 구성하고 여기에 천외피 또는 얇은 금속관의 외피를 씌운 형식으로 소형 및 경비행기에 많이 사용된다.

27 실속속도가 80km/h인 비행기가 150km/h로 비행 중 급히 조종간을 당겼을 때 비행기에 걸리는 하중배수는 약 얼마인가?

① 0.75 ② 1.50
③ 2.25 ④ 3.52

해설
하중배수(n)
$n = \left(\dfrac{V}{V_s}\right)^2 = \left(\dfrac{150}{80}\right)^2 ≒ 3.52$
여기서, V : 비행속도, V_s : 실속속도

28 나셀(Nacelle)에 대한 설명으로 옳은 것은?

① 기체의 인장하중(Tension)을 담당한다.
② 기체에 장착된 엔진을 둘러싼 부분을 말한다.
③ 일반적으로 기체의 중심에 위치하여 날개구조를 보완한다.
④ 엔진을 장착하여 하중을 담당하기 위한 구조물이다.

해설
나셀(Nacelle) : 기체에 장착된 엔진을 둘러싼 부분으로 가스터빈엔진의 경우 날개 밑의 파일런(Pylon)에 붙어있는 경우가 많다.

29 비행기의 무게가 2,500kg이고 중심위치는 기준선 후방 0.5m에 있다. 기준선 후방 4m에 위치한 10kg짜리 좌석을 2개 떼어내고 기준선 후방 4.5m에 17kg짜리 항법장비를 장착하였으며, 이에 따른 구조변경으로 기준선 후방 3m에 12.5kg의 무게 증가 요인이 추가로 발생하였다면 이 비행기의 새로운 무게중심 위치는?

① 기준선 전방 약 0.21m
② 기준선 전방 약 0.51m
③ 기준선 후방 약 0.21m
④ 기준선 후방 약 0.51m

해설

구 분	무 게	거 리	모멘트
비행기	2,500	0.5	1,250
좌석(제거)	−20	4	−80
항법장치(추가)	17	4.5	76.5
무게증가요인	12.5	3	37.5
합	2,509.5		1,284

따라서 무게중심위치(CG)는
$CG = \dfrac{1,284}{2,509.5} = +0.51(m)$
(+는 후방, −는 전방)

30 튜브의 플레어링(Tube Flaring)에 대한 설명으로 옳은 것은?

① 강 튜브(Steel Tube)는 더블 플레어링(Double Flaring)으로 제작된다.
② 싱글 플레어 튜브(Single Flare Tube)는 가공경화로 인해 전단작용에 대한 저항력이 크다.
③ 더블 플레어 튜브(Double Flare Tube)는 싱글 플레어 튜브(Single Flare Tube)보다 밀폐 특성이 좋다.
④ 싱글 플레어 튜브(Single Flare Tube)는 매끈하고 동심으로 제작이 용이하다.

해설
더블 플레어의 특징
• 1/8~3/8in 5052-O와 6061-T 알루미늄 합금 튜브에 적용한다.
• 강 튜브에는 더블 플레어가 필요 없다.
• 싱글 플레어보다 더 매끈하고 동심이어서 밀폐 특성이 좋고, 토크의 전단에 대한 저항력이 크다.

31 2017T보다 강한 강도를 요구하는 항공기 주요 구조용으로 사용되고 열처리 후 냉장고에 보관하여 사용하며 노출 후 10분에서 20분 이내에 사용하여야 하는 리벳은?

① A17ST(2117)-AD
② 17ST(2017)-D
③ 24ST(2024)-DD
④ 2S(1100)-A

해설
2017보다 강하면서 아이스박스 리벳에 속하는 것은 2024 리벳이다.

32 날개의 주요 하중을 담당하는 부재는?

① 리브(Rib)
② 날개보(Spar)
③ 스트링어(Stringer)
④ 압축 스트링어(Compression Stringer)

해설
날개의 구성품
• 날개보(Spar) : 날개에 작용하는 하중의 대부분을 담당하며 휨하중과 전단력에 강한 구조로 되어있다.
• 리브(Rib) : 날개의 모양을 형성해주며 날개 외피에 작용하는 하중을 날개보에 전달한다.
• 스트링어(Stringer) : 날개의 휨 강도나 비틀림 강도를 증가시킨다.
• 외피(Skin) : 날개에서 발생하는 응력을 담당하며 높은 강도가 요구된다.

33 그림과 같이 날개에서 CG(Center of Gravity)는 MAC(Mean Aerodynamic Chord)의 백분율로 몇 %인가?

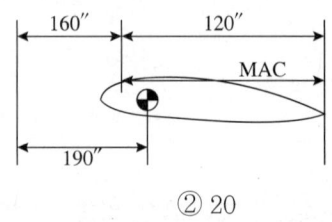

① 15
② 20
③ 25
④ 30

해설
평균공력시위(MAC ; Mean Aerodynamic Chord) : 항공기 날개의 공기역학적인 시위

$\%MAC = \dfrac{CG - S}{MAC} \times 100$

여기서, CG : 기준선에서 무게중심까지의 거리
S : 평균 공력 시위의 앞전까지의 거리
MAC : 평균 공력 시위의 길이

$\therefore \%MAC = \dfrac{190 - 160}{120} \times 100 = 25(\%)$

34 항공기의 외피 수리에서 다음의 [조건]에 의하면 알루미늄 판재의 굽힘 허용 값은 약 몇 in인가?

┌ 조건 ┐
- 곡률 반지름(R) : 0.125in
- 굽힘 각도(°) : 90°
- 두께(T) : 0.040in

① 0.206　　② 0.228
③ 0.342　　④ 0.456

해설
굽힘 여유(BA ; Bend Allowance)
$$BA = \frac{굽힘각도}{360°} \times 2\pi\left(R+\frac{T}{2}\right)$$
$$= \frac{90°}{360°} \times 2\pi\left(R+\frac{T}{2}\right)$$
$$= \frac{\pi}{2}(0.125+0.020) = 0.228(in)$$

35 로크 볼트(Lock Bolt)에 대한 설명으로 틀린 것은?

① 장착하는 데 공기 해머나 풀 건이 필요하다.
② 고강도 볼트와 리벳의 특징을 결합한 것이다.
③ 로크 와셔, 코터핀으로 안전장치를 해야 한다.
④ 일반 볼트나 리벳보다 쉽고 신속하게 장착할 수 있다.

해설
로크 볼트의 특징
- 고강도 볼트와 리벳의 특징을 결합한 것이다.
- 일반 볼트나 리벳보다 쉽고 신속하게 장착이 가능하다.
- 와셔, 고디핀, 특수너트의 사용을 줄일 수 있다.
- 장착 시 공기 해머나 풀 건(Pull Gun)이 필요하다.
- Pull Type, Stump Type, Blind Type이 있다.

로크 볼트의 체결

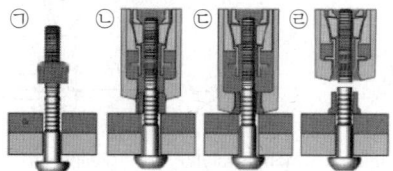

36 볼트의 부품번호가 AN 3 DD 5 A인 경우 DD에 대한 설명으로 옳은 것은?

① 볼트의 재질을 의미한다.
② 나사 끝에 두 개의 구멍이 있다.
③ 볼트 머리에 두 개의 구멍이 있다.
④ 미해군과 공군에 의해 규격 승인된 부품이다.

해설
DD는 볼트의 재질을 나타내며 2024 알루미늄을 의미한다.

37 조종 컬럼이나 조종간에서 힘을 케이블 장치에 전달하는 데 사용되는 조종계통의 장치는?

① 풀 리　　② 페어리드
③ 벨 크랭크　　④ 쿼드런트

해설
조종계통 관련 장치
- 풀리 : 케이블의 방향을 바꾼다.
- 페어리드 : 케이블이 벌크헤드의 구멍이나 다른 금속이 지나가는 곳에 사용되며 케이블의 느슨함을 막고 다른 구조와의 접촉을 방지한다.
- 벨 크랭크 : 조종 로드가 장착되며 로드의 움직이는 방향을 변환시킨다.

38 7×7 케이블에 대한 설명으로 옳은 것은?

① 7개의 와이어를 모두 모아서 한 번에 1개의 가닥으로 만든 케이블
② 49개의 와이어를 모두 모아서 한 번에 1개의 가닥으로 만든 케이블
③ 7개의 와이어를 모두 모아서 7번 꼬아 1개의 가닥으로 만든 케이블
④ 7개의 와이어를 만든 가닥 1개를 7개 모아 다시 1개의 가닥으로 만든 케이블

정답　34 ②　35 ③　36 ①　37 ④　38 ④

39 인터널 렌칭볼트(Internal Wrenching Bolt)가 주로 사용되는 곳은?

① 정밀공차볼트와 같이 사용된다.
② 표준육각볼트와 같이 아무 곳에나 사용된다.
③ 크레비스볼트(Clevis Bolt)와 같이 사용된다.
④ 비교적 큰 인장과 전단이 작용하는 부분에 사용된다.

> **해설**
> 인터널 렌칭볼트는 고강도 합금강으로 만들며 큰 인장력과 전단력이 걸리는 곳에 사용된다. 볼트 머리는 육각렌치(Allen Wrench)를 사용할 수 있도록 홈이 파여 있다.

40 화학적 피막 처리 방법의 하나로 알루미늄 합금의 표면에 0.00001~0.00005in의 크로메이트처리(Chromate Treatment)를 하여 내식성과 도장 작업의 접착 효과를 증진시키는 부식방지 처리 방법은?

① 알로다인처리
② 알클래드처리
③ 양극산화처리
④ 인산염 피막처리

> **해설**
> ② 알클래드처리 : Alclad 처리는 알루미늄 합금 판재 양면에 순수 알루미늄을 얇게 입혀 부식에 대한 저항성을 증가시키는 처리 방법이다.
> ③ 양극산화처리 : 금속 표면을 전기 화학적인 방법을 이용하여 매우 얇은 산화 피막을 형성시켜 부식에 잘 견디도록 하는 처리 방법으로 아노다이징(Anodizing)이라고도 한다.
> ④ 인산염 피막처리 : 화학적 피막 처리의 하나로서 철강, 아연 도금 제품 및 알루미늄 부품 등을 희석된 인산염 용액에 처리하여 내식성을 지니는 피막을 형성하게 하는 방법이다.

제3과목 항공기 엔진

41 엔진부품에 대한 비파괴 검사 중 강자성체 금속으로만 제작된 부품의 표면결함을 검사할 수 있는 방법은?

① 형광침투검사
② 방사선 시험
③ 자분탐상검사
④ 와전류탐상검사

> **해설**
> 자분탐상검사의 원리 : 강자성체인 부품을 자화시켰을 때 결함이 있는 부분에는 자장의 연속선이 깨지게 되고 부품 전체에 자분을 살포하면 결함 부분에 자분이 모이게 되어 결함을 발견한다.

42 프로펠러 비행기가 비행 중 엔진이 고장 나서 정지시킬 필요가 있을 때, 프로펠러의 깃각을 바꾸어 프로펠러의 회전을 멈추게 하는 조작을 무엇이라고 하는가?

① 슬립(Slip)
② 비틀림(Twisting)
③ 피칭(Pitching)
④ 페더링(Feathering)

> **해설**
> 페더링은 그림과 같이 유입 공기 흐름에 대해 방해를 받지 않으므로 프로펠러가 회전하지 않게 되고, 따라서 엔진 작동이 멈췄을 때 유입되는 바람에 의해 역으로 엔진이 회전하는 현상을 방지한다.

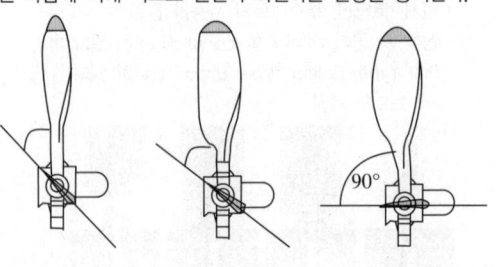

[Low Angle]　　[High Angle]　　[Feathered]

43 왕복엔진으로 흡입되는 공기 중의 습기 또는 수증기가 증가할 경우 발생할 수 있는 현상으로 옳은 것은?

① 체제효과가 증가하여 출력이 증가한다.
② 정한 rpm과 다기관 압력하에서는 엔진출력이 감소한다.
③ 고출력에서 연료 요구량이 감소하여 이상 연소 현상이 감소된다.
④ 자동 연료조절장치를 사용하지 않는 엔진에서는 혼합기가 희박해진다.

해설
왕복엔진의 마력은 대기 압력에 비례하고 대기의 절대온도 제곱근에 반비례하는데, 수증기압이 있는 경우 대기 압력에서 수증기 압력만큼 압력이 감소하게 되므로 전체적인 마력은 감소한다.

44 정적비열 0.2kcal/kg·K인 이상기체 5kg이 일정 압력하에서 50kcal의 열을 받아 온도가 0℃에서 20℃까지 증가하였다. 이때 외부에 한 일은 몇 kcal인가?

① 4
② 20
③ 30
④ 70

해설
열량을 Q, 내부에너지를 U, 온도를 t라고 할 때,
$Q = (U_2 - U_1) + W$
$W = Q - (U_2 - U_1) = Q - mC_v(t_2 - t_1) = 50 - 5 \times 0.2(20 - 0)$
$= 30(\text{kcal})$

45 왕복엔진의 마그네토 캠축과 엔진크랭크축의 회전 속도비를 옳게 나타낸 식은?

① $\dfrac{N}{n}$
② $\dfrac{N}{2n}$
③ $\dfrac{N}{n+1}$
④ $\dfrac{N+1}{2n}$

해설
크랭크축 2회전당 1번의 점화가 이루어지므로 크랭크축이 2회전할 때, 마그네토 캠축은 1회전한다.

46 가스터빈엔진 내부에서 가스의 속도가 가장 빠른 곳은?

① 연소실
② 터빈 노즐
③ 압축기 부분
④ 터빈 로터

해설
연소실에서 연소된 연소 가스는 터빈 노즐의 수축 통로에서 압력이 감소되면서 배기가스의 속도가 급격히 증가되고, 터빈 로터에서는 운동 에너지가 터빈의 회전력으로 바뀌므로 속도가 급격히 감소된다.

47 다음과 같은 밸브 타이밍을 가진 왕복엔진의 밸브 오버랩은 얼마인가?(단, IO : 25° BTC, EO : 55° BBC, EC : 15° ATC, IC : 60° ABC이다)

① 25°
② 40°
③ 60°
④ 75°

해설
흡입 밸브가 상사점 전 25°에서 열리고, 배기 밸브가 상사점 후 15°에서 닫히므로, 흡·배기 밸브가 동시에 열려있는 각도는 40°이다.
밸브 약어
• 흡기 밸브(Intake Valve) : I
• 배기 밸브(Exhaust Valve) : E
• 전(Before) : B
• 후(After) : A
• 열림(Open) : O
• 닫힘(Close) : C
• 상사점(Top Dead Center) : TC
• 하사점(Bottom Dead Center) : BC
예 IO 25° BTC : 상사점 전 25°에서 흡기 밸브 열림

48 부자식 기화기(Float Type Carburetor)에 있는 이코노마이저 밸브(Economizer Valve)의 작동에 대한 설명으로 옳은 것은?

① 저속과 순항속도에서 밸브가 열린다.
② 최대 출력에서 농후한 혼합비를 만든다.
③ 순항 시 최적의 출력을 얻기 위하여 농후한 혼합비를 유지한다.
④ 엔진의 갑작스런 가속을 위하여 추가적인 연료를 공급한다.

해설
이코노마이저 장치(고출력 장치)는 엔진출력이 클 때 농후 혼합비를 만들기 위해 추가적인 연료를 공급해 주는 장치인데 이것에 이상이 생기면 순항속도 이상의 고출력 시 데토네이션이 발생할 수 있다.

49 2단 가변 피치 프로펠러 항공기의 프로펠러 효율을 좋게 유지하기 위해 운항 상태에 따른 각각의 사용피치로 옳은 것은?

① 강하 시에는 저피치(Low Pitch)를 사용한다.
② 순항 시에는 고피치(High Pitch)를 사용한다.
③ 이륙 시에는 고피치(High Pitch)를 사용한다.
④ 착륙 시에는 고피치(High Pitch)를 사용한다.

해설
프로펠러 효율을 높이기 위한 조건
• 진행률이 작을 때(속도가 느리고, rpm이 클 때)는 깃각을 작게 해야 효율이 좋다.
• 진행률이 클 때(속도가 빠르고, rpm이 작을 때)는 깃각을 크게 해야 효율이 좋다.
따라서 순항 시나 강하 시에는 속도가 빠르므로 깃각을 크게 해야 하고, 이착륙 시에는 속도가 느리므로 깃각을 작게 해야 효율이 좋다.

50 왕복엔진 윤활계통에서 윤활유의 역할이 아닌 것은?

① 금속가루 및 미분을 제거한다.
② 금속 부품의 부식을 방지한다.
③ 연료에 수분의 침입을 방지한다.
④ 금속면 사이의 충격 하중을 완충시킨다.

해설
윤활유는 윤활 작용, 기밀 작용, 냉각 작용, 청결 작용, 방청 작용, 소음 방지 작용 등의 기능을 담당한다.
※ 미분(微粉) : 미세한 가루

51 항공기용 왕복엔진의 이론마력이 250PS, 지시마력이 200PS, 제동마력이 140PS라면 이 엔진의 기계 효율은 몇 %인가?

① 70 ② 75
③ 80 ④ 85

해설
기계효율은 제동마력과 지시마력과의 비이다.
즉, $\eta_m = \dfrac{bHP}{iHP} = \dfrac{140}{200} = 70(\%)$

52 항공기 가스터빈엔진의 연료로서 필요한 조건이 아닌 것은?

① 발열량이 클 것
② 휘발성이 낮을 것
③ 부식성이 없을 것
④ 저온에서 동결되지 않을 것

해설
가스터빈엔진의 연료는 연소가 잘되도록 휘발성(기화성)이 좋아야 한다.

53 항공용 직접연료분사(Direct Fuel Injection)식 왕복엔진에서 연료가 분사되는 부분이 아닌 것은?

① 흡입 매니폴드
② 흡입 밸브
③ 벤투리 목 부분
④ 실린더의 연소실

해설
벤투리 목 부분에서 연료가 분사되는 방식은 부자식 기화기(Float Type Carburetor)이다.

54 엔진오일계통의 부품 중 베어링부의 이상 유무와 이상 발생 장소를 탐지하는 데 이용되는 부품은?

① 오일 필터
② 마그네틱 칩 디텍터
③ 오일압력 조절밸브
④ 오일필터 막힘 경고등

해설
마그네틱 칩 디텍터는 플러그 형태의 칩 디텍터에 붙어있는 금속 입자(Chip)를 관찰하여 베어링 부의 이상 유무와 발생 장소 등을 탐지할 수 있다.

55 9개 실린더를 갖고 있는 성형엔진(Radial Engine)의 마그네토 배전기(Distributor) 6번 전극에 꽂혀있는 점화 케이블은 몇 번 실린더에 연결시켜야 하는가?

① 2   ② 4
③ 6   ④ 8

해설
9실린더 성형엔진의 점화순서는 1-3-5-7-9-2-4-6-8이므로 6번째 점화는 2번 실린더에서 이루어진다.

56 다음 중 윤활유의 점도를 나타내는 것은?

① MIL   ② SAE
③ SUS   ④ NAS

해설
SUS(Saybolt Universal Second, 세이볼트 유니버설 초) : 윤활유 점도의 비교값으로 사용한다.

57 터보제트엔진에서 비추력을 증가시키기 위하여 가장 중요한 것은?

① 고회전 압축기의 개발
② 고열에 견딜 수 있는 압축기의 개발
③ 고열에 견딜 수 있는 터빈 재료의 개발
④ 고열에 견딜 수 있는 배기 노즐의 개발

해설
가스터빈의 열효율과 비추력이 높아지면 터빈 입구 온도도 증가된다. 따라서 더 높은 비추력을 얻기 위해서는 고열에 견딜 수 있는 터빈 재료의 개발이 필요하다.

정답 53 ③ 54 ② 55 ① 56 ③ 57 ③

58 가스터빈엔진의 핫 섹션(Hot Section)에 대한 설명으로 틀린 것은?

① 큰 열응력을 받는다.
② 가변 스테이터 베인이 붙어 있다.
③ 직접 연소가스에 노출되는 부분이다.
④ 재료는 니켈, 코발트 등의 내열합금이 사용된다.

해설
가변 스테이터 베인은 압축기 전방 부분에 위치하므로 고온 부분(Hot Section)에 속하지 않는다.

59 피스톤의 지름이 16cm, 행정거리가 0.15m, 실린더 수가 6개인 왕복엔진의 총 행정체적은 약 몇 cm³인가?

① 18,095 ② 19,095
③ 20,095 ④ 21,095

해설
실린더 한 개의 행정체적
V_s = 단면적 × 행정 거리
$= \dfrac{\pi \times 16^2}{4} \times 15$
$= 3,016 (cm^3)$
실린더가 6개이므로 $3,016 \times 6 = 18,095 (cm^3)$

60 오일펌프 릴리프 밸브(Oil Pump Relief Valve)의 역할은?

① 오일냉각기를 보호한다.
② 오일계통에 오일의 압력을 증가시킨다.
③ 오일계통이 막힐 경우 재순환 회로에 오일을 공급한다.
④ 펌프출구의 압력이 높을 때 펌프입구로 오일을 되돌린다.

제4과목 항공기 계통

61 다음 중 히스테리시스를 포함하는 오차는?

① 탄성오차
② 기계적오차
③ 눈금오차
④ 온도오차

해설
탄성오차는 히스테리시스, 편위, 잔류효과에 의해 나타난다.
• 히스테리시스 : 압력의 증가와 감소 시 지연효과가 일치하지 않음
• 편위 : 탄성체의 크리프 현상에 따라 지시차가 시간과 함께 조금씩 변함
• 잔류효과 : 지연효과와 크리프현상의 결과로 원래 상태로 되돌려도 지시치가 원래 수치로 돌아가지 않음

62 광물성유에 사용되는 Seal은?

① 천연 고무
② 일반 고무
③ 네오프렌 합성 고무
④ 뷰틸 합성 고무

해설
• 식물성유 : 천연고무 실
• 광물성유 : 네오프렌 실
• 합성유 : 뷰틸 합성고무 실

63 자이로를 이용하고 있는 계기가 아닌 것은?

① 자이로 수평 지시계
② 자기 컴퍼스
③ 방향 자이로 지시계
④ 선회 경사계

해설
- 섭동성 활용 : 선회계
- 강직성 활용 : 방향 자이로 지시계, 자이로 수평 지시계(자립 장치로 섭동성 활용)

64 수평상태지시기(HSI)의 전방향표지편위(VOR Deviation) 1눈금(Dot) 편위 각도는?

① 2도 ② 5도
③ 7도 ④ 10도

65 피토-정압관 계통과 관계없는 계기는?

① 속도계(Airspeed Meter)
② 승강계(Rate-of-climb Indicator)
③ 고도계(Altimeter)
④ 가속도계(Accelerometer)

해설
- 정압활용 계기 : 승강계, 고도계
- 전압, 정압활용 계기 : 속도계, 마하계

66 Cabin Interphone System의 목적과 가장 거리가 먼 것은?

① 조종실과 객실 승무원과의 연락
② 객실 승무원 상호 연락
③ 운항 승무원 상호 연락
④ Cargo항공기 화물 적재 시 통화

해설
Flight Interphone System : 운항 중 운항 승무원 상호 간 연락 통신, 항법계 등의 신호를 승무원에세 분배, 청취

67 항공용으로 사용되는 공기압 계통에 대한 설명으로 가장 관계가 먼 것은?

① 대형 항공기에는 주로 유압계통에 대한 보조수단으로 사용된다.
② 소형 항공기에는 브레이크 장치, 플랩 작동장치 작동에 사용된다.
③ 공기압 누설 시 압력전달에 큰 영향을 주기 때문에 누설 허용은 안 된다.
④ 공기압 사용 시 귀환관이 필요 없어 계통이 단순하다.

해설
공기압 계통의 특징
- 압축성
- 작은 누설은 허용
- 계통이 가볍다.
- 귀환관이 없어 계통이 단순하다.

정답 63 ② 64 ② 65 ④ 66 ③ 67 ③

68 열전대식(Thermocouple) 온도계를 사용할 때 실린더 헤드의 온도가 300℃, 객실 온도가 20℃일 때 계기의 지시치는 얼마인가?

① 20℃   ② 280℃
③ 300℃ ④ 320℃

해설
열전대식 온도계는 계기의 주변의 온도에 열전쌍이 감지하는 온도차를 합해서 지시한다. 정상 작동한다면 당연히 실린더 헤드의 온도를 지시해야 하고, 만약 Lead Line을 풀면 계기 주위의 온도를 지시한다.

69 전원전압 115/200V에 10μF의 콘덴서, 250mH의 코일이 직렬로 접속되어 있을 때 이 회로의 공진 주파수는 몇 Hz인가?

① 0.04   ② 25.0
③ 100.7   ④ 2,500.0

해설
$$f_c = \frac{1}{2\pi\sqrt{LC}} = \frac{1}{2\pi\sqrt{250\times 10^{-3}\times 10\times 10^{-6}}} = 100.7(\text{Hz})$$

70 20HP인 펌프를 사용하려고 할 때 몇 kW의 전동기가 필요한가?(단, 전동기의 효율은 80%이다)

① 19   ② 12
③ 10   ④ 8

해설
$P \times 0.8 = 20\text{HP} = 20 \times 746\text{W}$
$P = \dfrac{20 \times 746}{0.8} = 18,650\text{W} = 19\text{kW}$

71 유압계통에서 체크 밸브의 역할은?

① 압력조절
② 역류 방지
③ 기포방지
④ 비상시 유압차단

해설
체크 밸브는 한 방향으로만 유체가 흐르도록 하여 유압회로에서 역류를 방지하고 회로 내 잔류압력을 유지하는 역할을 한다.

72 항공기의 항법등(Navigation Light)에 대한 설명 중 옳은 것은?

① 좌측 날개 끝 라이트(Left Wing Tip Light) - 녹색
② 우측 날개 끝 라이트(Right Wing Tip Light) - 적색
③ 꼬리날개 라이트(Tail Light) - 백색
④ 충돌 방지 라이트(Anti-collision Light) - 청색

해설
항법등 : 좌측 적색, 우측 초록색, 꼬리날개 흰색으로 3개가 있다.

73 다음 그림과 같은 브리지 회로의 평형조건은?

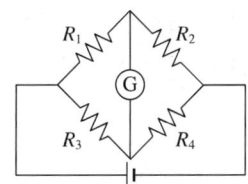

① $R_1R_2 = R_3R_4$
② $R_1R_3 = R_2R_4$
③ $R_1R_4 = R_2R_3$
④ $R_1R_2R_3 = R_4$

해설
휘트스톤 브리지 회로의 평형조건
$R_1R_4 = R_2R_3$
즉, 서로 마주보고 있는 저항끼리의 곱은 같다.

74 그라울러(Growler)장치는 어디에 사용되는가?

① 회선자(Armature) 시험용
② 정류자(Commutator) 시험용
③ 브러시 시험용
④ 고정자코일(Field Coil) 시험용

해설
그라울러(Growler)장치는 주로 코일 단락 여부를 검사하는 데 사용하는 전기 장치이다.

75 발전기에서 외부의 부하를 연결하면 전기자 코일에 전류가 흐르고, 이에 의해 자장이 기울어지는 편류가 발생한다. 이 편류를 교정하기 위해 설치하는 것의 명칭은?

① 정속구동장치
② 정류자
③ CPU
④ 보 극

해설
원래 계자에 의한 자기장은 나란한 방향이나, 발전이 되면서 전기자에 전류가 흐르면서 자기장이 발생되어 자기장이 휘어지는 편류가 발생한다. 이를 교정하기 위해서는 전기자에 흐르는 전류에 의한 자기장의 크기와 같고 방향이 반대인 자기장을 만들어야 하는데, 이 역할을 보극이 한다.

76 다음 중 작동유의 압력에너지를 기계적인 힘으로 변화시켜 직선운동을 시키는 것은?

① 작동 실린더
② 마스터 실린더
③ 유압 펌프
④ 축압기

해설
• 작동 실린더 : 압력에너지를 기계적 일로 변환
• 펌프 : 기계적인 일을 압력에너지로 변환

정답 73 ③ 74 ① 75 ④ 76 ①

77 조종실(Cockpit) 온도변화에 따른 속도계 지시 보상 방법으로 가장 올바른 것은?

① 온도 보상은 필요 없다.
② 바이메탈(Bimetal)에 의해서 보상된다.
③ 온도 보상표에 의해서 실시한다.
④ Thermal SW에 의해서 전기적으로 실시된다.

해설
계기에서 온도변화에 따른 지시 보상법으로 바이메탈(Bimetal)을 활용한다.

78 유압계통에서 리저버(Reservoir) 내의 Stand Pipe 의 가장 중요한 역할은 무엇인가?

① 계통 내의 압력유동을 감소시킨다.
② Vent 역할을 한다.
③ 비상시 작동유의 예비 공급역할을 한다.
④ 탱크 내의 거품이 생기는 것을 방지한다.

해설
스탠드 파이프는 주 펌프에 연결되어 작동유를 공급하며 스탠드 파이프 밑 공간의 작동유를 남겨 두어 비상시 비상펌프로 작동유를 공급할 수 있도록 한다.

79 E_m은 전압의 최댓값이고 θ는 위상각(Phase Angle)이라고 할 때 순간전압 $e = E_m \sin(\omega t + \theta)$ 로 표시하는 방법은?

① 삼각함수 표시법
② 극좌표 표시법
③ 지수함수 표시법
④ 복소수 표시법

80 션트저항을 계산하는 계산식 중 맞는 것은?

① $\dfrac{계기의\ 감도(A) \times 션트전류}{계기의\ 내부저항}$

② $\dfrac{계기의\ 감도(A) \times 계기의\ 외부저항}{션트전류}$

③ $\dfrac{계기의\ 감도(A) \times 계기의\ 내부저항}{션트전류}$

④ $\dfrac{션트전류 \times 계기의\ 외부저항}{계기의\ 감도(A)}$

해설
$$션트저항 = \frac{내부저항}{(배율-1)} = \frac{내부저항}{\left(\dfrac{측정전류}{계기의\ 감도}-1\right)}$$
$$= \frac{내부저항 \times 계기의\ 감도}{측정전류 - 계기의\ 감도} = \frac{내부저항 \times 계기의\ 감도}{션트전류}$$

2025년 제2회 최근 기출복원문제

제1과목 항공역학

01 형상항력에 대한 설명으로 가장 거리가 먼 것은?
① 이상유체에는 나타나지 않는 항력이다.
② 공기가 점성을 가지기 때문에 생기는 항력이다.
③ 날개골의 형태에 따라 다른 값을 가지는 항력이다.
④ 날개표면에 유도항력에 의해 발생한다.

해설
형상항력 = 압력항력 + 마찰항력
형상항력은 공기의 점성과 날개의 모양에 의해 발생되는 저항이다.

02 항공기에 발생하는 항력(Drag)에는 여러 가지 종류가 있다. 아음속 비행 시 발생하지 않는 항력은?
① 유도항력
② 마찰항력
③ 압력항력
④ 조파항력

해설
조파항력은 충격파 발생 시 생성되는 항력이다.

03 고도 1,500m에서 $M = 0.7$로 비행하는 항공기가 있다. 고도 12,000m에서 같은 속도로 비행할 때 마하수는 대략 얼마인가?(단, 고도 1,500m에서 $a = 355$m/s, 고도 12,000에서 $a = 295$m/s이다)
① 0.6
② 0.7
③ 0.8
④ 0.9

해설
$M = \dfrac{V}{a}$, $V = Ma$
고도 1,500m $V = Ma = 0.7 \times 355 = 248.5$m/s
고도 1,200m $M = \dfrac{V}{a} = \dfrac{248.5}{295} = 0.84$

04 활공기에서 활공거리를 증가시키기 위한 방법으로 가장 올바른 것은?
① 형상항력을 최대로 한다.
② 가로세로비를 작게 한다.
③ 날개의 가로세로비를 크게 한다.
④ 표면 박리현상 방지를 위하여 표면을 적절히 거칠게 한다.

해설
$\dfrac{고도}{활공거리} = \dfrac{항력}{양력}$, 활공거리 $= \dfrac{고도 \times 양력}{항력}$, 활공거리와 항력은 반비례 관계이다.

정답 1 ④ 2 ④ 3 ③ 4 ③

05 헬리콥터가 빠르게 날 수 없는 이유로 틀린 것은?

① 후퇴하는 깃(Retreating Blade)에서의 실속
② 후퇴하는 깃(Retreating Blade)에서의 역풍 지역
③ 전진하는 깃 끝의 항력감소
④ 전진하는 깃 끝의 속도증가

해설
회전날개 항공기의 수평 최대 속도 제한 이유
• 후퇴하는 깃의 날개 끝 실속 발생
• 후퇴하는 깃 뿌리의 역풍범위 확대
• 전진하는 깃 끝의 마하수 영향

06 비행기가 이착륙 시 마찰계수가 최소인 활주로 상태는?

① 콘크리트
② 넓은 운동장
③ 굳은 잔디밭
④ 풀이 짧은 들판

해설
콘크리트 약 0.02, 굳은 잔디밭 약 0.04, 풀이 짧은 들판 약 0.05

07 비행기의 최소 속도를 나타낸 식으로 옳은 것은?(단, W : 비행기 무게, ρ : 밀도, S : 기준면적, $C_{L\max}$: 최대 양력계수)

① $V_{\min} = \sqrt{\dfrac{2W}{\rho S C_{L\max}}}$

② $V_{\min} = \sqrt{\dfrac{W}{\rho S C_{L\max}}}$

③ $V_{\min} = \sqrt{\dfrac{W}{2\rho S C_{L\max}}}$

④ $V_{\min} = \sqrt{\dfrac{1.5W}{\rho S C_{L\max}}}$

해설
$L = W = C_{L\max} \dfrac{1}{2} \rho V_{\min}^2 S$

08 동적가로안정이 불안정할 때 나타나는 현상과 가장 거리가 먼 것은?

① 방향 불안정
② 세로방향 불안정
③ 나선 불안정
④ 가로방향 불안정

09 날개 끝의 붙임각을 날개뿌리의 붙임각보다 크게 하거나 작게 한 것은?

① 뒤젖힘각
② 쳐든각
③ 붙임각
④ 기하학적 비틀림

해설
날개끝 실속을 방지하기 위하여 기하학적 비틀림을 준다.

10 고도 약 2,300m에서 비행기가 825m/s로 비행할 때 마하수는 대략 얼마인가?

(단, 음속 $C = C_0 \sqrt{\dfrac{273+t(℃)}{273}}$, $C_0 = 330\,\text{m/s}$)

① 2.0 ② 2.5
③ 3.0 ④ 3.5

해설
고도 2,300m에서
온도 $t = 15 - 6.5 \times 2.3 = 0.05$
$C = 330\sqrt{\dfrac{273+0.05}{273}} = 330.03$
$M = \dfrac{V}{C} = \dfrac{825}{330.03} = 2.499$

11 필요마력에 대한 설명으로 가장 올바른 것은?
① 고도가 높을수록 밀도가 증가하여 필요마력은 커진다.
② 날개하중이 작을수록 필요마력은 커진다.
③ 항력계수가 작을수록 필요마력은 작다.
④ 속도가 작을수록 필요마력은 크다.

해설
$P_r = \dfrac{DV}{75} = \dfrac{1}{150} C_D \rho V^3 S$

12 프로펠러의 효율이 80%인 항공기가 그 엔진의 최대 출력이 800PS인 경우 이 비행기가 수평 최대속도에서 낼 수 있는 최대 이용마력은 몇 PS인가?

① 640 ② 760
③ 800 ④ 880

해설
기관이 낼 수 있는 동력, 즉 이용동력은 800PS, 프로펠러 효율 η은 0.8이므로 비행기 프로펠러에서 낼 수 있는 이용동력은
$P_{a\text{프로펠러}} = \eta P_{a\text{기관}} = 0.8 \times 800\text{PS} = 640\text{PS}$

13 날개의 길이가 50ft, 시위가 6ft인 비행기가 비행 시 양력계수가 0.6일 때 유도항력계수를 구하면?(단, 날개의 효율계수 $e = 1$이라고 가정한다)

① 0.0105 ② 0.0138
③ 0.021   ④ 0.0272

해설
$\text{AR} = \dfrac{b}{c} = \dfrac{50}{6} = 8.33$
$C_{Di} = \dfrac{C_L^2}{\pi e \text{AR}} = \dfrac{0.6^2}{\pi \times 1 \times 8.33} = 0.01375$

14 다음 중 비행기의 안정성과 조종성에 관하여 가장 올바르게 설명한 것은?
① 안정성과 조종성은 정비례한다.
② 안정성과 조종성은 서로 상반되는 성질을 나타낸다.
③ 비행기의 안정성은 크면 클수록 바람직하다.
④ 정적 안정성이 증가하면 조종성은 증가된다.

해설
조종성이 증가하면 안정성은 감소한다.

정답 10 ② 11 ③ 12 ① 13 ② 14 ②

15 다음 중 가로세로비로서 가장 올바른 것은?(단, s : 날개면적, b : 날개길이, c : 시위)

① $\dfrac{S}{b^2}$ 　　　② $\dfrac{b^2}{c}$

③ $\dfrac{b^2}{S}$ 　　　④ $\dfrac{c}{b}$

해설
$AR = \dfrac{b}{c} = \dfrac{b^2}{S} = \dfrac{S}{c^2}$

16 프로펠러의 깃각에 비틀림을 주는 가장 큰 이유는?

① 깃의 뿌리에서 끝까지 받음각을 일정하게 유지시킨다.
② 깃의 뿌리에서 끝까지 유입각을 일정하게 유지시킨다.
③ 깃의 뿌리에서 끝까지 피치를 일정하게 유지시킨다.
④ 깃의 뿌리에서 끝으로 감에 따라 피치를 감소시킨다.

해설
깃각이 일정하면 깃 끝으로 갈수록 공기의 상대속도가 커지기 때문에 받은각이 증가한다.

17 공력 평형 장치에서 특히 도움날개(Aileron)에 자주 사용되는 밸런스는?

① 앞전 밸런스(Leading Edge Balance)
② 혼 밸런스(Horn Balance)
③ 내부 밸런스(Internal Balance)
④ 프리제 밸런스(Frise Balance)

해설
프리제 밸런스는 도움날개에만 사용되며 차동 조종되는 특성을 이용한 공력 평형 장치이다.

18 비행기에 사용되는 프로펠러를 설계할 때 만족시키지 않아도 되는 성능은?

① 이륙성능
② 상승성능
③ 순항성능
④ 착륙성능

19 다음 중 프로펠러의 효율(η)을 표현한 식으로 틀린 것은?(단, T : 추력, D : 지름, V : 비행속도, J : 진행률, n : 회전수, P : 동력, C_P : 동력계수, C_T : 추력계수)

① $\eta = \dfrac{P}{TV}$ ② $\eta = \dfrac{C_T}{C_P}\dfrac{V}{nD}$

③ $\eta = \dfrac{C_T}{C_P}J$ ④ $\eta < 1$

해설
$\eta = \dfrac{P_{가용}}{P_{공급}} = \dfrac{TV}{P} = \dfrac{C_T \rho n^2 D^4 V}{C_P \rho n^3 D^5} = \dfrac{C_T}{C_P}\dfrac{V}{nD} = \dfrac{C_T}{C_P}J$

20 헬리콥터에서 세로축에 대한 움직임(Rolling)은 무엇에 의해 움직이게 되는가?

① 트림 피치 컨트롤 레버(Trim Pitch Control Lever)
② 컬렉티브 피치 컨트롤 레버(Collective Pitch Control Lever)
③ 테일 로터 피치 컨트롤(Tail Rotor Pitch Control)
④ 사이클릭 피치 컨트롤(Cyclic Pitch Control Lever)

해설
헬리콥터 조종장치
- 컬렉티브 피치 컨트롤 레버(Collective Pitch Control Lever) : 로터의 추력 변경
- 사이클릭 피치 컨트롤(Cyclic Pitch Control Lever) : 회전면 변화, 피치와 롤링운동
- 페달 : 기수 좌우 방향운동

제2과목 항공기 기체

21 다음 중 착륙 거리를 단축시키는 데 사용하는 보조 조종면은?

① 스태빌레이터(Stabilator)
② 브레이크 블리딩(Brake Bleeding)
③ 그라운드 스포일러(Ground Spoiler)
④ 플라이트 스포일러(Flight Spoiler)

해설
스포일러는 날개 윗면에 장착하는 2차 조종면으로서, 비행 중에는 옆놀이 보조 장치로 사용되고(Flight Spoiler), 지상 착륙 중에는 제동 효과를 높이는 역할을 한다(Ground Spoiler).

22 스크루의 부품번호가 AN 501 C-416-7이라면 재질은?

① 탄소강
② 황 동
③ 내식강
④ 특수 와셔

해설
스크루 부품 번호의 예
AN 501 C - 416 - 7

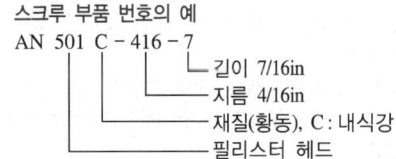

정답 19 ① 20 ④ 21 ③ 22 ③

23 비행기의 기체축과 운동 및 조종면이 옳게 연결된 것은?

① 가로축-빗놀이운동(Yawing)-승강키(Elevator)
② 수직축-선회운동(Spinning)-스포일러(Spoiler)
③ 대칭축-키놀이운동(Yawing)-방향키(Rudder)
④ 세로축-옆놀이운동(Rolling)-도움날개(Aileron)

해설
비행기의 3축 운동
• 세로축-옆놀이(Rolling)-도움날개(Aileron)
• 가로축-키놀이(Pitching)-승강키(Elevator)
• 수직축-빗놀이(Yawing)-방향키(Rudder)

24 다음 중 부식의 종류에 해당되지 않는 것은?

① 응력 부식
② 표면 부식
③ 입자 간 부식
④ 자장 부식

해설
부식의 종류
• 표면 부식 : 산소와 반응하여 생기는 가장 일반적인 부식
• 이질 금속 간 부식 : 두 종류의 다른 금속이 접촉하여 생기는 부식(동전지 부식, 갈바닉 부식)
• 점 부식 : 금속 표면이 국부적으로 깊게 침식되어 작은 점 형태로 만들어지는 부식
• 입자 간 부식 : 금속의 입자 경계면을 따라 생기는 선택적인 부식
• 응력 부식 : 장시간 표면에 가해진 정적인 응력의 복합적 효과로 인해 발생
• 피로 부식 : 금속에 가해지는 반복 응력에 의해 발생
• 찰과 부식 : 밀착된 구성품 사이에 작은 진폭의 상대 운동으로 인해 발생

25 부품번호가 AN 470 AD 3-5인 리벳에 대한 설명 중 가장 올바른 것은?

① 리벳의 지름은 $\frac{3}{16}''$이다.
② 리벳의 길이는 $\frac{5}{32}''$이다.
③ 리벳의 머리 모양이 접시 머리이다.
④ 리벳의 재질이 알루미늄 합금인 2117이다.

해설
AN 470 AD 3-5
• AN 470 : 유니버설 리벳
• AD : 재질기호 2117
• 3 : 리벳 지름 3/32in
• 5 : 리벳 길이 5/16in

26 일반적인 금속의 응력-변형률 곡선에서 위치별 내용이 옳게 짝지어진 것은?

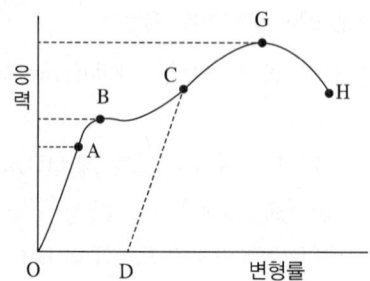

① G : 항복점
② OA : 비례탄성범위
③ B : 인장강도
④ OD : 순간변형률

해설
• A : 비례한도
• B : 항복점
• G : 극한강도
• H : 파단점

27 그림과 같이 기준선으로부터 2.5m 떨어진 앞바퀴에 5,000kg의 반력이 작용하고, 앞바퀴에서 10m 떨어진 양쪽 뒷바퀴 각각에 10,000kg의 반력이 작용할 때, 이 항공기의 무게중심은 기준선으로부터 몇 m 떨어진 곳에 위치하겠는가?

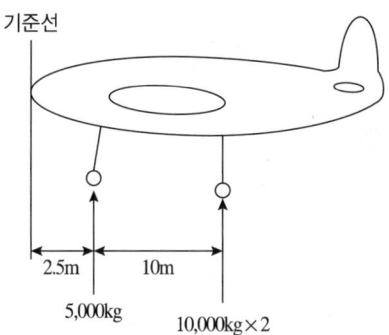

① 10.0　　② 10.5
③ 11.0　　④ 11.5

해설
- 무게중심위치 = $\dfrac{\text{모멘트합}}{\text{총무게}}$
- 총무게 = 5,000 + (10,000 × 2) = 25,000(kgf)
- 모멘트 합 = (5,000 × 2.5) + (20,000 × 12.5)
  = 262,500(kgf·m)

따라서 무게중심위치(CG) = $\dfrac{262,500}{25,000}$ = 10.5(m)

28 대형 항공기에서 주로 사용하는 브레이크 장치는?

① 슈(Shoe)식 브레이크
② 싱글 디스크(Single Disk)식 브레이크
③ 멀티 디스크(Multi Disk)식 브레이크
④ 팽창 튜브(Expander Tube)식 브레이크

해설
소형 항공기는 싱글 디스크, 대형 항공기는 세그먼트 로터 타입이나 멀티 디스크 타입이 많이 쓰인다.

29 두께가 0.062″인 판재를 그림과 같이 직각으로 굽힌다면, 이 판재의 전체 길이는 약 몇 in인가?

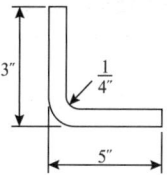

① 7.8　　② 6.8
③ 4.1　　④ 3.1

해설
- 세트백(SB)
$$SB = \tan\dfrac{\theta}{2}(R+T) = \tan\dfrac{90°}{2}\left(\dfrac{1}{4}+0.062\right) = 0.312(\text{in})$$
- 굽힘 여유(BA ; Bend Allowance)
$$BA = \dfrac{\text{굽힘각도}}{360°} \times 2\pi\left(R+\dfrac{T}{2}\right) = \dfrac{90°}{360°} \times 2\pi\left(R+\dfrac{T}{2}\right)$$
$$= \dfrac{\pi}{2}(0.25+0.031) = 0.44(\text{in})$$

∴ 판재길이 = (3−SB) + BA + (5−SB)
= 3 − 0.312 + 0.44 + 5 − 0.312 = 7.816(in)

30 항공기 착륙 장치의 완충 스트럿(Shock Strut)을 날개 구조재에 장착할 수 있도록 지지하며 완충 스트럿의 힌지축 역할을 담당하는 것은?

① 트러니언(Trunnion)
② 저리 스트럿(Jury Strut)
③ 토션 링크(Torsion Link)
④ 드래그 스트럿(Drag Strut)

31 조종 케이블이 작동 중에 최소의 마찰력으로 케이블과 접촉하여 직선운동을 하게 하며, 케이블의 작은 각도 이내의 범위에서 방향을 유도하는 것은?

① 풀리(Pulley)
② 페어리드(Fair Lead)
③ 벨 크랭크(Bell Crank)
④ 케이블 드럼(Cable Drum)

해설

조종계통 관련 장치
- 페어리드 : 케이블이 벌크헤드의 구멍이나 다른 금속이 지나가는 곳에 사용되며 케이블의 느슨함을 막고 다른 구조와의 접촉을 방지한다.
- 풀리 : 케이블의 방향을 바꾼다.
- 턴버클 : 케이블의 장력을 조절하는 장치이다.
- 벨 크랭크 : 조종 로드가 장착되며 로드의 움직이는 방향을 변환시킨다.
- 스토퍼 : 움직이는 양(변위)의 한계를 정해주는 장치로서 조종계통에는 도움날개, 승강키 및 방향키의 운동 범위를 제한한다.

32 민간 항공기에서 주로 사용하는 Integral Fuel Tank의 가장 큰 장점은?

① 연료의 누설이 없다.
② 화재의 위험이 없다.
③ 연료의 공급이 쉽다.
④ 무게를 감소시킬 수 있다.

해설

인티그럴 탱크는 기체 구조의 기존 공간을 이용하기 때문에 무게를 감소시킬 수 있는 장점이 있다.

33 알클래드(Alclad)에 대한 설명으로 옳은 것은?

① 알루미늄 판의 표면을 풀림 처리한 것이다.
② 알루미늄 판의 표면을 변형화 처리한 것이다.
③ 알루미늄 판의 양면에 순수 알루미늄을 입힌 것이다.
④ 알루미늄 판의 양면에 아연 크로메이트 처리한 것이다.

해설

알클래드 판은 알루미늄 판의 양면에 순수 알루미늄을 입혀 내식성을 증가시킨 판이다.

34 항공기 조종장치의 구성품에 대한 설명으로 틀린 것은?

① 풀리는 케이블의 방향을 바꿀 때 사용되며, 풀리의 베어링은 원활한 회전을 위해 주기적으로 윤활해 주어야 한다.
② 압력실은 케이블이 압력 벌크헤드를 통과하는 곳에 사용되며, 케이블의 움직임을 방해하지 않을 정도의 기밀이 요구된다.
③ 페어리드는 케이블이 벌크헤드의 구멍이나 다른 금속이 지나는 곳에 사용되며, 페놀수지 또는 부드러운 금속 재료를 사용한다.
④ 턴버클은 케이블의 장력조절에 사용되며, 턴버클 배럴은 케이블의 꼬임을 방지하기 위해 한쪽에는 왼나사, 다른 쪽에는 오른나사로 되어 있다.

해설

풀리 베어링은 실(Seal)되어 있어서 추가의 윤활이 필요 없다.

35 다음 중 항공기의 유효하중을 옳게 설명한 것은?

① 항공기의 무게중심이다.
② 항공기에 인가된 최대무게이다.
③ 총무게에서 자기무게를 뺀 무게이다.
④ 항공기 내의 고정위치에 실제로 장착되어 있는 무게이다.

해설
항공기 하중의 종류
- 총무게(Gross Weight) : 항공기에 인가된 최대 하중
- 자기무게(Empty Weight) : 항공기 무게 계산 시 기초가 되는 무게
- 유효하중(Useful Load) : 적재량이라고도 하며 항공기 총무게에서 자기무게를 뺀 무게
- 영 연료 하중(Zero Fuel Weight) : 항공기 총무게에서 연료를 뺀 무게

36 철강재료의 표면만을 경화시키는 방법으로 부적절한 것은?

① 질화(Nitriding)
② 침탄(Carbonizing)
③ 쇼트 피닝(Shot Peening)
④ 아노다이징(Anodizing)

해설
아노다이징은 양극산화처리 방법과 같은 말로 부식 방지 처리 방법에 속한다.

37 압축된 공기와 유압유가 결합되어 충격 하중을 분산시키는 작용을 하며 대형 항공기에 사용되는 완충장치의 형식은?

① 올레오식
② 고무 완충식
③ 오일 스프링식
④ 공기 압력식

해설
올레오식 완충장치의 실린더 위쪽에는 공기(또는 질소)가, 아래쪽에는 오일이 채워져 있어 충격 하중을 흡수 분산한다.

38 기체 수리방법 중 클리닝 아웃(Cleaning Out)에 대한 설명으로 옳은 것은?

① 트리밍, 커팅, 파일링 작업을 말한다.
② 균열의 끝부분에 뚫는 작업을 말한다.
③ 닉(Nick) 등 판의 작은 흠을 제거하는 작업이다.
④ 날카로운 면 등이 판의 가장자리에 없도록 하는 작업이다.

해설
클리닝 아웃에는 Cutting(절단 작업), Trimming(다듬기), Filing(줄작업) 등이 있으며, Clean Up은 모서리의 찌꺼기, 날카로운 면 등이 판의 가장자리에 남아있지 않게 없애는 처리 방법이다.

정답 35 ③ 36 ④ 37 ① 38 ①

39 유효길이 16in인 토크렌치와 유효길이 4in인 연장공구를 사용하여 1,500in-lbs의 토크를 이루려면 이때 필요한 토크렌치의 토크는 몇 in-lbs인가?

① 1,000 ② 1,200
③ 1,300 ④ 1,500

해설
연장공구 사용 시 토크값
$$T_W = T_A \times \frac{l}{l+a} = 1,500 \times \frac{16}{16+4} = 1,200 \,(\text{in-lbs})$$
여기서, T_W : 토크렌치 지시값
T_A : 실제 조이는 토크값
l : 토크렌치 길이
a : 연장공구 길이

40 케이블 턴버클 안전결선 방법에 대한 설명으로 옳은 것은?

① 배럴의 검사구멍에 핀을 꽂아 핀이 들어가지 않으면 양호한 것이다.
② 단선식 결선법은 턴버클 엔드에 최소 6회 감아 마무리한다.
③ 복선식 결선법은 케이블 지름이 1/8in 이상인 경우에 주로 사용한다.
④ 턴버클 엔드의 나사산이 배럴 밖으로 5개 이상 나오지 않도록 한다.

해설
- 턴버클 엔드의 나사산이 배럴 밖으로 3개 이상 나와서는 안 된다.
- 결선 후에는 최소한 4바퀴 이상 터미널 섕크 주위를 단단히 감아야 한다.
- 단선식 결선법은 케이블 지름이 3/32in까지 적용하고, 지름이 1/8in 이상의 케이블은 복선식 결선을 해야 한다.

제3과목 항공기 엔진

41 증기폐쇄(Vapor Lock)에 대한 설명으로 옳은 것은?

① 기화기의 이상으로 액체연료와 공기가 혼합되지 않는 현상
② 기화기에서 분사된 혼합가스가 거품을 형성하여 실린더의 연료유입을 폐쇄하는 현상
③ 혼합가스가 아주 희박해져 실린더로의 연료유입이 폐쇄되는 현상
④ 액체연료가 기화기에 이르기 전에 기화되어 기화기에 이르는 통로를 폐쇄하는 현상

해설
증기폐쇄는 액체 상태의 연료가 주위의 뜨거운 열로 인해 증발(기화)하면서 유체 내에 공기방울이 발생하는 현상을 말한다.

42 가스터빈엔진의 연료조절장치(FCU)기능이 아닌 것은?

① 연료흐름에 따른 연료필터의 사용 여부를 조정한다.
② 출력레버위치에 맞게 대기상태의 변화에 관계없이 자동으로 연료량을 조절한다.
③ 출력레버위치에 해당하는 터빈입구온도를 유지한다.
④ 파워레버의 작동이나 위치에 맞게 엔진에 공급되는 연료량을 적절히 조절한다.

해설
연료조절장치
- 연료조절장치는 동력레버의 위치가 정해지면 그 위치에 해당하는 추력과 터빈 입구 온도가 일정하도록 자동으로 연료를 조절한다.
- 압축기 출구 압력이 증가하면 실속을 방지하기 위해 연료량을 줄인다.
- 압축기 입구 온도가 올라가면 터빈 입구 온도가 상승하므로 연료량을 감소시킨다.

43 항공기 엔진의 오일필터가 막혔다면 어떤 현상이 발생하는가?

① 엔진 윤활계통의 윤활 결핍현상이 온다.
② 높은 오일압력 때문에 필터가 파손된다.
③ 오일이 바이패스 밸브(Bypass Valve)를 통하여 흐른다.
④ 높은 오일압력으로 체크 밸브(Check Valve)가 작동하여 오일이 되돌아온다.

해설
오일 필터가 막혀도 계통에는 오일이 흘러야 하기 때문에 필터를 거치지 않고 계통으로 오일이 공급될 수 있도록 바이패스 밸브를 설치한다.

44 엔탈피(Enthalpy)의 차원과 같은 것은?

① 에너지 ② 동 력
③ 운동량 ④ 엔트로피

해설
엔탈피는 내부 에너지와 유동 일의 합으로 정의되는 열역학적 성질로, $H = U + PV$로 나타낸다. 단위는 에너지와 같이 J, kcal 등으로 표시할 수 있다.

45 다음 중 일반적으로 프로펠러 방빙 계통에서 사용되는 것은?

① 에틸알코올
② 변성(Denatured) 알코올
③ 아이소프로필(Isopropyl) 알코올
④ 에틸렌글리콜(Ethylene Glycol)

해설
프로펠러에 아이소프로필 알코올을 분사하면 어는점이 낮아져 얼음이 어는 것을 방지할 수 있다.

46 다음 그림과 같은 여과기의 형식은?

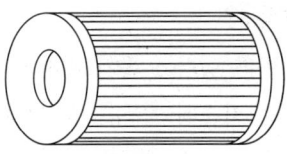

① 디스크형(Disk Type)
② 스크린형(Screen Type)
③ 카트리시형(Cartridge Type)
④ 스크린-디스크형(Screen-Disk Type)

47 열역학 제2법칙을 가장 잘 설명한 것은?

① 일은 열로 전환될 수 있다.
② 열은 일로 전환될 수 있다.
③ 에너지보존법칙을 나타낸다.
④ 에너지 변화의 방향성과 비가역성을 나타낸다.

해설
열과 일은 서로 변환될 수 있고 서로의 에너지는 보존된다는 것이 열역학 제1법칙이라면, 열역학 제2법칙은 열과 일의 변환에 있어서 방향성과 비가역성을 제시한 것이다.

48 가스터빈엔진에서 터빈노즐(Turbine Nozzle)의 주된 목적은?

① 터빈의 냉각을 돕기 위해서
② 연소 가스의 속도를 증가시키기 위해서
③ 연소 가스의 온도를 증가시키기 위해서
④ 연소 가스의 압력을 증가시키기 위해서

해설
터빈노즐의 역할은 연소실에서 연소된 가스를 팽창시키는 것(속도증가)이다.

49 축류형 압축기의 반동도를 옳게 나타낸 것은?

① $\dfrac{\text{로터에 의한 압력상승}}{\text{단당 압력상승}} \times 100$

② $\dfrac{\text{압축기에 의한 압력상승}}{\text{터빈에 의한 압력상승}} \times 100$

③ $\dfrac{\text{저압 압축기에 의한 압력상승}}{\text{고압 압축기에 의한 압력상승}} \times 100$

④ $\dfrac{\text{스테이터에 의한 압력상승}}{\text{단당 압력상승}} \times 100$

50 다음 중 가스터빈엔진의 트림(Trim) 작업 시 조절하는 것이 아닌 것은?

① 연료제어장치(FCU)
② 가변정익베인(VSV)
③ 터빈블레이드 각도
④ 사용 연료의 비중

해설
엔진 트림 작업 시 연료조정장치, 가변 고정자 깃(VSV)의 리깅 상태, 블레이드의 굽힘, 파손, 진동 등 엔진의 상태, 연료의 비중 등을 점검하여 일정 추력범위를 벗어난 경우 이를 조정해야 한다.

51 다음 중 민간 항공기용 가스터빈엔진에 사용되는 연료는?

① Jet A-1
② Jet B-5
③ JP-5
④ JP-8

해설
민간 항공기용 가스터빈엔진에 쓰이는 연료는 A, A-1형 등이 있고, 군용항공기용 연료는 JP-4, JP-5, JP-8 등이 있다.

52 터보팬엔진의 역추력 장치 부품 중 팬을 지난 공기를 막아주는 역할을 하는 것은?

① 블로커 도어(Blocker Door)
② 공기 모터(Pneumatic Motor)
③ 캐스케이드 베인(Cascade Vane)
④ 트랜슬레이팅 슬리브(Translating Sleeve)

해설
터보팬엔진의 역추력 장치를 작동시키면, 트랜슬레이팅 슬리브(Translating Sleeve)가 뒤로 이동하면서 블로커 도어(Blocker Door)가 팬을 통해 들어온 공기 흐름을 막게 되고, 이 공기는 캐스케이드 베인(Cascade Vane)을 통해 상하 방향으로 빠져나가면서 항공기의 추력 감소가 이루어진다.

53 왕복엔진의 흡입 및 배기밸브가 실제로 열리고 닫히는 시기로 가장 옳은 것은?

① 흡입밸브 : 열림/상사점, 닫힘/하사점
   배기밸브 : 열림/하사점, 닫힘/상사점
② 흡입밸브 : 열림/상사점 전, 닫힘/하사점 전
   배기밸브 : 열림/하사점 후, 닫힘/상사점 후
③ 흡입밸브 : 열림/상사점 전, 닫힘/하사점 전
   배기밸브 : 열림/하사점 전, 닫힘/상사점 후
④ 흡입밸브 : 열림/상사점 전, 닫힘/하사점 후
   배기밸브 : 열림/하사점 전, 닫힘/상사점 후

54 가스터빈엔진의 시동기(Starter)는 일반적으로 어느 곳에 장착되는가?

① 보기기어박스
② 태코미터
③ 연료조절장치
④ 블리드 패드

해설
보기기어박스는 일반적으로 압축기 전방에 설치되어 있으며 유압펌프를 비롯한 각종 펌프, 발전기, 시동기 등이 장착되어 있다.

55 그림과 같이 압력(P) – 부피(V)선도상 오토 사이클(Otto Cycle)에서 과정 1→2, 3→4는 어떤 변화인가?

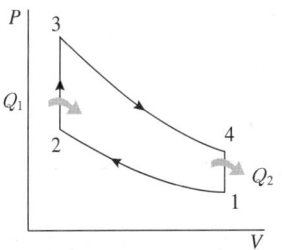

① 등온 압축, 등온 팽창
② 단열 압축, 등온 팽창
③ 등온 압축, 단열 팽창
④ 단열 압축, 단열 팽창

해설
오토 사이클 $P-V$ 선도에서
- 1-2 : 단열 압축
- 2-3 : 정적 흡열
- 3-4 : 단열 팽창
- 4-1 : 정적 방열

56 열역학에서 가역 과정에 대한 설명으로 옳은 것은?

① 마찰과 같은 요인이 있어도 상관없다.
② 계와 주위가 항상 불균형 상태여야 한다.
③ 주위의 작은 변화에 의해서는 반대과정을 만들 수 없다.
④ 과정이 일어난 후에도 처음과 같은 에너지양을 갖는다.

해설
가역 과정은 계가 한 과정을 진행한 다음, 반대로 그 과정을 따라 처음 상태로 되돌아올 수 있는 과정을 말한다. 따라서 계와 주위가 균형 상태에 있어야 하며, 과정이 일어난 후에도 처음과 같은 에너지양을 갖는다. 한편 마찰과 같은 요인이 있으면 비가역 과정이 된다.

정답 53 ④ 54 ① 55 ④ 56 ④

57 정속 프로펠러를 장착한 항공기가 순항 시 프로펠러 회전수를 2,300rpm에 맞추고 출력을 1.2배 높이면 회전계가 지시하는 값은?

① 1,800rpm
② 2,300rpm
③ 2,700rpm
④ 4,600rpm

해설
정속 프로펠러는 출력에 관계없이 늘 일정한 rpm을 유지한다.

58 9개의 실린더를 갖고 있는 성형엔진(Radial Engine)의 점화순서로 옳은 것은?

① 1, 2, 3, 4, 5, 6, 7, 8, 9
② 8, 6, 4, 2, 1, 3, 5, 7, 9
③ 1, 3, 5, 7, 9, 2, 4, 6, 8
④ 9, 4, 2, 7, 5, 6, 3, 1, 8

해설
왕복엔진의 점화순서
• 수평 대항형 6 실린더 : 1-6-3-2-5-4 또는 1-4-5-2-3-6
• 성형 9 실린더 : 1-3-5-7-9-2-4-6-8
• 성형 2열 14 실린더 : 1-10-5-14-9-4-13-8-3-12-7-2-11-6
• 성형 2열 18 실린더 : 1-12-5-16-9-2-13-6-17-10-3-14-7-19-11-4-15-8

59 초기압력과 체적이 각각 $P_1 = 1,000\text{N/cm}^2$, $V_1 = 1,000\text{cm}^3$인 이상기체가 등온상태로 팽창하여 체적이 2,000cm³이 되었다면, 이때 기체의 엔탈피 변화는 몇 J인가?

① 0
② 5
③ 10
④ 20

해설
등온 과정에서 엔탈피 변화
$dh = C_p dT$에서 $dT = 0$
$\Delta h = h_2 - h_1 = 0$
즉, 엔탈피의 변화는 없다.

60 왕복엔진에 사용되는 기어(Gear)식 오일펌프의 사이드 클리어런스(Side Clearance)가 크면 나타나는 현상은?

① 오일 압력이 높아진다.
② 오일 압력이 낮아진다.
③ 과도한 오일 소모가 나타난다.
④ 오일펌프에 심한 진동이 발생한다.

해설
클리어런스(Clearance)는 기어와 기어 사이의 간격을 뜻하는 것으로, 오일펌프 기어 사이의 간격이 크면 오일 압력이 감소한다.

제4과목 항공기 계통

61 시동 토크가 크고 입력이 과대하게 되지 않으므로 시동 운전 시 가장 좋은 전동기는?

① 분권 전동기
② 직권 전동기
③ 복권 전동기
④ 가역 전동기

[해설]
- 직권 전동기 : 계자-전기자 직렬연결, 시동토크 강하고 속도변화 발생
- 분권 전동기 : 계자-전기자 병렬연결, 시동토크 약하고 속도 일정
- 복권 전동기 : 직권과 분권 혼합형, 시동 시 직권으로 시작, 속도 증가하면 분권
- 가역 전동기 : 회전 방향 조절 가능

62 기압눈금을 표준대기인 29.92inHg에 맞추어 기압고도를 얻을 수 있는 고도 지시법은?

① QFE방식
② QNH방식
③ QNE방식
④ QHE방식

[해설]
- QFE방식 : 절대고도 기준
- QNH방식 : 14,000ft 이하, 진고도 기준
- QNE방식 : 14,000ft 이상, 기압고도 기준

63 자기 컴퍼스의 동적오차의 종류에 해당하는 않는 것은?

① 사분원차
② 북선오차
③ 가속도오차
④ 와동오차

[해설]
동적오차
- 북선오차 : 남북 신행하나 롱서로 신회 시 발생
- 가속도오차 : 동서로 진행하다 가감속 시 발생
- 와동오차 : 연속적인 선회나 진동 등으로 컴퍼스액이 흔들려 발생하는 오차

64 액량계기와 유량계기에 관한 설명으로 옳은 것은?

① 액량계기는 연료탱크에서 엔진으로 흐르는 연료의 유량을 지시한다.
② 액량계기는 대형기와 소형기의 차이 없이 대부분 직독식 계기이다.
③ 유량계기는 연료탱크에서 엔진으로 흐르는 연료의 유량을 시간당 부피 또는 무게 단위로 나타낸다.
④ 유량계기는 연료탱크 내에 있는 연료량을 연료의 무게나 부피를 나타낸다.

[해설]
- 액량계기 : 액체의 고정되어 있는 양을 무게/부피 단위로 지시
- 유량계기 : 흐름양을 무게/부피 단위로 지시

65 어떤 교류발전기의 정격이 115V, 1kVA, 역률(Power Factor) 0.866이라면 무효전력은 몇 Var인가?(단, 위상차가 30°이다)

① 450
② 500
③ 750
④ 1,000

[해설]
교류의 전력
- 피상전력(VA) $= EI = I^2 Z$
- 유효전력(W) $= I^2 R =$ 피상전력 $\times \cos\theta$(역률)
- 무효전력(Var) $= I^2(X_L - X_C) =$ 피상전력 $\times \sin\theta$
- (피상전력)^2 = (유효전력)^2 + (무효전력)^2
  무효전력 $= \sqrt{피상전력^2 - 유효전력^2}$
  $= \sqrt{1,000^2 - (1,000 \times 0.866)^2} = 500.043 \text{Var}$

[정답] 61 ② 62 ③ 63 ① 64 ③ 65 ②

66 비행장의 활주로 중심선에 대하여 정확한 수평면의 방위를 지시하는 장치는?

① Localizer
② Glide Slop
③ Marker Beacon
④ VOR

해설
계기착륙장치(ILS)
• Localizer : 활주로의 중앙으로 진입 표시
• Glide Slop : 항공기의 진입각 표시
• Marker Beacon : 활주로까지의 거리 표시

67 제빙부츠 계통에서 팽창순서를 조절하는 것은?

① 분배밸브   ② 부츠 구조
③ 진공펌프   ④ 흡입밸브

해설
분배밸브(Distributor Valve)는 부츠의 팽창순서를 조절한다.

68 단거리 전파 고도계(LRRA)에 대한 설명으로 옳은 것은?

① 기압 고도계이다.
② 고고도 측정에 사용된다.
③ 전파 고도계로 항공기가 착륙할 때 사용된다.
④ 평균 해수면 고도를 지시한다.

해설
단거리 전파 고도계는 착륙 시 절대고도를 지시한다.

69 공기냉각장치(Air Cycle Cooling System)에서 공기의 냉각은?

① 프리쿨러(Precooler)에 의하여 냉각된다.
② 엔진 압축기에서의 Bleed air는 1, 2차 열교환기와 팽창터빈(Cooling Turbine)을 지나면서 냉각된다.
③ 1, 2차 열교환기에 의하여 냉각된다.
④ 프레온(Freon)의 응축에 의하여 냉각된다.

해설
공기냉각장치
• 1차 냉각 : 1차 열교환기
• 2차 냉각 : 2차 열교환기
• 3차 냉각 : 팽창터빈

70 다음 중 작동유압(Hydraulic) 계통의 압력 단위를 나타내는 것은?

① gpm   ② rpm
③ psi   ④ ppm

해설
• gpm(gallon per minute) : 부피 유량
• rpm(revolution per minute) : 회전수
• psi(pound per square inch) : 압력 단위
• ppm(pound per minute) : 무게 유량

71 유압장치와 공압장치를 비교할 때 공압장치에 필요 없는 부품은?

① Check Valve
② Relief Valve
③ Selector Valve
④ Accumulator

해설
공압장치는 귀환관과 축압기가 없다.

72 항공계기의 색표식 중 적색 방사선(Red Radiation)은 무엇을 나타내는가?

① 최소, 최대운전 또는 운용 한계
② 계속운전 범위(순항 범위)
③ 경계 및 경고 범위
④ 연료와 공기 혼합기의 Auto-lean 시의 계속운전 범위

해설
- 붉은색 방사선 : 최대, 최소 운용 한계
- 노란색 호선 : 경고 경계 범위
- 녹색 호선 : 안전 운용 범위
- 흰색 호선 : 플랩을 내릴 수 있는 속도 범위
- 푸른색 호선 : 혼합비가 Auto-lean일 때 안전운용 범위
- 흰색 방사선 : 유리판과 계기 케이스가 미끄러짐을 확인

73 다음 회로에서 스위치(SW)를 닫을 경우 나타나는 현상으로 틀린 것은?(단, E는 일정하다)

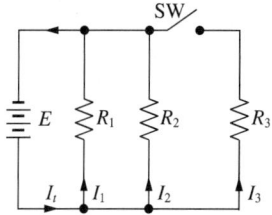

① I_2는 변화 없다.
② I_t가 증가한다.
③ I_1은 변화 없다.
④ I_t가 감소한다.

해설
전원과 부하가 병렬연결 되었을 때는 각각의 부하에 걸리는 전압은 일정하다. 따라서 각각의 부하에 흐르는 전류의 크기는 일정하다. 부하가 추가로 병렬 연결되면 전체 전류는 그만큼 증가하고 기존 부하에 흐르는 전류는 변하지 않는다.

74 직류 발전기의 계자 플래싱(Field Flashing)이란?

① 계자코일에 배터리(Battery)로부터 역전류를 가하는 행위
② 계자코일에 발전기로부터 역전류를 가하는 행위
③ 계자코일에 배터리로부터 정의 방향 전류를 가하는 행위
④ 계자코일에 발전기로부터 정의 방향 전류를 가하는 행위

해설
계자 플래싱(Field Flashing) : 직류 발전기에서 잔류자기를 잃어 발전기 출력이 나오지 않을 경우 계자코일에 배터리로부터 정(+)의 방향 직류 전류를 잠시 동안 가하여 자기장을 형성하는 것

75 여압장치의 차압은 다음 중 어느 것에 의해 제한을 받는가?

① 인체의 내성
② 가압장치의 용량
③ 객실 내의 산소 함유량
④ 기체구조의 강도

76 교류를 더하거나 빼는 데 편리한 교류의 표시방법은 어느 것인가?

① 삼각함수 표시법
② 극좌표 표시법
③ 지수함수 표시법
④ 복소수 표시법

77 항공기의 화재탐지장치가 갖추어야 할 사항으로 틀린 것은?

① 과도한 진동과 온도변화에 견뎌야 한다.
② 화재가 계속되는 동안에 계속 지시해야 한다.
③ 조종석에서 화재탐지장치의 기능 시험을 할 수 있어야 한다.
④ 항상 화재탐지장치 자체의 전원으로 작동해야 한다.

해설
화재탐지장치는 내열성 재료로 구성되어 있으며 화재 발생 시 즉시 전기 신호를 지속적이고 연속적으로 발생시킬 수 있어야 한다. 소화가 된 후에는 전기 신호 발생이 중단되어야 하고 물, 오일, 진동 및 기타 하중에 대하여 내구성이 있어야 한다. 또한 중량이 가볍고, 장착이 쉬워야 하며, 정비 및 취급이 간단하고 기능 시험이 가능해야 한다. 화재탐지장치의 전원은 항공기의 일반 전원을 사용한다.

78 감도가 20mA인 계기로 200A를 측정할 수 있는 내부저항이 10Ω인 전류계를 만들 때 분류기(Shunt)는 몇 Ω으로 해야 하는가?

① 0.001
② 0.01
③ 0.1
④ 1

해설
$n(배율) = \dfrac{200A}{20mA} = 10,000$

$R = \dfrac{R_m}{(n-1)} = \dfrac{10}{(10,000-1)} = 0.001(\Omega)$

여기서, R : 분류기 저항, R_m : 내부저항, n : 배율

79 그림의 교류회로에서 임피던스를 구한 값은?

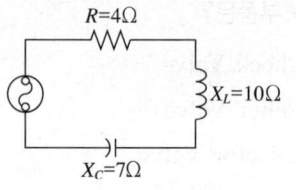

① 5Ω
② 7Ω
③ 10Ω
④ 17Ω

해설
$Z = \sqrt{R^2 + (X_L - X_C)^2} = \sqrt{4^2 + (10-7)^2} = 5(\Omega)$

80 작동유 저장탱크에 관한 내용 중 가장 올바른 것은?

① 재질은 일반적으로 알루미늄 합금이나 마그네슘 합금으로 되어있다.
② 저장탱크의 압력은 사이트게이지로 알 수 있다.
③ 배플은 불순물을 제거한다.
④ 저장탱크의 용량은 축압기를 포함한 모든 계통이 필요로 하는 용량의 75% 이상이어야 한다.

해설
작동유 저장탱크
• 사이트 게이지 : 액량 확인
• 배플 : 거품 발생 및 공기 유입 방지
• 저장탱크 용량 : 축압기 용량 포함 시 작동유의 120%, 축압기 제외 시 작동유의 150%

교육이란 사람이 학교에서 배운 것을 잊어버린 후에 남은 것을 말한다.

— 알버트 아인슈타인 —

참 / 고 / 문 / 헌

- 교육과학기술부, 기계설계, 천재교육, 2013년
- 교육과학기술부, 항공기 기관, 두산동아, 2012년
- 교육과학기술부, 항공기 기체, 두산동아, 2010년
- 교육과학기술부, 항공기 기체, 천재교육, 2013년
- 교육부, 항공기 기관, 대한교과서, 1997년
- 구훈서외 2명, 고등학교 항공기 장비, 교육과학기술부, 2003년
- 김귀섭외 2명, 고등학교 항공기 기체, 교육과학기술부, 2011년
- 김진우, 항공정비 기능사학과, 일진사, 1993년
- 김천용, 항공기 가스터빈 엔진, 노드미디어, 2013년
- 노명수외 2명, 고등학교 항공기 기관, 교육과학기술부, 2003년
- 박정웅외 2명, 고등학교 항공기 전자장치, 교육과학기술부, 2013년
- 윤선주외 2명, 고등학교 항공기 일반, 교육과학기술부, 2011년
- 조용욱외 1명, 항공기기체Ⅱ, 청연, 2010년
- 최광희 편저, 항공기관·기체·장비정비기능사, 시대고시기획, 2013년
- 최병수외 2명, 항공전자, 도서출판 청연, 1993년
- 항공산업기사 검정연구회, 항공산업기사 항공역학, 연경문화사, 2009년
- 황명신외 4명, 고등학교 비행 원리, 교육부, 1996년
- Aircraft Maintenance & Repair, GLENCOE, 1993년
- Aircraft Powerplants, GLENCOE, 1995년
- A&P Airframe Text Book, JEPPESEN, 2003년
- A&P Powerplant Text Book, JEPPESEN, 2004년
- Dale Crane, Airframe, Aviation Supplies & Academics, Inc, 1999년
- Dale Crane, Powerplant, Aviation Supplies & Academics, Inc, 2007년

Win-Q 항공산업기사 필기

개정12판1쇄 발행	2026년 01월 05일 (인쇄 2025년 07월 18일)
초 판 발 행	2014년 01월 15일 (인쇄 2013년 11월 22일)
발 행 인	박영일
책 임 편 집	이해욱
편 저	이한상・윤재영
편 집 진 행	윤진영・김경숙
표지디자인	권은경・길전홍선
편집디자인	정경일
발 행 처	(주)시대고시기획
출 판 등 록	제10-1521호
주 소	서울시 마포구 큰우물로 75 [도화동 538 성지 B/D] 9F
전 화	1600-3600
팩 스	02-701-8823
홈 페 이 지	www.sdedu.co.kr

I S B N	979-11-383-9610-3 (13550)
정 가	36,000원

※ 저자와의 협의에 의해 인지를 생략합니다.
※ 이 책은 저작권법의 보호를 받는 저작물이므로 동영상 제작 및 무단전재와 배포를 금합니다.
※ 잘못된 책은 구입하신 서점에서 바꾸어 드립니다.